◎中國近代建築史料匯編編委會 編

中國近代建築史料匯編（第三辑）

——上海市行號路圖録（一至四册）

同濟大學出版社

圖書在版編目（CIP）數據

中國近代建築史料匯編. 第三輯, 上海市行號路圖録: 全四册/中國近代建築史料匯編編委會編. -- 上海 : 同濟大學出版社, 2019.10

ISBN 978-7-5608-7166-0

Ⅰ. ①中… Ⅱ. ①中… Ⅲ. ①建築史—史料—匯編—中國—近代 Ⅳ. ①TU-092.5

中國版本圖書館CIP數據核字(2019)第224092號

中國近代建築史料匯編（第三輯）

——上海市行號路圖録

中國近代建築史料匯編編委會 編

責任編輯 姚建中 高曉輝

裝幀設計 陳益平

責任校對 李 傑

出版發行 同濟大學出版社 www.tongjipress.com.cn

地 址 上海市四平路1239號 郵編：200092 電話：（021-65985622）

經 銷 全國各地新華書店、建築書店、網絡書店

印 刷 上海安楓印務有限公司

開 本 889mm × 1194 mm 1/16

印 張 140.25

字 數 4488 000

版 次 2019年10月 第1版 2019年10月 第1次印刷

書 號 ISBN 978-7-5608-7166-0

定 價 6800.00元（全四册）

序

近年來，從事上海近代城市和建築研究的不僅有建築師、規劃師和建築史、城市史學家，還有社會學家、歷史學家、檔案學家、作家、記者等，上海近代建築研究已經成爲一門學科。研究上海的近代城市和建築除參考和查證中外歷史文獻、專著、報刊雜志、設計圖紙、地圖、歷史照片、地名志和檔案外，還有歷年出版的《街道指南》（Street Directory）、《中國建築師和營造商名録》（China Architects and Builders Compendium）、《行名録》（Hong List），以及葛石卿編纂的《上海里街分區精圖》（1946）等。近年來也有國外的學者參與了上海近代城市和建築的研究，建立了網站和圖檔，他們對國外檔案和建築師考證，出版了不少專著，大大豐富了上海近代城市和建築研究的成果。除此之外，由于將行號録與地圖合并在路圖中，《上海市行號路圖録》成爲最重要的研究參考文獻之一。

由福利營業股份有限公司出版的《上海市行號路圖録》以路圖爲主，亦稱上海商用地圖，將行號與地圖合爲一體，爲國内之創舉。分幅路圖標示了商號、工廠、街道、里街、大樓的方位，以較大的比例測量并繪制了路圖範圍内的每幢建築和每條道路，附有建築和里街的門牌號，對整座城市可謂了如指掌。由于路名的變化，中外文并不統一，路圖中同時標注中文和外文。路圖録第一輯于1938年春開始編輯，1939年9月出版第一編，1940年8月出版第二編。路圖録第二輯的上册于1947年10月出版，1949年3月出版下册。此時，上海絶大部分的近代建築和路網已經基本建成。結合索引和路圖，從行號路圖録中可以獲得大量的信息，是研究近代上海城市和建築的必備工具。根據行號路圖，可以查閲建築的位置、名稱、大致平面輪廓及門牌號。自20世紀40年代以來，上海市區僅有少數街道的門牌號有所變動，其餘均大致保持不變，今天仍可參照查閲。近年來許多歷史建築的考證、修繕設計、地區的開發等也都在不同程度上參照了《上海市行號路圖録》中的相關路圖，對于了解歷史建築及其環境的原貌具有重要的參考價值。爲了編制《上海市行號路圖録》，在經理葛福田的領導下，凝聚了數百人多年的辛勞和心血，實地調查與繪制工作之艱辛、工作量之浩繁可以從一幅幅路圖中窺見一斑。

第一輯《上海市行號路圖録》包括1939出版的《上海市行號路圖録》第一編（第一特區）和1940年出版的《上海市行號路圖録》第二編（第二特區）。福利營業股份有限公司原計劃編輯出版《上海市行號路圖録》第三編（閘北及華界），但由于日本軍隊的占領而無法實現。《上海市行號路圖録》第二輯包括1947年出版的《上海市行號路圖録》（上册）和1949年出版的《上海市行號路圖録》（下册）。原來計劃繼續出版包括滬東、閘北、華界和江灣新市區的第三輯，終因政治和社會的變化而未能如願。

1939年出版的《上海市行號路圖録》第一編（第一特區）于1938年春開始編輯，到1939年9月出版，共收録了公共租界的140幅路圖和53座大樓圖。所謂的第一特區是指公共租界中的中區和西區及公共租界的蘇州河北岸地區。這一編路圖録的分幅路圖没有圖號和路圖索引，但在總目録中列出每幅路圖的繪制範圍，路圖録的前面除附有詳細的路名索引、里衖坊邨别墅索引、大樓分圖索引、廣告索引外，還有公共機關和公共團體的索引、醫院索引，以及餐館、旅社、娛樂場所的索引。分幅路圖前附有上海市全圖、中區總圖、北區總圖、西區總圖、法租界總圖、滬西越界築路圖、東區總圖、閘北全圖、老城厢圖（城内圖）、南市圖等。各幅路圖的比例不盡相同，路圖中僅有指北針而没有比例尺。

《上海市行號路圖録》第二編（第二特區）于1940年8月出版，所謂的第二特區是指法租界地區，共有75幅路圖和6座大樓圖，路名有中文和法文對照。與《上海市行號路圖録》第一編相同，也附有路名索引、里衖坊邨别墅索引、大樓索引、廣告索引和行號索引。同時附有上海市區圖、法租界全圖和交通全圖。與第一編相比，有一些改進。路圖的幅面相對比較完整，標注信息更詳細，路圖的表現方式也基本定型，成爲《上海市行號路圖録》第二輯的基礎。遺憾的是，没有行號路圖索引圖，使查閲比較困難，且每幅路圖後一個插頁基本上都是廣告。與第一編同樣的問題，路圖有指北針而没有比例尺。

由于1945年抗日戰争勝利後，社會各界對行號路圖的迫切需求，又由于這一時期城市的區界重新劃分、路名的更改、街道門牌號的重編，變動較大，原有的行號路圖已經不敷需求。福利營業股份有限公司于是在1947年春開始重新測繪，歷時9個月，于1947年10

月編輯出版了《上海市行號路圖録》第二輯（上册），又于1949年出版了《上海市行號路圖録》第二輯（下册）。

第二輯《上海市行號路圖録》比第一輯有許多改進。首先因爲這個時期的市區行政已經統一，爲編制提供了方便；此外也得到行政當局各部門的幫助和支持，提供相關資料，并從技術上予以指導，因而信息也比較準確。篇首附有上海市交通圖和上海沿革史，所列路圖除第一輯的範圍外，也包括閘北和華界、虹口地區和越界築路的地區路圖。路圖的圖面更詳細而準確，除路圖外，還附有總圖，注明路圖圖號，查閲方便。行號既有筆畫索引，同時也有分類索引，如律師、保險業、地産業、旅游業等，可以根據行號索引，在路圖中查詢。每幅路圖均有圖號，附有比例尺和指北針，上册爲延安路以北的路圖，下册收録延安路以南的路圖。路圖全部采用新路名，爲方便查詢，仍列入舊路名以及外文譯名。

1947年出版的《上海市行號路圖録》（上册）共有112幅路圖和55座大樓圖，每幅路圖均有指北針和比例尺，每幅路圖後面都插有全版的廣告，廣告數量亦大爲減少。編制時以1939年的《上海市行號路圖録》爲藍本，新增閘北和虹口地區的路圖。上册所涉及的地區，道路相對比較平直，房屋較爲整齊，測繪和調查比下册稍微簡易一些。但因爲實地調查的手續繁多，而且里衖名稱、商店牌號在編纂的過程中亦有變化，需要隨時隨地重訪修正，也有路圖録出版後才發現現狀已經變遷的情况。

《上海市行號路圖録》（下册）從1947年冬天開始編制，歷時18個月方始完成，于1949年3月殺青。這一時期經濟動蕩，物價飛漲，大約三分之二的工作人員紛紛離職，大大增加了出版工作的複雜性。編纂過程中，敬業中學的學生利用暑假參加工作，對出版工作有所促進。《上海市行號路圖録》（下册），共有118幅路圖和9座大樓圖。與第一輯相同，每幅路圖後面仍然插入全版的廣告頁。下册根據1940年的《上海市行號路圖録》版本，範圍有所擴大，新增老城厢、南市和法華地區的路圖，所覆蓋地區的街道路網較爲複雜，道路曲折多變，而且路名也在變更過程中，測繪和調查都比較困難。儘管如此，我們從下册的118幅路圖中并不會感到圖面質量的問題。

福利營業股份有限公司于1937年在上海成立，從事多種業務，設有出版、測繪、建築、廣告、代理、禮品、運輸、保險、進出口等部門，公司以這兩輯的《上海市行號路圖録》留下了足以載入史册的貢獻，實屬功德無量。抗戰時期公司遷往内地，1946年遷回上海，應各界的需要，旋即開始編制第二輯《上海市行號路圖録》。福利營業股份有限公司有一個宏大的計劃，計劃將《上海市行號路圖録》按年出版，增加篇幅，逐步改進，補充未載入路圖的地區。還計劃待上海全市的測繪完成後，將路圖録的編制覆蓋南京、北京、天津和漢口等城市，可惜終究未能如願。

上海社會科學院出版社在2004年選編出版了以《老上海百業指南——道路機構廠商住宅分布圖》（簡稱《百業指南》）爲名的上海市行號路圖録，選取1947年《上海市行號路圖録》（上册）和1949年《上海市行號路圖録》（下册）共計230幅路圖的内容。爲便于查閱，在部分路圖後插入一些局部放大比例的路圖，基本上删除廣告，增加編號，如上册第七圖後，插入第七圖之一和第七圖之二，有的重要地區的路圖甚至增加三幅放大的路圖。《百業指南》采用雙面印刷，并且補充插入了原有路圖録中没有的許多歷史照片，出版過數種略有不同的版本。

同濟大學出版社于2019年編輯出版的《中國近代建築史料匯編》（第三輯），匯編了上海的行號路圖録，完整收録了由福利營業股份有限公司于1939年和1940年以及1947年和1949年出版的兩輯《上海市行號路圖録》，分爲四册出版。目前，這些行號路圖録已經成爲善本散落在各地和各所大學的圖書館内，大部分的收藏都不完整，而且也大都處于散佚的狀態，研究學者很難看到全貌，亟待整理和重印。原書爲布面精裝印刷，也曾出版過單頁的圖册。爲完整地展現路圖録的原貌，《中國近代建築史料匯編》（第三輯）也收録了附録和廣告頁，并完全按原圖幅尺寸和套紅原貌印制。因此《中國近代建築史料匯編》（第三輯）的開本與前兩輯相比有所放大。爲了醒目，或爲了廣告效果，原版行號路圖録中的電車綫路、郵筒、崗亭，部分建築、企業、銀行、學校、影劇院、舞廳、俱樂部、菜場、寺廟等名稱用套紅印刷。

鄭时龄

2019年6月28日

《中國近代建築史料匯編（第三輯）——上海市行號路圖録》總目録

第一册目録

第二冊目録

第三册目録

第四册目録

◎中國近代建築史料匯編編委會　編

中國近代建築史料匯編（第三辑）

——上海市行號路圖録（第一册）

同濟大學出版社

老牌酵母製劑 BIOZYGEN

胃腸病特效藥
脚氣病治療劑

寶青春

多吃無妨
無往不利

寶青春本能開胃助化。可以儘可多吃。決無妨碍。非比其他藥品之有劑量也。

寶青春是家常補品。宜老宜幼。宜男宜女。原料純素。可以對於齋戒茹素。亦屬相宜。

開胃

吾人終日勞作。耗精費力。以及生理上之代謝作用。時時促成衰老。全賴食物營養以調劑。然食物之能營養體素。必經胃部之消化。寶青春最大效用。即是開胃助化。

通便

大便通暢有序。則胃腸與血液清潔。不但疾病減少。並且有益健康。寶青春功能整理胃腸。常服則通便潤腸。合於生理。

朝晨

晨間用早點。倘在牛奶咖啡之內。調以寶青春補粉一食匙。營養更加豐富。並可整理胃腸。清除宿食。滋味鮮美。兒童喜服。

中午

午餐之前。取服寶青春五六片。胃口大開。飯量倍增。有益胃納與消化。日久體重便增。

午後

午後長日如年。大抵須進食點心。兒童散學歸家。亦必索食物品。如以寶青春補粉沖作飲料。佐以餅餌。味美甘香。有益衛生。凡新家庭以及善攝生者。值得提倡也。。

宵夜

終日辛勤。力疲神倦。有賴黃昏時候之休養。而都市生活。晚間睡眠極遲。所以通行宵夜食品。然在睡前飽食。殊不合宜。最好改用寶青春茶點。則夜眠安適。晨興爽快。而無噯氣停食等患。

上海新亞藥廠製造

藥房均售

百日量國幣二元
十日量二角五分

滴滴嬌

滴滴嬌白嫩皮膚　嬌滴滴嬝娜娉婷

越陳越香

明星香水
香水明星

維他命
牛肉汁

補腦強身
製煉縝密

維他命
童鷄汁

補力偉大
功效卓著

九星 維他命 乳白魚肝油

分純淨
與含幾
怪兩種

含有多量
滋補原質

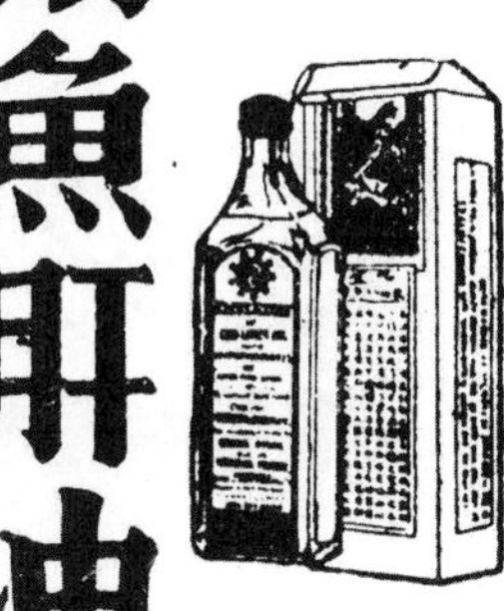

九星 維他命 麥精魚肝油

分純淨
與含幾
怪兩種

具有豐富
營養成份

無遠勿銷

到處可買

痰敵

分片與露
除痰鎮咳
平喘止嗆
順氣袪風
益肺治癆

胃鑰

分片與汁
開胃消食
去積降火
平肝順氣
鎮痛止咳

上海中西大藥房發行

電話購貨　九四〇二〇　九六七五九　九二七二七

國貨權威——調味極品

本品六大特色

鮮味特強少勝多許
引起食慾有益人體
品非血肉食之心安
筍菇鷄豚無此廉價
取材國產自給自足
攜帶便利既精且潔

調味粉 英味 VE-IN

註册商標

調味粉 豐味 VE-FUNG

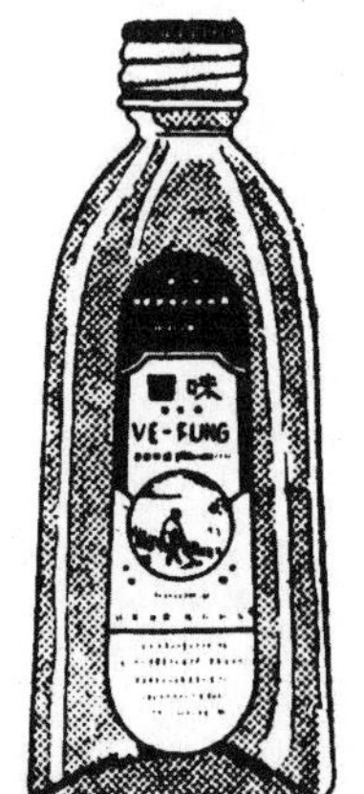

中南味英製造廠股份有限公司出品

製造廠
上海公共租界
昌平路南首
電話三二三〇二

事務所
上海公共租界
天津路八十五號
電話一〇三四七
電報掛號〇四〇三(淨)

虞序

福利營業公司出版部輯上海市行號路圖錄既成經理葛君福田挾全稿過余而請曰先生領導上海工商業歷數十年矣不特知上海工商業之狀況爲獨詳亦且於道路經界靡不能指掌以示人也福田不敏竊舉先生之所詳者徵之於調查求之於測勘疲數十人之心力耗一年餘之光陰晨鈔暝寫輯爲是書計將以供全滬工商界與夫市民之借鏡今幸殺青敢以就正於長者幷乞一言爲之重和德謝不敢然念葛君之殷爲是書所繫於滬之工商業者至鉅矣又盍可以無言竊維上海工商業之有著錄自西人所編行名錄始其內容雖不可謂不備然限於牌號地址而止與電話號碼簿殆相似也今是書之取材以全市各區之位置詳加測量就每區之道路分繪爲若干圖於每一路圖中按商號工廠里衖大樓之方位一一繪入朗若列眉自有此書之出世後此雖初來上海之人按圖以索皆可不勞問津而得之矣夫以上海之爲市不獨繫全國工商實業之中心亦世界著稱之商埠也其區域以內所包含之種種苟無圖錄爲之綜人將孰從而究詰之今是書之內容兼有地圖以及工商調查之用固不僅使不諳上海路途者知所取證而經營實業於本市者欲求發展其事業尤宜三致意於是編焉若夫葛君一年來籌備編印所歷之困難則其自序中已備言之故不書

中華民國二十八年八月鎮海洽卿虞和德序

上海市行號路圖錄

功勝指南

張錦湖題

福利營業公司編印之上海市行號路圖錄熔行號路圖于一爐為出版界空前鉅製測繪精詳無微不至誠旅滬人士之指南針也爰誌數言以當紹介

民國二十八年八月 王曉籟

上海繁華地，廛閈櫛與梳。千門臨道路，第肆列州閭。向北全無意，指南幸有書。按圖堪索驥，此後免躊躇。

福利營業公司編製上海市行號路圖錄行將出版以此題之

己卯新秋 袁禮敦

為大眾服務

上海市行號路圖錄出版

江一平題

林序

嘗歷觀各種上海行名簿矣其記載不可謂不詳盡也又歷披各種上海地輿圖矣其測繪不可謂不準確也然而圖文各異檢查猶覺爲難譬如一商店之地址一里弄之所在僅知位於某路而一路之長度恆有亘數里者欲尋覓一商店一里弄必也自此端達於彼端費時勞神莫甚於此因行名簿之記載僅能註明商店里弄之在某路而地輿圖之測繪僅能指示某路之在某處而已實未臻盡善也迺者福利營業公司總經理葛福田君有上海行號路圖錄之出版乃合行名簿地輿圖爲一冊費時達兩年之久輯繪有百人之多今始出而行世其編制也提綱挈領其測繪也周密審詳自此不特初來海上者可以按圖索驥而無人地生疎之感即老居春申者亦得化遠爲近而有瞭如指掌之便矣預計此書殺青行將人手一編紙貴洛陽也當付梓之初爰綴數言以爲之序

中華民國二十八年八月林康侯序

上海市行號路圖錄出版

瞭如指掌

俞佐廷

福利營業公司刊行行號路圖錄問世

指示迷津

金廷蓀題

上海市行號路圖錄出版

按圖索驥

奚玉書題

上海市行號路圖錄題

示衆周行

趙晉卿

徐序

上海爲世界名商場市廛林立道路縱横非特初臨其地者有蹙蹙靡騁莫知西東之嘆卽久旅斯土者亦時興歧路亡羊之慨猶憶四十年前予自甌來滬寓於二洋涇橋泰安棧擬至黃浦灘之郵局一路之隔步不盈百而予以未識途徑雇人力車往索費一角車夫故意繞行數帀而至於局迨予察覺則已費時費財翻悔無及矣今日思之如當時已有如葛君所編之上海市行號路圖錄者按圖以索固不必有老馬而始識途焉然若予之受紿猶其小也者耳吾知有感覺不便倍蓰於我者矣有遭受損失十百於我者矣斯圖一出而若者東若者西某也南某也北工廠商號躍然紙上馬路里弄瞭然胸中卽導引無人而正路可由其爲便利孰逾於此葛君治事勤用力篤在此非常之時仍能示人以常道是可佩也用爲之序

民國二十八年八月永嘉徐寄廎序於上海市商會

上海市行號路圖錄

瞭如指掌

許超

福利營業公司出版

上海市行號路圖錄

社會南針

聞蘭亭題

上海市行號路圖錄 奉題

行路南針

秦閣卿

上海市行號路圖錄刊行

通商惠工

方椒伯題

許序

近世世界工商業之發達蓋駸駸乎至於極盛矣我華以農業國之演進工商各業雖不能與歐美諸大邦分庭而抗禮然就上海一地觀之其工商業之繁盛宜無愧爲世界有名之商埠焉間嘗思之上海全市面積達一百方里平時人口恆及三百萬人戰事起後則突增至五百萬工商廠肆魚鱗櫛比不可僂指以計入其市者五光十色目眩神動欲求探索其究竟殆若一部廿四史不知從何說起顧寢食生息於其地經營事業於其地而於道路里巷之方位工商行號之地址懵然不辨其可乎哉今福利營業公司出版部纂編上海市行號路圖錄一書可謂先獲我心已書中如經界街市之測繪商店工廠之調查與夫大樓里衖之標示皆徵之實際不爽毫釐固非尋常執鉛槧以求者可得而幾也付梓有日經理葛子福田堅屬一言情意篤至不敢以不文辭余維上海一地類於方志之作其先若上海指南上海行名簿以至上海地圖等等未可悉舉然皆限於單純之作用未若此書所賅之廣博而詳明也原夫此書之出版其唯一之主旨厥爲便利工商界之觀覽俾助事業之策進故其名亦曰商用地圖蓋工商界之所恃以發展其業務者其道雖賾然欲收觀摩借鏡之益則是編殆具專功焉若夫供行路之南鍼助入境之問俗猶其次焉者爾爰樂爲之序

中華民國二十八年八月許曉初序於上海中法大藥房總經理室

上海市行號路圖錄出版紀念

時錫南針

薛篤弼題贈

上海市行號路圖錄

指示迷津

關炯題

題上海市行號路圖錄

如獲南箴

陳濟成

上海市行號路圖錄

瞭如指掌

郭順題

上海市行號路圖錄

粲然明備

杜鏞題

自序

本公司刱編上海工商行號路圖錄一名上海商用地圖始於去歲春間至今年八月始獲殺青付梓之日爰綴一言於簡端曰上海居全國之中心工商薈萃輪軌輻湊蔚然爲世界有名之通商大港蓋自海通以還我國工商業之重鎮無過上海其一廛一肆之早作而暮息一街一巷之熙來而攘往莫不具有甚大之經濟關係焉竊不自量以爲上海之見重於國内及國際者既若是吾人身居其地曷可不舉其工商業之狀况市廛街巷之種種據以著爲實錄使工商界與社會人士藉是以溝通而事業之策進市面之繁榮胥於是乎有賴矣職是之故遂不憚其工作之繁鉅毅然自任於是先就公共租界各馬路進行測量分繪詳圖此外工商行號之調查大樓里衖之編列歷時年餘全功乃竟凡得路圖一百四十幅大樓圖五十三座並附以索引及各業一覽表其中每一行號悉按其位置標示於圖俾覽者可以瞭如指掌焉回溯編纂此書之經過其間所耗人力物力之鉅所歷艱難勞苦之頻有非片言可得而殫述者今幸蕆事裒然成帙而社會賢達交相謬許此福田與諸同人所竊引爲自慰者也至本編所收之路圖有詳圖與分圖之别其在公共租界蘇州河以南者皆詳圖也其他地區或以時間之迫促測繪不及或以情勢之所限調查無自故僅有分圖此非同人等力有所不盡實勢有所不可耳他日再版當謀有以補充之以謝讀者抑本書編纂之計劃原定爲三區一曰公共租界二曰法租界三曰華界以每區爲一編今第一編既獲觀成繼此卽將從事第二編之纂輯拭目河清會當不遠則第三編亦必不難以次與國人相見耳

中華民國二十八年八月葛福田序於福利營業公司經理室

福利營業公司編製
上海行號路圖名錄 出版誌盛

按圖索驥

吳蘊齋題贈

福利營業公司編著
上海市行號路圖錄

這部圖錄是上海指南的空前傑作且是上海市民的營業寶筏

潘公展題

上海市行號路圖錄

供大眾化之需要
為有組織之指南

周邦俊題

福利營業公司出版
上海市行號路圖錄

按圖索驥 異常便利
老馬識途 腳踏實地
莫歎行難 指掌之易
不論何人 資助一臂
購備手頭 不須强記

餘姚黃雨齋題

上海市行號路圖錄總目錄

圖	區	東	西	南	北	頁
第二十圖	中區	東至江西路	西至山東路	南至廣東路	北至福州路	七八—七九
第二十一圖	中區	東至江西路	西至山西路	南至福州路	北至南京路	八二—八三
第二十二圖	中區	東至四川路	西至河南路	南至南京路	北至北京路	八六—八七
第二十三圖	中區	東至博物院路	西至河南路	南至北京路	北至蘇州路	九〇—九一
第二十四圖	中區	東至河南路	西至山西路	南至南京路	北至蘇州路	九四—九五
第二十五圖	中區	東至山西路	西至福建路	南至南京路	北至北京路	九八—九九
第二十六圖	中區	東至山西路	西至福建路	南至福州路	北至南京路	一〇二—一〇三
第二十七圖	中區	東至山東路	西至福建路	南至愛多亞路	北至福州路	一〇六—一〇七
第二十八圖	中區	東至福建路	西至浙江路	南至愛多亞路	北至福州路	一一〇—一一一
第二十九圖	中區	東至福建路	西至浙江路	南至福州路	北至南京路	一一四—一一五
第三十圖	中區	東至福建路	西至浙江路	南至南京路	北至北京路	一一八—一一九
第三十一圖	中區	東至山西路	西至浙江路	南至北京路	北至蘇州路	一二二—一二三
第三十二圖	中區	東至浙江路	西至虞洽卿路	南至北京路	北至蘇州路	一二六—一二七
第三十三圖	中區	東至浙江路	西至虞洽卿路	南至寧波路	北至北京路	一三〇—一三一
第三十四圖	中區	東至浙江路	西至虞洽卿路	南至南京路	北至寧波路	一三四—一三五
第三十五圖	中區	東至浙江路	西至虞洽卿路	南至漢口路	北至南京路	一三八—一三九
第三十六圖	中區	東至浙江路	西至虞洽卿路	南至福州路	北至漢口路	一四二—一四三
第三十七圖	中區	東至浙江路	西至虞洽卿路	南至廣東路	北至福州路	一五六—一四七
第三十八圖	中區	東至浙江路	西至虞洽卿路	南至愛多亞路	北至廣東路	一五〇—一五一
第三十九圖	北區	東至北山西路	西至北浙江路	南至海寧路	北至愛而近路	一五四—一五五
第四十圖	北區	東至北江西路	西至北山西路	南至海寧路	北至靶子路	一五八—一五九
第四十一圖	北區	東至北江西路	西至北河南路	南至天潼路	北至海寧路	一六二—一六三
第四十二圖	北區	東至北河南路	西至北福建路	南至七浦路	北至海寧路	一六六—一六七
第四十三圖	北區	東至北河南路	西至北福建路	南至天潼路	北至七浦路	一七〇—一七一
第四十四圖	北區	東至北江西路	西至北山西路	南至蘇州河	北至天潼路	一七四—一七五
第四十五圖	北區	東至北山西路	西至北浙江路	南至蘇州河	北至天潼路	一七八—一七九
第四十六圖	北區	東至北福建路	西至北浙江路	南至天潼路	北至海寧路	一八一—一八三

第七十一圖　西區　東至派克路　西至成都路　南至山海關路　北至新閘路　二八二—二八三

第七十二圖　西區　東至西蘇州路與新閘路之交叉口　西至成都路　南至新閘路　北至西蘇州路　二八六—二八七

第七十三圖　西區　東至成都路　西至大通路　南至新閘路　北至西蘇州路　二九〇—二九一

第七十四圖　西區　東至成都路　西至池浜路　南至山海關路　北至新閘路　二九四—二九五

第七十五圖　西區　東至成都路　西至池浜路　南至愛文義路　北至山海關路　二九八—二九九

第七十六圖　西區　東至池浜路　西至卡德路　南至愛文義路　北至新閘路　三〇二—三〇三

第七十七圖　西區　東至大通路　西至麥根路　南至新閘路　北至西蘇州路　三〇六—三〇七

第七十八圖　西區　東至麥根路　西至麥根路及麥特赫司脫路　南至武定路　北至蘇州河　三一〇—三一一

第七十九圖　西區　東至麥根路　西至麥特赫司脫路　南至新閘路　北至武定路　三一四—三一五

第八十圖　西區　東至卡德路　西至麥特赫司脫路　南至愛文義路　北至新閘路　三一八—三一九

第八十一圖　西區　東至卡德路　西至麥特赫司脫路　南至靜安寺路　北至愛文義路　三二二—三二三

第八十二圖　西區　東至同孚路　西至慕爾鳴路　南至威海衛路　北至靜安寺路　三二六—三二七

第八十三圖　西區　東至同孚路　西至慕爾鳴路　南至福煦路　北至威海衛路　三三〇—三三一

第八十四圖　西區　東至慕爾鳴路　西至西摩路　南至福煦路　北至威海衛路　三三四—三三五

第八十五圖　西區　東至慕爾鳴路　西至西摩路　南至威海衛路　北至靜安寺路　三三八—三三九

第八十六圖　西區　東至麥特赫司脫路　西至戈登路　南至靜安寺路　北至愛文義路　三四二—三四三

第八十七圖　西區　東至戈登路　西至小沙渡路　南至靜安寺路　北至愛文義路　三四六—三四七

第八十八圖　西區　東至麥特赫司脫路　西至戈登路　南至愛文義路　北至新閘路　三五〇—三五一

第八十九圖　西區　東至戈登路　西至小沙渡路　南至愛文義路　北至新閘路　三五四—三五五

第九十圖　西區　東至麥特赫司脫路　西至戈登路　南至新閘路　北至武定路　三五八—三五九

第九十一圖　西區　東至戈登路　西至小沙渡路　南至新閘路　北至武定路　三六二—三六三

圖	區	東	西	南	北	頁
第九十二圖	西區	東至小沙渡路	西至赫德路	南至武定路	北至康腦脫路	三六六—三六七
第九十三圖	西區	東至小沙減路	西至赫德路	南至新閘路	北至武定路	三七〇—三七一
第九十四圖	西區	東至小沙渡路	西至赫德路	南至愛文義路	北至新閘路	三七四—三七五
第九十五圖	西區	東至小沙渡路	西至哈同路	南至靜安寺路	北至愛文義路	三七八—三七九
第九十六圖	西區	東至哈同路	西至赫德路	南至靜安寺路	北至愛文義路	三八二—三八三
第九十七圖	西區	東至哈同花園	西至赫德路	南至福煦路	北至靜安寺路	三八六—三八七
第九十八圖	西區	東至西摩路	西至哈同花園	南至福煦路	北至靜安寺路	三九〇—三九一
第九十九圖	西區	東至赫德路	西至海格路	南至福煦路	北至靜安寺路	三九四—三九五
第一〇〇圖	西區	東至海格路	西至地豐路	南至大西路	北至愚園路	三九八—三九九
第一〇一圖	西區	東至赫德路	西至膠州路及海格路	南至靜安寺路	北至愛文義路	四〇二—四〇三
第一〇二圖	西區	東至膠州路	西至地豐路	南至愚園路	北至愛文義路	四〇六—四〇七
第一〇三圖	西區	東至赫德路	西至膠州路	南至愛文義路	北至新閘路	四一〇—四一一
第一〇四圖	西區	東至膠州路	西至新閘路與極司非爾路交叉口	南至愛文義路極司非爾路交叉口	北至新閘路	四一四—四一五
第一〇五圖	西區	東至膠州路	西至延平路	南至新閘路	北至康腦脫路	四一八—四一九
第一〇六圖	西區	東至赫德路	西至膠州路	南至新閘路	北至康腦脫路	四二二—四二三
第一〇七圖	西區	東至麥特赫司脫路	西至戈登路	南至武定路	北至康腦脫路	四二六—四二七
第一〇八圖	西區	東至戈登路	面至小沙渡路	南至武定路	北至康腦脫路	四三〇—四三一
第一〇九圖	西區	東至麥根路	西至東京路	南至康腦脫路	北至昌平路	四三四—四三五
第一一〇圖	西區	東至東京路	西至戈登路	南至康腦脫路	北至昌平路	四三八—四三九
第一一一圖	西區	東至麥根路	西至東京路	南至昌平路	北至海防路	四四二—四四三
第一一二圖	西區	東至東京路	西至西摩路	南至昌平路	北至海防路	四四六—四四七
第一一三圖	西區	東至西摩路	西至小沙渡路	南至昌平路	北至海防路	四五〇—四五一
第一一四圖	西區	東至小沙渡路	西至赫德路	南至康腦脫路	北至昌平路	四五四—四五五
第一一五圖	西區	東至戈登路	西至小沙渡路	南至康腦脫路	北至昌平路	四五八—四五九

第一一六圖	西區	東至赫德路	西至延平路	南至康腦脫路	北至昌平路	四六二—四六三
第一一七圖	西區	東至小沙渡路	西至赫德路	南至昌平路	北至海防路	四六六—四六七
第一一八圖	西區	東至赫德路	西至延平路	南至昌平路	北至星加坡路	四七〇—四七一
第一一九圖	西區	東至赫德路	西至租界邊線	南至星嘉坡路	北至檳榔路	四七四—四七五
第一二〇圖	西區	東至小沙渡路	西至赫德路	南至海防路	北至檳榔路	四七八—四七九
第一二一圖	西區	東至戈登路	西至小沙渡路	南至海防路	北至檳榔路	四八二—四八三
第一二二圖	西區	東至西蘇州路	西至戈登路	南至海防路	北至檳榔路	四八六—四八七
第一二三圖	西區	東至赫德路	西至膠州路	南至檳榔路	北至勞勃生路	四九〇—四九一
第一二四圖	西區	東至小沙渡路	西至赫德路	南至檳榔路	北至勞勃生路	四九四—四九五
第一二五圖	西區	東至戈登路	西至小沙渡路	南至馬白路	北至勞勃生路	四九八—四九九
第一二六圖	西區	東至戈登路	西至小沙渡路	南至檳榔路	北至馬白路	五〇二—五〇三
第一二七圖	西區	東至西蘇州路	西至戈登路	南至檳榔路	北至勞勃生路	五〇六—五〇七
第一二八圖	西區	東至西蘇州路	西至東京路	南至勞勃生路	北至澳門路	五一〇—五一一
第一二九圖	西區	東至西蘇州路	西至東京路	南至澳門路	北至莫干山路	五一四—五一五
第一三〇圖	西區	東至西蘇州路	西至東京路	南至莫干山路	北至西蘇州路	五一八—五一九
第一三一圖	西區	東至蘇州路	西至蘇州路與宜昌路之交叉口	南至宜昌路	北至蘇州路	五二二—五二三
第一三二圖	西區	東至東京路	西至戈登路	南至澳門路	北至宜昌路	五二六—五二七
第一三三圖	西區	東至東京路	西至戈登路	南至勞勃生路	北至澳門路	五三〇—五三一
第一三四圖	西區	東至戈登路	西至西摩路	南至勞勃生路	北至澳門路	五三四—五三五
第一三五圖	西區	東至戈登路	西至西摩路	南至澳門路	北至宜昌路	五三八—五三九
第一三六圖	西區	東至西摩路	西至小沙渡路	南至勞勃生路	北至澳門路	五四二—五四三
第一三七圖	西區	東至西摩路	西至租界邊線	南至澳門路	北至宜昌路	五四六—五四七
第一三八圖	西區	東至小沙渡路	西至租界邊線	南至勞勃生路	北至澳門路	五五〇—五五一
第一三九圖	西區	東至西蘇州路宜昌路之交叉口	西至西蘇州路	南至宜昌路與小沙渡路之交叉口	北至西蘇州路	五五四—五五五
第一四〇圖	越界築路中法藥廠	東至大西路	西至空地	南至大西路	北至空地	五五八—五五九

凡例

一、本書編製以路圖爲主故編輯體例與其他行名錄等逈不相同惟因本市幅員廣大道路錯綜或以環境關係調查困難或以時間關係測繪不及故本編詳圖先以第一特區（公共租界）之中西兩區及蘇州河北東起北江西路西至北西藏路北至愛而近路爲限其他各區則僅載一全圖以示其方位之輪廓詳細繪製待諸續編

一、本書所載路圖一百四十幅大樓圖五十三座事前均係派員實地調查測繪編製惟以手續繁多致與出版時間距離達十餘月之久人事上不無變遷其里弄名稱商店牌號或有更易雖曾隨時隨地反覆採訪加以修改惟以復查不易周徧自難免於掛漏更有在付印以後發覺其變遷而事實上已不及修改者祇得暫仍其舊俟再版時改正

一、本市路名有中英文同聲者如南京路虞洽卿路等有中英文不同聲者如静安寺路等有自英文譯爲中文者如阿拉白司脫路等故本書對於路名除中文外加註西文以便對照至於里弄名稱邇年以來市政當局因里弄名稱每有相同乃以里弄與沿路房屋之門牌號數銜接編列例如一〇一號房屋之隔鄰適爲一里弄則將該里編爲一〇三弄惟習慣上之稱謂類多仍舊故本書編製對於有名稱之里弄則將里弄名稱與里弄號數一倂註明如南京路之大慶里亦即爲該路之第七九九弄是也如祇有里名或祇有里弄號數則僅註一項

一、大樓圖以一層爲單位惟以中西人士對於層次觀念不同如吾國人通稱之二樓西人則謂之一樓故對於中西層次並列其中以備參考至於電梯扶梯之位置出入之甬道衛生設備之場所亦均加以註明俾便檢閱

一、爲便利閱者檢查起見特附載廣告索引路名索引里弄索引及大樓索引於篇首均以其第一字筆劃之多寡爲序除廣告索引外係分區編排以期便捷例如欲查中區之南京路位於何處其首一字之南字爲九劃可於中區九劃中查之卽得

一、爲適應各界之需要起見特將公共機關與團體及醫師醫院以及餐館旅社娛樂場所之名稱地址分列專欄其編排亦以首字筆劃多寡爲序

一、本書各圖均繪有指北針標記惟因各圖之縮小程度不一故未能將比例尺一一註明請閱者鑒諒

一、本書各頁除循序編列號數外復於各圖之指北針下註明圖數以便檢查

一、本書雖經一再校勘惟魯魚亥豕仍恐不免而各圖内容亦容有未盡之處甚盼讀者不吝賜教俾再版時據以修正以臻完善

上海市行號路圖錄路名索引

中區

東至黃浦灘 西至虞洽卿路 南至愛多亞路 北至蘇州河

二劃

二白渡橋　(即乍浦路橋)位於蘇州河上南接博物院路北接乍浦路

二擺渡路　東至四川路西至江西路

九江路　(即二馬路)東至黃浦灘西至虞洽卿路

三劃

山西路　北至盆湯弄橋南至福州路

山東路　北段北起蘇州河南至寧波路南段北至南京路南至愛多亞路又南段中二馬路至四馬路之間該段俗稱望平街四馬路至五馬路之間俗稱麥家圈

四劃

天后宮橋　(即鐵大橋)(又名河南路橋)位於蘇州河上貫通南北河南路

天津路　東至江西路西至貴州路

中央路　北通南京路南通九江路

中棋盤街　北至廣東路南至愛多亞路

仁記路　東至黃浦灘西至四川路

牛莊路　東至顧家弄西至勞合路

五福弄　北至寧波路南至南京路

五劃

四川路　北至四川路橋南至愛多亞路

四川路橋　位於蘇州河上貫通南北四川路

外白渡橋　位於蘇州河上貫通黃浦灘東至百老滙路

白克路　東起勞合路西至卡德路

北京路　(即後馬路)東至黃浦灘西至虞洽卿路

北海路　(即六馬路)東至福建路西至虞洽卿路

北無錫路　東至山西路西至直隸路

台灣路　東至五福弄西至福建路

平望街　北至福州路南至廣東路

六劃

西上麟　北至廣東路南至愛多亞路

江西路　北至自來水橋南至愛多亞路

自來水橋　位於蘇州河貫通南北江西路

老閘橋　位於蘇州河上貫通南北福建路

老垃圾橋　位於蘇州河上貫通南北浙江路

冰廠街　東通四川路西通江西路北通香港路

交通路　東通河南路西通山東路

汕頭路　東至廣西路西至虞洽卿路

七劃

芝罘路　東至浙江路西至虞洽卿路

佛陀街　北至南京路南至九江路

宋家弄　北至廈門路浙江路東南至北京路

八　劃

松江弄　東至湖北路西至浙江路

河南路　北至天后宮橋南至愛多亞路

泗涇路　東至江西路西至河南路

宜昌路橋　位於蘇州河上貫通宜昌路閘北光復路

直隸路　北至蘇州路南至九江路

金隆街　東通河南路西通山東路廣東路南

九　劃

南京路　即（大馬路）東至黃浦灘西至虞洽卿路

南無錫路　西通福建路南通寧波路

香港路　東通圓明園路西通江西路

香粉弄　東至福建路西至浙江路南通南京路

盆湯弄　東至山西路西至福建路

盆湯弄橋　位於蘇州河上，貫通南北山西路

英華街　北至南京路南至九江路

十　劃

浙江路　北至老垃圾橋南至愛多亞路

倍福路　東通圓明園路西通博物院路

十二劃

黃浦灘　北至外白渡橋南至愛多亞路

湖北路　即（大新街）北至南京路南至愛多亞路

勞合路　北至芝罘路南至南京路

貴州路　北至廈門路南至九江路

廈門路　東至老閘橋西至虞洽卿路

雲南路　北段北至芝罘路南至寧波路南段北至南京路南至愛多亞路

十三劃

博物院路　北至蘇州路南至北京路

棋盤街　東起江西路西至山東路

愛多亞路　即（洋涇浜）東至黃浦灘西至福煦路

虞洽卿路　北至新垃圾橋南至愛多亞路

圓明園路　北至蘇州路南至仁記路

新康路　東通四川路西通江西路

新菜場路　北至蘇州河南至北京路

靖遠街　北至廣東路南至愛多亞路

十四劃

漢口路　（即三馬路）東至黃浦灘西至虞洽卿路

福州路　（即四馬路）東至黃浦灘西至虞洽卿路

福建路　（即石路）北至老閘橋南至愛多亞路

廣西路　北至芝罘路南至愛多亞路

廣東路　（即五馬路）東至黃浦灘西至虞洽卿路中段福建路至湖北路一段舊名正豐街

寧波路　東至四川路西至勞合路

十六劃

蕪湖路　東至山東路西至福建路

二十劃

蘇州路　東至外白渡橋西至新垃圾橋

二十一劃

顧家弄　北至北京路南至寧波路

北區

東至斐倫路　南至蘇州河
西至北西藏路　北至界路

二劃

七浦路　東至北四川路西至熱河路

三劃

三泰路　北通泰安里南至北蘇州路

四劃

文監師路（即蓬路）東至百老匯路西至北浙江路

文極司脫路　南至北蘇州路北至開封路

天潼路　東至黃浦路西至北浙江路

五劃

北山西路　南至北蘇州路北至界路

北江西路　南至北蘇州路北至靶子路

北西藏路　南至北蘇州路北至海寗路

北河南路　南至北蘇州路北至界路

北浙江路　南至北蘇州路北至界路

北福建路　南至北蘇州路北至海寗路

甘肅路　南至北蘇州路北至海寗路

六劃

老閘橋街　東至北山西路西至新唐家弄

七劃

伯頓路　南通北河南路北通海寗路

克能海路　南至七浦路北至界路

八劃

阿拉伯司脫路　東至北浙江路西至北西藏路

九劃

南天潼路　東至天潼路西至北河南路

十劃

海寗路　東至吳淞路西至北西藏路

十一劃

開封路　東至甘肅路西至北西藏路

十三劃

靶子路　東至斐倫路西至北河南路

愛而近路　東至北江西路西至北浙江路

新唐家弄　南至北蘇州路北至七浦路

十五劃

熱河路　南至開封路北至海寧路

西區

東至虞洽卿路　南至愛多亞路福煦路
西至延平路　北至蘇州河

三劃

大西路　東至海格路西至虹橋路
大沽路　東段東至跑馬廳路西至重慶路西段西至同孚路東至成都路
大通路　北至蘇州河南至白克路
大華路　北至愛文義路南至靜安寺路
小沙渡路　北至蘇州河南至靜安寺路
山海關路　東至梅白格路西至卡德路

四劃

太平弄　東至派克路西至梅白格路
戈登路　北至宜昌路南至靜安寺路
王家沙花園路　東至大通路西至卡德路中段北通愛文義路

五劃

白克路　東至中區勞合路西至卡德路
北河路　北至牯嶺路南至白克路
卡德路　北至新閘路南至靜安寺路

六劃

安南路　東至哈同路西至赫德路
同孚路　北至靜安寺路南至福煦路
成都路　北至蘇州河南至福煦路
西摩路　北至康腦脫路北南至福煦路
西蘇州路　沿蘇州河南岸東段自烏鎮路橋至舢板廠新橋西段在宜昌路北

七劃

地豐路　北至極司非而路南至海格路
池浜路　北至新閘路南至愛文義路

八劃

呂宋路　北至愛多亞路南至福煦路
延平路　北至勞勃生路南至新閘路
昌平路　東段東至麥根路西至戈登路西段東至赫德路西至延平路
長沙路　北至新閘路南至牯嶺路
宜昌路　東至西蘇州路西至小沙渡路
武定路　東至麥根路西至膠州路
東京路　北至西蘇州路南至勞勃生路
青島路　東至派克路西至梅白格路
青海路　北起靜安寺路南通大中里在斜橋總會西
孟德蘭路　東至馬霍路西至成都路
弄平街　北至威海衛路南至福煦路
定興路　東段東至北河路西至派克路西段東接同壽里西至大通路

九劃

威海衛路　東至馬霍路西至福煦路
南陽路　西至哈同路東至西摩路

哈同路　北至愛文義路南至福煦路

重慶路　北至孟德蘭路南至福煦路

牯嶺路　東至虞洽卿路西至派克路

派克路　北至蘇州河南至靜安寺路又中段蘇州河起至新閘路一帶俗稱醬園弄又名三角地

恆豐路橋　（即舢板廠新橋）位於蘇州河上貫通麥根路閘北恆豐路

星嘉坡路　東至小沙渡路西至康腦脫路

十劃

烏鎮路橋　位於蘇州河上貫通新閘路閘北烏鎮路

荔浦路　西通小沙渡路

海防路　東至戈登路西至小沙渡路

海格路　北至愚園路南至福煦路

馬白路　東至戈登路西至小沙渡路

馬崎路　北至梹榔路南至麥根路

馬霍路　北至靜安寺路南至愛多亞路

十一劃

梅白格路　北至蘇州河南至靜安寺路

淡水路　北至愛多亞路南至福煦路

莫干山路　東至蘇州路西至東京路

張家宅路　南通愛文義路卡德路西

康腦脫路　東至麥特赫司脫路至西極司非而路

麥根路　北至戈登路南至新閘路

麥特赫司脫路　北至康腦脫路南至靜安寺路

斜橋弄　東至靜安寺路西至慕爾鳴路

麥邊路　東至麥特赫司脫路西至戈登路

十二劃

温州路　北至蘇州河南至愛文義路

普陀路　東通東京路西通小沙渡路

勞勃生路　東通西蘇州路西至極司非而路

跑馬廳路　東至虞洽卿路西至重慶路

順德路　位於舢板廠新橋之東南與蘇州河成平行綫西接麥根路

十三劃

極司非而路　東至愚園路西至白利南路

愛文義路　東至虞洽卿路西至極司非而路

虞洽卿路　北至新垃圾橋南至愛多亞路

愚園路　東至赫德路西至白利南路

新垃圾橋　位於蘇州河上貫通虞洽卿路與北區北西藏路

新閘橋　位於蘇州河上貫通新閘橋路閘北大統路

新閘路　東至虞洽卿路西至膠州路

新閘橋路　北至新閘橋南至新閘路

十四劃

福康路　南至新閘路麥特赫司脫路之東

福煦路　東至呂宋路西至海格路

赫德路　北至梹榔路南至福煦路

十五劃

膠州路　南至愚園路北至勞勃生路

慕爾鳴路　北至靜安寺路南至福煦路

十六劃

靜安寺路　東至廣治卿路西至大西路

澳門路　東至蘇州河西至小沙渡路

龍門路　北至跑馬廳路南至愛多亞路

十九劃

醬園弄　東至派克路西至梅白格路

檳榔路　東至蘇州河西至勞勃生路

二十劃

藏華路　北至荔浦路南至海防路

一四

上海市行號路圖錄中區里弄坊邨別墅索引

弄號或里名	地段	頁數
一四弄	天津路	八六—八七
二四弄	山東路	七四—七五
二五弄	九江路	六六—六七
二七弄	廈門路	一二二—一二三
二七弄	寧波路	八六—八七
三六弄	北海路	一一〇—一一一
四〇弄	山西路	八二—八三
四四弄	福建路	一〇六—一〇七
四四弄	四川路	七〇—七一
四七弄	九江路	六六—六七
四八弄	金隆街	七四—七五
五一弄	天津路五福弄	九八—九九
五四弄	顧家弄	一一八—一一九
五八弄	山西路	八二—八三
六〇弄	北無錫路	九八—九九
六四弄	盆湯弄	九八—九九
六六弄	北無錫路	九八—九九
六六弄	福建路	一〇六—一〇七
六八弄	顧家弄	一一八—一一九
八〇弄	廣西路	一五〇—一五一
八八弄	福建路	一〇六—一〇七
九九弄	山東路	一〇六—一〇七
一〇一弄	福建路	一一〇—一一一
一〇六弄	江西路	七〇—七一

弄號或里名	地段	頁數
一〇九弄	浙江路	一四六—一四七
一一二弄	湖北路	一一〇—一一一
一一七弄	香港路	九〇—九一
一二五弄	四川路	七〇—七一
一二六弄	四川路	七〇—七一
一三一弄	廣東路	七〇—七一
一三四弄	山西路	八二—八三
一三五弄	北京路	六二—六三
一三六弄	江西路	七〇—七一
一三七弄	廈門路	一二六—一二七
一三七弄	浙江路	一四六—一四七
一五五弄	圓明園路	五八—五九
一九五弄	福建路	一一四—一一五
二〇〇弄	北京路	九〇—九一
二〇三弄	雲南路	一四二—一四三
二一五弄	福建路	一一四—一一五
二一九弄	四川路	六六—六七
二三九弄	四川路	六六—六七
二四八弄	直隸路	九八—九九
二五五弄	山西路	九八—九九
二六一弄	江西路	八二—八二
二六六弄	貴州路	一三〇—一三一
二九〇弄	牛莊路	一二六—一二七
二九九弄	廣東路	七四—七五

三〇三弄	廣東路	七四—七五
三一二弄	福州路	七八—七九
三一七弄	山西路	一〇六—一〇七
三四九弄	九江路	九八—九九
三五〇弄	福建路	八二—八三
三五二弄	九江路	九八—九九
三六〇弄	河南路	八二—八三
三八二弄	福州路	八二—八三
三八四弄	福州路	一〇二—一〇三
三九三弄	江西路	一〇六—一〇七
四一二弄	河南路	九〇—九一
四二六弄	寧波路	八六—八七
四三九弄	江西路	一一八—一一九
四四四弄	天津路	九〇—九一
四四四弄	河南路	一一八—一一九
四六六弄	四川路	八六—八七
四六八弄	虞洽卿路	六二—六三
四七六弄	河南路	一三四—一三五
四九四弄	廣東路	八六—八七
四九五弄	寧波路	一一〇—一一一
四九七弄	四川路	一一八—一一九
四九九弄	廣東路	八六—八七
五一七弄	北京路	一一〇—一一一
五二五弄	福州路	九八—九九
五二七弄	北京路	一一〇—一一一
五四三弄	福州路	九八—九九
五六六弄	福州路	一一四—一一五

五八三弄	浙江路	一二六—一二七
五九六弄	北京路	一二二—一二三
六一〇弄	廣東路	一四六—一四七
六七一弄	福州路	一四六—一四七
七九六弄	北京路	一二六—一二七
人豐里	廈門路二五弄	一二二—一二三
人豐里	福建路五八九弄	一二二—一二三
又新里	山東路三三八弄	八二—八三
又新里	九江路	八二—八三
九江里	雲南路	一三八—一三九
三元坊	福州路	一四六—一四七
三元坊	虞洽卿路	一四六—一四七
三和里	江西路四三二弄	九〇—九一
久安里	湖北路一三〇弄	一一〇—一一一
久安里	廣東路五〇四弄	一一〇—一一一
久安里	廣東路	一一〇—一一一
久安里	福州路	一一〇—一一一
久安里	湖北路一三八弄	一一〇—一一一
久安里	福建路一四一弄	一一〇—一一一
久安里	湖北路一五〇弄	一一〇—一一一
久安里	福建路一五一弄	一一〇—一一一
大吉里	靖遠街七三弄	一〇六—一〇七
大升坊	山西路二六弄	八二—八三
大新坊	浙江路二六二弄	一一四—一一五
大慶里內橫街	雲南路三三九弄	一三八—一三九
大慶里總弄	南京路七九九弄	一三八—一三九
大興里	福州路六一四弄	一四二—一四三

大興里	福州路六三六弄	一四二—一四三
文明坊	牛莊路六五〇弄	一一八—一一九
中和里	福州路二五二弄	八二—八三
中和里	河南路	八二—八三
升安里	寧波路四七三弄	一一八—一一九
太平坊	漢口路三四一弄	八二—八三
太平坊	山東路一八〇弄	七八—七九
太原里	牛莊路	一三〇—一三一
介祉里	天津路三七二弄	一一八—一一九
介祉里	福建路四一七弄	一一八—一一九
公順里	廣東路二八六弄	七八—七九
公順里	廣東路三〇〇弄	七八—七九
日新里	南京路五八四弄	一一八—一一九
仁美里	北京路	九四—九五
仁德里	南無錫路六四弄	九八—九九
仁興里	北京路六二二弄	一二二—一二三
五福里	北京路八九一弄	一三〇—一三一
五福里	芝罘路	一三〇—一三一
月桂里	廣東路	
世界里	福州路三二八弄	八二—八三
北高陽里	盆湯弄	九八—九九
民順新里	寧波路	八六—八七
永平里	廈門路二〇五弄	一二六—一二七
永平安里	寧波路六二〇弄	一三〇—一三一
永平里	貴州路	一二六—一二七
永安坊	廣西路十二弄	一五〇—一五一
永安坊	廣西路	一五〇—一五一

永吉里	江西路十五弄	七四—七五
永吉里	江西路三一弄	七四—七五
永吉里	香粉弄三四弄	一一八—一一九
永寧里總弄	棋盤街三四弄	七四—七五
永寧里	廣東路二三七弄	七四—七五
永寧里	河南路	七四—七五
永清里	寧波路二四四弄	九四—九五
永樂里	山東路二二八弄	八二—八三
永源里	天津路七弄	八六—八七
永德里	香粉弄四八弄	一一八—一一九
永興里	廈門路三九弄	一二二—一二三
永慶里	山東路二二七弄	八二—八三
平安里總弄	福州路六〇四弄	一四二—一四三
平安里	浙江路一九五弄	一四二—一四三
平陽里	北無錫路四六弄	九八—九九
平樂里	虞洽卿路三三〇弄	一三八—一三九
平樂里	虞洽卿路三四〇弄	一三八—一三九
同安里	漢口路四五五弄	一〇二—一〇三
同吉里總弄	天津路三一弄	八六—八七
同吉里總弄	南京路二〇八弄	八六—八七
同和古里	寧波路七四弄	八六—八七
同芳里	福建路二〇四弄	一〇二—一〇三
同春坊	浙江路七三弄	一五〇—一五一
同春坊	浙江路六三弄	一五〇—一五一
同益里	北無錫路六六弄內	九八—九九
同德里	廣東路五一七弄內	一一〇—一一一
吉祥里	河南路五三一弄	九四—九五

吉祥里	河南路五四一弄	九四—九五
吉慶里	江西路十四弄	七〇—七一
吉慶里	江西路二四弄	七〇—七一
吉慶坊	浙江路二六弄	一一〇—一一一
吉慶里	江西路三四弄	七〇—七一
吉慶里	棋盤街三七弄	七四—七五
吉慶里	江西路四四弄	七〇—七一
安康里	雲南路三〇七弄	一三八—一三九
安德里	北京路顧家弄七一弄	一一八—一一九
如意里	河南路五七五弄	九四—九五
如意里	北京路	九四—九五
兆福里總弄	漢口路二七一弄	八二—八三
兆福里	河南路二七一弄	八二—八三
曲江里	福建路二四九弄	一一四—一一五
曲江里	漢口路五二二弄	一一四—一一五
西中和里	福州路二七二弄	八二—八三
西貴興里	廣東路	一〇六—一〇七
自由坊	廣西路四一四弄	一〇六—一〇七
光華坊	寧波路五二〇弄	一一八—一一九
老慈和里	廣西路二四三弄	一四二—一四三
老慈和里	廣西路二五三弄	
百德里	北京路顧家弄二三弄	一一八—一一九
均安里	廈門路七六弄	一二二—一二三
均益東里	北海路四八弄	一一〇—一一一
均益西里	北海路八二弄	一一〇—一一一
沙遜里	山東路六二弄	七四—七五
[illegible]遜里	[illegible]東路三一三弄	七四—七五

迎春坊	湖北路二〇七弄	一一四—一一五
宋家弄	北京路六八八弄	一二二—一二三
延康里	漢口路	一〇二—一〇三
宏興里	北京路八五〇弄	一二六—一二七
松安里	北京路六二七弄	一一八—一一九
松柏里	山東路二七弄	九四—九五
松柏里	山東路四五弄	九四—九五
松柏里	山東路五三弄	九四—九五
松陽里	廈門路五三弄	一二二—一二三
松壽里	北京路六〇八弄	一二二—一二三
金玉里	愛多亞路四三八弄	一〇六—一〇七
金玉里總弄	愛多亞路四五六弄	一〇六—一〇七
金隆里	金隆街十三弄	七四—七五
金隆里	金隆街	七四—七五
金壽里	廣東路三六九弄	一〇六—一〇七
金壽里	蕪湖路三二弄	一〇六—一〇七
金壽里	山東路四一弄	一〇六—一〇七
金壽里	山東路六一弄	一〇六—一〇七
怡安里	天津路三八弄	九四—九五
怡安里	五福弄四八弄	九八—九九
怡安里	五福弄五八弄	九八—九九
怡成坊	台灣路四二弄	九八—九九
怡益里	山西路十弄	八二—八三
青陽里	南京路三〇六弄	九四—九五
青蓮坊	河南路一六六弄	七八—七九
青蓮坊	河南路一九四弄	七八—七九
東公和里	福州路三七九弄	一〇六—一〇七
東昇里	浙江路十三弄	一五〇—一五一
東昇里	浙江路二三弄	一五〇—一五一

里名	地址	頁
東華里	福州路二六九弄	七八—七九
東畫錦里	漢口路	一〇二—一〇三
長吉里	虞洽卿路五八四弄	一三〇—一三一
長吉里	勞合路一六一弄	一三〇—一三一
長耕里	愛多亞路	七〇—七一
長餘里	金隆街四三弄	七四—七五
居易里	勞合路一二七弄	一三〇—一三一
居易里	勞合路一三九弄	一三〇—一三一
阜成里	天津路四四弄	八六—八七
阜安里	寧波路二〇七弄	九四—九五
育仁里	雲南路二七弄	一五〇—一五一
育仁里	虞洽卿路五四弄	一五〇—一五一
尚仁里	山東路一一七弄	一〇六—一〇七
昇平里	北無錫路六〇弄內	九八—九九
協和里	河南路四二七弄	九四—九五
武陵坊	廣西路二二九弄	一四二—一四三
明智里	廣西路三五三弄	一三八—一三九
明智里	廣西路九江路隔弄	一三八—一三九
建源里	平望街	一四六—一四七
建源里	平望街	一四六—一四七
建源里	平望街	一四六—一四七
步順里	山西路	一〇二—一〇三
保安里	天津路四四〇弄	一一八—一一九
保安坊	南京路四八六弄	九八—九九
保紀里	寧波路三二七弄	九八—九九
保康里	浙江路五六三弄	一二六—一二七
保康里	浙江路五七五弄	一二六—一二七

里名	地址	頁
恆清里	白克路七弄	一三四—一三五
恆清里	白克路十七弄	一三四—一三五
恆業里總弄	江西路一三五弄	七八—七九
恆業里	泗涇路	七八—七九
恆源里總弄	天津路一七九弄	九四—九五
春壽里	宋家弄六八八弄內	一二二—一二三
春耕里總弄	愛多亞路三四〇弄	七四—七五
洪德里	浙江路五九九弄	一二六—一二七
洪德里	浙江路六〇九弄	一二六—一二七
美仁里	漢口路四二九弄	一〇一—一〇三
美倫里	金隆街四〇弄	七四—七五
茂盛里總弄	福建路四八九弄內一三六弄	一一八—一一九
冠華坊	南京路三〇三弄	八二—八三
冠華坊	山東路	八二—八三
衍慶里	廈門路二三〇弄	一二六—一二七
厚德里	福建路五三三弄	一一八—一一九
耕餘里	新菜場路六號	一二二—一二三
耕興里	寧波路三六三弄	九八—九九
通裕里	交通路十七弄	七八—七九
通裕里	交通路三三弄	七八—七九
致富里	福建路三四一弄	一一八—一一九
致富里	福建路三五七弄	一一八—一一九
逢吉里	貴州路一三一弄	一三四—一三五
逢吉里	貴州路	一三四—一三五
益豐里	芝罘路三七弄	一三〇—一三一
益豐里	芝罘路	一三〇—一三一
益豐里	貴州路二二五弄	一三〇—一三一

益豐里	貴州路	一三〇—一三一
浴春池	湖北路一八四弄	一一四—一一五
泰記弄	天津路一一〇弄	九四—九五
高陞里	天津路三五七弄	一一八—一一九
陞榮里	天津路二四八弄	九八—九九
根德里	北京路五二六弄	一二二—一二三
神州里	浙江路	一四六—一四七
清和里	山西路三一弄	一〇二—一〇三
清和坊	浙江路一一八弄	一一〇—一一一
清和坊	浙江路一一八弄	一一〇—一一一
清和坊	浙江路一〇八弄	一一〇—一一一
清和坊	廣東路	一一〇—一一一
清遠里總弄	北京路	八六—八七
陶朱里	福建路二六六弄	一〇二—一〇三
陶朱里	九江路	一〇二—一〇三
乾記里	天津路	九四—九五
望雲里	河南路	八六—八七
深耕里	北京路四九九弄	九八—九九
祥康里	天津路一五七弄	九四—九五
盛溼里	蘇州路七六七弄	一二二—一二三
畫錦里	漢口路三六〇弄	八二—八三
崇讓里	福州路四二〇弄	一〇二—一〇三
惟慶里	天津路二四七弄	九八—九九
會樂里	廣西路二六三弄	一四二—一四三
會樂里	福州路七二六弄	一四二—一四三
會樂里	廣西路二六五弄	一四二—一四三
會樂里橫弄	廣西路二七三弄	一四二—一四三
會樂里	廣西路	一四二—一四三
順孝里	北京路六四五弄	一一八—一一九
順康里	蘇州路七四九弄	一二二—一二三
順康里	廈門路五十弄	一二二—一二三
順壽里	南無錫路十六弄	九八—九九
集益里總弄	天津路一九五弄	九四—九五
集賢里	南京路三七四弄	九四—九五
富康里	天津路二九五弄	九八—九九
富康里	天津路三〇五弄	九八—九九
景和里	福建路二四六弄	一〇二—一〇三
景雲里總弄	天津路二一二弄	九四—九五
渭水坊	寧波路五四二弄	一三〇—一三一
渭水坊	廣西路	一三〇—一三一
紫金坊	廣東路四四〇弄	一〇六—一〇七
朝宗坊	漢口路二九七弄	八二—八三
普慶里	廣東路三五二弄	一〇六—一〇七
敦貽里	北京路六〇七弄	一一八—一一九
越羣坊	北海路二六七弄	一五〇—一五一
隆慶里	寧波路	九四—九五
隆慶里	山西路三〇六弄	九四—九五
貴興里	廣東路三八〇弄	一〇六—一〇七
華萼坊	九江路五五五弄	一一四—一一五
運濟里	北京路	一一八—一一九
善全里	香粉弄	一一八—一一九
裕德里(一)	雲南路八弄	一五〇—一五一
裕德里	廣西路五弄	一五〇—一五一
裕德里	廣西路十五弄	一五〇—一五一

名稱	地址	頁數
裕德里(三)	雲南路二八弄	一五〇—一五一
裕德里	廣西路二五弄	一五〇—一五一
裕德里	雲南路三八弄	一五〇—一五一
羣玉坊總弄	汕頭路六三弄	一四六—一四七
羣玉坊横弄	雲南路一一九弄	一四六—一四七
羣玉坊横弄	虞洽卿路一四〇弄	一四六—一四七
羣玉坊横弄	雲南路一二九弄	一四六—一四七
羣益坊	寧波路四四六弄	一一八—一一九
瑞芝里	寧波路四七〇弄	一一八—一一九
瑞康里總弄	北京路八三〇弄	一二六—一二七
瑞臨里	愛多亞路二三〇弄	七四—七五
瑞興里	北無錫路二八弄	九八—九九
鼎餘里	芝罘路十弄	一三〇—一三一
鼎餘里	芝罘路三十弄	一三〇—一三一
鼎餘里	北京路七六一弄	一三〇—一三一
鼎豐里	浙江路二四二弄	一一四—一一五
源泰里	山東路十九弄	一〇六—一〇七
源遠里	寧波路八三弄	八六—八七
源遠里	天津路三二弄	八六—八七
匯中里	福建路二六一弄	一一四—一一五
萬安里	北京路四〇〇弄	九四—九五
新普慶里	福建路一一二弄	一〇六—一〇七
儁經里總弄	寧波路四六二弄	一一八—一一九
尊德里總弄	廈門路一三六弄	一二六—一二七
尊德里	浙江路	一二六—一二七
滿春坊	台灣路九弄	九八—九九
滿春坊	台灣路十九弄	九八—九九

名稱	地址	頁數
滿春坊	台灣路三九弄	九八—九九
滿春坊	台灣路	九八—九九
滿庭坊	西上麟六九弄	一〇六—一〇七
廣福里	西上麟四七弄	一〇六—一〇七
廣福里	靖遠街五一弄	一〇六—一〇七
聚源坊總弄	福建路一四〇弄	一〇六—一〇七
聚源坊	福建路一五二弄	一〇六—一〇七
聚興里	福建路一九四弄	一〇二—一〇三
聚興里	福州路四四六弄	一〇二—一〇三
榮吉里	廣東路三二二弄	七八—七九
榮吉里	山東路	七八—七九
榮陽里	平望街一〇九弄	一四六—一四七
榮壽里	牛莊路	一二六—一二七
榮壽里	牛莊路	一二六—一二七
榮壽里	廈門路	一二六—一二七
種德里	山西路三三二弄	九四—九五
種德里	北京路四四九弄	九四—九五
寧波里	勞合路五九弄	一三四—一三五
壽康里	浙江路八三弄	一五〇—一五一
管鮑里	天津路四四五弄	一二八—一二九
精勤坊	浙江路	一五〇—一五一
慈永里	南京路四五〇弄	九八—九九
慈安里	天津路	一三四—一三五
慈和里	廣西路二七七弄	一三八—一三九
慈和里	雲南路二八八弄	一三八—一三九
慈和里	廣西路二八七弄	一三八—一三九
慈和里	雲南路二九八弄	一三八—一三九

慈和里	廣西路二九七弄	一三八—一三九
慈昌里	南京路一二〇弄	八六—八七
慈昌里總弄	南京路一四六弄	八六—八七
慈昌里	四川路四〇九弄	八六—八七
慈昌里	江西路	八六—八七
慈益里	南京路四六一弄	一〇二—一〇三
慈益里	九江路四四四弄	一〇二—一〇三
慈淑里	貴州路	一三八—一三九
慈淑里	貴洲路	一三八—一三九
慈順里	寧波路十弄	八六—八七
慈裕里	九江路二一八弄	八二—八三
慈慶里	九江路六二三弄	一三八—一三九
慈德里	浙江路二一九弄	一四二—一四三
慈德里	浙江路二二九弄	一四二—一四三
慈德里	廣西路二三六弄	一四二—一四三
慈興里	英華街七弄	一三八—一三九
慈興里	英華街十九弄	一三八—一三九
慈興里	英華街二七弄	一三八—一二九
慈豐里	山西路一三三弄	一〇二—一〇三
慈豐里	山西路一三四弄	八二—八三
慈豐里	南京路二八七弄	八二—八三
慈豐里	九江路三六八弄	八二—八三
慈豐里	南京路四三一弄	一〇二—一〇三
慈豐里	九江路四一四弄	一〇二—一〇三
福中里總弄	北海路三一弄	一一〇—一一一
福中里總弄	愛多亞路五二四弄	一一〇—一一一
福昌里	雲南路九弄	一五〇—一五一

福和里	福建路五〇九弄	一二一八—一二一九
福致里（一）	廣西路一四四弄	一四六—一四七
福致里（二）	廣西路一五四弄	一四六—一四七
福致里	雲南路一六四弄	一四六—一四七
福祥里總弄	福州路六八二弄	一四二—一四三
福祥里（一）	廣西路一九三弄	一四二—一四三
福祥里（二）	廣西路二〇五弄	一四二—一四三
福祥里（三）	廣西路二一七弄	一四二—一四三
福綏里總弄	天津路一七〇弄	九四—九五
福裕里	廣東路六八九弄	一五〇—一五一
福裕里（一）	雲南路	一五〇—一五一
福裕里（二）	雲南路	一五〇—一五一
福裕里（三）	雲南路	一五〇—一五一
福寧里	浙江路二七四弄	一一四—一一五
福寧里	湖北路二七一弄	一一四—一一五
福寧里	九江路五九九弄	一一四—一一五
福祿里	勞合路一一七弄	一三〇—一三一
福慶里	牛莊路七七〇弄	一三〇—一三一
福興坊	山西路三三一弄	九八—九九
福興里	北京路三六〇弄	九四—九五
德仁里	廣西路四二八弄	一三四—一三五
德仁里	廣西路四四六弄	一三四—一三五
德仁里	天津路四七六弄	一三四—一三五
德仁里	天津路五、八弄	一三四—一三五
德行南里	香粉弄二四弄	一一八—一一九
德和里總弄	廣東路四二〇弄	一〇六—一〇七
德臨里	雲南路一五八弄	一四六—一四七

名稱	地址	年份
德興坊	山東路二七八弄	八二—八三
德興里	牛莊路七三一弄	一三〇—一三一
德餘里	勞合路三六弄	一三四—一三五
德餘里	勞合路五二弄	一三四—一三五
德來里	北京路七〇二弄	一二二—一二三
德馨里	南京路三二四弄	九四—九五
慶和里	河南路三三三弄	八二—八三
慶順里	北京路三一六弄	八六—八七
慶雲里	山東路一四〇弄	七八—七九
慶餘里	北京路六五八弄	一二二—一一二
養正里	福建路二一四弄	一二二—一二三
隨安里	五福弄三八弄	九八—九九
隨安里	五福弄八六弄	九八—九九
選青里	寧波路一三九弄	八六—八七
霞源里	蘇州路七三九弄	一二二—一二三
霞源里	廈門路四二弄	一二二—一二三
增裕里	寧波路六五九弄內	一二四—一三五
樂餘里(一)	雲南路	一四六—一四七
樂餘里(二)	雲南路一一九弄	一四六—一四七
樂餘里	雲南路	一四六—一四七
餘興里	福建路三〇五弄	一一四—一一五
餘興里	湖北路三三二弄	一一四—一一五
餘興里	南京路五五九弄	一一四—一一五
餘蔭里	北京路六四〇弄	一二二—一二三
興仁里總弄	寧波路一二〇弄	八六—八七
親仁里	南京路三三八弄	九四—九五
錢江里	寧波路四三〇弄	一一八—一一九

名稱	地址	年份
龍泉園	天津路四一六弄	一一八—一一九
龍泉園	南京路	一一八—一一九
龍興里總弄	天津路四二六弄	一一八—一一九
滌溪坊	廣西路一一八弄	一四六—一四七
積福里總弄	天津路三九二弄	一一八—一一九
積福里總弄	寧波路四五七弄	一一八—一一九
積福里總弄	顧家弄	一一八—一一九
鴻仁里總弄	天津路五一弄	八六—八七
鴻興里	廈門路	一二六—一二七
濟陽里	天津路一一三弄	九四—九五
濟陽里	河南路四七九弄	九四—九五
穌樂坊	浙江路一九〇弄	一一四—一一五
穌樂坊	浙江路二〇〇弄	一一四—一一五
穌樂坊	浙江路二一〇弄	一一四—一一五
穌樂坊	浙江路二二〇弄	一一四—一一五
懷遠中里	山東路二八六弄	八二—八三
鏞壽里	寧波路六六六弄	一三〇—一三一
蘇潤里	蘇州路七六五弄	一二二—一二三
鍾秀里	北京路顧家弄七九弄	一一八—一一九
寶善里	河南路一〇七弄	七四—七五
騰鳳里	四川路五七二弄	九〇—九一
騰鳳里	博物院路	九〇—九一
鑄范里	北無錫路四〇弄	九八—九九

上海市行號路圖錄北區里衖坊邨別墅索引

九三四弄	文監師路	一八二—一八三
九思里	新唐家衖內五八弄	一七八—一七九
七浦里	七浦路一五二弄	一六二—一六三
人壽里	海寧路七九一弄	一六六—一六七
大吉坊	天潼路六七一弄	一七四—一七五
久和里	北西藏路二二二弄	一八六—一八七
三星里	北山西路四四九弄	一五四—一五五
仁志里	北浙江路一六四弄	一八二—一八三
元亨里(一)	新唐家衖七九弄	一七八—一七九
元亨里(二)	新唐家衖八三弄	一七八—一七九
文昌里	文監師路一〇四四弄	一八二—一八三
天祿里	北浙江路一〇二弄	一八二—一八三
永安里(一)	北河南路三四四弄	一五八—一五九
永安里(二)	北河南路三五四弄	一五八—一五九
永和里	開封路二三六弄	一八六—一八七
永清里	海寧路九〇一弄	一八二—一八三
永康里	阿拉伯司脫路	一九〇—一九一
永康里	阿拉伯司脫路一七五弄	一九〇—一九一
永康里	北蘇州路九九六弄	一九〇—一九一
永壽里	愛而近路三三一弄	一五四—一五五
永樂坊	海寧路八一一弄	一六六—一六七
生祿里	文監師路一〇〇七弄	一八二—一八三
生祿里	文監師路九九七弄	一八二—一八三
二三徑	文監師路七四七弄	一六六—一六七
二三徑	七浦路二〇八弄	一六六—一六七
四平里	天潼路八三一弄	一七八—一七九
正修里	開封路二一〇弄	一八六—一八七

成德里	愛而近路三九五弄	一五四—一五五
同安里	七浦路三五八弄	一六六—一六七
同和里	文監師路九八九隔壁	一八二—一八三
同昌里	北江西路三七五弄	一五八—一五九
同昌里	北江西路三五三弄	一五八—一五九
同昌里	海寧路五七〇弄	一五八—一五九
同興里	北西藏路二一〇弄	一八六—一八七
合康里(一)	新唐家衖	一七八—一七九
合康里(二)	新唐家衖	一七八—一七九
吉祥坊	克能海路九七弄	一五四—一五五
吉慶里	北山西路四五七弄	一五四—一五五
老唐家弄	七浦路四一三弄	一八二—一八三
老唐家弄	天潼路	一七八—一七九
老唐家弄	北浙江路	一七八—一七九
西德安里	北山西路九弄	一七八—一七九
西德安里	北山西路一九弄	一七八—一七九
西德安里	北山西路二九弄	一七八—一七九
安宜邨	北西藏路七六弄	一九〇—一九一
安宜邨	北西藏路九八弄	一九〇—一九一
安宜邨	文極司脫路	一九〇—一九一
安宜邨	文極司脫路	一九〇—一九一
安慶里	北江西路	一六二—一六三
安慶里	北江西路	一六二—一六三
安慶里	北江西路五九弄	一六二—一六三
均安里	七浦路四九〇弄	一八二—一八三
均和里	開封路一二五弄	一九〇—一九一
均和里	阿拉伯司脫路	一九〇—一九一

延吉里總弄	天潼路	一七八—一七九
更富里	靶子路	一五八—一五九
更富里	北江西路四二九弄	一五八—一五九
志銓里	愛而近路二八七弄	一五八—一五九
怡如里	天潼路六四六弄	一七〇—一七一
怡興里	七浦路四二七弄	一八二—一八三
金水里	開封路一一四弄	一八六—一八七
承吉里	北浙江路	一七八—一八九
承吉里	北蘇州路八一四弄	一七八—一七九
東普益里	七浦路四八五弄	一八二—一八三
東普益里	北浙江路一七〇弄	一八二—一八三
松慶里	七浦路六一〇弄	一八六—一八七
松桐里	七浦路三一二弄	一六六—一六七
協興里	甘肅路一五三弄	一八六—一八七
河南里	北山西路一六〇弄	一七四—一七五
和平坊	開封路一五〇弄	一八六—一八七
和平坊	開封路一六四弄	一八六—一八七
和康里(一)	北浙江路二六二弄	一五四—一五五
和康里(二)	北浙江路二七二弄	一五四—一五五
和康里(三)	北浙江路二八二弄	一五四—一五五
和康里(四)	北浙江路二九二弄	一五四—一五五
和康里(五)	北浙江路三〇二弄	一五四—一五五
和康里(六)	北浙江路三一〇弄	一五四—一五五
和康里(七)	北浙江路	一五四—一五五
和樂里總弄	北河南路三六八弄	一五八—一五九
和濟里	北浙江路一一四弄	一八二—一八三
長留里	北西藏路二六四弄	一八六—一八七

長春里	海寧路	一六六—一六七
長春里	文監師路八二八弄	一六六—一六七
長康里	阿拉伯司脫路	一九〇—一九一
長康里	開封路	一九〇—一九一
長康里	阿拉伯司脫路一七二弄	一九〇—一九一
長康里	文極司脫路一〇〇弄	一九〇—一九一
長慶里	文極司脫路一一〇弄	一九〇—一九一
長壽里	北河南路二四四弄內	一六二—一六三
春安里	靶子路五六九弄	一五八—一五九
春桂里	海寧路七八〇弄	一五四—一五五
春暉里	海寧路七九四弄	一五四—一五五
南高壽里	愛而近路四〇九弄	一五四—一五五
南高壽里	海寧路九四二弄	一五四—一五五
南陽里	愛而近路	一五四—一五五
南陽里	海寧路七三三弄	一六六—一六七
恆吉里	北浙江路一四六弄	一八二—一八三
恆吉里	七浦路二〇七弄	一七〇—一七一
恆餘里	天潼路六一〇弄	一七〇—一七一
恆慶里	七浦路二一八弄	一八二—一八三
洽興里	天潼路六一五弄	一七四—一七五
洽興里	文極司脫路	一九〇—一九一
洽興里	文極司脫路	一九〇—一九一
洽興里	北西藏路一三〇弄	一九〇—一九一
洽興里	北西藏路一五〇弄	一九〇—一九一
洽興里	北西藏路一六〇弄	一九〇—一九一
洽興里	開封路二四三弄	一九〇—一九一
洽興里	阿拉伯司脫路二二四弄	一九〇—一九一

洪安坊	新唐家街丁一六弄	一七八—一七九
洪福里	南天潼路七三弄	一七四—一七五
洪福里	南天潼路四三弄	一七四—一七五
洪福里	北河南路三六弄	一七四—一七五
厚餘里	北浙江路一三八弄	一八二—一八三
省慶里	文監師路	一六六—一六七
信昌里	阿拉伯司脱路底東弄内	一九〇—一九一
咸寧路	海寧路九二三弄	一八二—一八三
泰仁里	阿拉伯司脱路底東弄内	一九〇—一九一
泰安里	北山西路一一九弄	一七八—一七九
泰安里	北山西路八三弄	一七八—一七九
泰安里	北山西路六五弄	一七八—一七九
泰安里	北山西路四七弄	一七八—一七九
泰安里	北山西路一六一弄	一七八—一七九
泰安里	北山西路	一七八—一七九
泰安里	天潼路七二七弄	一七八—一七九
泰安里	天潼路七五九弄	一七八—一七九
泰來里	海寧路七六四弄	一五四—一五五
泰華里	伯頓路二二弄	一六二—一六三
泰華里	文監師路六七三弄	一六二—一六三
泰源里	七浦路	一六六—一六七
泰源坊	海寧路	一六六—一六七
泰源里	文監師路	一六六—一六七
泰源坊	文監師路七九六弄	一六六—一六七
桃源坊	北河南路一一〇弄	一六二—一六三
桃源坊	北河南路一二〇弄	一六二—一六三
桃源坊	北河南路一四〇弄	一六二—一六三
桃源坊	北河南路一八二弄	一六二—一六三
桃源坊	七浦路一四一弄	一六二—一六三
（桃源坊尚有七條在北江西路）		一六二—一六三
桃園里	文監師路	一六六—一六七
耕山里	愛而近路三八一弄	一五四—一五五
耕德里	海寧路五九〇弄内四六弄	一五八—一五九
徐家園	老唐家弄四三弄	一八二—一八三
徐家園	老唐家弄三五弄	一八二—一八三
悦來坊	天潼路六五七弄	一七四—一七五
鄉雲里	海寧路七九九弄	一六六—一六七
海寧邨	海寧路一〇一三弄	一八六—一八七
振興里	海寧路六八四弄	一五八—一五九
祥新里	愛而近路四八七弄	一五四—一五五
祥麟里	海寧路九四五弄	一八二—一八三
彩和里	天潼路七五四歸仁里内	一七〇—一七一
彩和里	天潼路七五四歸仁里内	一七〇—一七一
彩和里	天潼路七五四歸仁里内	一七〇—一七一
彩和里	天潼路七五四歸仁里内	一七〇—一七一
恭慶里	北福建路二二六弄	一七〇—一七一
紹興弄	北山西路一四〇弄	一七四—一七五
景德里	文監師路九八一弄	一八二—一八三
景興里	七浦路	一七〇—一七一
景興里（一）	北河南路九九弄	一七〇—一七一
景興里（二）	北河南路	一七〇—一七一
景興里（三）	北河南路	一七〇—一七一
景興里（四）	北河南路	一七〇—一七一
景興里（五）	北河南路一四三弄	一七〇—一七一

景興里(六)	北河南路	一七〇—一七一
景興里(七)	北河南路	一七〇—一七一
景興里(八)	北河南路	一七〇—一七一
景興里(九)	北河南路一八五弄	一七〇—一七一
景興里(一〇)	北河南路	一七〇—一七一
順和里	七浦路三一三弄	一七〇—一七一
順慶里	七浦路三〇三弄	一七〇—一七一
順慶里	北山西路二六九弄	一七〇—一七一
順慶里	北山西路二七九弄	一七〇—一七一
順慶里	北山西路二五九弄	一七〇—一七一
順慶里	北山西路二四九弄	一七〇—一七一
順慶里	北山西路二三九弄	一七〇—一七一
順慶里	北山西路二二九弄	一七〇—一七一
順慶里	北山西路二一九弄	一七〇—一七一
順慶里	北山西路二〇九弄	一七〇—一七一
順慶里	北山西路一九九弄	一七〇—一七一
順徵里(一)	天潼路六一五弄內	一七四—一七五
順徵里(二)	天潼路六一五弄內	一七四—一七五
順徵里	海寧路六九六弄	一五八—一五九
普賢坊	甘肅路一一七弄	一八六—一八七
普餘里	北蘇州路新唐家衖內	一七八—一七九
富貴里	北河南路二四四弄內	一六二—一六三
富潤里	海寧路九二九弄	一八二—一八三
開封里	開封路二三〇弄	一八六—一八七
巽陽里	七浦路二五四弄	一六六—一六七
詠源里	海寧路八五八弄	一五四—一五五
貴馨里	熱河路十五弄	一八六—一八七
萬茂里	北福建路一七七弄	一八二—一八三
萬祥里	愛而近路三五一弄	一五四—一五五
新唐家弄	七浦路三九五弄	一八二—一八三
新唐家弄	天潼路一〇七弄	一七八—一七九
新唐家弄	天潼路一〇七弄	一七八—一七九
祿青坊	七浦路三二一弄	一七〇—一七一
祿青坊	天潼路	一七〇—一七一
祿慶里	七浦路二四七弄	一七〇—一七一
裕安里	北蘇州路七七六弄	一七八—一七九
裕安坊	開封路二〇八弄	一八六—一八七
勤安坊	愛而近路	一五四—一五五
勤安坊	克能海路	一五四—一五五
勤安坊	克能海路一〇六弄	一五四—一五五
勤志坊	海寧路一〇二一弄	一八六—一八七
慎餘里	天潼路八四七弄	一七八—一七九
慎餘南里	北蘇州路八〇二弄	一七八—一七九
源茂里	北浙江路一〇九弄內	一九〇—一九一
源茂里	北浙江路一〇九弄內	一九〇—一九一
經傳里	北山西路吉慶里內	一五四—一五五
瑞源里	北福建路	一七〇—一七一
敬盛里	愛而近路二九五弄	一五八—一五九
寧安里	海寧路九九七弄	一八六—一八七
寧安里	開封路一三四弄	一八六—一八七
寧遠里	北山西路四八五弄	一五四—一五五
福壽里	海寧路八一四弄	一五四—一五五
福壽里	愛而近路三七一弄	一五四—一五五
福慶坊	北浙江路一三二弄	一八二—一八三

福蔭里	北山西路四六九弄	一五四一—一五五
榮華里	海寧路	一八二一—一八三
榮慶里	北河南路四〇九弄	一五八一—一五九
榮慶里	愛而近路二五一弄	一五八一—一五九
實業里	愛而近路二七五弄	一五八一—一五九
聚德里	天潼路六三九弄	一七四一—一七五
毓秀里	北福建路二六〇弄	一七〇一—一七一
圖南里	北河南路三六五弄	一五八一—一五九
德安里總弄	北蘇州路五二〇弄	一七四一—一七五
德安里尚有附弄十條均在北江西路		一七四一—一七五
德年新邨	靶子路五二一弄	一五八一—一五九
德泰里	海寧路六七〇弄	一五八一—一五九
德華里	伯頓路七八弄	一六二一—一六三
德潤里	熱河路四九弄	一八六一—一八七
德潤坊	愛而近路四六一弄	一五四一—一五五
德興里總弄	文監師路六四六弄	一六二一—一六三
德興里東(一)	北江西路二八七弄	一六二一—一六三
德興里(二)	北江西路二七一弄	一六二一—一六三
德興里	甘肅路一四一弄	一八六一—一八七
慶生里	七浦路四六二弄	一八二一—一八三
慶源里	新唐家街三九弄	一七八一—一七九
餘順里	天潼路六一二弄	一七〇一—一七一
餘森里	七浦路三九四弄	一八二一—一八三
餘慶里	北浙江路一〇九弄內	一九〇一—一九一
餘慶里總弄	天潼路	一八二一—一八三
餘慶里(一)	天潼路餘慶里總弄內八八弄	一八二一—一八三
餘慶里(二)	天潼路餘慶里總弄內九八弄	一八二一—一八三

餘慶里(三)	天潼路餘慶里總弄內一〇六弄	一八二一—一八三
餘慶里(四)	天潼路餘慶里總弄內一一六弄	一八二一—一八三
餘慶里(五)	天潼路餘慶里總弄內一二六弄	一八二一—一八三
餘慶里(六)	天潼路餘慶里總弄內一三六弄	一八二一—一八三
餘慶里(七)	天潼路餘慶里總弄內一四六弄	一八二一—一八三
餘慶里(八)	天潼路餘慶里總弄內一五六弄	一八二一—一八三
餘慶里(九)	天潼路餘慶里總弄內一六四弄	一八二一—一八三
餘慶坊	新唐家街一二五弄	一七八一—一七九
餘慶里	克能海路	一八二一—一八三
興昌里	七浦路三八七弄	一七〇一—一七一
豫順里	七浦路二三二弄	一六六一—一六七
龍吉里	北浙江路	一九〇一—一九一
龍吉里	北浙江路	一九〇一—一九一
龍吉里	北浙江路	一九〇一—一九一
龍福里	北浙江路一四五弄	一八二一—一八三
樹仁坊	克能海路八五弄	一五四一—一五五
鴻安里	靶子路五四一弄	一五八一—一五九
鴻安里	海寧路五九〇弄	一五八一—一五九
鴻興里	伯頓路七一弄	一六二一—一六三
鴻興里	伯頓路五一弄	一六二一—一六三
鴻興里	文監師路七〇八弄	一六二一—一六三
鴻興里	北河南路	一六二一—一六三
鴻興里	北河南路	一六二一—一六三
鴻興里	北河南路	一六二一—一六三
謙福里	七甫路二五七弄	一七〇一—一七一
謙慶里	七浦路二二七弄	一七〇一—一七一
歸仁里	北福建路	一七〇一—一七一

歸仁里	天潼路七四六弄	一七〇—一七一
歸仁里	天潼路七五四弄	一七〇—一七一
懷安巷	文監師路七五二弄	一六六—一六七
懷安坊	北福建路	一六六—一六七
懷安里	七浦路三八四弄	一八二—一八三
鵬程里	北河南路三八一弄	一五八—一五九
寶慶里	天潼路六六六弄	一七〇—一七一
寶興坊(二)	北河南路四二六弄	一五八—一五九

寶興坊(三)	北河南路四三六弄	一五八—一五九
寶興坊(四)	北河南路四四六弄	一五八—一五九
寶興坊(五)	北河南路四五六第	一五八—一五九
寶興坊	北河南路四〇六弄	一五八—一五九
寶興里	開封路一七一弄	一九〇—一九一
鑫順里	天潼路八三〇弄	一八二—一八三
鑫德里	海寧路八五六弄	一五四—一五五

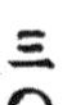

上海市行號路圖錄西區里衖坊村別墅索引

弄	路
八四弄	威海衛路五五〇弄內
八五路	張家宅路
八七弄	康腦脫路
八八弄	昌平路
八八弄	梹榔路
九一弄	大沽路
九三弄	重慶路
九四弄	安南路
九六弄	靜安寺路
九七弄	新閘橋路
九七弄	張家宅路
九九弄	膠州路
一〇一弄	馬白路
一〇一弄	張家宅路
一〇六弄	威海衛路五五〇弄內
一〇七弄	派克路
一〇八弄	慕爾鳴路
一〇九弄	溫州路
一一〇弄	梹榔路
一一四弄	威海衛路五五〇弄內
一一五弄	大通路
一一六弄	武定路
一一六弄	成都路
一一七弄	成都路
一一七弄	重慶路
一一八弄	安南路
一一八弄	慕爾鳴路

	弄	路	
三二六—三二七	一二〇弄	膠州路	四一〇—四一一
三一八—三一九	一二一弄	同孚路	三三〇—三三一
四二六—四二七	一二四弄	同孚路	二二二—二二三
四四二—四四三	一二五弄	膠州路	四一四—四一五
四七八—四七九	一二六弄	赫德路	三八六—三八七
二一〇—二一一	一二八弄	慕爾鳴路	三三〇—三三一
二一四—二一五	一三三弄	慕爾鳴路	三三四—三三五
三八六—三八七	一三六弄	慕爾鳴路	三三〇—三三一
二五〇—二五一	一四〇弄	澳門路	五一四—五一五
二八六—二八七	一四〇弄	新閘路	二七四—二七五
三一八—三一九	一四一弄	西摩路	三九〇—三九一
四〇二—四〇三	一四七弄	莫干山路	五一四—五一五
五〇二—五〇三	一四九弄	膠州路	四一四—四一五
三一八—三一九	一四九弄	長沙路	二七四—二七五
三二六—三二七	一五三弄	慕爾鳴路	三三四—三三五
二五八—二五九	一五三弄	卡德路	三一八—三一九
三三〇—三三一	一五四弄	卡德路	三〇二—三〇三
二七四—二七五	一五四弄	戈登路	三五〇—三五一
四七八—四七九	一五四弄	大沽路	二一〇—二一一
三二六—三二七	一五五弄	戈登路	三五四—三五五
二六六—二六七	一五五弄	威海衛路	二一四—二一五
三一〇—三一一	一五七弄	溫州路	二七四—二七五
二一四—二一五	一五九弄	西摩路	三九〇—三九一
二二二—二二三	一五九弄	康腦脫路	四二六—四二七
二一四—二一五	一六〇弄	孟德蘭路	二三〇—二三一
三八六—三八七	一六一弄	斜橋路	三二六—三二七
三三〇—三三一	一六二弄	昌平路	四四二—四四三

弄	路	號
一六六弄	大沽路	二一〇—二一一
一六九弄	孟德蘭路	二二六—二二七
一七一弄	馬白路	五〇二—五〇三
一七五弄	膠州路	四一四—四一五
一七五弄	西摩路	三九〇—三九一
一七七弄	孟德蘭路	二二六—二二七
一七九弄	卡德路	三一八—三一九
一八三弄	東京路	四二六—四二七
一八五弄	馬白路	五〇二—五〇三
一八六弄	宜昌路	五二二—五二三
一八九弄	孟德蘭路	二二六—二二七
一八九弄	慕爾鳴路	三三八—三三九
一九三弄	西摩路	三九〇—三九一
一九四弄	戈登路	三五〇—三五一
一九四弄	新閘路	二七四—二七五
二〇〇弄	成都路	二一四—二一五
二〇八弄	膠州路	四一〇—四一一
二〇九弄	大通路	二九八—二九九
二一七弄	同孚路	三二六—三二七
二一九弄	大沽路	二一四—二一五
二一九弄	慕爾鳴路	三三八—三三九
二二一弄	慕爾鳴路	三三八—三三九
二二二弄	哈同路	三七八—三七九
二二六弄	東京路	四三四—四三五
二二七弄	麥特赫司脫路	三四二—三四三
二二八弄	同孚路	二三八—二三九
二三〇弄	戈登路	三五〇—三五一

弄	路	號
二三五弄	愚園路	三九八—三九九
二三六弄	威海衛路	二三四—二三五
二三八弄	派克路	二七四—二七五
二四〇弄	海格路	三九八—三九九
二四一弄	成都路	二三四—二三五
二五〇弄	哈同路	三七八—三七九
二五二弄	東京路	四三四—四三五
二五三弄	成都路	二三四—二三五
二五八弄	武定路	四二六—四二七
二六一弄	西摩路	三四六—三四七
二六一弄	武定路	三五八—三五九
二六二弄	戈登路	三五〇—三五一
二六二弄	東京路	四三四—四三五
二六四弄	派克路	二七四—二七五
二六六弄	卡德路	三〇二—三〇三
二七一弄	愚園路	三九八—三九九
二七四弄	成都路	二二六—二二七
二七六弄	戈登路	三五〇—三五一
二七九弄	海防路	四四六—四四七
二八〇弄	西摩路	三四六—三四七
二八一弄	威海衛路	二二二—二二三
二八二弄	靜安寺路	二四六—二四七
二八五弄	山海關路	二九八—二九九
二八八弄	白克路	二五八—二五九
二八八弄	延平路	四六二—四六三
二九〇弄	西摩路	三四六—三四七
三〇二弄	西摩路	三四六—三四七

弄	路	號
三〇二弄	同孚路	二三八—二三九
三〇六弄	白克路	二五八—二五九
三〇九弄	愚園路	三九八—三九九
三一二弄	威海衛路	二三八—二三九
三一四弄	哈同路	三七八—三七九
三一五弄	武定路	三五八—三五九
三一五弄	同孚路	三二六—三二七
三一六弄	西摩路	三四六—三四七
三二三弄	西摩路	三四六—三四七
三二七弄	派克路	二八二—二八三
三二八弄	重慶路	二二六—二二七
三二八弄	威海衛路	二三八—二三九
三三〇弄	哈同路	二七八—二七九
三三〇弄	威海衛路	二三八—二三九
三三一弄	赫德路	四〇二—四〇三
三三一弄	梅白格路	二七八—二七九
三三二弄	西摩路，	三四六—三四七
三三五弄	愛文義路	二五八—二五九
三三七弄	小沙渡路	三七〇—三七一
三三九弄	膠州路	四一八—四一九
三四一弄	麥特赫司脫路	三五〇—三五一
三五二弄	武定路	四二六—四二七
三五四弄	戈登路	三五八—三五九
三五四弄	西摩路	三四六—三四七
三五五弄	武定路	三五八—三五九
三七〇弄	小沙渡路	三六二—三六三
三七四弄	武定路	四二六—四二七
三七五弄	小沙渡路	三七〇—三七一
三七五弄	愛文義路	二五八—二五九
三七七弄	東京路	四四六—四四七
三三八弄	白克路	二五八—二五九
三八二弄	大沽路	二二二—二二三
三八七弄	愛文義路	二五八—二五九
三八七弄	康腦脫路	四三〇—四三一
三八八弄	膠州路	四二二—四二三
四〇一弄	戈登路	三六二—三六三
四〇五弄	星加坡路	四七四—四七五
四一一弄	大沽路	二一八—二一九
四一一弄	新閘路	二八二—二八三
四一三弄	東京路	四四六—四四七
四二二弄	昌平路	四五〇—四五一
四二四弄	大通路	二九四—二九五
四二七弄	小沙渡路	三六六—三六七
四二八弄	大沽路	二二二—二二三
四三八弄	福煦路	二一八—二一九
四四〇弄	康腦脫路	四五八—四五九
四四〇弄	武定路	四三〇—四三一
四四〇弄	山海關路	三〇二—三〇三
四四一弄	小沙渡路	三六六—三六七
四四二弄	東京路	四四二—四四三
四四八弄	東京路	四四二—四四三
四四九弄	戈登路	四三〇—四三一
四五〇弄	武定路	四三〇—四三一
四五九弄	愛文義路	二六二、二六三

弄	路	號
四六〇弄	愛文義路	二九八—二九九
四六五弄	小沙渡路	三六六—三六七
四六九弄	澳門路	五三四—五三五
四七〇弄	西摩路	三五四—三五五
四七七弄	戈登路	四三〇—四三一
四八六弄	小沙渡路	四三〇—四三一
四八九弄	大沽路	二一八—二一九
四八九弄	小沙渡路	三六六—三六七
四九二弄	小沙渡路	四三〇—四三一
四九二弄	威海衛路	三二六—三二七
四九三弄	澳門路	五三四—五三五
五〇二弄	澳門路	五三八—五三九
五〇三弄	海防路	四六六—四六七
五〇九弄	大通路	三〇六—三〇七
五一〇弄	大通路	二九〇—二九一
五一九弄	赫德路	四二二—四二三
五二二弄	膠州路	四六二—四六三
五二二弄	武定路	四三〇—四三一
五二六弄	康腦脱路	四五四—四五五
五三七弄	武定路	三六二—三六三
五五七弄	戈登路	四五八—四五九
五六五弄	武定路	三六二—三六三
五七三弄	赫德路	四二二—四二三
五七四弄	赫德路	三七〇—三七一
五七七弄	康腦脱路	三六六—三六七
五七九弄	梅白格路	二八六—二八七
五八三弄	威海衛路	三三〇—三三一
五八七弄	小沙渡路	四五四—四五五
五九四弄	麦特赫司脱路	三一〇—三一一
五九五弄	戈登路	四五八—四五九
五九六弄	澳門路	五四六—五四七
六〇三弄	康腦脱路	三六六—三六七
六二九弄	西摩路	三六二—三六三
六三六弄	昌平路	四五〇—四五一
六四〇弄	西摩路	三六二—三六三
六四三弄	西摩路	三六二—三六三
六四七弄	威海衛路	三三四—三三五
六五三弄	西摩路	三六二—三六三
六六四弄	赫德路	三六六—三六七
六六五弄	威海衛路	三三四—三三五
六七六弄	白克路	二六六—二六七
六七九弄	昌平路小沙渡路	四五四—四五五
六七九弄	昌平路	四六六—四六七
六八二弄	麦根路	四四二—四四三
六八四弄	白克路	二六六—二六七
六八四弄	昌平路	四六六—四六七
六八七弄	麦根路	四四二—四四三
六八八弄	赫德路	三六六—三六七
六九四弄	麦根路	四四二—四四三
六九七弄	小沙渡路	四六六—四六七
六九八弄	白克路	二六六—二六七
七〇〇弄	海防路	四四二—四四三
七一〇弄	白克路	二六六—二六七
七一一弄	成都路	二九八—二九九

七一二弄	成都路	二七八—二七九
七一六弄	麥根路	四四二—四四三
七二一弄	康腦脫路	四二二—四二三
七二四弄	成都路	二七八—二七九
七二五弄	膠州路	二七〇—二七一
七二七弄	麥根路	四四二—四四三
七三七弄	麥根路	四四二—四四三
七四〇弄	赫德路	四五四—四五五
七四一弄	成都路	二九八—二九九
七四八弄	麥根路	四四二—四四三
七五〇弄	赫德路	四五四—四五五
七五八弄	康腦脫路	四六二—四六三
七六二弄	成都路	二七八—二七九
七七〇弄	赫德路	四五四—四五五
七七二弄	成都路	二七八—二七九
七七九弄	成都路	二九八—二九九
八〇三弄	赫德路	四六二—四六三
八〇九弄	赫德路	四六二—四六三
八一〇弄	茄浦路	四七四—四七五
八一〇弄	赫德路	四五四—四五五
八一二弄	新閘路	三一四—三一五
八一五弄	西摩路	四五八—四五九
八二六弄	赫德路	四五四—四五五
八二九弄	靜安寺路	三二六—三二七
八三五弄	西摩路	四五八—四五九
八三六弄	赫德路	四五四—四五五
八五二弄	成都路	二八二—二八三
八四六弄	西摩路	四五八—四五九
八四九弄	西摩路	四五八—四五九
八六四弄	靜安寺路	三二二—三二三
八六四弄	麥根路	四四六—四四七
八六九弄	武定路	四二二—四二三
八七四弄	成都路	二八二—二八三
八九五弄	小沙渡路	四七八—四七九
九〇〇弄	星加坡路	四六六—四六七
九〇九弄	麥特赫司脫路	三一〇—三一一
九二四弄	東京路	五一〇—五一一
九三〇弄	武定路	四二二—四二三
九三〇弄	福煦路	三九〇—三九一
九三四弄	膠州路	四九〇—四九一
九四一弄	星加坡路	四六六—四六七
九四九弄	東京路	五三〇—五三一
九五八弄	愛文義路	三五〇—三五一
九六二弄	成都路	二八六—二八七
九六五弄	小沙渡路	四九四—四九五
九六六弄	東京路	五一〇—五一一
九七二弄	小沙渡路	五〇二—五〇三
九七七弄	東京路	五三〇—五三一
九九八弄	成都路	二八六—二八七
一〇〇〇弄	勞勃生路	五三四—五三五
一〇〇一弄	小沙渡路	四九四—四九五
一〇〇二弄	成都路	二八六—二八七
一〇一四弄	愛文義路	三五〇—三五一
一〇三二弄	赫德路	四七八—四七九

一〇三四弄 東京路
一〇三七弄 成都路
一〇五〇弄 成都路
一〇六二弄 梹榔路
一〇七三弄 成都路
一〇七六弄 新閘路
一〇八〇弄 戈登路
一〇八二弄 東京路
一一〇三弄 新閘路
一一〇四弄 新閘路
一一一二弄 小沙渡路
一一一七弄 愛文義路
一一一八弄 戈登路
一一二九弄 小沙渡路
一一三二弄 小沙渡路
一一七三弄 靜安寺路
一一八九弄 愛文義路
一一九〇弄 赫德路
一一九七弄 戈登路
一二〇九弄 小沙渡路
一二一一弄 愛文義路
一二一二弄 小沙渡路
一二一六弄 戈登路
一二二〇弄 愛文義路
一二三一弄 愛文義路
一二三三弄 小沙渡路
一二四四弄 靜安寺路

五一〇—五一一
二九〇—二九一
二八六—二八七
四八二—四八三
二九〇—二九一
三五八—三五九
五〇六—五〇七
五一四—五一五
三五〇—三五一
三五八—三五九
四九八—四九九
三四六—三四七
五〇六—五〇七
四九四—四九五
四九八—四九九
三三八—三三九
三四六—三四七
四九四—四九五
五三四—五三五
五四六—五四七
三四六—三四七
五四二—五四三
五三〇—五三一
三五四—三五五
三四六—三四七
五四六—五四七
三四六—三四七

一二六四弄 愛文義路
一二六五弄 愛文義路
一二七四弄 靜安寺路
一二九〇弄 福煦路
一三八二弄 小沙渡路
一三七六弄 靜安寺路
一三九四弄 愛多亞路
一三九八弄 靜安寺路
一四〇五弄 愛多亞路
一四六二弄 愛多亞路
一四七三弄 靜安寺路
一四七五弄 愛文義路
一四七八弄 新閘路
一四九二弄 新閘路
一五二二弄 靜安寺路
一五三六弄 新閘路
一五五五弄 靜安寺路
一五七七弄 靜安寺路
一六〇〇弄 靜安寺路
一六九九弄 靜安寺路
一七五三弄 靜安寺路
一七五六弄 靜安寺路
一七九三弄 靜安寺路
一八三八弄 新閘路
一八五四弄 新閘路
一八六六弄 新閘路

二一〇—二一一
三七八—三七九
三四六—三四七
三八六—三八七
五四六—五四七
三七八—三七九
二一四—二一五
三七八—三七九
二〇六—二〇七
二一四—二一五
三八六—三八七
三八二—三八三
三七〇—三七一
三七〇—三七一
三八二—三八三
三七〇—三七一
三八六—三八七
三九四—三九五
四〇二—四〇三
三九四—三九五
三九八—三九九
三九八—三九九
三九八—三九九
四一八—四一九
四一八—四一九
四一八—四一九

一品里	大沽路三八三弄	二十八—二十九
又新邨	東京路九三九弄	五三〇—五三一
人和里	白克路六〇弄	二四二—二四三
人安里	牯嶺路一四五弄	二四二—二四三
人瑞里	同孚路二九三弄	三二六—三二七
人壽坊	白克路登賢里三四四弄內	二五八—二五九
九如里	福煦路七〇弄	二〇六—二〇七
九如里	白克路四六三弄	二五〇—二五一
九如里	勞勃生路	五四二—五四三
九芝坊	大沽路四〇六弄	二二二—二二三
九福里	孟德蘭路八八弄	二三〇—二三一
九福里	靜安寺路四七一弄	二三〇—二三一
上吉坊	新閘路四一八弄	二八六—二八七
山海里	山海關路	二九四—二九五
山海新邨	山海關路二八九弄	二九八—二九九
久元坊	戈登路七〇七弄	四四六—四四七
久仁里	武定路九八〇弄	四二二—四二三
久興里	白克路	二五八—二五九
久興里	成都路五七二弄	二五八—三五九
三友里	梹榔路	四九四—四九五
三元坊	新閘路一三四〇弄	三六二—三六三
三多里(一)	成都路五三二弄	二五〇—二五一
三多里(二)	成都路五二四弄	二五〇—二五一
三多里(三)	成都路五一二弄	二五〇—二五一
三多里(四)	成都路五〇二弄	二五〇—二五一
三多里(五)	成都路四九〇弄	二五〇—二五一
三多里(六)	成都路四七八弄	二五〇—二五一
三多里	福煦路九二弄	二〇六—二〇七
三多里	康腦脫路五三七弄	三六六—三六七
三多里	膠州路一五〇弄	四七四—四七五
三成坊	梅白格路三〇〇弄	二七八—二七九
三成坊	梅白格路三一〇弄	二七八—二七九
三和里	茘蒲路三八〇弄	四八二—四八三
三和里	小沙渡路八九四弄	四八二—四八三
三和里	小沙渡路九〇二弄	四八二—四八三
三和里	小沙渡路九一〇弄	四八二—四八三
三星里	茘蒲路	四七四—四七五
三星里	愛文義路一三四弄	二七四—二七五
三星坊	康腦脫路四一八弄	四五八—四五九
三星里	愛文義路四七四弄	二九八—二九九
三益里	新閘路四四五弄	二八二—二八三
三益里	同孚路三一五弄內二一弄	三二六—三二七
三祝里	溫州路八八弄	二七四—二七五
三祝里	溫州路二〇〇弄	二七四—二七五
三祝里	重慶路二九三弄	二二六—二二七
三瑞里	同孚路二〇一弄	三二六—三二七
三新邨	澳門路四七六弄	五一四—五一五
三樂里	戈登路一〇八〇弄內	五〇六—五〇七
三餘坊	小沙渡路一〇四七弄	四九四—四九五
三德坊	康腦脫路六一弄	四二六—四二七
三餘里	愛多亞路一四六二弄	二一四—二一五
三德坊	康腦脫路三九弄	四二六—四二七
三德里	赫德路	四〇二—四〇三
三德里	梅白格路三四五弄	二七八—二七九

里弄名稱	地址	門牌
三德里	梅白格路三五三弄	二七八—二七九
三德里	愛多亞路一〇〇六弄	一九八—一九九
三德里	跑馬廳路	一九八—一九九
三鳳里	成都路五八六弄	二五八—二五九
三鴻新邨	新閘路海聯里內	四一八—四一九
大中里	同孚路二一四弄	二三八—二三九
大有里	淇門路二五九弄	五八〇—五八一
大方里	成都路一五二弄	二一四—二一五
大方里	成都路一六二弄	二一四—二一五
大成里	大通路一四三弄	二六六—二六七
大和邨	威海衛路一九〇弄	二二六—二二七
大同里	西摩路五二五弄	三五四—三五五
大同里	西摩路五三五弄	三五四—三五五
大同里	西摩路	三五四—三五五
大旭里	勞勃生路	四九四—四九五
大康里	武定路四三〇弄	四三〇—四三一
大通里	大通路三三一弄	二九四—二九五
大通里	大通路	二六二—二六三
大通里	山海關路三九二弄	二九四—二九五
大通里	白克路五九二弄	二六二—二六三
大順里	虞洽卿路四三弄	一九八—一九九
大勝里	大通路二七三弄	二九八—二九九
大勝里	大通路二七四弄	二九八—二九九
大裕里	戈登路七六四弄	四四六—四四七
大德坊	戈登路三六〇弄	三五八—三五九
大德里	新閘路九一一弄	三一八—三一九
大興里	孟德蘭路八三弄	二六六—二六七
大興坊	大通路二六二弄	二九八—二九九
大興里	成都路九八八弄	二八六—二八七
大鵬坊	赫德路三八一弄	四一〇—四一一
元吉里	戈登路四五五弄	四三〇—四三一
元福里	赫德路五三〇弄	三七〇—三七一
元福里	赫德路五四四弄	三七〇—五七一
元興里	白克路三一四弄	二五八—二五九
元益坊	小沙渡路一四一六弄	五四六—五四七
元齡里	張家宅路一二〇弄	三一八—三一九
升如里	成都路一六五弄	二二二—二二三
丹鳳里	愛文義路	二四二—二四三
五和里	戈登路五三六弄	四三八—四三九
五福里	東京路九二一弄	五三〇—五三一
五福里	勞勃生路	五三〇—五三一
五福里	新閘路一一〇三弄內	三五〇—三五一
五餘坊	小沙渡路一一四一弄	四九四—四九五
六合坊	勞勃生路	五四二—五四三
六儀坊	孟德蘭路一〇六弄	二三〇—二三一
介福里	南陽路一一弄	三四六—三四七
日新邨	膠州路二五三弄	四一八—四一九
日新邨	膠州路二六三弄	四一八—四一九
戈登里	戈登路六〇六弄	四三八—四三九
戈登別墅	戈登路七〇二弄	四四六—四四七
天樂里	同孚路斜橋弄六一弄	二三八—二三九
天福里	池浜路九〇弄	二九八—二九九
天寶里	成都路八七九弄	二九四—二九五
天寶里	山海關路	二九四—二九五

公平里	白克路一二四弄	二四二—二四三
公安坊	海防路三九一弄	四五〇—四五一
公安坊	昌平路四二二弄	四五〇—四五一
公安坊	小沙渡路五六七弄	四五四—四五五
公安里	武定路二五八弄内	四二六—四二七
公安里	武定路二五八弄内	四二六—四二七
公興里	康惱脫路康腦邨内五八〇弄	四五四—四五五
仁和里	孟德蘭路一七六弄	二三〇—二三一
仁和里	勞勃生路	五三四—五三五
仁卿里	大沽路四一一弄内	二一八—二一九
仁德里	溫州路七弄	二七四—二七五
仁濟里	山海關路一四〇弄	二八二—二八三
仁濟里	新閘路四三三弄	二八二—二八三
太平坊	延平路一八〇弄	四一八—四一九
太平坊	延平路一九〇弄	四一八—四一九
太平坊	延平路二一〇弄	四一八—四一九
太平坊	延平路二〇〇弄	四一八—四一九
太平坊	延平路二二〇弄	四一八—四一九
太平弄	派克路二一五弄	二七八—二七九
太平弄	梅白格路	二七八—二七九
太來坊	麥根路二〇九弄	三一〇—三一一
太和坊	武定路	三一〇—三一一
太和里	小沙渡路六一〇弄	四五八—四五九
太原坊	溫州路	二七四—二七五
文元里(一)	虞洽卿路九五弄	一九八—一九九
文元里(二)	虞洽卿路八三弄	一九八—一九九
文元里(三)	虞洽卿路	一九八—一九九
文明坊	檳榔路三友里内	四九四—四九五
文盛坊	愛多亞路一四六二弄内	二一四—二一五
文華坊	東京路四三五弄	四四六—四四七
文裕里	大沽路五一九弄	二一八—二一九
文餘里	戈登路六七三弄	四四六—四四七
文德里	西摩路三二六弄	三四六—三四七
文德坊	梅白格路太平弄内五六弄	二七八—二七九
文德坊	愛文義路一三〇〇弄	三七四—三七五
北大旭里	勞勃生路	五五〇—五五一
北新安里	馬白路一九六弄	四九八—四九九
北興里	新閘路八弄	二七〇—二七一
北興里	虞洽卿路六六弄	二七〇—二七一
玉林里	山海關路三九五弄	二九八—二九九
生生里	康腦脫路六〇〇弄	四五四—四五五
民安坊	福煦路三九二弄	二一六—二一七
民政坊	普陀路	五四二—五四三
玉珊坊	愛文義路一五四八弄	四一〇—四一一
印雪里	東京路九二九弄	五三〇—五三一
申新里	宜昌路一六八弄	五二二—五二三
世述里	成都路五六三弄	二六二—二六三
廿德里	麥根路二三三弄	三一〇—三一一
四維邨	麥特赫司脫路三五五弄	三五〇—三五一
四維邨	麥特赫司脫路三六九弄	三五〇—三五一
四維邨	麥特赫司脫路	三五〇—三五一
四壽邨	愛文義路	四〇二—四〇三
白玉坊	馬白路三一三弄	四九四—四九五
白玉坊	馬白路三一四弄	四九四—四九五

正名里	池浜路一八〇弄	二九四—二九五
正明里	赫德路三三弄	三九四—三九五
正明里	赫德路四三弄	三九四—三九五
正明里	赫德路六三弄	三九四—三九五
正明里	赫德路五三弄	三九四—三九五
正賢坊	長沙路一四九弄內	二七四—二七五
平安里	成都路七四一弄內	二九八—二九九
平吉里	麥特赫司脱路二六八弄	三二二—三二三
平和里	愛文義路二三九弄	二五八—二五九
平和里	派克路一五五弄	二五八—二五九
平泉別墅	梅白格路三六一弄	二七八—二七九
平秩坊	大通路四六〇弄	二九八—二九九
平僑里	愛文義路一二〇弄	二七四—二七五
永平里	麥根路九〇弄	三〇六—三〇七
永平里	順德路八九弄	三〇六—三〇七
永安里	大沽路一四二弄	二一〇—二一一
永安里	愛文義路六三〇弄	三〇二—三〇三
永安里	勞勃生路一一四弄	五三四—五三五
永安里	東京路	五八〇—五八一
永年里	白克路三七六弄	二五八—二五九
永年里	白克路四〇六弄	二五八—二五九
永年里	愛多亞路一二六五弄	二〇六—二〇七
永吉里	牯嶺路二八弄	二四二—二四三
永吉里	昌平路二三二弄	四四六—四四七
永吉里	威海衛路三五七弄	二二二—二二三
永吉里	虞洽卿路五七九弄	二四二—二四三
永吉里	虞洽卿路五八七弄	二四二—二四三

永吉里	靜安寺路八四九弄	三二六—三二七
永吉里	愛文義路九六六弄	三五〇—三五一
永利坊	同孚路二一六弄	二三八—二三九
永定里	山海關路四六四弄	三〇二—三〇三
永定里	山海關路	三〇二—三〇三
永和坊	普陀路一二五〇弄	五四二—五四三
永炳里	梅白格克三四五弄三德里內	二七八—二七九
永泉里	勞勃生路	四九四—四九五
永泰里	康腦脫路六三二弄	四五四—四五五
永泰里	新閘路九六五弄	二一八—三一九
永清里(一)	昇平街四一弄內	三三〇—三三一
永清里(二)	昇平街四一弄內	三三〇—三三一
永康里	慕爾鳴路二三〇弄	三二六—三二七
永康里	慕爾鳴路二四〇弄	三二六—三二七
永康里	慕爾鳴路二五〇弄	三二六—三二七
永善坊	新閘路一〇五六弄	三五八—三五九
永順里	戈登路五二四弄	四三八—四三九
永順里(一)	東京路麥根路麥根里內	四三四—四三五
永順里(二)	東京路麥根路麥根里內	四三四—四三五
永盛坊	膠州路	四九〇—四九一
永貴里	愛多亞路一四六二弄內	二一四—二一五
永業里	威海衛路三三五弄	二二二—二二三
永業坊	海防路二八四弄	四八二—四八三
永壽里	梅白格路五四六弄	二八六—二八七
永寧巷	威海衛路五五〇弄七二弄內	三二六—三二七
永福里	重慶路同興里內一七七弄	二一四—二一五

永福里	愛多亞路一〇七四弄	二〇二—二〇三
永慶坊	大沽路五〇六弄	二二二—二二三
永慶里	新閘路二〇三弄内	三五〇—三五一
永樂里	白克路七三八弄	二六六—二六七
如陞里	康腦脫路六五七弄	三六六—三六七
如陞里	赫德路六九六弄	三六六—三六七
如意里	威海衛路五五〇弄内六四弄	三二六—三二七
行仁坊	愛多亞路一二四九弄	二〇六—二〇七
自在里	西摩路四九三弄	三五四—三五五
朱衣里	淡水路五弄	二〇六—二〇七
朱衣里	淡水路一五弄	二〇六—二〇七
吉安里	小沙渡路	四五四—四五五
吉美邨	静安寺路一六一〇弄	四〇二—四〇三
兆益里	赫德路五五二弄	三七〇—三七一
多福里	福煦路五〇四弄	二一八—二一九
全樂里	康腦脫路七七弄	四二六—四二七
全福里	成都路三〇一弄	二三四—二三五
地豐里	地豐路二五弄	三九八—三九九
充美里	北河路四〇弄	二四二—二四三
充美里	北河路四八弄	二四二—二四三
光明邨	戈登路一〇〇〇弄	五〇六—五〇七
光明邨(一)	昇平街内	三三〇—三三一
光明邨(二)	昇平街内	三三〇—三三一
光遠坊	愛文義路二五六弄	二七八—二七九
光裕坊	勞勃生路一三七〇弄	五四二—五四三
至善里	膠州路二八三弄	四一八—四一九
至善里	膠州路二九三弄	四一八—四一九

至德里	愛文義路九七六弄	三五〇—三五一
百合里	派克路一七二弄	二四二—二四三
老馬德里	馬霍路六〇弄	二〇二—二〇三
有德里(一)	普陀路六弄	五三〇—五三一
有德里(二)	普陀路三六弄	三五〇—三五一
有餘里	新閘路九一五弄	三一八—三一九
有餘里	勞勃生路一二七一弄	五四二—五四三
旭東里(一)	同孚路七七弄	三三〇—三三一
旭東里(二)	同孚路八五弄	三三〇—三三一
旭東里(三)	同孚路九三弄	三三〇—三三一
旭東里(四)	同孚路一〇一弄	三三〇—三三一
旭東里(五)	同孚路一〇九弄	三三〇—三三一
成都坊	成都路四七弄	二一八—二一九
成德坊	昌平路二二一弄	四三八—四三九
成德里	威海衛路二四一弄	二二二—二二三
成德坊	戈登路六一六弄	四三八—四三九
合安里	大沽路三六一弄	二一八—二一九
合利坊	馬白路二一九弄	四九四—四九五
合衆里	戈登路嘉樂邨六八五弄内	四四六—四四七
合慶里	大沽路四三七弄	二一八—二一九
合興坊	福煦路一四〇弄	二〇六—二〇七
合興里	新閘路二二九弄	二七四—二七五
合興里	派克路三二〇弄	二七四—二七五
合興坊	小沙渡路五六〇弄	四五八—四五九
西文德里	東京路四二〇弄	四四二—四四三
西祥康里	白克路	二五〇—二五一
西祥鑫里	大通路二八九弄	二九八—二九九

西新別墅	西摩路五八七弄	三六二—三六三
西新別墅	西摩路五九七弄	三六二—三六三
西新別墅	西摩路六〇七弄	三六二—三六三
西新別墅	西摩路六一七弄	三六二—三六三
西摩里	西摩路二四九弄	三四六—三四七
西摩別墅	西摩路三四二弄	三四六—三四七
西興隆坊	重慶路一〇一弄	二一四—二一五
西興隆坊	愛多亞路一三七〇弄	二一四—二一五
西麟里	成都路二五四弄	二二六—二二七
安仁里	愛文義路一四〇三弄	三八二—三八三
安吉里	慕爾鳴路一一一弄	三三四—三三五
安吉里	慕爾鳴路一二一弄	三三四—三三五
安平里(一)	昌平路九七弄	四三四—四三五
安平里(二)	昌平路一一五弄	四三四—四三五
安平里(三)	昌平路一三三弄	四三四—四三五
安宜坊	新閘路八八八弄	三一四—三一五
安登別墅	靜安寺路一一四〇弄	三四六—三四七
安逸坊	西摩路六六三弄	三六二—三六三
安逸坊	西摩路六七三弄	三六二—三六三
安逸坊	武定路五三一弄	三六二—三六三
安順里	武定路七七弄	三一四—三一五
安順里	武定路八七弄	三一四—三一五
安順里	山海關路二七四弄	二九四—二九五
安寧坊	威海衛路三九〇弄	二三八—二三九
安慶坊	赫德路二五五弄	四〇二—四〇三
安慶坊	赫德路二六三弄	四〇二—四〇三
安樂坊	赫德路八一六弄	四五四—四五五

安樂邨	康腦脫路八一八弄	四六二—四六三
安樂坊	靜安寺路一一二九弄	三三八—三三九
同心里	勞勃生路	五〇六—五〇七
同安坊	新閘橋路二九弄	二八六—二八七
同孚邨	同孚路二二七弄	三二六—三二七
同和里	福煦路二一八弄	二〇六—二〇七
同和里	靜安寺路六八八弄	二五四—二五五
同春坊	白克路二二八弄	二四二—二四三
同春坊	派克路	二四二—二四三
同春坊	派克路	二四二—二四三
同益坊	淡水路二四弄	二〇六—二〇七
同益新邨(一)	成都路三七八弄	二三〇—二三一
同益新邨(二)	成都路三八八弄	二三〇—二三一
同益新邨(三)	成都路三九八弄	二三〇—二三一
同益新邨(四)	成都路三九八弄	二三〇—二三一
同益里	靜安寺路四七九弄	二三〇—二三一
同裕里	孟德蘭路一三〇弄	二三〇—二三一
同福里	小沙渡路一二三三弄內	五五〇—五五一
同福里	同孚路二五一弄	三二六—三二七
同福里	同孚路三一五弄內	三二六—三二七
同福里	同孚路三一五弄內	三二六—三二七
同福里	靜安寺路二七〇弄	二四六—二四七
同壽里	大通路一三八弄	二六二—二六三
同壽里	大通路一六〇弄	二六二—二六三
同壽坊	成都路六〇八弄	二五八—二五九
同壽里	成都路六〇九弄	二六二—二六三
同德里	新閘路一四五一弄	三七四—三七五

同慶里	福煦路一六六弄	二〇六—二〇七
同餘里(一)	小沙渡路五一九弄	四五四—四五五
同餘里(二)	小沙渡路五二九弄	四五四—四五五
同餘里(三)	小沙渡路五三九弄	四五四—四五五
同樂里	斜橋路二一三弄	三二六—三二七
同興里	重慶路一七七弄	二一四—二一五
沁園邨	新閘路一一二四弄	三五八—三五九
均樂邨	愛多亞路一二九二弄	二一〇—二一一
良榮邨	小沙渡路五九五弄	四五四—四五五
佑福里	大沽路一〇三弄	二一〇—二一一
佑福里	愛多亞路一二一六弄	二一〇—二一一
芝瑞里(一)	幷平街四一弄內	一四二—一四三
芝瑞里(二)	幷平街四一弄內	三三〇—三三一
芝瑞里(三)	幷平街四一弄內	三三〇—三三一
芝瑞里	威海衛路四六二弄	三二六—三二七
吳興里	大通路二二五弄	二九八—二九九
汾陽里	同孚路三四弄	二一八—二一九
汾陽坊	福煦路五四〇弄	二一八—二一九
志勤里	星加坡路	四七四—四七五
志蘭里	膠州路十一弄	四九〇—四九一
志文坊	膠州路二七三弄膠州弄武陵邨內	四一八—四一九
宏昌里	梅白格路二〇四弄	二五八—二五九
宏吉里	新閘路六七五弄	二九四—二九五
延平弄	延平路一六〇弄	四一八—四一九
延年坊	靜安寺路一六〇三弄	三九四—三九五
延慶里	牯嶺路一二〇弄	二四二—二四三
延齡坊	海防路赣華路	二八二—二八三
長義坊	極司非而路二二弄	四一四—四一五
長義坊	極司非而路二六弄	四一四—四一五
長慶里	大通路二九九弄	二九八—二九九
長豐里	同孚路一〇二弄	二二二—二二三
昌平里	昌平路一〇〇弄	四四二—四四三
昌平里	昌平路一一八弄	四四二—四四三
昌平里	昌平路一三六弄	四四二—四四三
昌平里	昌平路一五六弄	四四二—四四三
昌運里	大沽路四六八弄	二二二—二二三
武昌里	成都路六三二弄	二五八—二五九
武定邨	武定路一八一弄	三五八—三五九
武定坊	武定路五六六弄	四三〇—四三一
武定坊	武定路六〇〇弄	四三〇—四三一
武定坊	小沙渡路	四三〇—四三一
武定別墅	武定路九一六弄	四二二—四二三
武林里	新閘路六五三弄	二九四—二九五
武陵坊	斜橋路二五三弄	三二六—三二七
武陵邨	戈登路五一六弄	四三八—四三九
武陵邨	膠州路膠州弄二七三弄內	四一八—四一九
松柏里	愛多亞路九四弄	二一四—二一五
松柏里	梅白格路三二八弄	二七八—二七九
松壽里(一)	小沙渡路六弄	三四六—三四七
松壽里(二)	小沙渡路十四弄	三四六—三四七
松壽里(三)	小沙渡路二四弄	三四六—三四七
松壽里	新閘路五八七弄	二九四—二九五
松蘭里	東京路四四三弄	四四六—四四七
承照里	跑馬廳路六九弄	一九八—一九九

承裕里	小沙渡路一六七弄	三七四—三七五
承裕邨	小沙渡路一八一弄	三七四—三七五
承裕邨	小沙渡路一九七弄	三七四—三七五
承德坊	愛文義路三四〇弄	二七八—二七九
承德里	成都路一二九弄	二二二—二二三
承德里	戈登路一〇三四弄	五〇六—五〇七
承德里	戈登路一〇一四弄	五〇六—五〇七
承慶里	昇平街四一弄内	三三〇—三三一
承興里	青島路四五弄	二七八—二七九
承興里	派克路二五三弄	二七八—二七九
承興里	派克路	二七八—二七九
承興里	梅白格路三三八弄	二七八—二七九
承蔭里	赫德路二八一弄	四〇二—四〇三
東三德里	龍門路一七弄	一九八—一九九
東京里	東京路九九四弄	五一〇—五一一
東武里	虞洽卿路四九弄	一九八—一九九
東來里	張家宅路四三弄	三一八—三一九
東昇里	成都路五八九弄	二六二—二六三
東祥鑫里	大通路三一六弄	二九八—二九九
東祥鑫里	大通路二九〇弄	二九八—二九九
東福海路(一)	溫州路一〇一弄	二七四—二七五
東福海里(二)	溫州路九三弄	二七四—二七五
東福海里(三)	溫州路八三弄	二七四—二七五
東福海里(四)	溫州路七五弄	二七四—二七五
求興里	淡水路七〇弄	二〇六—二〇七
東興里	淡水路六〇弄	二〇六—二〇七
佳廬	愛文義路一五九二弄	四一〇—四一一
建業里	梹榔路	四七四—四七五
來安坊	成都路一五七六弄	三七〇—三七一
忠茂里	成都路七五弄	二一八—二一九
采芝里	威海衛路五五〇弄内	三二六—三二七
味清里	成都路六五弄	二一八—二一九
青雲里	大通路三〇〇弄	二九八—二九九
步留坊	愛多亞路八八〇弄	一九八—一九九
明福里	昌平路六四八弄	四五〇—四五一
宗德里	勞勃生路四六八九弄	四九八—四九九
阜豐里	莫干山路一〇八弄	五一八—五一九
育倫里	新閘橋路一九弄	二八六—二八七
育倫坊	重慶路三九弄	二〇六—二〇七
育麟里	山海關路三八七弄	二九八—二九九
秀雲里(一)	淡水路四五弄	二九八—二九九
秀雲里(二)	淡水路五五弄	二九八—二九九
秀蘭邨	戈登路三四四弄	三五八—三五九
協和里	派克路一三二弄	二四二—二四三
協和里	牯嶺路	二四二—二四三
協和邨	勞勃生路一一八三弄	五三四—五三五
尚勤里	青島路六〇弄	二八二—二八三
尚德新邨	威海衛路九二弄	二二六—二二七
尚德坊	哈同路二五〇弄内	三七八—三七九
泳吉里	新閘路五五一弄	二九四—二九五
泳吉里	成都路八九五弄	二九四—二九五
泳吉里	成都路	二九四—二九五
怡如里	海防路二七八弄	四八二—四八三
怡安里	卡德路一六八弄	三〇二—三〇三

怡和里南弄	成都路一〇一九弄	二九〇—二九一
怡和里北弄	成都路	二九〇—二九一
怡和里	成都路一〇〇七弄	二九〇—二九一
怡福里	勞勃生路	五三四—五三五
怡樂邨	新閘路一六七四弄	四二二—四二三
怡樂里	福煦路一五〇弄	二〇六—二〇七
金孟里	昌平路二一六弄	四四六—四四七
金城里	檳榔路二九〇弄	五〇二—五〇三
金城里	戈登路一〇一三弄	五〇二—五〇三
金城邨	靜安寺路一五三七弄	三八六—三八七
金椿里	梅白格路二一五弄	二五八—二五九
金椿里	梅白格路二四五弄	二五八—二五九
和安坊	長沙路一九三弄	二七四—二七五
和康里	大沽路四五二弄	二二二—二二三
和樂坊	戈登路一〇八〇弄內	五〇六—五〇七
和樂里	新閘路三五三弄	二八二—二八三
和樂里	戈登路一〇八八弄	五〇六—五〇七
和慶里	山海關路二〇〇弄	二八二—二八三
和豐里	大沽路四二弄內	二一八—二一九
長康里	康腦脫路三六七弄	四三〇—四三一
長義坊	極司非而路一八弄	四一四—四一五
長壽里	愛文義路一六一弄	二四二—二四三
長福里	白克路一三六弄	二四二—二四三
長福里	成都路八三二弄	二八二—二八三
長福里	山海關路一五六弄	二八二—二八三
念吾新邨	福煦路四七〇弄	二一八—二一九
泉本坊	威海衛路鴻遠坊內	二二二—二二三

威鳳里	威海衛路五〇二弄	三二六—三二七
重慶里	成都路二七三弄	二三四—二三五
厚德里	梅白格路三七五弄	二七八—二七九
美福里	福煦路八四〇弄	三三四—三三五
紀園	康腦脫路五六三弄	三六六—三六七
珊家園東弄	白克路一〇〇弄	二四二—二四三
思耕邨	海格路	三九八—三九九
洪德里	重慶路九三弄內	二一四—二一五
星邨	新閘路一〇三九弄	三五〇—三五一
星明里	康腦脫路	三六六—三六七
保安坊	長沙路一四九弄內	二七四—二七五
保安坊里	長沙路一四九弄內	二七四—二七五
保安坊	愛文義路八九四弄	一九八—一九九
柳迎邨	愛文義路一七二九弄	四〇六—四〇七
柳迎邨	極司非而路	四〇六—四〇七
建業里	新閘路五四八弄	二九〇—二九一
建業里	新閘路	二九〇—二九一
映暉里	斜橋路一二九弄	三二六—三二七
映暉里	同孚路三二一弄	三二六—三二七
映暉里	同孚路三三三弄	三二六—三二七
茂林坊	小沙渡路七四四弄	四五〇—四五一
茂盛里	東京路四五三弄	四四六—四四七
茂盛里	戈登路七二六弄	四四六—四四七
茂德里	小沙渡路一〇一八弄	五〇二—五〇三
南安里	新閘路一〇九三弄	三五〇—三五一
南陽東里	牯嶺路四六弄	二四二—二四三
南陽西里	牯嶺路六〇弄	二四二—二四三

南陽里	西摩路小菜場內	二四六—二四七
南裕慶里	馬白路一五二弄	四九八—四九九
恆吉里	戈登路嘉樂邨六八五弄內	四四六—四四七
恆昌里	梹榔路	五〇六—五〇七
恆康里	愛多亞路一四六二弄	二一四—二一五
恆祥里	小沙渡路五六六弄	四五八—四五九
恆業里	愛多亞路一四一四弄	二一四—二一五
恆源里	愛多亞路九七八弄	一九八—一九九
恆德里	赫德路六三三弄	四二二—四二三
恆德里	武定路八九四弄	四二二—四二三
恆靜里	靜安寺路一五八三弄	三九四—三九五
咸益里(一)	重慶路三二四弄	二二六—二二七
咸益里(二)	重慶路三一〇弄	二二六—二二七
咸益里(三)	重慶路三〇〇弄	二二六—二二七
咸德里(一)	虞洽卿路五三九弄	二二六—二二七
咸德里(二)	虞洽卿路五四九弄	二二六—二二七
咸德里(三)	虞洽卿路五五九弄	二二六—二二七
咸德里北弄	牯嶺路	二二六—二二七
信平里	龍門路二〇弄	一九八—一九九
信平里	龍門路三八弄	一九八—一九九
信平里	龍門路	一九八—一九九
信業里	大通路三三四弄	二九四—二九五
修德里	威海衛路五五〇弄內三五弄	三二六—三二七
修德里	白克路五四一弄內	二五四—二五五
修德里	白克路五七一弄	二五四—二五五
修德新邨	成都路四八三弄	二五四—二五五
修德新邨	成都路四九三弄	二五四—二五五

修德新邨	成都路五〇三弄	二五四—二五五
修德新邨	成都路五二七弄	二五四—二五五
修德新邨	成都路五七五弄	二五四—二五五
春江別墅	康腦脫路八八八弄	四六二—四六三
春平坊(一)	赫德路二四〇弄	三八二—三八三
春平坊(二)	赫德路二四八弄	三八二—三八三
春平坊(三)	赫德路二五四弄	三八二—三八三
春平坊(四)	赫德路二六四弄	三八二—三八三
春華里	青島路七〇弄	二八二—二八三
春華里	梅白格路四〇〇弄	二八一—二八二
春暉里	成都路一〇二八弄	二八六—二八七
前江北里	武定路三三二弄	四二六—四二七
根餘里	海防路七〇四弄	四四二—四四三
峻德里	大沽路四一一弄內	二一八—二一九
時應里	西摩路二九九弄	三四六—三四七
恩慶坊	小沙渡路一六六弄	三五四—三五五
草鞋浜	戈登路一二四三弄	五三四—五三五
俟在里	白克路四九三弄	二五〇—二五一
能仁里	白克路七二四弄	二六六—二六七
真吉里	成都路五九七弄	二六二—二六三
浦行別墅	成都路六九四弄	二七八—二七九
純益里	武定路三二弄	三一〇—三一一
倚雲里	威海衛路二八九弄	二二二—二二三
麥根里	昌平路	四三四—四三五
乾興坊	梹榔路	五〇六—五〇七
桃溪坊	小沙渡路三七〇弄內	三六二—三六三
務安里	小沙渡路八二七弄	四七八—四七九

務安里	小沙渡路八一七弄	四七八—四七九
益安里	成都路三三弄	二一八—二一九
益源里	白克路瑞家園一〇〇弄	二四二—二四三
益壽坊	靜安寺路一五八七弄	三九四—三九五
留餘里	長沙路一二四弄	二四二—二四三
留餘里	白克路一五〇弄	二四二—二四三
留餘坊	麥特赫司脫路	三一八—三一九
留餘坊	海格路	三九八—三九九
通安里	麥特赫司脫路六二五弄	四二六—四二七
同業里	膠州路三一九弄膠州弄內	四一八—三一九
振興里	慕爾鳴路二二〇弄	三二六—三二七
振通里	慕爾鳴路二一〇弄	三二六—三二七
振興里	慕爾鳴路二〇〇弄	三二六—三二七
栢德里	同孚路三一六弄	二三八—二三九
栢德里	同孚路三三六弄	二三八—二三九
栢德里	同孚路橋斜弄內	二三八—二三九
栢蘭里	檳榔路	四九四—四九五
致和里	卡德路一七〇弄	三〇二—三〇三
致和里	重慶路一六弄	二〇六—二〇七
致祥里	赫德路六四八弄	三六六—三六七
桂復坊	淡水路四〇弄	二〇六—二〇七
桂復坊	淡水路五〇弄	二〇六—二〇七
桂馨里	成都路一四〇弄	二一四—二一五
海防里	海防路二七一弄	四四六—四四七
海防邨	海防路四一〇弄	四八二—四八三
海源里	海防路五七八弄	四七八—四七九
海聯里	新閘路一八二〇弄	四一八—四一九

耕桐邨	威海衛路四八八弄	三二六—三二七
耕華里	威海衛路三〇一弄	二二二—二二三
耕讀邨	大西路A四弄	三九八—三九九
耕疇里	溫州路五四弄	二七四—二七五
普安坊	跑馬廳路	一九八—一九九
普祥里	池浜路一一六弄	二九八—二九九
普福里	大通路五〇四弄	二九八—二九九
普福里	愛文義路五二四弄	二九八—二九九
普德坊	成都路一八三弄	二二二—二二三
普德坊	成都路一九五弄	二二二—二二三
普德坊	成都路	二二二—二二三
普鴻里	威海衛路五六三號	三三〇—三三一
高照里	麥根路三四弄	三〇六—三〇七
高照里	新閘路七五〇弄	三〇六—三〇七
高陞里	大沽路一八三弄	二一〇—二一一
高陞里	愛多亞路一三一〇弄	二一〇—二一一
泰來里(一)	戈登路	五三四—五三五
泰來里(二)	戈登路一三四五弄	五三四—五三五
泰來里(三)	戈登路一三五三弄	五三四—五三五
泰來里(四)	戈登路一三六一弄	五三四—五三五
泰利巷	靜安寺路	四〇二—四〇三
泰惠坊	安南路八〇弄	三八六—三八七
泰德里	新閘路七一九弄	三〇二—三〇三
泰德里	卡德路七八一弄	三〇二—三〇三
泰興里(一)	慕爾鳴路九六弄	三三〇—三三一
泰興里(二)	慕爾鳴路八六弄	三三〇—三三一
泰興里(三)	慕爾鳴路七六弄	三三〇—三三一

秦餘里	馬白路一七三弄	五〇二—五〇三
馬立師新邨	重慶路二二〇弄	二一〇—二一一
馬立師新邨	跑馬廳路四二九弄	二一〇—二一一
馬吉里	重慶路一一弄	二〇六—二〇七
馬吉里	重慶路二一弄	二〇六—二〇七
馬吉里	重慶路二九弄	二〇六—二〇七
馬安里	重慶路一七六弄	二一〇—二一一
馬安里	大沽路一八六弄	二一〇—二一一
馬安里	重慶路一八八弄	二一〇—二一一
馬德里總弄	大沽路四二弄	二〇二—二〇三
馬德里	馬霍路五二弄	二〇二—二〇三
馬德里	馬霍路	二〇二—二〇三
馬德里	馬霍路	二〇二—二〇三
馬德里	愛多亞路一一四八弄	二〇二—二〇三
馬德里	愛多亞路一一二〇弄	二〇二—二〇三
馬德里	大沽路二九五弄	二〇二—二〇三
馬樂里	愛多亞路一三三七弄	二〇六—二〇七
凌雲別墅	康腦脫路六二七弄	三六六—三六七
徐園	康腦脫路一六八弄	四三八—四三九
商文里	威海衛路二五一弄	二二二—二二三
第安坊	澳門路五四三弄	五四二—五四三
基安坊	同孚路三一五弄內	三二六—三二七
基安坊	同孚路三一五弄內	三二六—三二七
基安坊	同孚路三一五弄內	三二六—三二七
盛昌里	麥特赫司脫路六三七弄	三二六—三二七
紹耕里	跑馬廳路四〇一弄	四二六—四二七
紹耕廬	跑馬廳路三七九弄	二一〇—二一一
麥根里	麥根路三七九弄	四三四—四三五
清華里	派克路三〇九弄	二八二—二八三
登賢里	白克路三四四弄	二五八—二五九
登賢坊	梅白格路	二五八—二五九
崇安里	海防路三〇二弄	四八二—四八三
崇海里	海防路三二四弄	四八二—四八三
崇敬邨	白克路六二四弄	二六六—二六七
崇德里	威海衛路五五〇弄	三二六—三二七
梅芳弄	勞勃生路	四九〇—四九一
梅南坊	靜安寺路二八二弄	二四六—二四七
梅福里	派克路一二五弄	二五八—二五九
梅興里	大通路	二九八—二九九
得福里	武定路一〇七弄	三一四—三一五
得福里	武定路九七弄	三一四—三一五
培德里總弄	新閘路五六五弄	二九四—二九五
培德里(一)	大通路五六五弄內	二九四—二九五
培德里(二)	大通路五六五弄內	二九四—二九五
培德里(三)	大通路五六五弄內	二九四—二九五
培德里(四)	大通路五六五弄內	二九四—二九五
培德里(五)	大通路五六五弄內	二九四—二九五
培德里(六)	大通路五六五弄內	二九四—二九五
望德里	愛文義路一〇六〇弄	三五四—三五五
啓德里	勞勃生路八三弄	四九〇—四九一
陳瀛里	新閘路一五二二弄	三七〇—三七一
祥元里	池浜路一九〇弄	二九四—二九五
祥安里	成都路九七二弄	二八六—二八七
祥康里	梅白格路八五弄	二五〇—二五一

祥康里	梅白格路九八弄	二五〇—二五一
祥康里	梅白格路一一九弄	二五〇—二五一
祥康里	梅白格路	二五〇—二五一
祥福里	卡德路一四六弄	三〇二—三〇三
祥福里	山海關路二〇一弄	二七八—二七九
祥福里	成都路二〇一弄	二七八—二七九
祥慶里	海防路	四八六—四八七
祥興里	武定路二七六弄	四二六—四二七
祥麒里	威海衛路一五二弄	二二六—二二七
祥鑫里	大通路三一六弄	二九八—二九九
康莊	康腦脫路八五〇弄	四六二—四六三
康腦邨	康腦脫路五八〇弄	四五四—四五五
康寧里	澳門路四三〇弄	五三八—五三九
康寧里	澳門路四五二弄	五三八—五三九
康寧邨	康腦脫路七一六弄	四六二—四二三
康寧邨	康腦脫路七三〇弄	四六二—四六三
康樂里	康腦脫路一七九弄	四六二—四六三
康樂里	新閘路四二一弄	二八二—二八三
康樂邨	福煦路七四〇弄	三三四—三三五
康樂邨	慕爾鳴路	三三四—三三五
植蔭里	愛多亞路六〇弄	二七〇—二七一
達德里	戈登路七二七弄	四四六—四四七
渭德坊	愛文義路一五六四弄	四一〇—四一一
鈞福里	大沽路五二六弄	二二二—二二三
萬福里	西摩路八三二弄	四五八—四五九
貴傳里	白克路五六八弄	二六二—二六三
紫陽里	武定路一九〇弄	四二六—四二七
隆智里	康腦脫路一〇八弄	四三四—四三五
惠然里	愛文義路一〇四弄	二七四—二七五
勞邨	小沙渡路三三七弄內八二弄	三七〇—三七一
逸民里	白克路四四八弄	二五八—二五九
萊市弄	勞勃生路	四九八—四九九
遂志里	青島路四八弄	二八二—二八三
普益里	愛文義路八〇九弄	三二二—三二三
集益里	勞勃生路一四〇八弄	五五〇—五五一
富康里	愛多亞路一四六二弄內	二一四—二一五
富康里	愛多亞路一四七二弄內	二一四—二一五
富興里	勞勃生路	五五〇—五五一
統益里	戈登路一一五二弄	五〇六—五〇七
統益里	勞勃生路一〇〇五弄	五三四—五三五
統益里	勞勃生路四六六五弄	四九八—四九九
道達里	梅白格路二八〇弄	二七八—二七九
道達里	愛文義路三一八弄	二七八—二七九
敦裕里(一)	西摩路二八七弄	三四六—三四七
敦裕里(二)	西摩路二七七弄	三四六—三四七
雲福里	白克路六九二弄	二六六—二六七
雲義里	康腦脫路七五一弄	四二二—四二三
復興坊	赫德路一二一弄	三九四—三九五
復興里	荔蒲路三六四弄	四八二—四八三
復新里	愛多亞路一二七八弄	二一〇—二一一
衆樂里	武定路五五一弄	三六二—三六三
衆福里	愛文義路一〇七〇弄	三五四—三五五
涵養邨	康腦脫路八八弄	四三四—四三五
涵仁里	康腦脫路八七二弄	四六二—四六三

景星里	愛文義路九三四弄	二九八—二九九
景庭坊	同孚路三一弄	三三〇—三三一
景裕坊	大沽路二四四弄	二一四—二一五
景福里	麥特赫司脫路	三一八—三一九
景德坊	西摩路八二四弄	四五八—四五九
順大里	大沽路一一〇弄	二一〇—二一一
順安里	福煦路三七二弄	二一八—二一九
順祥里	勞勃生路四二〇七弄	四九四—四九五
順義里	大沽路四一一弄內	二一八—二一九
順德里	白克路三二六弄	二五八—二五九
順德里	麥根路一弄	三一四—三一五
華山邨(一)	小沙渡路二七六弄	三五四—三五五
華山邨(二)	小沙渡路二八八弄	三五四—三五五
華安里	重慶路九三弄內	二一四—二一五
華安里	重慶路九三弄內	二一四—二一五
華順里	同孚路二三四弄	二三八—二三九
華順里	同孚路二五二弄	二三八—二三九
華順里	同孚路二六二弄	二三八—二三九
華順里	同孚路二七二弄	二三八—二三九
華順里	同孚路二八二弄	二三八—二三九
華順里	同孚路二九二弄	二三八—二三九
華福里	小沙渡路七一四弄	四五〇—四五一
華興里	成都路二三四弄	二二六—二二七
華嚴里(一)	(二)(三)弄計三條弄	
	威海衛路護慶里內	三二六—三二七
斯盛里	牯嶺路五一弄	二四二—二四三
斯文里	大通路五四六弄	二九〇—二九一
斯文里	大通路五五三弄	三〇六—三〇七
斯文里	大通路	三〇六—三〇七
斯文里	新閘路五六八弄	二九〇—二九一
斯文里	西蘇州路五九一弄	三〇六—三〇七
斯文里	新閘路五九四弄	二九〇—二九一
斯文里	新閘路六二〇弄	二九〇—二九一
斯文里	新閘路六三八弄	三〇六—三〇七
斯文里南里	新閘路六七二弄	三〇六—三〇七
善昌里	卡德路二二九弄	三一八—三一九
善昌里	新閘路八五三弄	三一八—三一九
善昌里	新閘路八八三弄	三一八—三一九
善樂坊	成都路一二八弄	二一四—二一五
善德里	池浜路一〇二弄	二九八—二九九
善慶坊(一)	青海路一九弄	二三四—二三五
善慶坊(二)	青海路二九弄	二三四—二三五
善慶里(三)	青海路三九弄	二三四—二三五
善慶里(四)	青海路四九弄	二三四—二三五
善慶里	戈登路一九四弄內	三五〇—三五一
琴廬	小沙渡路四二九弄	三六六—三六七
愚園弄	愚園路二四六弄	四〇六—四〇七
愚園弄	愚園路六六弄	四〇二—四〇三
甄慶里	新閘路一一二一弄	三五〇—三五一
載德里	梅白格路三四五弄內	二七八—二七九
勤益坊	同孚路一〇八弄	二二二—二二三
滄洲別墅	靜安寺路	三九〇—三九一
滄海坊	威海衛路四八五弄	三三〇—三三一
祿壬里	愛文義路一一一〇弄	三五四—三五五

源和里	戈登路一一九二弄	五三〇—五三一
源裕里	赫德路一〇九弄	三九四—三九五
義順里	東京路	四三四—四三四
義順里	東京路	四三四—四三五
楨安里	龍門路十七弄內	一九八—一九九
萱長里	東京路一〇三一弄	五三〇—五三〇
萱春里	威海衛路三四七弄	二二二—二二三
誠意里	張家宅路十九弄	三一八—三一九
誠意里	張家宅路二七弄	三一八—三一九
誠意里	張家宅路三三弄	三一八—三一九
誠意里	張家宅路	三一八—三一九
羣壽里	白克路一六一弄	二四二—二四三
羣賢坊	愛多亞路八六六弄	一九八—一九九
傳壽里（一）	白克路登賢里內三四三弄	二五八—二五九
傳壽里（二）	梅白格路三四三弄	二五八—二五九
傳福里	新閘路一〇五一弄	三五〇—三五一
經遠里	大通路四一六弄	二九四—二九五
經遠里	新閘路六一三弄	二九四—二九五
椿壽里	麥特赫司脫路三八三弄	三五〇—三五一
椿壽里	新閘路一〇一三弄	三五〇—三五一
椿蔭里	戈登路七一三弄	四四六—四四七
鼎吉里	梹榔路	四九四—四九五
鼎昌里	成都路九〇二弄	二八二—二八三
鼎餘坊	梅白格路二四五弄三德里內	二七八—二七九
鼎餘坊	梅白格路二四五弄三德里內	二七八—二七九
慎德里	大西路五五弄	三九八—二九九
慎餘坊	同孚路二六九弄	三二六—三二七
慎餘里	武定路六三弄	三一四—三一五
愛文邨	小沙渡路一二五弄	三七八—三七九
愛文坊	愛文義路一三一二弄	三七四—三七五
愛文弄	愛文義路一五七四弄	四一〇—四一一
愛仁里	派克路二〇七弄	二七八—二七九
愛仁里	愛文義路二一一八弄	二七八—二七九
愛壽里	梅白格路	二四六—二四七
愛壽里	梅白格路	二四六—二四七
瑞安里（一）	梅白格路	二八六—二八七
瑞安里（二）	新閘路五二弄內	二八六—二八七
瑞芝里	麥特赫司脫路五二二弄	三一四—三一五
瑞芝里	麥特赫司脫路五三〇弄	三一四—三一五
瑞芝里	膠州路一三八弄	四一〇—四一一
瑞芝里	膠州路一四八弄	四一〇—四一一
瑞芝里	麥特赫司脫路五三八弄	三一四—三一五
瑞德里	大通路二三七弄	二九八—二九九
瑞德里	東京路四二一弄	四四六—四四七
瑞興里	威海衛路四五七弄	三三〇—三三一
瑞藹里	山海關路四〇六弄	二九四—二九八
裕和坊	靜安寺路四五五弄	二三〇—二三一
裕洪里	愛文義路三六四弄	二七八—二七九
裕益里	麥特赫司脫路六〇九弄	四二六—四二七
裕通里	勞勃生路一三九五弄	五五〇—五五一
裕慶里	新閘路二一七一弄	二八二—二八三
裕慶里	勞勃生路四四〇五弄	四九八—四九九
溥益北里	澳門路一〇五弄	五一〇—五一一
溥益東里（一）	東京路九六四弄	五一〇—五一一

溥益東里	東京路九六四弄	五一〇—五一一
溥益東里	澳門路一〇七弄	五一〇—五一一
溥益里	戈登路一四五四弄	五二六—五二七
溥益里	戈登路一四六八弄	五二六—五二七
溥益里	戈登路一四八八弄	五二六—五二七
溥益里	戈登路一四九八弄	五二六—五二七
溥益里	戈登路一五〇四弄	五二六—五二七
溥益里	戈登路一五一二弄	五二六—五二七
新馬樂里	重慶路二六弄	二〇六—二〇七
新馬樂里	重慶路四八弄	二〇六—二〇七
新馬樂里	愛多亞路一二五六弄	二一〇—二一一
新安坊	威海衛路四七八弄	三二六—三二七
新和邨	愚園路十二弄	四〇二—四〇三
新閘邨	新閘路八七六弄	三一四—三一五
新閘弄	新閘路路一六三〇弄	四二二—四二三
新華里總弄	同孚路四九弄	三三〇—三三一
新華里南弄	同孚路四一弄	三三〇—三三一
新華園	海格路	三九八—三九九
新維里	梅白格路四三二弄	二八二—二八三
新珍里	白克路七四四弄	二六六—二六七
新樂邨	新閘路一〇五〇弄	三五八—三五八
慶福里	宜昌路一五五弄	五二六—五二七
新慶里	小沙渡路六一七弄	四五四—四五五
新餘邨	昌平路二五〇弄	四四六—四四七
新餘里	梅白格路二九五弄	二七八—二七九
新興里	新閘路九二九弄	三一八—三一九
新鑫里	大通路二四五弄	二九八—二九九

業華里	靜安寺路七六九弄	二三八—二三九
業華里	斜橋弄	二三八—二三九
滋豐坊	普陀路二一六弄	五三四—五三五
聖賢邨	小沙渡路七九四弄	四五〇—四五一
鳴玉坊	靜安寺路六四六弄	二五四—二五五
壽康里	新閘路四七一弄	二八二—二八三
壽春里	麥特赫司脫路五〇七弄	三五八—三五九
壽宣里	威海衛路四九弄	三三〇—三三一
鳳善里	北河路一一弄	二四二—二四三
鳳善里	北河路二一弄	二四二—二四三
肇慶里	山海關路一六八弄	二八二—二八三
肇慶里	成都路八八四弄	二八二—二八三
毓麟里	北河路八〇弄	二四二—二四三
毓麟里	牯嶺路一〇三弄	二四二—二四三
廣仁里	愛文義路	二六二—二六三
廣仁里	成都路六一一弄	二六二—二六三
賡仁里	成都路六四一弄	二六二—二六三
赫德弄	赫德路五四五弄	四二二—四二三
赫德坊	赫德路六九九弄	四二二—四二三
赫德邨	赫德路一〇二四弄	四七八—四七九
嘉禾里	赫德路八一弄	三九四—三九五
嘉平坊	卡德路一六九弄	三一八—三一九
嘉平坊西弄	愛多亞路一六〇四弄	四一〇—四一一
嘉運坊	新閘路一八五一弄	四一四—四一五
嘉樂邨	戈登路六八五弄	四四六—四四七
維新里	麥特赫司脫路三九六弄	三一八—三一九
維新坊	梅白格路四三八弄	二八二—二八三

作新坊	梅白格路四四四弄	二八二—二八三
維新坊	梅白格路四五四弄	二八二—二八三
輔仁里(一)	成都路一一〇弄	二一四—二一五
輔仁里(二)	成都路一〇〇弄	二一四—二一五
輔仁里(三)	成都路九〇弄	二一四—二一五
輔仁里(四)	成都路八〇弄	二一四—二一五
輔仁里(五)	成都路七〇弄	二一四—二一五
輔安里	成都路二五五弄	二三四—二三五
輔德里	成都路七弄	二一八—二一九
慈仁坊	膠州路五二弄	四〇二—四〇三
慈孝邨	新閘路一三一六弄	三六二—三六三
慈惠南里	西摩路	三九〇—三九一
慈惠南里	西摩路	三九〇—三九一
慈惠南里(四)	西摩路	三九〇—三九一
慈惠里	威海衛路八四〇弄	三九〇—三九一
慈惠里(三)	西摩路一一九弄	三九〇—三九一
慈惠里	福煦路	三九〇—三九一
慈厚北里	安南路四八弄	三八六—三八七
慈厚北里	靜安寺路一四五一弄	三八六—三八七
慈厚南里總弄	福煦路一二三八弄	三八六—三八七
慈厚南里總弄	安南路三七弄	三八六—三八七
慈厚南里	共計七條弄在	三八六—三八七
慈厚南里	哈同路一二三八弄內	三八六—三八七
慈厚南里	安南路五五弄	三八六—三八七
榮茂里	新閘路一一〇四弄內	三五八—三五九
榮康里	成都路	二一四—二一五
榮康里	成都路三四弄	二一四—二一五
榮康里	成都路四六弄	二一四—二一五
榮陽康里	愛文義路九五一弄	三六二—三四三
榮陽里	武定路	三五八—三五九
榮陽里	麥特赫司脫路五二三弄	三五八—三五九
榮陽里	愛文義路一〇八〇弄	三五四—三五五
榮樂里	威海衛路四〇五弄	二二二—二二三
榮慶里	麥特赫司脫路五〇六弄	三一四—三一五
榮慶里	勞勃生路怡福里內	五三四—五三五
聚慶里	新閘路四五六弄	二八六—二八七
聚慶里	新閘路四七八弄	二八六—二八七
聚慶里	成都路	二八六—二八七
聚賢里	膠州路三一九弄內	四一八—四一九
聚興坊	白克路四三四弄	二五八—二五九
聚錦里	牯嶺路	二四二—二四三
聚寶坊(一)	成都路九五一弄	二九〇—二九一
聚寶坊(二)	成都路九六一弄	二九〇—二九一
聚寶坊(三)	成都路九七一弄	二九〇—二九一
福如里	威海衛路五五〇弄內六一弄	三二六—三二七
福如里	威海衛路五五〇弄內六九弄	三二六—三二七
福安里	威海衛路三八〇弄	三二八—三二九
福安坊	新閘路一四八九弄	三七四—三七五
福田邨	麥特赫司脫路三四六弄	三一八—三一九
福田邨	麥特赫司脫路三六二弄	三一八—三一九
福田邨	愛文義路	三一八—三一九
福明邨	福煦路四二四弄	二一八—二一九
福明里	愛文義路四八二弄	二九八—二九九
福林里	同孚路七〇弄	二二二—二二三

福益里([illegible])	昇平街四一弄內	三三〇—三三一
福益里(二)	昇平街四一弄內	三三〇—三三一
福益里(一)	昇平街四一弄內	三三〇—三三一
福康里總弄	新閘路九〇六弄	三一四—三一五
福康里	牯嶺路	二四二—二四三
福康里	康腦脫路四五四弄	四五四—四五五
福煦里	卡德路一三一弄	三一八—三一九
福煦里	卡德路一四三弄	三一八—三一九
福煦里	愛文義路	三一八—三一九
福剛里	愛文義路一四三三弄	三八二—三八三
福祿里	梅白格路四八〇弄	二八二—二八三
福源里	白克路一〇七弄	二四二—二四三
福源里	白克路一二七弄	二四二—二四三
福源里	虞洽卿路四七五弄	一四二—二四三
福源里	小沙渡路四九一弄	三六六—三六七
福源里(二)	康腦脫路五〇一弄	三六六—三六七
福源里(一)	康腦脫路五一九弄	三六六—三六七
福興里	小沙渡路四二七弄內	三六六—三六七
福興坊	愛多亞路一〇九六弄	二〇二—二〇三
福壽里	愛文義路八三四弄	三一八—三一九
福壽坊	跑馬廳路一五七弄	一九八—一九九
福壽坊	跑馬廳路一六三弄	一九八—一九九
福德里	赫德路五弄	三九四—三九五
福德里	赫德路一五弄	三九四—三九五
福德里	小沙渡路一一九七弄	五五〇—五五一
福德里	愛多亞路一二三〇弄	二一〇—二一一
福蔭里	昇平街潤德里內	三三〇—三三一
福寶里	威海衛路二二九弄	二二二—二二三
福臨里	卡德路二四弄	二六六—二六七
福蘭里	大沽路九〇弄	二一〇—二一一
福鑫里	新閘路福康路內	三一四—三一五
福鑫里	新閘路福康路內	三一四—三一五
廟弄	愚園路	四〇二—四〇三
廟弄	赫德路	四〇二—四〇三
德仁坊	白克路七二四弄	二六六—二六七
德文坊	海防路四〇三弄	四五〇—四五一
德明里	澳門路五九五弄	五四二—五四三
德明里	澳門路五五一弄	五四二—五四三
德康里	康腦脫路六一六弄	四五四—四五五
德盛里	麥根路一〇九弄	三一〇—三一一
德善里	康腦脫路康腦邨內	四五四—四五五
德順里	重慶路一九一弄	二一四—二一五
德順里	愛多亞路一二一〇弄	二一〇—二一一
德廣坊	戈登路三六三弄	三六二—三六三
德福里	馬霍路二三三弄	二二六—二二七
德福里	馬霍路二四三弄	二二六—二二七
德慶里	慕爾鳴路二六四弄	三二六—三二七
德慶里	慕爾鳴路二七四弄	三二六—三二七
德慶里	慕爾鳴路二八二弄	三二六—三二七
德慶里	慕爾鳴路二九〇弄	三二六—三二七
德慶里	慕爾鳴路三〇〇弄	三二六—三二七
德慶里	慕爾鳴路三一〇弄	三二六—三二七
德興里	卡德路一九九弄	三一八—三一九
德馨里	康腦脫路一七四弄	四三八—四三九

里弄名稱	地址	號碼
德馨里小弄	康腦脫路二四〇弄	四三八—四三九
德馨里小弄	康腦脫路	四三八—四三九
德馨里	梹榔路	四八二—四八三
慶安里	張家宅路三六弄	三一八—三一九
慶安里三條	張家宅路	三一八—三一九
慶安里	成都路太平街內一二八弄	二七八—二七九
慶雲里	大通路一二三弄	二六六—二六七
慶雲里	愚園路二五九弄	三九八—三九九
慶雲坊	武定路三二三弄	三五八—三五九
慶福里	宜昌路一六一弄	五二六—五二七
慶福里、	靜安寺路一一二二弄	三四六—三四七
慶餘里西弄	成都路二六四弄	二二六—二二七
慶餘里(一)	重慶路三〇五弄	二二六—二二七
慶餘里(二)	重慶路三一九弄	二二六—二二七
慶餘里(三)	重慶路三三一弄	二二六—二二七
慶餘里(四)	重慶路三四三弄	二二六—二二七
慶餘里(五)	重慶路三五三弄	二二六—二二七
慶餘里(六)	重慶路三六一弄	二二六—二二七
慶餘里	成都路八四二弄	二八二—二八三
樂安里	梅白格路四一八弄	二八二—二八三
樂安坊	成都路八一一弄	二九四—二九五
樂安坊	小沙渡路一一二三弄	四九四—四九五
頤和里	戈登路一〇六〇弄	五〇六—五〇七
頤康里	梅白格路四三一弄	二八二—二八三
頤康里	梅白格路四四一弄	二八二—二八三
頤康里	梅白格路四五一弄	二八二—二八三
頤康里	梅白格路四五九弄	二八二—二八三
頤康里	梅白格路四八一弄	二八二—二八三
潤康邨	靜安寺路五九一弄	二三四—二三五
潤德里	昇平街七一弄	三三〇—三三一
潤德里	麥根路三五五弄	四三四—四三五
膠州弄	膠州路一七〇弄	四一〇—四一一
膠州弄	膠州路一九〇弄	四一〇—四一一
膠州弄、	膠州路二七三弄	四一八—四一九
膠州弄	膠州路三一九弄	四一八—四一九
膠州邨	膠州路五一弄	四九〇—四九一
膠州坊	膠州路三九八弄	五四二—五四三
膠州坊	膠州路四一〇弄	五四二—五四三
隨雲里(一)	膠州路五一弄	四〇六—四〇七
隨雲里(二)	膠州路六一弄	四〇六—四〇七
隨雲里(三)	膠州路七一弄	四〇六—四〇七
綠暘里	康腦脫路七三三弄	四二二—四二三
綠廬	康腦脫路八三四弄	四六二—四六三
賡業里	昌平路二〇一弄	四三八—四三九
賡慶里	新閘路九四四弄	三一四—三一五
賡慶里	(一)(二)(三)(四)(五)(六)弄在麥特赫司脫路	三一四—三一五
養和里	勞勃生路一一八三弄	五三四—五三五
養和里	新閘路五六六弄	二九〇—二九一
遷善里	愛文義路一〇〇四弄	三五〇—三五一
增祥里	康腦脫路四一三弄	四三〇—四三一
蕃祉里	慕爾鳴路二五七弄	三三八—三三九
蕃祉里	慕爾鳴路二六七弄	三三八—三三九
蕃祉里	慕爾鳴路二七七弄	三三八—三三九

蕃祉里	慕爾鳴路二八五弄	三三八—三三九
蕃祉里	慕爾鳴路二九三弄	三三八—三三九
蕃祉里	慕爾鳴路二〇三弄	三三八—三三九
蕃衍里	白克路五四二弄	二六二—二六三
靜安別墅	靜安寺路一〇二五弄	三三八—三三九
靜安里	靜安寺路一一六八弄	三四六—三四七
靜安里	西摩路	三四六—三四七
靜安廟弄	愚園路	四〇二—四〇三
靜雲里(一)	膠州路五六弄	四〇二—四〇三
靜雲里(二)	膠州路六八弄	四〇二—四〇三
興和里	靜安寺路四一一弄	二三〇—二三一
興隆坊	重慶路九四弄	二一〇—二一一
興隆坊	愛多亞路一三一八弄	二一〇—二一一
興義里	康腦脫路五四五弄	三六六—三六七
興業里	靜安寺路九七二弄	三四二—三四三
興業里	愛多亞路一二七五弄	二〇六—二〇七
興樂里	愛文義路	二四二—二四三
餘德里	長沙路一三三弄	二七四—二七五
餘慶里	溫州路三三弄	二七四—二七五
餘慶里	戈登路一六六弄	三五〇—三五一
餘慶里	延平路二三〇弄	四一八—四一九
餘慶里	成都路五九八弄	二五八—二五九
餘慶坊	愛多亞路一三二七弄	二〇六—二〇七
餘慶里	戈登路一九四弄內	三五〇—三五一
餘慶里	康腦脫路康腦邨內五八〇弄	四五四—四五五
憶荻邨	哈同路二四〇弄	三七八—三七九
憶梅邨	新閘路一二〇九弄	三五四—三五五
龍雲里	卡德路一六三弄	三一八—三一九
龍福里	戈登路一〇八〇弄內	五〇六—五〇七
燕華邨	小沙渡路六六九弄	四五四—四五五
燕慶里	成都路八二五弄	二九四—二九五
燕慶里	成都路八三五弄	二九四—二九五
錦園里二條	張家宅路	三一八—三一九
錦德里	大通路二二一弄	二九八—二九九
錦樂里	威海衛路一七二弄	二二六—二二七
錦繡里	梹榔路	五〇六—五〇七
積善里	福煦路一二六弄	二〇六—二〇七
積善坊	戈登路一六七弄	三五四—三五五
積善里	康腦脫路五八〇弄內	四五四—四五五
積善里	昇平街潤德里內	三三〇—三三一
積興坊	戈登路一七三弄	三五四—三五五
儒林里	威海衛路三八二弄	二三八—二三九
衛海里	威海衛路二六九弄	二二二—二二三
熾雲坊	愛文義路一五八〇弄	四一〇—四一一
樹德里	新閘路九三九弄	三一八—三一九
錫慶坊	大沽路四四二弄	二二二—二二三
鴻安里	威海衛路五五弄內	三二六—三二七
鴻吉里	溫州路	二七四—二七五
鴻祥里	長沙路一五〇弄	二七〇—二七一
鴻祥里	新閘路五七弄	二七〇—二七一
鴻祥里	新閘路三五弄	二七〇—二七一
鴻祥里	長沙路一六二弄	二七〇—二七一
鴻章里	戈登路五九八弄	四三八—四三九
鴻章里	戈登路五九二弄	四三八—四三九

鴻運別墅	靜安寺路七〇弄	二四二一—二四三
鴻瑞里	溫州路八二弄	二七四一—二七五
鴻瑞里	長沙路一七五弄	二七四一—二七五
鴻瑞里	新閘路一四七弄	二七四一—二七五
鴻遠里(一)	昇平街四一弄内	三三〇一—三三一
鴻遠里(二)	昇平街四一弄内	三三〇一—三三一
鴻遠坊	威海衛路三八一弄	二二二一—二二三
鴻福里	新閘路六六弄	二七〇一—二七一
鴻福里	虞洽卿路六六一弄	二七〇一—二七一
鴻福里	愛文義路一四五七弄	三八二一—三八三
鴻壽里	勞勃生路	四九四一—四九五
鴻壽坊	小沙渡路一一一五弄	四九四一—四九五
鴻壽坊	馬白路	四七四一—四七五
鴻慶里	新閘路一四〇弄	二七四一—二七五
鴻慶里	麥特赫司脫路四八一弄	三六二一—三六三
鴻慶里	武定路二三七弄	三六二一—三六三
鴻禧里	愛文義路一四八九弄	三八二一—三八三
鴻禧里	龍門路二九弄	一九八一—一九九
聯珠里	愛文義路	二六二一—二六三
聯珠里	愛文義路四七三弄	二六二一—二六三
聯寶里	康腦脫路五六〇弄	四五四一—四五五
駿蔚里	麥特赫司脫路五八七弄	四二六一—四二七
駿蔚里	武定路一六六弄	四二六一—四二七
謙益坊	麥根路四五弄	三一四一—三一五
懋益里	山海關路一五三弄	二七八一—二七九
懋益里(二條)	梅白格路	二七八一—二七九
懋德里	梅白格路六三弄	二五〇一—二五一
懋德里	梅白格路七三弄	二五〇一—二五一
濟康里	新閘路八五二弄	三一四一—三一五
爵德里	愛多亞路一四三五弄	二〇六一—二〇七
擇鄰處	赫德路七八一弄	四六二一—四六三
擇鄰處	赫德路七七一弄	四六二一—四六三
豐盛里	慕爾鳴路一九九弄	三三八一—三三九
豐盛里	慕爾鳴路二三五弄	三三八一—三三九
歸仁里	麥根路一九五弄	三一〇一—三一一
禮福里	成都路六四二弄	二五八一—二五九
隴西里	太平街一四六弄	二七八一—二七九
隴西里左弄	成都路太平街内	二七八一—二七九
鵬飛坊	白克路三九九弄	二五〇一—二五一
麗雲坊	成都路七四一弄内	二九八一—二九九
梹榔邨	梹榔路一〇五五弄	四八二一—四八三
懷德里	白克路二〇〇弄	二四二一—二四三
麒麟邨	麥特赫司脫路五六六弄	三一〇一—三一一
寶雲里	武定路三〇九弄	三五八一—三五九
寶安坊	戈登路五六二弄	四三八一—四三九
寶如坊	威海衛路三四八弄	二三八一—二三九
寶訓坊	大通路二五〇弄	二九八一—二九九
寶善里	戈登路一九四弄内	三五〇一—三五一
寶裕坊	成都路一五五弄	二二二一—二二三
寶裕坊	成都路一一七弄内	二二二一—二二三
寶裕坊	成都路	二二二一—二二三
寶興邨	山海關路二六四弄	二九四一—二九五
蘇州里	派克路二二二弄	二七八一—二七九
蘆花塘	馬霍路二四九弄	二二六一—二二七

上海市行號路圖錄大樓分圖索引

辛泰大樓	二，三，	一八一
辛泰大樓	四，五，	一八四
辛泰大樓	六，七○	一八五
沙遜大樓	二，	一八八
沙遜大樓	三，	一八九
沙遜大樓	四○	一九二
東亞大樓	二，三，	一九三
東亞大樓	四，五，	一九六
東亞大樓	六○	一九七
青年協會大樓	二，三，	二○○
青年協會大樓	四○	二○一
金城大樓	二，三，	二○四
金城大樓	四○	二○五
恆利大樓	二·三，	二○八
恆利大樓	四，五○	二○九
哈同大樓	二，	二一二
哈同大樓	三，	二一三
哈同大樓	四，	二一六
哈同大樓	六○	二一七
迦陵大樓	二，四，	二二○
迦陵大樓	五，六，	二二一
迦陵大樓	七，八，	二二四
泰晤士大樓	二，三，	二二五
泰晤士大樓	四，五○	二二八
浦東銀行大樓	二，三，	二二九
浦東銀行大樓	四，五○	二三二
浦東大廈	二，三，	二三三

浦東大廈	四，五，	二三六
浦東大廈	六，七，	二三七
麥加利銀行大樓	二，三，	二四○
麥加利銀行大樓	四，五○	二四一
婦女青年協會大樓	三，四，	二四四
婦女青年協會大樓	五，六○	二四五
曼伏大樓	二，三○	二四八
國華大樓	二，三，	二四九
國華大樓	四，五，	二五二
國華大樓	六○	二五三
惠羅大樓	四，五，	二五六
惠羅大樓	六○	二五七
景雲大樓	二，三，	二六○
景雲大樓	四○	二六一
統原大樓	二，三，	二六四
煤業大樓	二，三，	二六五
新康大樓	二，三，	二六八
新康大樓	四，五，	二六九
新康大樓	六，七，	二七二
新康大樓	八○	二七三
新華銀行大樓	二，三，	二七六
新華銀行大樓	四○	二七七
銀行公會大樓	二，三，	二八○
銀行公會大樓	四，五，	二八一
銀行公會大樓	六○	二八四
慈淑大樓	一，	二八五
慈淑大樓	二，	二八九

大樓	層	號
慈淑大樓	三，	二九二
慈淑大樓	四，	二九三
慈淑大樓	五，	二九六
慈淑大樓	六，	二九七
匯豐銀行大樓	七○	三○○
匯豐銀行大樓	二，	三○一
匯豐銀行大樓	三，	三○四
匯豐銀行大樓	四，	三○五
漢彌登大樓	五，	三○八
漢彌登大樓	二，	三○九
漢彌登大樓	三，	三一二
漢彌登大樓	四○	三一三
靜安大樓	二，三，	三一六
綢業大樓	三，四，	三一七
綢業大樓	五○	三二○
廣東銀行大樓	三，四，	三二一
廣東銀行大樓	五○	三二四
廣學會大樓	三，四，	三二五
廣學會大樓	五，六，	三二八
廣學會大樓	七，八○	三二九
錦興大樓	二，三，	三三二
錦興大樓	四，五○	三三三
實業大樓	三，四，	三三六
實業大樓	五，六，	三三七
興業大樓	三，四，	三四○
興業大樓	五○	三四一
墾業大樓	二，三，	三四四
墾業大樓	四，五，	三四五
墾業大樓	六，七○	三四八
鹽業大樓	三，四，	三四九
鹽業大樓	五○	三五二

上海市行號路圖錄廣告索引

名稱	號碼	地址號
中法大藥房股份有限公司	二三〇	三三
中英大藥房	一六一	二一
中南銀行	五六	一七
中洲診療所		三〇
中美乾洗公司	一三五	二三
中國福新烟公司	五五三	一三四
中國福新烟公司	五五三	法租界
中國泰康罐頭食品有限公司		法租界
中國泰康罐頭食品有限公司		二五
中國泰康罐頭食品有限公司		三四
中國油衣公司	三六八	二六
中國圖書雜誌公司		二六
中國維一復記毛織紡織廠		三三
中國和興烟草有限公司		三三
中國精益眼鏡公司		三四
中國旅行社	三八八	一六
中國通商銀行上海分行	二八四	一八
中國通商銀行霞飛路分行	二八四	法租界
中國企業銀行	八一	一八
中國墾業銀行	四〇	二二
中國實業銀行	五二	一五
中國農工銀行	四四	二一
中國國貨股份有限公司	二八八	二一
中國國貨銀行	八一	法租界
中國(盧記)美術木器公司	一七七	六〇
中國經濟統計研究所		法租界
中華襪廠駐申批發處		二五
中華皮鞋公司	三六五	二二
中華煤球西區分售處	三六五	一〇一
中華會計師事務所	三七六	八九
中華實業工廠		七四
中華齒科材料行		二八
中華殯儀館	四六六	一一七
中華齒牙防護院院長應永峯		二二
中華國貨公司	三五七	二六
中滙銀行	四九	法租界
中漢新玻璃廠	三六八	一一四
中德醫院	二二	法租界
中歐大藥房		二〇
中興貿易公司	九〇	二三
中聯運輸公司		二二
元吉公記酒行		二七
元吉大當	五五六	九〇
元豐參號	一〇四	法租界
元豐祥泰茶行		三〇
元豐潤藥行		二二
方一鵬醫師		二七
方九霞新記銀樓	九	二六
方積蕃律師	三八〇	六六
仁昌煤炭號		三八
仁慈醫院	三六五	五〇
太平洋藥房發行所	一三	五七
太和大藥房		二〇
王子平		法租界

王子鈞牙醫生		法租界
王大吉國藥號	**一〇六**	**二七**
王大吉國藥號	二一〇	二七
王大吉國藥號	二四七	二七
王大吉國藥號	二六七	二七
王大吉國藥號	三四三	二七
王大有香店		三五
王仁和茶食店	三六一	二八
王正公內科		三八
王杏生國醫	三六九	五〇
王海帆會計師	三七二	法租界
王泰亨		九七
王益興鐘表行		二七
王盛記雕刻木器廠	一三	五八
王梓康會計師	附錄欄內	一五
王開照相館		二四
王順泰呢絨號		三五
王慎軒女科		八五
王聚興呢絨洋服號		二七
王聚順銅鐵用品號		二七
王劍鍔律師	三八〇	七〇
王靜宛國醫診所		二九
王興昌呢絨洋貨號		三五
王邀達診所		五〇
天一行總經理痧一粒	三一一	二三
天元銀號	九一	二三
天元祥洋貨號	一二三二	三一

天成和記綢緞局	三六五	二六
天香味實有限公司	一五五	北區
天泉機器鑿井局		一九
天華汽燈號		二八
天福棉布號		二五
天福南貨號		二五
天祿支店		三〇
天綸綢緞百貨局	九五	二四
天曉得真老店		三六
天曉得藥梨大王		三六
水明昌木器號	三六一	二三
文蘭書畫箋扇莊		七四
五昌五金號		一九
五洲大藥房	八	二〇
五洲大藥房	二一四	二〇
五洲大藥房	二三五	二〇
五洲大藥房	二八六	二〇
五洲大藥房	二九〇	二〇
五洲大藥房	四五九	二〇
五洲大藥房	五五四	二〇
五洲印務公司		三一
五洲固本皂廠		一一五
五洲貿易公司	四四	三〇
五芳齋敨記	三六四	二一
五福鞋公司		三〇
五福齋	三六八	二四
五豐染織廠	三五七	三三

公大米號
公大米號第二分店
公大米號第三分店
公大米號第四分店
公大米號第五分店
公昌茶行　七三
公明法律事務所　三八四
公和祥咖啡號
公信會計師事務所　三七三
公順壽器號　三六五
公達藥房　二五五
公達藥房　三二二

五劃

仙壽啇藥酒局
旦華實業廠　三六八
兄弟律師事務所　三八四
丘漢平律師　三八〇
四川商店　九五
四川美豐銀行　二八四
四行儲蓄會及信託部　二九
四維華行　三六一
四寶齋筆墨莊
正大祥茶行　七三
正大昌華洋雜貨號
正老大房醬園
正明商業儲蓄銀行　八六
正咸大藥房　一三八　三五六

法租界　正泰紙號　三五七
法租界　正泰信記橡膠廠　三五七
法租界　正益機製粉廠總發行所　三七二
法租界　正誼法律會計師事務所
法租界　正德大藥廠
法租界　立成藥行
六六　立昌成參號　四五
三八　立信會計師事務所　三八九
二四　立興熱水瓶廠　二三　一九一
二五　立興熱水瓶廠營業部　一一八
八一　平民療養院　二一〇
八一　申成昌和記茶食號
中江老東明濬記紹酒發行所
二一　世界書局
西區　世界藥房
二四　民立療養院
二一　民生藥廠　一一三
二四　民孚商業儲蓄銀行　三五七
二四　永大銀行　二九
一七　永安華行
西區　永安有限公司　一三七
十九　永安有限公司　一五五
法租界　永安有限公司　二二二
法租界　永安有限公司　四三一
三〇　永固箱廠
二二　永昌泰水電公司
三五　永明印刷所

二五　法租界　一二二　二六　五二　二八　法租界　二三　西區　法租界　五三　二六　三一　二六　八二　三四　二九　二二　二二　法租界　二九　三五　三五　三五　三五　三五　三三　九四

百昌行	三二四	二二
百新書店總發行所		二七
百新書店分發行所		二〇
百樂商場	四〇八	一〇二
百靈藥社	二七三	三八
先施有限公司	一三三	三四
朱介人會計師	三七六	二九
朱明會計師	三七六	二四
朱南山醫室	三二	六九
朱根記木器號		二五
朱亞揆律師	三八〇	二一
朱星江		法租界
朱霍良醫師		二八
朱寶會計師	三七六	法租界
西冷印社書局		三三
西園合記瓜子公司		三七
安孚地產公司	三六八	法租界
安樂紡織廠	三六八	三〇
全利成記洋酒食品號		二〇
至中銀行	八七	二二
老九章綢莊	九九	二五
老九和綢緞局	八二 三	二一
老大房茶食號		法租界
老大房和記茶食號		三〇
老大房茶食號	一一九	三〇
老大房天記茶食糖菓號	一一六	八六

老九綸綢緞局	一一四	二九
老介綸綢緞局		二四
老月中桂香粉局	三五六	二一
老毛春塘昌記筆墨莊		法租界
老永森製革廠	一七	西區
老周虎臣大房筆莊		二〇
老周虎臣錦雲氏筆墨莊		法租界
老胡開文總店		二四
老胡開文筆墨文具支店		二〇
老姜衍澤國藥號	七五	一九
老姜衍澤發記國藥號	一一三	二九
老悅生		二七
老裕泰酒店	三二	三七
老鳳祥銀樓		二五
老慶雲銀樓	一二八	法租界
共和茶行	七三	法租界

七劃

克美醫院	四	九四
余天成堂國藥號	一五〇	三八
何嘉律師	三八〇	二四
吳之屏律師	三八〇	法租界
吳木倫醫士		三二
吳良材眼鏡公司		二一
吳松齡會計師	三七六	法租界
吳祥茂紹酒棧		二一
吳象賢律師	三七三	法租界
吳興包句香醫士	三六九	三一

名稱	號	地區/號	名稱	號	號
利泰報關行		二一	汪裕泰茶號	二四三	六一
利豐行		**一七**	汪勵吾律師	三八〇	二一
亨得利鐘表行		三五	佛慈國藥廠		五〇
李文會計師	三七六	二六	佛學書局		一〇二
李文杰律師	三八〇	二三	伯利夫行		三八
李恆興水電工程行		三三	宏大昌華洋雜貨號		法租界
李楚記華洋什貨號	三六一	一九	宏大萬書局		二四
李鼎會計師	三七六	一五	宏興藥房	七〇	三五
李澂會計師	三七六	西區	宏興藥房	一二六	三五
李彩齋幼科		三五	宏興藥房	一三九	三五
李鴻壽會計師	三七六	二三	宏興藥房	二三五	三五
李寶森會計師	三八〇	法租界	宏興藥房	二五一	三五
沈立人會計師	三七六	八九	宏濟大當	五五六	四五
沈仲理內兒專科醫士		五六	八劃		
沈家楨會計師	三七六	法租界	和合煤球公司		二五
沈浪三會計師	三七六	一九	和記煤行		法租界
沈清周國醫		三八	和記煤行		四二
良友無線電廠		三二	和記煤號		四二
良友藥廠		三二	和豐估衣商店	一〇〇	二七
杏花邨菜館		二八	和豐呢絨號		二九
呂老大房		三五	和濟煤球廠		北區
秀記消防器具廠	二七四	中區	東方日報館		六一
志成藥行	二八	法租界	東方飯店		三八
志樂西藥行		三三	東和大旅社		法租界
汪企張療養館	三六九		東亞銀行	五五三	一七
汪裕泰茶號	一一一	二八	東南大藥房	三五七	二八
汪裕泰茶號	一三五	三四	東萊銀行	五二	二二

東華軋花機器皮棍製革廠	二七三	法租界
東源義記南貨海味批發所	三六	法租界
明華藥房		七一
明華綢緞商店		二九
周兆昌筆墨莊		二〇
周邦俊醫師	三六九	六〇
周孝庵律師	三八一	法租界
昌明法律事務所	三八一	二一
林彩記紅木作	三六〇	六三
林翰柑會計師	三七六	一五
芝桐醫院	四五	三八
秉公法律事務所		一五
虎標永安堂大藥房	五六〇	三四
仝　上	一七四	三四
仝　上	三六三	三四
花彩舫		三六
味林酒家		一〇一
京華酒家	一四六	三七
金宗城會計師	三七六	二二
金城銀行	三三	一七
金華南腿莊	三六四 三六五	二一
金貓公司		三三
協大昌華洋雜貨號		法租界
協大祥綢布莊大世界支店	三六八	仝上
協成元藥行	二八	仝上
協和永記帆船號	三五六	仝上

協泰橡皮印刷廠	一二	四七
協源昌製革廠		二八
協源甡記五金羅絲機器廠		三一
協興紙號		一九
協豐順藥行	二八	法租界
兒童書局		二六
亞孚橡皮物品公司		三二
亞美西藥行	三六一	五六
亞美鮮橘汁公司		六六
長昌桂圓號		二八
長泰豐盈記米號		法租界
長源棉布號		二五
長豫糖行	一六一	二七
武書麟會計師	三七六	二三
怡成藥行	二八	法租界
怡源執記		仝上
怡默克藥行有限公司		一一三
阜昌參號		法租界
阜昌腿號	三六四	二七
邵亦羣國醫		五六

九　劃

胡少堂女科		法租界
胡裕昌木行		仝上
胡慶餘雪記國藥號	一二四	三一
紅棉酒家	一九八	五〇
洋洋無綫電材料行	五八	二七
春記茶行	七三	法租界

恆大祥五金號		二二
恆成行		二二
恆利鋼鐵號		二三
恆昌德南北貨號	三六八	三八
恆昌甡和記		一九
恆春絲線百貨號		三五
恆益大當	五五六	四一
恆祥泰德記五金號		一九
恆祥皮革號		二八
恆康藥行	二九	二四
恆義昇百貨公司	一〇七	二七
恆興印染織工廠	一〇八	二五
恆興華洋雜貨號		法租界
恆豐綢布莊支店	三六五	仝上
恆豐印染織工廠	五六	二五
信大祥綢緞棉布莊新號	一三五	三〇
信誼化學製藥公司	三五〇	法租界
信誼化學製藥公司	五七	仝上
信豐水電材料行	四〇六	三三
南京大旅社		法租界
南京商業儲蓄銀行	六七	一七
南京理髮公司		八一
南長豐綢布號		二七
南洋兄弟烟草公司	二〇	法租界
南洋順記藥房	二五	二五
南華襪廠總號	一一九 一二〇	三〇
美文印刷所	三五六	三〇

美生書館印刷所		二〇
美利洋行		二三
美孚煤油經理聯合辦事處		二四
美星股份有限公司	三五七	法租界
洽昌大當	五五六	三三
洽勝煤號		五四
洽興普記布莊		三三
洽興祥汽水號		二九
英法大藥房		三八
英泰綢布雲紗號		二七
范小舲醫士	三六九	八五
范文照建築師	七〇	一八
侯再思瘋科		西區
冠生園二支店		法租界
冠生園飲食部	一二四	二六
洪頌炯國醫		法租界
俞式中文打字機發行所	三六一	二二
建華生記瓷業公司		三〇
柯爾登藥行	二七八	七〇
仝上	三六四	七〇
洗種福堂	三五七	二一
品珍珠寶店		三五
施德之藥房	三六四	二六
俠民醫院		三八
科學儀器館		二六
爲德堂國藥號		六五

姚佐頓大醫師
姚泳順樂器店
姚泰山國藥號 九四
姚雲江醫士 三六九
郎君偉會計師 三五六
厚豐昌蔣腿行 三六四

十 劃

殷木強西醫
浙江地方銀行 八六
浙江興業銀行 一
浙江實業銀行 四〇
浦東銀行 三七
仝 上 七四
浴德池發記浴室 一六三
仝 上 二三四
惟明法律事務所 三八四
馬君碩律師 三八一
馬啓昌會計師 三七七
致美樓菜館 三五六
致祥銅模鑄字所
致豐藥行 二八
振大昌和記
振西小學
振康
振豐慶記腿號
益元參行 三七
益成腿號

二八 歐昌照相材料行 三六〇 二〇
二八 晉康五金號 二二
二四 晉康煤炭號 三七
六六 晉康大當 五五六 三八
二二 泰生昌烟紙店 三八
二五 泰昌木器號 一三四 三四
泰昌參號 一一五 三〇
二二 泰昌車行 三八
二二 泰順昌茶行 法租界
二三 泰興號 二〇
一八 秦伯未內科專家 法租界
一九 秦彥釗會計師 三七七 法租界
一九 秦道源心臟病專科醫學博士 三六九 六四
三四 秦鶴岐子梅舫 三〇
三四 倉漢紗帶廠 二〇
法租界 悅來參燕海味糖行 一〇〇 二七
二一 孫瑞瓚會計師 三七七 二二
法租界 孫鍾堯會計師律師 三七七 一七
二八 烟台啤酒張裕釀酒公司聯合辦事處 六一
法租界 徐乙和會計師 三七六 一八
二一 徐永祚會計師 三七六 法租界
法租界 徐重道國藥號 二五 六一
五五 徐英豪會計師 三七六 二四
三三 徐發記招牌漆工店 二六
法租界 徐麗洲兒科 三六九 三二
二一 袁際唐會計師 三七六 法租界
二七 夏慎初醫師 三六九 法租界

新亞化學製藥股份有限公司	三五八—三七九	八八
新亞化學製藥股份有限公司	三八五	八八
新亞化學製藥股份有限公司	四五一	八八
新亞化學製藥股份有限公司	四九四	八八
新亞化學製藥股份有限公司	五一四	八八
新亞化學製藥股份有限公司	五四三	八八
新星西藥行	二四六	六二
新星西藥行	三六五	六二
新康印刷所		七一
新新有限公司	一三六	三四
新華信記儲蓄銀行	二七七	二二
新華酒家	**一三八**	**三五**
新華棉布號		二五
新華染織廠	五三	二五
新華藥行有限公司	三六〇	一八
新雅粵菜館	一六〇	三五
新源豐興記香燭棧		三七
新聲通訊社		二五
新藝美術公司	三六〇	六八
溥恩醫院		三八
會豐商店	一七七	八〇
源成煤炭號		三六
源亨五金鐵號		四四
源來大當	五五六	二九
源昌大當	五五六	四四
源昌銀號	三五七	二八
源泰洋酒食品號		法租界

源甡昌記製革廠	七三	法租界
源記茶行	七三	一九
源裕榮記五金皮帶號		三〇
源豐五金號		一九
源豐五金鐵號		四五
源豐華洋什貨號		法租界
瑞生和茶腿號	三六四	二二
瑞康大當	五五六	六五
裕大藥行	二八	法租界
裕昌大當	五五六	七四
裕昌祥呢絨號	六三	三五
仝　上	一三九	三五
裕昌藥行	二八	二八
裕記成營造廠	三六八	西區
裕康五金鐵號	三六一	四四
裕源瑞腿行	三六四	二三
裕興隆茶行	七三	二七
裕豐泰襪衫廠	三六〇	法租界
裕豐織造廠	三六八	法租界
愛文元記旋社	三六八	六一
愛華製藥社	八四	二一
愛華製藥社	一五八	二一
愛華製藥社	一五九	二一
愛華製藥社	一六二	二一
愛華製藥社	三二二	二一
萬全醫院	三六〇	三八
萬里油漆廠		二七

萬和藥行	二八	二九
萬茂藥行	二八	二一
萬洪泰腿行	三六四	法租界
萬國新藥公司	一一三	西區
萬國藥房	八一	二一
萬維儉法律會計師	三七七	西區
萬維儉法律會計師	三八五	仝上
萬興洋酒食品號		法租界
萬濟大當	五五六	六八
萬順協記鋼窗鐵工廠	三六四	西區
慎大藥行	二八	一八
慎到洋酒食品號		一八
慎昌鐘表行	八二	二一
慎昌鐘表行	三五六	二一
慎康茶行	七三	法租界
慎興洋酒食品號		法租界
義大磚灰行		法租界
義生橡皮製物工廠	二〇	一二一
義成味記鐘表行		二一
義昌手帕製造廠	三六八	二〇
義昌恆地毯店		三五
義和大當	五五六	一二七
義康順記華洋什貨號		法租界
義泰興煤號有限公司		六九
義泰興煤號有限公司辦事處		一八
義泰興煤號有限公司煤棧		六九
義泰興煤號有限公司煤棧		法租界
義泰興煤號有限公司煤球廠		法租界
義泰興煤號有限公司煤球廠		西區
義裕興源記什貨號		二七
義豐大當	五五六	三〇
圓圓織造公司發行所	三五二	二六
勤康大藥房		三三
勤益長堆棧		一九
勤裕五金號		三三
葛德和申號	三六一	法租界
葆豐參號	二三	法租界
鄔克明醫師		三三
鄔振明律師	三八五	一八
裘天寶銀樓	三六一	三〇
虞中望會計師	三七七	六三
蜀蓉川菜館		法租界
董振明內科醫師		三五
董純標會計師	三七七	法租界
董熾律師		法租界
匯中銀號總行	九四	二四
匯中銀號石路分行	一〇三	二九
仝上	一五四	二九
仝上	一八六	二九
仝上	二五〇	二九
匯源漆號		三一
匯德豐華洋什貨號		法租界
匯餘號		一九
匯豐銀號	一二七	三二

匯豐銀號	一三〇	一〇一
匯豐銀號	四〇三	一〇一
楊杏初兒科		三三
楊陽明命課館		三八
福來德電器材料公司		二八
福和公新號		西區
福記汽車五金號		五六
福泰提莊	三六四	法租界
福懋來號	三七二	二三
葉樹德堂藥號	一八	法租界
十四劃		
榮大南貨號	三六四	六八
榮昌祥呢絨號	三五六	三四
榮和煤棧		法租界
榮春桂圓號	三六五	二七
鼎元祥綢布莊	一二二三	三一
鼎發藥行	二八	法租界
鼎新教育用品社	三七二	二〇
鼎新祥茶行	七三	法租界
鼎豐桂圓大王		二八
嘉禾服飾商店	一〇二	二六
嘉廣生藥行	二八	二一
蓉芳		三七
種德堂國藥號	三六四	三〇
綢業商業儲蓄銀行	一〇三	二六
維美百貨商店	一二一	法租界
維羅廣告公司		二一

聚豐園川菜館	一四二	三六
聚豐園酒菜館		一三六
十五劃		
潤大車行		三八
潤昌明記		一九
潤德時裝公司		六〇
標準味粉廠股份有限公司	二四六	六二
潔履擦鞋公司	三五七	三四
諸燮堂牙醫局		一八
塀身	三六〇	六九
廣生行有限公司	九八	二五
廣中襪廠		二一
廣東襪廠		三三
廣昇祥襪廠		二一
廣東銀行	八七	二二
潘志傑會計師	三七七	五〇
潘序倫會計師	三八五	二三
稻香春肫肝大王		三七
蔡同德國藥號	九五	二四
蔡國記彈子台製造廠	一四三	三六
蔡漢基（威）蔡伯倫醫師	三六九	西區
蔣信昭會計師	三七三	二三
仝上	五一九	二三
蔣紹宋醫師	三六九	三三
仝上	四五八	三三
慶雲銀樓		三五

德大席帽行	三〇	二九
德大席帽行	九八	二五
德大綢莊		二九
德心堂國藥號	一六三	六一
德心堂國藥號	一六三	八五
德成華洋什貨號		二七
德昌參號	一〇二	法租界
德昌豐信託號	四一	法租界
德順成南貨號		三七
德潤參號	九九	二五
德麟尼亞保險公司		二一
綠煙醫室		三〇
劉人鑑會計師	三七七	
黎明實業工廠	一八三	四六

十六劃

錦林軒牙科		三〇
錦章號		一九
鮑錚律師	三八四	七〇
積餘隆織襪號		二〇
緯綸泰記毛織廠	一七	二八
興和洋酒食品號		西區
興記鐵號		四五
興業木器公司		二四
樹德醫院	四	法租界
錢素君會計師	三七七	法租界
錢龍章父子診所		二七
盧于暘會計師	三七	二二
盧峻律師	三七七	二二
盧德綏會計師	三七七	法租界
橘林堂藥號		三八

豫泰木號		法租界
衛生洋酒食品號		法租界
儲月亭醫師		法租界

十七劃

鴻昌首飾號	三五七	二二
鴻怡泰茶行		法租界
鴻泰興		一九
鴻泰敘記箱廠		四九
鴻章紡織染廠發行所	二四—三一九	二四
鴻翔西服公司	一三	三四
鴻順大當	五五六	七〇
鴻興大當	五五六	二八
鴻興襪廠	四一	三四
鴻興藥房		法租界
鴻霞公司	三三八	六〇
鴻鑫時裝公司		西區
聯昌德藥房	三五七	三一
濟華堂藥房	二六一	三八
濟華堂藥房	三二三	三八
濟華堂藥房	三六二	三八
濟華堂藥房	三七二	三八
謙泰德記銀號	六六	二三
謙益西藥行		西區
駿豐腿莊	三六四	二一
謝駕千會計師	三七八	三八
鍾天和堂國藥號	一二四	法租界
戴日湧腿號	三六四	法租界

十八劃

蕭一飛醫院	三六九	四五
魏炯律師	三八四	一八
羅鑫泉牙醫師	三七二	八二
豐大參號	四九	法租界

十九劃

藝新協記製版公司
寶大藥號
寶大參燕號
寶大參燕號
寶大祥綢布莊
寶元祥綢布莊
寶昌人參號
寶明汽油燈廠
寶華公司
寶華鞋帽莊
寶源漆號
寶德鑫記大藥房
寶錩大當

九五　一一八　五二　二　一二三　一二　三六八　三五七　五五六

二八　二六　三〇　三〇　法租界　三一　法租界　二八　法租界　三四　三一　法租界　五六

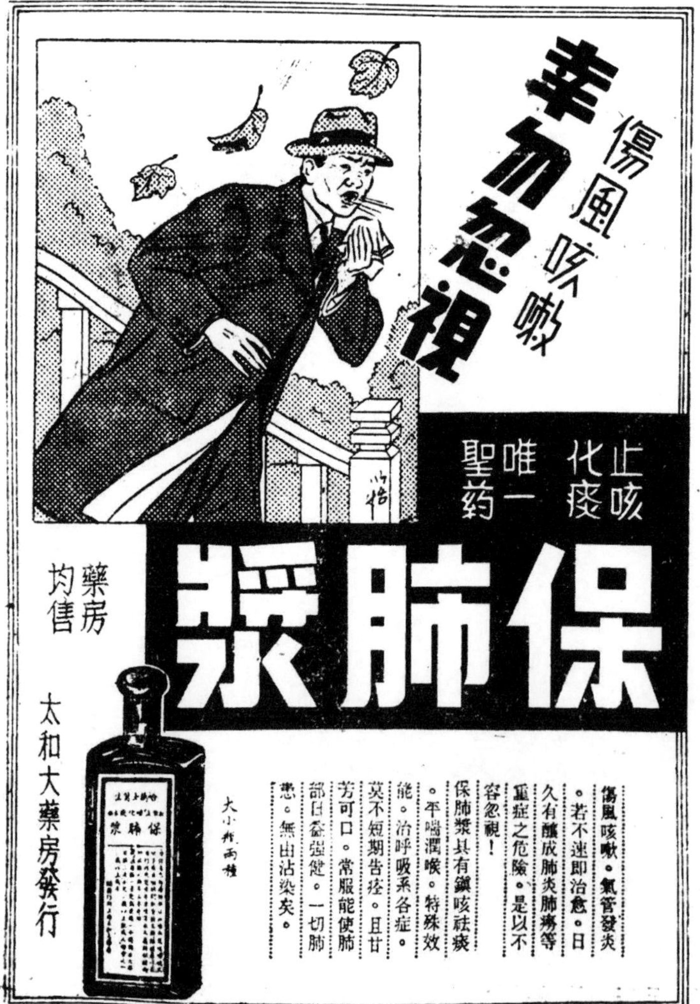

二十劃

嚴二陵醫室
嚴大生壽衣號
蘇州同記旋社
蘇聯國際旅行社
耀昌醫療器械號
鶴鳴鞋帽商店

二十一劃

顧天仁國藥號
顧保廉會計師
顧渭川偕子鴻章
顧雲泰時裝公司

二十四劃

鹽業銀行
艷情

九九　三七三　五三

法租界　法租界　二八　二三　六五　二五　二〇　一〇七　六五　八二　二三　三七

上海
OF SHANGHAI

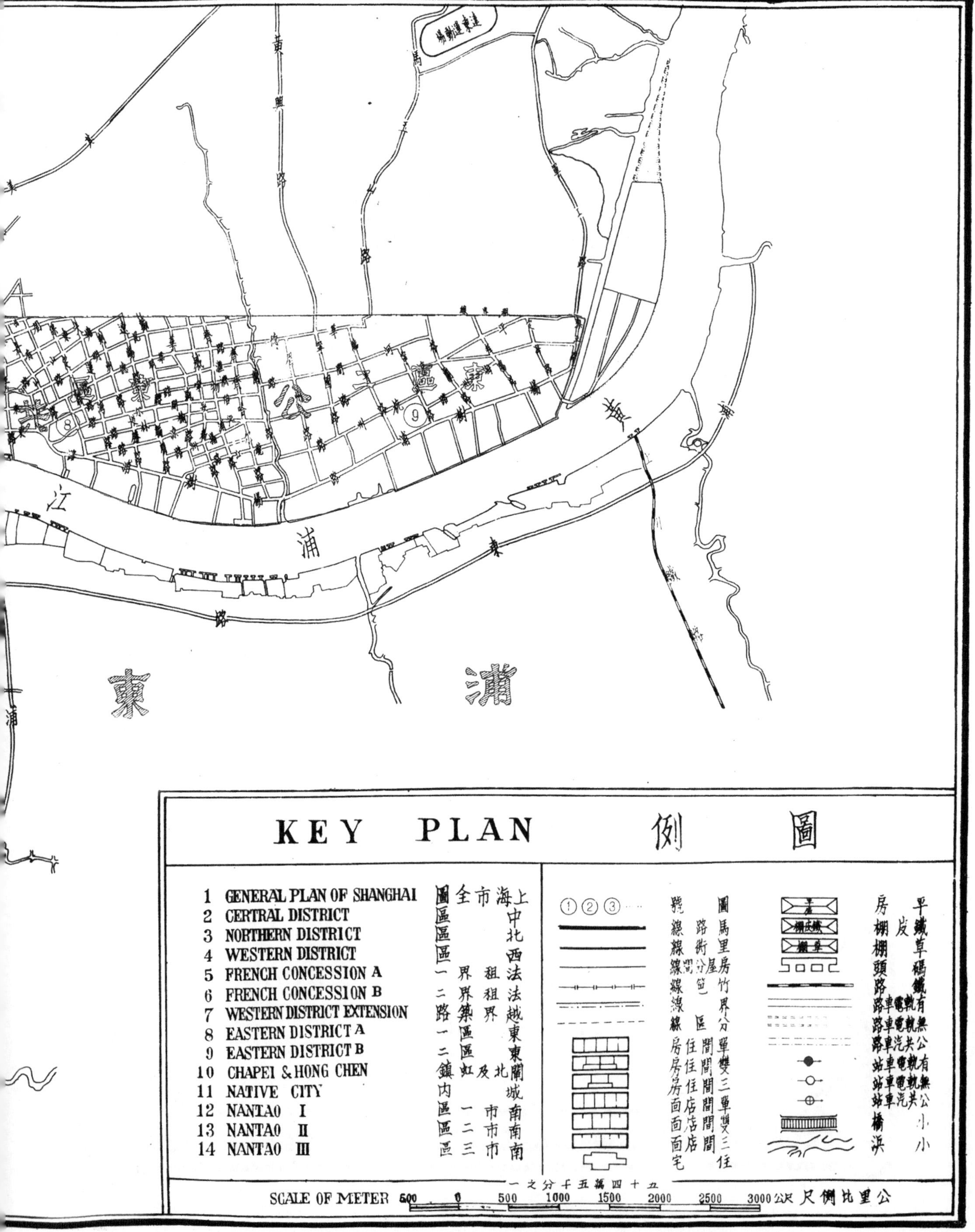

全圖

GENERAL PLA

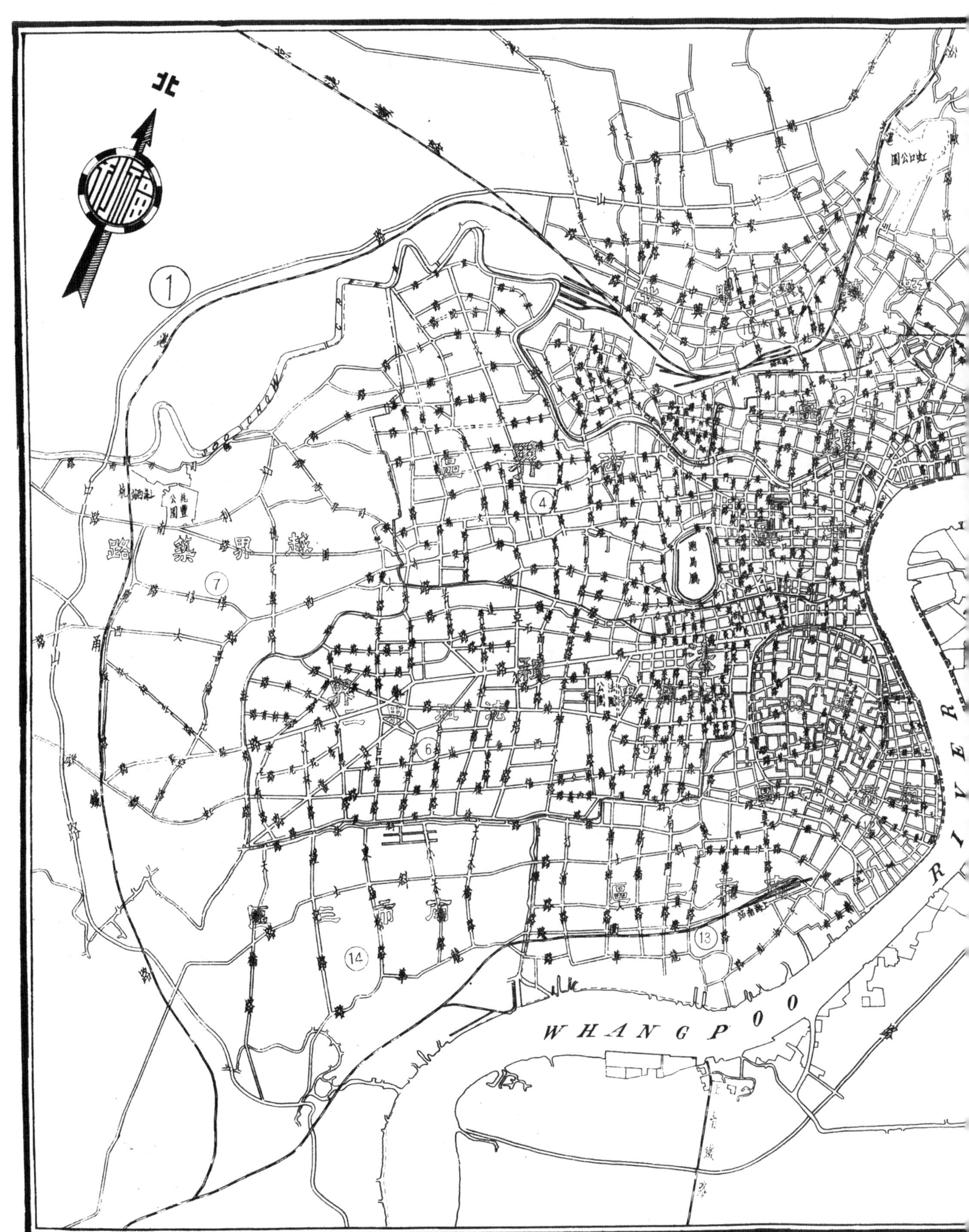

大名鼎鼎—景綸衫—十二類
貨色精良 久享盛名
四季服用 始終滿意
金爵牌 衛生衫 麻紗汗衫
鹿頭牌 衛生衫 麻紗汗衫
藍鷹牌 棉毛衫 麻紗笠衫
飛鷹牌 錦地衫 汗衫
獅球牌 春秋衫 汗衫
米鼠牌 童衫 汗衫
請認明商標向各大公司及百貨商店指購！
景綸衫襪廠
廠址 虹口狄思威路二八四號西安路口 電話五一七三五 電報掛號四三○一
臨時辦事處 法大馬路三九六弄昇平里四號 電話八四六三五
分廠 重慶石門坎十一號 電話九七一 電報掛號四三○二
靜安寺路慕爾鳴路口
上海采芝齋
上海最攷究的糖食店
紅蝶商標
抱定三考主義
改良中國糖食
考究原料
考究色香味
考究衛生
新型糖果十八盤
第一盤 可可胡桃糖
第二盤 可可松子糖
第三盤 可可杏仁糖
第四盤 桂圓松子糖
第五盤 巧格力花生糖
第六盤 三色胡桃糖
第七盤 玫瑰松子糖
第八盤 松子南棗脯
第九盤 軟桃糖
第十盤 冰糖脆松糖
第十一盤 粽子糖
第十二盤 葡萄軟松糖
第十三盤 薑汁麻鬆糖
第十四盤 軟松糖
第十五盤 菓子鹽花生糖
第十六盤 松子軟皮糖
第十七盤 冰糖胡桃糖
第十八盤 檸檬花生糖
祇此一家
並無支店
每一次高尚的宴席上有上海采芝齋的糖食
每一條出國的海船內有上海采芝齋的糖包
歡迎電話購貨請撥 三九二九二 三九三六七

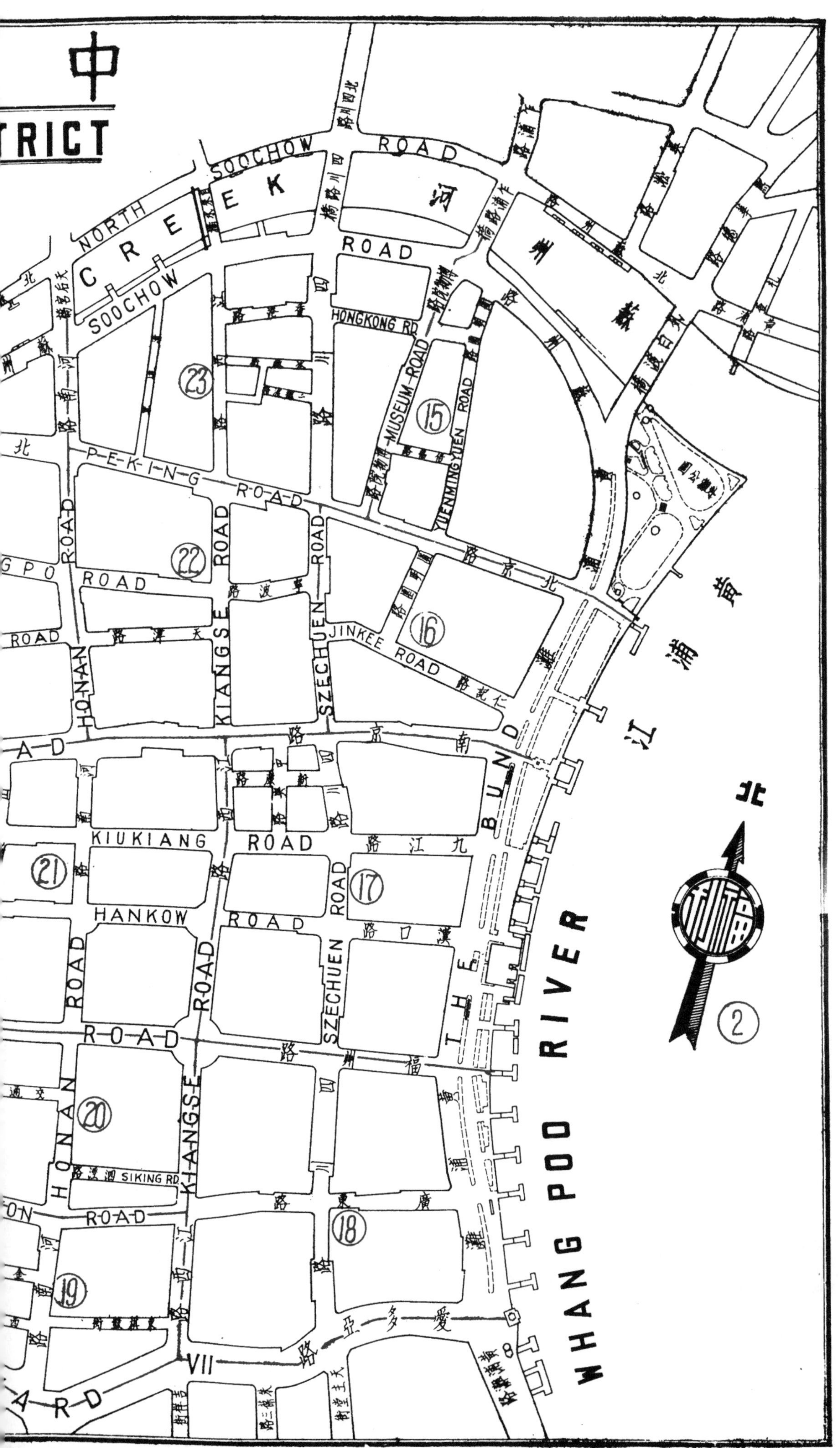

中
TRICT
SOOCHOW ROAD
NORTH SOOCHOW
CREEK
河
ROAD
SOOCHOW
HONGKONG RD.
MUSEUM ROAD
YUENMINGYUEN ROAD
PEKING ROAD
ROAD
GPO ROAD
ROAD
KIANGSE ROAD
SZECHUEN ROAD
JINKEE ROAD
HONAN ROAD
AD
KIUKIANG ROAD
HANKOW ROAD
ROAD
ROAD
SZECHUEN
ROAD
SIKING RD.
ON ROAD
VII
ARD
THE BUND
WHANG POO RIVER
黄浦江
北
23
22
21
20
19
15
16
17
18
2

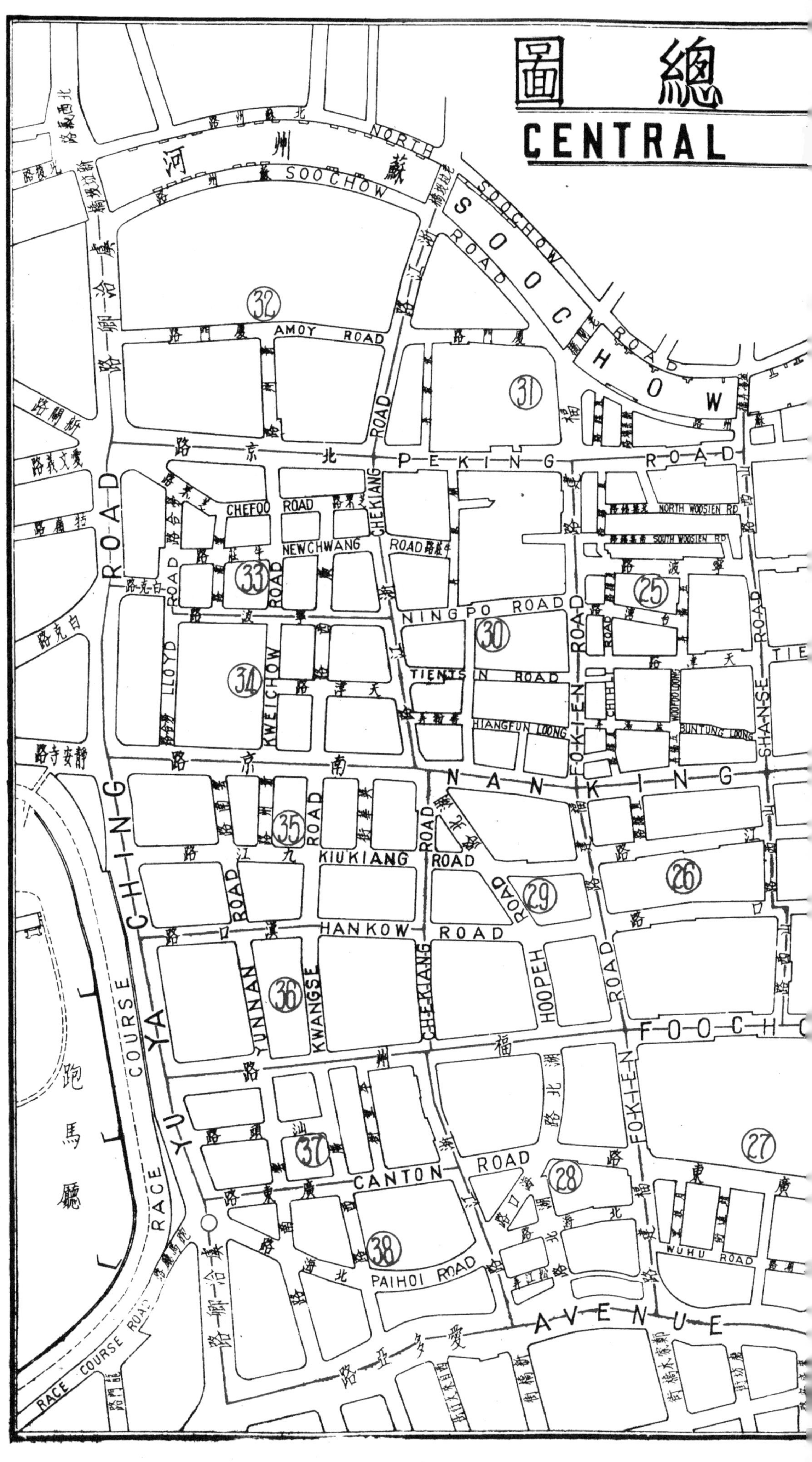

總圖
CENTRAL
NORTH SOOCHOW
蘇州河
SOOCHOW ROAD
AMOY ROAD
PEKING ROAD
北京路
CHEFOO ROAD
NEWCHWANG ROAD
CHEKIANG ROAD
NORTH WOOSIEN RD
SOUTH WOOSIEN RD
NINGPO ROAD
LLOYD ROAD
KWEICHOW ROAD
TIENTSIN ROAD
HIANGFUN LOONG
BUNTUNG LOONG
FOKIEN ROAD
SHANSE ROAD
NANKING
南京路
KIUKIANG ROAD
九江路
CHING ROAD
HANKOW ROAD
YUNNAN
KWANGSE
HOOPEH
FOOCHOW
YA
YU
CANTON ROAD
PAIHOI ROAD
WUHU ROAD
AVENUE
RACE COURSE
RACE COURSE ROAD
跑馬廳
32
31
33
34
25
30
35
26
29
36
27
37
28
38

總店上海福州路

五洲大藥房

電話一九七五九

創設卅餘載向以倡導衛生服務社會爲職志在上海甯波各處設有製造廠按化學原理製造各種家庭良藥藥典製劑藥棉紗布化粧香品衛生用品家用粗皂香皂藥水皂以及各種注射針藥等茲將已著名各品列下

滋補劑

品名	劑型	功用
人造自來血	補針 補藥	補血健胃生精益髓爲貧血病絕對聖劑
地球牌麥精魚肝油		補虛療肺製精味美婦孺常服最宜
五洲乳白魚肝油		調製精良味美無腥補虛損療肺病功難盡述
特勢多賜保命	補針 補片	主治陽萎早泄神經衰弱心臟機能失調等症
優生特靈		主治子宮發育不全月經不調性慾不振衰老過早等症
俾得命	補針 補片 補液	功能增進營養防止脚氣病健胃腸補腦力
家樂鈣		係維他命鈣素巧克力糖功能堅骨滋補
女界寶		補虛調經健壯子宮
月月紅		消鬱平肝通經活血

治療劑

品名	劑型	功用
安痢生	丸劑 粉劑	能預防痢疾又善治痢疾之特效新藥
殺鍊敵	粉劑 片劑	扁桃腺炎腥紅熱等鍊球傳染病菌之特效藥
的立平		殺菌消炎利尿清濁爲淋病唯一新藥
紅溴汞		功能殺菌消毒凡皮膚瘡傷諸患搽之可免潰爛
明明眼藥水		消炎退赤鎮痛止癢一切目疾治之立效
麥液止咳露		善治氣管支炎咳嗽多痰呼吸氣促等症

衛生品

亞林防疫臭水	滅菌消毒辟穢防疫和水澆洒有益衛生
亞林沙而	浴身洗面水中滴入少許消毒健膚預防傳染
五洲蚊香	燃點經濟殺蚊靈驗
良丹	功能健胃醒神防疫治病懷中必備
一三一牙膏	香氣清快除垢迅速日日潔齒可免蛀牙
固本藥皂	滅菌消毒去垢潔膚

▷印有各種說明書備索◁ ● ▷本外埠各處支店均售◁

本號向設小東門，信譽素著，名聞遐邇，發兌金銀首飾，精製禮品器皿，白金鑲嵌，鑽翠珠寶，式樣新穎，花色齊備，極蒙各界盛許，茲因原址鄰近戰區，特於民國廿七年十一月遷至南京路虹廟對面營業，仍本服務初衷，出品力求精美，定價格外低廉，尚希源源賜教

地址　南京路虹廟對面

電話　第九五二五五號

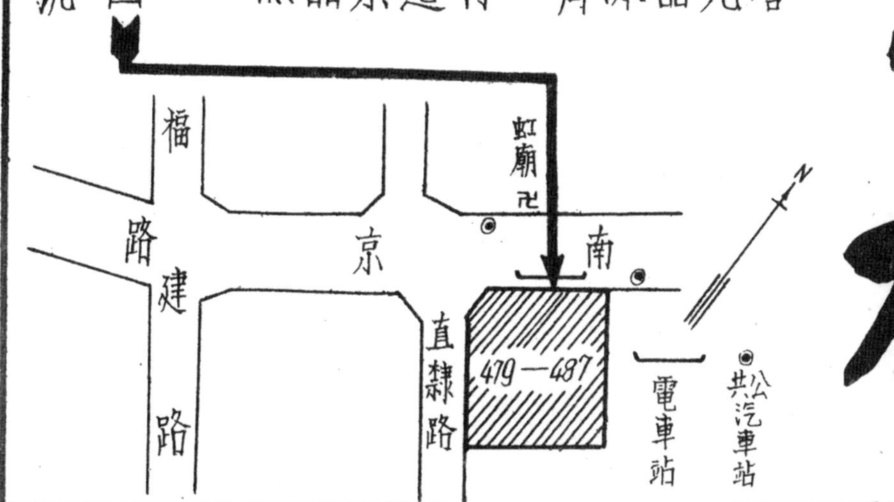

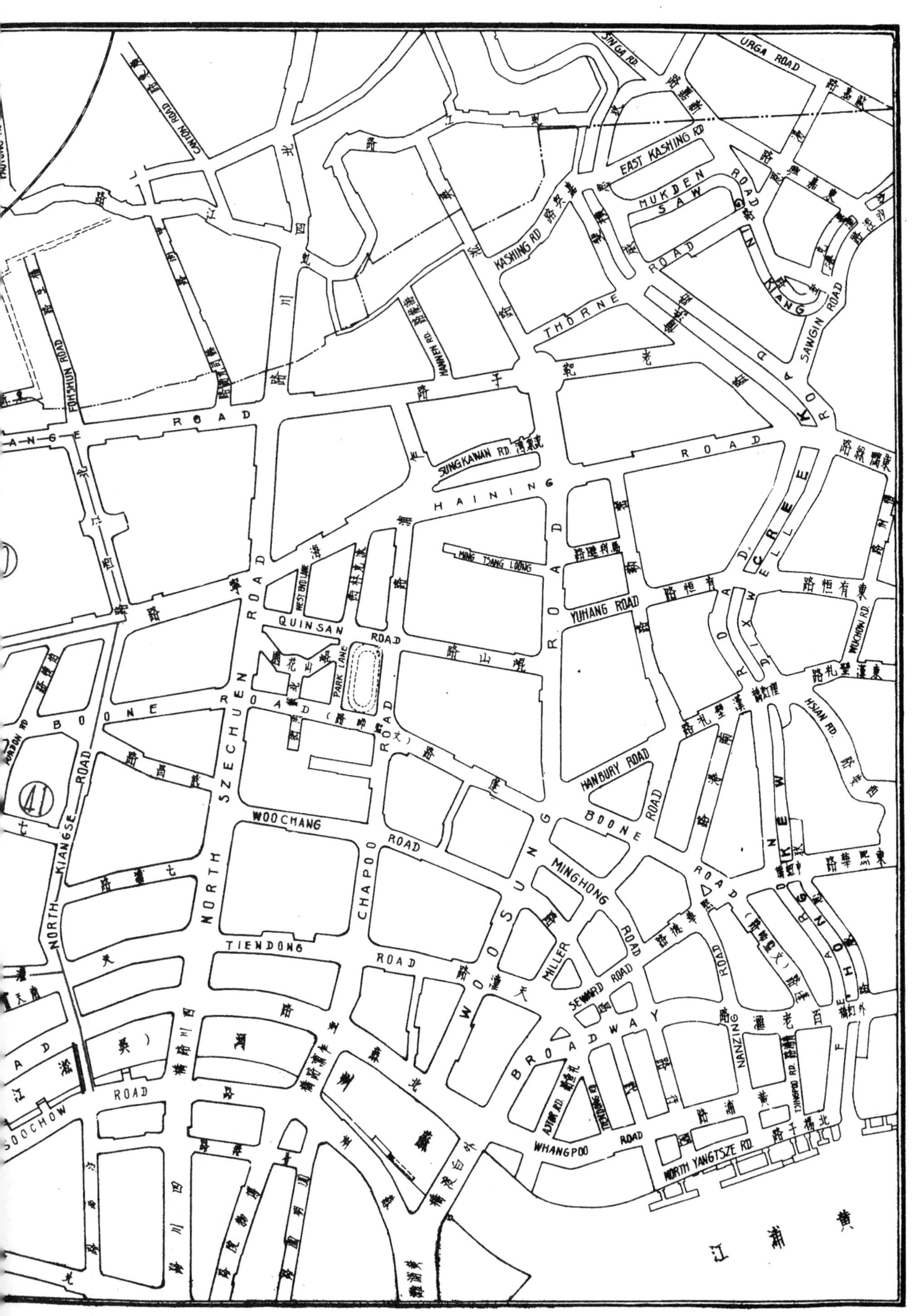
URGA ROAD
EAST KASHING RD.
MUKDEN ROAD
KASHING RD.
THORNE ROAD
SAWGIN ROAD
CANTON ROAD
FOHSHUN ROAD
HAINING ROAD
SUNGKAWAN RD.
MING TSANG LOONG
YUHANG ROAD
QUINSAN ROAD
WEST END LANE
PARK LANE
BOONE ROAD
NORTH SZECHUEN ROAD
NORTH KIANGSE ROAD
WOOCHANG ROAD
CHAPOO ROAD
WOOSUNG ROAD
TIENDONG ROAD
HANBURY ROAD
HSIAN RD.
WUCHON RD.
MINGHONG ROAD
MILLER
SEWARD ROAD
BROADWAY
NANZING
ASTOR RD.
TIENDONG RD.
TSINGPOO RD.
WHANGPOO ROAD
NORTH YANGTSZE RD.
SOOCHOW ROAD
41
黃浦江

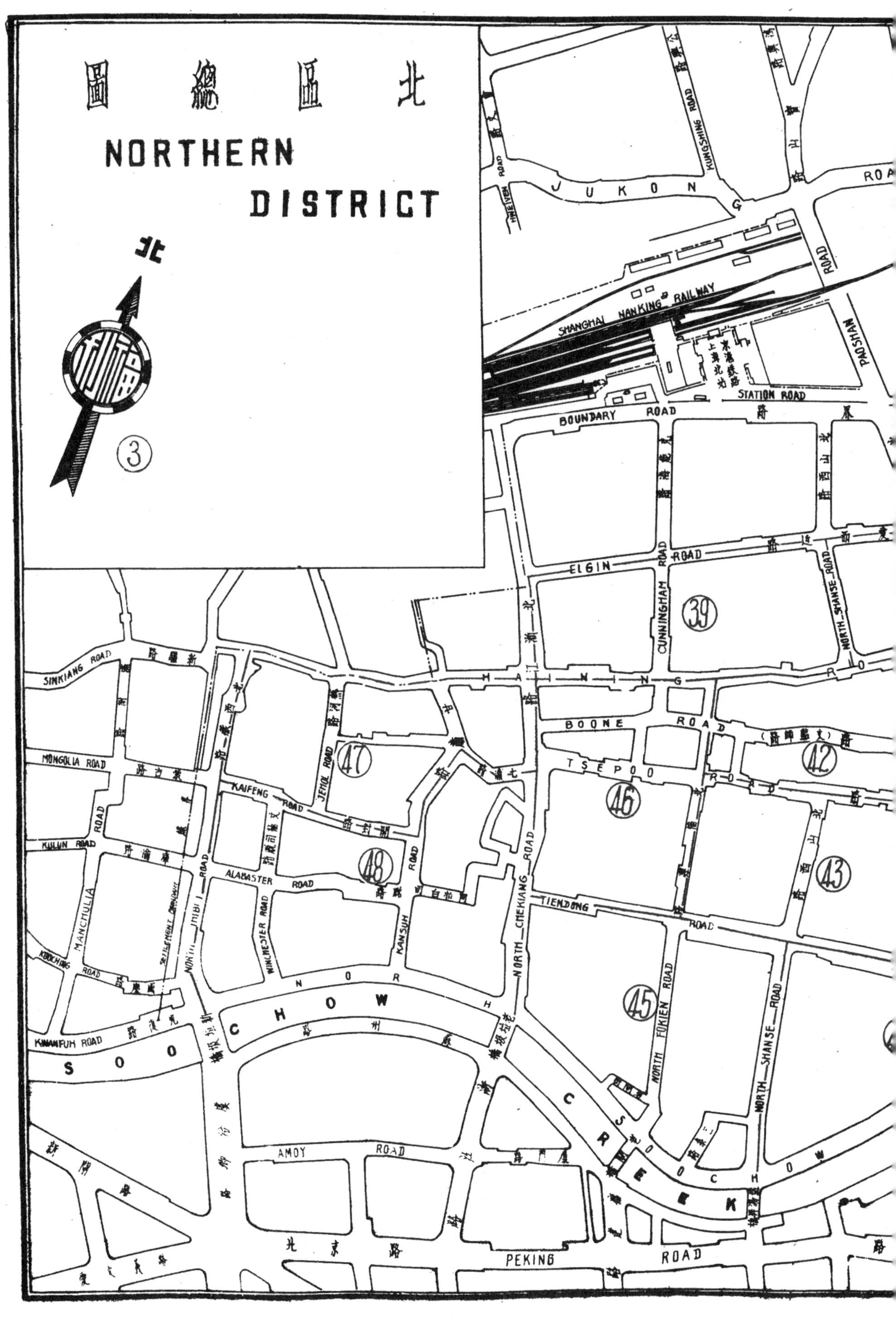

北區總圖
NORTHERN DISTRICT
③
SHANGHAI NANKING RAILWAY
STATION ROAD
BOUNDARY ROAD
JUKONG ROAD
KUNGSHING ROAD
PAOSHAN ROAD
ELGIN ROAD
CUNNINGHAM ROAD
NORTH SHANSE ROAD
HAINING ROAD
SINKIANG ROAD
BOONE ROAD
TSEPOO ROAD
MONGOLIA ROAD
KAIFENG ROAD
JEHOL ROAD
KULUN ROAD
ALABASTER ROAD
MANCHULIA ROAD
WINCHESTER ROAD
KANSUH ROAD
NORTH CHEKIANG ROAD
TIENDONG ROAD
NORTH FOKIEN ROAD
NORTH SHANSE ROAD
KWANFUH ROAD
SOOCHOW CREEK
AMOY ROAD
PEKING ROAD
39
42
43
45
46
47
48

上海南市裡鹹瓜街起首老店

寶昌參號

大山人参，関東鹿茸，花旗洋參，暹邏官燕，四川銀耳，別直野參，一應補品，應有盡有，貨真價實，包退回換，

新址 法大馬路東新橋東首 四〇七號

電話八〇四二五 電報掛號二八九七

大公機器染織布廠

廠址 上海華德路齊物浦路一〇〇一號
電話 五二六一一號

總發行所 上海北無錫路平陽里一一號
電話 九三〇四二號

出品

各色標準色布，府綢，各色陰丹士林布，標白布，愛國藍布，斜紋，納富妥色布，直貢呢，直貢緞，摩登色布．

商標

彩大公，童子軍，一本萬利，家庭圖，三紅雞，太公釣渭，團龍，藍三鷄，木蘭從軍，花嘜，鹿牛頭，一定發財，九好，仙童圖，好市發財，九泰，五福童，否極泰來，四童子，金魚塔，鵲橋相會，團鳳．

上海

協源昌製革廠

臨時廠址 上海勞神父路二一七號
電話 八〇九四七號

麒麟牌商標

廠址 上海愈定盤路中華德牛奶棚街內
發行所 北海路三七號
電話 九六七九一號

本廠係國人資本國人經營之國貨工廠精製麒麟牌拷底皮及各色雷根皮紋皮羊皮花色繁多不及細載零售批發一律克己承蒙賜顧無任歡迎

本廠謹啓

HONG ZANG

FRENCH MODELS

No 863 Bubbling Well Road TEL 32267 36270

鴻翔時裝公司

是東亞最完備的女子服裝專門商店

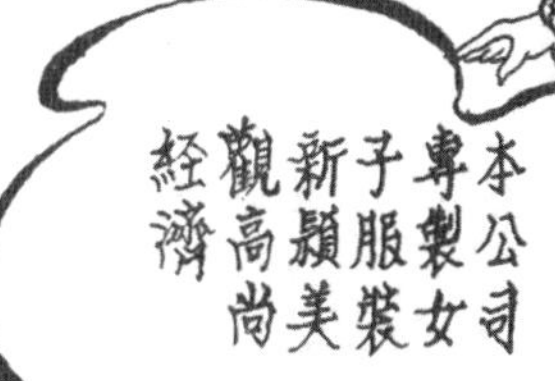

總店 靜安寺路八六三號 電話：三二二六七 三六二七〇

分店 南京路七五零號 電話：九一二二七

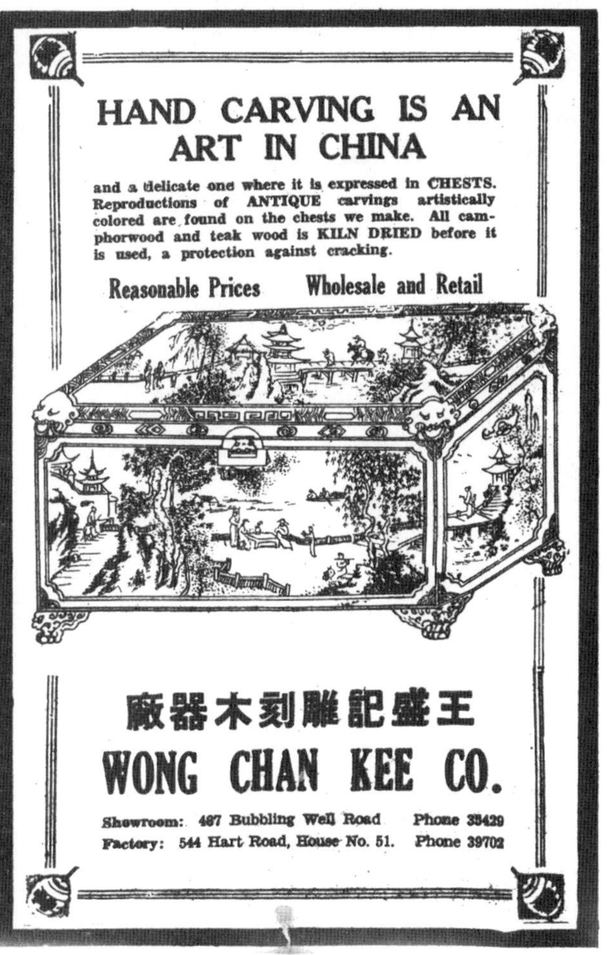

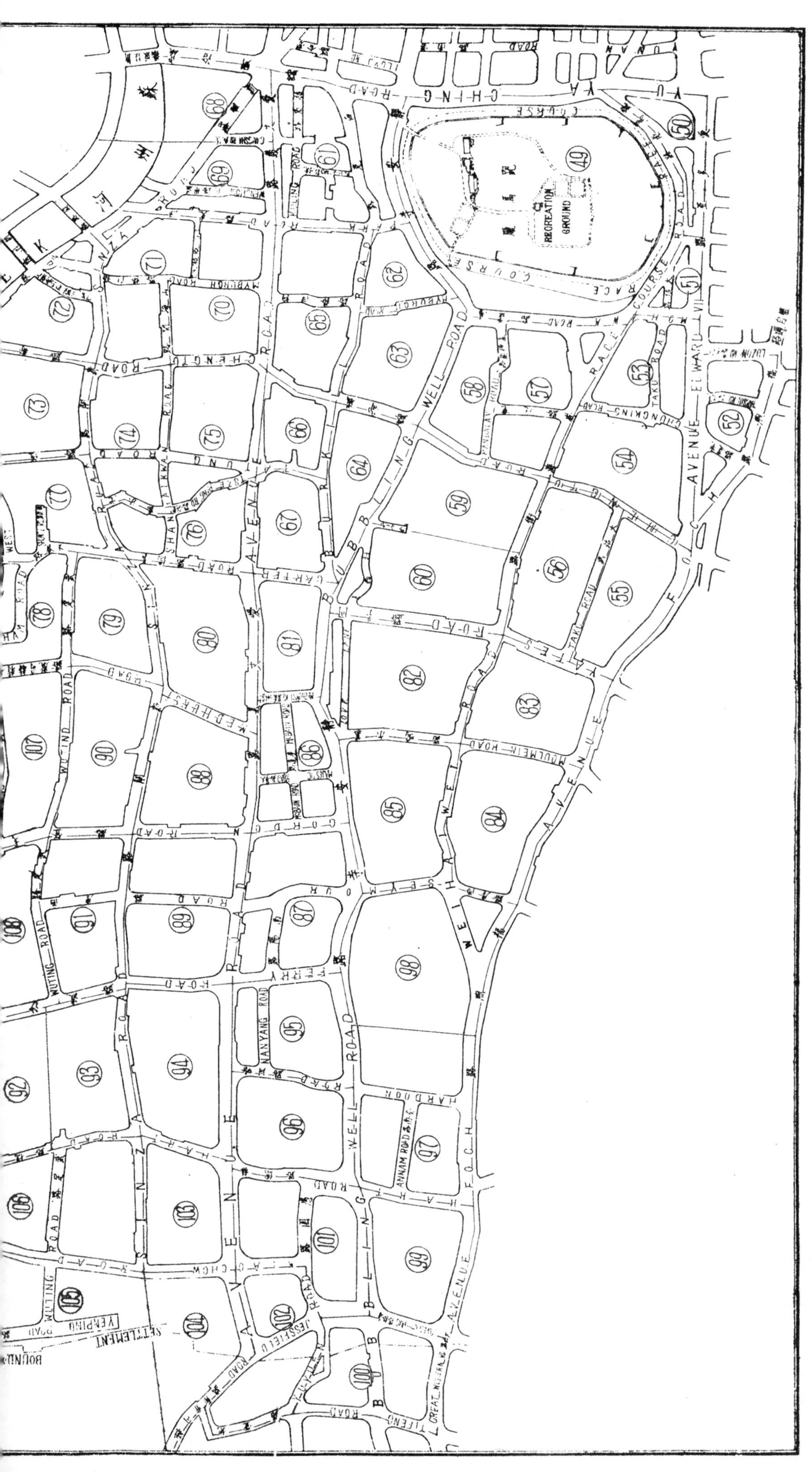
RECREATION GROUND
RACE COURSE
YU YA CHING ROAD
AVENUE EDWARD VII
CHUNGKING ROAD
TAKU ROAD
BUBBLING WELL ROAD
AVENUE FOCH
MOULMEIN ROAD
HARDOON ROAD
NANYANG ROAD
ANNAM ROAD
WUTING ROAD
YENPING ROAD
SETTLEMENT BOUNDARY
JESSFIELD ROAD
TIFENG ROAD
GREAT WESTERN ROAD
FERRY ROAD
WEIHAIWEI ROAD
YATES ROAD
CARTER ROAD
CHENGTU ROAD
MYBURGH ROAD
PARK ROAD
SINZA ROAD
WUHSIN ROAD

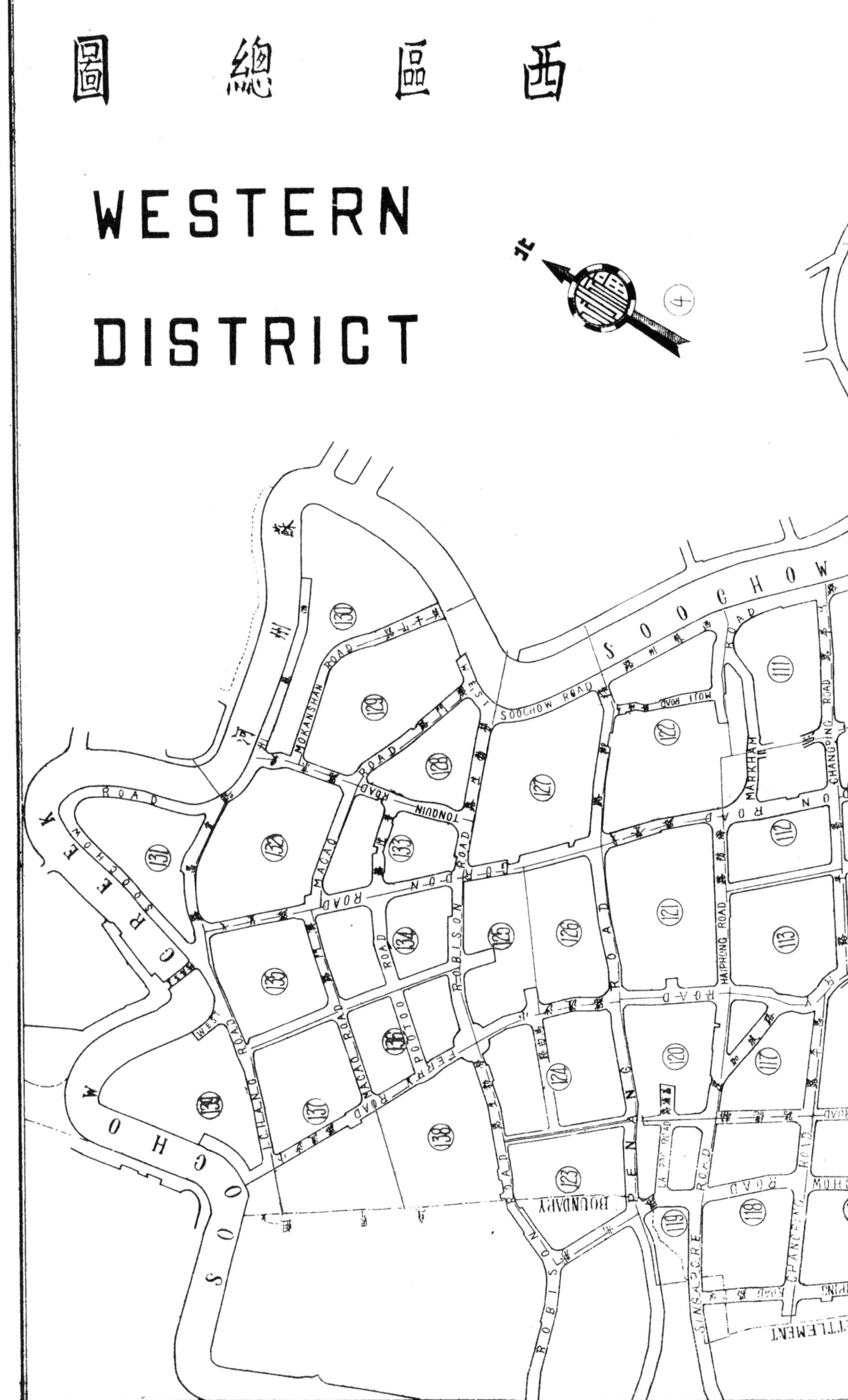

西區總圖
WESTERN
DISTRICT
SOOCHOW CREEK
SOOCHOW ROAD
WEST SOOCHOW ROAD
MOKANSHAN ROAD
TONQUIN ROAD
MACAO ROAD
GORDON ROAD
ROBISON ROAD
POOTOO ROAD
FERRY ROAD
CHIANG ROAD
PENANG ROAD
HAIPHONG ROAD
MARKHAM ROAD
CHANGPING ROAD
BOUNDARY ROAD
SINGAPORE ROAD

永豐泰南貨海味批發所

專運

關山桃棗
兩洋海味
閩廣糖筍

地址 法租界寧興街一七四號（菜市街新橋街口）

電話 八〇三九九號

老大房天記茶食糖果號

聘請技師
精製茶食
價廉物美

地址 靜安寺路九七六號慕爾鳴路對面

電話 三八五一二號

瑞記老永森製革廠

本廠開設於民國三年專製鞋底皮檔根皮及皮帶皮等出品精良

註冊商標

廠址 上海閘北虬江路一二九八號

臨時廠址 上海新加坡路五四號

電話 二一二二一四號

四大特色

一、身質堅硬帶柔

二、顏色潔白美觀

三、落水皮身不變

四、製造鞋靴耐穿

上海越興製革廠

出品獅凰牌底皮

選料鄭重
出品精究
製造認真
耐用經久
性質堅韌
浸水不透
永不變色
光潔美觀
價廉物美
無出其右

越興製革廠 出品

獅凰商標

完全國貨

廠址 上海康衢路六〇四號

臨時廠址 上海法租界勞神父路二一一五號

本廠專門以最精良方法製造高尚鞋底皮自開設以來雖僅三載因出品之精良信譽已達全國此固本廠之努力認真有以致之而各界之熱心愛護推行本廠出品自深感激惟本廠決不以此自滿當為再接再厲精益求精更決不因原料騰貴而偷工減料務求價廉物美以副各界雅意如蒙 駕臨接洽無不竭誠歡迎

老虎牌駱駝絨

要永久保持駝毛不脫 要永久輕軟如故者 唯有採用

輕軟經著 艷麗雅緻

註冊商標

附註 真老虎牌駱駝絨每碼背面貼有如上圖商標及盤色長方老虎牌圖章以資識別請注意

各大公司 各綢緞呢絨洋貨號 均有出售

上海 緯編毛織廠出品

港粵滬華美電器行

為上海唯一最齊備的大電器行對於門市批發工程樣樣都用高擋的貨品最低的價格以博顧客歡迎十多年來無論小交易大主顧一律和氣的對待所以本埠外埠都信任著是高貨廉售的電器行

營業科目	
門市部	各種新式電燈、無綫電收音機·
批發部	各種電料、美不勝載、樣樣都有·
工程部	包攬水陸工程、裝置暗綫明綫·
修理部	修理歐美收音機、各種電器用具·

地址 上海南京路福建路西

電話 門市部九四一二二號 工程部九四七五四號

法租界總圖 ①

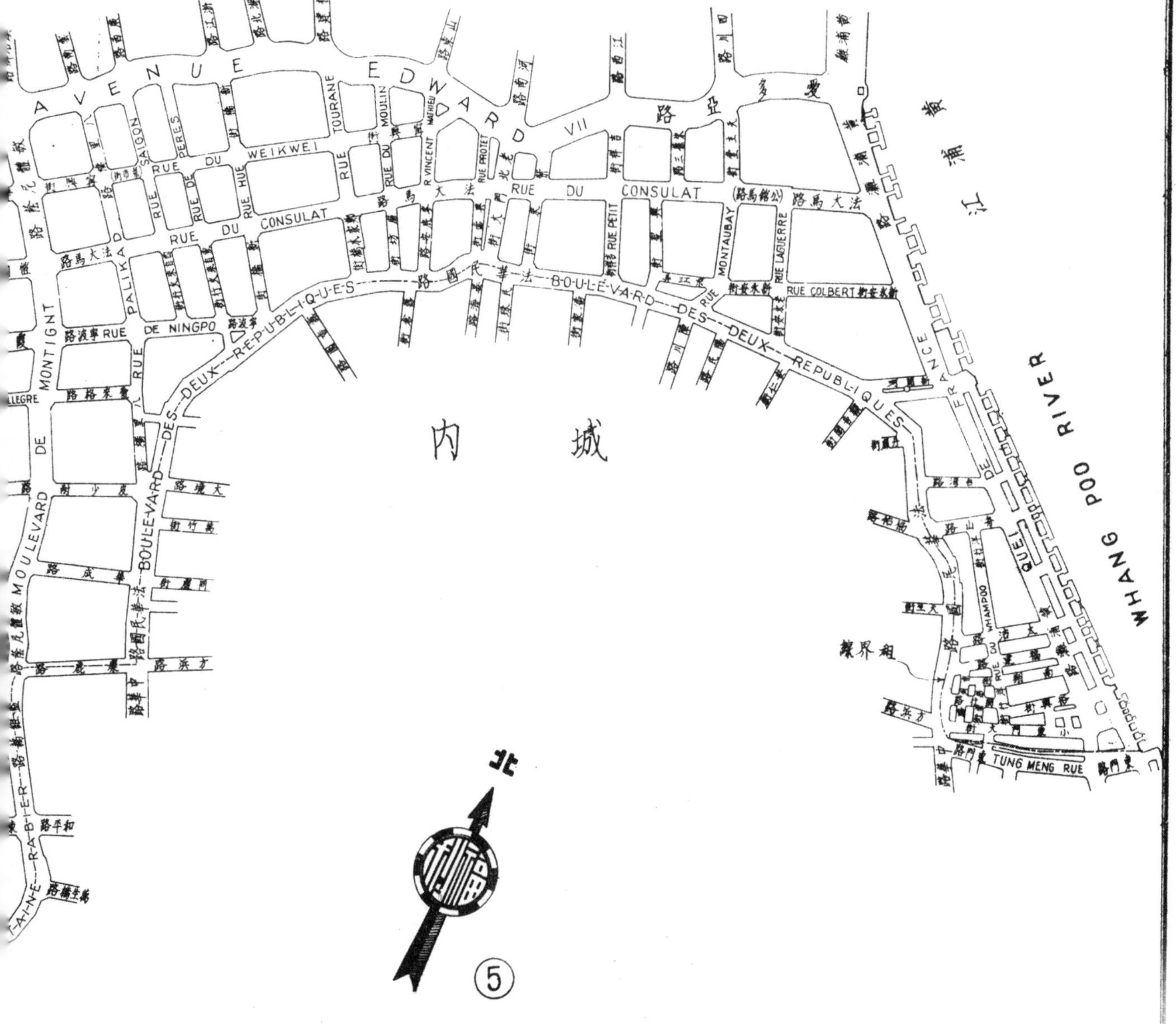

AVENUE EDWARD VII

BOULEVARD DES DEUX REPUBLIQUES

內城

黃浦江

WHANG POO RIVER

北

⑤

FRENCH CONCESSION

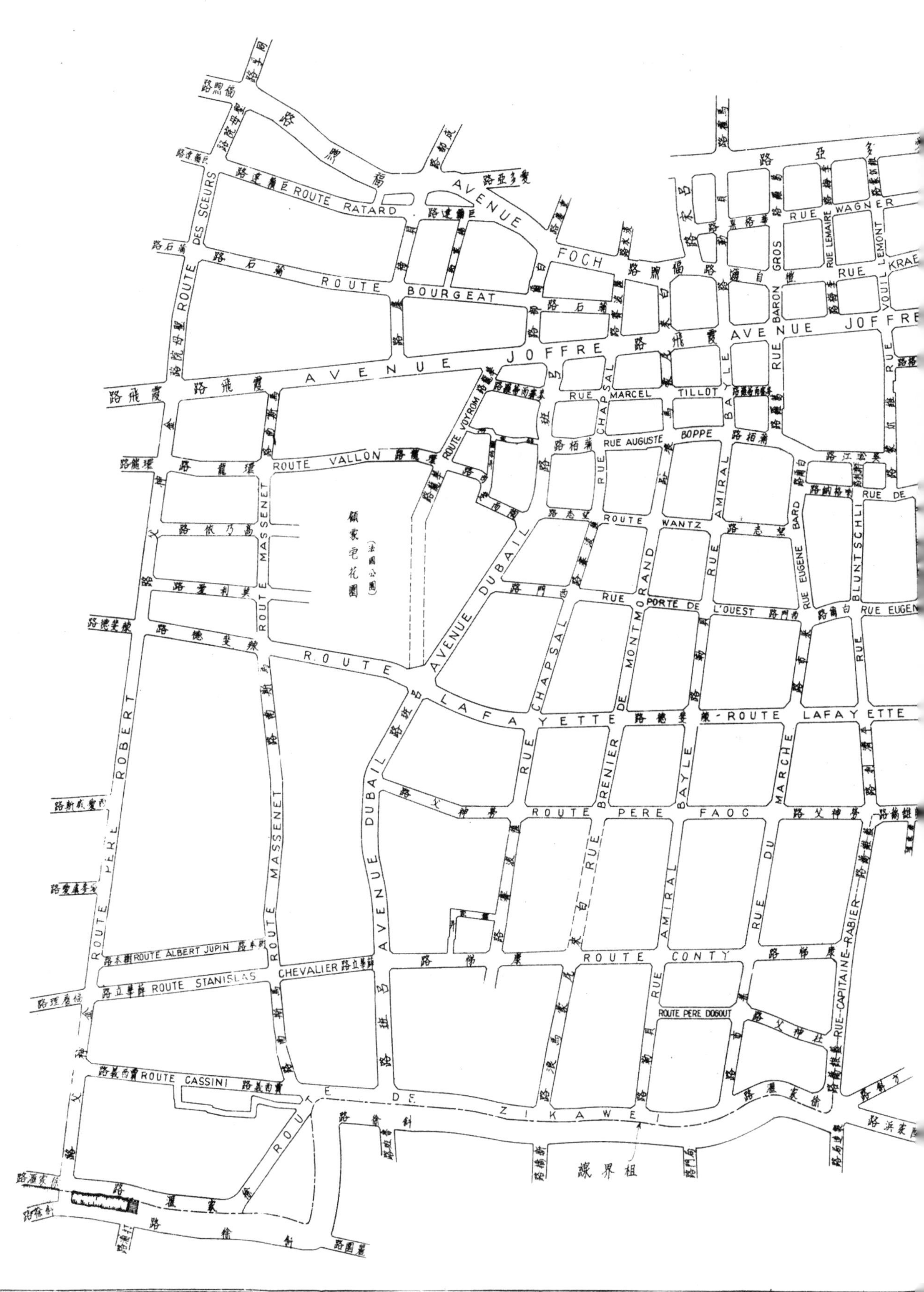

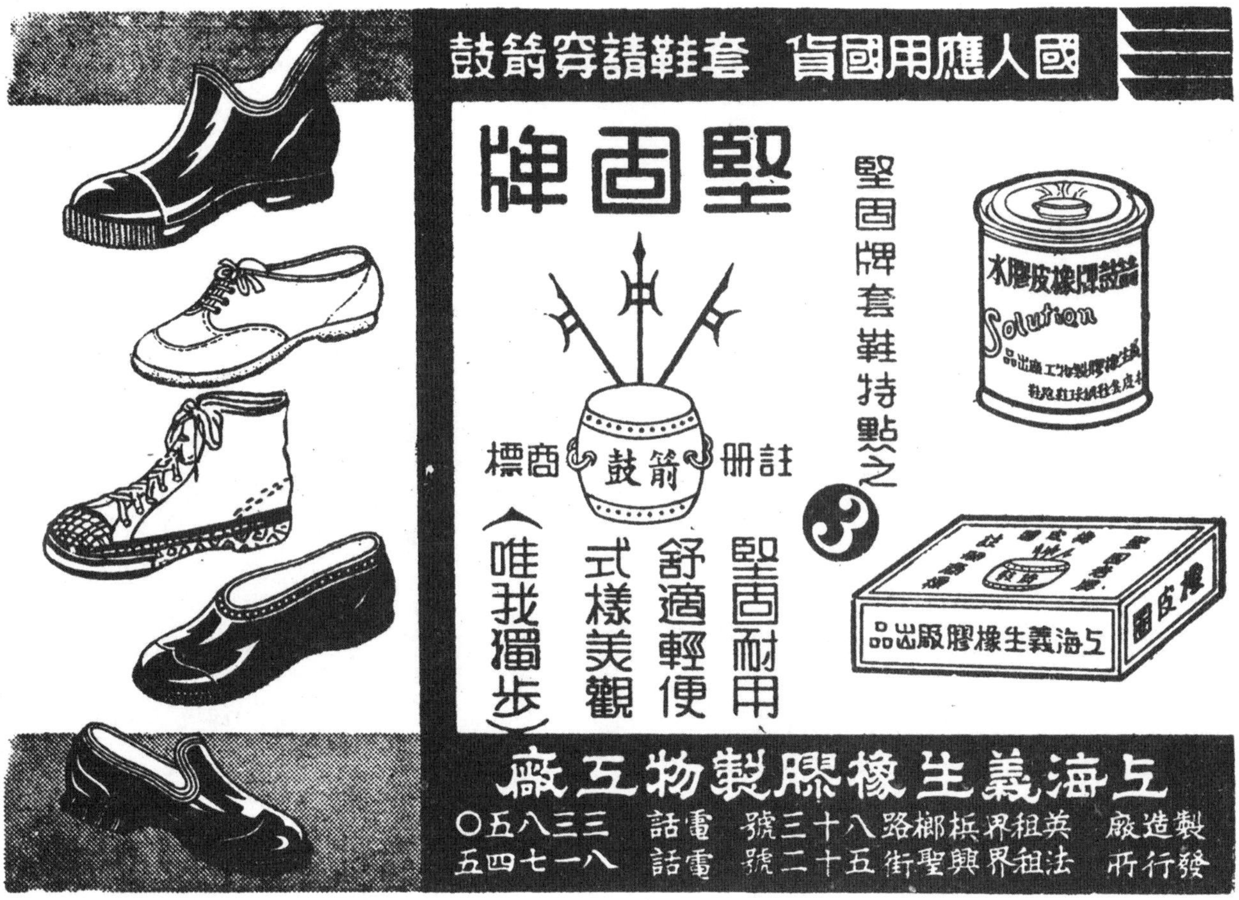

國人應用國貨 套鞋請穿箭鼓

堅固牌

堅固牌套鞋特點之3

註册商標 箭鼓

堅固耐用
舒適輕便
式樣美觀
（唯我獨步）

Solution

上海義生橡膠廠出品

上海義生橡膠製物工廠

製造廠 英租界梹榔路八十三號 電話 三三八五〇

發行所 法租界興聖街五十二號 電話 八一七四五

註冊商標

彌勒牌

完全國產——國人自製

中國唯一首創精製薄荷出品

彌勒薄荷腦
彌勒薄荷油
彌勒薄荷香油

配合醫藥用品牙粉牙膏化粧品香料品及糖果食品之優等原料

本牌出品悉依照中華藥典之規定製成採用者可使其出品保證優良增高信譽

上海海防路四二一號 永盛薄荷公司啓

電話 三九八一五
電報掛號六二一七七

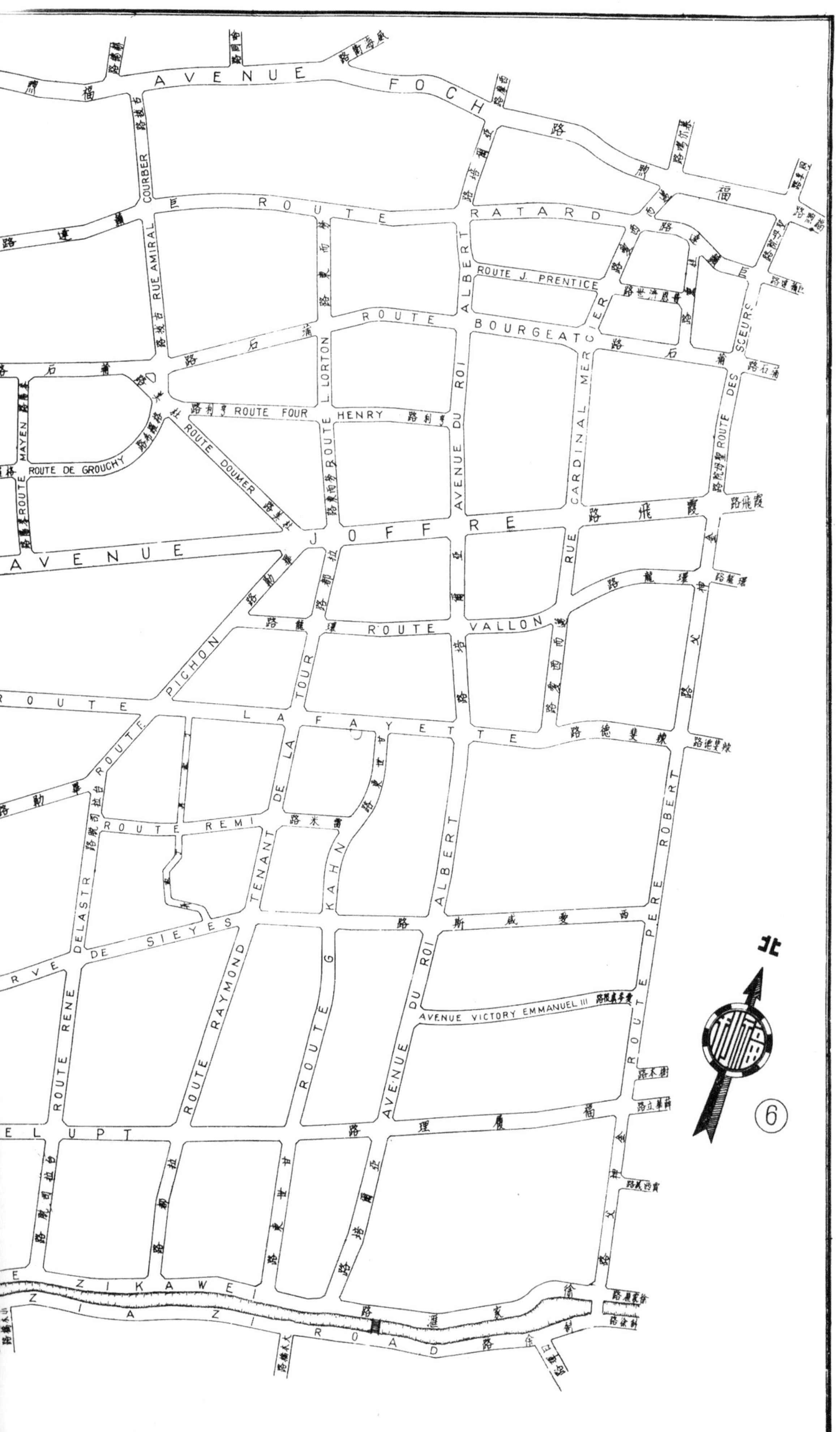
AVENUE FOCH
ROUTE RATARD
RUE AMIRAL COURBET
ROUTE J. PRENTICE
ROUTE BOURGEAT
CARDINAL MERCIER
ROUTE DES SCEURS
ROUTE L. LORTON
AVENUE DU ROI ALBERT
ROUTE FOUR HENRY
ROUTE DE GROUCHY
ROUTE MAYEN
ROUTE DOUMER
AVENUE JOFFRE
RUE
ROUTE VALLON
PICHON
ROUTE
LAFAYETTE
ROUTE DE LA TOUR
ROUTE REMI
TENANT DE LA
KAHN
ALBERT
ROUTE PERE ROBERT
DELASTRE
DE SIEYES
ROUTE RENE
ROUTE RAYMOND
ROUTE G
AVENUE DU ROI
AVENUE VICTORY EMMANUEL III
ELUPT
ZIKAWEI
ZIAZI ROAD
北
⑥

FRENCH CONCESSION Ⓑ

法租界總圖 Ⅱ

AVENUE HAIG
ROUTE DUPLEIX
ROUTE MGR. MARESCA
ROUTE H. CORDIER
ROUTE GUSTAVE DE BOISSEZON
ROUTE CHARLES
ROUTE FERGUSSON
ROUTE PERE HUE
ROUTE ALFRED MAGY
ROUTE PAUL LEGENDRE
ROUTE CAMILLE LORIOZ
ROUTE CULTY
AVENUE JOFFRE
ROUTE PARIS
ROUTE B. EDAN
ROUTE WINLING
ROUTE PERSHING
ROUTE COHEN
ROUTE MARCEL
ROUTE MAGNINY
ROUTE LOUIS DUFOUR
AVENUE PETAIN
ROUTE KAUFMANN
ROUTE PROSPER
ROUTE PICARD DESTELAN
ROUTE JEROME
ROUTE BRIDOU
ROUTE ANDRE
ROUTE JOSEPN
ROUTE ZIKAWEI
ZIKAWEI ROAD

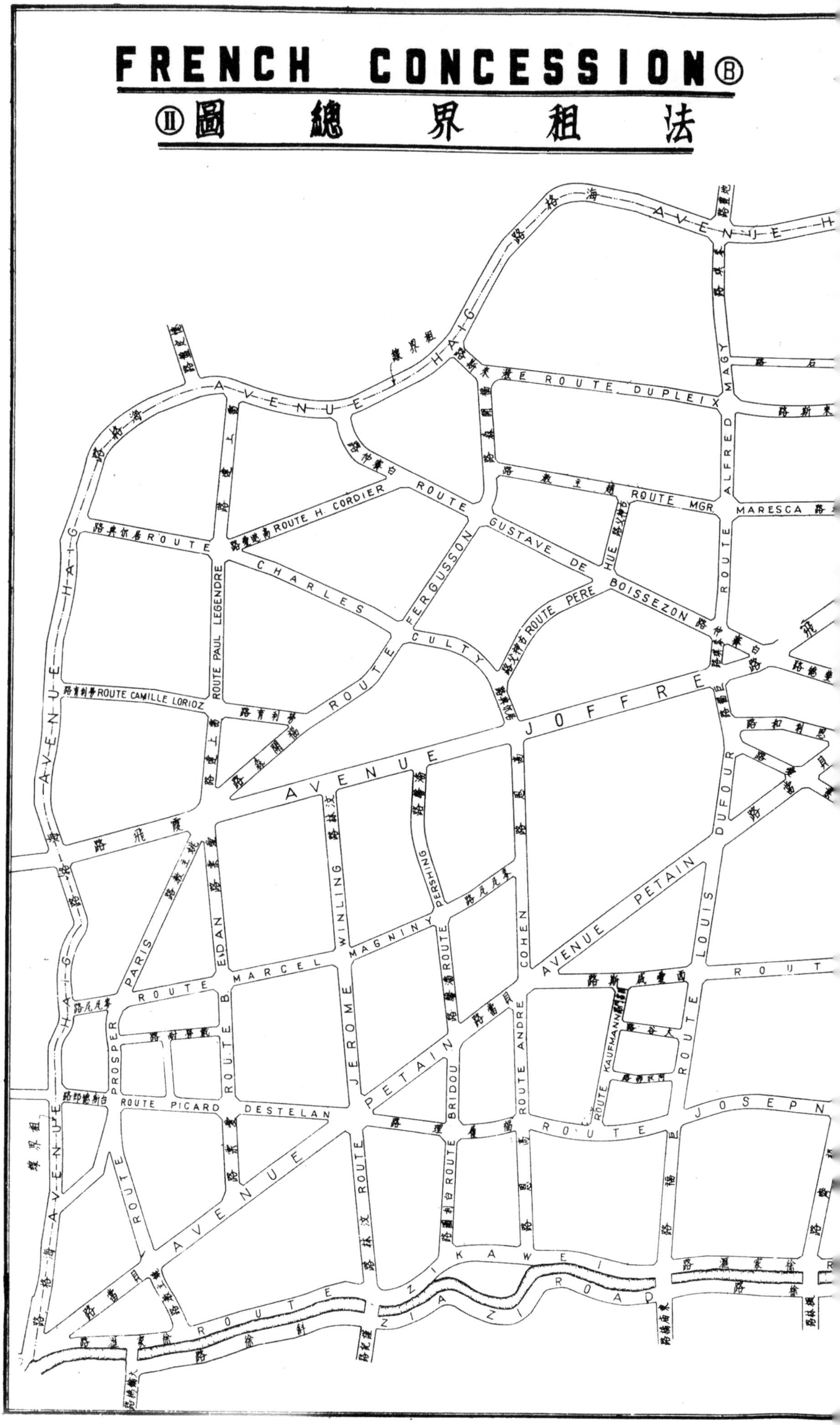

省一分浪費
多一分儲蓄

快節浪費 從事儲蓄

備有簡章函索即奉

中央儲蓄會

會址 天津路二號

電話總機 一七二四九

上海華成紗線廠

紅獅 註冊 商標

總廠 開封路甘肅路西 電話四二六五七

第一分廠 海寧路克能海路 電話四三九四一

第二分廠 小沙渡路新嘉坡路口七〇四弄內

出品種類：木紗 臘線 股線 蘇線 線球 布疋 花線 棕光線

本廠創設歷有年所殫悉心研究艱苦奮鬭採取國產木料創製本廠選用國貨棉類首成紅獅牌各種木紗藉以提倡工業挽回漏卮爰再添聘國人技師製造紅獅牌粗細股線臘線花線棕光線等等專供各項工業上之實用以振興工業為職責近更增設工場自織自染添製花色布疋以供社會之需要與舶來品相抗衡俱凡本廠出品專用紅獅牌註冊商標已蒙各界讚為優良國貨樂予提倡具見愛國同胞促進國貨工業益使敝廠奮勉有加焉

本廠謹啟

總發行所 上海北浙江路天潼路西首源茂里 電話四二四五八 四六四四三

外埠分發行所

香港 九龍白加士街八十一號 電話五〇三三七

廣州 漢民北路惠愛路口 中國國貨公司內

漢口 江漢路保和里二十六號

長沙 臬後街二六號

重慶 上都郵街六三號

福州 南台梅塢花生街 萬豐報關行內

甯波 濱江路一百〇九號

溫州 南門外廣師里

上海華成紗線染織廠出品

上海鴻章紡織染廠出品

完全國貨

自紡·自織·自染

紗線商標：寶鼎 鴻寶 三羊

布疋商標：鴻寶 鴻章 雙鳳 寶鼎

批發所 天津路一七〇衖一八號 電話九四九〇三·九三八二〇

門市部 卡德路二三五號電話三一二一一

廠址 麥根路三八一號 電話三四三

徐重道國藥號

範圍最大　分店最多　價錢最巧　貨品最好

各省藥材　補劑飲片　丸散膏丹　參燕銀耳

首創接方送藥　代客煎藥

電話通訊，立刻派人，前來接方，回店配就，當即送上，不取力錢，照方監煎，藥力準確，取費極廉，手續完備，清潔可靠，服務週到

補腎固精丸　腎虧精衰　陽痿早洩　夢遺滑精　少年斲傷　腰背痠痛　四肢乏力　每瓶一元

化痰止咳丸　新久寒嗽　乾咳音啞　痰多氣急　津液枯耗　喉癢燥熱　諸般咳嗽　每瓶一元

筋骨瘋痛藥　風濕骨痛　四肢麻木　鶴膝癱痛　半身不遂　肩背痠痛　各種癱症　每瓶一元

婦女白帶丸　白帶赤帶　面黃肌瘦　尿道發炎　腰痠骨痛　小便淋濁　四肢乏力　每瓶七角

婦女調經藥　經閉血枯　經無定期　瘀血內積　腰痠骨痛　經來腹痛　體虛不孕　每瓶一元

五淋白濁丸　新久白濁　小便淋濁　體虛白濁　尿道刺痛　傳染白濁　紅腫發炎　每瓶一元

清血解毒藥　花柳傳染　餘毒不清　楊梅結毒　廣瘡潰爛　橫痃下疳　諸惡瘡毒　每瓶一元

小腸疝氣丸　小腸氣結　繞臍攻刺　偏墜囊腫　腎囊腫大　睪丸腫脹　行動吊痛　每瓶七角

止咳杏仁精　感冒受寒　鼻塞流涕　傷風咳嗽　哮喘氣逆　乍寒乍熱　小兒咳嗽　每瓶四角

肝胃氣痛散　肝胃氣痛　脾胃虛弱　心窩隱痛　嘔吐酸水　胸悶燥熱　反胃噎膈　每罐四角

總號上海愛文義路泥城橋西　電話九一一三三號

第一分號威海衛路同孚路西
第二分號成都路山海關路北
第三分號新閘路李家花園東
第四分號新閘路成都路東首
第五分號福煦路成都路南首
第六分號南成都路大沽路口
第七分號同孚路威海衛路南
第八分號靜安寺路馬霍路東
第九分號霞飛路呂班路東首
第十分號愛多亞路大世界東
十一分號地豐路西門暫停營業
十二分號南京路貴州路東首
十三分號四馬路山東路西首
十四分號靜安寺路靜安寺東

得利車行

·名馳全國車業領袖·

專售第一流著名車輛

·工商必需·運輸利器·

三輪送貨車

純鋼精造　堅固耐用

價格低廉　超羣出衆

各式車箱流線新型

均可定製保證滿意

地址：靜安寺對面

電話：三三五九六

上海南洋藥房

上海市新製藥業同業公會會員

本藥房忠實服務，垂三十餘年，所敢敬告社會而自信者：

貨品精良　劑量準確　價格低廉

裝置堅美　轉運妥捷　服務周密

精選歐美各大名廠上等藥料，針藥，醫療器械．新穎名貴，盡美盡備。

承配各國醫師處方，派有專員，日夜司值；調劑謹嚴，絕無延玩。

自製各種良藥，及衛生，化妝用品，曾經衛生署化驗給證，功效宏偉，定價尤廉。郵電函購，送運妥速。承蒙光顧，竭誠歡迎！

地址　上海南京路虹廟弄口

電話　批發部　九三六九三　營業部　九三九四六

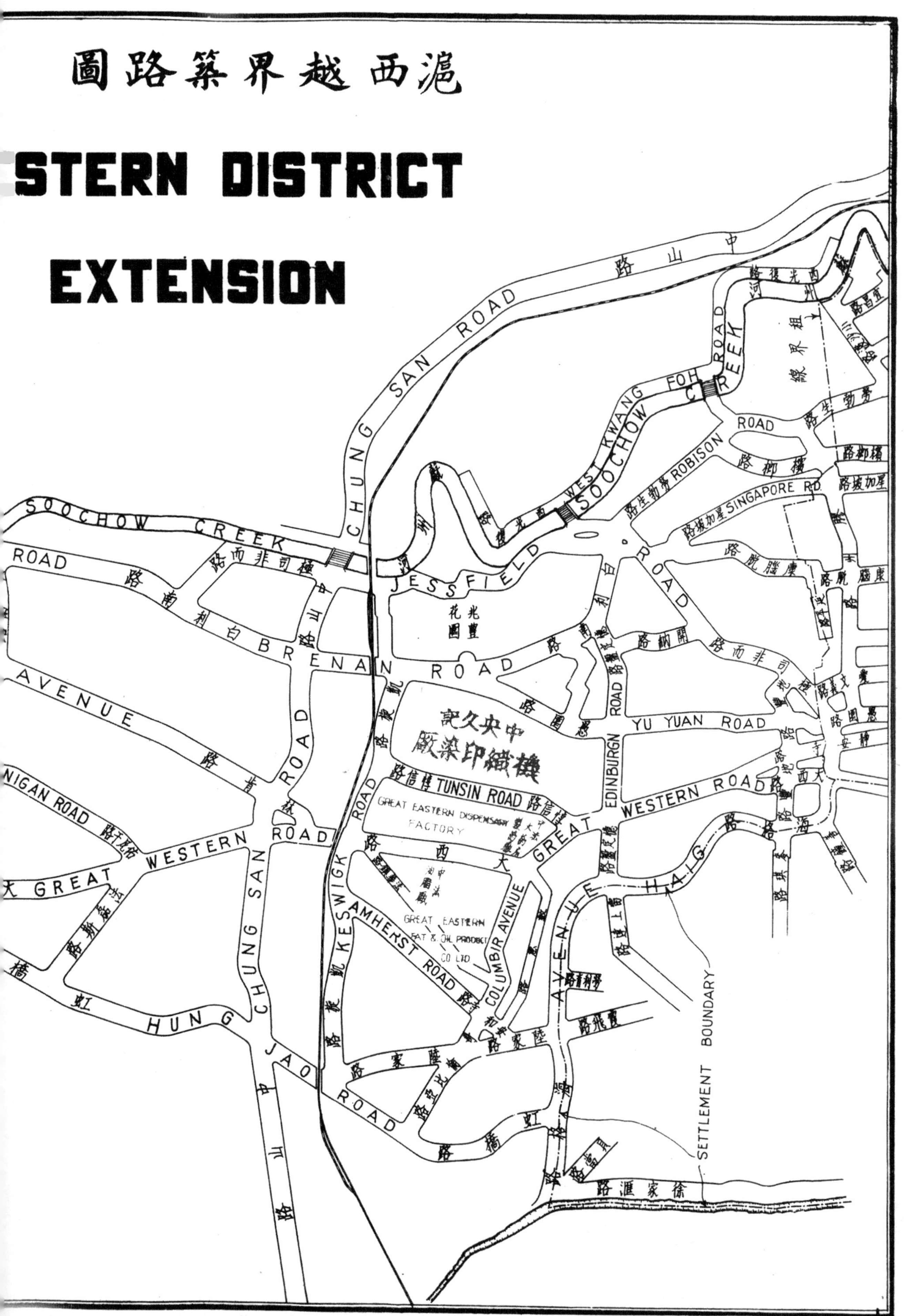
滬西越界築路圖
STERN DISTRICT
EXTENSION
CHUNG SAN ROAD
SOOCHOW CREEK
WEST KWANG FOH ROAD
JESSFIELD ROAD
ROBISON ROAD
SINGAPORE RD.
BRENAN ROAD
YU YUAN ROAD
TUNSIN ROAD
GREAT WESTERN ROAD
EDINBURGH ROAD
AVENUE HAIG
KESWIGK ROAD
AMHERST ROAD
COLUMBIA AVENUE
HUNG JAO ROAD
GREAT EASTERN DISPENSARY FACTORY
GREAT EASTERN FAT & OIL PRODUCT CO LTD
中央久記機織印染廠
光華花園
SETTLEMENT BOUNDARY
租界線
中山路
徐家滙路

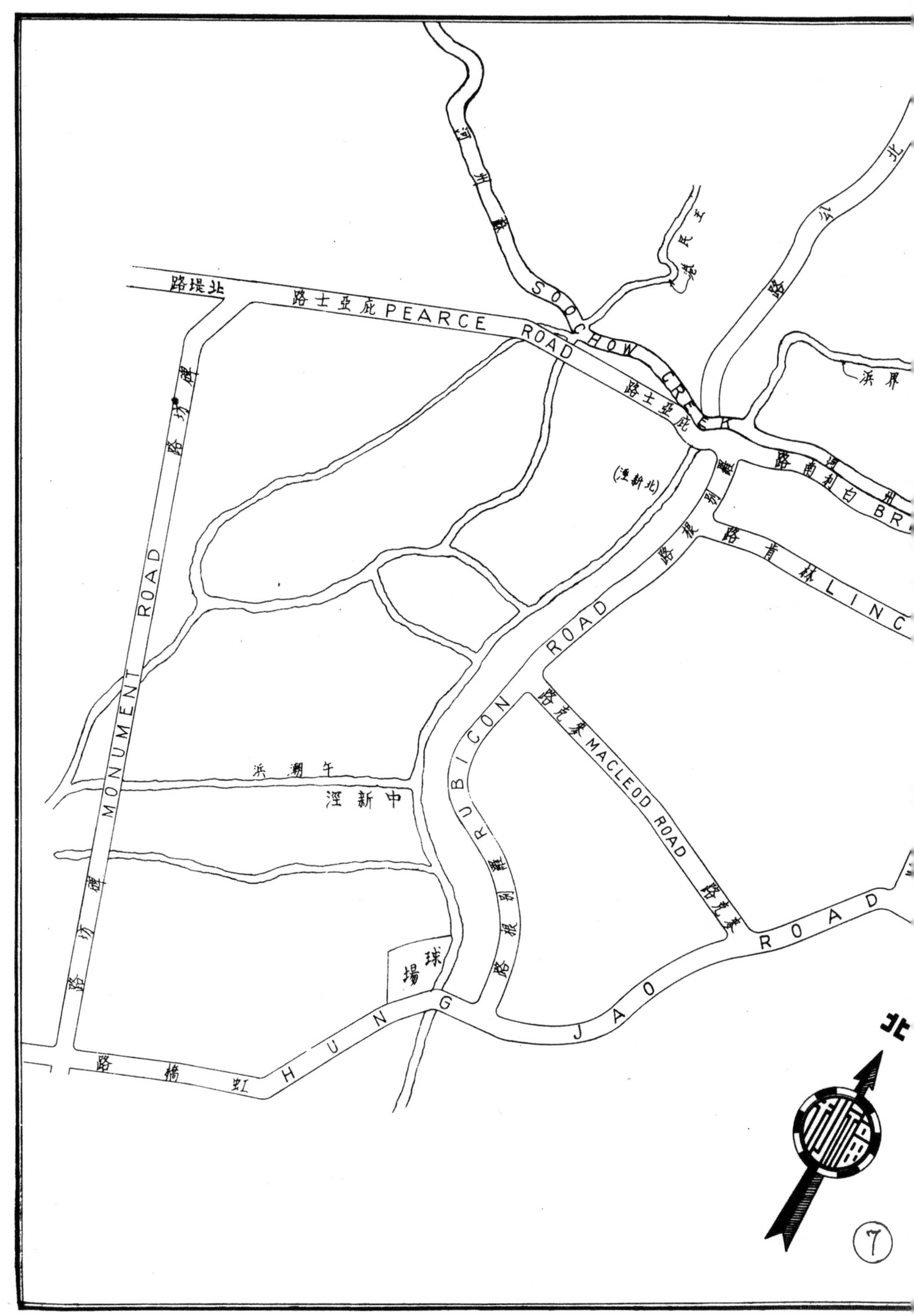

PEARCE ROAD
庇亚士路
北堤路
SOOCHOW CREEK
MONUMENT ROAD
RUBICON ROAD
MACLEOD ROAD
HUNG JAO ROAD
虹桥路
中新泾
球場
北
⑦

上海市藥材業同業公會會員行聯合廣告

元豐潤藥行
發售各省藥材
香料細藥零躉
批發定價克己
地址英租界南京路抛球場東首鴻仁里三号
電話 一七九三〇
電報掛号 三〇八八

慎大藥行
專營各省藥材
定價格外克己
地址英租界二洋涇橋西首愛多亞路一三八弄八号
電話 一七九一五
電報掛号 三三九九

立成藥行
發售各省藥材香
料細藥零躉批發
定價克己
地址英租界四馬路四八五衖念号
電話 九七三一六九

協豐順藥行
運銷各省藥材
兼接代客買賣
歡迎函詢市情
竭誠隨時奉复
地址法租界呂班路一六〇弄一号
電話 八二一一〇
電報掛号 二二二五七〇

協成元藥行
專營環球藥材
推銷遠近各埠
品質特別道地
價目格外低廉
地址法租界嵩山路仁安里十六号
電話 八二七一〇
電報掛号 二一九〇

恒康藥行
專營環球藥材
推銷遠近各埠
地址英租界河南路四二七弄六号
電話 九六三〇五
電報掛号 八八八三

同康藥行
專營各地藥材
兼接代客買賣
歡迎函購
定價公道
地址法租界呂班路一六〇弄一号
電話 八二一一〇
電報掛号 三四一〇

萬茂藥行
川廣藥材
零躉批發
地址英租界山東路二二四号
電話 九二五七九

森大記仁藥行
本行專營各省藥材雜貨銀耳
信託賣買公道不欺倘蒙惠顧
竭誠歡迎抑有函詢當班奉覆
住址法租界霞飛路九二一五弄沿晋坊五号
電話 七五八八二 電報掛号 五五二九

嘉廣生藥行
歷百餘年專售各處道地藥
材零躉批發價目公道外埠
函購當班回件
地址英租界三馬路新聞報館對面二七一弄七号
電話 九二〇二七

致豐藥行
原址南市外鹹瓜街
現設英租界山東路漢口路北首二百八十六弄（即望平街三馬路北首懷遠中里十号）
專營全球葯材原料香料細藥零躉
批發倘蒙 賜顧竭誠歡迎市單
函索即寄
電話 九五〇五五 電报掛号 三〇九四

裕大藥行
專售川廣香料細藥兼售
冬令膏滋補品虎鹿龜驢
諸膠如蒙賜顧竭誠歡迎
地址法租界典當街吉利坊六號
電話 八一〇三一〇

萬和藥行
專接代客買賣
運銷各地藥材
前住南市外鹹瓜街
現住英租界湖北路二〇三弄十八号
電話 九四六四二

合利元藥行
專營環球葯材零
躉批發定價格外
克己倘蒙賜顧竭
誠歡迎
地址英租界漢口路三一九四号
電話 九六五四〇
電報掛号 九八三一

永泰福藥行
專營環球葯材零
躉批發定價比
衆低廉倘蒙賜顧
不勝歡迎
地址法租界愛多亞路175 177号（即帶鈎橋西首）
電話 八一〇八二

鼎發藥行
專營各省藥材
推銷遠近各埠
倘蒙惠顧付市準確
抑有函詢當班奉覆
地址法租界呂班路十三号
電話 八三六一三
電報掛号 四二七九

寶大藥行
專營川漢及
山貨藥材
地址英租界三馬路同安里二十三號

裕昌藥行
專營川廣葯材香
料細藥各貨俱備
零躉批發竭誠克己
本行向設南市裡鹹瓜街茲遷移漢口路四〇八号
電話 九四七五六

志成藥行
專營各省葯材
推銷遠近各埠
地址法租界敏體尼蔭路二四六号
電話 八六二一〇四

怡成藥行
專營山貨藥行
地址法租界愷自邇路芝蘭坊弍弄五号
電話 八一一三六

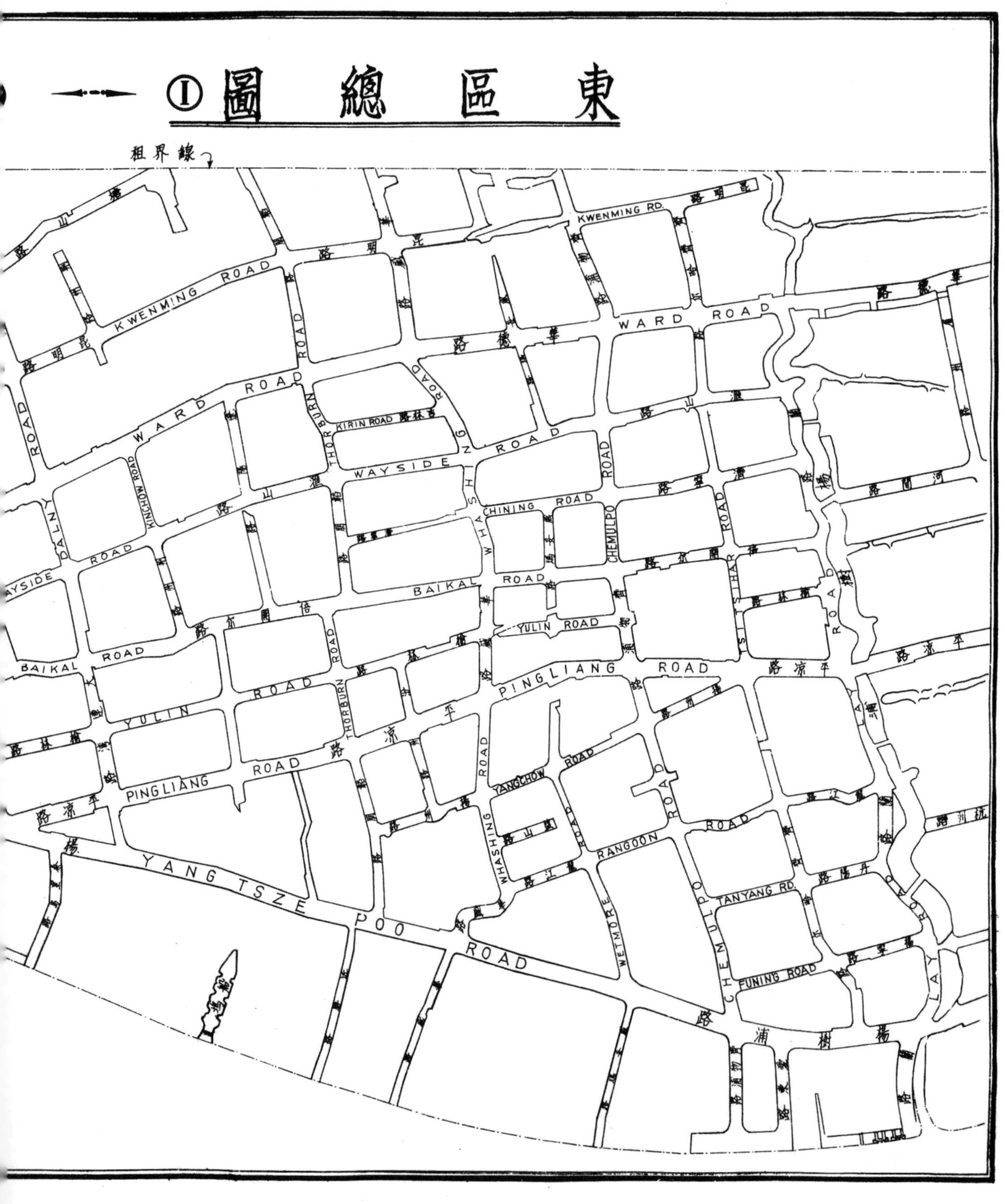

東區總圖 ①
租界線
KWENMING RD.
KWENMING ROAD
昆明路
WARD ROAD
華德路
KIRIN ROAD
THORBURN ROAD
WAYSIDE ROAD
KINCHOW ROAD
DALNY ROAD
WHASHING ROAD
CHINING ROAD
CHEMULPO ROAD
BAIKAL ROAD
YULIN ROAD
PINGLIANG ROAD
平涼路
YANGCHOW ROAD
RANGOON ROAD
TANYANG RD.
FUNING ROAD
WETMORE ROAD
LAY ROAD
YANG TSZE POO ROAD
楊樹浦路

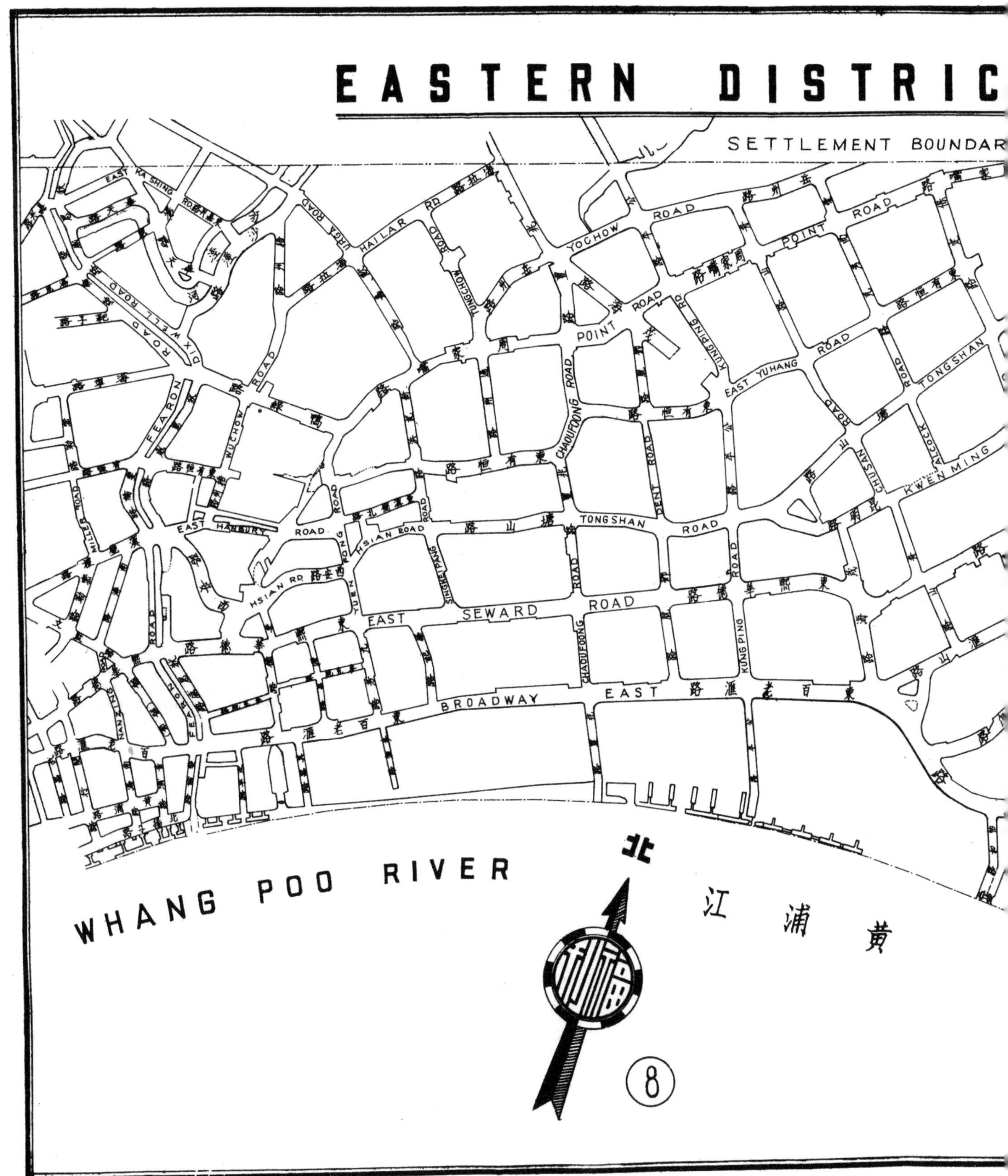
EASTERN DISTRIC
SETTLEMENT BOUNDAR
WHANG POO RIVER
江浦黄
北
8
YOCHOW ROAD
POINT ROAD
HAILAR RD
URGA ROAD
EAST KA SHING RD
DIXWELL ROAD
FEARON ROAD
WUCHOW ROAD
MILLER ROAD
EAST HANBURY ROAD
HSIAN ROAD
HSIAN RD
YUEN FONG ROAD
SINGKEI PANG
EAST SEWARD ROAD
TONGSHAN ROAD
CHAOUFOONG ROAD
DENT ROAD
KUNGPING ROAD
EAST YUHANG ROAD
CHUSAN ROAD
ALCOCK ROAD
KWEN MING
TONGSHAN
NANZING
BROADWAY
BROADWAY EAST
TUNGCHOW ROAD

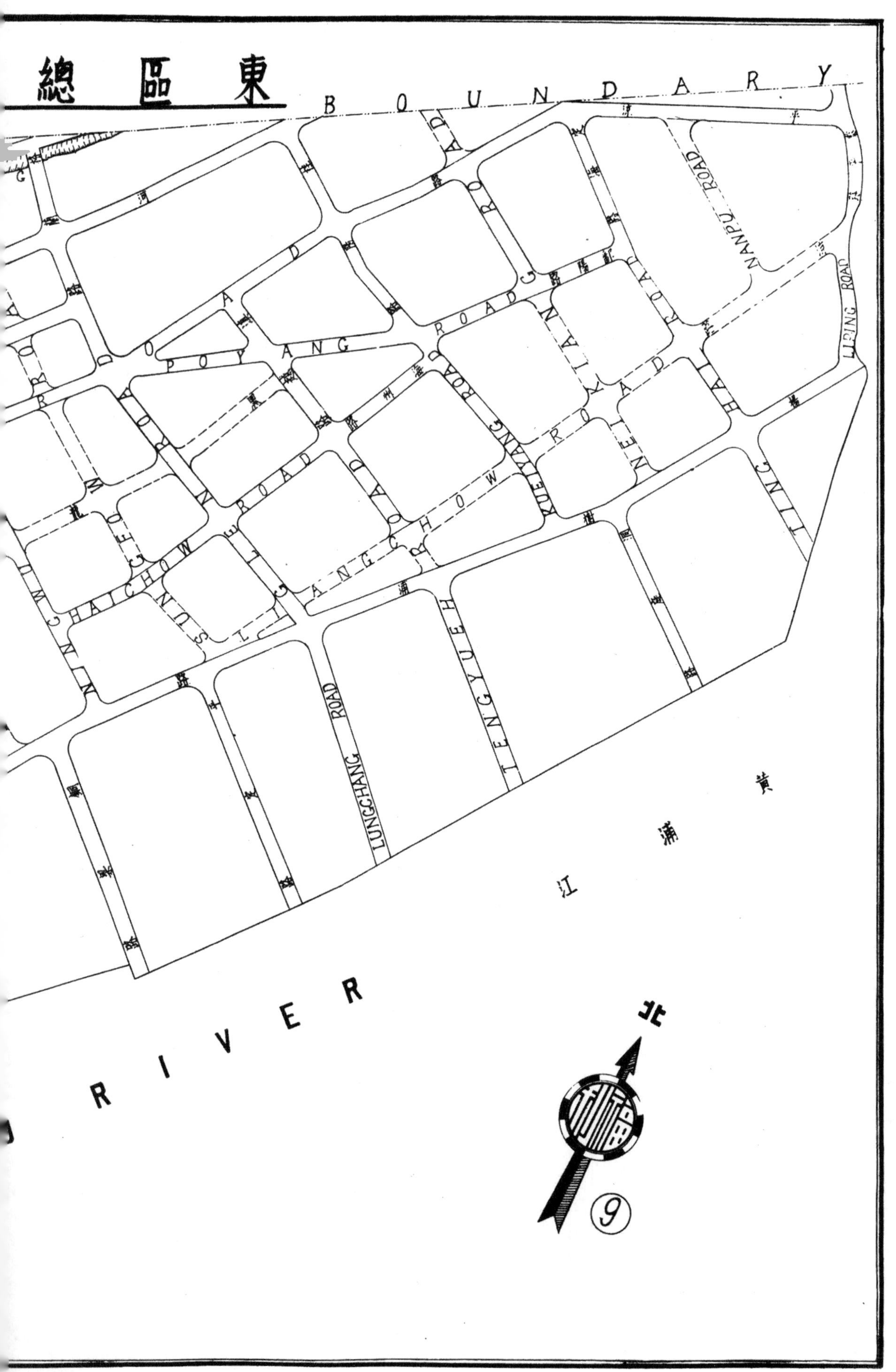
總區東
BOUNDARY
POYANG ROAD
NANPU ROAD
LIPING ROAD
KUEIYANG ROAD
LUNGCHANG ROAD
TENGYUEH ROAD
TING
RIVER
黃浦江
北
9

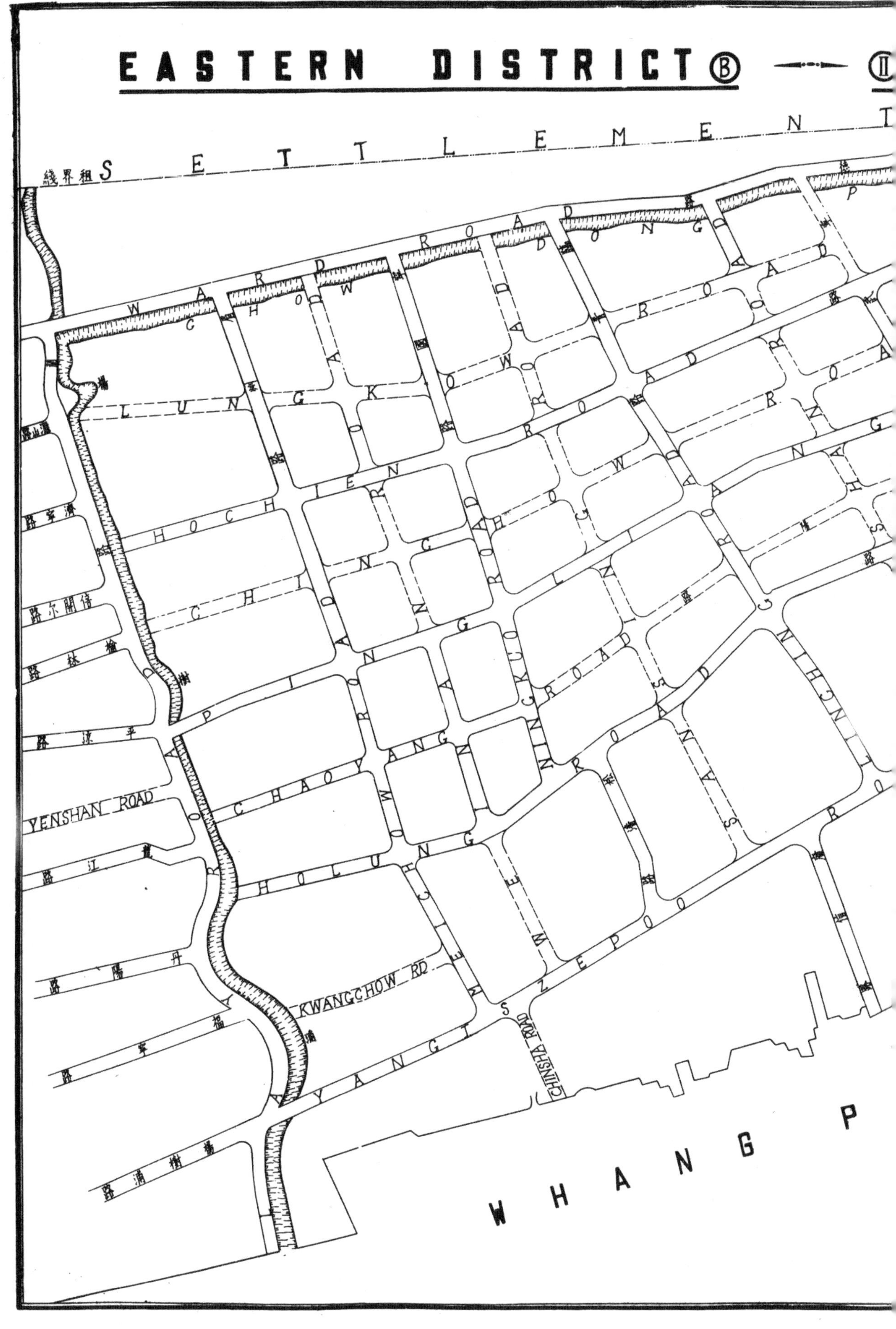
EASTERN DISTRICT Ⓑ
S E T T L E M E N T
W A R D R O A D
YENSHAN ROAD
KWANGCHOW RD
CHINSHA ROAD
W H A N G P

閘北全圖連虹鎮

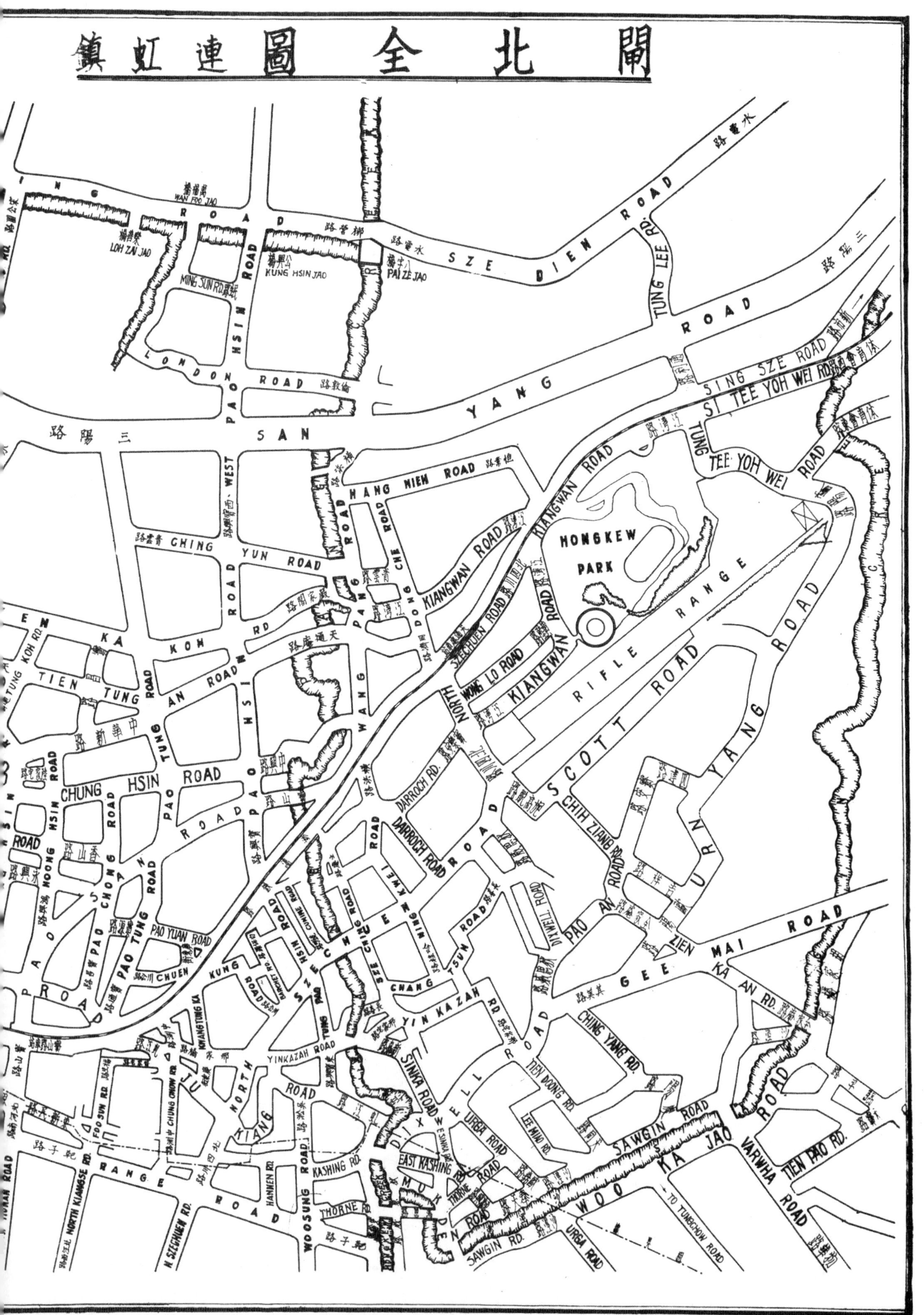
水電路
SZE DIEN ROAD
TUNG LEE RD.
三陽路
YANG ROAD
SAN YANG ROAD
SING SZE ROAD
SI TEE YOH WEI RD.
TUNG TEE YOH WEI ROAD
WAN FOO JAO
LOH ZAI JAO
KUNG HSIN JAO
PAI ZE JAO
MING SUN RD.
HSIN ROAD
LONDON ROAD
PAO HSIN ROAD
WEST
HANG NIEH ROAD
CHING YUN ROAD
KIANGWAN ROAD
HONGKEW PARK
RIFLE RANGE
SCOTT ROAD
NORTH SZECHUEN ROAD
WONG LO ROAD
KOH RD
TIEN TUNG AN ROAD
TIEN TUNG ROAD
TUNG KOH RD.
CHUNG HSIN ROAD
HSIN ROAD
PAO TUNG ROAD
PAO YUAN ROAD
PAO SHAN ROAD
CHUEN
NOONG
PAO ROAD
DARROCH RD.
DARROCH ROAD
CHIH ZIANG RD.
PAO AN ROAD
DIXWELL ROAD
DIXWELL ROAD
ZIEN MAI ROAD
GEE MAI ROAD
KA AN RD.
CHING YANG RD.
TIEN DOONG RD.
LEE MIAO RD.
CHANG TSUN ROAD
YIN KAZAH RD
YINKAZAH ROAD
SINKA ROAD
URBA ROAD
SZE CHUEN
KWANG TUNG KA
NORTH KIANG ROAD
FOO SUN RD.
CHUNG CHOW RD.
RANGE ROAD
HANNEN RD.
KASHING RD.
EAST KASHING RD.
THORNE RD.
MOKDEN ROAD
SAWGIN ROAD
SAWGIN RD.
WOO KA JAO
VARWHA ROAD
TIEN PAO RD.
TO TUNGCHOW ROAD
URBA ROAD
WOOSUNG ROAD
N. SZECHUEN RD.
NORTH KIANGSE RD.
HONAN ROAD

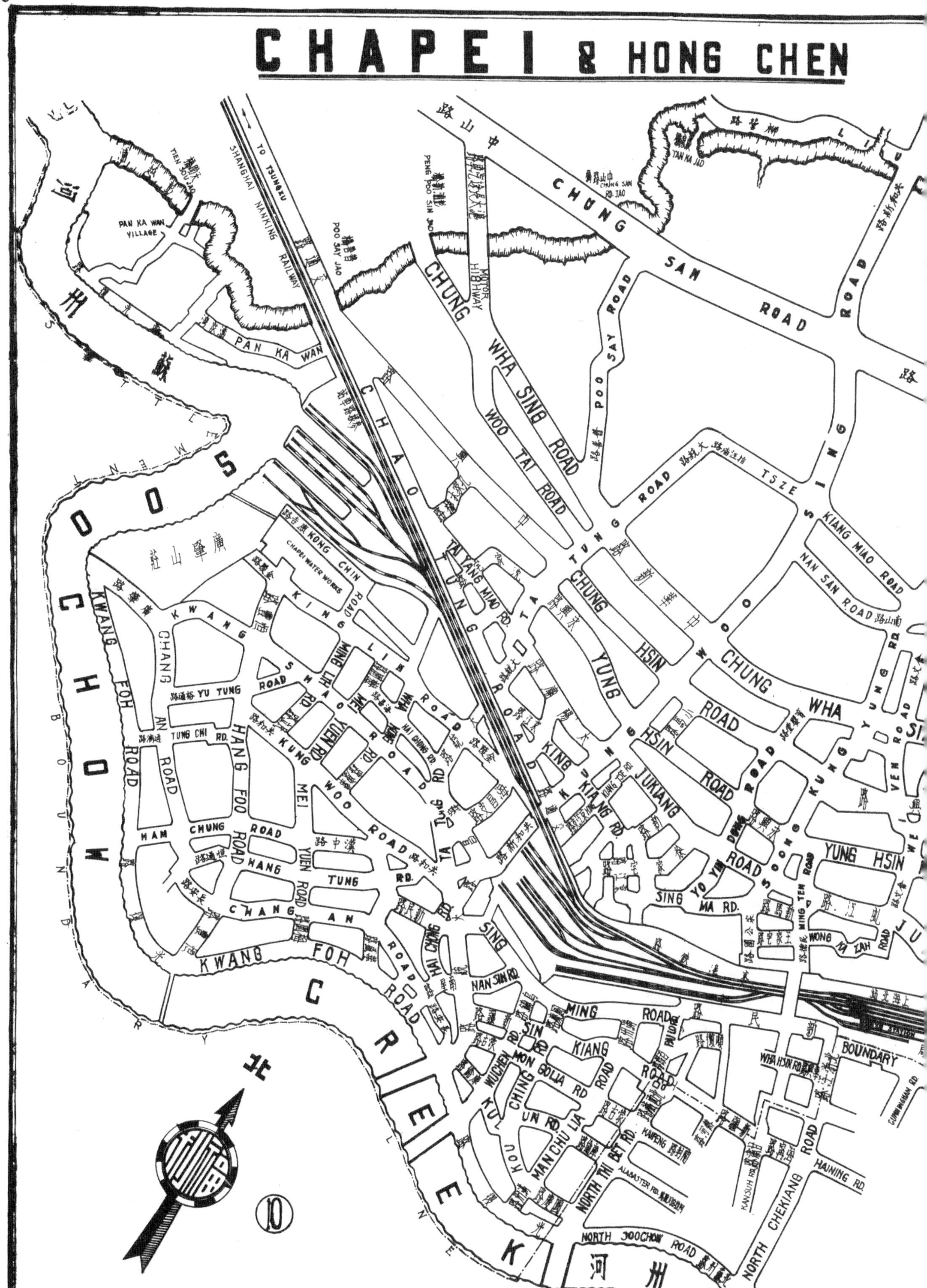
CHAPEI & HONG CHEN
SHANGHAI NANKING RAILWAY
TO TSUNGZU
PAN KA WAN VILLAGE
PAN KA WAN
CHUNG SAN ROAD
CHUNG WHA SING ROAD
MOTOR HIGHWAY
WOO TAI ROAD
POO SAY ROAD
TSZE TUNG ROAD
WOO SING ROAD
KIANG MIAO ROAD
NAN SAN ROAD
CHAO TUNG ROAD
TA YANG MIAO RD.
CHUNG HSIN YUNG HSIN
CHUNG WHA ROAD
KUNG YUNG RD.
KONG CHIN ROAD
CHAPEI WATER WORKS
KING LIN ROAD
KWANG CHANG
KWANG FOH ROAD
YU TUNG
TUNG CHI RD.
AN ROAD
HANG FOO ROAD
MEI YUEN RD
MING LIH RD
SHAO MEI ROAD
KUNG YUEN RD
MAI CHUNG RD.
WOO ROAD
HAM CHUNG ROAD
YUEN ROAD
HANG TUNG RD.
CHANG AN ROAD
TA TUNG RD
HAI CHUNG RD
SING
NAN SIN RD.
KING KUNG KIANG RD.
KIANG YIN RD.
JUKIANG ROAD
DOONG YIN ROAD
SOONG
YUNG HSIN
SING YO MA RD.
MING TEN ROAD
WONG ZAH ROAD
MING ROAD
SIN RD
KIANG ROAD
WUCHEN RD.
MON GOLIA RD
CHING UN RD.
KUL KOU
MANCHU LIA
NORTH THI BET RD.
KAIFENG
ALABASTER RD.
WHA HSIN RD.
BOUNDARY
HAINING RD.
KANSUH RD.
NORTH CHEKIANG ROAD
NORTH SOOCHOW ROAD
SOOCHOW CREEK
SETTLEMENT BOUNDARY
CHANG SAN RD. JAO
TAN KA JAO
POO SAY JAO
PENG POO SIN JAO
TIEN SOU JAO
NORTH STATION
⑩

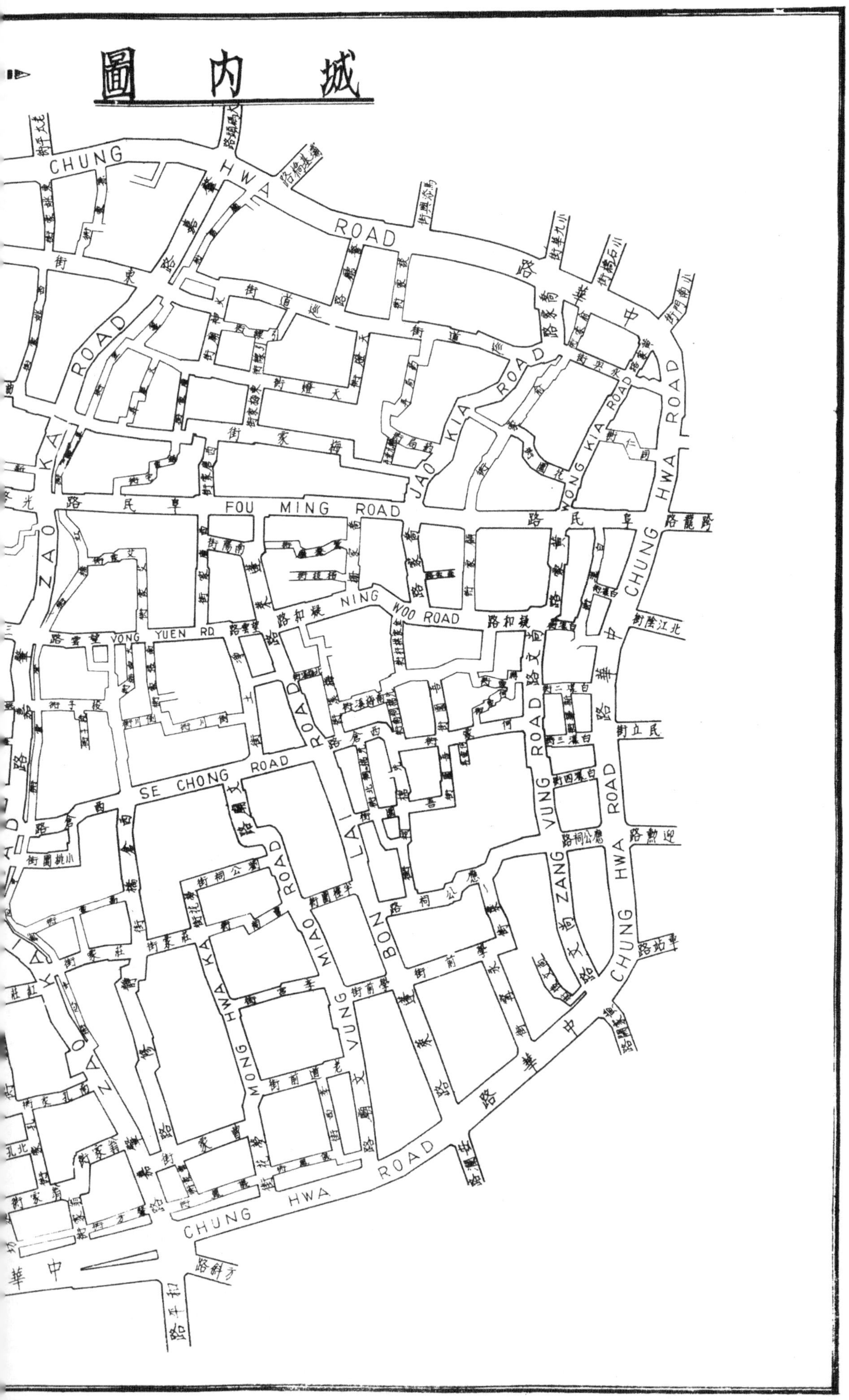
城内圖
CHUNG HWA ROAD
ZAO KA ROAD
JAO KIA ROAD
WONG KIA ROAD
FOU MING ROAD
NING WOO ROAD
VONG YUEN RD.
SE CHONG ROAD
LAI BON ROAD
VUNG ROAD
VUNG ZANG ROAD
MIAO ROAD
MONG HWA KA ROAD
VUNG MIAO ROAD
CHUNG HWA ROAD

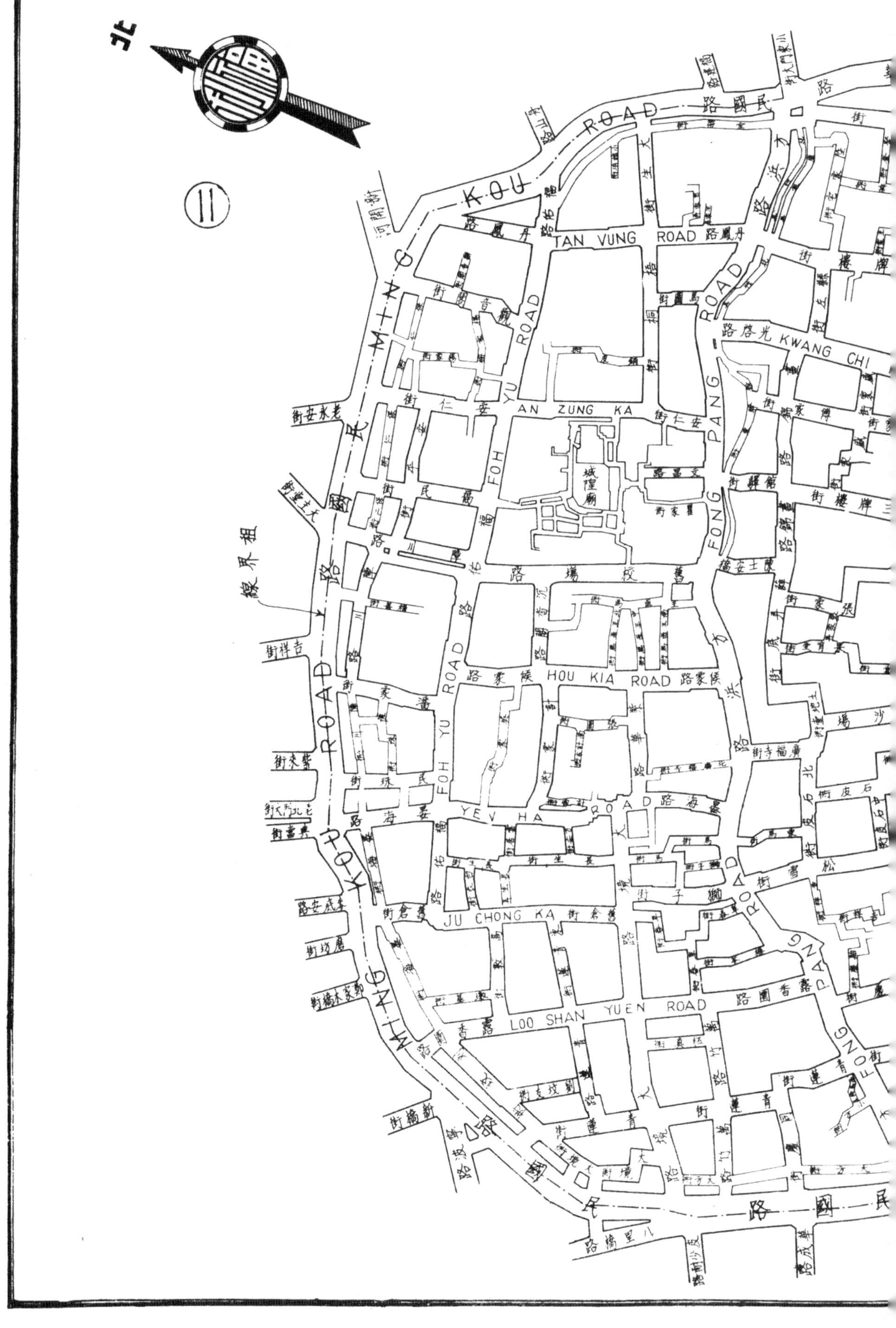
NATIVE CITY
MING KOU ROAD
KOU ROAD
TAN VUNG ROAD
FOH YU ROAD
AN ZUNG KA
KWANG CHI
PANG FONG ROAD
HOU KIA ROAD
YEV HA ROAD
JU CHONG KA
LOO SHAN YUEN ROAD
FONG

立昌成參號

本號直接
設莊採辦
吉林人參
關東鹿茸
暹邏官燕
四川銀耳
老港濂珠
各種補品

地址公館馬路三五一號
電話八四五五四

設備最完全之……

芝桐醫院

專治花柳各科

門診

上午九時起
下午七時止
診金六角正

院址

五馬路東方
飯店下面
電話
九五〇〇六

貨真價實
歡迎惠顧

湧和南貨商店

地址 法租界寧興街一一二〇號
（菜市街東自來火街口）

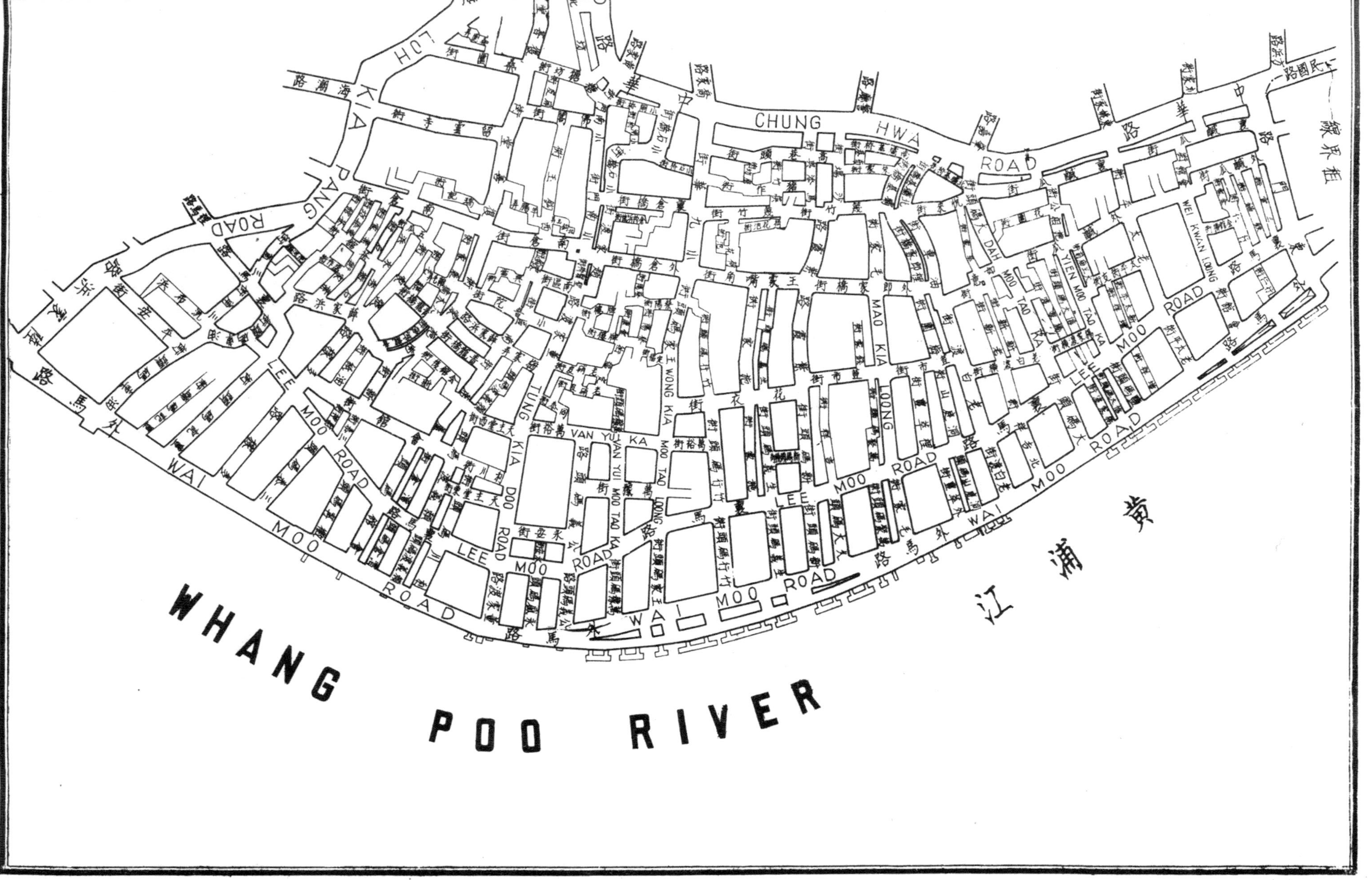

WHANG POO RIVER
黄浦江
租界線
WEI KWAN LOONG
YIEN MOO TAO KA
DAH MOO TAO KA
MAO KIA LOONG
WONG KIA MOO TAO LOONG
VAN YUI MOO TAO KA
TUNG KIA DOO ROAD
CHUNG HWA ROAD
LOH KIA PANG ROAD
LEE MOO ROAD
WAI MOO ROAD

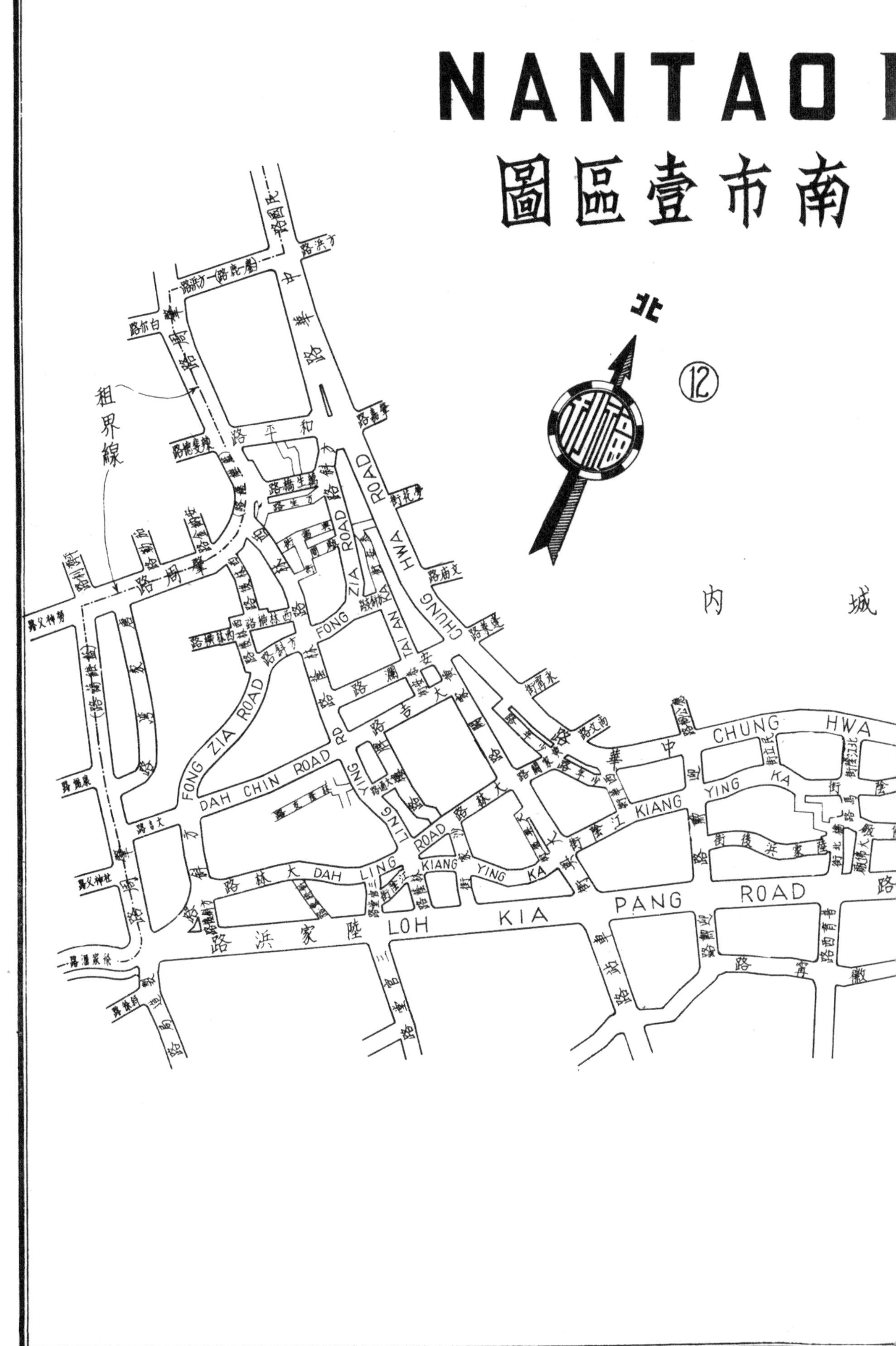
NANTAO
南市壹區圖
北
⑫
内城
租界線
CHUNG HWA ROAD
FONG ZIA ROAD
TAI AN KA
DAH CHIN ROAD
YING RD
LING ROAD
DAH LING
KIANG YING KA
LOH KIA PANG ROAD
中華路
和平路
陸家浜路
大林路

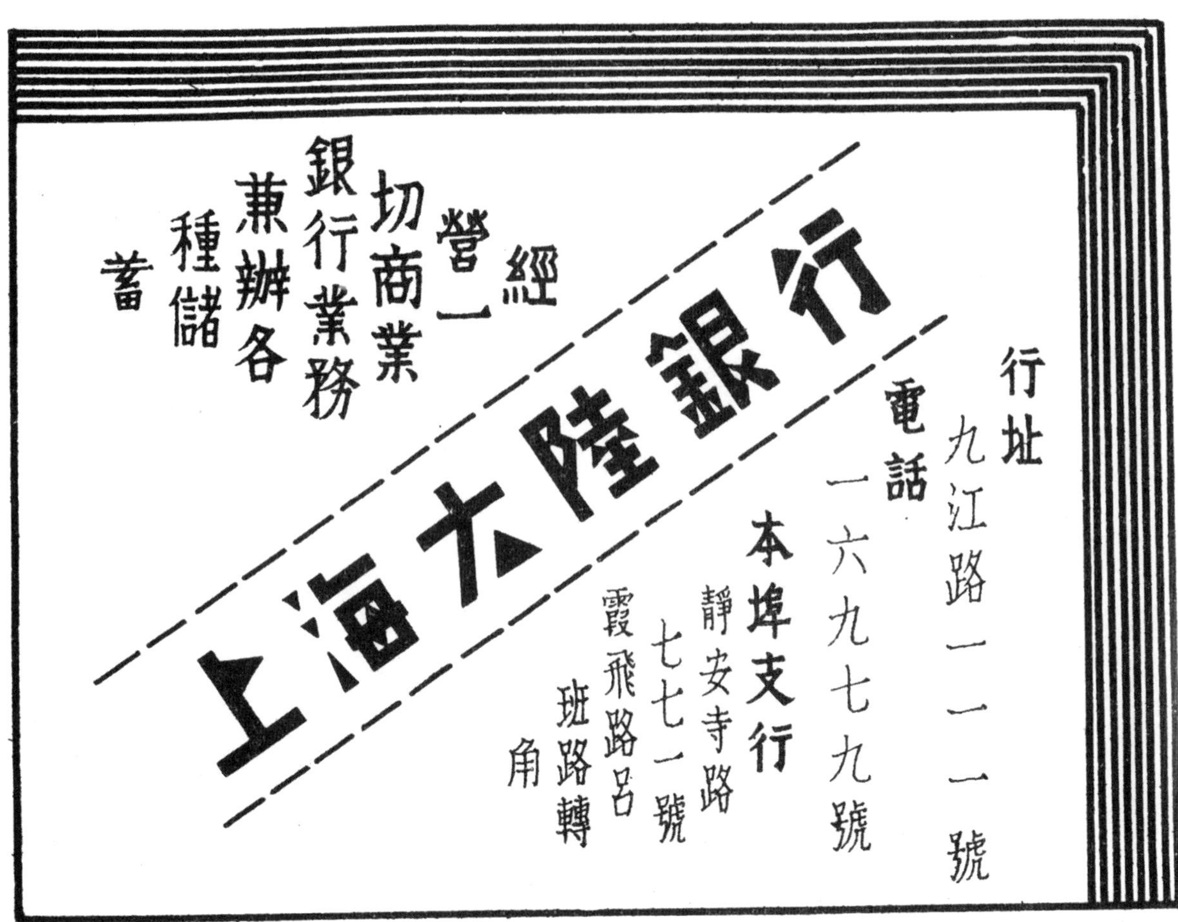

上海大陸銀行
經營一切商業銀行業務兼辦各種儲蓄
行址 九江路一一一號
電話 一六九七九號
本埠支行
靜安寺路七七一號
霞飛路呂班路轉角

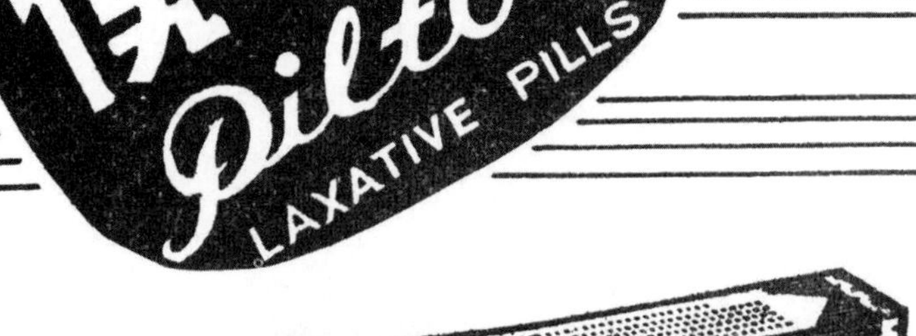

上海市銀行業同業公會會員銀行

中匯銀行

實收資本 國幣三百五拾萬元

公積金 國幣五十六萬元

儲蓄部

各種儲蓄
利息優厚
會計獨立
保障穩固

商業部

存款
放款
押款
貼現
匯兌

證券部

代理顧客
買賣證券
服務精誠
取費低廉

地產部

自建大樓
買賣地產
設計建築
經租房屋

保管庫

堅固鋼箱
大小俱全
保管嚴密
取藏便利

總行：愛多亞路一四三路
分行：天津路五十路
電話：八〇一六〇轉接各部及分行

上海南市裡鹹瓜街

豐大參號

本號創始前清同治迄今已歷六十餘年

吉林人參
關東鹿茸
別直野參
毛白官燕
花旗洋參
川莊銀耳
貨真價實
色退回換
零躉批發
格外從廉
外埠函購
原班回件

新址：法大馬路東新橋東首四百十一號

電話八三〇二五　電報掛號七三三四

南市貳區圖

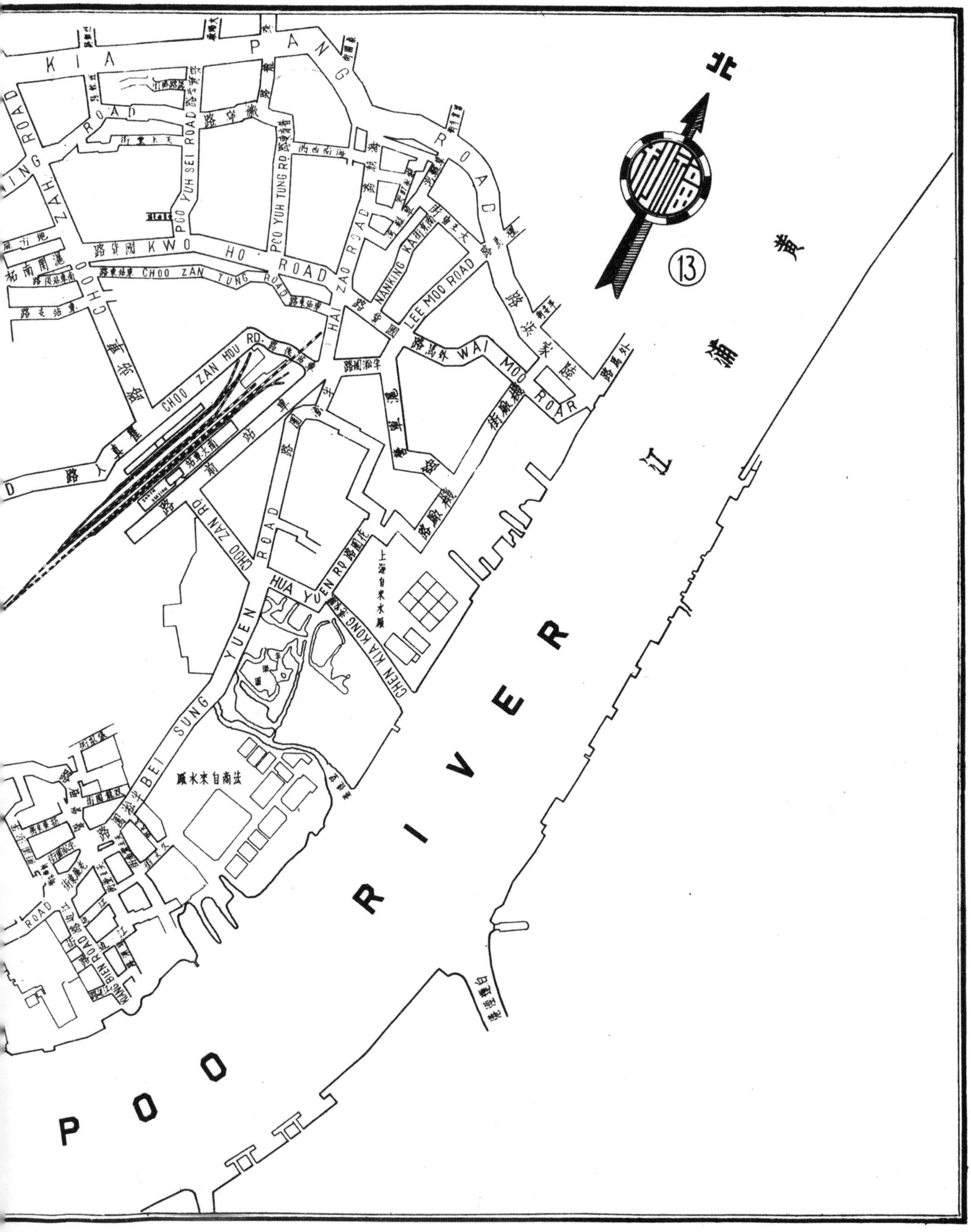
北
13
黃浦江
POO RIVER
KIA PANG ROAD
LEE MOO ROAD
WAI MOO ROAD
NANKING ROAD
HAI ZAO ROAD
KWO HO ROAD
CHOO ZAN TUNG ROAD
CHOO ZAN HOU RD.
CHOO ZAN RD
POO YUH SEI ROAD
POO YUH TUNG RD.
HUA YUEN RD
YUEN ROAD
BEI SUNG YUEN
CHEN KIA KONG
上海自來水廠
法商自來水廠
外馬路

NANTAO

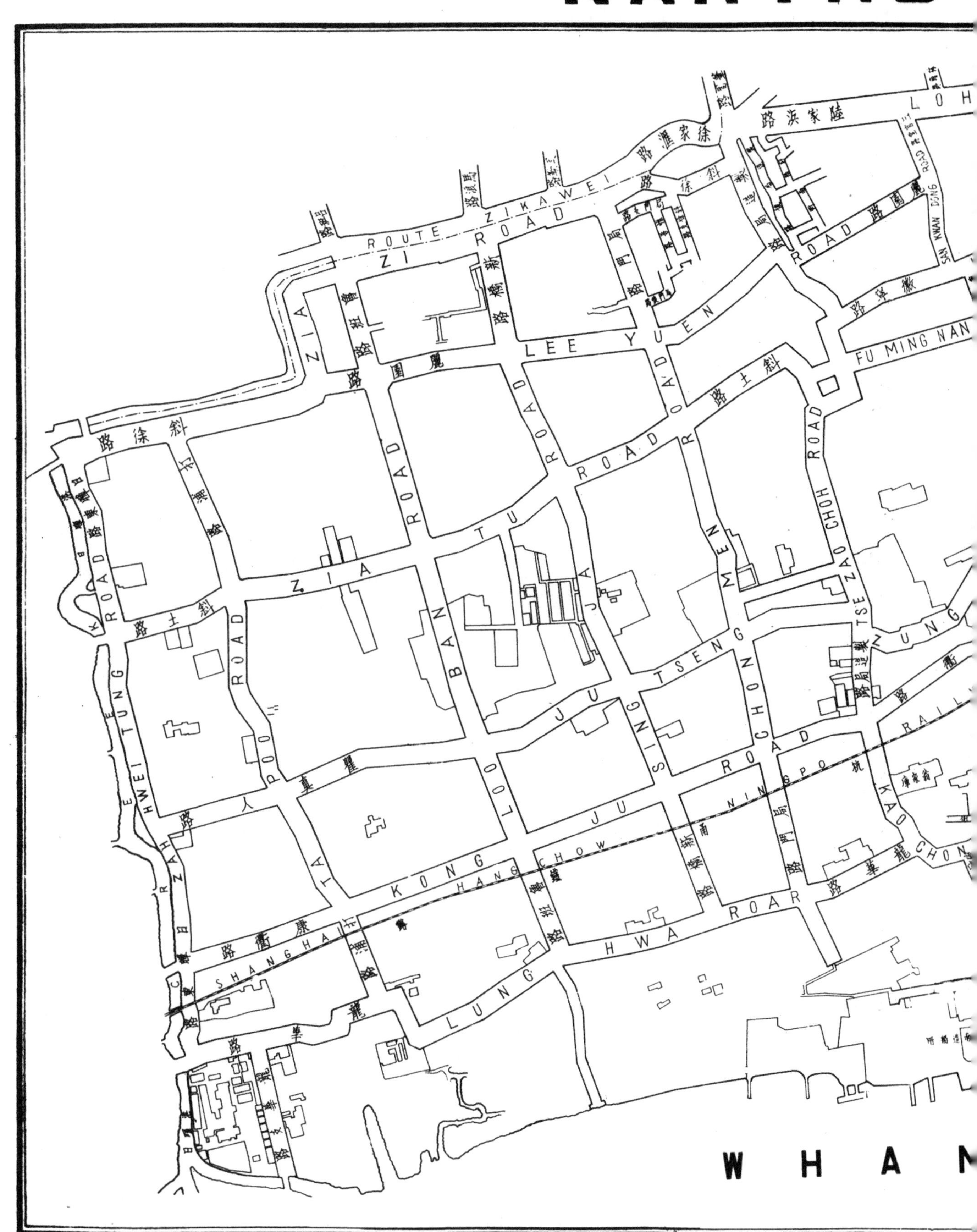
ROUTE ZIKAWEI
ZI ROAD
LOH
ROAD
SAN KWAN DONG ROAD
FU MING NAN
LEE YUEN ROAD
ZIA ROAD
ZIA BAN TU ROAD
TSE ZAO CHOH ROAD
MEN
ZUNG
JA
JU TSENG
SING CHONG ROAD
RAIL
KAO CHON
NINGPO
JU
HANGCHOW
SHANGHAI
KONG LOO
TA POO ROAD
HWEI TUNG ROAD
ZAH
HWA ROAR
LUNG
WHAN

雅霜
ELEGANT CREAM
MANUFACTURED BY
THE TALIN CO.

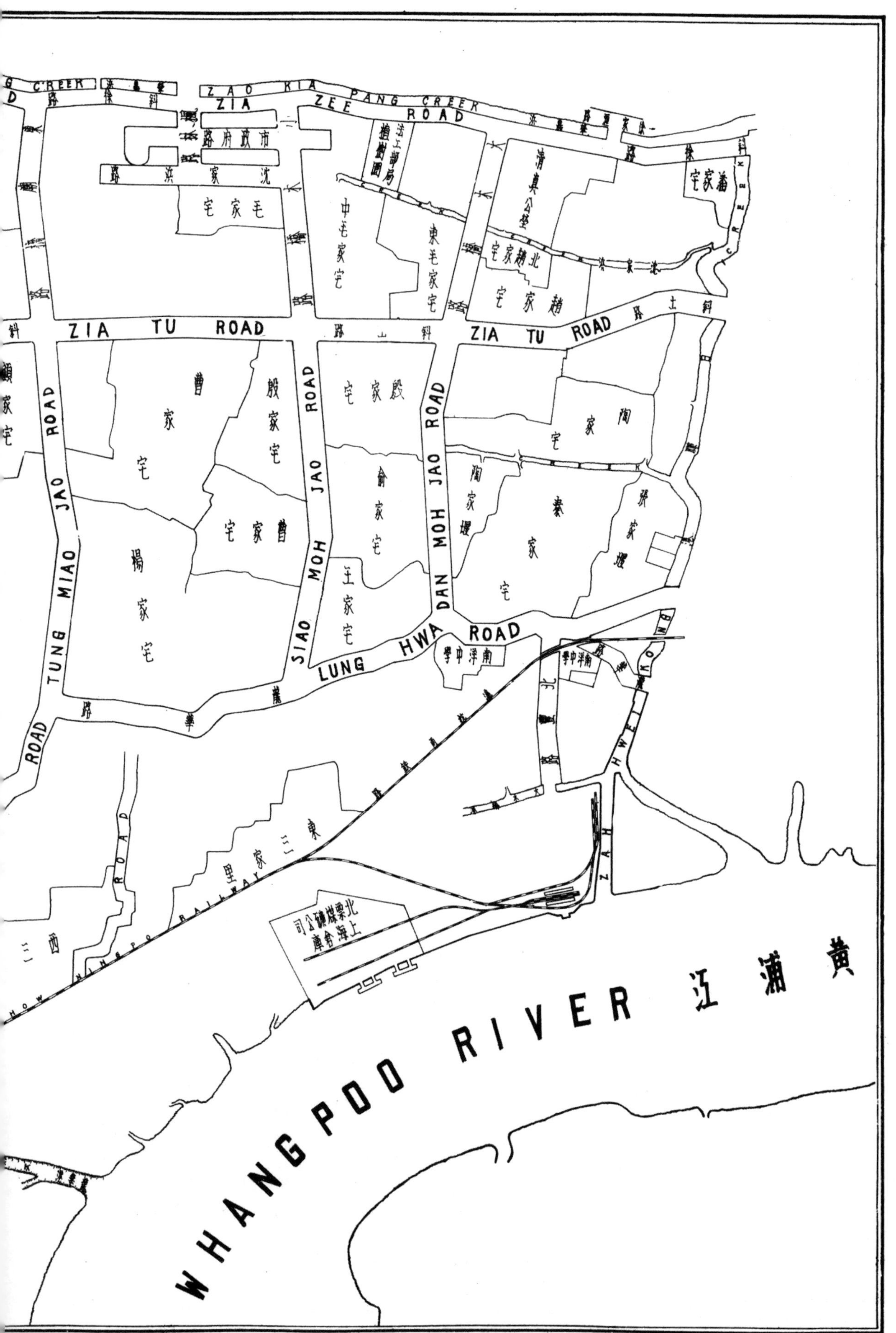
ZAO KIA PANG CREEK
ZIA ZEE ROAD
市政府路
沈家浜路
毛家宅
法工部局植樹園
中毛家宅
東毛家宅
清真公墓
北趙家宅
趙家宅
潘家宅
ZIA TU ROAD
斜土路
曹家宅
殷家宅
殷家宅
曹家宅
楊家宅
俞家宅
王家宅
陶家宅
陶家塘
秦家宅
TUNG MIAO JAO ROAD
SIAO MOH JAO ROAD
DAN MOH JAO ROAD
LUNG HWA ROAD
龍華路
南洋中學
KONG HWE ZAH
東三家里
西三
北票煤礦公司上海會庫
WHANGPOO RIVER
黄浦江

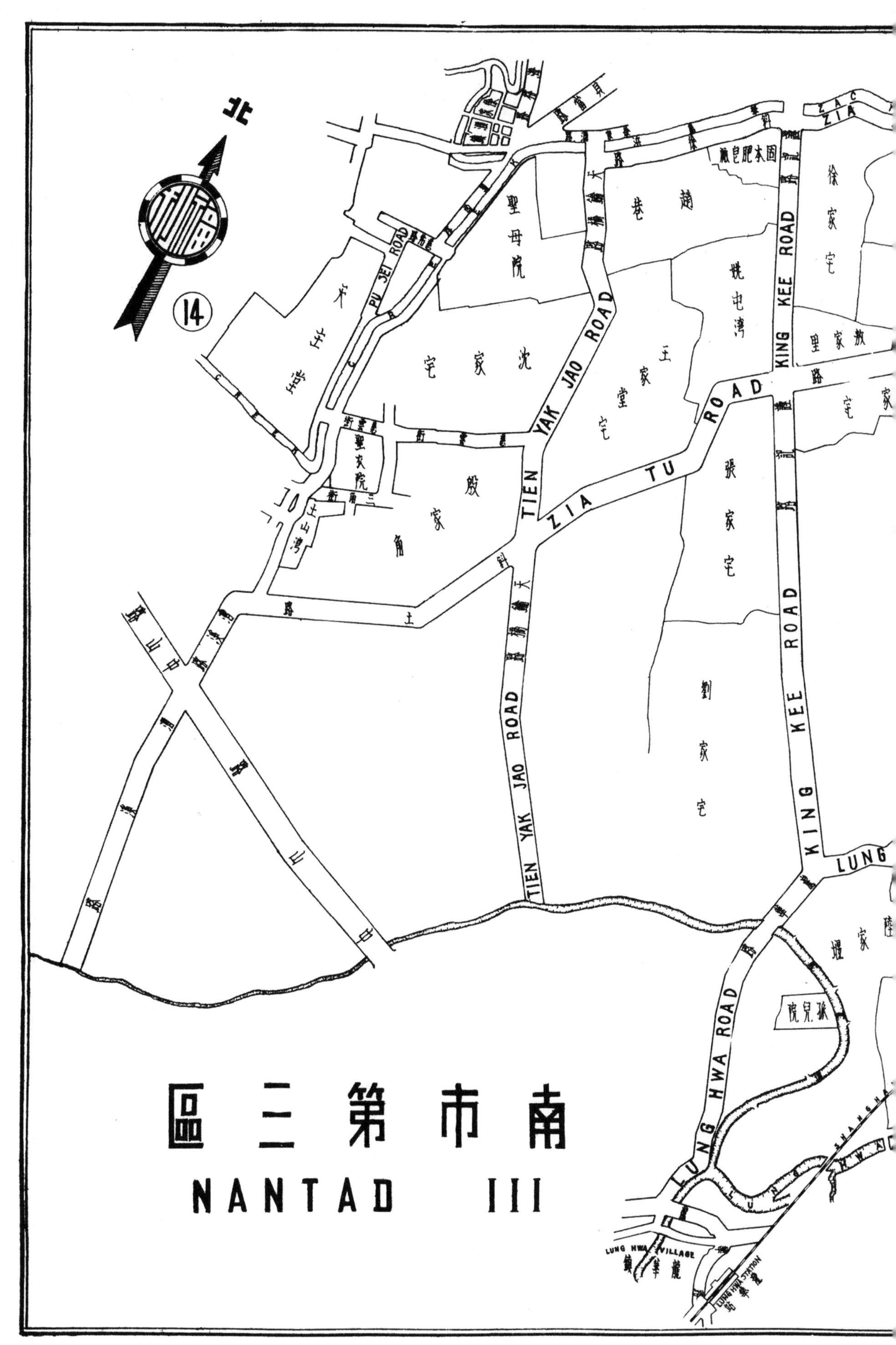

北
⑭
南市第三區
NANTAD III
TIEN YAK JAO ROAD
KING KEE ROAD
ZIA TU ROAD
PU SEI ROAD
LUNG HWA ROAD
LUNG HWA VILLAGE
龍華鎮
LUNG HWA STATION
龍華站
聖母院
趙巷
徐家宅
沈家宅
王家堂宅
張家宅
劉家宅
殷家角
孤兒院
陸家堰

護士之言

沈素娩小姐歷任各大醫院護士已十餘年對於藥效與病家心理極有研究今承她把歷年各醫院得到的意見和她自己的心得告知敝廠特錄如下

年來補品雖多但貴廠出品維他賜保命補針補丸則始終受人愛戴注射補針者多至不可勝數

患者對於維他賜保命之信任心遠於一切蓋用者百分之九十皆奏良效

各地名醫皆樂意介紹與病家維他賜保命對於國人之體質尤為相宜

有嫌注射麻煩者余介紹維他賜保命丸劑效力相同

余認為維他賜保命功效名學製造一切都够稱偉大

維他賜保命

補針補丸

天然治療強壯劑

荷爾蒙製劑中之權威

主治：神經衰弱　歇司脫利　病後產後　腰痠背痛　遺精陽萎　月經不調　生育艱難　調經各症　貧血虛弱

信誼藥廠監製

各大藥房均有出售

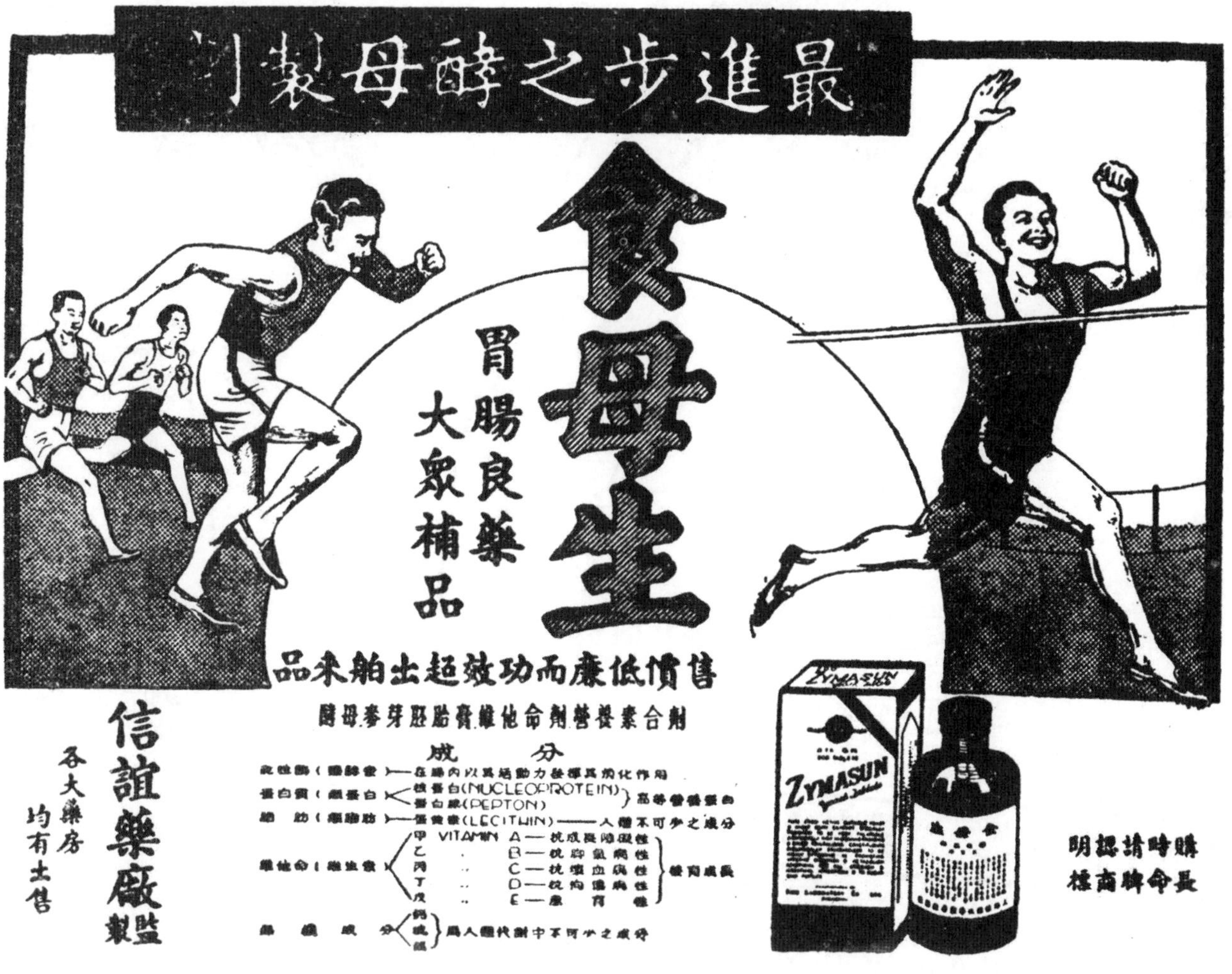

最進步之酵母製劑

食母生

胃腸良藥

大衆補品

售價低廉而功效超出舶來品

酵母.麥芽胚酵質.維他命劑.營養素合劑

成分

- [illegible]（[illegible]）—— 在腸內以其活動力發揮其消化作用
- 蛋白質（[illegible]蛋白）
  - 核蛋白(NUCLEOPROTEIN)
  - 蛋白腖(PEPTON)
  - } [illegible]
- 脂肪（[illegible]）—— 卵磷脂(LECITHIN) —— 人體不可少之成分
- 維他命（[illegible]）} 發育成長
  - 甲 VITAMIN A — 抗成長障礙性
  - 乙 B — 抗腳氣病性
  - 丙 C — 抗壞血病性
  - 丁 D — 抗佝僂病性
  - 戊 E — 康育性
- 礦物成分（鈣 [illegible] [illegible]）} 為人體代謝中不可少之成分

ZYMASUN

信誼藥廠監製

各大藥房均有出售

購時請認明

長命牌商標

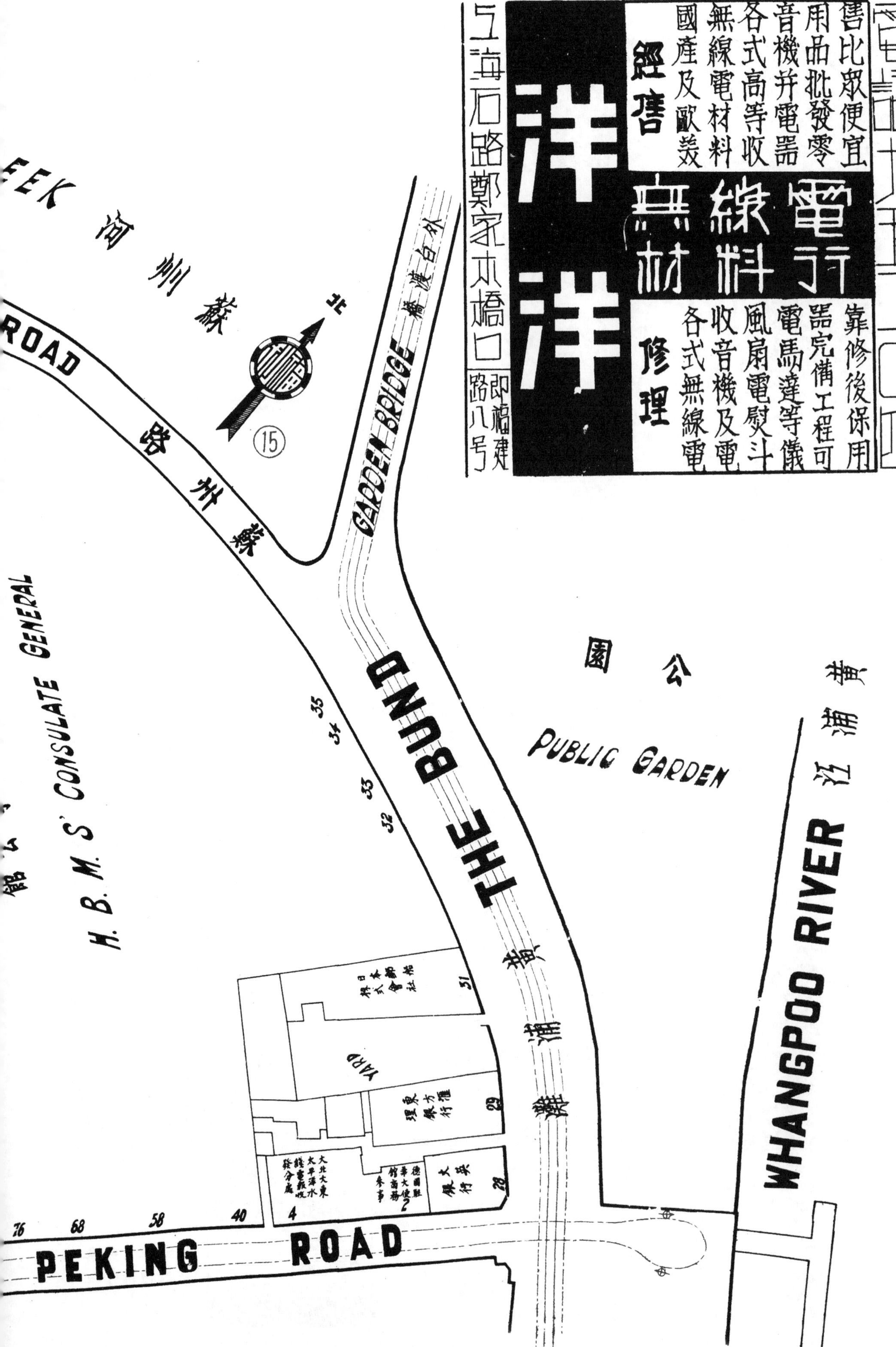

電話九五一〇四
洋洋
無線電
材料行
經售
國產及歐美無線電材料各式高等收音機并電器用品批發零售比衆便宜
修理
各式無線電收音機及電風扇電熨斗電馬達等儀器完備工程可靠修後保用
上海石路鄭家木橋口
即福建路八号
EEK
蘇州河
ROAD
蘇州路
北
15
GARDEN BRIDGE
外白渡橋
THE BUND
黃浦灘
公園
PUBLIC GARDEN
黃浦江
WHANGPOO RIVER
H. B. M. S' CONSULATE GENERAL
YARD
35
34
33
32
51
29
28
76
68
58
40
4
2
PEKING ROAD

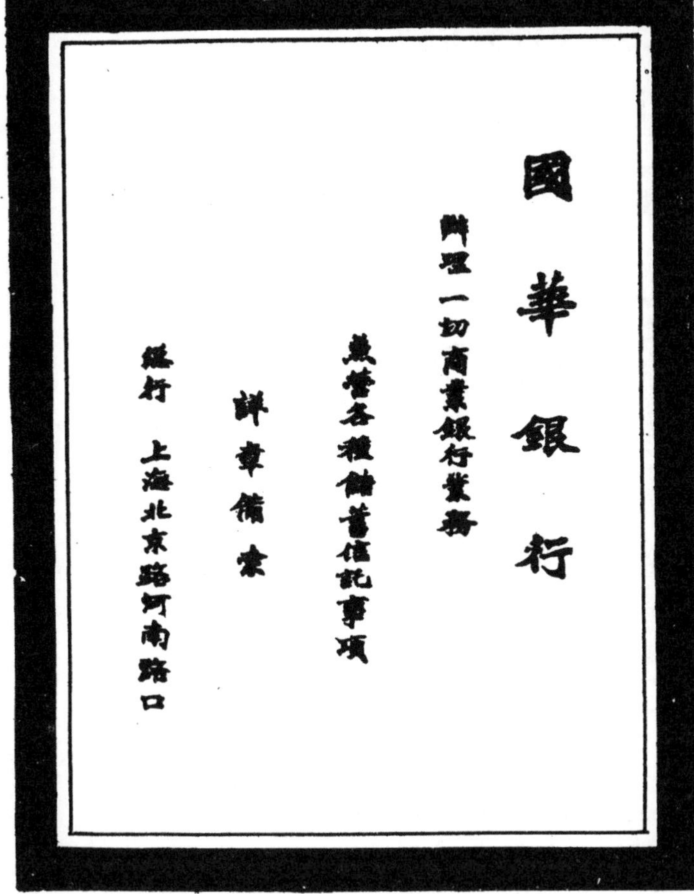

蘇州河
乍浦路橋
SOOCHOW
蘇州路
SOOCH
博物院路
YUENMINGYUEN RD.
Christian Literature Building
LYCEUM GODOWN
MUSEUM BUILDING
BEN GODOWN
MUSEUM ROAD
香港路
亞洲文會
英商協和洋行堆棧
中國實業銀行
英亨洋行
華培洋行
北京路

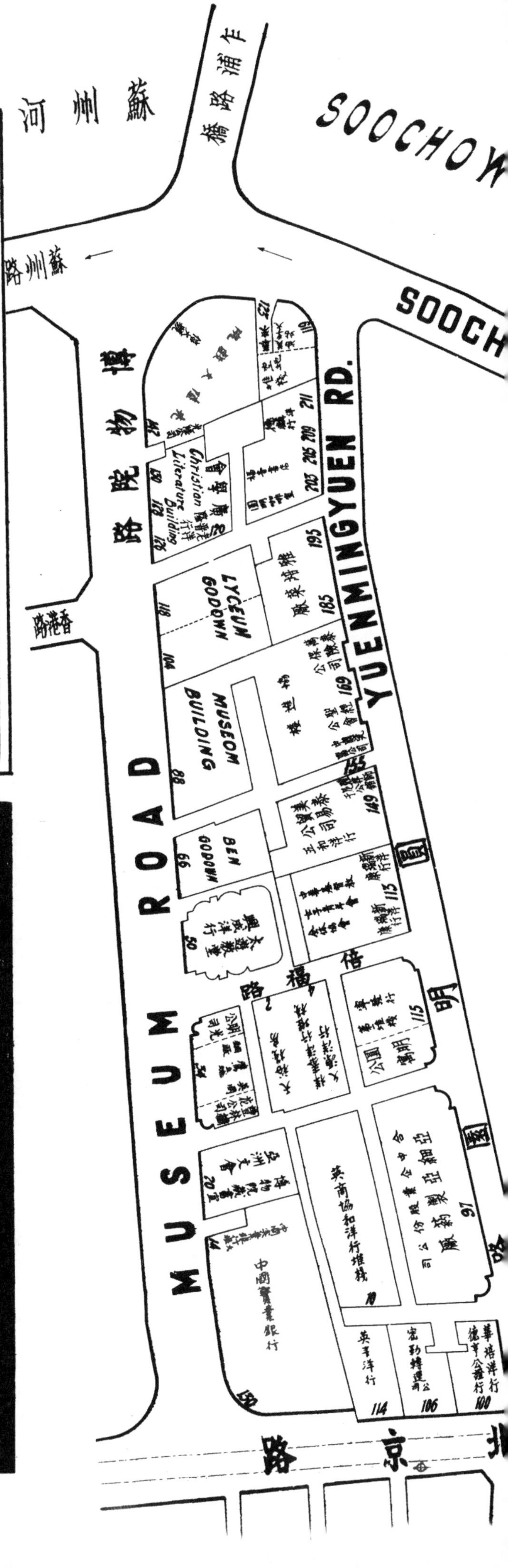

上海銀行大樓二樓平面圖

SHANGHAI COMM. & SAV. BANK BUILDING 1 ST. FLOOR

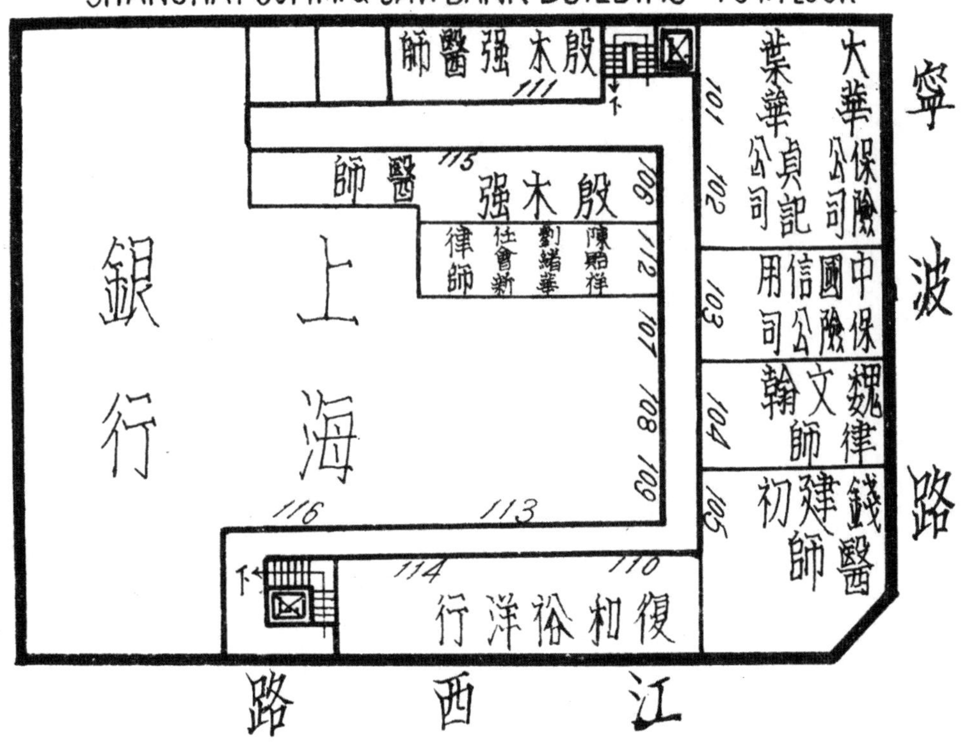

上海銀行大樓三樓平面圖

SHANGHAI COMM. & SAV. BANK BUILDING 2ND FLOOR

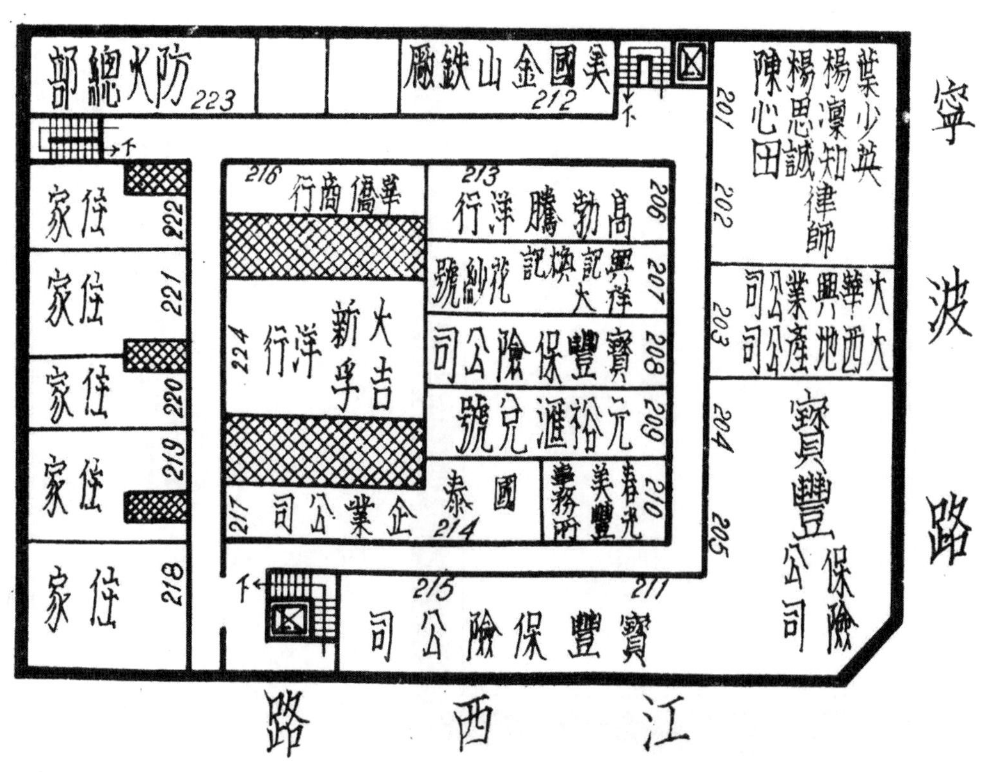

上海銀行大樓四樓平面圖

SHANGHAI COMM. & SAV. BANK BUILDING 3RD FLOOR

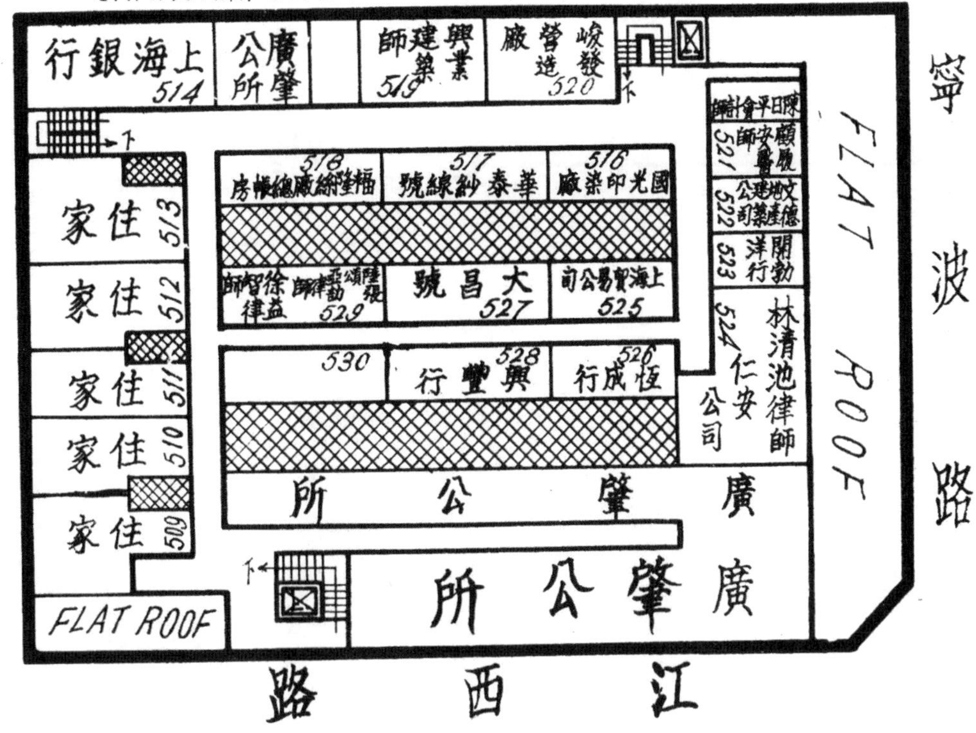

上海銀行大樓五樓平面圖

SHANGHAI COMM & SAV BANK BUILDING 4 TH FLOOR

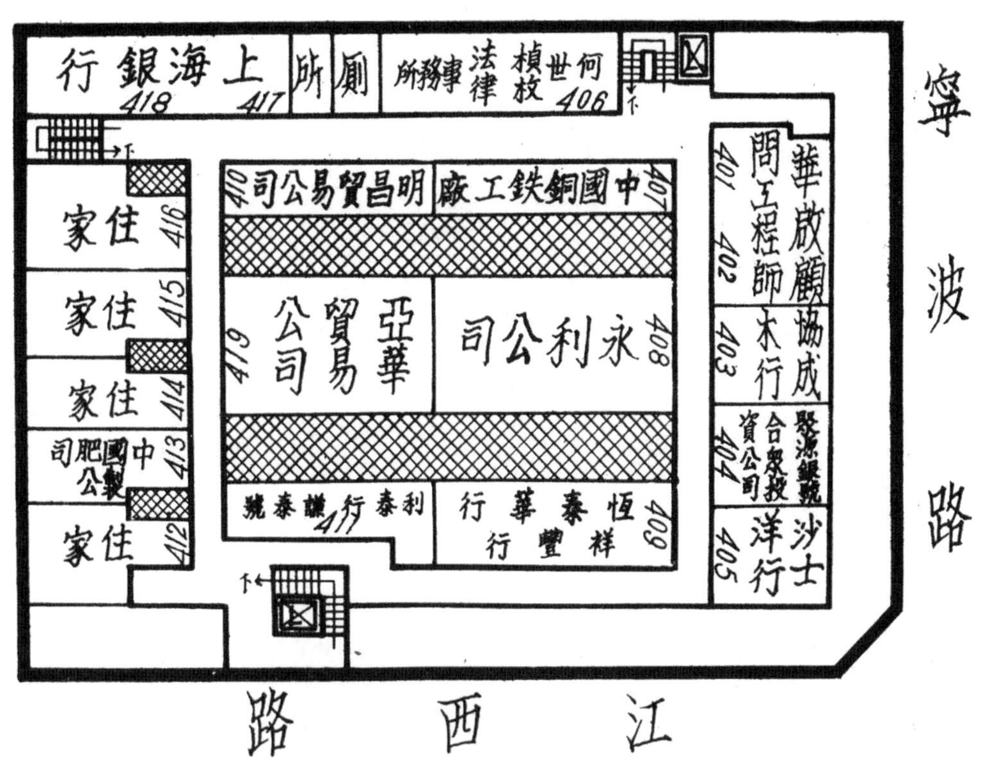

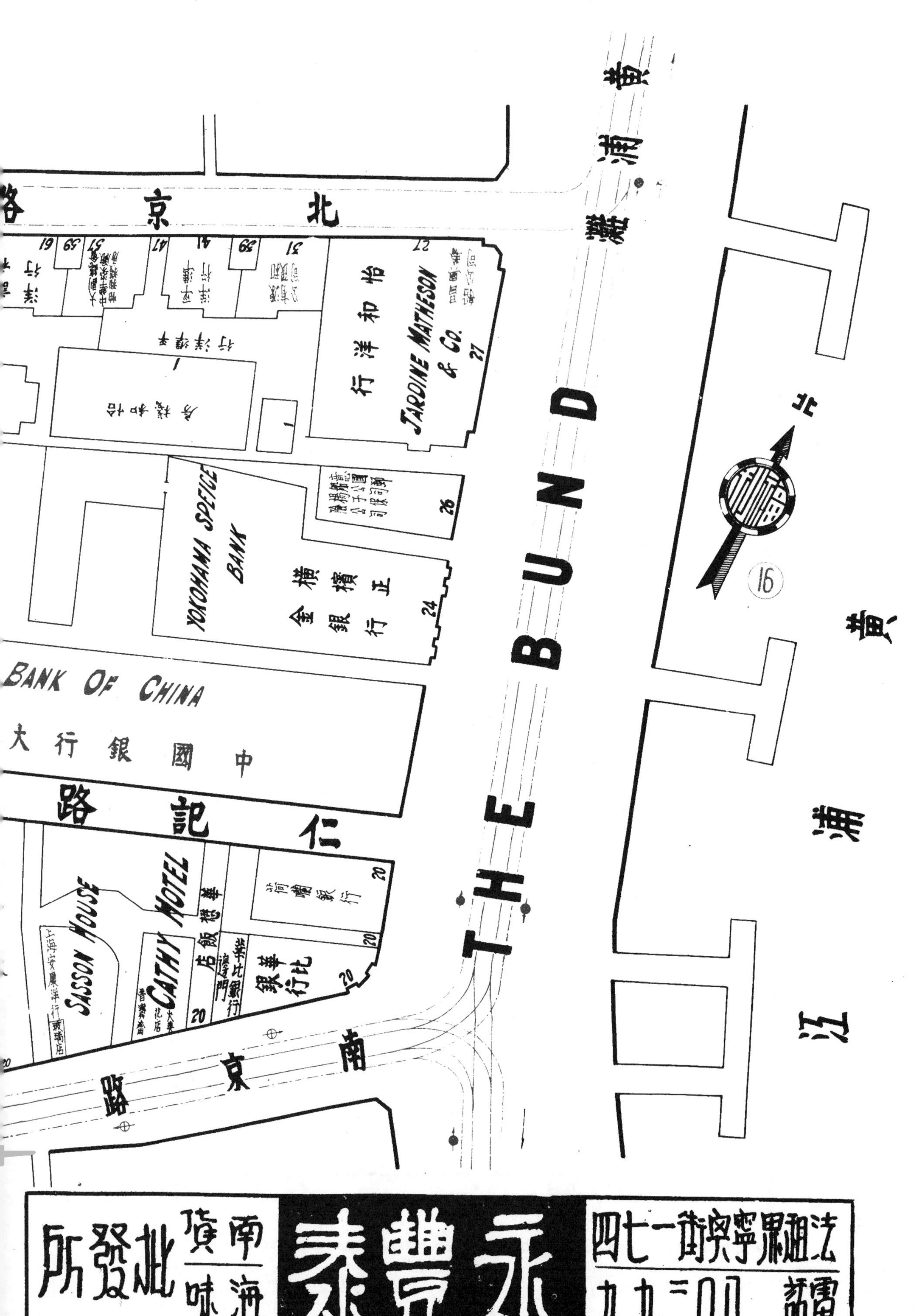
北京路
黃浦灘
怡和洋行
JARDINE MATHESON & CO.
27
26
YOKOHAMA SPECIE BANK
橫濱正金銀行
24
THE BUND
BANK OF CHINA
中國銀行大
仁記路
CATHY HOTEL
華懋飯店
SASSON HOUSE
華比銀行
南京路
20
北
16
黃浦江
永豐泰
南貨海味批發所
法租界寧興街一七四
電話八〇三九九

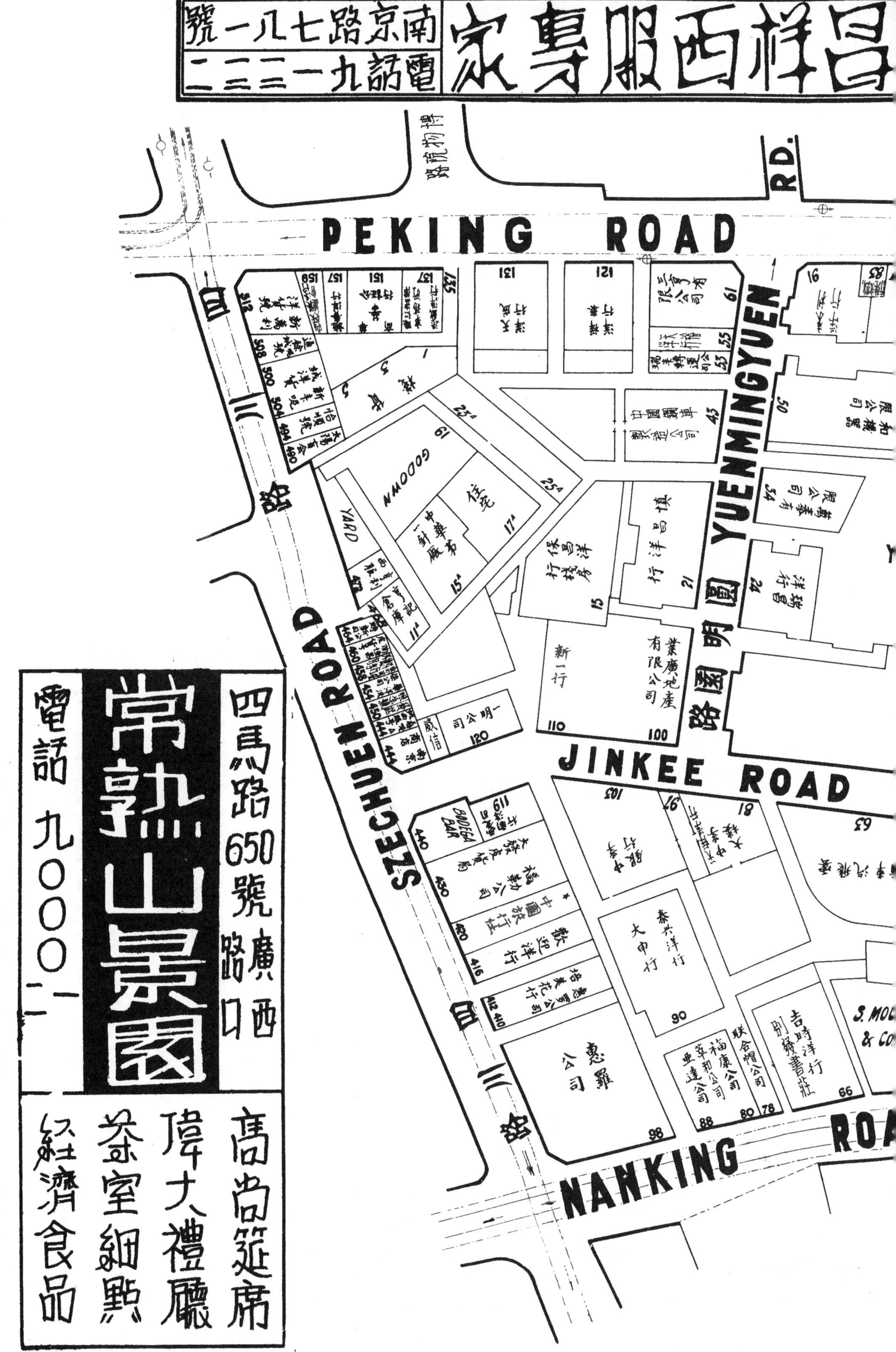

昌祥西服專家
南京路七八一號
電話九一二三二二
PEKING ROAD
RD.
YUENMINGYUEN
圓明園路
JINKEE ROAD
SZECHUEN ROAD
四川路
NANKING ROAD
GODOWN
YARD
BODEGA BAR
中華第一針廠
業廣地產有限公司
新一行
明一公司
泰興洋行
大中行
惠羅公司
吉時洋行
別發書莊
S. MO
& CO
常熟山景園
四馬路650號
廣西路口
電話 九〇〇〇二
高尚筵席
偉大禮廳
茶室細點
經濟食品

上海銀行大樓六樓平面圖

SHANGHAI COMM. & SAV. BANK BUILDING 5TH FLOOR

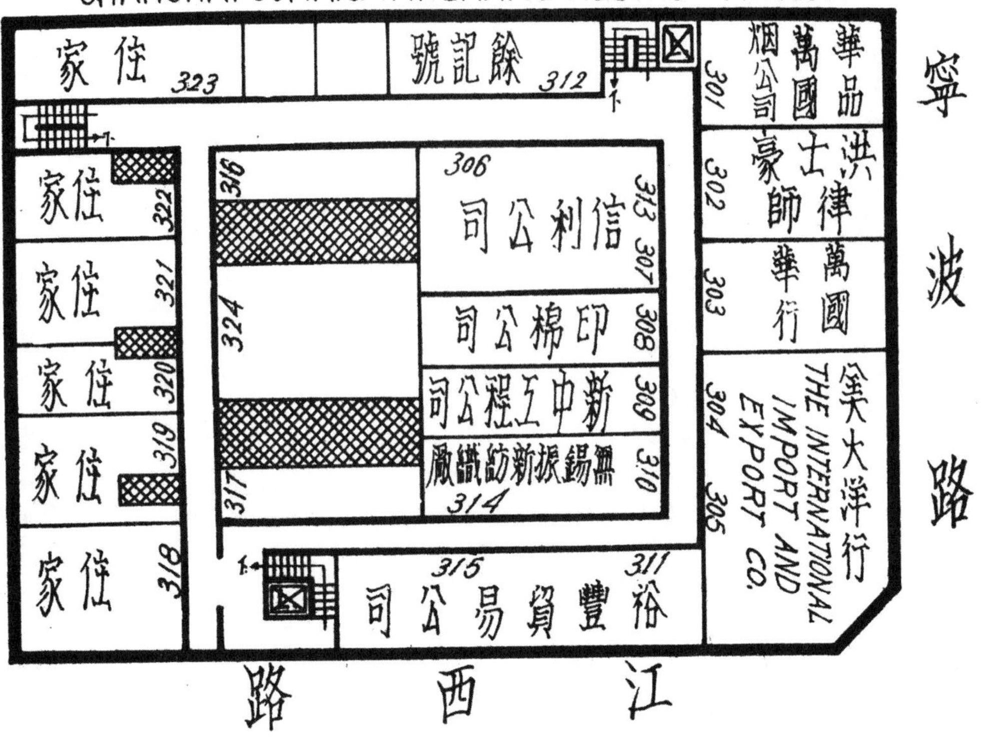

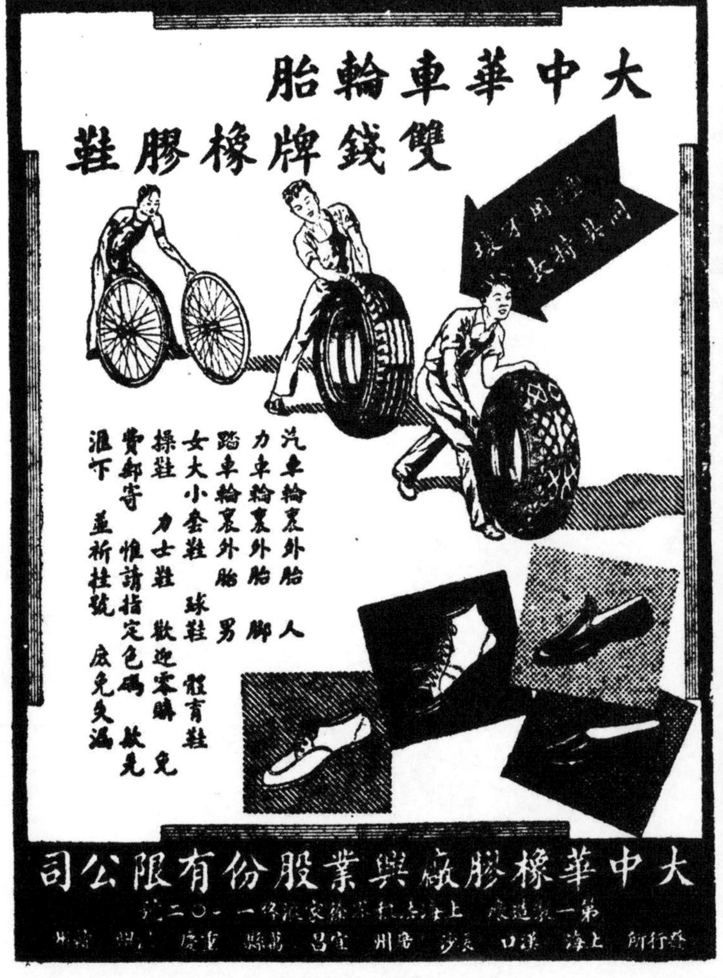

上海信託大樓二樓平面圖

SHANGHAI TRUST BUILDING
1ST FLOOR

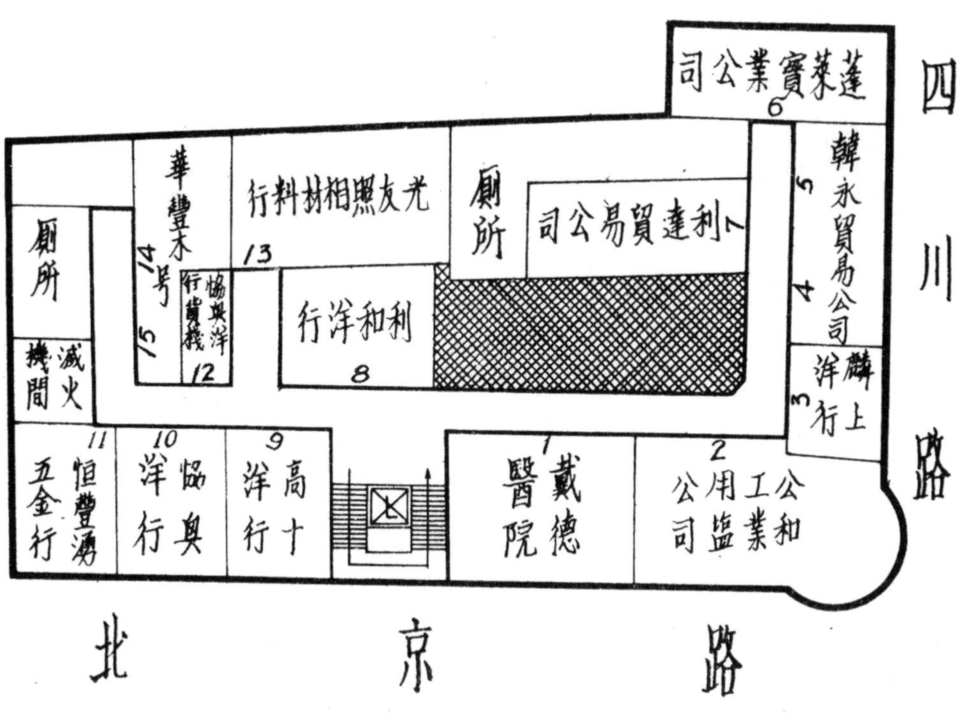

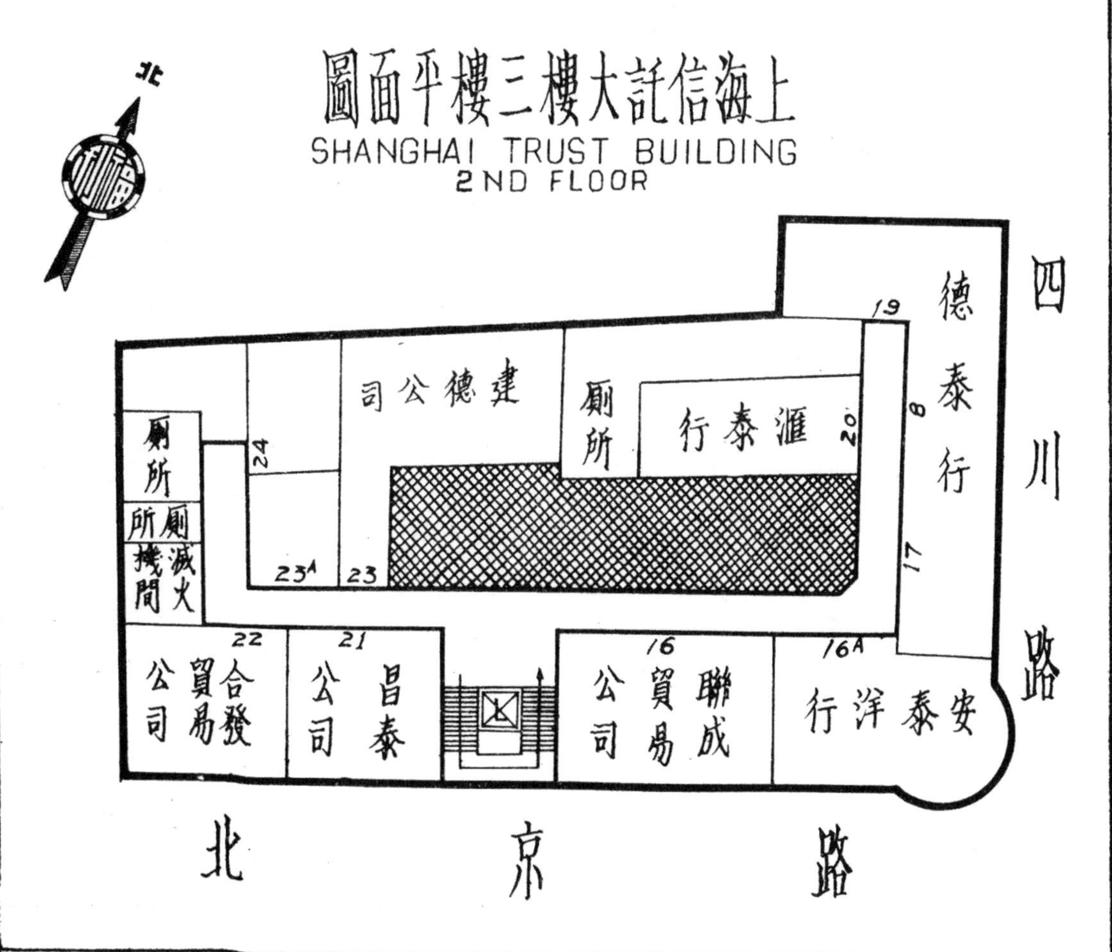

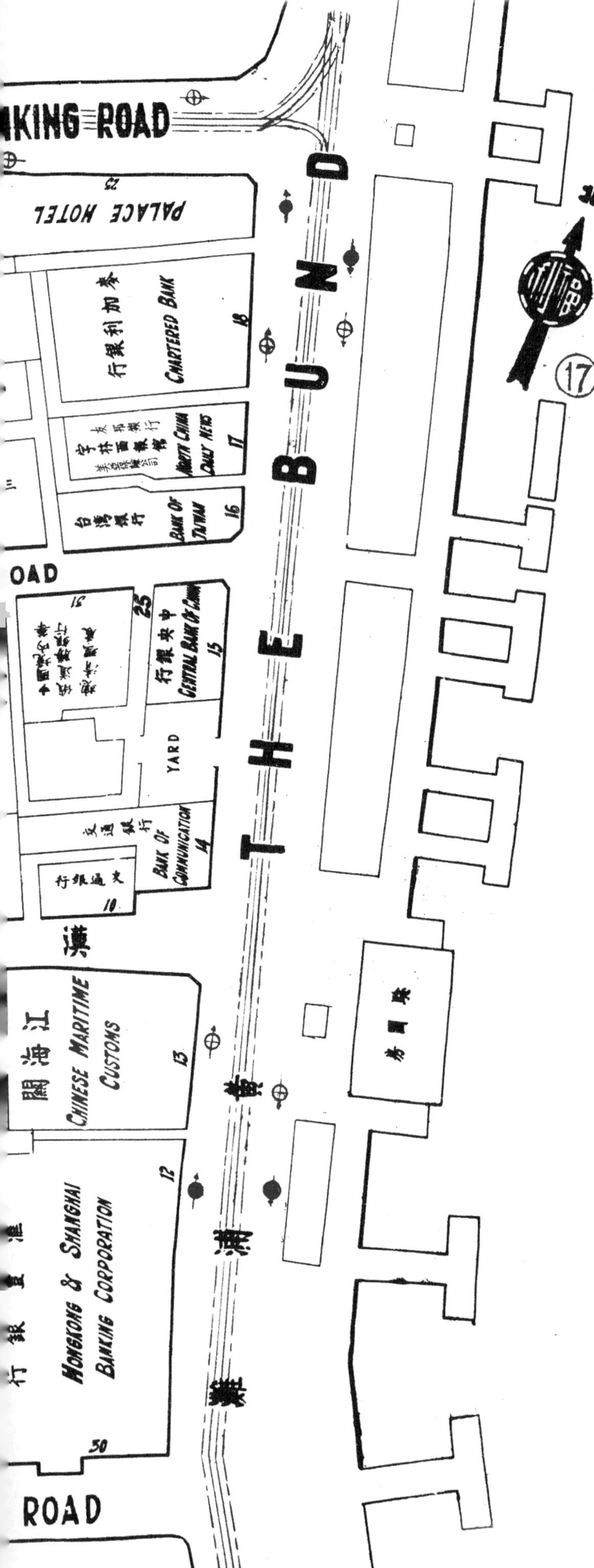
KING ROAD
PALACE HOTEL
麥加利銀行
CHARTERED BANK
18
NORTH CHINA DAILY NEWS
17
台灣銀行
BANK OF TAIWAN
16
OAD
中央銀行
CENTRAL BANK OF CHINA
15
25
YARD
交通銀行
BANK OF COMMUNICATION
14
10
江海關
CHINESE MARITIME CUSTOMS
13
12
HONGKONG & SHANGHAI BANKING CORPORATION
30
ROAD
THE BUND
17

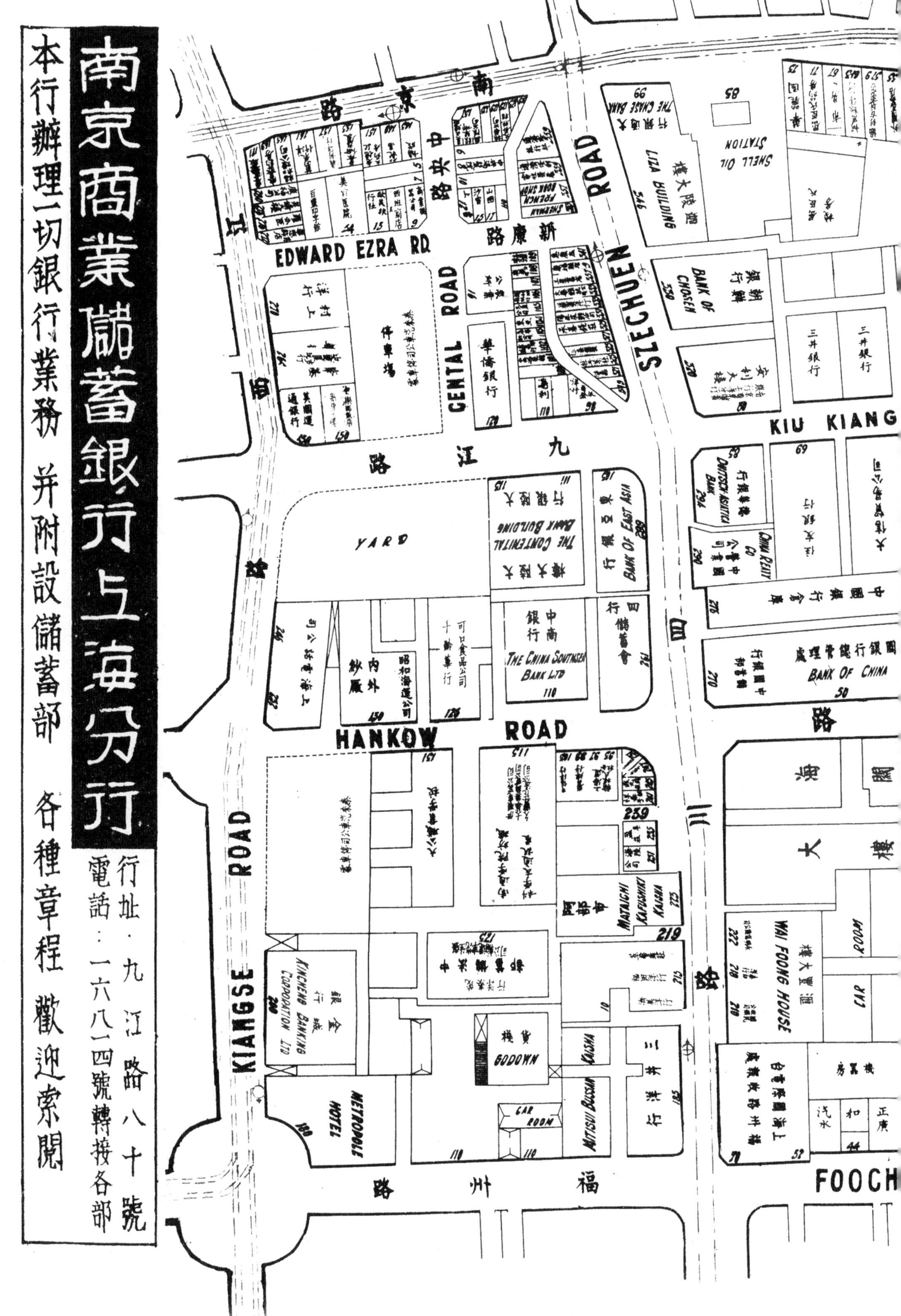

南京商業儲蓄銀行上海分行
本行辦理一切銀行業務 并附設儲蓄部 各種章程 歡迎索閱
行址：九江路八十號
電話：一六八一四號轉接各部
EDWARD EZRA RD.
CENTAL ROAD
ROAD
STECHUEN
KIU KIANG
HANKOW ROAD
KIANGSE ROAD
FOOCH
YARD
THE CONTINENTAL BANK BUILDING
BANK OF EAST ASIA
THE CHINA SOUTHERN BANK LTD
BANK OF CHINA
BANK OF CHOSEN
LIZA BUILDING
SHELL OIL STATION
THE CHASE BANK
DEUTSCH ASIATICH BANK
CHINA REALTY CO
WAI FOONG HOUSE
MATAICHI KABUSHIKI KAISHA
KINCHENG BANKING CORPORATION LTD
METROPOLE HOTEL
GODOWN
CAR ROOM
MITSUI BUSSAN KAISHA
華僑銀行
中南銀行
四行儲蓄會
三井銀行
中國銀行

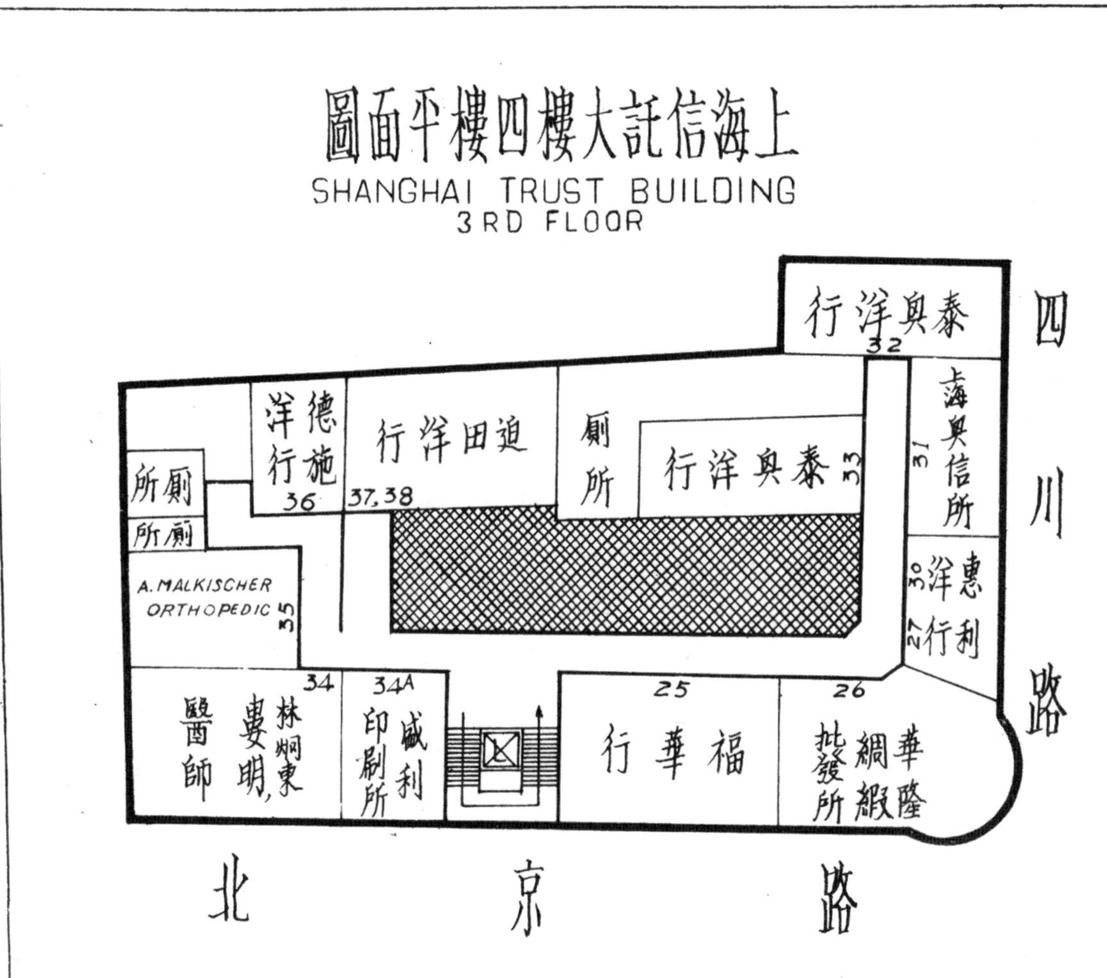
上海信託大樓四樓平面圖
SHANGHAI TRUST BUILDING
3RD FLOOR
泰興洋行
32
德施洋行
36
迫田洋行
37,38
廁所
泰興洋行
33
31
上海興信所
廁所
廁所
惠利洋行
30
27
A. MALKISCHER
ORTHOPEDIC
35
34
林炯東,婁明醫師
34A
威利印刷所
25
福華行
26
華隆綢緞批發所
四川路
北京路

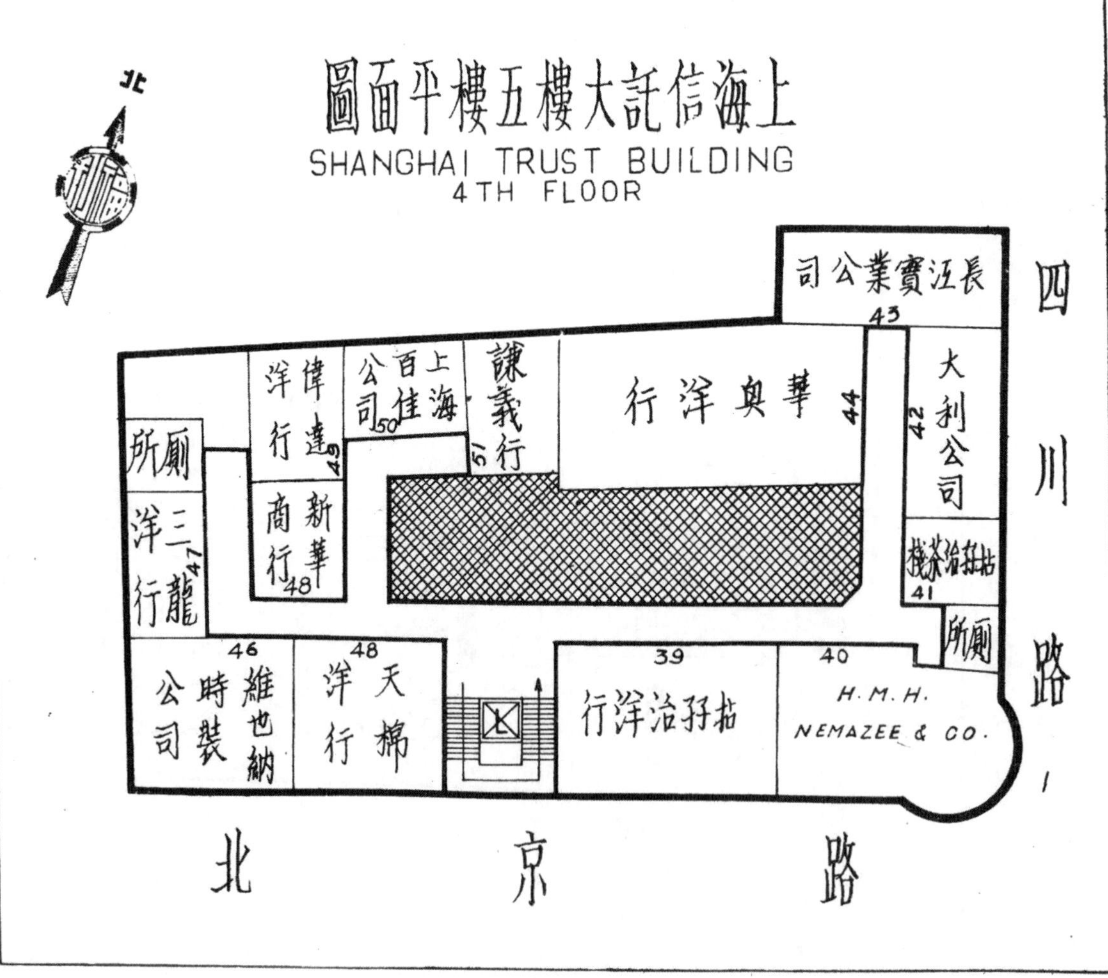
上海信託大樓五樓平面圖
SHANGHAI TRUST BUILDING
4TH FLOOR
北
長江實業公司
43
偉達洋行
49
上海百佳公司
50
謙義行
51
華興洋行
44
42
大利公司
廁所
三龍洋行
47
新華商行
48
拈孖治茶棧
41
廁所
46
維也納時裝公司
48
天棉洋行
39
拈孖治洋行
40
H. M. H.
NEMAZEE & CO.
四川路
北京路

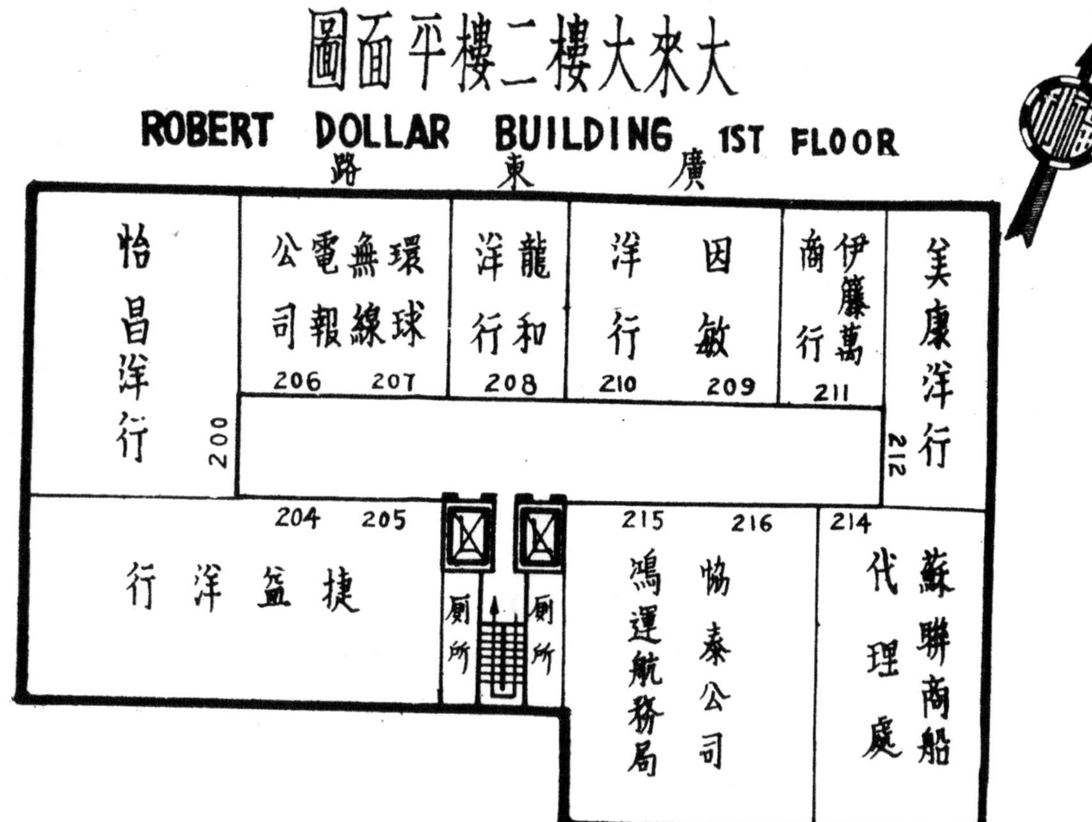

大來大樓三樓平面圖

ROBERT DOLIAR BUILDING 2TH FLOOR

廣東路

TECTOS COMPANY
304

ARTS & DECORATION ARCHITECTS & ENGINEERS
305

正源公司
306

船舶無線電報收發處
上海海岸無線電台
307

上海駁運公司
308 309

上海棕欖公司
310 311

302-3
永興公司
溫州蛋類公司

300-1
DR. JOHN GRAY

廁所
廁所

316
美國食品公司

314
上海駁運公司

315
美豐銀行清理處

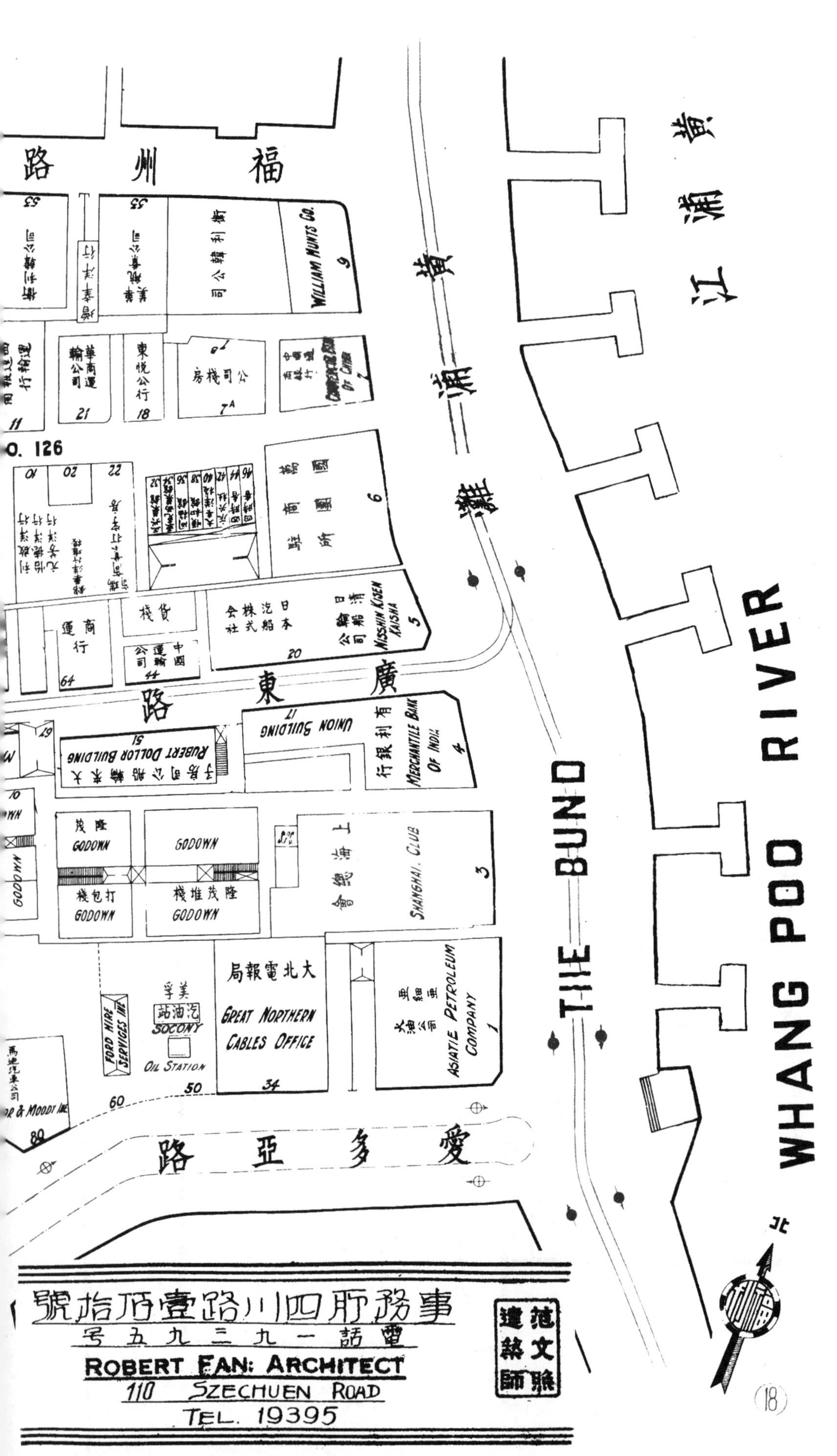

福州路
黃浦江
黃浦灘
WHANG POO RIVER
THE BUND
廣東路
愛多亞路
WILLIAM HUNTS CO.
9
UNION BUILDING
17
有利銀行
MERCHANTILE BANK OF INDIA
4
ROBERT DOLLOR BUILDING
15
NISSHIN KISEN KAISHA
5
上海總會
SHANGHAI CLUB
3
大北電報局
GREAT NORTHERN CABLES OFFICE
34
亞細亞火油公司
ASIATIC PETROLEUM COMPANY
1
美孚
汽油站
SOCONY
OIL STATION
FORD HIRE SERVICES INC.
GODOWN
中國運輸公司
44
棧貨
運商行
64
華商運輸公司
21
東悅公行
18
O. 126
60
50
80
事務所四川路壹佰拾號
電話一九三九五号
ROBERT FAN: ARCHITECT
110 SZECHUEN ROAD
TEL. 19395
范文照建築師

鷓鴣菜專治小兒百病

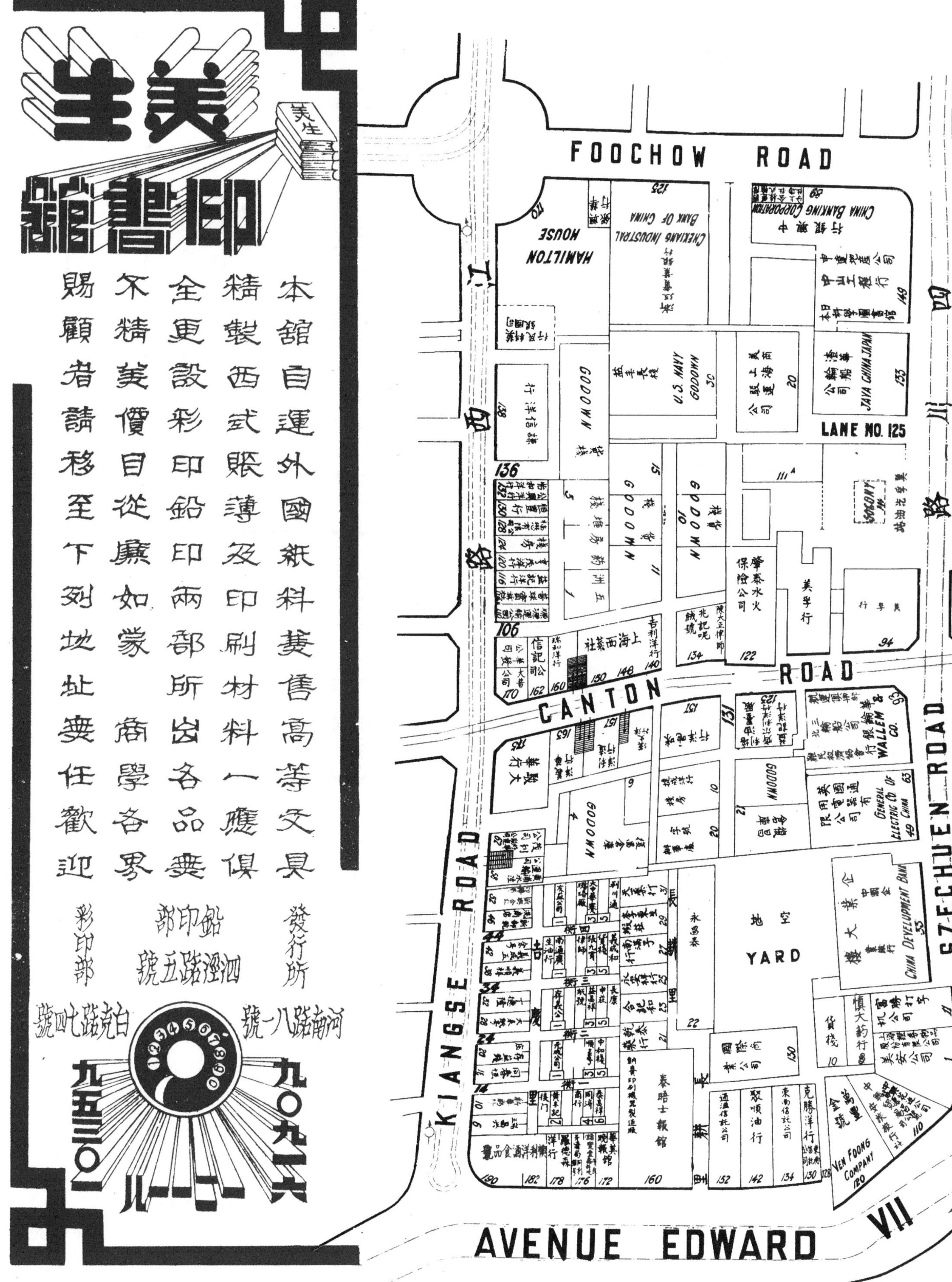

美生
美生印書館
本館自運外國紙料兼售高等文具
精製西式賬薄及印刷材料一應俱
全更設彩印鉛印兩部所出各品無
不精美價目從廉如蒙商學各界
賜顧者請移至下列地址無任歡迎
發行所
鉛印部 泗涇路五號
彩印部
河南路一八一號
九〇九一六
白克路七四號
九五三一〇
FOOCHOW ROAD
CANTON ROAD
KIANGSE ROAD
SZECHUEN ROAD
AVENUE EDWARD VII
江西路
四川路
HAMILTON HOUSE
CHEKIANG INDUSTRAL BANK OF CHINA
CHINA BANKING CORPORATION
中國銀行
U.S. NAVY GODOWN
JAVA CHINA JAPAN
LANE NO. 125
GODOWN
華泰水火保險公司
美孚行
上海西藥社
吉利洋行
WALLEM & CO.
GENERAL ELECTRIC CO. OF CHINA
YARD
CHINA DEVELOPMENT BANK
泰晤士報館
YEN FOONG COMPANY

大來大樓四樓平面圖

ROBERT DOLLAR BUILDING 3TH FLOOR

廣東路

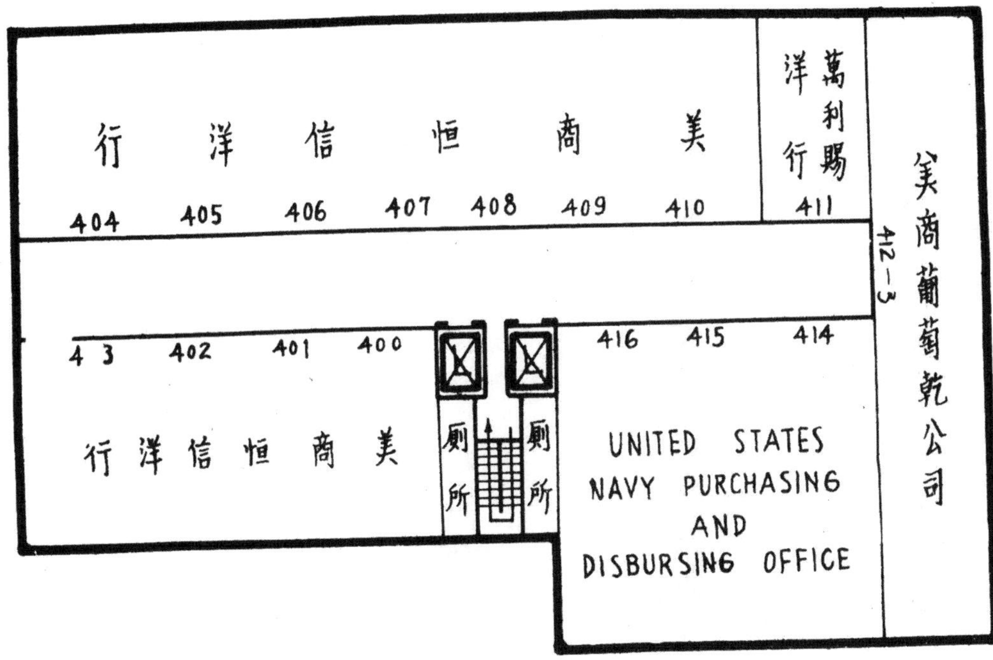

大來大樓五樓平面圖

ROBERT DOLLAR BUILDING 4TH FLOOR

廣東路

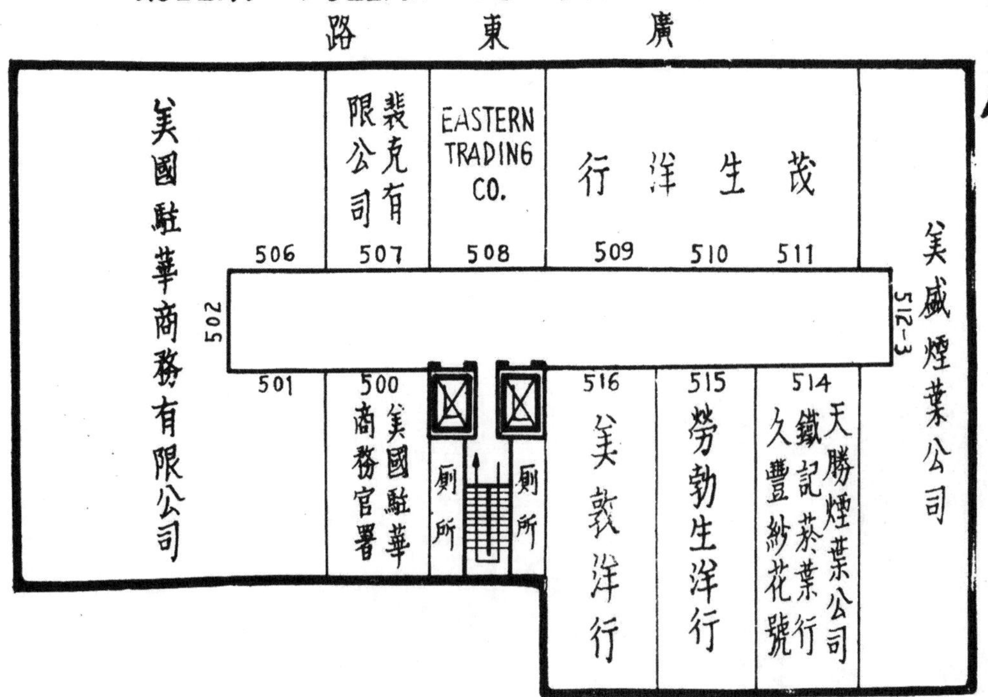

大來大樓六樓平面圖

ROBERT DOLLAR BUILDING 5TH FLOOR

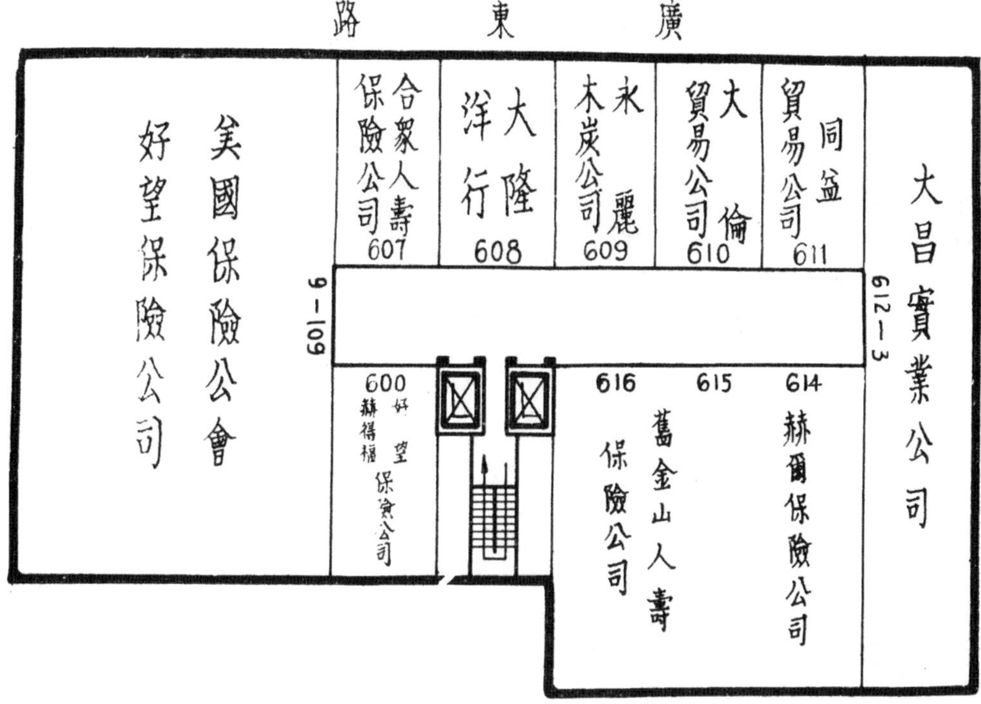

廣東路
江西路
KIANGSE ROAD
河南路
GE BAI KA
棋盤街
愛多亞路
上海華商紗布交易所有限公司
CHINESE COTTON GOODS EXCHANGE. LTD.
永大銀行
第一辦事處
浦東銀行
浦東大樓
浦東銀行
總行 愛多亞路河南路口
分行 愛多亞路福煦路口
辦事處 愛文義路成都路口

姜氏第一老店
註册鐵仙商標
老姜衍澤葯號
接方送葯
代客煎葯
山東路六十八號
電話九〇八七六
CANTON ROAD
SHANTUNG ROAD
山東路
KINGLOONGKA
金隆街
棋盤街
AVENUE EDWARD VII
北
19

大陸大樓二樓平面圖

THE CONTINENTAL BANK BUILDING

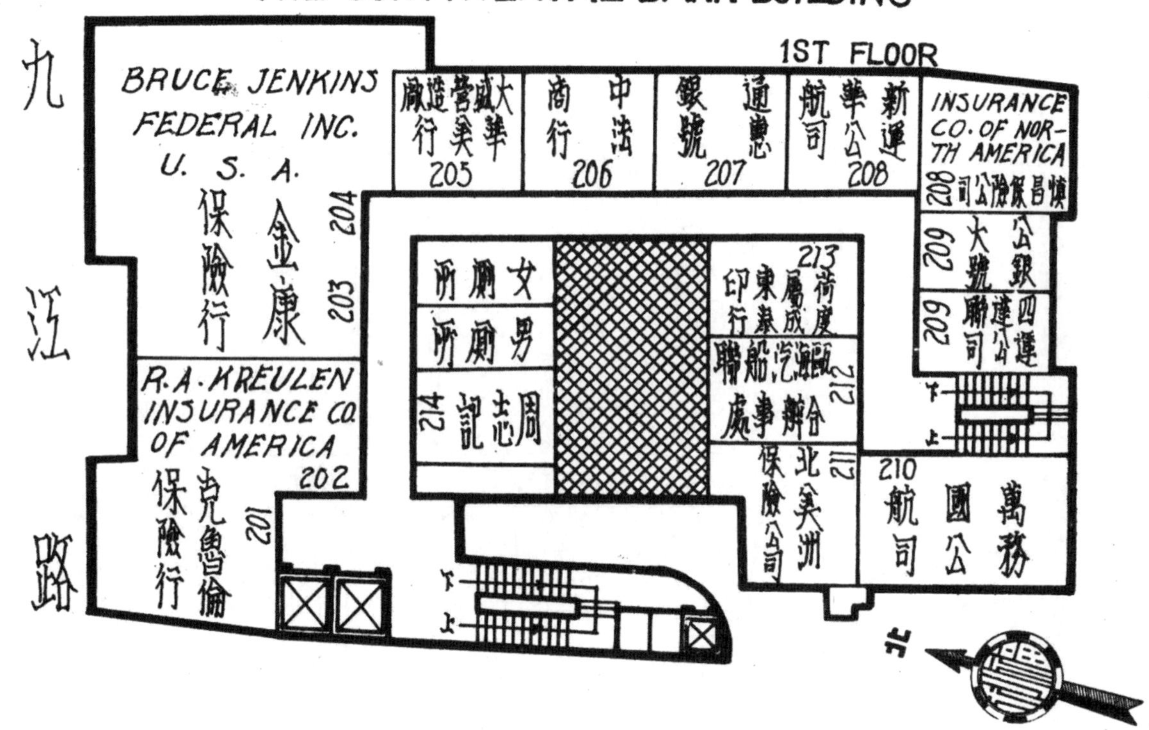

大陸大樓三樓平面圖

THE CONTINENTAL BANK BUILDING

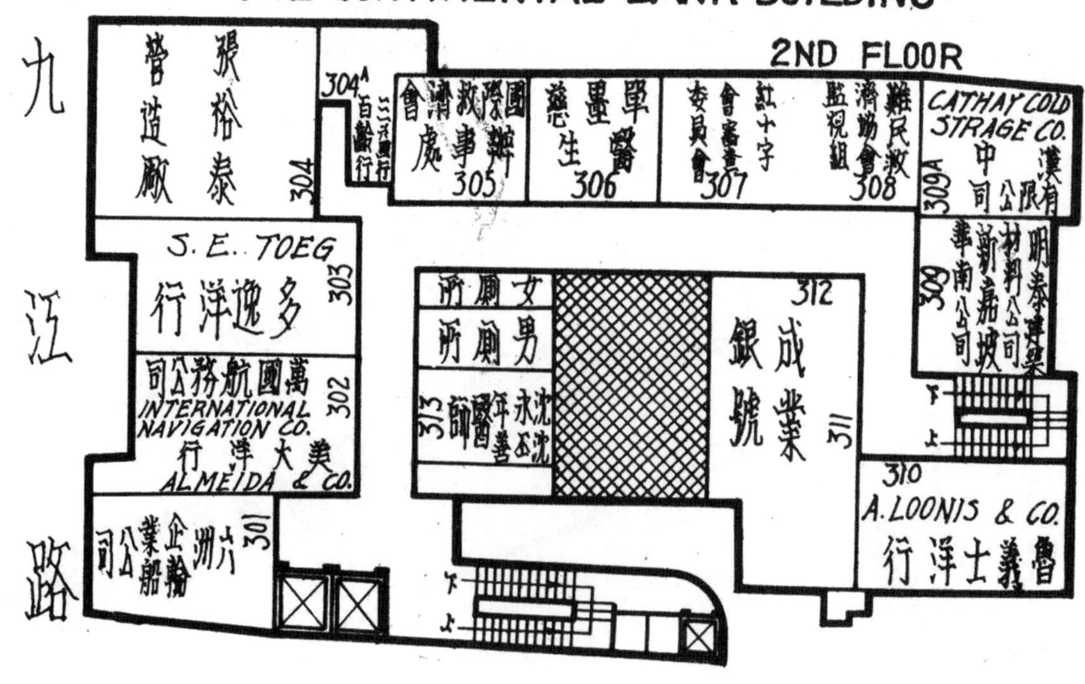

大陸大樓四樓平面圖

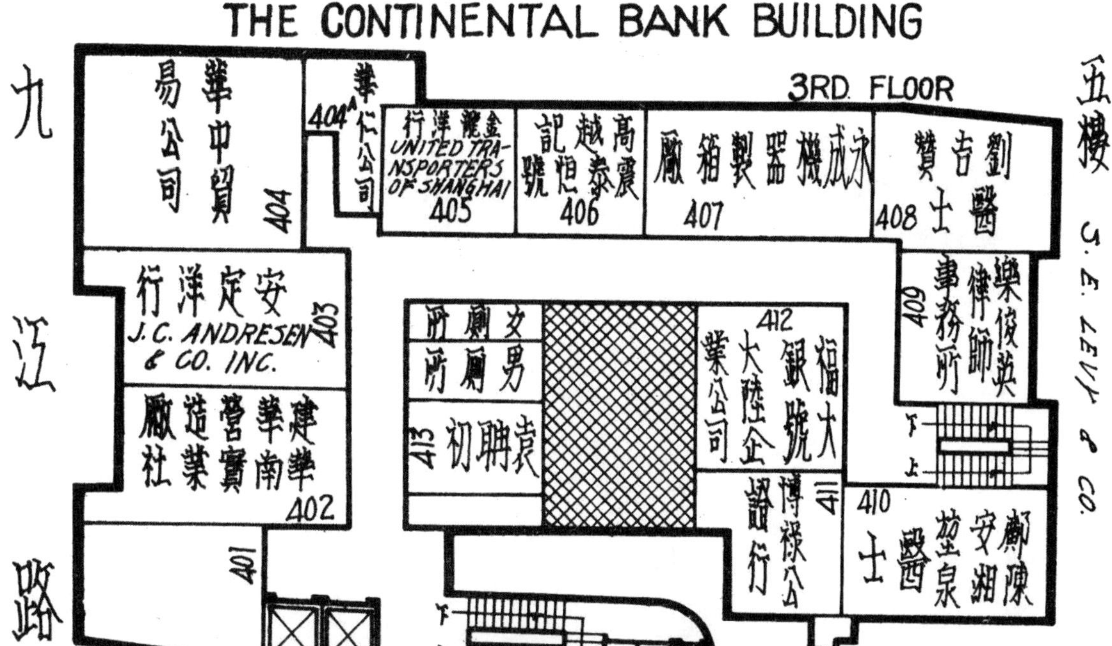
THE CONTINENTAL BANK BUILDING
3RD FLOOR
九江路
五樓
J. E. LEVY & CO.
404 華中貿易公司
404A 華仁公司
405 金龍洋行 UNITED TRANSPORTERS OF SHANGHAI
406 高震越泰恒記號
407 永成機器製箱廠
408 劉吉贊醫士
409 樂俊英律師事務所
403 安定洋行 J.C. ANDRESEN & CO. INC.
402 建華營造廠 華南實業社
401
412 福大銀號 大陸企業公司
413 袁聃初
女廁所
男廁所
411
410
下
上

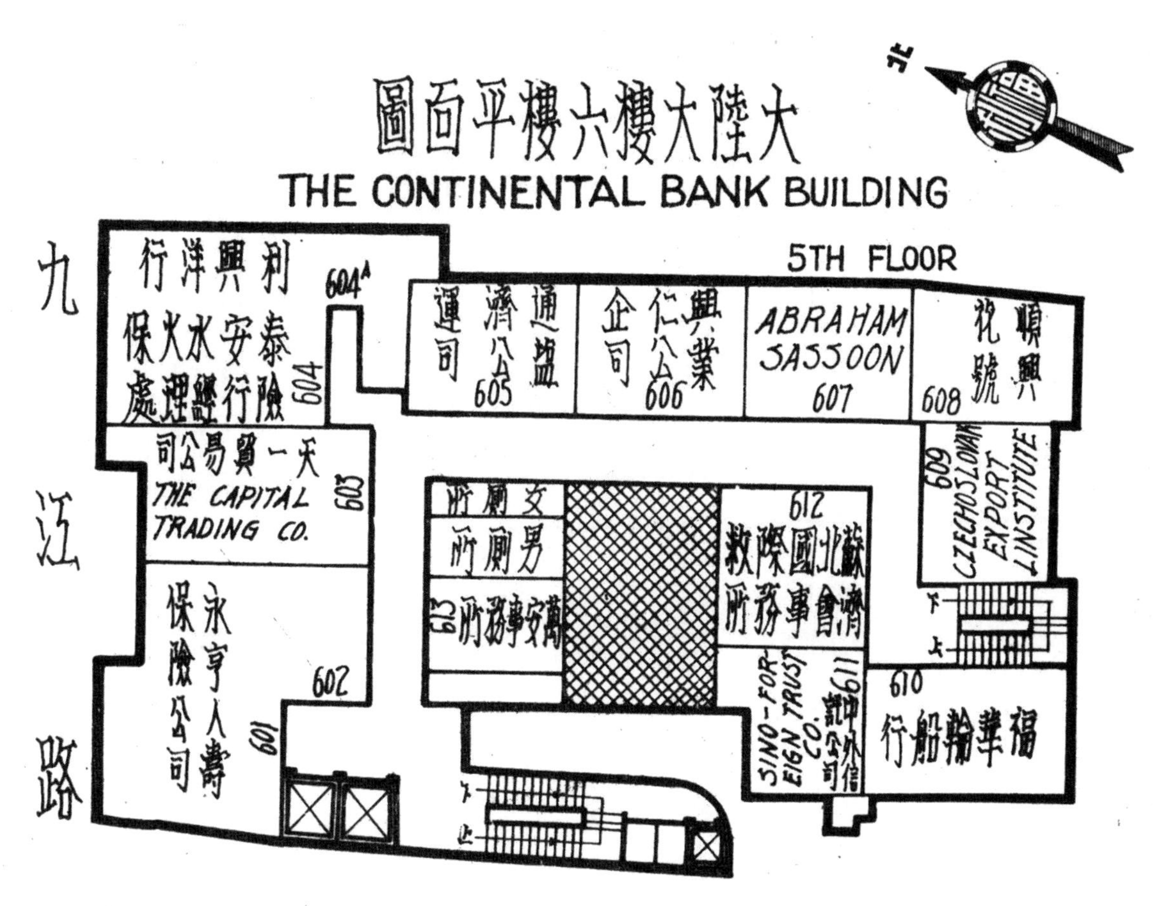
北
大陸大樓六樓平面圖
THE CONTINENTAL BANK BUILDING
5TH FLOOR
九江路
604 利興洋行 泰安水火保險經理處
604A
605 通盛濟公運司
606 興仁企業公司
607 ABRAHAM SASSOON
608 順興祝號
603 天一貿易公司 THE CAPITAL TRADING CO.
602 永亨人壽保險公司
601
女廁所
男廁所
613 萬安事務所
612 蘇北國際救濟會事務所
611 中外信託公司 SINO-FOREIGN TRUST CO.
610 福華輪船行
609 CZECHOSLOVAK EXPORT INSTITUTE
下
上

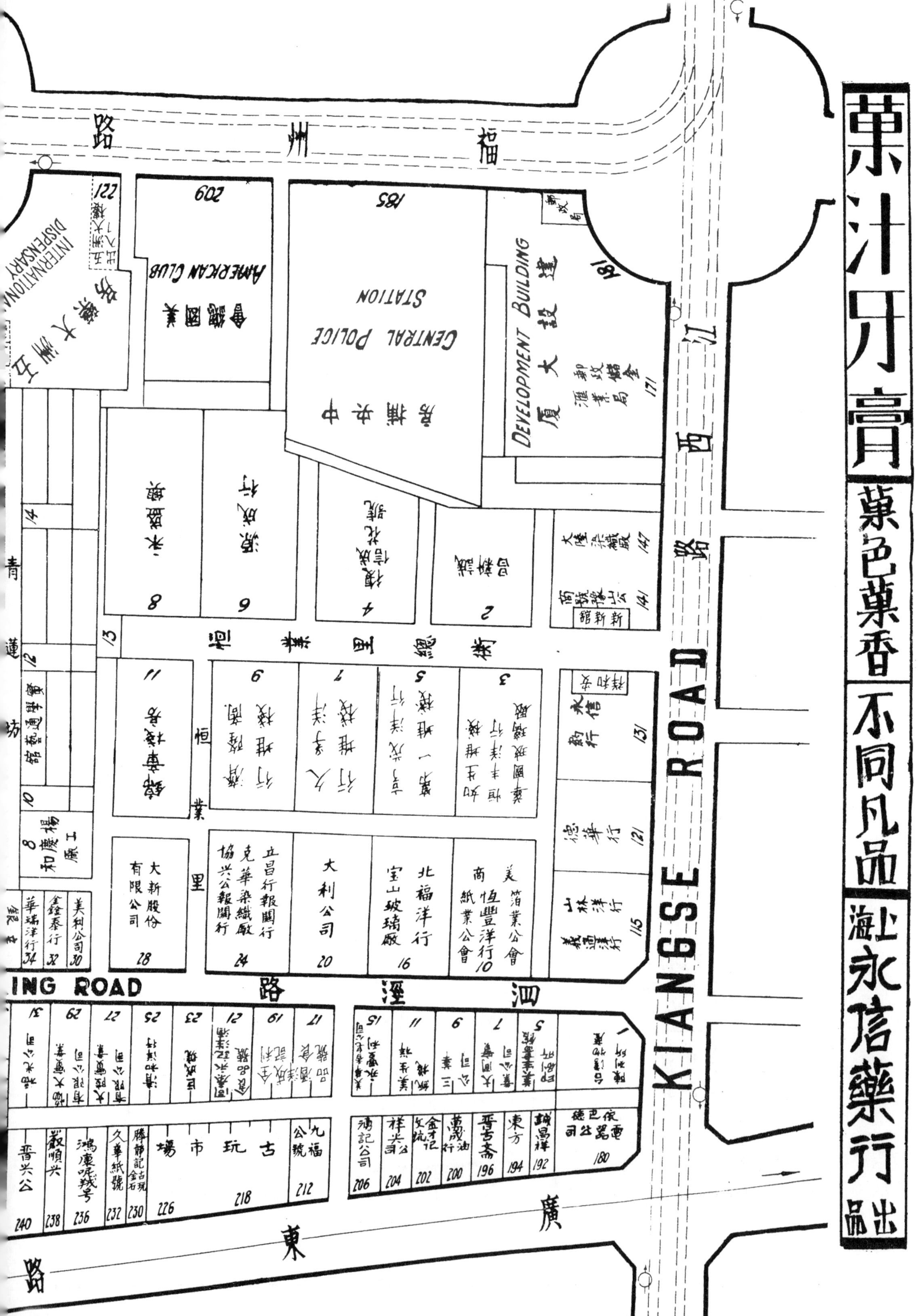

菓汁牙膏
菓色菓香
不同凡品
上海永信藥行出品
KIANGSE ROAD
江西路
廣東路
四川路
ING ROAD
福州路
CENTRAL POLICE STATION
中央捕房
DEVELOPMENT BUILDING
建設大廈
AMERICAN CLUB
美國總會
INTERNATIONAL DISPENSARY
五洲大藥房
總巡捕房
恒業里
青蓮坊
古玩市場

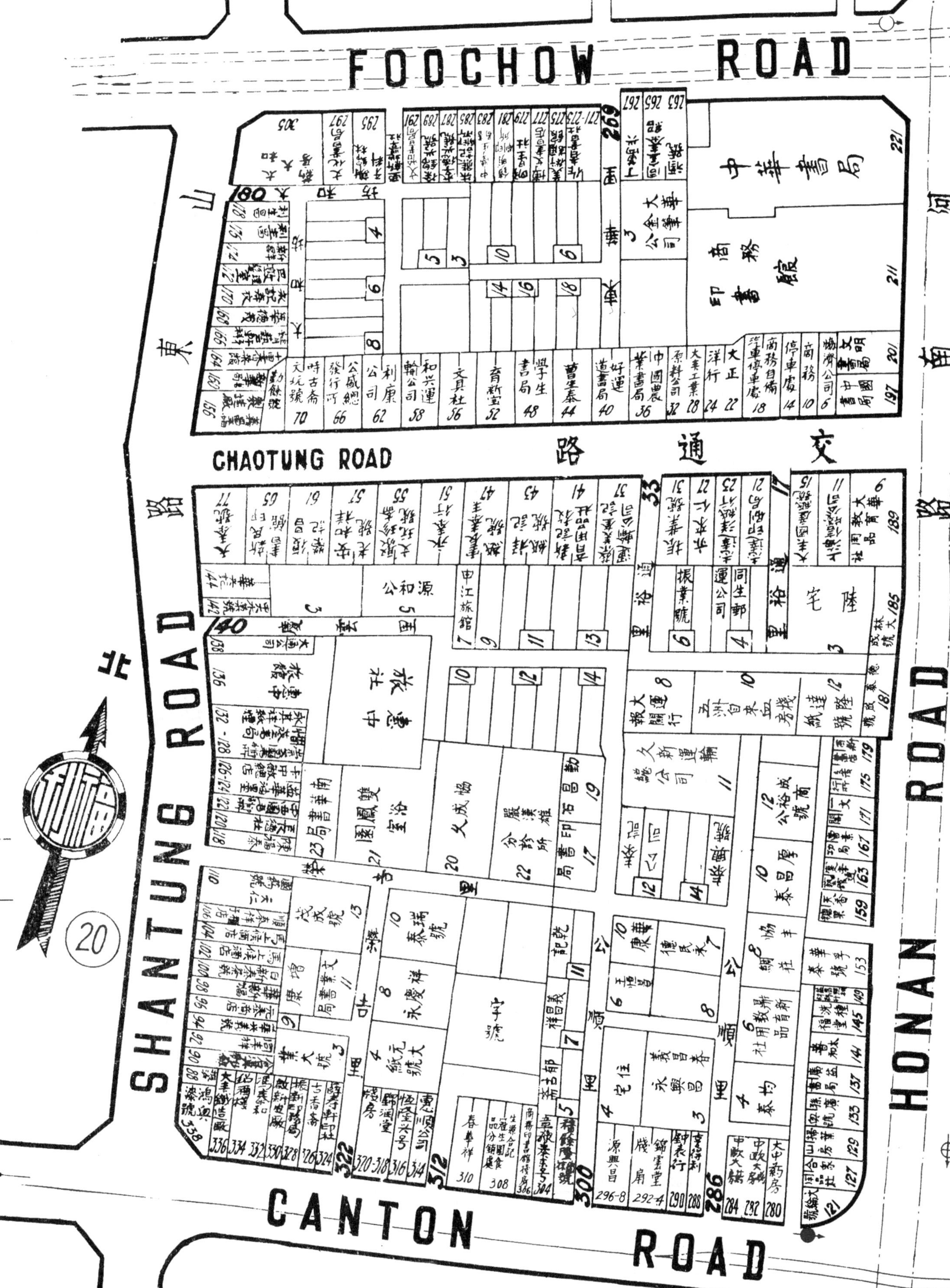

FOOCHOW ROAD
CHAOTUNG ROAD
交通路
SHANTUNG ROAD
山東路
HONAN ROAD
河南路
CANTON ROAD
中華書局
商務印書館
20

大陸大樓七樓平面圖

THE CONTINENTAL BANK BUILDING

6TH FLOOR
九江路
A. B. ROSENFELD & SON CO.
美盛洋行
703
704
裕通挖泥工程行
元麟公司
705
706
大成實業公司
洽成行
707
大通運轉公司
708
順利行
709
708
荷囒愛德門洋行
710
女廁所
男廁所
裕華墾植公司 718
有寧洋行
717
達成行 716
宏餘行 715
納利洋行
714
713
大陸貿易公司 711
福大號 712
昆昌華行
702
勝利光大行 701
下
上

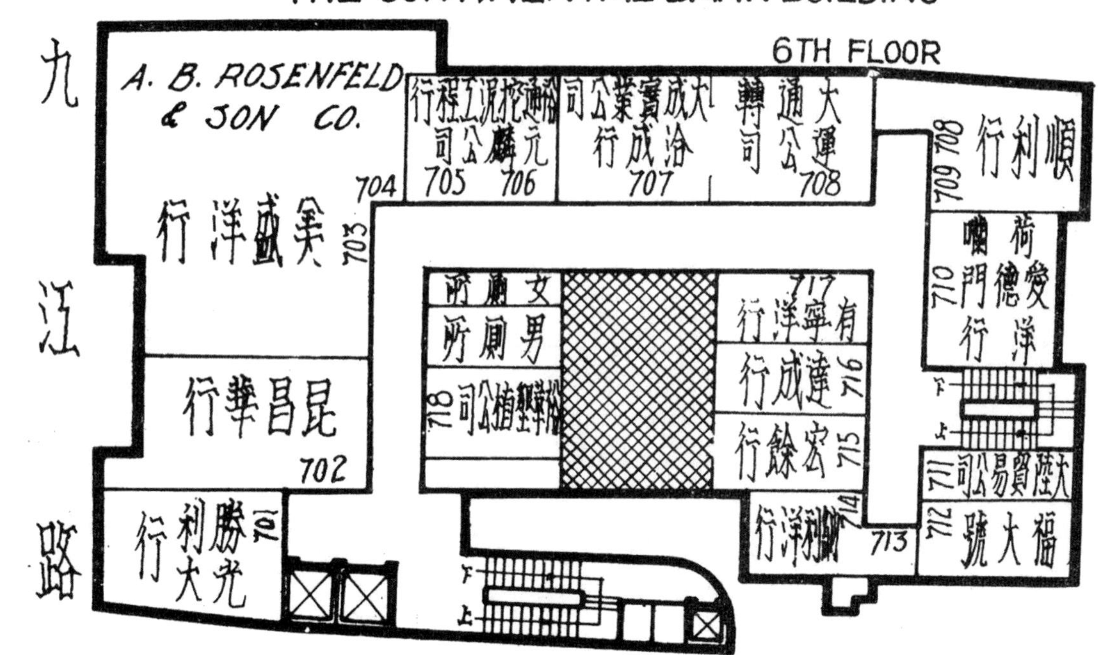

大陸大樓八樓平面圖

THE CONTINENTAL BANK BUILDING

北
7TH FLOOR
九江路
華義貿易公司
803
804
上海公墓工程公司
國際公墓辦事處
凱華建築工程公司
805
永康人壽保險公司
806
807
基泰工程司
802
808
華商興華保險公司
801
女廁所
男廁所
羅邦俊建築師
812
東南建築公司
811
建華化學工業社
810
大豐洋行
809
下
上
九樓銀行同人宿舍

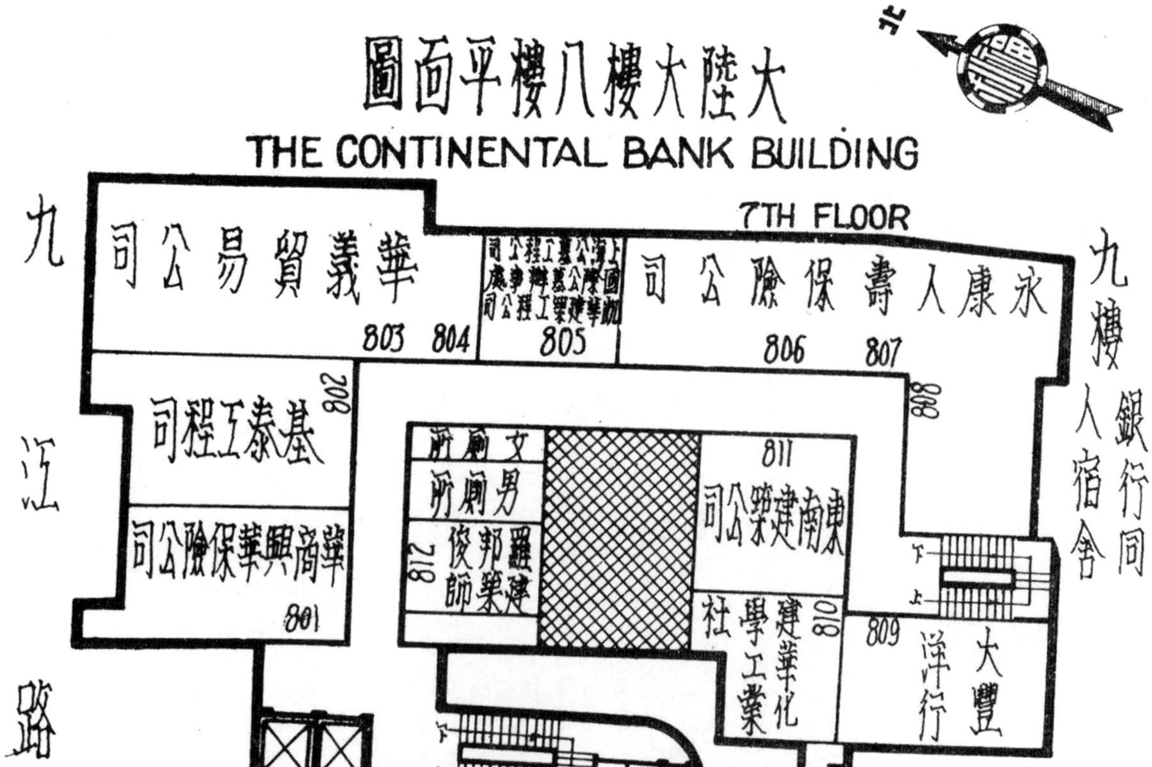

中國企業銀行

經營一切銀行儲蓄業務

詳章備索

行址　上海四川路三十三號

電話　一六九八〇

上海

萬國藥房有限公司

營業種類——

本药房專營歐美原料药品，發售各國著名成药、紗布、药棉、医科器械、化學用品及一切医院用具，並自設药廠專製裘药片药丸及衛生良药。

服務宗旨——

药房之對於人身，關係甚大。本药房本药業之天職，以服務人群為目的，質料純粹，成份準確，且定價低廉，交貨迅速。

地　址——

總公司——上海四馬路二一二八至卅八号

天津分公司——法租界海大道五十八号

香港分公司——文咸東街九十三号

昆明分公司——正義門

電報掛號——

上海「六〇〇〇」　香港「七七八四」

THE UNIVERSAL DISPENSARY CO. LTD.
FOOCHOW ROAD, SHANGHAI.

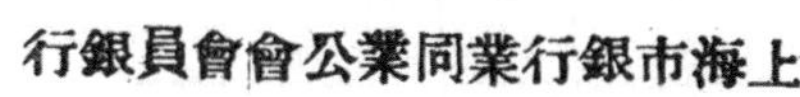
上海市銀行業同業公會會員銀行

中國國貨銀行

資本總額五百萬元

辦理一切銀行業務

兼收

各種儲蓄存款

上海分行　法租界霞飛路五一〇——五一二號

電報掛號　六一六八

電話　八四九八二　八五四一一　八四〇九六

國內外各埠均有代理行處

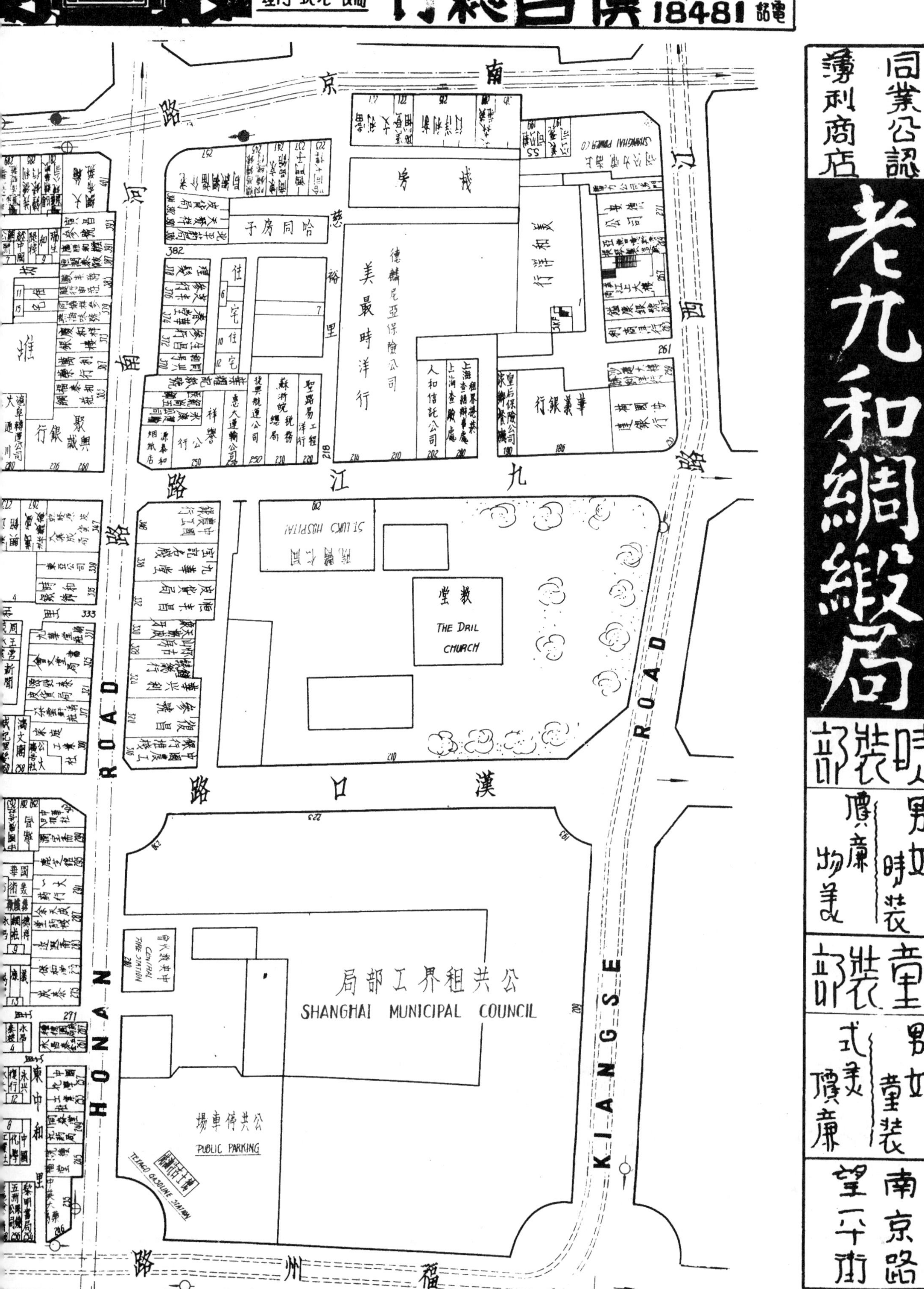

南京路
河南路
九江路
漢口路
福州路
江西路
HONAN ROAD
KIANGSE ROAD
哈同房子
慈裕里
美最時洋行
德麟尼亞保險公司
SHANGHAI POWER CO.
同仁醫院
ST. LUKE'S HOSPITAL
教堂
THE DRIL CHURCH
公共租界工部局
SHANGHAI MUNICIPAL COUNCIL
中央救火會
CENTRAL FIRE STATION
公共停車場
PUBLIC PARKING
TEXACO GASOLINE STATION

NANKING ROAD

KIUKIANG ROAD

HANKOW ROAD

FOOCHOW ROAD

SHANSE ROAD

SHANTUNG ROAD

外國坟山

SHANTUNG ROAD CEMETERY

工部局衛生分處

存仁堂國藥號

中國公司

相聯江灣

致豐藥料行

中央書局

大衆書局

南京書局

世界書局

北

為行銷最久功効最著之補品
實驗
保腎固精丸
主治
腎虧遺精
腦弱血衰
身弱多病
神経衰弱
吉光
C.25

主治：風寒咳嗽，老年咳嗽，氣虛咳嗽，陰虧咳嗽，燥痰濕痰，氣喘，氣急，喉管發炎，久咳成癆，痰中帶血等症·
順氣
化痰
保肺
止咳
止咳保肺片
上海望平街愛華製藥社發行
全國各大藥房均售

其味津津
質地清潔
口味鮮美
贈送親友
人人歡迎
唯一乾菜筍
上海望平街愛華製藥社發行
全國各南貨號食品糖果店及醬園等均有售

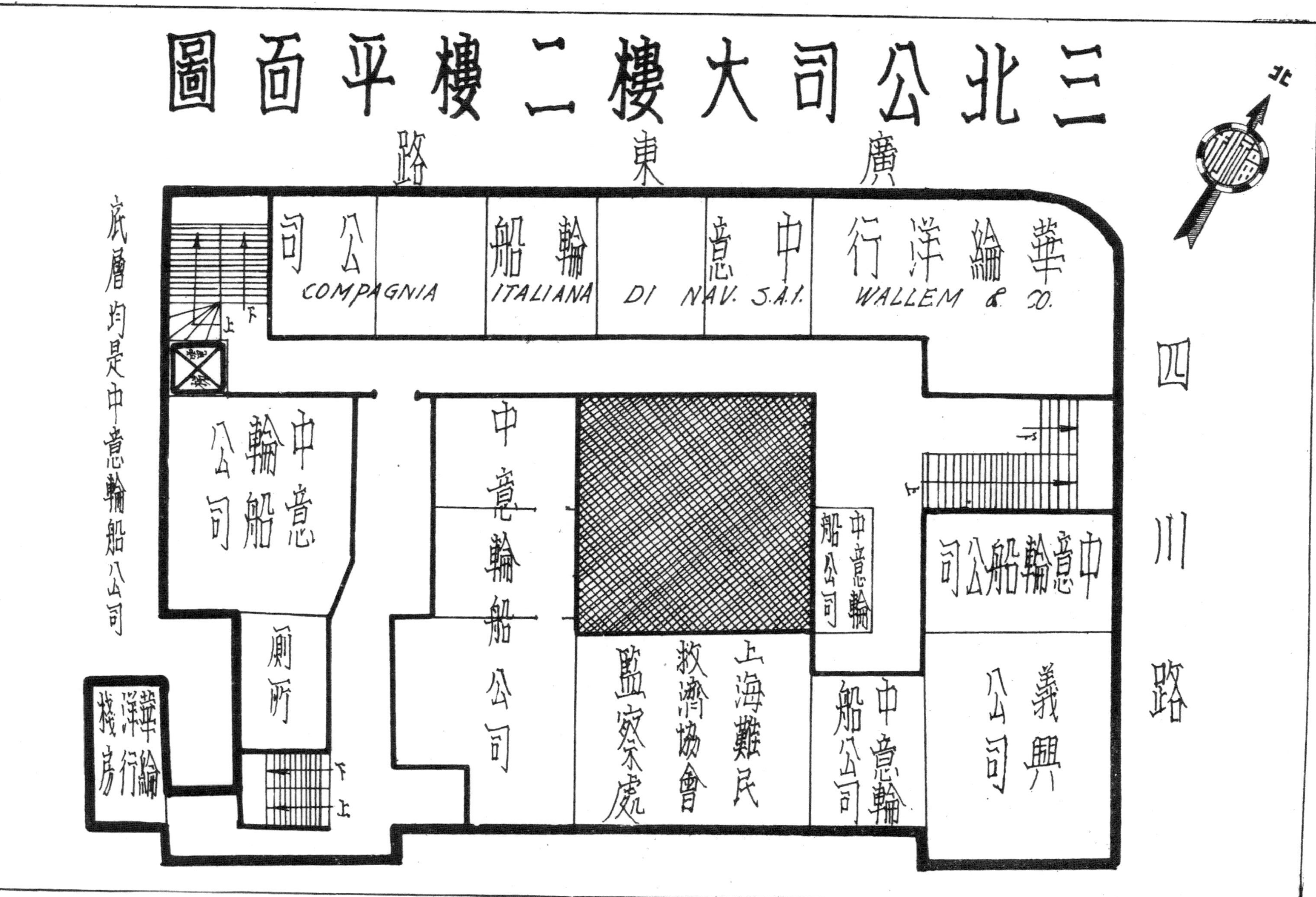
三北公司大樓二樓平面圖
北
廣東路
四川路
華綸洋行
WALLEM & CO.
中意輪船公司
COMPAGNIA ITALIANA DI NAV. S.A.I.
中意輪船公司
中意輪船公司
中意輪船公司
中意輪船公司
中意輪船公司
義興公司
上海難民救濟協會監察處
廁所
華綸洋行棧房
上
下
底層均是中意輪船公司

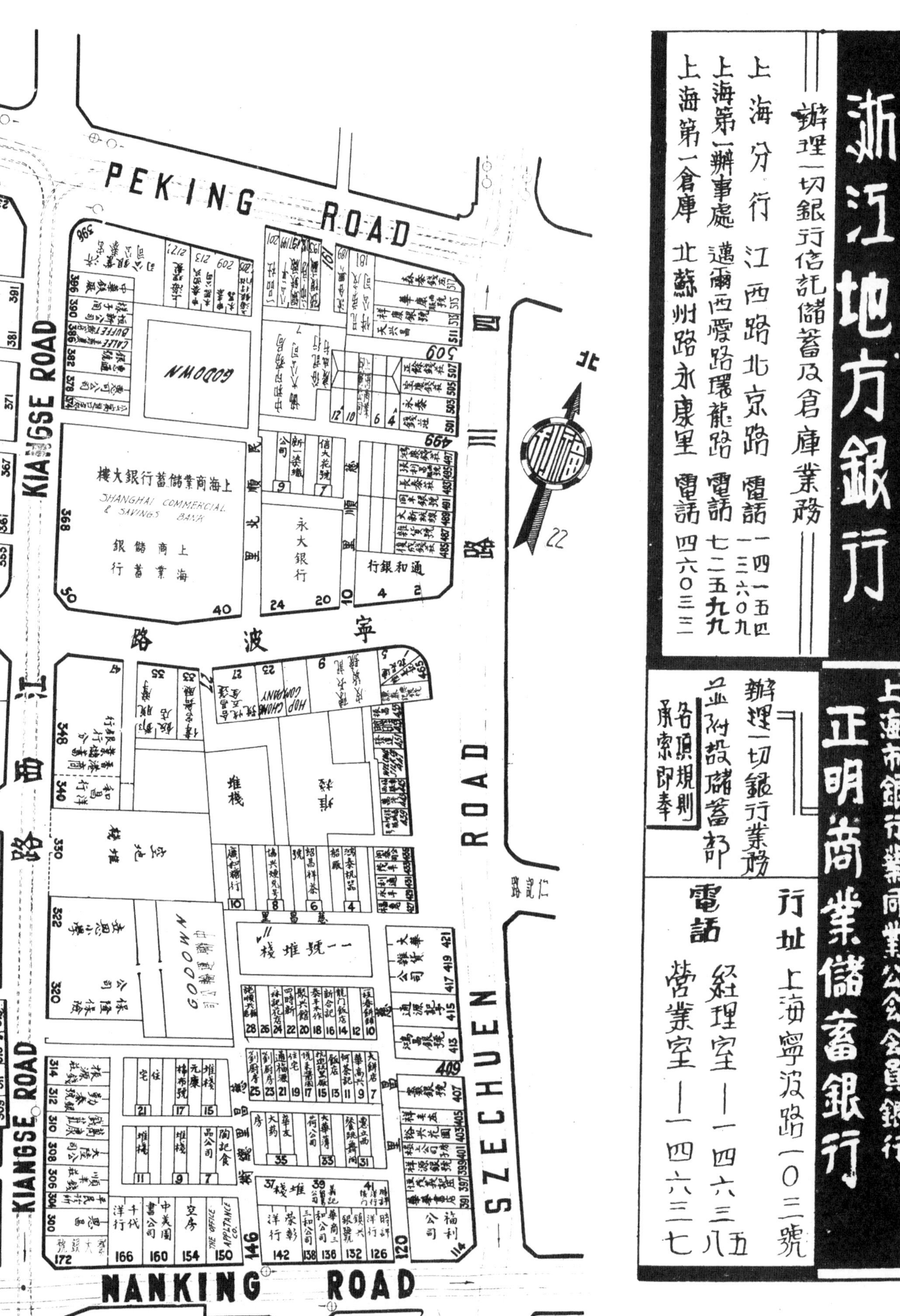
PEKING ROAD
KIANGSE ROAD
江西路
寧波路
ROAD
SZECHUEN ROAD
四川路
NANKING ROAD
北
GODOWN
上海商業儲蓄銀行大樓
SHANGHAI COMMERCIAL & SAVINGS BANK
上海商業儲蓄銀行
永大銀行
通和銀行
HOP CHONG COMPANY
仁記路
浙江地方銀行
辦理一切銀行信託儲蓄及倉庫業務
上海分行 江西路北京路 電話 一四一五四
一三六〇九
上海第一辦事處 邁爾西愛路環龍路 電話 七二五九九
上海第一倉庫 北蘇州路永康里 電話 四六〇三三
上海市銀行業同業公會會員銀行
正明商業儲蓄銀行
辦理一切銀行業務
並附設儲蓄部
各項規則
承索即奉
行址 上海寧波路一〇三號
電話 經理室 一四六三八五
營業室 一四六三七

北京路

河南路

寧波路　NINGPO

天津路　TIENTSIEN

HONAN ROAD

TEXACO GASOLINE STATION

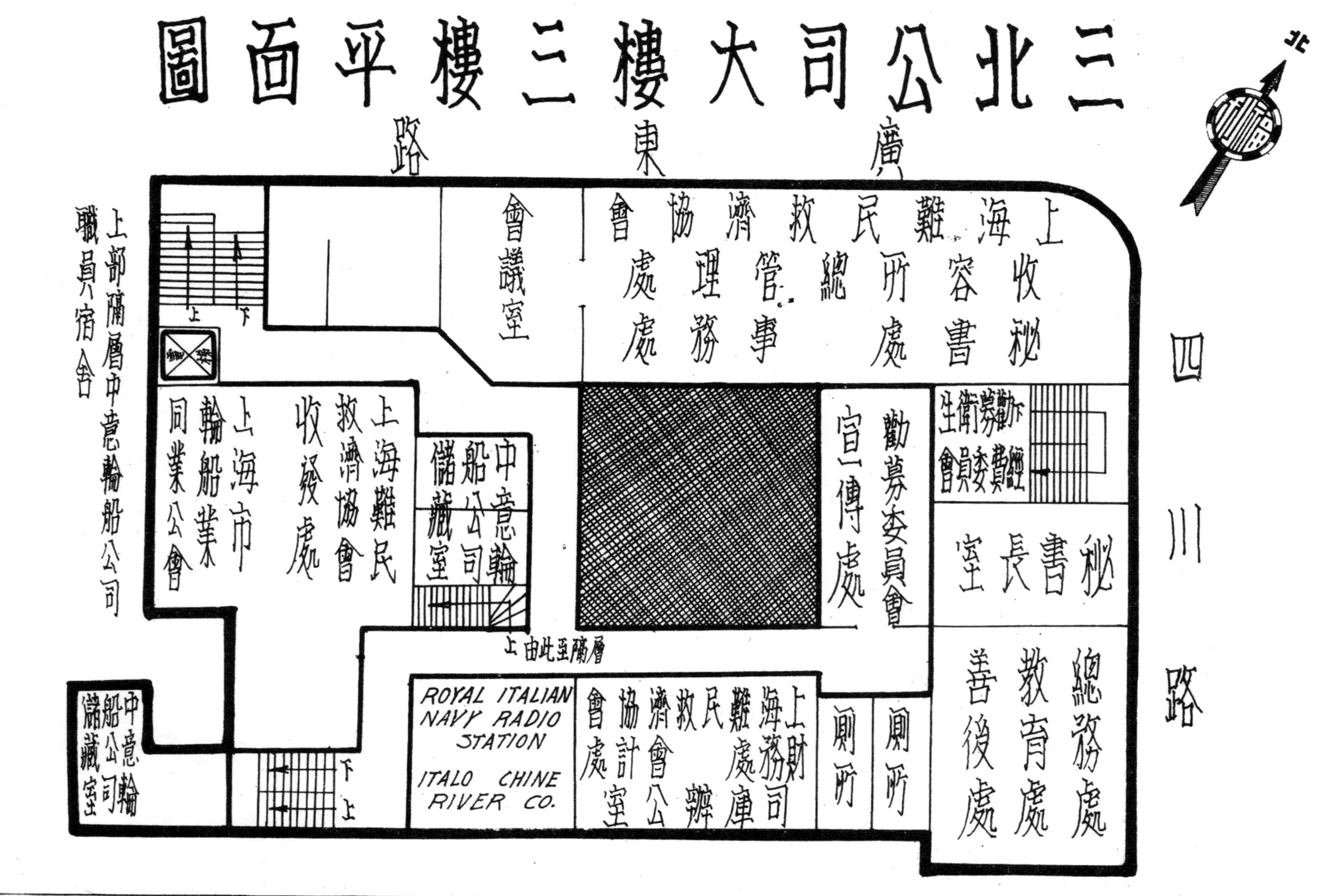
三北公司大樓三樓平面圖
北
廣東路
四川路
上海難民救濟協會
收容所總管理處
秘書處 事務處
會議室
勸募衛生
經費委員會
秘書長室
勸募委員會
宣傳處
總務處
教育處
善後處
廁所
廁所
上海難民救濟協會
財務處 會計處
司庫 辦公室
ROYAL ITALIAN
NAVY RADIO
STATION
ITALO CHINE
RIVER CO.
上由此至隔層
上海難民
救濟協會
收發處
中意輪
船公司
儲藏室
上海市
輪船業
同業公會
中意輪
船公司
儲藏室
上部隔層中意輪船公司
職員宿舍
上
下
上
下

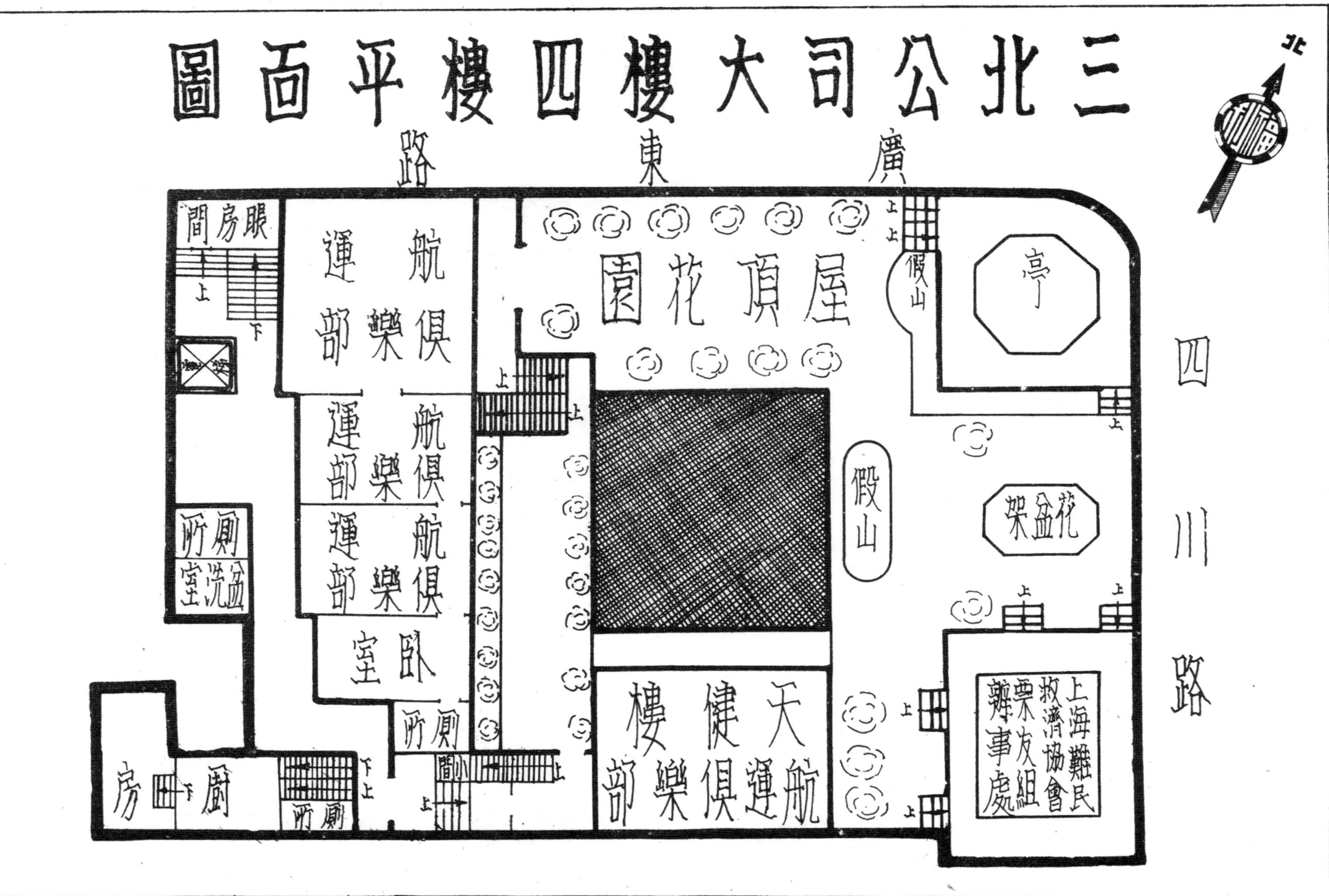
三北公司大樓四樓平面圖
北
廣東路
四川路
屋頂花園
亭
假山
假山
花盆架
天使樓航運俱樂部
上海難民救濟協會粟友組辦事處
航運俱樂部
航運俱樂部
航運俱樂部
臥室
廁所
廁所
廁所
盥洗室
眼房間
廚房
小間

蘇州河

SOOCHOW ROAD →

香港路

SZECHUEN ROAD

四川路

MUSEUM ROAD

博物院路

倍當路

GALLIA BUILDING

ALCAR BUILDING

大英聖書公會

GODOWN

北

㉓

NG ROAD

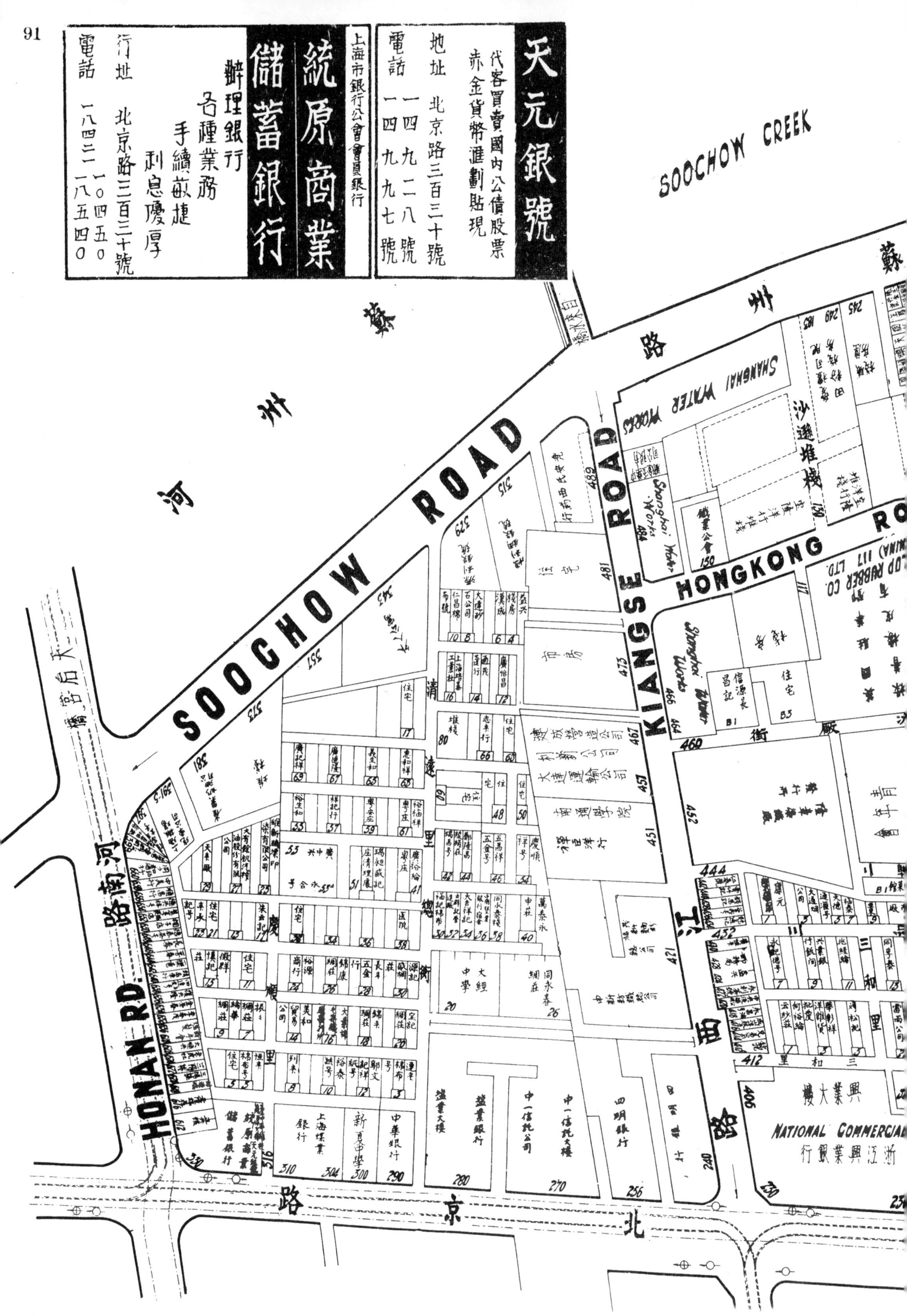

天元銀號
代客買賣國內公債股票
赤金貨幣滙劃貼現
地址 北京路三百三十號
電話 一四九二八號
一四九九七號
上海市銀行公會會員銀行
統原商業
儲蓄銀行
辦理銀行
各種業務
手續簡捷
利息優厚
行址 北京路三百三十號
電話 一八四二一 一〇四五〇
一八五四〇
SOOCHOW CREEK
蘇州河
SOOCHOW ROAD
KIANGSE ROAD
HONGKONG RO
HONAN RD.
河南路
江西路
北京路
SHANGHAI WATER WORKS
沙遜堆棧
鐵業公會
大經中學
鹽業銀行
鹽業大樓
中一信託公司
中一信託大樓
四明銀行
中華銀行
上海煤業銀行
新亞中學
統原商業儲蓄銀行
興業大樓
NATIONAL COMMERCIAL
浙江興業銀行

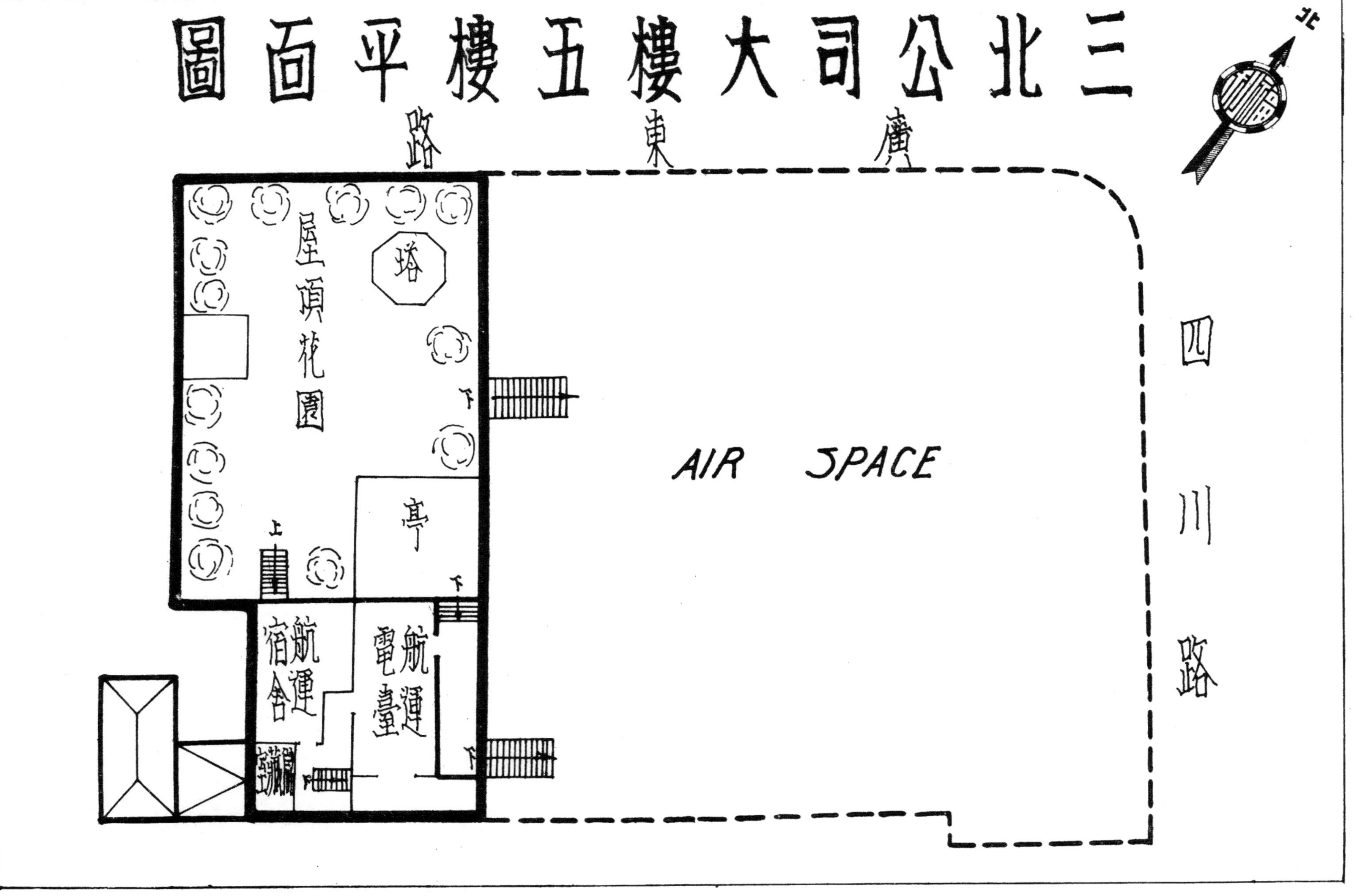
三北公司大樓五樓平面圖
北
廣東路
四川路
AIR SPACE
屋頂花園
塔
亭
上
下
航運宿舍
航運電臺

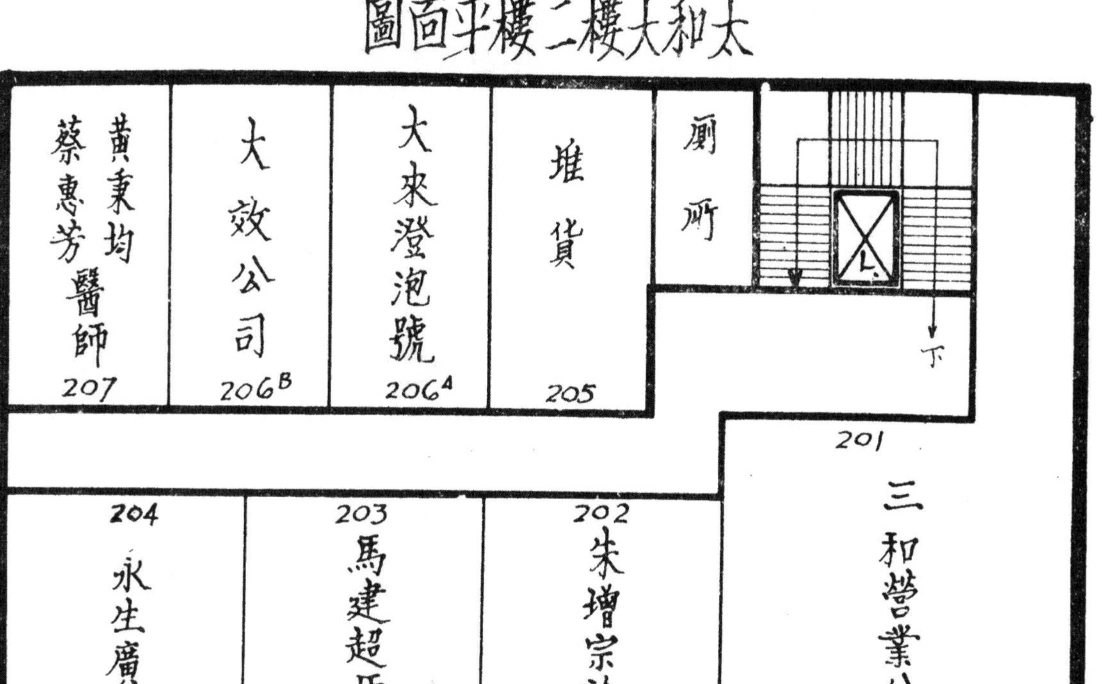
太和大樓二樓平面圖
207 黃秉均 蔡惠芳醫師
206B 大效公司
206A 大來澄泡號
205 堆貨
厠所
下
201 三和營業公司
202 朱增宗診所
203 馬建超牙醫師
204 永生廣播電台
勞合路

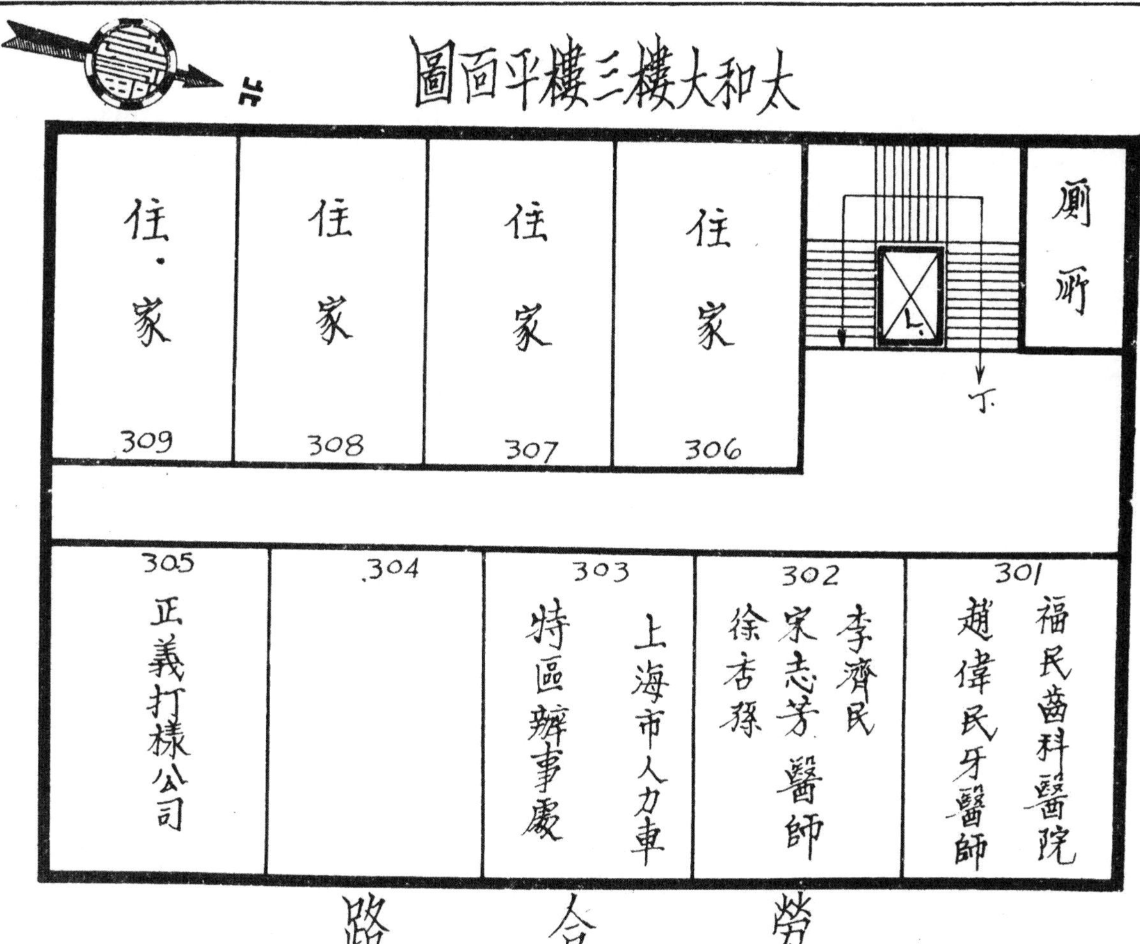
北
太和大樓三樓平面圖
309 住家
308 住家
307 住家
306 住家
厠所
下
305 正義打樣公司
304
303 上海市人力車 特區辦事處
302 李濟民 宋志芳醫師 徐杏孫
301 福民齒科醫院 趙偉民牙醫師
勞合路

山西路

NINGPO ROAD

寧波路

PEKING ROAD

SOOCHOW CREEK

蘇州河

蘇州路

SHANTUNG ROAD

山東路

北京路

HONAN ROAD

河南路

24

北

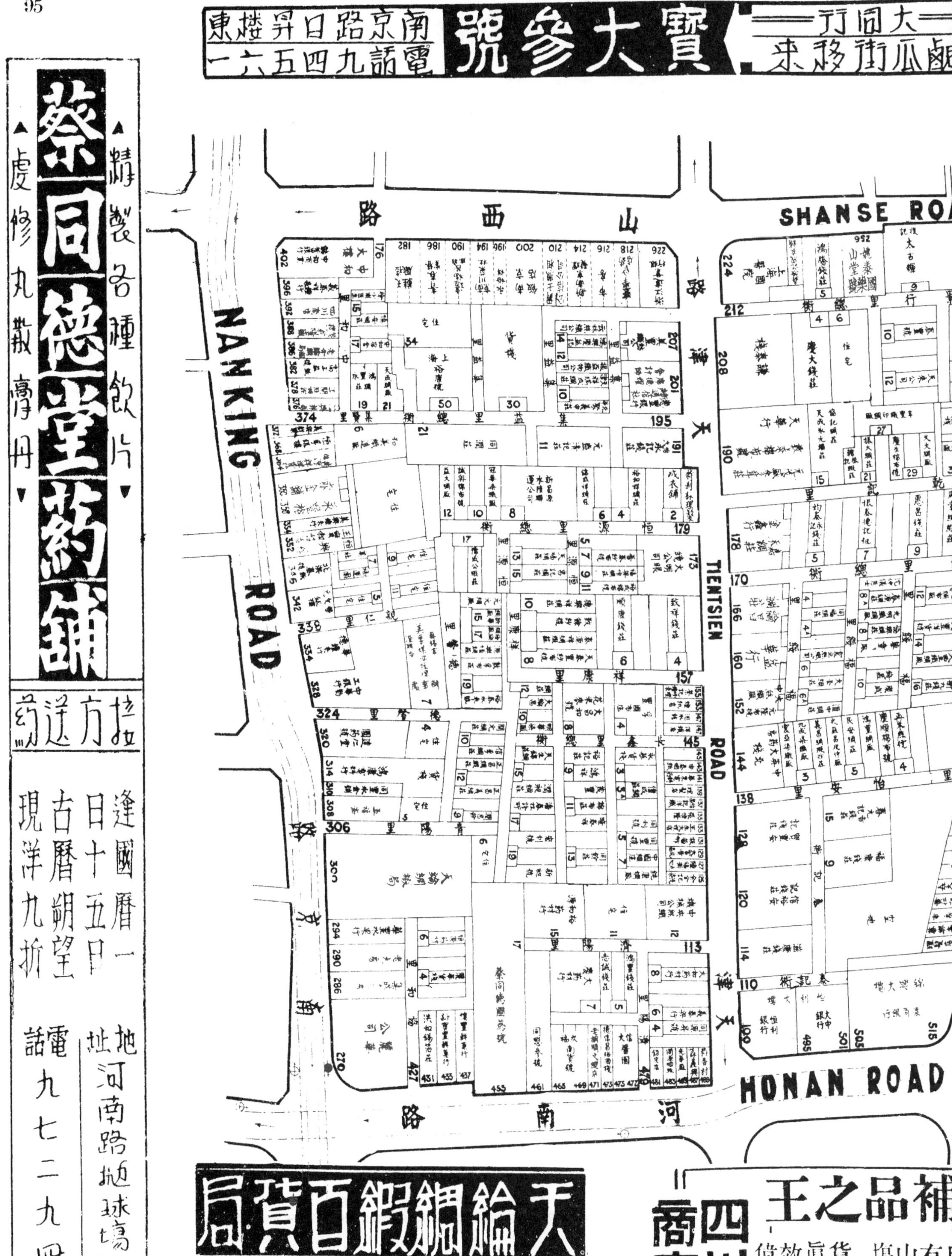

寶大參號
南京路日昇樓東
電話九四五六一
大同行
瓜街移來
蔡同德堂藥鋪
精製各種飲片
虔修丸散膏丹
按方送藥
逢國曆一日十五日
古曆朔望
現洋九折
地址河南路抛球場口
電話九七二九四
山西路
SHANSE ROAD
NANKING ROAD
南京路
天津路
TIENTSIEN ROAD
河南路
HONAN ROAD
天綸綢緞百貨局
南京路三百號
電話九四四五九
四川商店
補品之王
貨真效偉
南京路山西路東
電話九五四九一

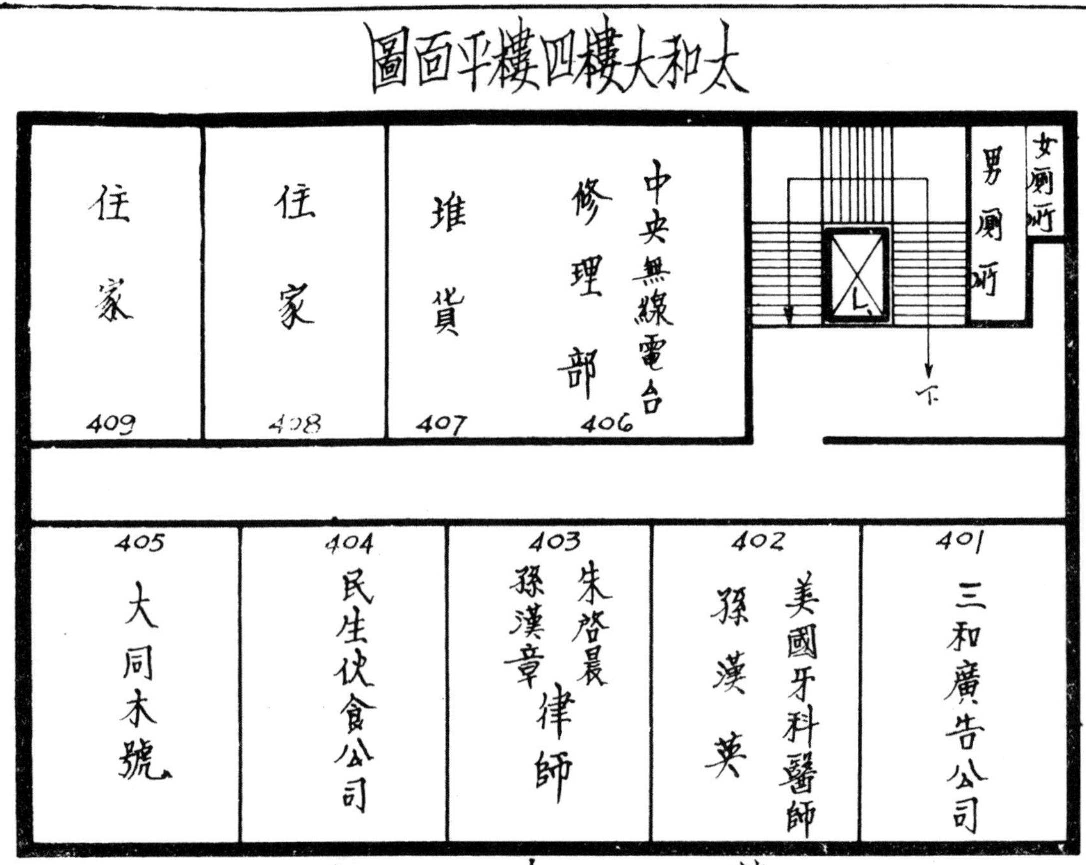
太和大樓四樓平面圖
住家
409
住家
408
堆貨
407
修理部
中央無線電台
406
男厠所
女厠所
下
405
大同木號
404
民生伙食公司
403
朱啓晨
孫漢章
律師
402
美國牙科醫師
孫漢英
401
三和廣告公司
勞合路

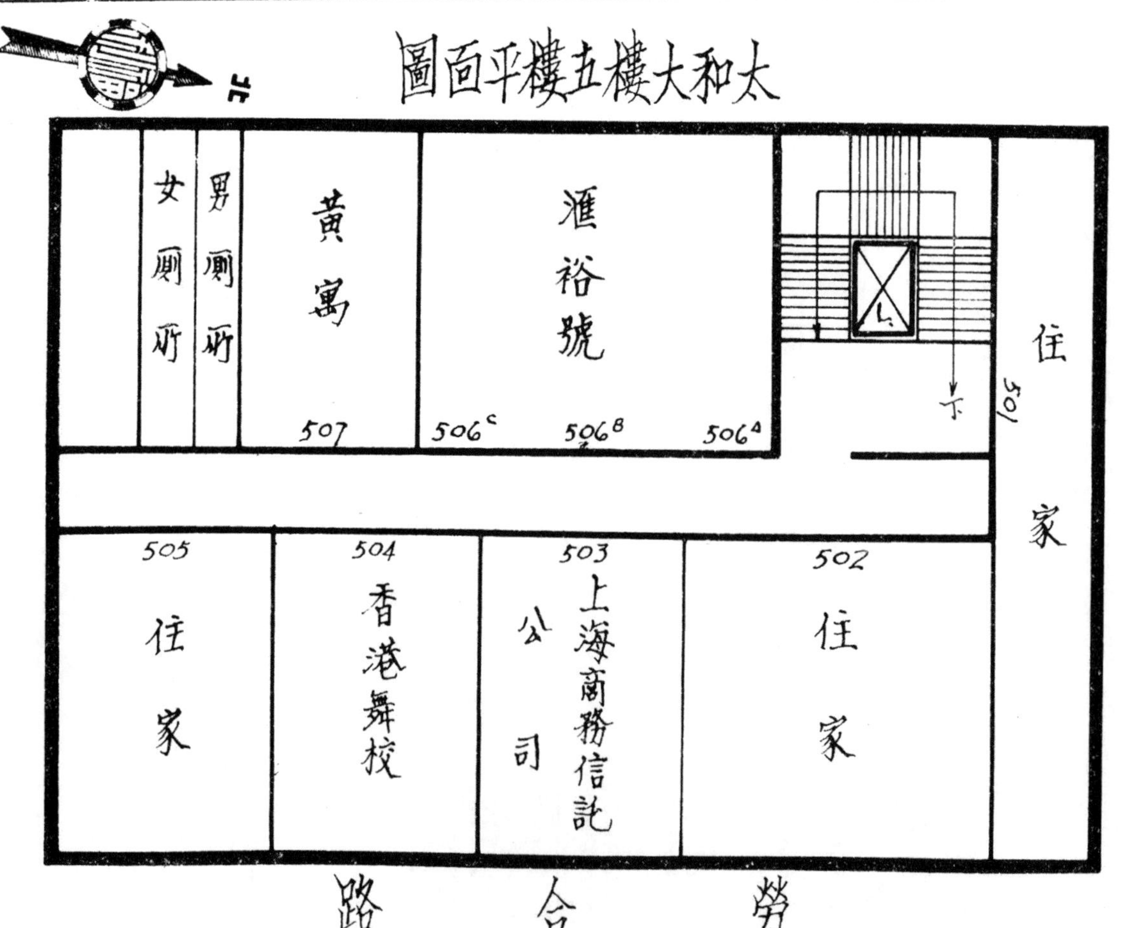
太和大樓五樓平面圖
北
女厠所
男厠所
黃寓
507
滙裕號
506C
506B
506A
下
住家
501
505
住家
504
香港舞校
503
上海商務信託公司
502
住家
勞合路

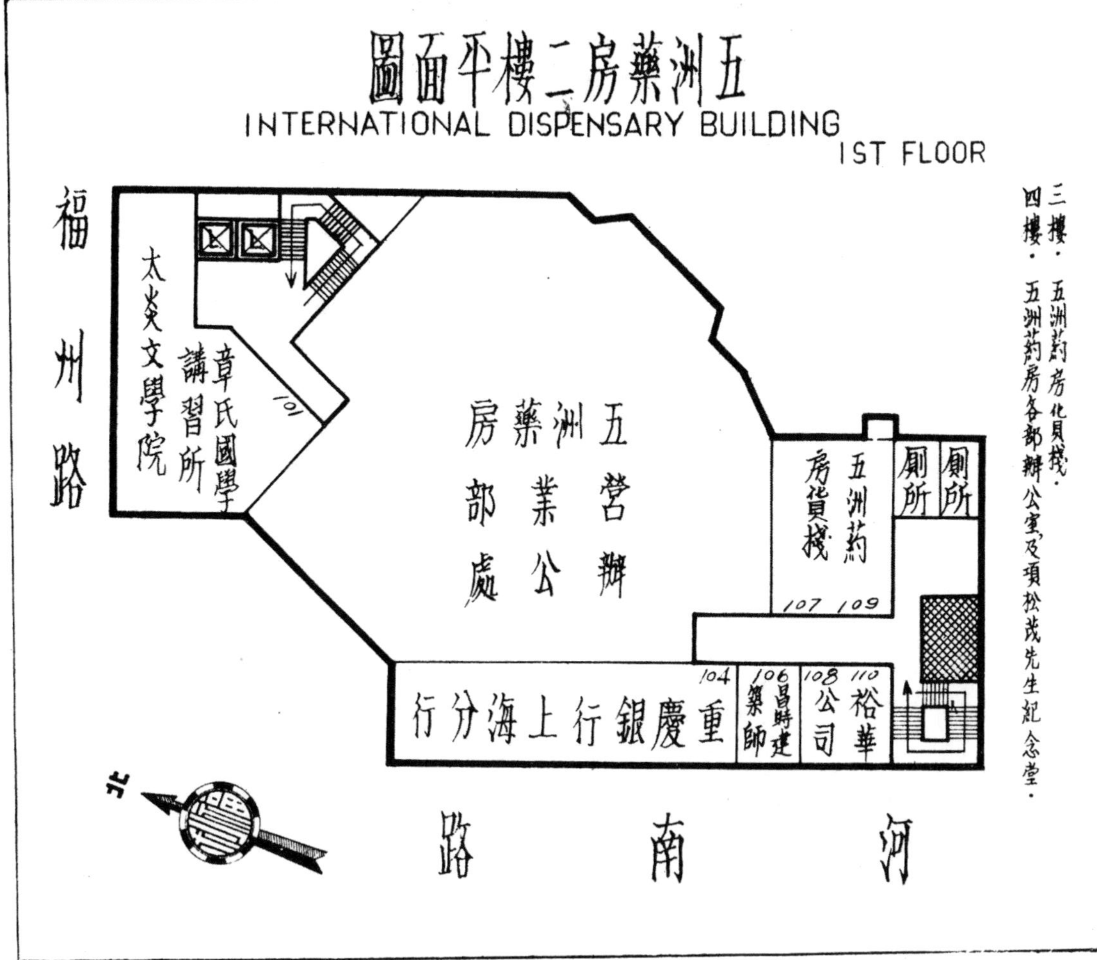
五洲藥房二樓平面圖
INTERNATIONAL DISPENSARY BUILDING
1ST FLOOR
福州路
河南路
北
太炎文學院
章氏國學講習所
101
五洲藥房營業辦公部處
五洲藥房貨棧
107 109
廁所
廁所
104
重慶銀行上海分行
106
建時昌築師
108
公司
110
裕華
三樓：五洲葯房化貝棧。
四樓：五洲葯房各部辦公室及項松茂先生紀念堂。

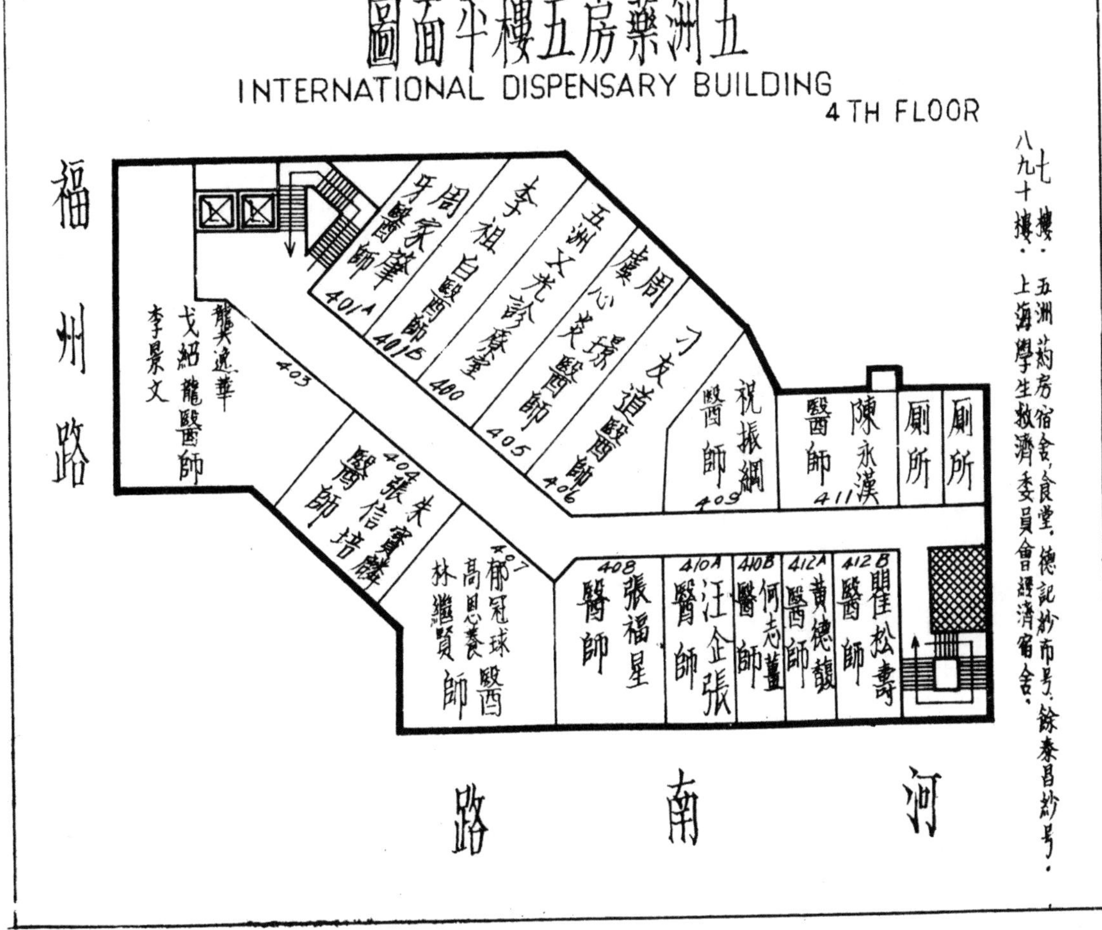
五洲藥房五樓平面圖
INTERNATIONAL DISPENSARY BUILDING
4TH FLOOR
福州路
河南路
李景文
戈紹龍醫師
龔逸華
403
401A
周家肇牙醫師
401B
李祖白醫師
400
五洲文光診療室
405
周心芙醫師
406
丁友道醫師
祝振綱醫師
409
陳永漢醫師
411
廁所
廁所
404
張信培醫師
朱賓麟
407
郁冠球醫師
高恩養
林繼賢醫師
408
張福星醫師
410A
汪企張醫師
410B
何志萱醫師
412A
黃德馥醫師
412B
瞿紹壽醫師
七樓：五洲葯房宿舍，食堂，德記紗布号，餘泰昌紗号。
八九十樓：上海學生救濟委員會經濟宿舍。

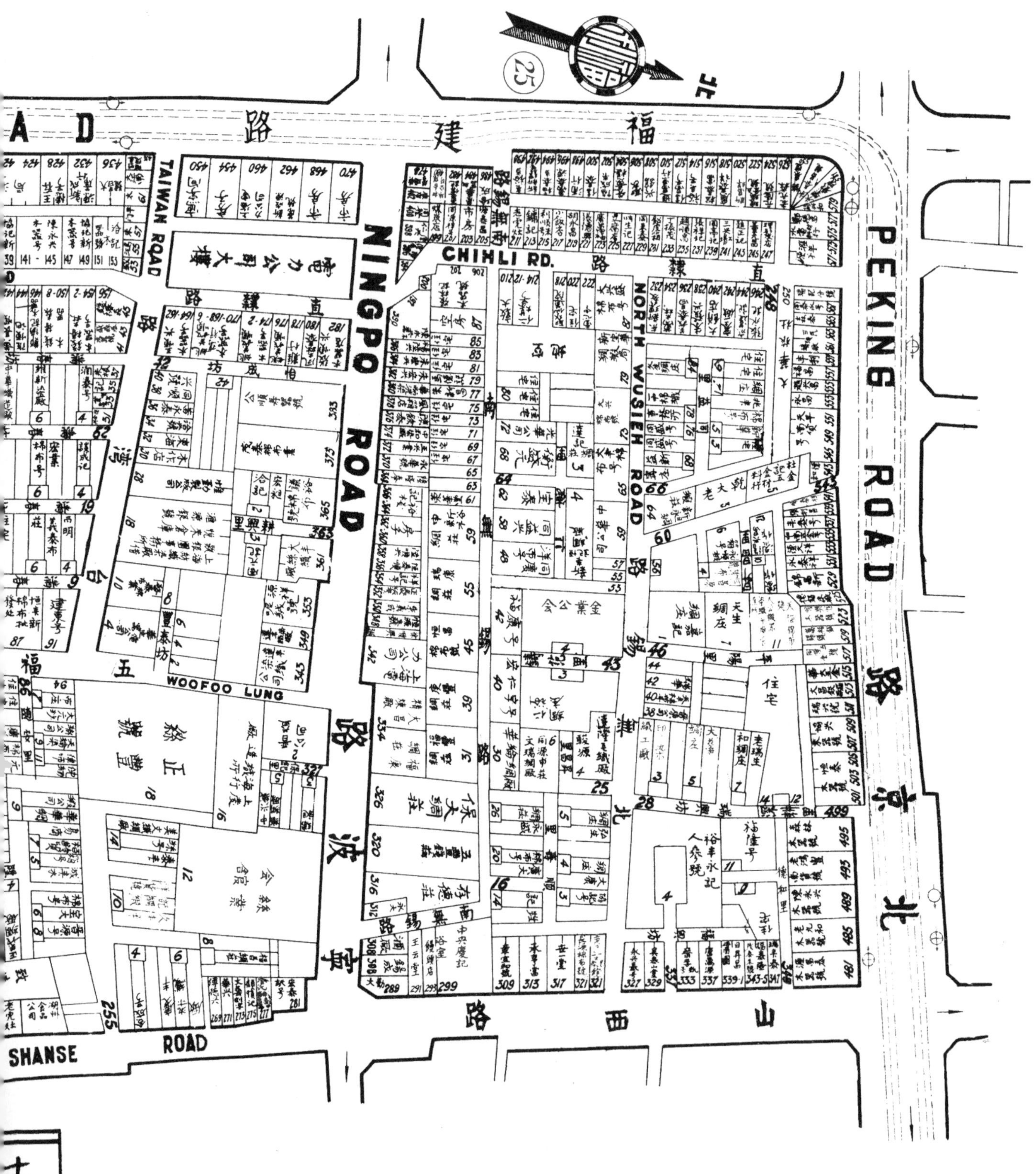
25
北
福建路
A D
ROAD
CHIHLI RD.
直隸路
TAIWAN ROAD
台灣路
NINGPO ROAD
寧波路
NORTH WUSIEH ROAD
北無錫路
PEKING ROAD
北京路
WOOFOO LUNG
五福弄
SHANSE ROAD
山西路
電力公司大樓
金業公會

FOKIEN R

NANKING ROAD 南京路

TIENTSIN ROAD 天津路

山西路

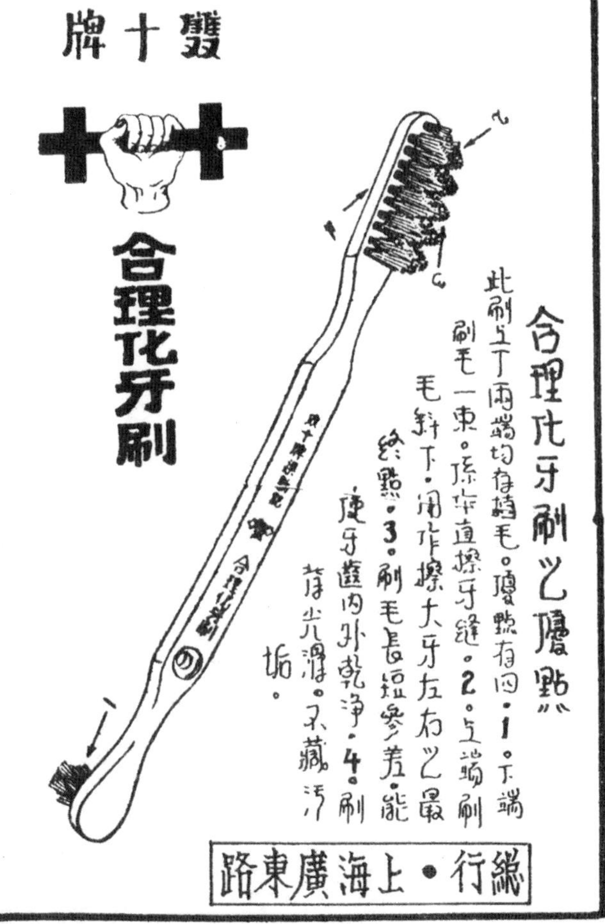

雙十牌
合理化牙刷
合理化牙刷之優點
此刷上下兩端均有植毛。優點有四。1。下端刷毛一束。係作直擦牙縫。2。上端刷毛斜下。用作擦大牙左右之最終點。3。刷毛長短參差。能使牙齒內外乾淨。4。刷革光滑。不藏污垢。
總行・上海廣東路

中央久記機織印染廠股份有限公司

國貨中的精美出品
實業界的偉大貢獻

註冊商標
漢光武
明太祖
鍾馗
五瑞圖

本廠出品

印花直貢
印花嗶嘰
印花色子貢
印花色丁
印花府綢
印花麻紗

勿落色花布
各色花布
各色標準布
各色花絨
安安藍布
納富妥紅布

花樣新穎永不褪色
種類繁多不及備載

杜絕假冒每疋釘有註冊中商標國貨唯真標記一枚

總發行所 上海漢口路四三九號 電話九一一三八・九二九五九號
總廠址 上海愚園路一一三四一號 電話二一八八八・二一八八九號

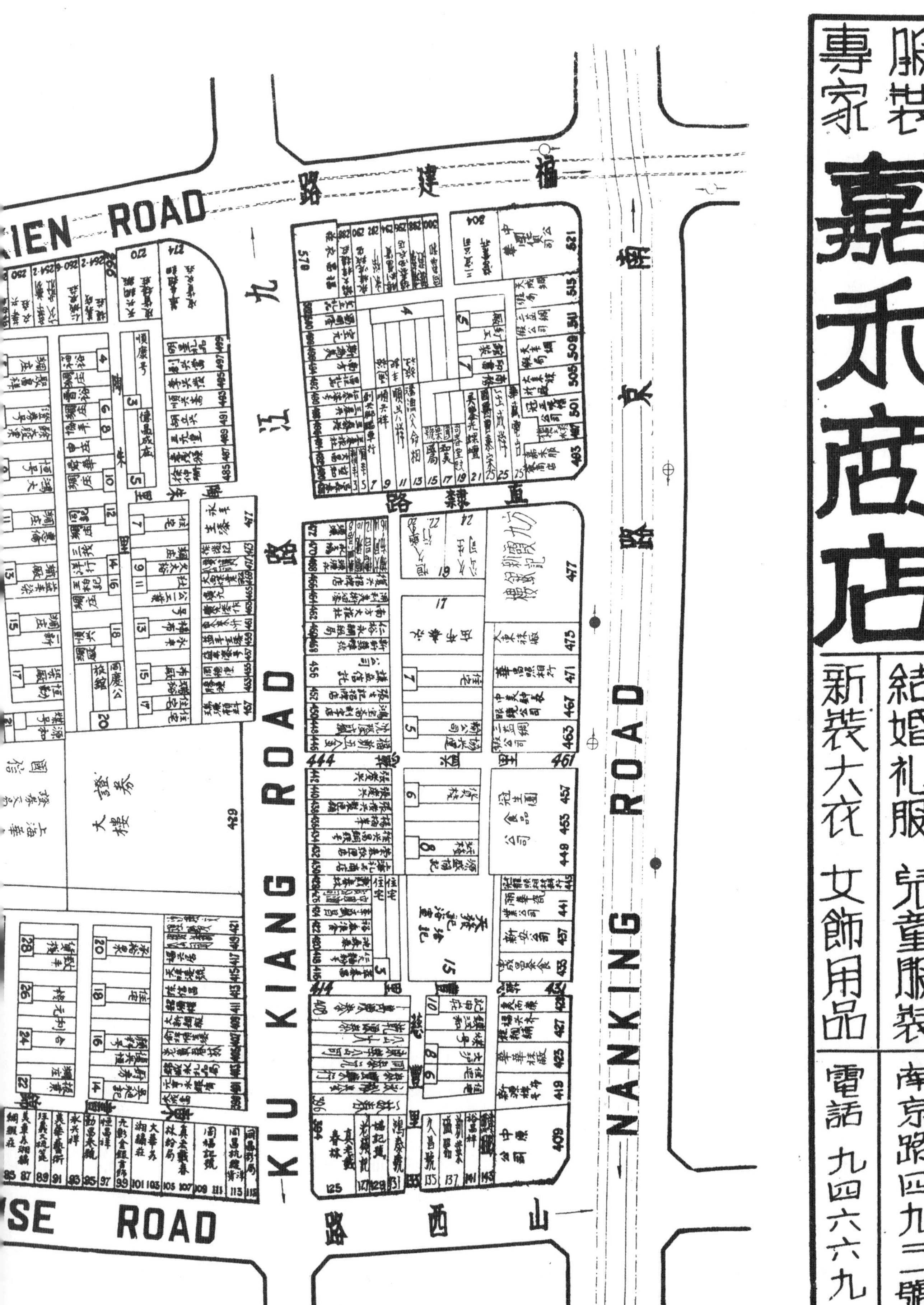
KIEN ROAD
福建路
九江路
KIU KIANG ROAD
南京路
NANKING ROAD
直隸路
山西路
SE ROAD

26
北
福建路
福州路
FOOCHOW ROAD
漢口路
HANKOW ROAD
山西路
世界書局
中正書局
振華旅館

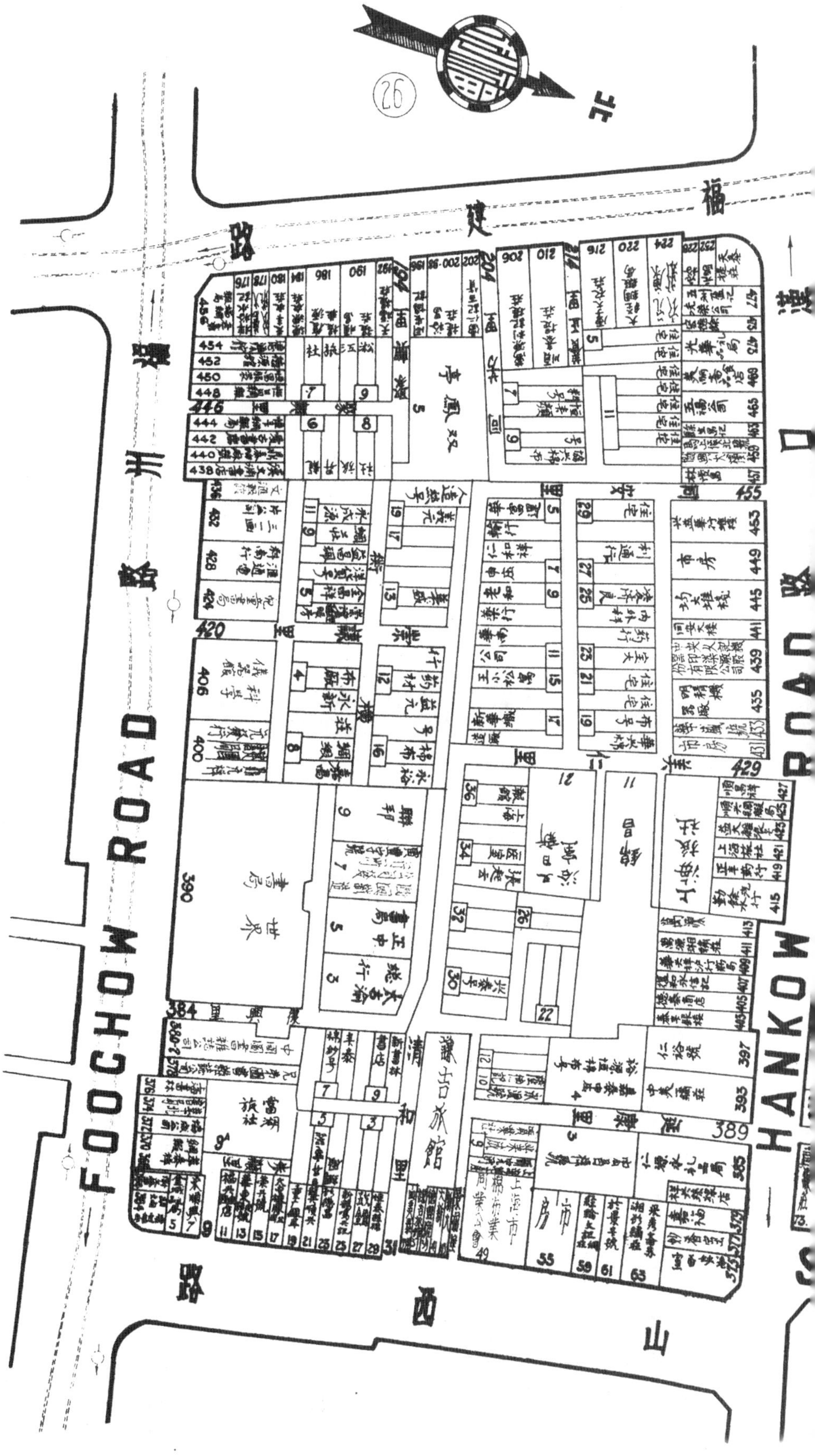

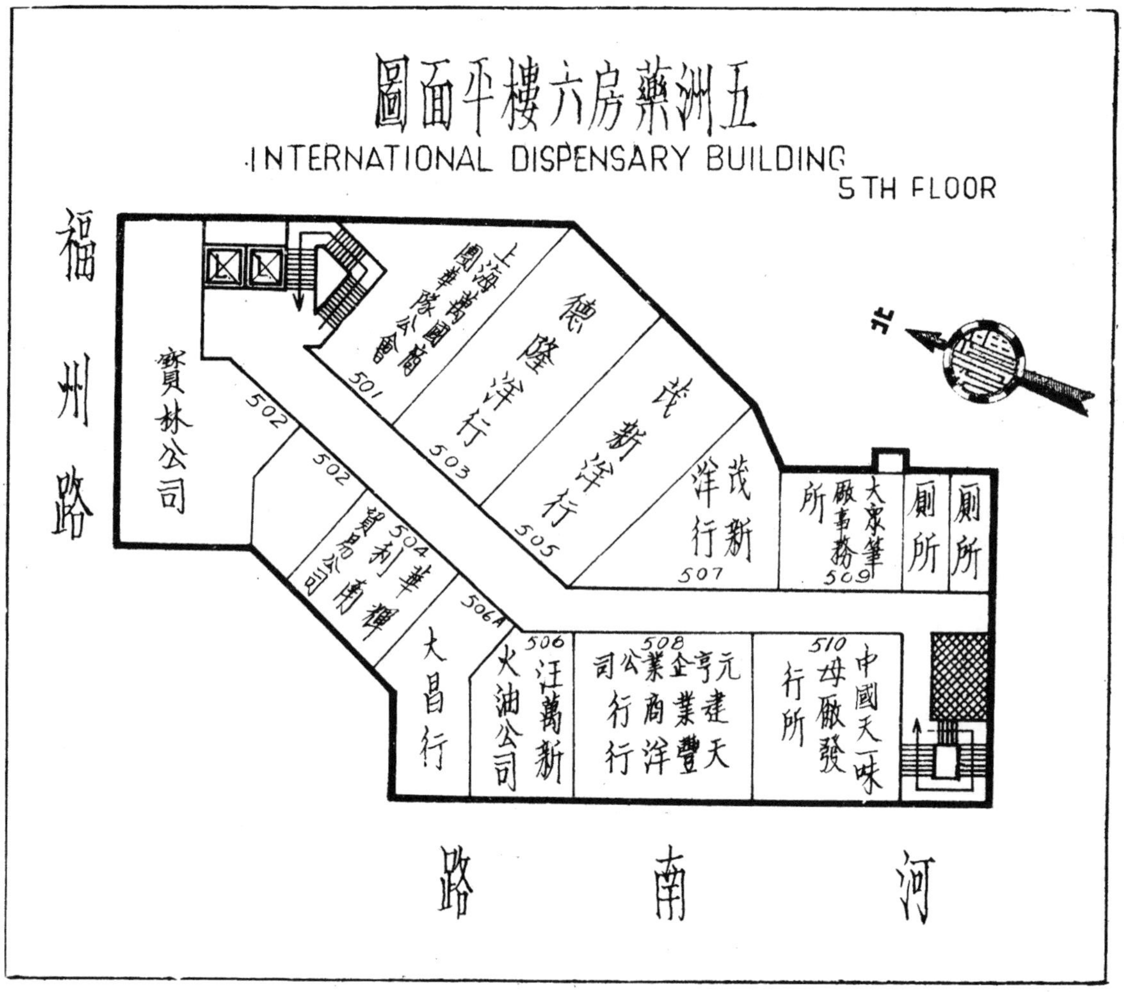

五洲藥房六樓平面圖

INTERNATIONAL DISPENSARY BUILDING

5TH FLOOR

福州路

上海萬國儲蓄
圓華隊公會
501

德隆洋行
503

茂新洋行
505

茂新洋行
507

大衆筆廠事務所
509

廁所

廁所

寶林公司

502

502

華禪
利南
貿易公司
504

大昌行
506A

汪萬新火油公司
506

元亨企業公司
建業商行
天豐洋行
508

中國天一味母廠發行所
510

河南路

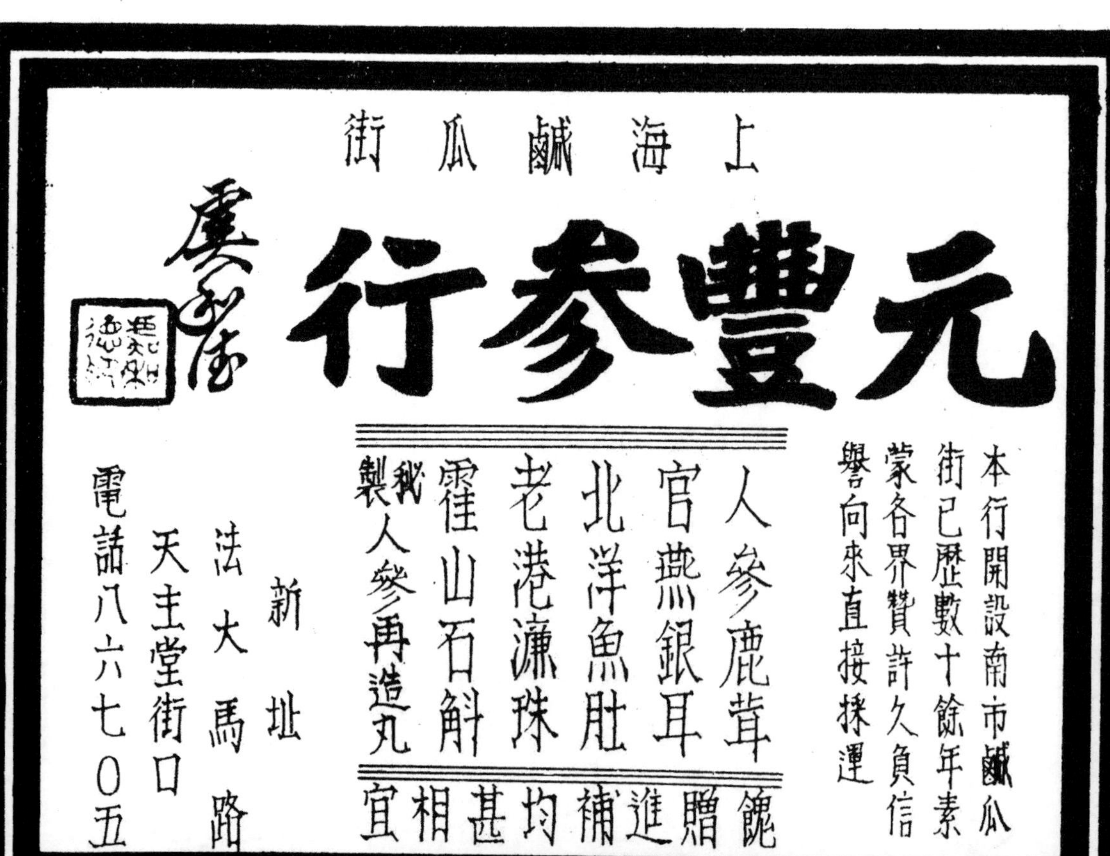

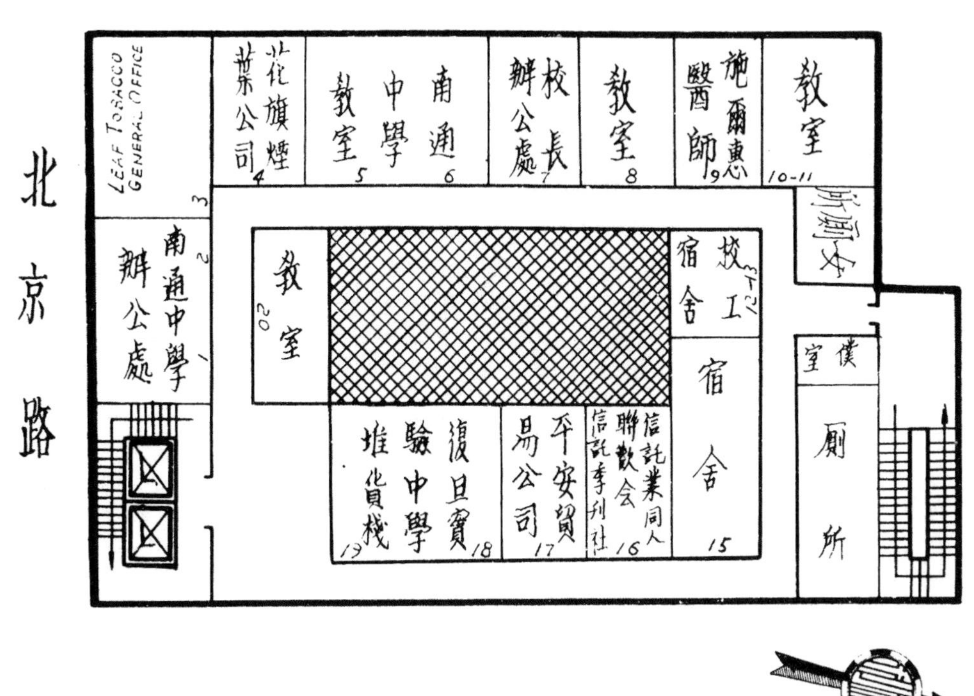

中一信託大樓三樓平面圖

FIRST TRUST BUILDING

2ND FLOOR

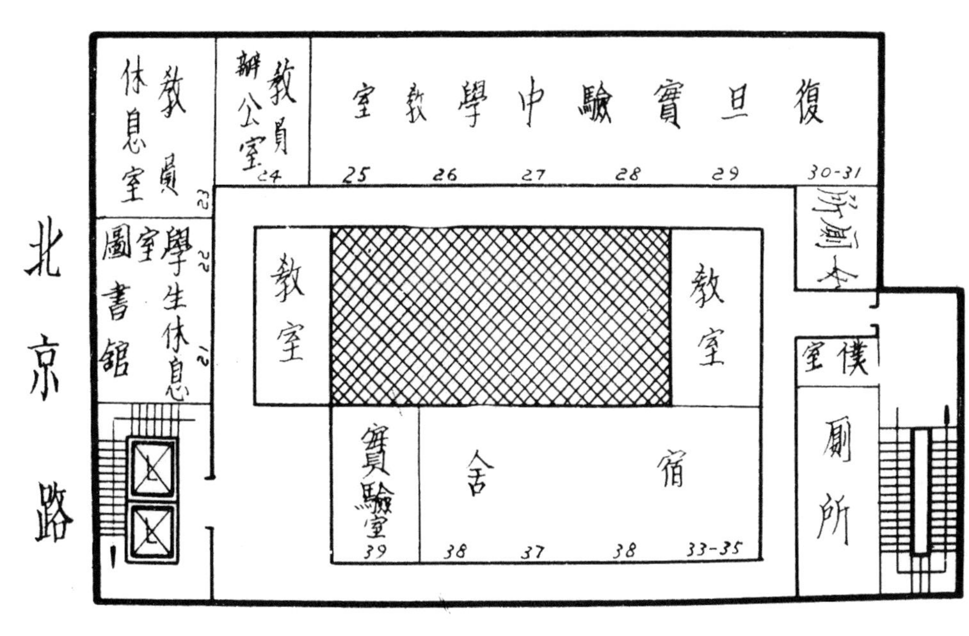

福建路
福州路
FOOCHOW ROAD
山東路
仁濟醫院
LESTER HOSPITAL
145
江蘇旅社
新旅社
GREAT CHINA DISPENSARY LTD.
上海大吉國藥號
精製飲片 丸散膏丹
檢方送藥 代客煎藥
廣東路石路東四三三號
電話九二二一八號

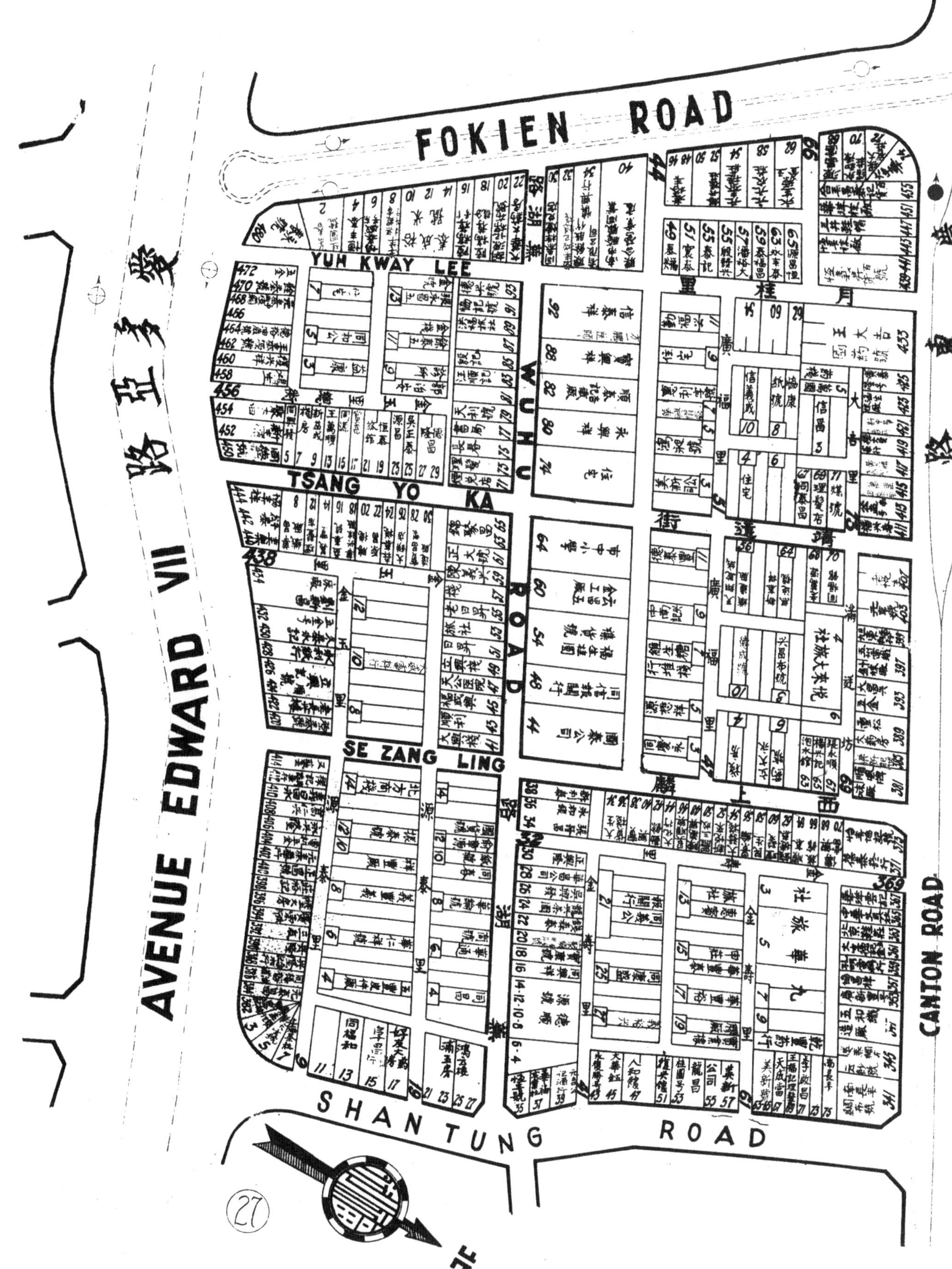
FOKIEN ROAD
YUH KWAY LEE
WUHU ROAD
TSANG YO KA
SE ZANG LING
AVENUE EDWARD VII
愛多亞路
SHAN TUNG ROAD
CANTON ROAD
廣東路
(27)

恒義昇襪衫廠第一支店

上海五馬路石路東首

電話九三八四二

搜羅時代物品

供給社會需要

出品 花蝶牌 男女襪衫

兼售 家庭日常用品

批發 絲線鞋料五金

⊙實行⊙ 高貨平價

電購部……專用電話

服務週到

97557

購貨不論多少接電立刻送到

總店 前設吳淞路一〇〇號

鞋料批發部 六馬路石路西首

重慶支店 上都郵街六十三號

青島支店 濰縣路四十九號

天津發行所 宮北大街通慶里

中一信託大樓四樓平面圖

FIRST TRUST BUILDING
3RD FLOOR

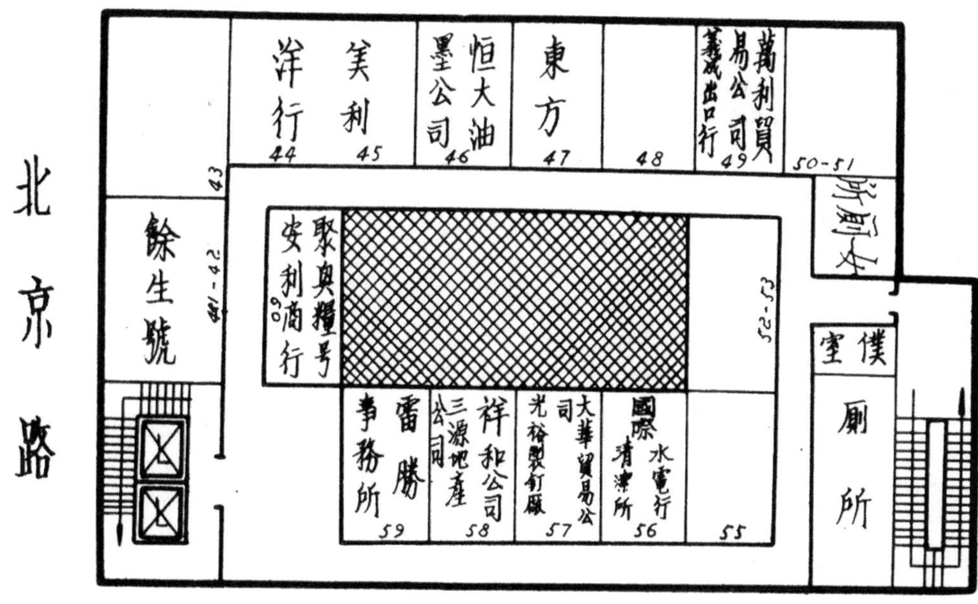

中一信託大樓五樓平面圖

FIRST TRUST BUILDING
4TH FLOOR

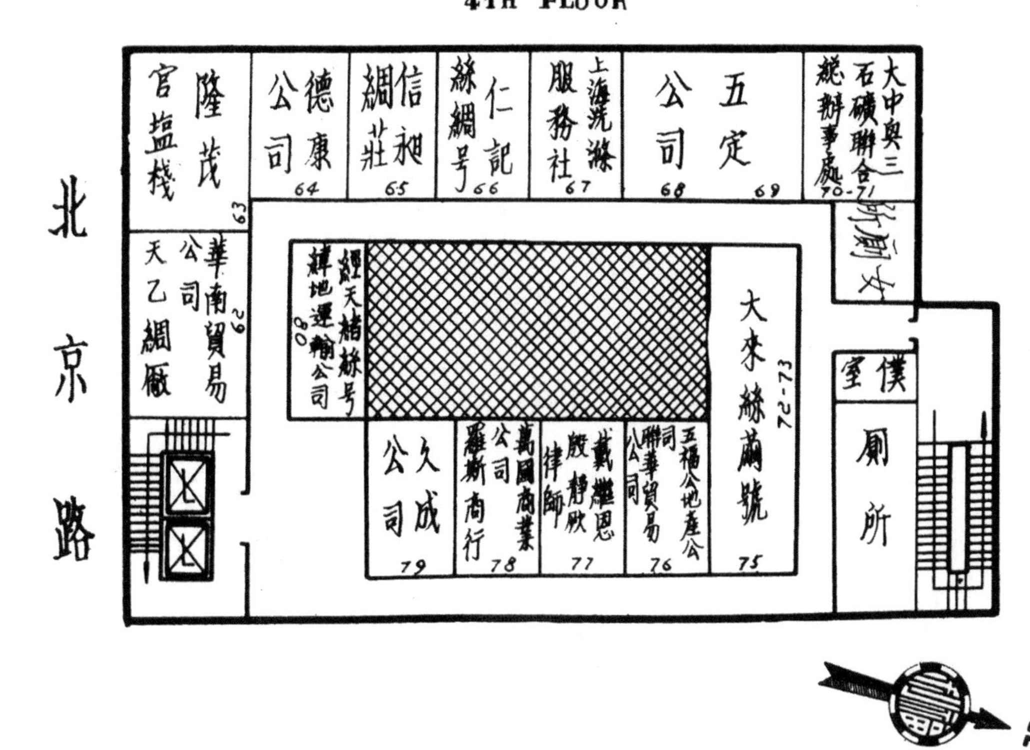

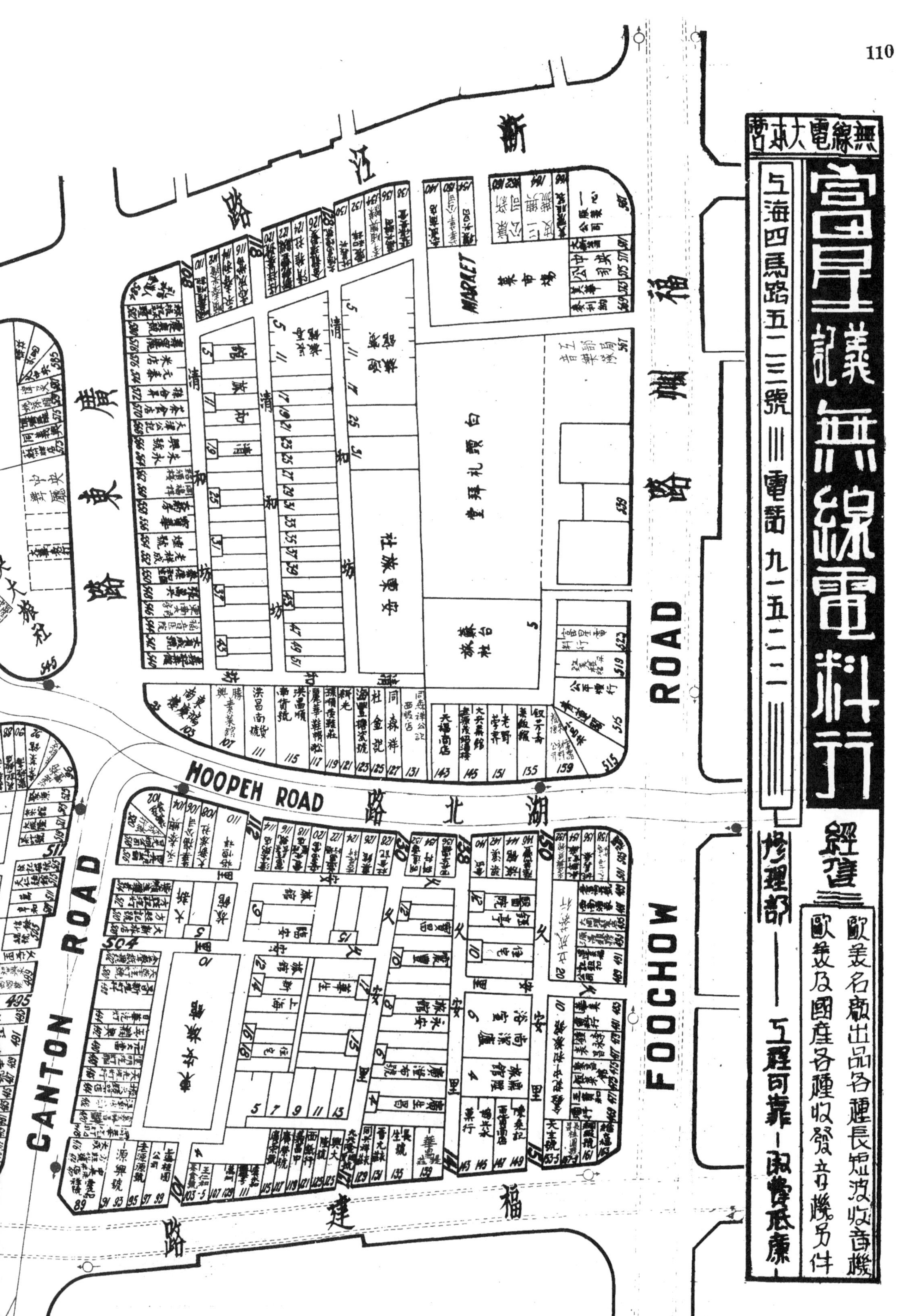

無線電大本營
富星義記無線電料行
上海四馬路五二三號
電話九一五二二二
經售
歐美名廠出品各種長短波收音機
歐美及國產各種收發音機另件
修理部
工程司
浙江路
福州路
FOOCHOW ROAD
湖北路
HOOPEH ROAD
廣東路
CANTON ROAD
福建路
MARKET
菜市場

汪裕泰茶號第二發行所
廣東路四七一號，
電話九零二一九零，
真正價廉
物美
歡迎
各界比較
六〇〇二號六灯乾電旅行機
五〇二T五灯交流收音機
各種收發音機另件
自製出品
富星義記
綫電料行
28
北
CNEKIANG
HOOPEH ROAD
湖北路
AVENUE EDWARD VII
PAKHOI ROAD
北海路
FOKIEN ROAD
RD

電光牌各種棉織品

高尚新穎永不退色

三星棉鐵廠

軟白毛巾

本廠出品之電光牌面巾，係採用上等熟紗織造，並經過消毒手續，故質地柔軟，色澤潔白，吸水力強，久用有益皮膚，茶樓酒館採用，定能招徠顧客，發達營業，如欲定製，請來信或電話通知可也。

獨幅被單

被單為床上必需之品，因洗滌便利，清潔雅觀，故人人樂予採用，然欲價品質優美而價格低廉者唯本廠出品之電光牌被單，電光牌被單質料細結堅韌，花樣新穎，顏色鮮艷，千洗萬晒，永遠不退。

時令布疋

本廠三樓布疋部陳列各色男女衣料，種類繁多，堅牢耐洗，顏色文静雅緻，樸素大方，並為便利顧客起見，設有定衣部，凡欲定製校服制服，西裝童裝，長衫旗袍，式樣時新，做工精良，交貨迅速。

出品要目

軟白毛巾——窗帘門帘
獨幅被單——美術床巾
各式布疋——枱毯枱布
男女衣着——絨毯線毯
兒童服裝——棉胎木棉
中西帳子——針織用品
浴衣浴巾——經濟鞋子
枕套枕芯——各號燭芯

上海南京路石路西
電話九四八三〇號

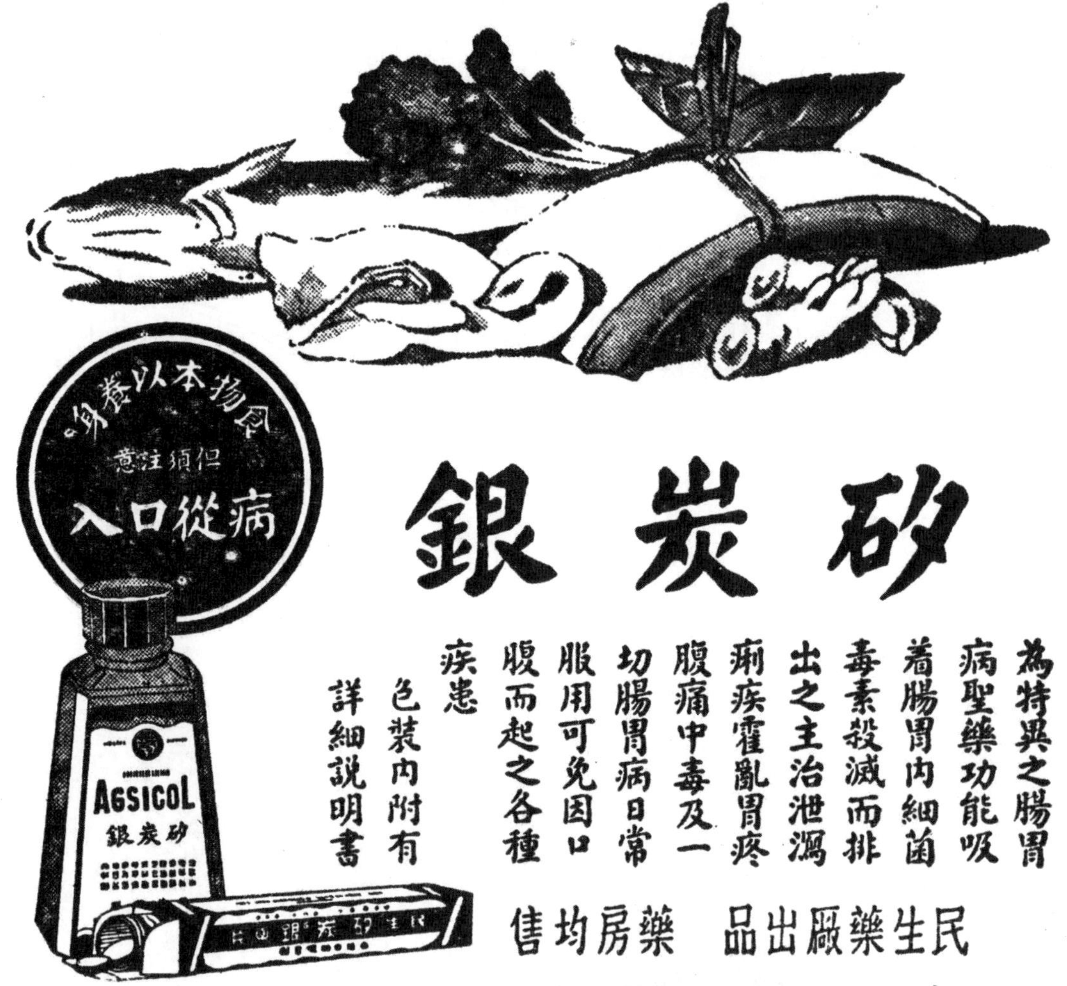

食物本以養身
但須注意
病從口入
砂炭銀
為特異之腸胃病聖藥功能吸着腸胃内細菌毒素殺滅而排出之主治泄瀉痢疾霍亂胃疼腹痛中毒及一切腸胃病日常服用可免因口腹而起之各種疾患
色裝内附有詳細說明書
AGSICOL
砂炭銀
民生藥廠出品　藥房均售

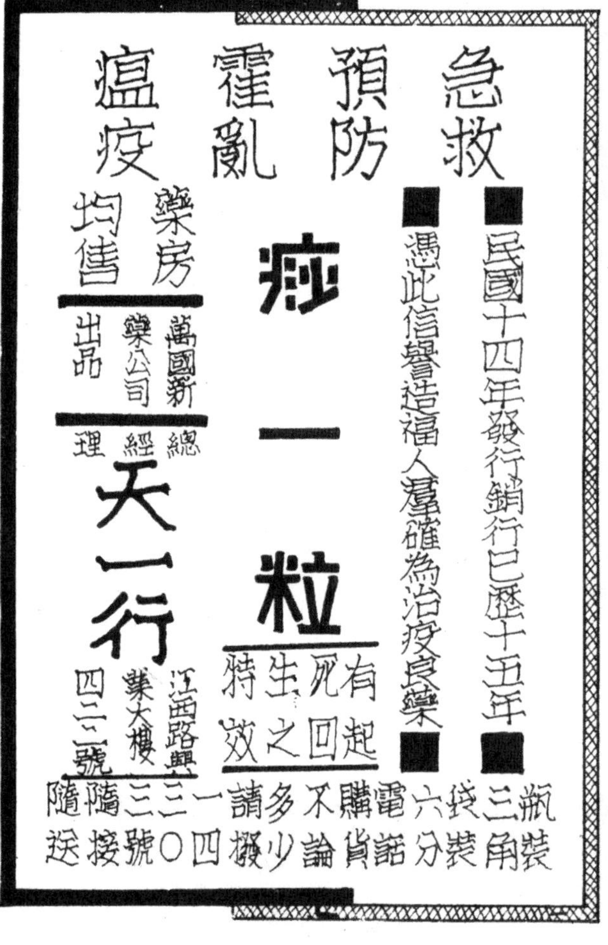

急救　預防　霍亂　瘟疫
民國十四年發行銷行已歷十五年
憑此信譽造福人羣確為治疫良藥
痧一粒
有起死回生之特效
藥房均售
萬國新藥公司出品
總經理
天一行
江西路興業大樓四三二號
瓶裝三角　袋裝六分　電話購貨不論多少請撥一四三〇三三號　隨接隨送

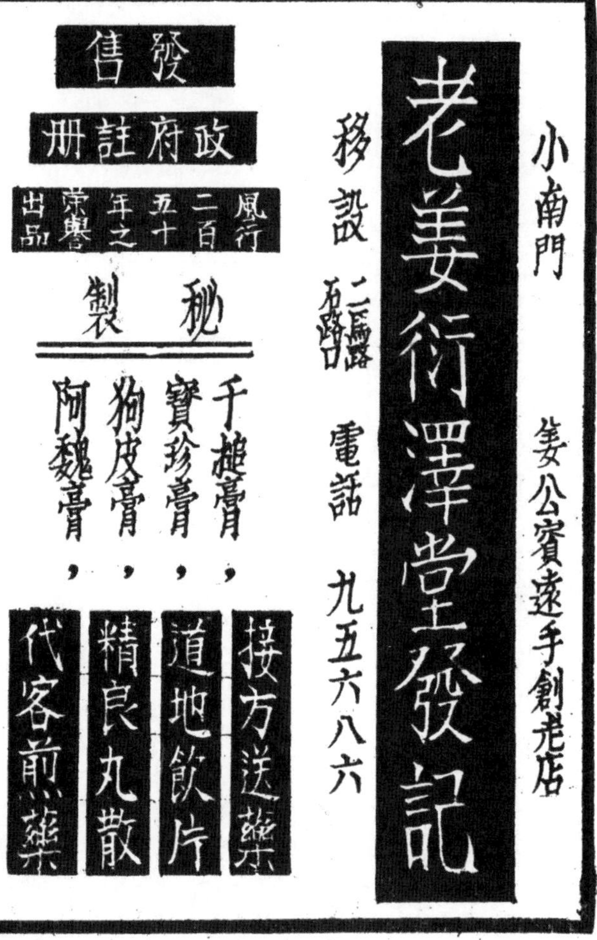

小南門
姜公賓遠手創老店
老姜衍澤堂發記
移設　二馬路石路口
電話　九五六八六
發售
政府註冊
風行二百五十年之榮譽出品
秘製
千捶膏，寶珍膏，狗皮膏，阿魏膏，
接方送藥
道地飲片
精良丸散
代客煎藥

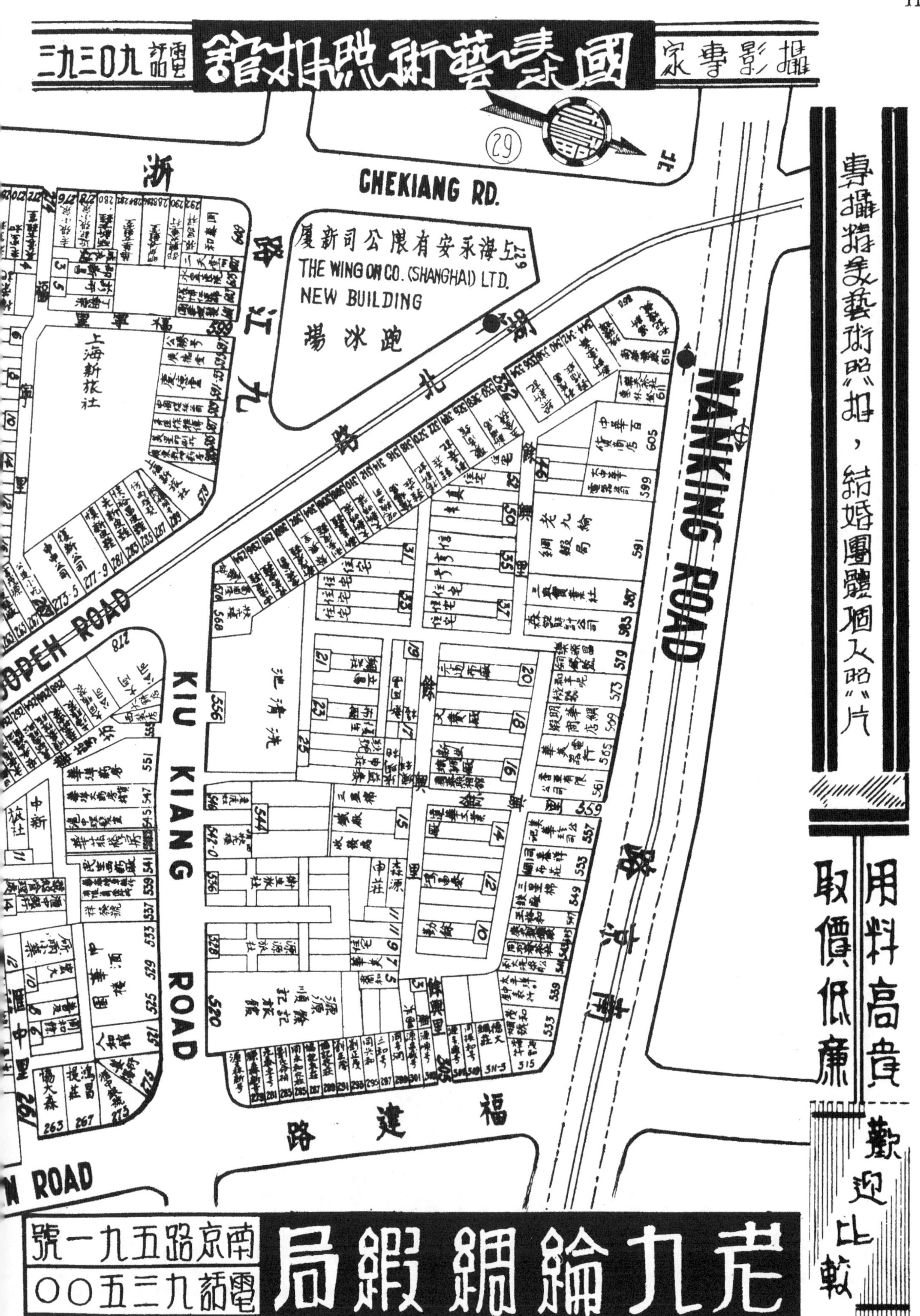

國泰藝術照相館
電話九〇三九三
攝影專家
專攝精美藝術照相，結婚團體個人照片
用料高貴
取價低廉
歡迎比較
CHEKIANG RD.
浙江路
上海永安有限公司新廈
THE WING ON CO. (SHANGHAI) LTD.
NEW BUILDING
跑冰場
上海新旅社
九江路
KIU KIANG ROAD
NANKING ROAD
南京路
老九綸綢緞局
福建路
ODEH ROAD
N ROAD
老九綸綢緞局
南京路五九一號
電話九三五〇〇

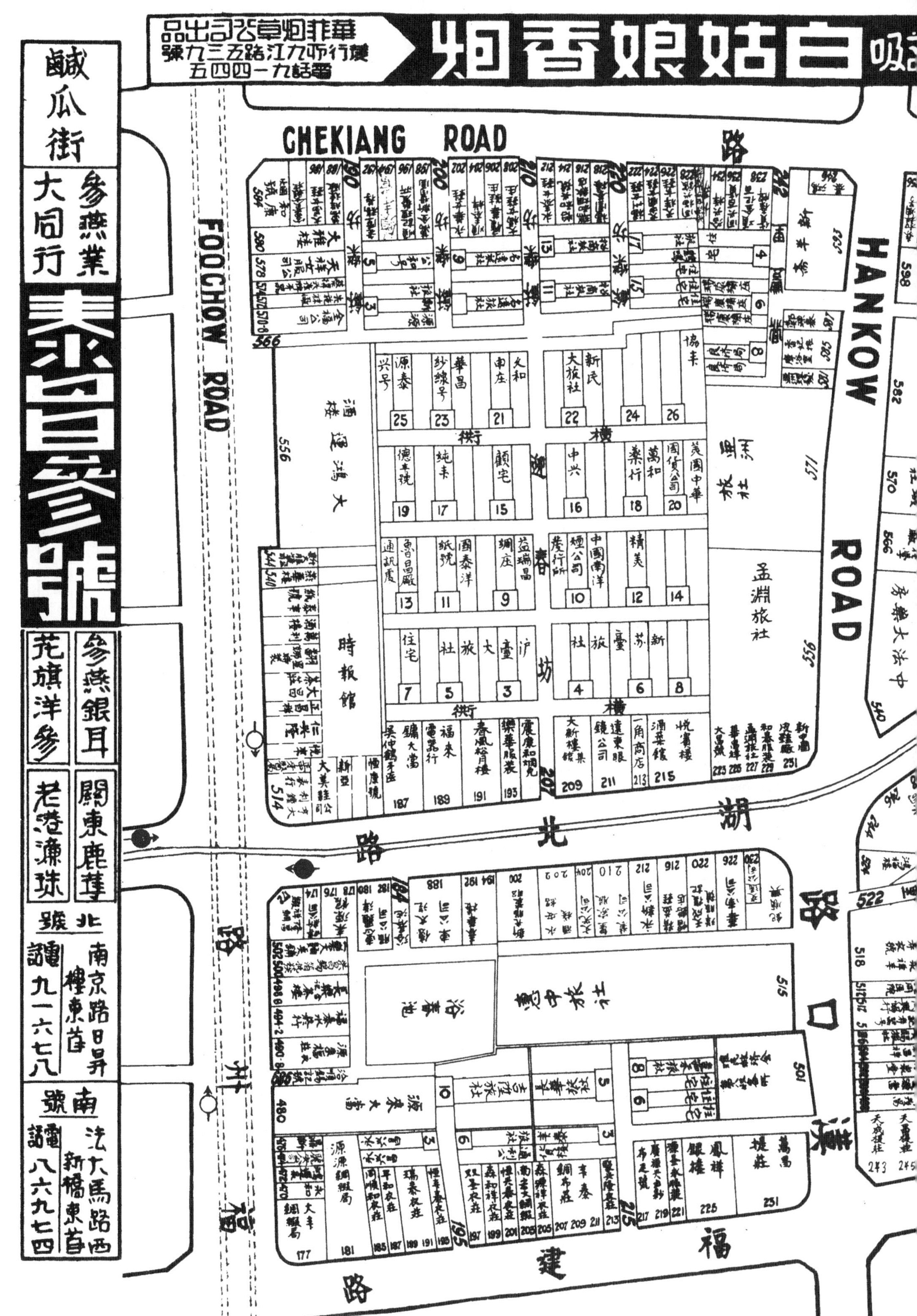
吸白姑娘香烟
華非烟草公司出品
電話九一四四五
鹹瓜街
參燕業
大同行
泰昌參號
參燕銀耳
花旗洋參
關東鹿茸
老港濂珠
北號
南京路日昇樓東首
電話九一六七八
南號
法大馬路西新橋東首
電話八六九七四
CHEKIANG ROAD
路
FOOCHOW ROAD
HANKOW ROAD
湖北路
福建路
漢口路
福州路
時報館
大鴻運樓
孟淵旅社
浴春池
中國南洋
大新樓
遠東眼鏡公司
一角商店
源泰
華昌

中和大厦二楼平面图

THE CHUNG WOO BUILDING

1ST FLOOR

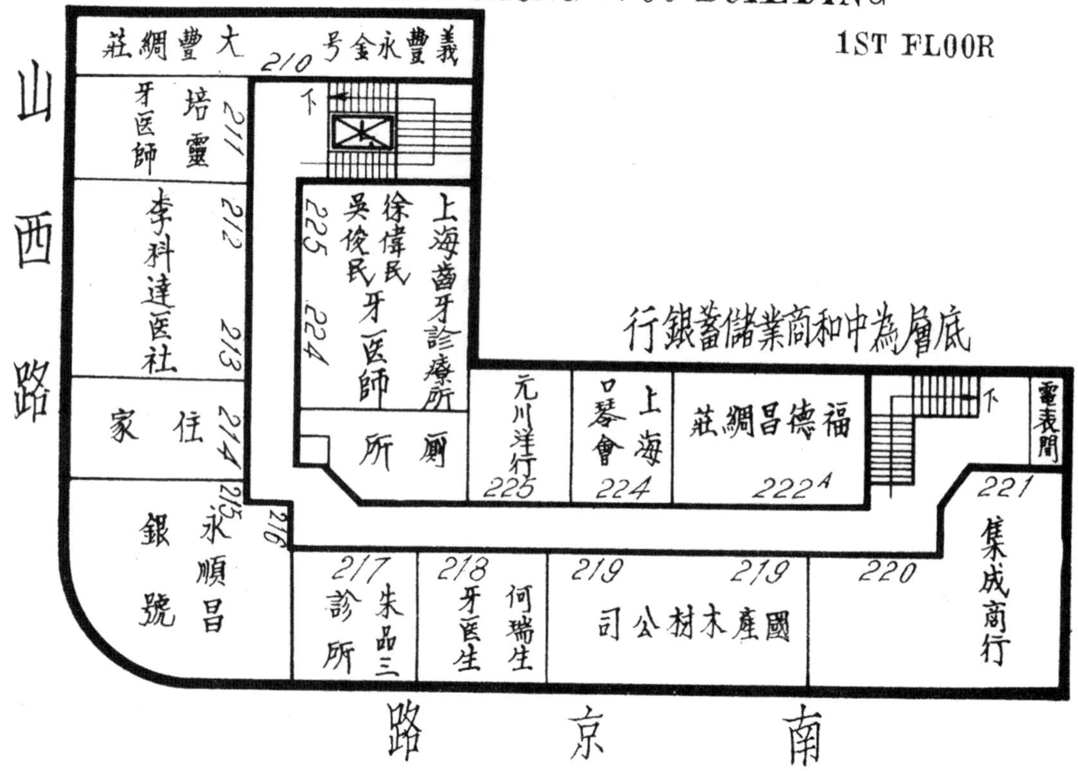

底層為中和商業儲蓄銀行

山西路

南京路

210 義豐永金号 大豐綢莊

211 培靈牙医師

212 213 李科達医社

214 住家

215 永順昌銀號

216

217 朱品三診所

218 何瑞生牙医生

219 219 國產木材公司

220

221 集成商行

222A 福德昌綢莊

224 上海口琴會

225 元川洋行

225 224 上海齒牙診療所 徐偉民 吴俊民牙医師

廁所

電表間

下

中和大厦三楼平面图

THE CHUNG WOO BUILDING

2ND FLOOR

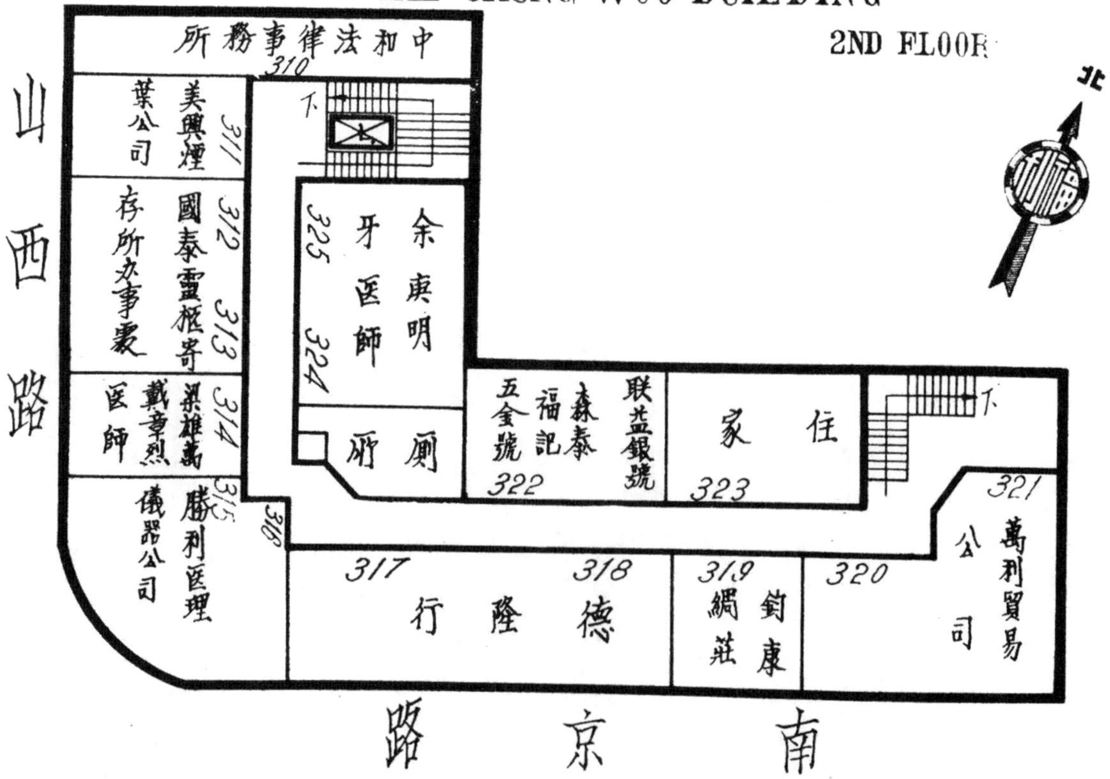

北

山西路

南京路

310 中和法律事務所

311 美興煙葉公司

312 313 國泰靈柩寄存所办事處

314 梁雄萬 戴章烈医師

315 勝利医理儀器公司

316

317 318 德隆行

319 釣康綢莊

320

321 萬利貿易公司

322 联益銀號 森泰福記 五金號

323 住家

325 324 余庚明牙医師

廁所

下

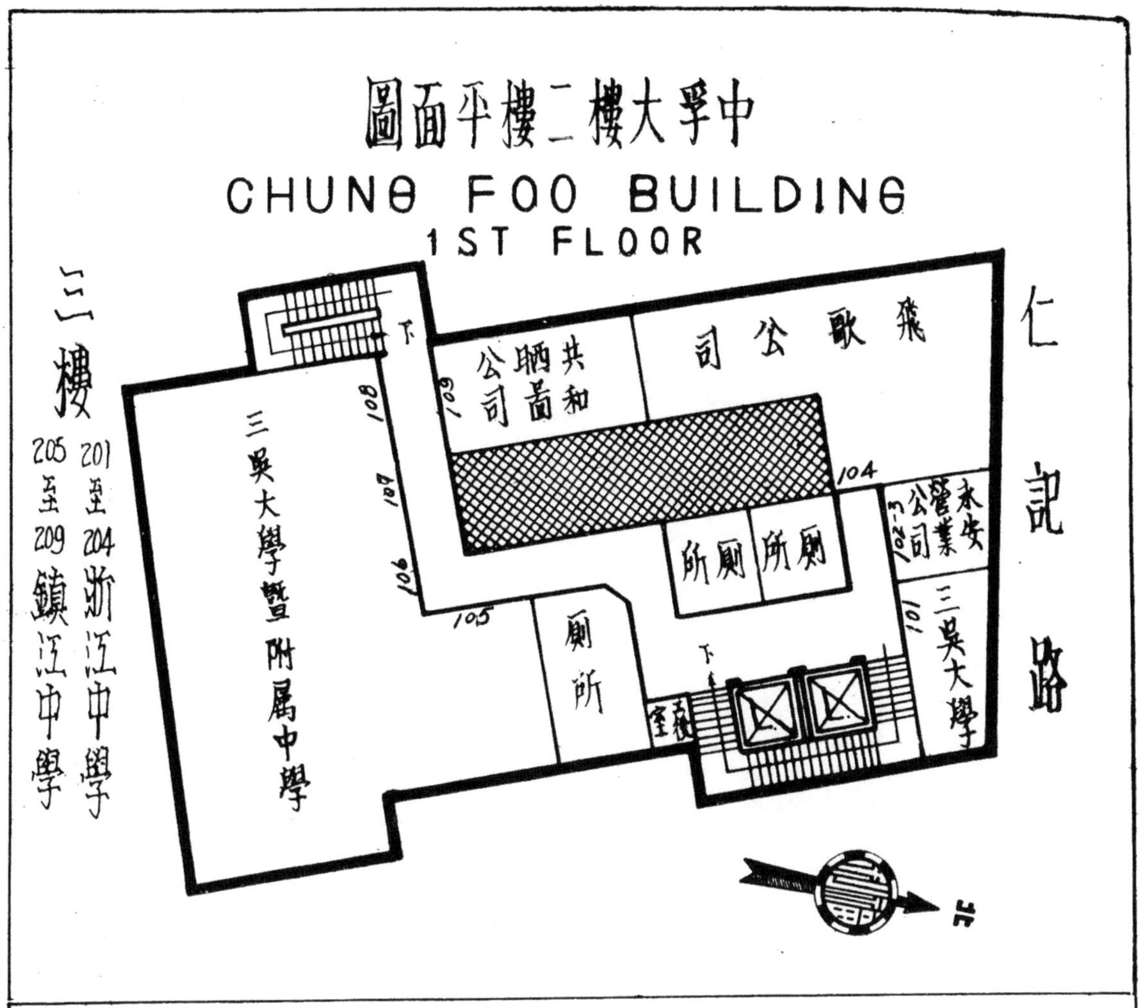

中孚大樓二樓平面圖
CHUNG FOO BUILDING
1ST FLOOR
三樓
201至204 浙江中學
205至209 鎮江中學
仁記路
飛歌公司
共和晒圖公司
東吳大學暨附屬中學
永安營業公司
東吳大學
廁所
廁所
廁所
工役室
下
下
101
102-3
103
104
105
106
107
108
北

中孚大樓四樓平面圖
CHUNG FOO BUILDING
3RD FLOOR
五樓
阜豐麵粉公司
通惠實業公司
通豐麵粉公司
中孚銀行總管理處
仁記路
利太洋行
華洋義賑會
飽賚洋行
利豐號
英利行
捷與號
成泰號
聯合綢公司
中國進口貿易公司
廁所
廁所
廁所
工役室
下
下
301
302
303
304
305
306
307
308
309
310
311
312

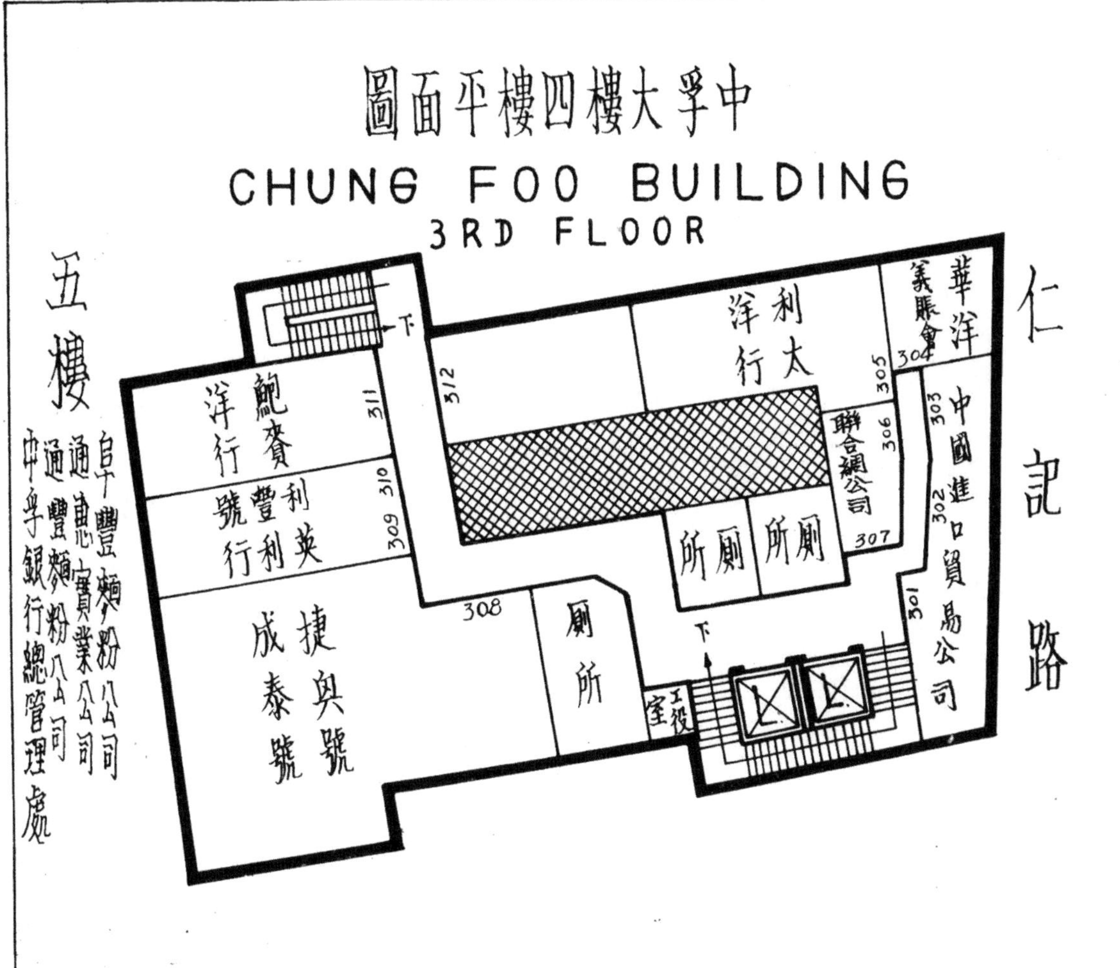

南京路日昇樓東
電話九四五六一
寶大參號
大同行
華英藥房
電話
93340
ROAD
浙江路
NINGPO ROAD
寧波路
NEWCHWANG ROAD
牛莊路
PEKING ROAD
北京路
KOOKA LUNG
YARD
錢江會館
錢江小學
福建路

君欲買各種襪子，以及一切時令百貨，請到
南京路，南華襪廠，包君十二萬
南京路
真
老大房
為全上海制辦最早之茶食糖果號
總店 南京路石路口
新店 南京路抛球場
西區分店 靜安寺電車站傍邊
二區分店 霞飛路金神父路口
北
30
CHEKIANG
NANKING ROAD
南京路
TIENTSIEN ROAD
LUNG ZA YUEN
龍泉園
HIANG FUN LUNG
FOKIEN ROA
德大帽行
統辦環球名廠
督造膠州毡帽
福建路三七八至三八四號 分行：福建路三五九號 電話：九〇三九二號

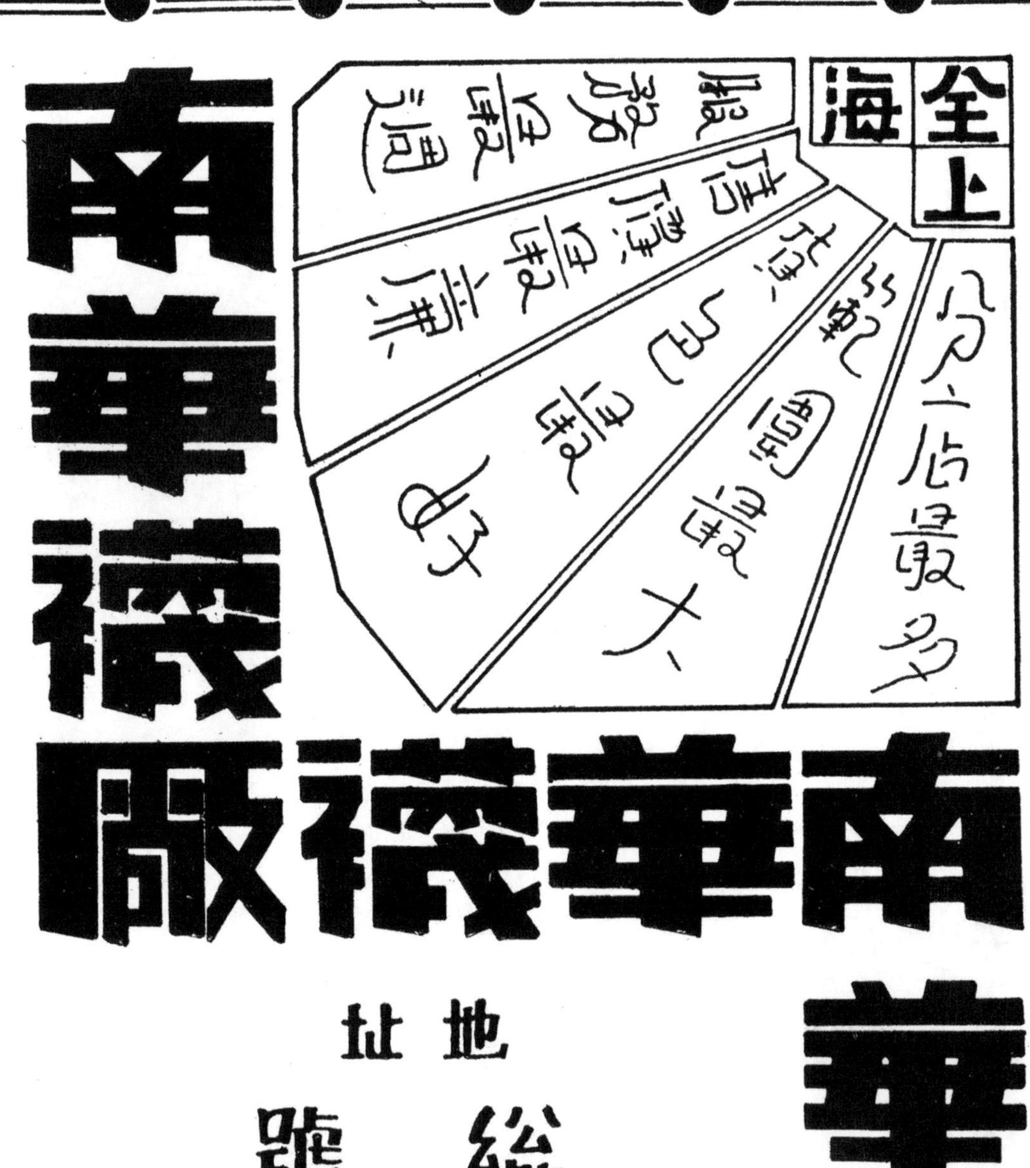
南華襪廠
全上海
分店最多
營業最大
花色最好
價格最廉
服務最週
南華襪廠

中孚大樓六樓平面圖

CHUNG FOO BUILDING
5TH FLOOR

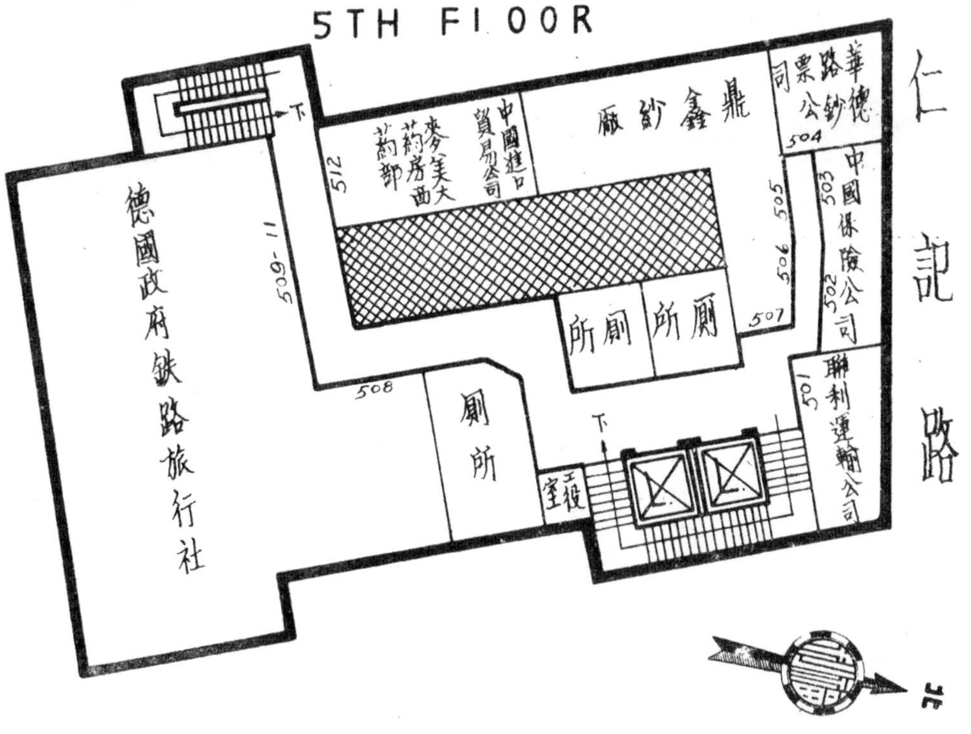

德華路鈔票公司 504
鼎鑫紗廠
中國進口貿易公司
麥美大藥房西藥部
512
中國保險公司
503
502
505
506
507
德國政府鐵路旅行社
509-11
508
廁所
廁所
廁所
工役室
下
下
聯利運輸公司
501
仁記路
北

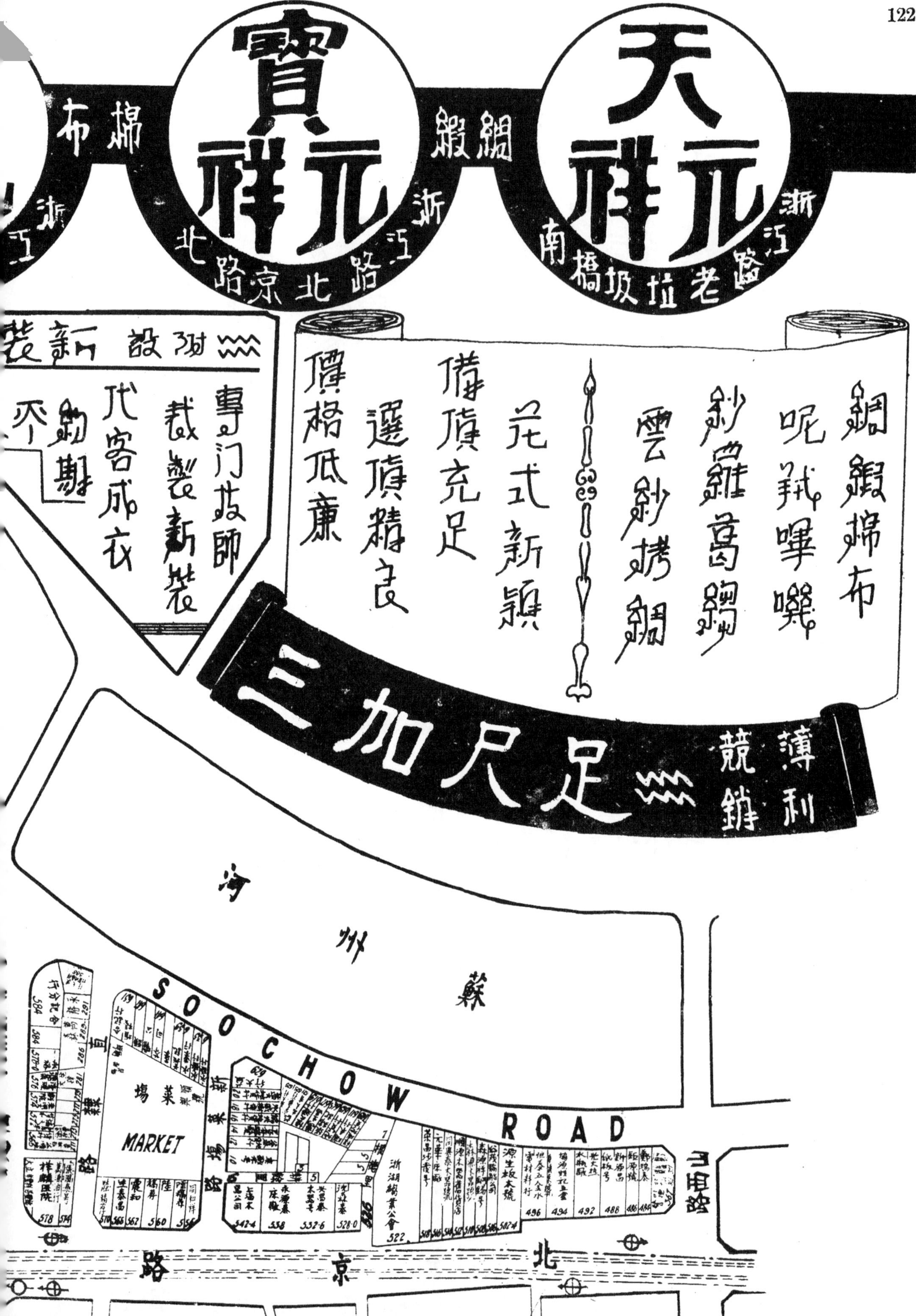

天祥元
浙江南路老拉圾橋
寶祥元
浙江路北京路北
綢緞
棉布
附設新裝
專门技師
裁製新裝
代客成衣
綢緞棉布
呢絨嗶嘰
紗羅葛綢
雲紗拷綢
花式新穎
備貨充足
選貨精良
價格低廉
足尺加三
薄利競銷
蘇州河
SOOCHOW ROAD
MARKET
北京路

浙江路厦門路口

鼎元祥綢布呢絨

電話九三〇八四

浙江路北京路北

寶元祥綢布呢絨

電話九四一四五

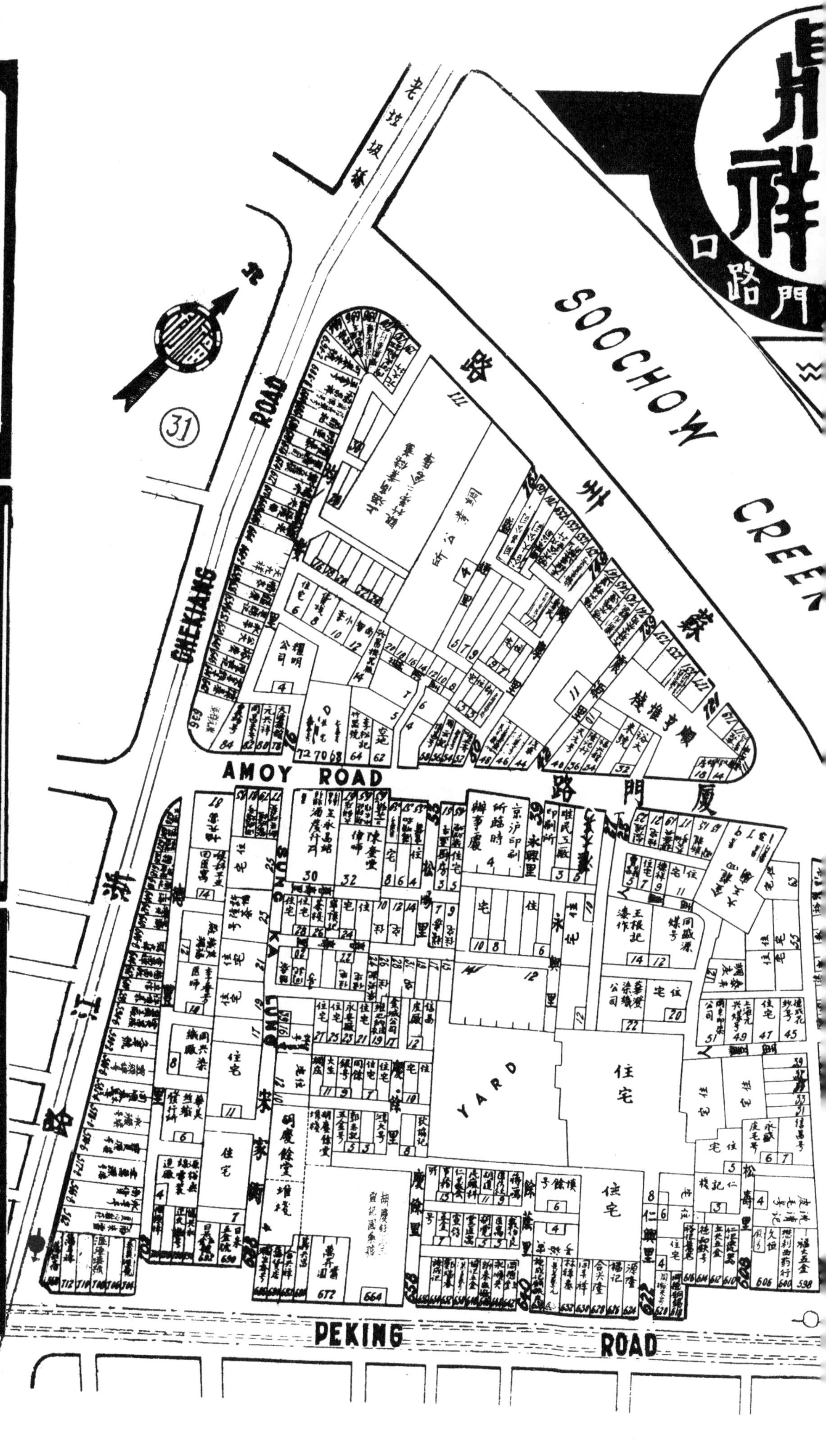

鼎祥

門路口

老垃圾橋

31

SOOCHOW CREEK

蘇州路

CHEKIANG ROAD

浙江路

AMOY ROAD

厦門路

YARD

PEKING ROAD

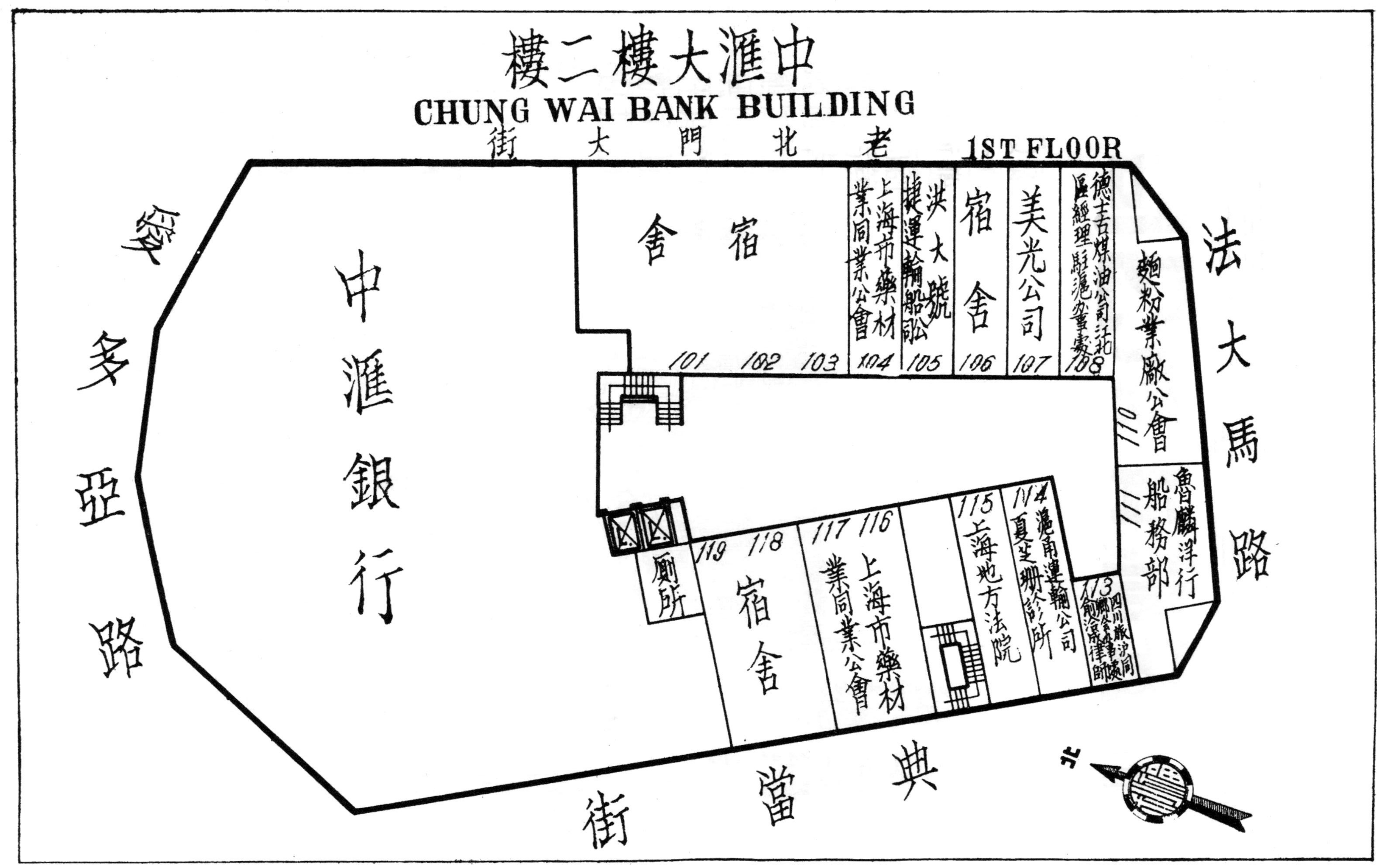
中滙大樓二樓
CHUNG WAI BANK BUILDING
1ST FLOOR
老北門大街
法大馬路
典當街
愛多亞路
中滙銀行
101 102 103 宿舍
104 上海市藥材業同業公會
105 洪大號捷運輪船公司
106 宿舍
107 美光公司
108 德士古煤油公司江北區經理駐滬辦事處
110 麵粉業廠公會
111 魯麟洋行船務部
113 四川旅滬同鄉會辦事處
114 夏芝珊診所
115 上海地方法院
116 117 上海市藥材業同業公會
118 宿舍
119 廁所
北

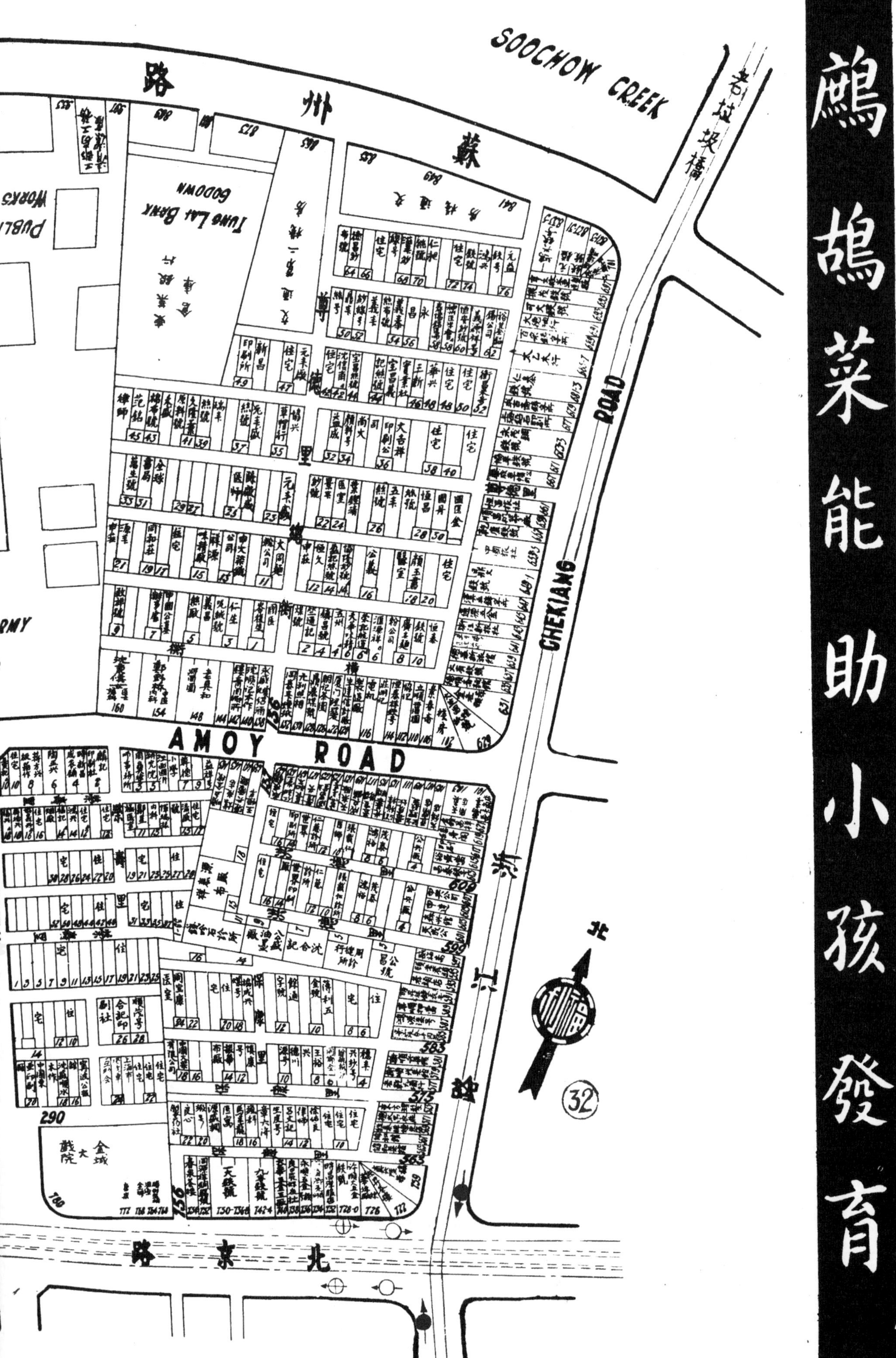
SOOCHOW CREEK
蘇州路
老垃圾橋
TUNG LAI BANK GODOWN
PUBLIC WORKS
ARMY
AMOY ROAD
CHEKIANG ROAD
浙江路
北京路
金城大戲院
北
32

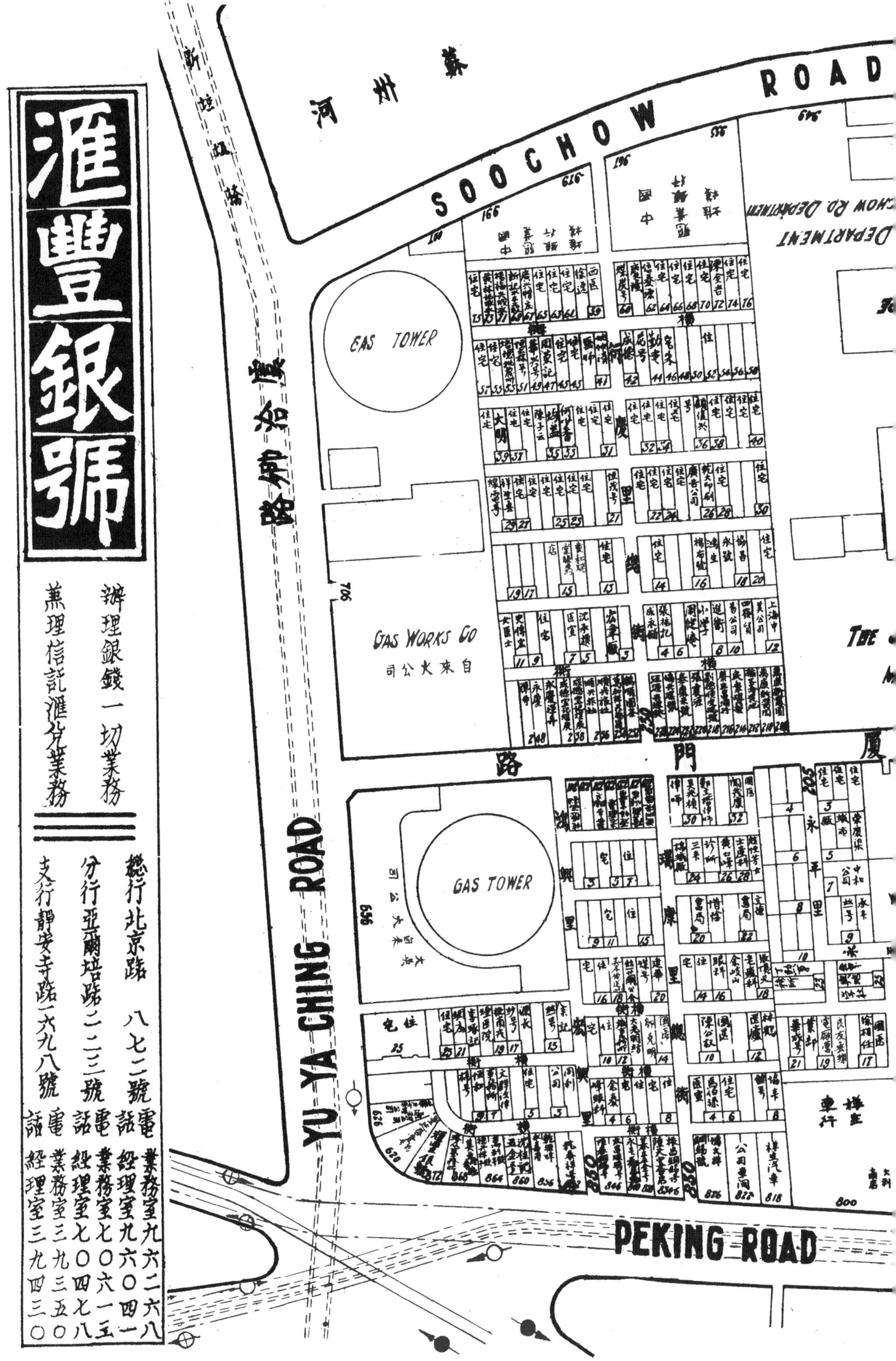
滙豐銀號
辦理銀錢一切業務
兼理信託滙兑業務
總行北京路八七二號
電話 業務室九六二六八 經理室九六〇四一
分行亞爾培路二二三號
電話 業務室七〇六一五 經理室七〇四七八
支行靜安寺路一六九八號
電話 業務室三九三五〇 經理室三九四三〇
蘇州河
SOOCHOW ROAD
虞洽卿路
YU YA CHING ROAD
GAS TOWER
GAS WORKS CO
自來火公司
廈門路
PEKING ROAD

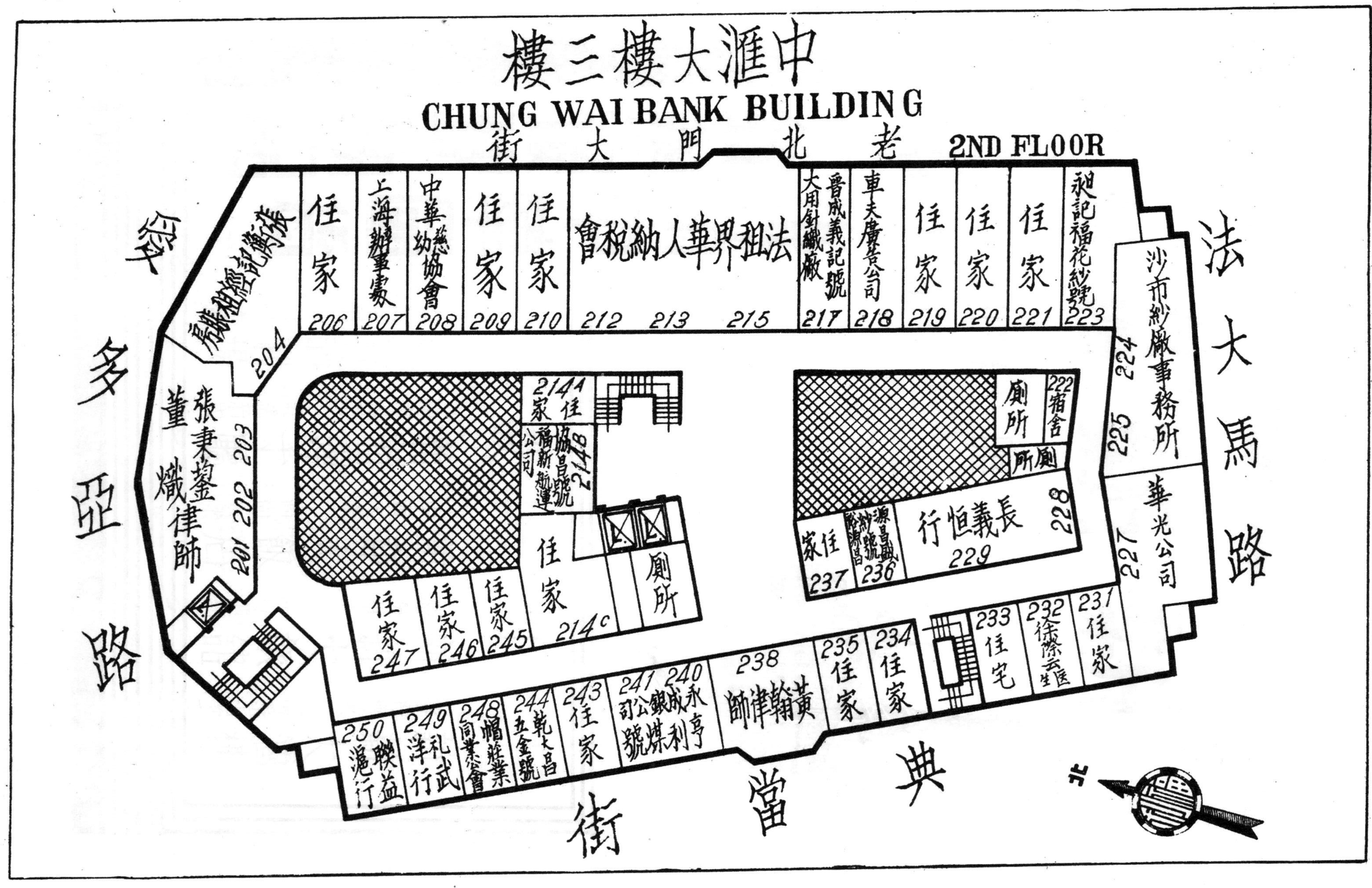
中滙大樓三樓
CHUNG WAI BANK BUILDING
2ND FLOOR
老北門大街
法大馬路
愛多亞路
典當街
北
任家 206
上海辦事處 207
中華慈幼協會 208
任家 209
任家 210
法租界華人納稅會 212 213 215
大用針織廠 217
晉成義記號
車夫廣告公司 218
任家 219
任家 220
任家 221
223
沙市紗廠事務所 224 225
華光公司 227
222 宿舍
廁所
長義恒行 228 229
任家 237
214A 任家
任家 214C
廁所
任家 245
任家 246
任家 247
231 任家
233 任宅
234 任家
235 任家
238 黃翰律師
241 240
243 任家
244
248
249
250

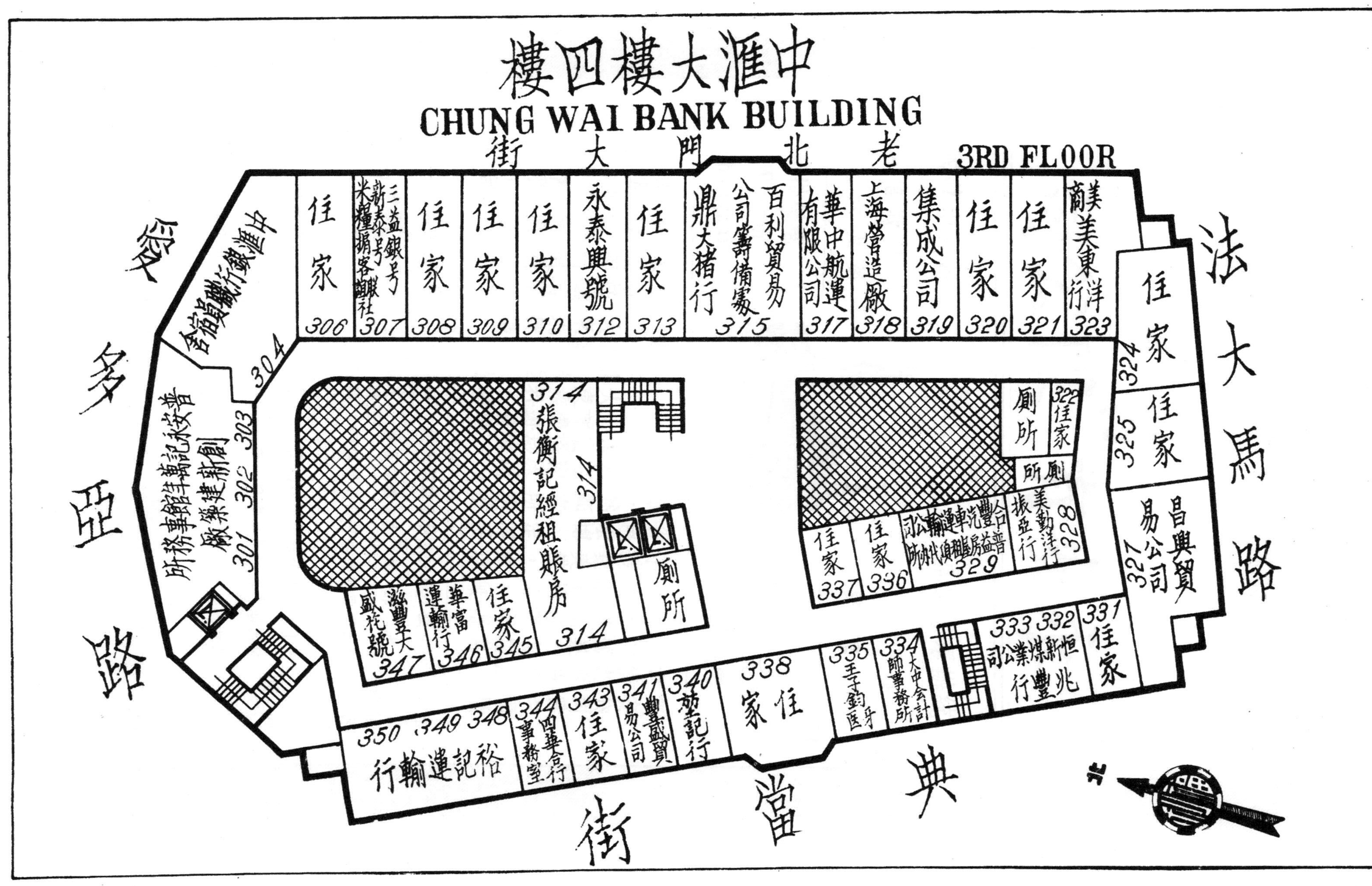

中滙大樓四樓
CHUNG WAI BANK BUILDING
3RD FLOOR
老北門大街
法大馬路
典當街
愛多亞路
301 302 303
304
306 任家
307
308 任家
309 任家
310 任家
312 永泰興號
313 任家
315 鼎大豬行
317 華中航運有限公司
318 上海營造廠
319 集成公司
320 任家
321 任家
323 美東洋行
324 任家
325 任家
327 昌興貿易公司
328 美勤洋行
329
331 任家
332
333
334
335
336 任家
337 任家
338 任家
340
341
343 任家
344
345 任家
346 華富運輸行
347
348
349
350
314 張衡記經租賬房
廁所

WEI FOONG BANK
滙豐銀號
辦理銀錢一切業務
北京路
貴州路
芝罘路
廣西路
牛莊路
寧波路
浙江路
KWEICHOW ROAD
KWANGSE ROAD
CHEKIANG ROAD
ROAD
更新舞臺
新光大戲院
清涼寺

風行全球四十餘年
神經系唯一大補劑
艾羅補腦汁
寧神健腦 補血生精
上海中法大藥房發行
PEKING ROAD
CHEFOO ROAD
GREAT EASTERN DISPENSARY LTD
中法大藥房
LLOYD ROAD
勞合路
NEWCHWANG ROAD
YUNNAN ROAD
雲南路
YU YA CHING ROAD
虞洽卿路
白克路
NINGPO
長吉里
五福里
太原里
北
33
胃病新藥
胃寧
藥片
上海中法大藥房發行

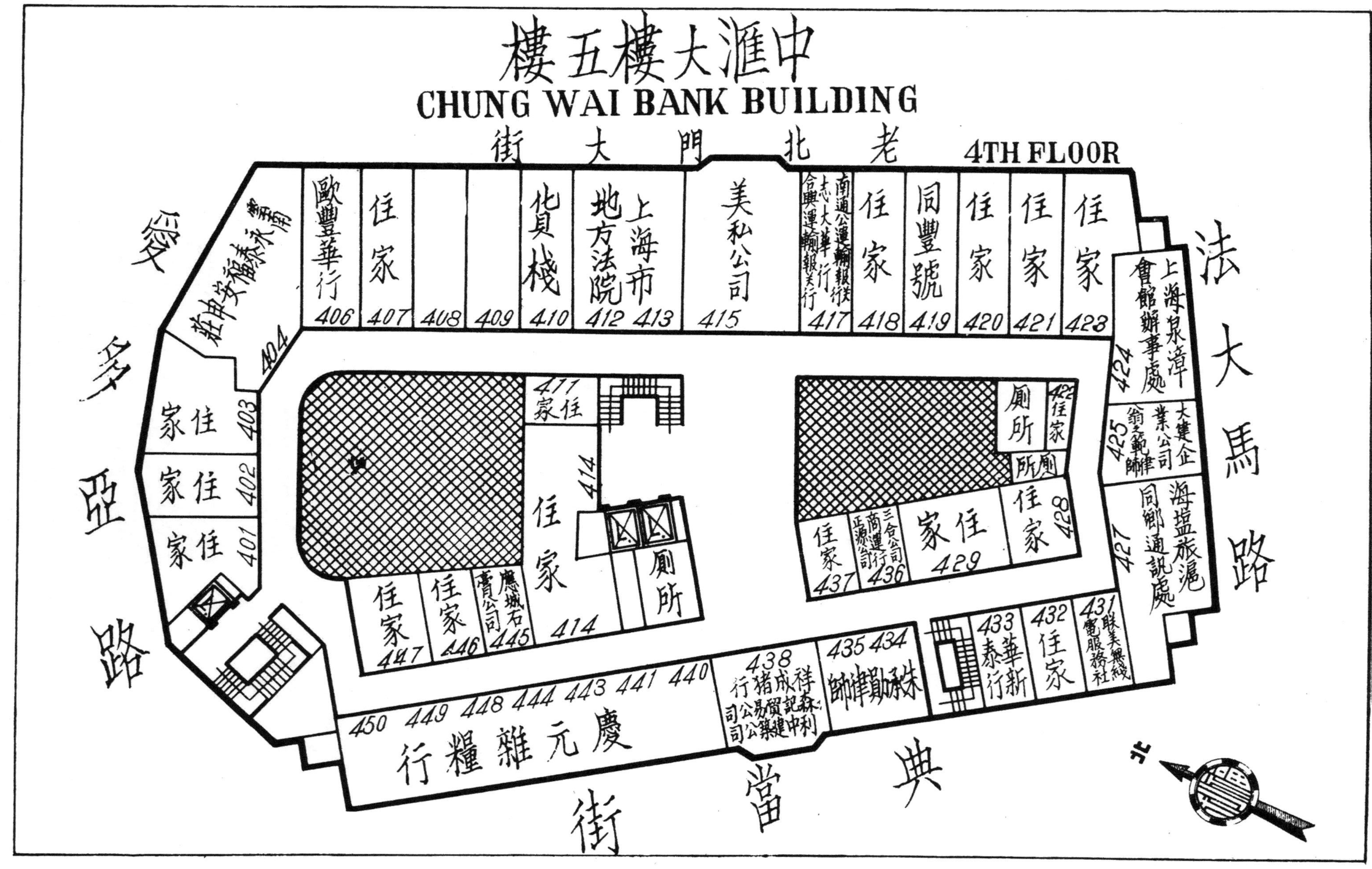

中滙大樓五樓
CHUNG WAI BANK BUILDING
4TH FLOOR
老北門大街
法大馬路
典當街
愛多亞路
歐豐華行 406
任家 407
408
409
貨棧 410
上海市地方法院 412 413
美私公司 415
417
任家 418
同豐號 419
任家 420
任家 421
任家 423
上海泉漳會館辦事處 424
425
海塩旅滬同鄉通訊處 427
任家 428
任家 429
436
任家 437
任家 403
任家 402
任家 401
404
任家 411
任家 414
廁所
任家 447
任家 446
445
433
任家 432
431
435 434
438
440 441 443 444 448 449 450
慶元雜糧行
北

先施有限公司

推銷中華國產！
統辦環球貨品！

東亞始創第一百貨大商塲及一元商店舉凡日常用品無不搜羅美備定價相宜招呼周到各界賜顧無任歡迎

附設

東亞旅館

東亞酒樓

東亞咖啡室

歐美大菜 | 中西茶點 | 冷熱飲品 | 女子招待

先施一元商店

分店

霞飛路六一七號 電話八四六四八

靜安寺路一一七一號 電話三五四五三

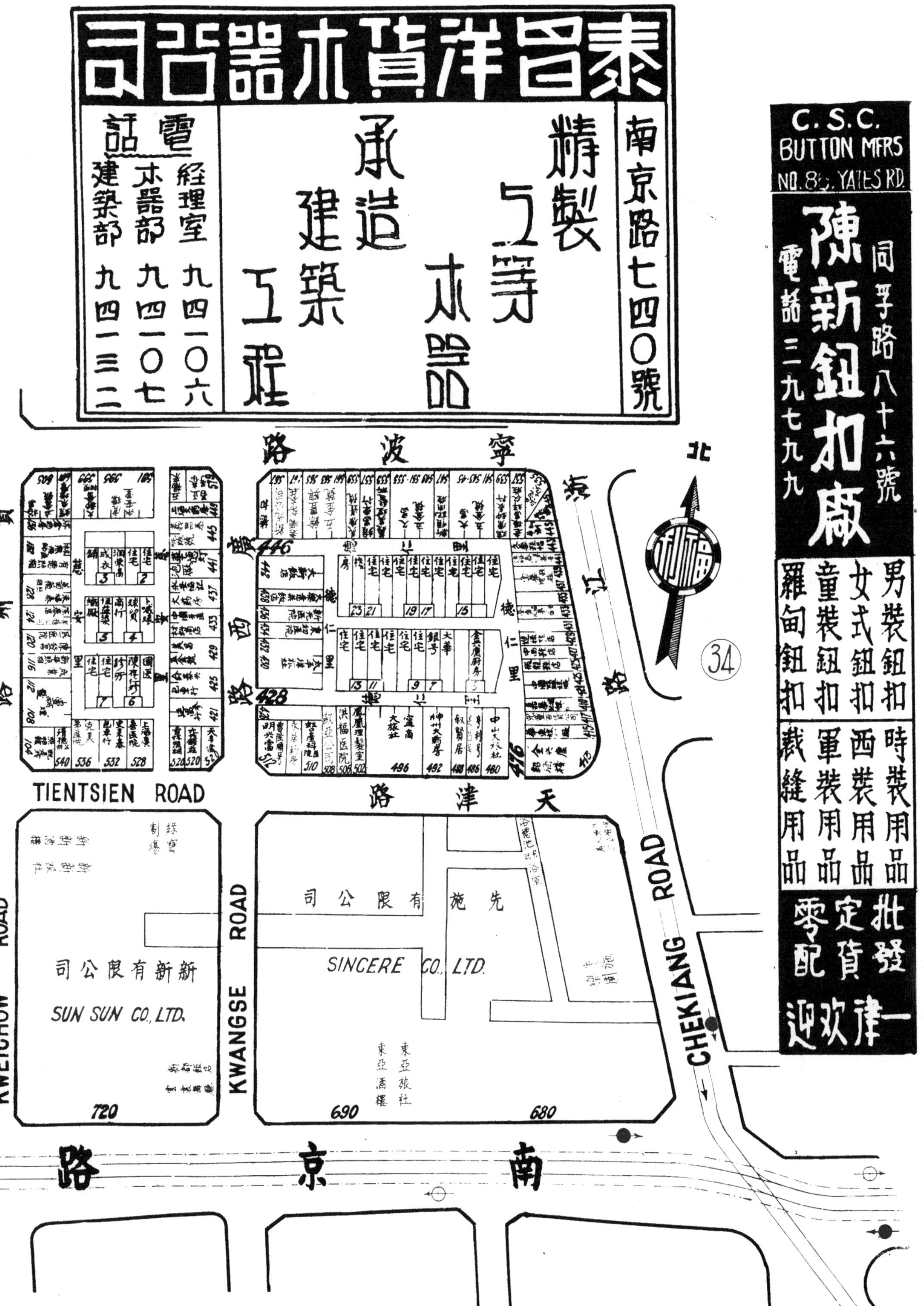

泰昌洋貨木器公司
南京路七四〇號
精製上等木器
承造建築工程
電話
經理室 九四一〇六
木器部 九四一〇七
建築部 九四一三二
C. S. C.
BUTTON MFRS
NO. 86, YATES RD.
陳新鈕扣廠
同孚路八十六號
電話三一九七九九
男裝鈕扣
女式鈕扣
童裝鈕扣
羅甸鈕扣
時裝用品
西裝用品
軍裝用品
裁縫用品
批發
定貨
零配
一律欢迎
寧波路
天津路
南京路
TIENTSIEN ROAD
KWEICHOW ROAD
KWANGSE ROAD
CHEKIANG ROAD
先施有限公司
SINCERE CO., LTD.
新新有限公司
SUN SUN CO., LTD.
東亞旅社
東亞酒樓
720
690
680
北
34

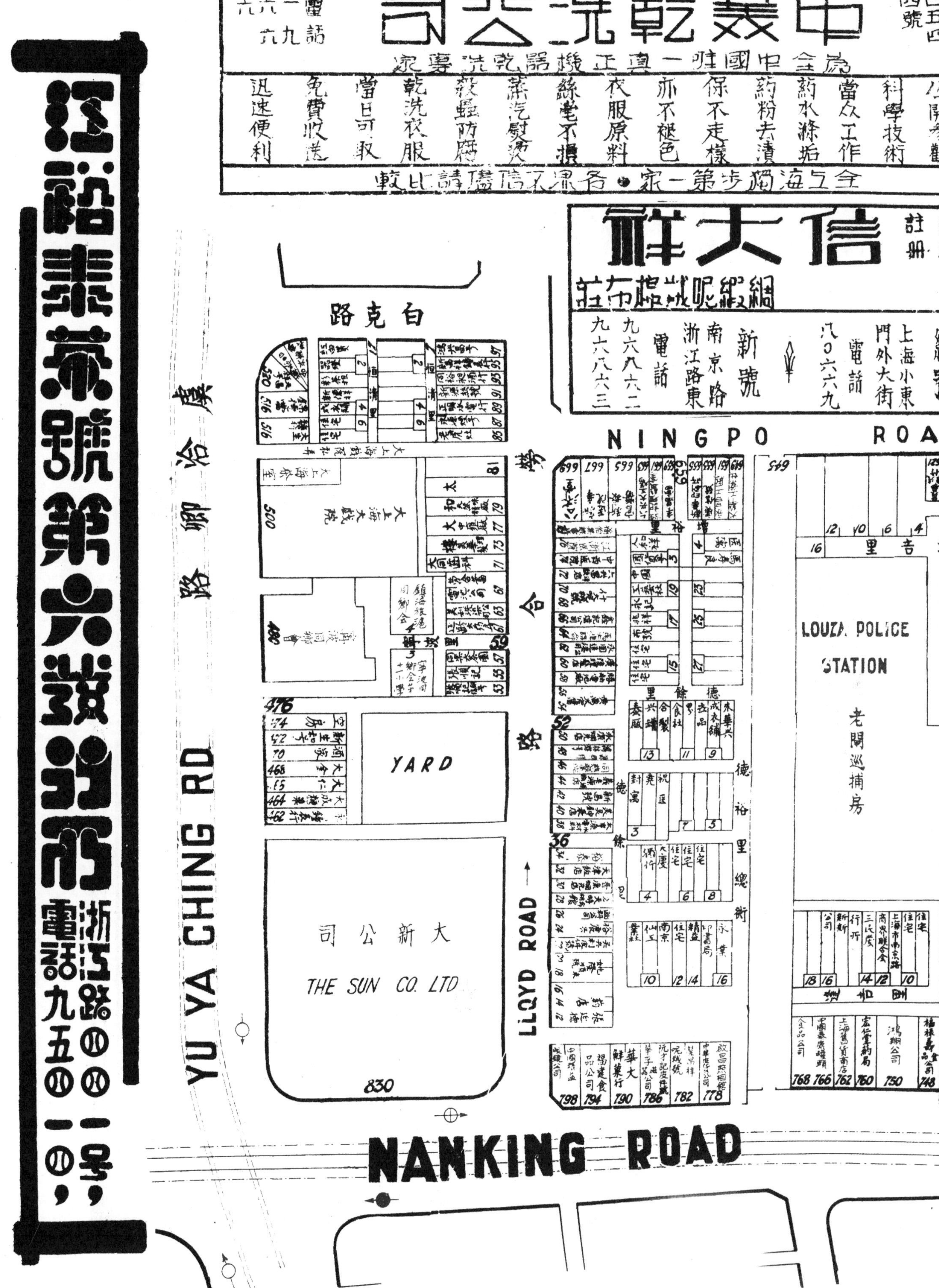

中美乾洗公司
電話 一六六 九六
四五四四號
為全國中唯一真正機器乾洗專家
公開參觀
科學技術
當衆工作
藥水滌垢
藥粉去漬
保不走樣
亦不褪色
衣服原料
絲毫不損
蒸汽熨燙
殺蟲防腐
乾洗衣服
當日可取
免費收送
迅速便利
全上海獨步第一家 各界不信儘請比較
信大祥
綢緞呢絨棉布莊
上海小東門外大街
電話 八〇六六九
新號
南京路浙江路東
電話 九六八六二 九六八八六三
白克路
NINGPO ROAD
LOUZA POLICE STATION
老閘巡捕房
YARD
大新公司
THE SUN CO. LTD
LLOYD ROAD
YU YA CHING RD
NANKING ROAD
830

上海

新新有限公司

唯一薄利

萬貨商場

推銷中華國貨

統辦環球物品

附設

新新大酒樓　著名粵菜　富麗礼堂

新新大旅館　廳房雅潔　招呼週到

新都大飯店　中西大菜　高尚娛樂

新新彈子廳　地方幽靜　設備新式

綠寶話劇場　高尚話劇　科學佈景

上海 永安有限公司

推銷中華國產

郵政信箱
第五六七號

電報掛號
Wingon
Shanghai

統辦環球貨品

地址
南京路

電話
九五六五六
轉接各部

永安公司爲中國最完備之百貨商店，分類營業，包羅萬有，舉凡日用所需，及珍奇物品，無不搜集美備，尤以貨色宏博，定價平準，爲顧客所稱道

附設

永安跑冰場
永安攝影室
天韻樓遊藝場
大東旅社，酒樓，茶室，飲冰室
大東跳舞場
永安紡織有限公司
永安銀行有限公司
永安人壽保險有限公司
永安水火保險有限公司
大華印染廠

本公司各部分列如下

鋪面

帽部 女式部 襪部 手巾部 藥部 文房部 康克令部 伙食部 五金部 玻璃部 茶葉部 南貨部 銀業部
男裝部 毛衫部 手袋部 化粧品部 水瓶部 花鳥魚部 糖果部 烟草部 燒青部 磁器部 酒部 禮券部

二樓

綢緞疋頭部 京蘇部 裁縫部
毡被部 洗染部 新裝部

三樓

照相材料部 象牙部 銀器部 眼鏡部 收音機部 玩具部 音樂部
永安攝影室 鐘表部 首飾部 電器部 運動部 鞋部 漆器部

四樓

像私部 皮箱部
皮貨部

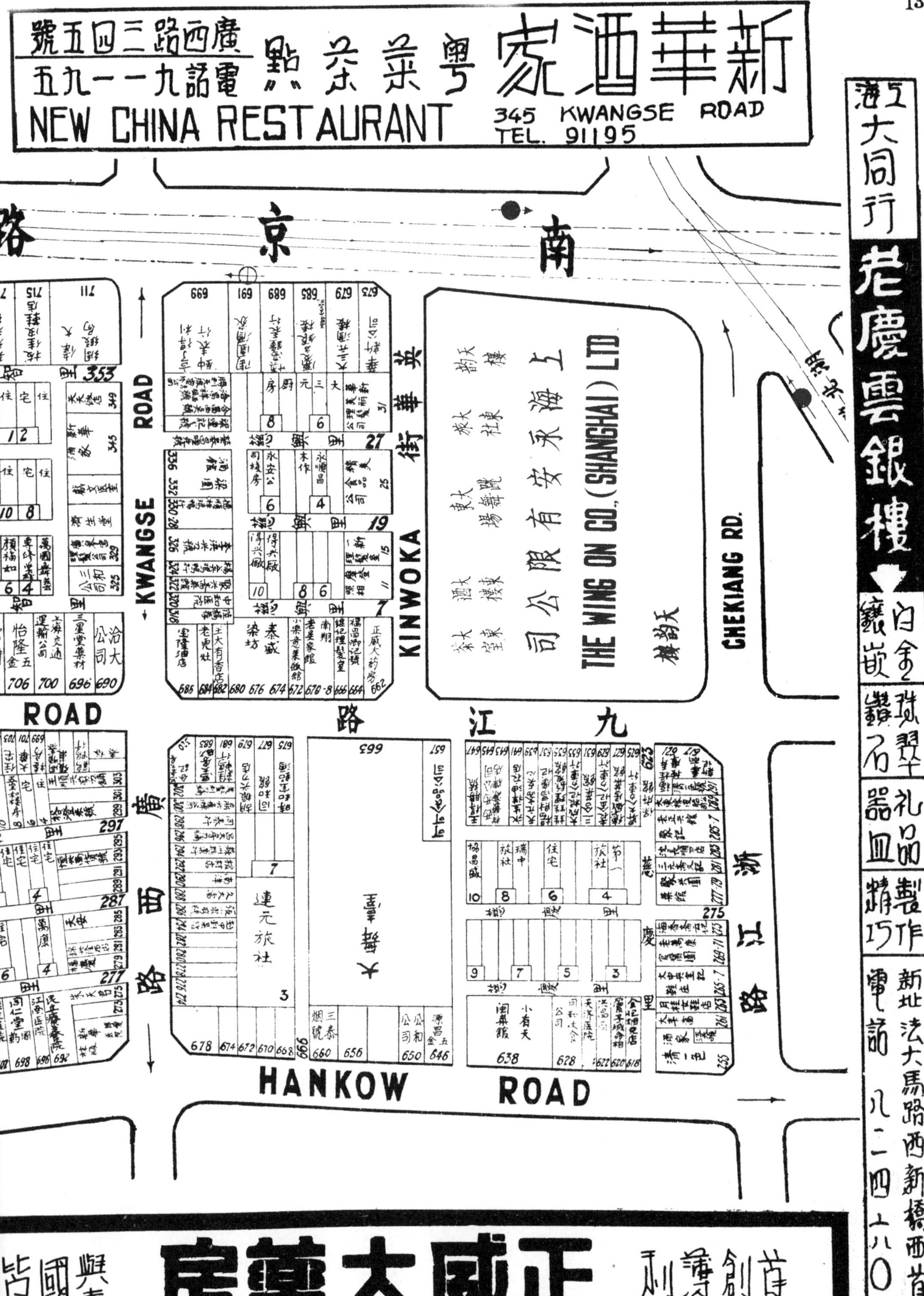
新華酒家
粵菜茶點
廣西路三四五號
電話九一一九五
NEW CHINA RESTAURANT
345 KWANGSE ROAD
TEL. 91195
南京路
KWANGSE ROAD
英華街
KINWOKA
上海永安有限公司
THE WING ON CO., (SHANGHAI) LTD
CHEKIANG RD.
九江路
廣西路
浙江路
HANKOW ROAD
上海大同行
老慶雲銀樓
白金鑲嵌
珠翠鑽石
禮品器皿
製作精巧
新址法大馬路西新橋西首
電話八二四六〇

鷓鴣菜保障兒童健康
南京路七八一號
電話九一三三二
裕昌祥
西服專家
NANKING ROAD
KWEICHOW ROAD
貴州路
雲南路
虞洽卿路
大慶里
總衖
九江路
KIU KIA
YUNNAN ROAD
YU YA CHING ROAD
漢口路
北
35
總店 南京路六七九號 電話九一〇三三二
支店 虞洽卿路一五號 電話九一〇四六七
大三元
廣州菜點

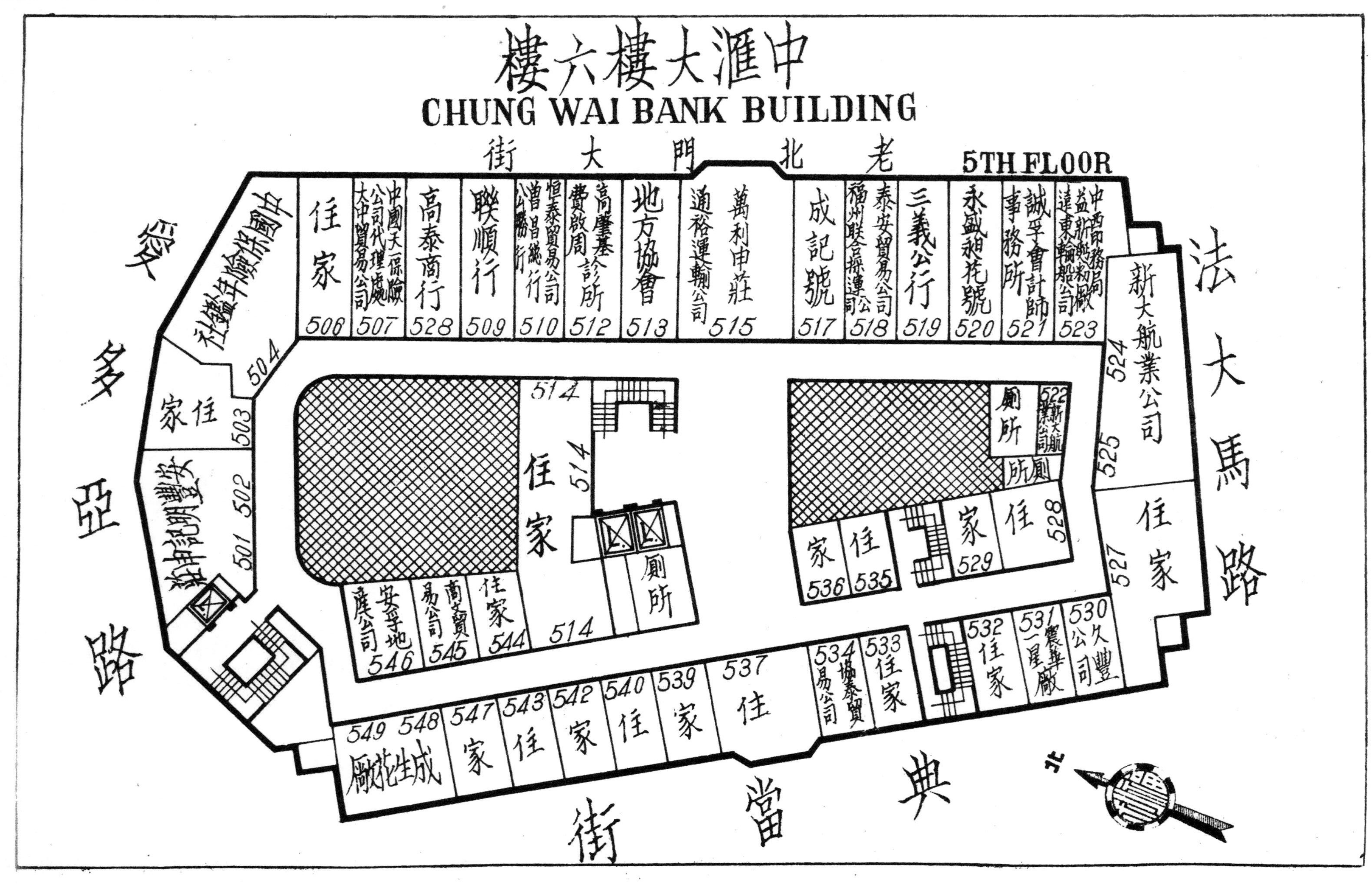

中滙大樓六樓
CHUNG WAI BANK BUILDING
5TH FLOOR
老北門大街
法大馬路
典當街
愛多亞路
北
中國保險年鑑社 504
503 住家
501 502
506 住家
507 中國天一保險公司代理處 大中貿易公司
528 高泰商行
509 聯順行
510 恒泰貿易公司
512 高肇基診所 費啟周診所
513 地方協會
515 萬利申莊 通裕運輸公司
517 成記號
518 泰安貿易公司 福州联合採運公司
519 三義公行
520 永盛袖花號
521 誠孚會計師事務所
523 中西印務局 益新鮮籽廠 達東輪船公司
524 525 新大航業公司
527 住家
522 新大航業公司
廁所
528 住家
529
535 住
536 家
530 久豐公司
531 震華一星廠
532 住家
533 住家
534 協泰貿易公司
537 住
539 家
540 住
542 家
543 住
547 家
548 549 成生花廠
514 住家
544 住家
545 商文貿易公司
546 安孚地產公司

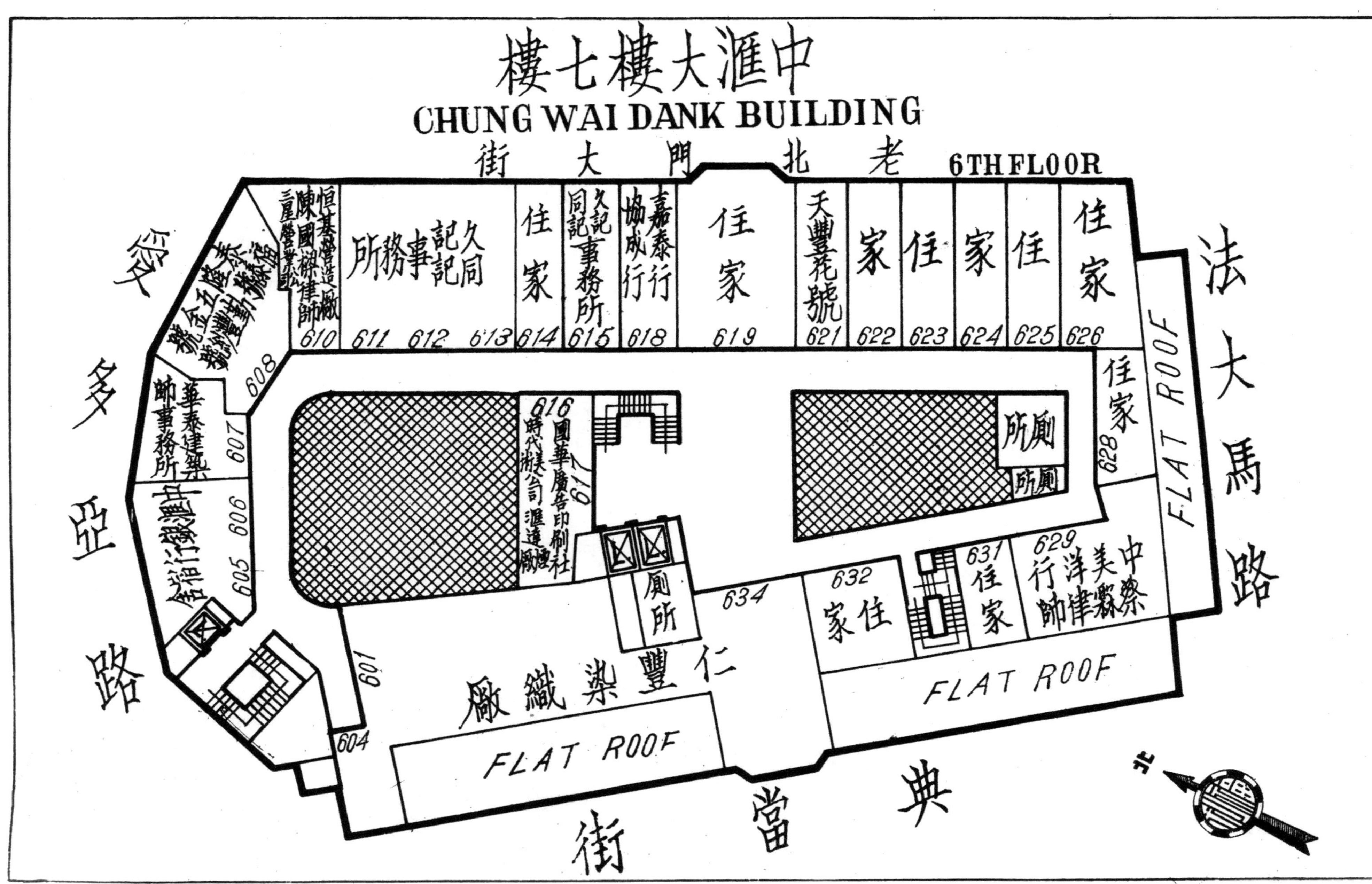
中滙大樓七樓
CHUNG WAI DANK BUILDING
老北門大街
6TH FLOOR
法大馬路
愛多亞路
典當街
北
611 612 613 久記 同記 事務所
614 住家
615 久記 同記 事務所
618 嘉泰行 協成行
619 住家
621 天豐花號
622 家
623 住
624 家
625 住
626 住家
628 住家
631 住家
632 住家
634
601
604
605 606
607 華泰建築師事務所
608
610
616
617 國華廣告印刷社
仁豐染織廠
廁所
FLAT ROOF
FLAT ROOF
FLAT ROOF

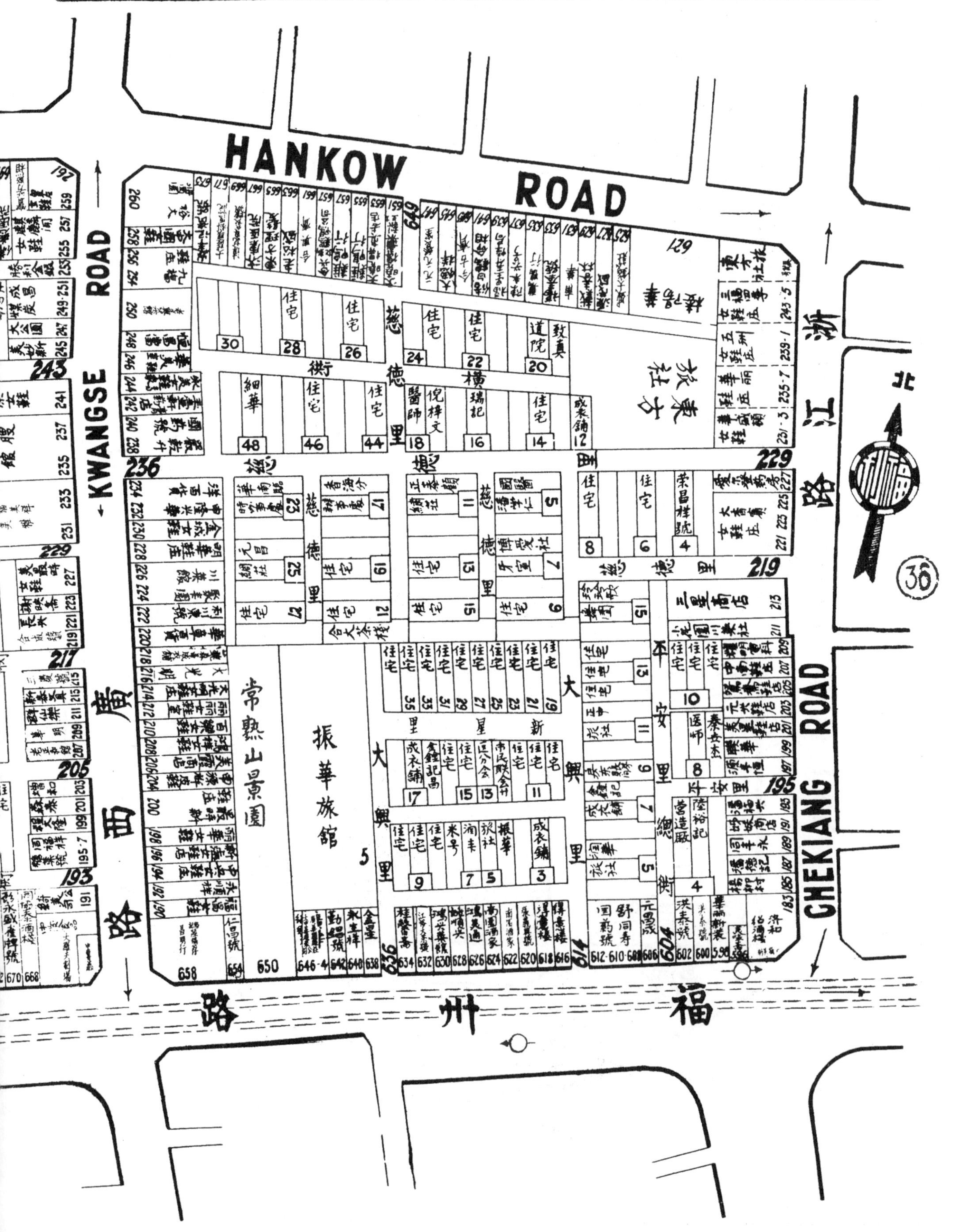

HANKOW ROAD
KWANGSE ROAD
CHEKIANG ROAD
廣西路
浙江路
福州路
常熟山景園
振華旅館
東方旅社
慈德里
大興里
新星里
平安里
36

漢口路

雲南路

YUNNAN ROAD

虞洽卿路

YU YA CHING ROAD

FOOCHOW ROAD

會樂里

一品香中西旅社

横街

總街

大中華

新上海

美麗

大西洋歐美菜社

王龍泉牙醫局

265

263

223

203

290

270

260

250

230

226

220

750

746

744

742

738

736

734

730

726

724

722

720

718

716

714

710

706

704

702

201

700

694

688

686

682

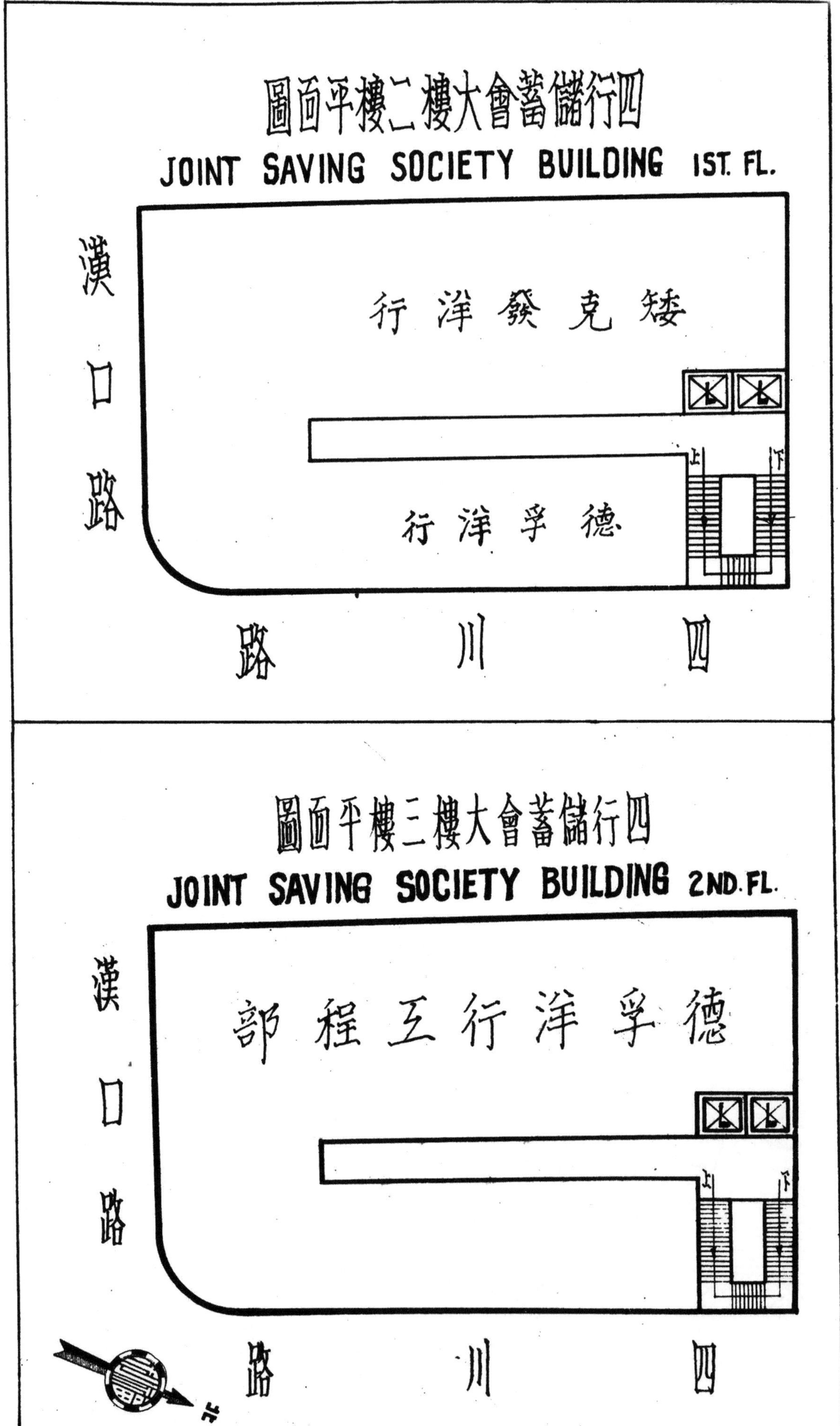
四行儲蓄會大樓二樓平面圖
JOINT SAVING SOCIETY BUILDING 1ST. FL.
漢口路
矮克發洋行
德孚洋行
上
下
四川路
四行儲蓄會大樓三樓平面圖
JOINT SAVING SOCIETY BUILDING 2ND. FL.
漢口路
德孚洋行工程部
上
下
四川路
北

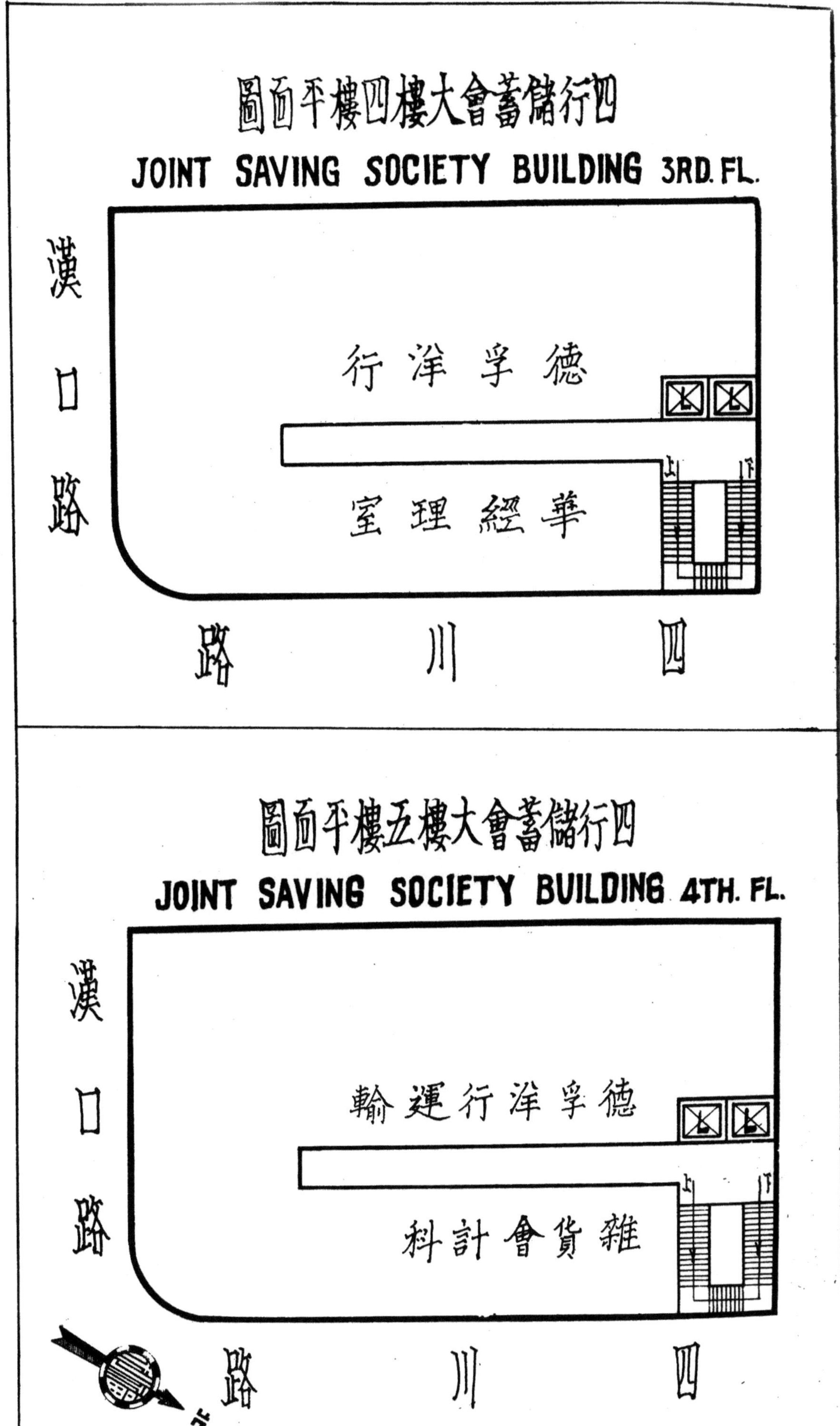
四行儲蓄會大樓四樓平面圖
JOINT SAVING SOCIETY BUILDING 3RD. FL.
漢口路
德孚洋行
華經理室
四川路
四行儲蓄會大樓五樓平面圖
JOINT SAVING SOCIETY BUILDING 4TH. FL.
漢口路
德孚洋行運輸
雜貨會計科
四川路
北

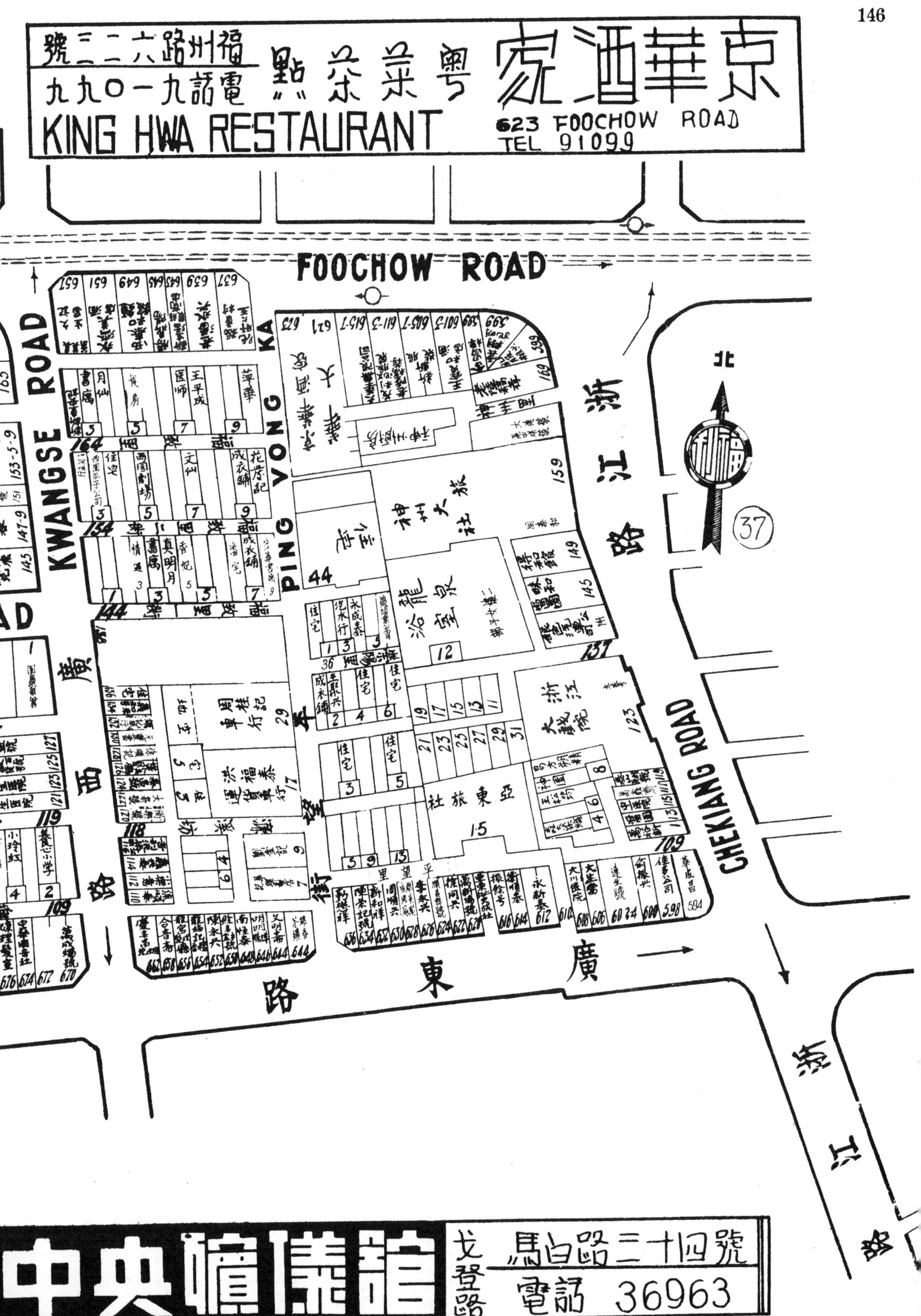

京華酒家
粵菜茶點
福州路六二三號
電話九一〇九九
KING HWA RESTAURANT
623 FOOCHOW ROAD
TEL 91099
FOOCHOW ROAD
KWANGSE ROAD
PING VONG KA
CHEKIANG ROAD
浙江路
廣東路
廣西路
平望街
北
37
中央殯儀館
戈登路
馬白路三十四號
電話 36963

FOOCHOW ROAD 福州路

虞洽卿路 YU YA CHING ROAD

大中華飯店 200

天蟾舞台 101

張建霞 3
思樂我 5
書廣 7

住宅 72
良濟 醫院 78
國医 陸大宝 82

雲南路 YUNNAN ROAD

汕頭路 SWATOW

83 79 73 69 61 55 49 145

群玉坊

彩虹 4
裕興里 6
蟠娟 8

秋美 7
君書房 5
日子金 3

時春 13
就是我 11
冠玉 9

金鳳社 10
留春 12
14

129 119 140

CANTON ROAD

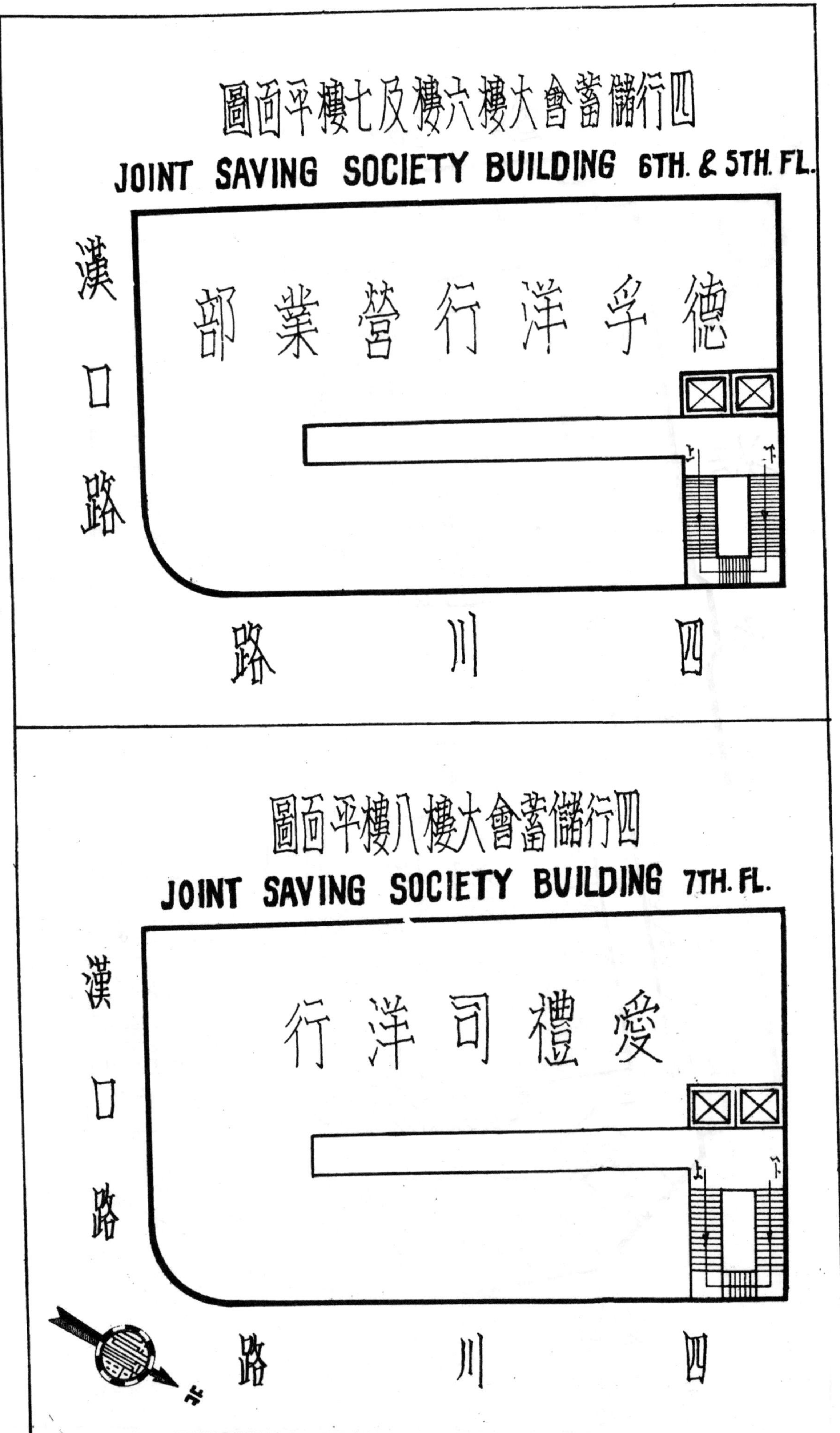
四行儲蓄會大樓六樓及七樓平面圖
JOINT SAVING SOCIETY BUILDING 6TH. & 5TH. FL.
漢口路
德孚洋行營業部
上
下
四川路
四行儲蓄會大樓八樓平面圖
JOINT SAVING SOCIETY BUILDING 7TH. FL.
漢口路
愛禮司洋行
上
下
四川路
北

安利大樓一樓平面圖
ARNHOLD BUILDING

1ST FLOOR

四川路

廁所

僕役室

上海磚瓦礦灰產銷運聯合營業所

三光洋行

上海寶華洋行

華美洋行

泰順洋行

四維花號

九江路

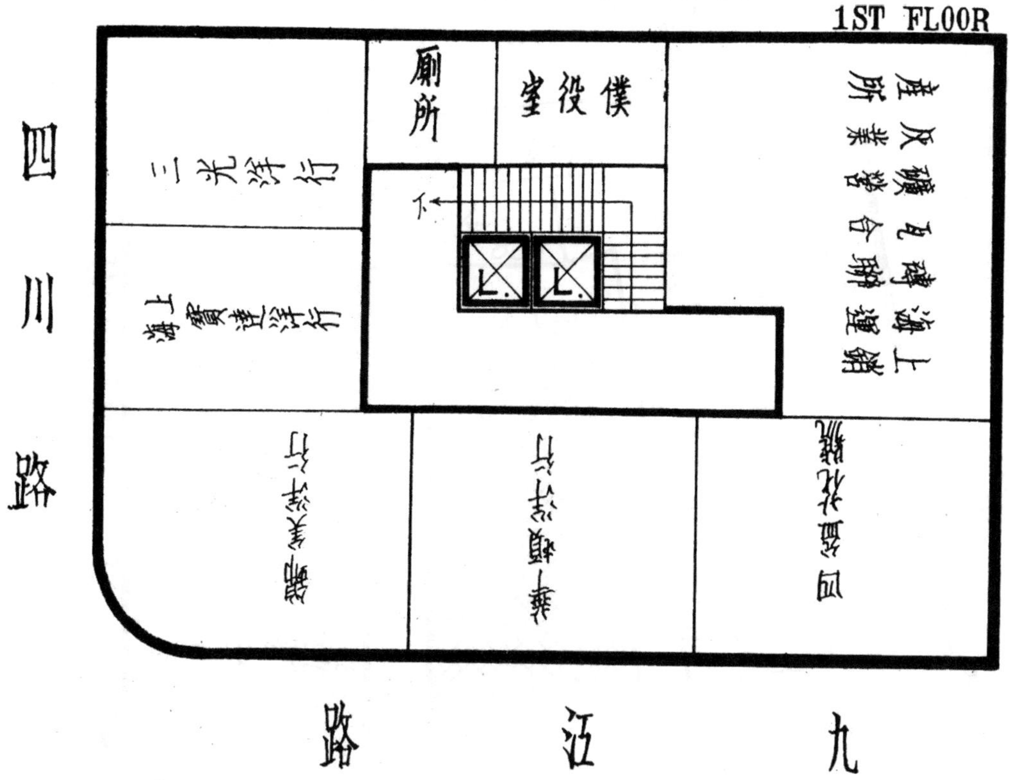

安利大樓二樓平面圖
ARNHOLD BUILDING

2ND FLOOR

北

四川路

三喜洋行

廁所

僕役室

大義洋行

明記公司

斯旦洋行

上海捷孫貨進口公司

森泰洋行

顧明敦打字學校

上海商業學校

上海會計學校

中南轉運公司

日南公司

隆資洋行

上海泰昌號

醫學博士李同晃

九江路

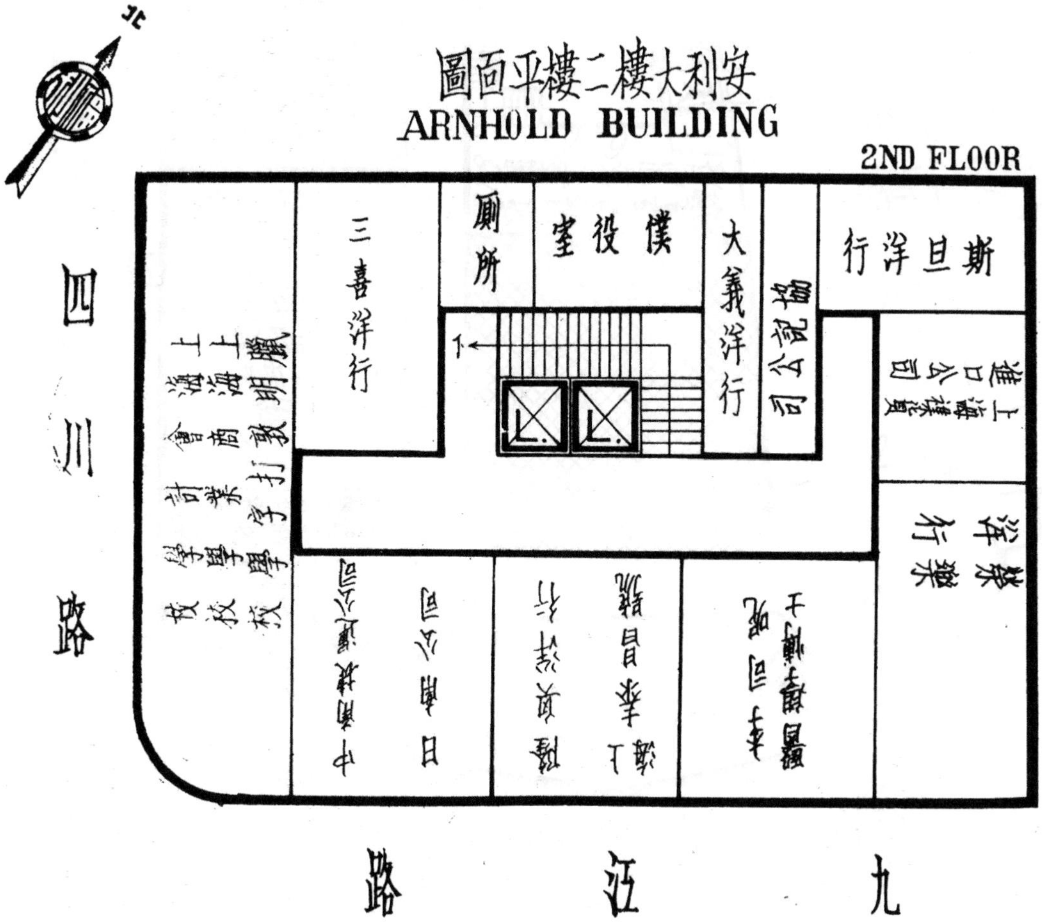

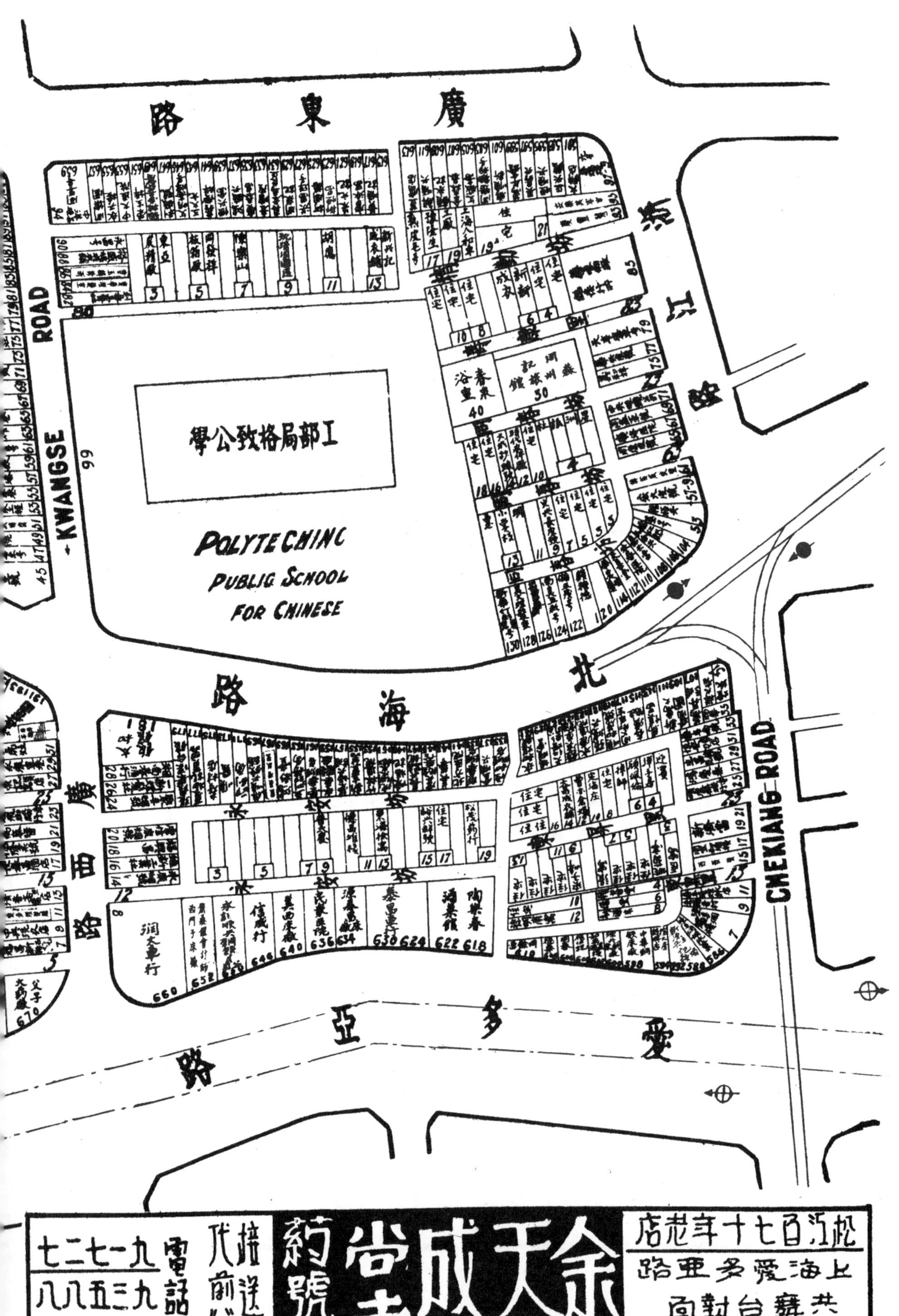

廣東路
浙江路
北海路
廣西路
愛多亞路
KWANGSE ROAD
CHEKIANG ROAD
工部局格致公學
POLYTECHINC PUBLIC SCHOOL FOR CHINESE
浴春泉里
40
蘇州旅館
30
余天成堂藥號
接送代煎
電話 九一七二七 九三五八八
松江百七十年老店
上海愛多亞路
共舞台對面

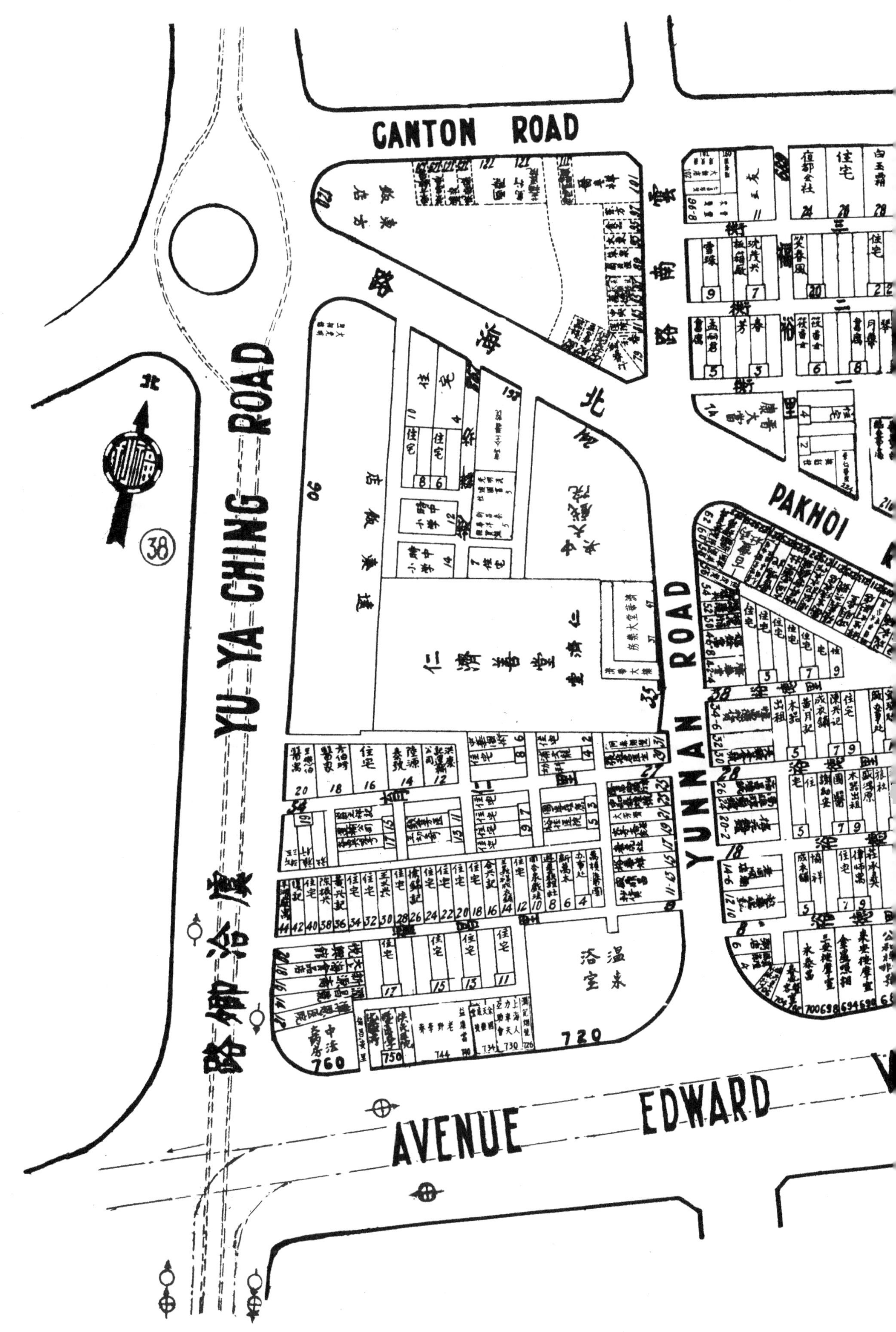
CANTON ROAD
YU YA CHING ROAD
YUNNAN ROAD
PAKHOI
AVENUE EDWARD
北海路
雲南路
虞洽卿路
仁濟善堂
溫泉浴室
38

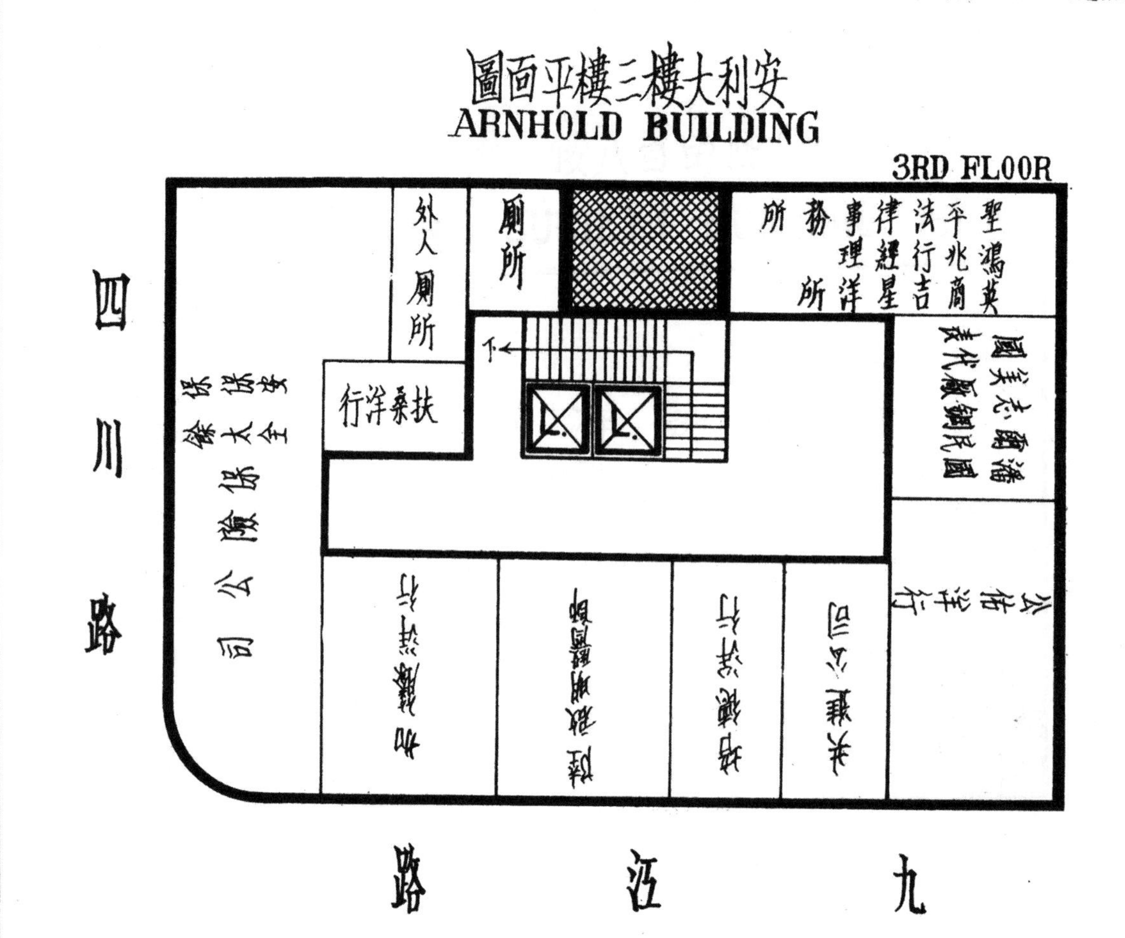
安利大樓三樓平面圖
ARNHOLD BUILDING
3RD FLOOR
外人廁所
廁所
扶桑洋行
四川路
九江路

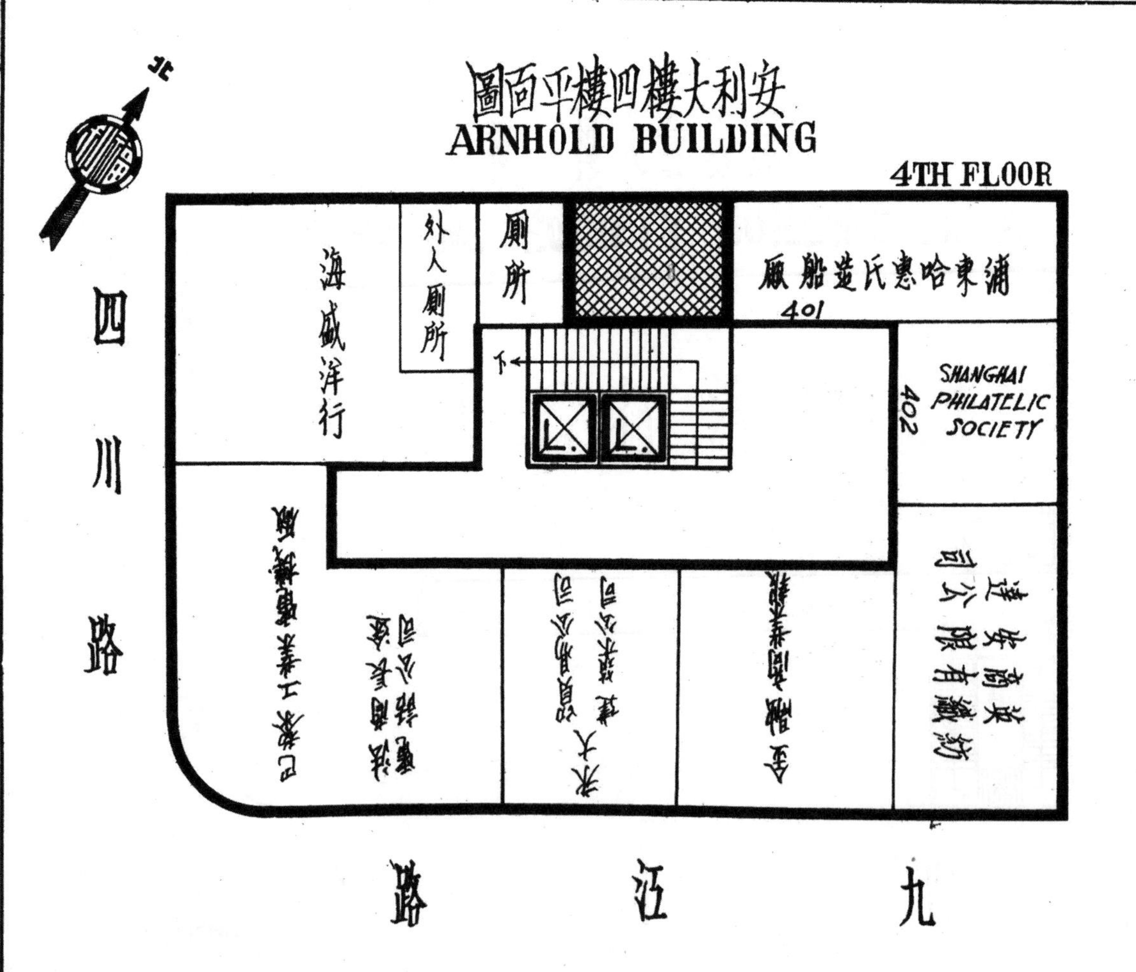
北
安利大樓四樓平面圖
ARNHOLD BUILDING
4TH FLOOR
外人廁所
廁所
海威洋行
浦東哈惠氏造船廠
401
402
SHANGHAI PHILATELIC SOCIETY
四川路
九江路

安利大樓五樓平面圖

ARNHOLD BUILDING

5TH FLOOR

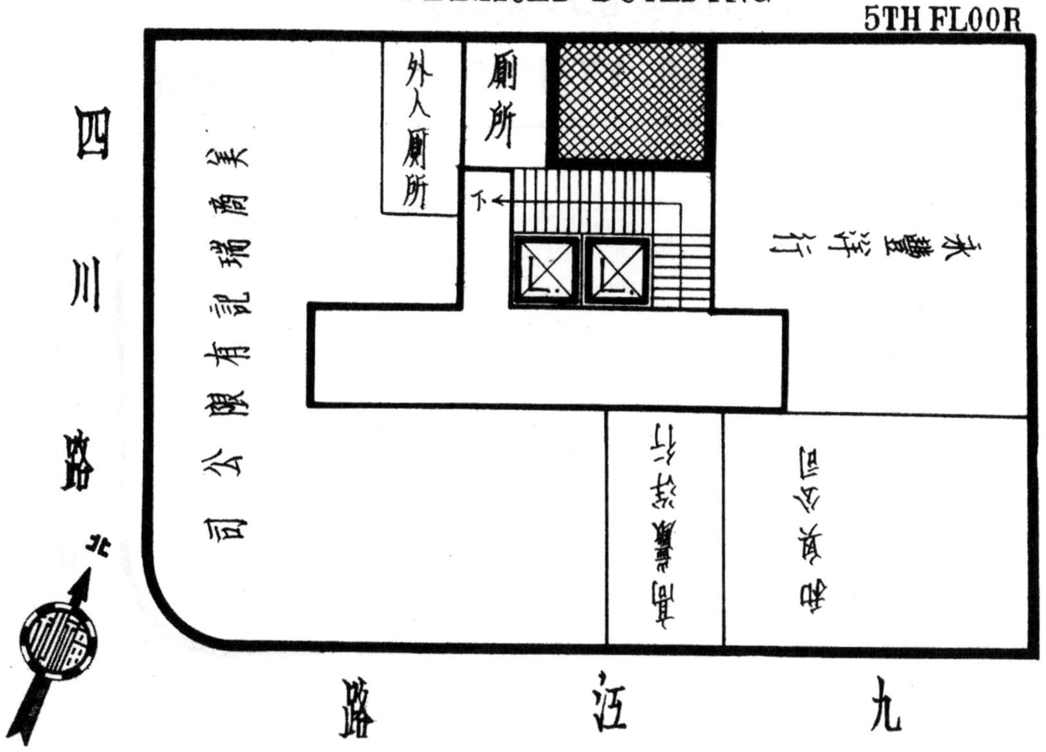

外人廁所

廁所

美商瑞記有限公司

永豐洋行

馬鑑洋行

伯真公司

四川路

九江路

北

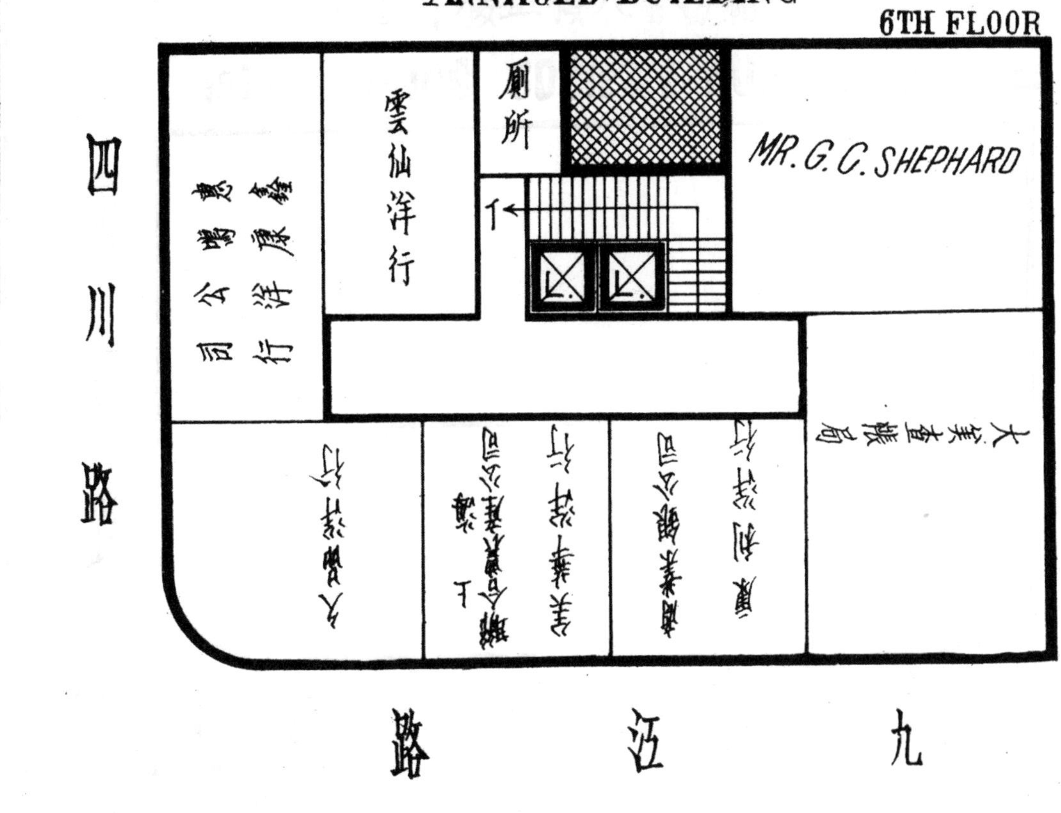

愛而近路
北山西路
NORTH SHANSE RD.
POLICE STATION
海寧路捕房
海寧路
YARD
華真堂
岳林寺下院
永利袜廠

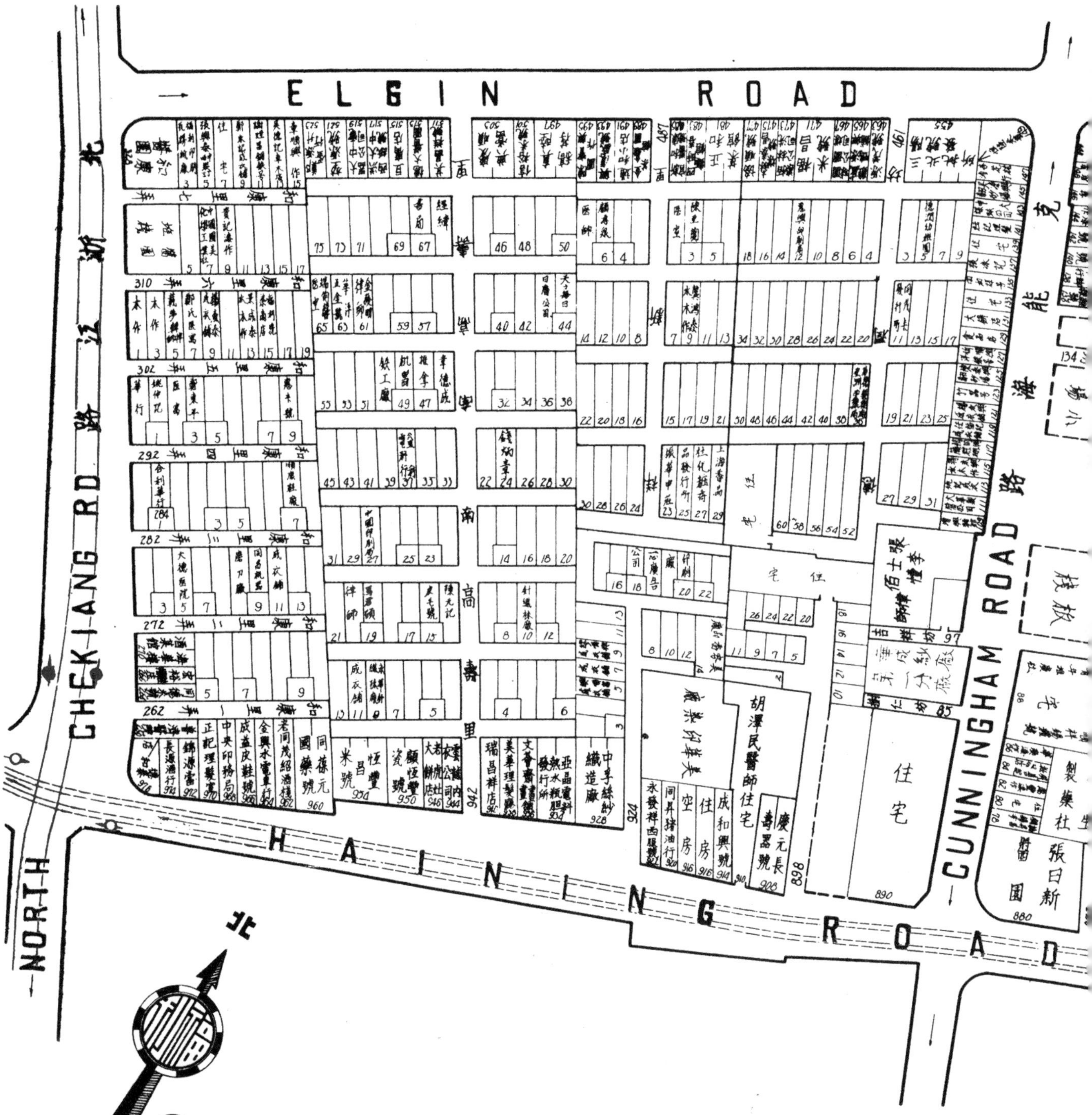

ELGIN ROAD
NORTH CHEKIANG RD
北浙江路
HAINING ROAD
CUNNINGHAM ROAD
克能海路
高壽里
胡澤民醫師住宅
住宅
北
39

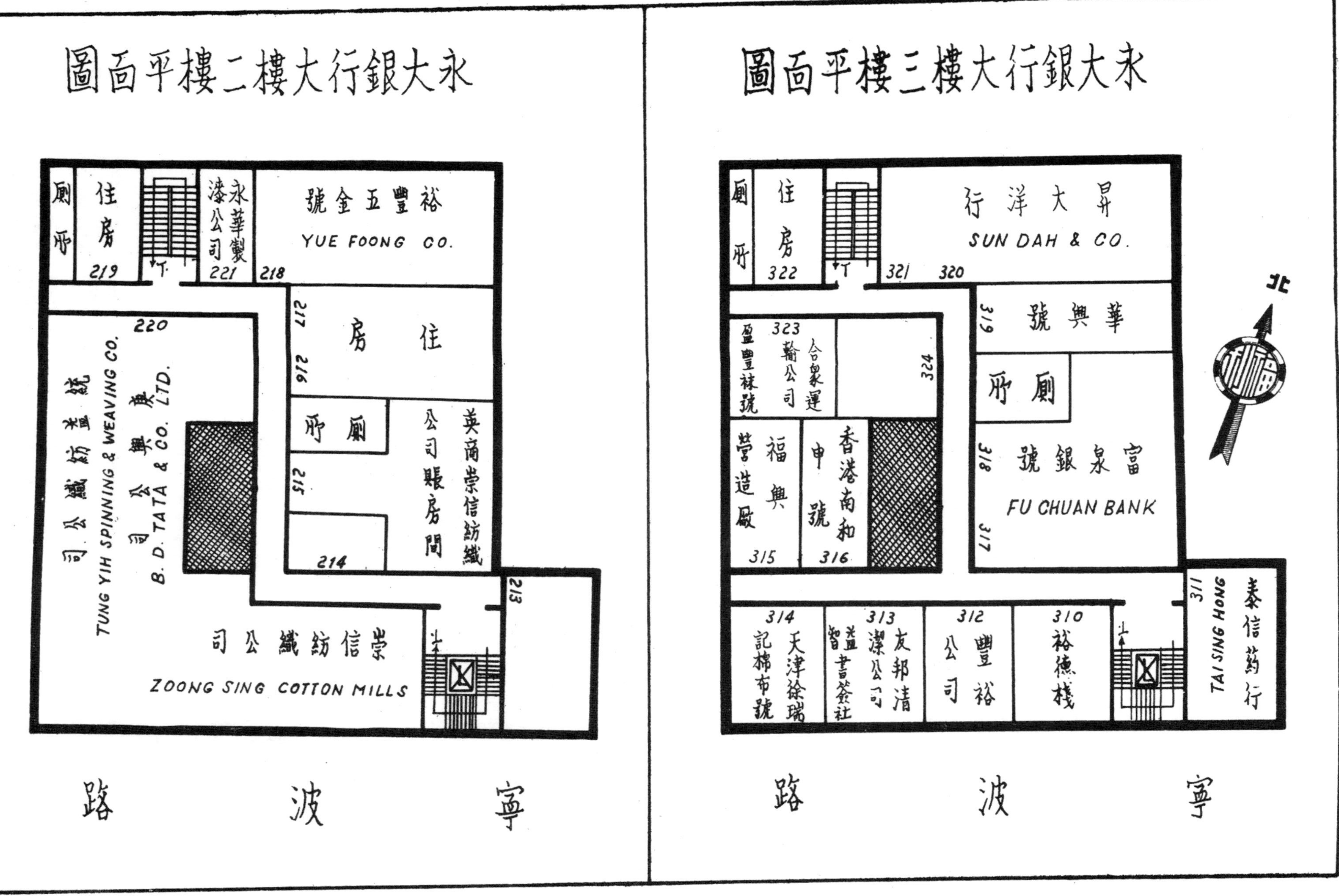
永大銀行大樓二樓平面圖
廁所
住房
219
永華製漆公司
221
裕豐五金號
YUE FOONG CO.
218
220
住房
217
216
廁所
215
英商崇信紡織公司賬房間
214
213
TUNG YIH SPINNING & WEAVING CO.
B. D. TATA & CO. LTD.
崇信紡織公司
ZOONG SING COTTON MILLS
寧波路
永大銀行大樓三樓平面圖
廁所
住房
322
昇大洋行
SUN DAH & CO.
321
320
北
華興號
319
廁所
富泉銀號
FU CHUAN BANK
318
317
323
324
福興營造廠
315
香港南和申號
316
314
天津徐瑞記棉布號
313
友邦清潔公司
312
豐裕公司
310
裕德棧
311
TAI SING HONG
泰信藥行
寧波路

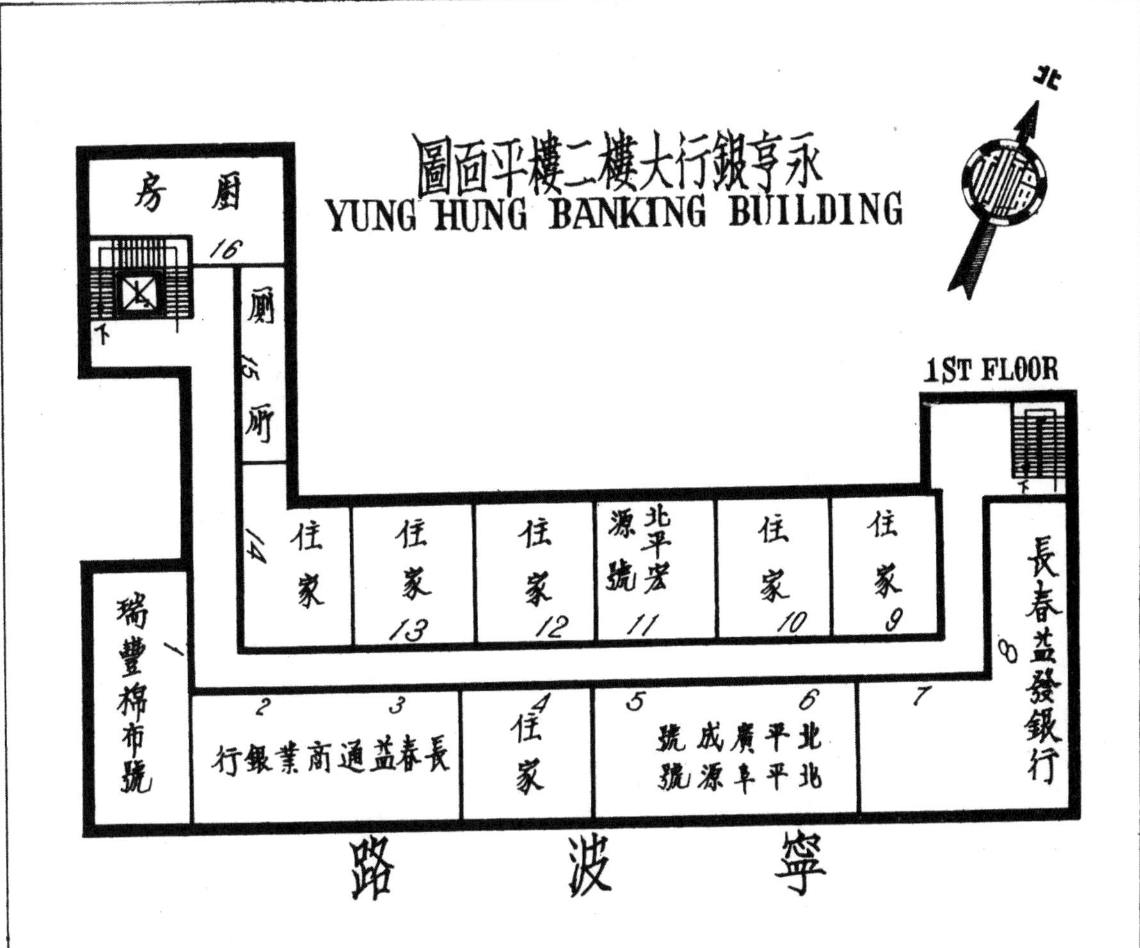
永亨銀行大樓二樓平面圖
YUNG HUNG BANKING BUILDING
1ST FLOOR
北
廚房
廁所
住家
北平宏源號
瑞豐棉布號
長春益通商業銀行
北平廣成號
北平阜源號
長春益發銀行
寧波路

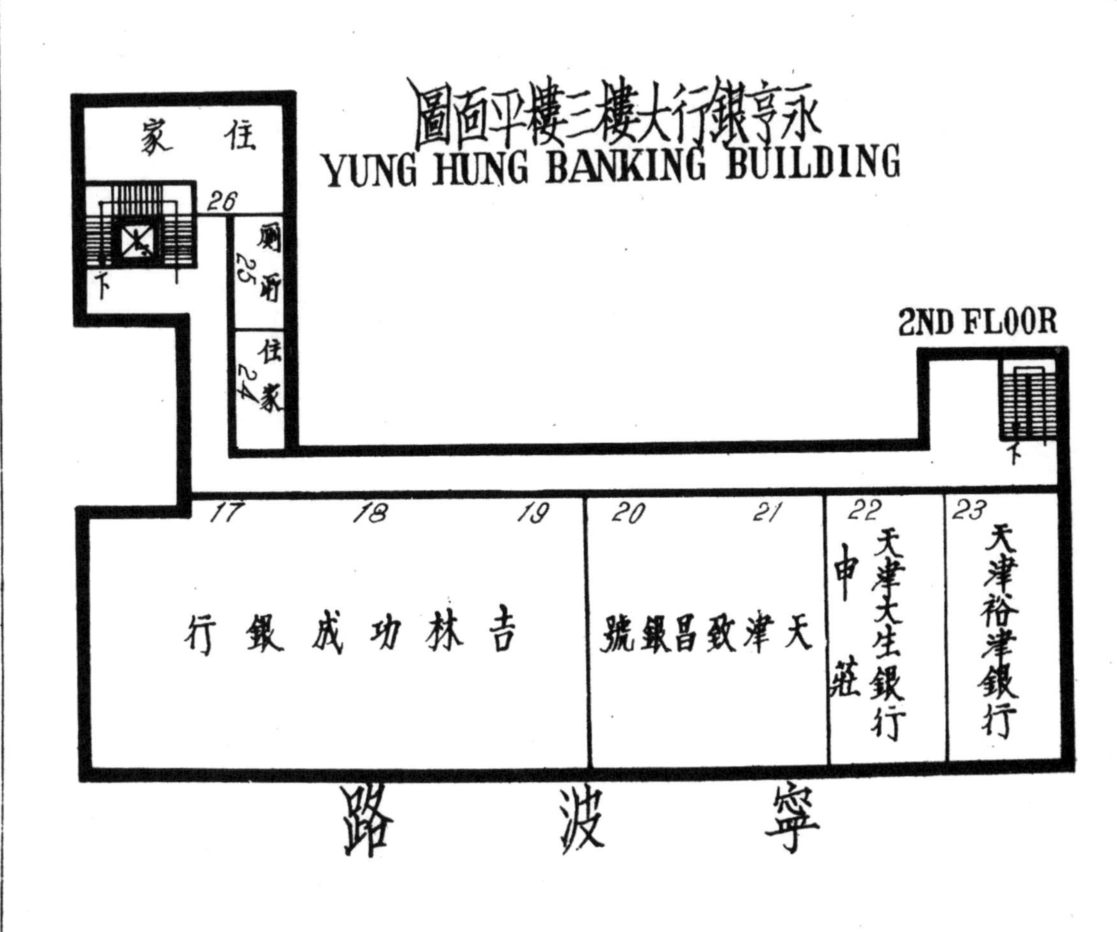
永亨銀行大樓三樓平面圖
YUNG HUNG BANKING BUILDING
2ND FLOOR
住家
廁所
吉林功成銀行
天津致昌銀號
中天津大生銀行莊
天津裕津銀行
寧波路

GE ROAD
靶子路
北江西路
NORTH KIANGSE ROAD
NORTH HONAN ROAD
ROAD
海寧路
上海電話公司
SHANGHAI TELEPHONE COMPANY
YARD
空地

家居旅行：四時必備
真城牌民丹
完全國貨
百貨烟紙店均有售

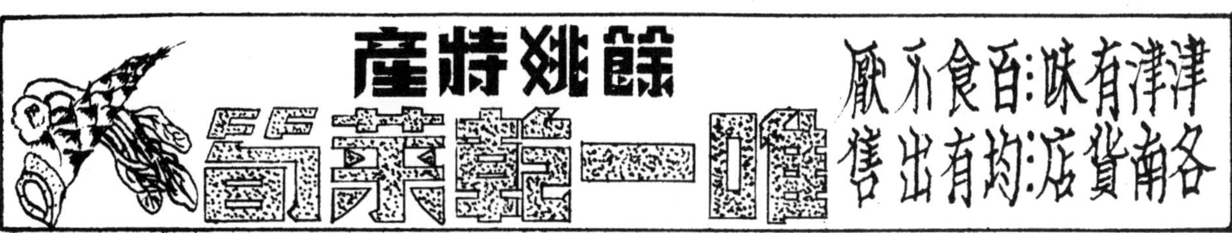
餘姚特產
唯一乾菜筍
津津有味：百食不厭
各南貨店：均有出售

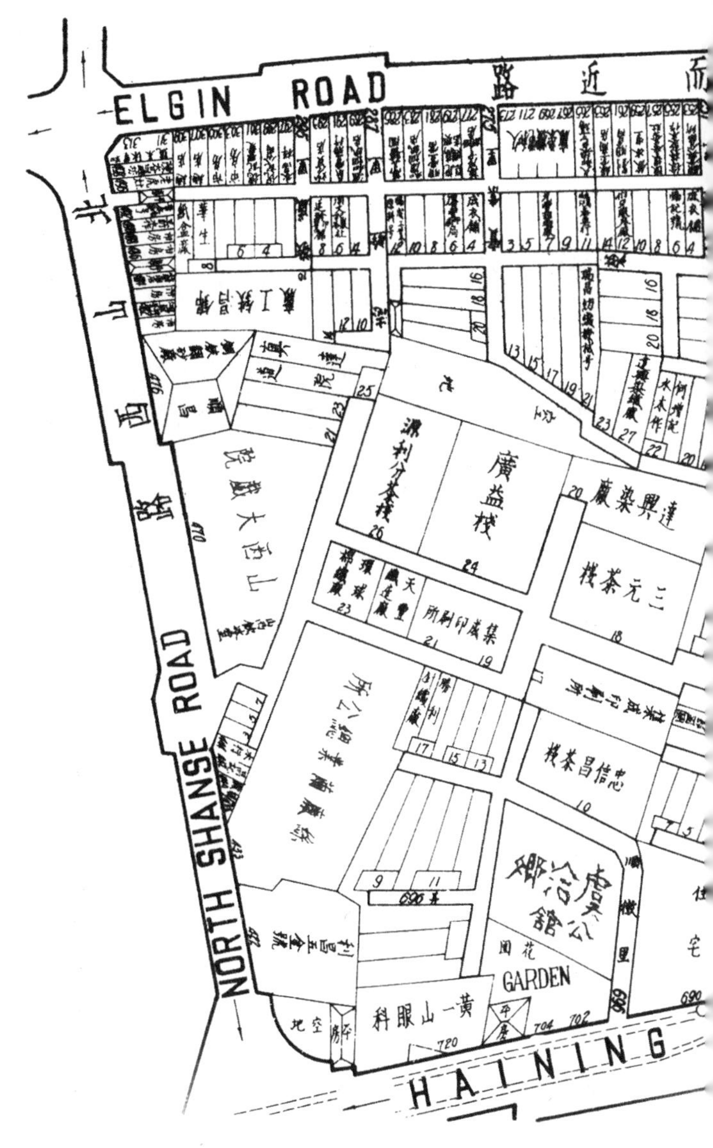
ELGIN ROAD
北山西路
NORTH SHANSE ROAD
HAINING
山西大戲院
廣益棧
達興染廠
三元茶棧
忠信昌茶棧
虞洽卿公館
GARDEN
黃一山眼科
空地

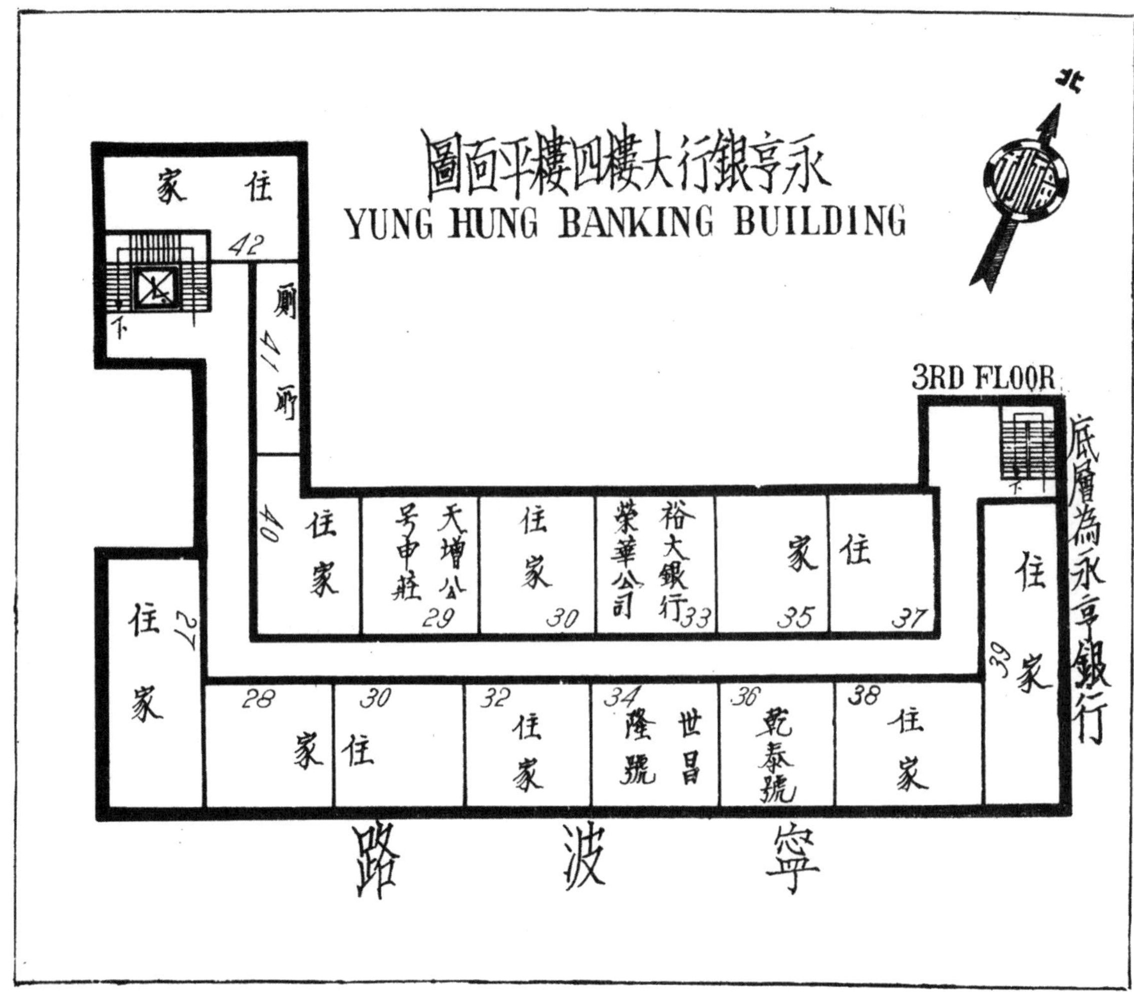
永亨銀行大樓四樓平面圖
YUNG HUNG BANKING BUILDING
3RD FLOOR
北
底層為永亨銀行
住家 42
廁所 41
40 住家
天增公号申莊 29
住家 30
裕大銀行 榮華公司 33
住家 35
37
27 住家
39 住家
28 住家
30
32 住家
34 世昌隆號
36 乾泰號
38 住家
寧波路

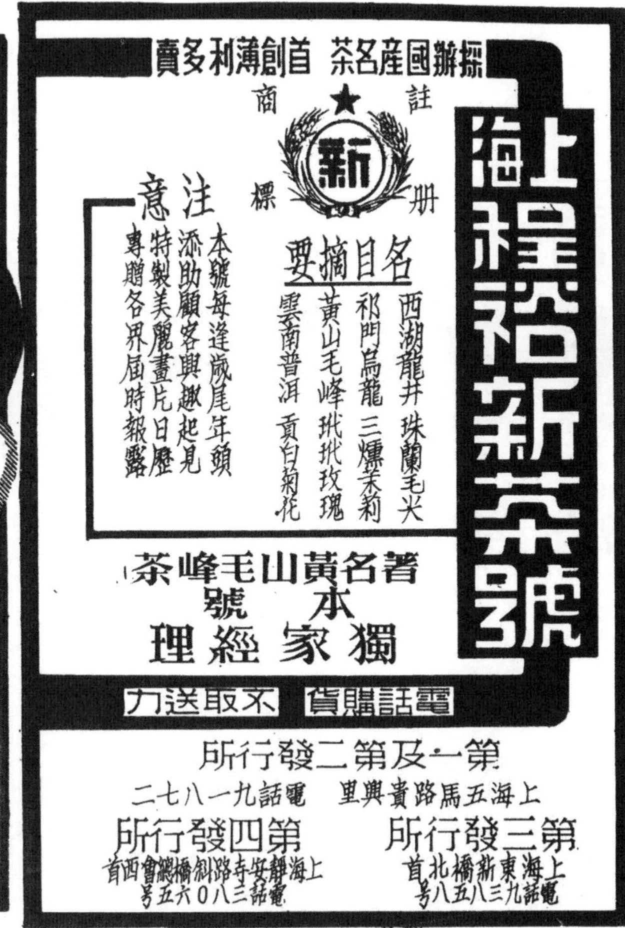

中英菓子鹽

本品為最適合衛生健身之飲料，晨起冲飲一杯，神清氣爽，開胃滌煩，凡肝火旺盛，頭痛，胃呆，口臭，目赤，面發瘰癧，以及大便閉結等，服之均有特效。

上海四馬路

中英大藥房發行

ROAD

七浦路

TSE POO ROAD

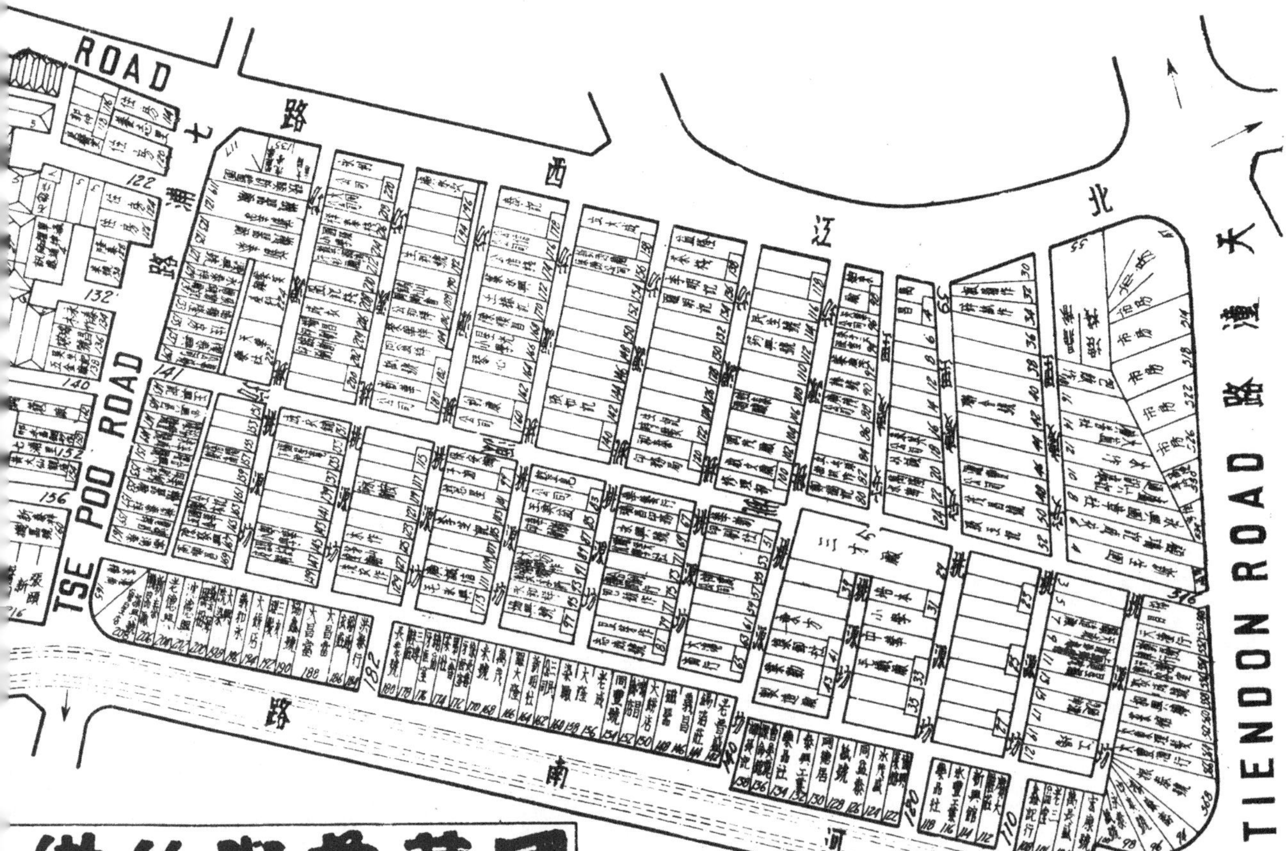

北江西路

天潼路

TIENDON ROAD

北河南路

路西江北

路昌武

北

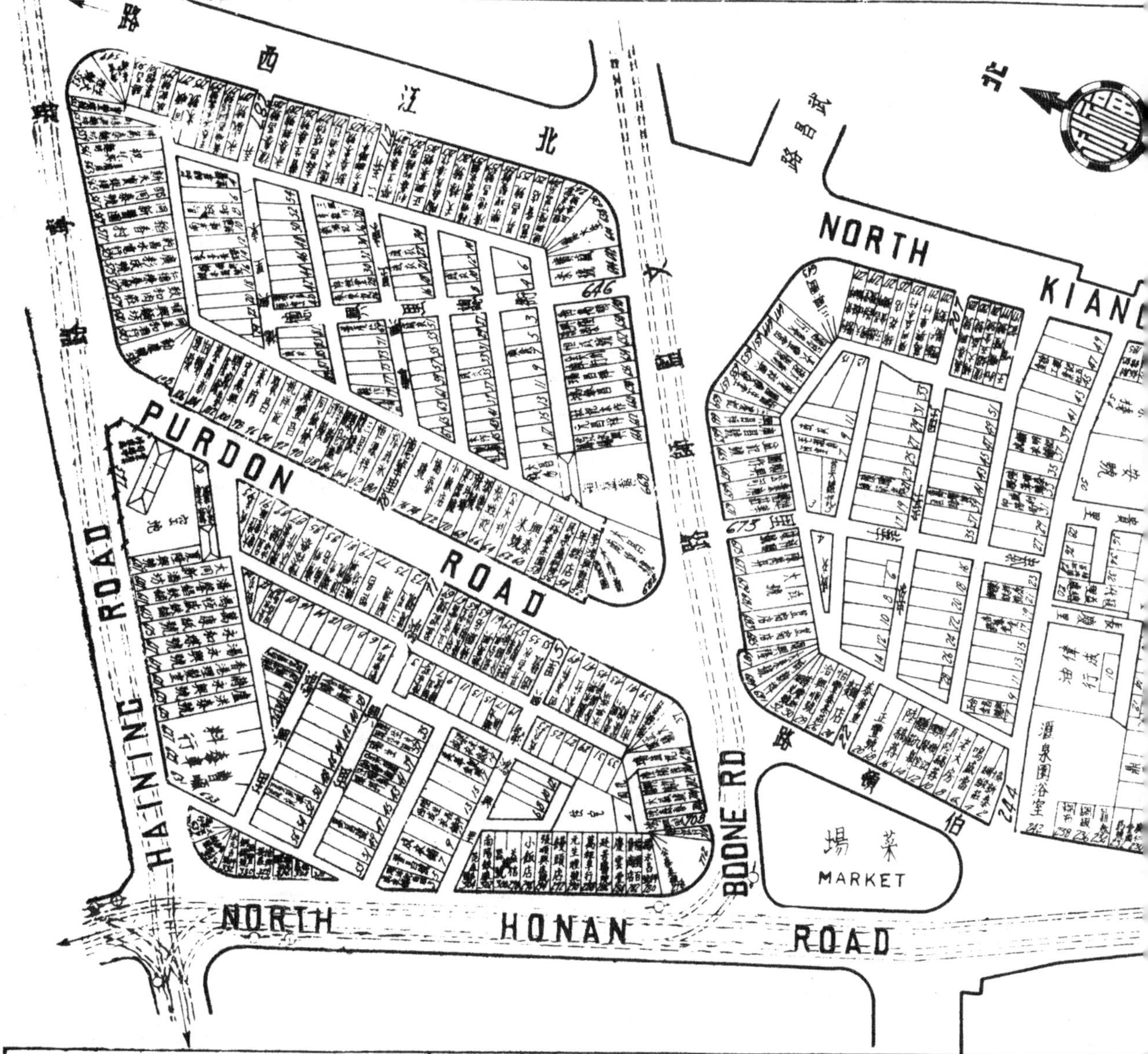

NORTH KIANG

PURDON ROAD

HAINING ROAD

路寧海

路師監文

BOONE RD

場菜

MARKET

NORTH HONAN ROAD

瀏泉園浴室

同安大樓二樓平面圖

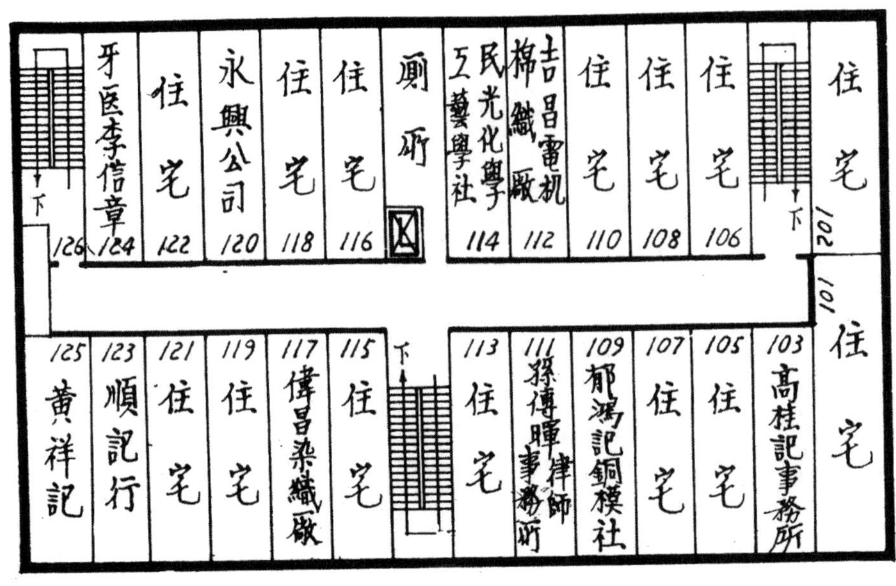

漢口路

同安大樓三樓平面圖

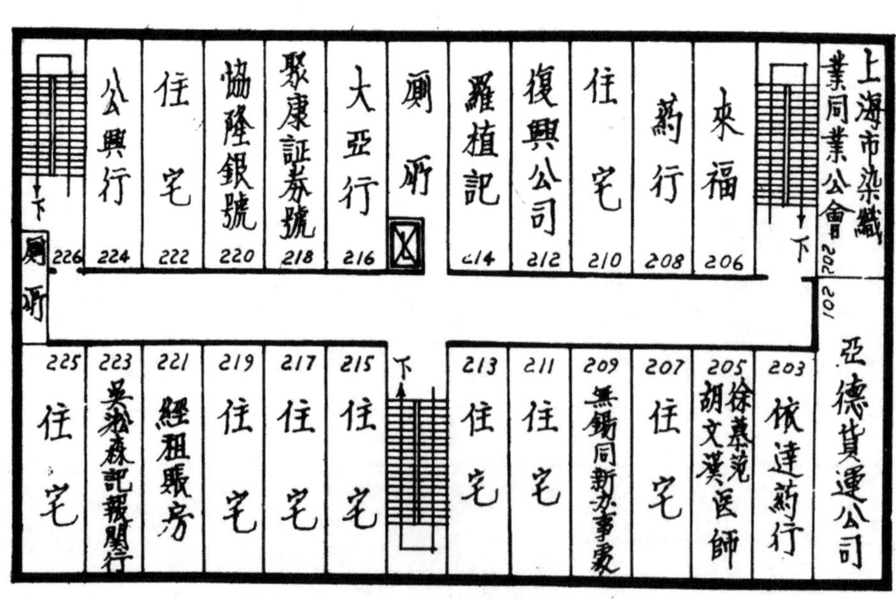

漢口路

同安大樓四樓平面圖

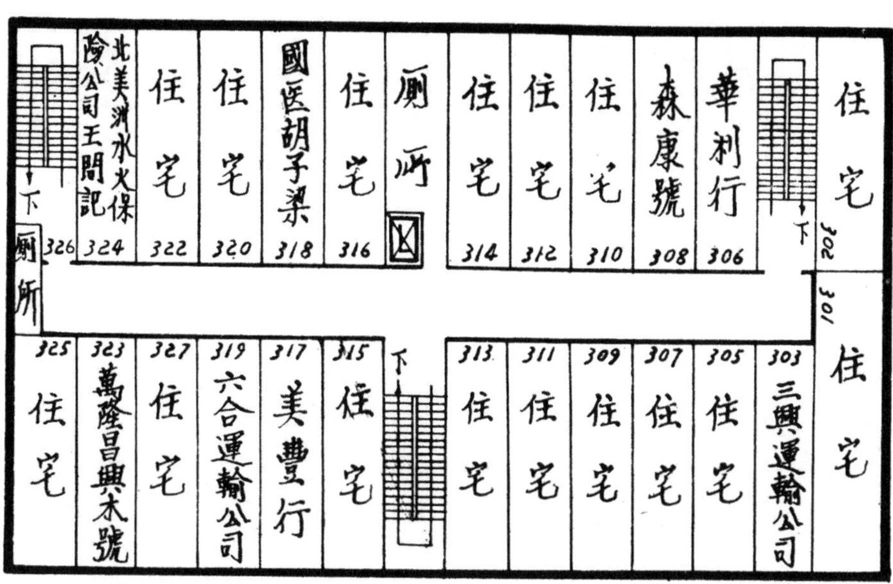

漢口路

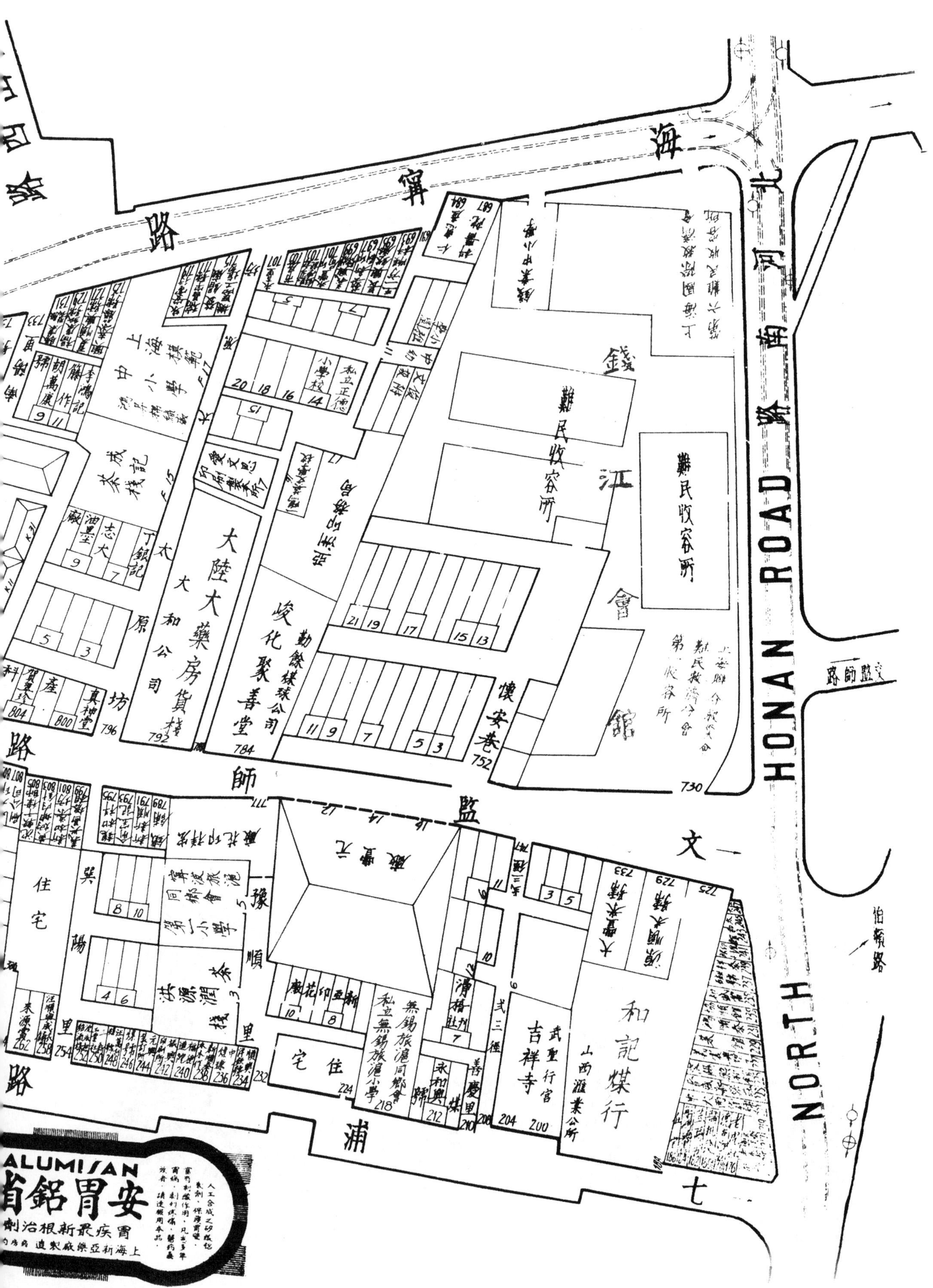

寧海路
HONAN ROAD NORTH
河南北路
錢江會館
難民收容所
監師路
七浦路
大陸大藥房貨棧
大和公司
峻化聚善堂
勤餘煤球公司
懷安巷
成記茶棧
上海模範中小學
私立正德小學校
原坊
順里
住宅
無錫旅滬同鄉會
私立無錫旅滬小學
吉祥寺
武聖行宮
和記煤行
山西滙業公所
慶善里
永和興
寧波旅滬同鄉會第一小學
洪源潤茶棧
文監師路

牛本稱大力
任重且耐勞
牛肝能補血
知者早有人
肝是血倉庫
造血秉蘊藏
製成肝膏後
功效更非常
新亞利凡命
製法勝同儕
完全科學化
複煉成濃縮
各種貧血症
得此自回春
有益血色素
產生赤血輪
補針射筋肉
俗稱補血針
更有粉與片
內服味鮮醇
上海新亞藥廠製造
利凡命
LIVEMIN
治喘
衛血
北
42
HAINING ROAD
BOONE ROAD
TSEPOO ROAD
FOKIEN ROAD
NORTH
北福建路
北山西路
上海通文油墨社
私立文昌中小學校
沈祥記營造廠
郭毅敏診所
梁寓
元豐木行
難民第二收容所
滙森木行
住宅
徐少甫診所
平房
同安里
汪萬利
柴炭棧
寶青春
新出補汁
補粉
補片
BIOZYGEN
TABLETS POWDER LIQUID
上海新亞藥廠製造
安胃省鋁
上海新亞藥廠製造

字林報館大樓三樓平面圖

NORTH CHINA DAILY NEWS BUILDING

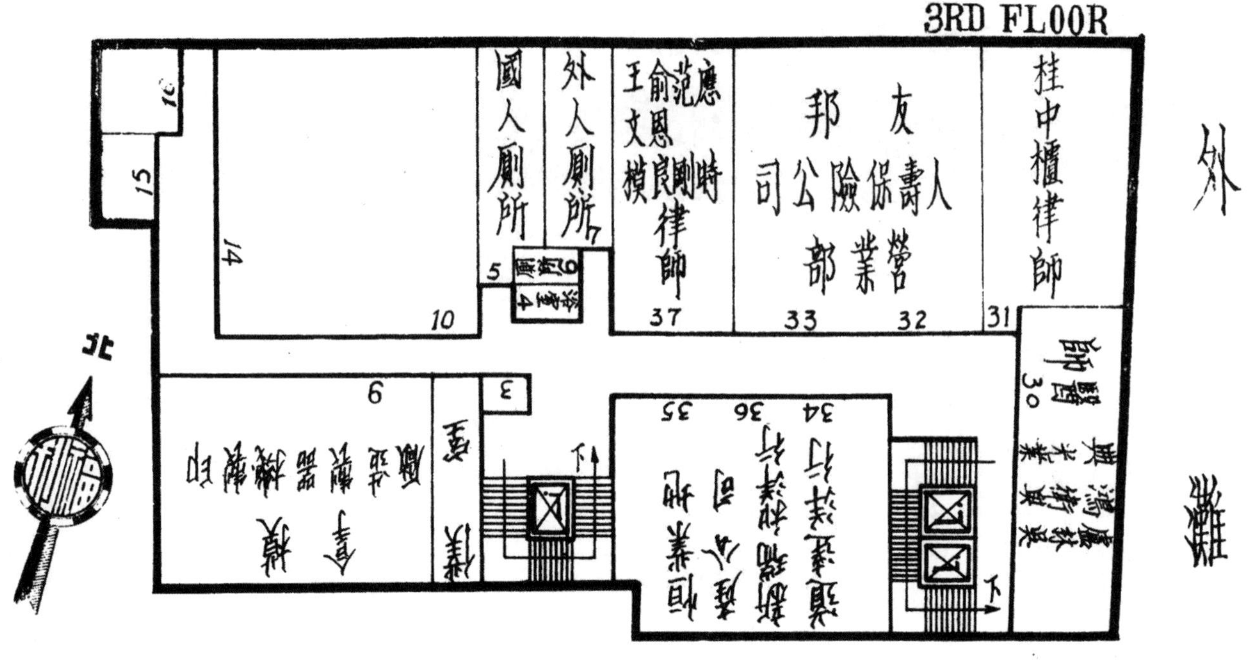

底層友邦銀行

一樓字林報館 1ST FLOOR: NORTH CHINA DAILY NEWS

二樓美亞保險公司 2ND FLOOR: AMERICAN ASIATIC UNDERWRITERS EXECUTIVE OFFICE

四樓英商四海保險総公司 4TH FLOOR: INTERNATIONAL ASSURANCE CO.

六樓字林報館印刷部

八樓法美保險公司

字林報館大樓五樓平面圖

NORTH CHINA DAILY NEWS BUILDING

5TH FLOOR

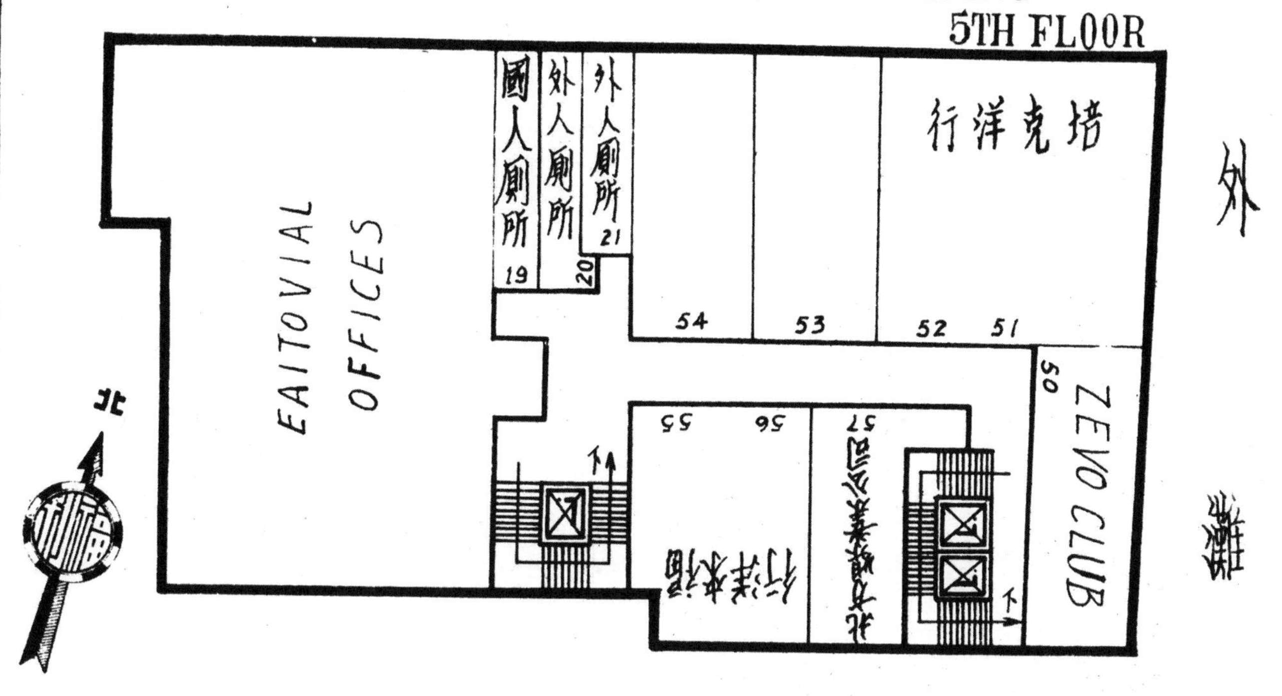

字林報館大樓七樓平面圖

NORTH CHINA DAILY NEWS BUILDING

7TH FLOOR

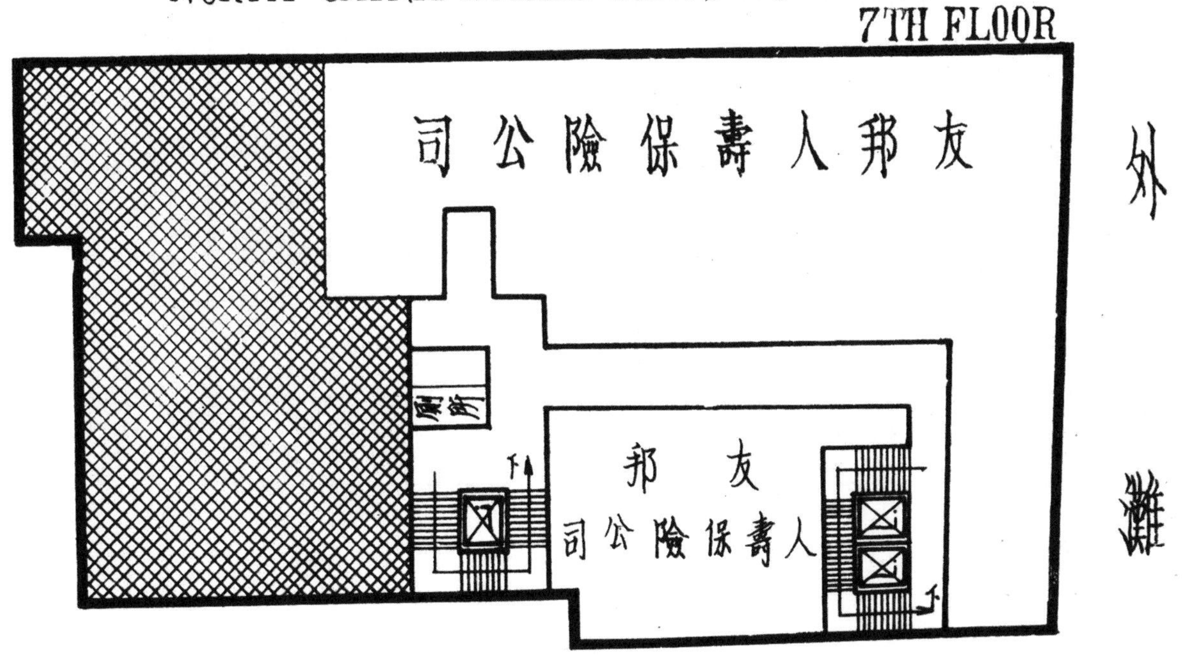

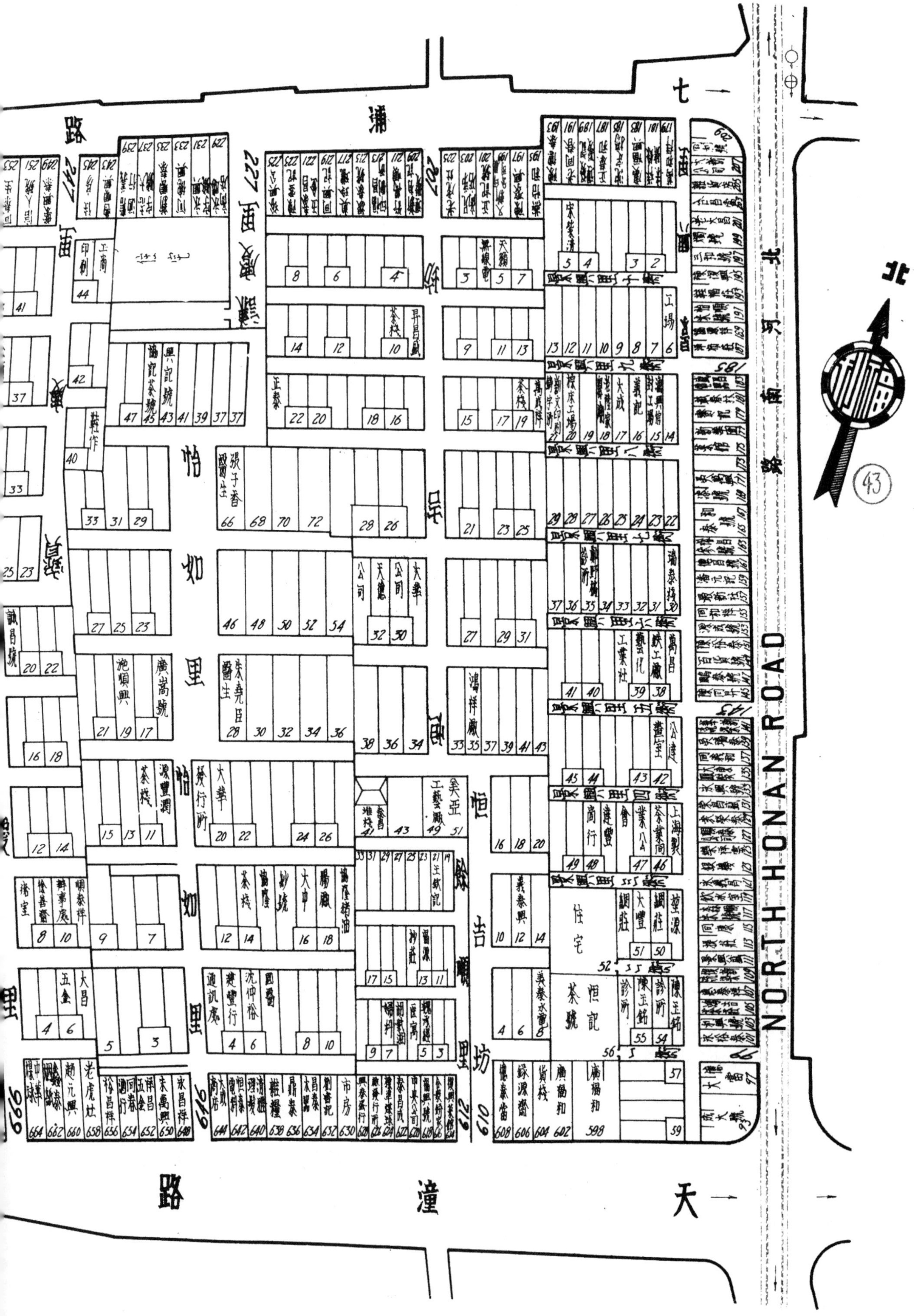

七浦路
天潼路
北河南路
NORTH HONAN ROAD
北
怡如里
43

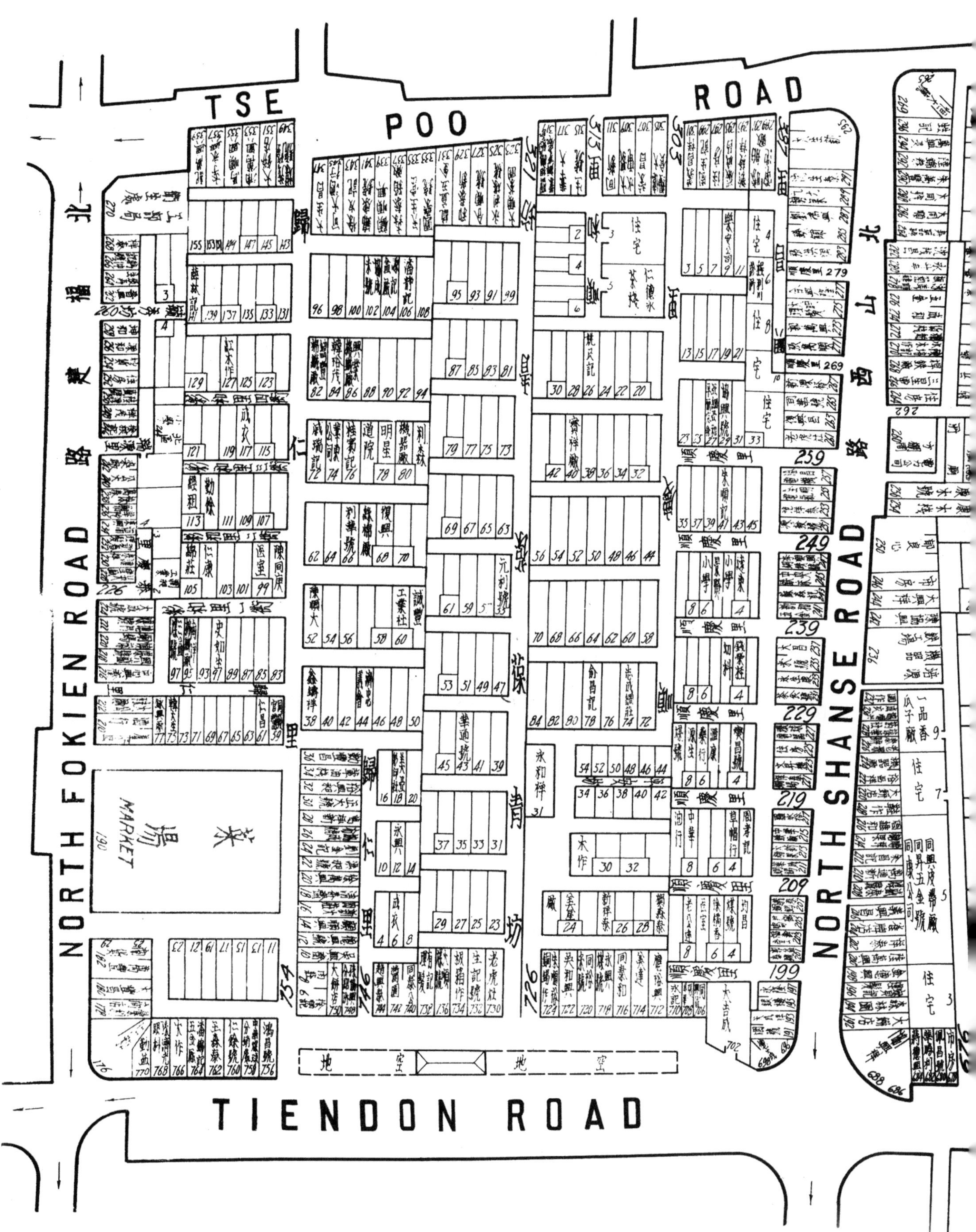
TSE POO ROAD
NORTH FOKIEN ROAD
北福建路
NORTH SHANSE ROAD
北山西路
TIENDON ROAD
MARKET
菜場
空地

中國企業銀行大樓二樓平面圖
CHINA DEVELOPMENT BANK BUILDING 1ST FLOOR

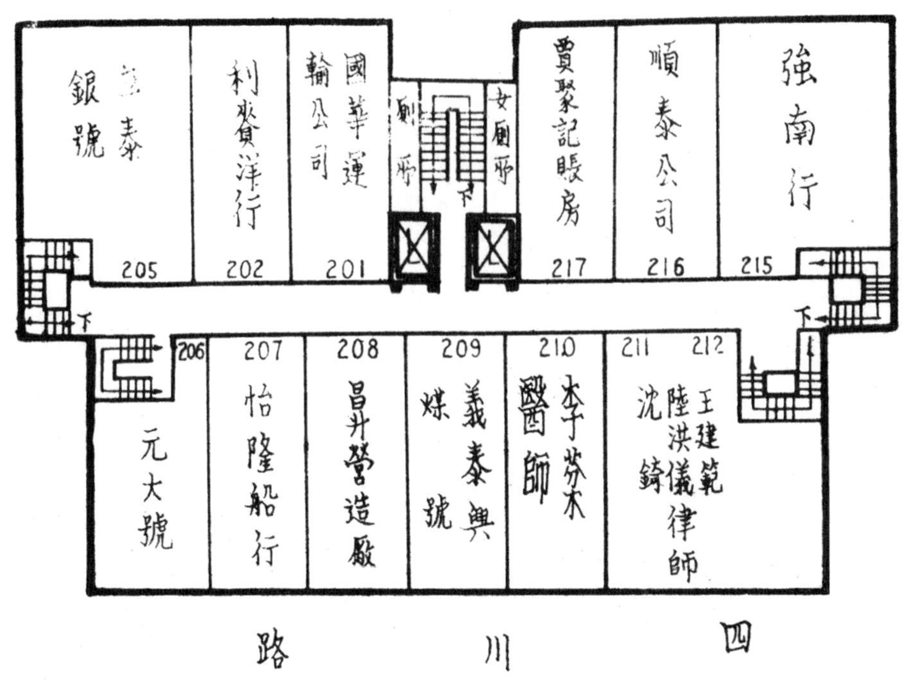

中國企業銀行大樓三樓平面圖
CHINA DEVELOPMENT BANK BUILDING 2ND FLOOR

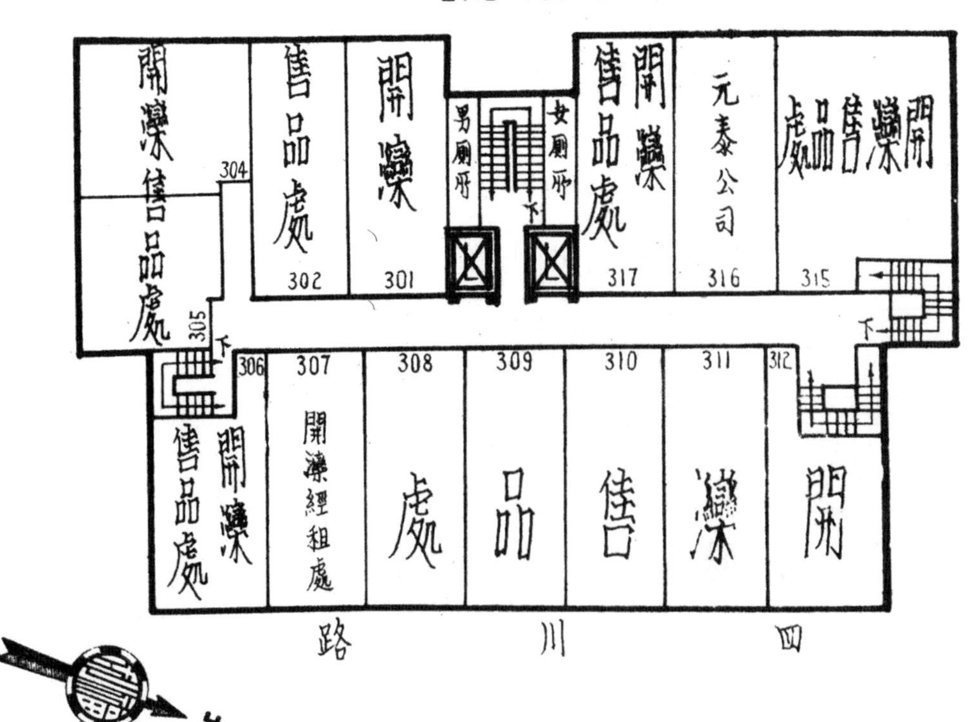

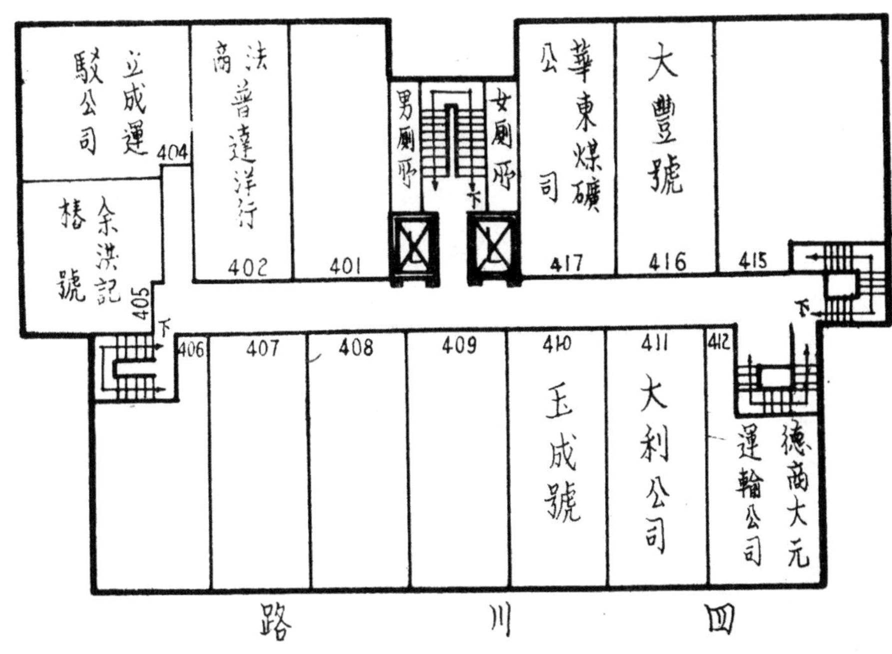
中國企業銀行大樓四樓平面圖
CHINA DEVELOPMENT BANK BUILDING
3RD FLOOR
立成運駁公司
余洪記棧號
法商普達洋行
男廁所
女廁所
華東煤礦公司
大豐號
404
405
402
401
417
416
415
406
407
408
409
410
411
412
玉成號
大利公司
德商大元運輸公司
四川路

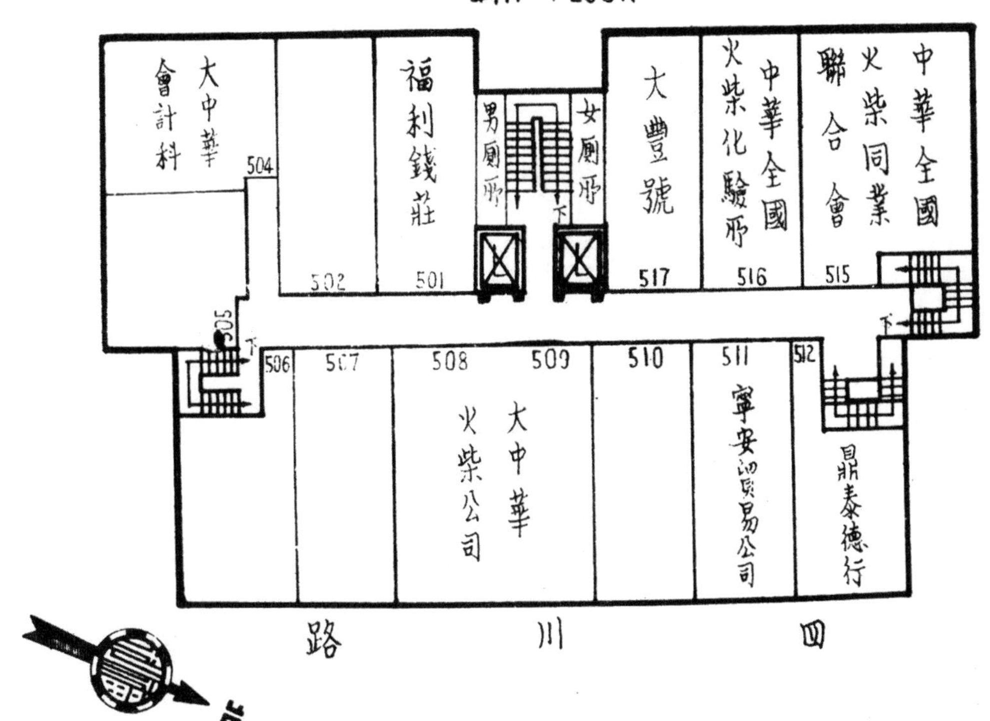
中國企業銀行大樓五樓平面圖
CHINA DEVELOPMENT BANK BUILDING
4TH FLOOR
大中華會計料
福利錢莊
男廁所
女廁所
大豐號
中華全國火柴化驗所
中華全國火柴同業聯合會
504
502
501
517
516
515
505
506
507
508
509
510
511
512
大中華火柴公司
寧安貿易公司
鼎泰德行
四川路
北

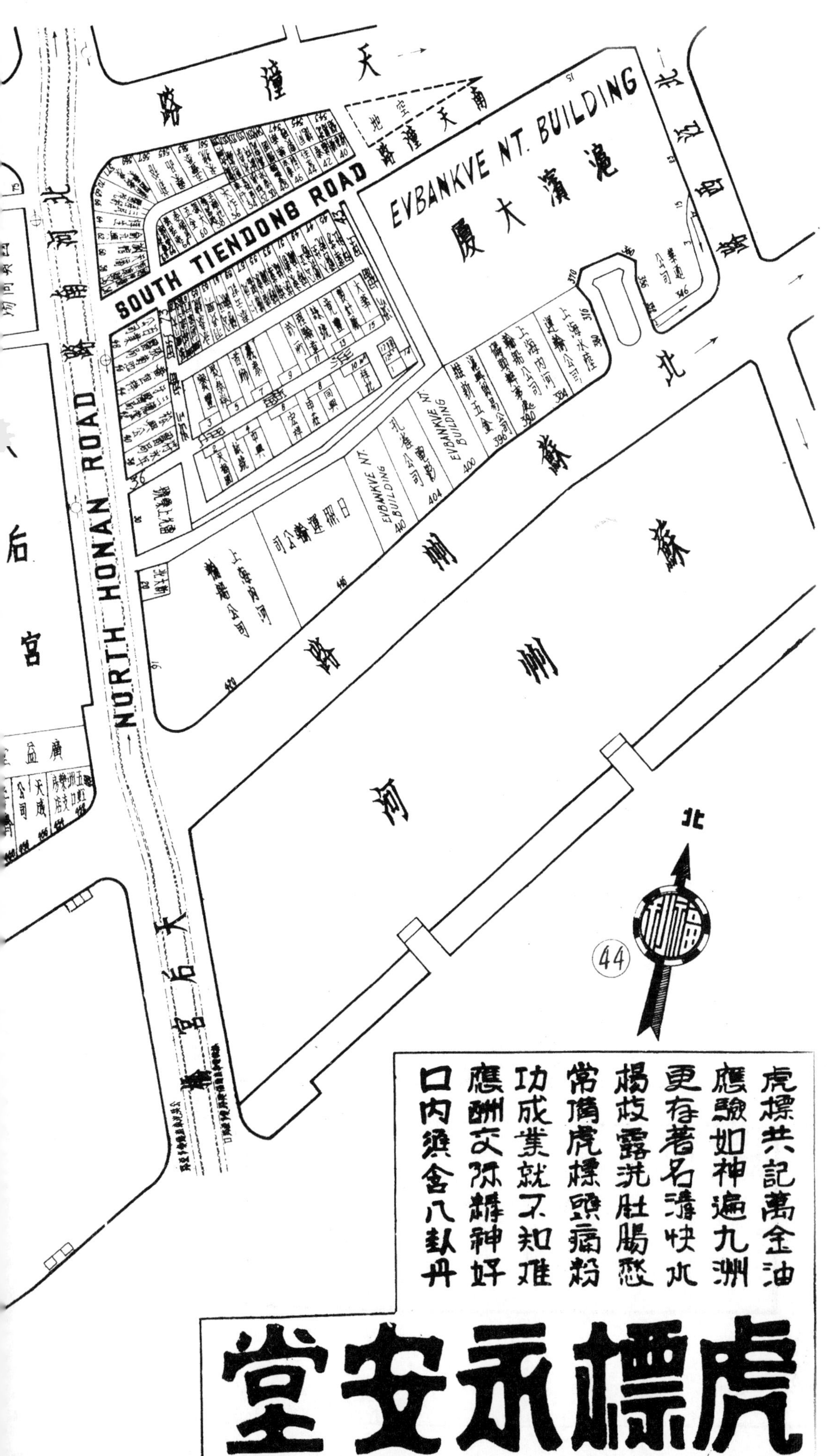
天潼路
南天潼路
空地
SOUTH TIENDONG ROAD
EVBANKVE NT. BUILDING
滙濱大廈
北河南路
NORTH HONAN ROAD
北蘇州路
蘇州河
天后宮
上海內河輪船公司
北
44
虎標共記萬金油
應驗如神遍九洲
更有著名清快水
楊枝露洗肚腸痧
常備虎標頭痛粉
功成業就不知难
應酬交际靜神好
口内須含八卦丹
虎標永安堂

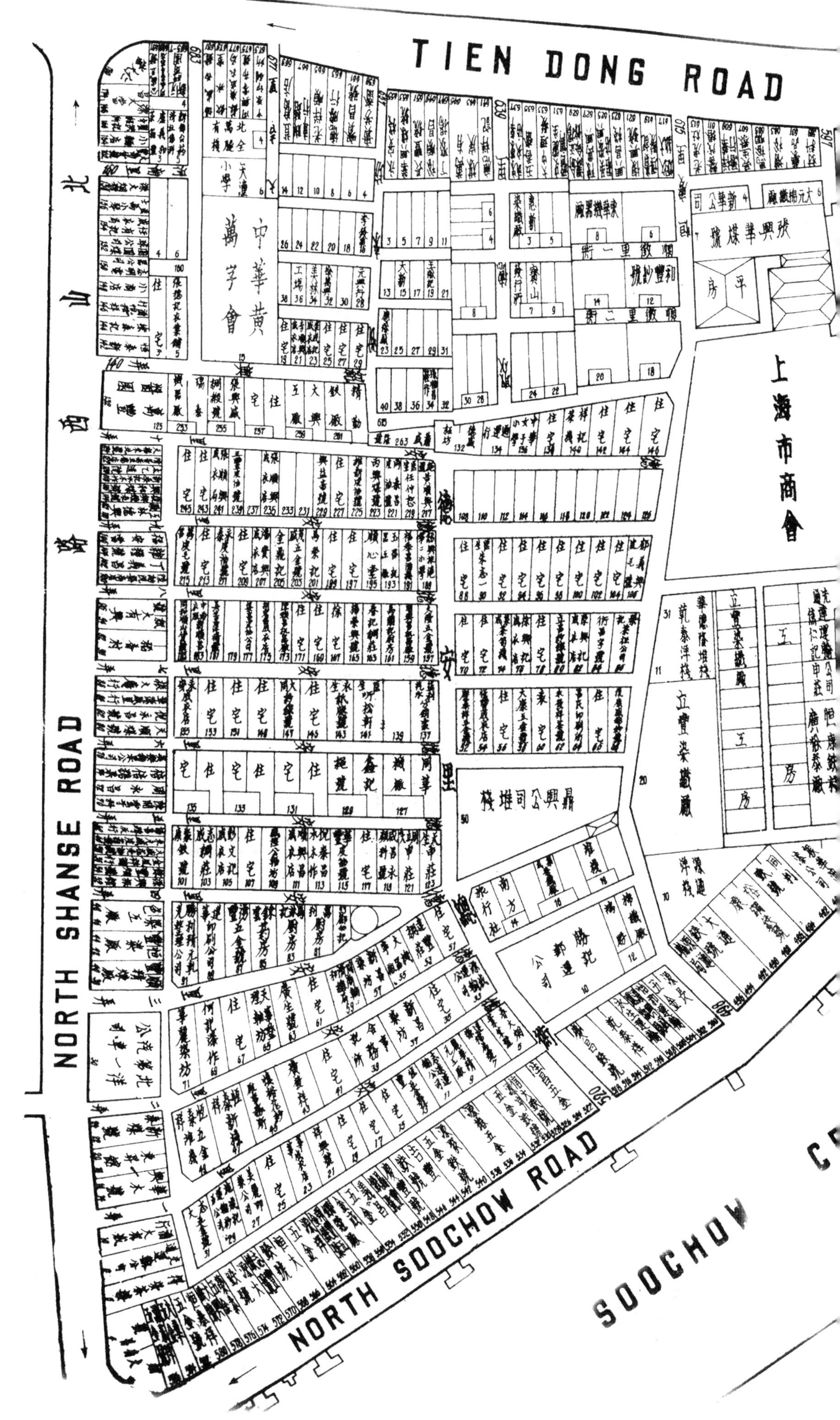
TIEN DONG ROAD
NORTH SHANSE ROAD
北山西路
NORTH SOOCHOW ROAD
SOOCHOW
上海市商會
鼎興公司堆棧
立豐染織廠
裕興華煤號

中國企業銀行大樓六樓平面圖

CHINA DEVELOPMENT BANK BUILDING
5 TH FLOOR

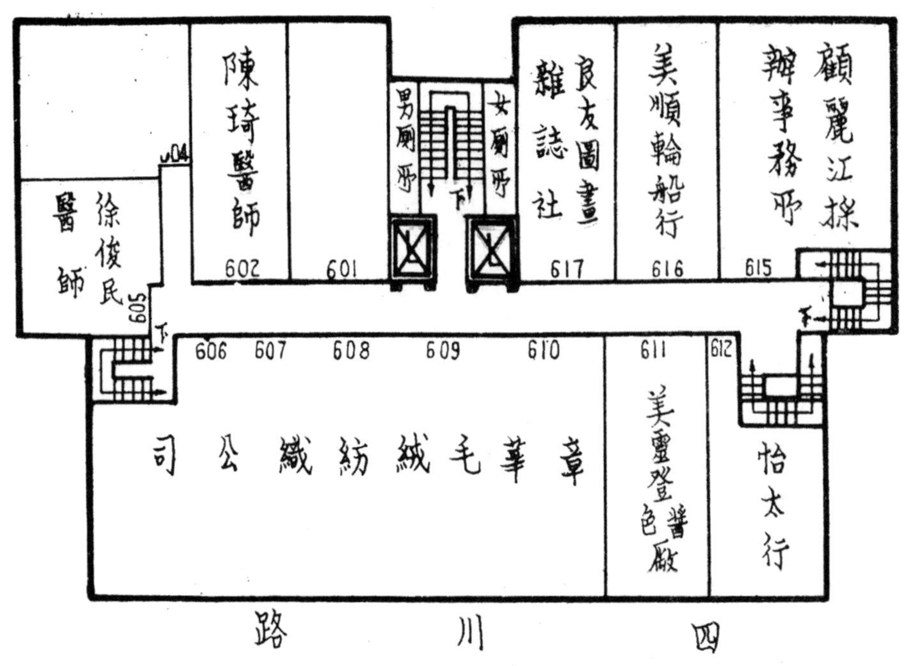

中國企業銀行大樓七樓平面圖

CHINA DEVELOPMENT BANK BUILDING
6TH FLOOR

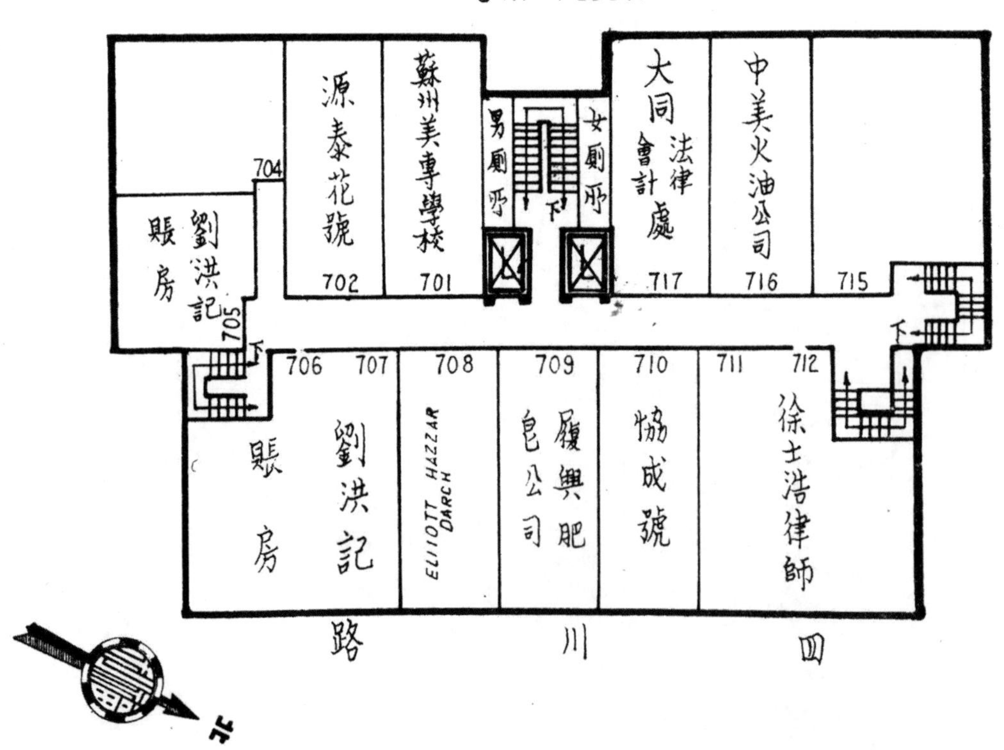

中國企業銀行大樓八樓平面圖
CHINA DEVELOPMENT BANK BUILDING
7TH FLOOR

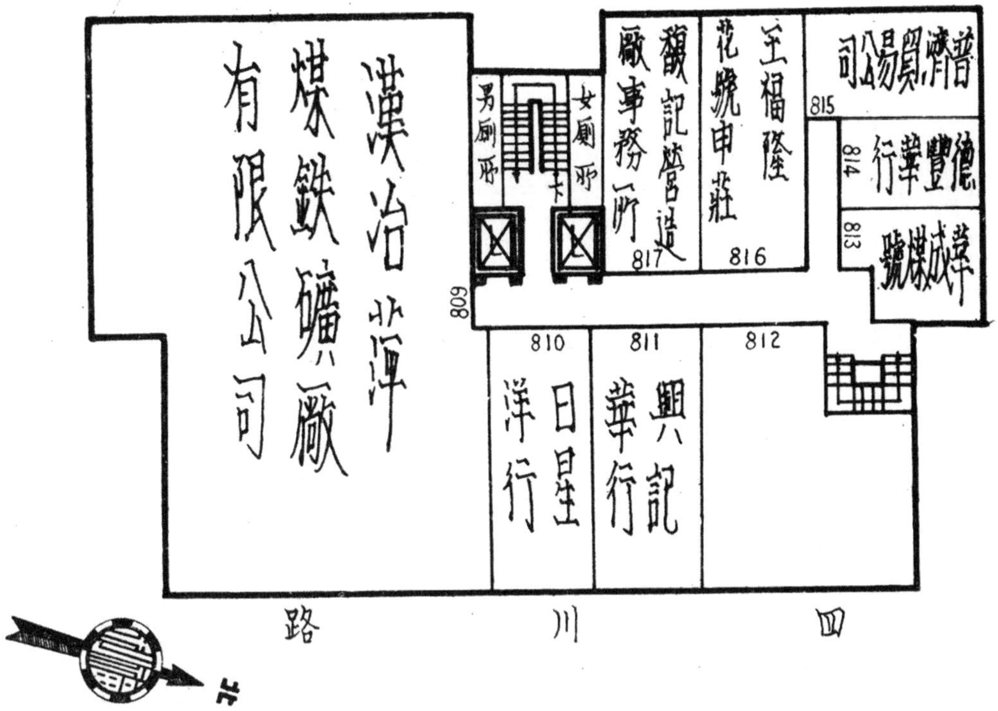

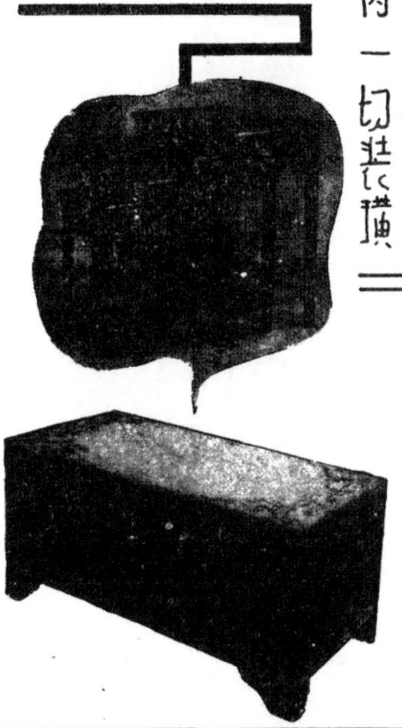

D
天潼路
北福建路
北山西路
北蘇州路
FOKIEN ROAD
NORTH SHANSE ROAD
NORTH
SANTAI ROAD
ROAD

鮮
三多食品製造廠
出品
三多辣醬油
鮮味醬油
電話購貨
隨接隨送
發行所
上海新閘橋路
育倫里八號
電話
三一一八五號
TIENDONG
NORTH CHEKIANG ROAD
北浙江路
北
45
NORTH SOOCHOW
SOOCHOW CREEK
河
SOOCHOW ROAD
蘇州路
浙江路

光陸大樓三樓平面圖

CAPITOL BUILDING

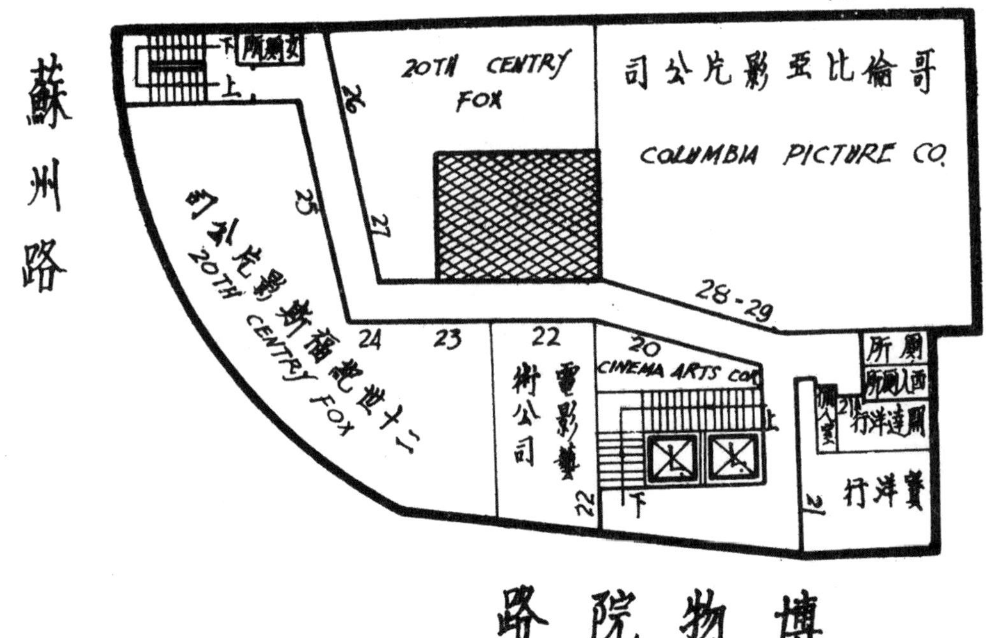

光陸大樓四樓平面圖

CAPITOL BUILDING

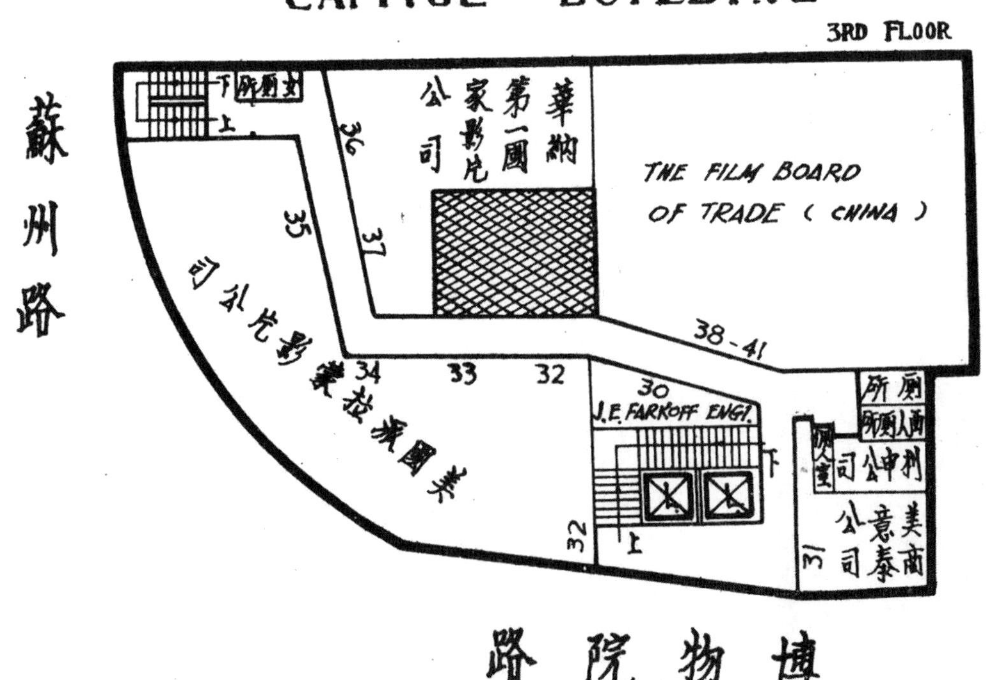

五樓六樓七樓為洋人公寓

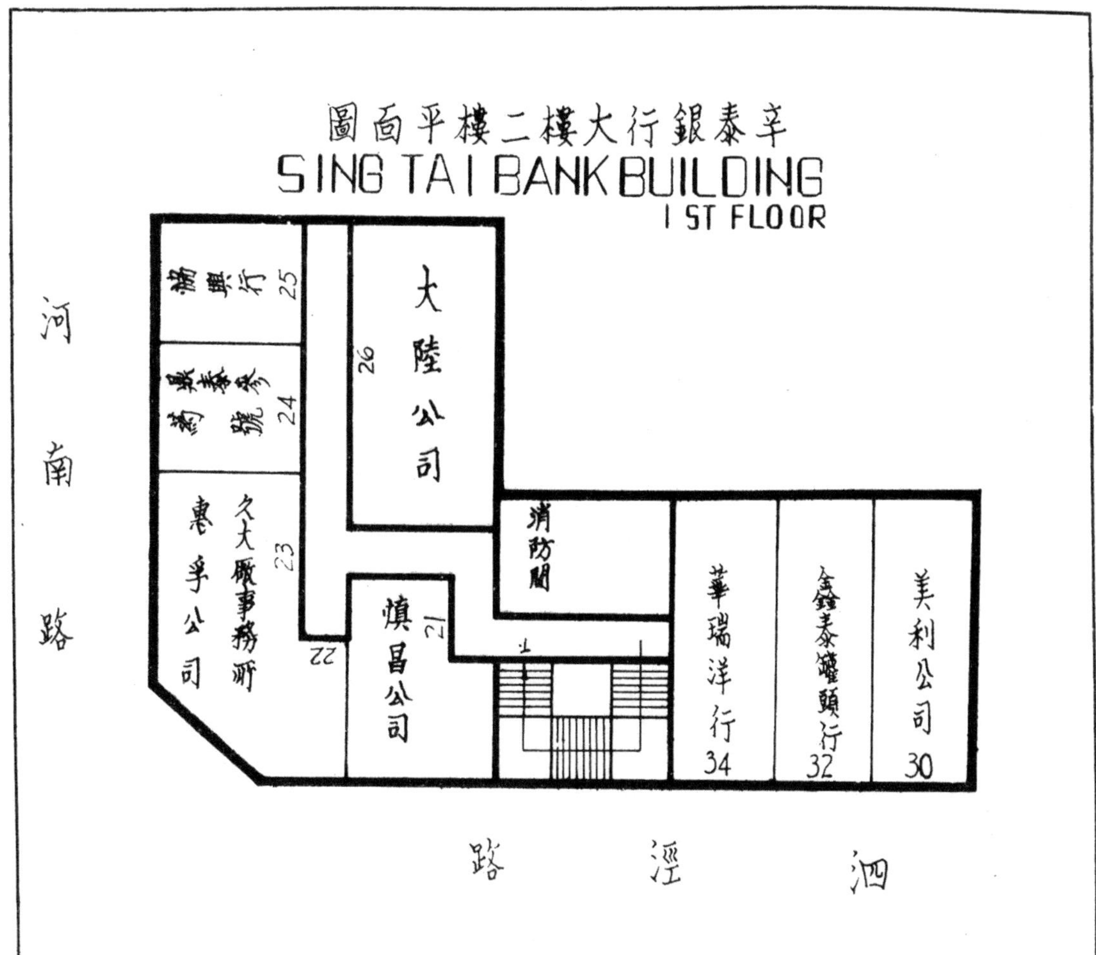
辛泰銀行大樓二樓平面圖
SING TAI BANK BUILDING
1 ST FLOOR
河南路
泗涇路
大陸公司
26
25
24
23
22
21
34
32
30
消防間
慎昌公司
華瑞洋行
美利公司

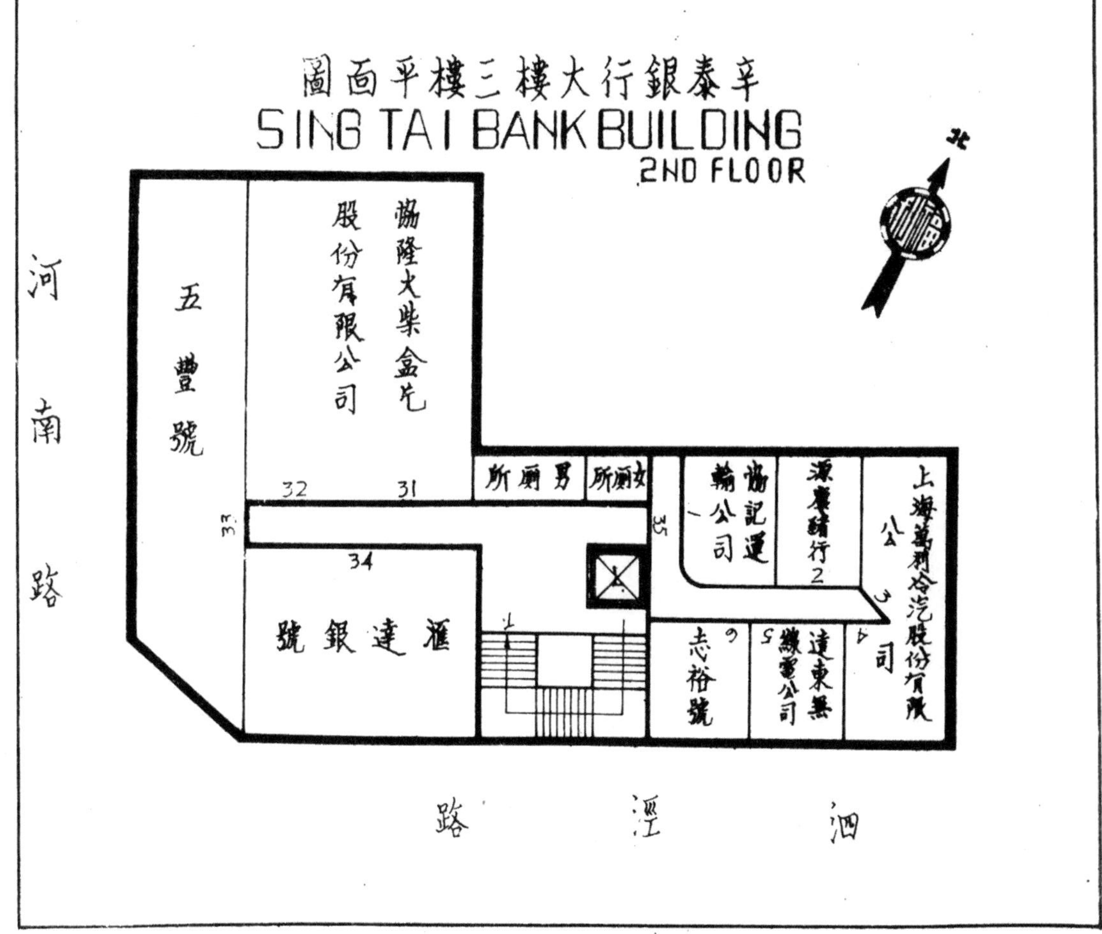
辛泰銀行大樓三樓平面圖
SING TAI BANK BUILDING
2ND FLOOR
河南路
泗涇路
五豐號
協隆火柴盒片股份有限公司
滙達銀號
男廁所
女廁所
源慶號行
32
31
33
34
35
1
2
3
4
5
6

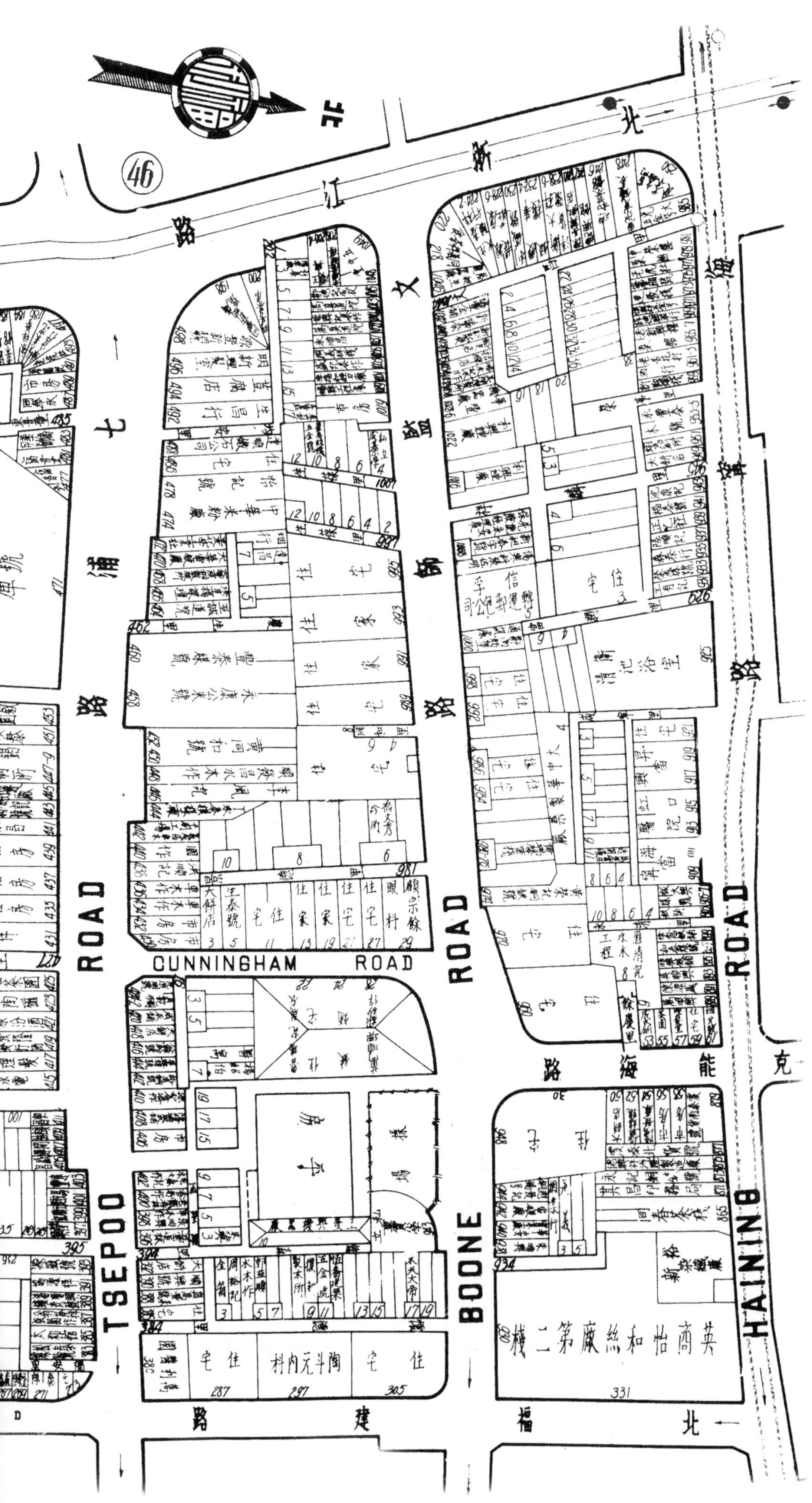
46
TSEPOO ROAD
CUNNINGHAM ROAD
BOONE ROAD
HAINING ROAD

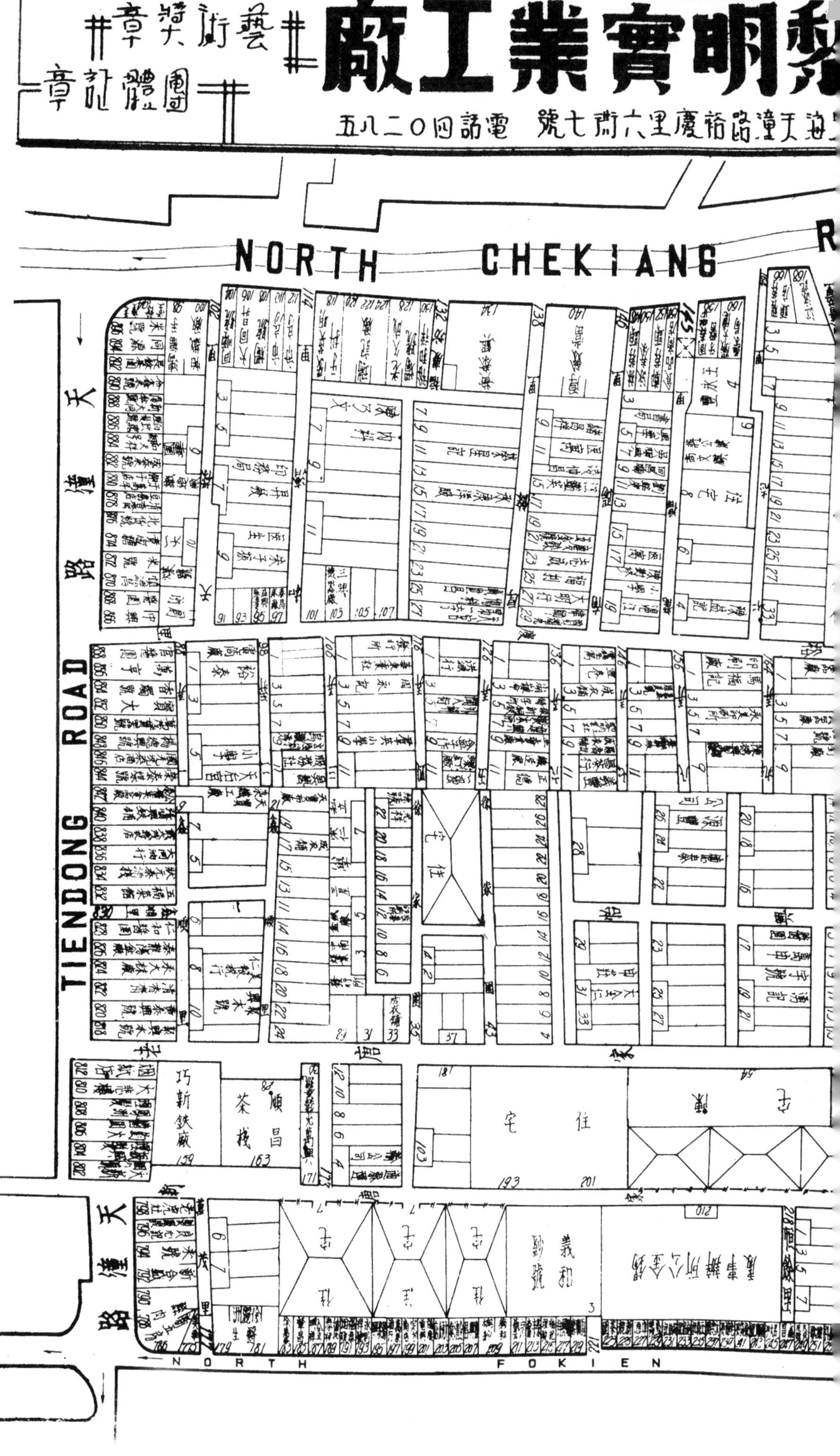

黎明實業工廠
藝術獎章
團體記章
上海天潼路裕慶里六街七號 電話四〇二八五
NORTH CHEKIANG R
TIENDONG ROAD
天潼路
NORTH FOKIEN

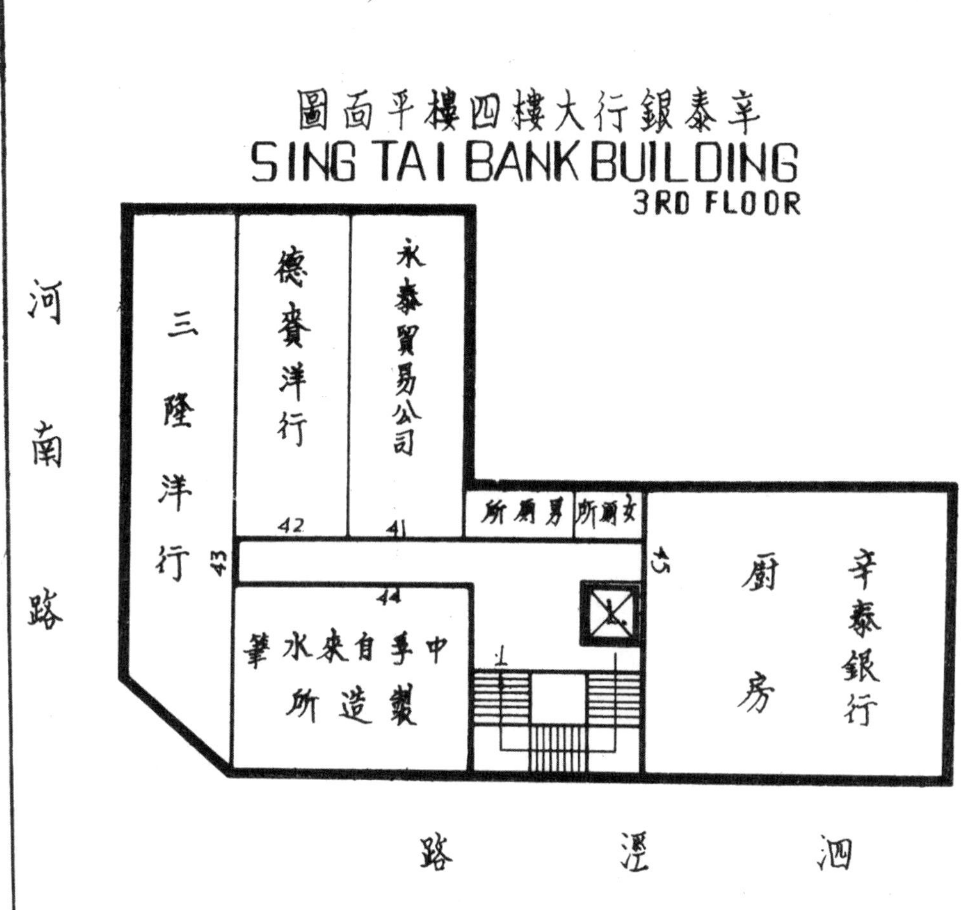

辛泰銀行大樓四樓平面圖
SING TAI BANK BUILDING
3RD FLOOR
河南路
三隆洋行
德賚洋行
永泰貿易公司
男厠所
女厠所
中華自來水筆製造所
辛泰銀行廚房
43
42
41
44
45
泗涇路

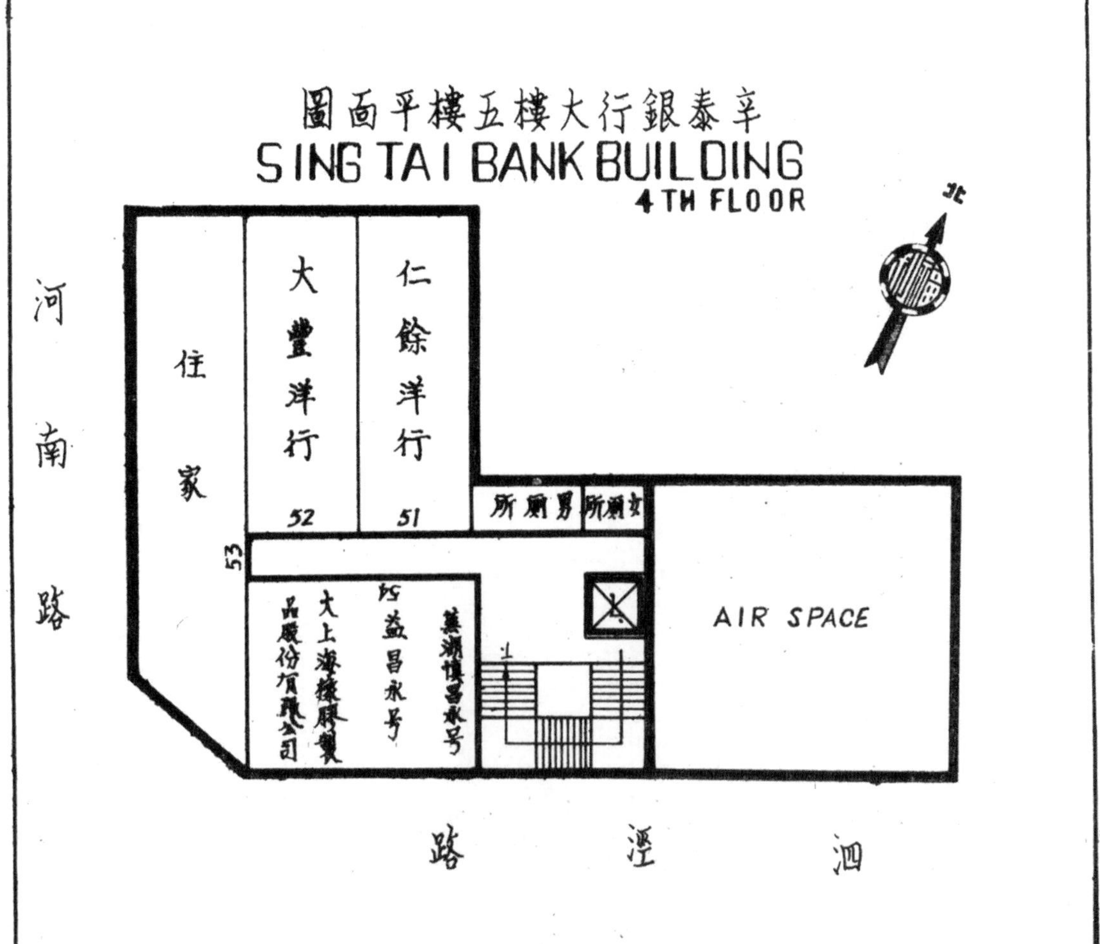

辛泰銀行大樓五樓平面圖
SING TAI BANK BUILDING
4TH FLOOR
北
河南路
住家
大豐洋行
仁餘洋行
男厠所
女厠所
52
51
53
55
AIR SPACE
泗涇路

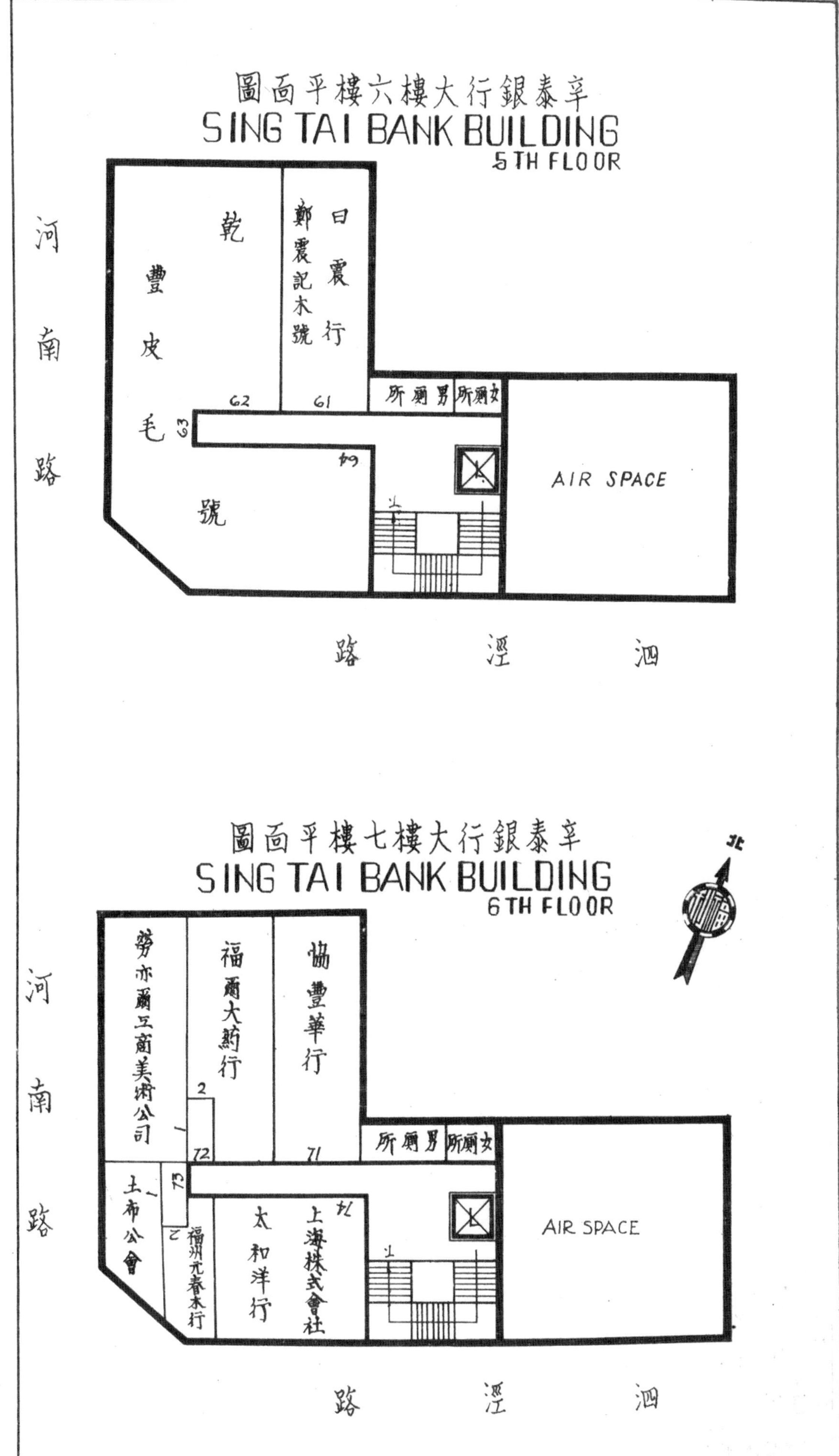

辛泰銀行大樓六樓平面圖
SING TAI BANK BUILDING
5TH FLOOR
河南路
泗涇路
乾豐皮毛號
日震行
鄭震記木號
男廁所
女廁所
62
61
63
AIR SPACE
辛泰銀行大樓七樓平面圖
SING TAI BANK BUILDING
6TH FLOOR
北
河南路
泗涇路
勞亦爾工商美術公司
福爾大葯行
協豐華行
土布公會
福州元春木行
太和洋行
上海株式會社
男廁所
女廁所
72
71
73
AIR SPACE

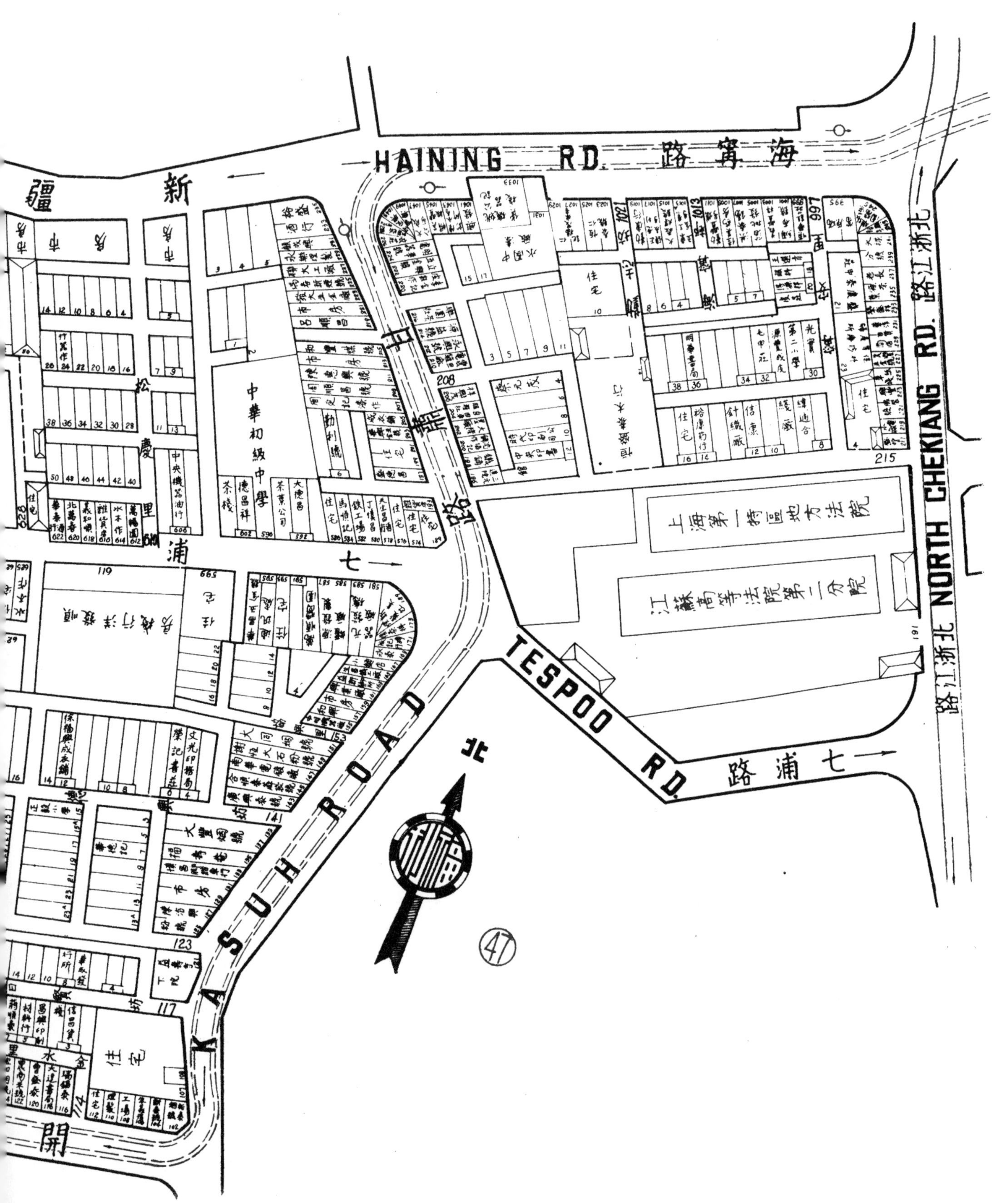

HAINING RD.
海寧路
NORTH CHEKIANG RD.
北浙江路
TESPOO RD.
七浦路
KASUH ROAD
新疆
松慶里
中華初級中學
上海第一特區地方法院
江蘇高等法院第二分院
北
47

SINKIANG ROAD
NORTH THIBET RD.
北西藏路
KAIFENG ROAD
開封路
JEHOL ROAD
南洋女子中學

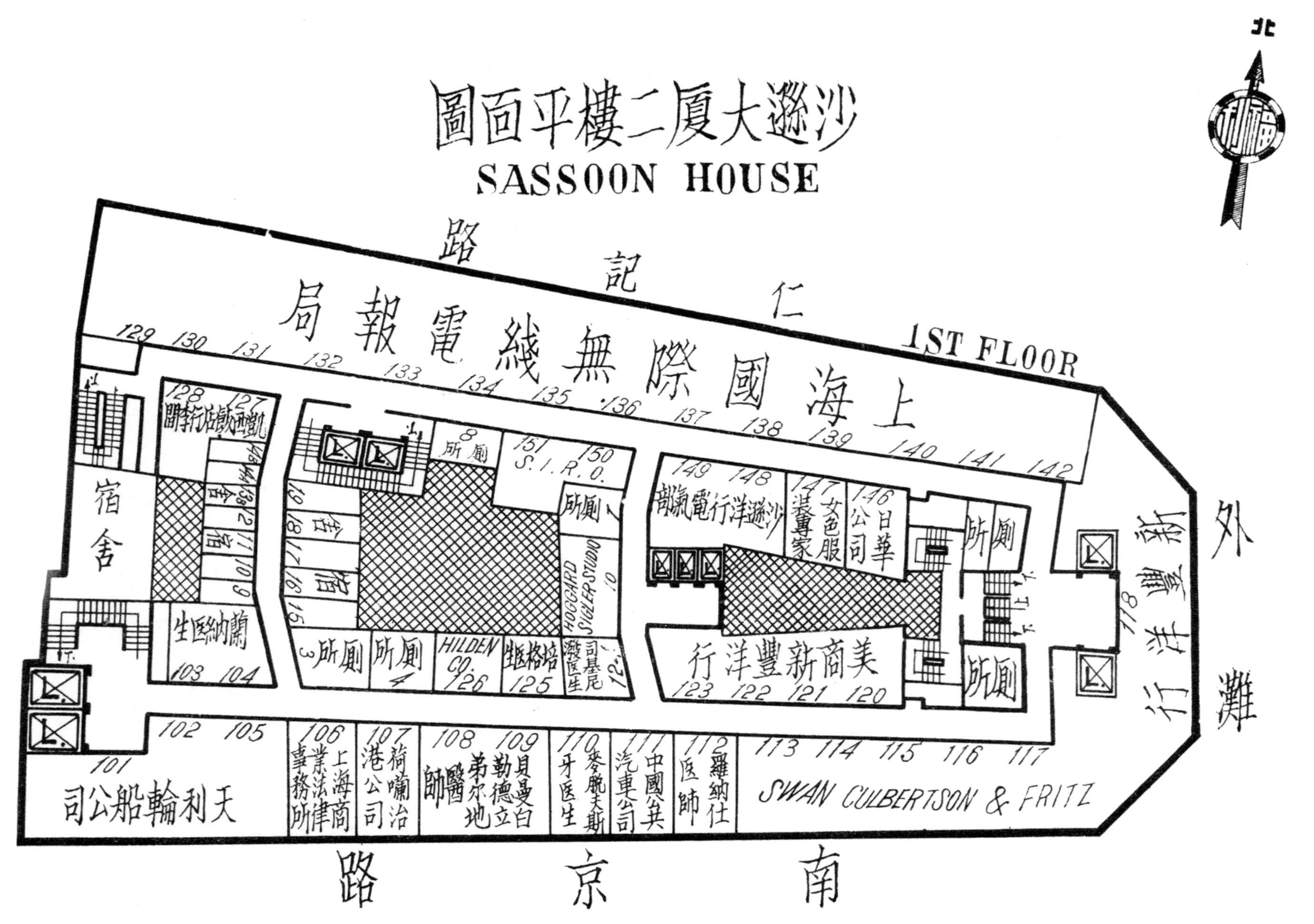

沙遜大厦二樓平面圖
SASSOON HOUSE
1ST FLOOR
北
仁記路
上海國際無線電報局
129 130 131 132 133 134 135 136 137 138 139 140 141 142
外灘
118 新豐洋行
128 127 凱西飯店行李間
宿舍
宿舍
8 所廁
151 150 S.I.R.O.
所廁
149 148 沙遜洋行電氣部
147 女色服裝專家
146 日華公司
所廁
所廁
HOGGARD SIGLER STUDIO 10
司基尼發医生 12
培格脫 125
HILDEN CO. 126
所廁 4
所廁 3
19 18 17 16 15
9 10 11 12 13B 14A 14B
蘭納医生 103 104
美商新豐洋行 123 122 121 120
101 天利輪船公司
102 105
106 上海商業法律事務所
107 荷蘭治港公司
108 109 貝曼白勤德立弟爾地醫師
110 麥脫夫斯牙医生
111 中國公共汽車公司
112 羅納仕医師
113 114 115 116 117
SWAN CULBERTSON & FRITZ
南京路

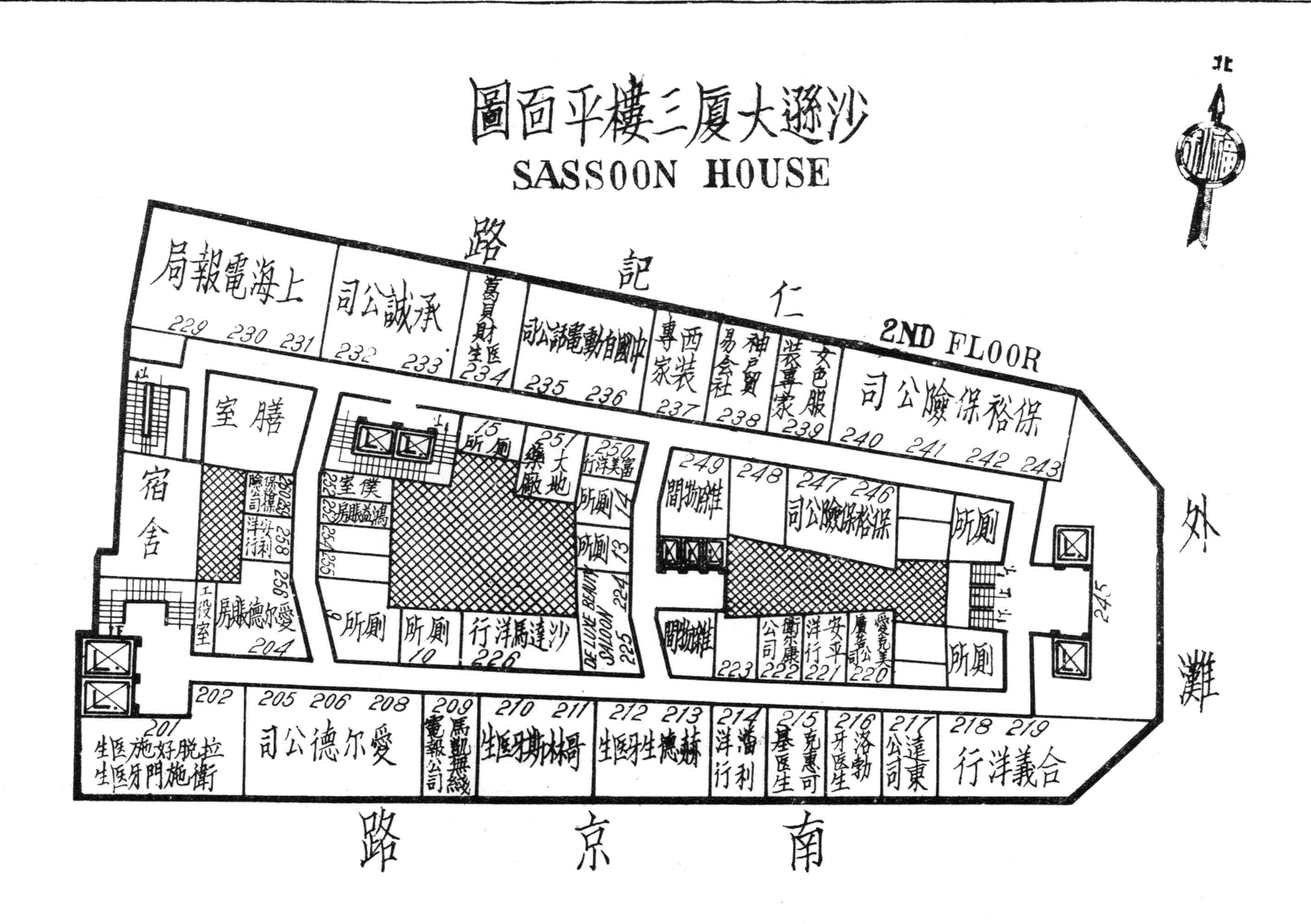

沙遜大厦三樓平面圖
SASSOON HOUSE
2ND FLOOR
北
仁記路
南京路
外灘
上海電報局 229 230 231
承誠公司 232 233
234
中國自動電話公司 235 236
西裝專家 237
238
239
保裕保險公司 240 241 242 243
膳室
宿舍
所廁
保裕保險公司 247 246
248
249
250
251
252
254
255
258
256
沙達馬洋行 226
DE LUXE BEAUTY SALOON 224 225
223 222 221 220
245
愛爾德公司 205 206 208
209
210 211
212 213
214
215
216
217
合義洋行 218 219
201
202
204

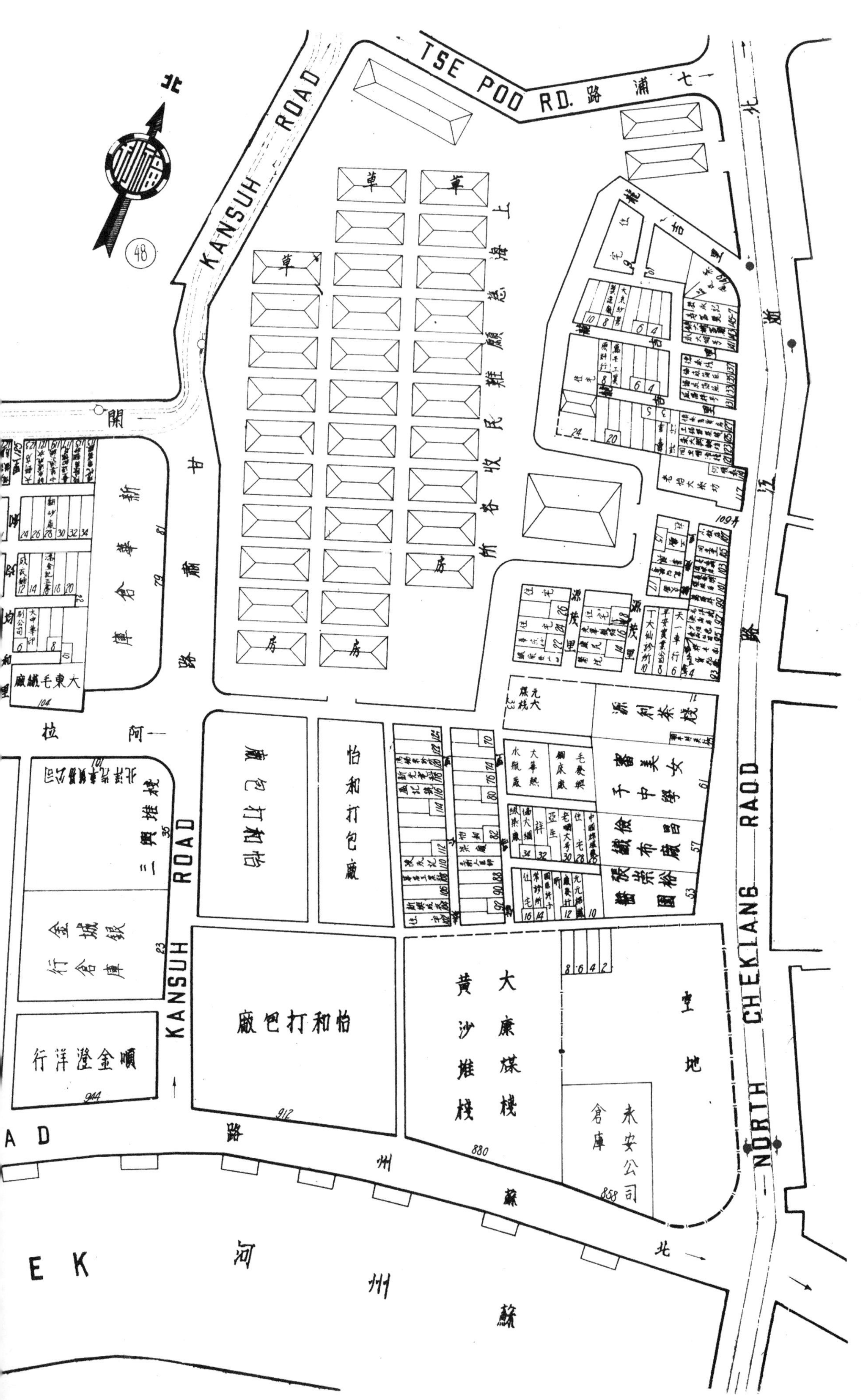
TSE POO RD. 路浦七
KANSUH ROAD
甘肅路
NORTH CHEKIANG RAOD
北浙江路
蘇州路
北蘇州河
EK
AD
上海總商會難民收容所
怡和打包廠
大康煤棧
黄沙堆棧
永安公司倉庫
空地
新華倉庫
大東毛織廠
金城銀行倉庫
順金澄洋行
二興堆棧
源利茶棧
安美中學
48

興長城熱水瓶廠
電話
KIAFENG ROAD
ALABASTER ROAD
NORHT THIBET ROAD
WINCHESTER ROAD
NORTH SOOCHOW ROAD
SOOCHOW C
豐樂絲廠
中一信託公司倉庫
中國實業銀行蘇州路辦事處及其貨棧
中國銀行貨棧

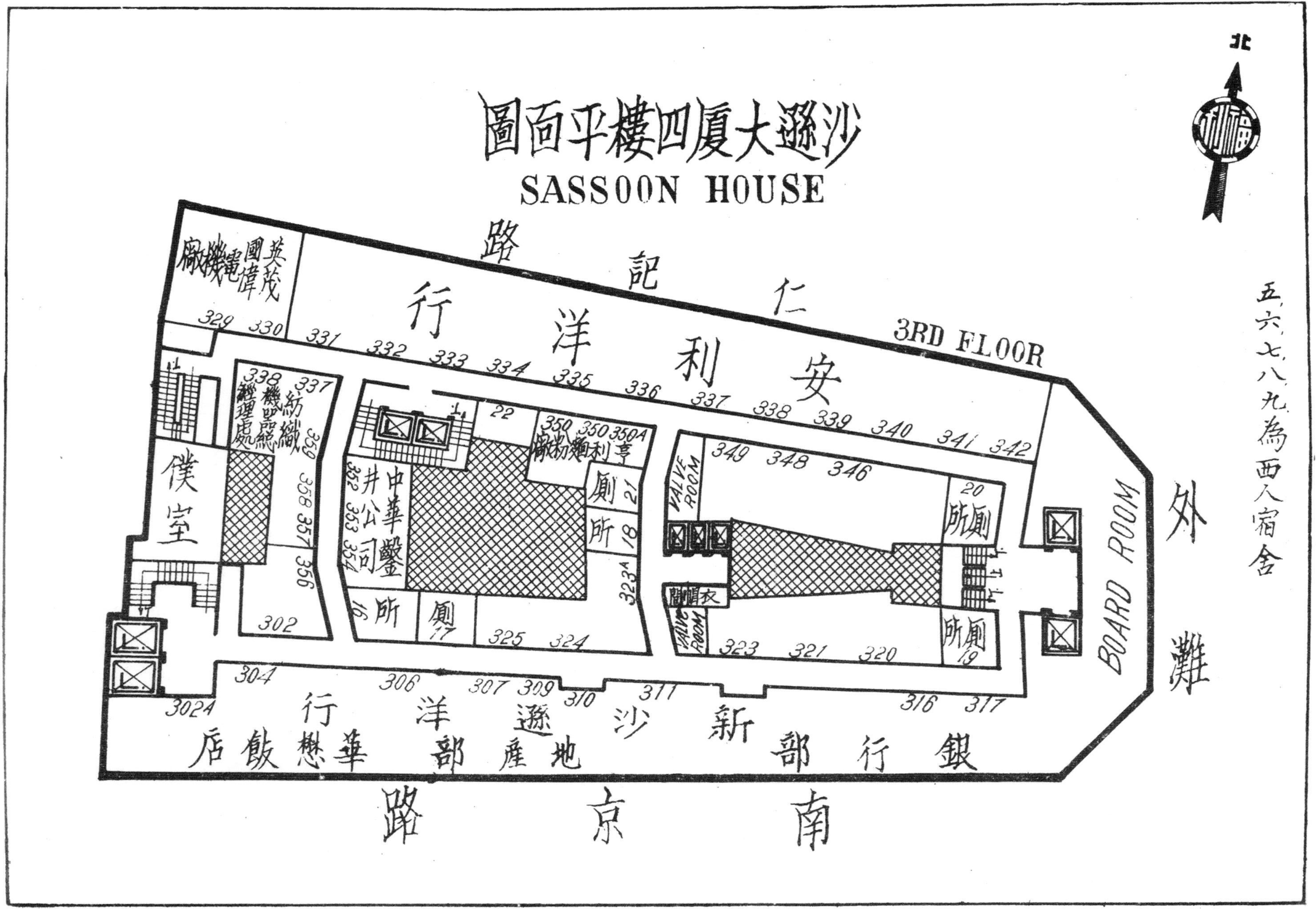

沙遜大廈四樓平面圖
SASSOON HOUSE
北
仁記路
安利洋行
3RD FLOOR
英國茂偉電機廠
329 330 331 332 333 334 335 336 337 338 339 340 341 342
338 337 紡織機器總理處
359 358 357 356
302
僕室
22
350 350 350A 亨利麵粉廠
中華鑿井公司
352 353 354
廁所 21 18
323A
所 16
廁 17
325 324
VALVE ROOM
衣帽間
349 348 346
323 321 320
廁所 20
廁所 19
BOARD ROOM
外灘
五六七八九為西人宿舍
304 306 307 309 310 311 316 317
302A
沙遜洋行
新沙遜銀行部
地產部
華懋飯店
南京路

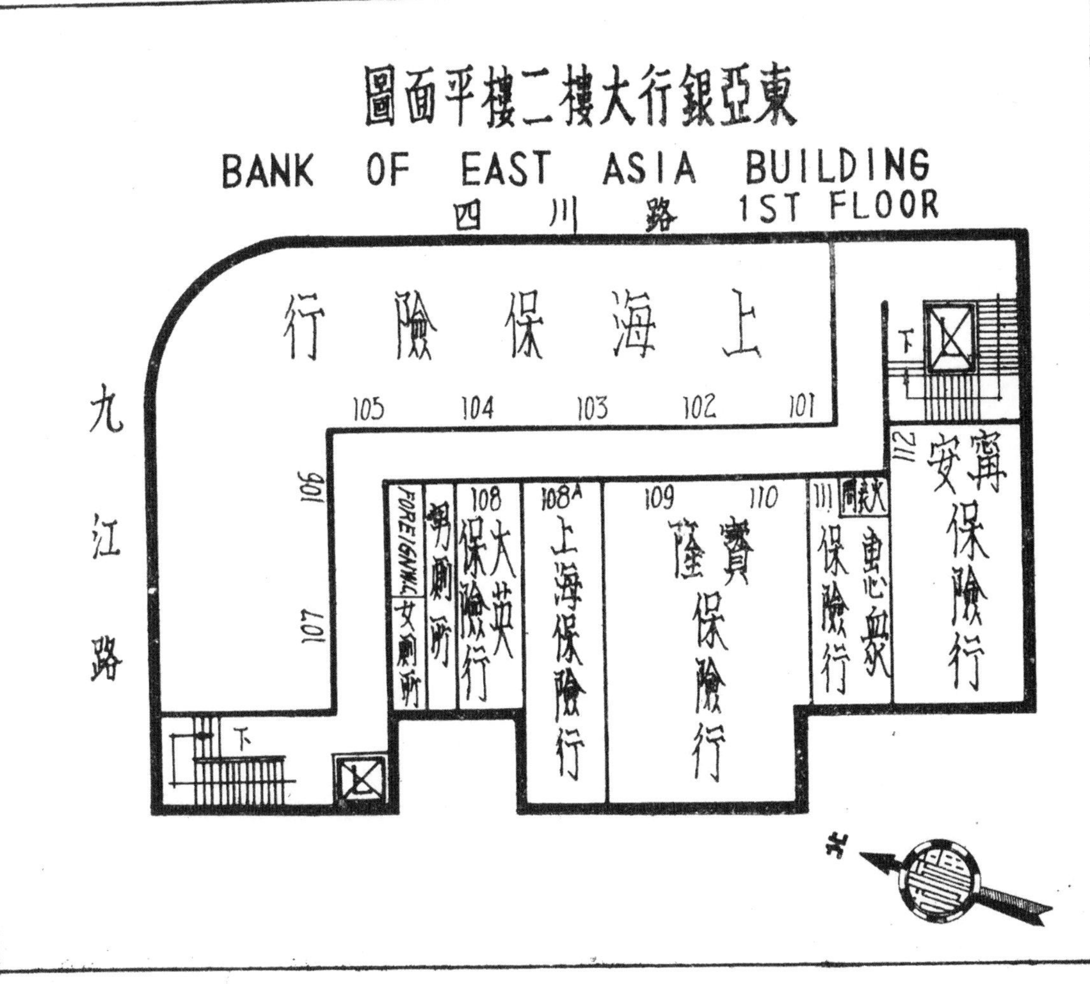
東亞銀行大樓二樓平面圖
BANK OF EAST ASIA BUILDING
1ST FLOOR
四川路
九江路
上海保險行
寧安保險行
寶隆保險行
上海保險行
大英保險行
男廁所
女廁所
FOREIGN W.C.
下
北
101
102
103
104
105
106
107
108
108A
109
110
111
112

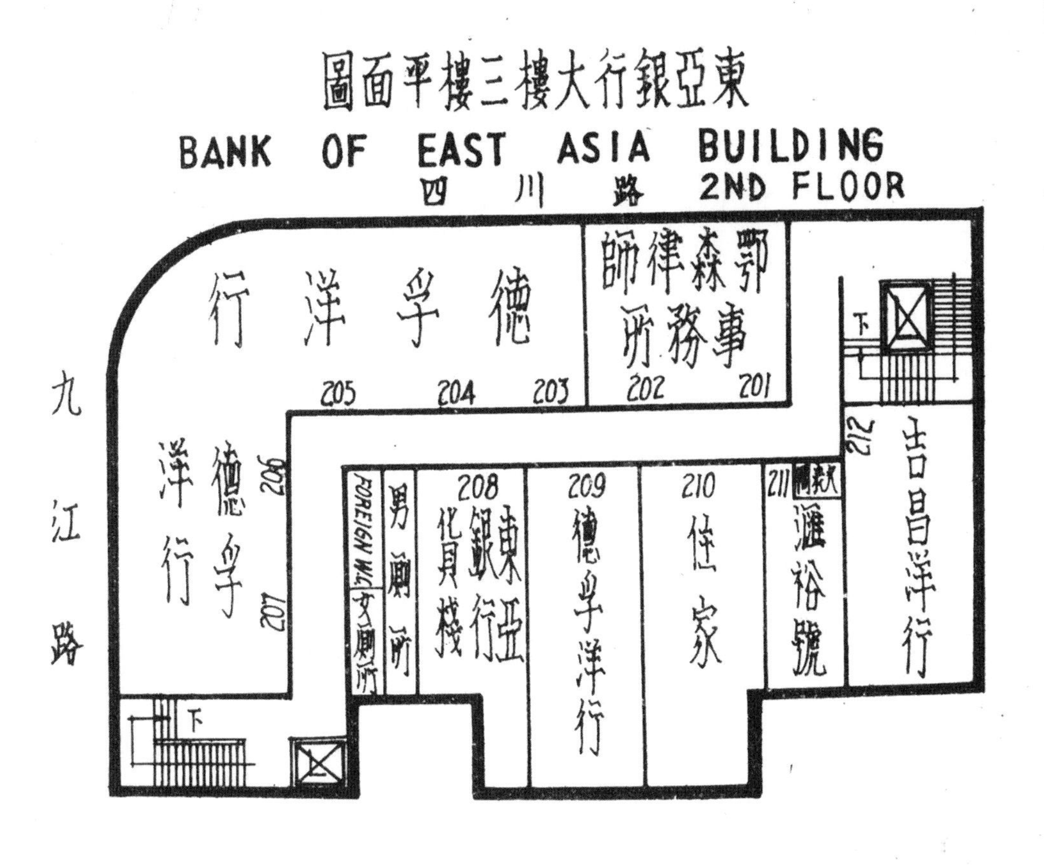
東亞銀行大樓三樓平面圖
BANK OF EAST ASIA BUILDING
2ND FLOOR
四川路
九江路
德孚洋行
鄂森律師事務所
德孚洋行
東亞銀行貨棧
德孚洋行
住家
滙裕號
吉昌洋行
男廁所
女廁所
FOREIGN W.C.
下
201
202
203
204
205
206
207
208
209
210
211
212

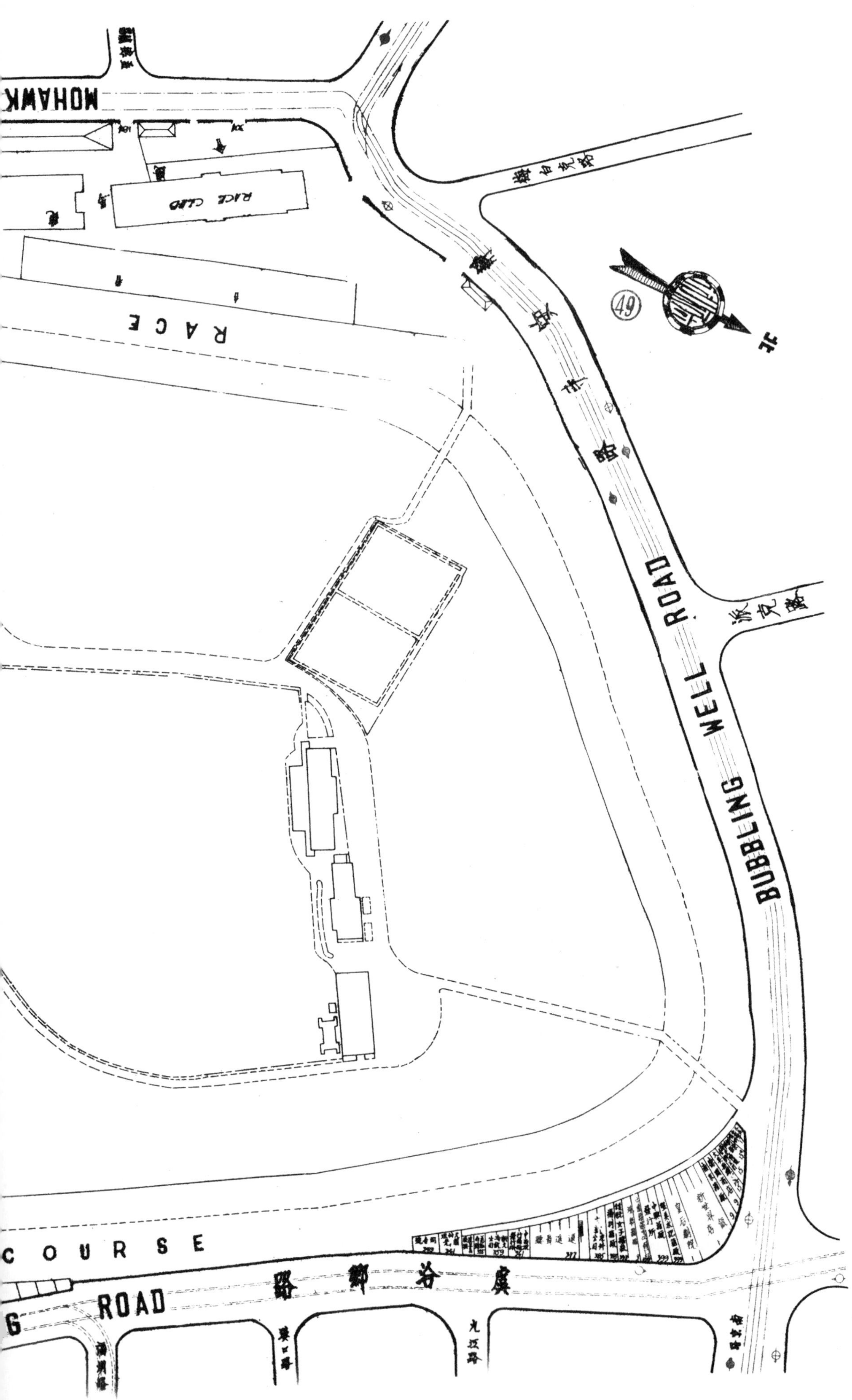

MOHAWK
RACE CLUB
RACE
COURSE
BUBBLING WELL ROAD
G ROAD
49

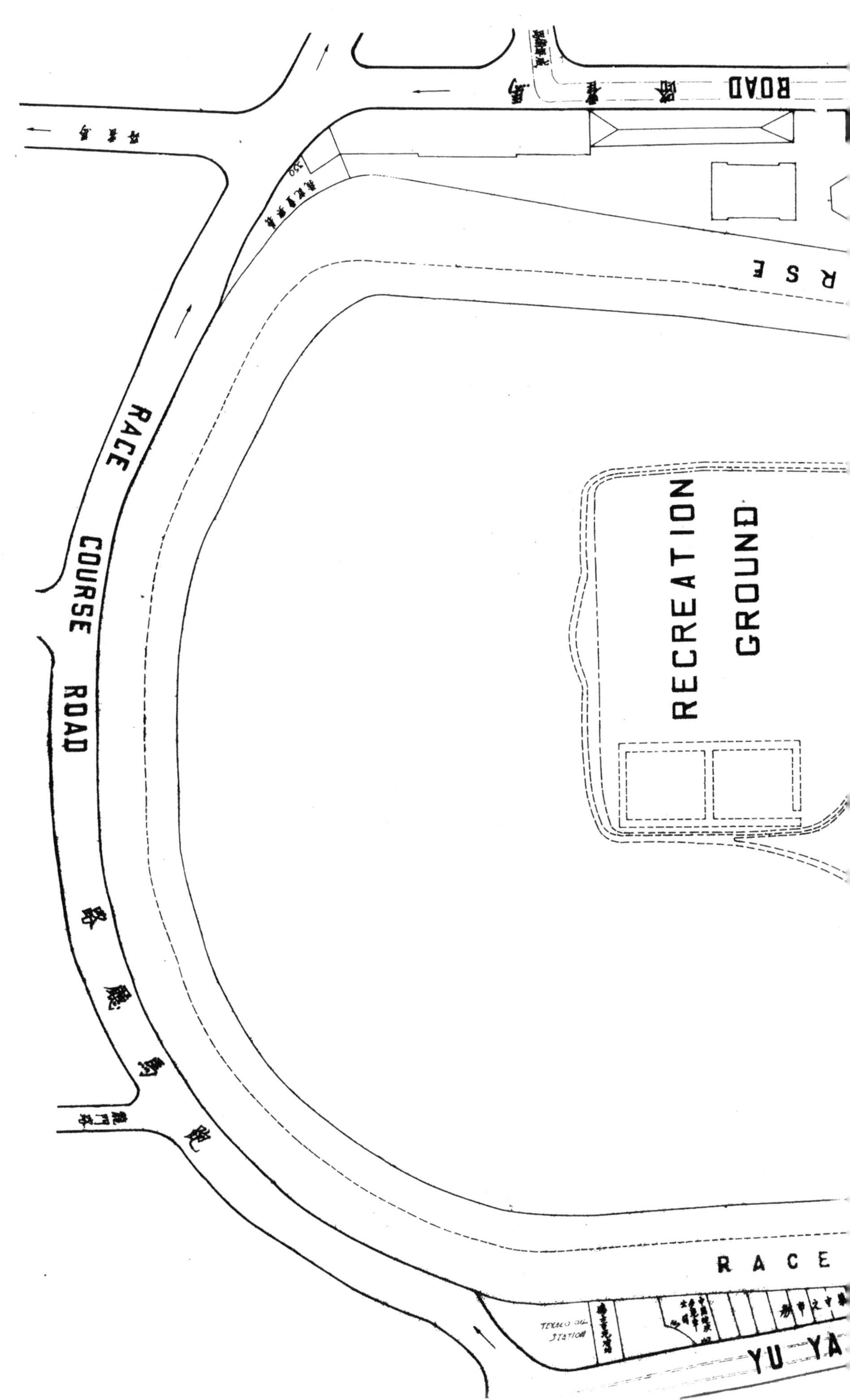
ROAD
RSE
RACE
COURSE
ROAD
RECREATION
GROUND
RACE
TEXACO OIL STATION
YU YA

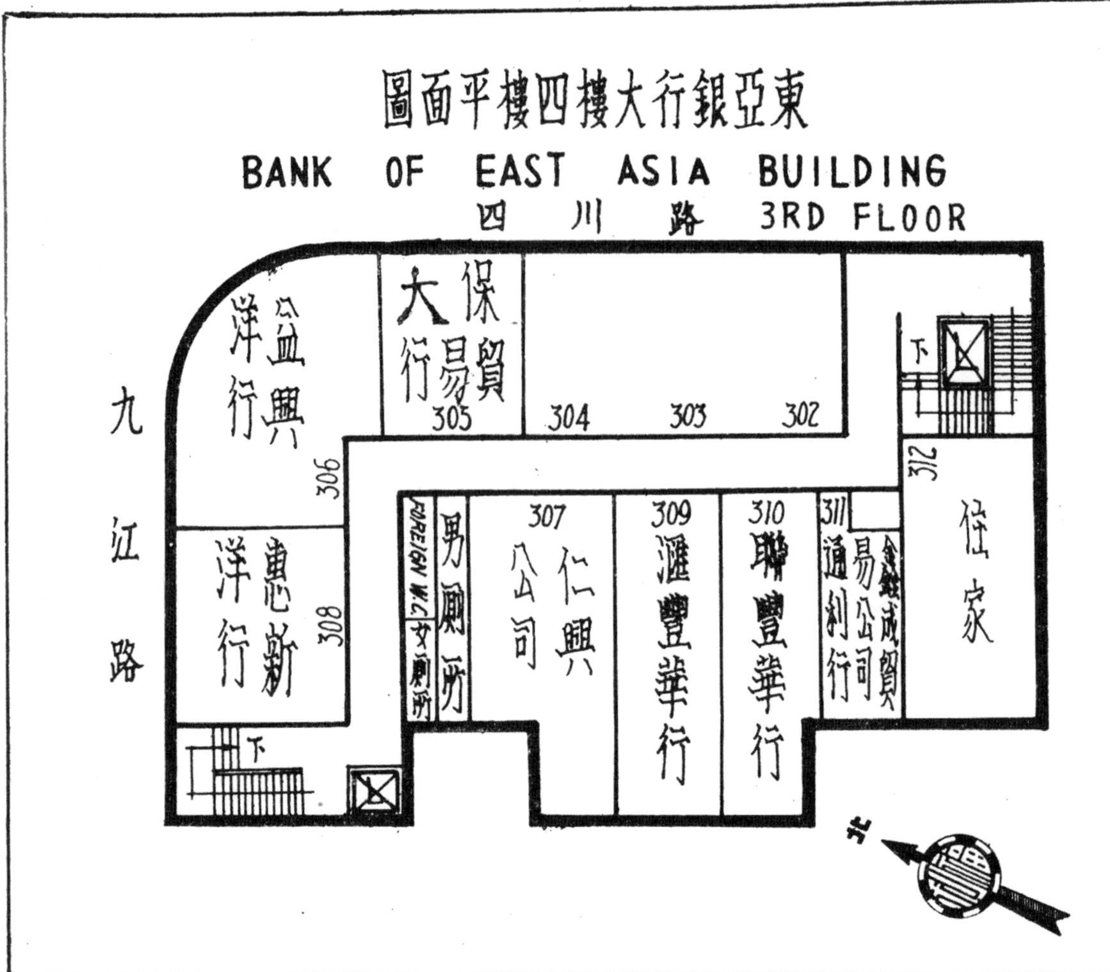
東亞銀行大樓四樓平面圖
BANK OF EAST ASIA BUILDING
四川路 3RD FLOOR
九江路
益興洋行
保大貿易行
305
304
303
302
306
惠新洋行
308
FOREIGN W.C.
女廁所
男廁所
307
仁興公司
309
滙豐華行
310
聯豐華行
311
通利行
易公司
金錢成貿
312
住家
下
北

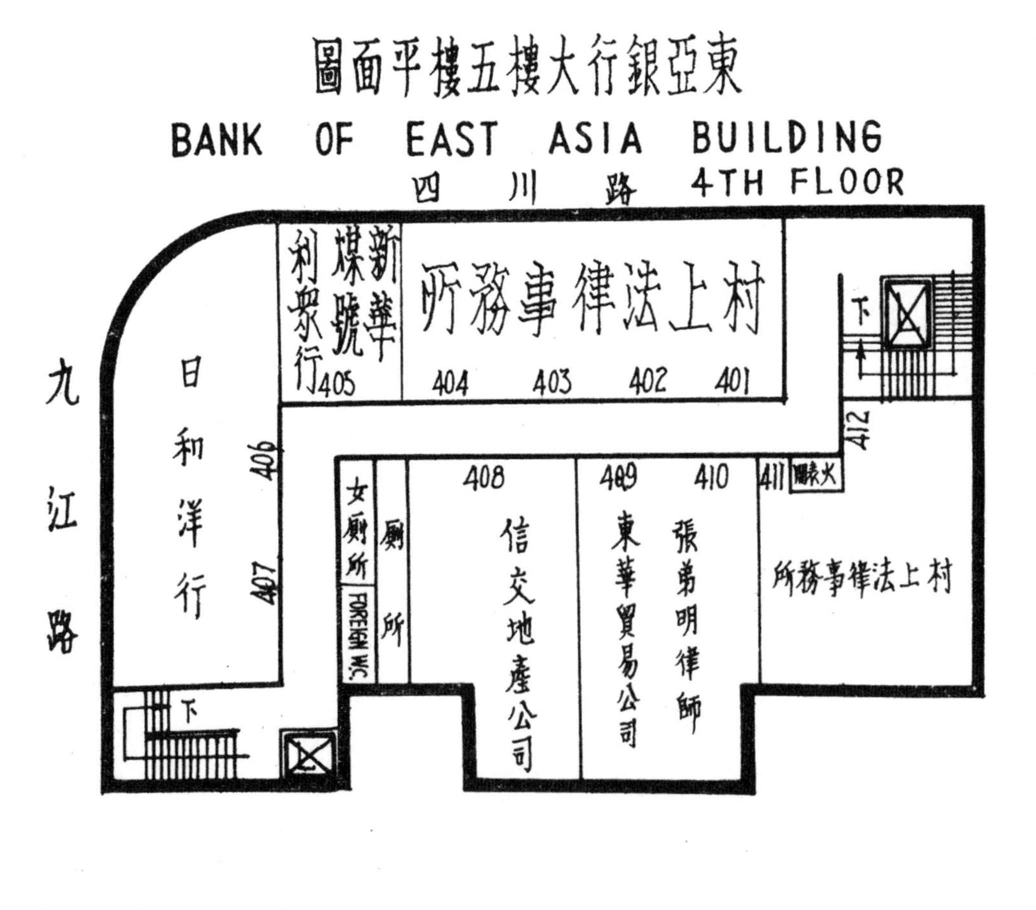
東亞銀行大樓五樓平面圖
BANK OF EAST ASIA BUILDING
四川路 4TH FLOOR
九江路
新華煤號
利衆行
405
村上法律事務所
404
403
402
401
日和洋行
406
407
女廁所
FOREIGN W.C.
廁所
408
信交地產公司
409
東華貿易公司
410
張弟明律師
411
412
村上法律事務所
下

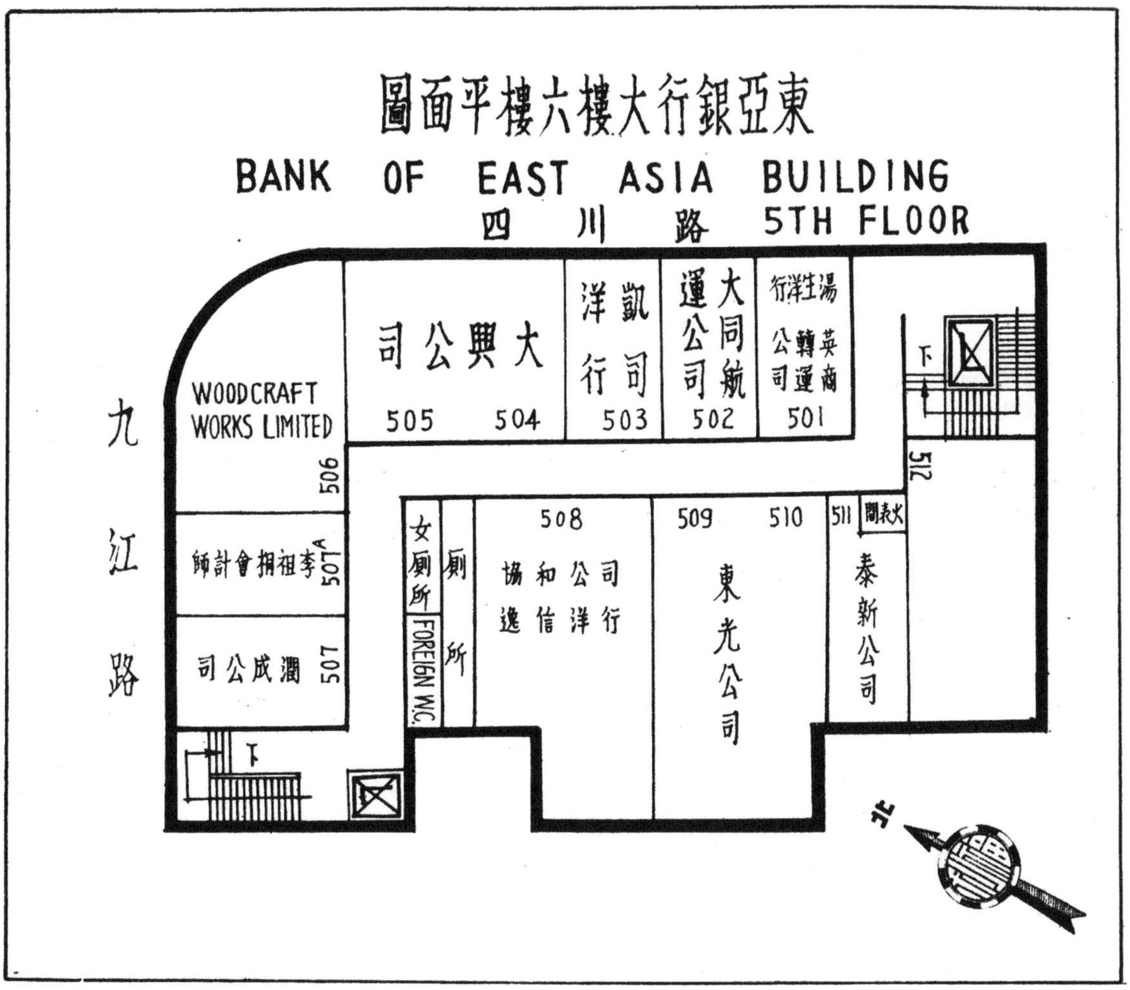

東亞銀行大樓六樓平面圖

BANK OF EAST ASIA BUILDING

四川路 5TH FLOOR

九江路

WOODCRAFT WORKS LIMITED 506

大興公司 505 504

凱司洋行 503

大同航運公司 502

湯生洋行 英商轉運公司 501

下

512

李祖揖會計師 507A

潤成公司 507

女廁所

廁所

FOREIGN W.C.

508 協和公司 邁信洋行

509 510 東光公司

511 火表間 泰新公司

下

北

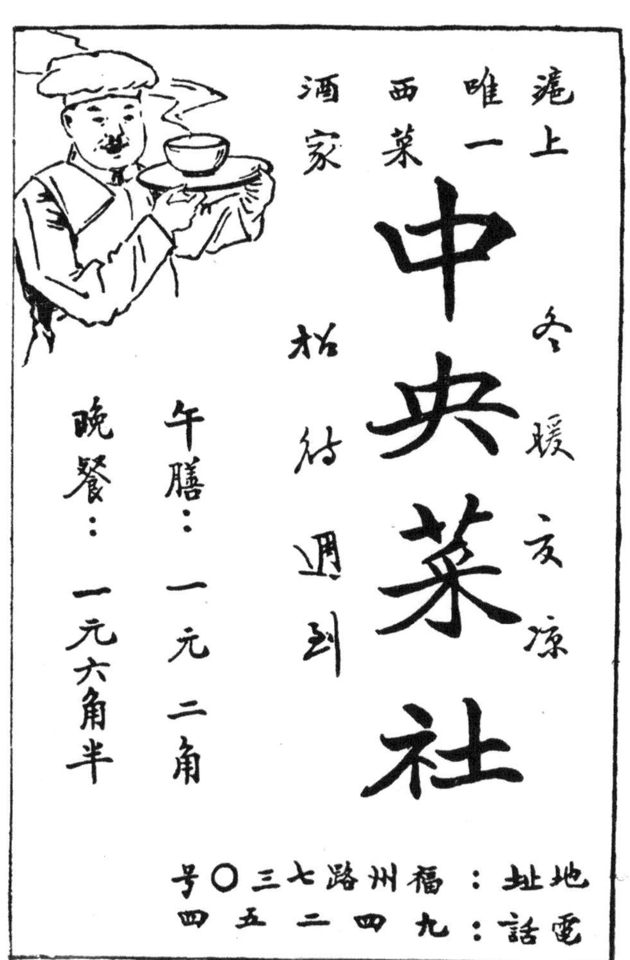

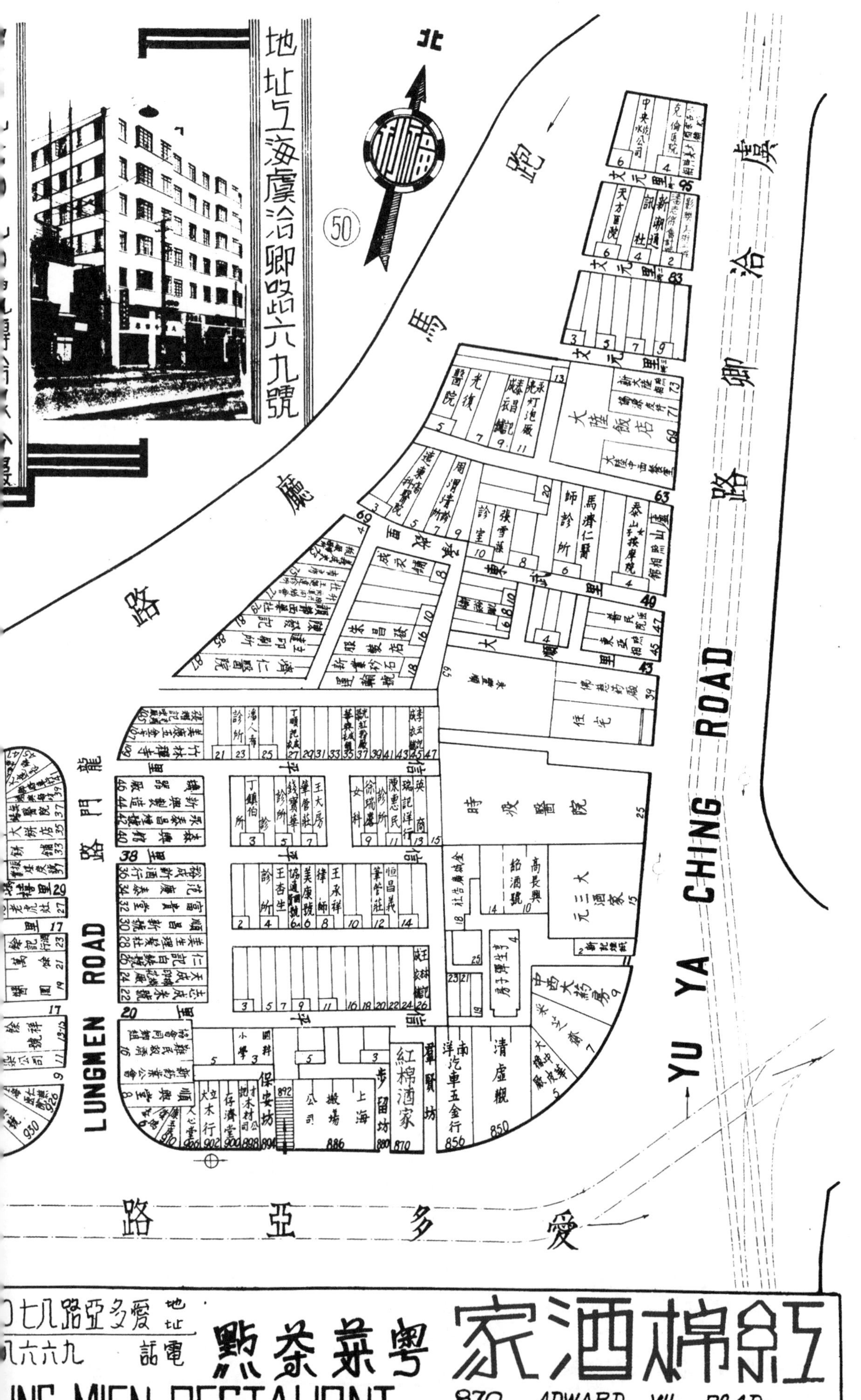

北
地址上海虞洽卿路六九號
50
跑馬廳路
虞洽卿路
YU YA CHING ROAD
龍門路
LUNGMEN ROAD
愛多亞路
大陸飯店
時疫醫院
元三大酒家
紅棉酒家
清虛觀
南洋汽車五金行
中西大藥房
保安坊
步留坊
聚賢坊

新興之旅舍
大陸飯店
七層大廈
空氣暢達
房間雅潔
器具新穎
中菜西餐
應有盡有
大宴小吃
無不適宜
侍應週到
定價尤廉
RACE COURSE ROAD
AVENUE EDWARD VII
蔡致鄴律師
永祥楠木號
沈萬民藝號
德里
大衆醫院
黃三泰織廠
實業染織廠
恒源里
福壽坊
中國職業學校
嘉定銀行
常州中學校
龍興禪寺
敦安坊

青年協會大樓二樓平面圖

Y. M. C. A. BUILDING

1ST FLOOR

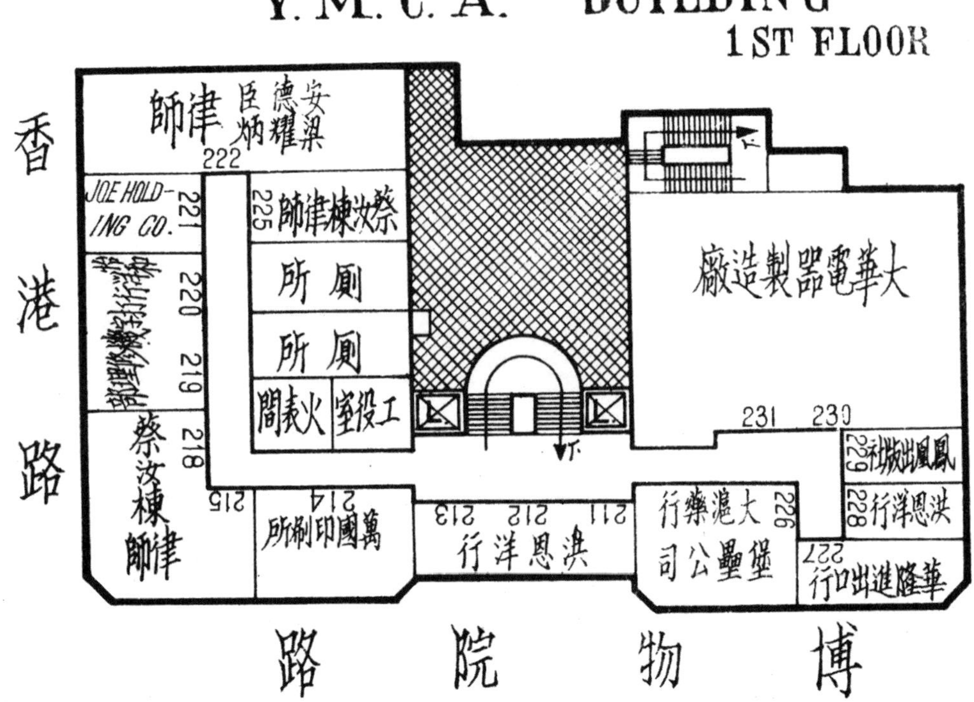

青年協會大樓三樓平面圖

Y. M. C. A. BUILDING

2ND FLOOR

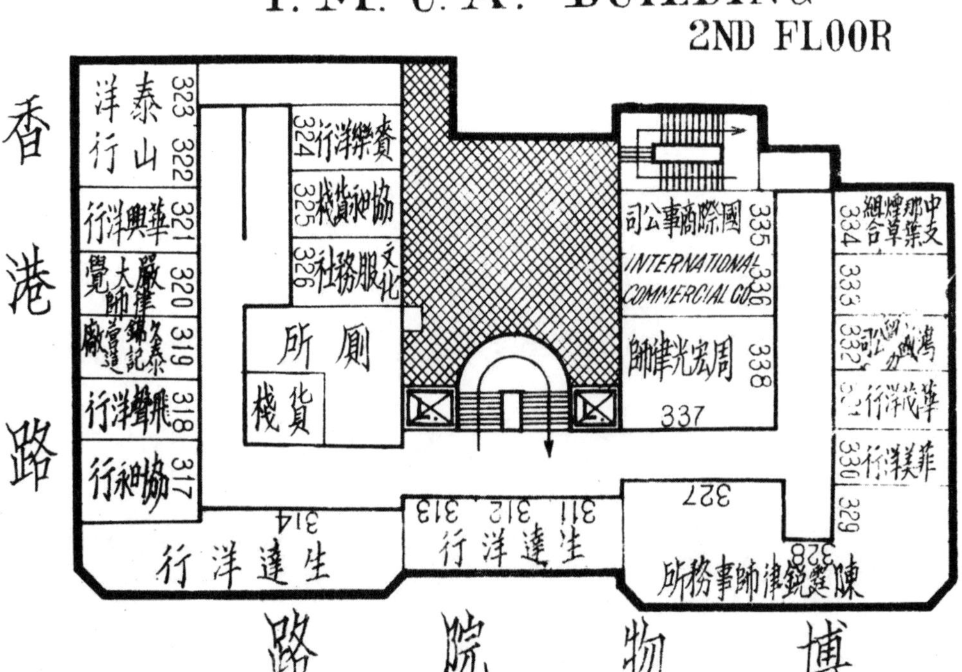

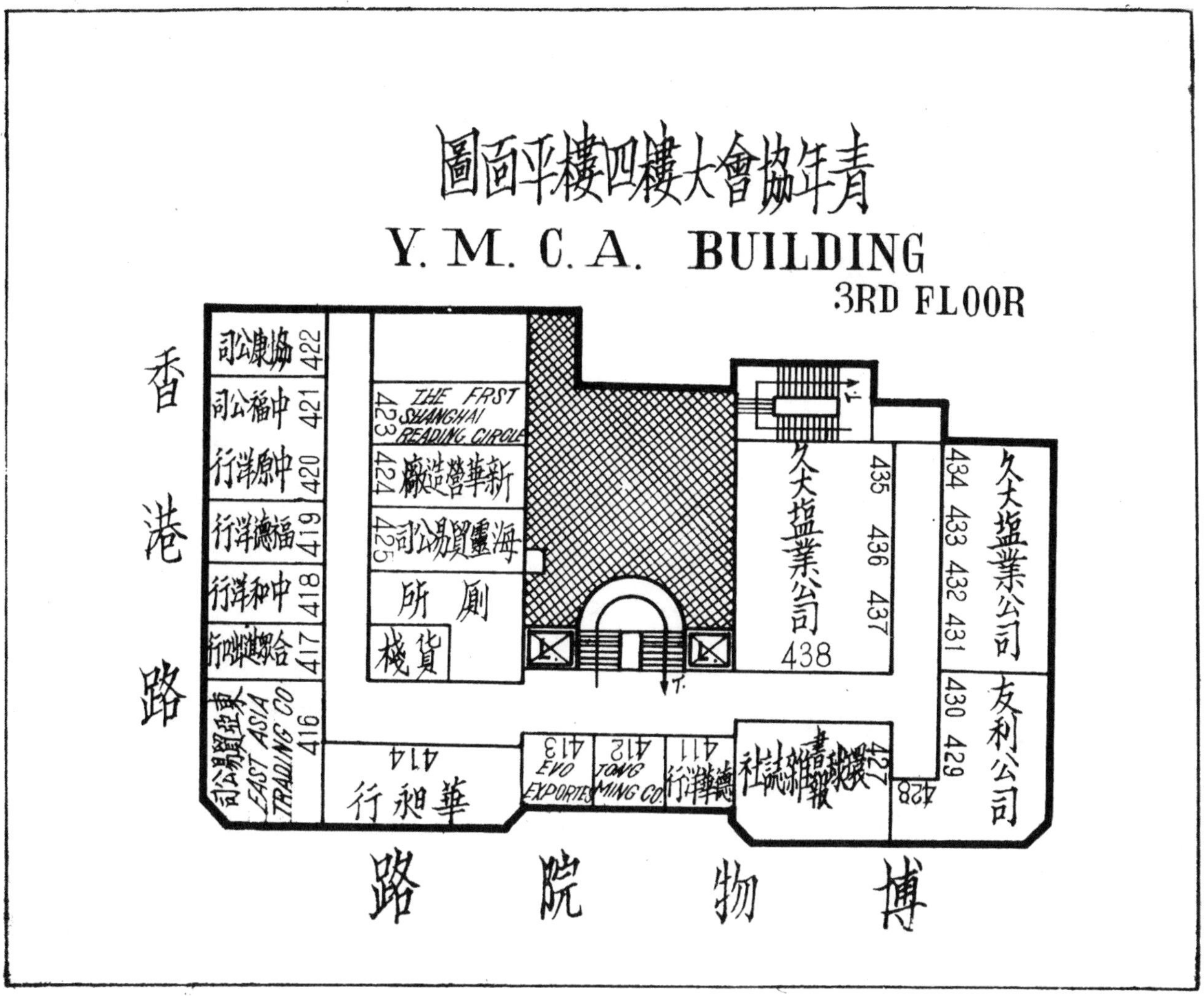

青年協會大樓四樓平面圖

Y. M. C. A. BUILDING

3RD FLOOR

香港路

422 協康公司
421 中福公司
420 中原洋行
419 福德洋行
418 中和洋行
417 合衆進出口行
416 東亞貿易公司 EAST ASIA TRADING CO
414 華昶行
413 EVO EXPORTER
412 TONG MING CO
411 德華洋行
427 書報雜誌社
428
429 430 友利公司
431 432 433 434 久大鹽業公司
435 436 437 438 久大鹽業公司
423 THE FIRST SHANGHAI READING CIRCLE
424 新華營造廠
425 海靈貿易公司
廁所
貨機

博物院路

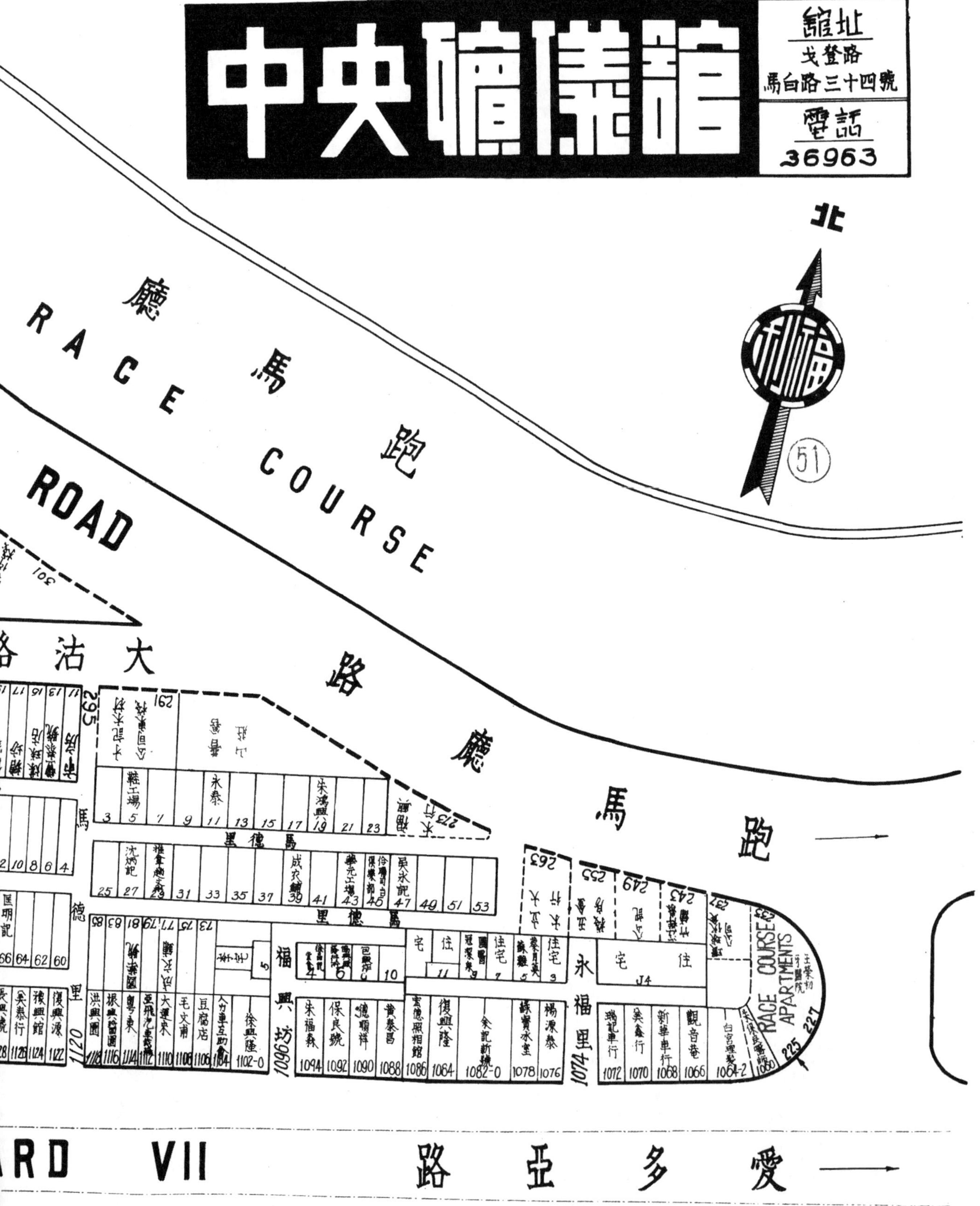
北
51
跑馬廳
RACE COURSE
RACE COURSE ROAD
跑馬廳路
大沽路
馬德里
福興坊
永福里
RACE COURSE APARTMENTS
愛多亞路
ARD VII

RACE COURSE

馬霍路

TAKU ROAD

MOHAWK ROAD

AVENUE E

金城銀行大樓二樓平面圖
KINCHENG BANKING BUILDING
1ST FLOOR
江西路
中華造船機器廠
200
通成總公司
天津航業股份有限公司
203
成興米麥雜糧油餅號
202
323
326
W.C.
325
324
W.C.
322
金城銀行
321
金城銀行

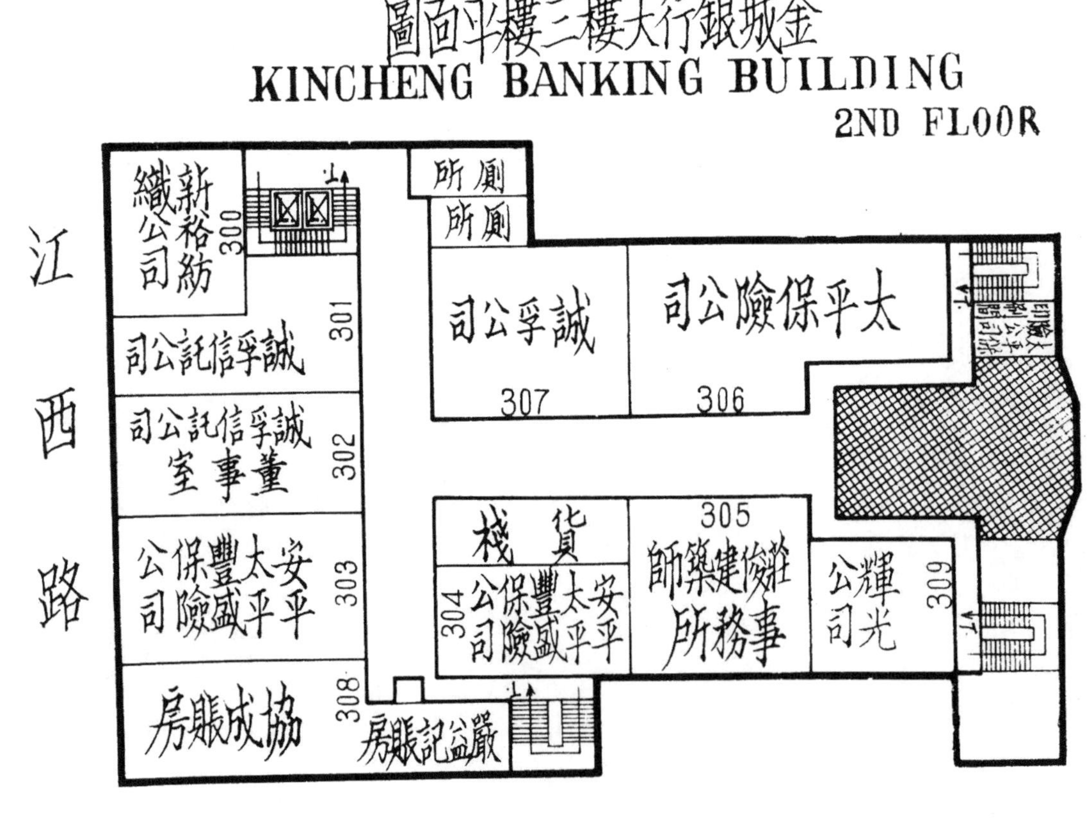
金城銀行大樓三樓平面圖
KINCHENG BANKING BUILDING
2ND FLOOR
江西路
新裕紡織公司
300
廁所
廁所
誠孚信託公司
301
誠孚信託公司董事室
302
安平太豐保險公司
303
協成賬房
308
嚴益記賬房
誠孚公司
307
太平保險公司
306
貨棧
304
安平太豐保險公司
305
莊俊建築師事務所
輝光公司
309

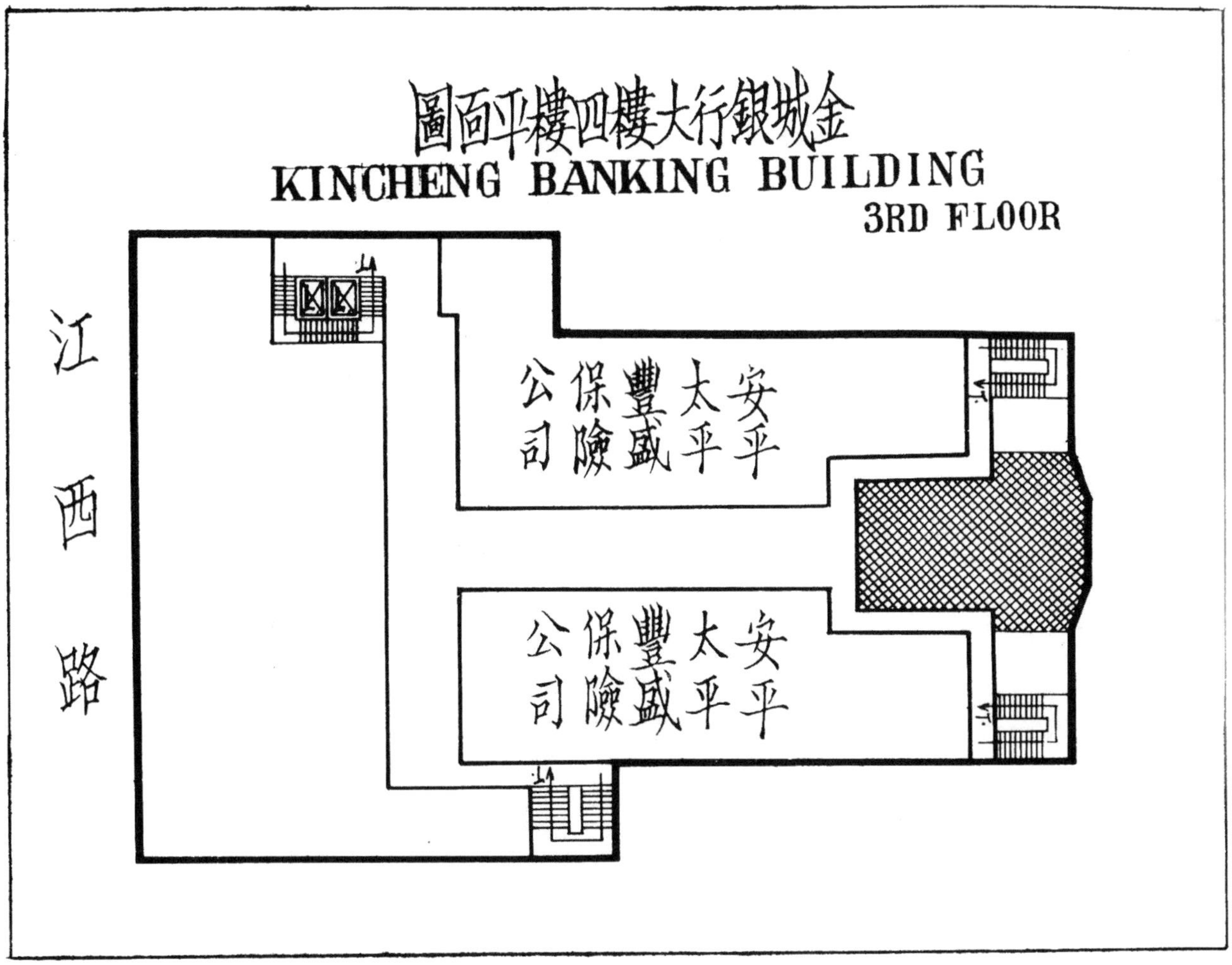
金城銀行大樓四樓平面圖
KINCHENG BANKING BUILDING
3RD FLOOR
江西路
安平太平豐盛保險公司
安平太平豐盛保險公司

金鼠
煙味好 價錢巧
華成煙公司出品
THE RAT
CIGARETTES
HWA CHING
TOBACCO CO. LTD.
SHANGHAI.

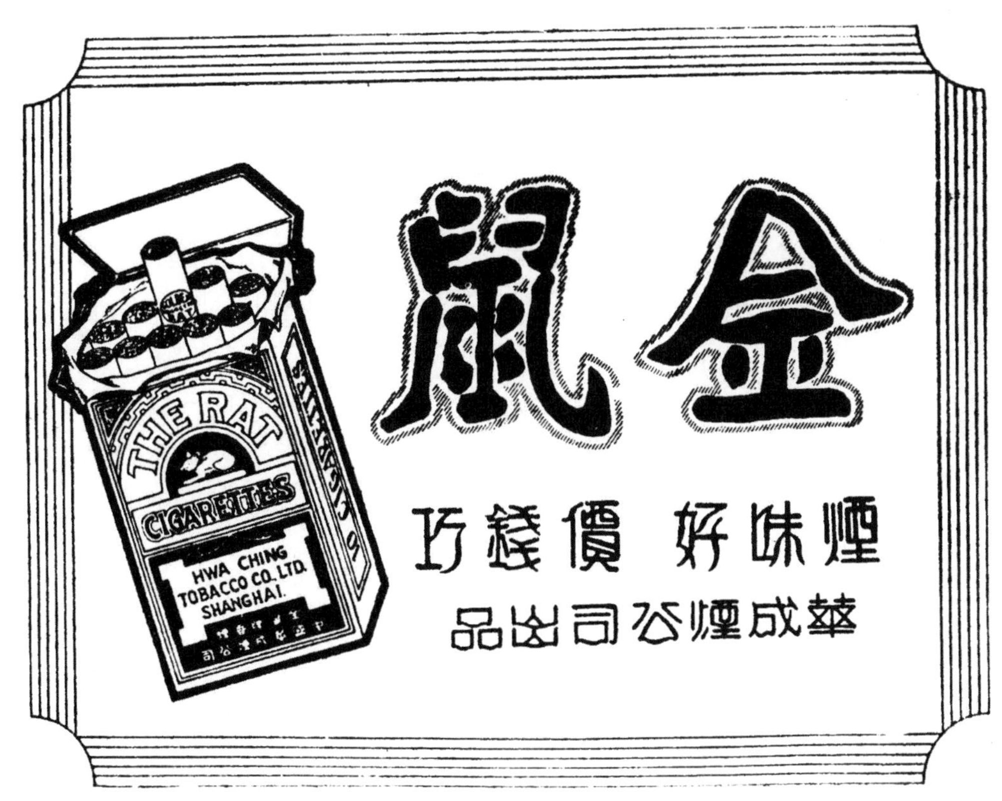

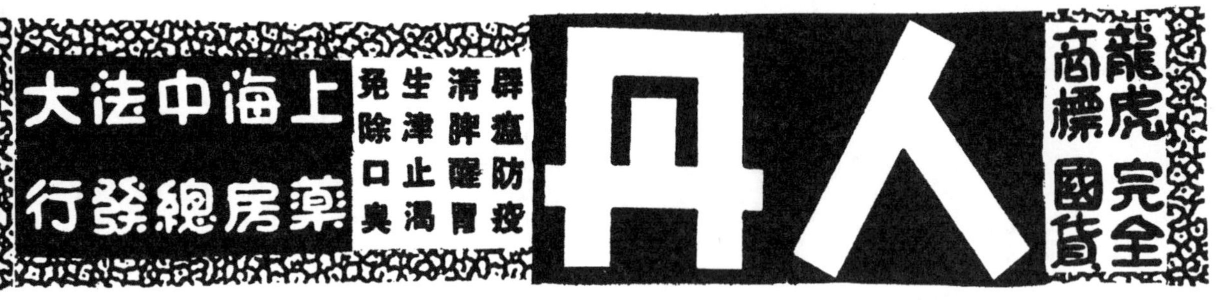

愛多亞路

淡水路
TAMSUI ROAD

呂宋路
LUZON ROAD

福煦路

薩坡賽路

馬浪路

百花庵

同義小學校

河北醫院

河北旅滬同鄉會

私立澄光學校

申汪印刷所

肺病救星
艾羅療肺藥
上海中法大藥房總發行

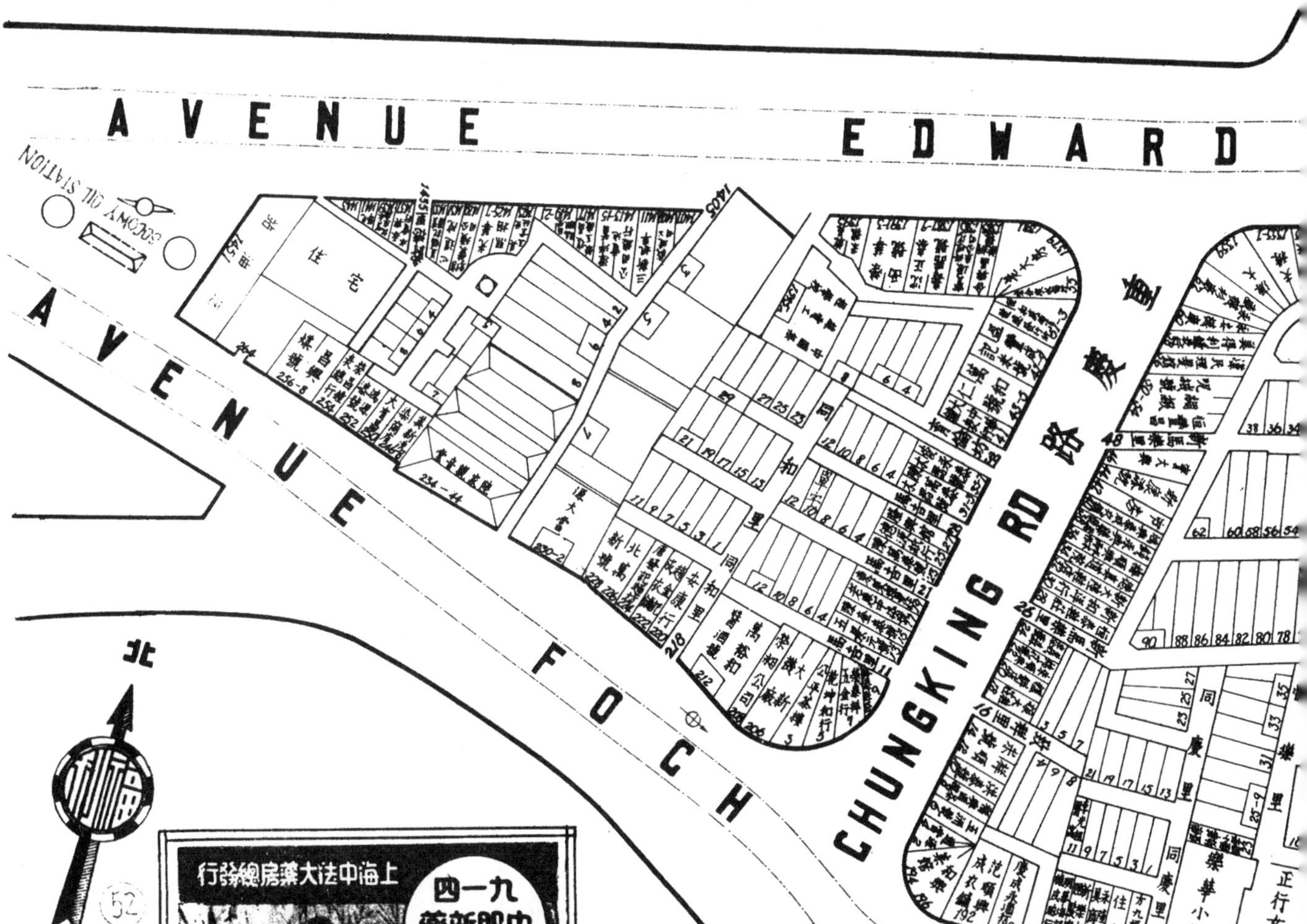

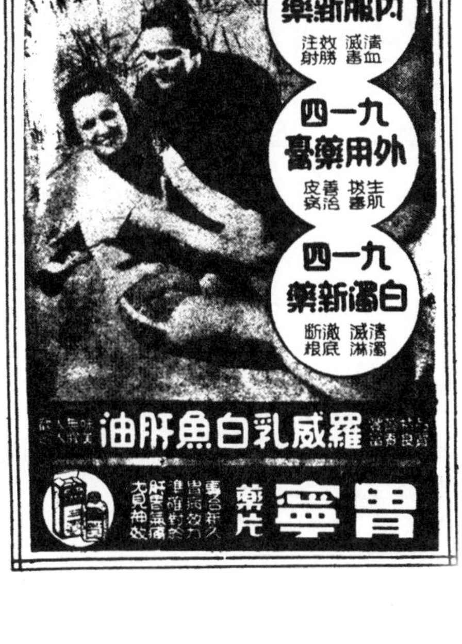

AVENUE EDWARD
AVENUE FOCH
SOCONY OIL STATION
CHUNGKING RD
重慶路
白爾部路
北
正行女子中學
樂華小學校
52

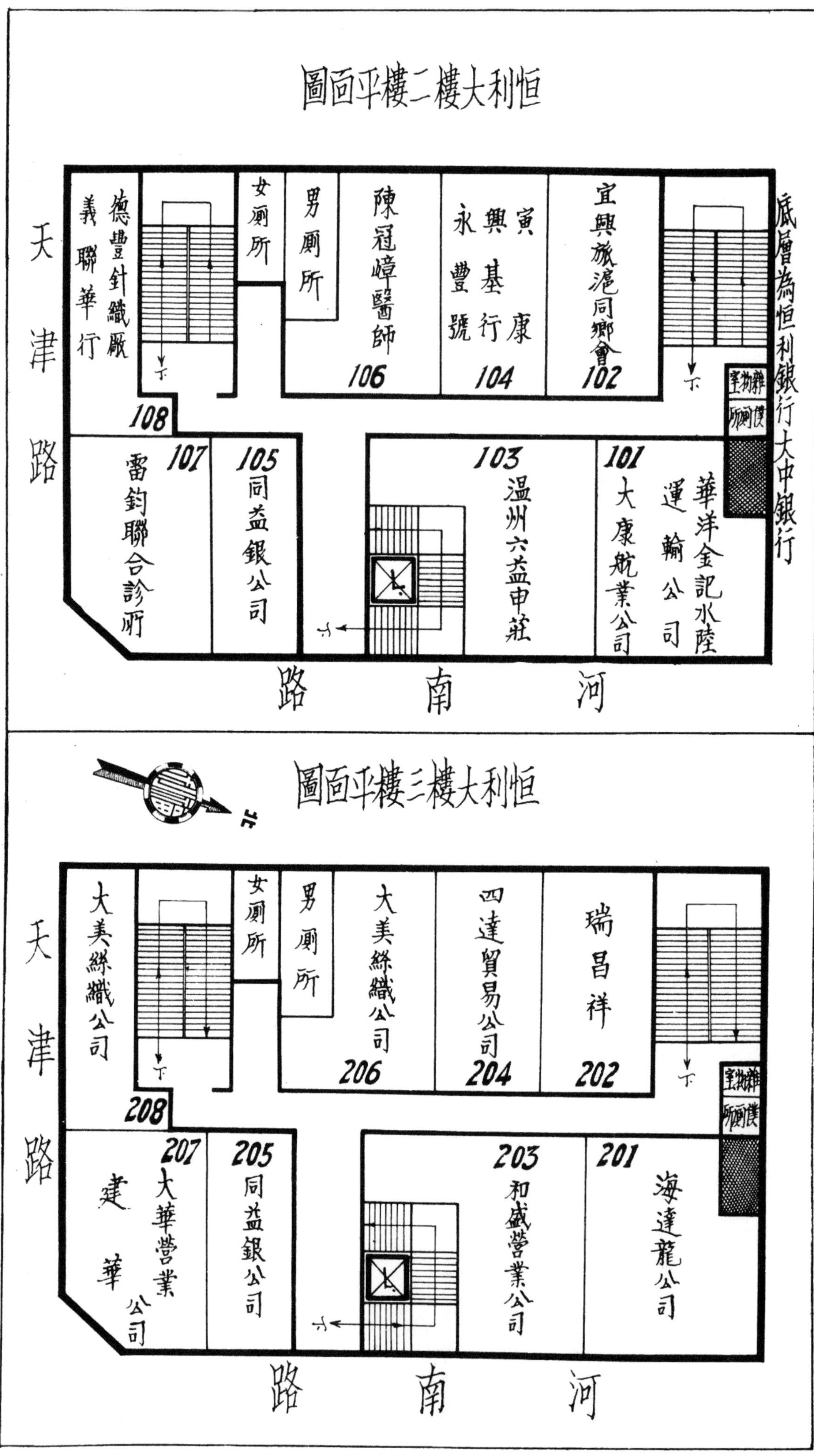

恒利大樓二樓平面圖
天津路
河南路
底層為恒利銀行大中銀行
108
德豐針織廠
義聯華行
女廁所
男廁所
106
陳冠璋醫師
104
寅康
興基行
永豐號
102
宜興旅滬同鄉會
雜物室
僕廁所
107
雷鈞聯合診所
105
同益銀公司
103
温州六益申莊
101
大康航業公司
華洋金記水陸運輸公司
恒利大樓三樓平面圖
北
天津路
河南路
208
大美絲織公司
女廁所
男廁所
206
大美絲織公司
204
四達貿易公司
202
瑞昌祥
雜物室
僕廁所
207
大華營業公司
建華
205
同益銀公司
203
和盛營業公司
201
海達龍公司

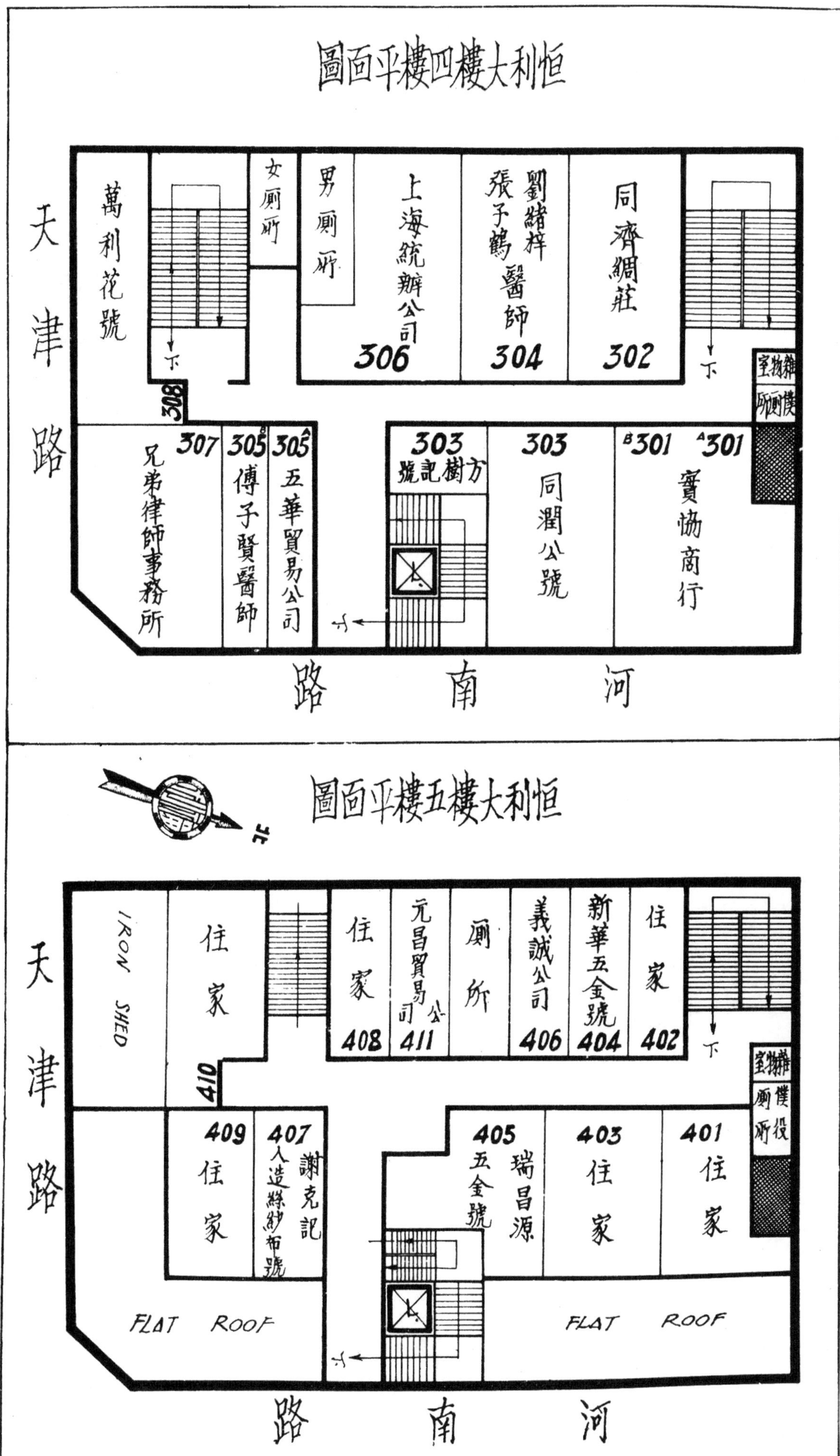
恒利大樓四樓平面圖
萬利花號
女厠所
男厠所
上海統辦公司
306
劉緖梓
張子鶴醫師
304
同濟綢莊
302
雜物室
僕厠所
308
307
兄弟律師事務所
305B
傅子賢醫師
305A
五華貿易公司
303
方樹記號
303
同潤公號
B301
A301
寶協商行
天津路
河南路
恒利大樓五樓平面圖
北
IRON SHED
住家
住家
408
元昌貿易公司
411
厠所
義誠公司
406
新華五金號
404
住家
402
雜物室
僕役厠所
410
409
住家
407
謝克記人造絲紗布號
405
瑞昌源五金號
403
住家
401
住家
FLAT ROOF
FLAT ROOF
天津路
河南路

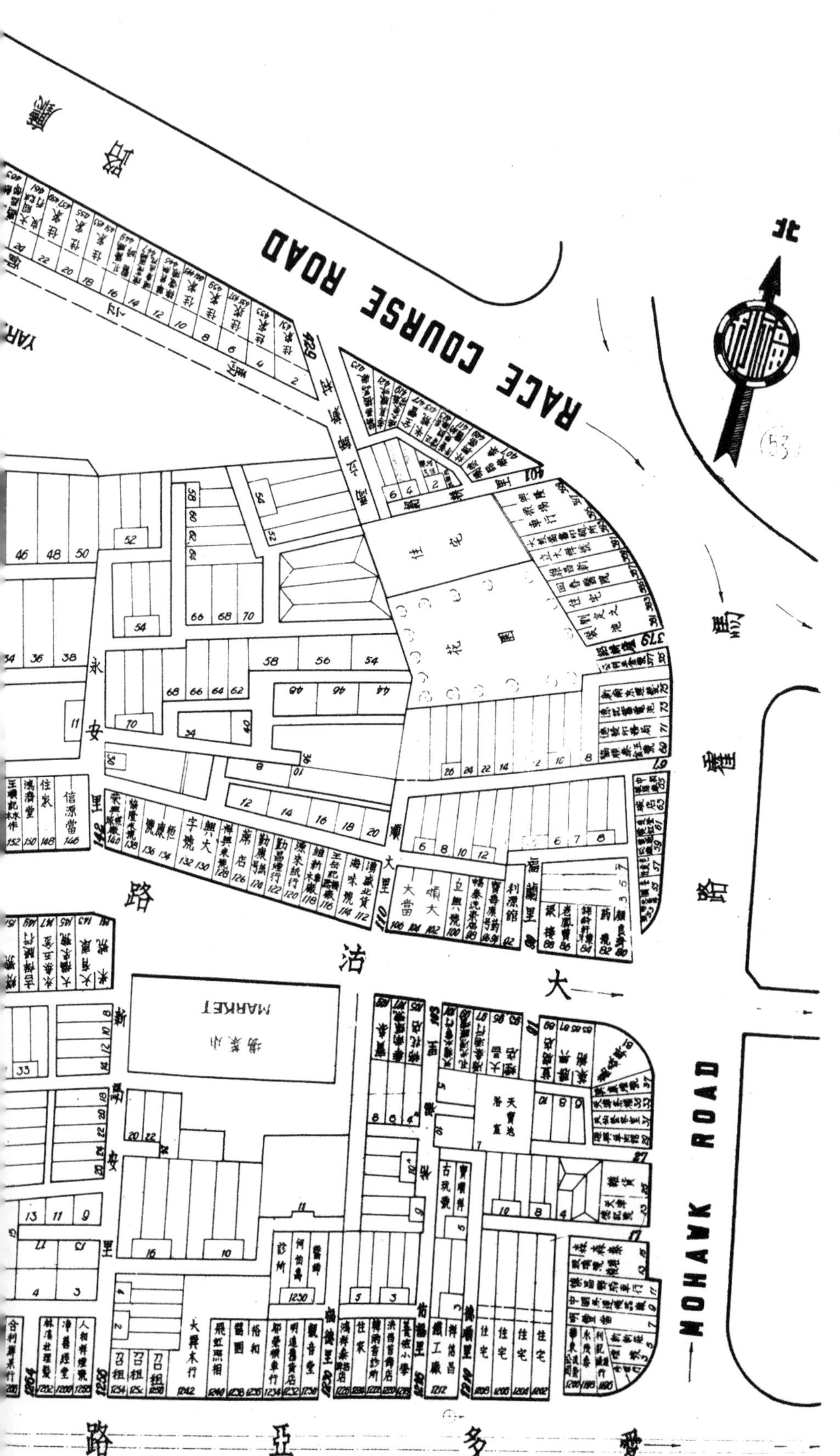

RACE COURSE ROAD
北
MARKET
小菜場
MOHAWK ROAD
馬霍路
大沽路
永安里
愛多亞路

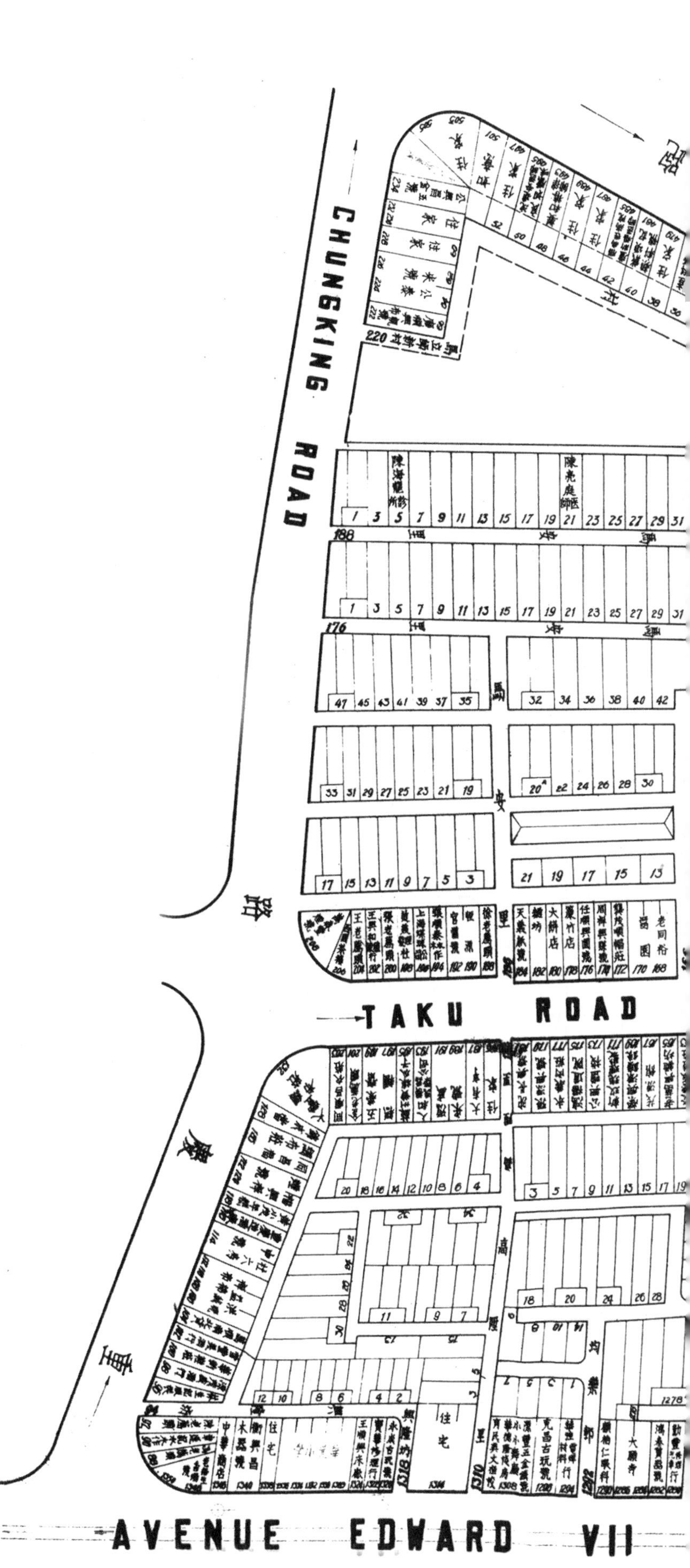
CHUNGKING ROAD
TAKU ROAD
AVENUE EDWARD VII

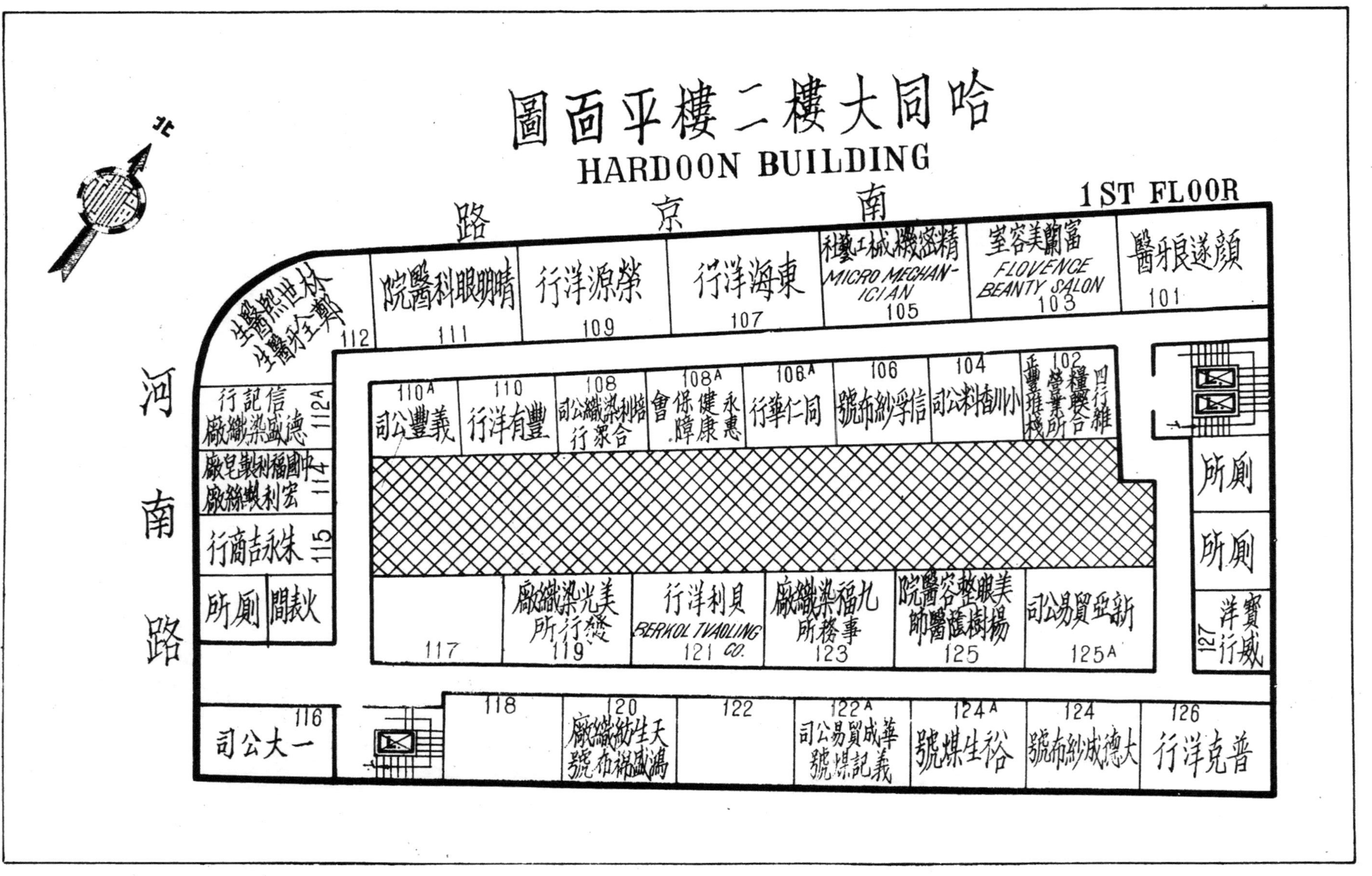
哈同大樓二樓平面圖
HARDOON BUILDING
1ST FLOOR
南京路
河南路
101 顏遂良牙醫
103 富蘭美容室 FLOVENCE BEANTY SALON
105 精密機械工藝社 MICRO MECHAN-ICIAN
107 東海洋行
109 榮源洋行
111 晴明眼科醫院
112
110A 義豐公司
110 豐有洋行
108 培利染織公司 合衆行
108A
106A 同仁華行
106 信孚紗布號
104 小川香料公司
102
所廁
所廁
127 寶威洋行
117
119 美光染織廠 發行所
121 貝利洋行 BERKOL TVAOLING CO.
123 九福染織廠 事務所
125 美眼整容醫院 楊樹蔭醫師
125A 新亞貿易公司
112A 信記行 德盛染織廠
114 中國福利製皂廠 宏利製絲廠
115 朱永吉商行
火表間
所廁
116 一大公司
118
120 天生紡織廠 鴻盛棉布號
122
122A 華成貿易公司 義記煤號
124A 裕生煤號
124 大德成紗布號
126 普克洋行

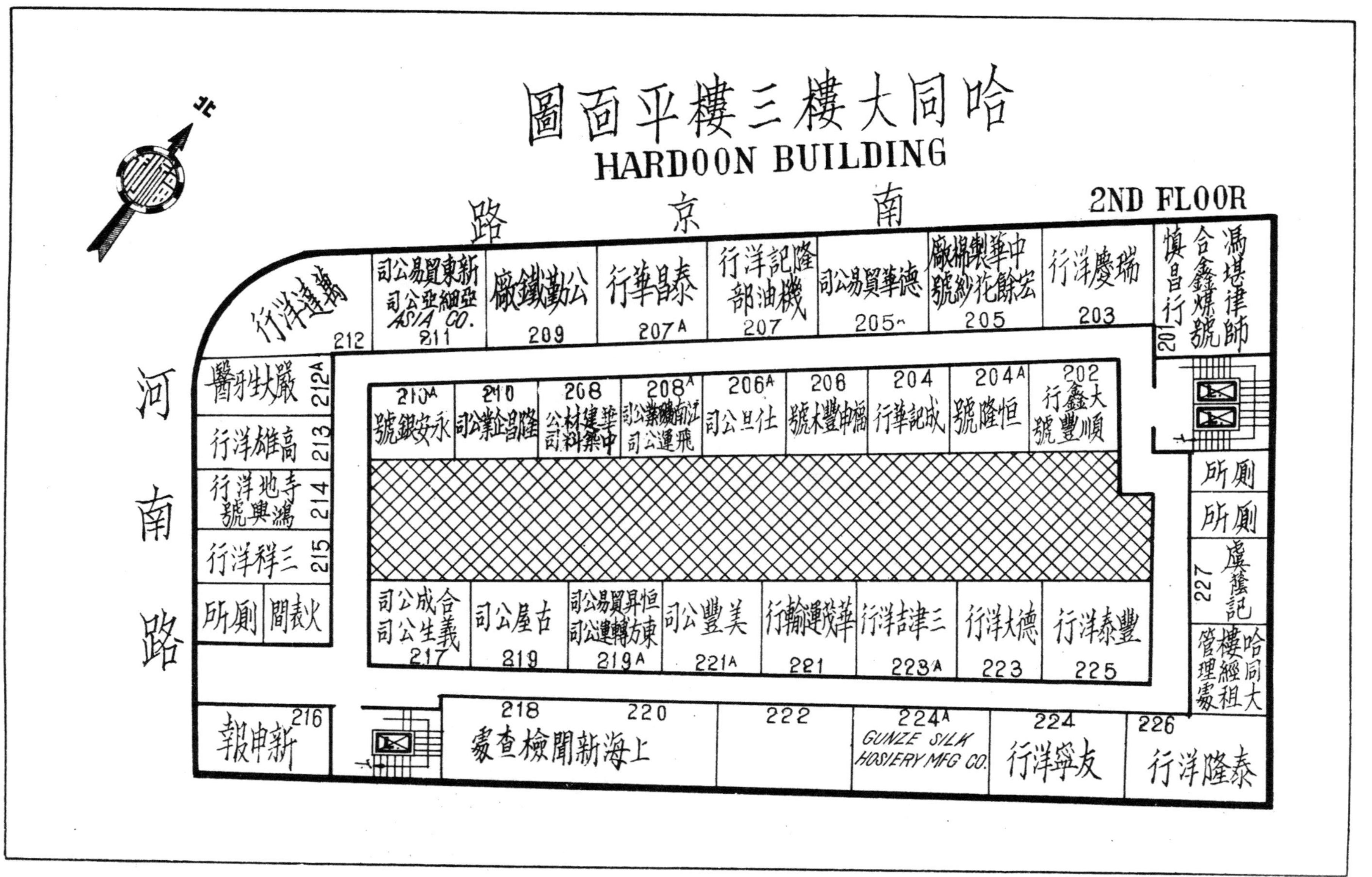

圖面平樓三樓大同哈
HARDOON BUILDING
2ND FLOOR
北
路 京 南
河 南 路
201
203 行洋慶瑞
205 號紗花餘宏 廠棉製華中
205^ 司公易貿華德
207 部油機 行洋記隆
207A 行華昌泰
209 廠鐵勤公
211 司公易貿東新 司公亞細亞 ASIA CO.
212 行洋達萬
212A 醫牙生大嚴
213 行洋雄高
214 號興鴻 行洋地寺
215 行洋祥三
所廁
216 報申新
217 司公成合 司公生義
219 司公屋古
219A
221A 司公豐美
221 行輪運茂華
223A 行洋吉津三
223 行洋大德
225 行洋泰豐
218 220 處查檢聞新海上
222
224A GUNZE SILK HOSIERY MFG CO.
224 行洋寧友
226 行洋隆泰
227 記舊盧
處理管樓經租大同哈
所廁
所廁
202 行鑫大 號豐順
204A 號隆恒
204 行華記成
206
206A 司公旦仕
208A 司公運飛
208
210 司公業企昌隆
210A 號銀安永

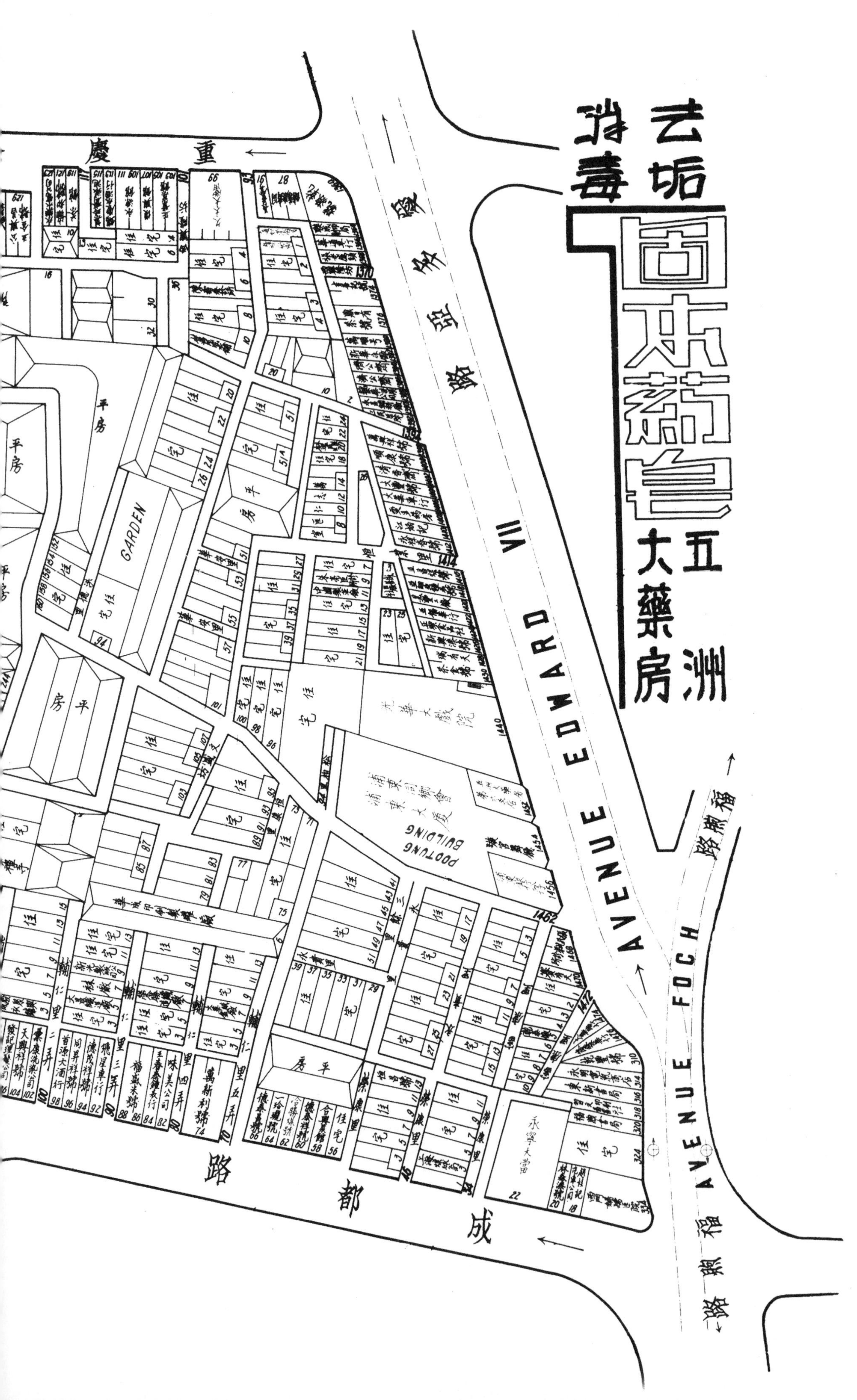

去垢消毒
固本藥皂
五洲大藥房
重慶
愛多亞路
AVENUE EDWARD VII
AVENUE FOCH
福煦路
成都路
GARDEN
平房
浦東大廈
POOTUNG BUILDING

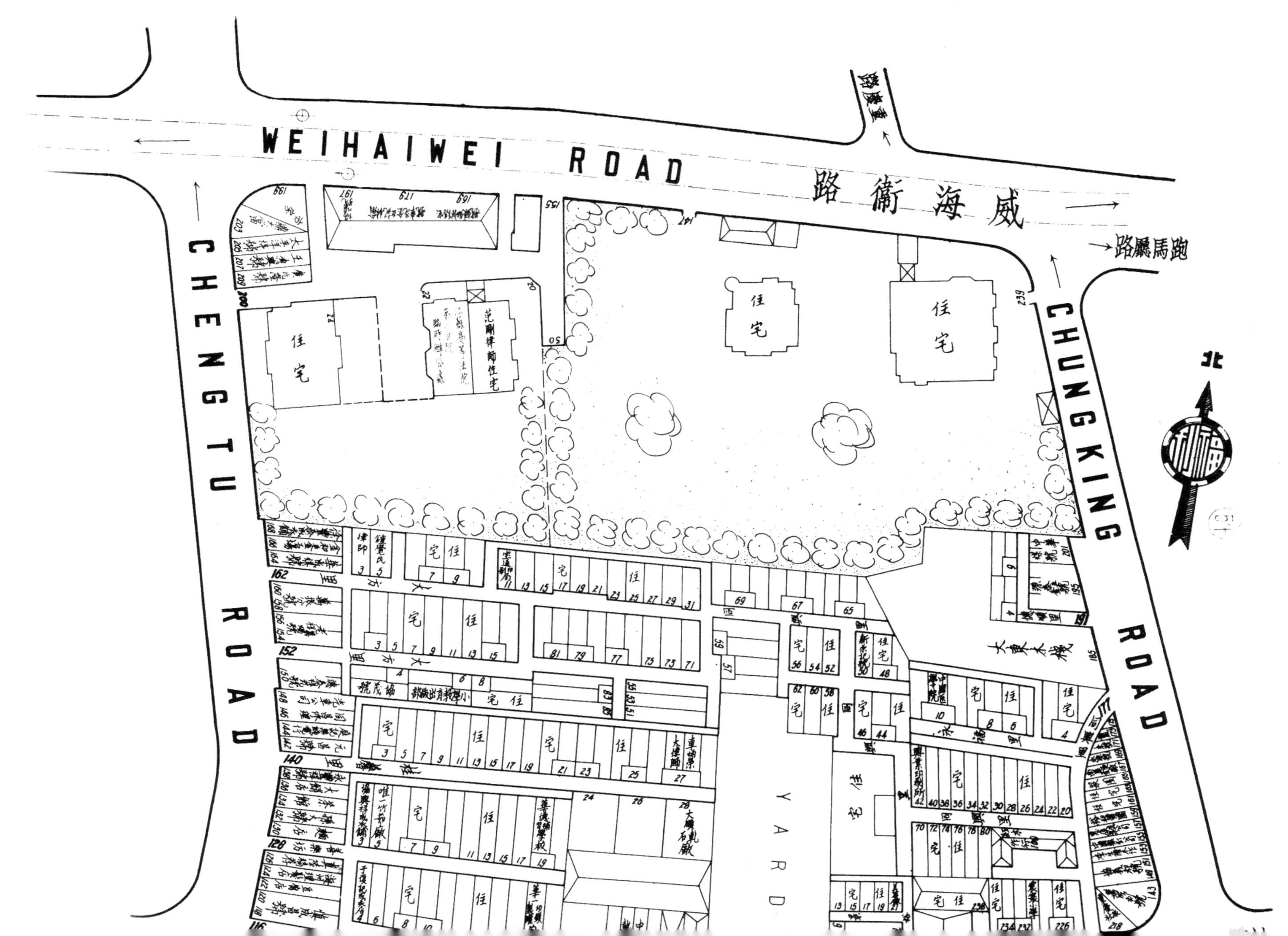

WEIHAIWEI ROAD
威海衛路
CHUNGKING ROAD
CHENGTU ROAD
重慶路
跑馬廳路
北
YARD

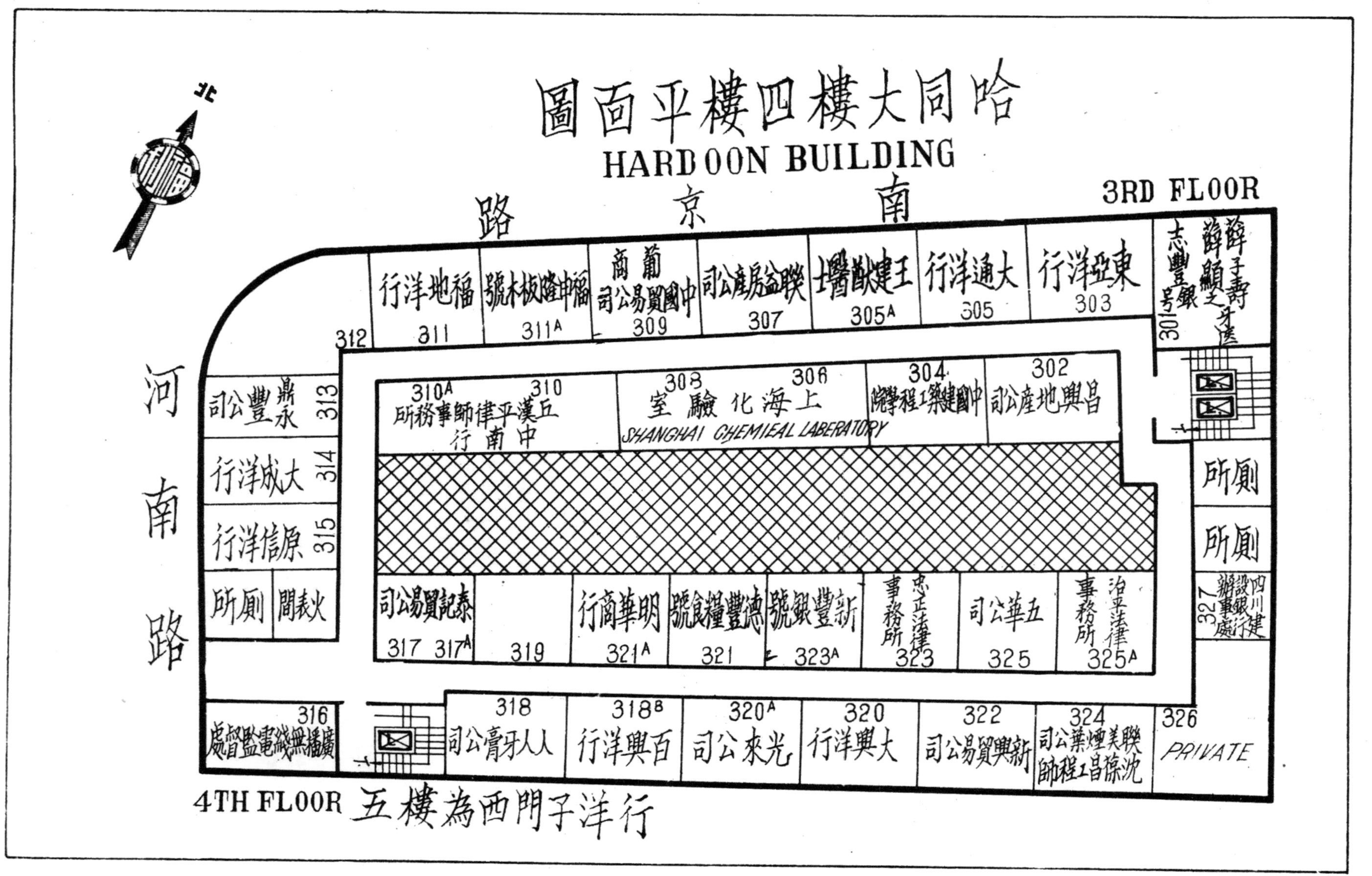
哈同大樓四樓平面圖
HARDOON BUILDING
南京路
3RD FLOOR
河南路
北
312
311 福地洋行
311A 福中隆板木號
309 葡商 中國貿易公司
307 聯益房產公司
305A 王建猷醫士
305 大通洋行
303 東亞洋行
301 志豐銀號
310A 丘漢平律師事務所
310 中南行
308 306 上海化驗室
SHANGHAI CHEMIEAL LABORATORY
304 中國建築工程學院
302 昌興地產公司
廁所
廁所
327 四川建設銀行辦事處
313 永鼎豐公司
314 大成洋行
315 原信洋行
廁所
火表間
317 317A 泰記貿易公司
319
321A 明華商行
321 德豐糧食號
323A 新豐銀號
323 忠正法律事務所
325 五華公司
325A 平治法律事務所
316 廣播無線電監督處
318 人人牙膏公司
318B 百興洋行
320A 光來公司
320 大興洋行
322 新興貿易公司
324 聯美煙葉公司 沈篠昌工程師
326 PRIVATE
4TH FLOOR 五樓為西門子洋行

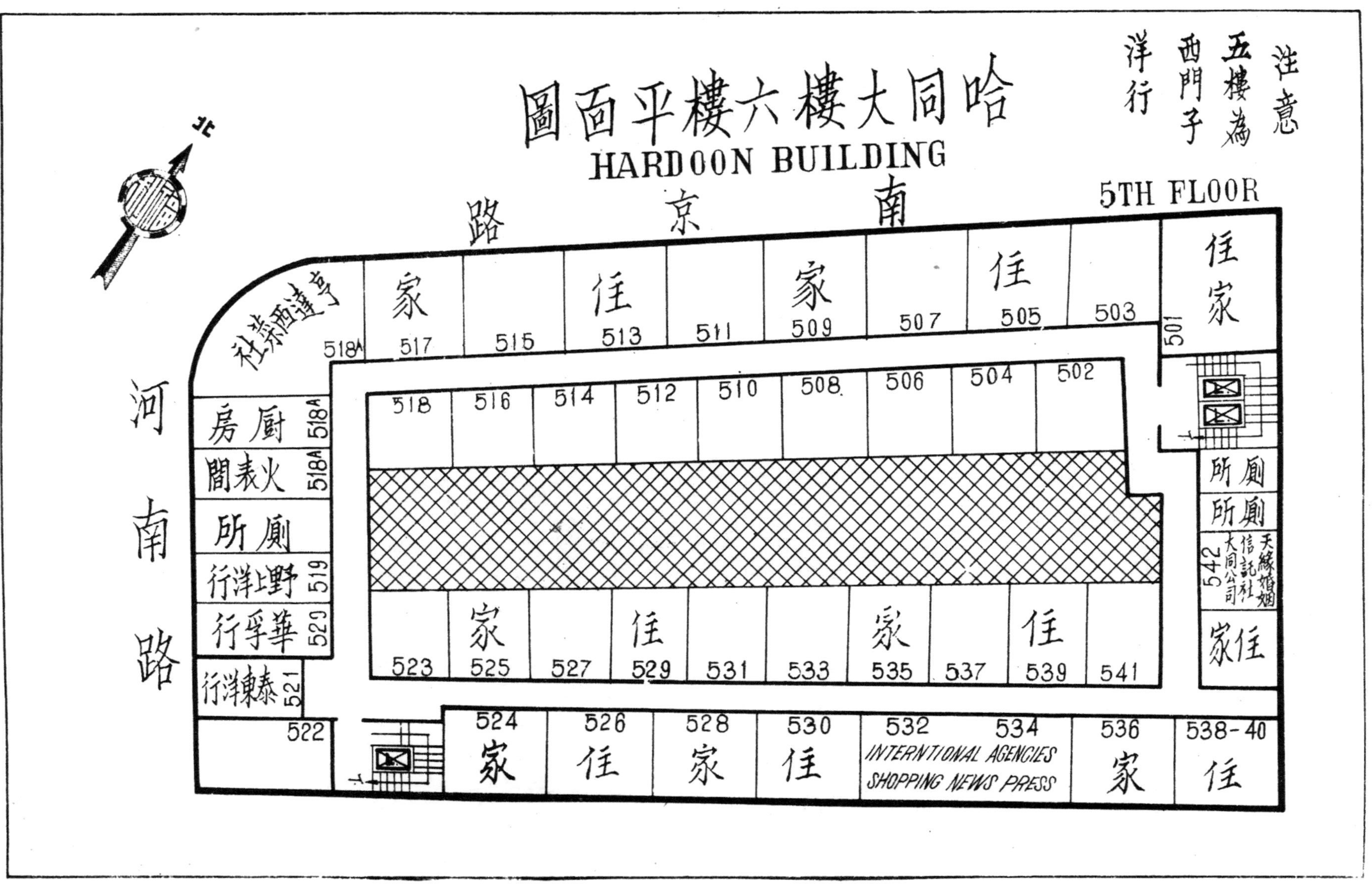

哈同大樓六樓平面圖
HARDOON BUILDING
5TH FLOOR
注意 五樓為西門子洋行
南京路
河南路
北
亨達西菜社
518A
517 家
515
513 任
511
509 家
507
505 任
503
501 任家
518
516
514
512
510
508
506
504
502
廚房 518A
火表間 518A
廁所
野上洋行 519
華孚行 520
泰東洋行 521
522
523
525 家
527
529 任
531
533
535 家
537
539 任
541
廁所
廁所
542 天緣婚姻信託社 大同公司
任家
524 家
526 任
528 家
530 任
532
534
INTERNTIONAL AGENCIES
SHOPPING NEWS PRESS
536 家
538-40 任

北
55
TAKU ROAD
CHENGTU ROAD
成都路
福煦
YARD
GROUND

YATES ROAD
AVENUE FOCH

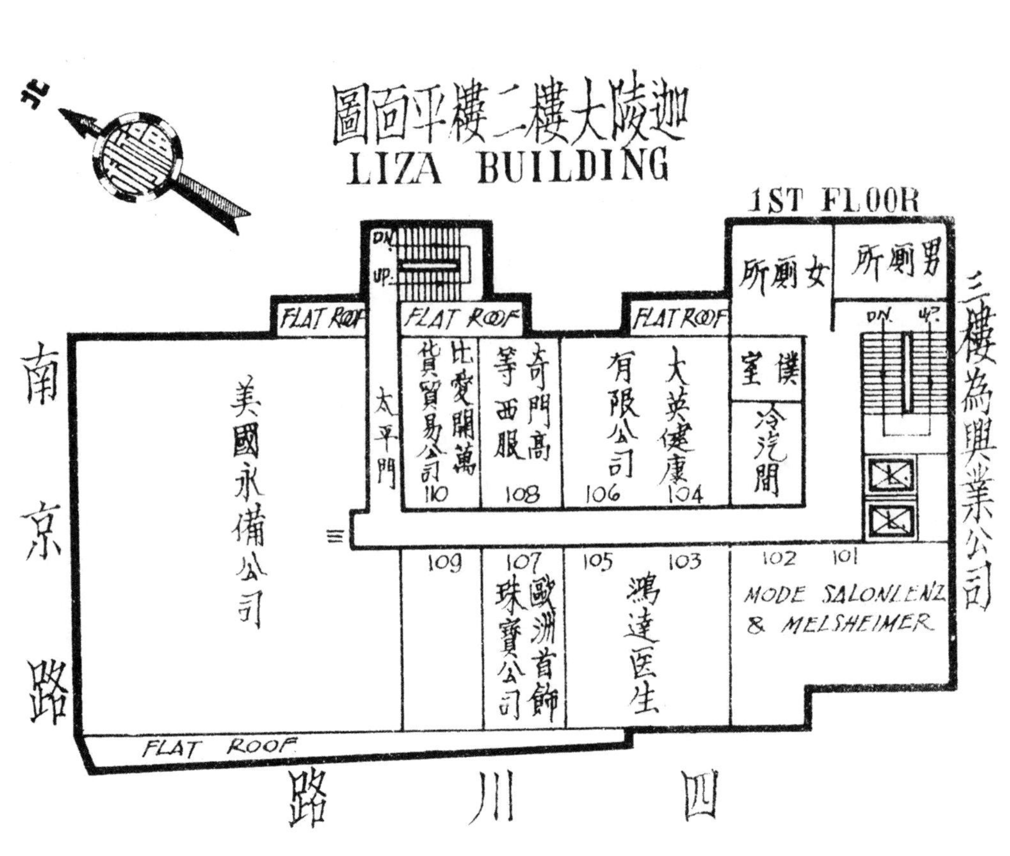
迦陵大樓二樓平面圖
LIZA BUILDING
1ST FLOOR
南京路
四川路
美國永備公司
比愛開萬貨貿易公司
奇門高等西服
大英健康有限公司
太平門
女厠所
男厠所
僕室
冷汽間
三樓為興業公司
FLAT ROOF
110
108
106
104
109
107
105
103
102
101
歐洲首飾珠寶公司
鴻達医生
MODE SALONLENZ & MELSHEIMER

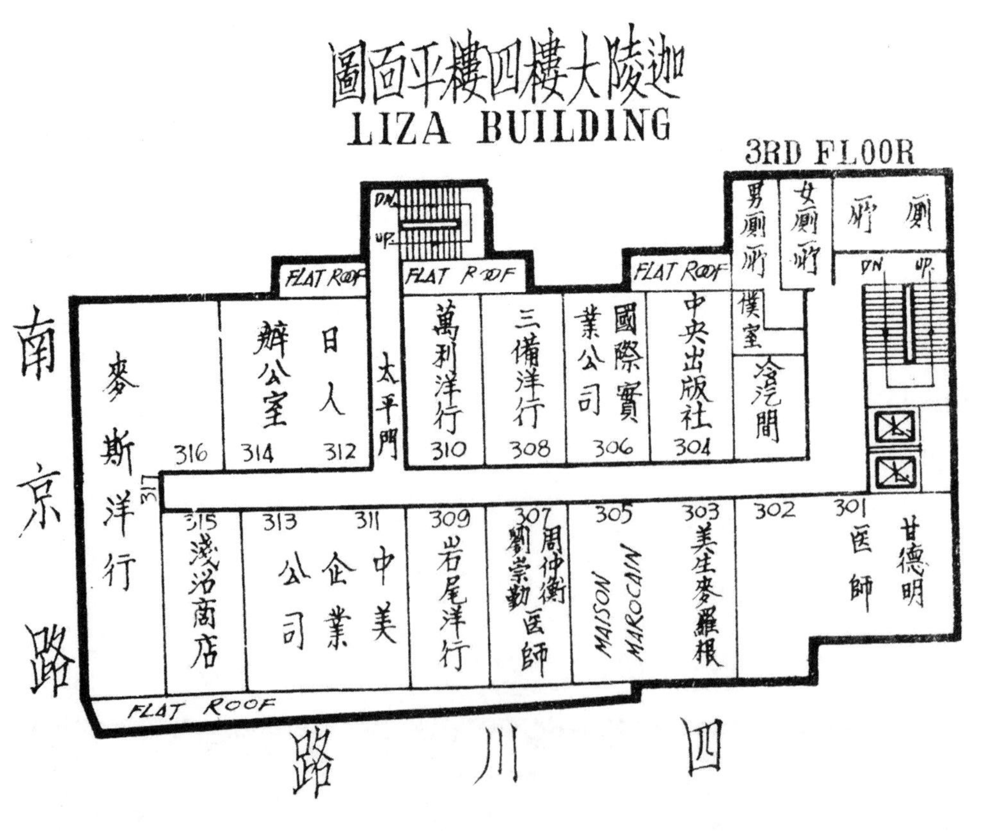
迦陵大樓四樓平面圖
LIZA BUILDING
3RD FLOOR
南京路
四川路
麥斯洋行
日人辦公室
太平門
萬利洋行
三備洋行
國際實業公司
中央出版社
男厠所
女厠所
厠所
僕室
冷汽間
FLAT ROOF
316
314
312
310
308
306
304
317
315
313
311
309
307
305
303
302
301
淺沼商店
中美企業公司
岩尾洋行
周仲衡劉崇勤医師
MAISON MAROCAIN
美生麥羅根
甘德明医師

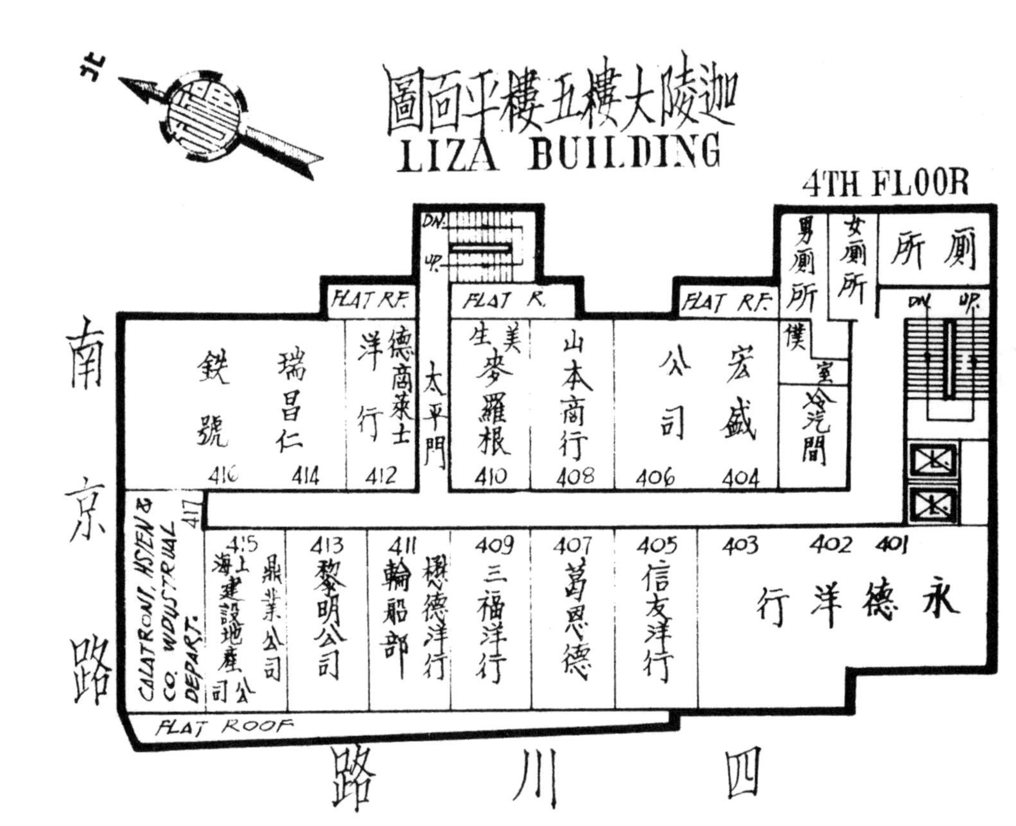
迦陵大樓五樓平面圖
LIZA BUILDING
4TH FLOOR
南京路
四川路
FLAT RF.
FLAT R.
FLAT ROOF
太平門
男厠所
女厠所
厠所
僕
冷汽間
瑞昌仁
鉄號
德商萊士洋行
美生麥羅根
山本商行
宏盛公司
416
414
412
410
408
406
404
417
CALATRONI, HSIEH & CO. INDUSTRIAL DEPART.
415
413
411
409
407
405
403
402
401
上海建設地產公司
鼎業公司
黎明公司
輪船部
瑟德洋行
三福洋行
葛思德
信友洋行
永德洋行

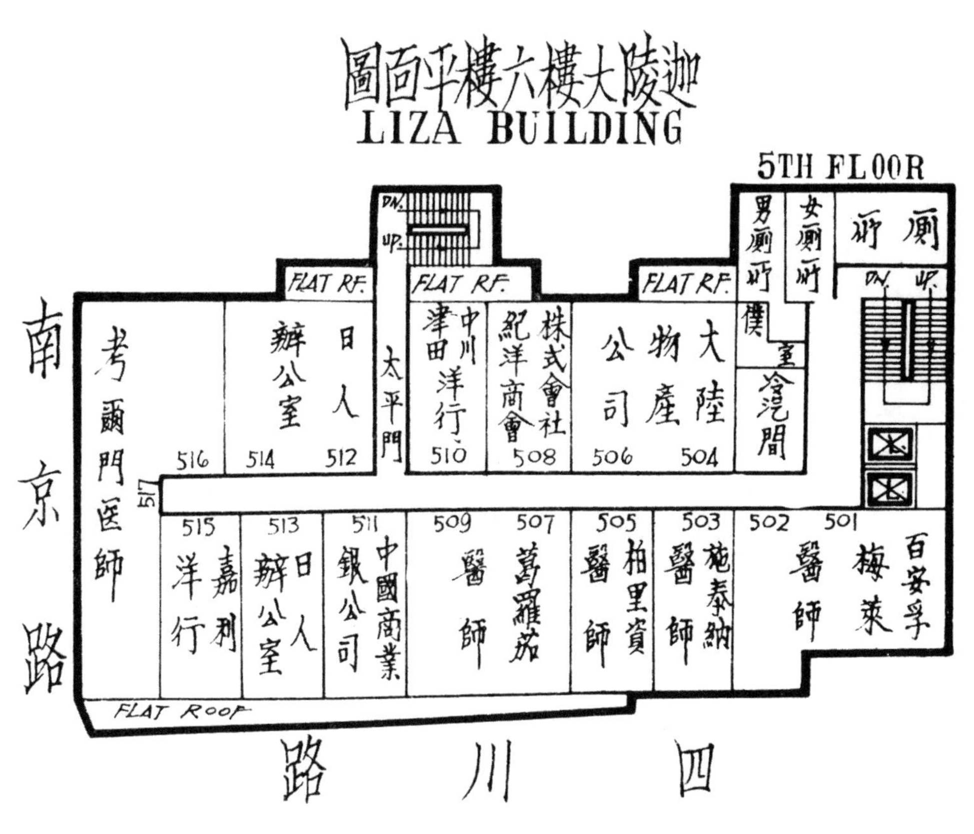
迦陵大樓六樓平面圖
LIZA BUILDING
5TH FLOOR
南京路
四川路
FLAT RF.
FLAT ROOF
太平門
男厠所
女厠所
厠所
僕
冷汽間
考爾門医師
日人辦公室
中川津田洋行
株式會社紀洋商會
大陸物產公司
516
514
512
510
508
506
504
517
515
513
511
509
507
505
503
502
501
嘉利洋行
日人辦公室
中國商業銀公司
醫師
葛羅茄
柏里資醫師
施泰納醫師
百安孚梅萊醫師

威海衛路
成都路
CHENGTU ROAD
大沽路
北
56
空地
平房
明精機器廠
九芝坊
合利號
藝文書店
住家

WEIHAIWEI ROAD
YATES ROAD
同孚路
TAKU ROAD
永慶坊
木棧
住宅

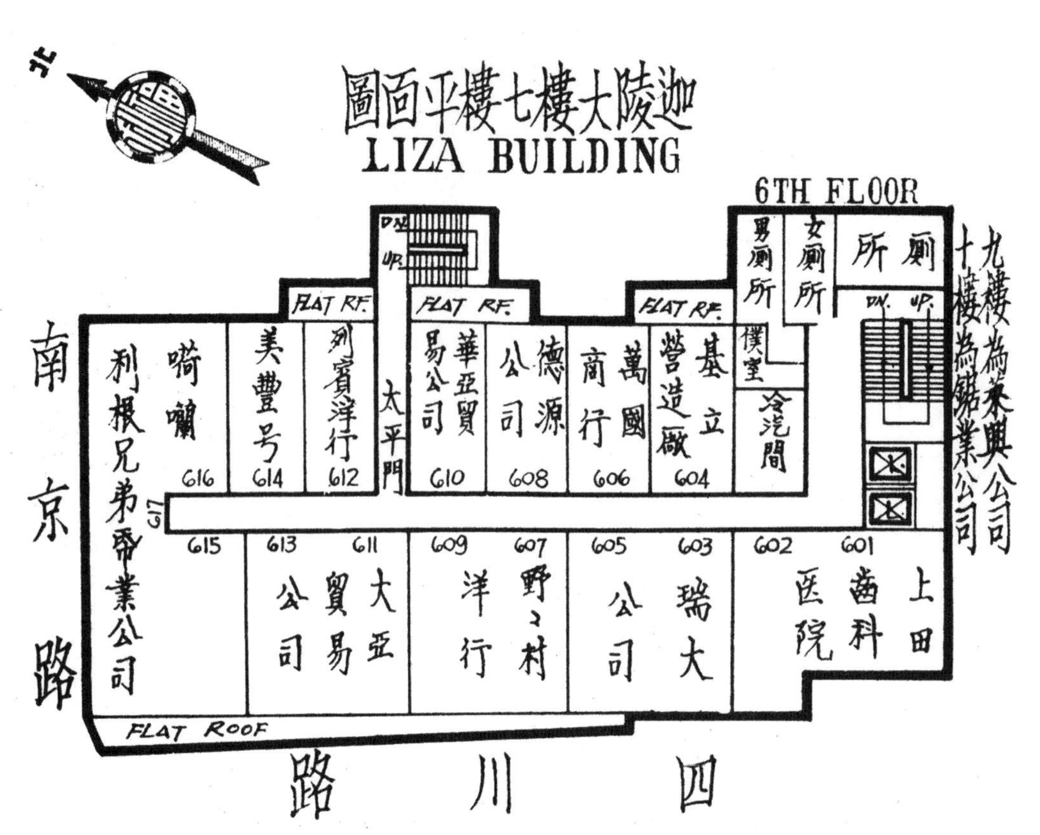
北
迦陵大樓七樓平面圖
LIZA BUILDING
6TH FLOOR
南京路
四川路
九樓為萊興公司
十樓為錫業公司
利根兄弟帝業公司
嗬囒
美豐号
列賓洋行
太平門
華亞貿易公司
德源公司
萬國商行
基立營造廠
僕室
冷汽間
男厠所
女厠所
厠所
616
614
612
610
608
606
604
617
615
613
611
609
607
605
603
602
601
大亞貿易公司
野々村洋行
瑞大公司
上田齒科医院
FLAT RF.
FLAT ROOF

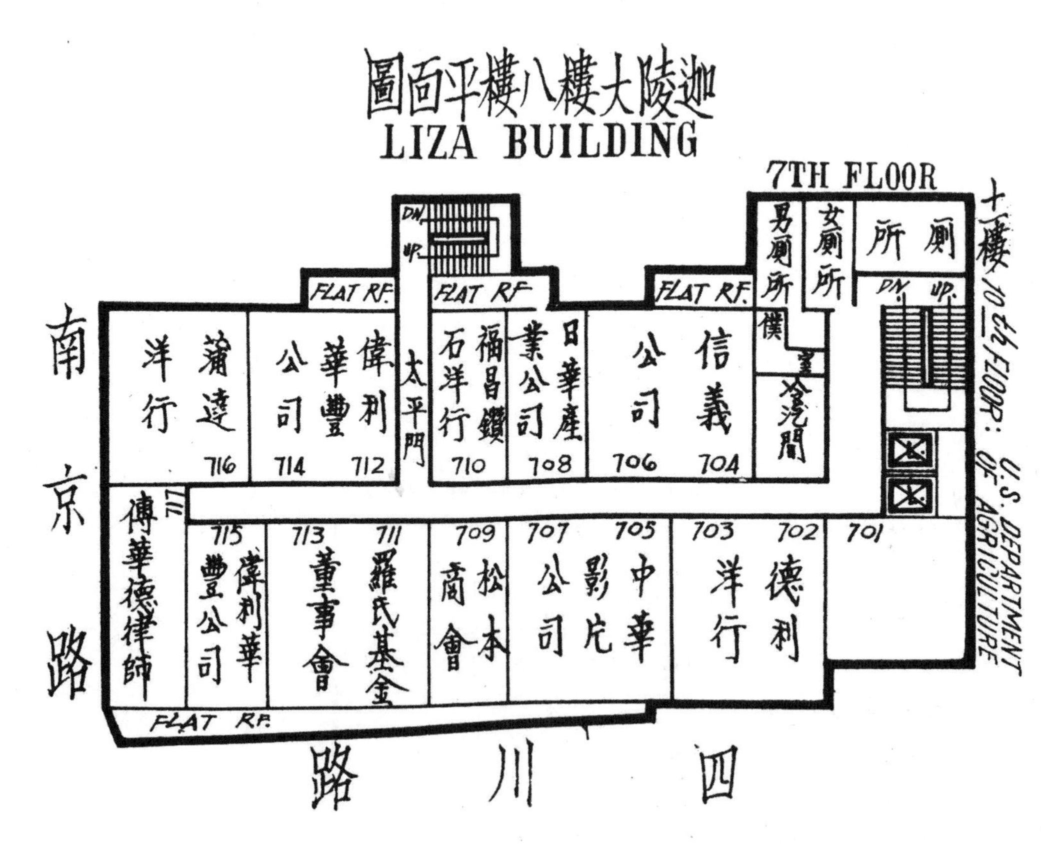
迦陵大樓八樓平面圖
LIZA BUILDING
7TH FLOOR
南京路
四川路
十樓 10th FLOOR: U.S. DEPARTMENT OF AGRICULTURE
蒲達洋行
偉利華豐公司
太平門
福昌鑽石洋行
日華產業公司
信義公司
僕室
冷汽間
男厠所
女厠所
厠所
716
714
712
710
708
706
704
717
715
713
711
709
707
705
703
702
701
傅華德律師
偉利華豐公司
羅氏基金董事會
松本商會
中華影片公司
德利洋行
FLAT RF.

泰晤士大樓二樓平面圖

SHANGHAI TIMES BUILDING

1ST FLOOR

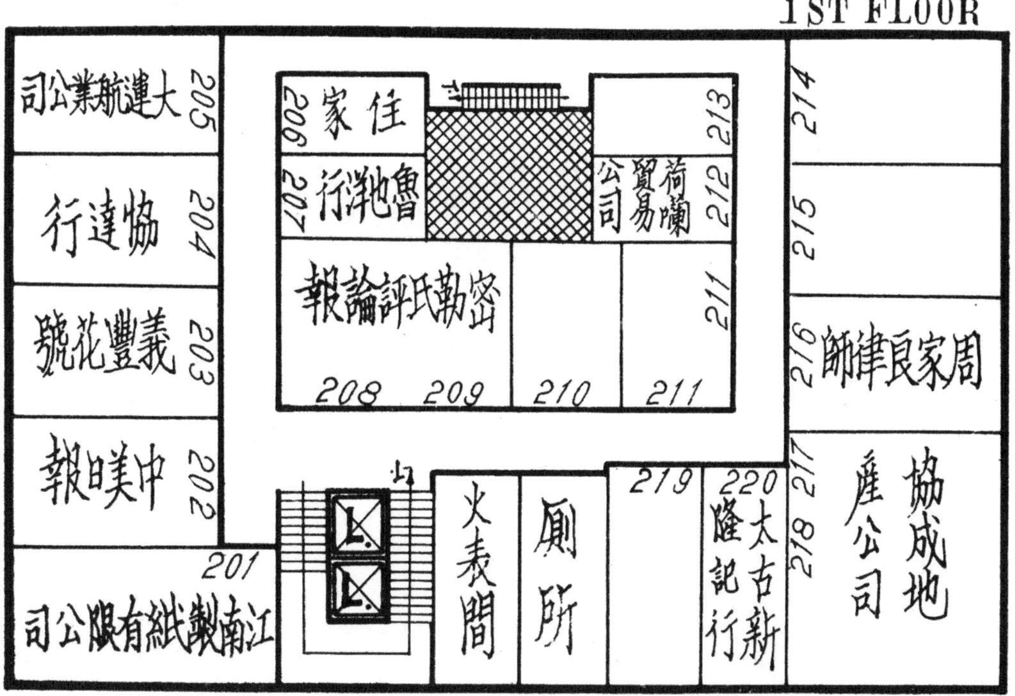

泰晤士大樓三樓平面圖

SHANGHAI TIMES BUILDING

2ND FLOOR

愛多亞路

大陸報館

313 LACKS NEWS PHOTOS CAMERA JOURNAL

314 裕大生記紗花號

315 STRICTLY NO ADMITTANCE

316 台維斯洋行

317 318 漢弥敦英行

309 金圖南律師

310 興業廣告公司

311 312 大晚報

320 社會日報

319 大豐亨行

廁所

廁所

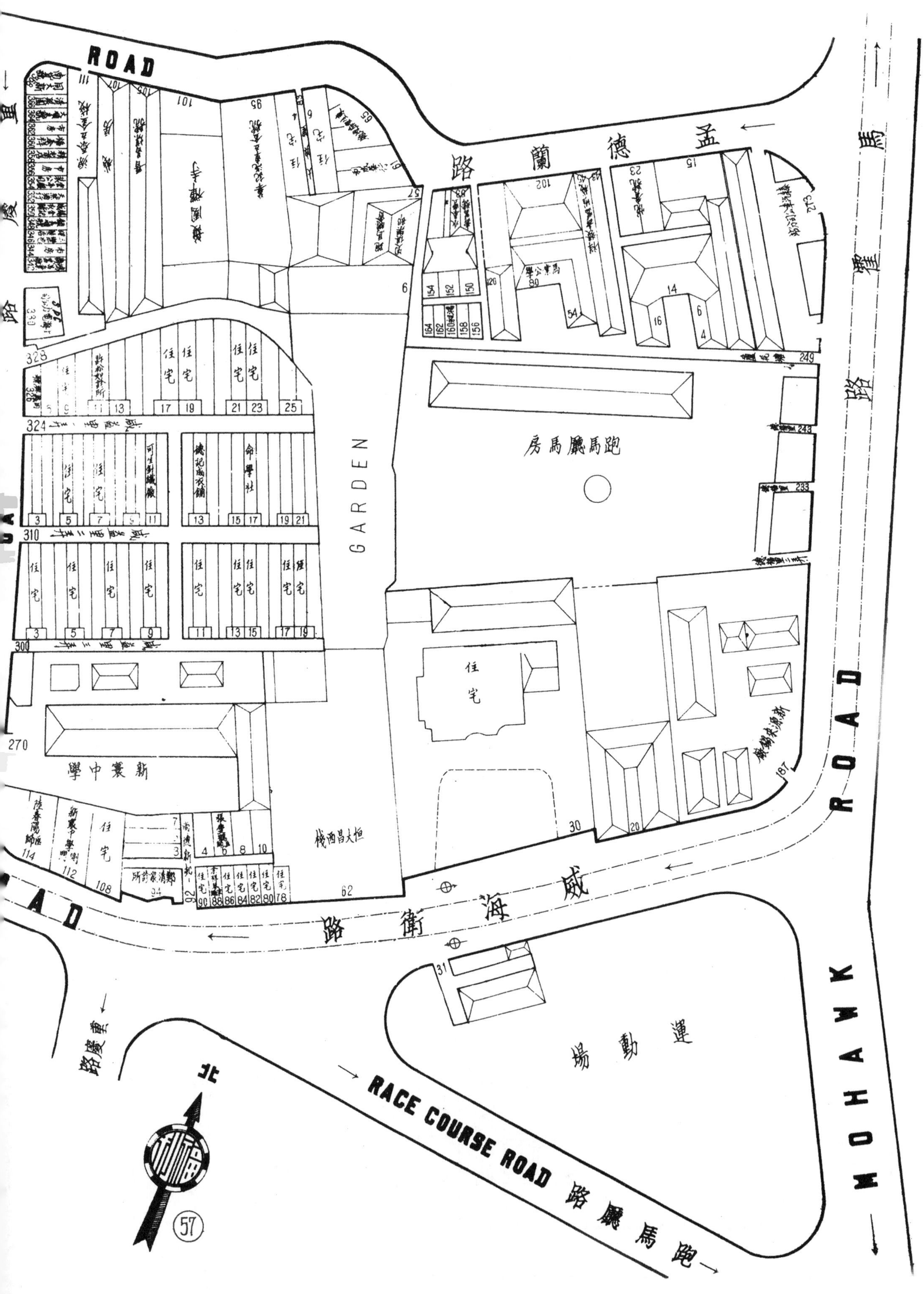
ROAD
孟德蘭路
馬霍路
跑馬廳馬房
GARDEN
新窶中學
恒大昌酒棧
威海衛路
ROAD
MOHAWK ROAD
運動場
RACE COURSE ROAD
跑馬廳路
重慶路
北
57

美生印書館

本館自運歐美各國粗細紙料兼售高等文具精製西式賬簿及印刷材料一應俱全更設彩印部專印銀行支票存單股票證書精緻裝璜牌貼集製美術紙盒鉛印部承接中西印件新式簿記精刻各種橡皮及銅製印章所內各品無不精美價目從廉承蒙商學各界賜顧請移玉至下列地址無任歡迎

鉛印部 泗涇路五號 一二一一八

發行所 河南路八一號 九〇九一六

彩印部 白克路七四號 九五三〇一

MANDAL

成都路

CHENGTU ROAD

WEIHAIWEI

季公館

師承中學

浦恒坊

太平洋大藥房

合作海運號

大光明

泰晤士大樓四樓平面圖

SHANGHAI TIMES BUILDING

3RD FLOOR

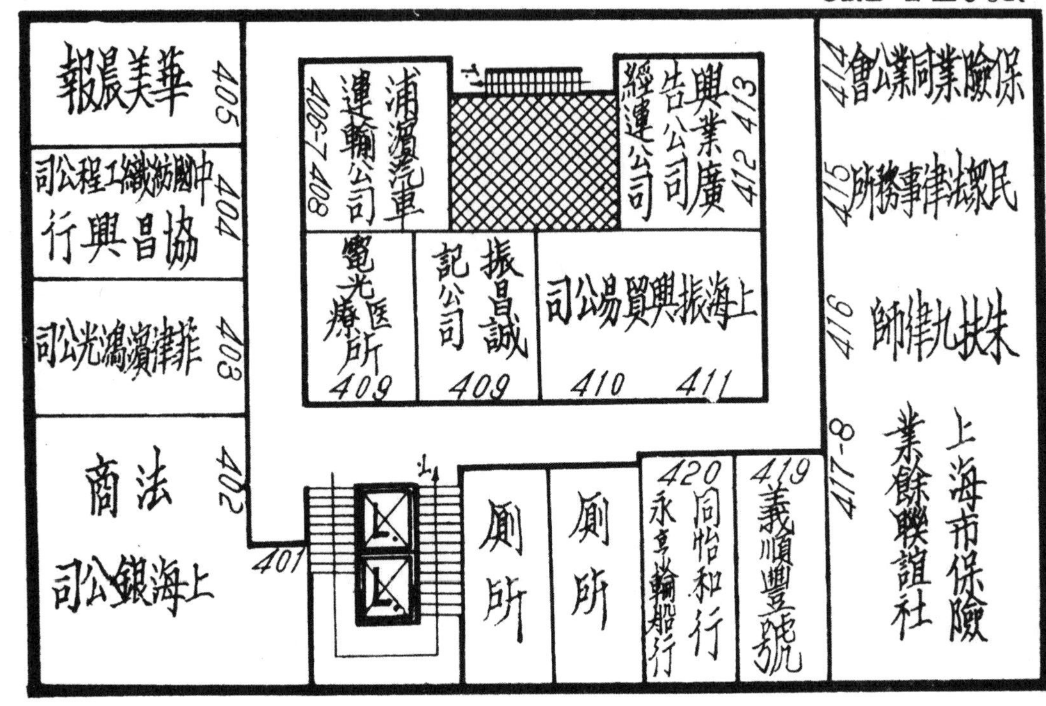

泰晤士大樓五樓平面圖

SHANGHAI TIMES BUILDING

4TH FLOOR

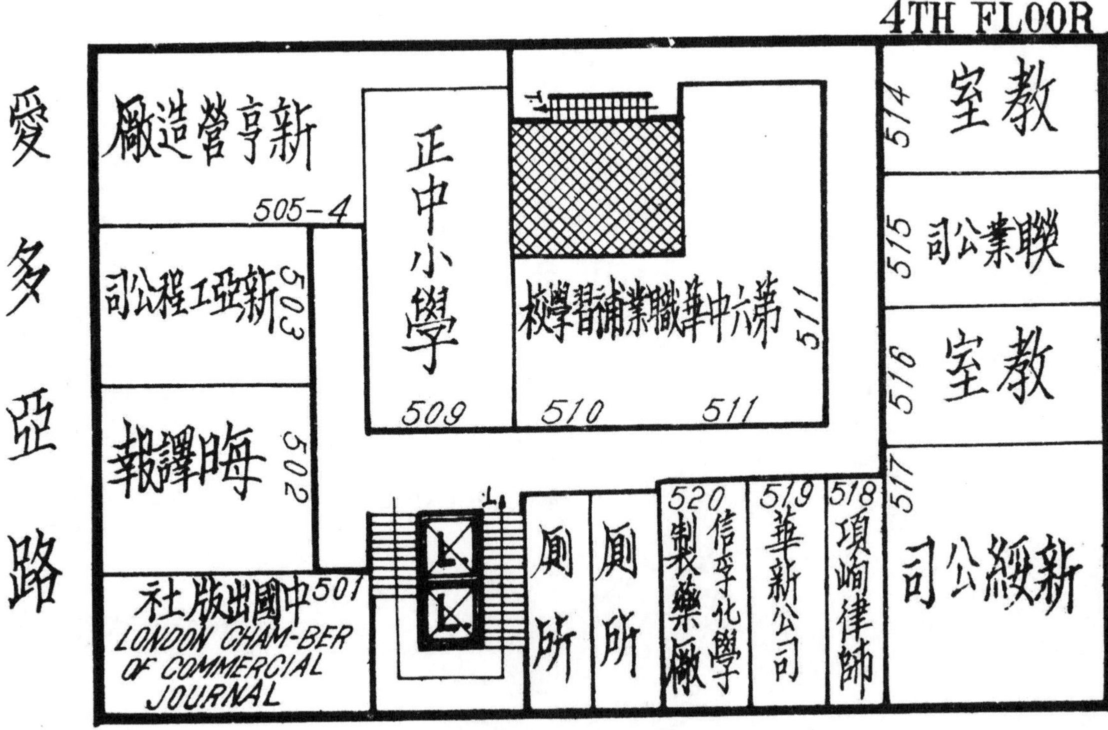

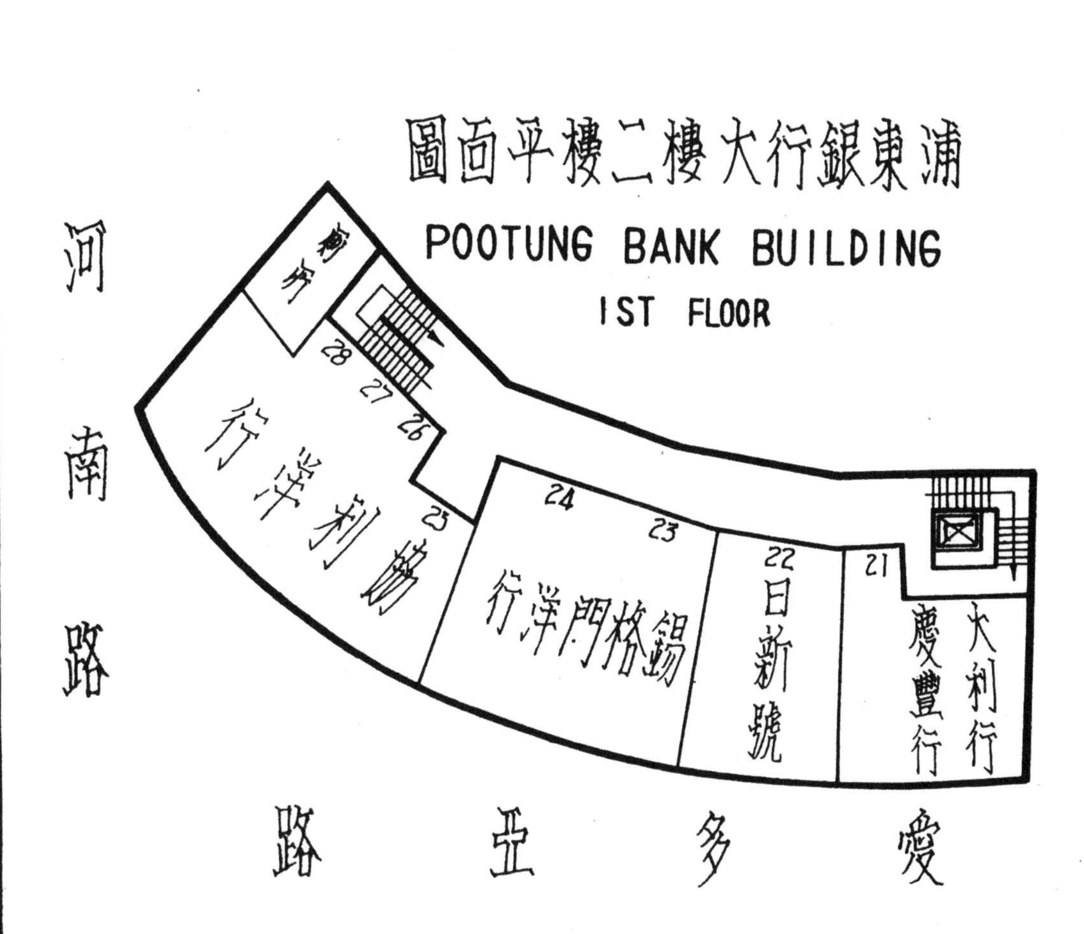
浦東銀行大樓二樓平面圖
POOTUNG BANK BUILDING
1ST FLOOR
河南路
愛多亞路
廁所
28
27
26
25
協利洋行
24
23
錫格門洋行
22
日新號
21
大利行
慶豐行

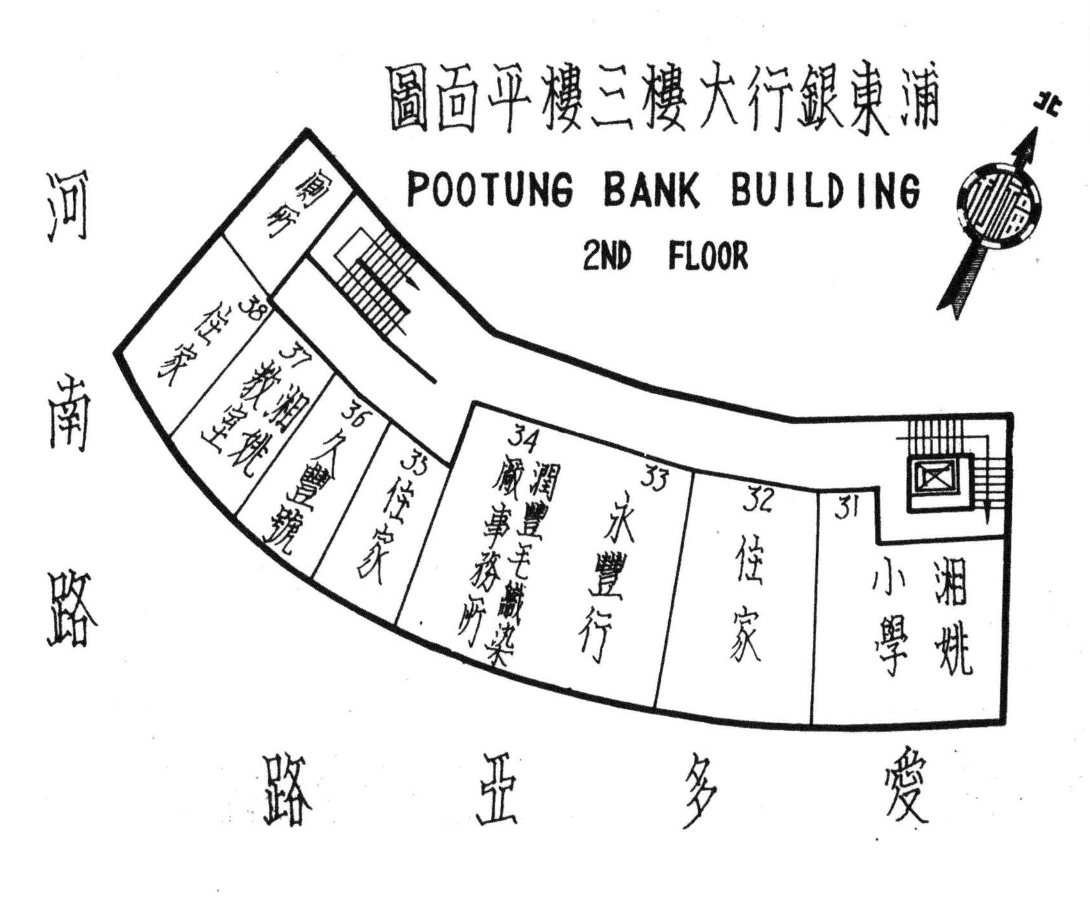
浦東銀行大樓三樓平面圖
POOTUNG BANK BUILDING
2ND FLOOR
北
河南路
愛多亞路
廁所
38
住家
37
湘姚教室
36
久豐號
35
住家
34
潤豐毛織染廠事務所
33
永豐行
32
住家
31
湘姚小學

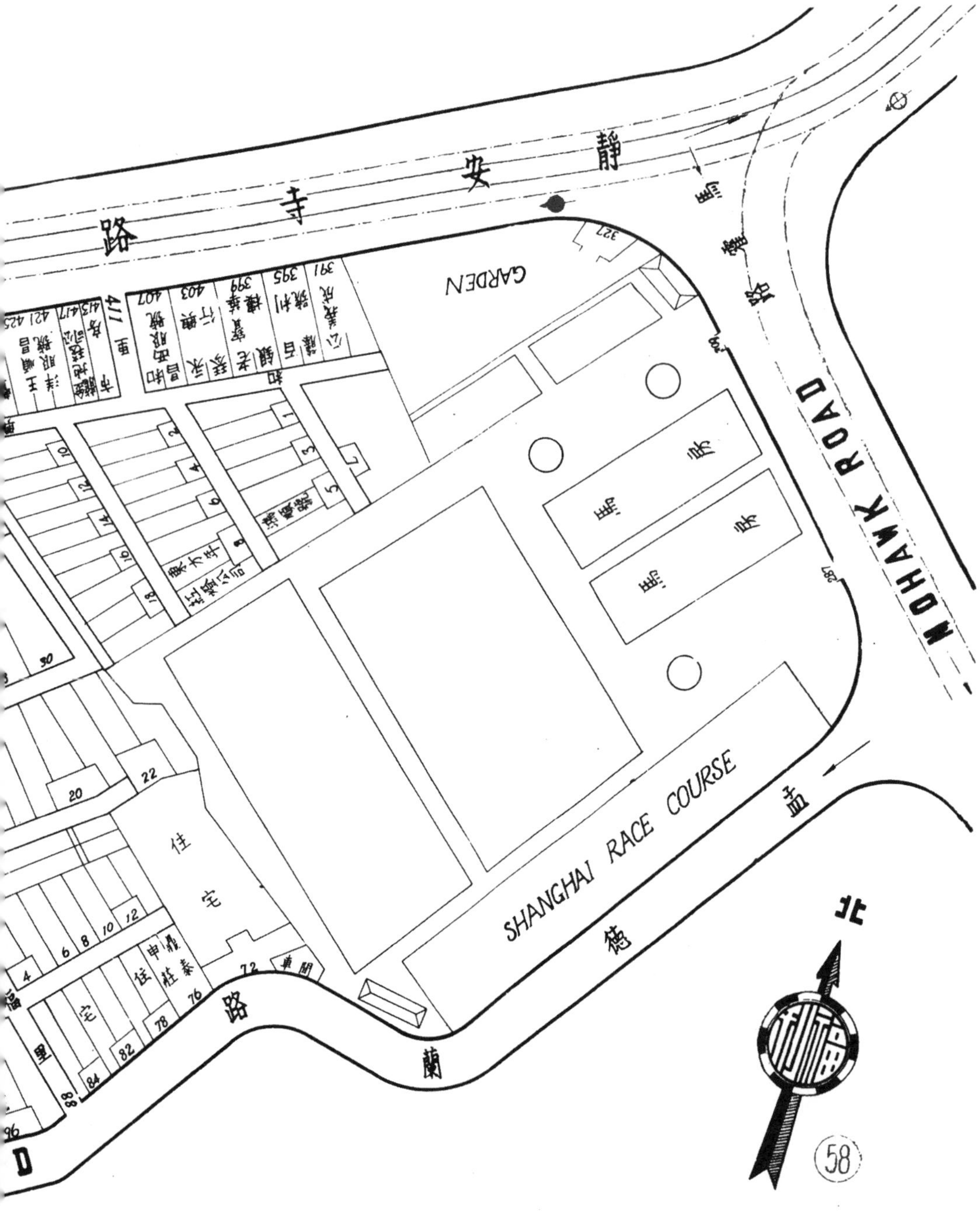

静安寺路

GARDEN

MOHAWK ROAD

馬霍路

SHANGHAI RACE COURSE

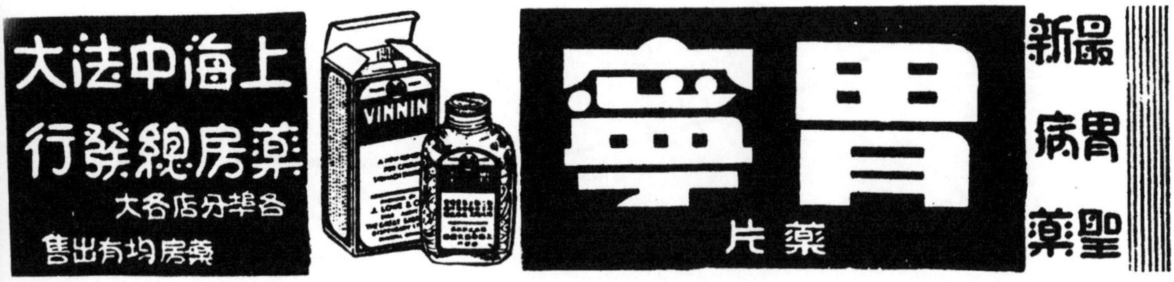

孟德蘭路

住宅

北

58

BUBBLING WELL ROAD
CHENGTU ROAD
成都路
MANDALAY ROAD
CHINESE MARITIME CUSTOMS CLUB
POLICE STATION
成都路捕房

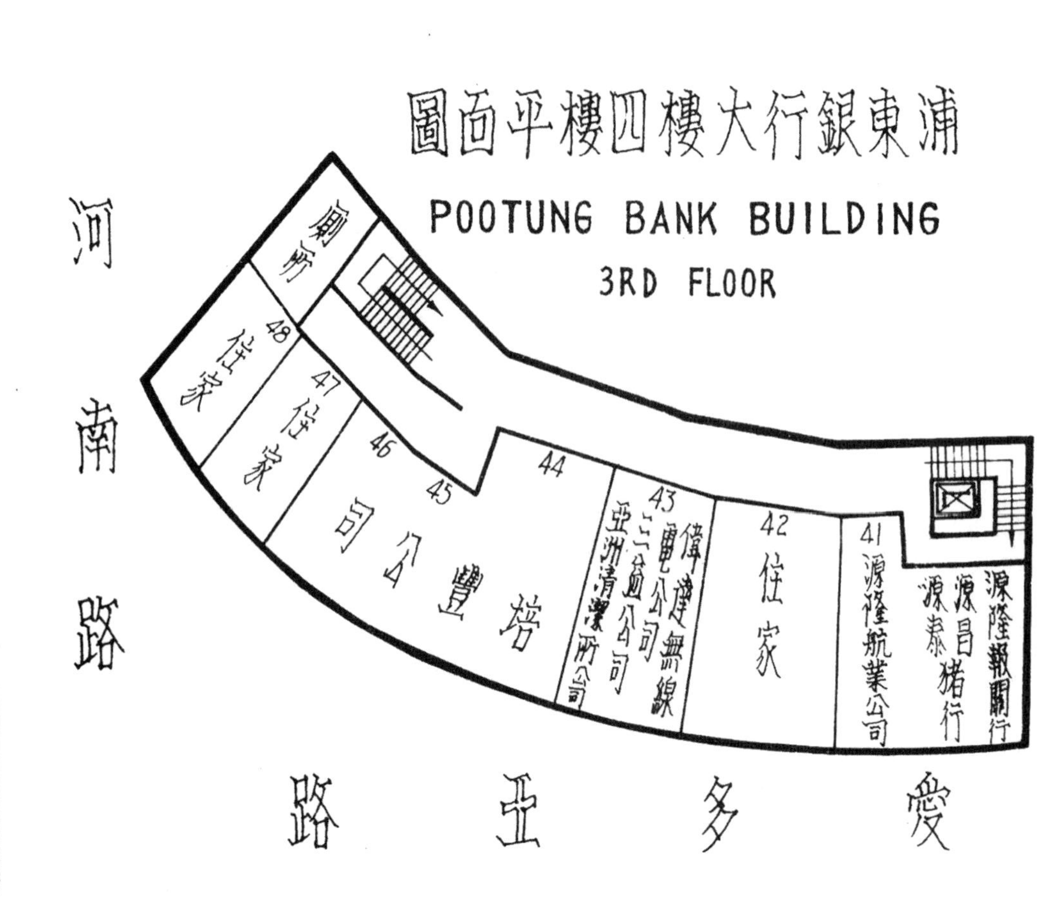

浦東銀行大樓四樓平面圖
POOTUNG BANK BUILDING
3RD FLOOR
河南路
愛多亞路
厠所
48 住家
47 住家
46
45
44
培豐公司
43 偉達無線電公司 亞洲清潔所公司 三益公司
42 住家
41 源隆航業公司
源隆報關行
源昌豬行
源泰

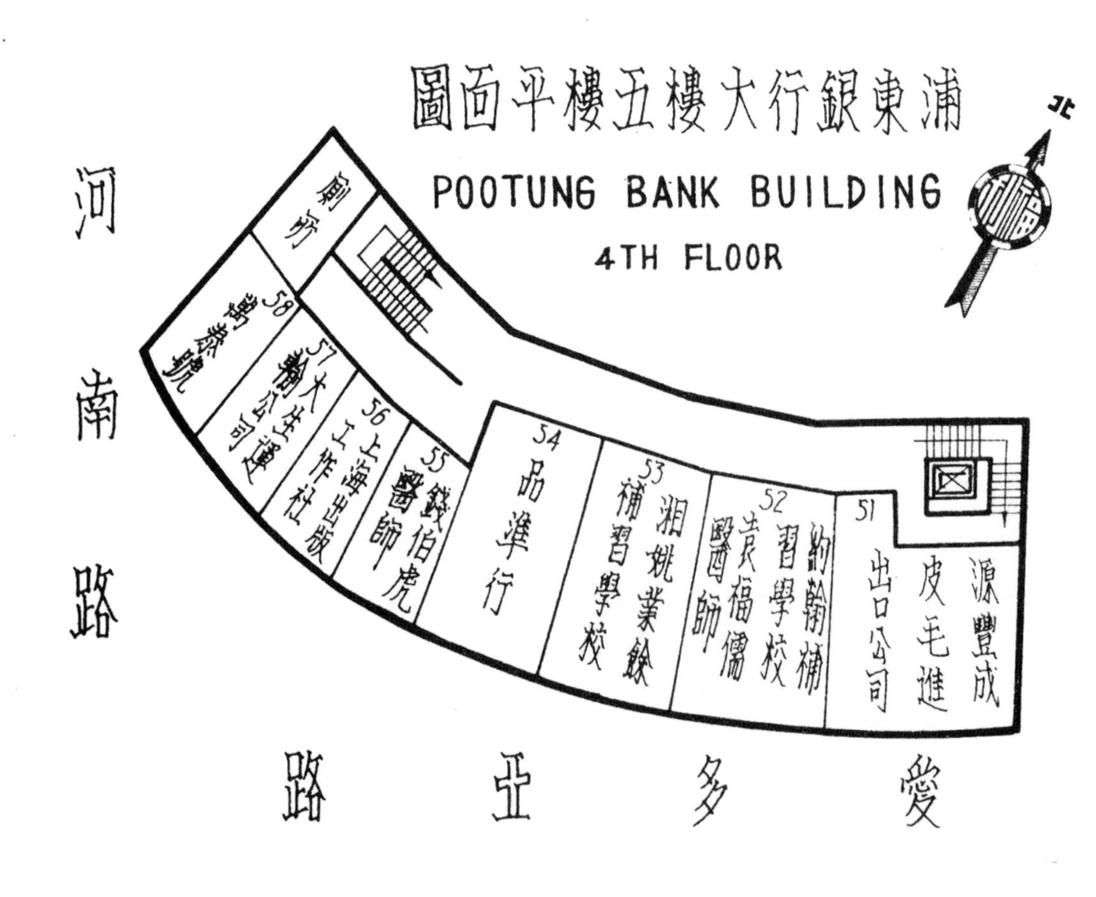

浦東銀行大樓五樓平面圖
POOTUNG BANK BUILDING
4TH FLOOR
北
河南路
愛多亞路
厠所
58 鄭泰號
57 大佳運輸公司
56 上海出版工作社
55 錢伯虎醫師
54 品準行
53 泪姚業餘補習學校
52 約翰補習學校 袁福儒醫師
51 出口公司
源豐成
皮毛進

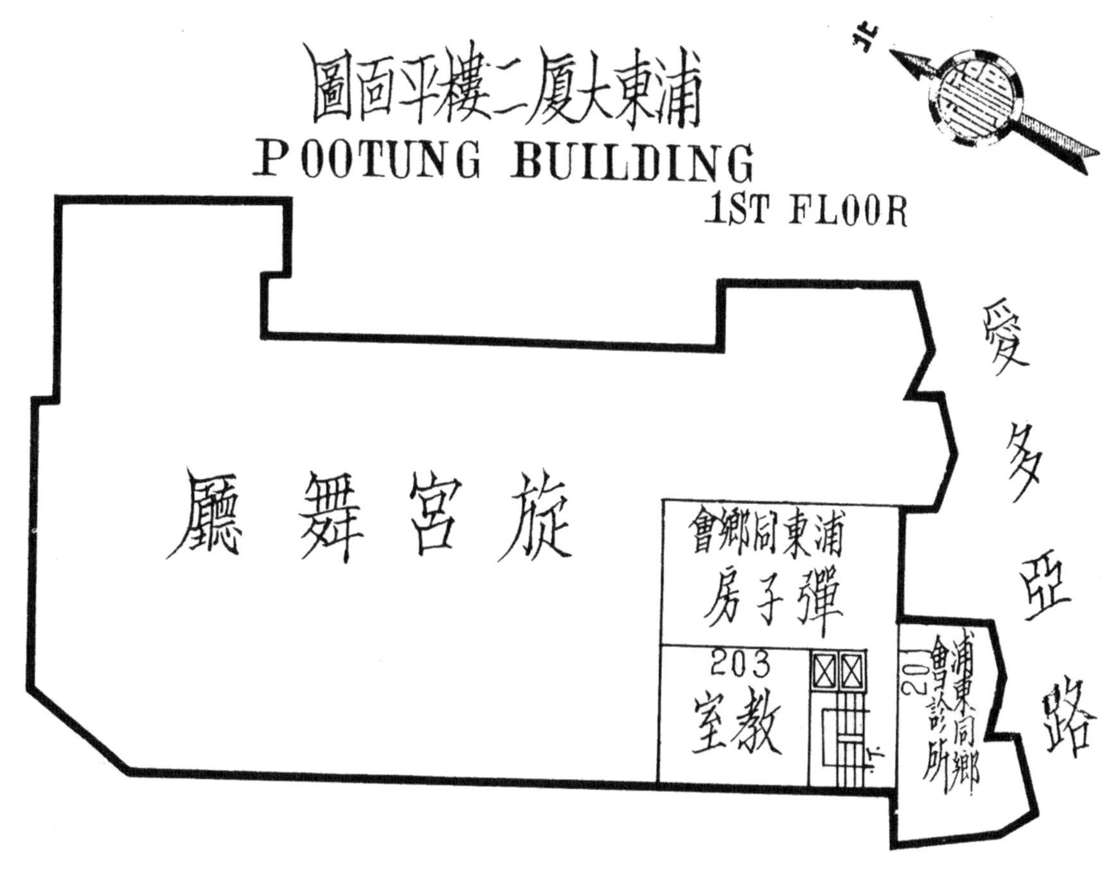
浦東大廈二樓平面圖
POOTUNG BUILDING
1ST FLOOR
北
旋宮舞廳
浦東同鄉會
彈子房
203
教室
201
浦東同鄉會診所
愛多亞路

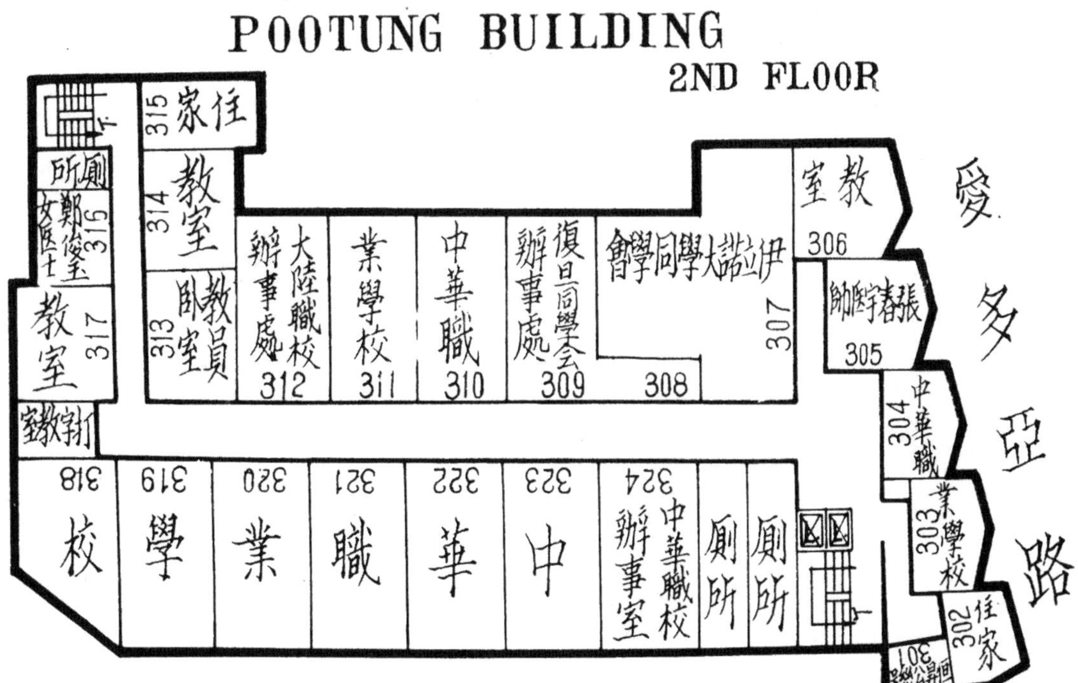
浦東大廈三樓平面圖
POOTUNG BUILDING
2ND FLOOR
315 住家
314 教室
313 教員臥室
廁所
316 鄭女医士
317 教室
打字教室
312 大陸職校辦事處
311 業學校
310 中華職
309 復旦同學会辦事處
308
307 伊立諾大學同學會
306 教室
305 張春宇医師
304 中華職
303 業學校
302 住家
301
318 校
319 學
320 業
321 職
322 華
323 中
324 中華職校辦事室
廁所
廁所
愛多亞路

浴德池 發記 浴室
清池浴
南京路六九0號—電話九0二一二 九0七0
成都
威海衛路
WEIHAIWEI ROAD
中興業廠
雙妹老牌

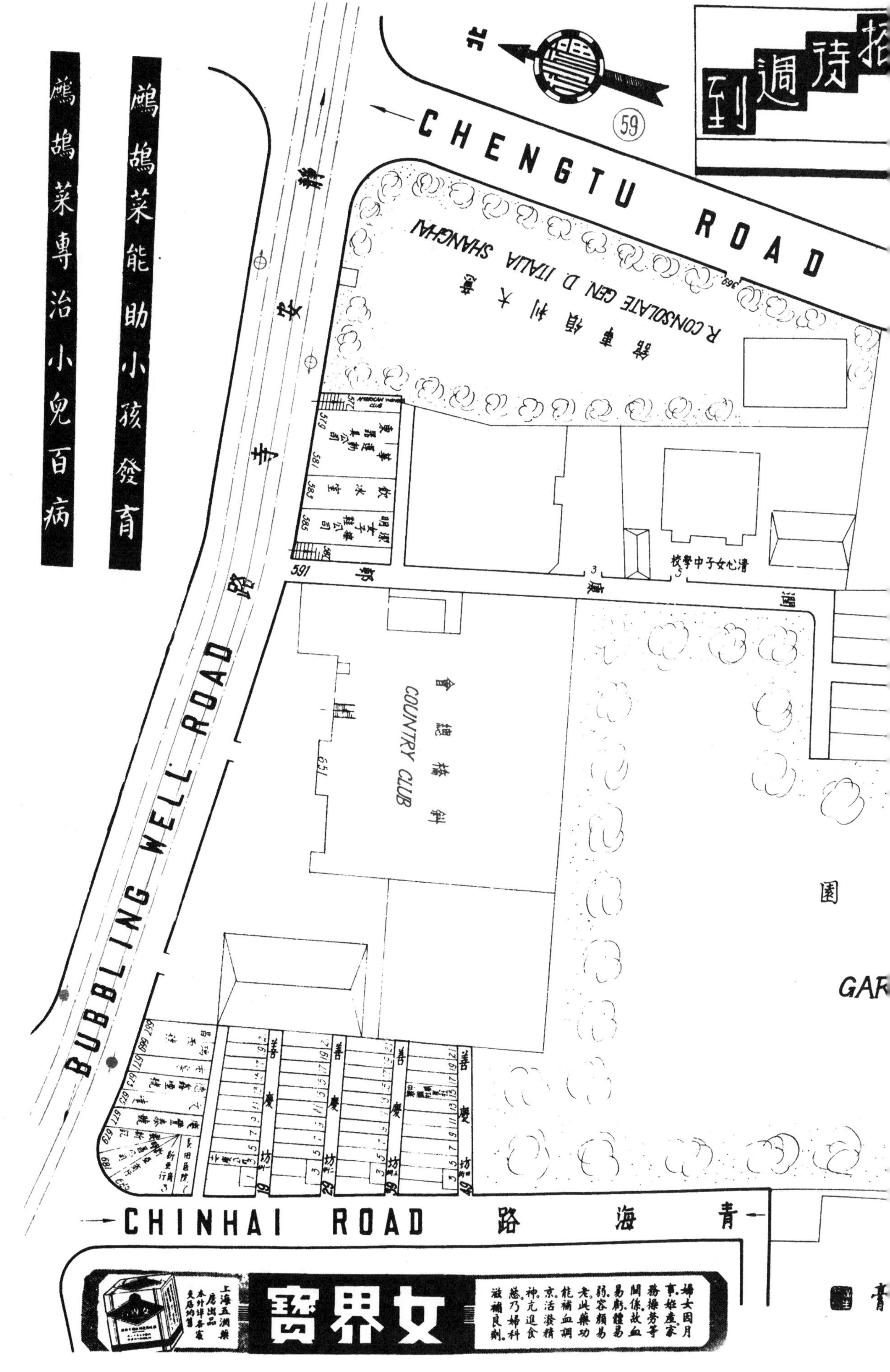
鷓鴣菜能助小孩發育
鷓鴣菜專治小兒百病
CHENGTU ROAD
R. CONSOLATE GEN D. ITALIA SHANGHAI
COUNTRY CLUB
BUBBLING WELL ROAD
CHINHAI ROAD
青海路
女界寶

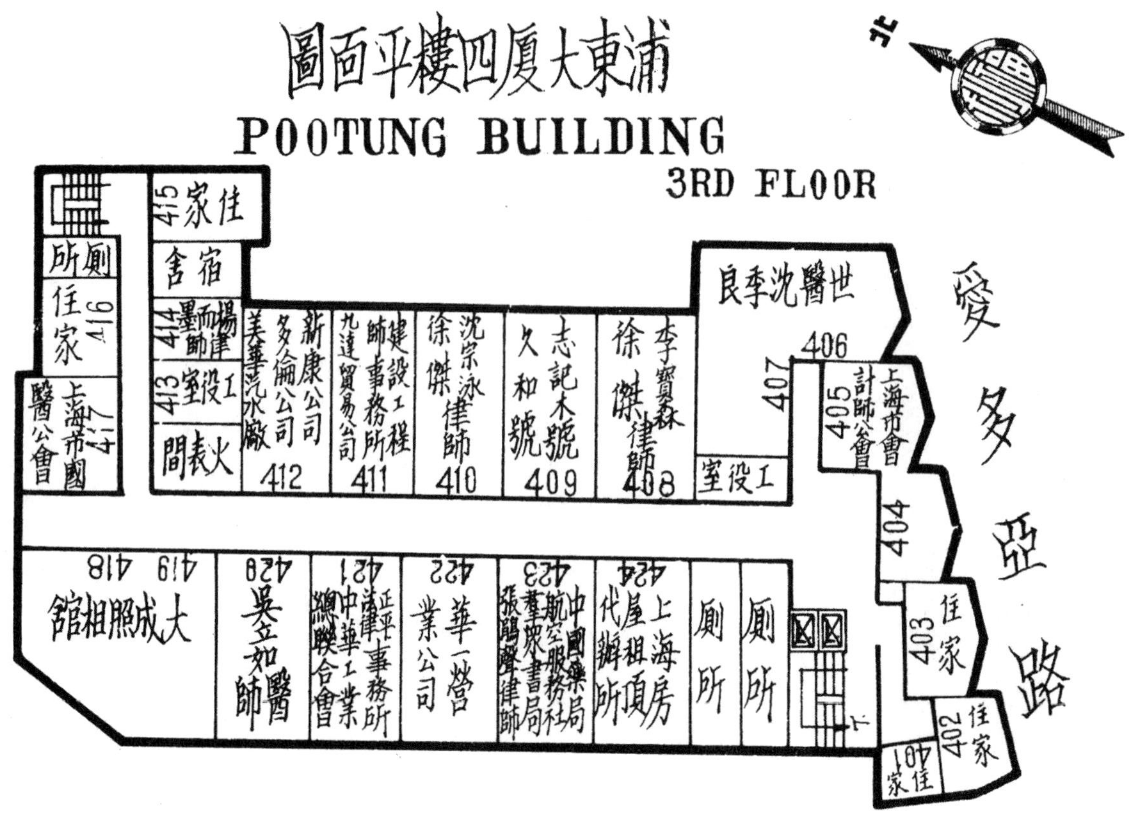
浦東大廈四樓平面圖
POOTUNG BUILDING
3RD FLOOR
北
愛多亞路
415 住家
宿舍
所廁
416 住家
414 揚律師 而墨
413 工役室
417 上海市國醫公會
火表間
412 新康公司 多倫公司 美華汽水廠
411 建設工程師事務所 九達貿易公司
410 沈宗泳律師 徐傑
409 志記木號 久和號
408 李寶森律師 徐傑
工役室
407
406 世醫沈季良
405 上海市會計師公會
404
403 住家
402 住家
401 住家
418
419 大成照相館
420 吳益如醫師
421
422 華一營業公司
423 中國藥局
424 上海房屋租賃代辦所
廁所
廁所

浦東大廈五樓平面圖
POOTUNG BUILDING
4TH FLOOR

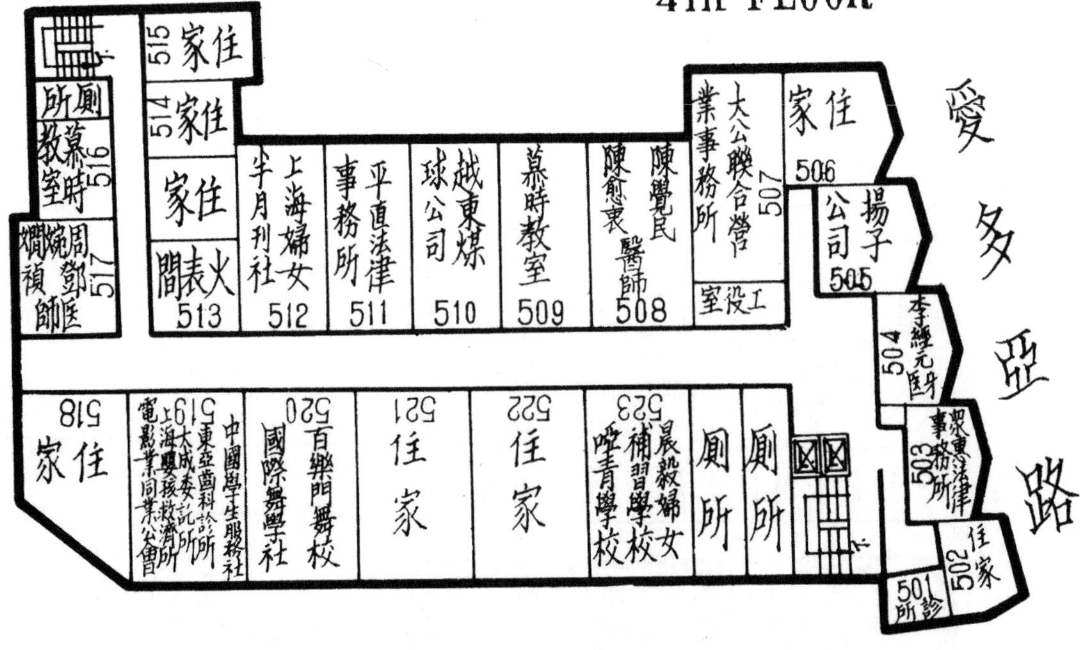
愛多亞路
515 住家
514 住家
所廁
516 慕時教室
住家
517 周鄧匡
火表間
513
512 上海婦女半月刊社
511 平直法律事務所
510 越東煤球公司
509 慕時教室
508 陳覺民 陳愈衷 醫師
507 大公聯合營業事務所
工役室
506 住家
505 揚子公司
504 李維元醫
503 東法律事務所
502 住家
501 診所
518 住家
519
520 百樂門舞校 國際舞學社
521 住家
522 住家
523 晨毅婦女補習學校 呼青學校
廁所
廁所

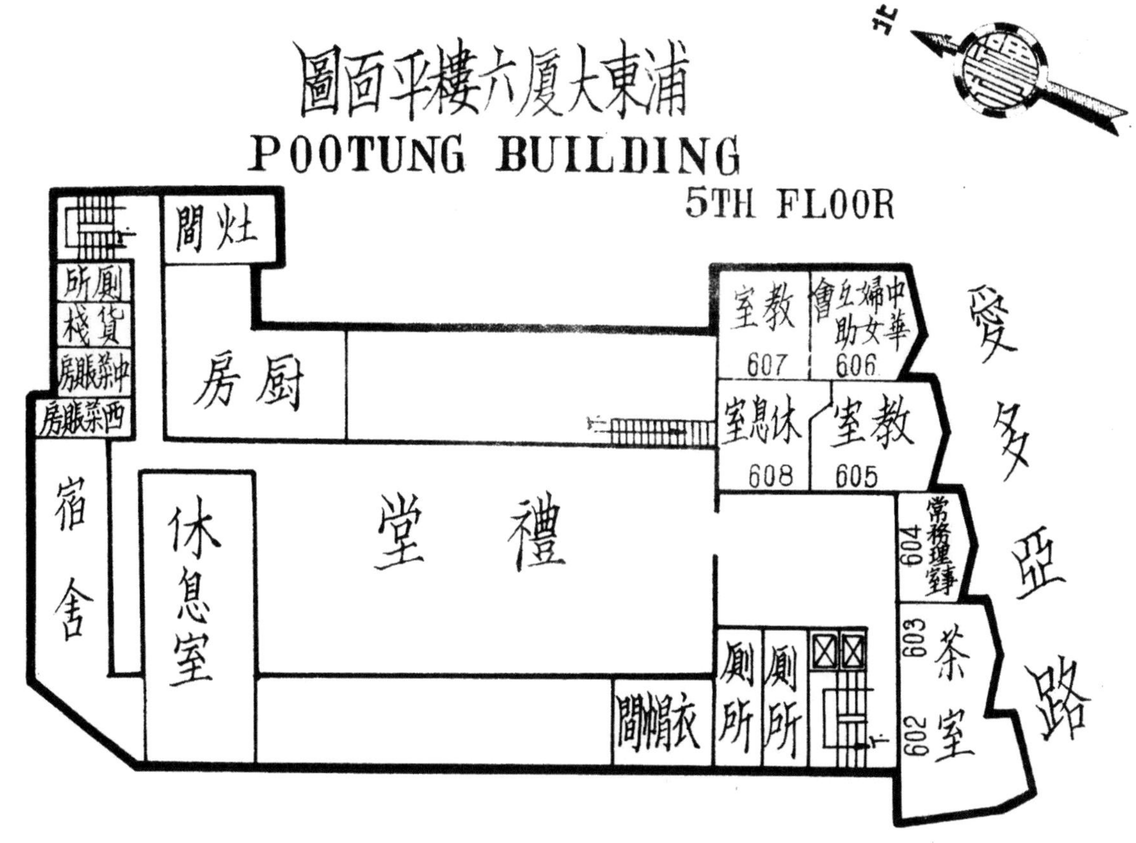
浦東大廈六樓平面圖
POOTUNG BUILDING
5TH FLOOR
北
灶間
廁所
貨棧
中菜賬房
西菜賬房
廚房
宿舍
休息室
禮堂
教室
607
中華婦女互助會
606
休息室
608
教室
605
常務理事室
604
茶室
603
602
衣帽間
廁所
廁所
愛多亞路

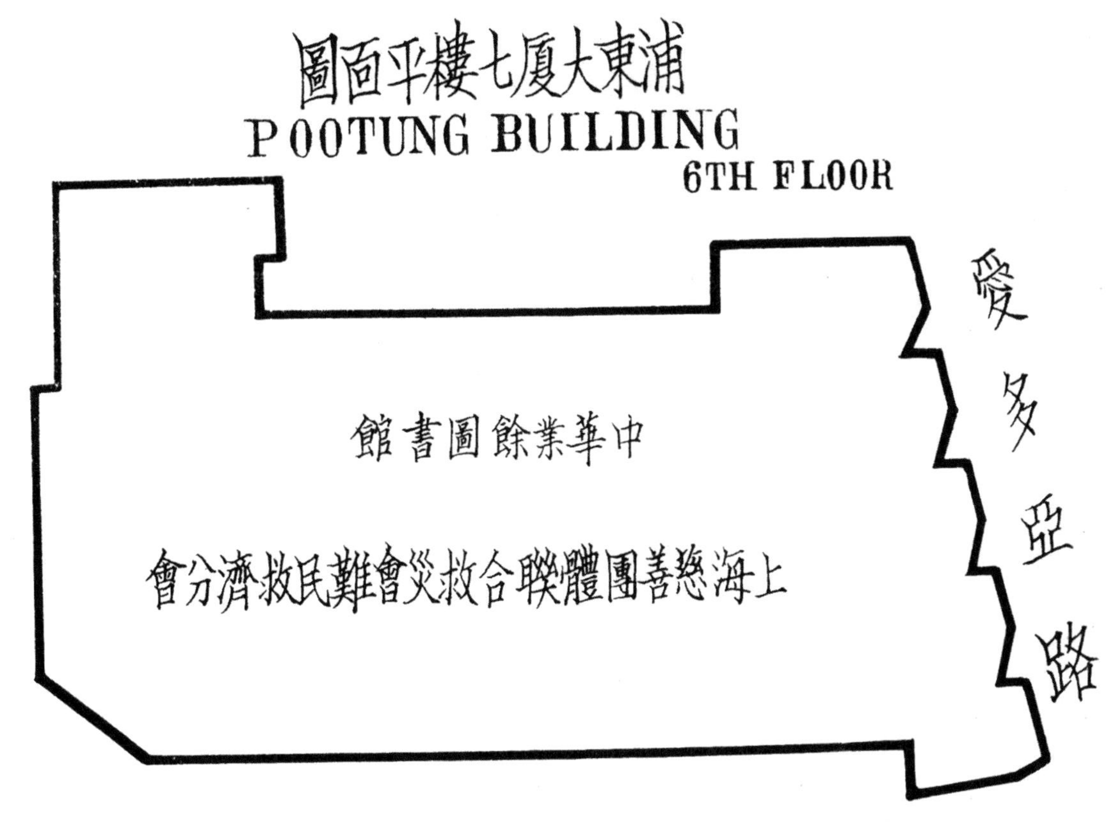
浦東大廈七樓平面圖
POOTUNG BUILDING
6TH FLOOR
中華業餘圖書館
上海慈善團體聯合救災會難民救濟分會
愛多亞路

WEIHAIWE ROAD
威海衛路
同孚路
大中里
華順里
花園
住宅
空地

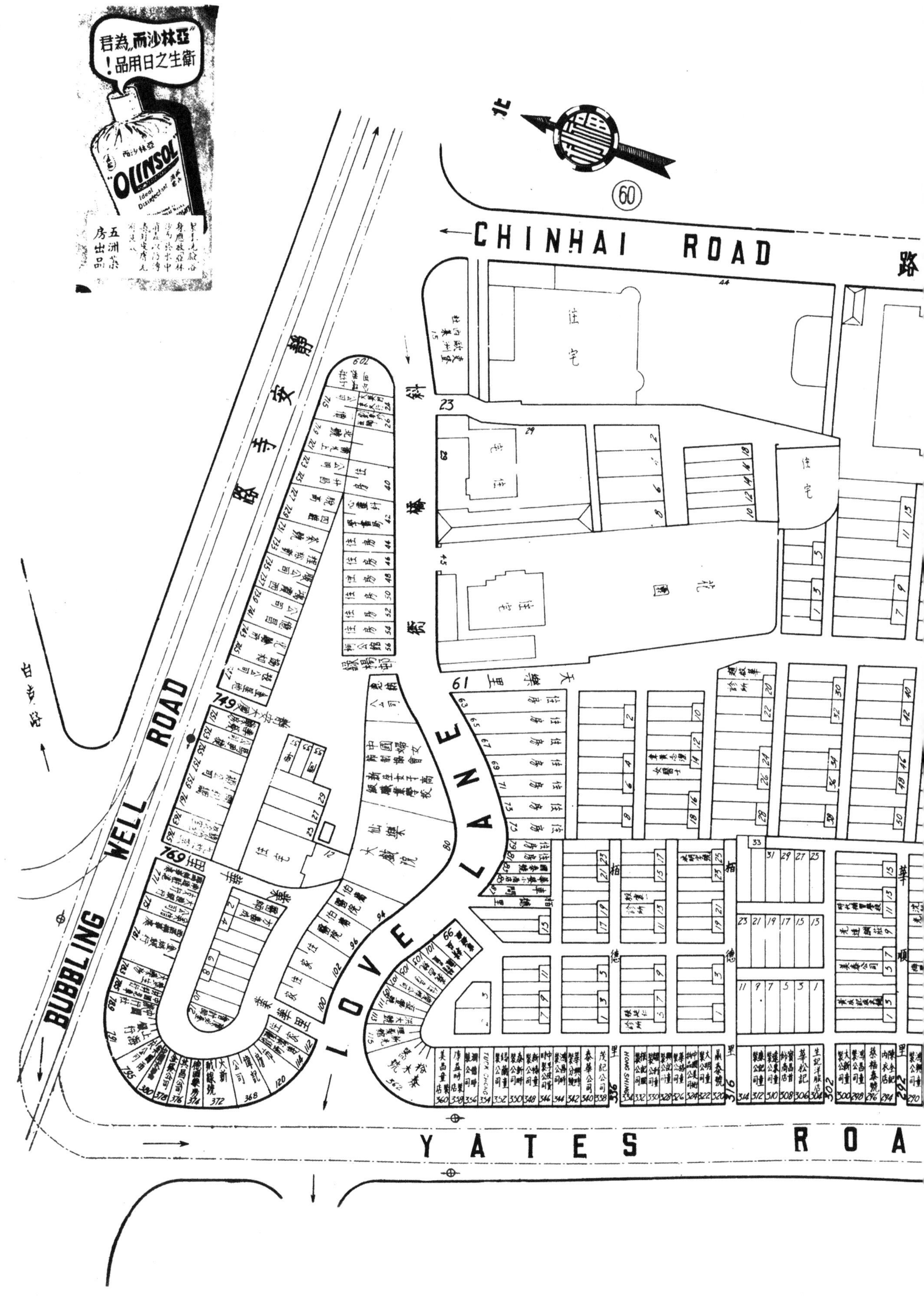

亞林沙而"為君
衛生之日用品！
OLINSOL
Ideal Disinfectant
五洲大藥房出品
60
CHINHAI ROAD
BUBBLING WELL ROAD
靜安寺路
LOVE LANE
YATES ROAD

麥加里銀行大樓二樓平面圖

Charted Bank of India Australia & China Building

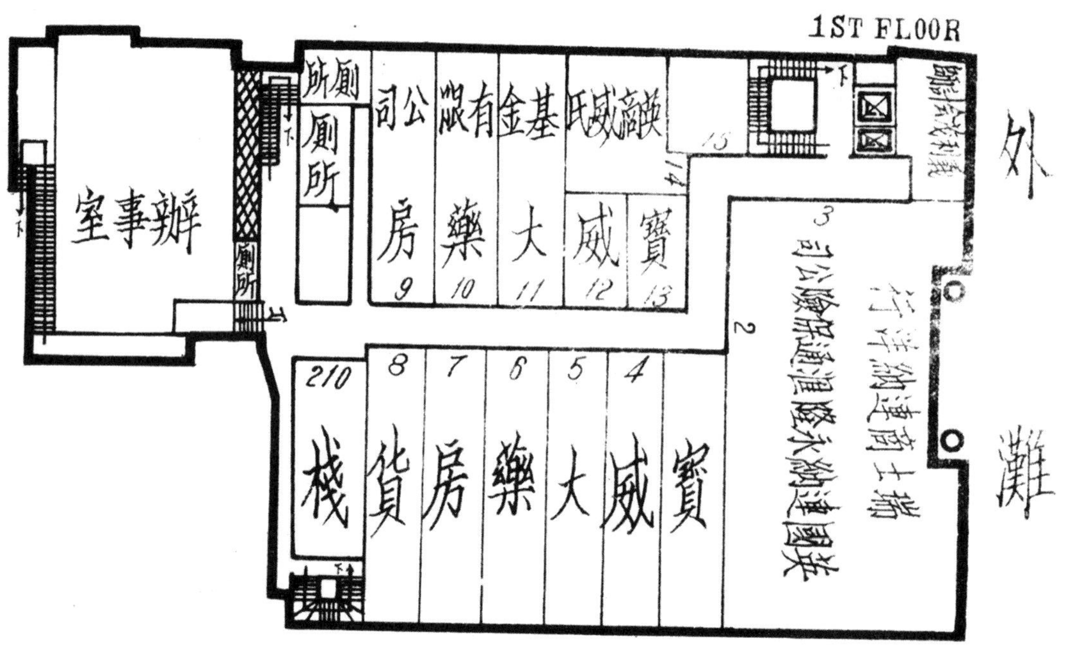

麥加里銀行大樓三樓平面圖

Charted Bank of India Australia & China Building

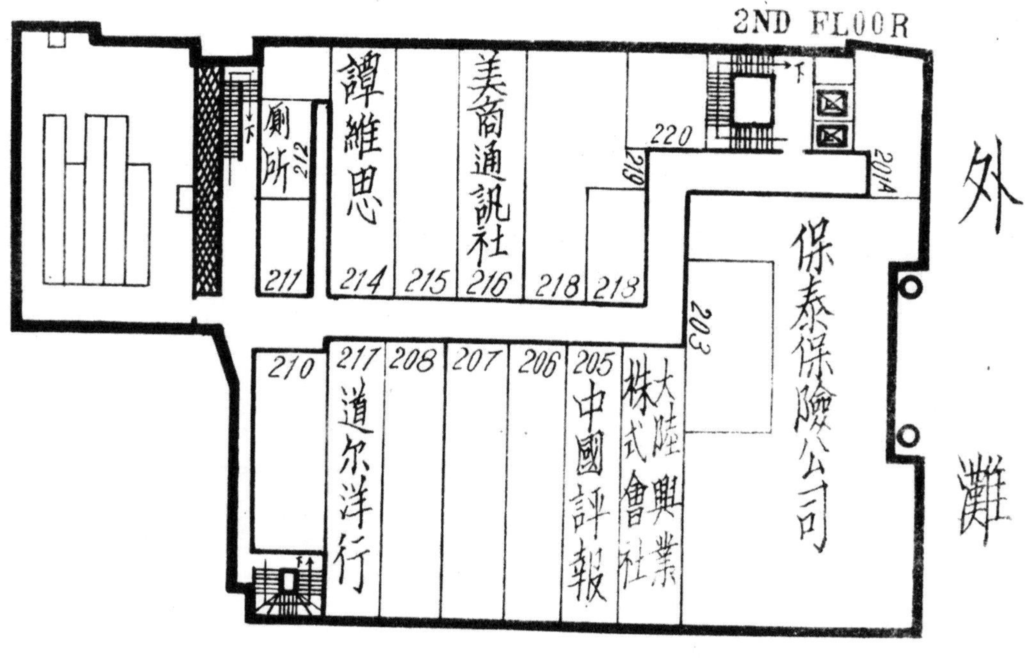

麥加里銀行大樓四樓平面圖

Charted Bank of India Australia & China Building

3RD FLOOR

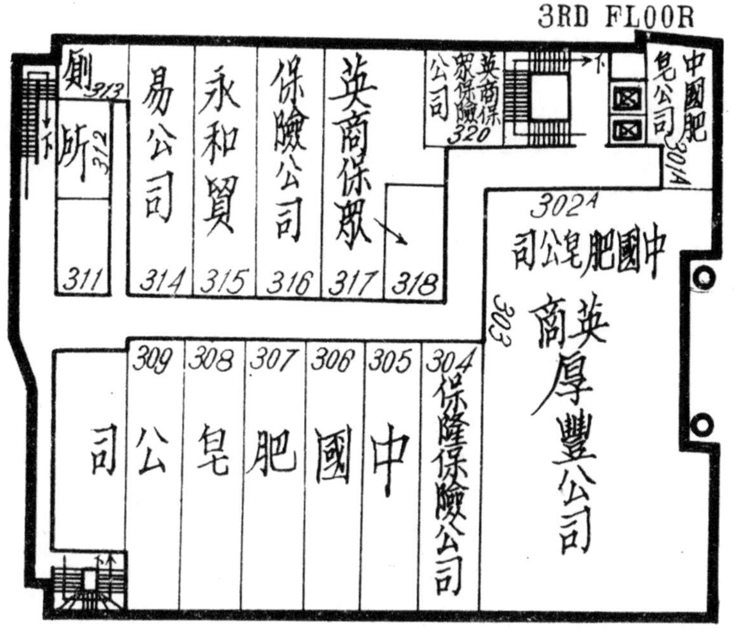

麥加里銀行大樓五樓平面圖

Charted Bank of India Australia & China Building

4TH FLOOR

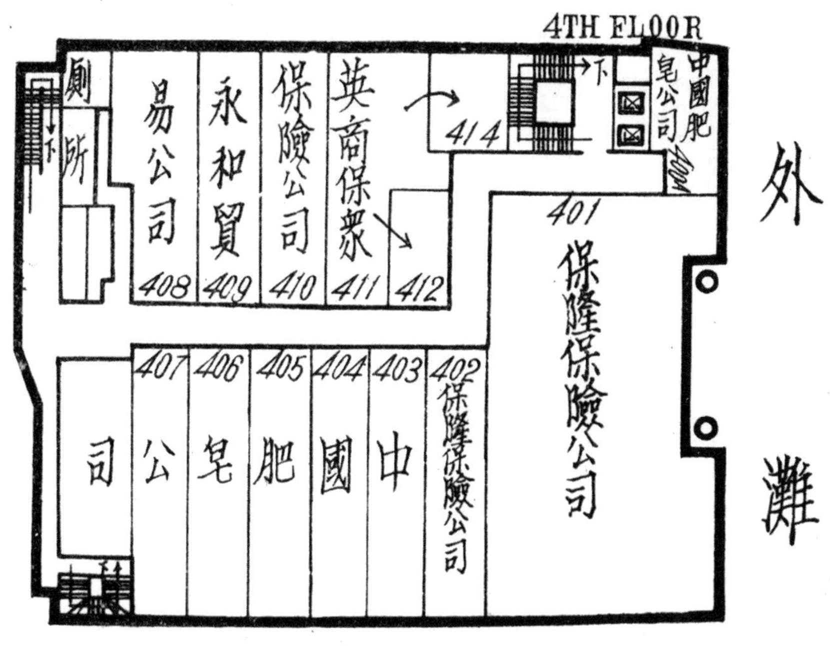

愛文義路
ROAD
牯嶺路
長沙路
白克路
靜安寺路
YU YA CHING ROAD
虞洽卿路
南陽西里
南陽東里
淨土菴
德心堂
新世界
NEW WORLD
北
61
COURSE
華盛頓
鐘表眼鏡行
名貴鐘表 千萬花色 標明售價 請來選購
驗光眼鏡 煥然一新 比眾便宜 保証滿意
地址
靜安寺路口新世界西首

汪裕泰茶號
總發行所
福煦路一九七號
電話 八五六三八
老北門大街三〇號 八四九九九
廣東路四七一號 九〇三九〇
福州路三〇四號 九〇三四〇
靜安寺路一八號 九〇五〇四
浙江路四四一號 九五四一四
85638
AVENUE R
KULING
TINGHING ROAD
LANE NO. 37
PETHO ROAD
BURKILL R
PARK ROAD
BUBBLING WELL
FORIEN Y.M.C.A.
西青年會
PARK HOTEL
國際飯店
四行儲蓄部

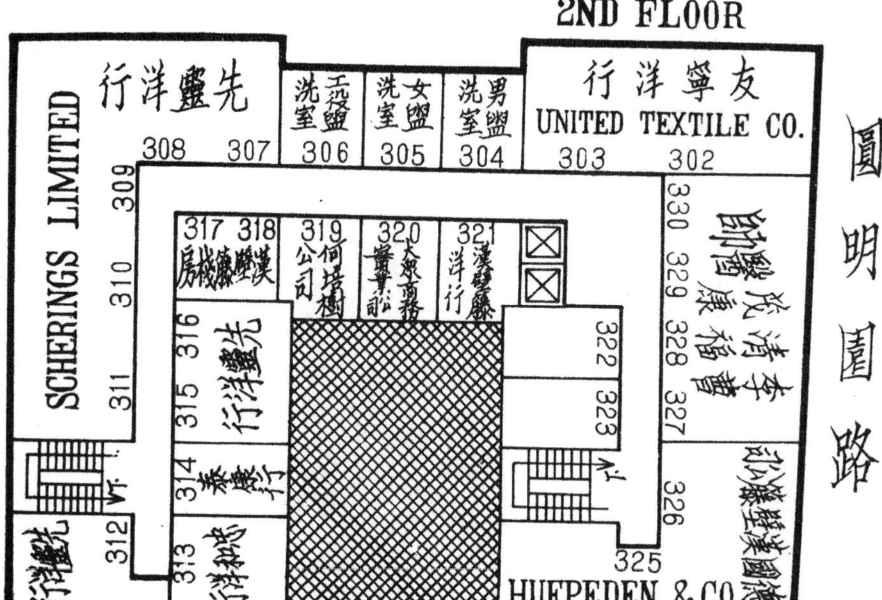
女青年協會大樓三樓平面圖
Y. W. C. A. BUILDING
2ND FLOOR
先靈洋行
SCHERINGS LIMITED
友寧洋行
UNITED TEXTILE CO.
HUEPEDEN & CO.
圓明園路

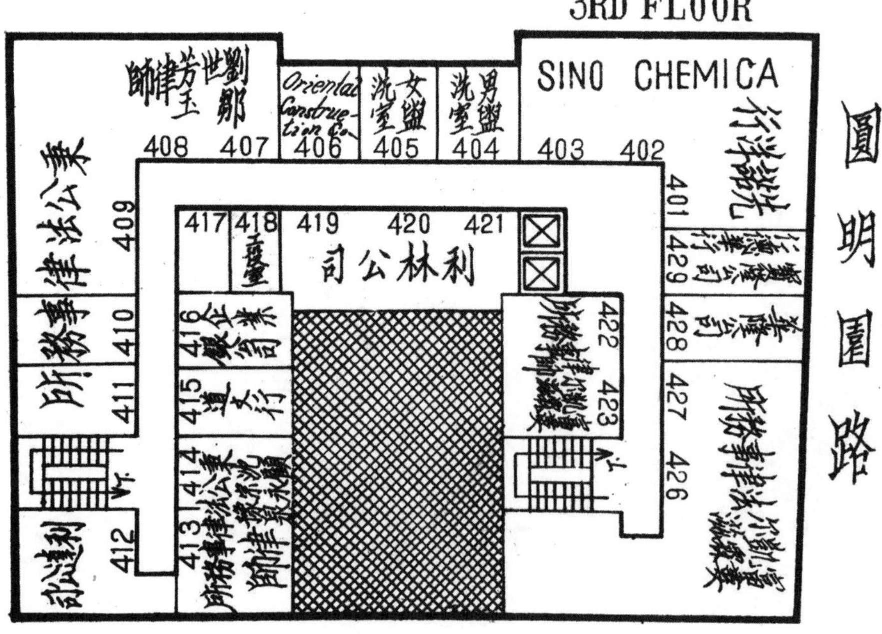
女青年協會大樓四樓平面圖
Y. W. C. A. BUILDING
3RD FLOOR
SINO CHEMICA
利林公司
Oriental Construction Co.
圓明園路

女青年協會大樓五樓平面圖

Y. W. C. A. BUILDING

4TH FLOOR

美生洋行 508 507
英瑞貿易公司 506
女盥洗室 505
男盥洗室 504
德國社 503 502
509
510
511
512
513 514 515 516
517 518 519
立成洋行 520 521
522
德國社 523
524 525 526 527 528 529 530
高樂洋行
圓明園路

女青年協會大樓六樓平面圖

Y. W. C. A. BUILDING

5TH FLOOR

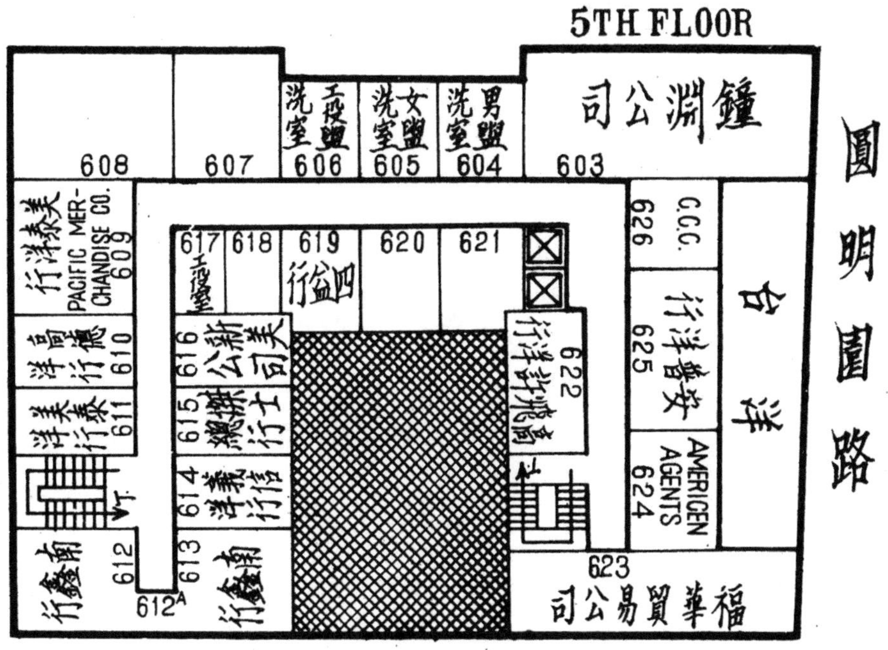

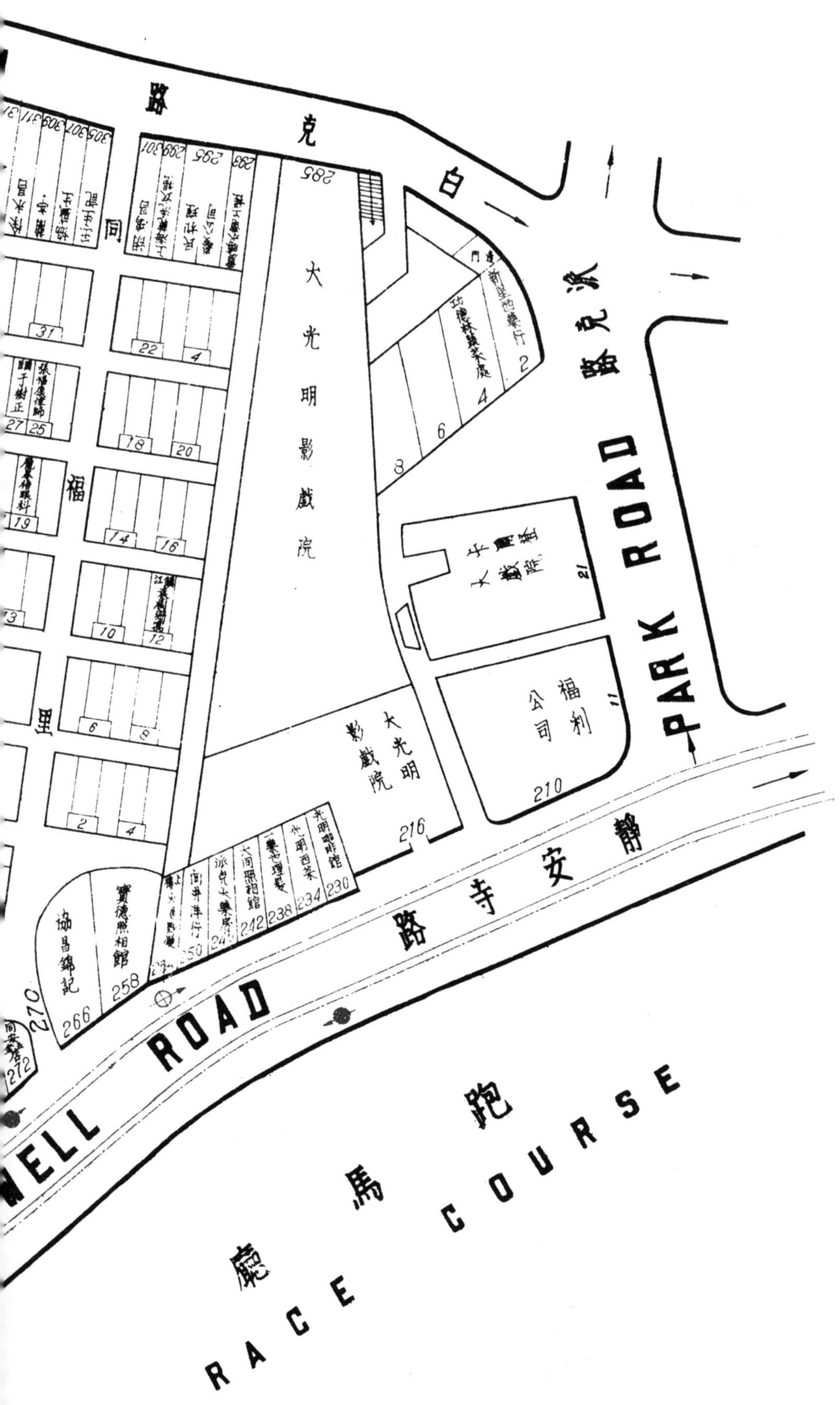
白克路
PARK ROAD
派克路
大光明影戲院
大光明影戲院
福利公司
大上海戲院
靜安寺路
BUBBLING WELL ROAD
跑馬廳
RACE COURSE
協昌錦記
寶德照相館
大同照相館
光明咖啡館
同福里
285
216
210
230
234
238
242
250
258
266
270
272

上海王大吉國藥號

精製飲片 丸散膏丹

接方送药 代客煎药

廣東路石路東四三三號

電話九二一一八號

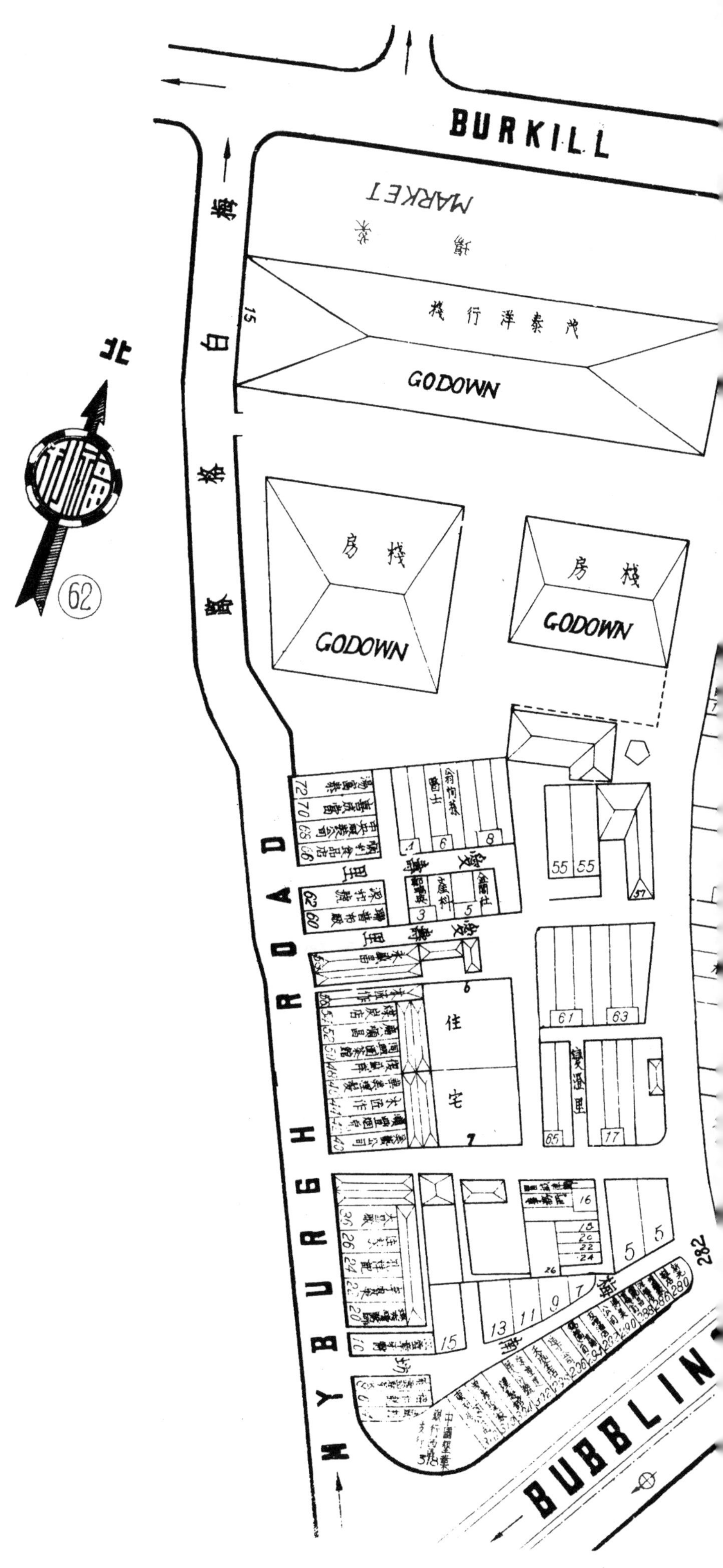

曼伏大樓二樓平面圖

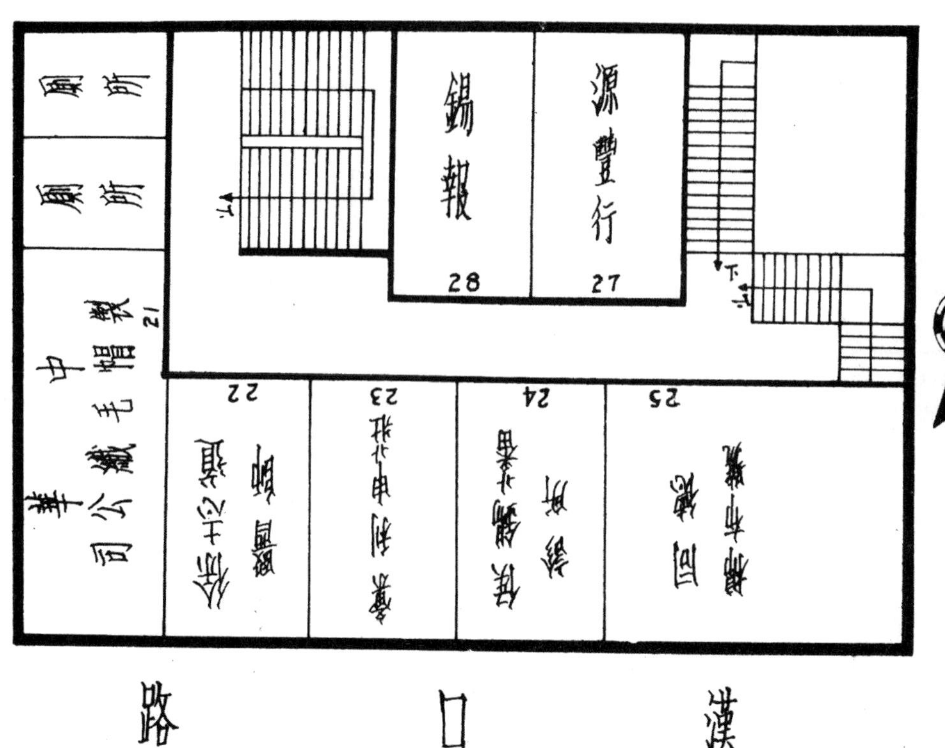

曼伏大樓三樓平面圖

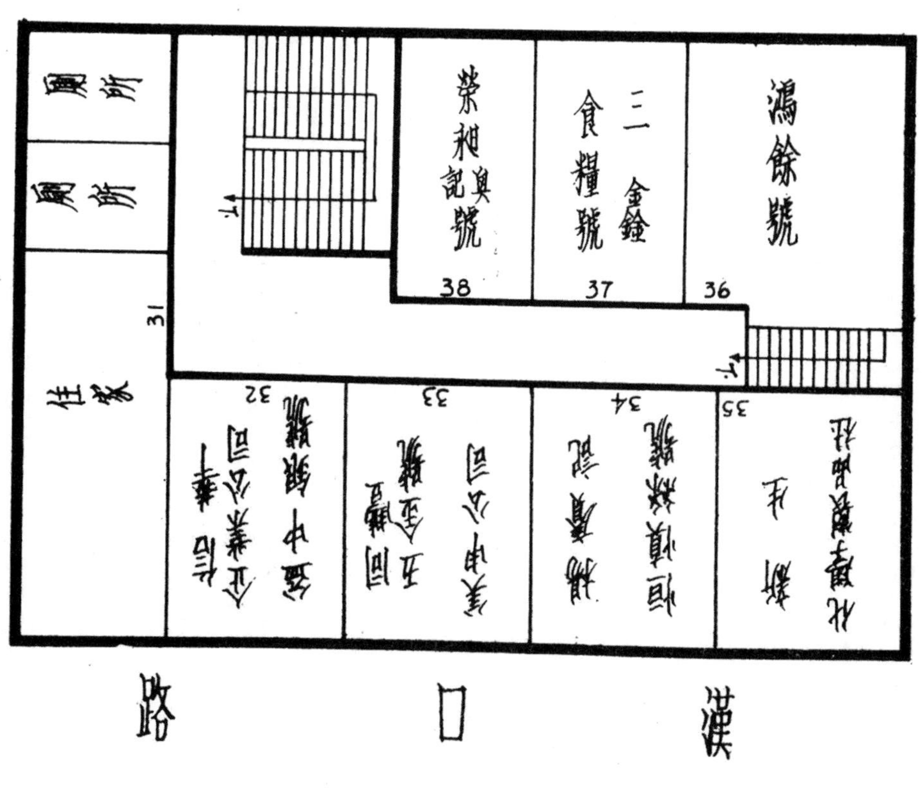

國華大樓二樓平面圖

THE STATE BANK BUILDING

國華銀行辦事處

廁所

200 上海齒科醫院

201 華大銀號

202 元利公司

203 204 凱利貿易公司

上 下

河南路

北京路

北

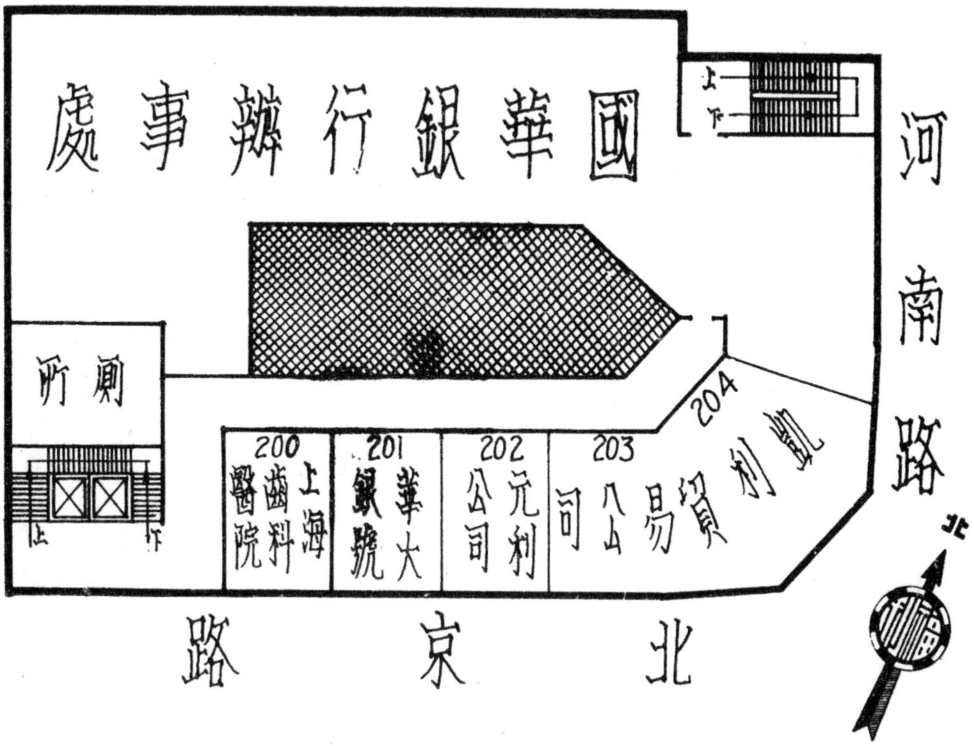

國華大樓三樓平面圖

THE STATE BANK BUILDING

312 313 公勝廠事務所

311 茂利洋行

310 慶豐廠辦事處

309 鼎昌五金號

308 上海醫學器械公司

女廁所

307 新發公司

306 益中企業公司

305 信大錢號

304 國華造紙廠

303 華豐匯兌號

300 301 302 厚生中莊

廁所

上 下

河南路

北京路

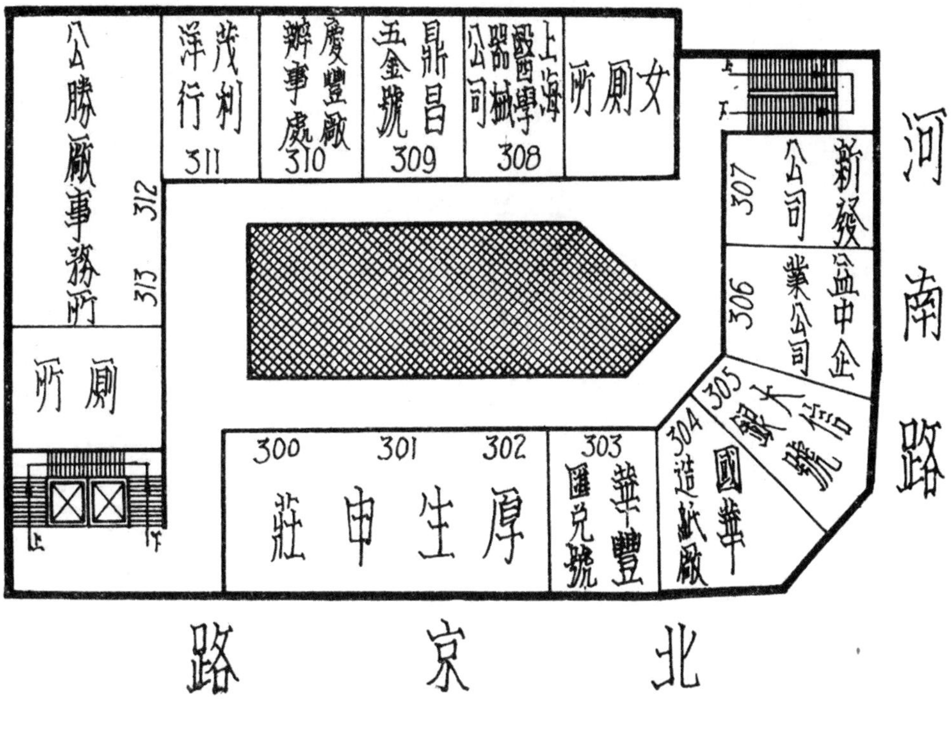

白克路

北

63

白克路

NYBURGH ROAD

祥泰木行

靜安寺

BURKILL ROAD

CHENGTU ROAD

成都路

BUBBLING WELL ROAD

健行大學

上海中學

仙樂舞宮

上海中國蒙養會

花園

車間

生亞公司

球場

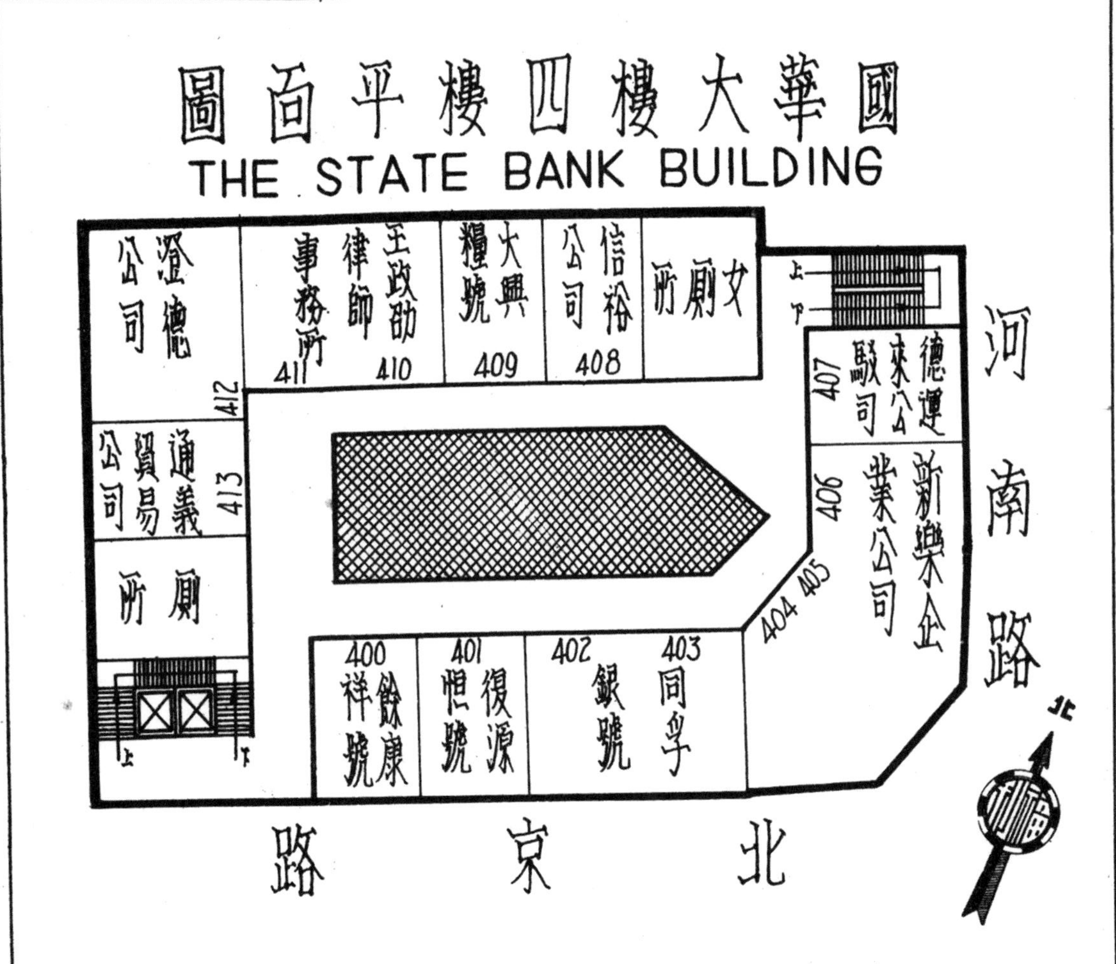
國華大樓四樓平面圖
THE STATE BANK BUILDING
澄德公司
412
王政劭律師事務所
411
410
大興糧號
409
信裕公司
408
女廁所
上
下
407
新樂企業公司
406
404 405
400
餘康祥號
401
復源恒號
402
403
同孚銀號
通義貿易公司
413
廁所
河南路
北京路
北

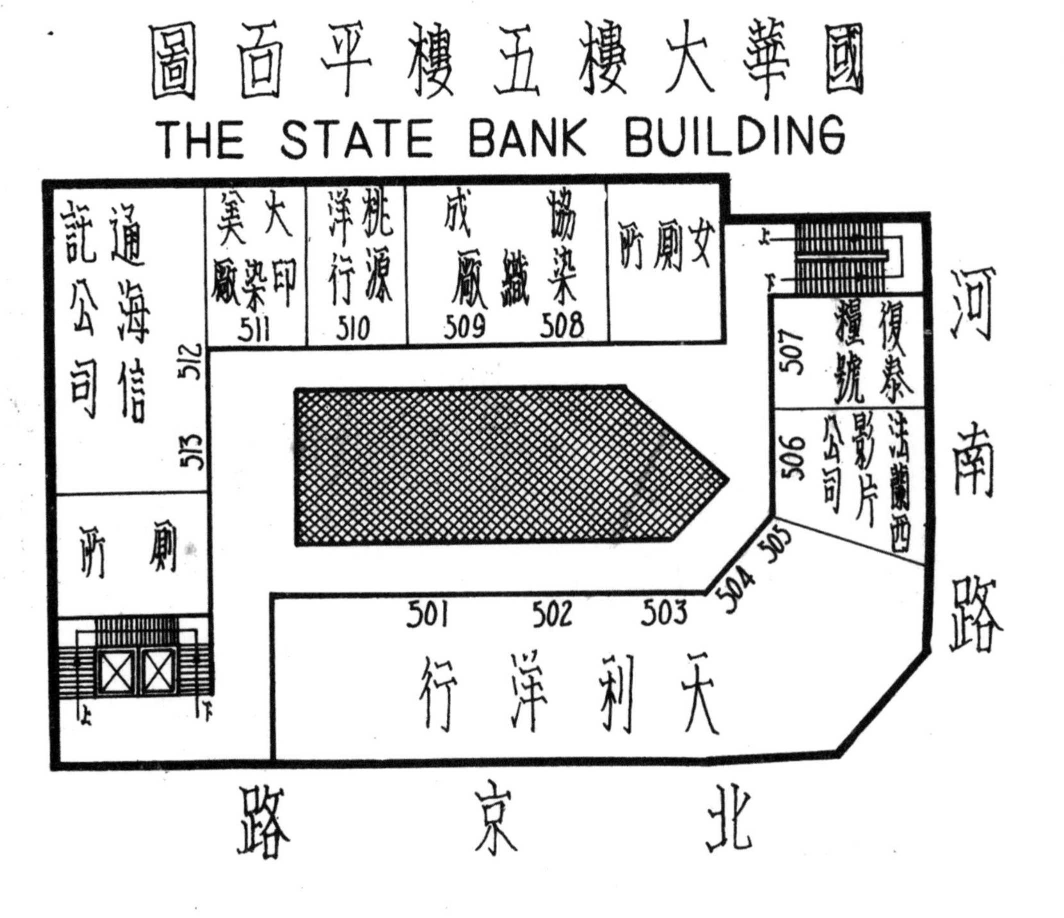
國華大樓五樓平面圖
THE STATE BANK BUILDING
通海信託公司
512
513
511
桃源洋行
510
509
508
女廁所
上
下
復泰糧號
507
法蘭西影片公司
506
504 505
501
502
503
天利洋行
廁所
河南路
北京路

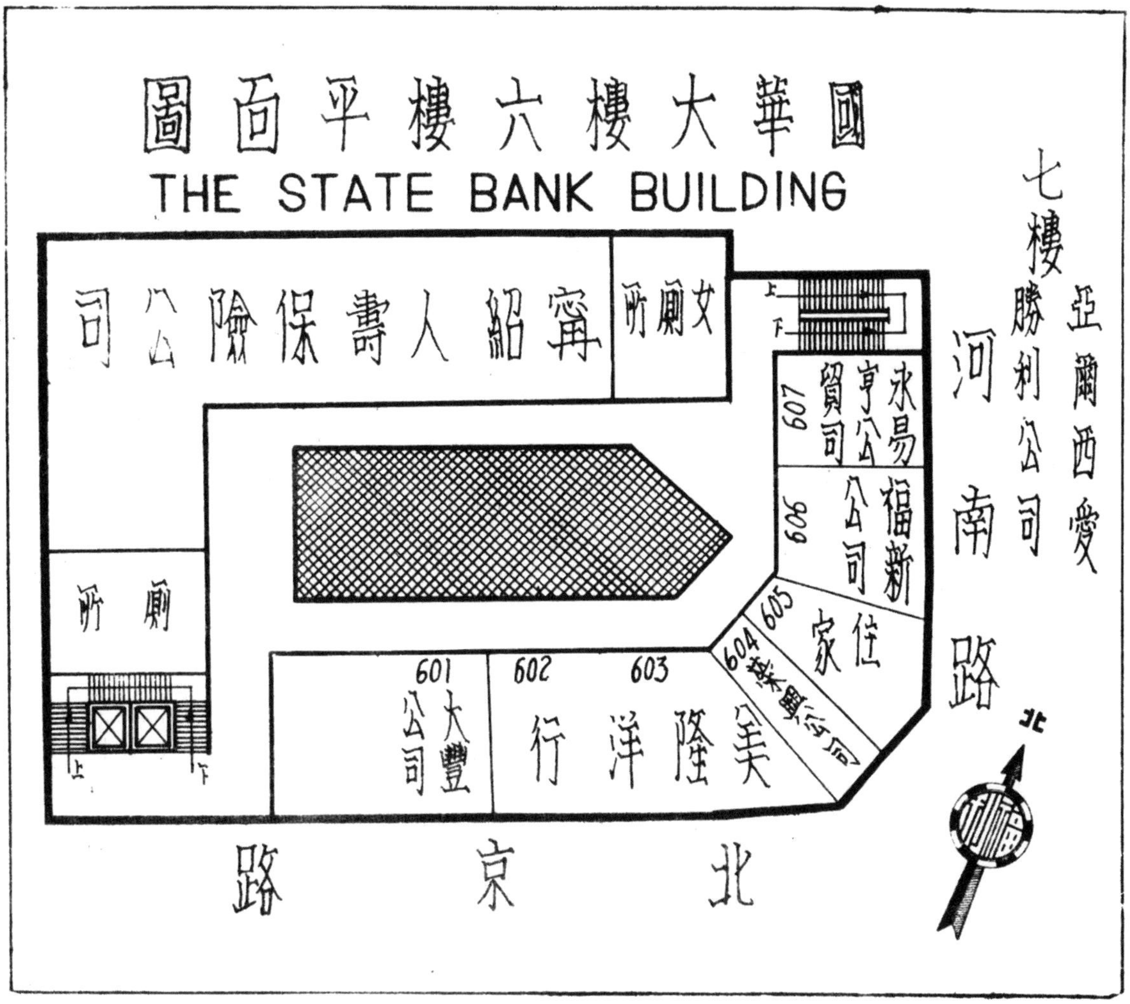

國華大樓六樓平面圖

THE STATE BANK BUILDING

寧紹人壽保險公司

女廁所

七樓勝利公司

愛西爾亞

河南路

607 永亨貿易公司

606 福新公司

605 住家

604

601 大豐公司

602 603 美隆洋行

廁所

上 下

北京路

北

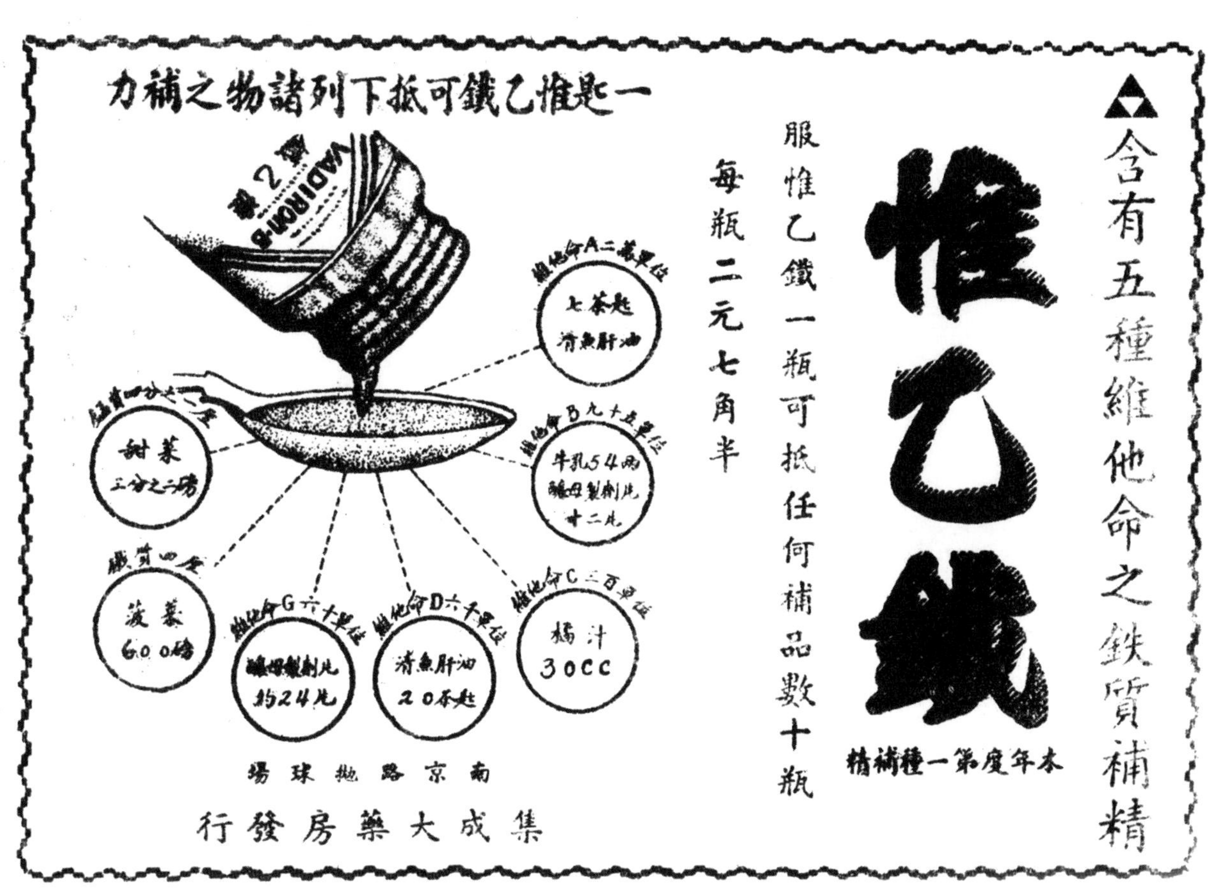

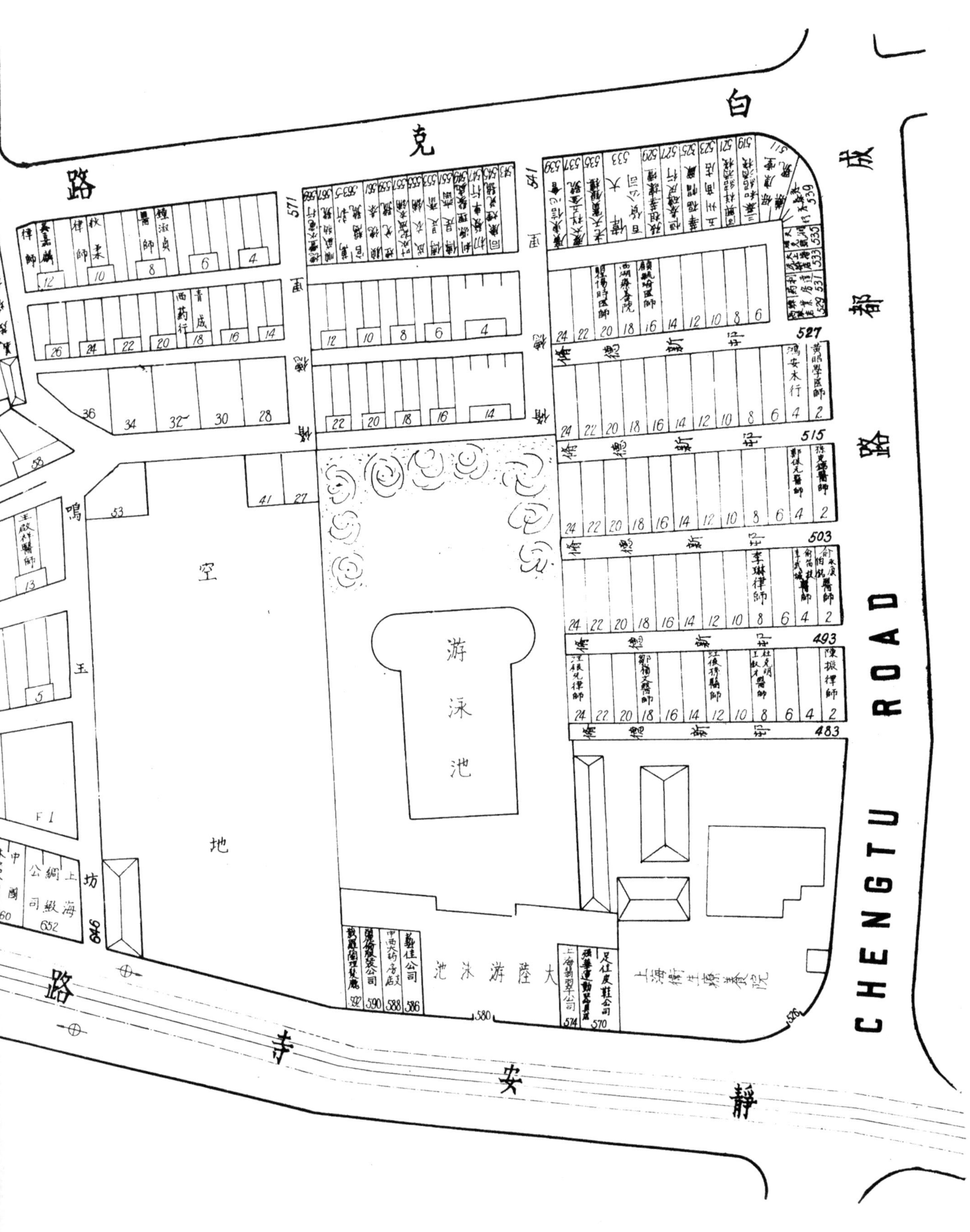
白克路
成都路
CHENGTU ROAD
静安寺路
鸣玉坊
修德新邨
空地
游泳池
大陸游泳池
上海衛生療養院
鴻安木行
黃明學醫師
李琳律師
陳振揮律師
鍾淑貞醫師
青成西藥行
藝佳公司
中西大药房
上海綢緞公司
中國

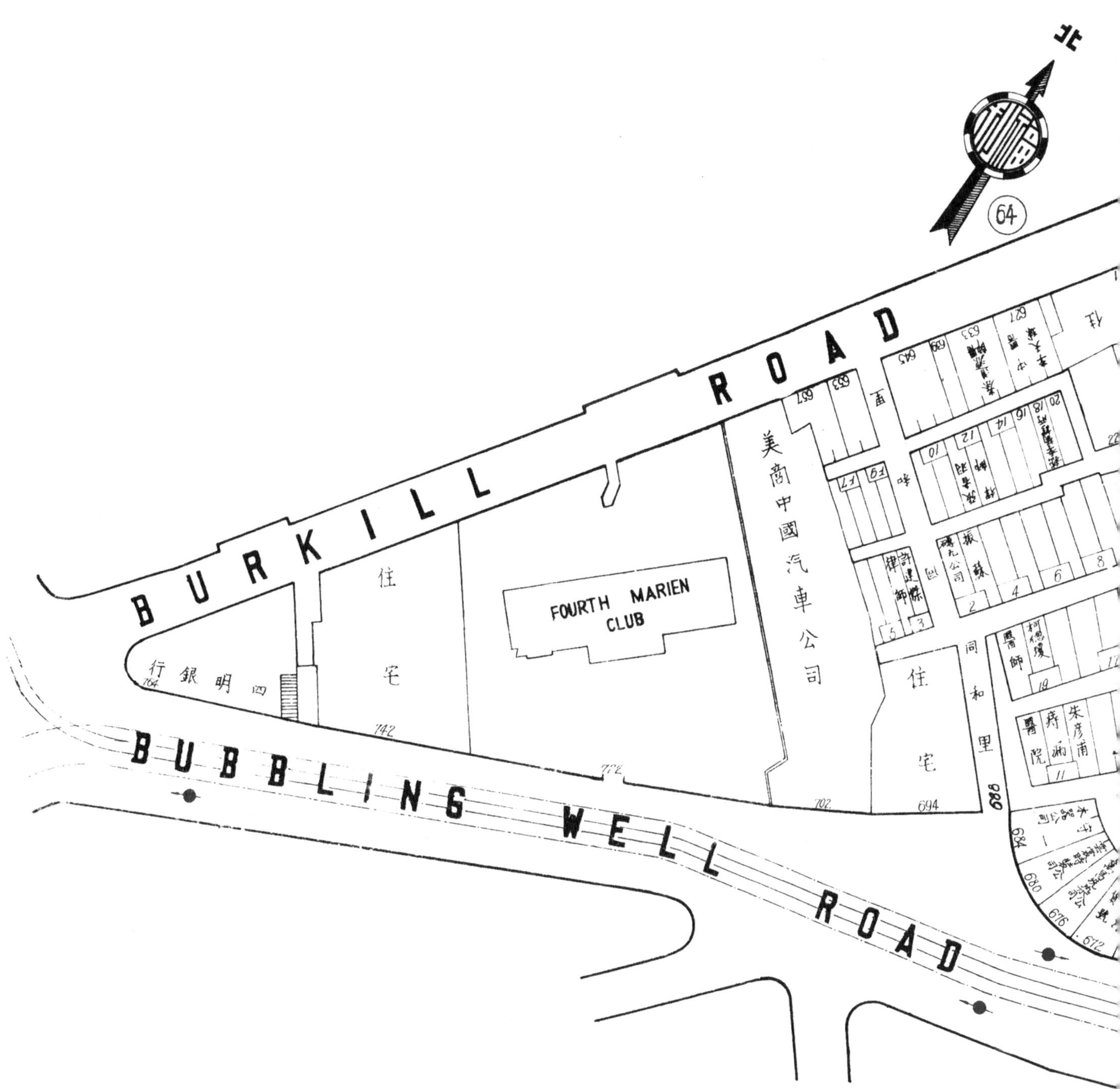
北
64
BURKILL ROAD
BUBBLING WELL ROAD
FOURTH MARIEN CLUB
四明銀行
764
住宅
742
772
美商中國汽車公司
702
住宅
694
同和里
688
許建標律師
回
振蘇
2
4
6
8
朱彦甫痔漏醫院
11
19
684
680
676
672

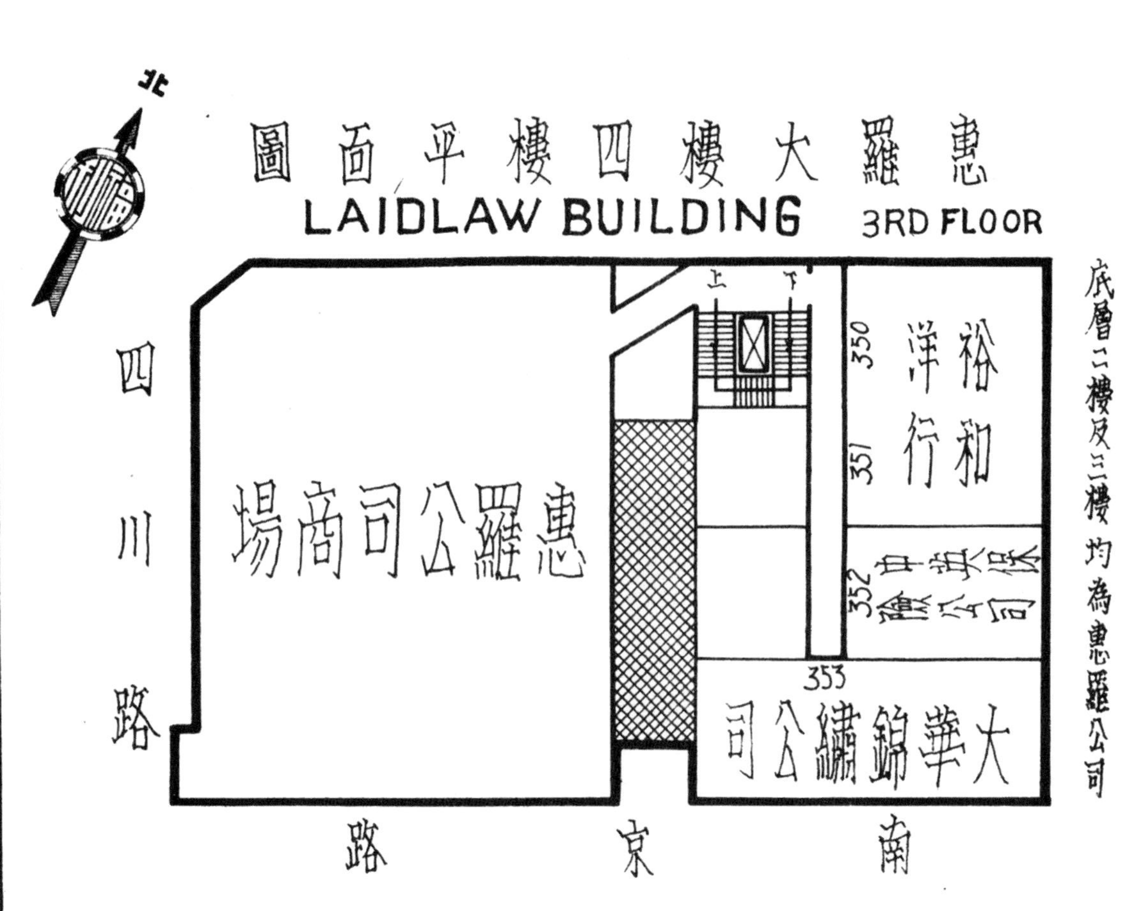
北
惠羅大樓四樓平面圖
LAIDLAW BUILDING 3RD FLOOR
上
下
350
351
裕和洋行
352
353
大華錦繡公司
惠羅公司商場
四川路
南京路
底層二樓及三樓均為惠羅公司

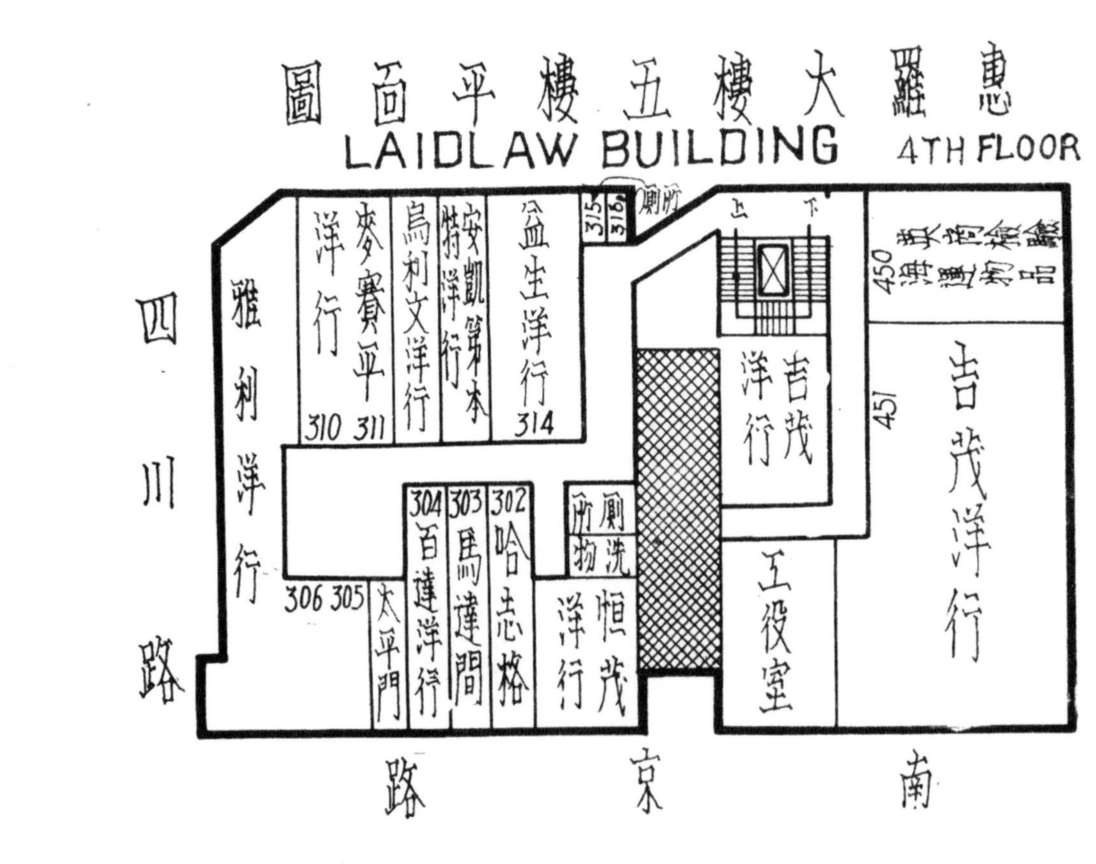
惠羅大樓五樓平面圖
LAIDLAW BUILDING 4TH FLOOR
上
下
雅利洋行
麥賽平洋行
310 311
烏利文洋行
安凱第本特洋行
益生洋行
314
315 316 廁所
450
吉茂洋行
451
吉茂洋行
304 百達洋行
303 馬達間
302 哈志格
廁所
洗物
恒茂洋行
工役室
306 305
太平門
四川路
南京路

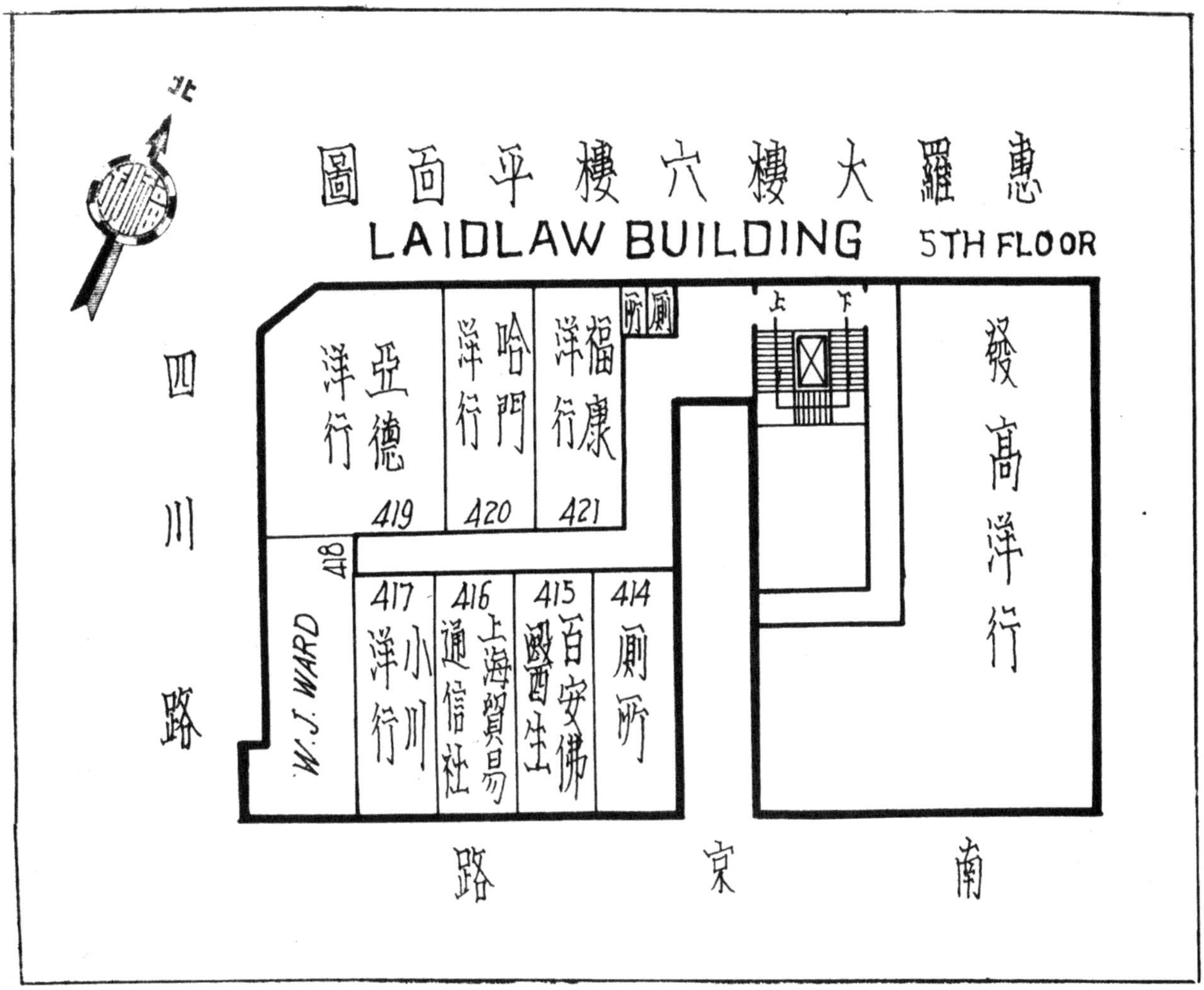
惠羅大樓六樓平面圖
LAIDLAW BUILDING 5TH FLOOR
北
四川路
南京路
亞德洋行 419
哈門洋行 420
福康洋行 421
廁所
上
下
發高洋行
418
W.J. WARD
417 小川洋行
416 上海貿易通信社
415 百安佛醫生
414 廁所

久大精鹽公司
名貴副產 各處均售
精鹽牙粉
精鹽牙膏
衛生漱口水
海王牙膏
注意
上列各品選擇原料之慎重製造包裝之精密迥非普通品所能同日語即婦孺用之以刷牙永無出血之弊常用之可使牙齒潔白口氣芬芳牙根堅固身體健康
刷齒漱口 久保康寧
鹹味護齒 最合衛生
刷牙漱口 永絕喉患
精料質佳 保護齒牙

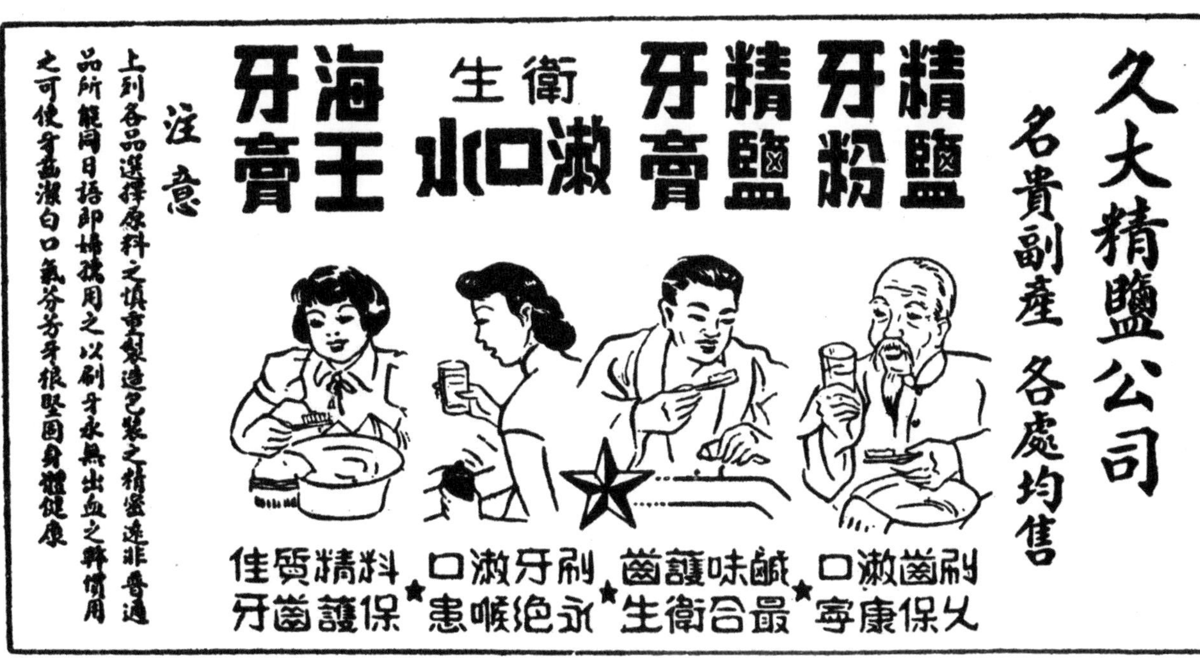

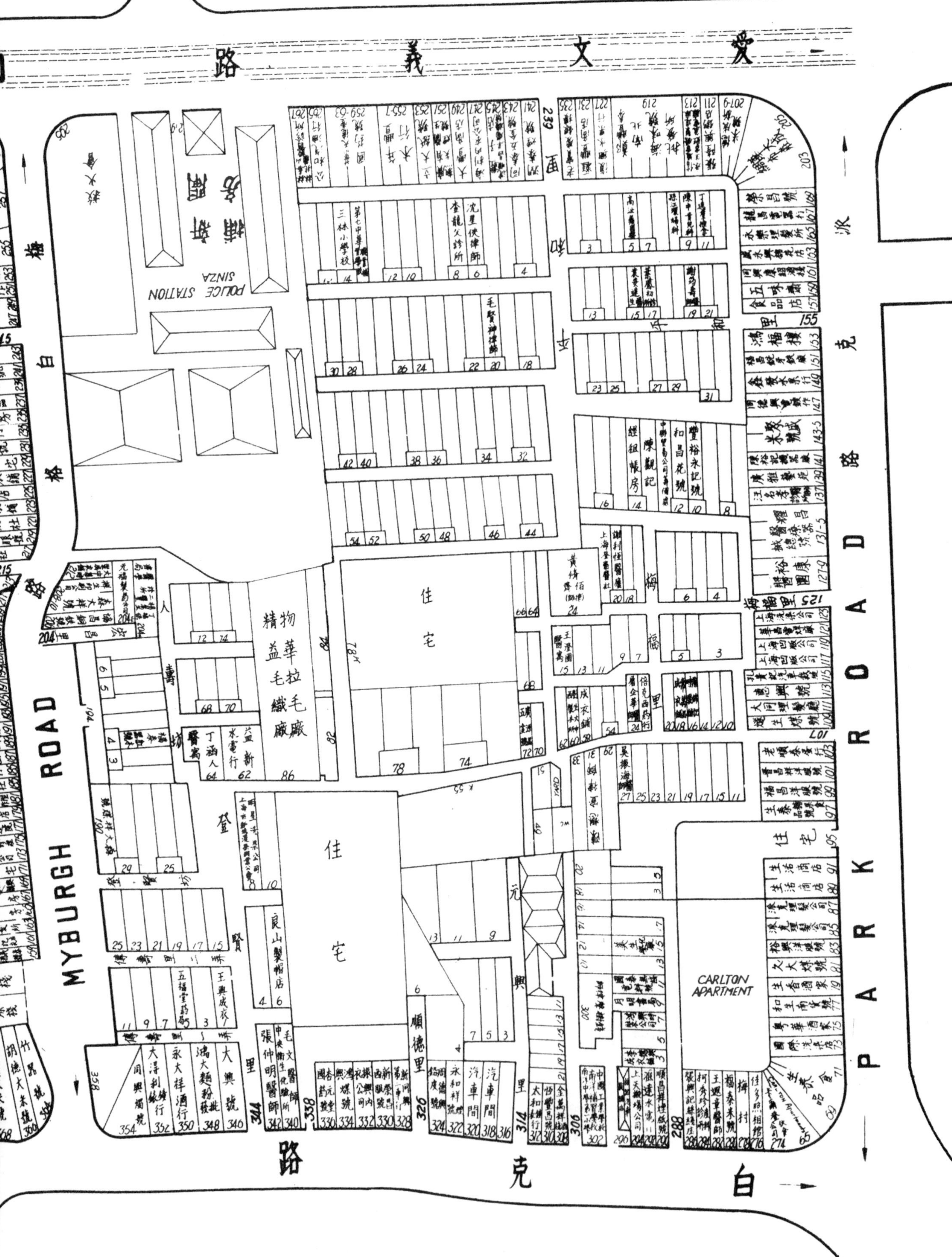

愛文義路
MYBURGH ROAD
梅白格路
PARK ROAD
派克路
白克路
POLICE STATION SINZA
CARLTON APARTMENT
住宅
住宅
住宅
物華拉毛廠
精益毛織廠
順德里
良山製帽店
張仲明醫師
大興號
永大祥酒行
汽車間
汽車間

AVENUE RO
北
65
成都路
ROAD
CHENGTU
YARD
廣仁堂
瑞康大當
青華學校
BURKILL
ROA

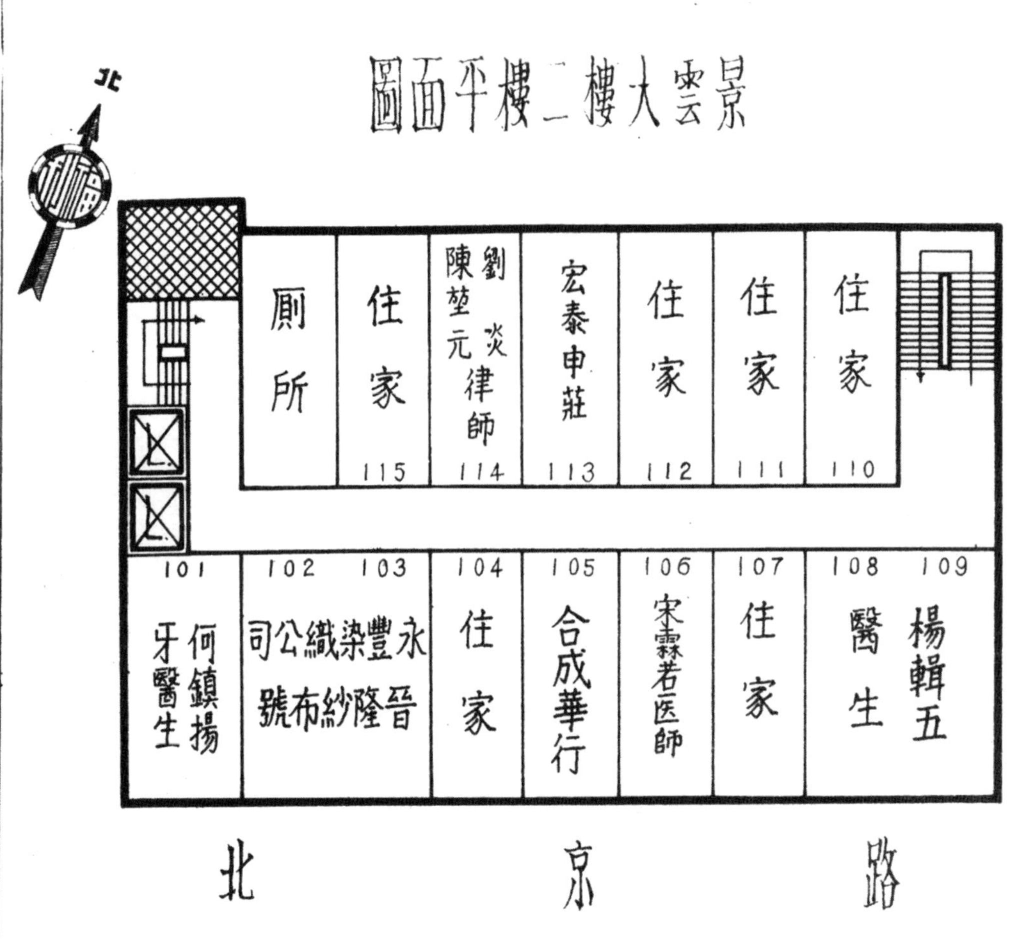
景雲大樓二樓平面圖
北
廁所
住家 115
劉炎 陳堃元 律師 114
宏泰申莊 113
住家 112
住家 111
住家 110
101 何鎮揚 牙醫生
102 103 永豐染織公司 晉隆紗布號
104 住家
105 合成華行
106 宋霖若医師
107 住家
108 109 楊輯五 醫生
北京路

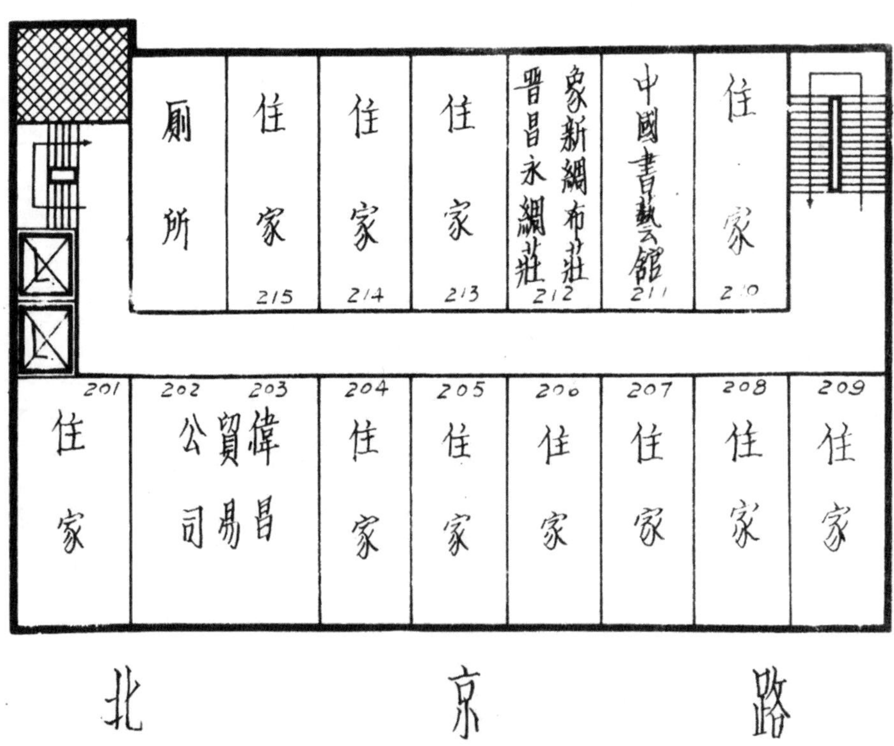
景雲大樓三樓平面圖
廁所
住家 215
住家 214
住家 213
象新綢布莊 晉昌永綢莊 212
中國書藝館 211
住家 210
201 住家
202 203 偉昌貿易公司
204 住家
205 住家
206 住家
207 住家
208 住家
209 住家
北京路

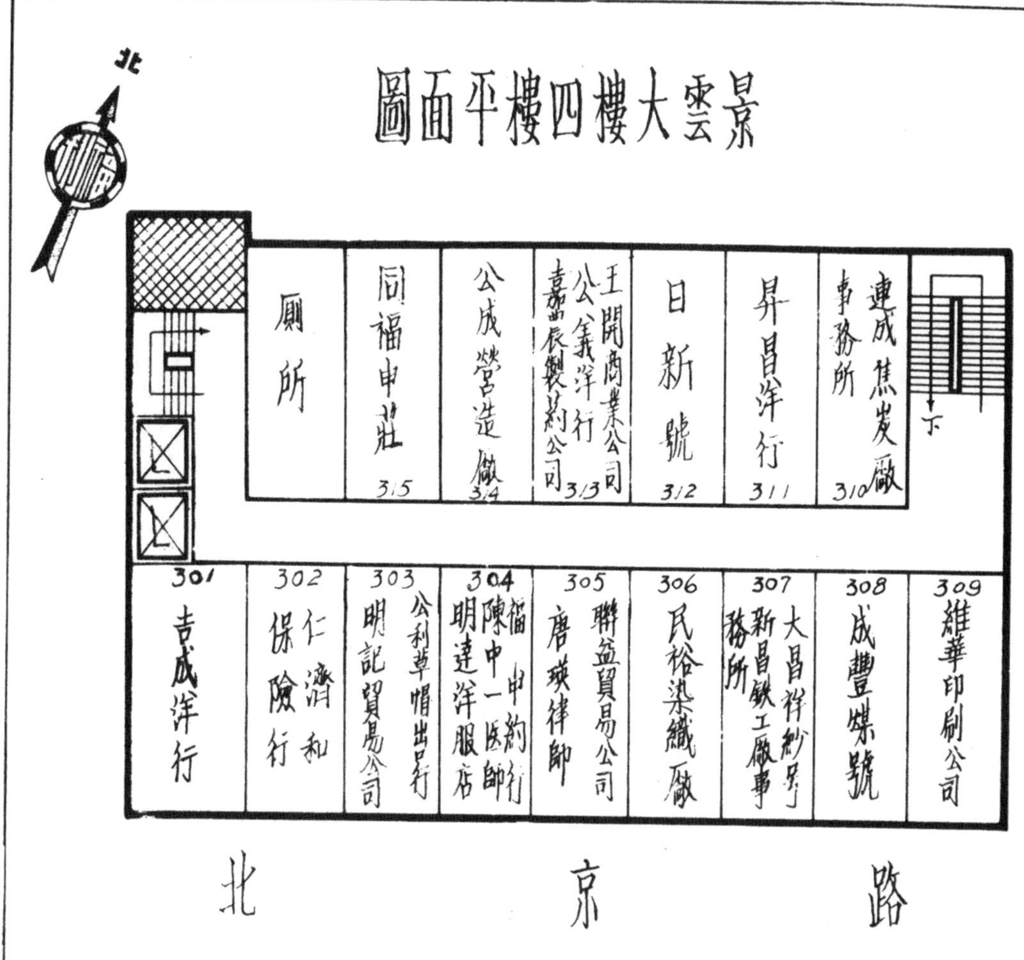

景雲大樓四樓平面圖
北
廁所
同福申莊 315
公成營造廠 314
王開商業公司 公義洋行 嘉宸製葯公司 313
日新號 312
昇昌洋行 311
連成焦炭廠 事務所 310
下
301 吉成洋行
302 仁濟和 保險行
303 公利草帽出品行 明記貿易公司
304 福申約行 陳中一醫師 明達洋服店
305 聯益貿易公司 唐瑛律師
306 民裕染織廠
307 大昌祥紗号 新昌鉄工廠事務所
308 成豐煤號
309 維華印刷公司
北京路

自由農場
A字消毒牛奶
上海延平路二六〇號 電話 三〇四三〇 五〇七二八

雞牌商標
註冊 商標
袁製骨痛精
主治
瘋濕骨痛 骨節痠楚 手足拘攣
筋絡牽痛 寒濕凝筋 偏正頭瘋
腦骨刺痛 邪瘋感冒 酒瘋脚痛
肩背腰痛 鶴膝瘋痛 半身不遂
每瓶大洋壹元

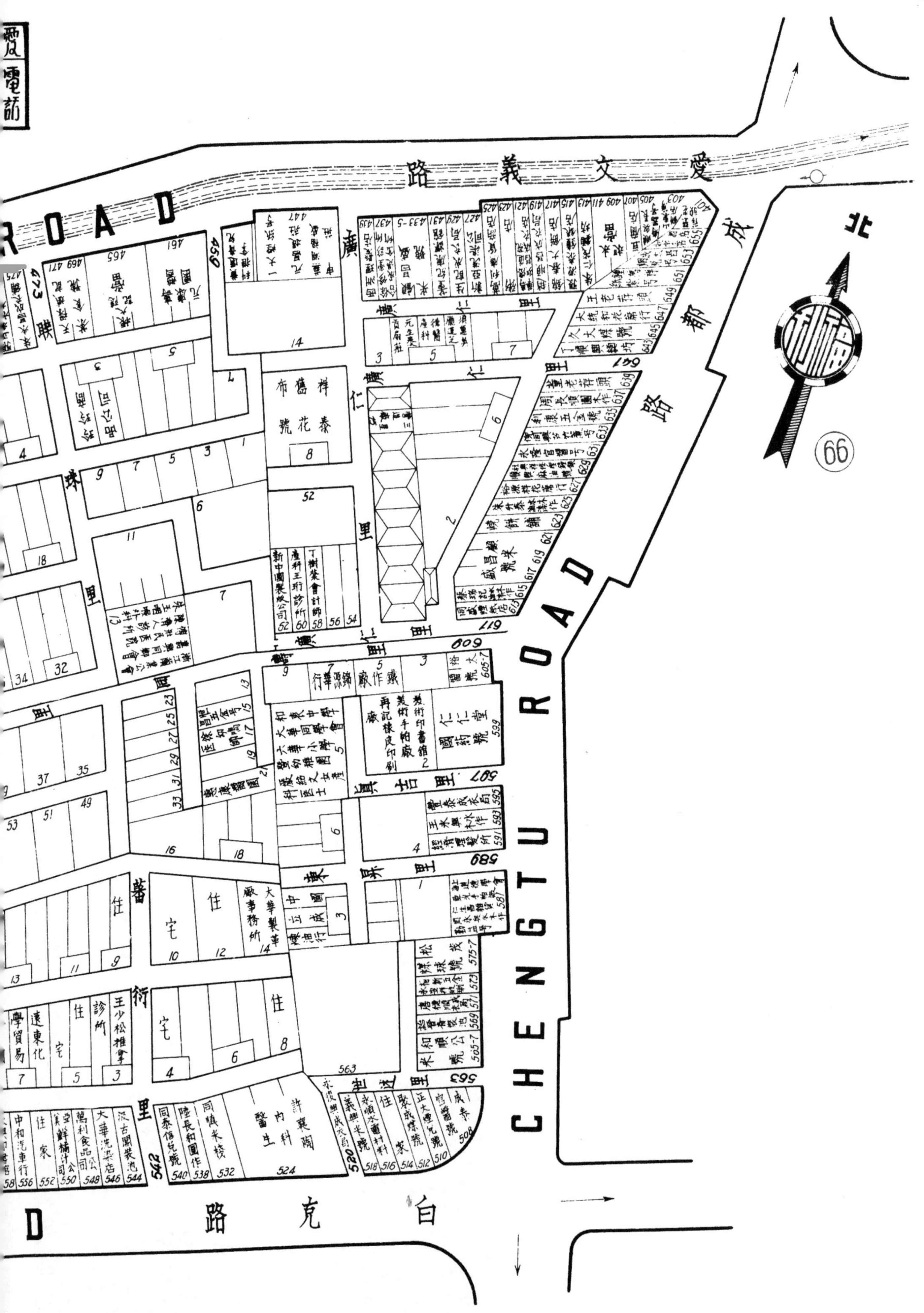

ROAD
愛文義路
北
66
成都路
CHENGTU ROAD
白克路
D
祥泰花號
舊布號
鐵作廠
仁仁堂國藥號
住宅
大華建築事務所
王少松推拿診所
遠東化學貿易
中和汽車行
萬利食品公司
大華洗染店
同泰信兌號
陸長和圓作
同積米棧
許襄陶內科醫生

艾羅補腦汁
DR. T.C. YALE'S
STIMULANT REMEDY
上海中法大藥房總發行

承印各種五彩印刷
價格特別克己
交貨迅速
永祥印書館
AVENUE
TATUNG ROAD
大通路
同壽里
定興路
大通里
BURKILL R

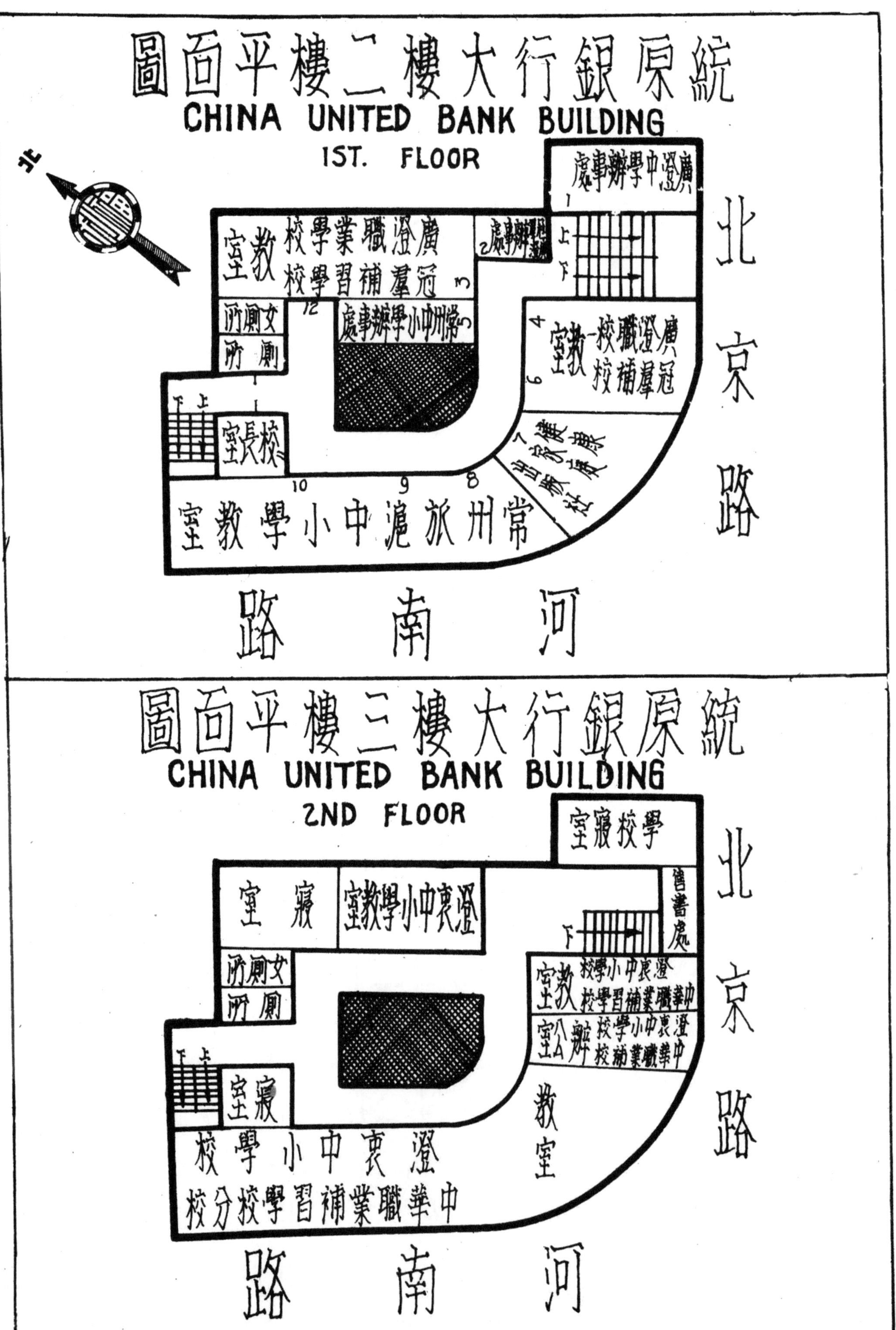
統原銀行大樓二樓平面圖
CHINA UNITED BANK BUILDING
1ST. FLOOR
北
廣澄中學辦事處
1
廣澄職業學校
冠羣補習學校
教室
2
3
上
下
女廁所
廁所
12
常州中小學辦事處
5
4
廣澄職業學校一
冠羣補習學校
教室
6
下
上
校長室
7
康健家庭出版社
10
9
8
常州旅滬中小學教室
北京路
河南路
統原銀行大樓三樓平面圖
CHINA UNITED BANK BUILDING
2ND FLOOR
學校寢室
寢室
澄衷中小學教室
售書處
下
女廁所
廁所
澄衷中小學校
中華職業補習學校
教室
澄衷中小學校
中華職業補習學校
辦公室
下
上
寢室
教室
澄衷中小學校
中華職業補習學校分校
北京路
河南路

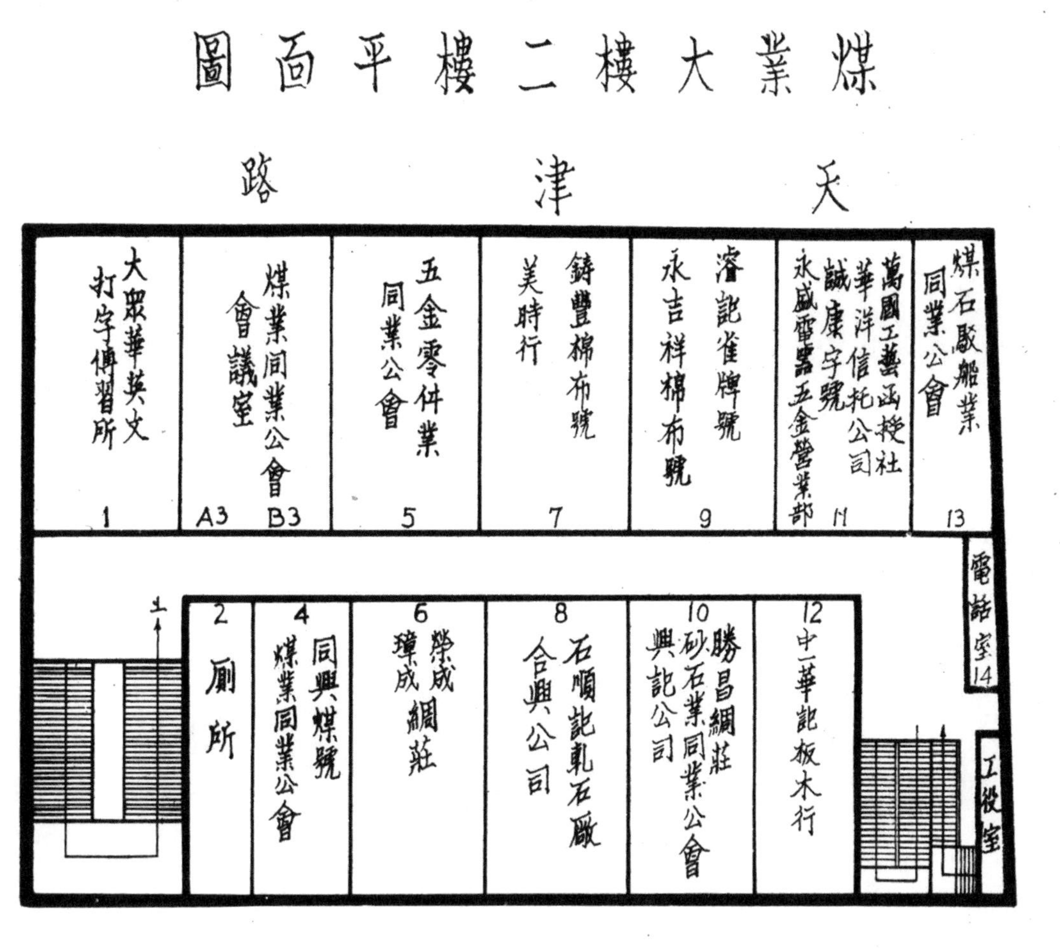
煤業大樓二樓平面圖
天津路
大衆華英文打字傳習所 1
煤業同業公會會議室 A3 B3
五金零件業同業公會 5
鑄豐棉布號 美時行 7
濬記雀牌號 永吉祥棉布號 9
萬國工藝函授社 華洋信托公司 誠康字號 永盛電器五金營業部 11
煤石駁船業同業公會 13
電話室 14
2 廁所
4 同興煤號 煤業同業公會
6 榮成 璋成 綢莊
8 石順記軋石廠 合興公司
10 勝昌綢莊 砂石業同業公會 興記公司
12 中華記板木行
工役室

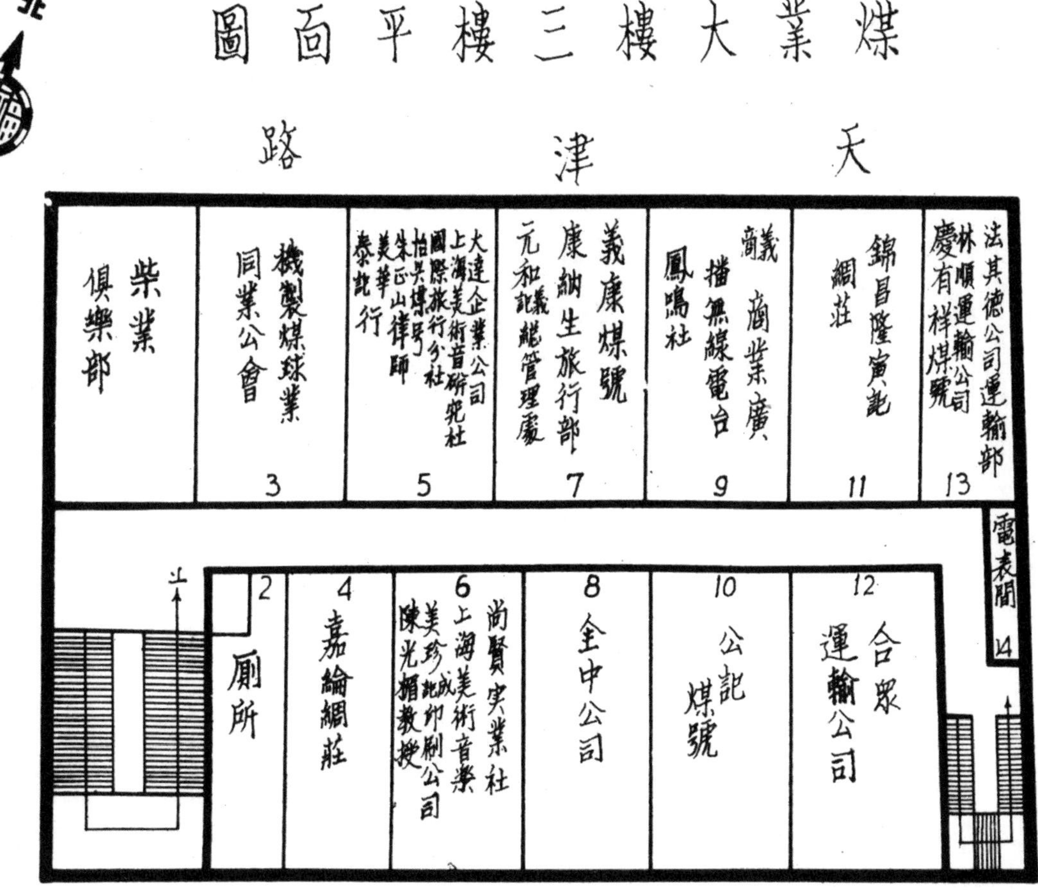
煤業大樓三樓平面圖
北
天津路
柴業俱樂部
機製煤球業同業公會 3
大達企業公司 上海美術音硏究社 國際旅行分社 怡昇煤號 朱正山律師 美華 泰記行 5
義康煤號 康納生旅行部 元和記 義總管理處 7
義商 商業廣播無線電台 鳳鳴社 9
錦昌隆寅記綢莊 11
法其德公司運輸部 林順運輸公司 慶有祥煤號 13
電表間 14
2 廁所
4 嘉綸綢莊
6 尚賢實業社 上海美術音樂 美珍成記印刷公司 陳光楣教授
8 全中公司
10 公記煤號
12 合衆運輸公司

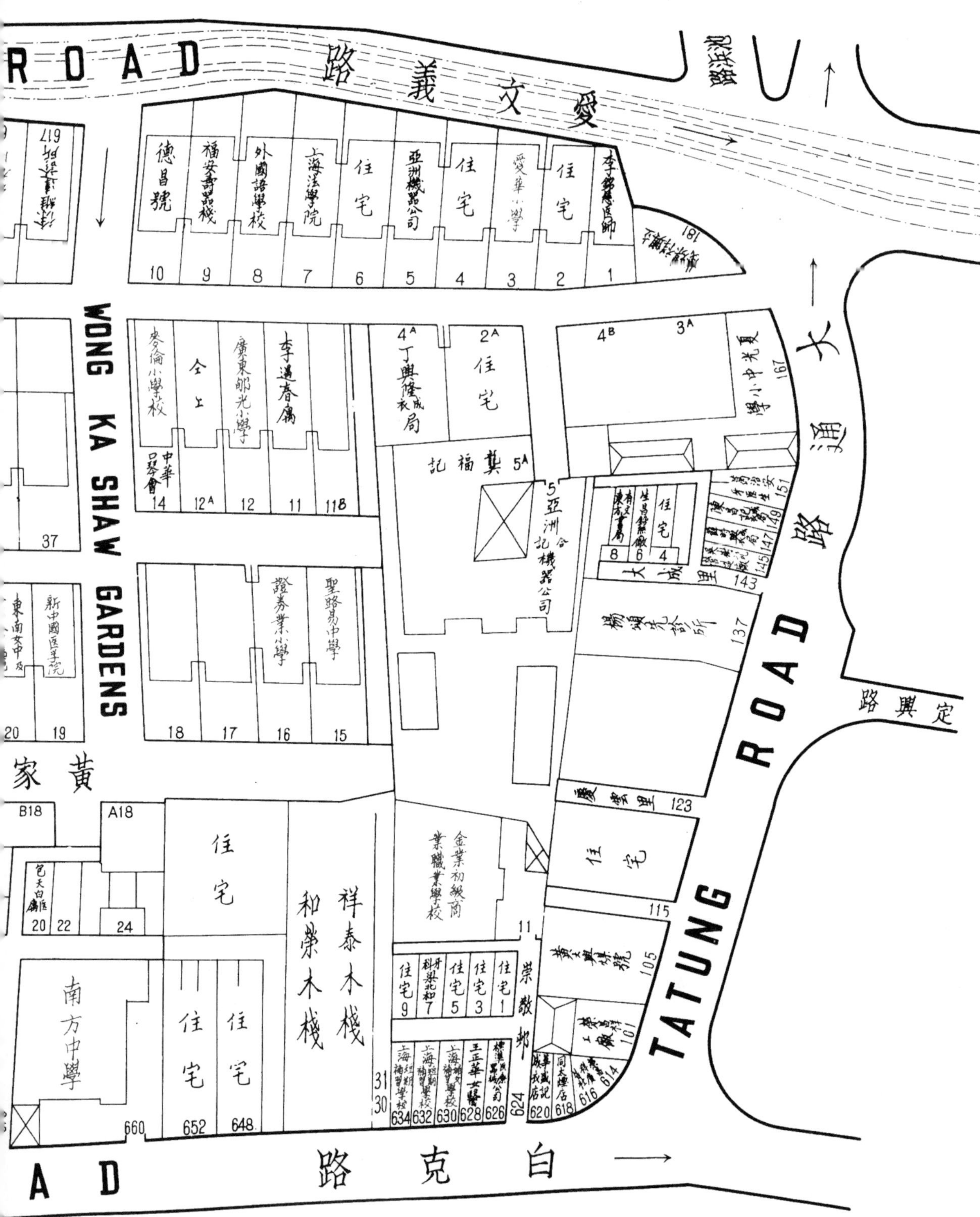

ROAD 路 義 文 愛
WONG KA SHAW GARDENS
黃 家
TATUNG ROAD 大 通 路
路 克 白
A D
路興定
德昌號
亞洲機器公司
愛華小學
外國語學校
上海法學院
住宅
南方中學
祥泰木棧
和榮木棧
聖路易中學

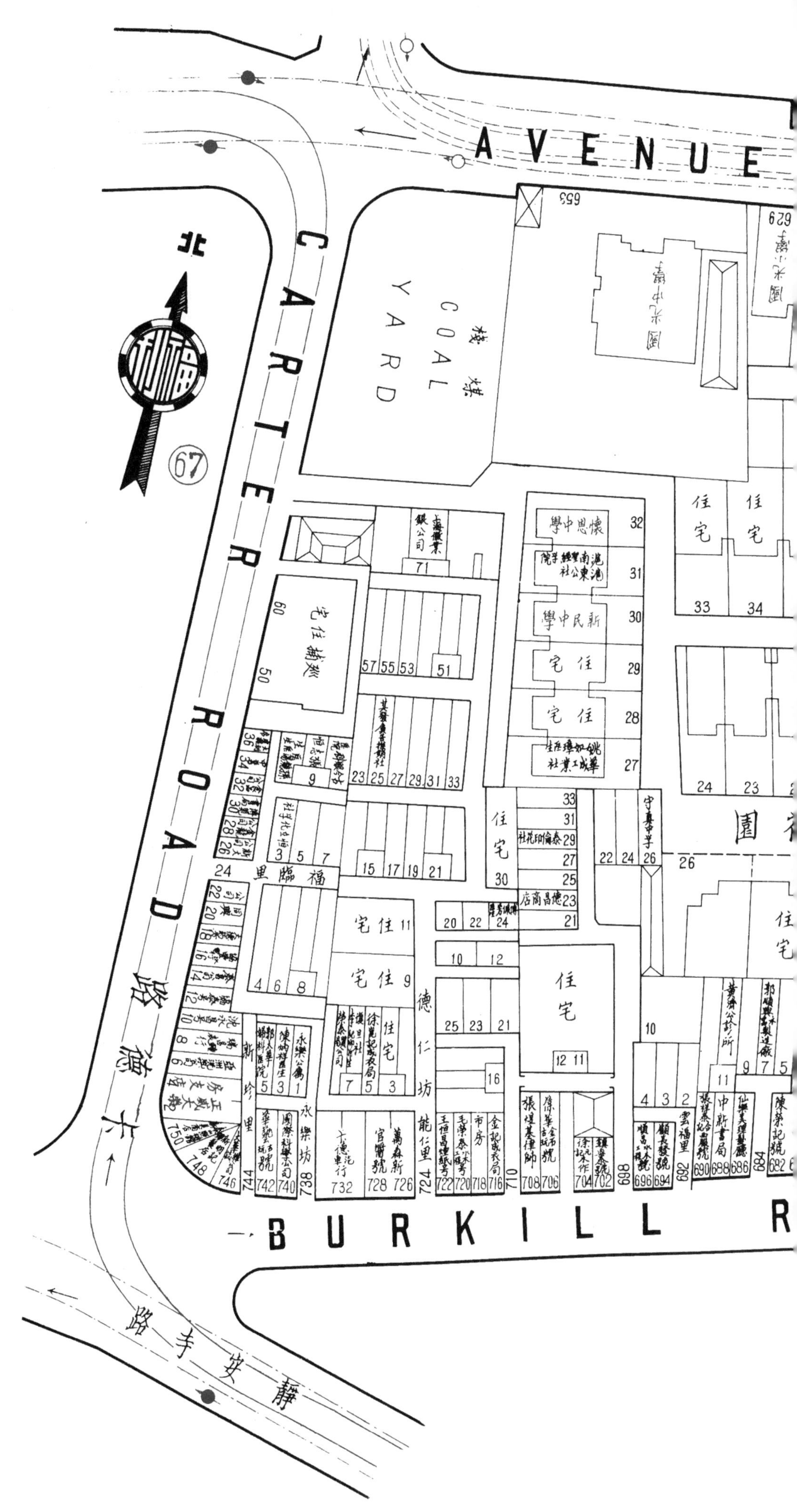

AVENUE
CARTER ROAD
卡德路
北
67
COAL YARD
煤棧
懷恩中學
新民中學
住宅
福臨里
德仁坊
能仁里
永樂坊
雲福里
中新書局
BURKILL R
靜安寺路

北

新康大樓二樓平面圖

THE EDWARD EZRA BUILDING 1 ST FLOOR

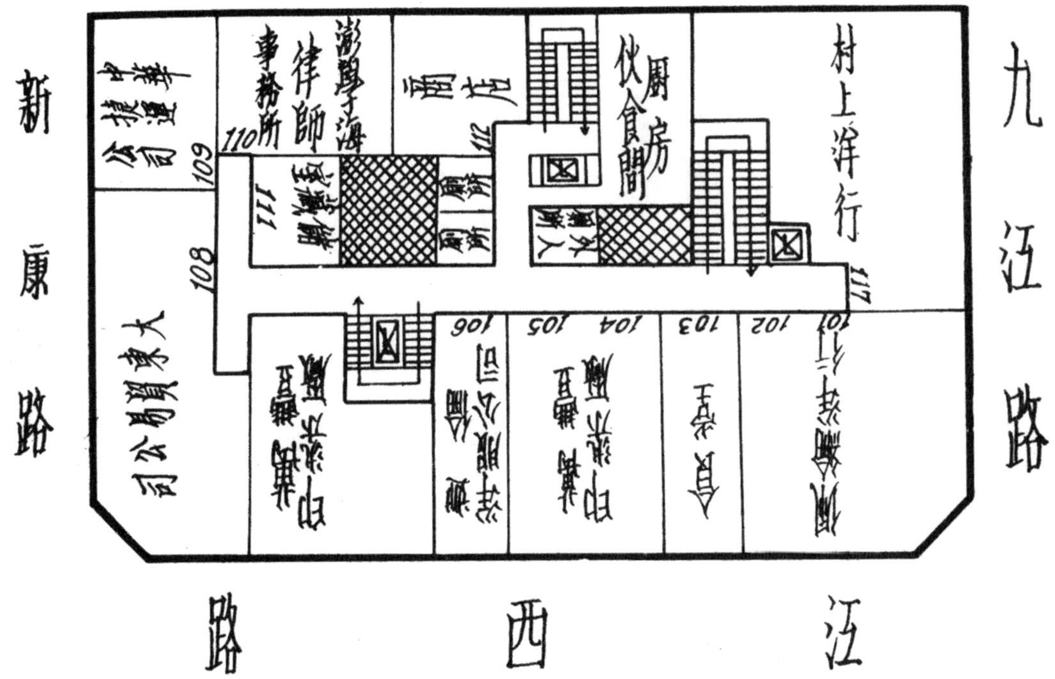

新康路

九江路

江西路

中華捷運公司 109

彭學海律師事務所 110

112

廚房伙食間

村上洋行

111

108

117

大東明公司

106 105 104 103 102 101

新康大樓三樓平面圖

THE EDWARD EZRA BUILDING 2ND FLOOR

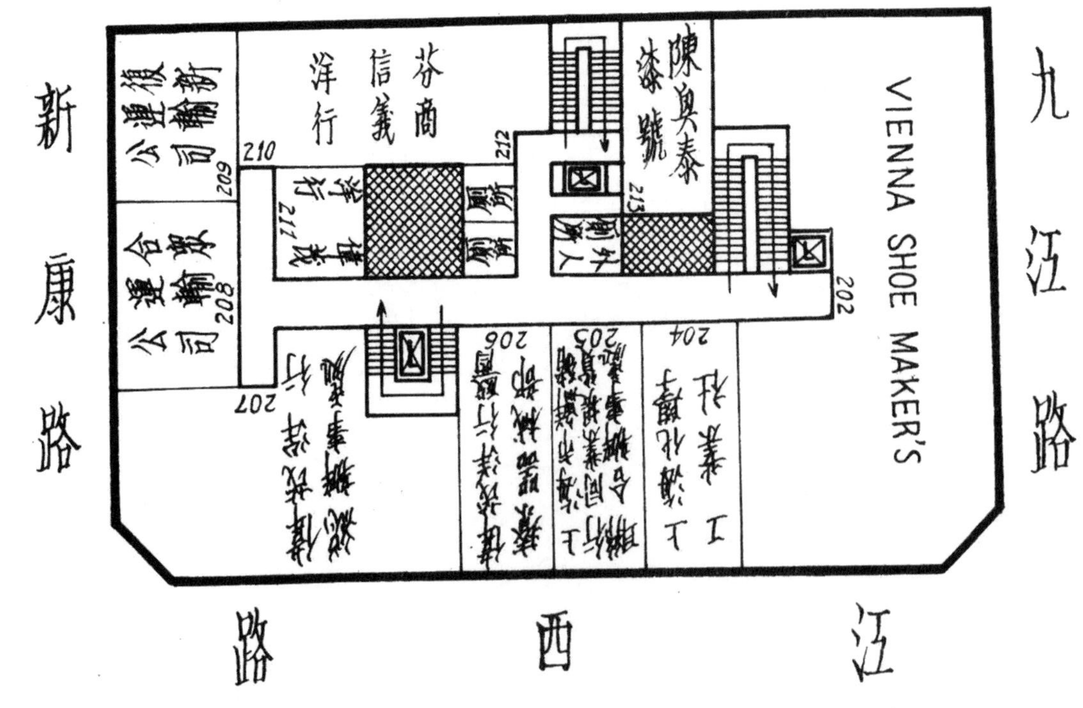

新康大樓四樓平面圖

THE EDWARD EZRA BUILDING 3RD FLOOR

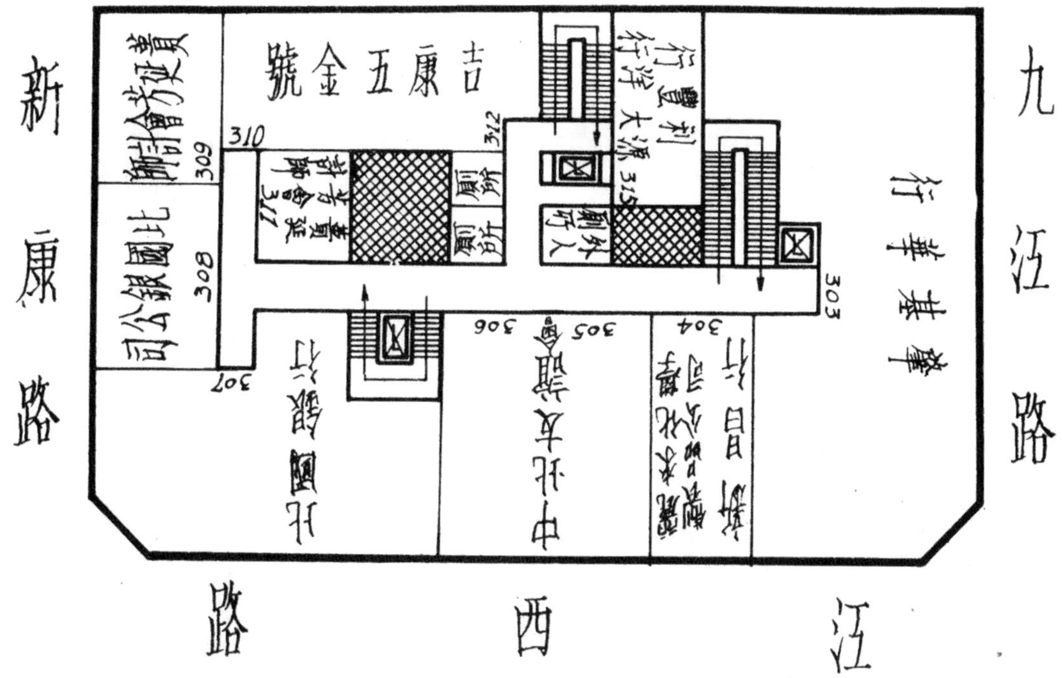

北

新康路

九江路

江西路

吉康五金號

豐利行

大源洋行

303

304

305

306

307

308

309

310

312

315

新康大樓五樓平面圖

THE EDWARD EZRA BUILDING 4TH FLOOR

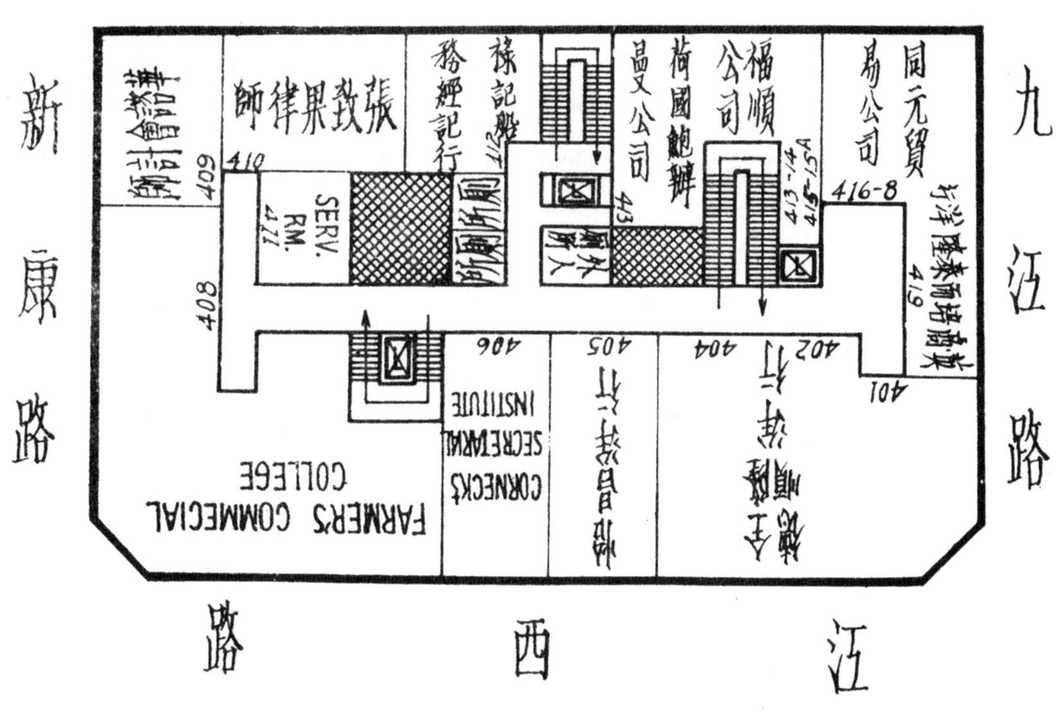

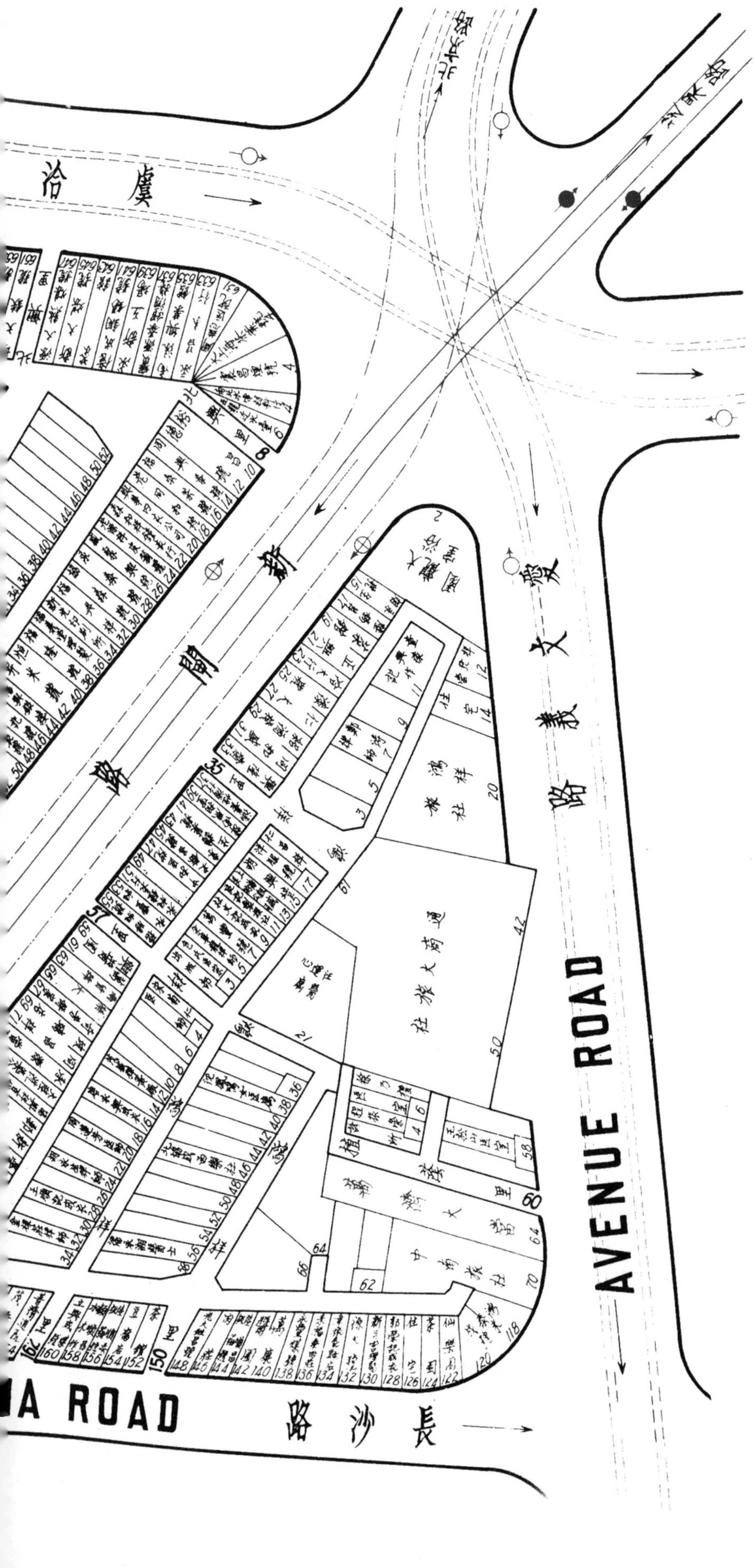

虞洽卿

靜安寺路

愛文義路

AVENUE ROAD

A ROAD

長沙路

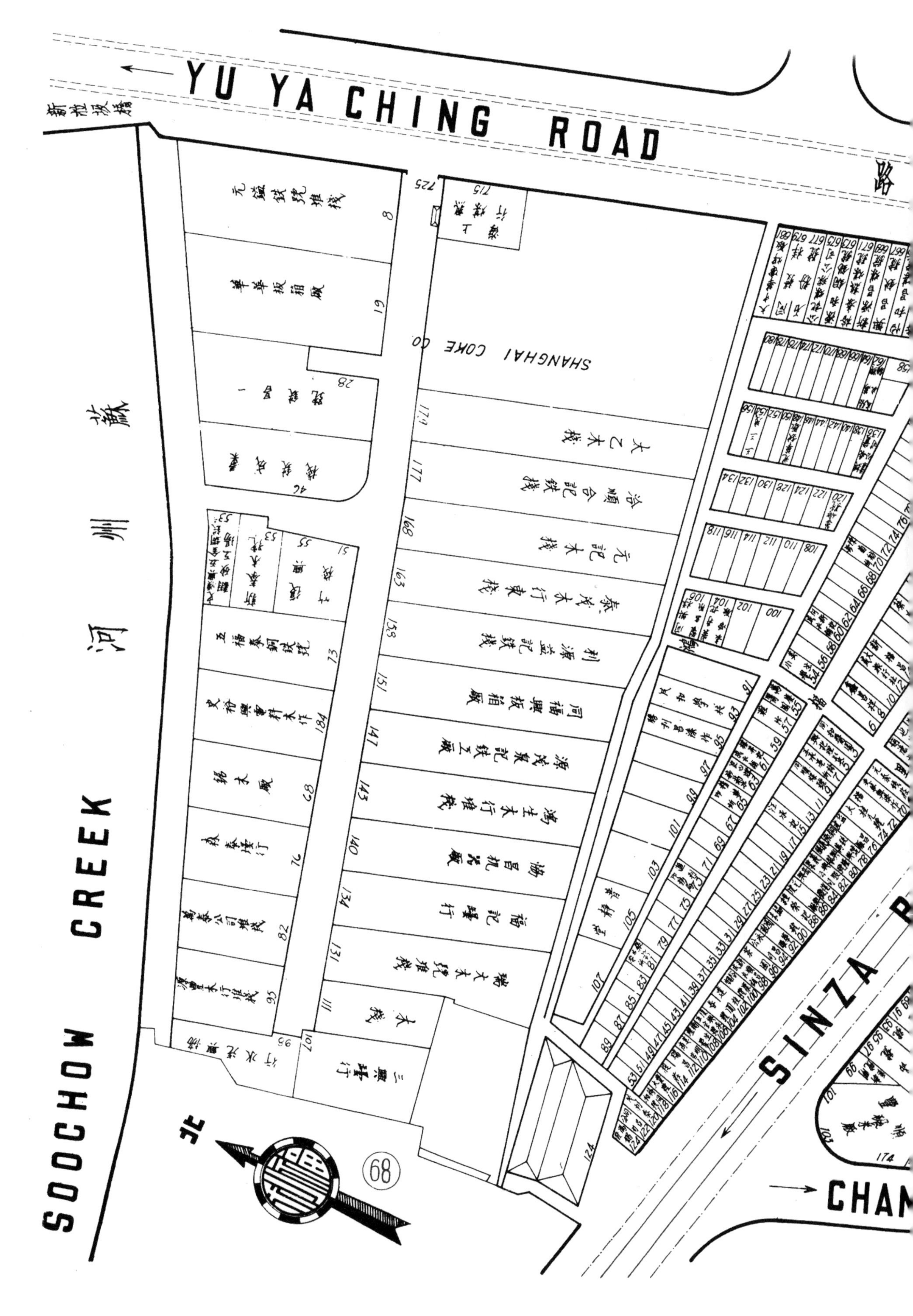

YU YA CHING ROAD
SOOCHOW CREEK
蘇州河
SHANGHAI COKE CO
SINZA R
CHAN
北
68

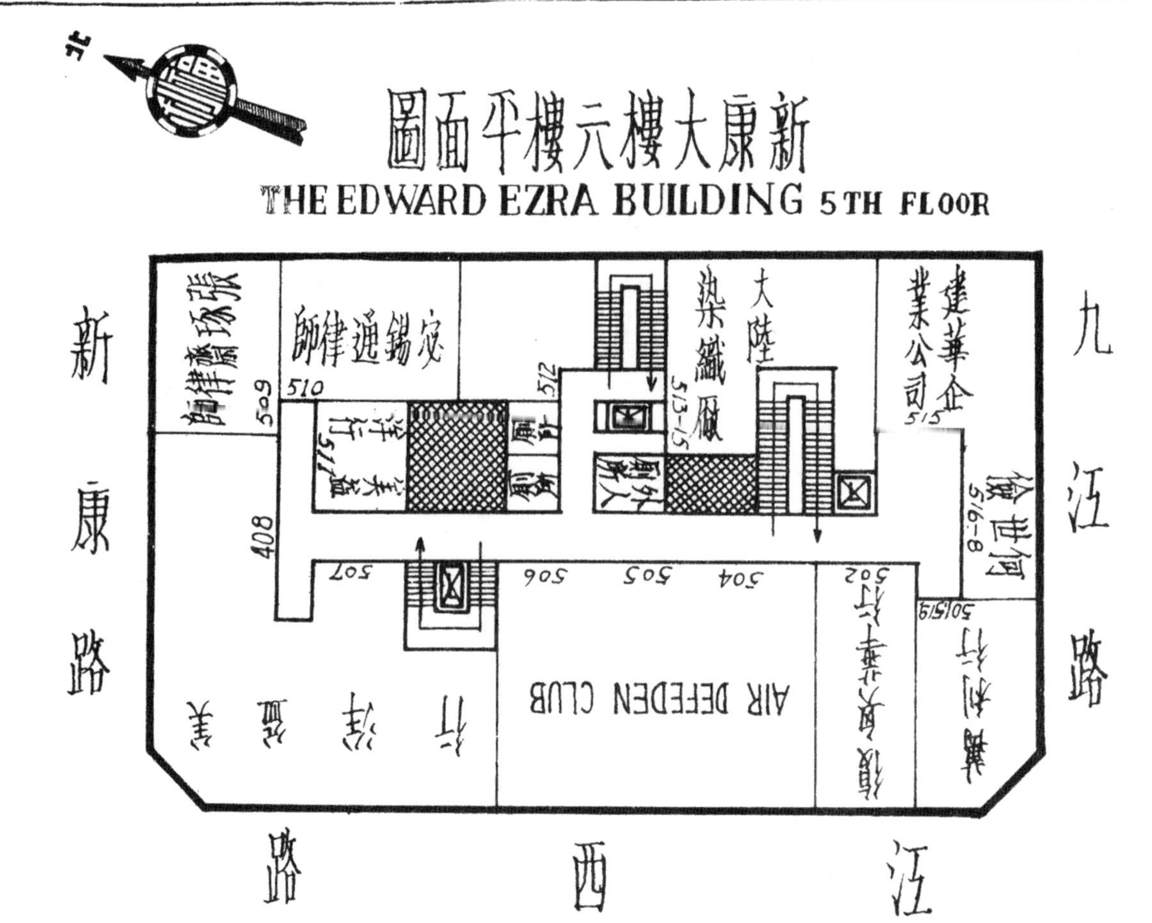

北
新康大樓六樓平面圖
THE EDWARD EZRA BUILDING 5TH FLOOR
新康路
九江路
江西路
張孫濬律師
安錫通律師
大陸染織廠
建華企業公司
何世倫
AIR DEFEDEN CLUB
509
510
511
512
513-15
515
516-8
501519
502
504
505
506
507
408

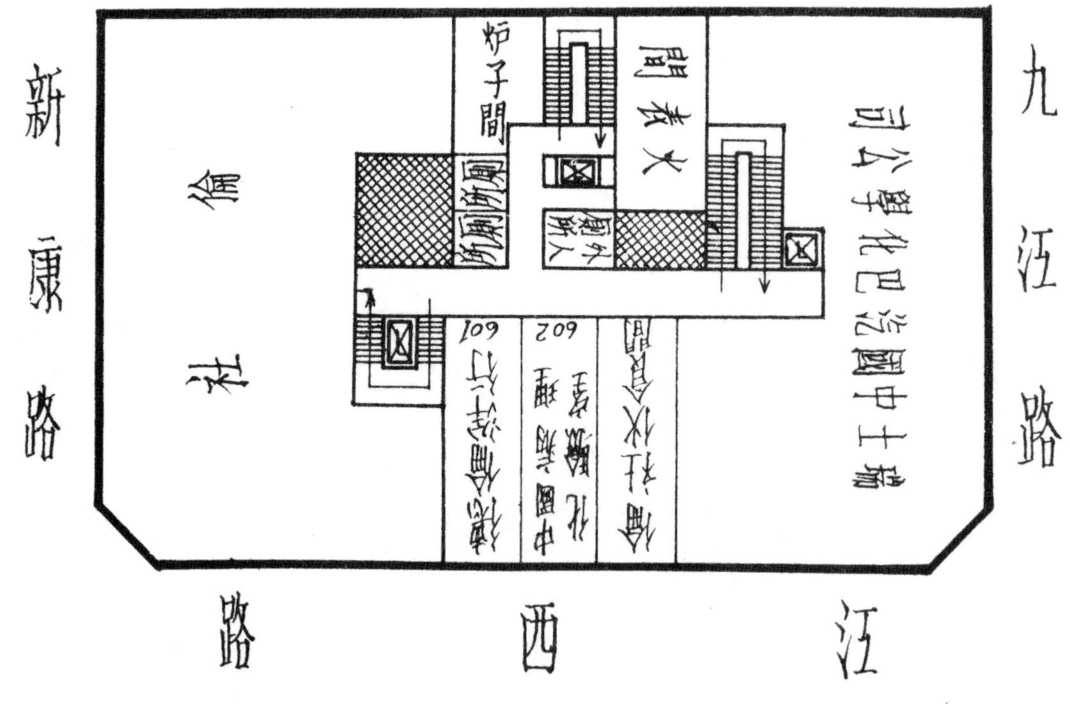

新康大樓七樓平面圖
THE EDWARD EZRA BUILDING 6TH FLOOR
新康路
九江路
江西路
火表間
爐子間
601
602

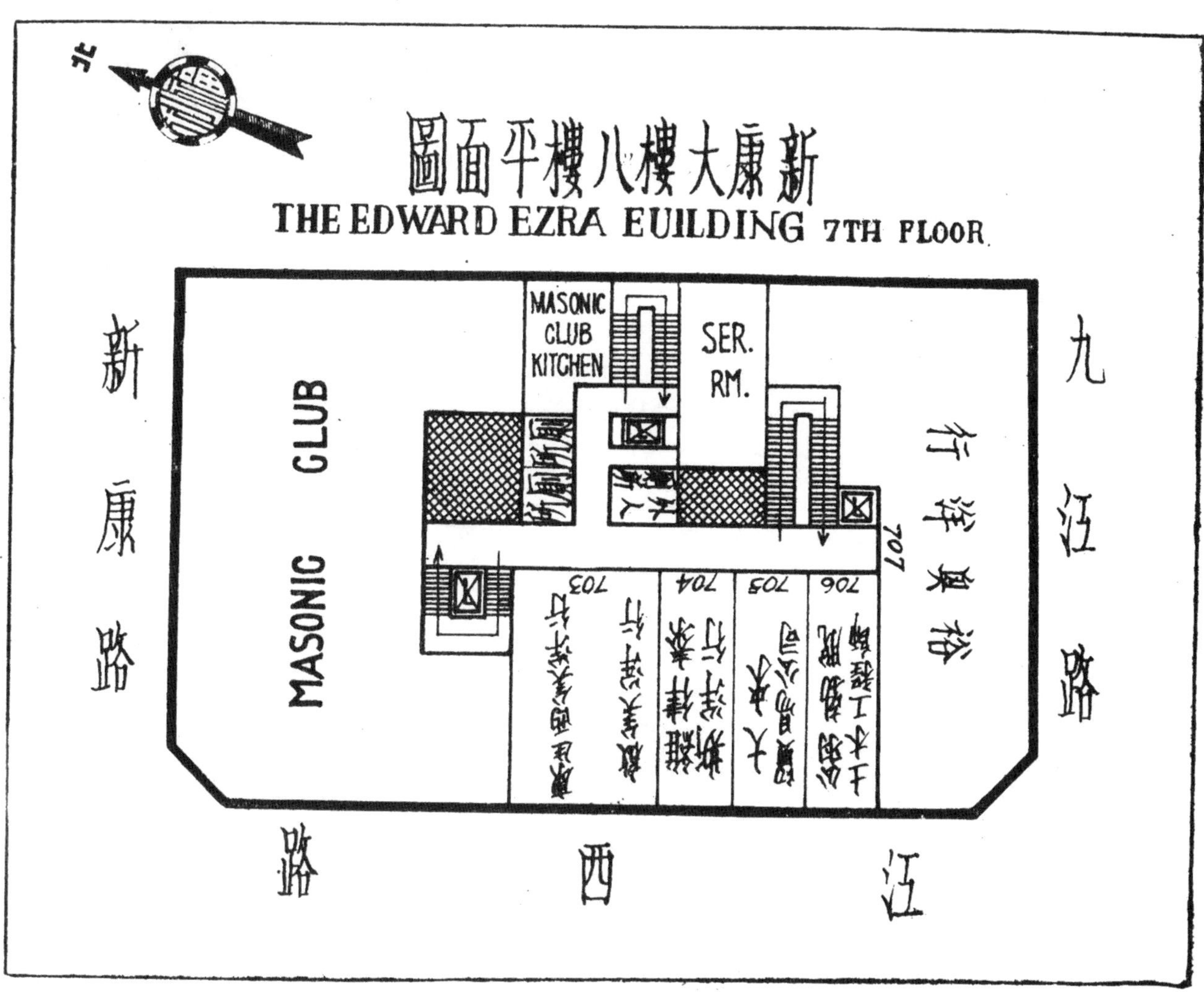

美國生殖器科泰斗士霞士山克凡博士發明

改小成大 轉弱為強

真空水治器

本器為治療男子性器短小，機能障碍之唯一有效最新發明品，乃根據理學的療法之原理而製成。其構造輕便而功妙，患者可親自治療其局部，穩妥舒暢，且有驚人之功效，能使局部神經衰弱者復活而健全，每用一次，即可促進其發育，使**弱小**者漸成為**强大**，舉凡手淫過淫之害，遺精，夢遺，早洩，陽萎，局部貧血，性慾減退，老衰無力，機能衰弱等症，均有迅速復活之效力，生殖器既臻强健，則腦力隨亦增强，而愉快活潑矣。此種驚人之功效，業經中外多數醫學博士實驗証明，且蒙各界名流讚揚推崇，認為空前之大發明，是誠有志自療者之唯一利器，凡患有隱疾者，幸早購用實驗，俾得完成男子之資格，飽享人生天賦之幸福可也。

每具定價八元，郵購寄費加一，詳細說明書承索即寄。

上海六馬路二二一號百靈藥行總經理　電話九三八〇四號

東華軋花機器皮棍廠

分設漢口河街東楊軋花機器皮棍行批發處

奉農商部註冊

全球 標 商

沿途概免重征

分設天津北馬路德鑫棧內東華公記皮棍莊

本廠自清光緒三十二年創辦迄今將近卅年，精工製造各牌號踏轆軋花機器以及地軸上刀一切零星機件，均屬品質精良，堅固耐久，歷年運銷各省內地，久已馳名，深蒙各客贊許，爭相訂購，以皮棍一項軋花機上最要機件，復經悉心研究，力圖精益，其品質之優美，出花潔白，並運動靈便迅速，如欲不合，包退回換，務乞各界注意，凡蒙賜顧，無不格外克己，請貴客認明小廠全球商標為記，庶不致誤。

東華軋花機器皮棍廠謹識

廠址・上海盧家灣橋南康衛路第九六九號

批發所・上海法界菜市路祥順里二九六號

電話　華界二二一一〇　租界八一六八一

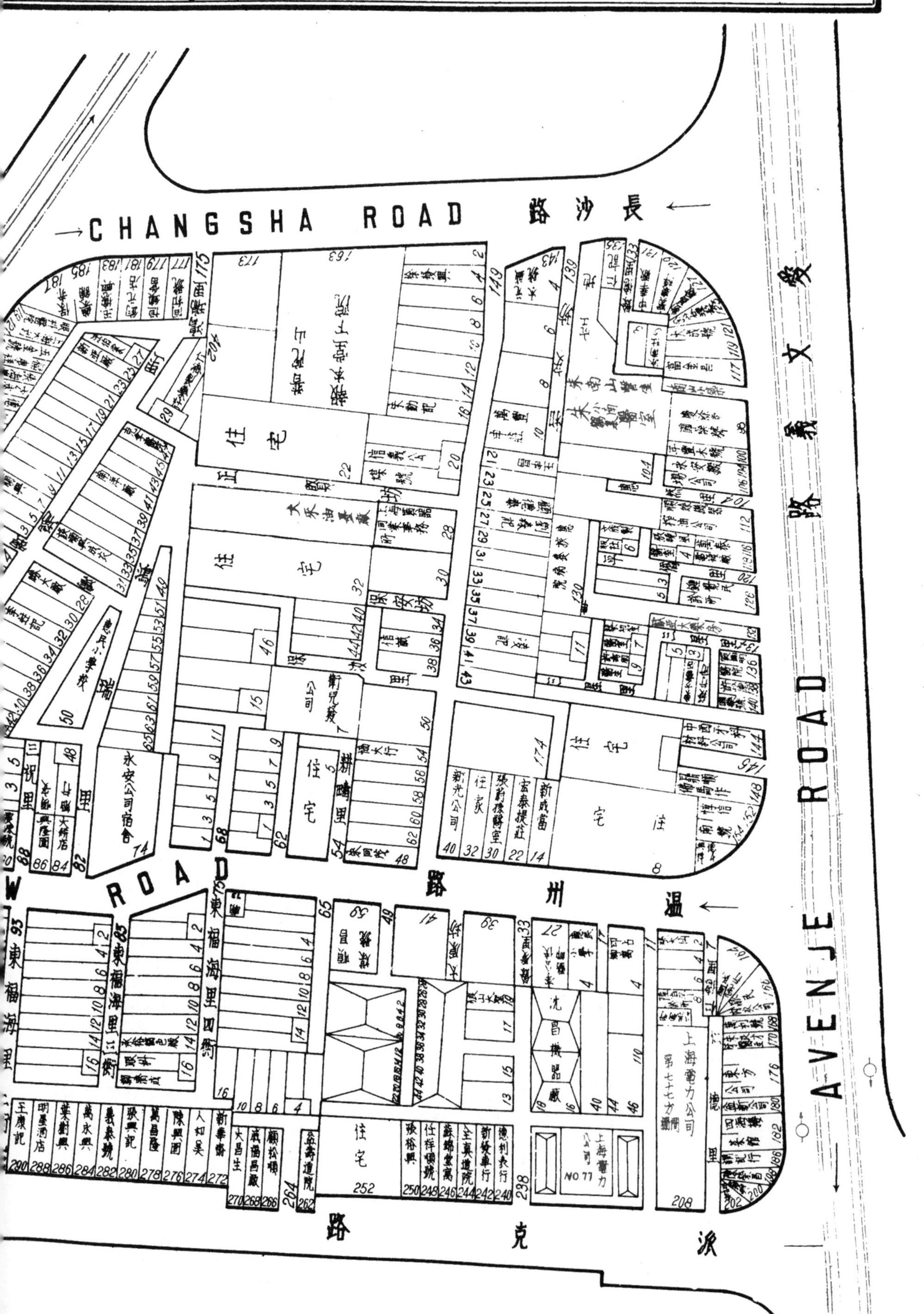
CHANGSHA ROAD
長沙路
AVENJE ROAD
愛文義路
W ROAD
溫州路
派克路
上海電力公司
NO 77
住宅
永安公司宿舍

北

69

蘇州河

SOOCHOW CREEK

SINZA ROAD

新閘路

WENC

PARK RO

大昌木行

義泰興煤號

源茂盛木行

源茂盛木行棧

上海竹木行

空地

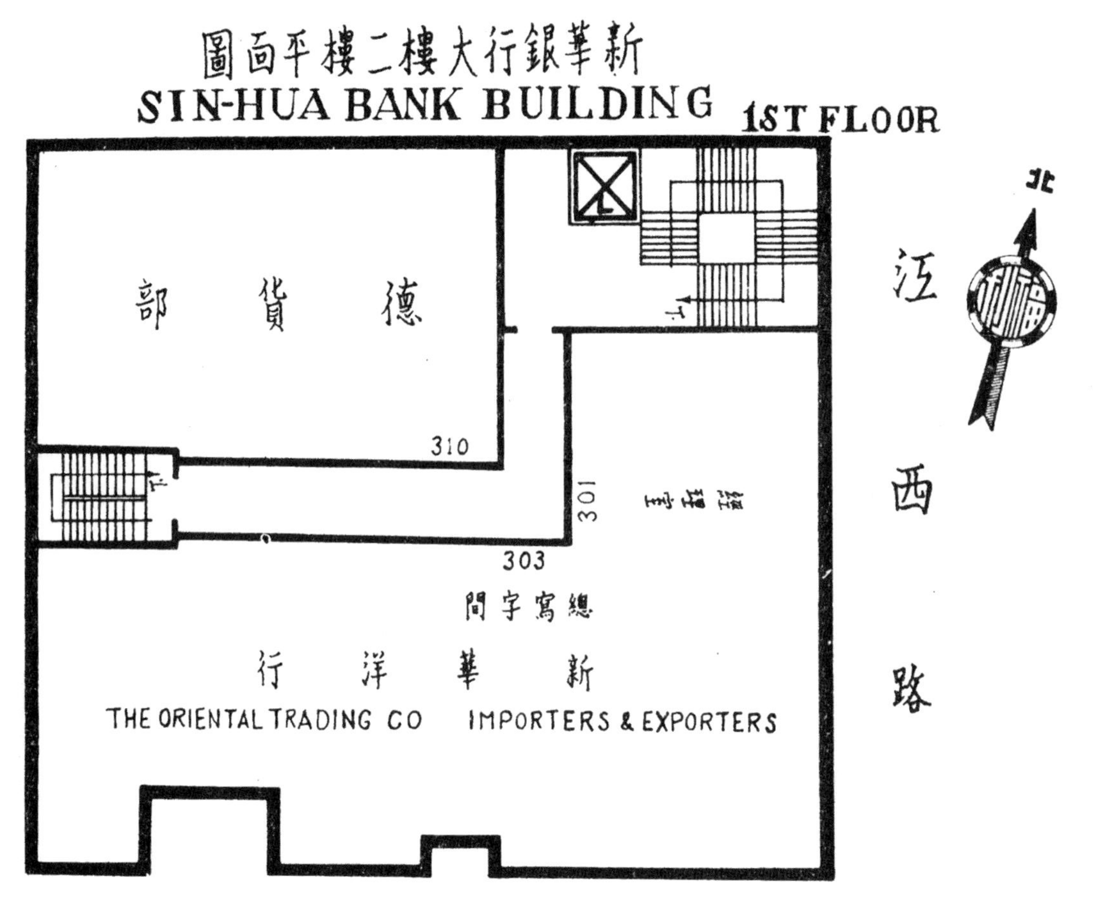
新華銀行大樓二樓平面圖
SIN-HUA BANK BUILDING 1ST FLOOR
德貨部
310
301
303
總寫字間
新華洋行
THE ORIENTAL TRADING CO IMPORTERS & EXPORTERS
江西路
北

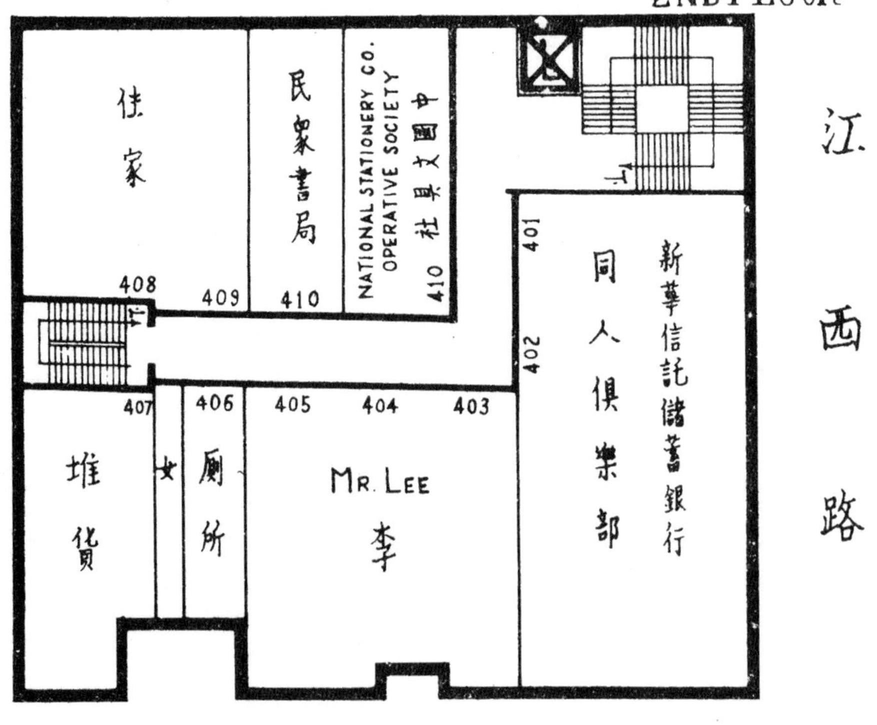
新華銀行大樓三樓平面圖
SIN-HUA BANK BUILDING 2ND FLOOR
民眾書局
NATIONAL STATIONERY CO. OPERATIVE SOCIETY
中國文具社
408
409
410
410
401
402
新華信託儲蓄銀行
同人俱樂部
407
406
405
404
403
堆貨
女
廁所
MR. LEE
李
江西路

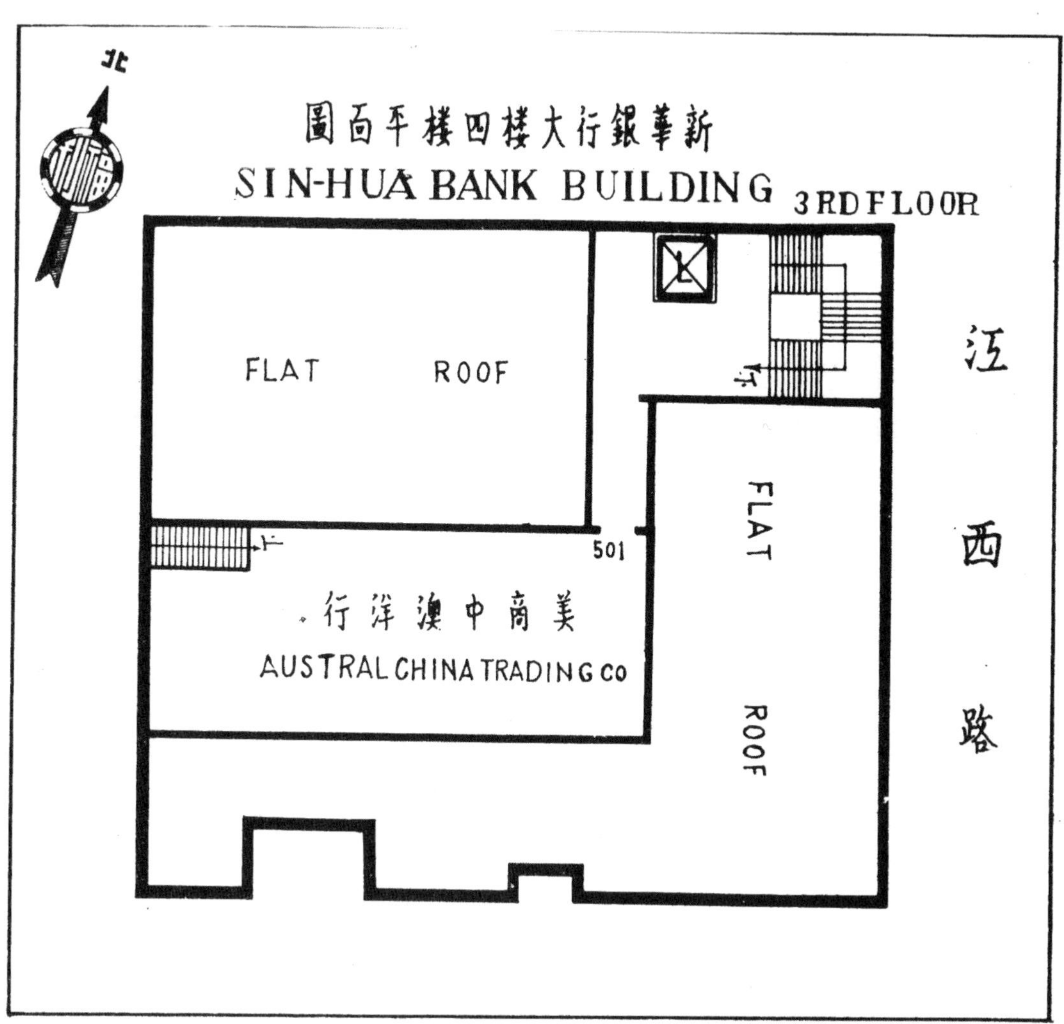
北
新華銀行大樓四樓平面圖
SIN-HUA BANK BUILDING
3RD FLOOR
FLAT ROOF
FLAT ROOF
501
美商中澳洋行
AUSTRAL CHINA TRADING CO
江西路

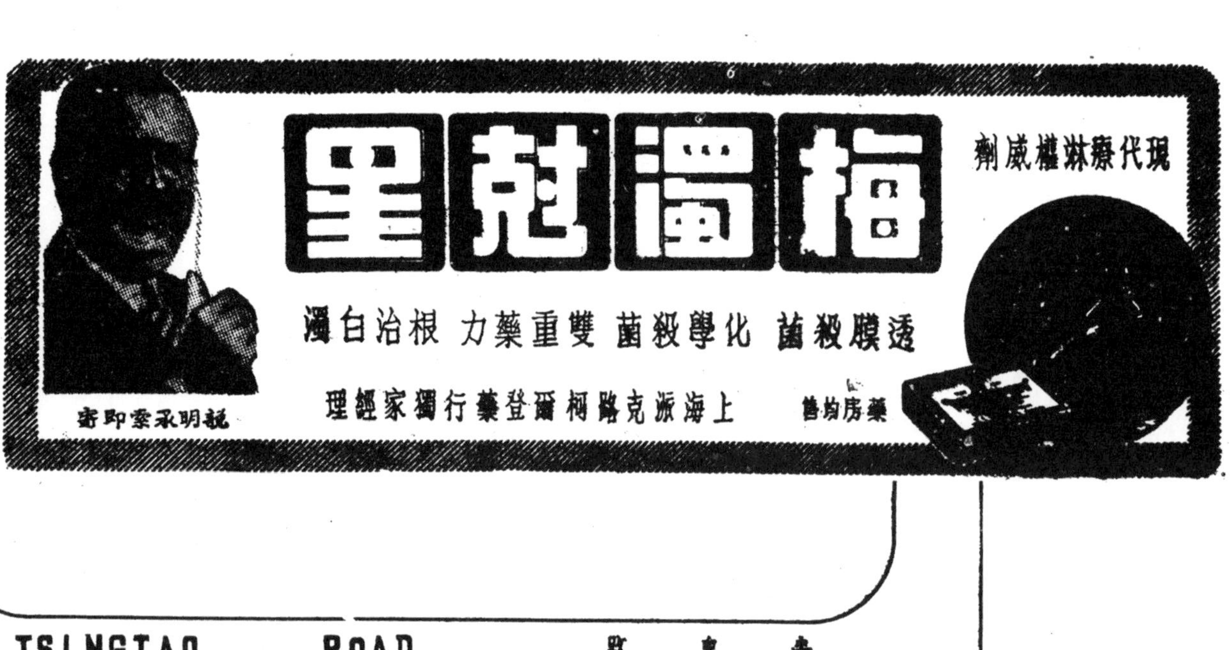

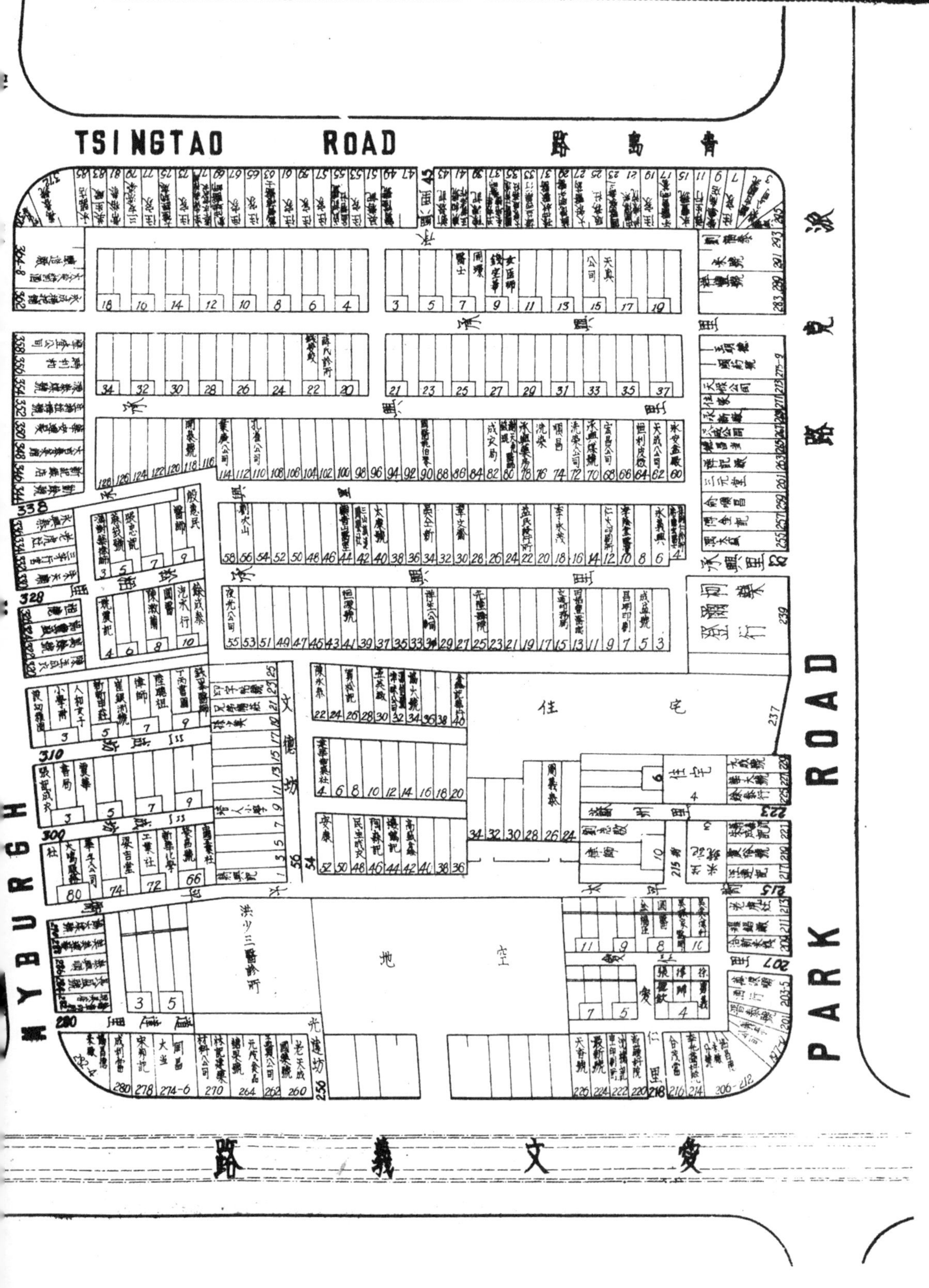

TSINGTAO ROAD 青島路

PARK ROAD 派克路

YBURGH 梅白

承興里

文德坊

住宅

洪少三醫診所

空地

愛文義路

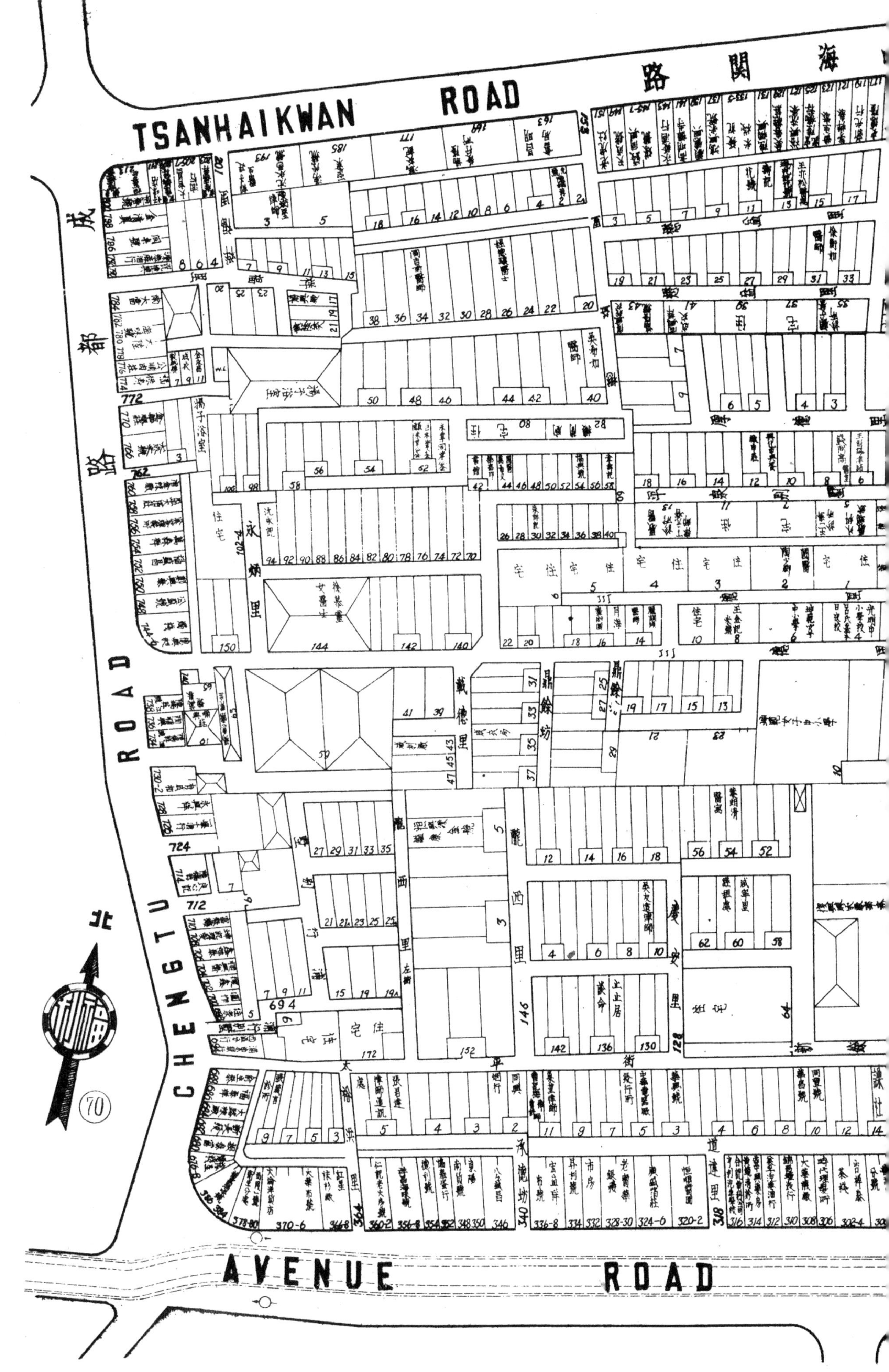

TSANHAIKWAN ROAD
路関海
成都路
CHENGTU ROAD
AVENUE ROAD

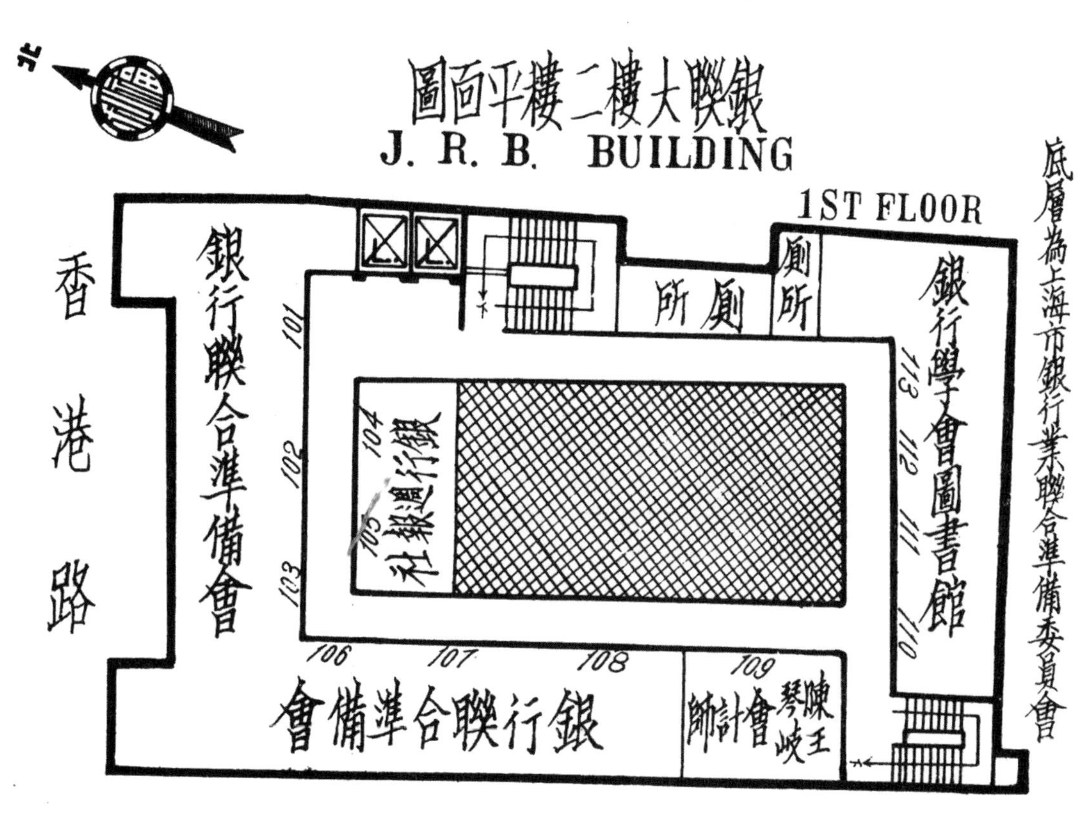
北
銀聯大樓二樓平面圖
J. R. B. BUILDING
1ST FLOOR
底層為上海市銀行業聯合準備委員會
香港路
銀行聯合準備會
101
102
103
104
105
銀行通訊社
廁所
廁所
113
112
111
110
銀行學會圖書館
106
107
108
109
銀行聯合準備會
陳琴
王峻
會計師

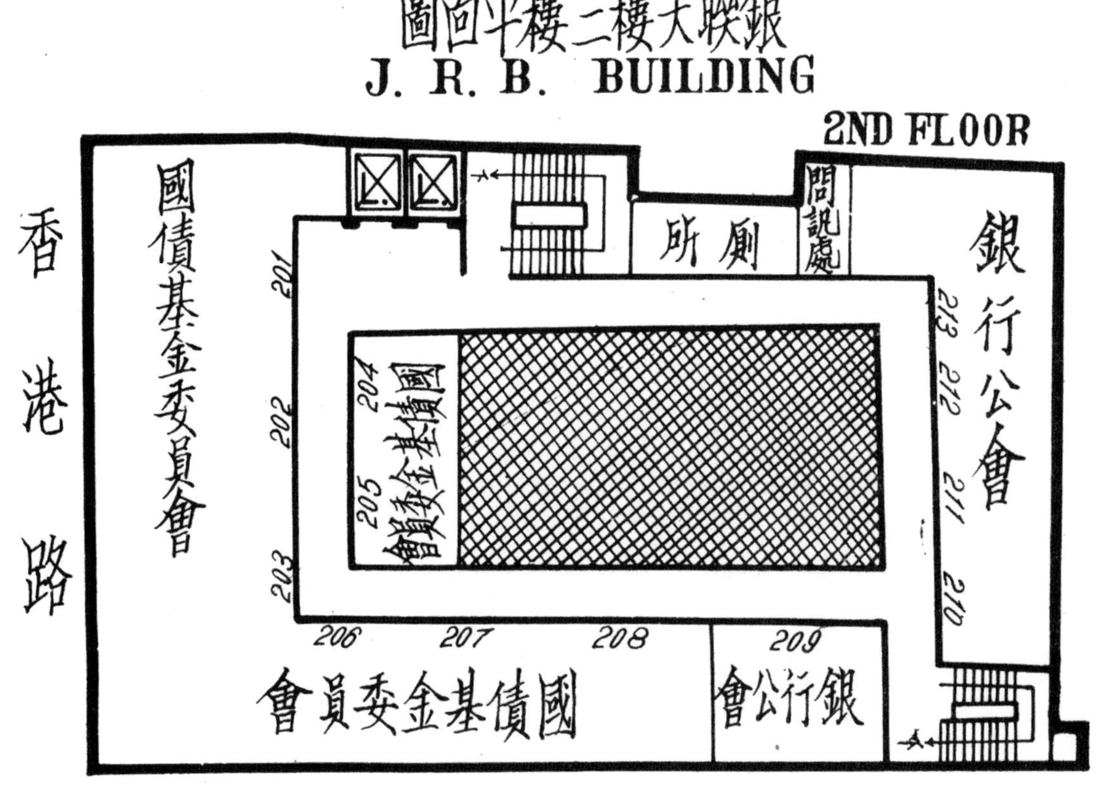
銀聯大樓三樓平面圖
J. R. B. BUILDING
2ND FLOOR
香港路
國債基金委員會
201
202
203
204
205
國債基金委員會
廁所
問訊處
213
212
211
210
銀行公會
206
207
208
209
國債基金委員會
銀行公會

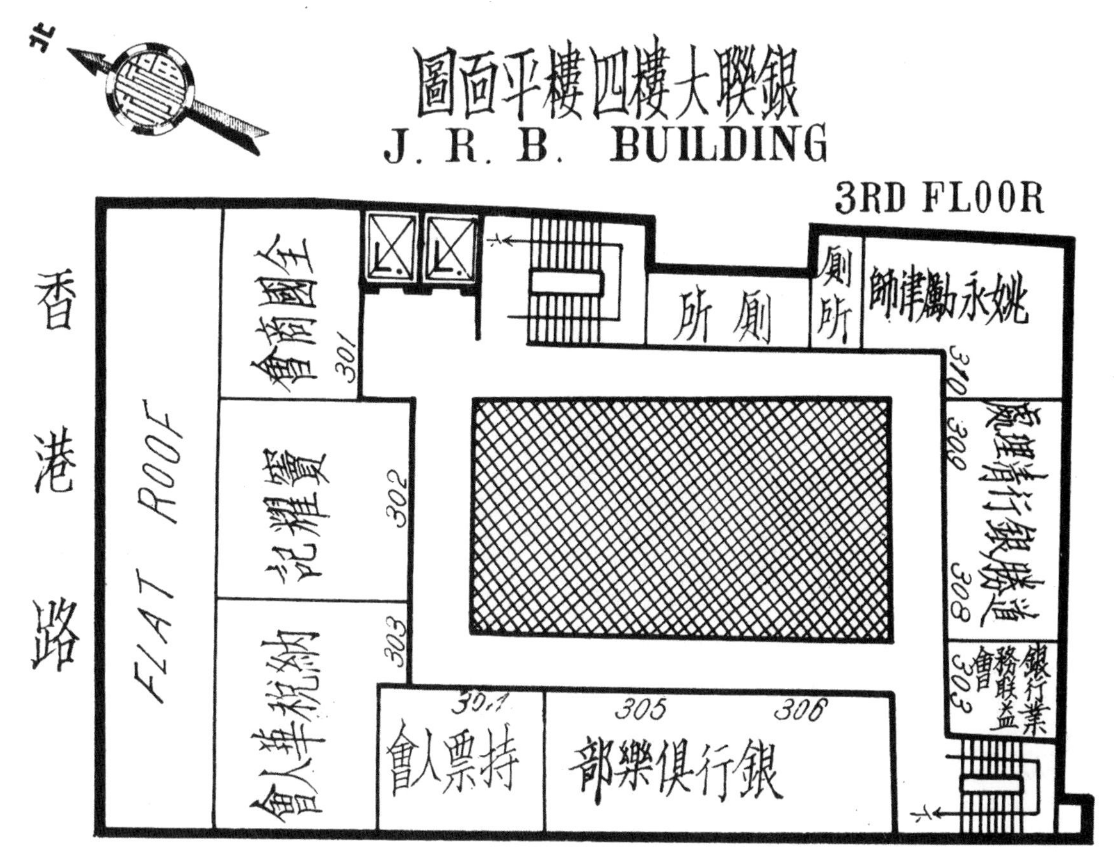
北
銀聯大樓四樓平面圖
J. R. B. BUILDING
3RD FLOOR
香港路
FLAT ROOF
全國商會 301
寶羅記 302
納稅華人會 303
持票人會 304
銀行俱樂部 305 306
廁所
廁所
姚永勵律師 310
道勝銀行清理處 309 308
銀行業務聯益會 303

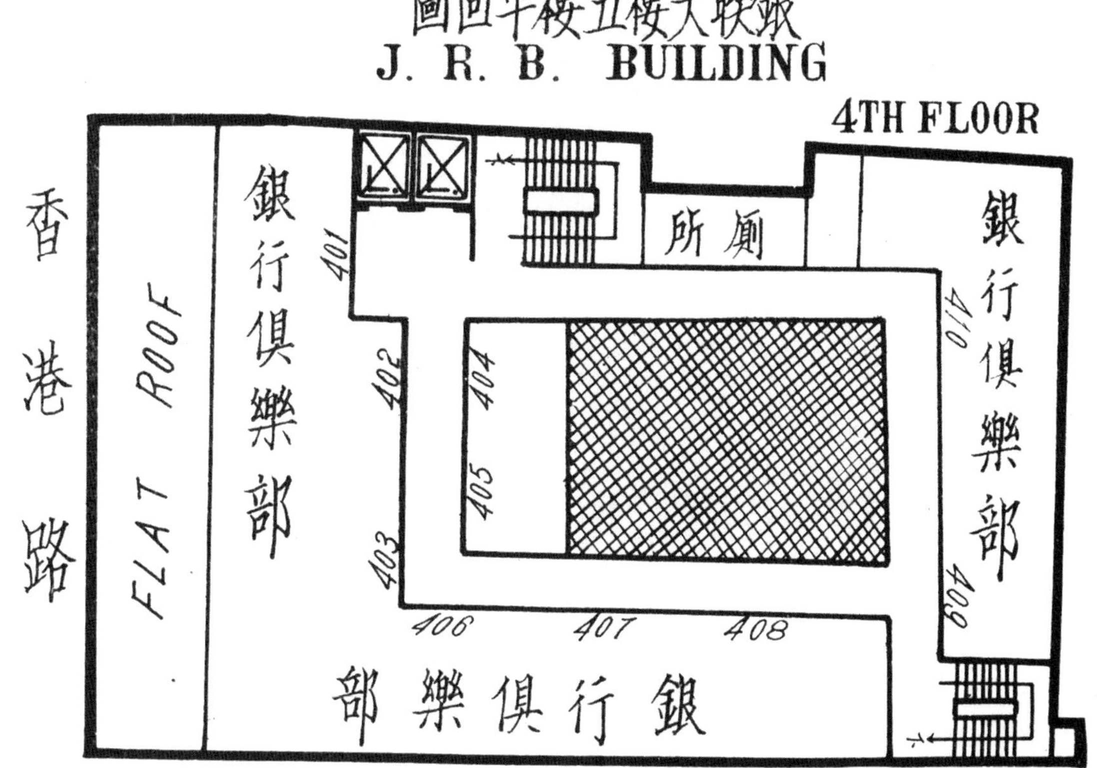
銀聯大樓五樓平面圖
J. R. B. BUILDING
4TH FLOOR
香港路
FLAT ROOF
銀行俱樂部
401 402 403 404 405
廁所
銀行俱樂部
410 409
406 407 408
銀行俱樂部

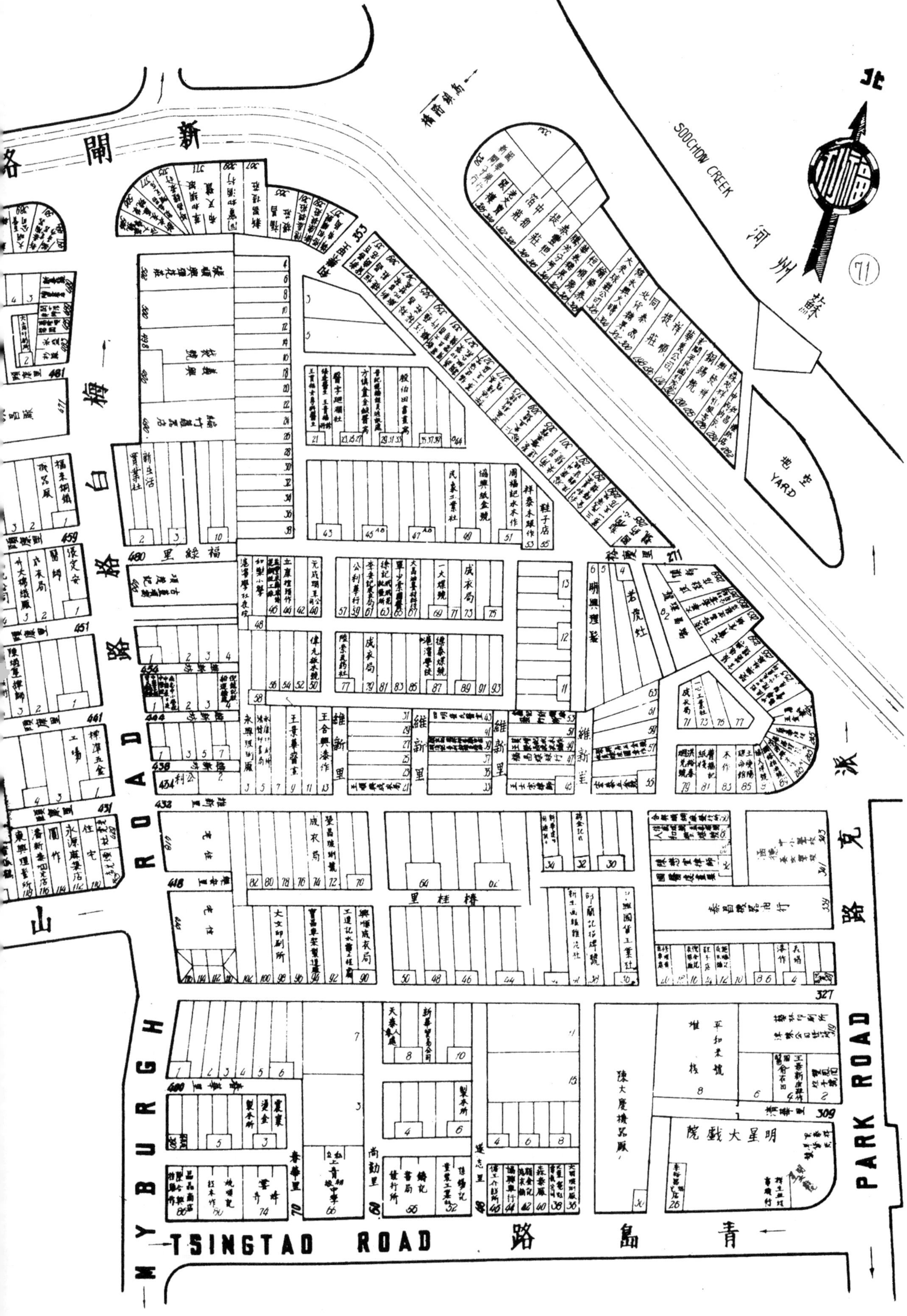

新閘路

梅白格路

MYBURGH ROAD

蘇州河

SOOCHOW CREEK

北

(71)

空地

YARD

福綏里

維新里

椿桂里

春華里

尚勤里

明星大戲院

陳大慶機器廠

派克路

PARK ROAD

青島路

TSINGTAO ROAD

SINZA ROAD
CHENGTU ROAD
成都路
SHANHAIKWAN ROAD
關路
彌陀寺
益大針織廠
平安化學工業社

5TH FLOOR

香港路
FLAT ROOF
理髮室
會客室
會議室
廁所
廁所
電話室
餐室
餐室

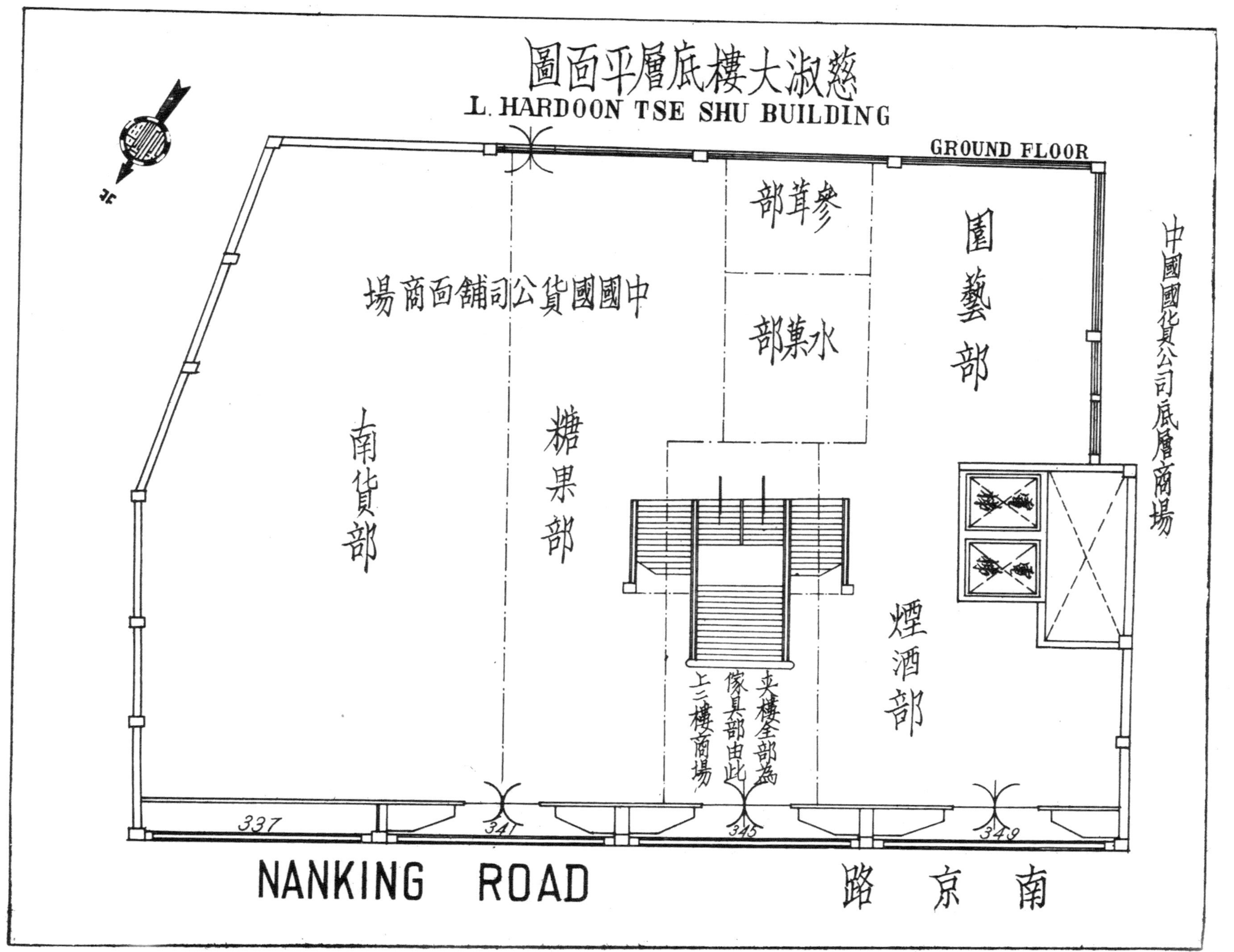
慈淑大樓底層平面圖
L. HARDOON TSE SHU BUILDING
GROUND FLOOR
中國國貨公司底層商場
中國國貨公司鋪面商場
參茸部
水菓部
園藝部
南貨部
糖果部
煙酒部
夾樓全部為
傢具部由此
上三樓商場
337
341
345
349
NANKING ROAD
南京路
北

MYBURGH ROAD

梅白格路

蘇州河

WEST SOOCHOW ROAD
SOOCHOW ROAD
CHENGTU ROAD
成都路
STONE BRIDGE ROAD
SINZA ROAD
路
北
72
上海自來水廠
S W W

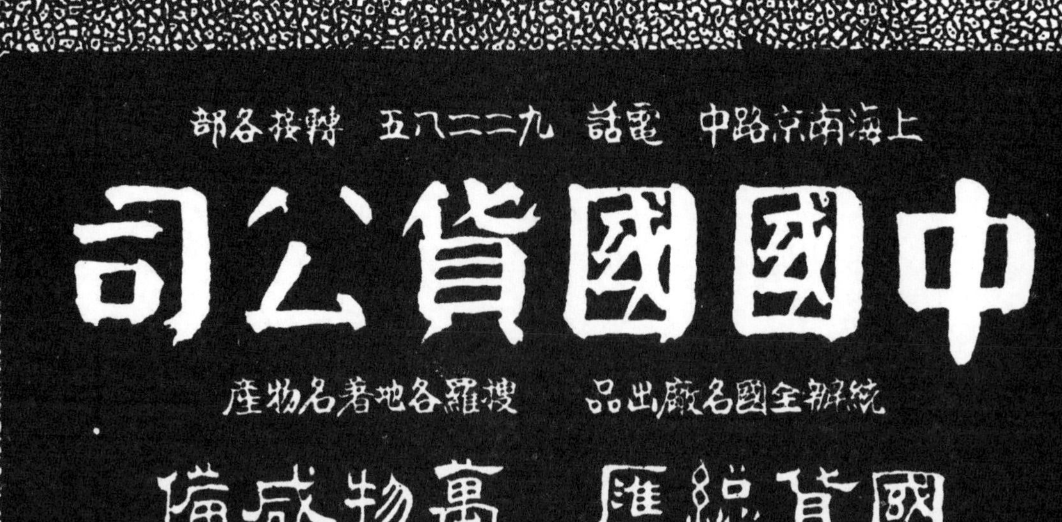
上海南京路中 電話 九二二八五 轉接各部
中國國貨公司
統辦全國名廠出品 搜羅各地著名物產
國貨總匯 萬物咸備
新聞路支店 新聞路池浜路口 電話三一七一八
太平橋支店 白爾路一一六號 電話八四六八二

小兒牙齒健否，關係一生幸福，父母應特別注意。
刷牙出血
保不出血
刷牙用精鹽牙粉
衛生漱口水
久大精鹽公司出品
久大精鹽牙膏
海王牙膏
用久大出品海王牌各種牙膏牙粉以刷齒保無出血之弊小兒用之可以養成良好習慣而防牙患于未然故為父母者不可貪小失大致遺後患
柳影

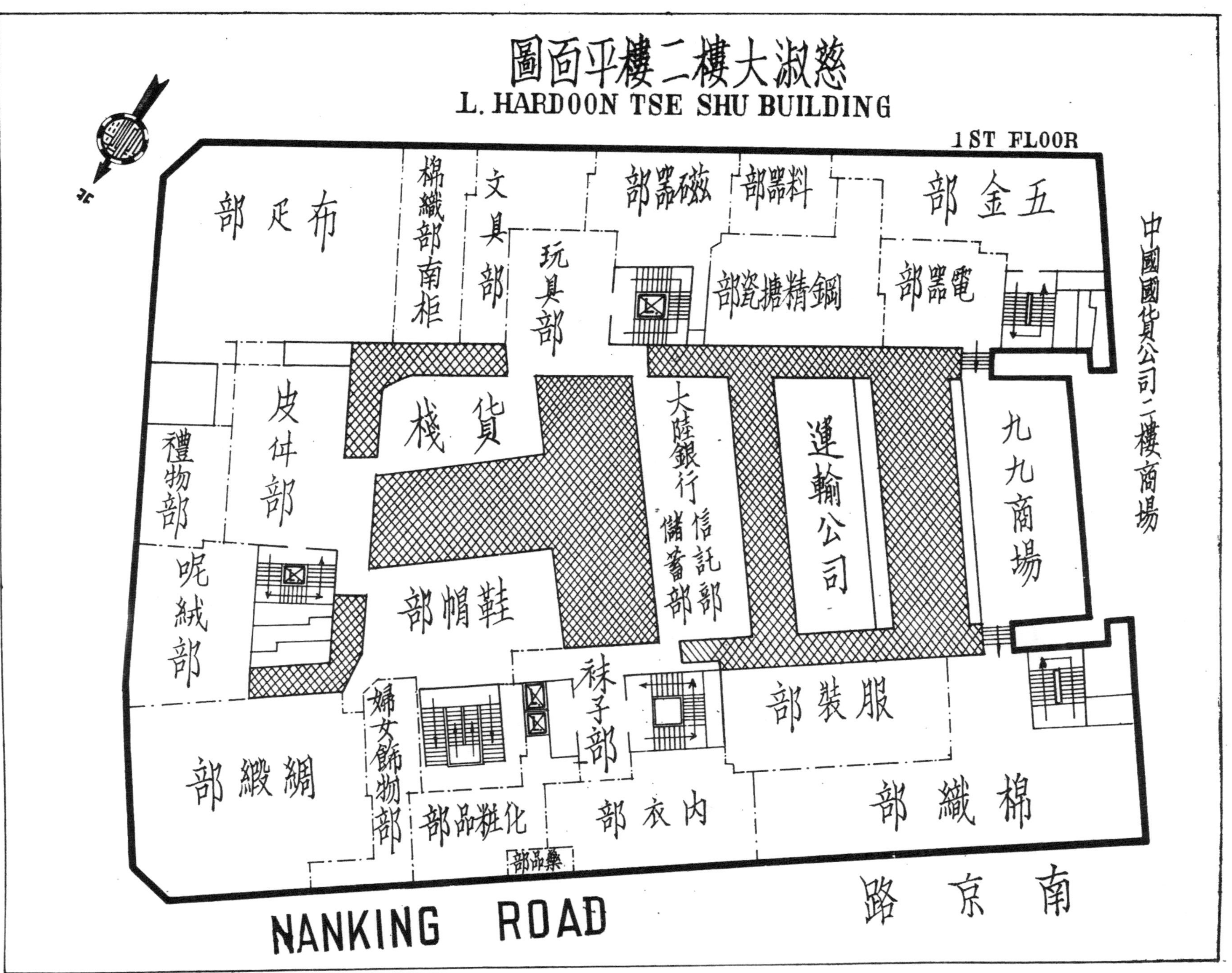
慈淑大樓二樓平面圖
L. HARDOON TSE SHU BUILDING
1ST FLOOR
北
布疋部
棉織部南柜
文具部
玩具部
磁器部
料器部
五金部
鋼精搪瓷部
電器部
中國國貨公司二樓商場
皮件部
禮物部
貨棧
大陸銀行信託部儲蓄部
運輸公司
九九商場
呢絨部
鞋帽部
襪子部
服裝部
婦女飾物部
綢緞部
化粧品部
內衣部
棉織部
藥品部
南京路
NANKING ROAD

安痢生
本品乃碘之有機化合物。專治各種痢疾。急慢腸炎。積食腹痛。胃腸發酵等症。而於阿米巴型形虫痢疾尤為特效。
上海五洲大藥房出品
成都路
新閘路
SINZA ROAD
大通路
江寧六縣旅滬小學校
江寧六縣同鄉會
江寧六縣公所施診處
大江中學
MARKET
小菜場
500
水塔

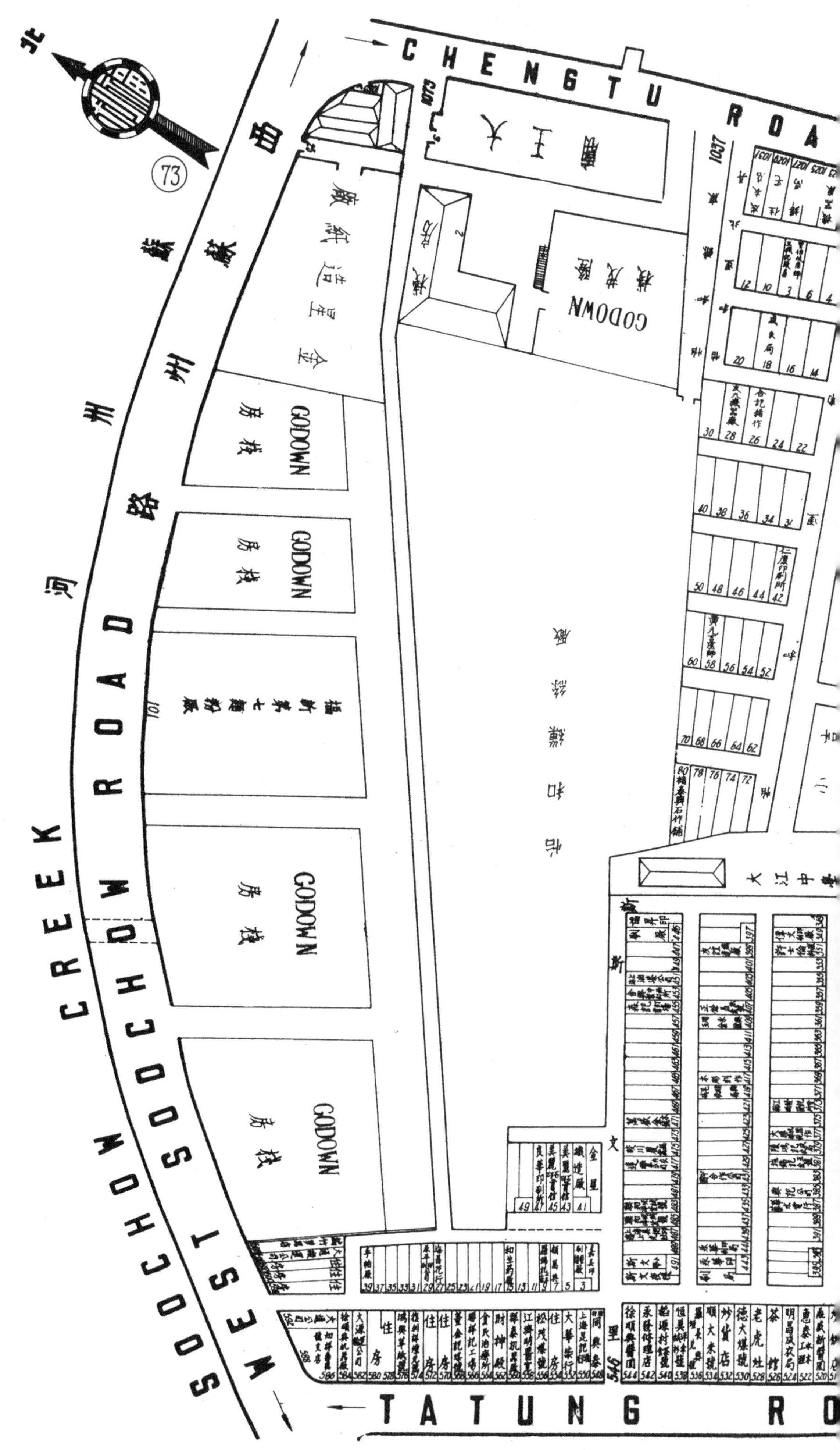

北
73
CHENGTU ROAD
TATUNG RO
WEST SOOCHOW ROAD
SOOCHOW CREEK
西蘇州路
蘇州河
GODOWN
棧房
GODOWN
棧房
GODOWN
棧房
GODOWN
棧房
GODOWN
棧房
GODOWN

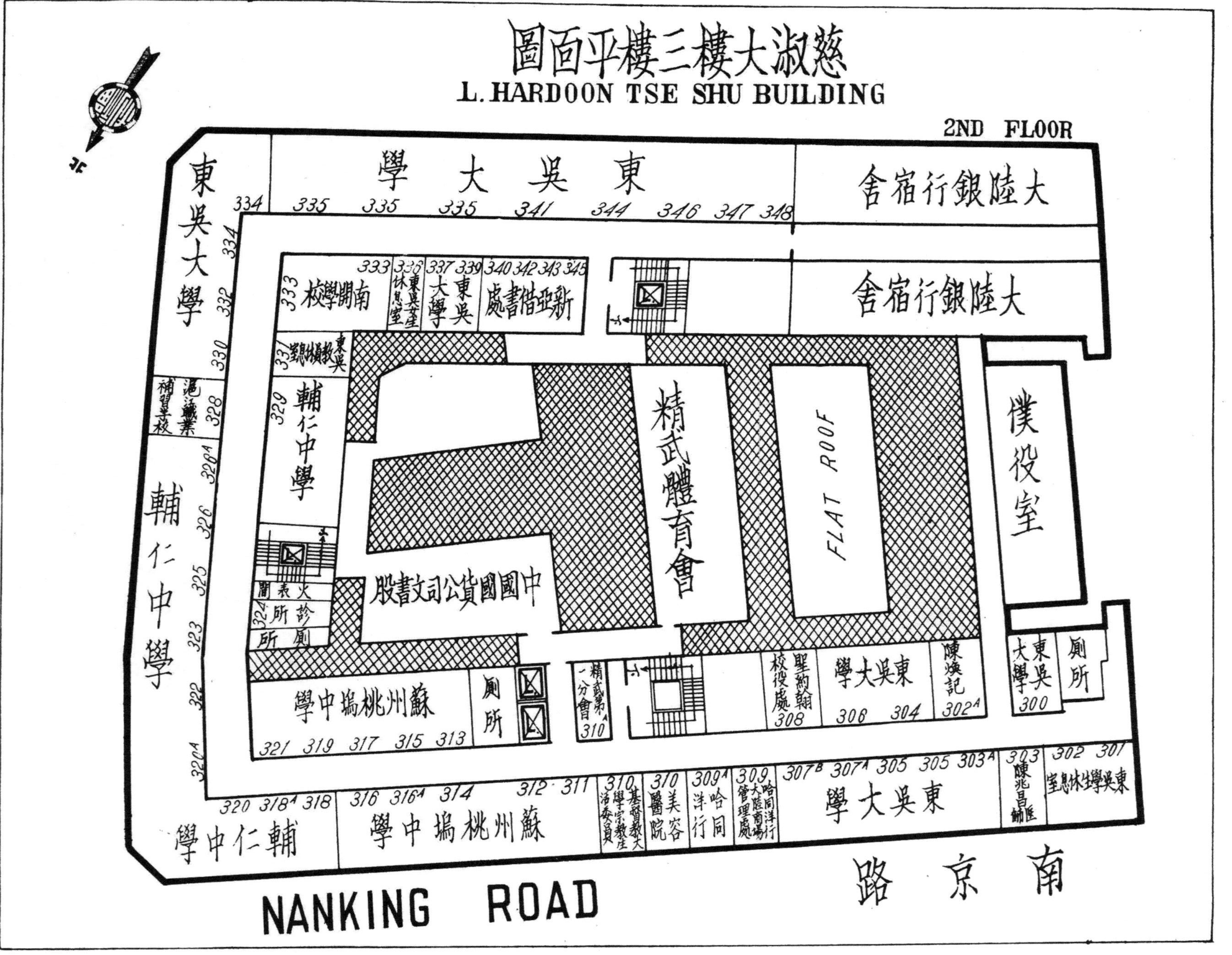
慈淑大樓三樓平面圖
L. HARDOON TSE SHU BUILDING
2ND FLOOR
東吳大學
大陸銀行宿舍
大陸銀行宿舍
334 335 335 335 341 344 346 347 348
南開學校
新亞書店
333 340 342 343 345
東吳大學
輔仁中學
329
精武體育會
FLAT ROOF
僕役室
中國國貨公司文書股
廁所
蘇州桃塢中學
321 319 317 315 313
精武第一分會
310
聖約翰校役處
308
東吳大學
306 304
陳煥記
302A
東吳大學
300
廁所
輔仁中學
334 332 330 328 326A 326 325 323 322 320A
滬江商業補習學校
輔仁中學
320 318A 318
蘇州桃塢中學
316 316A 314 312 311
310 310 309A 309
美容醫院
哈同洋行
哈同洋行大陸商場管理處
東吳大學
307B 307A 305 305 303A
303
陳兆昌鋪匯
302 301
東吳大學學生休息室
NANKING ROAD
南京路

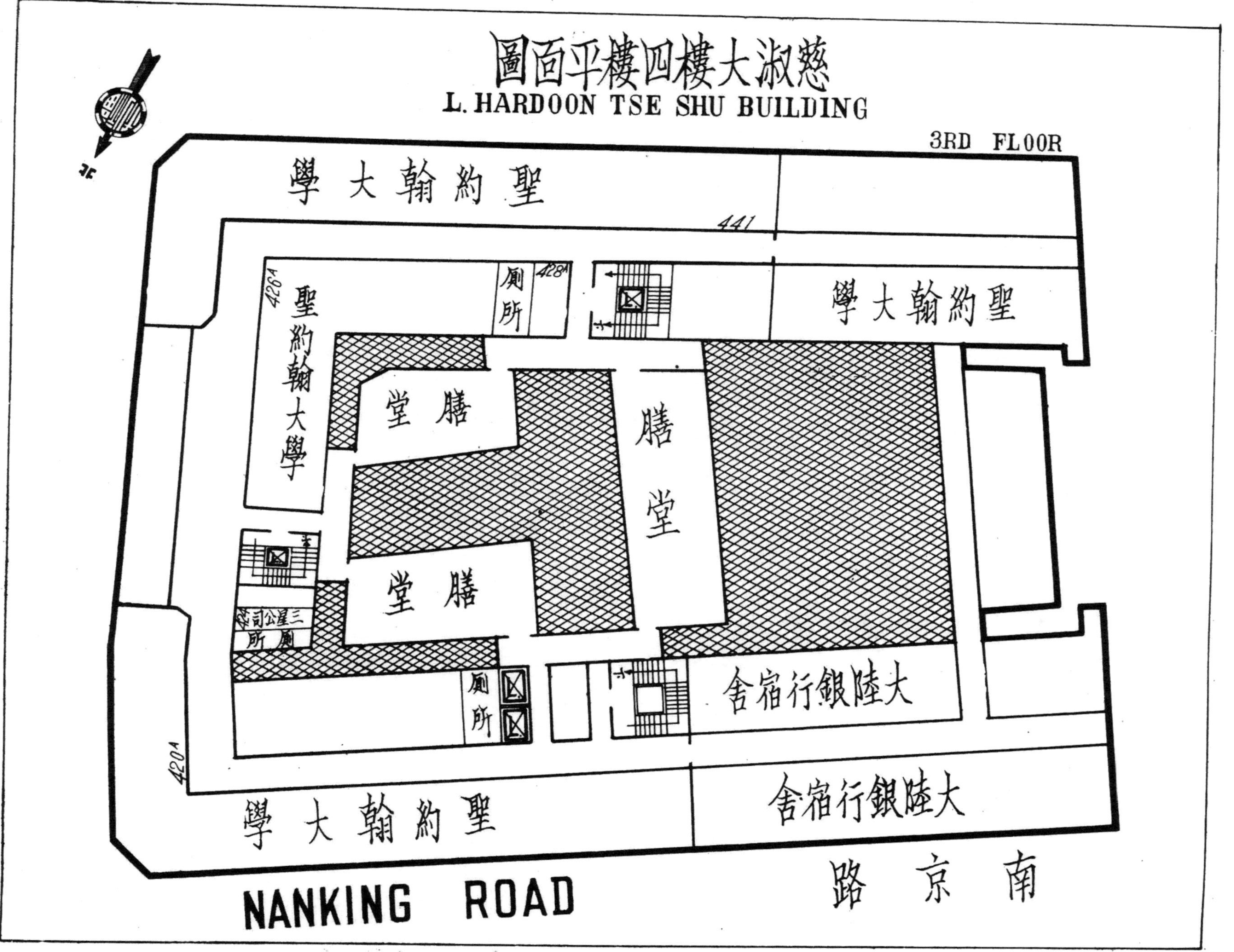

慈淑大樓四樓平面圖
L. HARDOON TSE SHU BUILDING
3RD FLOOR
聖約翰大學
441
聖約翰大學
426A
聖約翰大學
廁所
428A
膳堂
膳堂
膳堂
三星公司
廁所
廁所
大陸銀行宿舍
420A
聖約翰大學
大陸銀行宿舍
NANKING ROAD
南京路

新閘路
成都路
CHENGTU ROAD
山海關路
北
74
教堂
住家
山海里
鼎豐當

SINZA RO
TATUNG ROAD
大通路
SHANHAIKWAN ROAD
TSZE PANG ROAD
景德小學

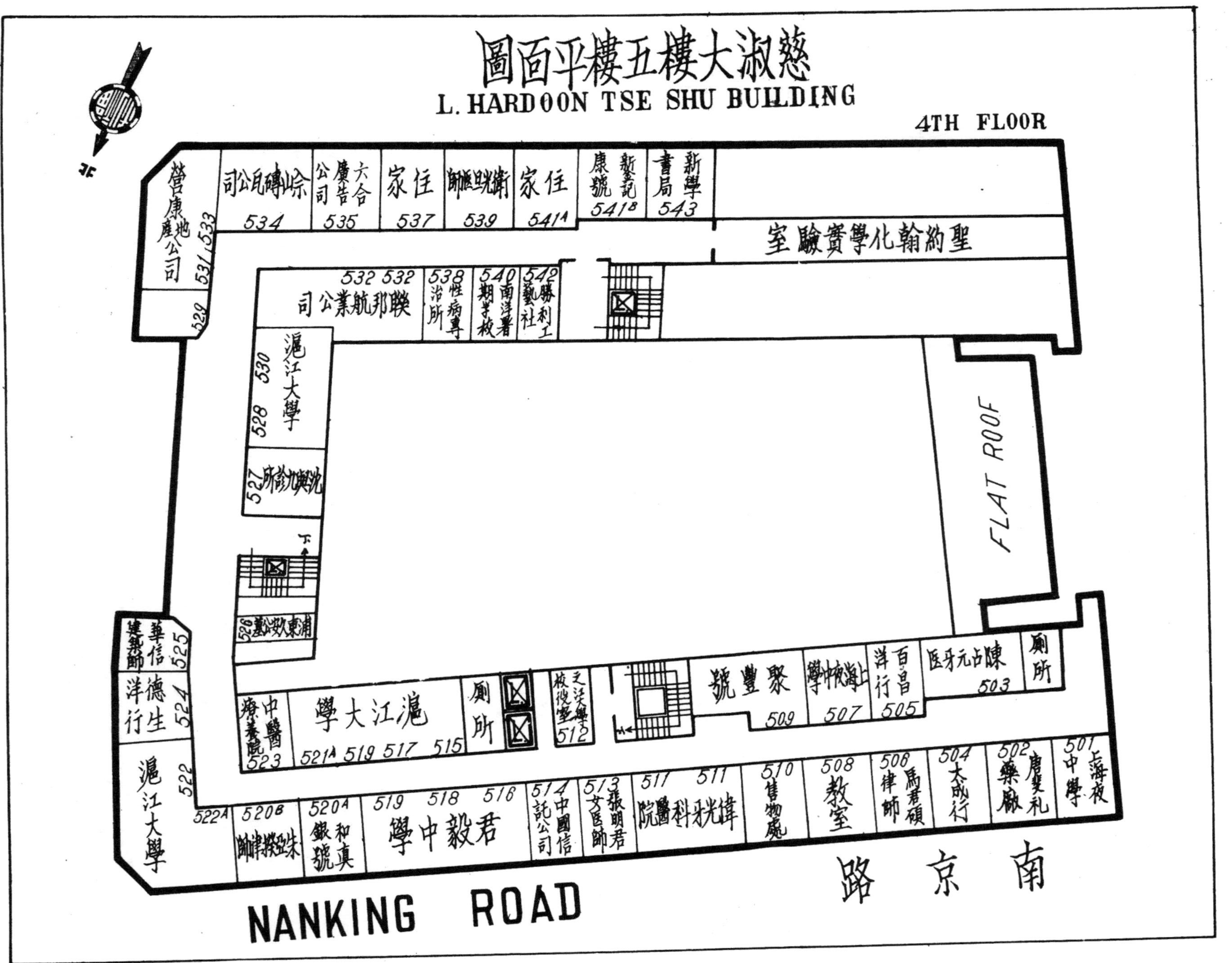
慈淑大樓五樓平面圖
L. HARDOON TSE SHU BUILDING
4TH FLOOR
534 余山磚瓦公司
535 六合廣告公司
537 任家
541A 任家
541B 新藝記康號
543 新學書局
聖約翰化學實驗室
532 532 聯邦航業公司
538 性病專治所
542 勝利工藝社
531/533 營康地產公司
529
530 528 滬江大學
527
526
525 華信建築師
524 德生洋行
522 滬江大學
523 中醫療養院
521A 519 517 515 滬江大學
廁所
512
509 聚豐號
507
505 百昌洋行
503
廁所
FLAT ROOF
501 上海夜中學
502
504 大成行
506 馬君碩律師
508 教室
510 售物處
511 511
513
514 中國信託公司
516 518 519 君毅中學
520A 和真銀號
520B
522A
NANKING ROAD
南京路

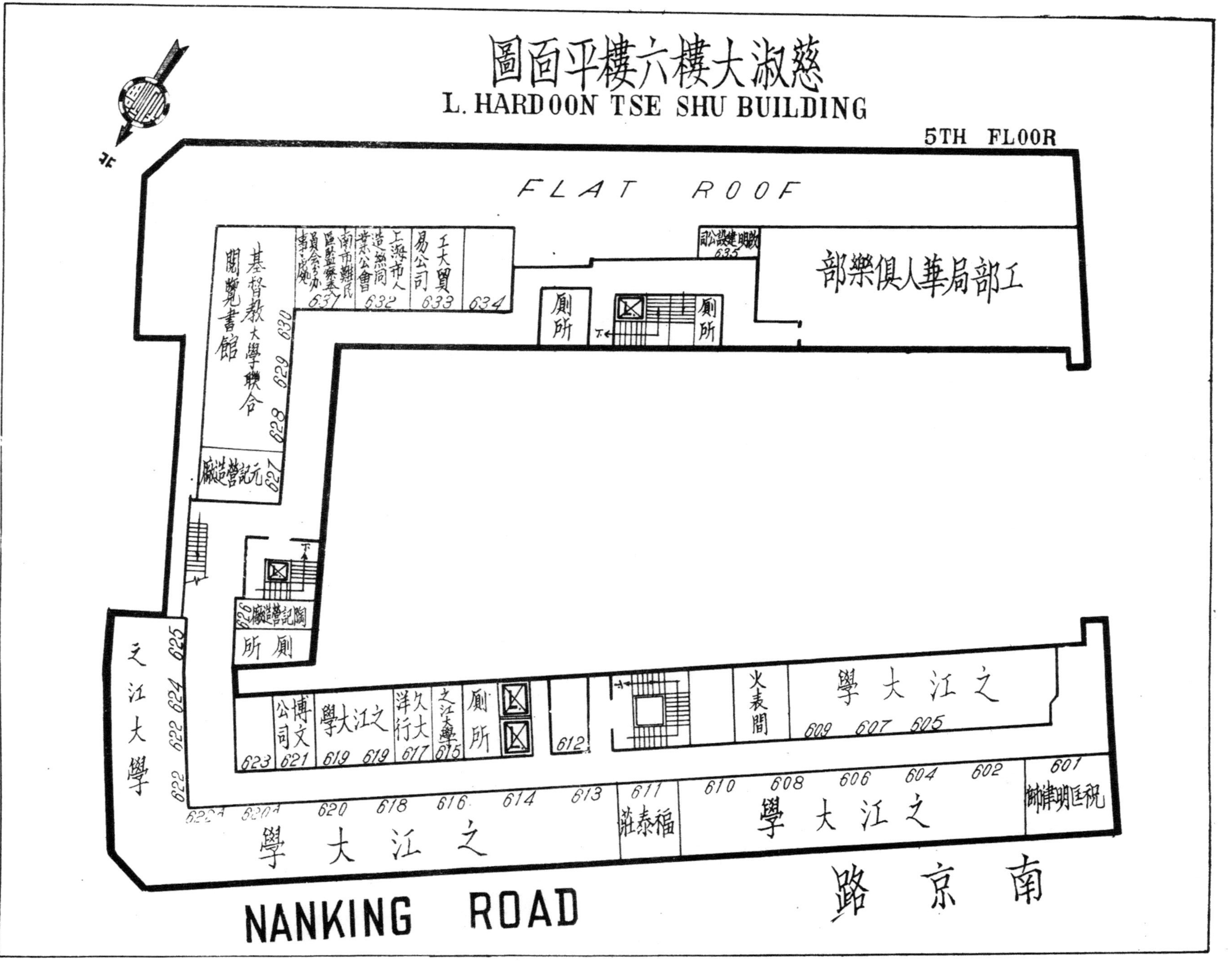

慈淑大樓六樓平面圖
L. HARDOON TSE SHU BUILDING
5TH FLOOR
FLAT ROOF
工部局華人俱樂部
635
基督教大學聯合
書館
630
629
628
元記營造廠
627
637
632
633
634
廁所
626
625
624
622
之江大學
623
公博
司文
621
之江大學
619
619
洋行
617
615
612
火表間
之江大學
609
607
605
601
602
604
606
608
610
611
福泰莊
613
614
616
618
620
NANKING ROAD
南京路

山海關路
CHENGTU ROAD
成都路
MARKET
小菜場
ROAD
愛文義路
蘇州西園寺分院
老虎灶
平房
住宅
福壽里
景里
陸源盛號
張老介紹所
和興公司
金生肉舖
同永源號
唐如宅
時秀小學
全建吾書畫
鉅慶洋服公司

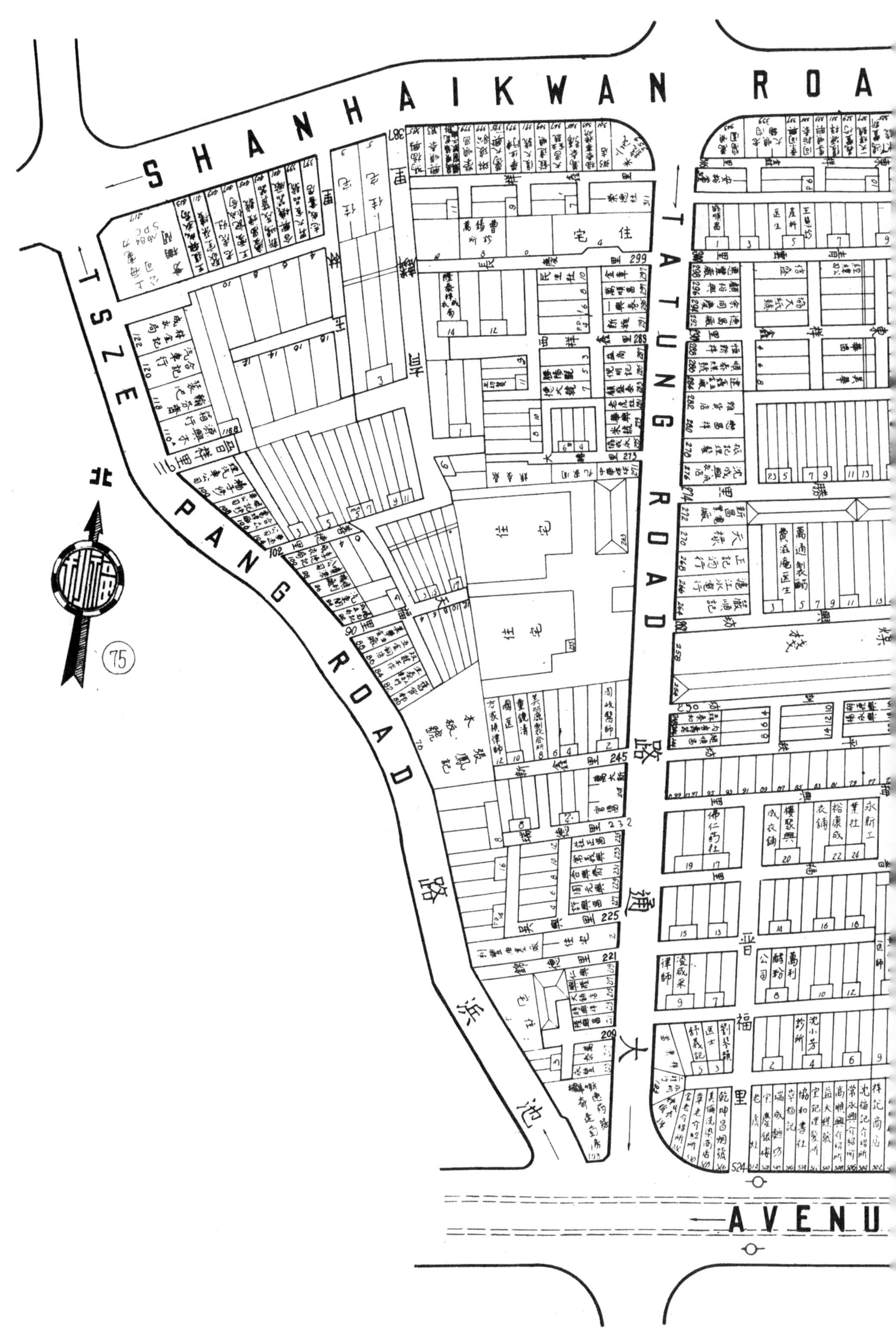
SHANHAIKWAN ROAD
TATUNG ROAD
TSZE PANG ROAD
AVENU
大通路
池浜路
北
75

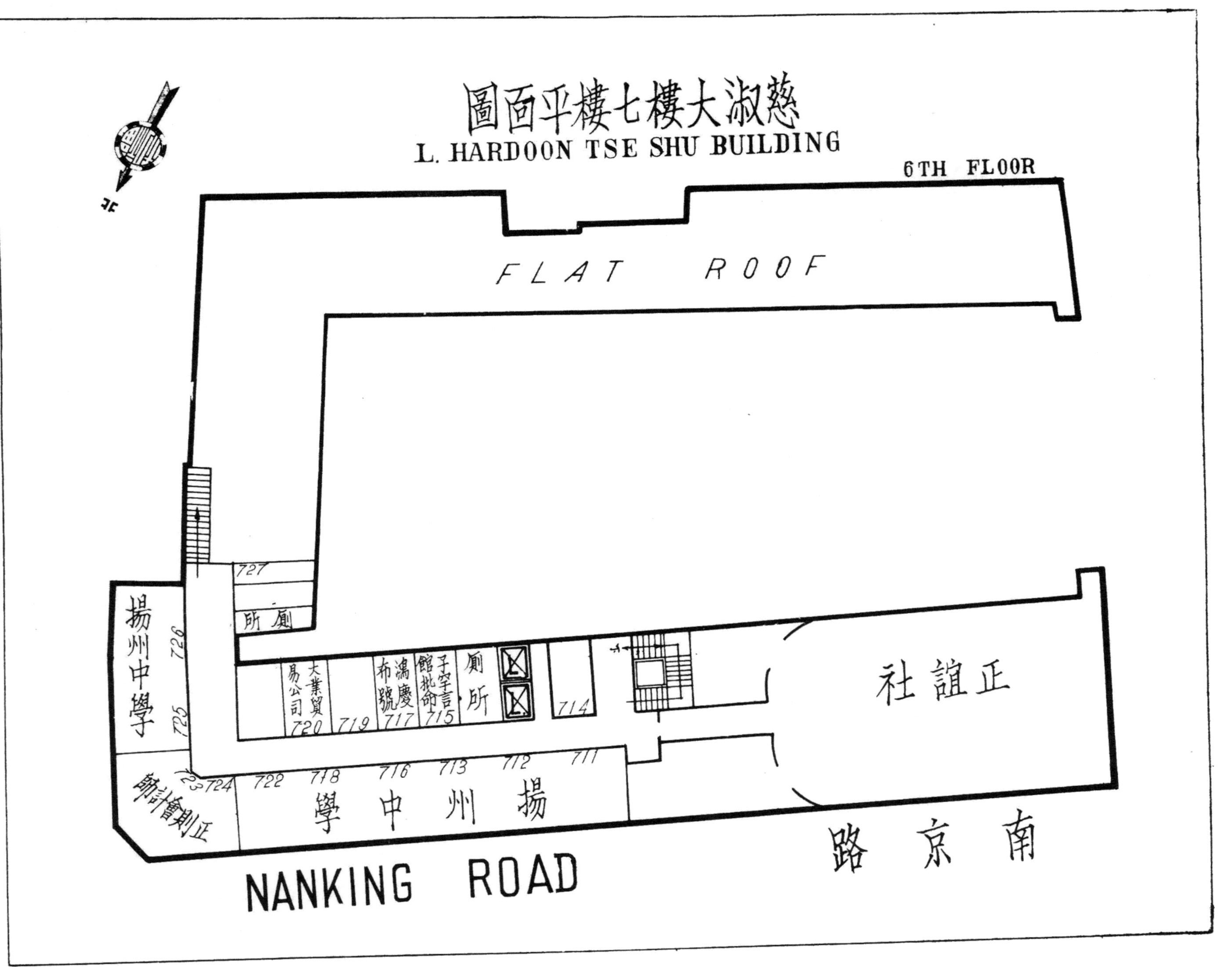

慈淑大樓七樓平面圖
L. HARDOON TSE SHU BUILDING
6TH FLOOR
北
FLAT ROOF
727
廁所
揚州中學
726
725
大業貿易公司
720
719
鴻慶布號
717
言字子批命館
715
廁所
714
正誼社
723
724
722
718
716
713
712
711
正則會計師
揚州中學
NANKING ROAD
南京路

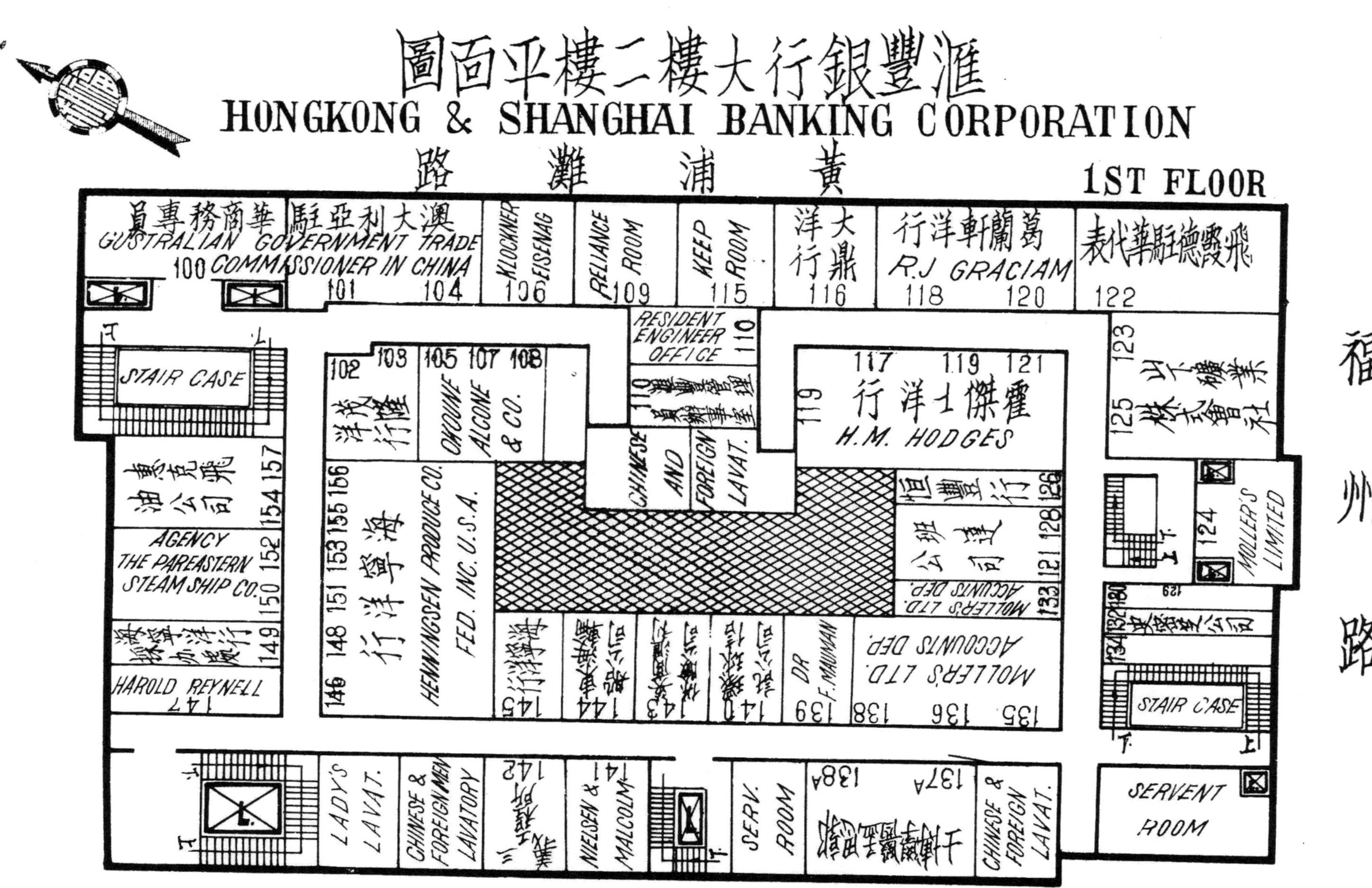
滙豐銀行大樓二樓平面圖
HONGKONG & SHANGHAI BANKING CORPORATION
黃浦灘路
1ST FLOOR
福州路
北
AUSTRALIAN GOVERNMENT TRADE COMMISSIONER IN CHINA
100 101 104
KLOCKNER EISENAG
106
RELIANCE ROOM
109
KEEP ROOM
115
大鼎洋行
116
R.J GRACIAM
118 120
122
RESIDENT ENGINEER OFFICE
110
H.M. HODGES
117 119 121
123
125
STAIR CASE
102 103 105 107 108
OKOUNE ALCONE & CO.
CHINESE AND FOREIGN LAVAT.
HENNINGSEN PRODUCE CO. FED. INC. U.S.A.
146 148 151 153 155 156
157 154 152 150 149
AGENCY THE PAREASTERN STEAM SHIP CO.
HAROLD REYNELL
147
MOLLER'S LIMITED
124
MOLLER'S LTD. ACCOUNTS DEP.
133 121 128 126
129
134 132 130
STAIR CASE
MOLLER'S LTD. ACCOUNTS DEP.
135 136 138
DR F. MAUNAN
139
140 143 144 145
SERVENT ROOM
LADY'S LAVAT.
CHINESE & FOREIGN MEN LAVATORY
142
NIELSEN & MALCOLM
141
SERV. ROOM
138A 137A
CHINESE & FOREIGN LAVAT.

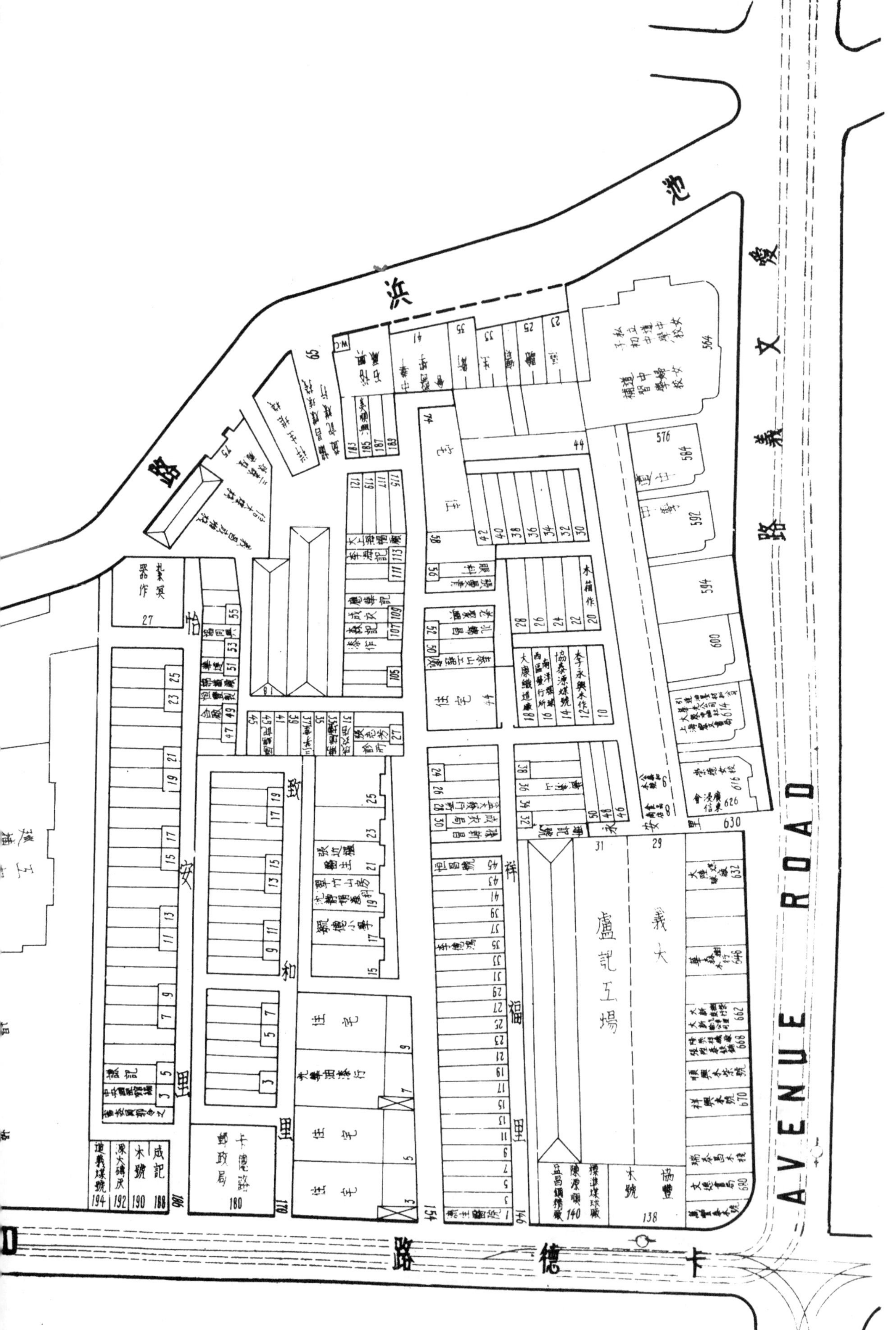

AVENUE ROAD
愛文義路
卡德路
池浜路
盧記工場
大義

TSZE PANG ROAD

SHANHAIKWAN ROAD

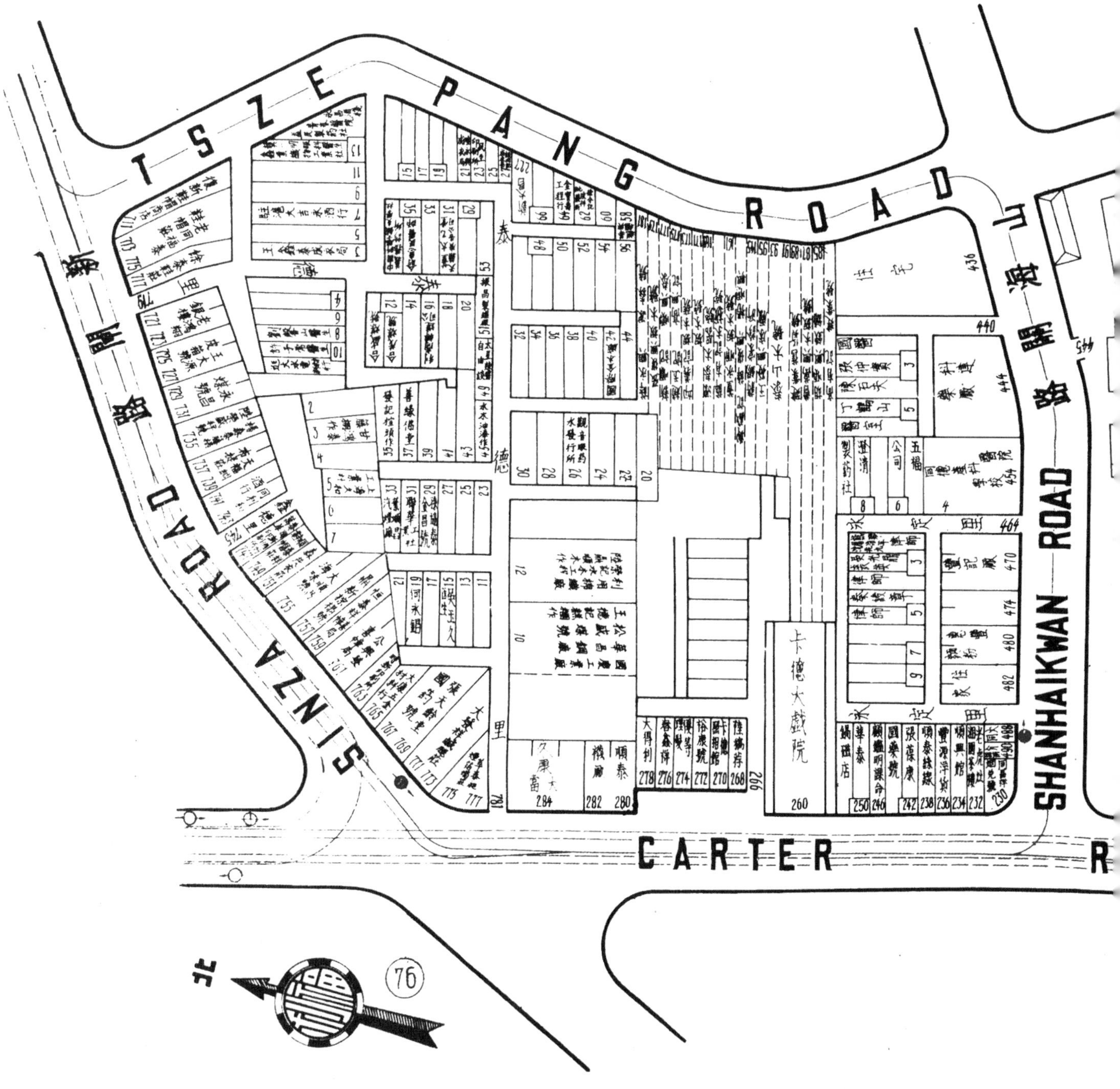

山海關路

SINZA ROAD

新閘路

CARTER R

卡德大戲院

260

76

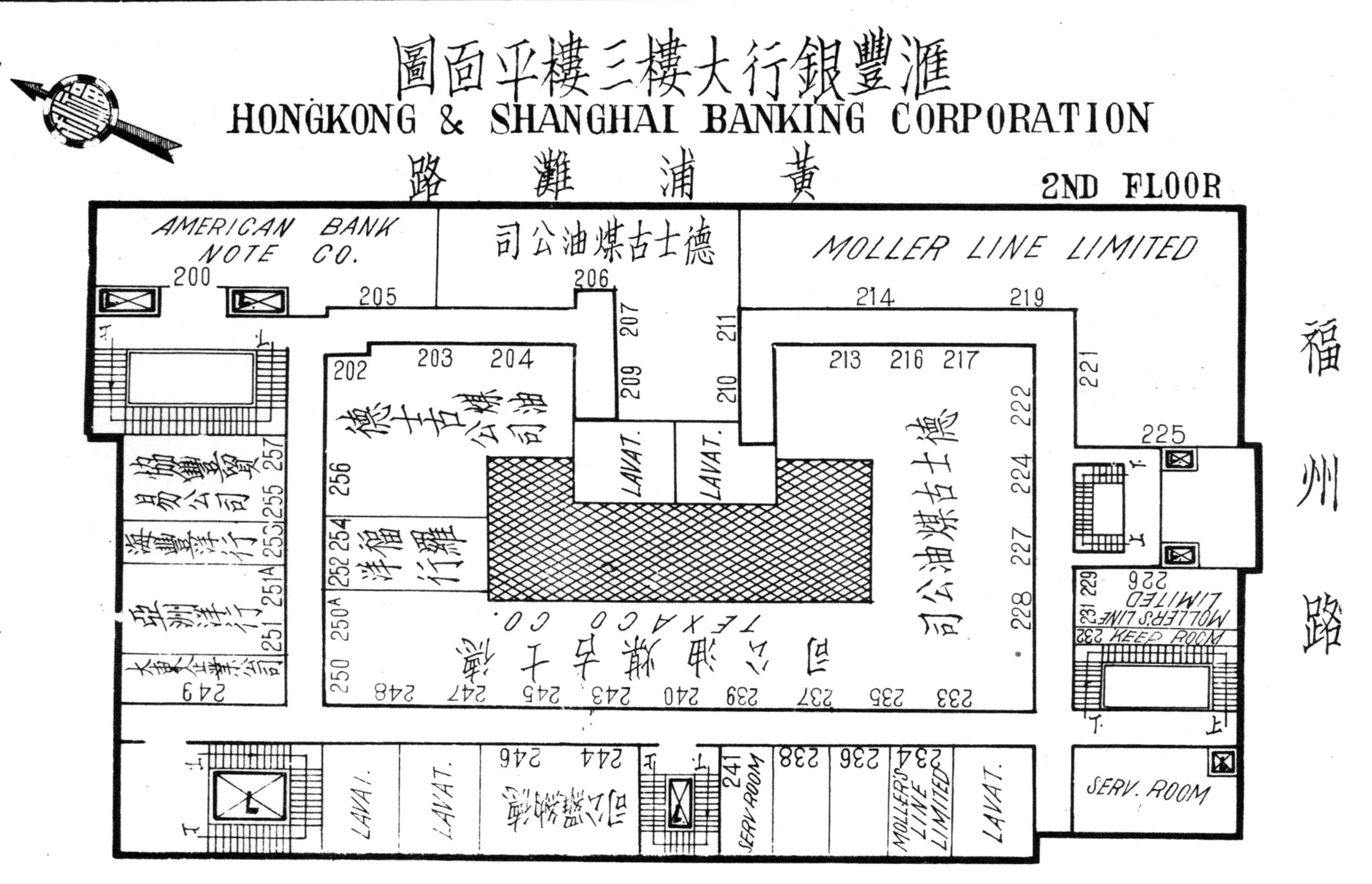
滙豐銀行大樓三樓平面圖
HONGKONG & SHANGHAI BANKING CORPORATION
黃浦灘路
2ND FLOOR
福州路
北
AMERICAN BANK NOTE CO.
德士古煤油公司
MOLLER LINE LIMITED
TEXACO CO.
MOLLER'S LINE LIMITED
KEEP ROOM
SERV. ROOM
LAVAT.
亞洲洋行
福羅洋行
200 202 203 204 205 206 207 209 210 211 213 214 216 217 219 221 222 224 225 226 227 228 229 231 232 233 234 235 236 237 238 239 240 241 243 244 245 246 247 248 249 250 250A 251 251A 252 253 254 255 256 257

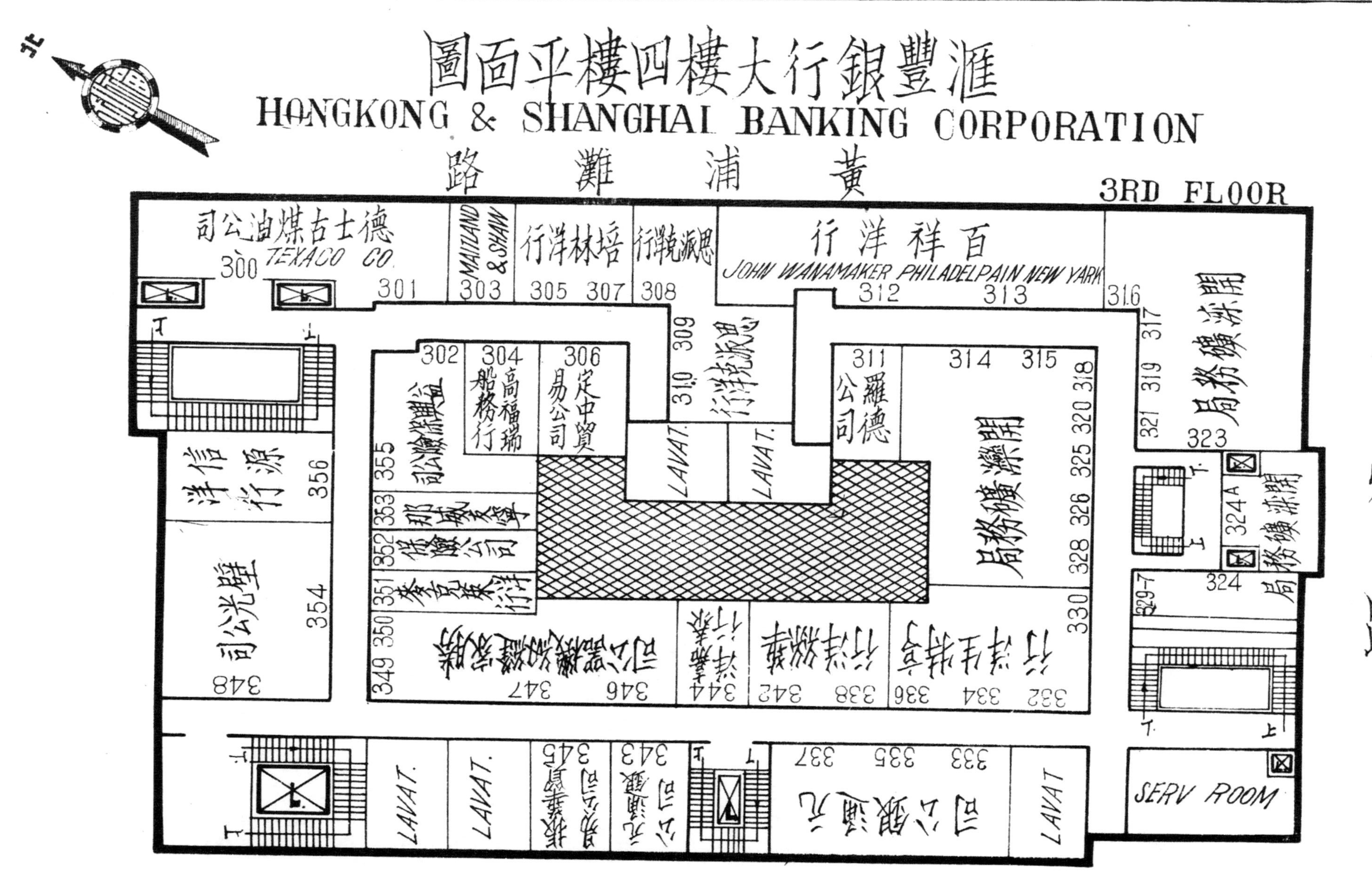

滙豐銀行大樓四樓平面圖
HONGKONG & SHANGHAI BANKING CORPORATION
黃浦灘路
3RD FLOOR
福州路
北
德士古煤油公司
TEXACO CO.
300
301
MAITLAND & SHAW
303
培林洋行
305 307
308
百祥洋行
JOHN WANAMAKER PHILADELPAIN NEW YARK
312 313
316
開灤礦務局
317 319 321
323
324A
324
329-7
302
304
高福瑞船務行
306
定中貿易公司
309
310
311
德羅公司
314 315
318 320 325 326 328
330
LAVAT.
LAVAT.
356
354
348
349 350 351 352 353 355
346 347
344
342
338
336
332 334
LAVAT.
LAVAT.
345
343
元通銀公司
333 335 337
LAVAT
SERV ROOM

大通路
新閘路
SINZA ROAD
ROAD
麥根路
武定路

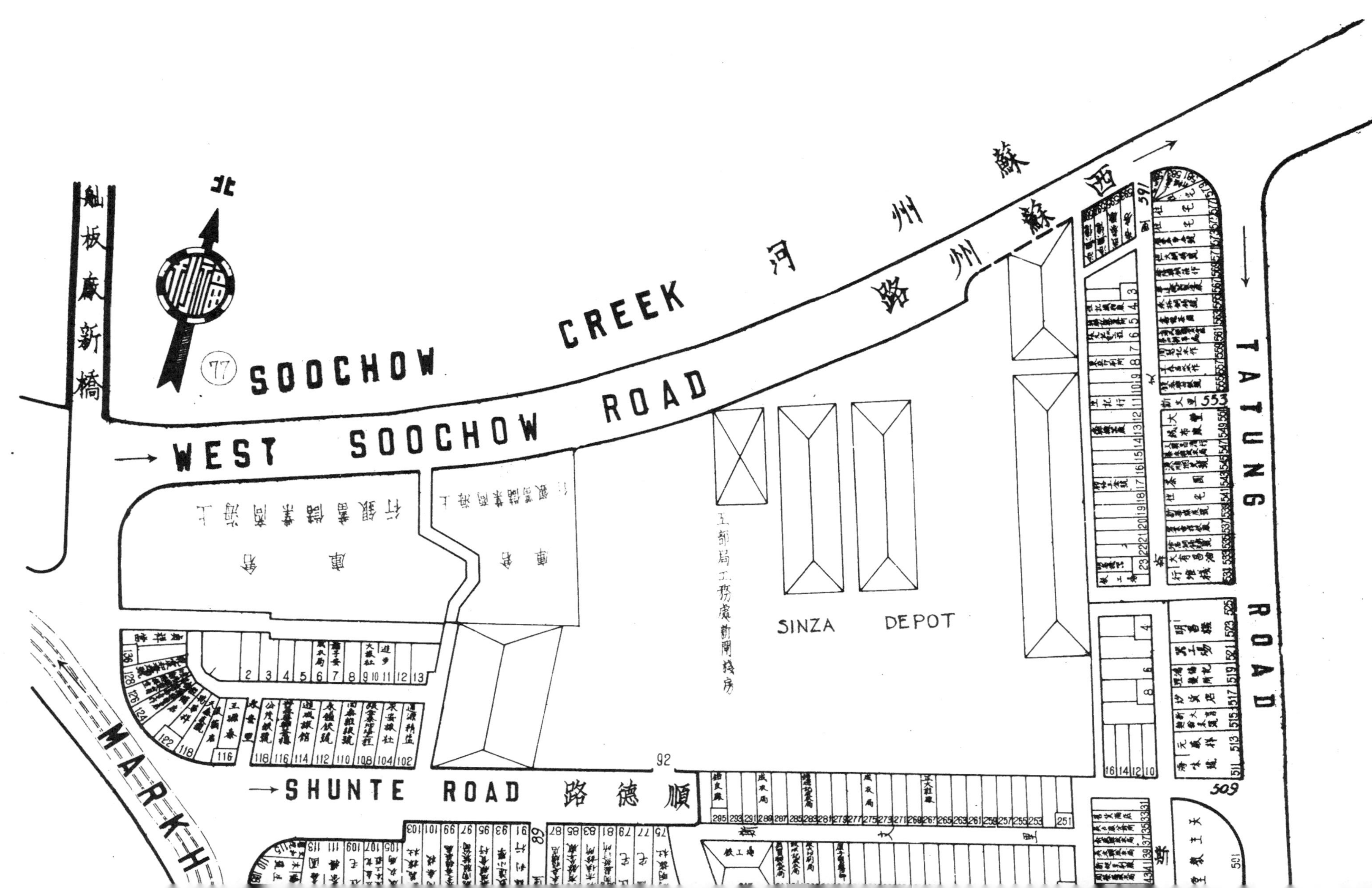
SOOCHOW CREEK
蘇州河
西蘇州路
WEST SOOCHOW ROAD
TATUNG ROAD
SINZA DEPOT
工部局工務處新閘棧房
SHUNTE ROAD
順德路
MARKH
舢板廠新橋
北
77

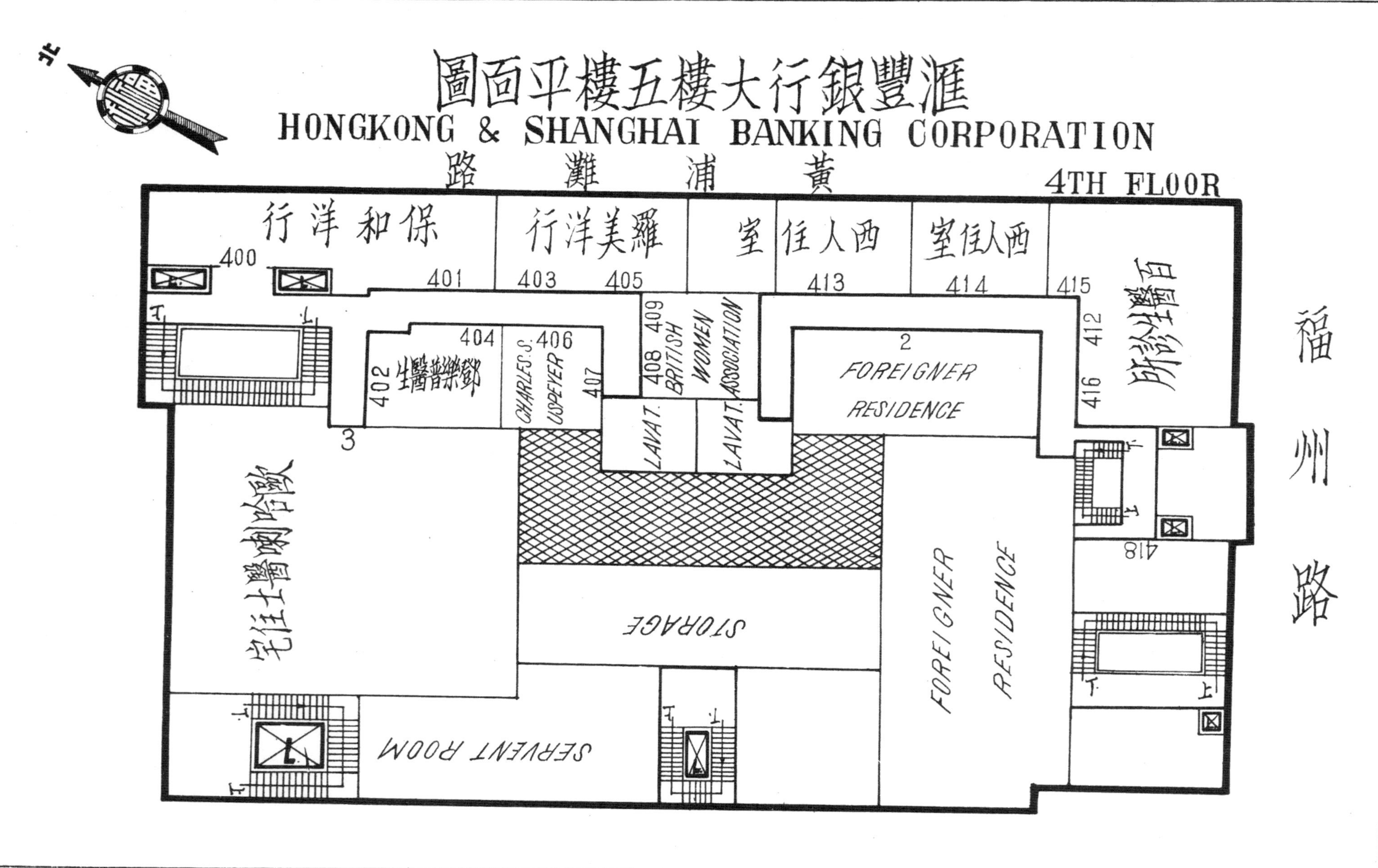
滙豐銀行大樓五樓平面圖
HONGKONG & SHANGHAI BANKING CORPORATION
4TH FLOOR
黃浦灘路
福州路
北
保和洋行
羅美洋行
西人住室
西人住室
400
401
402
403
404
405
406
407
408 409 BRITISH WOMEN ASSOCIATION
412
413
414
415
416
418
2 FOREIGNER RESIDENCE
3
CHARLES S. USPEYER
LAVAT.
LAVAT.
STORAGE
FOREIGNER RESIDENCE
SERVENT ROOM

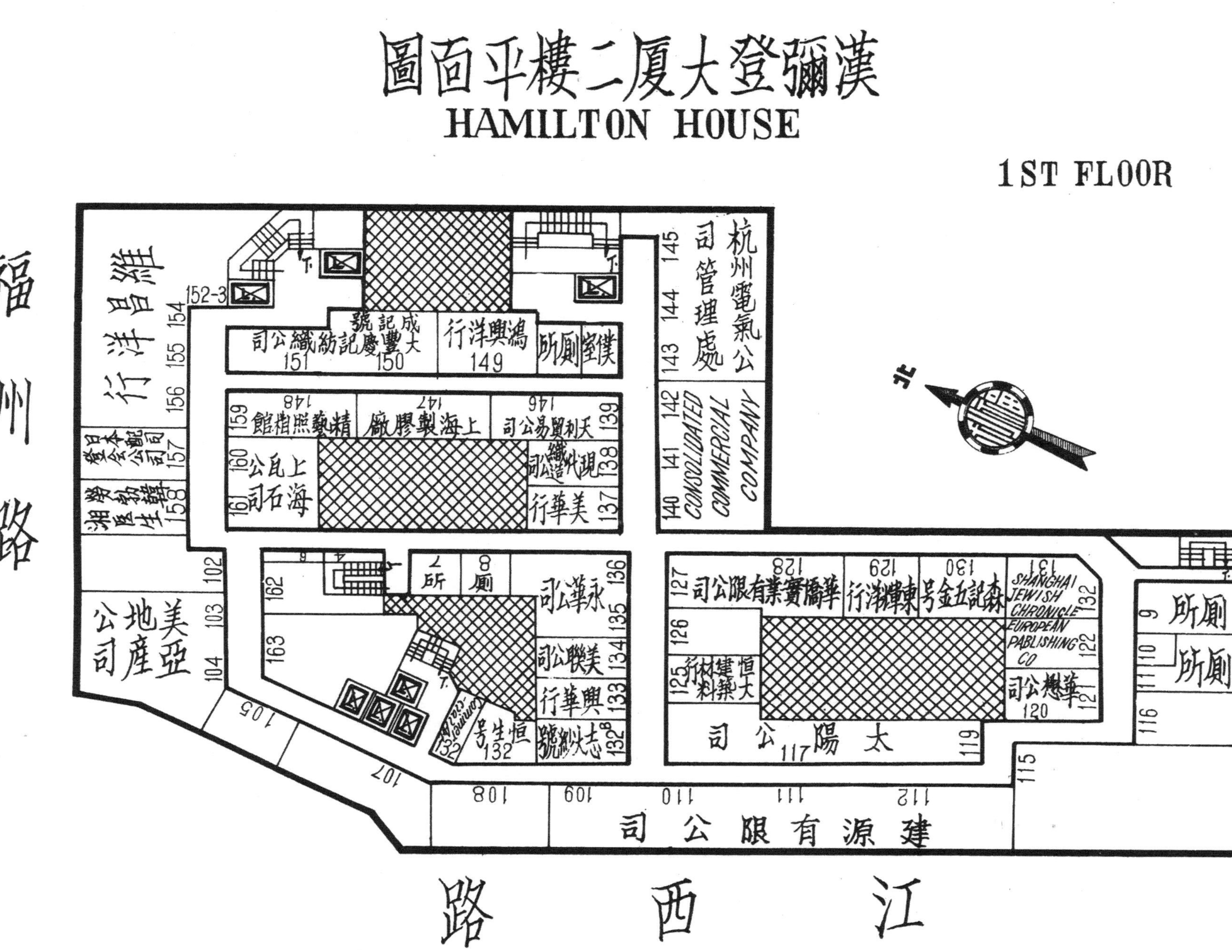
漢彌登大厦二樓平面圖
HAMILTON HOUSE
1ST FLOOR
北
福州路
江西路
維昌洋行 154 155 156
152-3
大豐慶記紡織公司 150 151
成記號
鴻興洋行 149
廁所
僕室
精藝照相館 148 159
上海製膠廠 147
天利貿易公司 146 139
現代織造公司 138
美華行 137
上海石公司 160 161
日本登記公司 157
湘粤協生銀號 158
杭州電氣公司管理處 145 144 143
CONSOLIDATED COMMERCIAL COMPANY 142 141 140
亞美地產公司 102 103 104
105
107
162
163
所 7
廁 8
永華公司 136 135
美聯公司 134
興華行 133
志大紗號 132B
恒生号 132
華僑實業有限公司 128 127
東樺洋行 129
森記五金号 130
131 SHANGHAI JEWISH CHRONICLE 132
EUROPEAN PABLISHING CO 122
華懋公司 121 120
126
恒大建築材料行 125
太陽公司 117
119
廁所 9
廁所 10 11
116
115
108 109 110 111 112
建源有限公司

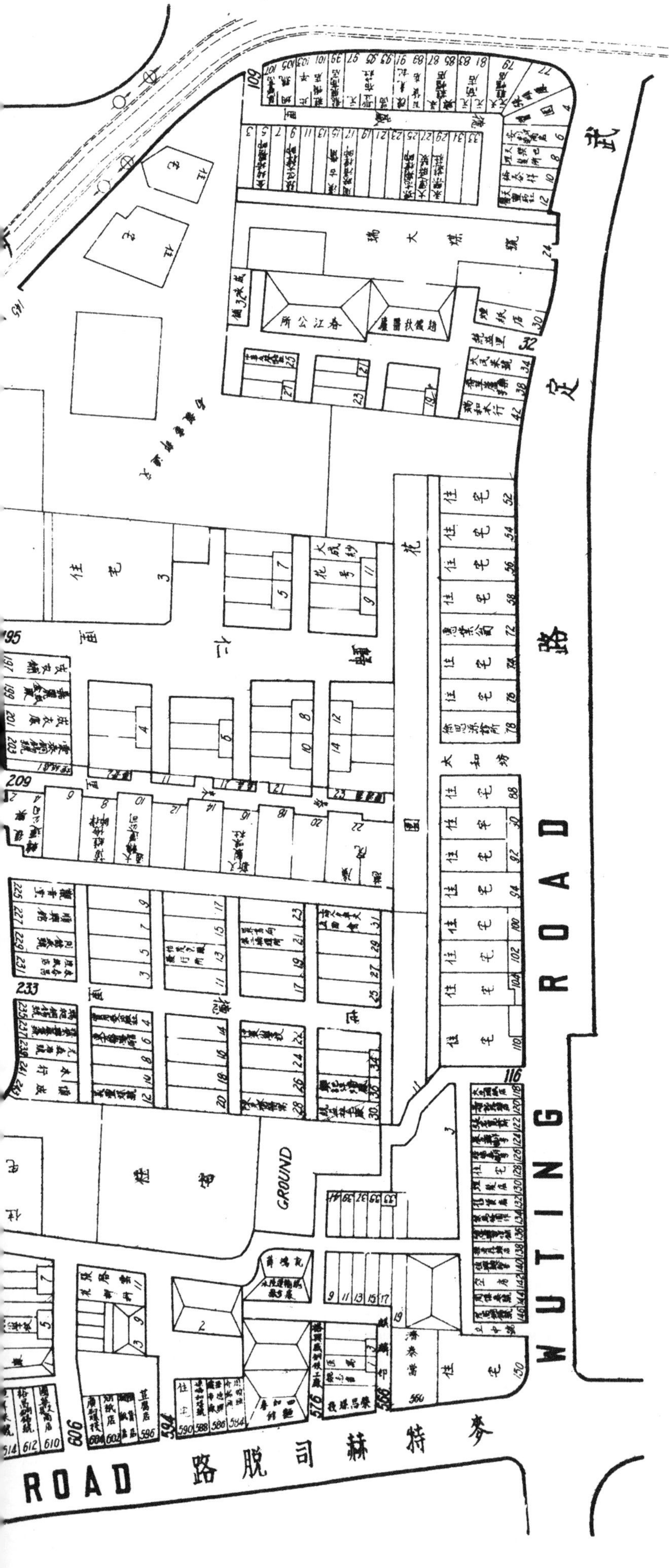

武定路

WUTING ROAD

GROUND

大和坊

麥特赫司脫路

ROAD

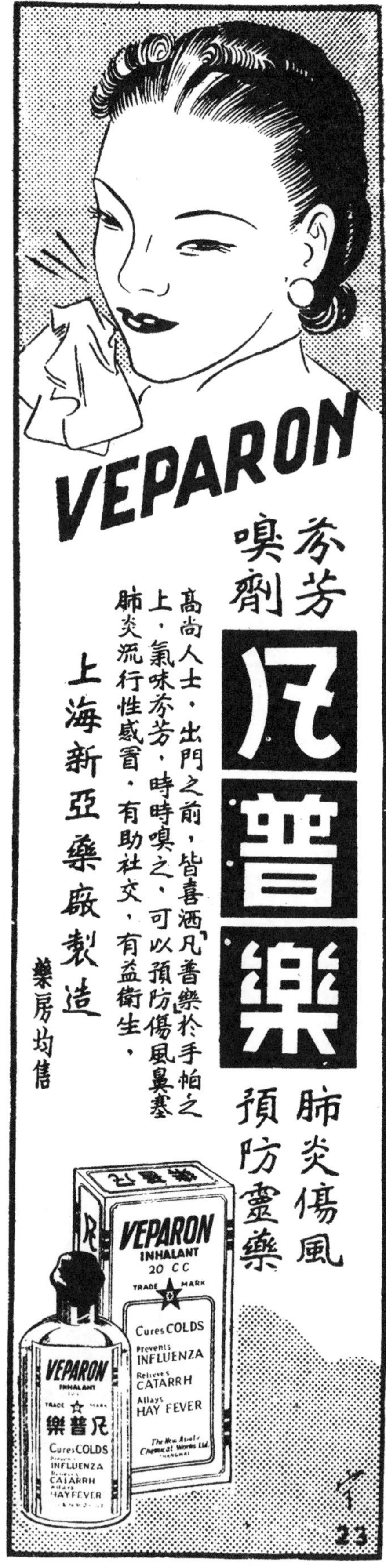

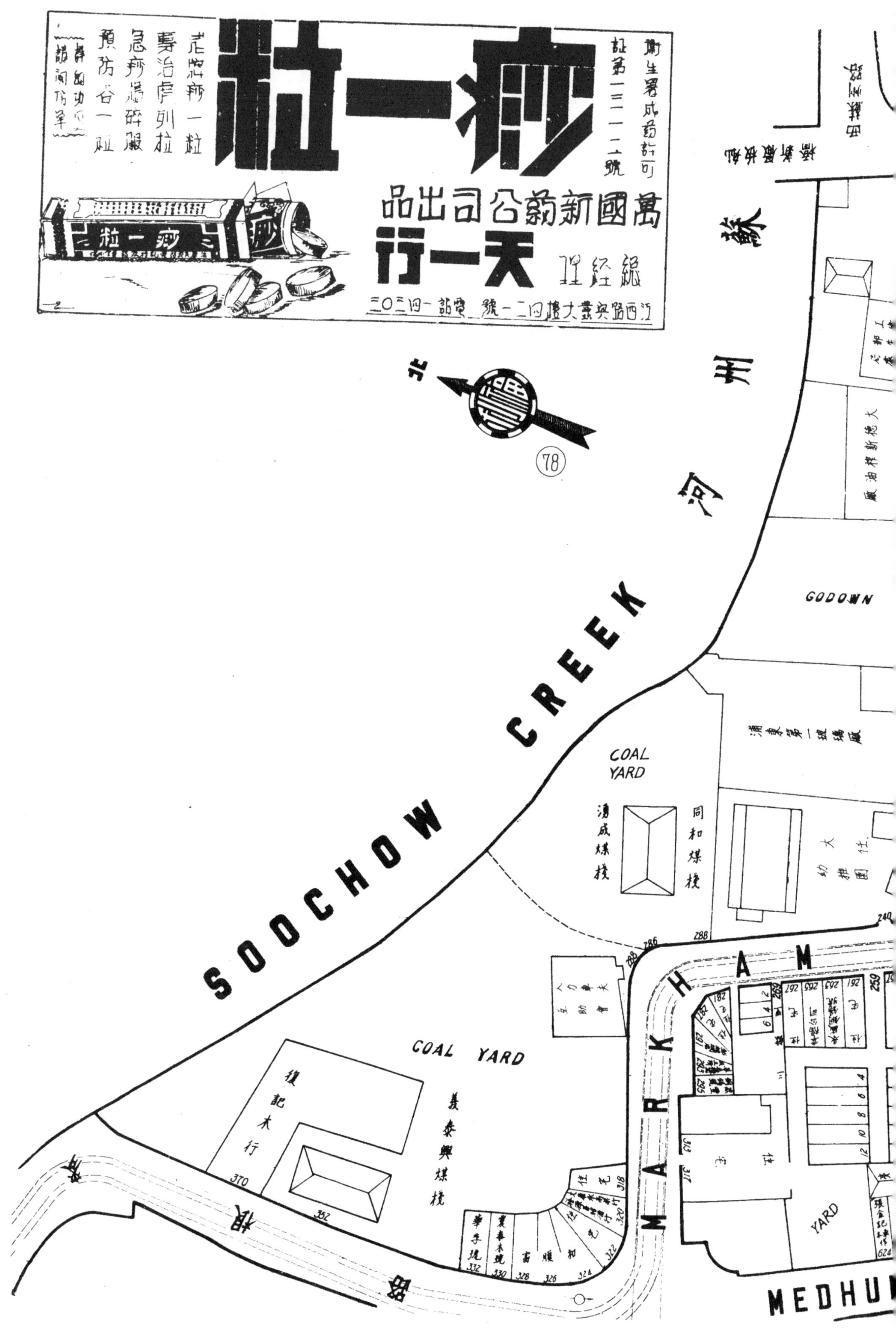

痧一粒
衛生署成藥許可證第一三一一二號
萬國新藥公司出品
總經理
天一行
江西路興業大樓四二一號 電話一四三〇二
專治虎列拉
北
78
蘇州河
SOOCHOW CREEK
GODOWN
COAL YARD
湧成煤棧
同和煤棧
浦東第一玻璃廠
幼稚園
COAL YARD
復記木行
義泰興煤棧
YARD
MARKHAM
MEDHU

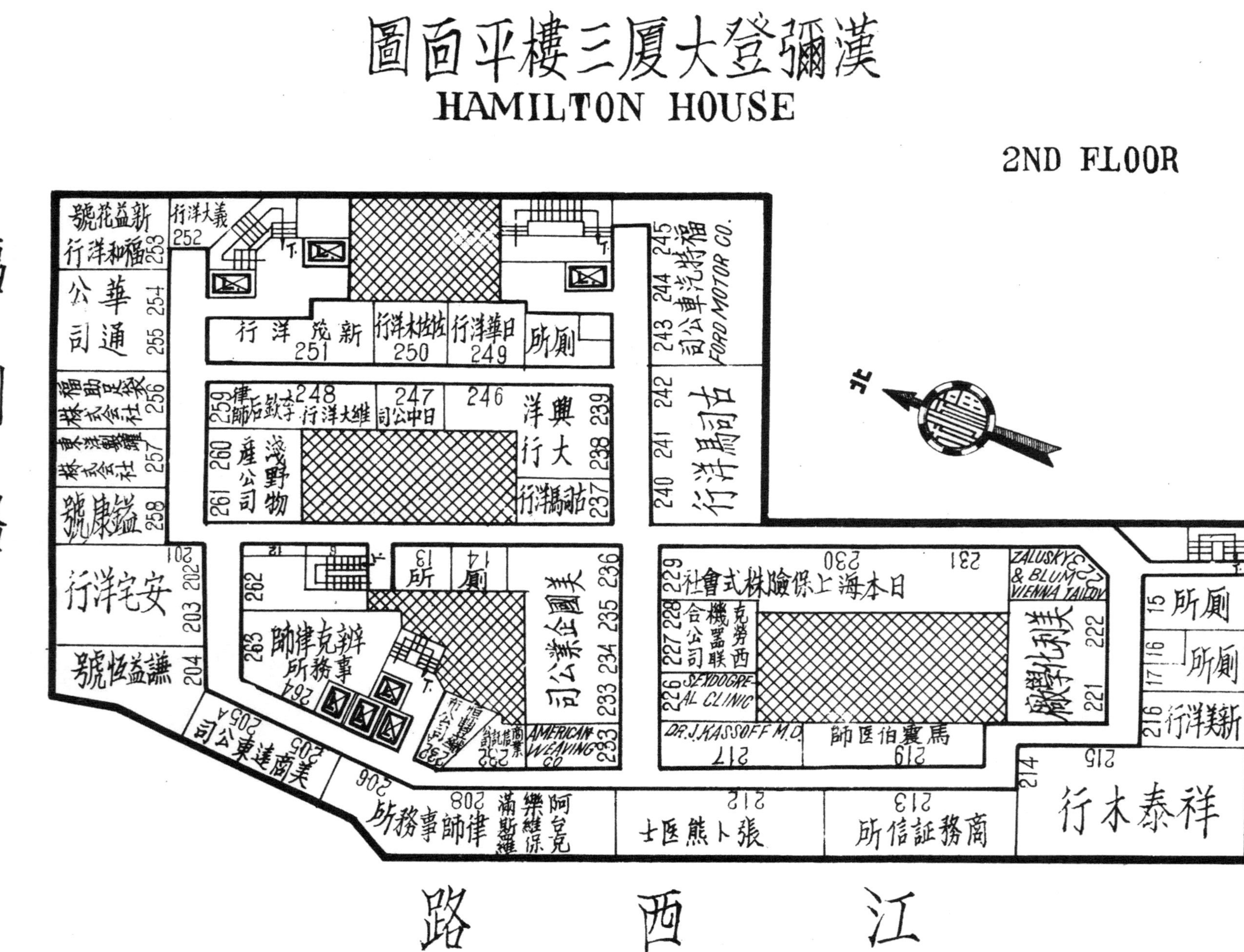

漢彌登大廈三樓平面圖
HAMILTON HOUSE
2ND FLOOR
福州路
江西路
北
FORD MOTOR CO.
福特汽車公司
古司馬洋行
ZALUSKY & BLUM VIENNA TAILOR
日本海上保險株式會社
DR. J. KASSOFF M.D.
馬賽伯醫師
AMERICAN WEAVING CO
美國企業公司
張卜熊醫士
商務証信所
祥泰木行
新美洋行
安宅洋行
美商達東公司
辦克律師事務所

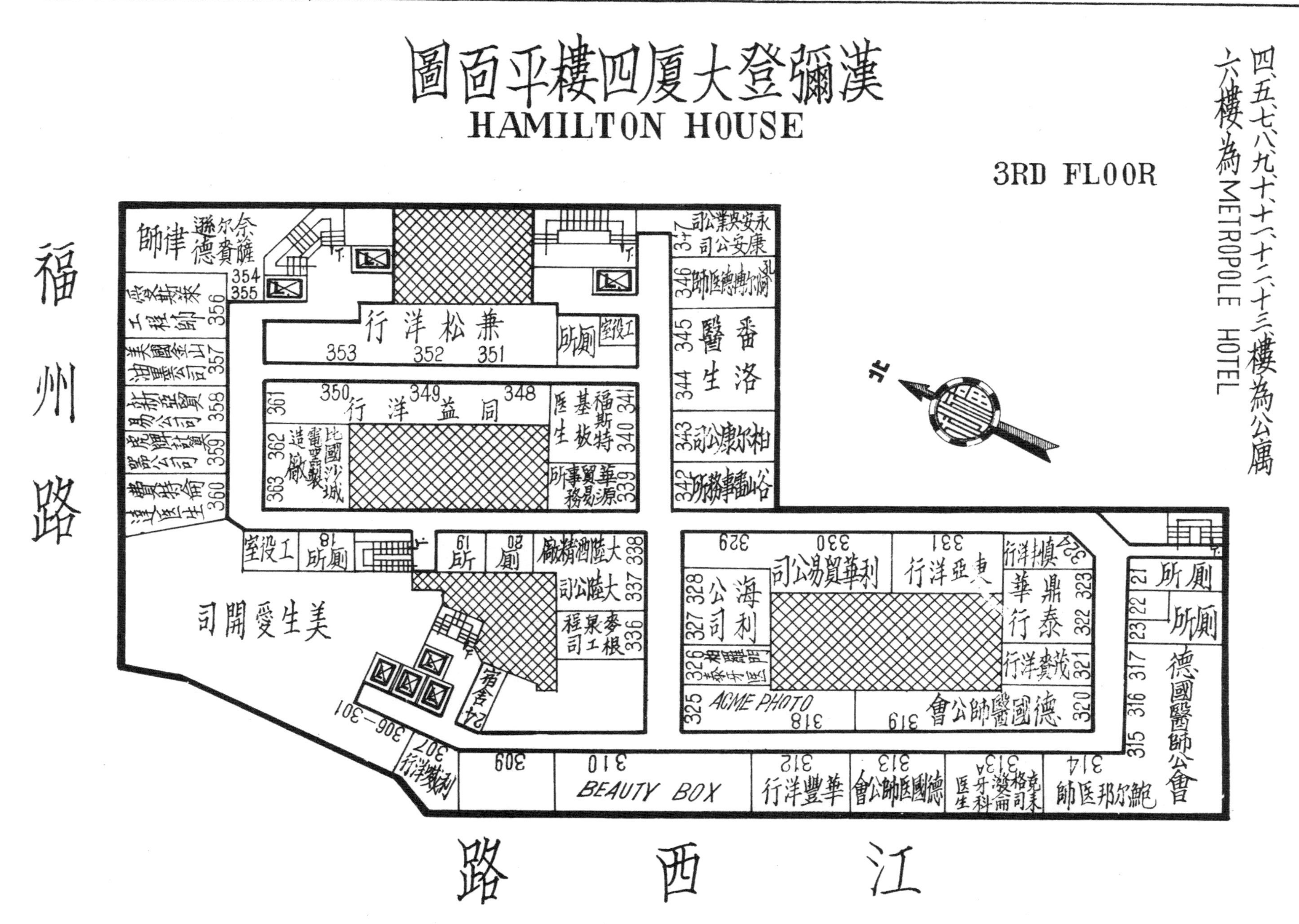
漢彌登大厦四樓平面圖
HAMILTON HOUSE
3RD FLOOR
四、五、七、八、九、十、十一、十二、十三樓為公寓
六樓為METROPOLE HOTEL
福州路
江西路
兼松洋行
353
352
351
同益洋行
350
349
348
361
362
363
341
340
339
347
346
345
344
343
342
354
355
356
357
358
359
360
醫生
番洛
柏康公司
廁所
工役室
18
19
大陸酒精廠
338
大陸公司
337
麥根泉工程司
336
美生愛開司
宿舍
24
306–301
307
309
310
BEAUTY BOX
312
華豐洋行
313
313A
314
315
316
317
德國醫師公會
21
22
23
329
330
利華貿易公司
331
東亞洋行
324
323
322
321
320
鼎泰華行
海利公司
327
328
326
325
ACME PHOTO
318
319
德國醫師公會

武定路
麥根路
MARKHAM ROAD
新閘路
YARD
平房
小菜場
MARKET
中國紅十字會
濟康里

WUTING ROAD
ROAD
GROUND
三育中小學校
麥特赫司脫路
MEDHURST ROAD
SINZA ROAD
北
79
療毒三傑
九一一四 內服新藥
九一一四 外用藥膏
九一一四 白濁新藥
上海中法大藥房
福鑫里
福康里

靜安大樓二樓平面圖
BUBBLING WELL BUILDING 1ST FLOOR

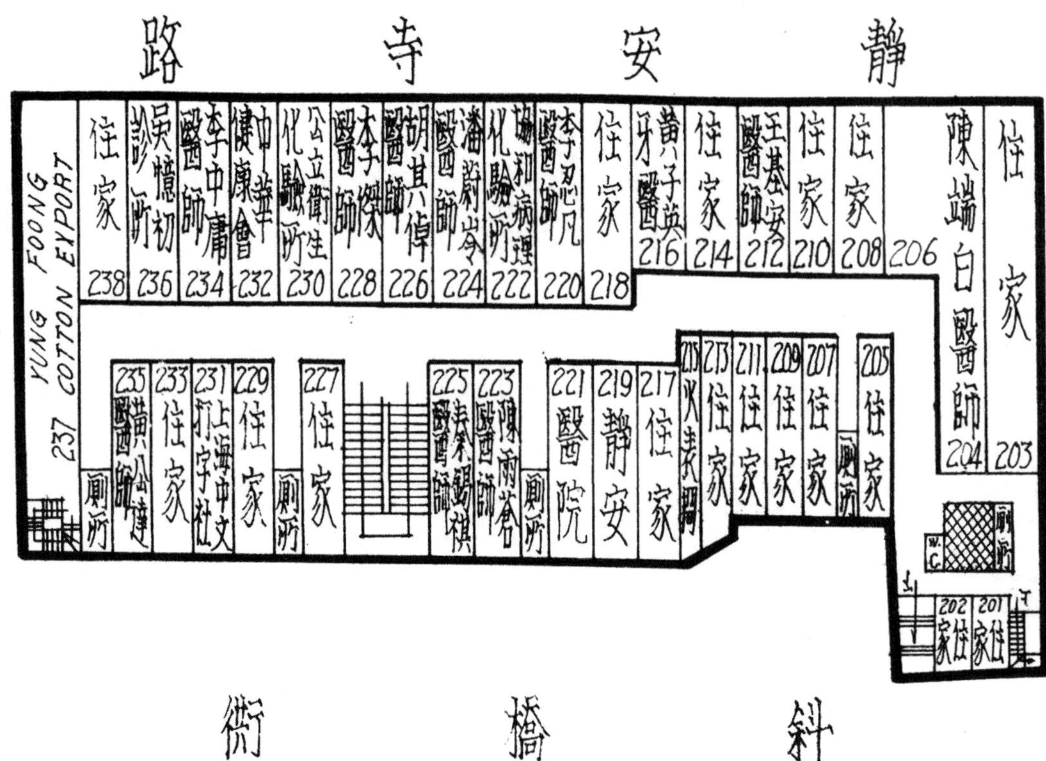

靜安大樓三樓平面圖
BUBBLING WELL BUILDING 2ND FLOOR

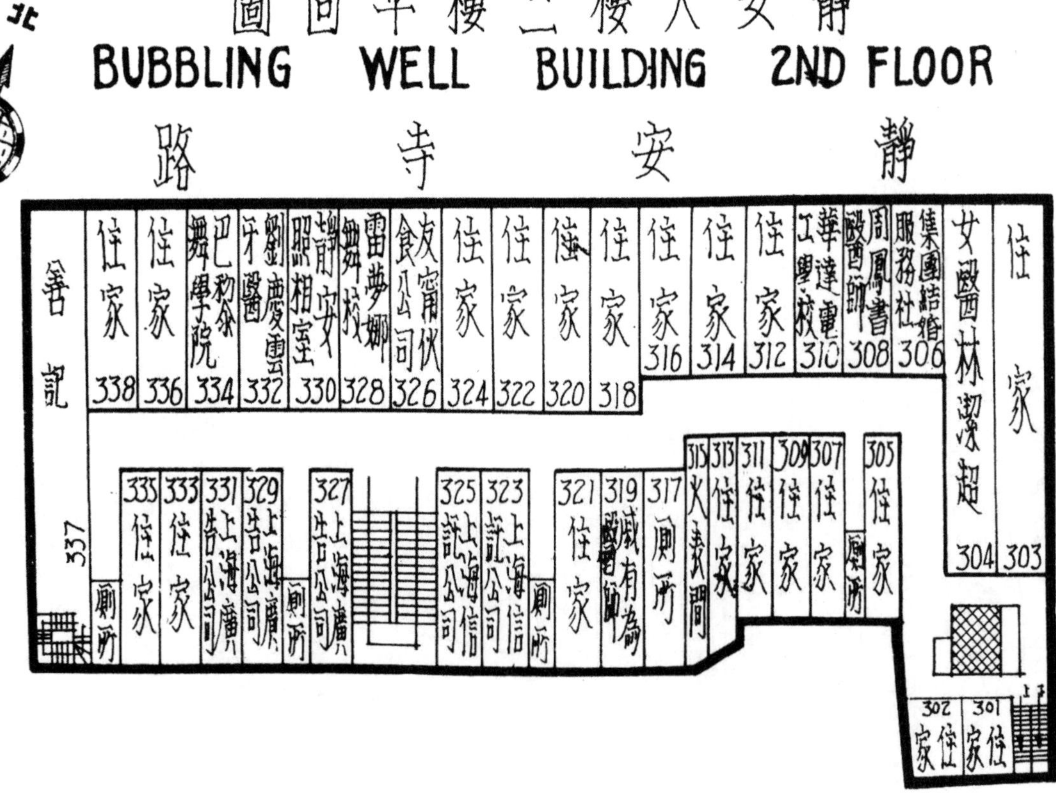

綢業銀行大樓三樓平面圖

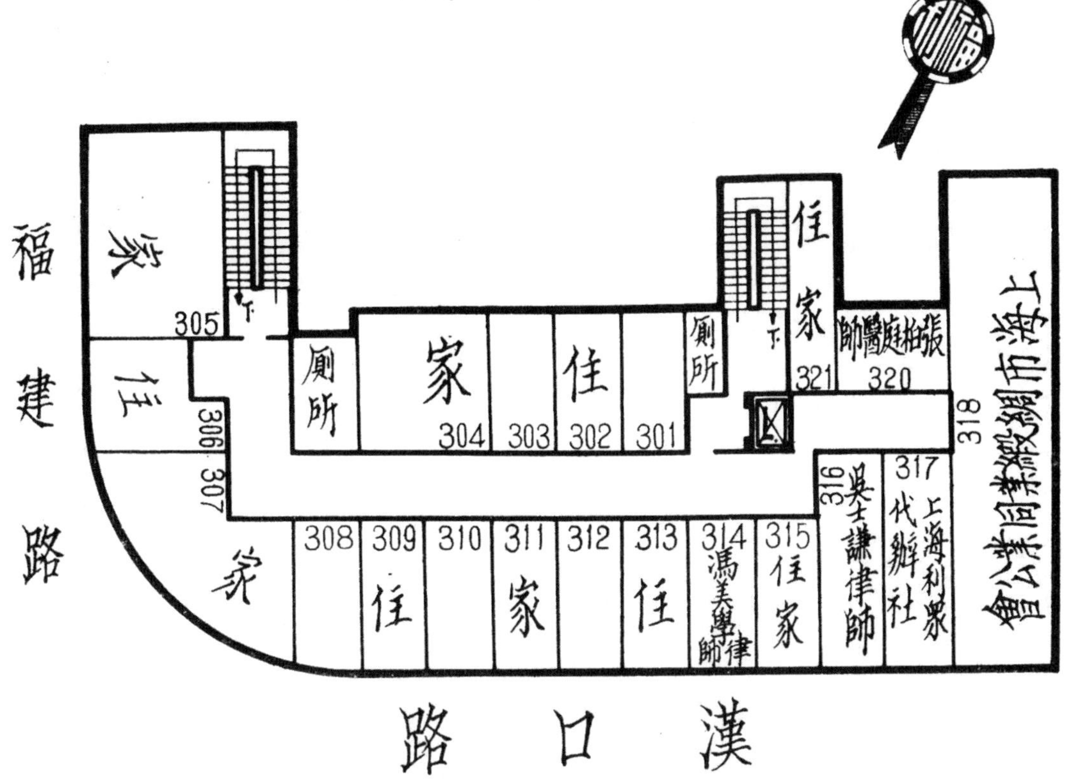

北

二樓為裕成文記證券號

上海市綢業同業公會

福建路

漢口路

305 家
306 住
307 家
304 家
303
302 住
301
廁所
廁所
308
309 住
310
311 家
312
313 住
314 馮美學律師
315 住家
316 吳士謙律師
317 上海利泉代辦社
318
320 張柏庭醫師
321 住家

綢業銀行大樓四樓平面圖

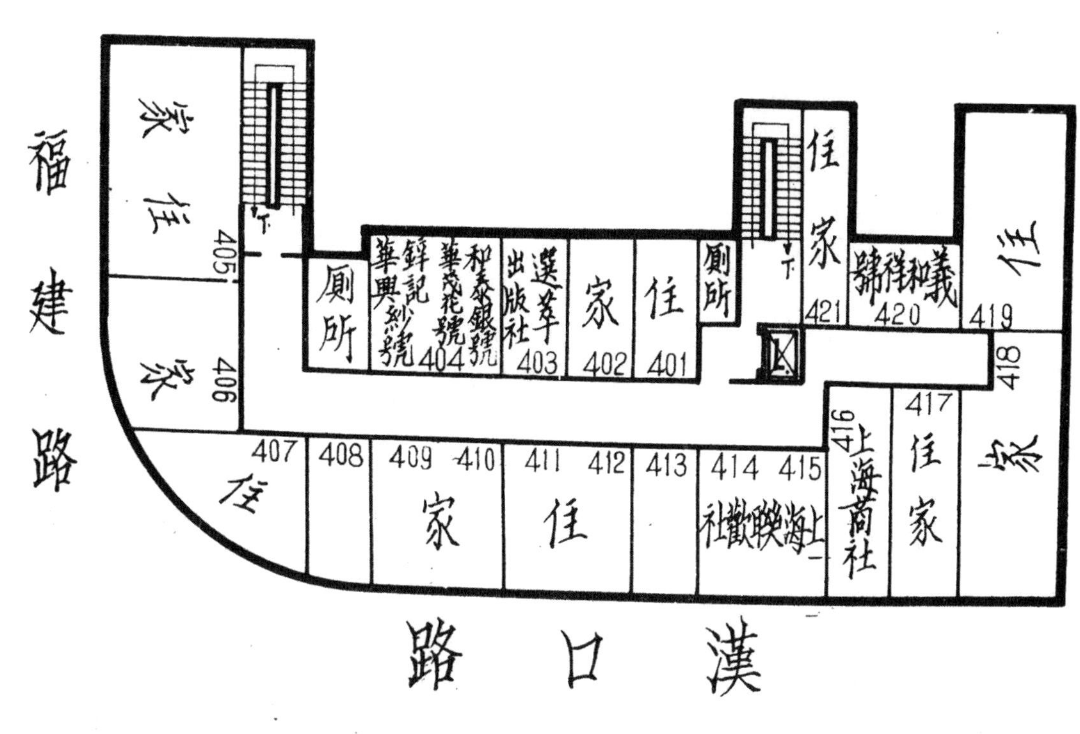

中西大
新閘路
ROAD
卡德路
CARTER ROAD
愛文義路
中國紅十字會
中國瘋病醫院
私立修德小學
AN ROAD

紡織染壓門市部
卡德路二二五號 電話三一二一一
鴻章
明星香水
房
中法大藥房
龍虎人丹
80
SINZA
MEDHURST ROAD
麥特赫司脫路
麗都花園舞廳及游泳池
福田邨
AVENUE ROAD

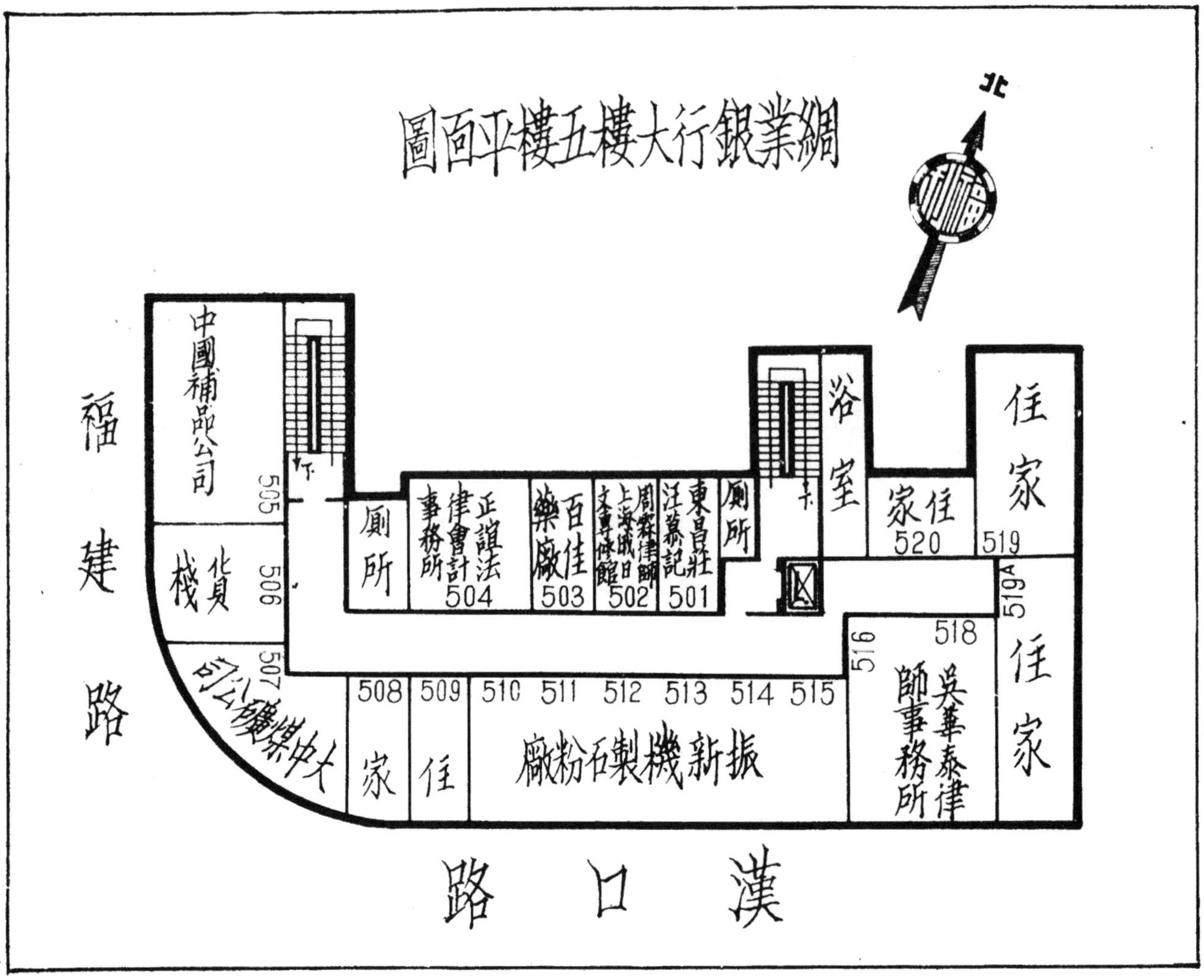

網業銀行大樓五樓平面圖

北

福建路

漢口路

505 中國補品公司

506 貨棧

507 大中煤礦公司

508 住家

509

510 511 512 513 514 515 振新機製石粉廠

516 518 吳華泰律師事務所

519A 住家

519 住家

520 住家

浴室

廁所

501 東昌莊 汪慕記

502 周森律師 上海晚日文專修館

503 百佳樂廠

504 正誼法律會計事務所

廁所

廣東銀行大樓三樓平面圖

KWANGTUNG BANK BUILDING

2ND FLOOR

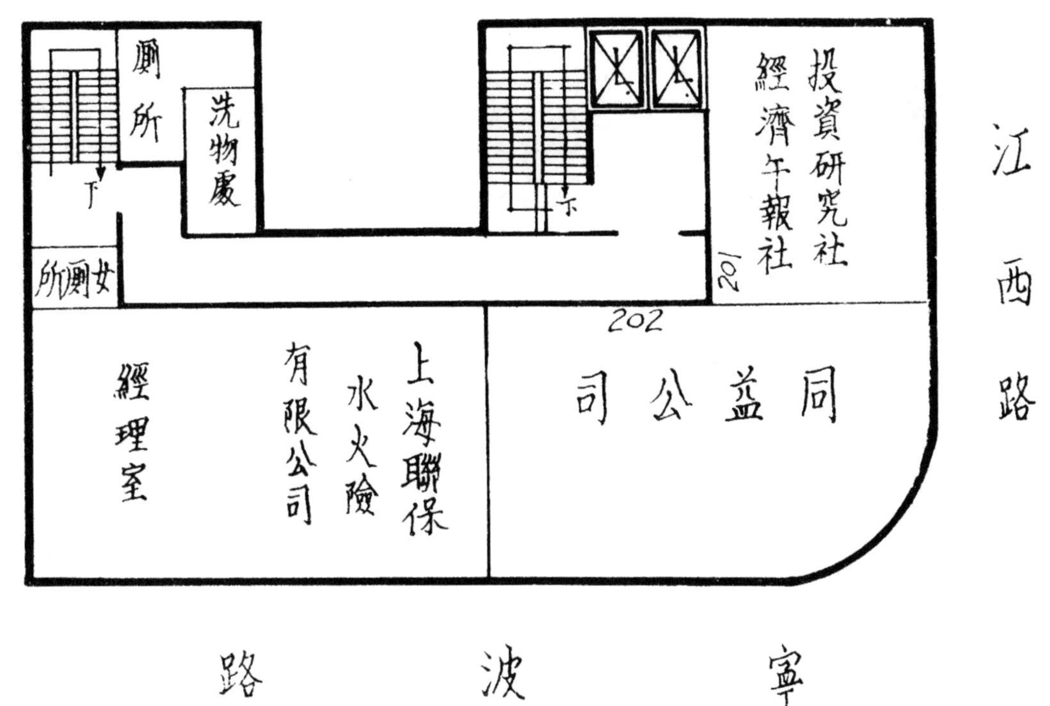

廣東銀行大樓四樓平面圖

KWANGTUNG BANK BUILDING

3RD FLOOR

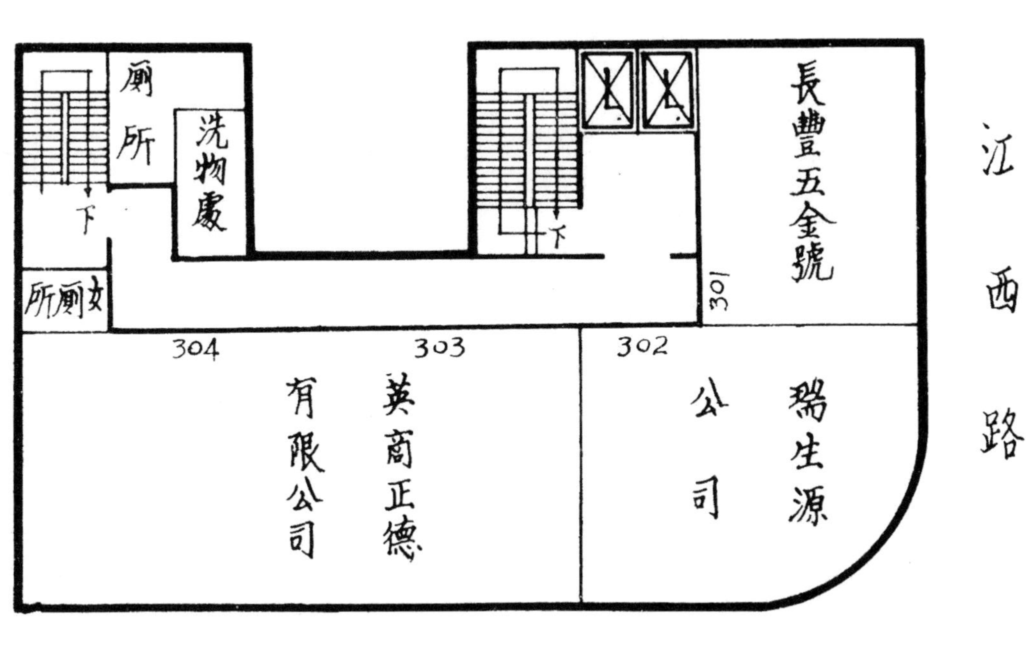

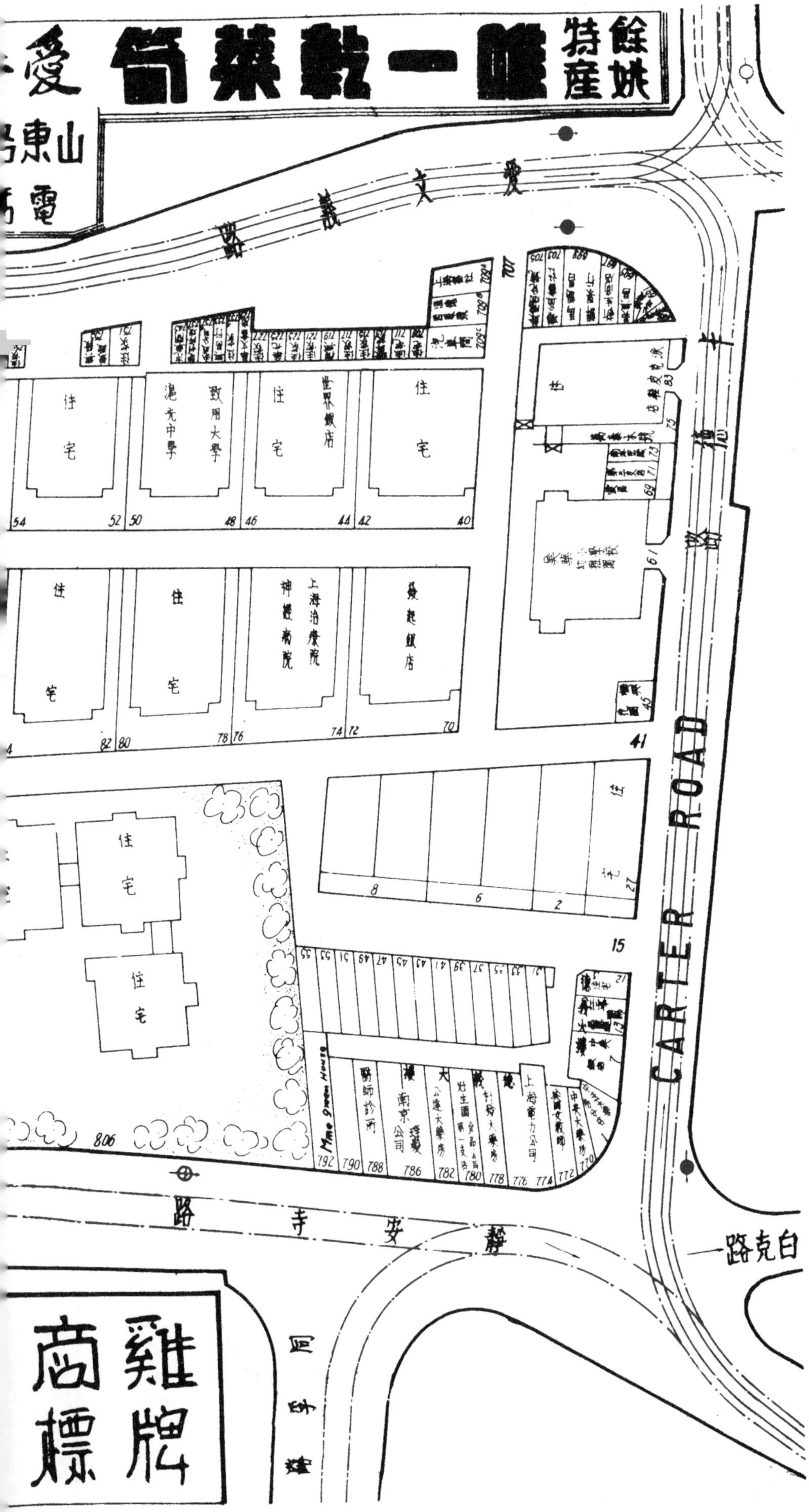

愛文義路

卡德路

CARTER ROAD

靜安寺路

白克路

滬光中學

致用大學

世界飯店

上海治療院 神經病院

發起飯店

住宅

醫師診所

南京公司

公達大藥房

上海電力公司

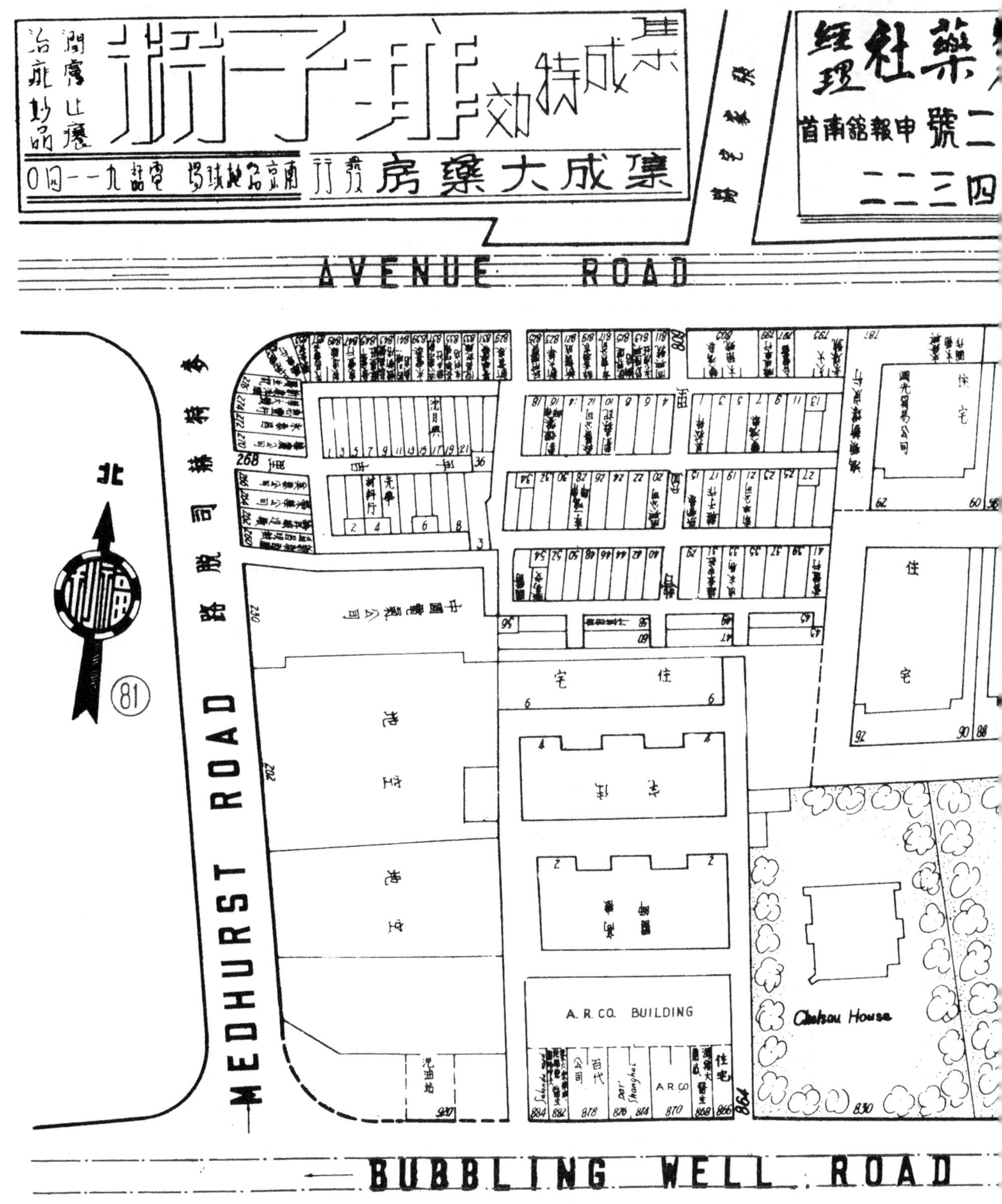

集成特效
集成大藥房 發行 南京路抛球場 電話九一一四〇
經理
申報館南首
四三二二
AVENUE ROAD
北
81
MEDHURST ROAD
中國電氣公司
住宅
A. R. CO. BUILDING
BUBBLING WELL ROAD

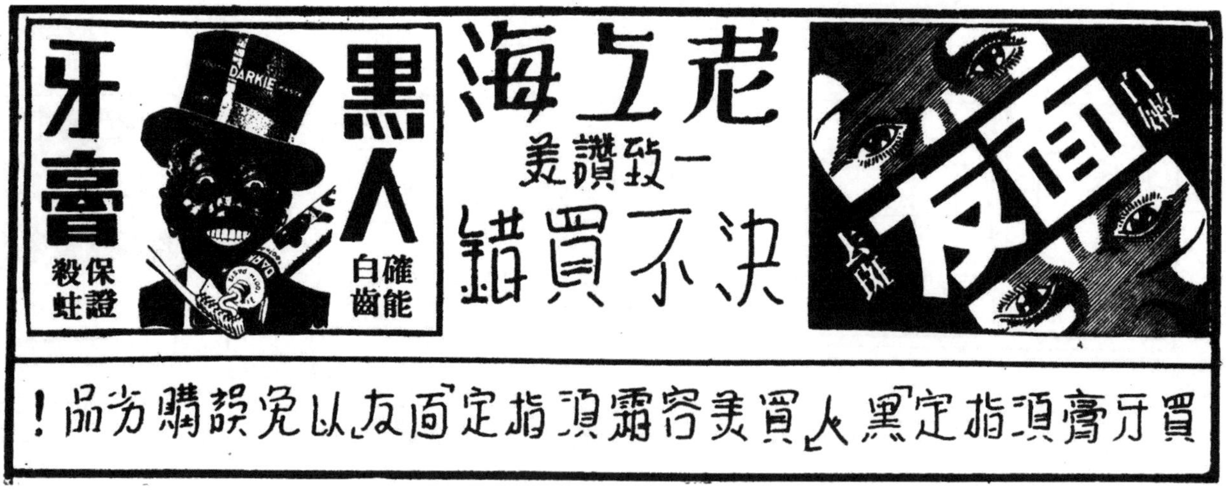

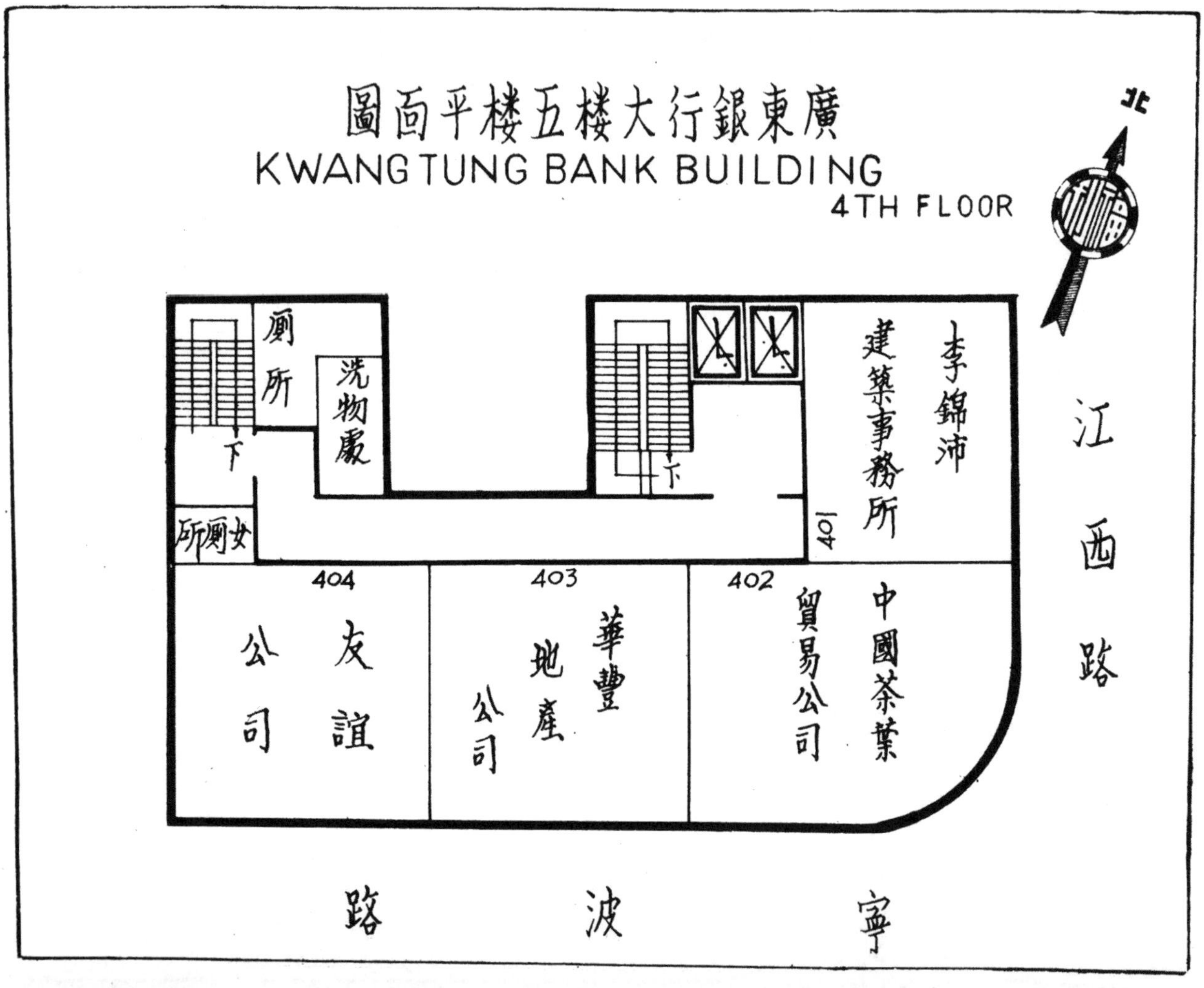

廣東銀行大樓五樓平面圖

KWANGTUNG BANK BUILDING

4TH FLOOR

北

廁所

洗物處

女廁所

下

401 李錦沛建築事務所

402 中國茶葉貿易公司

403 華豐地產公司

404 友誼公司

江西路

寧波路

廣學會大樓三樓平面圖

CHRISTIAN LITERATURE BUILDING
2ND FLOOR

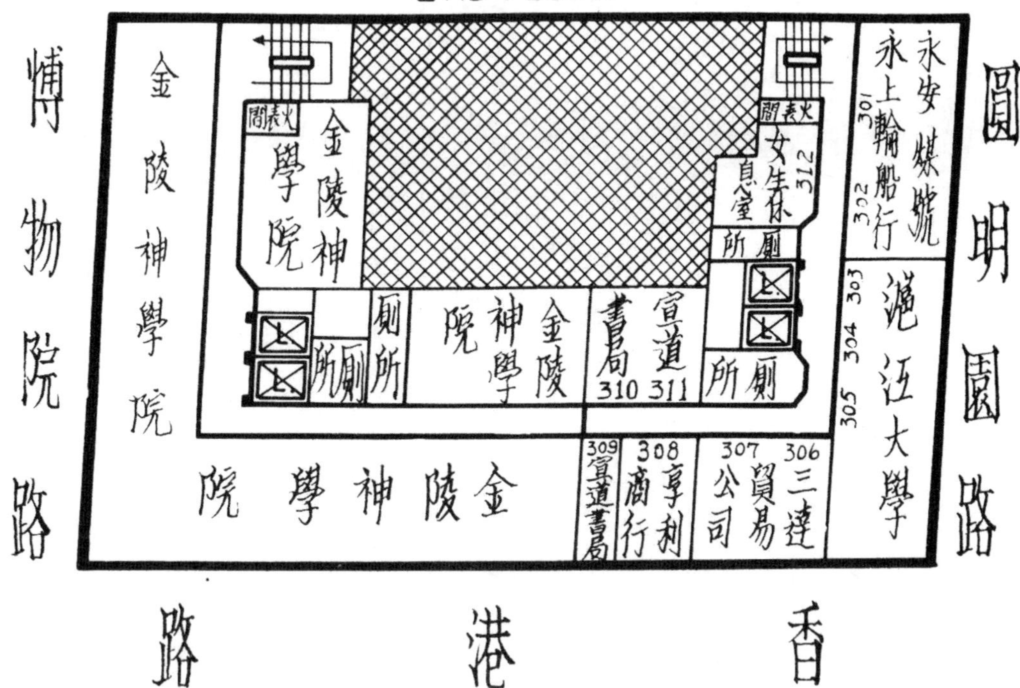

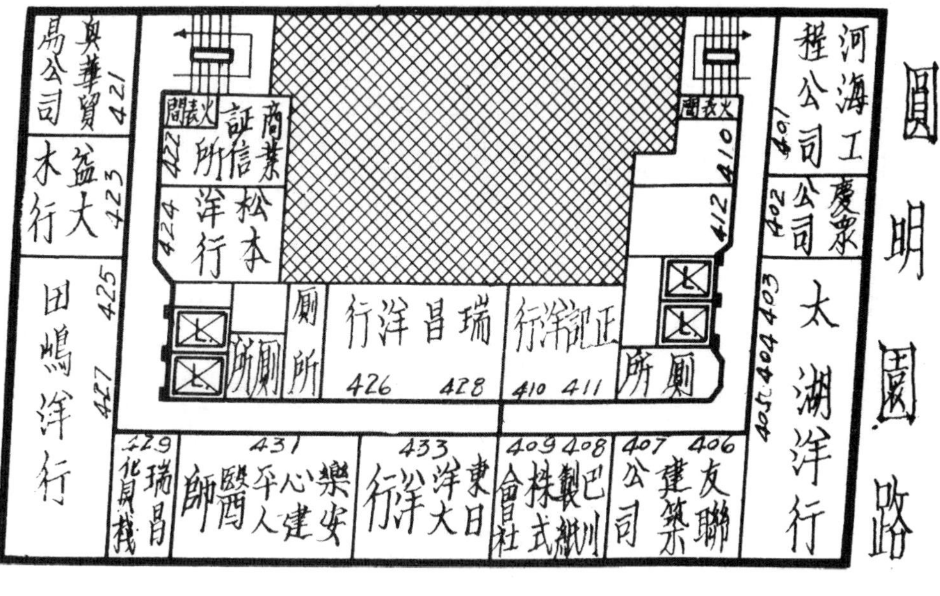

BUBBLING WELL ROAD
LOVE LANE
PRIVATE RD
YARD
靜安寺路
麥特赫斯脫路
同孚路
慕爾鳴
中國銀行
THE GIFT SHOP

82
MOULMEIN RD.
WEIHAIWEI ROAD
YATES ROAD
大陸煤球廠
大東鉄工廠工場

廣學會大樓五樓平面圖

CHRISTIAN LITERATURE BUILDING
4 TH FLOOR

廣學會大樓六樓平面圖

CHRISTIAN LITERATURE BUILDING
5TH FLOOR

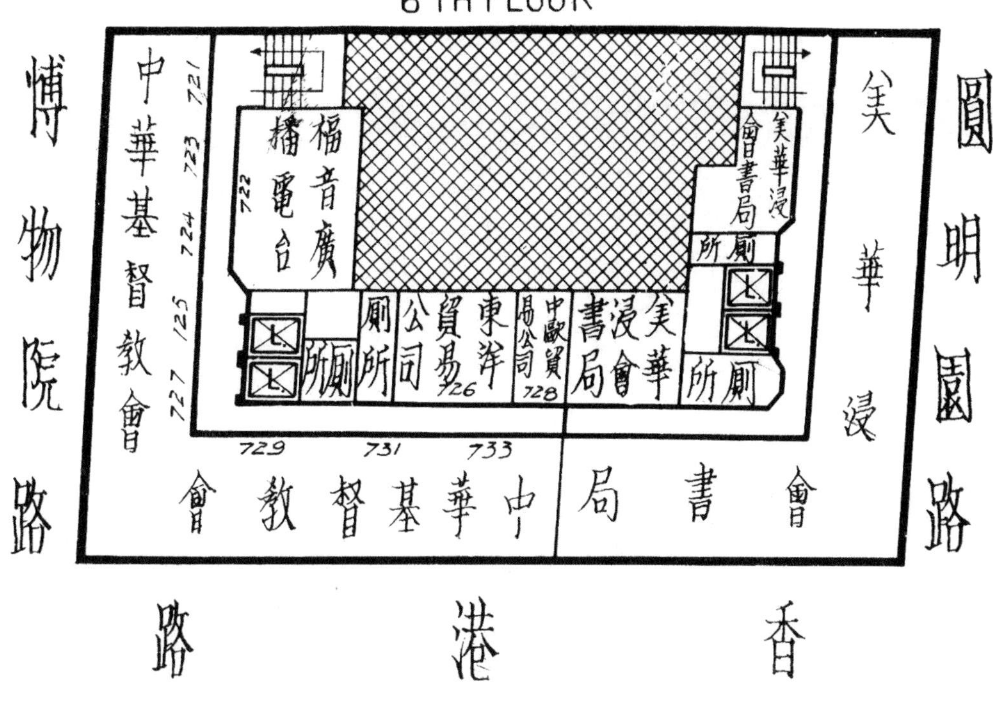
廣學會大樓七樓平面圖
CHRISTIAN LITERATURE BUILDING
6 TH FLOOR
博物院路
圓明園路
香港路
中華基督教會
721
723
724
725
727
福音廣播電台
722
廁所
東洋貿易公司
726
中歐貿易公司
728
美華浸會書局
美華浸會書局
729
731
733
中華基督教會
會書局
美華浸

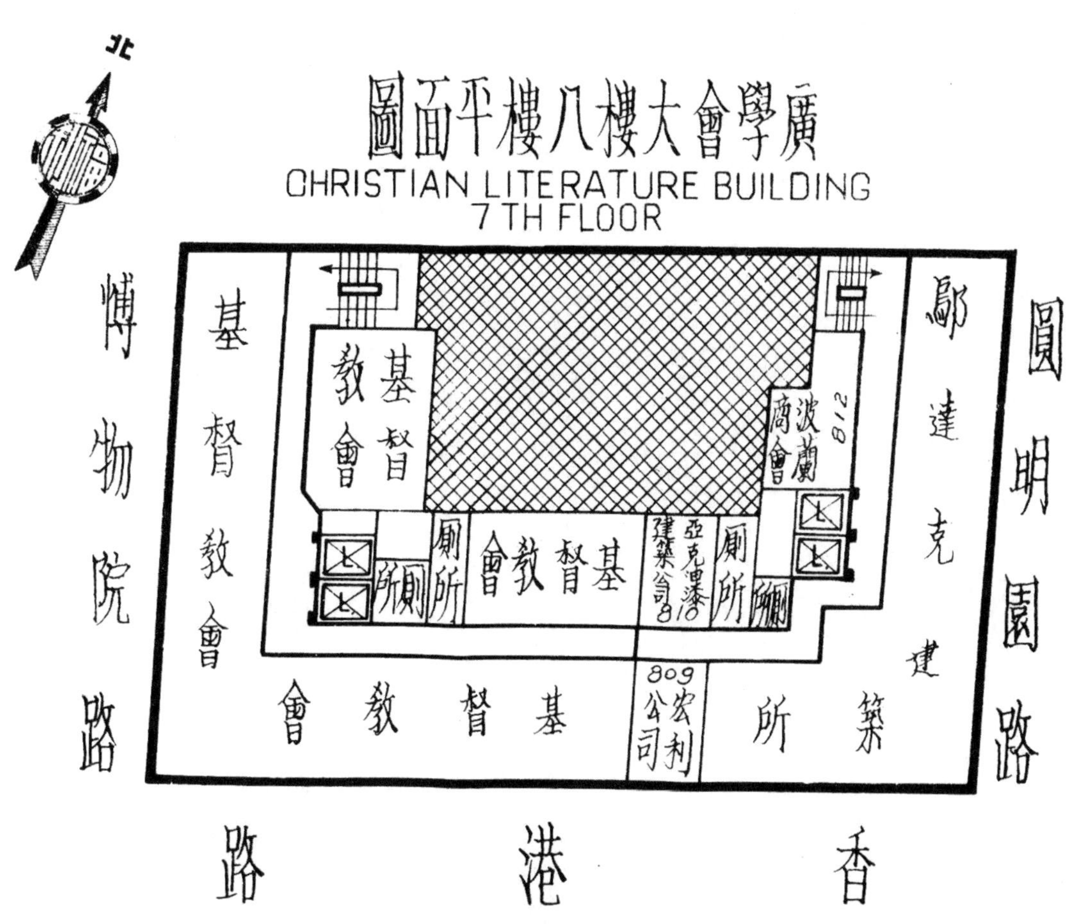
北
廣學會大樓八樓平面圖
CHRISTIAN LITERATURE BUILDING
7 TH FLOOR
博物院路
圓明園路
香港路
基督教會
基督教會
廁所
基督教會
亞克連蓀建築公司
810
811
波蘭商會
812
鄔達克建築所
809
宏利公司
基督教會

83
北
ROAD
慕尔鸣路
WEIHAIWEI ROAD
威海衛路
YANG TRRANCE
RDEN
艾羅療肺藥
減痛片藥
不含毒質
立止一切痛疼
上海中法藥房發行

AVENUE FOCH
福煦路
NOLLMEIN
YATES ROAD
路
大沽路
TEXACO OIL STATION
德士古汽油站
光夏中小學校
SHELL OIL STATION
百花巷
同德醫學院
SOCONY OIL STATION
飛馬牌汽油站
標準止咳劑
咳停
藥片
上海中法大藥房

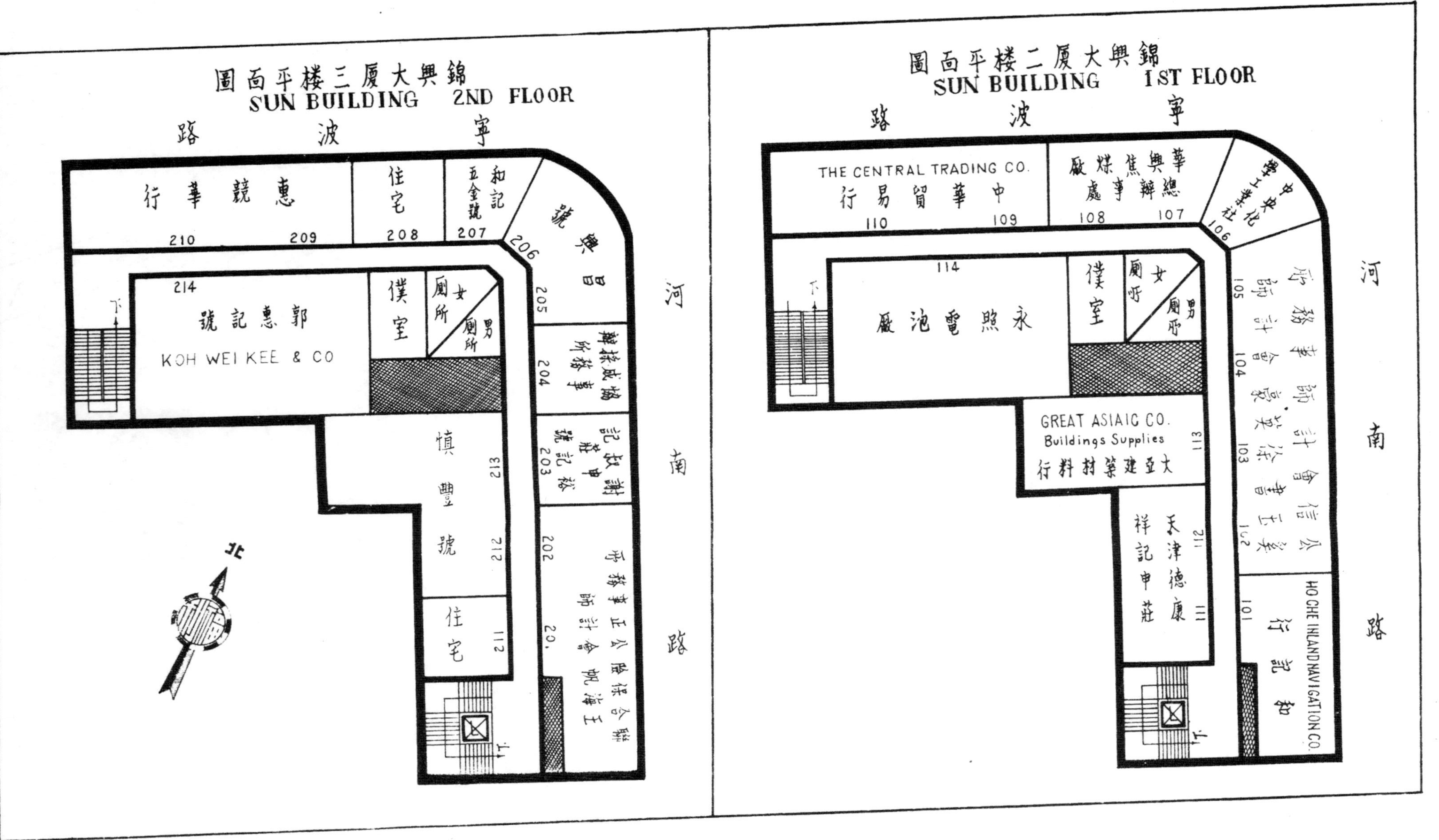

錦興大廈三樓平面圖
SUN BUILDING 2ND FLOOR
寧波路
河南路
惠競華行
210
209
住宅
208
和記五金號
207
呂興號
206
205
協成操辦事務所
204
謝叔記申莊
裕記號
203
聯合保險公正事務所
王海帆會計師
202
20.
郭惠記號
KOH WEI KEE & CO
214
僕室
女廁所
男廁所
慎豐號
213
212
住宅
211
下
北
錦興大廈二樓平面圖
SUN BUILDING 1ST FLOOR
寧波路
河南路
THE CENTRAL TRADING CO.
中華貿易行
110
109
華興焦煤總辦事處
108
107
中央化學工業社
106
公信會計師事務所
奚玉書 徐英豪 會計師
105
104
103
1c2
HO CHE INLAND NAVIGATION CO.
和記行
101
永照電池廠
114
僕室
女廁所
男廁所
GREAT ASIAIC CO.
Buildings Supplies
大亞建築材料行
113
天津德康
祥記申莊
112
111
下

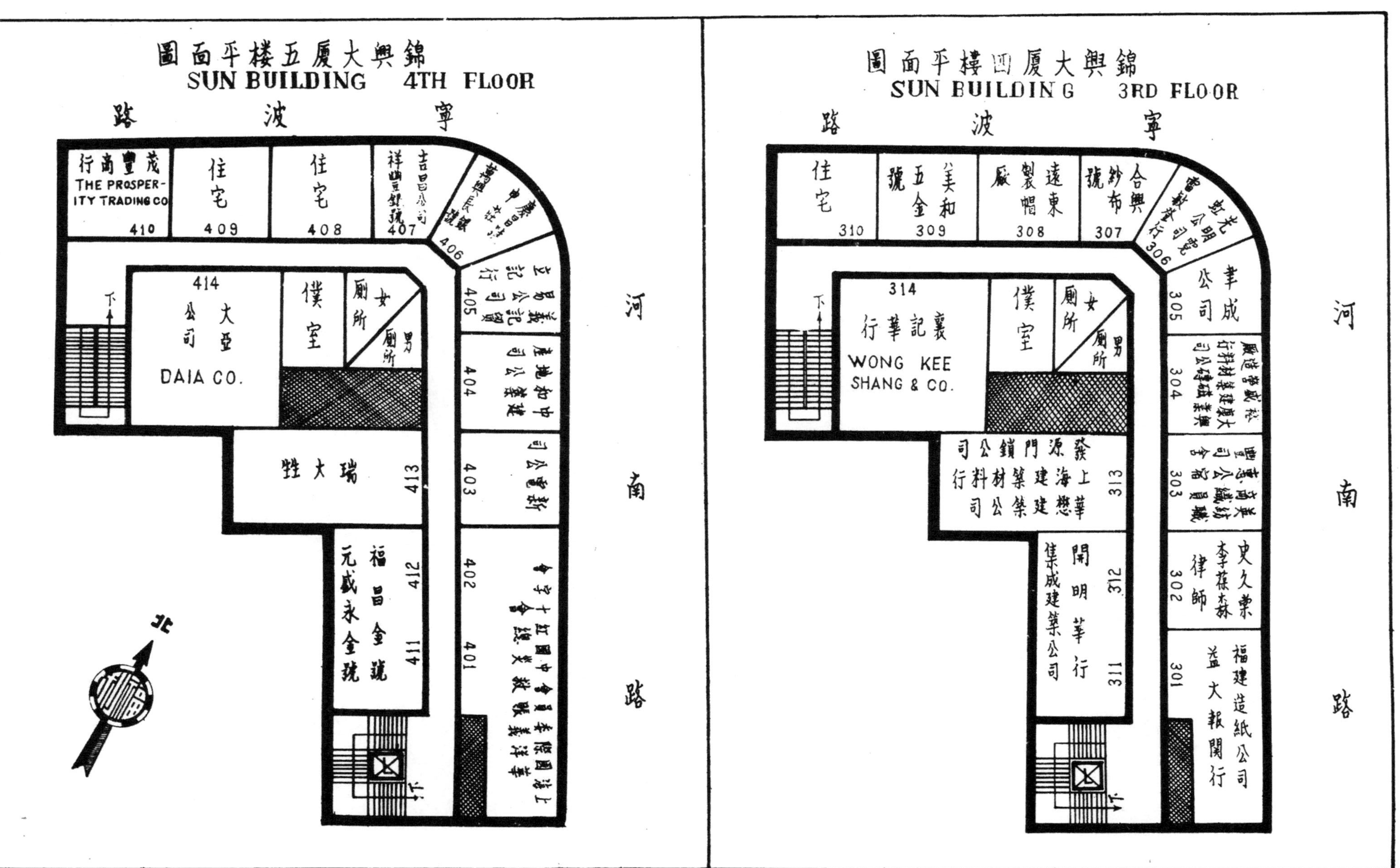
錦興大厦五樓平面圖
SUN BUILDING 4TH FLOOR
寧波路
河南路
茂豐商行
THE PROSPERITY TRADING CO
410
住宅
409
住宅
408
407
406
義記貿易公司立記行
405
中和地產建築公司
404
新電公司
403
402
401
瑞大牲
413
福昌金號
元盛永金號
412
411
414
大亞公司
DAIA CO.
僕室
女廁所
男廁所
下
北
錦興大厦四樓平面圖
SUN BUILDING 3RD FLOOR
寧波路
河南路
住宅
310
美和五金號
309
遠東製帽廠
308
合興紗布號
307
306
成章公司
305
304
303
302
史久渠 李蓀森 律師
福建造紙公司
益大報關行
301
華上源發門鎖公司
華懋建築公司
313
開明華行
集成建築公司
312
311
314
裏記華行
WONG KEE SHANG & CO.
僕室
女廁所
男廁所
下

威海衛路
MOULMEIN ROAD
慕尔鸣路
福煦路
亞德洋行
安祥廬
民生建築公司
平房
復記木行

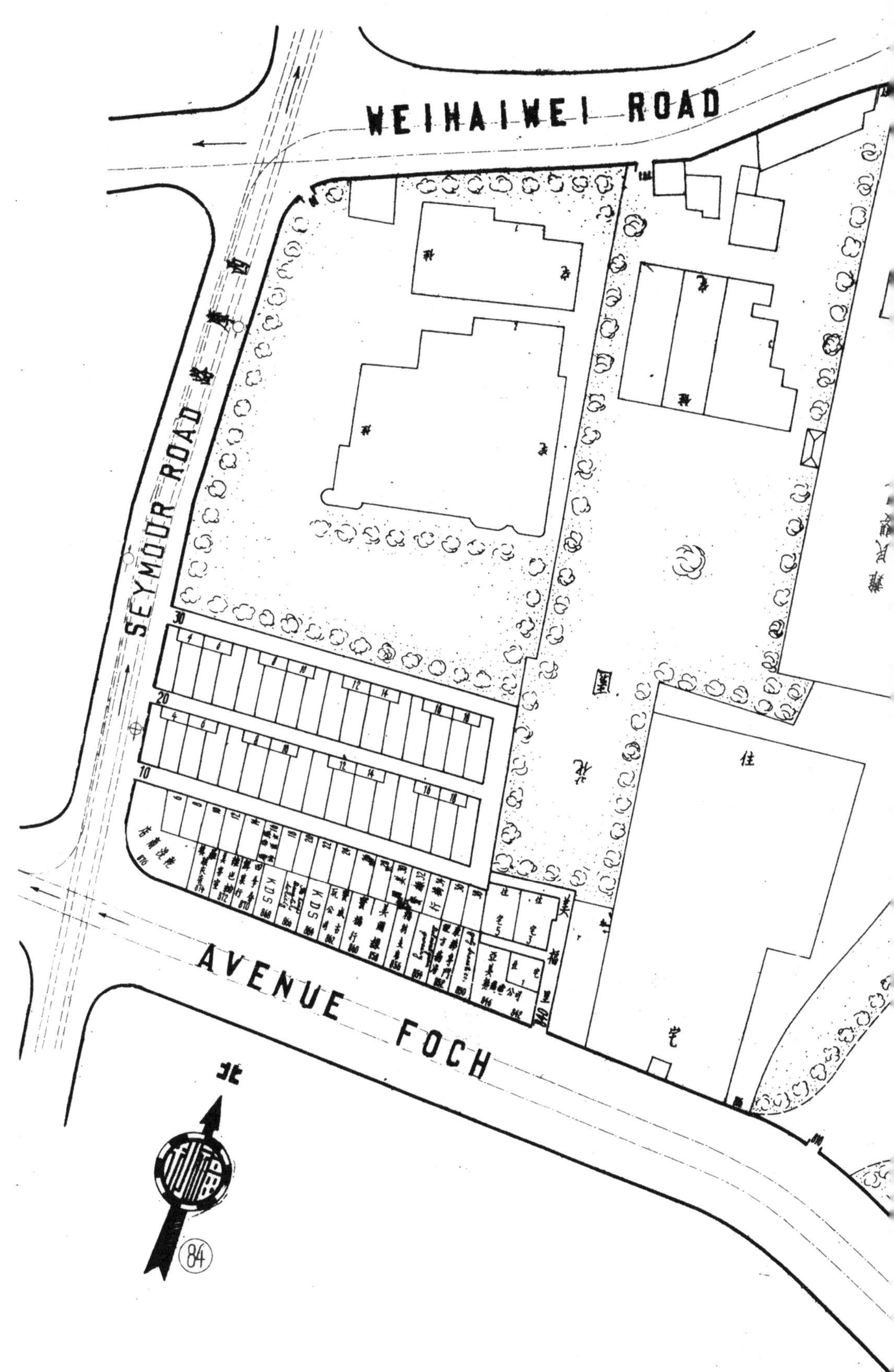
WEIHAIWEI ROAD
SEYMOUR ROAD
AVENUE FOCH
北
84

中國實業銀行大樓三樓平面圖

THE INDUSTRIAL BANK OF CHINA BUILDING
2ND FLOOR

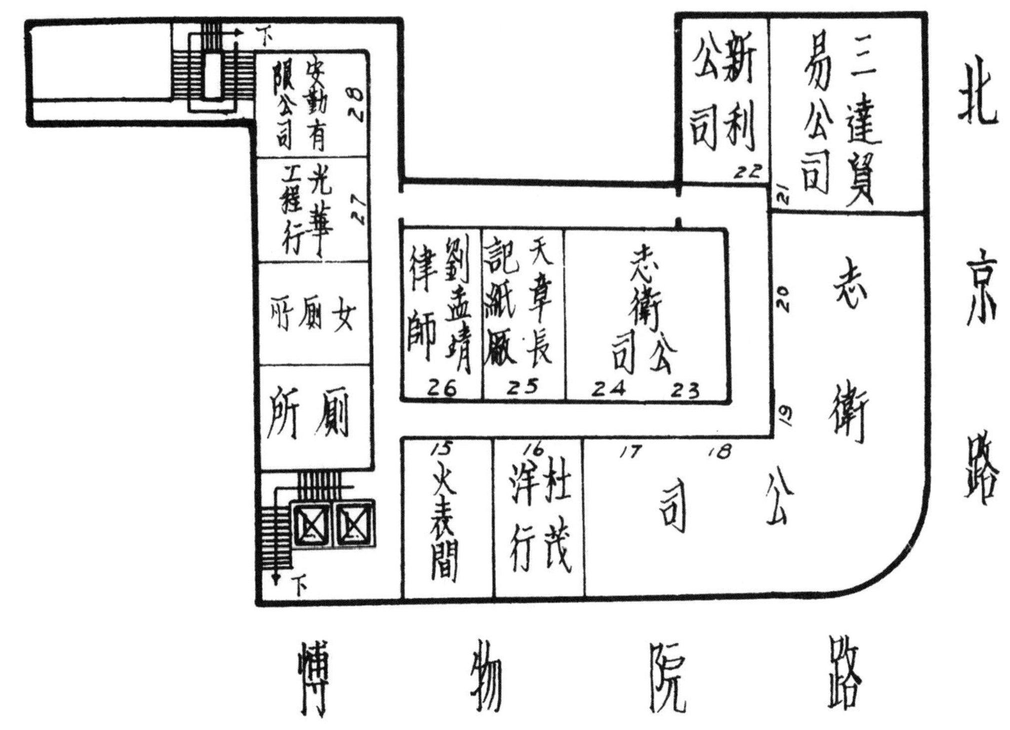

中國實業銀行大樓四樓平面圖

THE INDUSTRIAL BANK OF CHINA BUILDING
3RD FLOOR

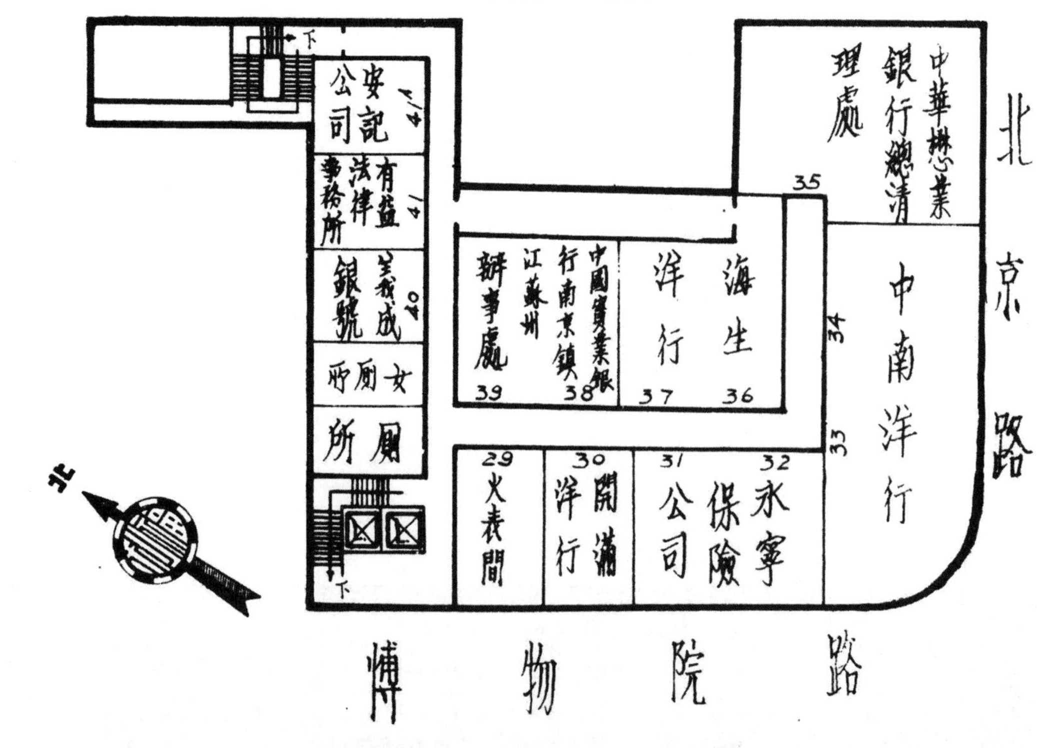

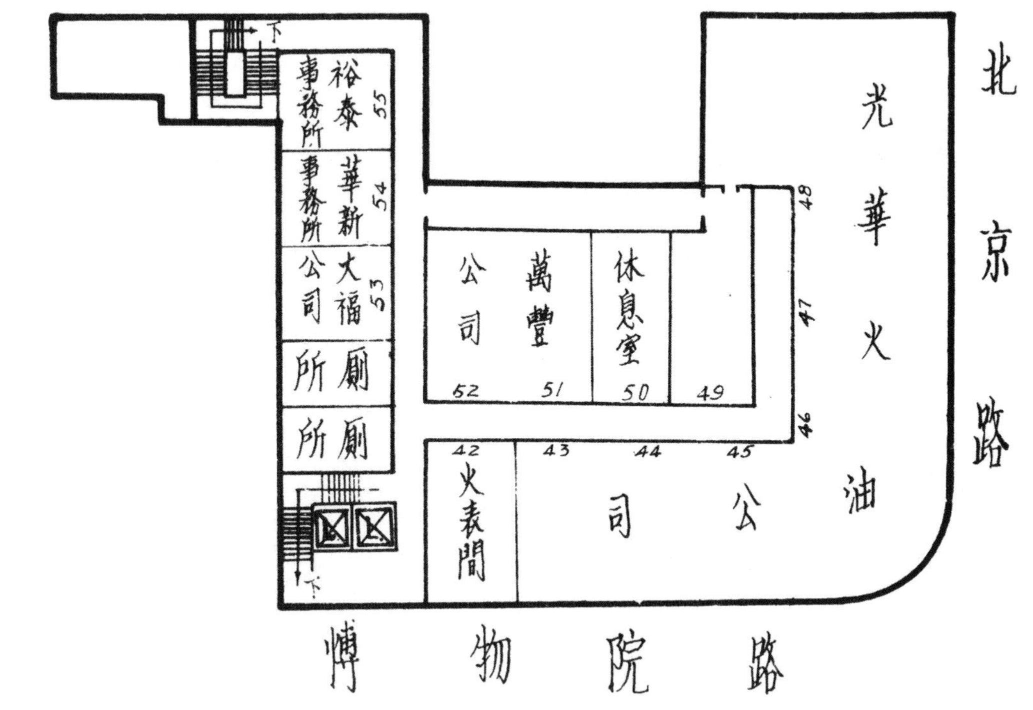
圖面平樓五樓大行銀業實國中
THE INDUSTRIAL BANK OF CHINA BUILDING
4 TH FLOOR
裕泰事務所 55
華新事務所 54
大福公司 53
廁所
廁所
萬豐公司
休息室
52
51
50
49
48
47
46
42
43
44
45
火表間
光華火油公司
北京路
博物院路

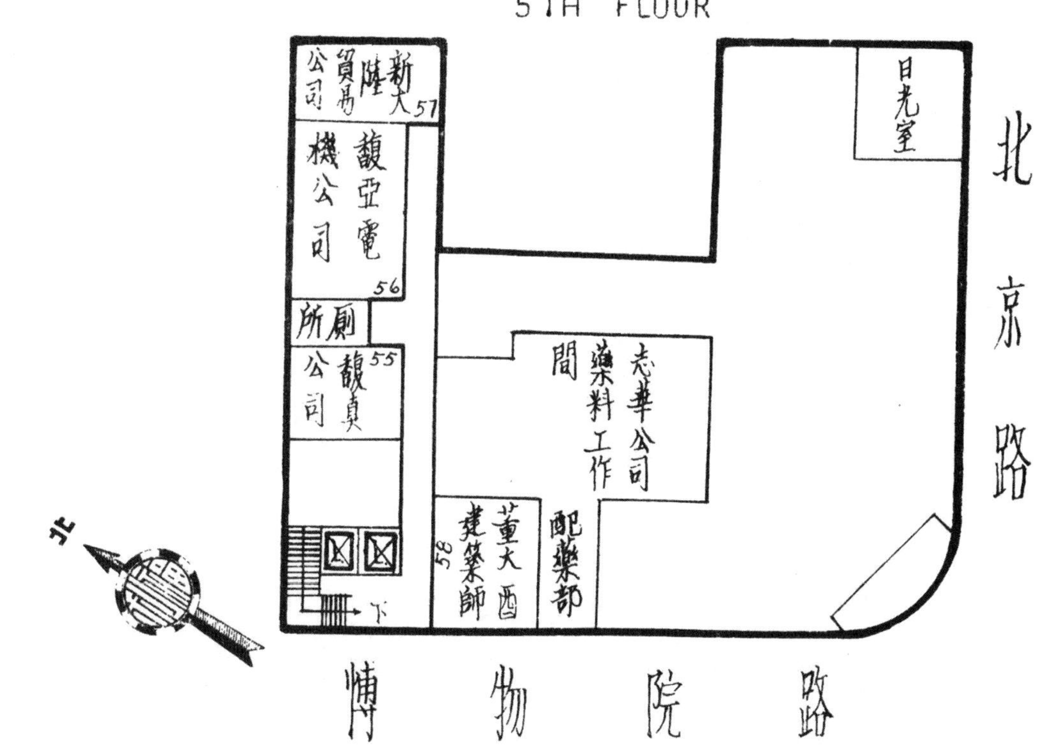
圖面平樓六樓大行銀業實國中
THE INDUSTRIAL BANK OF CHINA BUILDING
5TH FLOOR
新大陸貿易公司 57
馥亞電機公司 56
廁所
馥真公司 55
志華公司藥料工作間
日光室
董大酉建築師 58
配藥部
北京路
博物院路
北

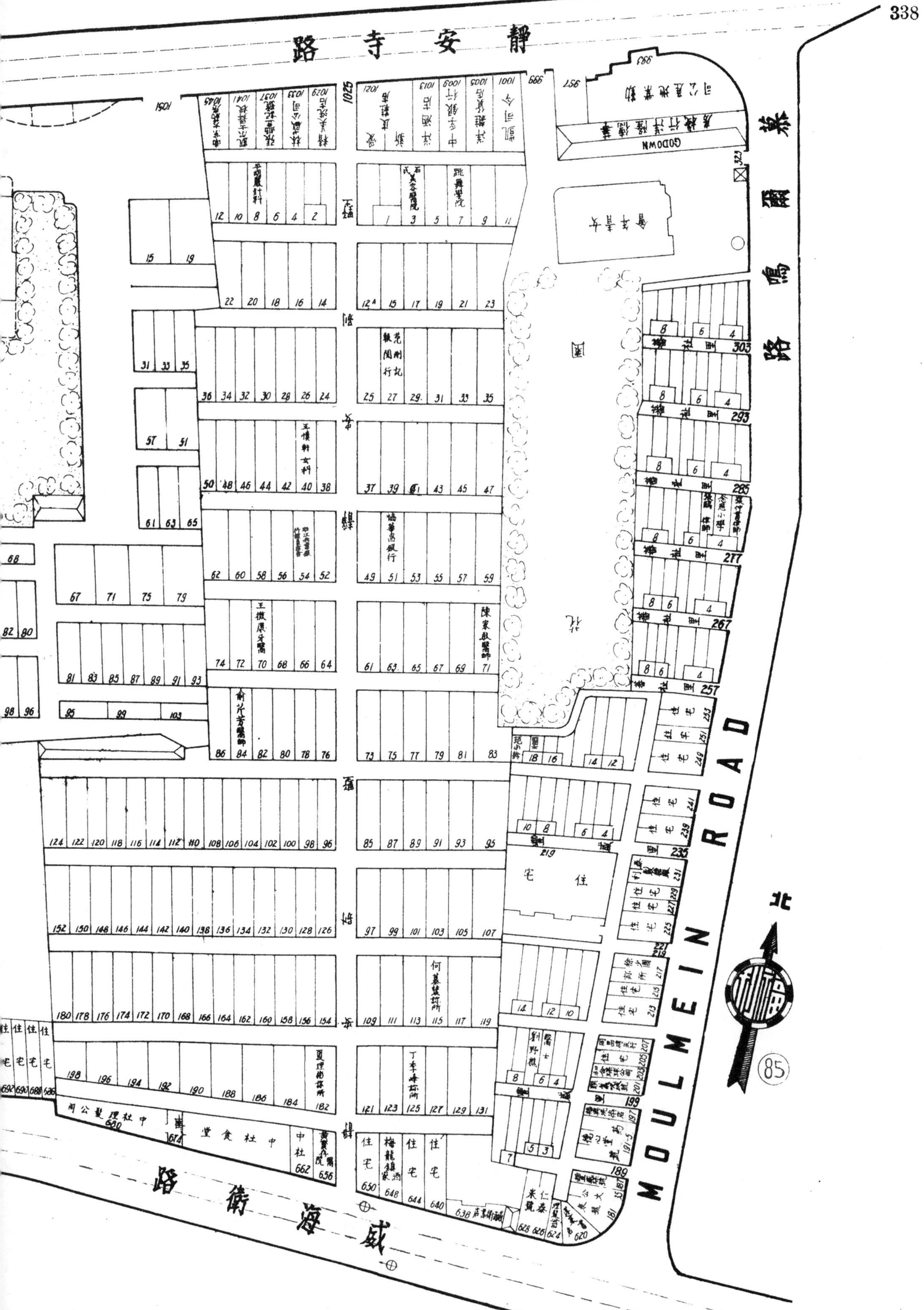

靜安寺路
慕爾鳴路
MOULMEIN ROAD
威海衛路
GODOWN
中社食堂
中社理髮公司

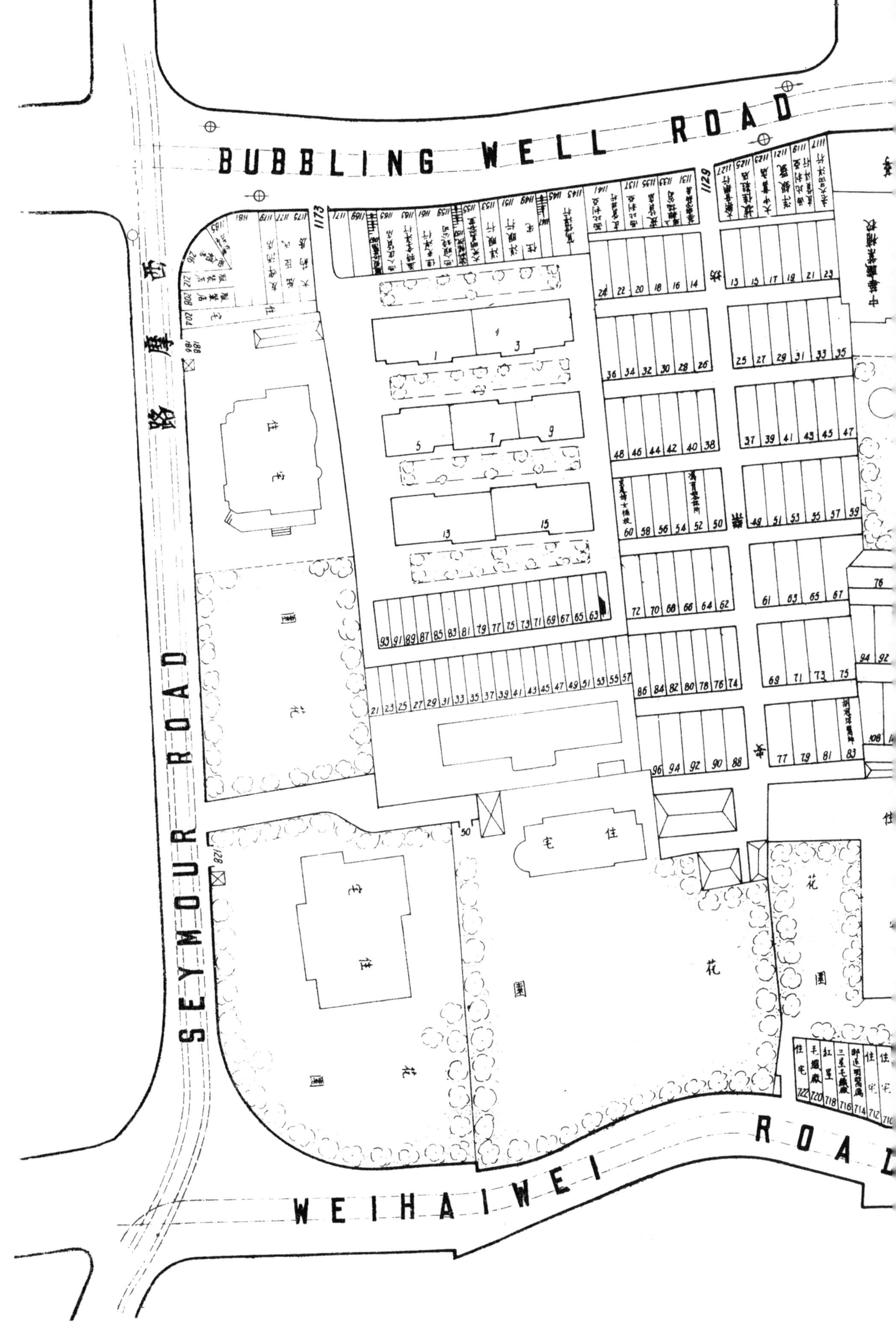
BUBBLING WELL ROAD
SEYMOUR ROAD
西摩路
WEIHAIWEI ROAD
住宅
花園

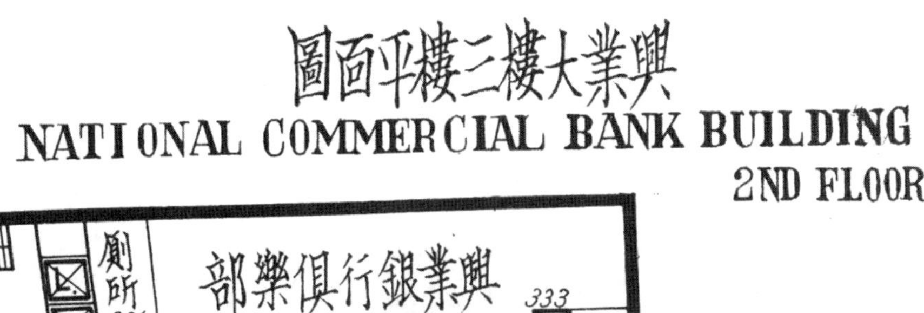
興業大樓二樓平面圖
NATIONAL COMMERCIAL BANK BUILDING
2ND FLOOR

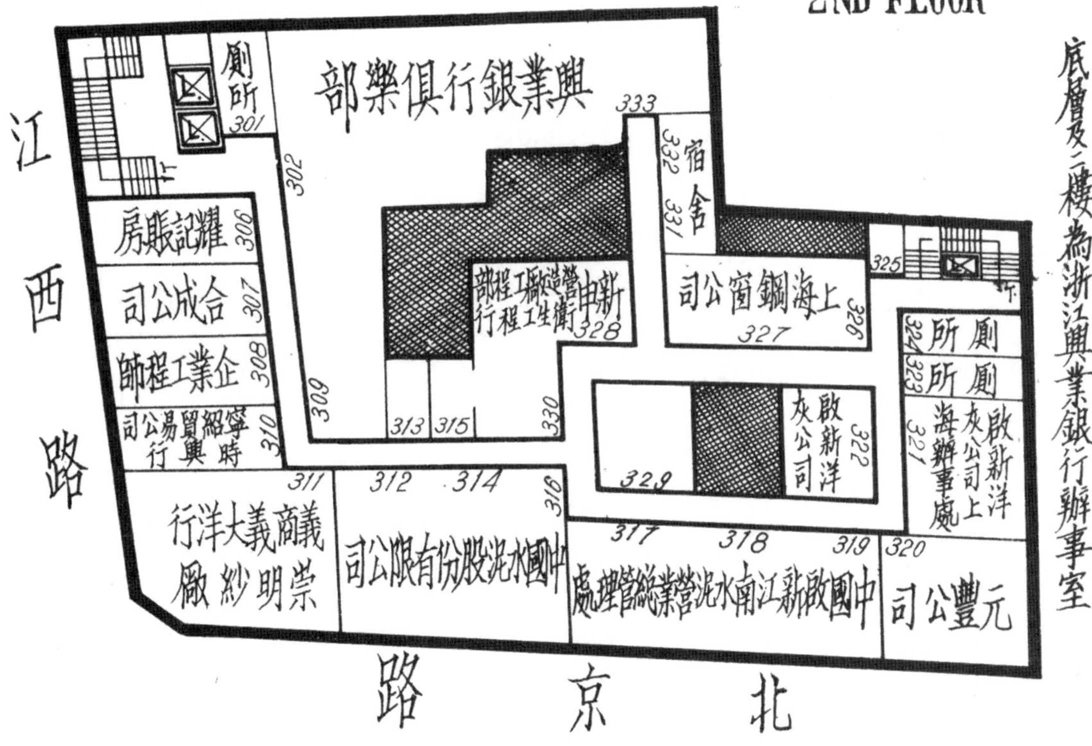
江西路
北京路
底層及二樓為浙江興業銀行辦事室
興業銀行俱樂部
廁所
301
302
333
宿舍
332
331
羅記帳房
306
合成公司
307
企業工程師
308
寧紹貿易公司
時興行
310
309
新中營造廠工程部
衛生工程行
328
上海鋼窗公司
327
326
325
廁所
324
廁所
323
啟新洋灰公司
322
329
啟新洋灰公司上海辦事處
321
313
315
330
311
義商義大洋行
崇明紗廠
312
314
中國水泥股份有限公司
316
317
318
319
中國啟新江南水泥營業總管理處
320
元豐公司

興業大樓四樓平面圖
NATIONAL COMMERCIAL BANK BUILDING
3RD FLOOR

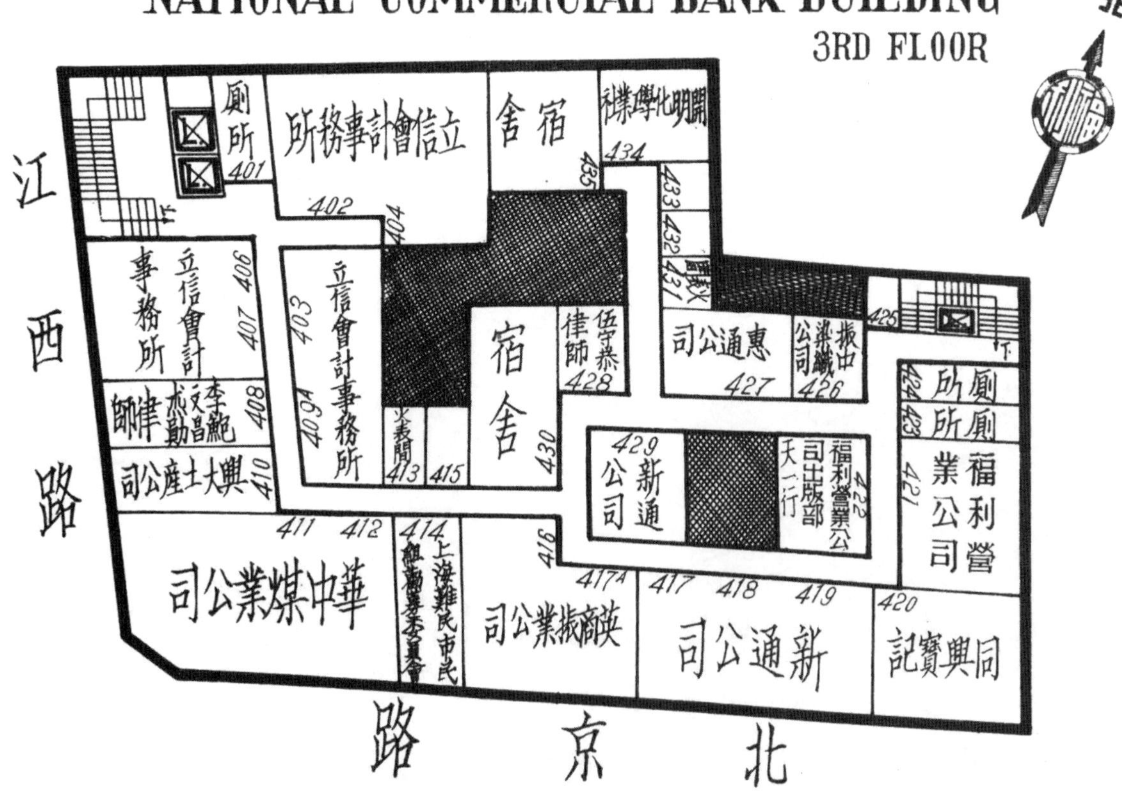
北
江西路
北京路
廁所
401
立信會計事務所
宿舍
開明化學業社
434
435
433
432
431
402
404
立信會計事務所
406
407
立信會計事務所
403
409A
李文杰
鮑昌勳
律師
408
興大土產公司
410
火表間
413
415
宿舍
430
伍守恭律師
428
惠通公司
427
振中染織公司
426
425
廁所
424
廁所
423
福利營業公司
421
新通公司
429
福利營業公司出版部
天一行
422
411
412
中華煤業公司
414
上海難民市民
416
417A
英商振業公司
417
418
419
新通公司
420
同興寶記

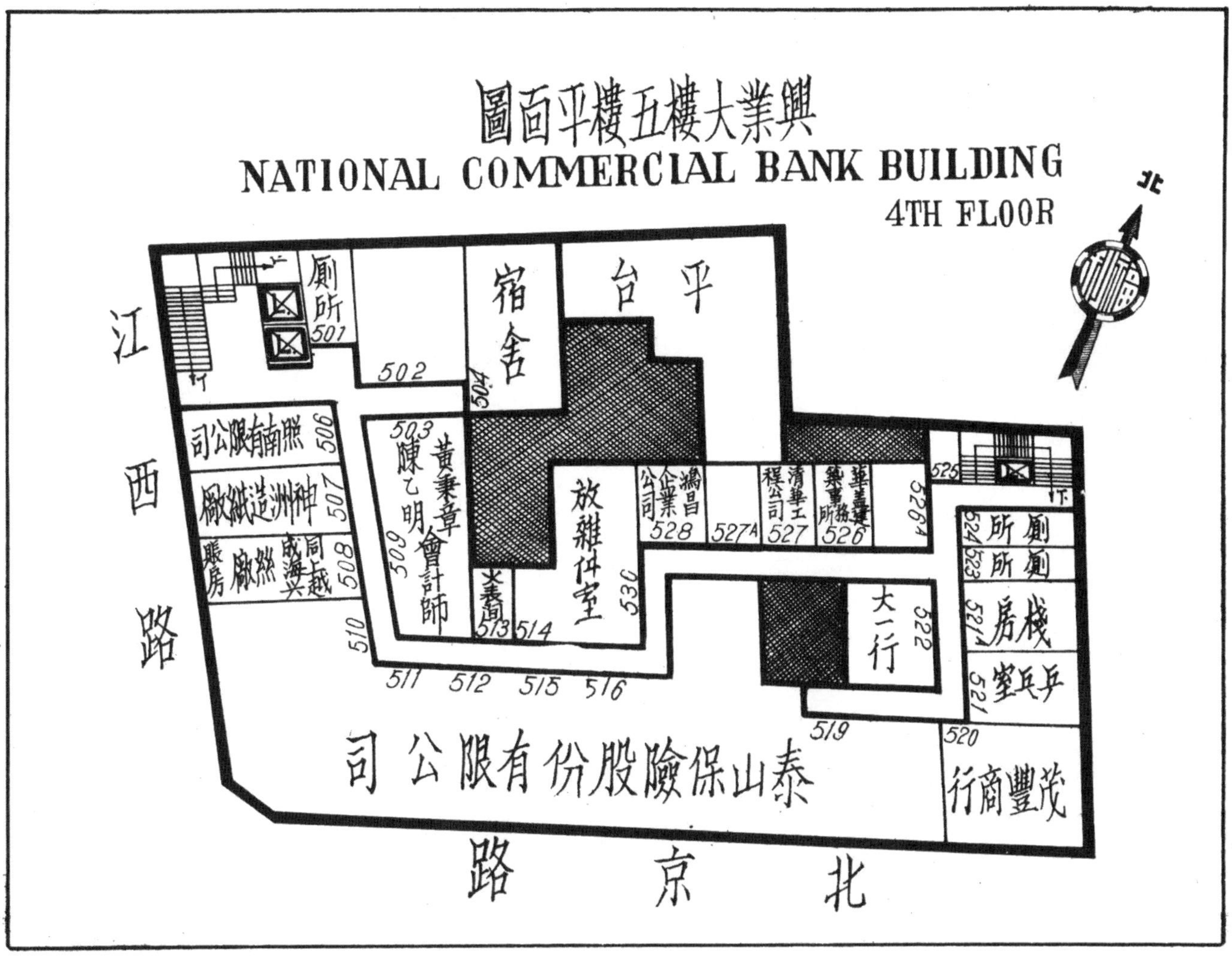

興業大樓五樓平面圖

NATIONAL COMMERCIAL BANK BUILDING
4TH FLOOR

北

江西路

北京路

平台

宿舍

廁所 501

502

504

照南有限公司 506

神洲造紙廠 507

同越 盛海興 絲廠 賬房 508

503 黃秉章 陳乙明 會計師 509

510

放雜件室 536

永泰 513

514

511 512 515 516

鴻昌企業公司 528

527A

清華工程公司 527

華美建築事務所 526

526A

525

廁所 524

廁所 523

機房 521A

乒乓室 521

大一行 522

519

520 茂豐商行

泰山保險股份有限公司

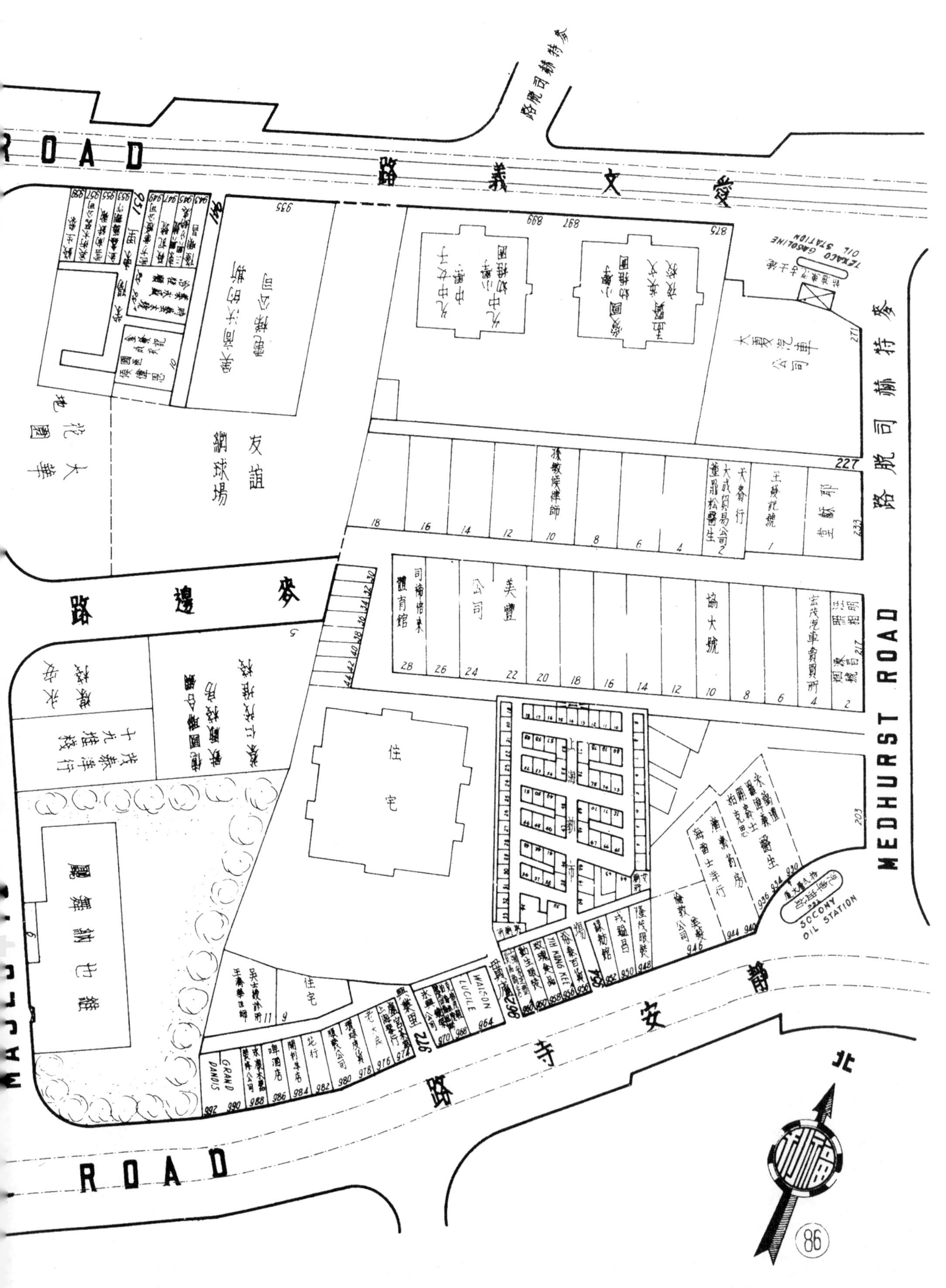
ROAD
爱文义路
麦特赫司脱路
MEDHURST ROAD
麦边路
静安寺路
ROAD
友谊网球场
TEXACO GASOLINE OIL STATION
SOCONY OIL STATION
GRAND DANOIS
WATSON LUCILE
YIH KONG KEE
北
86

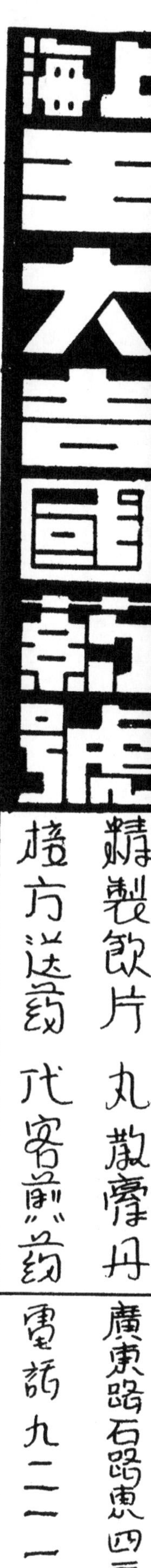

AVENUE

1013

MCBAIN ROAD

GORDON ROAD

50

TEXACO OIL STATION

1052

BUBBLING WE

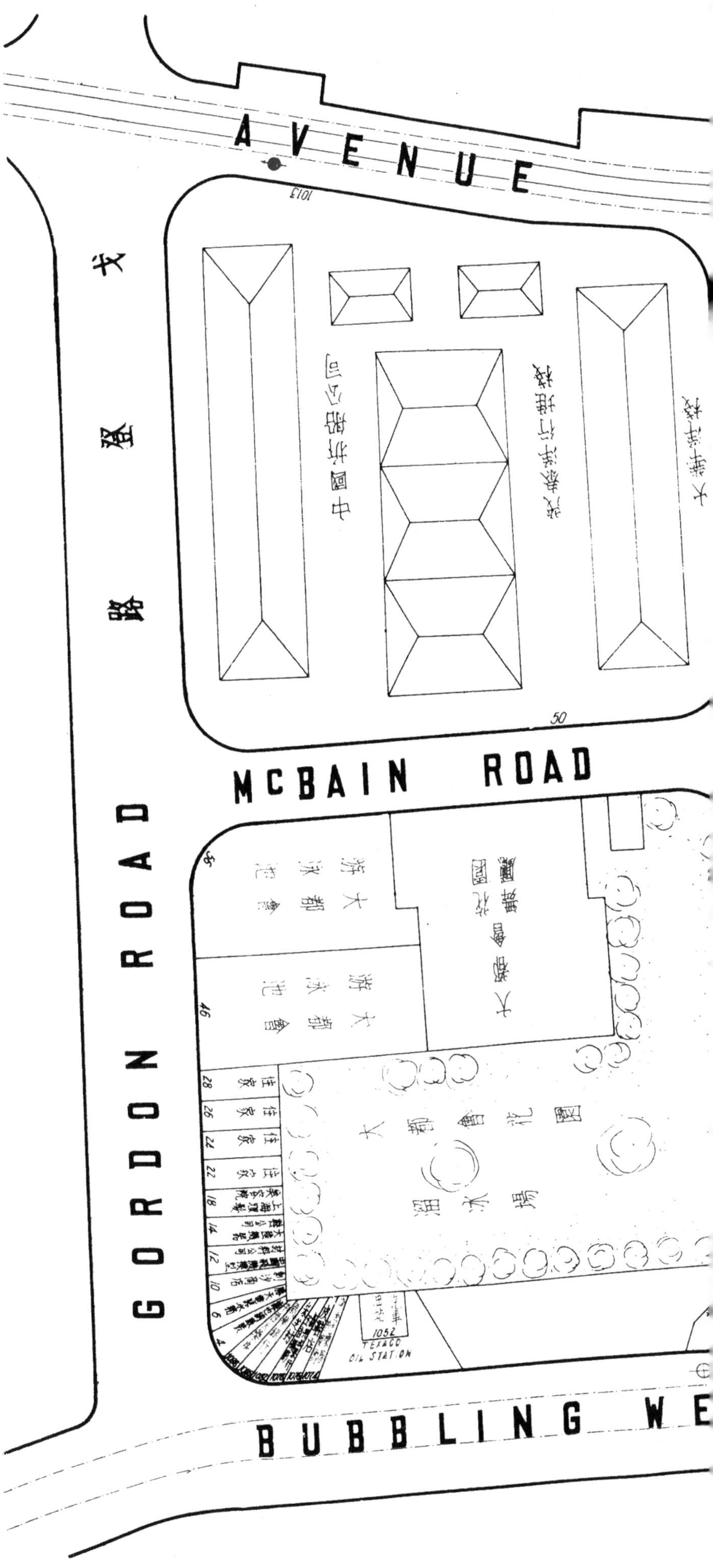

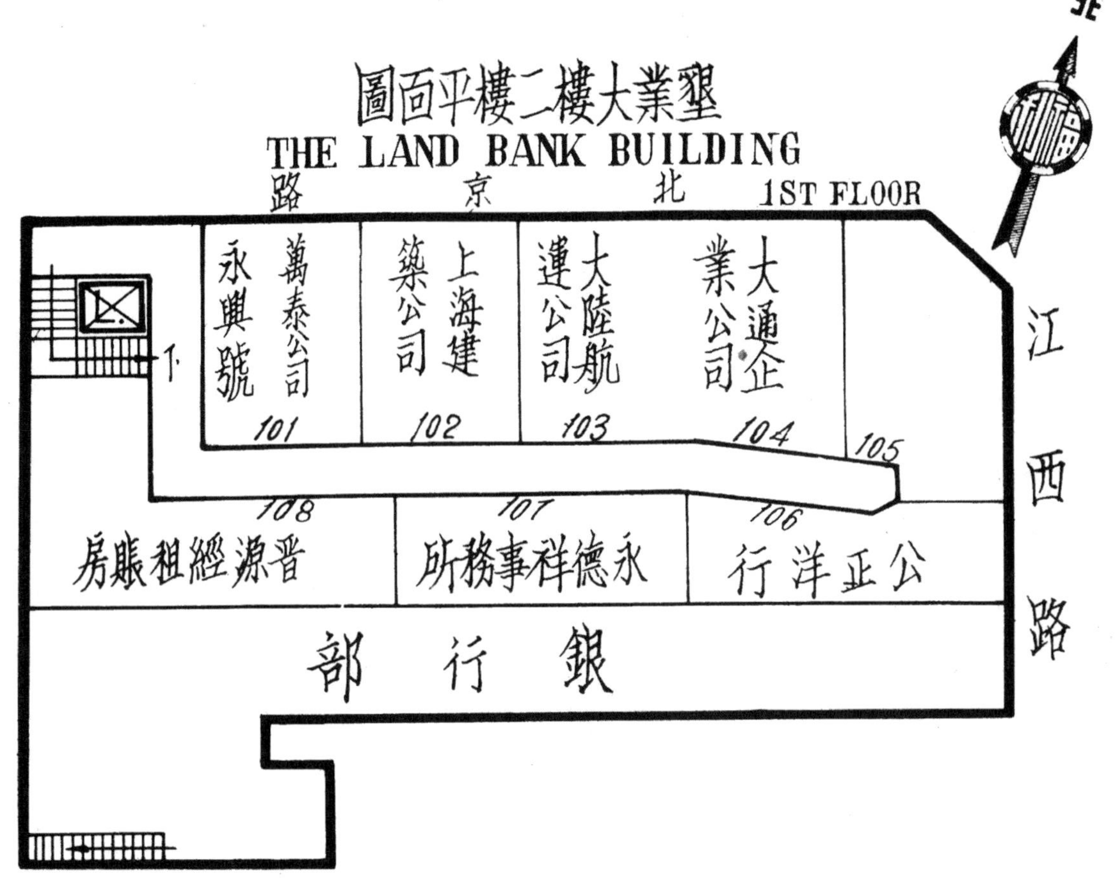
墾業大樓二樓平面圖
THE LAND BANK BUILDING
1ST FLOOR
北京路
江西路
北
萬泰公司 永興號 101
上海建築公司 102
大陸航運公司 103
大通企業公司 104
105
晉源經租賬房 108
永德祥事務所 107
公正洋行 106
銀行部
下

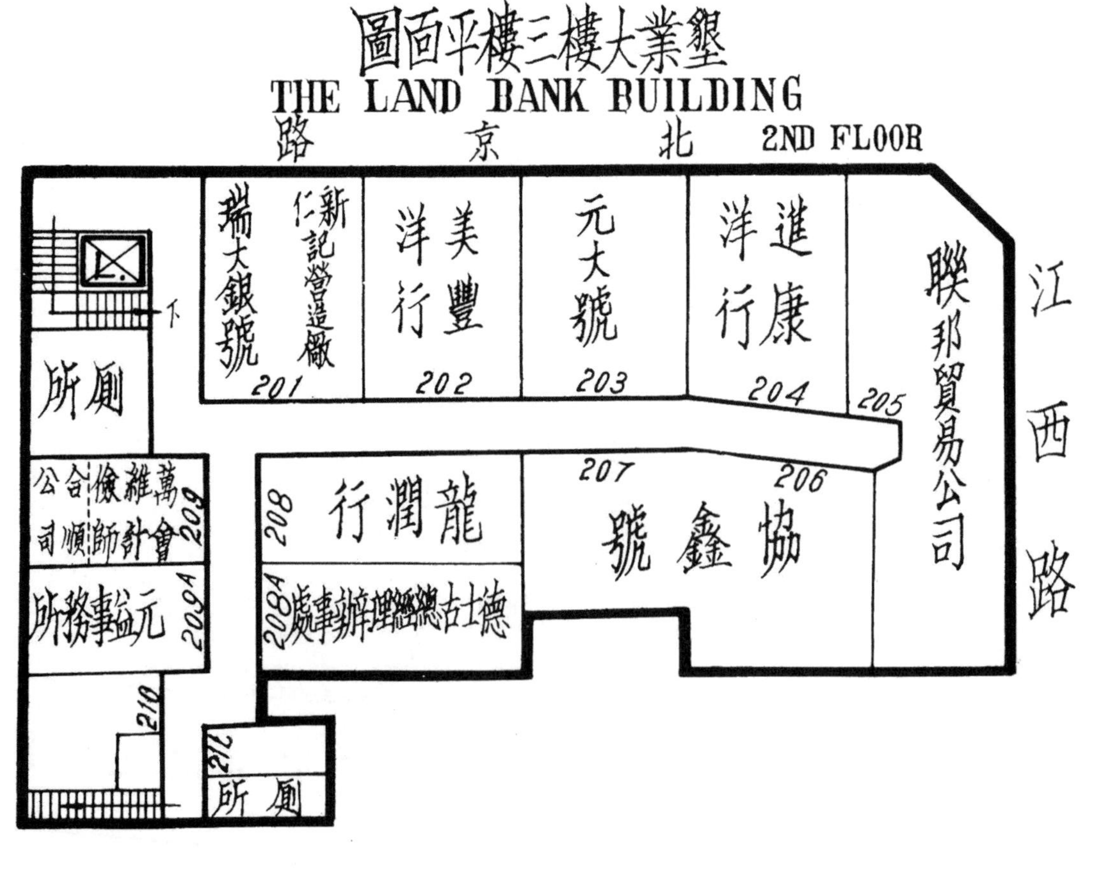
墾業大樓三樓平面圖
THE LAND BANK BUILDING
2ND FLOOR
北京路
江西路
新仁記營造廠 瑞大銀號 201
美豐洋行 202
元大號 203
進康洋行 204
聯邦貿易公司 205
206
207
協鑫號
龍潤行 208
德士古總經理辦事處 208A
萬雜儉會計師 合順公司 209
元益事務所 209A
210
212
廁所
廁所
下

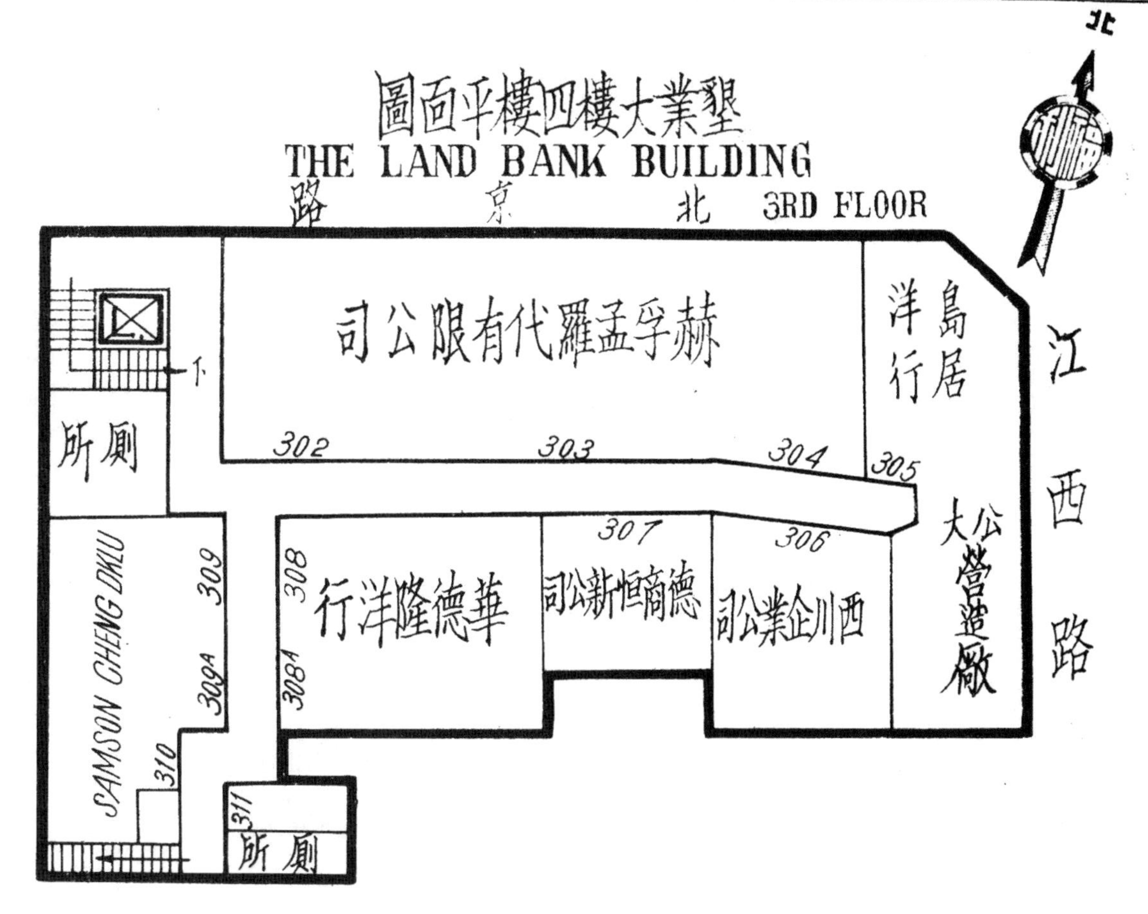
墾業大樓四樓平面圖
THE LAND BANK BUILDING
3RD FLOOR
北京路
江西路
北
赫孚孟羅代有限公司
島居洋行
廁所
302
303
304
305
307
306
華德隆洋行
德商恒新公司
西川企業公司
大公營造廠
308
308A
309
309A
310
311
SAMSON CHENG DKLU
廁所

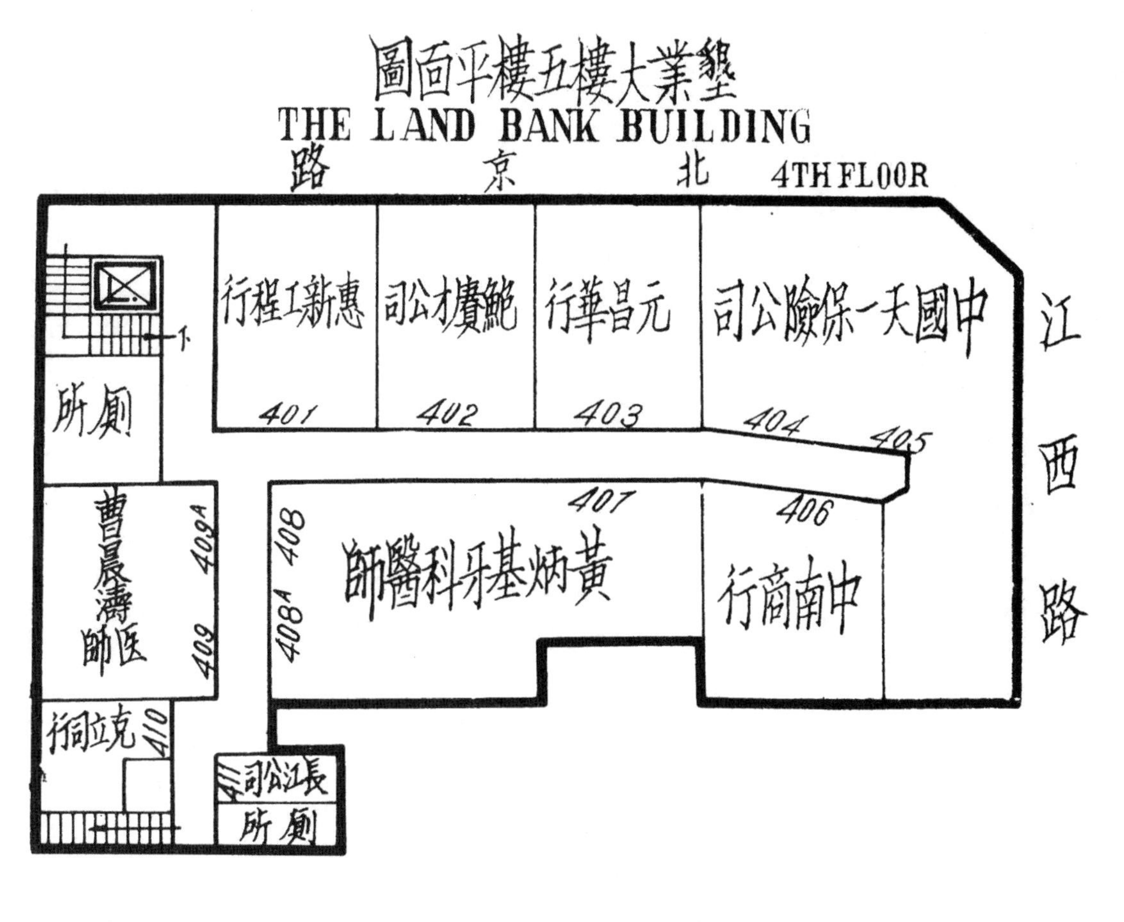
墾業大樓五樓平面圖
THE LAND BANK BUILDING
4TH FLOOR
北京路
江西路
惠新工程行
鮑賡才公司
元昌華行
中國天一保險公司
廁所
401
402
403
404
405
407
406
黃炳基牙科醫師
中南商行
曹晨濤医師
408
408A
409A
409
克立同行
410
411
長江公司
廁所

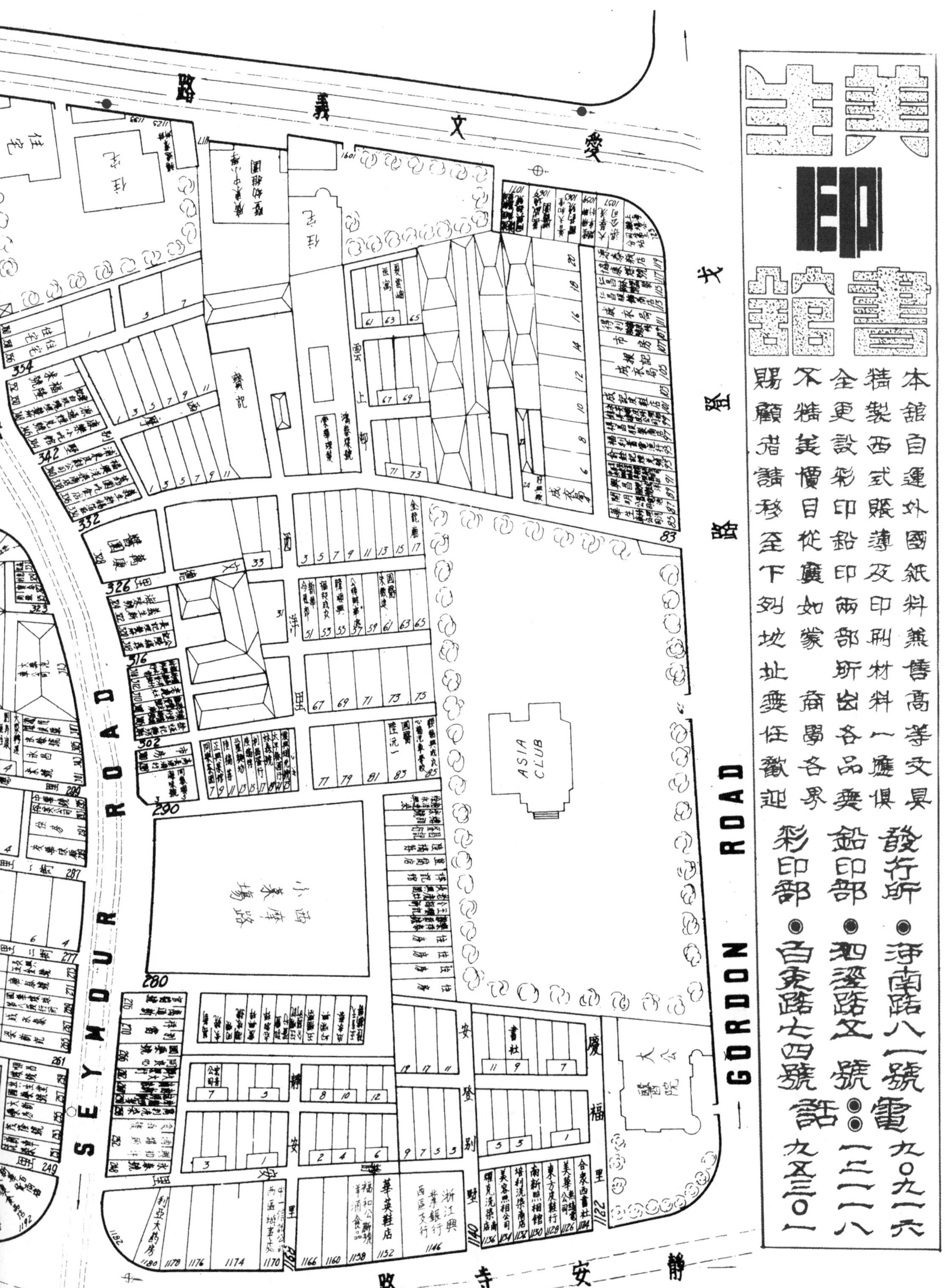
愛文義路
戈登路
靜安寺路
SEYMOUR ROAD
GORDON ROAD
ASIA CLUB
大公醫院
華英鞋店
浙江興業銀行西區支行
美生印書館
本館自運外國紙料兼售高等文具
精製西式賬簿及印刷材料一應俱
全更設彩印鉛印兩部所出各品無
不精美價目從廉如蒙商界各界
賜顧者請移至下列地址無任歡迎
發行所 ● 河南路八一號
鉛印部 ● 泗涇路又號
彩印部 ● 白克路七四號
電話 ● 九○九一六
一二二一八
九五三○一

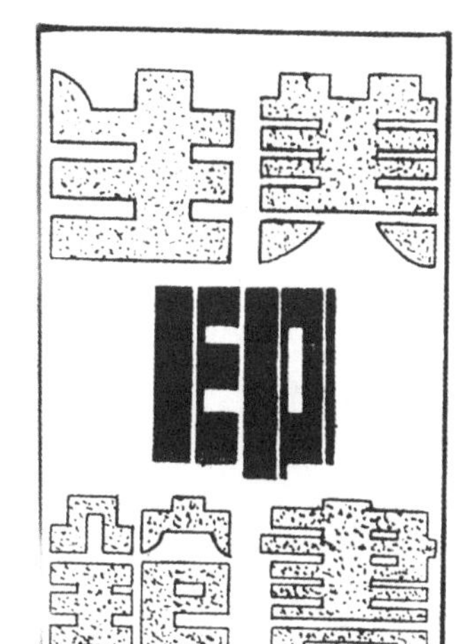

AVENUE ROAD

小沙渡路

NANYANG ROAD

南陽路

FERRY ROAD

北

87

BUBBLING WELL ROAD

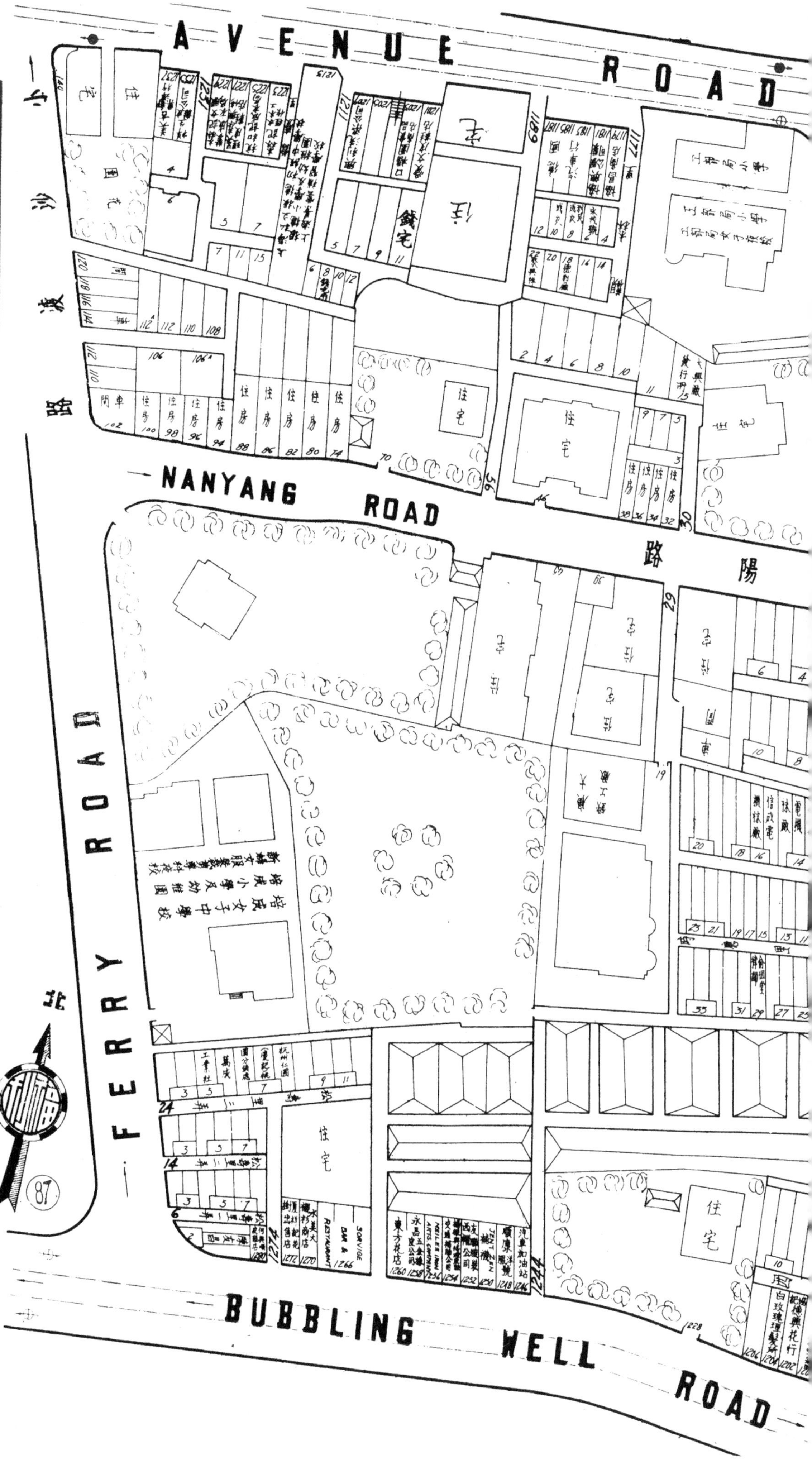

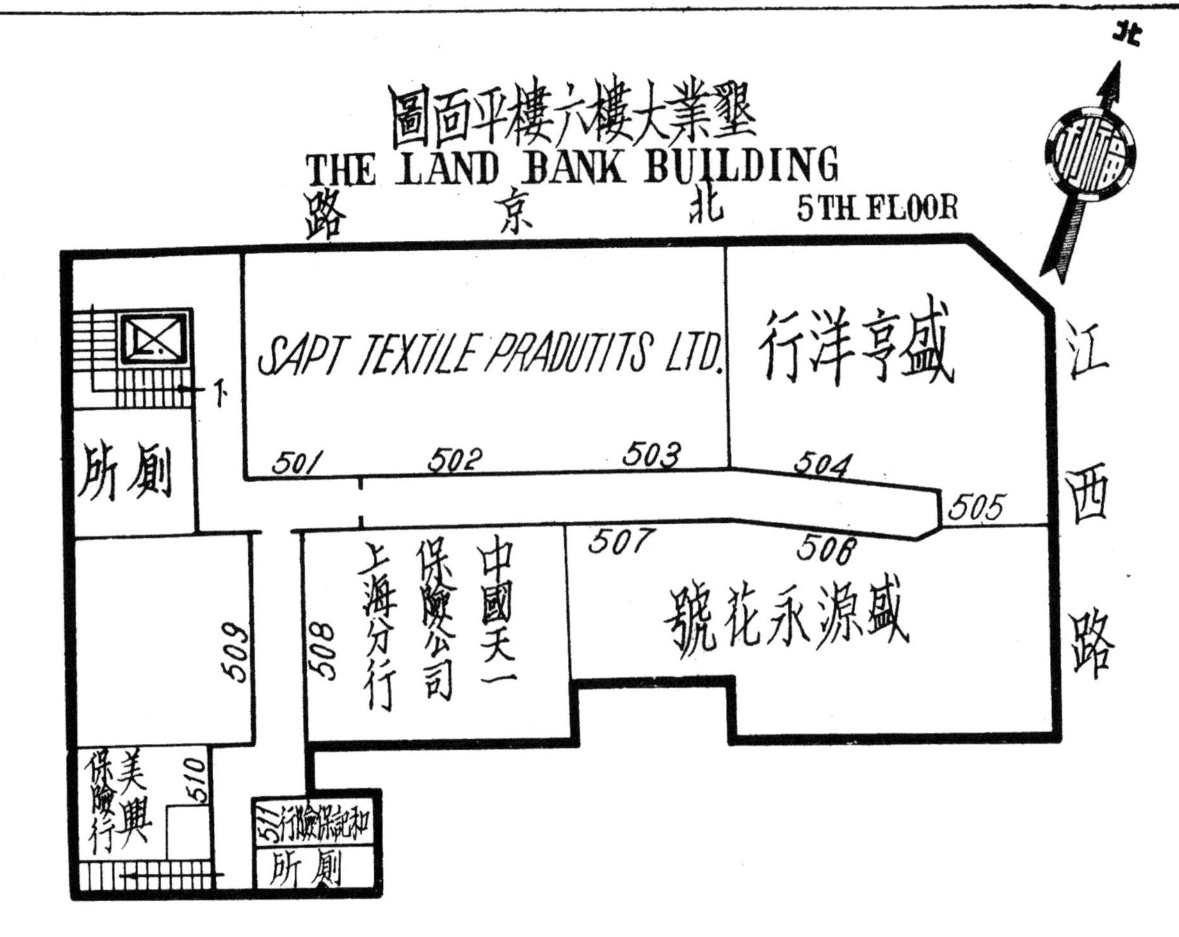

圖面平樓六樓大業墾
THE LAND BANK BUILDING
北京路
5TH FLOOR
北
江西路
SAPT TEXTILE PRADUTITS LTD.
盛亨洋行
501
502
503
504
505
506
507
下
廁所
上海分行
保險公司
中國天一
盛源永花號
509
508
美興保險行
510
511 和記保險行
廁所

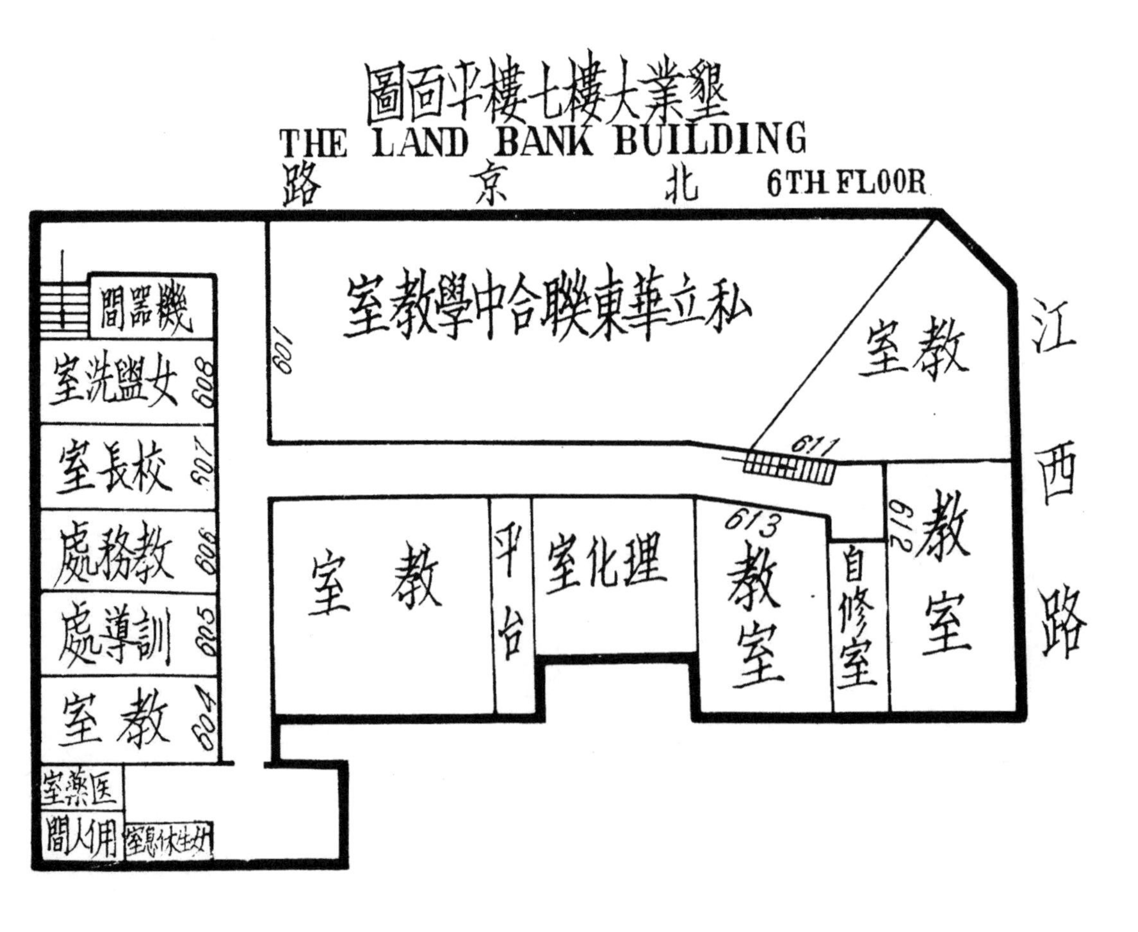

圖面平樓七樓大業墾
THE LAND BANK BUILDING
北京路
6TH FLOOR
江西路
機器間
私立華東聯合中學教室
601
教室
女盥洗室
608
校長室
607
教務處
606
訓導處
605
教室
604
611
613
612
教室
平台
理化室
教室
自修室
教室
医藥室
用人間
女生休息室

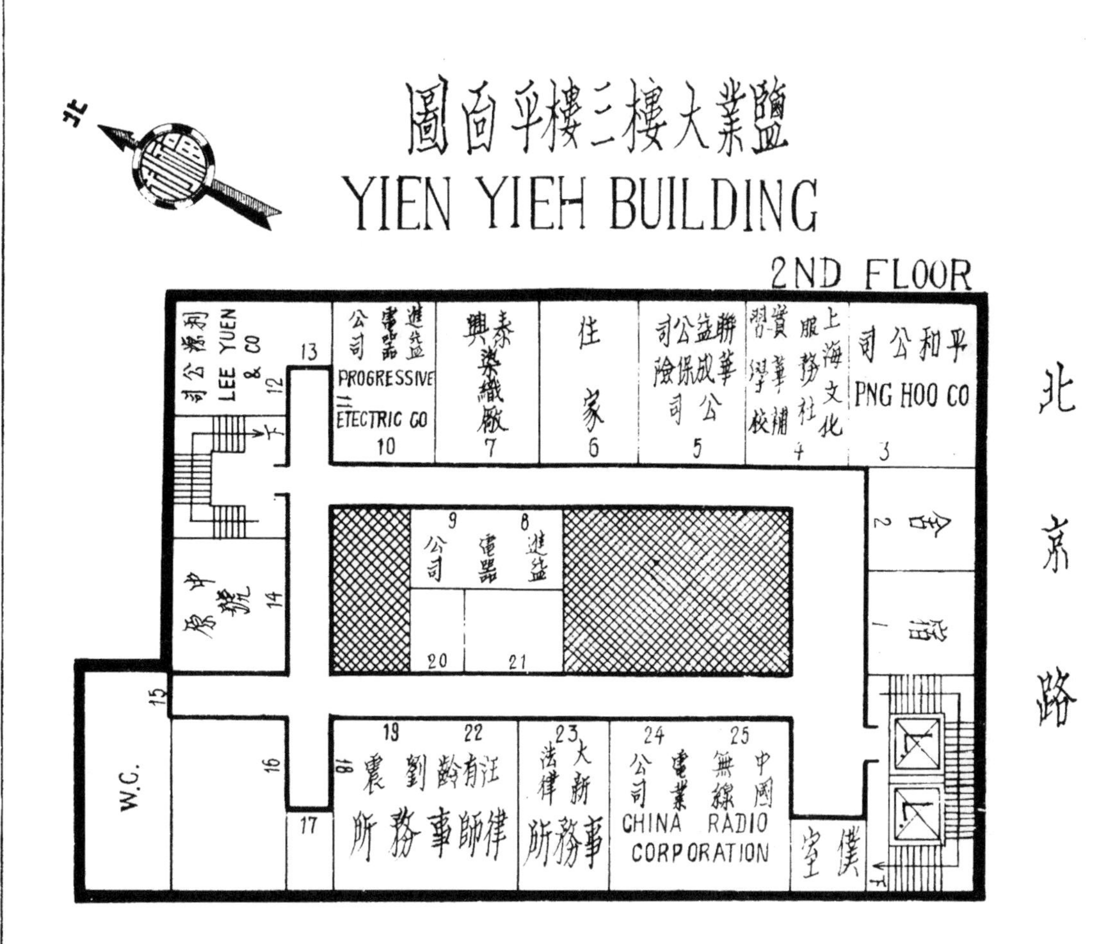
鹽業大樓三樓平面圖
YIEN YIEH BUILDING
2ND FLOOR
北
利源公司
LEE YUEN & CO
12
13
進益電器公司
PROGRESSIVE ETECTRIC CO
10
泰興染織廠
7
住家
6
聯華成保險公司
5
上海文化服務社
資華補習學校
4
平和公司
PNG HOO CO
3
宿舍
2
1
北京路
進益電器公司
9
8
20
21
14
15
16
17
W.C.
汪有齡劉震律師事務所
18
19
22
大新法律事務所
23
中國無線電業公司
CHINA RADIO CORPORATION
24
25
僕室

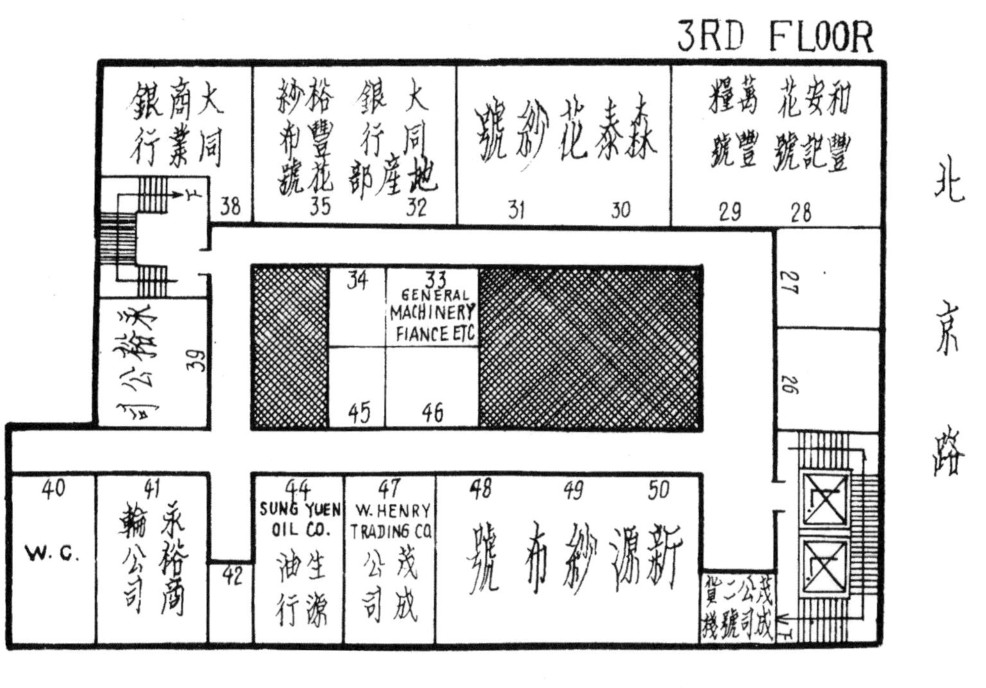
鹽業大樓四樓平面圖
YIEN YIEH BUILDING
3RD FLOOR
大同商業銀行
38
大同地產部銀行
32
裕豐花紗布號
35
森泰花紗號
30
31
和安記花號
28
萬豐糧號
29
27
26
北京路
永裕公司
39
34
33
GENERAL MACHINERY FIANCE ETC
45
46
40
W.C.
41
永裕商輪公司
42
44
SUNG YUEN OIL CO.
生源油行
47
W.HENRY TRADING CO.
茂成公司
48
49
50
新源紗布號
茂成公司二號貨棧

寶青春
補粉 補片 補汁
長命牌
維他賜保命
補針 補丸
上海信誼化學製藥廠監製
新閘路
MEDHURST ROAD
愛文義路
平房
華英小學
信誼製藥廠分廠
信誼化學製藥廠
信誼藥廠分廠
北
88

SINZA R
GORDON ROAD
AVENUE ROAD
NEW CHEMICAL LTD
GARDEN
正光中學
上海樂群中學
建華職業中學
建華工業學校

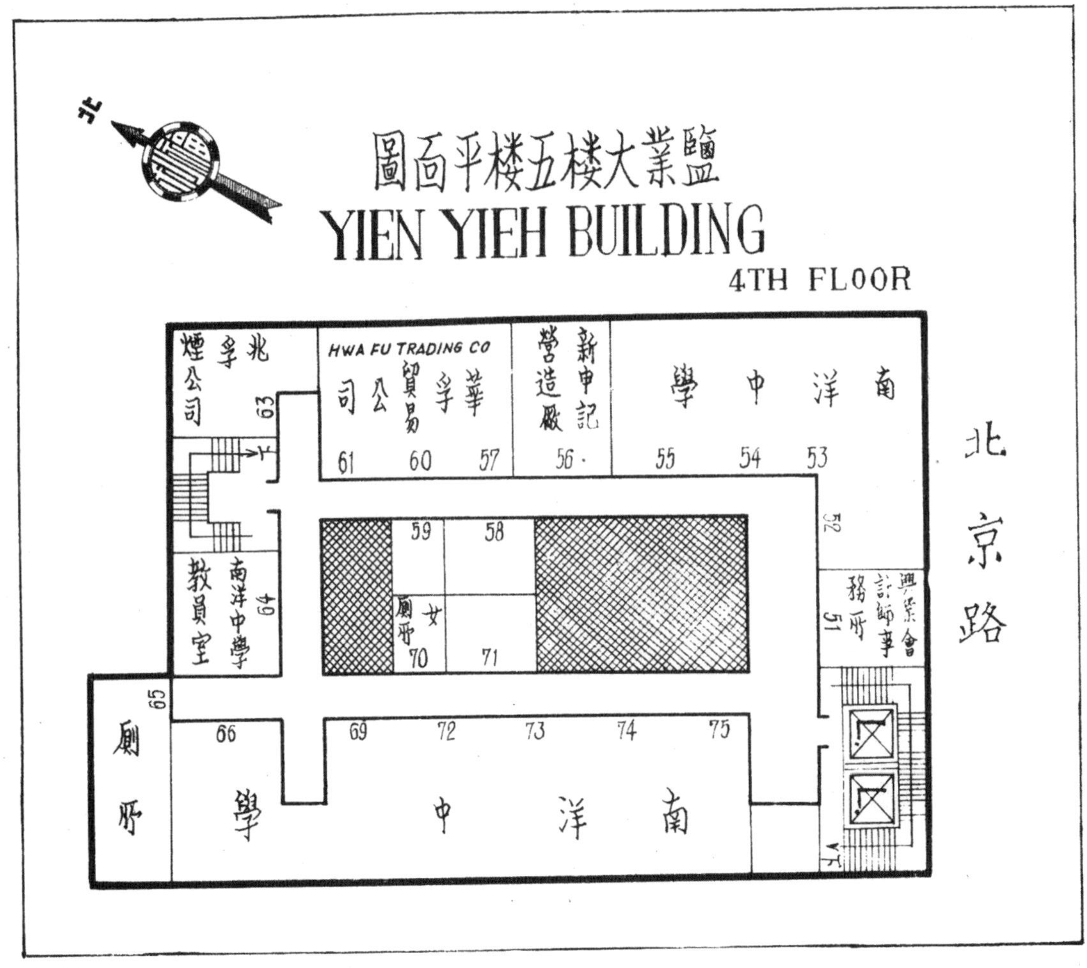

鹽業大樓五樓平面圖
YIEN YIEH BUILDING
4TH FLOOR
北
北京路
HWA FU TRADING CO
華孚貿易公司
北孚烟公司
新申記營造廠
南洋中學
南洋中學教員室
興業會計師事務所
女廁所
廁所
南洋中學
53 54 55 56 57 60 61 63
52 51
59 58 70 71
64 65 66 69 72 73 74 75

病從口入
牙齒不健全者食物入口不能充分咀嚼不能完全消化以致營養不良身弱氣虛百病叢生痛苦無窮至於患齒痛牙蛀更無論矣故平日刷牙漱口所用之牙膏牙粉等當慎重選擇切勿貪小失大致遺後患
久大精鹽公司出品
精鹽牙膏

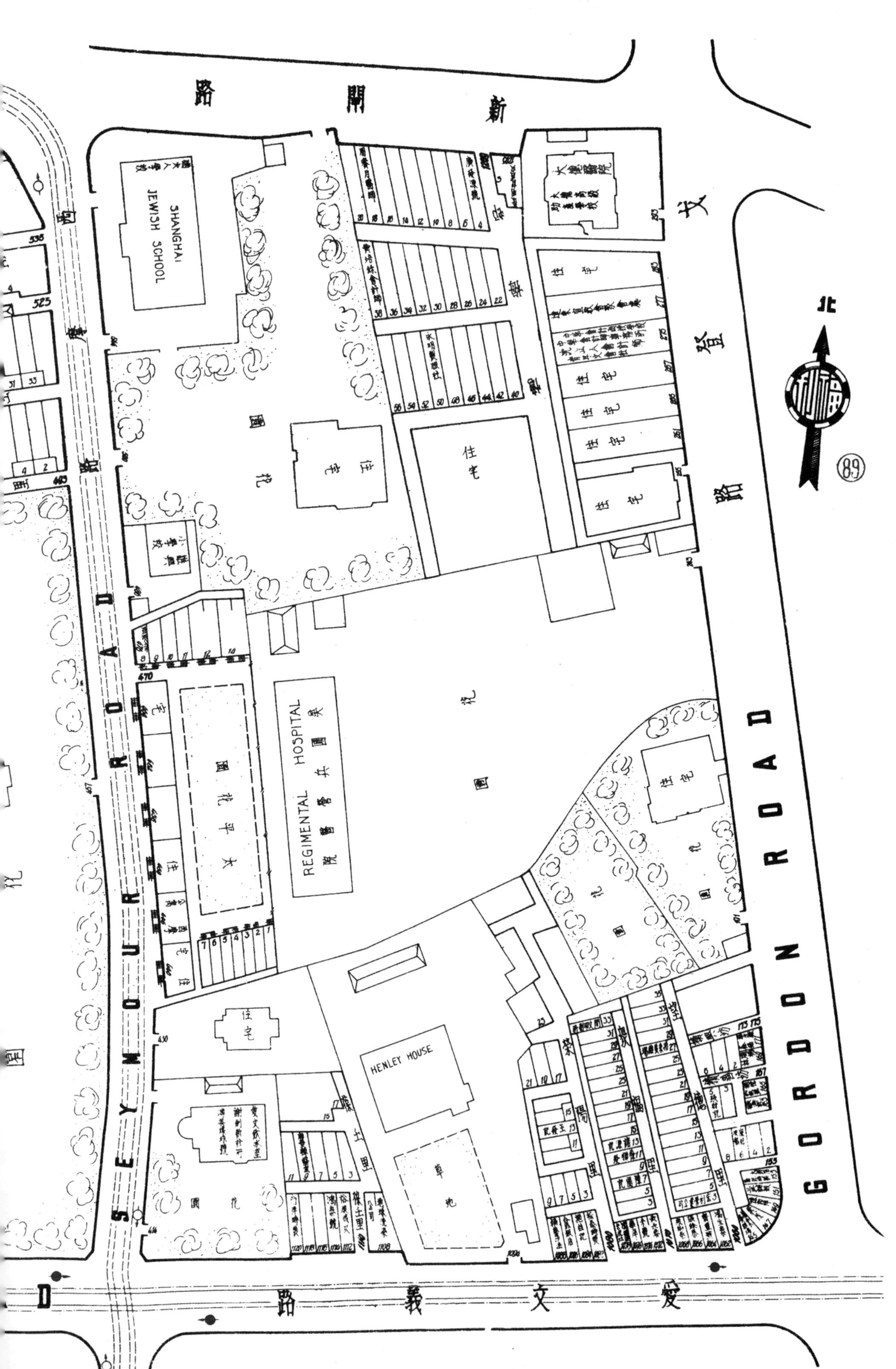
新聞路
西摩路
SEYMOUR ROAD
戈登路
GORDON ROAD
愛文義路
SHANGHAI JEWISH SCHOOL
REGIMENTAL HOSPITAL
HENLEY HOUSE
89

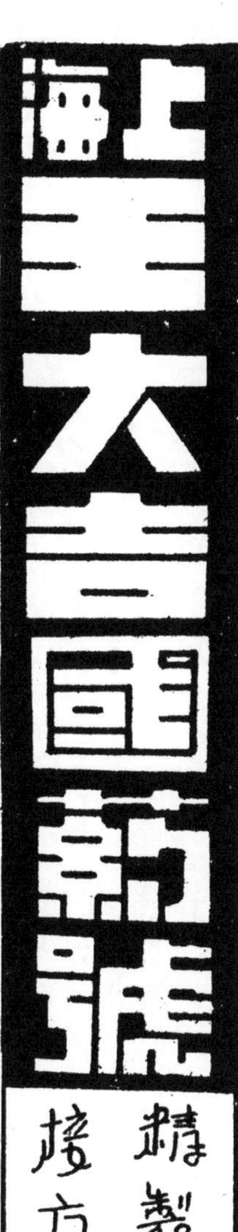

SINZA ROAD

FERRY ROAD

AVENUE R

小沙渡路

美國兵營

住宅

花園

美國兵營

住宅

花園

住宅

花園

住宅

花園

住宅

花園

住宅

賀爾賜保命

強壯動物睾丸製劑

上海新亞藥廠製造

呼號 XHHC
週波 1280
大亞廣播電台
九江路五四五號 電話九一二一〇 九三六五八
發音宏亮清晰
北
90
WUTING ROAD
GORDON ROAD
SINZA RO
空地
住宅
上海戒煙醫院
勝利水電工程
新建廠房
馮寶武律師
中國中學
大英球廠
住宅
順興東號
大華機廠
大興煤號
白宮茶社
住宅
郭秀綸醫師
住宅
乾亨米號

白克路三九三號
電話三五二四八號
華豐印刷鑄字所
本所承印中西書籍雜誌報章等件定價低廉交貨迅速並發售各種鉛字如老宋字真宋字楷書字方頭字等無不精美清晰且原料配合非常堅韌故能經久耐用
通訊處
總店 電報掛號 總廠 南京支店 杭州支店 漢口支店 重慶支店
上海浙江路五三六號 電話九○三五八號
有無線電 二二二二號
上海滬西林肯路一○○○號 電話九二五四七號
南京洪武路二二八號 電話二三五二八號
杭州青年路二號 電話二六四四號
漢口特三區稻香里三○號 電話二一八五五號
重慶臨江門大井巷九號
北海路二六二號
晉康號
江西路三二七號
電話一四一五九號
達昌建築公司
圓明園路一三三號內四○六號
電話一三一六九號
電話九五九九五
上海銀號
地址：江西路三二七號
電話：一七五二四五號
新華藥行股份有限公司
Hsin Hua Drug Co. Ltd.
電話九九五九九五
總經理 瑞士汽巴藥廠藥品 上海余氏研究室藥品
經售各國著名新藥
地址上海江西路十號
總經理劉步青藥師
阿拉伯司脫路一四八至一五六號
出品優良
全球聞名
電話四○四五四號
裕豐泰襯衫廠
本廠出品之三大特點：
經濟 美觀 耐用
地址
公館馬路，
三五七號，
電話八六六二八號
新藝
美術
照相
公司
專攝藝術報名快照團体照
結婚照等並經售照相材料
攝影專家，經驗豐富，
代客沖晒，迅速可靠，
地址新聞路四九
電話九一五零二號

裕康五金鐵號
經售各國
鋼鐵五金
建築材料
國產水泥
如蒙賜顧
竭誠歡迎
總號
分號
水明昌木器號
精製中國漆西式木器
設計 裝潢
繪圖 估價
如蒙見委 竭忱歡迎
四川路北京路口
俞式
中文打字機
國府專利 俞斌祺發明
鋼字清晰 美觀 經濟
代打文件 另配鋼字
上海北京路二七九號
電話一七一九四
九福商店
桂圓
檀香
八仙橋 公共租界
鄭家木橋
電話九二六九九
同昌益記泰
經理環球
名廠出品
華洋雜貨
專營批發
推銷遐邇
無遠弗屆
合昌祥銀記
華洋雜貨號
地址法界公館馬路
二〇九至二一一號
電話八三〇九八號
李楚記恒記
華洋雜貨號
經理名廠出品
採辦華洋百貨
電話九四八八四號
力果霜
是美容妙品
是護膚神藥
是男人女人的良友
四維華行經理
華德"A"字消毒牛奶
牛種優良
滋養豐富
消毒完善
歡迎訂飲
上海五馬路南石路中
老王仁和茶食號
祥仁眼鏡總行
門市部
福州路二八八號
電話九四九九八號
製造部
新閘路長沙路口
大威電料行
有數十餘家工廠特約
出品各種電珠電池等
承蒙批躉 竭誠歡迎
天寶禮記銀樓
金銀飾物
珠翠鑽石
滋補妙劑
男女老幼 四季可服
YAMEI'S
COD LIVER OIL
越華瑞記燭棧箔莊
本號開設上海
註冊商標
中國油漆
中華產
孔雀牌
TRADE
MARK
LION BRAND
上海永華油漆公司出品

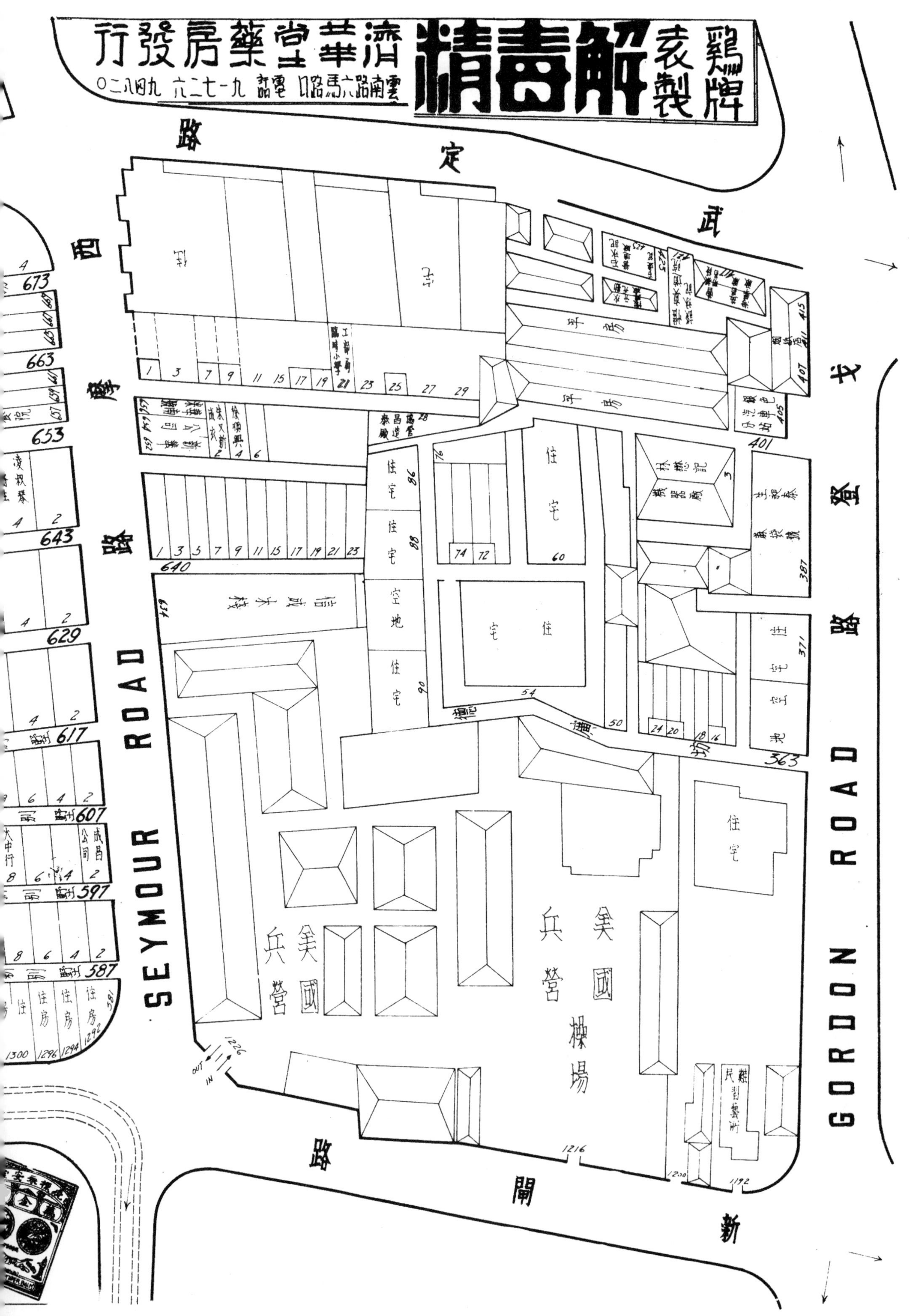
雞牌 表製 解毒精
濟華堂藥房發行
雲南路六馬路口 電話 九一七二六 九四八二〇
武定路
西摩路
SEYMOUR ROAD
戈登路
GORDON ROAD
新閘路
美國兵營
美國操場
住宅
空地
OUT
IN
1226
1216
1200
1192
640
643
653
663
673
629
617
607
597
587
401
387
371
363
415
411
407
405
1300
1296
1294
1292

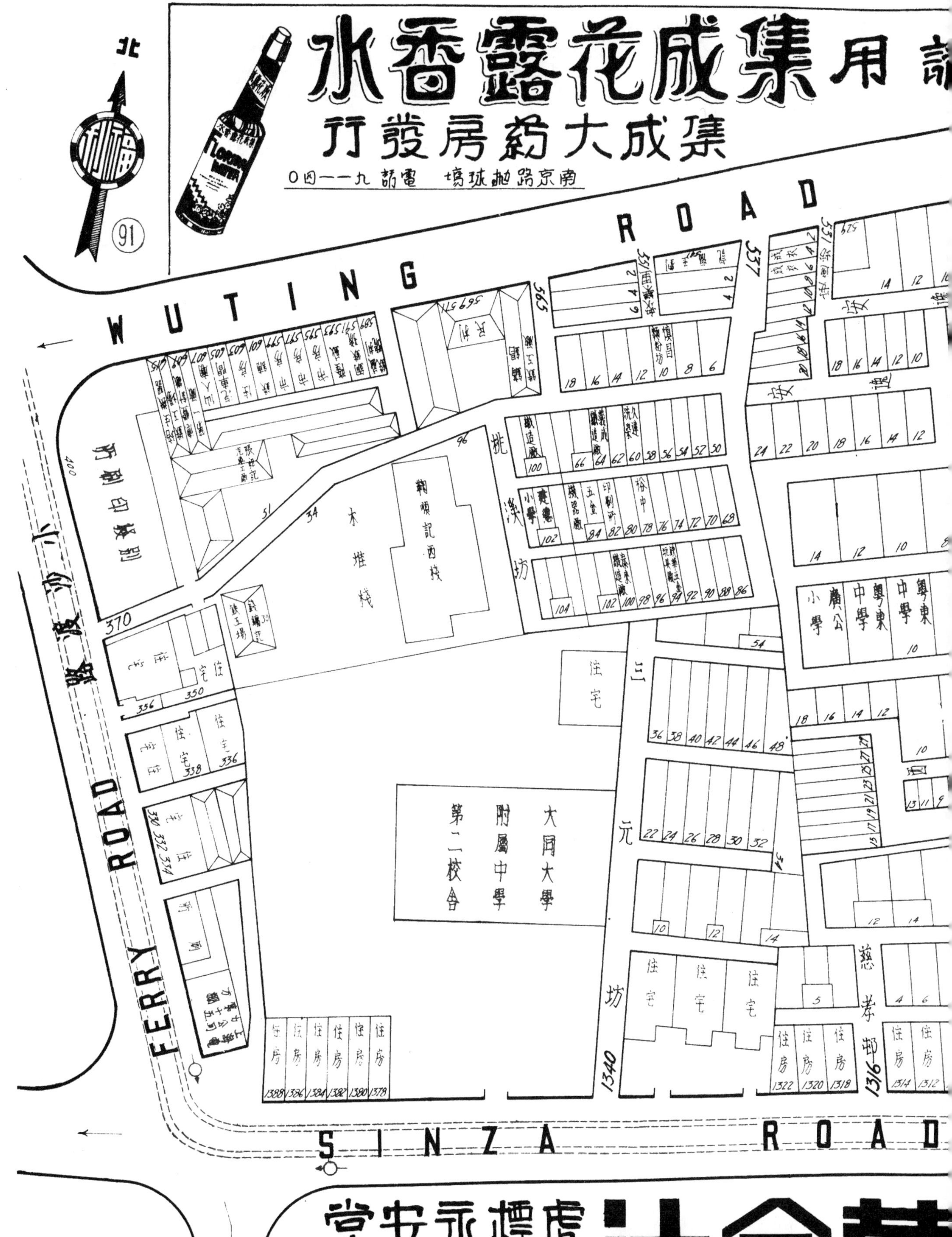

請用集成花露香水
集成大藥房發行
南京路抛球場 電話九一一四〇
北
91
WUTING ROAD
FERRY ROAD
SINZA ROAD
小沙渡路
別發印刷所
木堆棧
鞠順記西棧
桃溪坊
三元坊
慈孝邨
大同大學附屬中學第二校舍
粵東中學
萬金油
虎標永安堂
滬行
寧波路五九一至五號
電話"九三一五九"

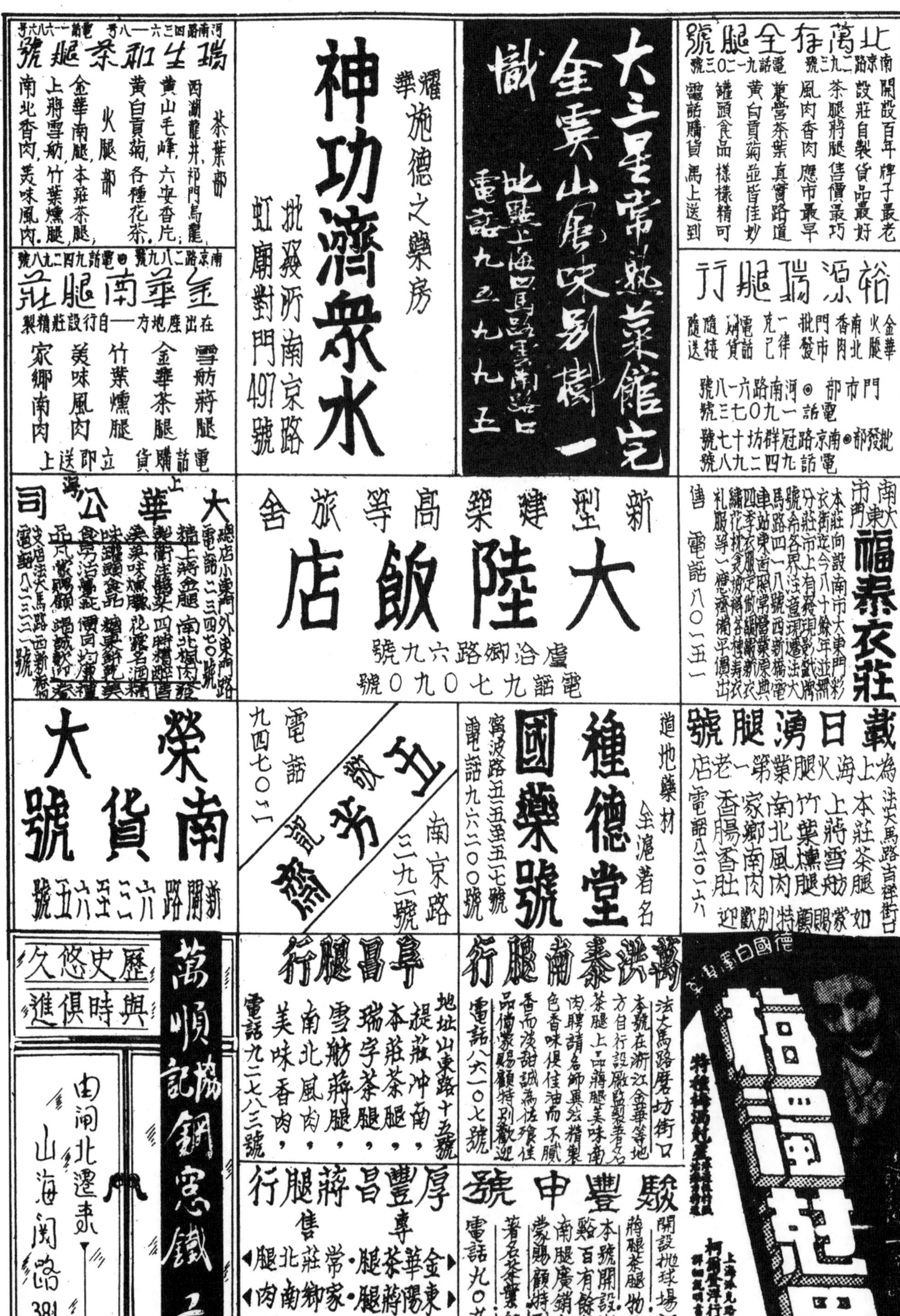
瑞生和茶腿號
河南路四六二號
茶葉部
西湖龍井，祁門烏龍，黄山毛峰，六安香片，黄白貢菊，各種花茶。
火腿部
金華南腿，本莊茶腿，上蔣雪舫，竹葉燻腿，南北香肉，美味風肉。
金華南腿莊
在出産地方—自行設莊精製
南京路二九八號 ◎ 電話九四二九八號
雪舫蔣腿 金華茶腿 竹葉燻腿 美味風肉 家鄉南肉
電話購貨 立即送上
耀華施德之藥房
神功濟衆水
批發所南京路虹廟對門497號
大三星常熟菜館
完全吳山風味
別樹一幟
地址上海四馬路雲南路口
電話九五九九五
北萬有全腿號
南京路二九三號 電話九一〇二三號
開設百年 牌子最老 設莊自製 貨品最好 茶腿蔣腿 售價最巧 風肉香肉 應市最早 兼營茶葉 真實路道 黄白貢菊 並皆佳妙 罐頭食品 樣樣精可 電話購貨 馬上送到
裕源瑞腿行
金華火腿 南北香肉 門市批發 一律克己 電話購貨 隨接隨送
門市部 ◎ 河南路六一八號 電話一九〇七三號
批發部 ◎ 南京路冠群坊十七號 電話四二九八號
上海大華公司
總店小東門外東門路 電話二三四七〇號
支店法大馬路西新橋
新型建築高等旅舍
大陸飯店
盧沿鄉路九六號
電話九七〇九〇號
南市大東門
福泰衣莊
電話八〇一五一
大榮南貨號
新開路六三至六五號
五芳齋
南京路三九一號
電話九四七〇
種德堂國藥號
道地藥材 全滬著名
寧波路五三五至五三七號
電話九六二〇〇號
戴日湧腿號
為上海火腿業第一老店
法大馬路吉祥街口
本莊茶腿 上蔣雪舫 竹葉燻腿 南北風肉 家鄉南肉 香腸香肚
電話八三〇一六
如蒙賜顧 特別歡迎
歷史悠久 與時俱進
萬順協記鋼窗鐵工廠
由閘北遷來 山海關路381號
阜昌腿行
地址山東路十五號
提莊沖南，本莊茶腿，瑞字茶腿，雪舫蔣腿，南北風肉，美味香肉，
電話九二七八三號
萬洪泰南腿行
法大馬路磨坊街口
本號在浙江金華等地方自行設廠監製著名茶腿上品蔣腿美味南肉聘請名師異法精製色香味俱佳油而不膩香而淡甜誠為佐餐佳品備蒙賜顧特別歡迎
電話八六一〇七號
厚豐昌蔣腿行
專售
金華茶腿·常莊北腿
東陽蔣腿·家鄉南肉
福建路三四四號
電話九三〇八五號
駿豐申號
開設抛球場河南路
蔣腿茶腿 物美價廉
本號開設浙江蘭谿百有餘年精製南腿廣銷各埠倘蒙賜顧特別歡迎
著名茶葉 紅綠俱全
電話九〇九八二號

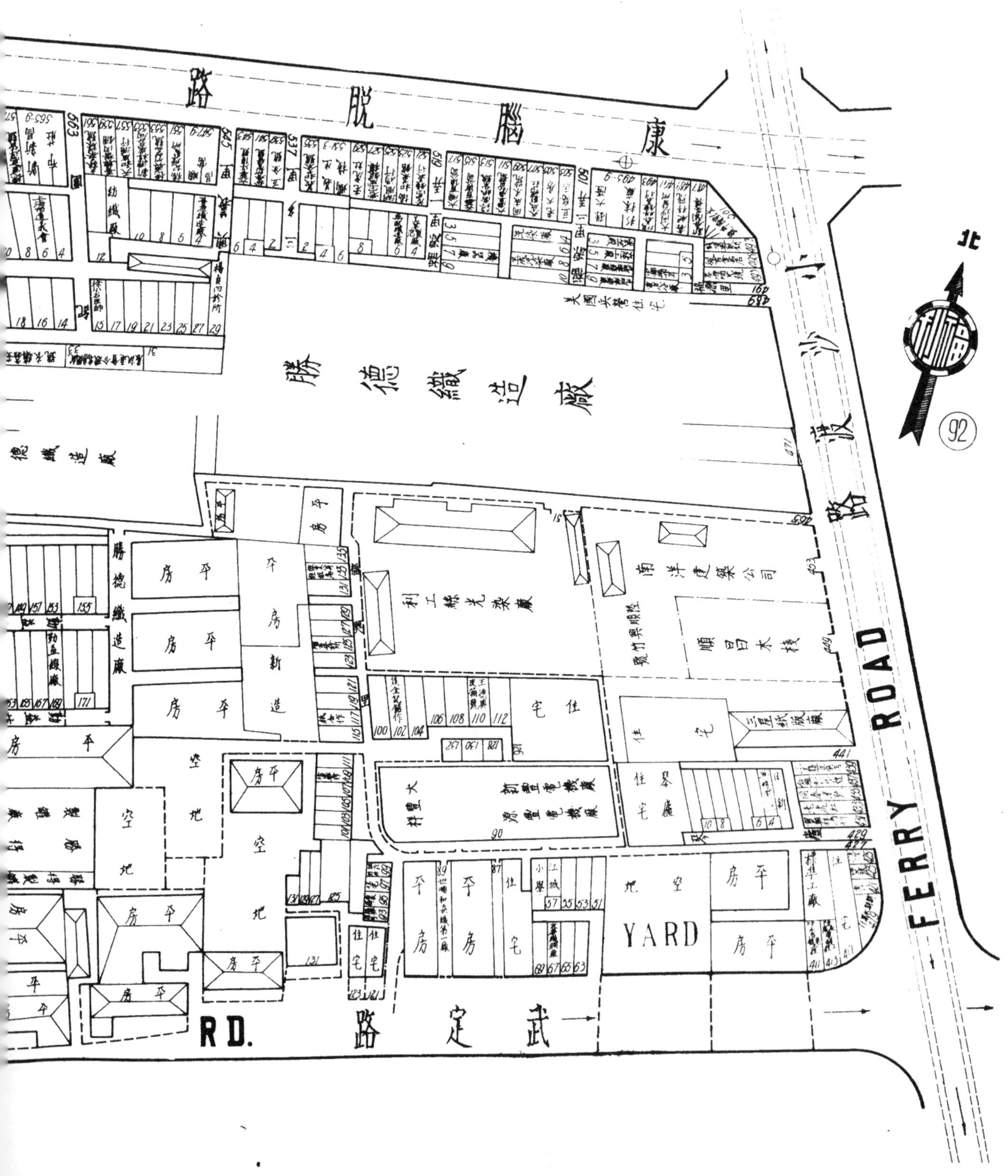

康腦脫路
小沙渡路
FERRY ROAD
武定路 RD.
勝德織造廠
利工綵光染廠
南洋建築公司
順昌木棧
YARD
北
92

CONNAUGHT ROAD

HART ROAD

哈同路

WUTING

YARD

空地

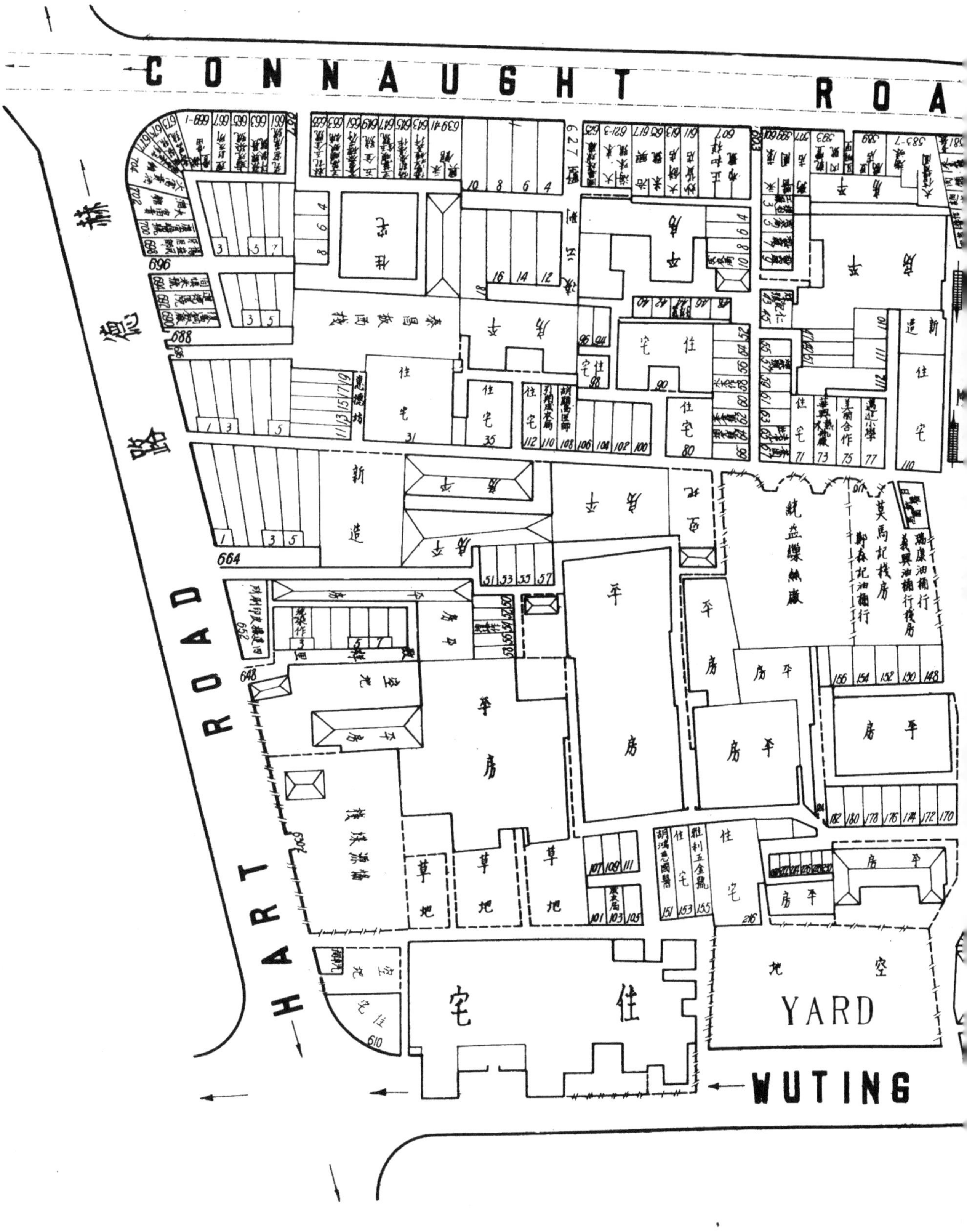

光益公司
上海南京路一一九號 中央大廈
電報掛號"SHAIWEAR" 電話一四九○五
特製西式綉花綢緞婦女內衣晨衣睡衣

SHANGHAI UNDERWEAR CO.
MANUFACTURERS & EXPORTERS OF
HAND-EMBROIDERED SILK LINGERIE
CENTRAL ARCADE 1ST FLOOR 5-A
119 NANKING ROAD
TEL. 14905 TA. "SHAIWEAR"
CHAO, T. K. GEN. MGR.
WU, T. H. MGR.

光成公司
上海南京路二三三號 哈同大樓
電報掛號"TKCHAO" 電話一六四○一
特製各種手巾枱布發售

THE T. K. CHAO CO.
MANUFACTURERS, WHOLESALERS & EXPORTERS OF
HANDKERCHIEFS, TABLE LINENS, LACES & NOVELTIES
HARDOON BUILDING 118
233 NANKING ROAD
TEL. 16401 TA. "TKCHAO"
HEAD OFFICE: 75 KIALAT ROAD SWATOW
CHAO, T. K. PROP. & GEN. MGR.

專營 房屋買賣 打樣營造 股票代理 保險代理
安孚地產公司
地址 愛多亞路中滙大樓五四六房間
電話 八四八五六

愛文元記旅社
房間高尚 招待週到
喜慶禮堂代辦筵席
地址 愛文義路北泥城橋
電話九三一六二

恒昌德南北貨號
本號自運閩廣洋糖南北果品瓜子花生零躉批發
開設上海雲南路三十四至三十六號仁濟堂對面

寶華鞋帽莊
專售男女各種名鞋革履時新呢帽
上海浙江路四三七九號

大明電珠廠
出品四大老牌 貓頭牌 鑽石牌 醒獅嘜 眼鏡牌
兼製(汽車燈泡 無線電泡)
風行攸久 信譽卓著
上海法界華成路銀河里三十六號 電話(八○二五三)

大豐工業原料有限公司
總公司上海棋盤街交通路二十八號
電話九二八四四 九七四九二
第一支店上海康腦脫路赫德路口六四八號

經理錢文龍
永福木號
兼售壽器
地址海寧路二八二六號
電話四一七○八轉

老協大祥
綢緞價廉 呢絨物美 棉布足尺加三
總店小東門外大街
支店大世界南隔壁
八仙橋小菜場

裕豐織造廠
山鹿商標
廠址 上海法租界東新橋街寶安坊十八號
電話(八五四七二)
本廠特聘技師督造各種汗衫汗褲背心小人衫及衛生衫褲批發價目特別便宜交貨定期不誤如到外埠國外運貨便到請認明山鹿商標庶不致誤

大豐昌
華洋雜貨號
地址法大馬路六二至六四號
電話八五七七七

中漢新玻璃廠
事務所 圓明園路二一五號 電話一七○八六號
製造廠 赫德路第七七六號 電話三八三三八號

義昌手帕織造廠
本廠開設英租界山東路交通路口一(五六號精製各種手帕衛生衫褲汗衫零躉批發價目特別克己

裕記成營造廠
廠址 延平路四十六號
電話 三一四○八

中國油衣公司
專製各種防雨用品一律双面上油包不漏水售價低廉歡迎各界試用比較
地址二馬路四二六號
電話九三六九七

五福齋
南京路三○八號
電話九○五八九

雙魚牌熱水瓶
日華實業廠出品

國產絨線
英雄牌
安樂紡織廠出品

經濟廣告特欄

周邦俊醫師　同孚路二一四衖大中里一二〇號　電話三二一二三五

郭人驥醫師
(科目)専治精神憂鬱精神錯乱神經衰弱失眠文武痴癲猪羊癲瘋各部疼痛肺病胃病等症
(時間及地址)上午九時至五時法租界霞飛路邁爾西愛路口永慶里三號
(電話)七六四一二

甯大椿
肺癆女科專家
北泥城橋南首虞洽卿路永吉里四號
電話　九二九〇四

吳興包句香醫士
専治癰疽發背婦女瘰癧及一切危險外症
浙江路東廈門路順康里十一號

蕭一飛醫師
科目：內外花柳婦女戒烟等科
診所：北山西路老泰安里三弄24号
分診所：愛文義路一三二号溫州路口
時間：分診所上午應診　診所下午應診
出診：五時後星期日下午停診
電話：九〇二六九号

心臟病專家
秦道源醫學博士
専門心電測驗診斷治療各種心臟病兼理內科及小兒科
診所　白克路六三三号
電話　三一九九二号

汪企張醫師
(一)海格路五四一号汪企張療養舘　電話七七〇九八
(二)四馬路五洲大樓四樓四一〇号　電話一九七五九轉
門診　(一)上午十時至十二時　(二)下午二時至五時

夏慎初醫師　另設戒烟
無論多年宿癮或因病上癮者均可負責戒絕速戒五六日慢者二三十日戒時決無痛苦戒後亦無反癮
著有戒烟指南一冊四角在診所出售
主治癆瘵傷寒氣喘肺癆各種急慢傳染病等
門診　下午三時至六時
診所　上海霞飛路鼎吉里

東京帝國大學畢業
耳鼻咽喉科　皮膚花柳科　蔡漢威醫師
診所　南京路利濟藥房(大新公司對過)
電話　九四三四九

肺癆哮喘專科　留日医学士　蔡伯倫醫師
診所　上海静安寺路九六八(赫德路口)電話三四〇三九
時間　上午十時至十二時下午二時至五時星期日停診

日本京都帝國大學畢業
外科痔瘻科　皮膚花柳科　蔡漢基醫師
診所　南京路石路口華英藥房
電話　九三三四〇

張柏庭醫師
DR. C. Z. CHANG
上海漢口路四七〇號三樓三二〇號
ROOM 320, 2nd FLOOR
470 HANKOW ROAD
SHANGHAI
電話　TEL. 91125
門診：上午九時至十二時　下午三時至六時
CONSULTING HOURS
9 TO 12 A.M
3 TO 6 P.M.

范小舲醫師
診所　慕爾鳴路一二三五衖豐盛里十八號
電話　三八五二一

王杏生國醫
診所：龍門路信平里四號

戚清澄醫師
診所　赫德路六八三三衖七〇號
電話　三七九九七

蔣紹宋醫師
診所　廣西路三八九號
電話　九二九九一號

外科專家
王寶忠醫師
診所　白克路三七六衖永年里五號
電話　三一八四四號

姚雲江醫士
診所：白克路大通路口大通里四號
電話：三三九八八號

徐麗洲醫士
診所：虞洽卿路一六八二〇號
電話　九五二六八六八號

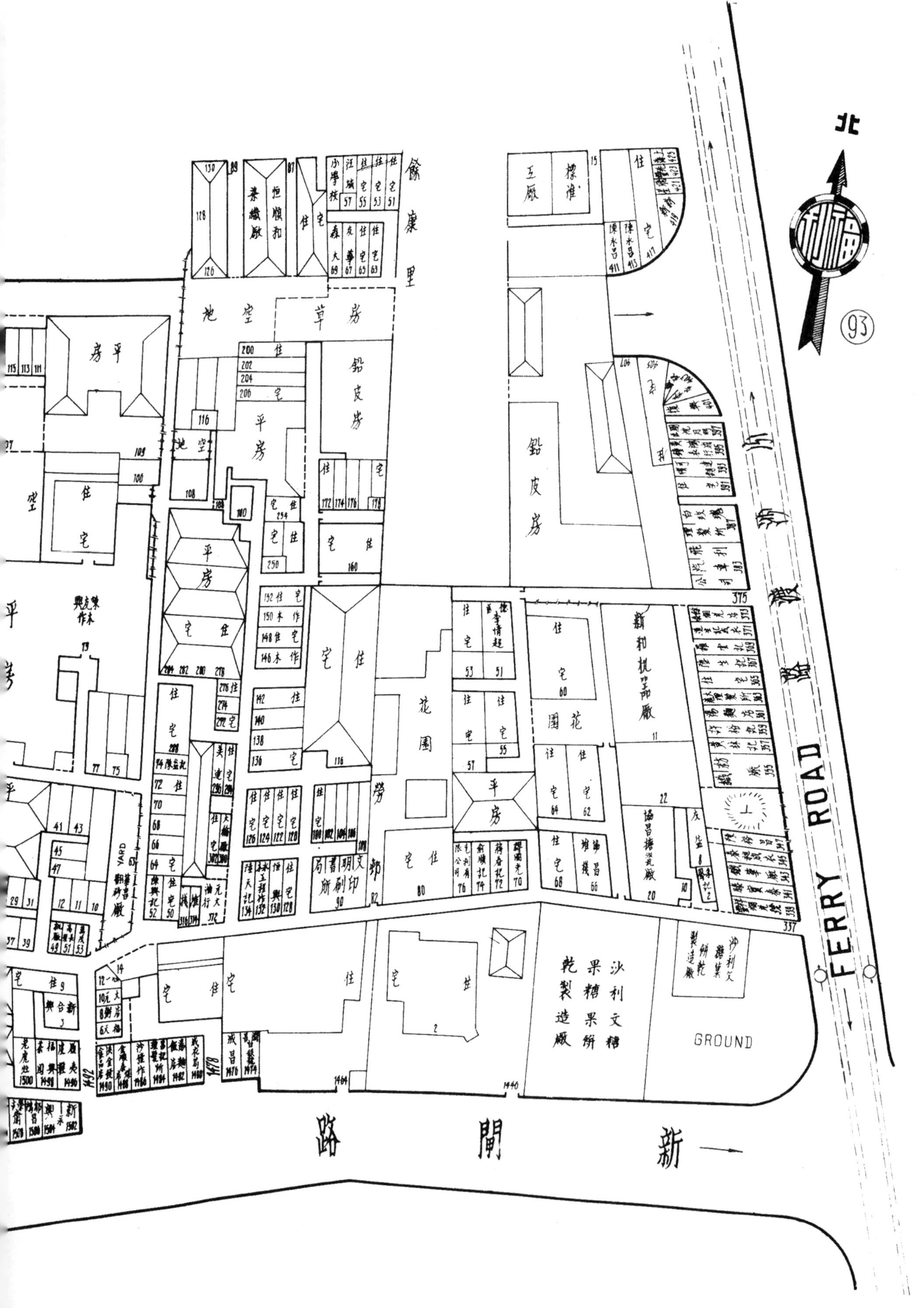

北
93
FERRY ROAD
新閘路
餘康里
空地
草房
鉛皮房
平房
花園
花園
工廠
新利机器廠
協昌搪瓷廠
沙利文糖果餅乾製造廠
沙利文餅乾糖菓製造廠
GROUND
YARD
文明印書局

WUTING ROAD 武定路

HART ROAD 赫德路

SINZA ROAD

光榮茂鞋帽白粉廠

POND

京江中學校

平房

鉛皮房

瑞昌興棧

李成興衣記局

花園

安來坊

華夏大學

蘭金愛醫師

新知小學

住宅

經濟廣告特欄

羅鑫泉
牙科醫院
同孚路同孚邨一八一號
電話三二三一八一號

許竹平牙醫師
虞洽卿路大陸飯店對面

德醫
楊輯五医師
北京路景雲大樓一〇八號
電話九四三三七号

大三星常熟菜館
全真山居味別樹一幟
地址上海四馬路雲南路口
電話九五九九五

福懋來號
上海江西路
興業大樓四二二號
電話一四三〇三

小呂宋
退貨還洋
南京路四五四號
電話八二八八五號
薄利商店

濟華堂
大藥房
雲南路四七號
電話 九四八二〇 九一七二六

鼎新教育用品社

發售
中西文具
學校用品
繪圖儀器
各式齊備
價廉物美
歡迎惠顧

上海廣東路二八六街六號
電話九〇六五七號

經濟廣告特欄

公信會計師事務所一覽

河南路三零五號錦興大樓一零二號

電話九零三四五號

主任會計師

奚玉書

會計師

貝祖翼　曹裕

張賡麟　沈維經

陳超崙　陳宗舜

律師

姚福園　朱啟超

新閘路
小沙渡路
FERRY ROAD
愛文義路
工部局醫院
S.M.C.
HOSPITAL
花園
兵營
兵營
兵營
住宅

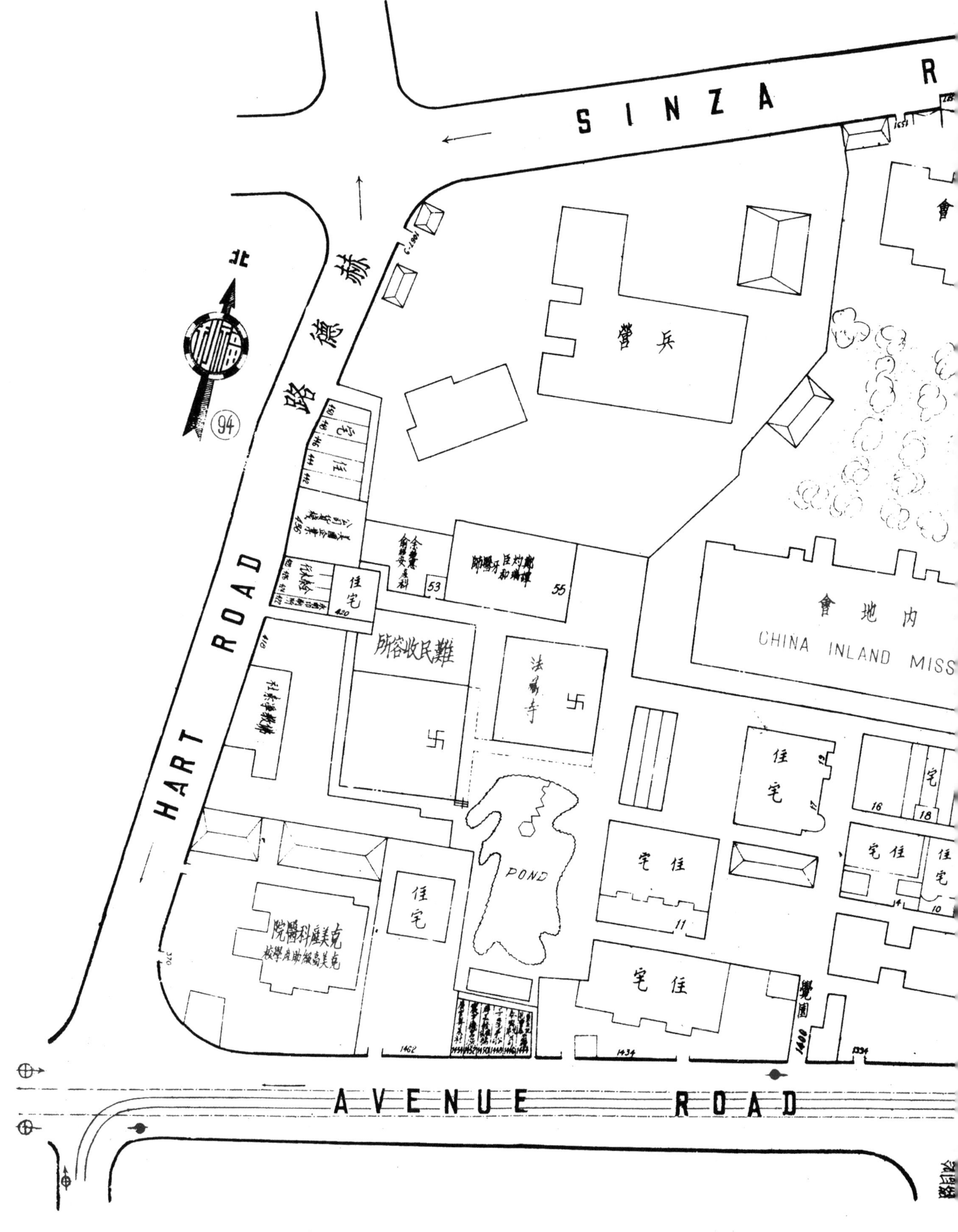
SINZA R
HART ROAD
赫德路
AVENUE ROAD
兵營
會
内地會
CHINA INLAND MISS
難民收容所
法藏寺
POND
住宅
克美產科醫院
克美高級助產學校
94
北
1462
1434
1400
1334

上海市名會計師一覽

于懷仁會計師 北京路三八四號通易大廈四樓 電話九四三六四號	王海帆會計師 愛麥虞限路二號 電話七二一五一號	朱介人會計師 南京路五五九號 電話九〇三九三號	朱 明會計師 天津路二〇一號 惠豐二樓	朱 寶會計師 八仙橋國華銀行樓上 電話八五四九七號	江百平會計師 南京路慈淑大樓七二三號 電話九〇〇三三號
江萬平會計師 金神父路一五二號 電話七〇九六一號	沈家楨會計師 西門路西湖坊四五號 電話八四五七一號	沈浪三會計師 愛多亞路浦東大廈五一一號 電話三〇七七一號	設計會計師 沈立人 戈登路二七五號 中華會計師事務所 電話三三一二八號	李 澂會計師 極司非而路四一號 電話二一一三六號	李 鼎會計師 圓明園路一三三號五樓 電話一八三三七號
李鴻壽會計師 江西路四〇六號 電話一九五二五號	李 文會計師 漢口路綢業大樓五〇四號 正誼法律會計事務所 電話九三九八〇號	吳松齡會計師 華龍路六九號 電話八四二七三號	武書麟會計師 江西路四〇六號 立信會計事務所 電話一九五二五號	林翰栩會計師 圓明園路一三三號五樓 電話一八三三七號	金宗城會計師 寧波路上海銀行 電話一五二六〇號
郎君偉會計師 寧波路上海銀行會計處 電話一二五六〇號	席德耀會計師 天津路二〇一號 電話九三〇五六號	徐永祚會計師 愛多亞路一二三號三樓 電話八二〇六六號	徐乙和 章梓會計師 四川路中國企業大樓七〇五號 電話一〇三二〇號	徐英豪會計師 河南路五〇五號一樓 電話九一三四五號	袁際唐會計師 古拔路一六四弄十二號 電話七六七〇七號

上海市名會計師一覽

馬啟錩會計師
邁爾西愛路二七五弄一六號
電話七三九四二號

孫瑞璜會計師
地址上海新華銀行
電話一八一零九號

孫鐘堯會計師
九江路新康大樓五一五號
電話一七五二八號

陳述昆會計師
九江路一五〇號五樓
電話一七五二九號

陳　琴會計師
香港路五九號銀行公會內
電話一四〇〇二號

陳巒清會計師
蒲石路二四五弄怡安坊三八號
電話七七九七七號

陳毓宏會計師
麥賽而蒂羅路一六三弄一三號
電話八四八九四號

陳憲謨會計師
愚園路四明別墅七五號
電話二一四〇八號

秦彦釗會計師
霞飛路樂安坊五二號
電話八六五四八號

陸養春會計師
康腦脫路三德坊二一號
電話三五二八八號

奚玉書會計師
河南路五〇五號一樓
電話九〇三四五號

鄭基銘會計師
事務所南京路五五九號
住宅徐家滙路一三二號
電話 事務所九〇三九三 住宅七五九八五號

許冠羣會計師
新聞路一〇九二弄
電話三〇六九三號

張蕙生會計師
霞飛路一〇三三號公寓六三號
電話七七九六二號

焦鼎鎧會計師
愛多亞路六五二號
電話九五三四一號

萬維儉會計師
麥根路二〇九弄八號
電話三一六〇一號

虞中哲會計師
梅白格路九七弄六號
電話三二〇一七號

董純標會計師
金神父路一五二號
電話七〇九六一號

巢紀梅律師會計師
四川路三三號七樓
電話一八八二六號

劉人鑑會計師

潘志傑會計師
虞洽卿路八三弄二號
電話九二五一三號

盧德綬會計師
環龍路一五二號
電話七五四二三號

錢素君會計師
霞飛路一〇三三號公寓六三號
電話七七九六二號

盧于暘會計師
盧峻律師
地球場亨達利二樓
電話一二三五二號

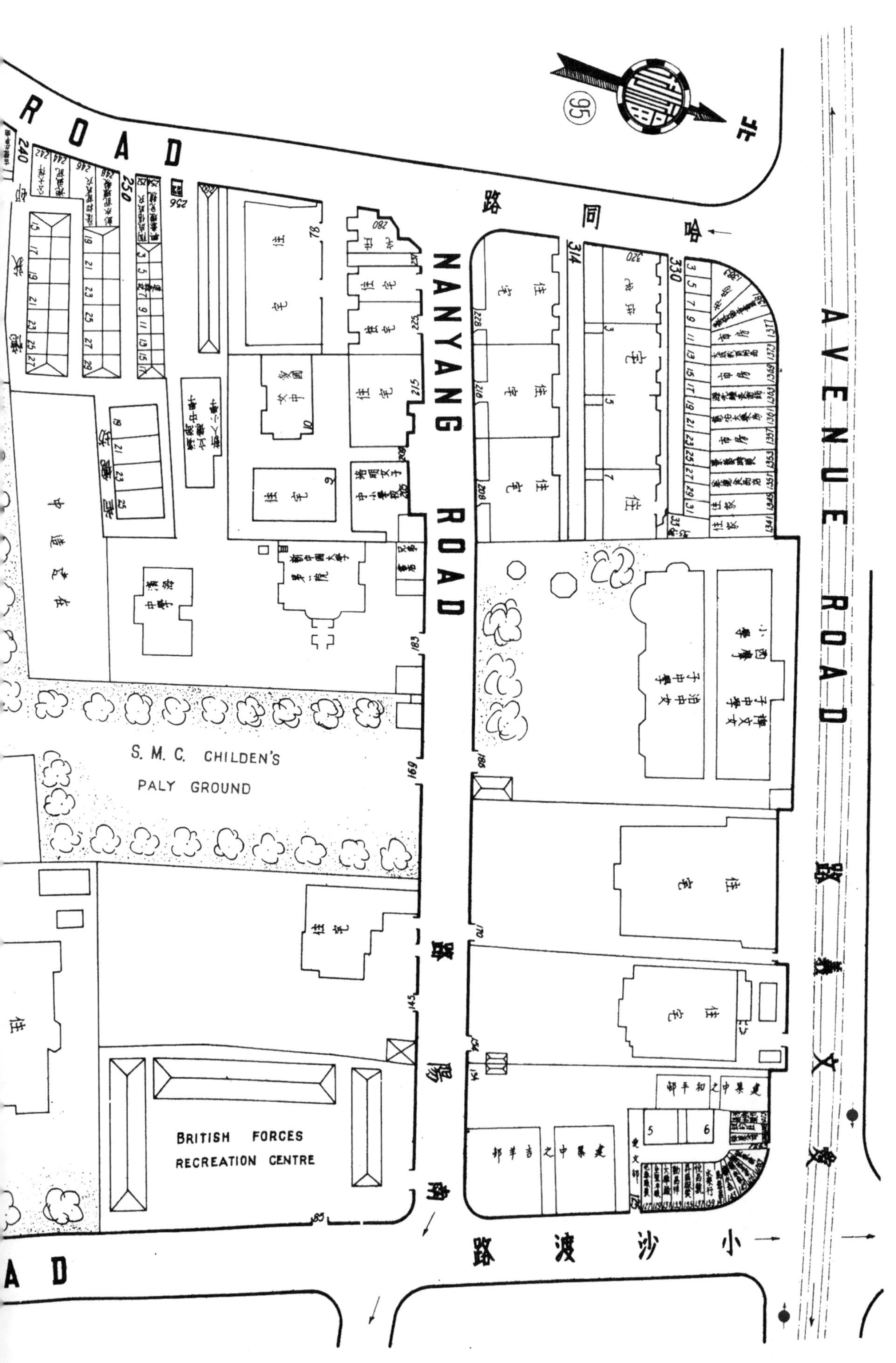
ROAD
NANYANG ROAD
AVENUE ROAD
哈同路
南阳路
爱文义路
小沙渡路
S. M. C. CHILDEN'S
PALY GROUND
BRITISH FORCES
RECREATION CENTRE
住宅
95
北

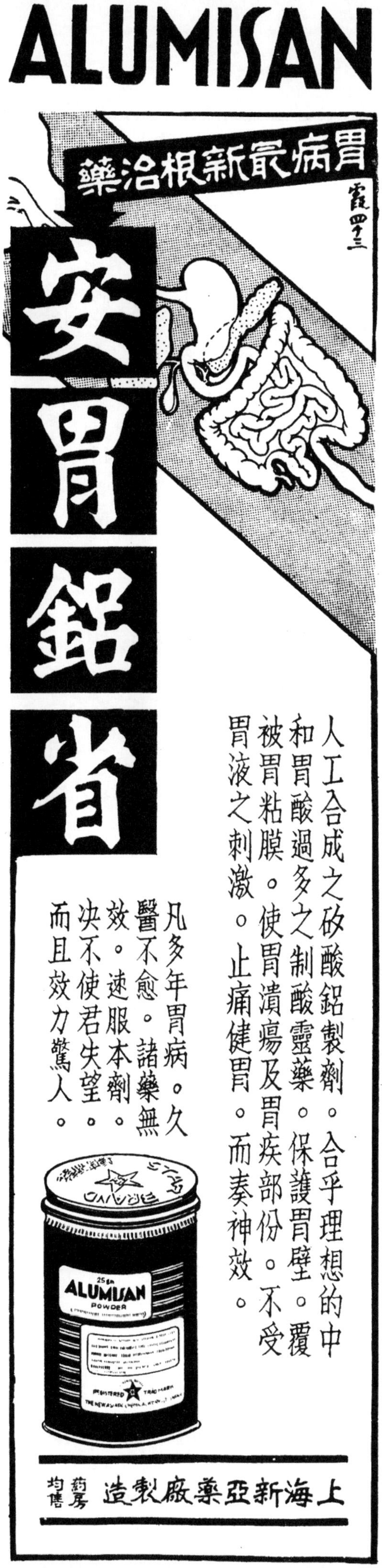

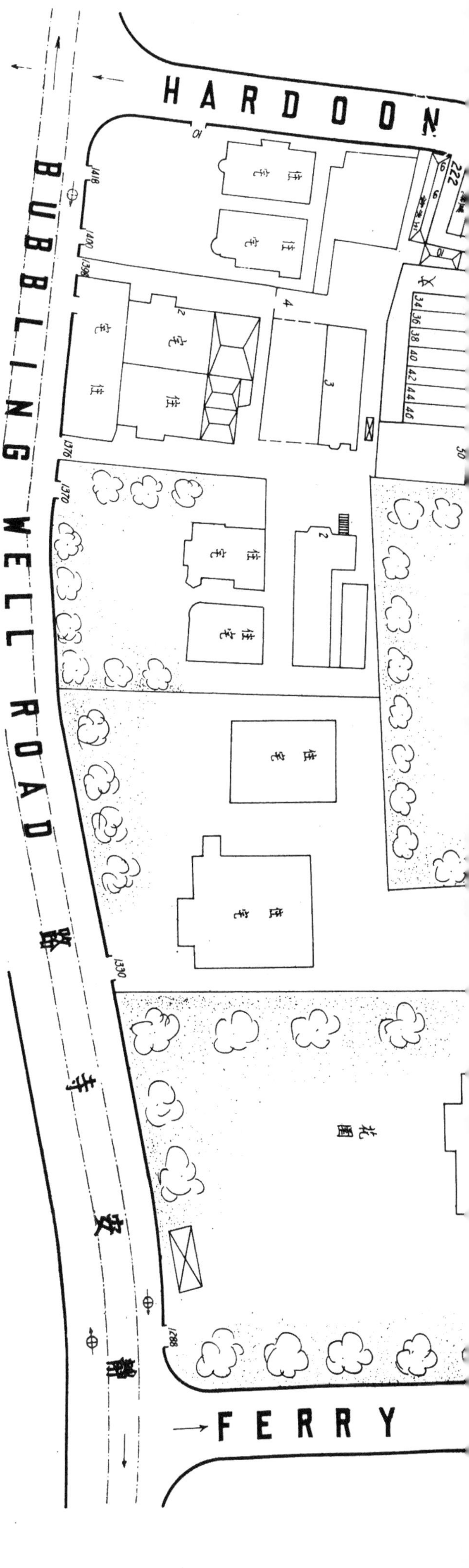

HARDOON

BUBBLING WELL ROAD

靜安寺路

FERRY

住宅

花園

1418　1400　1398　1376　1370　1330　1288

上海市名律師一覽

王傳璧律師
靜安寺路青海路49弄三號
電話三二一四三號

王劍鍔律師
梅白格路平泉別墅八號
電話三二四五〇號

王維楨律師
新大沽路永慶坊八號
電話三五四七八號

方積蕃律師
白克路大通里一四號
電話三一九三五號

丘漢平律師
南京路哈同大樓三〇號
電話一七〇〇七號

申應試律師
江西路二六四號五樓509
電話一四五六六號

江一平律師
高乃依路三〇號
電話七四八七〇號

江兆平律師
金神父路一五二號
電話七〇九六一號

左德熹律師
四川路三三號七樓723
電話一三一一〇九號

朱啟超律師
南京路五〇五號一樓
電話九〇三四五號

朱亞揆律師
南京路慈淑大樓五〇二B號
電話九一八七〇號

朱文德律師
福煦路浦東大厦五〇三號
電話八一一八 三〇七七八號

何世枚律師
寧波路上海銀行四樓
電話一三六〇八號

何世楨律師
寧波路上海銀行四號
電話一三六〇八號

何嘉律師
河南路五七九號
電話九五三九三號

宋士驤律師
愛而近路萬祥里四號
電話四一九二五號

宋雲濤律師
貝勒路海蘭坊二五號
電話八二八三四號

汪勵吾律師
南京路慈淑大樓五二四號
電話九一九八〇號

李寶森律師
華龍路六號內一八號
電話八一五五七號

李文杰律師
江西路四〇六號四樓
電話一九五二五號

吳凱聲律師
辣斐德路六一二號
電話七五六八九號

吳之屏律師
勞爾東路四二弄一號
電話七一四二〇號

余華龍律師
白克路新一五六號
電話九〇九八三號

余祥琴律師
威海衛路八八號
電話三〇五〇〇號

上海市名律師一覽

周孝庵律師
呂班路巴黎邨一〇號
電話八一四一八號

范剛律師
外灘一七號三楼三七號
電話一四四三三號

俞鍾駱律師
辣斐德路四七四號
電話八〇五六六號

俞傳鼎律師
梅白格路青島路口
平泉別墅三六三號
電話三三〇〇一號

俞承修律師
成都路四九三弄修德新邨二四號
電話三四七一六號

姚永勵律師
香港路五九號銀行公會二樓
電話一六〇五八號

唐世昌律師
寧波路四〇號四樓
電話三五七三七號

奚孟起律師
愛多亞路浦東大樓511
電話三〇七七一號

馬君碩律師
南京路慈淑大樓五〇六號
電話九四五六七號

馬壽華律師
國富門路一三〇號
電話七四六一七號

徐佐良律師
南京路餘興里一四號
電話九六五六二號

徐士浩律師
四川路三三號七樓七二一號
電話一三一一〇 一三一一九號

孫鳴岐律師
漢口路四七〇號四樓四一六號
電話九〇八三五號

張德欽律師
愛文義路愛仁里四號
電話三三五一五號

張橫海律師
牛莊路六九二號
電話九一二六一號

張秉鍪律師
愚園路一〇三二弄三一號
電話二二六一四號

張天有律師
北京路八五六號二樓
電話九一七二二號

張鶴聲律師
愛多亞路浦東大廈四三三號
電話三六四七二號

張立時律師
派克路承興里二一號
電話三五六八五號

張佐劉律師
白爾部路太和里六四號
電話八三九四〇號

陸家鼐律師
福履理路三三五弄息邨七號
電話七〇九八九號

陸聰祖律師
四川路二九四號
電話一五〇二八號

陳霆銳律師
博物園路一三一號
電話一二一七四號

陳令莊律師
福煦路模範邨六七 六八號
電話七〇五八八號

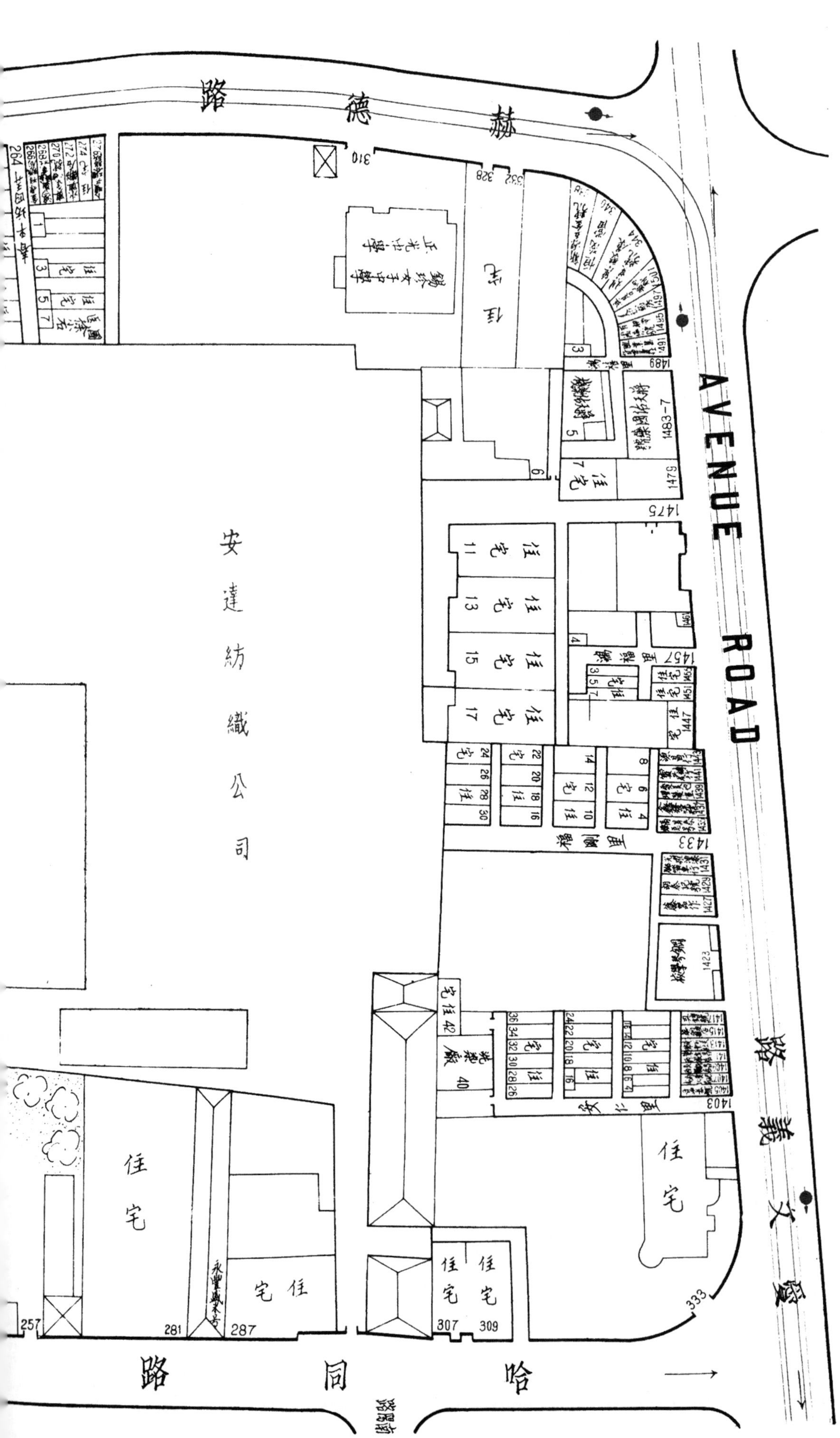

赫德路
AVENUE ROAD
愛文義路
哈同路
安達紡織公司
住宅
310
328
332
1489
1483-7
1479
1475
1457
1451
1447
1433
1431
1429
1427
1423
1403
333
257
281
287
307
309
264

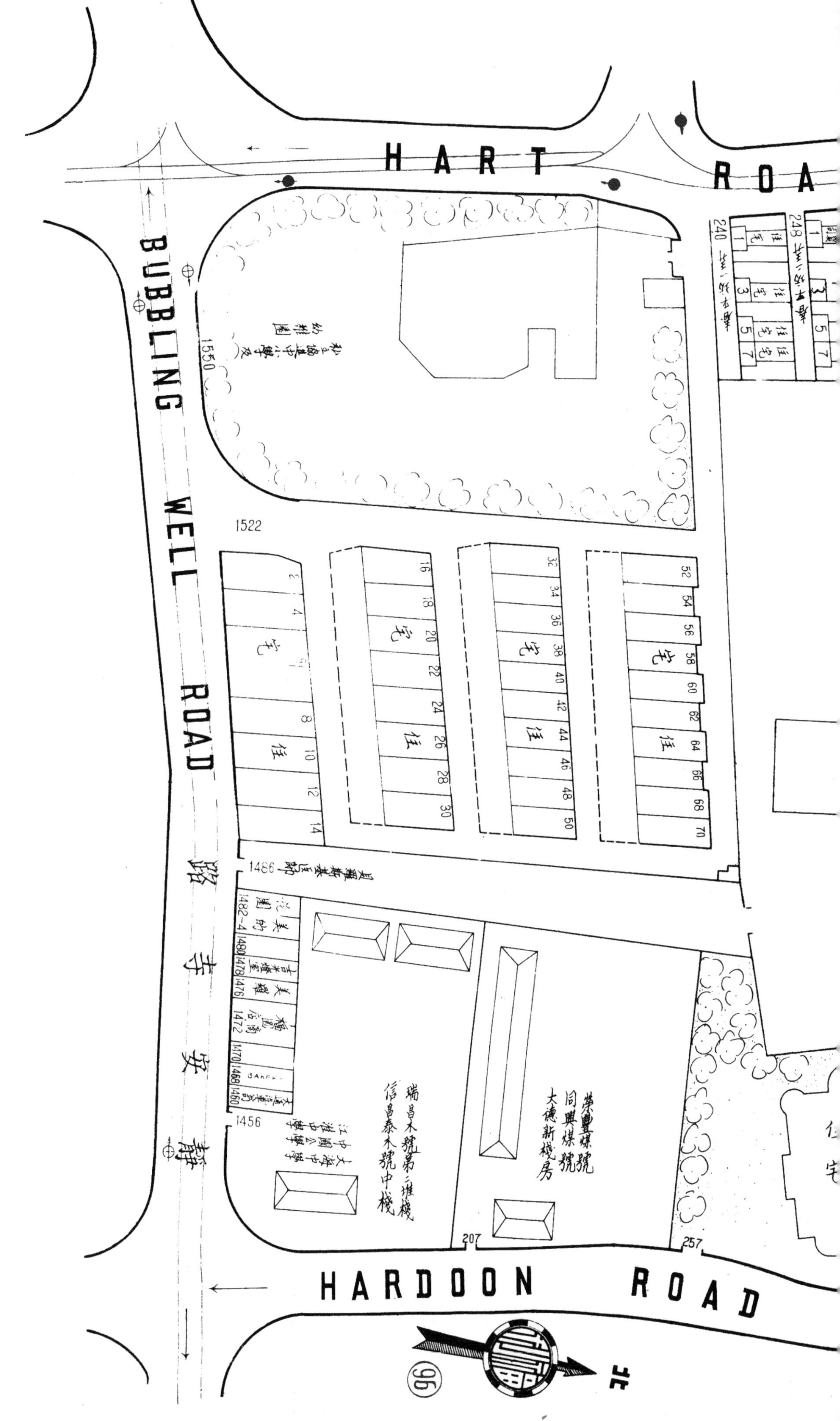
HART ROAD
BUBBLING WELL ROAD
静安寺路
HARDOON ROAD
1550
1522
1486
1482-4
1480
1478
1476
1472
1470
1468
1460
1456
207
257
240
248
96
北

上海市名律師一覽

兄弟法律事務所 河南路 四九五號 電話九五九五三號

公明法律事務所 白克路大通里一四號 電話三一九三五號

惟明法律事務所 愛多亞路 二九號 電話八四三四一號

鄭文楷律師 北京路 八三〇弄三〇號 電話九三五一三號

樂俊芬律師 河南路恒利大樓三〇七號 電話九五九五三號

樂俊英律師 九江路大陸大樓四〇九號 電話一八九〇一號

樂俊緯律師 河南路恒利大樓三〇七號 電話九五九五三號

潘鳳堂律師 文監師路景德里六號 電話四一九〇一號

劉世芳律師 圓明園路一三三號四樓 電話一五一〇六五號

蔡汝棟律師 博物院路一三一號二樓二二五號 電話一九八五一二號

蔡曉白律師 蒲石路 七〇號 電話八〇二六九號

蔣保釐律師 愛多亞路一六〇號二樓 電話一六二一五八九號

蔣保廉律師 漢口路二三九號工部局法律部 電話一三〇四〇號

蔣持平律師 巨籟達路一四六號 電話八五五六八號

厲志山律師 漢口路二三九號工部局法律部 電話一三〇四〇號

錢樹聲律師 白克路 三〇〇號 電話三一七六六 三三〇五三號

錢盈律師 巨籟達路大德邨八號 電話七四八二四號

錢興中律師 外灘一七號內三一七號 電話一四四三三號

鮑吕勳律師 邁尔西愛路誠德里二號

鮑鋝律師 梅白格路三六三號 電話三三〇〇一號

薛嘉圻律師 北京路墾業大樓A字二〇九號 電話一六一六七號

薛篤弼律師 馬斯南路 九五號 電話七一一七〇號

魏炯律師 愛多亞路一六〇號內六〇六號 電話一六一五三號

李凌雲律師 勞勃生路慶裕里一一三號

上海市名律師一覽

陳志皋律師
北京路三八四號四樓
電話九四三六四號

陳承蔭律師
北京路鹽業大樓五樓
電話一四八五六號

陳莛元律師
北京路三七八號鹽業大樓三四號
電話九〇九六七號

陶尹常律師
麥特赫司脫路福田邨七號
電話三八四一二號

陶一民律師
靜安寺路九六美一二號
電話九二四六四號

鄂森律師
四川路二九九號
電話一一六六一號

鄔鵬律師
白克路同春坊二五號
電話九五二七〇號

鄔振明律師
福州路八九號中達大廈一四四號
電話一六〇四三號

黃修伯律師
派克路梅福里二四號
電話三三九二七號

馮樹華律師
白克路四二八號
電話三六九六六號

費席珍律師
甘世東路三〇〇號
電話七五九五九號

裘汾齡律師
巨籟達路八八〇號
電話七一三〇六號

項隆勳律師
南京路四九八號五洲藥房
電話八三〇二二號
九五八七一

楊瑞年律師
四川路三三〇號
電話一六三六〇九號

葛之覃律師
辣斐德路四三八號
電話八五一二六號

葛傑臣律師
北京路一五一號

葉少英律師
寧波路上海銀行大樓二〇二號
電話一九四〇二號

賈耀西律師
北浙江路厚餘里二九號
電話四〇三〇三號

萬維儉律師
麥根路二〇九美八號
電話三一六〇一號

趙祖慰律師
白克路永安里一二號
電話三〇三二〇號

趙傳鼎律師
南京路女子銀行三樓
電話九三四五〇號

趙鐵章律師
河南路恒利大樓二號
電話九三五三八號

榮楨隆律師
四川路三三號七樓七二一號
電話一三一一〇九號

路式導律師
北京路通易大樓四一四號
電話九四三六四號

哈同
北
97
哈同路
福煦路
AVENUE FOCH
1208
1238
1242
1246
1252
1260
1266
1280
1290
住宅
上海電車公司
SHANGHAI
TREAM CARS CO.
上海電車
赫德路

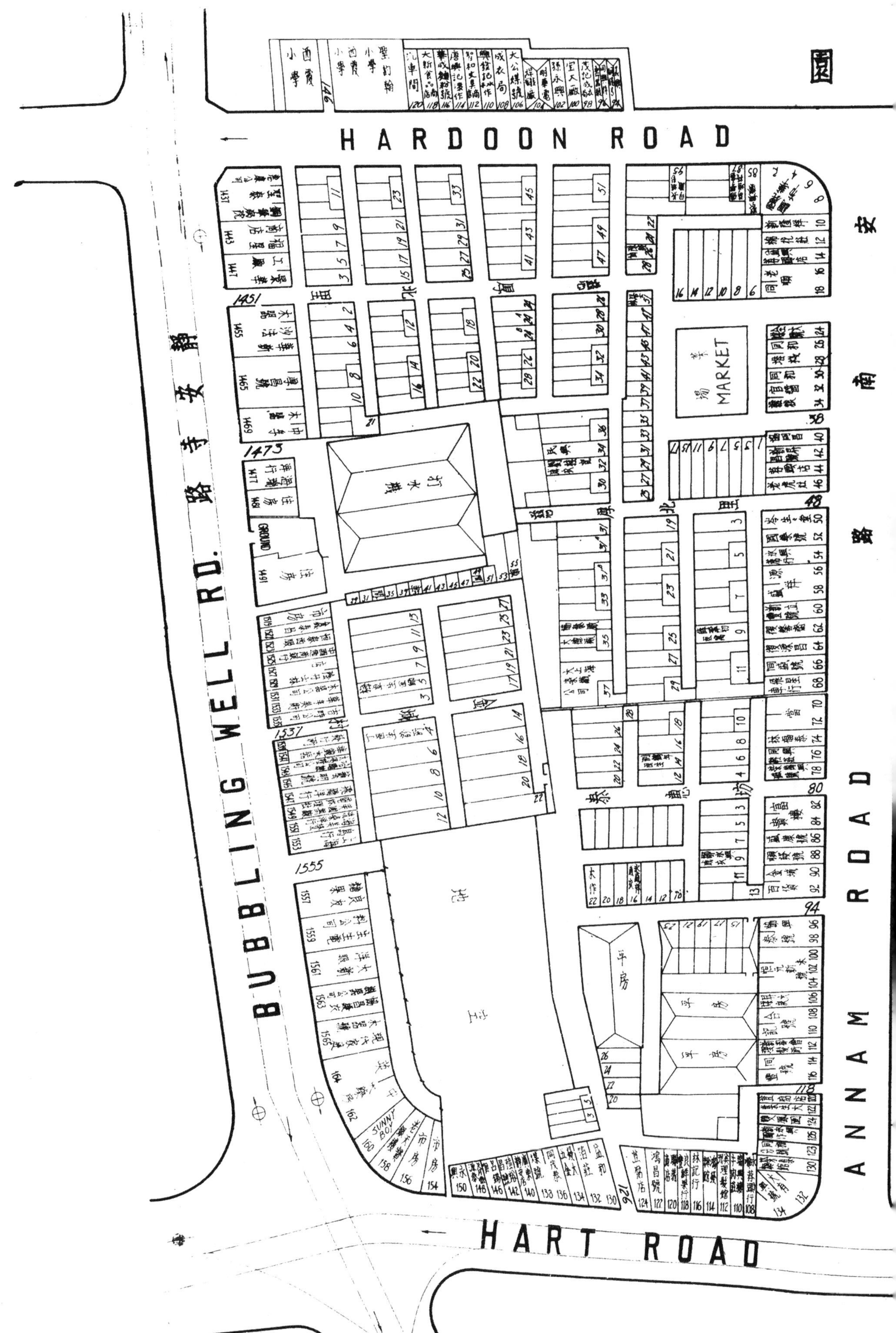
HARDOON ROAD
BUBBLING WELL RD.
静安寺路
HART ROAD
ANNAM ROAD
安南路
MARKET
小菜场
打水厂
平房
空地

立信會計師事務所現任職員一覽

職務	姓名
主任會計師兼編輯科主任	潘序倫
會計師兼總務科主任	顧　詢
會計師兼計核科主任	錢迺澂
會計師兼信託科主任	李文杰
會計師	許敦楷
會計師兼會計學校主任	李鴻壽
會計師兼信託科副主任	陳文麟
會計師兼編輯員	唐文瑞
文書科主任兼計核科副主任	葉朝鈞
計核科副主任	陳啟運
編輯科副主任	顧　準
會計學校事務主任	甘允壽
編輯員	潘銑甲
編輯員	呂仁一
計核員	周孝邁
計核員	章祖蔭
計核員	莊起虞
計核員	王庭桂
計核員	詹家忠
文牘員	潘永熹
會計員	蔣春牧
庶務員	徐秀林
收發員	許展坤
助理員	廖源英
助理員	唐肖尊
助理員	夏治濬
助理員	儲寶毅
助理員	唐根才
助理員	姚受珠
助理員	葉巳暉
助理員	陳克毅
書記	潘養源
書記	潘錫光
書記	潘婉平
書記	潘志遠
練習生	邵滬生
練習生	黃子仁
練習生	黃毓琴
練習生	周玉昌
練習生	徐星煥
練習生	張鵬驤

立信律師事務所現任職員一覽

職務	姓名
主任律師	李文杰
律師	陳朝俊
律師	彭望棟
律師	鮑昌勳
律師	周　鯤
助理員	潘可倫
助理員	陳福安
書記	潘煥明
書記	潘西元

江西路四零陸號興業大樓四樓

電話一九五二五號

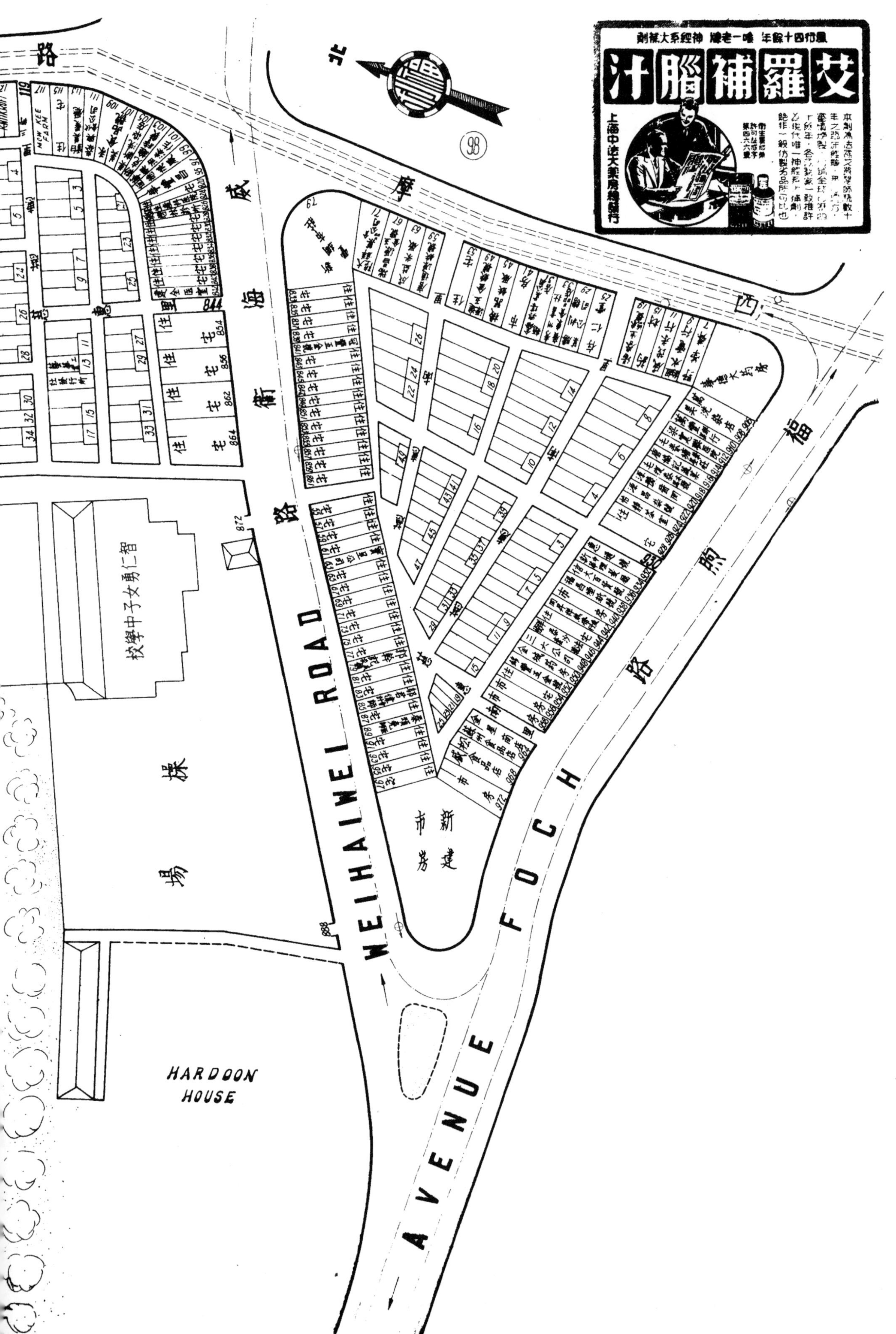

風行四十餘年 唯一老牌 神經系大補劑
艾羅補腦汁
衛生署核准許可證成字第四六六號
絕非一般仿製劣品所可比也
上海中法大藥房總發行
北
WEIHAIWEI ROAD
威海衛路
AVENUE FOCH
福煦路
新建市房
智仁勇女子中學校
操場
HARDOON HOUSE

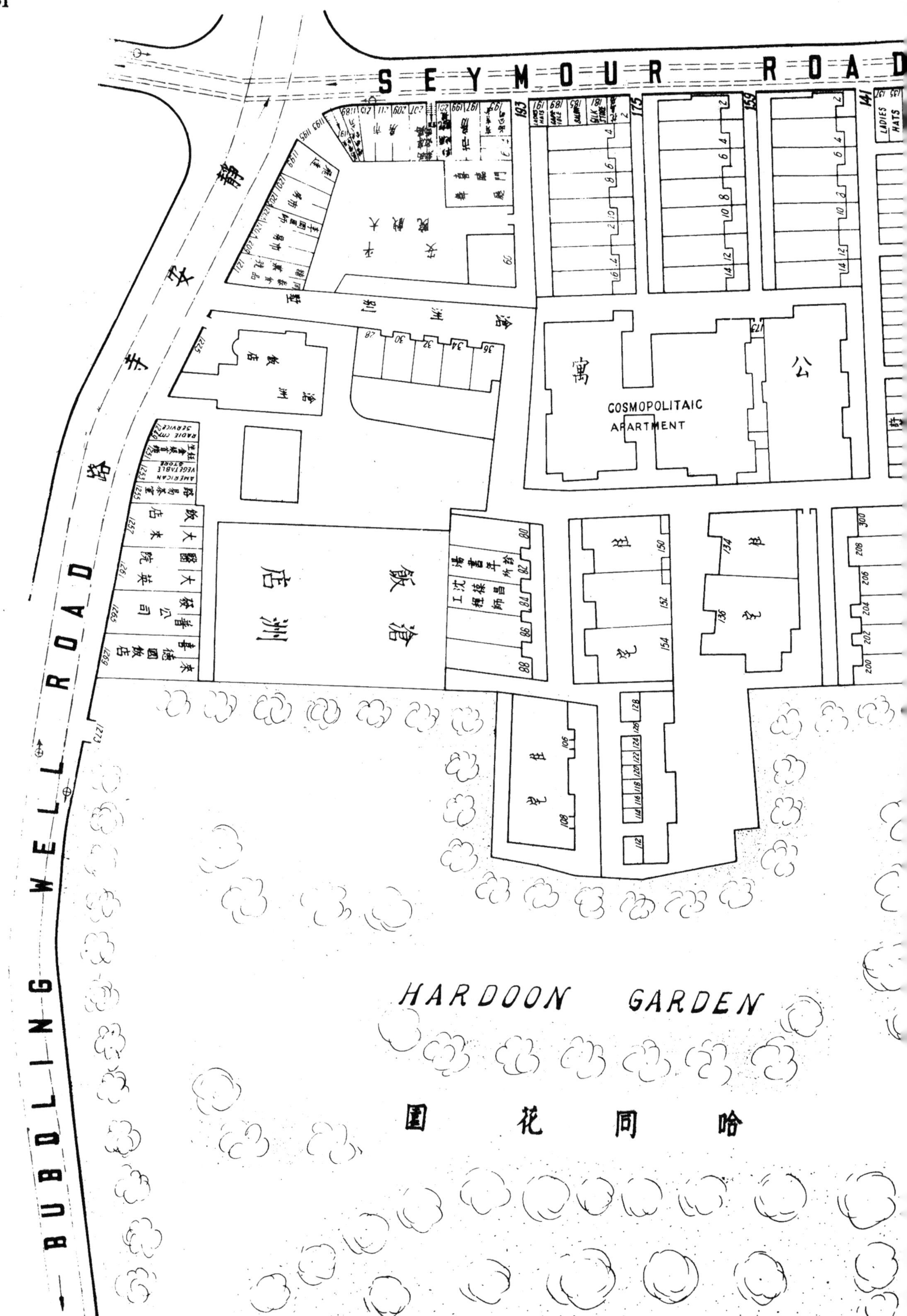

SEYMOUR ROAD
BUBBLING WELL ROAD
静安寺路
COSMOPOLITAIC
APARTMENT
寓
公
HARDOON GARDEN
哈同花園
滄洲飯店
LADIES HATS

一 使館及領事署

國別	地址
大美大使館	外灘二七號
波蘭大使館	畢勛路八三號
義大利大使館	成都路三六九號
葡萄牙公使館	祈齊路一一〇號
德意志大使館	北京路二號
墨西哥大使館	霞飛路一六三二號
大英領事署	外灘三三號
日本領事署	黃浦路一〇六號
日本領事署分館	海能路四〇號
比利時總領事署	辣斐德路一三〇〇號
丹麥領事署	外灘二六號
尼瓜拉領事署	博物院路一三一號
巴西領事署	邁爾西愛路二一九號
古巴領事署	趙主教路二七五號
西班牙領事署	霞飛路一四四九號
危地馬拉領事署	白賽仲路二七一號
希臘領事署	圓明園路五五號
法蘭西總領事署	公館馬路二號

國別	地址
波斯領事署	靜安寺路五九一弄五號
芬蘭總領事署	邁爾西愛路三〇一號
委內瑞拉領事署	貝當路五二四號
美利堅總領事署	江西路一八一號
智利總領署	邁爾西愛路二一七號
義大利商務參贊	外灘二六號
義大利領事署	成都路三六九號
葡萄牙領事署	賈爾業愛路一五號
瑞士總領事署	霞飛路一四六九號
瑞典總領事署	法外灘九號
奧國領事署	四川路三三〇號
瑙威總領事署	北京路二號
嗬囒總領事署	法外灘九號
德意志領事署	北京路二號
墨西哥領事署	江西路一七〇號
蘇俄領事辦公處	善鐘路一〇〇弄一〇號
蘇俄領事公館	黃浦灘路二〇號

二　機　關

名稱		地址	電話
江蘇上海第一特區地方法院		北浙江路七浦路口	
江蘇上海第二特區地方法院		薛華立路華美坊二號	
江蘇高等法院第二分院臨時辦事處		威海衛路一五五弄二二號	三六九〇〇
江蘇高等法院第三分院		西愛咸斯路恒安里一〇號	七二二七三
國際勞工局中國分局		靜安寺路七五四號	三〇二五一
國債基金管理委員會		香港路五九號	一六三二二
工部局		江西路二〇九號	
總辦處總寫字間（轉接各部）			一五三四九
總裁	費信惇		一〇〇八九
	總裁秘書		一〇〇三五
總辦	費利溥		一六一三〇
副總辦	葛柏		一六一三〇
副總辦	何德奎		一八九七二
副總辦	指宿		一五三四九 一六〇四四
會辦	那煦		一五三四九
華文總教授		漢口路一二五號	一〇一九一
	助教		一三九五六
法律部		工部局大廈	一三〇四〇
財務處總賬房			一四四一四 一五八〇七
捐務股			一二八一〇
工程處		漢口路一九三號	一三四六九
衛生處		漢口路二二三號	一二四一〇

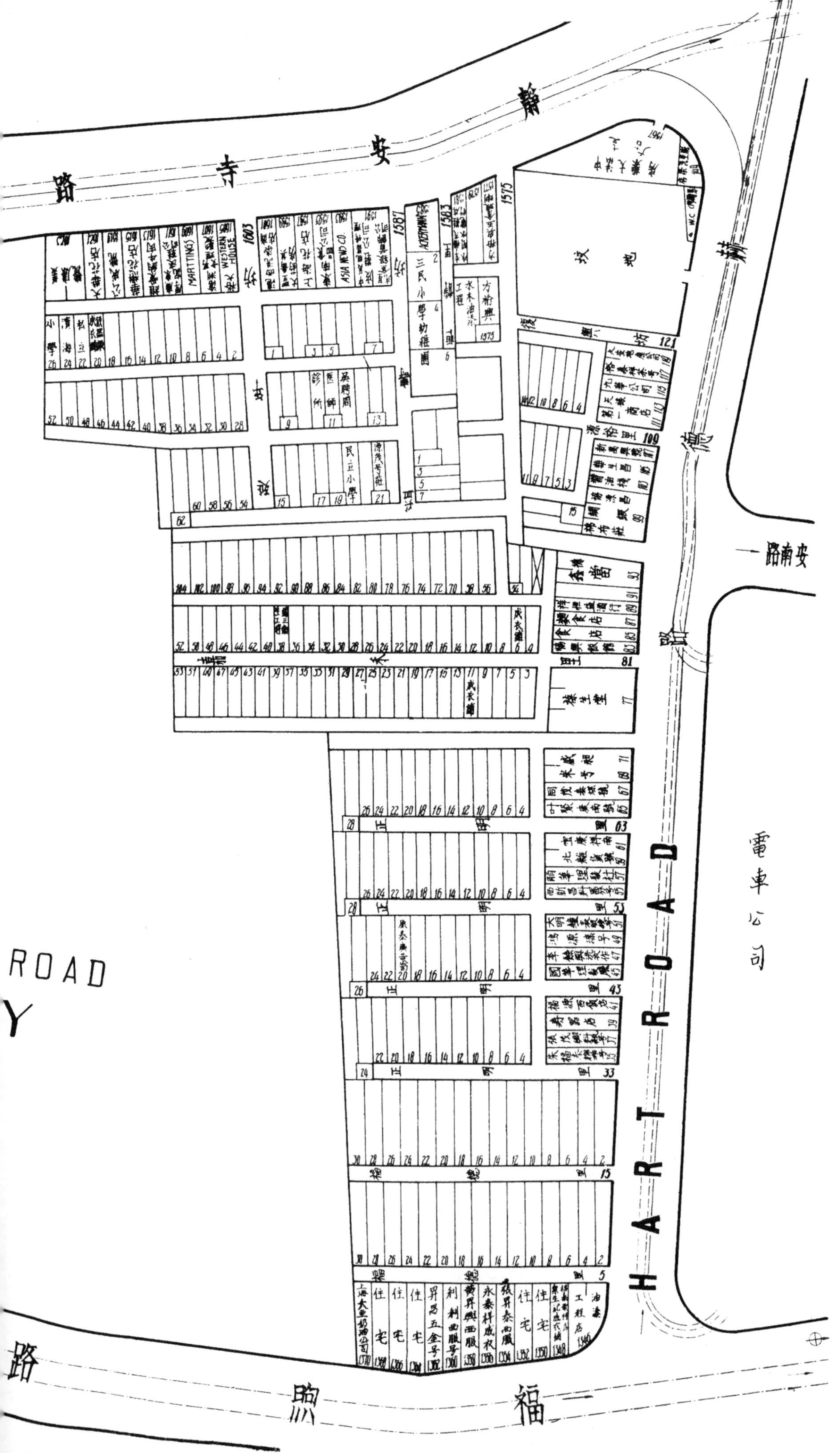

靜安寺路
HART ROAD
電車公司
安南路
福煦路
ROAD
Y
空地
MARTTINGS
WESTERN HOUSE
ASIA MEND CO.
三民小學幼稚園
民立小學

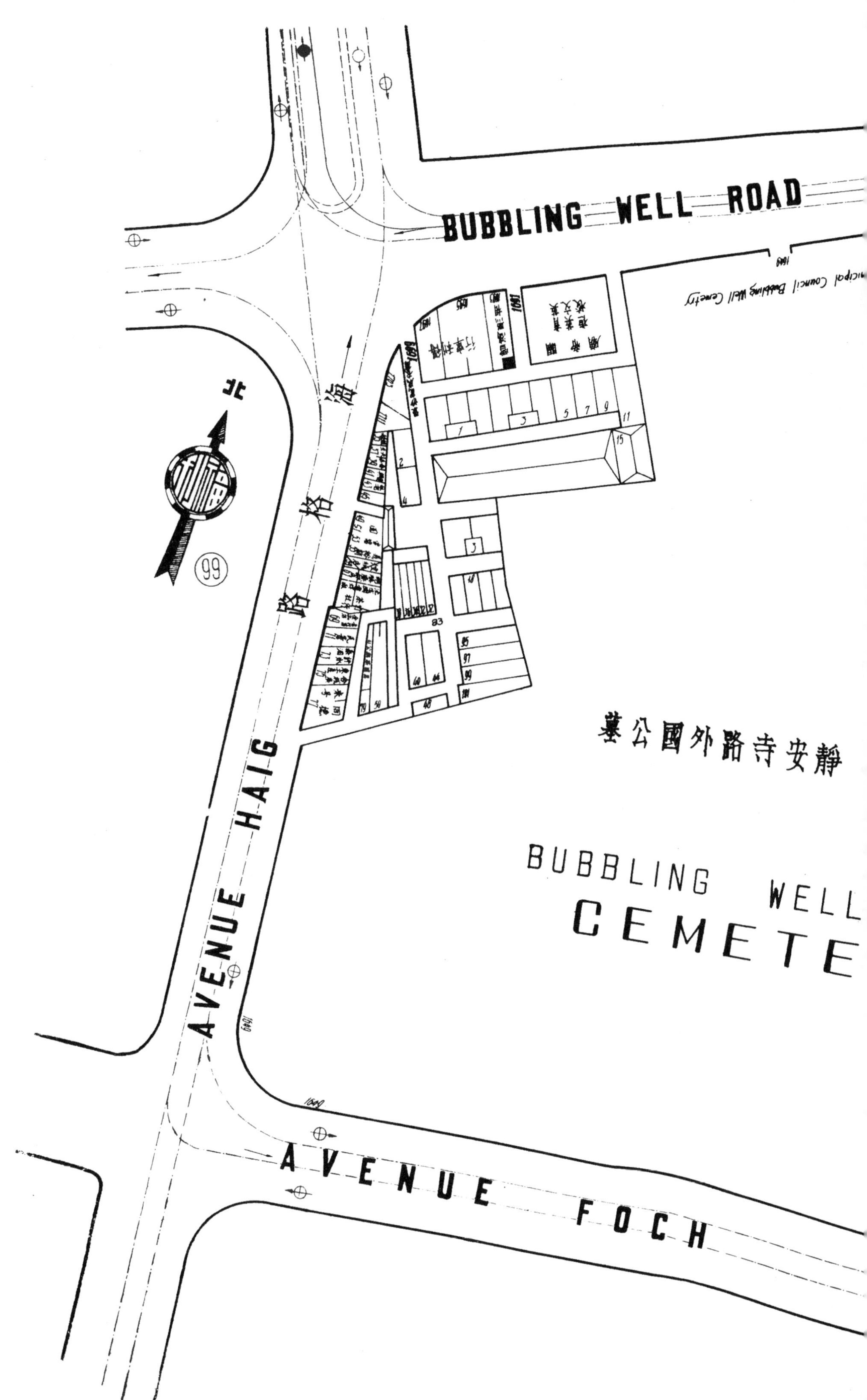
BUBBLING WELL ROAD
AVENUE HAIG
海格路
AVENUE FOCH
静安寺路外國公墓
BUBBLING WELL
CEMETE
99
北

中央第一	漢口路三四〇號	九〇二七三
中央第二及第三	福州路六六七號	九一五七四
東區第三	舟山路(新市場大楼)	五一三〇九
東區第四及第五	揚州路三一一號	五一七九二
東區第六	松潘路三〇號	五〇六九一
北區第一	海寧路一三〇號	四三〇三五
北區第三	北福建路二七〇號	四〇二七七
西區第一	愛文義路三八〇號	三〇四四七
西區第二	麥根路一六〇號	三〇四四九
西區第三	勞勃生路四三五號	三一〇七六
西區第四	愚園路一三六〇號	二〇三四六
檢查處(羅別根路分區)	白利南路五五二號	二九六四四
救火會　公共租界	如遇火災	一五四四〇
救火會分會		
中央救火會	河南路二八〇號	一三七〇五
宜昌路救火會	宜昌路西蘇州路角	三五二二九
沈家灣救火會	吳淞路五六〇號	四一五九七
新閘路救火會	愛文義路二九五號	三五六四八
楊樹浦救火會		五一六二一
靜安寺路救火會	愚園路地豐路角	二〇九六〇
救護車　外人傳染病症(日及夜)		二一三四六 三〇二一八
華人傳染病症(日及夜)		九一〇五五 九五〇七五
教育處　主任辦公處		一九四一六
助理長		一四六一四

華人教育處		一〇二四七
西區小學	星嘉坡路一一號	二一〇八三
西區公學	地豐路一〇號	二一八七三 二一〇一八
克能海路小學	克能海路一九九號	四一八九〇
荊州路華童小學	西摩路三七五號	三六九〇五
漢璧禮養蒙男學堂	開納路二八二號	二二三六一
漢璧禮養蒙女學堂	極司飛而路二至三號	三八六五一
華童公學	戈登路一〇五九號	三一六一〇
華德路小學	康腦脫路一一〇七號	二一二〇一
華德路華童小學	康腦脫路八八三號	三五二一四
滙山路華童小學	西摩路六六〇弄二一至二三號	三一四五〇
新閘路華童小學	大西路四八號	二二七一八
蓬路華童小學	憶定盤路七〇號	二二二六五
聶中丞華童公學	外灘一五號	一九一〇八
格致公學	四川路五九九號	一五一九〇
女子中學	星嘉坡路九號	三一七四三
萬國商團總公事室	福州路一八〇號	一〇〇六八
工部局華員總會俱樂部	南京路三五三弄一號	九五〇〇〇
公共租界巡捕房	警務	一五三八〇
警務總接線處	福州路一八五號	一五三八〇
中央巡捕房	福州路一八五號	一七五九〇
老閘巡捕房	寗波路六四五號	九一〇二五
成都路巡捕房	成都路三六〇號	三〇五五二
狄思威路巡捕房	狄思威路七五一號	四六三七〇
新閘巡捕房	愛文義路二七九號	三〇〇四六
靜安寺路巡捕房	愚園路一七二號	三〇〇四八

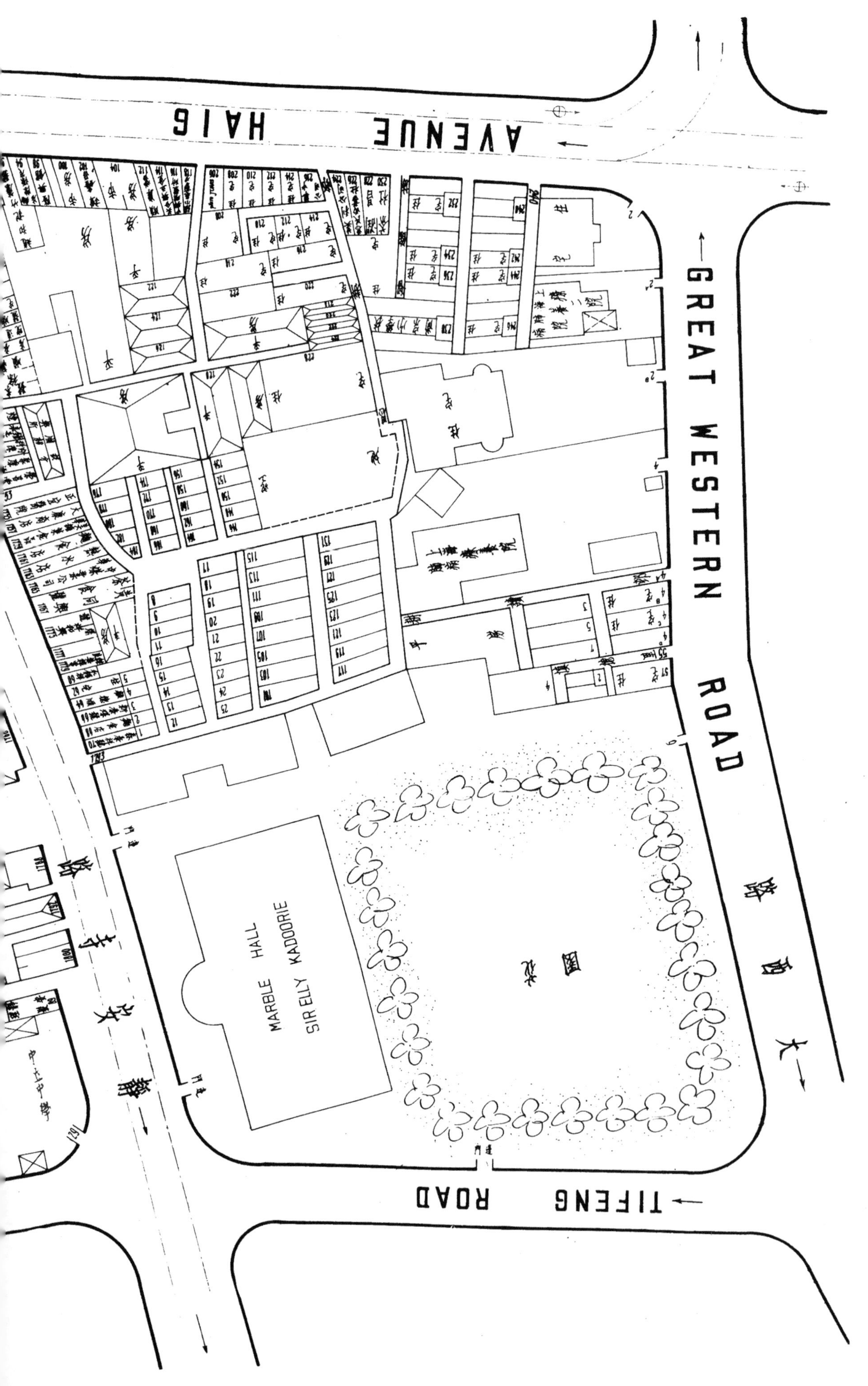
HAIG AVENUE
GREAT WESTERN ROAD
大西路
TIFENG ROAD
MARBLE HALL
SIR ELLY KADOORIE

100
YUYUEN
ROAD
BUBBLING WEL
POND
YARD
GROUND
GROUND
GROUND
GROUND

戈登路巡捕房	戈登路五一一號	三〇〇一五
普陀路巡捕房	戈登路一二九一號	三〇〇四四
虹口巡捕房	閔行路二六〇號	四二二四三
嘉興路巡捕房	湯恩路二九〇號	四二二四九
匯司虹口巡捕房	海寧路三八〇號	四二二四六
榆林路巡捕房	榆林路七〇七號	五二二五〇
匯山巡捕房	茂海路七〇號	五二二四四
楊樹浦巡捕房	平涼路二〇四九號	五〇一五三
副總巡	福州路一八五號	一七四三四
交際部	福州路一八五號	一二〇四六
法租界公董局		
總管理處	霞飛路三七五號	八〇〇五〇
秘書處	霞飛路三七五號	八〇〇五〇
衛生處	貝勒路六三〇號	八二〇五五
消防隊　總站	霞飛路一九三號	八〇一〇〇
法租界　如遇火災		八〇〇七九
巡捕房　警務處　總線轉接各部	薛華立路二二號	七〇〇六〇
中央巡捕房	薛華立路二二號	七〇〇六〇
福煦路巡捕房	霞飛路一三〇七號寶建路口	七〇一六〇
貝當巡捕房	福履理路六四八號	七一六六二
霞飛路巡捕房	霞飛路二三五號	八二一一八
麥蘭巡捕房	愛多亞路一五一號	八〇一二二
小東門巡捕房	法租界外灘十六鋪	八〇〇二二
徐家匯巡捕房	徐家匯譚家宅七〇號	七五一六五
偵探處　處長	薛華立路二二號	七一五〇四
政治處　處長	薛華立路二二號	七一五一二
總監部　秘書		七三六七六

三　社會團體

名稱	地址	電話
人力車夫互助會總會	愛多亞路七三〇號	九二九一六
人力車夫互助會東區分會	北浙江路三六四號	四六七七四
人力車夫互助會西區分會	麥根路二八八號	三六二九四
上海公共租界納稅華人會	香港路五九號	一〇四一一
上海法租界納稅華人會	愛多亞路一四七號	八四九九二
上海市地方協會	愛多亞路一四七號	八四八四四
上海市第一特區市民聯合會	江西路興業大樓四一四號	一八五三三
上海市第二特區市民聯合會	愛多亞路中匯大樓	
上海市塌虎車業互助會	貴州路二九〇弄二四號	九一〇七七
上海市膠社	漢口路四七〇號	九一〇四五
上海市律師公會	貝勒路五七二號	八〇七四四
上海市醫師公會	池浜路二五號	三四九七二
上海國貨工廠聯合會	龍門路三八弄四號	九三五五八
上海會計師公會	愛多亞路一四五四號	三五九〇〇
上海留英同學會	博物院路九號	一九三二一
上海反對殺害動物會	馬霍路一八四號	三六五三六
上海道德學會	成都路五八一號	三八二八六
上海聯合防疫委員會	池浜路三三號	三一五〇〇
女青年會女工服務社	小沙渡路八九四弄二一號	三二四三三
女青年會	靜安寺路九九九號	三四九二四
中比友誼會	九江路一五〇號	一六七七三
中法聯誼會	辣斐德路五七七號	七四一七四
中國工商業美術作家協會	漢口路四五四號	九三一七〇
中國太平洋國際學會	敏體尼蔭路一二三號	八五七〇八

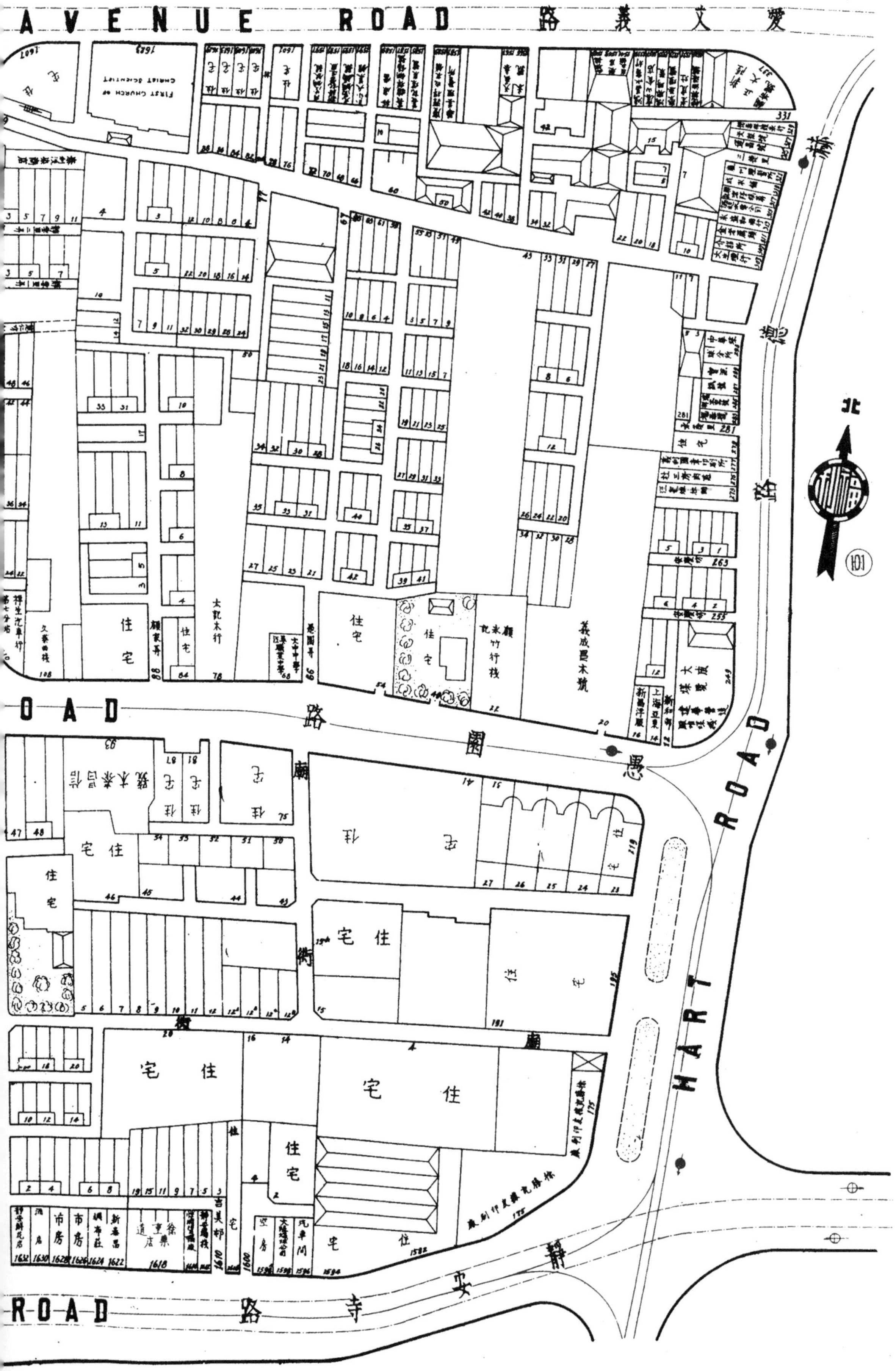

AVENUE ROAD 愛文義路

ROAD 愚園路

HART ROAD 赫德路

ROAD 靜安寺路

北

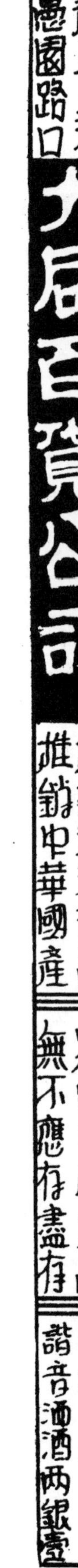

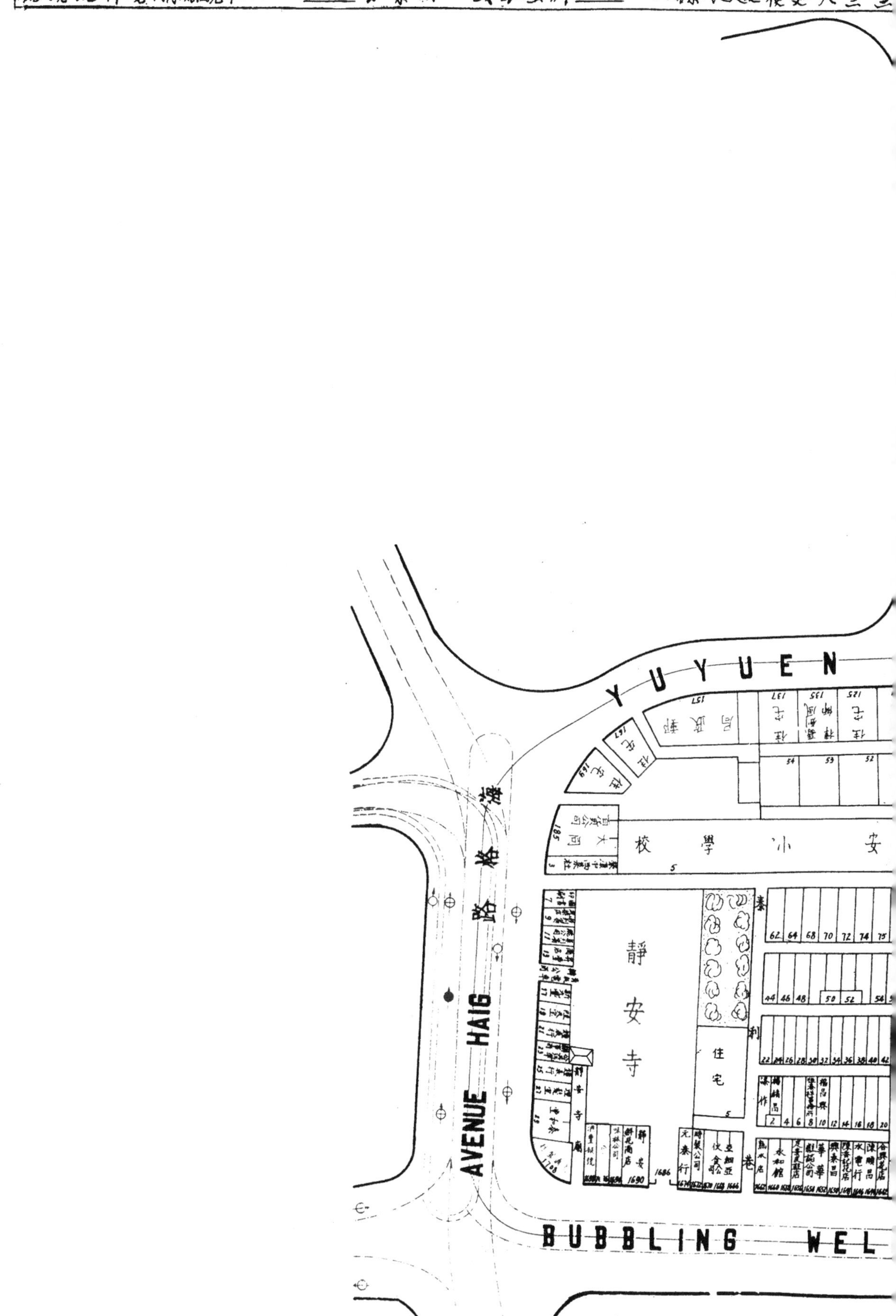
YUYUEN
海格路
AVENUE HAIG
靜安寺
安小學校
住宅
BUBBLING WEL

中國各口輪船副會	外灘二四號	一二五二〇
中國紅十字總會	新聞路	三四三六七
中國合衆蠶桑改良會	亞爾培路四一〇號	七一七三四
中國科學社	亞爾培路五二三號	七二五五一
中國護士會	貝勒路四一九弄二號	八七七一四
中教道義會	同孚路一二一弄一號	三七八一九
中華工業總聯合會	愛多亞路一四五四號	三七八〇三
中華全國小型足球協會	愛多亞路二七四號	一八〇八〇
中華健康會	靜安寺路七四九號	三七二一四
中華婦女互助會	愛多亞路一四五四號	三九七五〇
中華婦女節制協會	靜安寺路一一二九弄八一號	三二六五七
中華婦女節制協會	斜橋弄八〇號	三九四三七
中華教育文化基金董事會	九江路四五號	一四九二五
中華基督教勉勵會全國協會	圓明園路一六九號	一四三八七
中華慈幼協會	愛多亞路一四七號	八二二七三
中華職業教育社	華龍路八〇號	八四八一七
中華基督教青年會	敏體尼蔭路一二三號	八四〇四〇
友聲旅行團	牛莊路八一〇號	九二六〇四
仁濟善堂	雲南路	
明德善堂	辣斐德路三二弄一號	八六〇七九
青年會全國協會	博物院路一三一號	一五二四八
南市難民區監察委員會分辦事處	南京路三五三弄一號	九〇八〇二
清華同學會	靜安寺路一五三五弄	三三五五三
集仁助材會	白爾路二九七弄六號	八四五三二
復旦大學同學會	愛多亞路一四五四號	三一九三八
精武體育會	南京路三五三弄一號	九三二八五
銀行學會	香港路五九號	一四七〇六

羅氏基金董事會	四川路三四六號	一四九五九
機製國貨工廠聯合會	貴州路逢吉里	
靈道研究會	威海衛路二七〇號	三三六一九
環球中國學生會	卡德路一九一號	三一一六四

附同鄉會通訊處

九江旅滬同鄉會	赫德路正明里五一號
山東旅滬同鄉會	西門路
上虞旅滬同鄉會	廈門路唯一印刷所王和松轉
太平旅滬同鄉會	天主堂街興業里一號長安公墓江雲裳轉
太倉旅滬同鄉會	公館馬路一二號
太嘉寶三縣旅滬同鄉會	法大馬路一二號
丹陽旅滬同鄉會	北京路國華大樓六樓
平湖旅滬同鄉會	山東路德興坊
四川旅滬同鄉會	法界洋行街五二號協興公
台州旅滬同鄉會	自來火街民國路口四四二號
仙居旅滬同鄉會	新橋街順餘里二〇號王靖東轉
江西旅滬同鄉會	麥賽而蒂羅路二四號
江淮旅滬同鄉會	四馬路天蟾茶樓
江陰旅滬同鄉會	福煦路成都路口二六九號
江寧六邑旅滬同鄉會	新閘路五〇八號
江蘇旅滬同鄉會	西愛咸斯路慎成里八號
全浙公會	愛文義路聯珠里一三號
休寧旅滬同鄉會	同孚路一〇二弄六號
安徽旅滬同鄉會	同孚路一〇二弄六號
如皋旅滬同鄉會	西門路西門里二七號
吳江旅滬同鄉會	白克路同春坊三一號
溫州旅滬同鄉會	南京路天倫大樓
無錫旅滬同鄉會	七浦路二一八號
溧陽旅滬同鄉會	環龍路銘德里八號
嘉定旅滬同鄉會	南成都路私立上海中學陳濟成轉
嘉興旅滬同鄉會	廈門路尊德里三一號
福建旅滬同鄉會	四馬路三山會館
廣東旅滬同鄉會	法租界高乃依路
潯社	愛文義路三一八弄一四號
潮州旅滬同鄉會	法大馬路昇平里三二號
諸暨旅滬同鄉會	靜安寺路青海里一九弄五號
餘姚旅滬同鄉會	浙江路保康里六號
歙縣旅滬同鄉會	勞合路居易里一二號
徽寧旅滬同鄉會	同孚路一〇二弄六號
績溪旅滬同鄉會	勞合路居易里一二號
鎮丹溧金揚五縣旅滬同鄉會	北京路國華大樓六樓
鎮海旅滬同鄉會	江西路興業大樓四一四號劉仲英轉
黔縣旅滬同鄉會	貴州路茂記經租賬房轉
蘇州旅滬同鄉會	新閘路平江公所
蘇北各縣旅滬同鄉聯合辦事處	愛而近路三七一弄四號
蘭溪旅滬同鄉會	跑馬廳路七七號蔡曉和轉
寶山旅滬同鄉會	法大馬路一二號

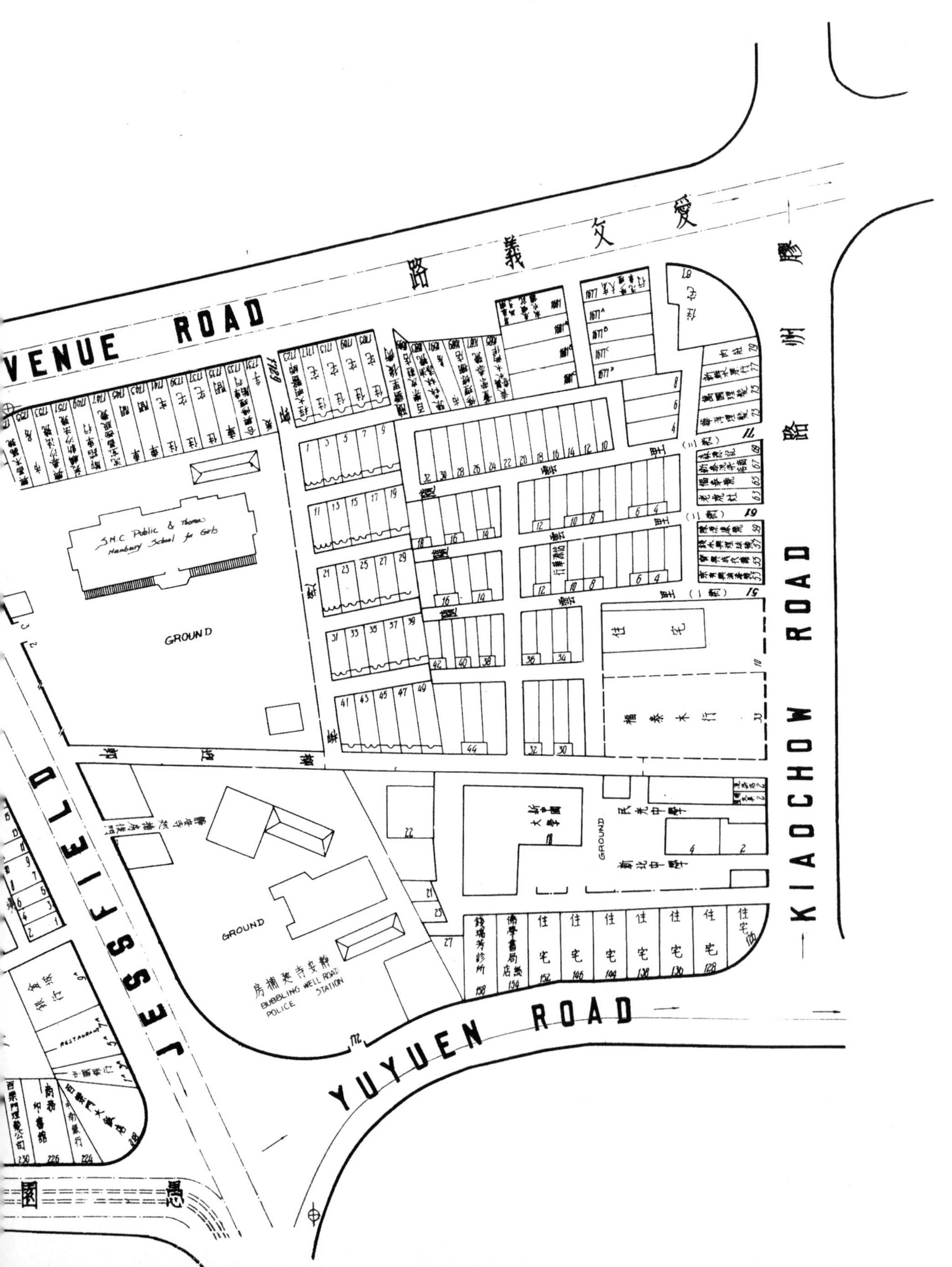
VENUE ROAD
愛文義路
KIAOCHOW ROAD
膠州路
YUYUEN ROAD
JESSFIELD
S.M.C. Public & Thomas Hanbury School for Girls
GROUND
GROUND
GROUND
靜安寺巡捕房
BUBBLING WELL ROAD POLICE STATION
民光中學
新北中學
福泰木行
RESTAURANT
商務印書館

TIFENG ROAD
YUYUEN ROAD
OIL STATION
汽油站
SETTLEMENT BOUNDARY
YARD
空地
102
北

百樂商場全圖

PARAMOUNT ARCADE

CORNER OF JESSFIELD & YUYUEN ROADS

TEL. NO. 39143

地址：靜安寺總站　電話：三九一四三

集資兩百萬　建築新型化　場廣七畝餘　管理科學化　交通總樞紐　廠商六十家　商品樣樣有　售價經濟化

新建百樂大戲院劇場將近開幕

部號	廠商
1-2	大華藥房
3-4	華洋美記酒店
5-6	大中華橡膠廠
7-10	野荸薺和記
11-12	大華教育用品社
13-16	百新緞綢布局
17-18	旦華實業廠
19-21	華威頓鐘表行
20	新華玻璃廠
22	和昌參燕號
23	大陸鮮菓行
24-26	鴻康祥瓷器號
25	福新煙公司
27-30	泰康罐頭食品公司
31-32	益興祥製革廠
33-34	中國化學工業社
35-36	光華眼鏡公司
37-40	五和織造廠
41-44	中華琺瑯廠
45-48	五福齋西區分店
49-51	國光公司

部號	廠商
50-52	香港商店
53	一品商店
54	廣東食品公司
55-58	益泰信記廠
59-60	民樂商店
61-62	明星公司
63	正風書局
64-66	美光服裝公司
65	豐裕皂廠
67-68	華豐棉織廠
69-70	義元鞋廠
71-73	東南食品公司
72	商場管理處
74	商場雜務處
75	利利土產公司
76	男盥洗室
77	張小泉剪刀店
78	女盥洗室
79	滬光公司
80	王裕昌西裝號
81	一樂商店

部號	廠商
82	金城文具社
83	大豐袜廠
84	華興製帽廠
85	華南商店（梁新記雙十牌）
86	四廠聯營所
87-88	華美電器行
89	家庭設計公司
90	圓圓商店
91-92	小天使服用社
93-94	王錦秀齋
95-96	廣東商店
97-99	鶴鳴鞋帽商店
100-104	百靈實業社
	華興花園
	南康商店
	除昇和陶器號
	雲寶和花園石廠
	永昌鳥獸行
	倪順興銅錫號

東台旅滬同鄉會	西門路西門里三〇號
東陽旅滬同鄉會	康悌路梨園坊二號
宜興旅滬同鄉會	河南路恆利大樓一〇八號
河北旅滬同鄉會	福煦路貝勒路口四六號
松江旅滬同鄉會	辣斐德路務本坊一號
定海旅滬同鄉會	勞合路寧波里四號
奉化旅滬同鄉會	勞合路寧波里
洞庭東山旅滬同鄉會	天津路二一二弄二〇號
泰縣旅滬同鄉會	愛而近路萬祥里四號
南通旅滬同鄉會	江西路興業大樓四二一號葛福田轉
浦東旅滬同鄉會	愛多亞路浦東大廈
常州旅滬同鄉會	同孚路一〇二弄六號
常熟旅滬同鄉會	馬霍路大沽路二七弄六號
紹興七縣旅滬同鄉會	愛而近路三三號轉
紹興旅滬同鄉會	跑馬廳路七七號劉志方號
崐山旅滬同鄉會	河南路錦興大樓一〇一號
通如崇海啓五縣旅滬同鄉會	愛多亞路重慶路興隆坊一號
湖州旅滬同鄉會	貴州路北京路口湖社
湖北旅滬同鄉會	法大馬路朱葆三路平安大旅社轉
湖南旅滬同鄉會	華格臬路蜀蓉川菜社
寧　社	北香粉弄濟善軒
寧波旅滬同鄉會	虞洽卿路四八〇號
寧海旅滬同鄉會	自來火街民國路口四四二號
揚中旅滬同鄉會	北京路國華大樓六樓
揚屬八邑旅滬同鄉會	新聞路仁濟里四三三弄二號
婺源旅滬同鄉會	大潼路怡如里源豐潤茶棧鄭鑑源轉
富陽旅滬同鄉會	巨籟達路晉福里四四號

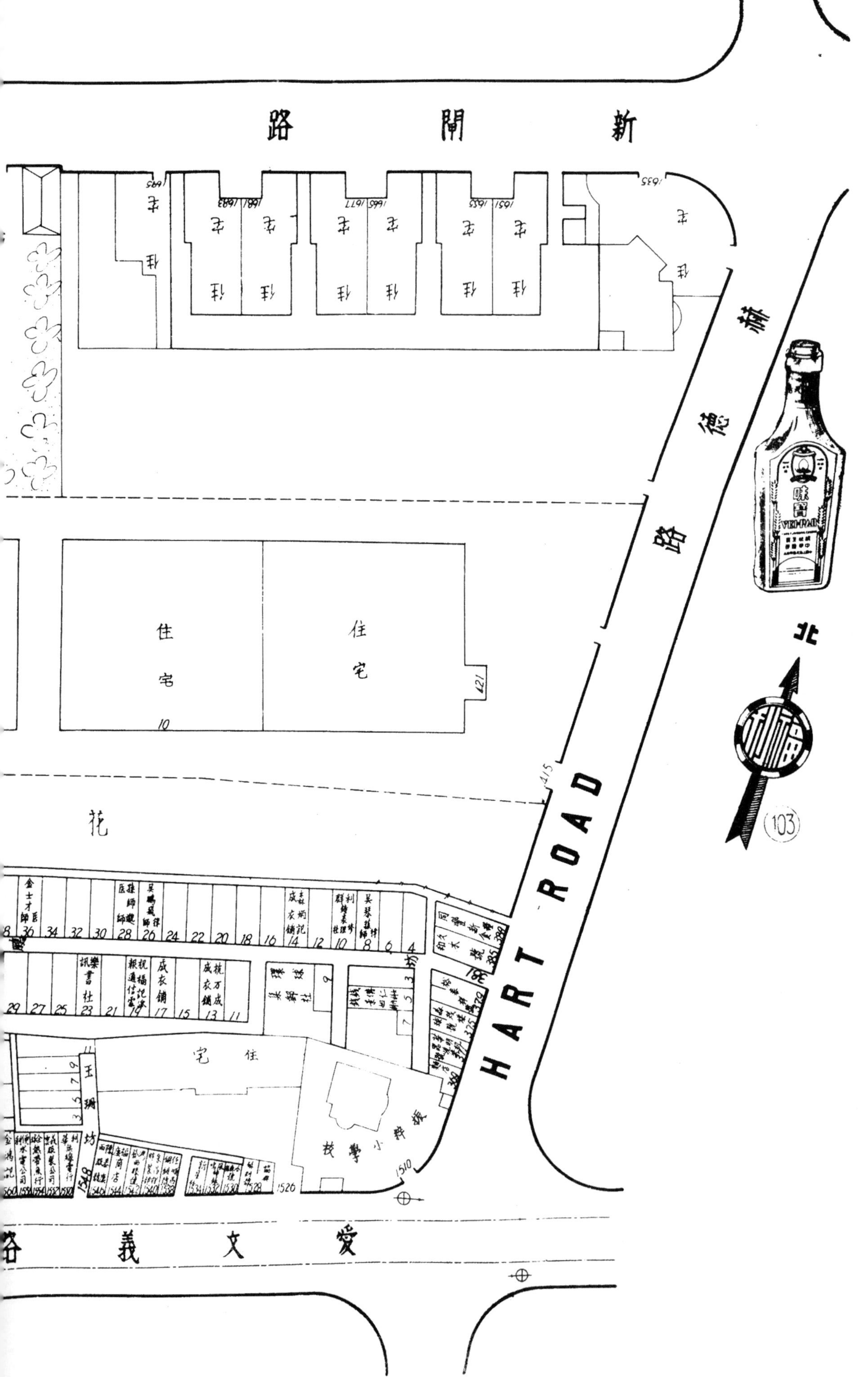
新閘路
赫德路
HART ROAD
愛文義路
北
住宅
花
玉珊坊
小學校

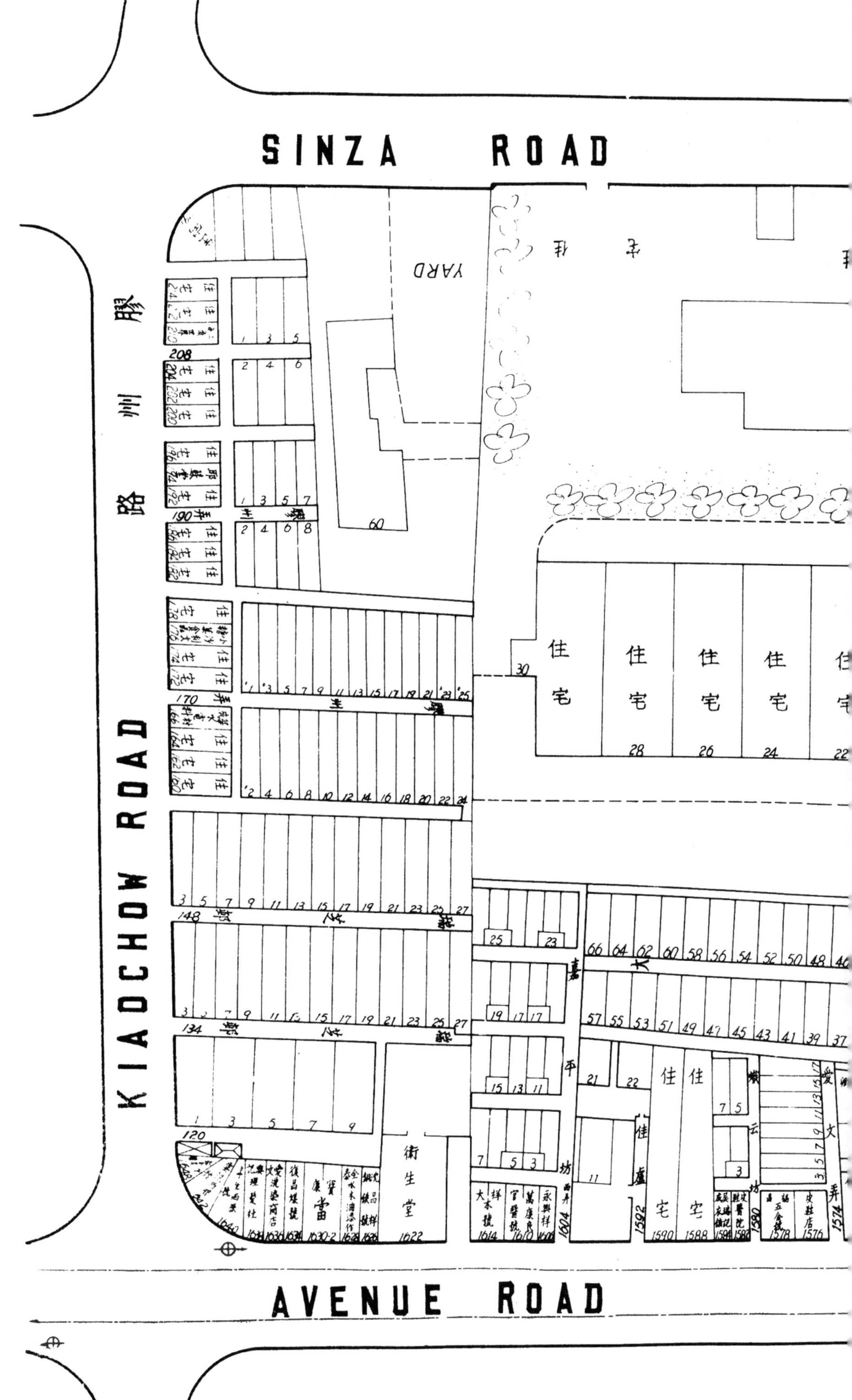
SINZA ROAD
YARD
KIAOCHOW ROAD
膠州路
AVENUE ROAD
住宅
衛生堂

四　商業團體

名稱	地址	電話
上海市商會	香港路五九號	一九一九七
上海市人力車業同業公會	藍維靄路二八號	八六九三三
上海市人力車業同業公會	勞合路八一號	九三九五七
上海市人造絲業同業公會	南京路慈淑大樓六樓	九一一九六
上海市土布業同業公會	吉祥街安吉里晉昌布號	一八二五一
上海市木業同業公會	貝禘鏖路霞飛路八號	
上海市木材業同業公會	福建路三〇五弄一四號	九六五六一
上海市水菓地貨業同業公會	小東門大街五五——五七號	八〇一九一
上海市火油業同業公會	愛文義路五一七號美康公司	
上海市火腿業同業公會	跑馬聽路七七號	
上海市內衣織造業同業公會	愛多亞路一一七號	八三一八五
上海市牛羊業同業公會	蒲石路二七四號同裕號	
上海市牛羊生皮業同業公會	北海路二〇六號	
上海市牛皮革貨業同業公會	浙江路六九號	
上海市五金業同業公會	福煦路慈惠南里九五六號	
上海市五金零件業同業公會	天津路四〇五號	九二六七七
上海市五金舊貨業同業公會	北京路鼎餘里五號	
上海市化粧品業同業公會	法大馬路一一八號二樓	
上海市毛絨紡織業同業公會	四川路三三號	
上海市毛綸業同業公會	興聖街四六號聯豐號	
上海市皮絲烟業同業公會	法大馬路六〇號賴天生	
上海市皮件業同業公會	九江路華萼坊五四五號	
上海市皮毛油骨業同業公會	北海路二〇六號	
上海市北貨業同業公會	洋行街四六號	

名稱	地址	電話
上海市古玩業同業公會	廣東路古玩市場	
上海市打鐵業同業公會	東新橋街振新北里二號	
上海市衣業同業公會	天主堂街七六號同茂棧轉復昌	
上海市竹行業同業公會	天津路一七八號	
上海市竹業同業公會	新閘路松壽里七號	
上海市西菸業同業公會	新開河泰新里永生瑞行	
上海市西服業同業公會	貴州路逢吉里一二號	
上海市西菜業同業公會	福州路七三〇號中央菜社	
上海市印鐵製罐業同業公會	北京路七〇二弄一四號	
上海市冰鮮魚行聯合辦事處	法租界外灘一〇三號	八三三九三
上海市呢絨業同業公會	河南路五六號	一二六九〇
上海市呢絨工廠業同業公會	愷自邇路長安里二六五號	
上海市米號業同業公會	山海關路懋益里五二號	
上海市地貨業同業公會	廈門路四二弄一〇號	
上海市地毯業同業公會	南京路八二五號義昌恆	
上海市芝蔴油業同業公會	小東門外街七七號	
上海市豆米行業同業公會	愛多亞路一五號	
上海市沙船號業同業公會	蒲石路和合坊七七號	
上海市汾酒業同業公會	廈門路和興酒行	
上海市花行業同業公會	愛多亞路紗布交易所四二六號	
上海市花邊抽綉業同業公會	博物院路七六號華新公司樓上	
上海市花粉業同業公會	廣西路一四七號永泰祥號	
上海市押店業同業公會	法租界八里橋街一二四號	
上海市典當業同業公會	白克路派克路口二五〇號九福公司樓上	
上海市金業同業公會	北無錫路四三弄四號	九四八七八
上海市保險業同業公會	愛多亞路一六〇號	一二八九八
上海市旅業同業公會	浙江路一一八弄三五號	九二〇七四

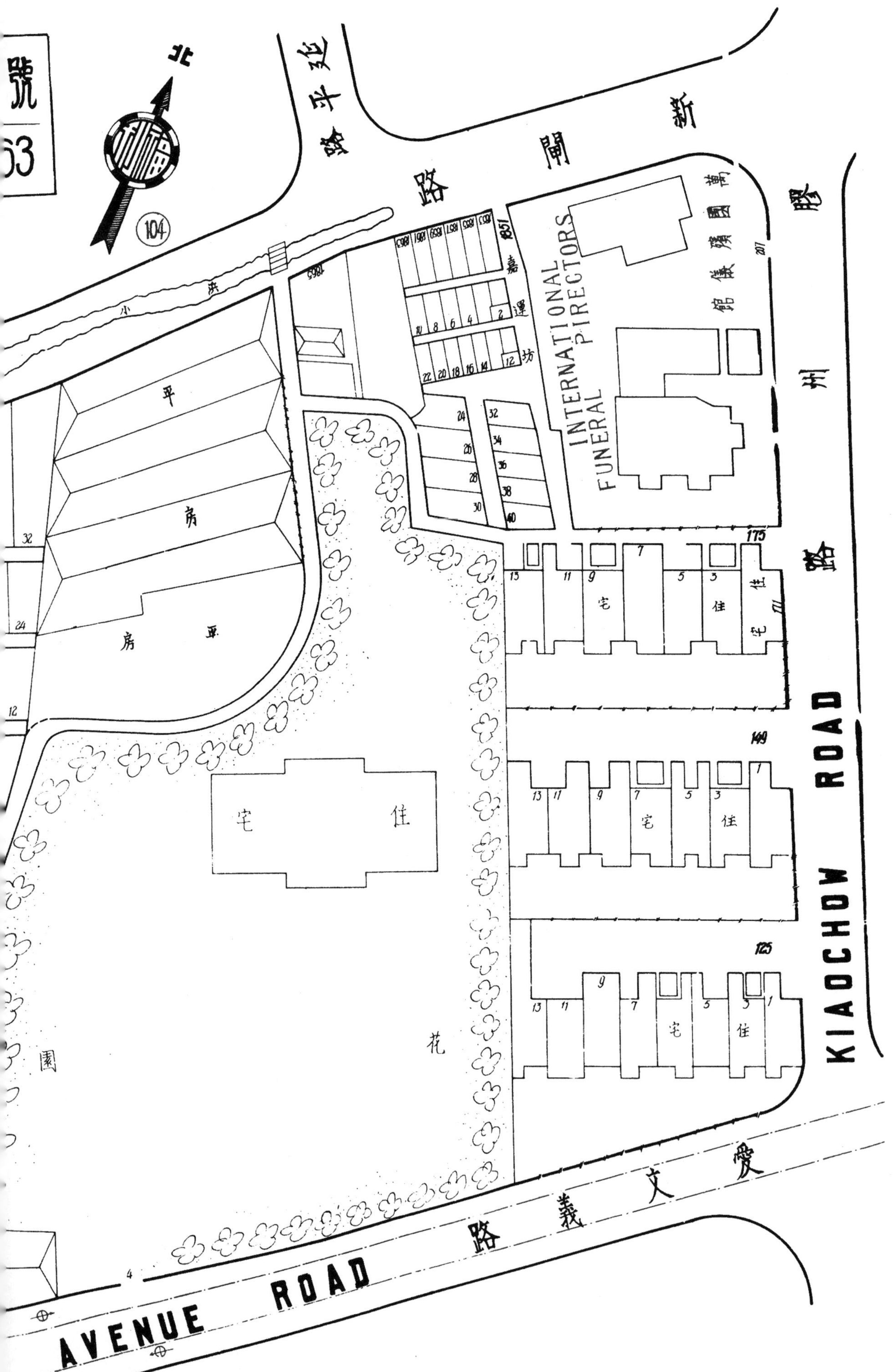
號
63
北
104
延平路
新閘路
小浜
嘉運坊
INTERNATIONAL FUNERAL DIRECTORS
萬國殯儀館
膠州路
KIAOCHOW ROAD
平房
平房
住宅
花園
愛文義路
AVENUE ROAD
175
149
125
207
171

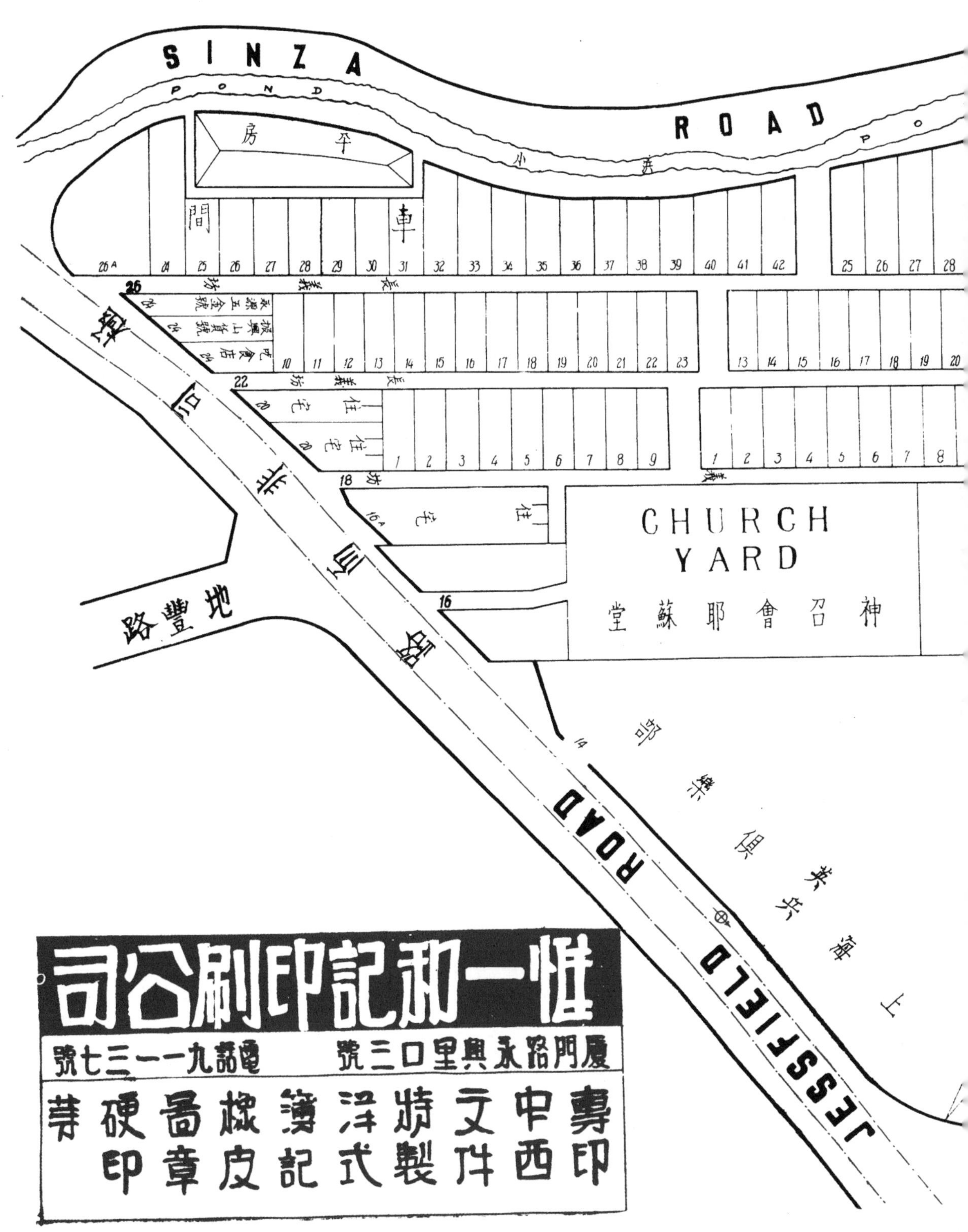
SINZA ROAD
POND
平房
CHURCH YARD
神召會耶穌堂
地豐路
JESSFIELD ROAD
上海英兵俱樂部
惟一和記印刷公司
廈門路永興里口三號
電話九一一三七號
專印中西文件 精製洋式簿記 橡皮圖章 硬印等

名稱	地址	電話
上海市香業同業公會	東京路昌平路一五四號長徐齋	
上海市洋酒食品業同業公會	靜安寺路一一五八號	
上海市洋莊草帽業同業公會	白克路派克路二五○號二樓	
上海市洋莊茶業同業公會	北京路顧家弄五四號	
上海市飛花業同業公會	七浦路北江西路東首飛花小學内	
上海市南貨業同業公會	法大馬路二六三號瑞豐懋號	
上海市南北貨拆兌業同業公會	洋行街六○號	
上海市玻璃製造業同業公會	河南路中國化學工業社	
上海市玻璃業同業公會	江西路六○號	
上海市砂石業同業公會	天津路四○五號二樓一○號	
上海市修租脚踏車業同業公會	寧波路三七二號	
上海市茶行業同業公會	吉祥街吉安里二號	
上海市茶食業同業公會	南京路申成昌	
上海市茶葉業同業公會	西門路大興坊四號	
上海市珠玉業同業公會	漢口路四四八號寶源祥號	
上海市桂圓業同業公會	愛多亞路九七號	
上海市草呢帽業同業公會	法大馬路四八號	
上海市草蓆業同業公會	福建路三七八號德大行	
上海市柏臘業同業公會	永安街同安里一三號	
上海市海味什貨業同業公會	永安街永安坊一二號貿通行	
上海市桐油苧蔴業同業公會	廣東路二四三號沈元豐	
上海市柴炭運銷業同業公會	山西路二五五弄八號	
上海市梁燒酒行業同業公會	貝勒路六九九號萬昌源酒行	
上海市柴炭行業同業公會	天津路四○五號	九五二五○
上海市紙業同業公會	泗涇路一○號	一○七九四
上海市紗花號業同業公會	朱葆三路二五號	八二五七五
上海市紗業同業公會	愛而近路三五○弄二四號	四二八六八

上海市紗業同業公會業務研究會	江西路二五九號	一七三八六
上海市書業同業公會	虞洽卿路二四〇弄三號	九五二九一
上海市時裝業同業公會	北京路七一三弄三七號	九五四三五
上海市針織業同業公會	平望街三六弄六號	九五五五九
上海市紹酒業同業公會	河南路四七三號德信昌	
上海市眼鏡業同業公會	天津路一七三號	
上海市蛋廠業同業公會	亨利路永利村一號	
上海市蛋廠業同業公會	天津路長鑫里一九號	
上海市國貨調味品製造業同業公會	愛多亞路一二三號	
上海市國貨橡膠製品業同業公會	平望街三六弄四號	
上海市國產顏料什貨業同業公會	愛多亞路九七號	
上海市國藥號業同業公會	寧波路光華坊一四號	
上海市販製脚踏車業同業公會	福煦路九如里五號	
上海市國際商會中國分會	静安寺路七五四號	三〇二五一
上海市酒菜館業同業公會	勞合路北居易里一二號	
上海市彩印業同業公會	虞洽卿路三四〇弄三號	
上海市郵運業同業公會	寧波路顧家弄口四八八號	
上海市筆墨業同業公會	廣東路二五一號四寶號	
上海市帽莊業同業公會	吉祥街陳天一帽莊	
上海市帽類出口行業同業公會	愛多亞路二九號坤和	
上海市無綫電材料業同業公會	北京路六一三號二樓	
上海市棉布業同業公會	山西路四九號	九一九〇五
上海市棉花業同業公會	朱葆三路一一號	八〇九六七
上海市絲廠業同業公會	北山西路四三〇號	四二一七一
上海市華洋雜貨業同業公會	公館馬路一一八號	八〇四六六
上海市華商碱業同業公會	公館馬路一一八號二樓	
上海市華商洋燭業同業公會	小東門外街七三號乾大昌行	

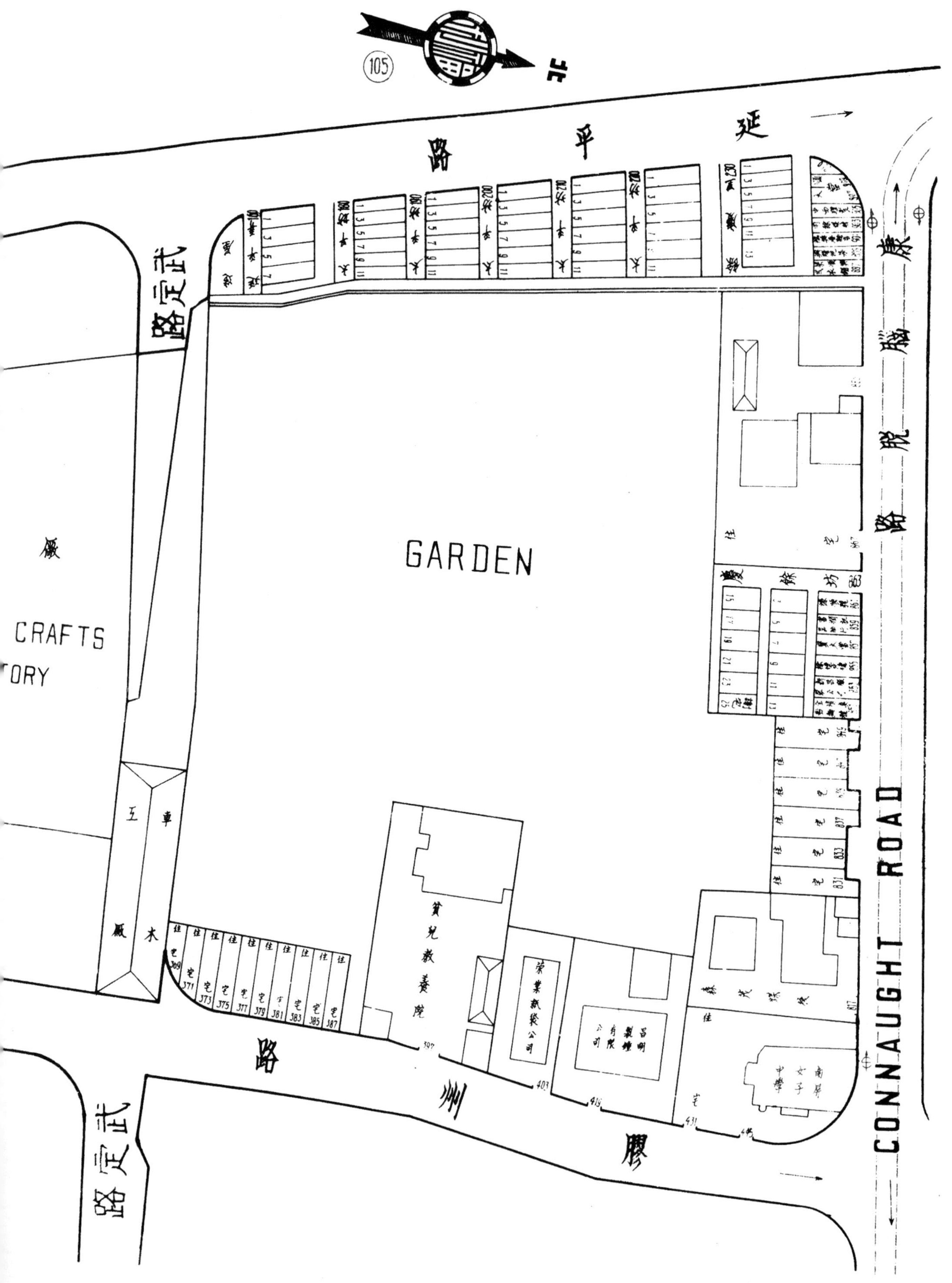

105
北
延平路
武定路
GARDEN
CRAFTS
TORY
康腦脫路
CONNAUGHT ROAD
膠州路
貧兒教養院
工車
廠木

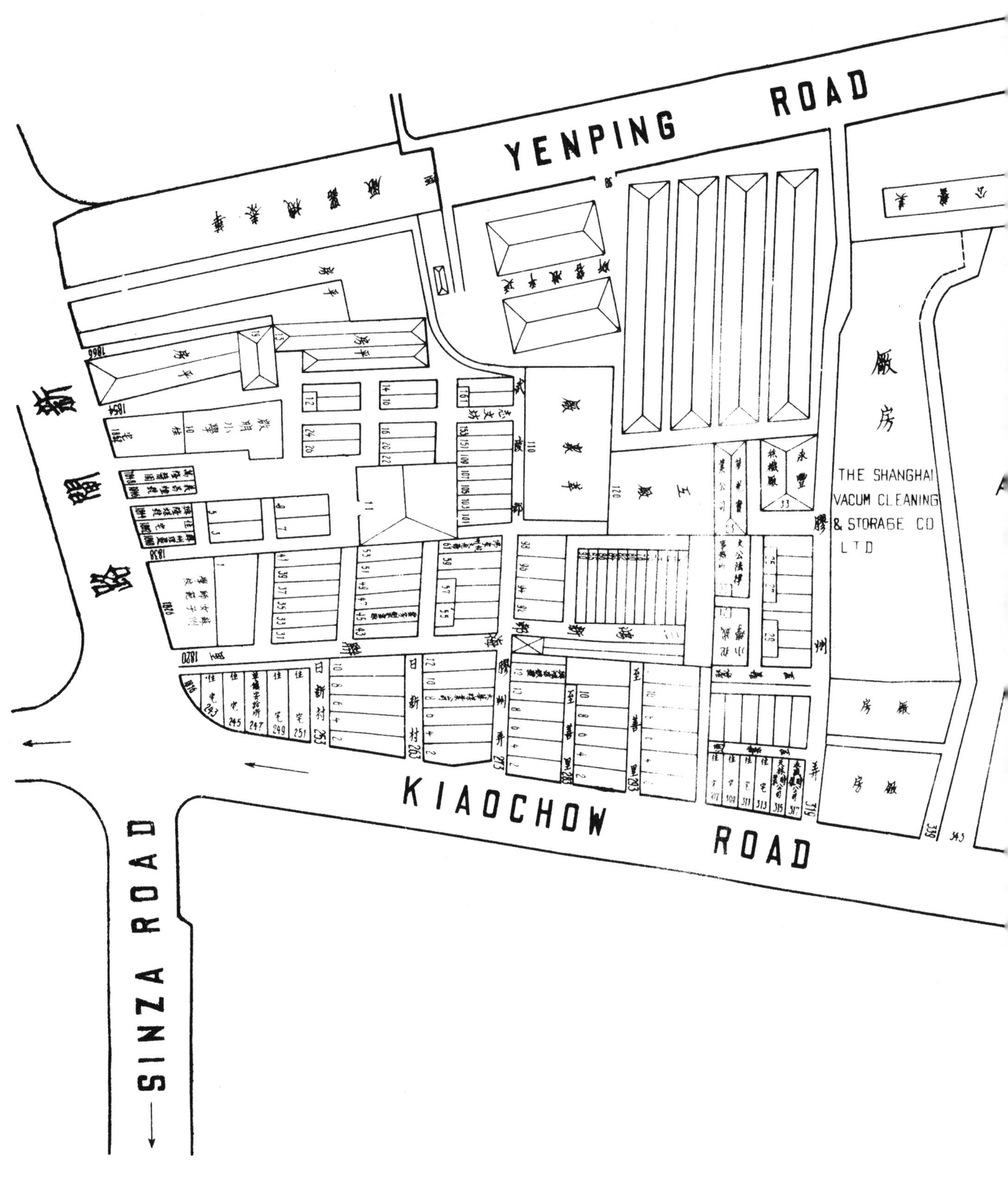
YENPING ROAD
KIAOCHOW ROAD
SINZA ROAD
THE SHANGHAI VACUM CLEANING & STORAGE CO LTD
廠房
工廠
新閘路

上海市華商皂廠業同業公會	福州路五洲藥房	
上海市腸業同業公會	北海路二〇六號	
上海市新法洗染業同業公會	白克路登賢里八號	
上海市新藥業同業公會	龍門路一六號	九一三七九
上海市運貨汽車業同業公會	雲南路育仁里二〇號	
上海市陽傘業同業公會	東棋盤街七二號克利公司	
上海市鉛業同業公會	漢口路四五七號	九〇五三一
上海市煤業同業公會	天津路四〇五號煤業大樓	九三二五五
上海市煤石駁船業同業公會	天津路四〇五號二樓	
上海市電器製造業同業公會	福煦路一四五四號四樓四二一號	
上海市電機絲織廠業同業公會	四川路三三號	一四五九四
上海經售米糧業同業公會	北成都路聚寶坊三二號	
上海市裘業同業公會	河南路三九四號天發祥	
上海市烟業同業公會	新永安街普安里七號	
上海市烟兌業同業公會	寧波路四八七號	
上海市綢緞業同業公會	漢口路四七〇號	九一一二五
上海市銀行業同業公會	香港路五九號	一四七一三
上海市銀樓業同業公會	河南路一五四號楊慶和	
上海市銀耳業同業公會	洋行街五二號	
上海市箱業同業公會	泗涇路一〇弄	一八三一九
上海市零布業同業公會	福州路二六六弄一四號	九七四〇四
上海市漆業同業公會	勞合路一三九弄一二號	
上海市製茶業同業公會	北河南路景興里四六號公升永	
上海市製藥業同業公會	同孚路一〇二號	
上海市銅錫業同業公會	新永安街普安里立成號	
上海市銅鐵業同業公會	牛莊路七四二號	
上海市榨油廠業同業公會	江西路一〇五號	

上海市餅乾糖菓業同業公會	北京路七〇二弄一四號	
上海市營造業同業公會	南京路三五三弄一號	九五二一九
上海市綉業同業公會	山西路四〇號	
上海市磁業同業公會	朱葆三路平安旅社内	
上海市履業同業公會	喇格納路六合里一四號	
上海市碾米業同業公會	山海關路懋益里五二號	
上海市麩皮業同業公會	西自來火街餘慶里一七號	
上海市熱水瓶製造業同業公會	北京路七〇二弄一四號	
上海市醃臘業同業公會	小東門外街五八號	
上海市彈花業同業公會	貝禘鏖路一號陳永興莊	
上海市儀器文具業同業公會	山東路一四〇弄五號二樓	
上海市磚灰行業同業公會	牛莊路德興里大昌磚行	
上海市菜筍業同業公會	華格臬路六四號	
上海市鋼條舊鐵業同業公會	七浦路裕慶里一六一號	
上海市機製煤球業同業公會	天津路四〇五號三樓	
上海市機器染織業同業公會	東棋盤街六三弄四號	
上海市鮮猪行業同業公會	辣斐德路良勤坊	
上海市鮮肉業同業公會　第二特區分辦事處	維爾蒙路二〇五弄一三號	八二七三一
上海市燭業同業公會	北浙江路一〇六號大同昇燭號	
上海市橡皮五金車料業同業公會	白爾路德明里三號餘昌五金號	
上海市檀香桂圓業同業公會	福建路振大綢緞局樓上	
上海市賽璐珞製品業同業公會	廣西路南永安坊三號	
上海市轉運報關業同業公會	外灘一三號	一二一八九
上海市錢業同業公會	寧波路二七六號	九七一二三
上海市雜糧油餅業同業公會	民國路三七七號	八三四八一
上海市鷄鴨行聯合辦公處	新聞路一三三三號	八〇〇七七
上海市礦灰業同業公會	漢口路綢業大樓五〇一號	

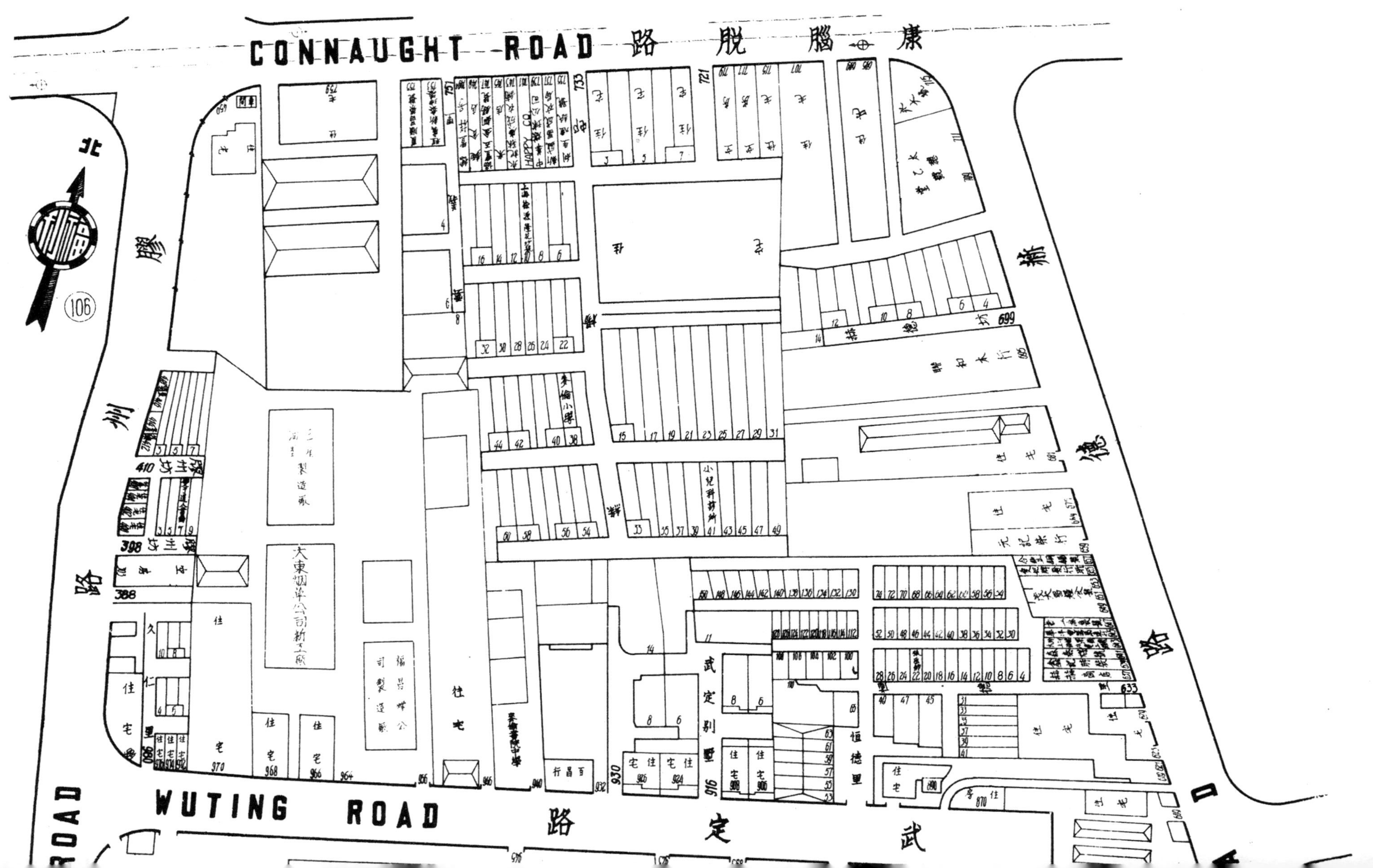
CONNAUGHT ROAD
康腦脫路
膠州路
WUTING ROAD
武定路
ROAD
北
106
HAPPY CO.
大東烟草公司新工廠
武定別墅
恒德里

KIAOCHOW
SINZA ROAD
新閘路
HART R
中國紅十字會第三醫院
中國紅十字會第三醫院
泰山體育會球場
蔡順興竹號
江惠蒂律師
大瑞医院
生泰木行
住宅

上海市麵粉業同業公會	愛多亞路中匯大樓一一〇號	
上海市鐘錶業同業公會	南京路餘興里九號	
上海市醬園業同業公會	白爾路大華里四號	
上海法租界棧業同業公會	格洛克路一〇弄二九號	八三四七三
上海洋服聯益會	中央路一六號	一八五六九
上海書紙聯合會	福州路三九三弄五號	九四二六三
上海電器業同業公會	雲南路二七弄二〇號	九四三四〇
上海糖業同業公會	彤雲街二三號	八二三〇〇
上海藥材業同業公會	愛多亞路一四七號	八〇〇二三
工業化學原料公會	河南路一〇七弄六六號	九〇九一四
中華民國全國商會聯合會	香港路五九號	一九八五三
中華民國礦業聯合會	昇平街二五號	三六一三一
出口各業公會	北海路二〇六號	九二九〇一
印棉運華聯益會	外灘二四號	一六六五七
花邊公會	北京路靖遠里二六號	一〇四四三
華商紗廠聯合會	愛多亞路二六〇號	一六五七八
華商捲烟廠同業公會	梅白格路九七弄七二號	三四一八二
鐵業公會	香港路一五〇號	一二七四七

五　學校

大學及專科

校名	地址	電話
之江文理學院	南京路慈淑大樓五樓	
大夏大學	静安寺路戈登路口	三三八〇五
大同大學	貝勒路五七二號	八六三一七
上海法政學院	辣斐德路一四七七號	七六三三七
上海法學院	大通路王家沙花園路八號	三七九二三
上海女子大學	同孚路大沽路四五一號	三四八九九
上海美術專科學校	菜市路杜神父路口	八二一六八
上海國學專修館	威海衛路二八九號	三四六八六
上海中醫學院	天津路山西路	
上海工程專科學校	福煦路三八四號	
三吳大學	仁記路九七號二樓	一七一七三
中法國立工學院	亞爾培路辣斐德路	七二三三一
中法大學藥學專修科	亞爾培路	七三〇五七
中國醫學院	大沽路重慶路	三四七八四
中國醫學專修館	貝勒路三七五號	八二一〇二
中國無線電工程學校	愛多亞路一三九五號	三一二一二
中國建國工程學院	南京路哈同大樓三〇四號	一三七一六
正風文學院	江西路四五一號	
同德醫學院	同孚路六七弄二一號	三一三九七
民治新聞專修學校	東蒲石路白爾部路	
光華大學	漢口路四二二號	九七五四三
東吳大學文理學院	南京路慈淑大樓	九二七五六
東吳大學法學院	虞洽卿路慕爾堂	九一二六四
東南醫學院	薩坡賽路二九九號	八〇六〇八
東亞體育專科學校	華龍路中華職業教育社	
持志學院	康腦脫路三九五號	三二五四九
南通學院	江西路四五一號	一七〇四九
致用大學	卡德路王家沙	三二〇九六
健行大學	四馬路四〇六號	九四二二五
復旦大學	仁記路中孚大樓三樓	一三六九七
聖約翰大學	南京路慈淑大樓四樓	
新華藝術專科學校	薛華立路薛華坊一八號	
新中國醫學院	王家沙花園一九號	三三六七五
新中國學院	愛多亞路均樂邨七號	
新中國大學第一院	南洋路一八三號	三六〇八一
第二院	膠州路二號	
滬江大學暨城中區商學院	圓明園路二〇九號	
震旦大學	呂班路二二三號	八〇一四七
震旦女子文理學院	蒲石路一八一號	八四〇三六
蘇州美術專科學院	四川路企業銀行七〇一號	
蘇州工業學校	寗波路二三二號	九一二六六

中學

校名	地址	電話
人和高級助產職業學校	莫利愛路三六號	七三八六八
大中中學	三馬路一一五號	一四〇六二
大公職業學校	江西路三二二號 四川路五三六號	一九一四八

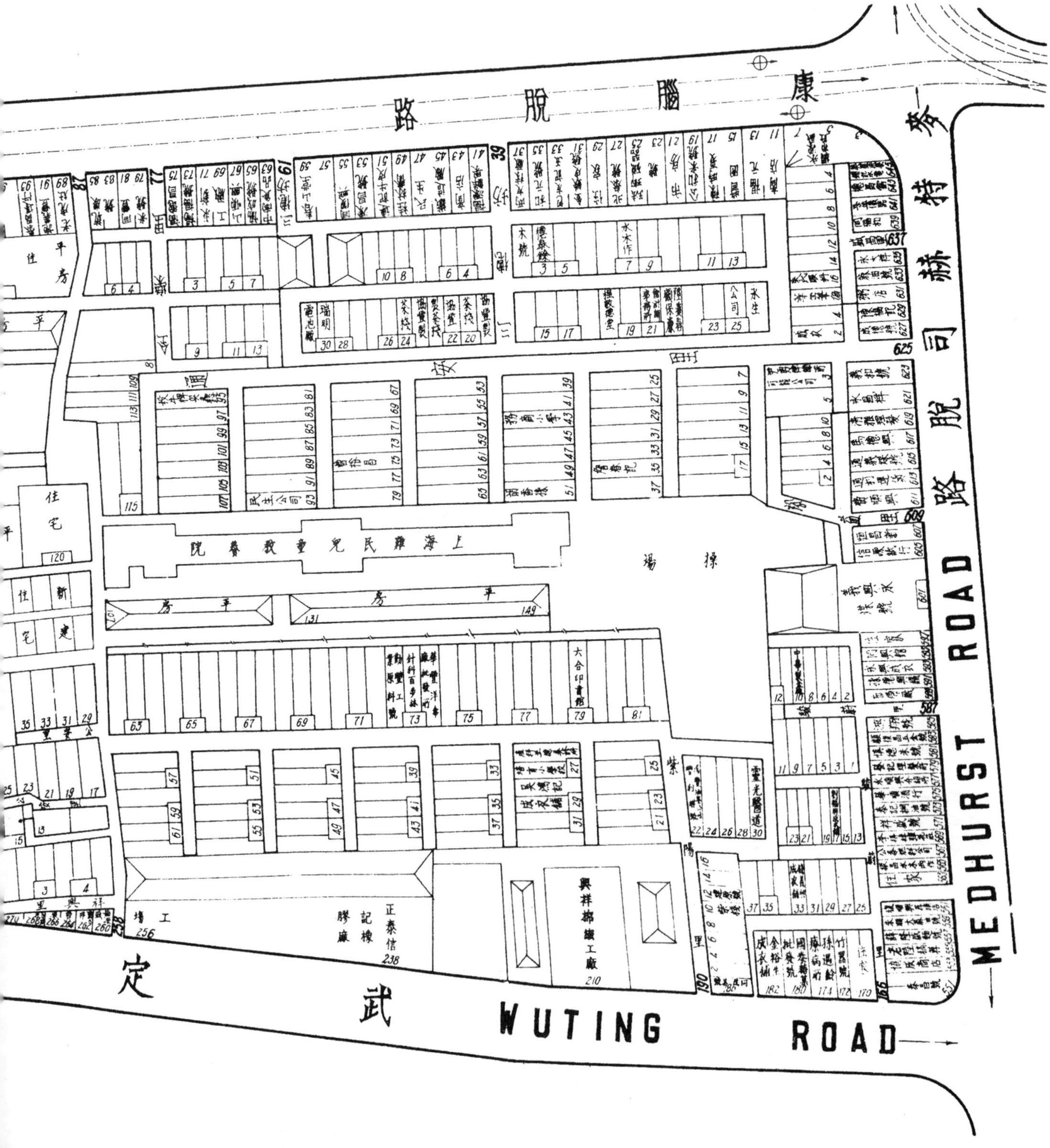

康腦脫路

麥特赫司脫路

MEDHURST ROAD

上海難民兒童教養院

操場

平房

住宅

新建住宅

興祥綿織工廠 210

正泰信記橡膠廠 238

工場 256

武定

WUTING ROAD

久負盛名之
美容護膚劑
孩兒面
分備瓶粉
貨雪花及
精裝軟性
雪花兩種
中法大藥房發行

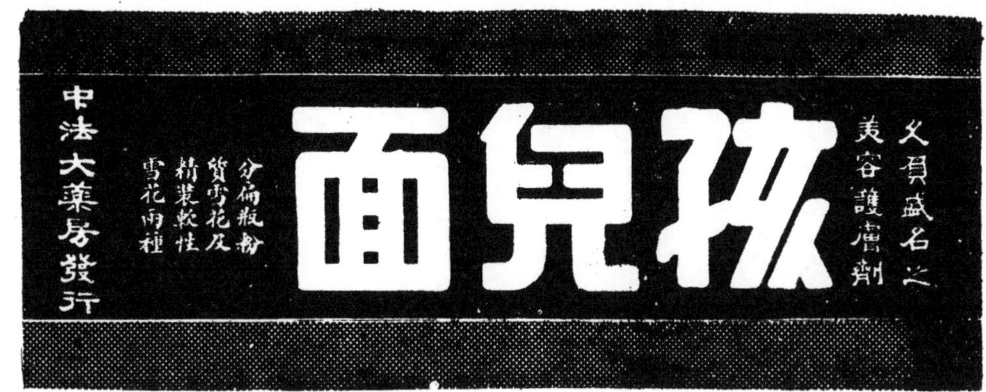

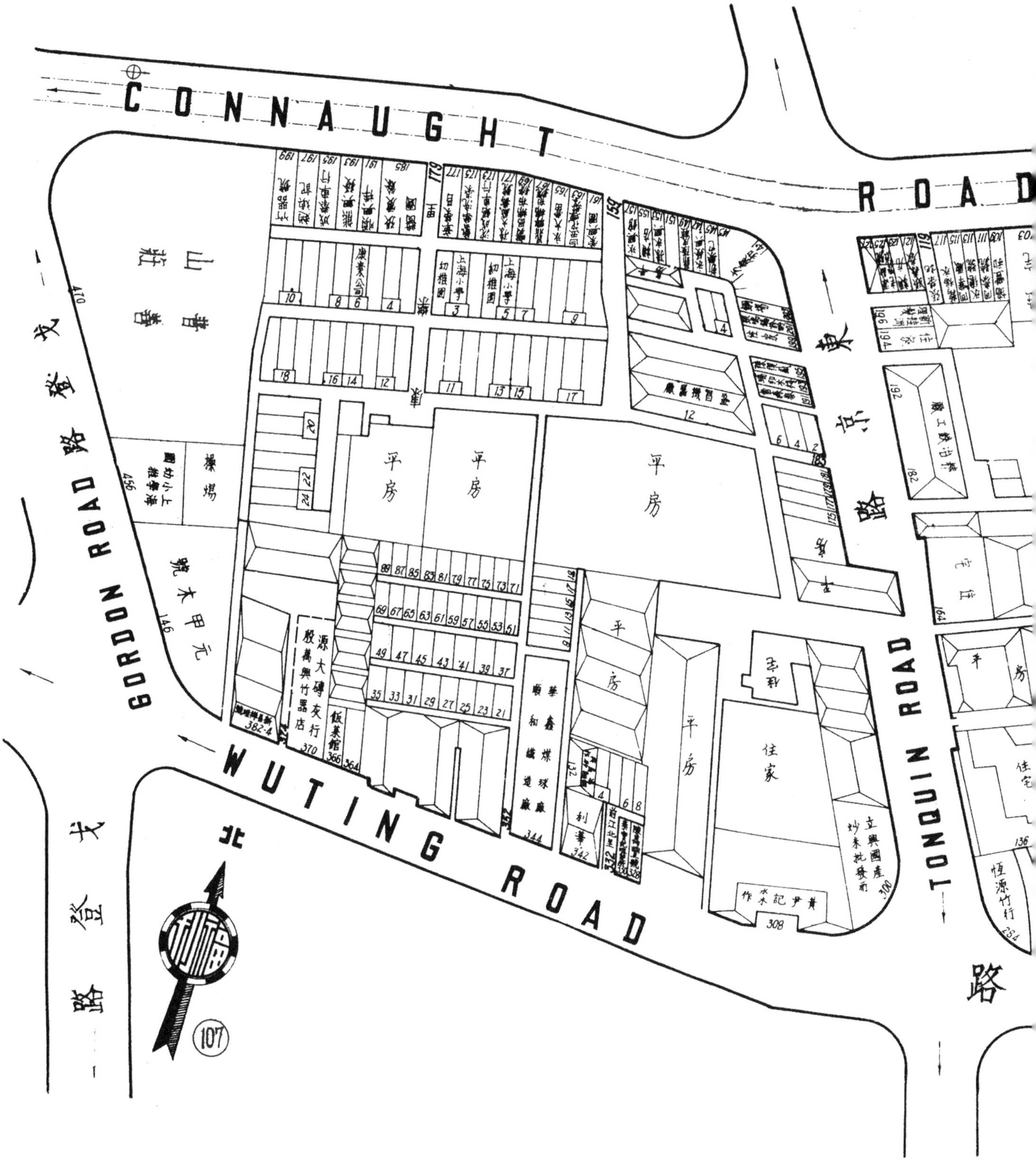
CONNAUGHT ROAD
GORDON ROAD
戈登路
WUTING ROAD
TONQUIN ROAD
東京路
路
北
107
平房
住家
住宅
上海小學
幼稚園
康業公司
元甲木號
源大磚灰行
殷萬興竹器店
飯菜館
華鑫煤球廠
順和織造廠
利華
立興國產炒米批發所
黃尹記水作
恆源竹行

校名	地址	電話
大同大學附中	辣斐德路貝勒路口	
大江中學	新閘路養和里	三二一七二
大夏大學附中	福煦路七二五號	七〇六四四
大經中學	北京路鹽業大樓後	
大德高級助產職業學校	戈登路二九三號新閘路口	三五〇九九
上公職業學校	白克路一八六號	九〇七九二
上海法學院附中	卡德路王家沙花園路八號	三七九二三
上海女子中學	新大沽路四五一號	三四八九九
上海中學	菜市路四四〇號	八〇五四三
上海中學	愛麥虞限路九五號	七八一五九
上海中學	靜安寺路成都路口	三九五二五
上海中學	四馬路科學儀器館大樓	九四二二五
上海中學	西門路白爾路輯五坊二號	八一四七九
上海中學	勞勃生路一二九七號	三二一五五
上海幼稚師範	靜安寺路成都路口	三五九八六
上海高級商業學校	大通路愛文義路口	三九四四一
上海模範中學	河南路恆利大樓	九二七四八
上青中學	青島路六〇弄	
三育中學	新閘路福康里安定別墅	
三樂初級中學	憶定盤路口西納路一八號	
工部局女子中學	星嘉坡路九號	三〇四四二
工部局育才中學	外灘一五號	
工部局格致公學	四川路香港路青年會二樓	
工部局華童公學	戈登路一〇五九號	
工部局聶中丞公學	外灘一五號	
允中女子中學	愛文義路	三四八六六
文化中學	戈登路七〇二號	三二二三四
文昌中學	文監師路八九四號	
中西女子中學	憶定盤路一一號	二〇八〇〇
中法學堂	敏體尼蔭路八仙橋	
中法國立工學院附中	辣斐德路一一九五號	七二三三一
中華女子職業中學	辣斐德路四五八號	八一三六四
中華中學北校	北七浦路甘肅路	四三二五四
中華中學南校	愛多亞路均樂邨	三八六七三
中華職業學校	愛多亞路浦東大樓	三七二二四
中國女子中學	辣斐德路二八六弄四號	八六〇八九
中國女子體育師範	福煦路西摩路東七二五號泰園	
中國中學	西愛咸斯路三八六號	七五〇八〇
中德高級助產職校	福煦路四五七號	八四〇三四
太和高級助產職校	麥根路一一二號	三六五六一
太炎學院附中	重慶路威海衛路口	
太倉師範學校	寧波路五四〇號	
立德中學	南陽路一八三號	三六〇八一
立達學園中學部	派克路協和里	
市中中學	蕪湖路六〇號	九五三六四
正中中學	愛多亞路一六〇號	
正行女子中學	福煦路一六二號	三二三九〇
正風中學	西愛咸斯路六〇號	七三四一三
正光中學	戈登路二三〇弄二一〇號	
正義中學	博物院路一二八號五號	
北新中學	康腦脫路一六八號	
旦華學院附中	大通路王家沙花園路B字四號	
生生高級助產職校	蒲石路薩坡賽路	八五一五四
生活初級中學	戈登路一〇八號	

校名	地址	電話
光化中學	戈登路東京路	
光夏中學	慕爾鳴路福煦路口	
光華大學附中	漢口路四二二號	
光實中學	康腦脫路西摩路口三五九號	
存德中學	古拔路一四九號	七五七五二
江西高級職業中學校	山東路中二九〇號	九一四八六
江東中學	二馬路二一〇號	
江南聯合中學	愛文義路大通路一六七號	
江淮中學	西愛咸斯路亞爾培路口	七三四一三
江蘇南菁中學	愛多亞路浦東大樓三樓	
民立中學	靜安寺路地豐路二九號	二二七六八
民立女子中學	霞飛路一一九二號	
民生中學	北京路四二四號	九六四二九
民光中學	膠州路二號	九六〇二一
民治中學	東蒲石路白爾路	
民智初級中學	威海衛路慕爾鳴路口	三一三二四
民國中學	威海衛路二八九號	三四六八六
同義初級中學	福煦路六三號	八一三二九
同德助產學校	山海關路二號	三二六九四
仿德女子中學	靜安寺路海格路留佁坊二三八號	
交通模範中學	西摩路二七七號	三三五七三
交通職業學校	麥根路二四〇號	
西區初級中學	愛多亞路淡水路均樂邨一號	
守真初級中學	王家沙	
君毅中學	南京路慈淑大樓五樓	
克美高級助產職業學校	愛文義路赫德路口B字七六號	
求德女子中學	大通路培德里	

校名	地址	電話
志誠女子職業學校	古拔路四五號	七四二六二
吳縣景海女子師範學校	億定盤路一一號中西女學內	二二六四三
兩江女子體育師範	福煦路西摩路東七二五號泰園	
和衷中學	成都路五九七弄五號	三四七七四
松太中學	南京路四明銀行二樓	九三五四二
松江中學	福州路三八四號	
松江女子中學	華龍路五四號	
松滬中學	徐家匯路貝勒路恆慶里	
育才初級中學	善鐘路七九號	
育英中學	愛文義路覺園四號	
育青中學	戈登路七〇二號	
育華中學	福煦路三八四號	三〇五〇九
杭州女子中學	靜安寺路赫德路	
金科中學	膠州路七三四號	三二三一三
金業初級商業職業學校	白克路大通路口	三四九九六
治中女子中學	南陽路一八六號	三二八五五
青年會中學	四川路五九九號	一四八九八
青年中學	霞飛路五五三號	八〇九六五
青華中學校	白克路四二八號	三六九六六
明德女子商業職業學校	霞飛路馬斯南路對面	七七五七〇
東南女子體育師範初級中學	王家花園路二〇號	
東南高級職業學校	薩坡賽路二九九號	八〇六〇八
東浦中學	漢口路一二六號	一八四四六
東亞簡師附中	華龍路八〇號	八四八一七
東吳大學附中(一)	虞洽卿路慕爾堂	九五二一二
東吳大學附中(二)	南京路慈淑大樓	九二七五六

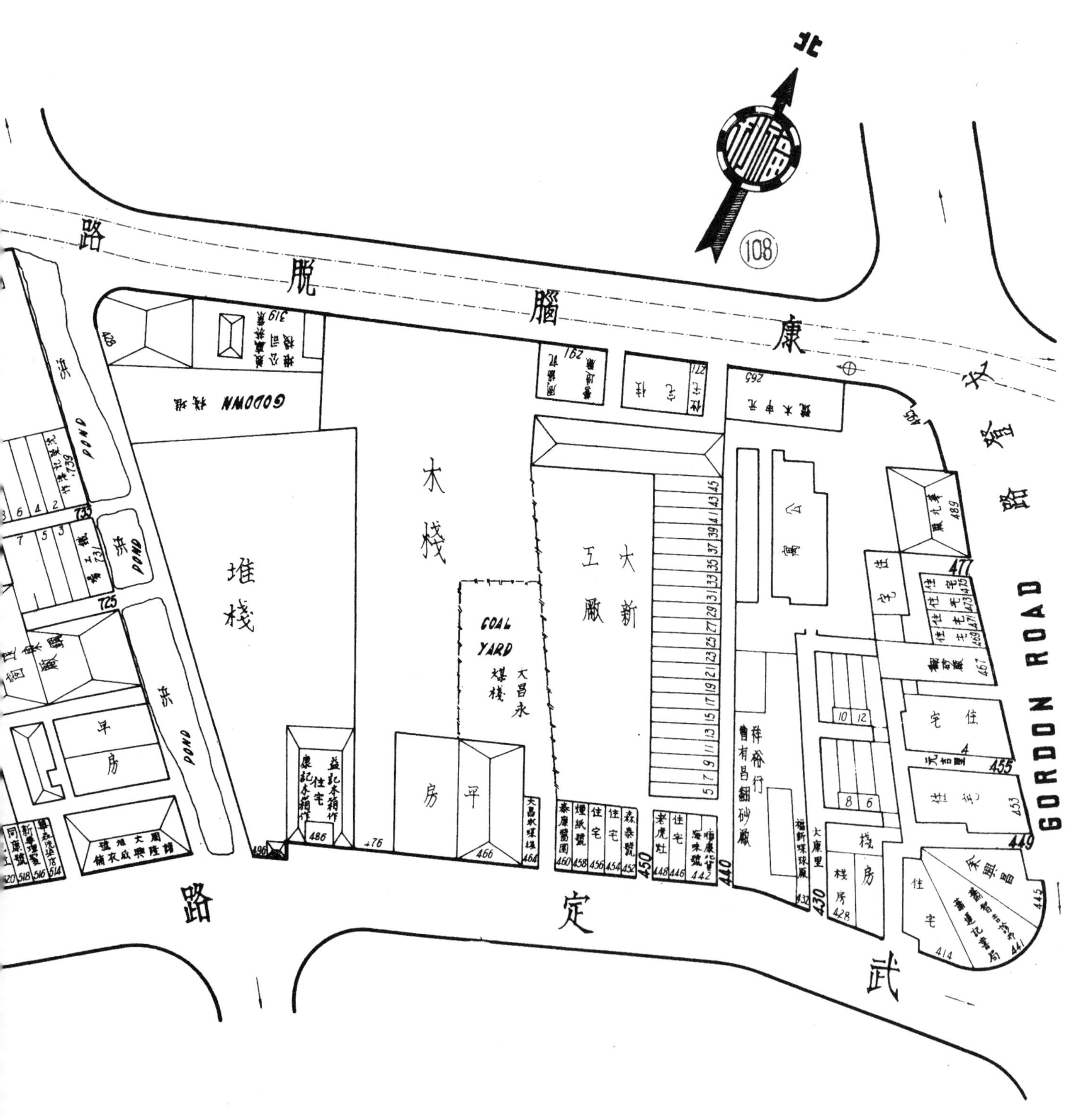

北
108
康腦脫路
戈登路
GORDON ROAD
武定路
GODOWN
POND
堆棧
木棧
COAL YARD
大昌永煤棧
大新工廠
平房
住宅

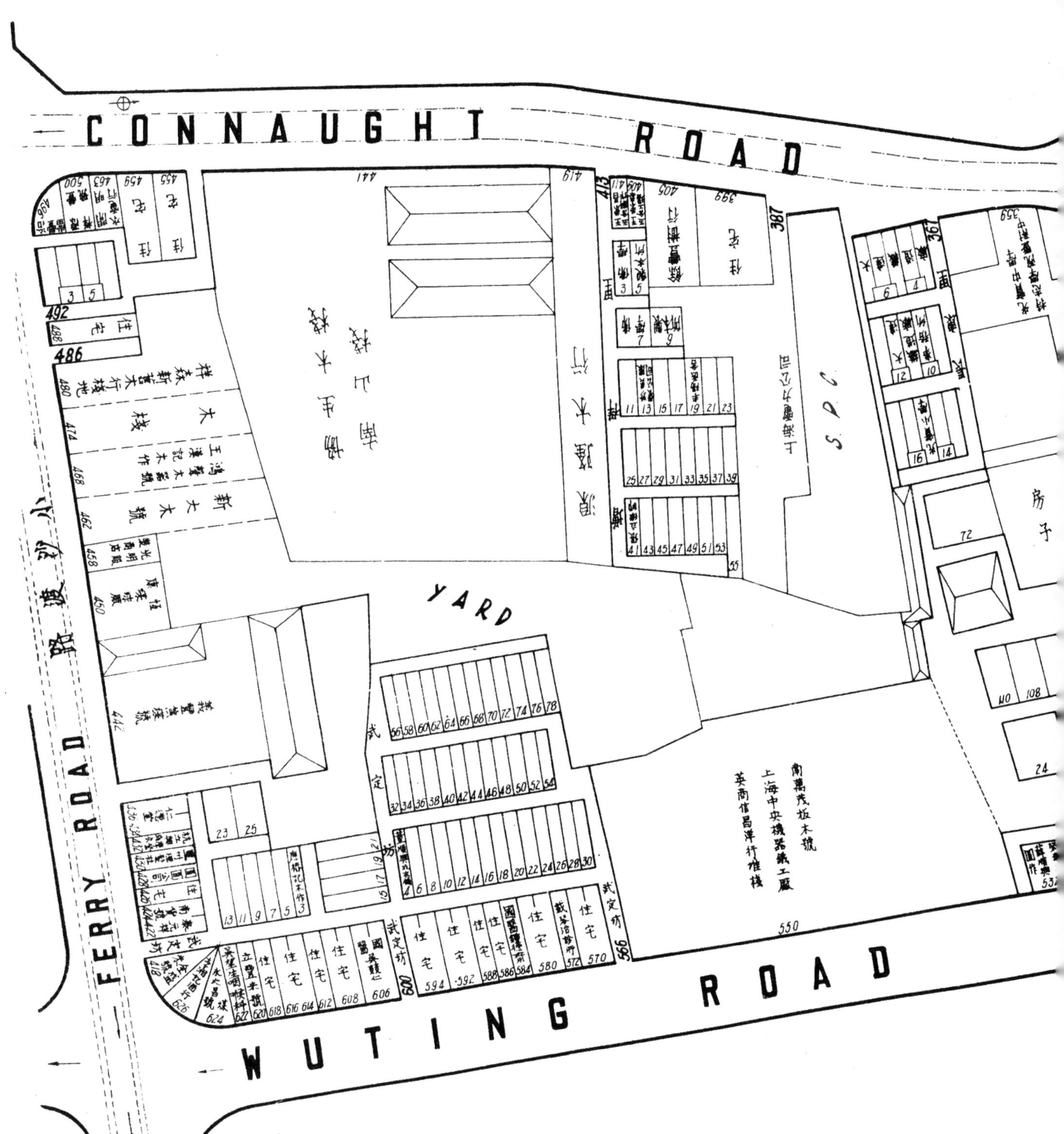

CONNAUGHT ROAD
WUTING ROAD
FERRY ROAD
小沙渡路
YARD
武定坊
南萬茂坂木號
上海中央機器鐵工廠
英商信昌洋行堆棧

尚忠中學	梅白格路四四四弄	
坤範女子中學校	梅白格路青島路口	三三〇〇一
協進初級中學校	靜安寺路一五五〇號	
南方中學	白克路六六〇號	三七七三九
南方女子中學	海防路四一〇弄五二號	三五一六〇
南京金城女子中學	愛文義路卡德路口	
南洋中學	北京路鹽業大樓五樓	
南洋女子中學	開封路三一四號	
南洋模範中學	姚主教路二〇〇號	七三二七八
南通中學	王家沙夏光中學內	
泉漳中學	康腦脫路徐園	
爲公中學	成都路一五二弄六號	
持志學院附中	康腦脫路三五九號	三二五四九
建華職業學校	南京路慈淑大樓	
英華 湖羣 慕衛 景海 聯合女中	愷定盤路一一號	
徐匯中學	徐匯鎮	
徐匯女子中學	徐家匯聖母院橋東	
夏光中學	大通路一六七號	三九四四一
海門中學	小沙渡路八二二八號	三九五一三
海門海霞初級中學	同孚路大中里二九號	
師承中學	成都路二七四弄七號	三四〇七五
浸會聯合中學	外灘七號	一一九一五
振德中學	愛文義路小沙渡路口一二一三號	三五六八九
浦東中學	杜美路一三號	七六六七六
浙江中學	仁記路中孚銀行三樓	七五八九〇

培初初級中學	海防路五一六路	
培明女子中學	南陽路二〇五號	三四七六七
培成女子中學	小沙渡路三四號	
培真中學	海格路霞飛路口	
務本女子中學	西愛咸斯路五七號	七三八六二
常州中學	愛多亞路九六〇號	
常州中學滬校	愛多亞路五九一弄	三五三三二
清心中學	斜橋徐家匯路二三號	八一四六七
清心女子中學	靜安寺路五九一弄五號	三七一五九
啓明商科職業學校	甯波路永清里	
啓人女子中學	霞飛路一六九八號	
啓明女子中學	徐家匯天鑰橋一四四號	
啓秀女子中學	霞飛路六三四號	七二四九四
國光中學	愛文義路六五三號	三六四五五
國華中學	戈登路勞勃生路口	三一一〇七
紹興七縣旅滬中學	愛而近路三三〇號	四一五一一
通州中學	小沙渡路八五〇號	三九七七三
崇德女子中學	愛文義路六二六號	三六六七九
貧兒教養院中學	膠州路三九七號	三一九二八
麥倫中學	武定路九四〇號	三二八六七
涵德中學	新閘路派克路口	
進德女子中學	鄭家木橋	八一五一七
華東女子中學	霞飛路四六二號	八五〇〇八
華光中學	靜安寺路七五四號	三七九七五
華英女子中學	邁爾西愛路霞飛路南二七五弄二二號	
華華中學	福州路三八四弄四號	九〇九三四
華東聯合中學	北京路鹽業大樓六樓	

開明中學	金神父路四〇〇號	七八四八三
粵東中學	西摩路六二九弄	三三〇二八
菁莪中學	祁齊路五四號	
湖州旅滬中學	貴州路湖社	
惠中女子中學	徐家滙路二三號	八一四八二
惠中中學	徐家匯路二三號	八一四六七
惠生助産職業學校	愛文義路一三〇號	
惠羣女子中學	南京路四明銀行二樓	
惠靈中學	戈登路三六六號	
揚州中學	南京路慈淑大樓七樓	
斯盛初級中學	馬浪路二五三號	八四四三八
善導女子中學	天主堂	
無錫中學	江西路四五一號五樓	一〇四二二
無錫師範學校	斜橋弄七五號	
無錫競志女子中學	哈同路福煦路慈厚南里三〇號	
智仁勇女中	威海衛路八七〇號	三五一八三
景海中學	山西路三六九號	
復旦大學附中	梅格路七六〇號	七〇三四五
復旦實驗中學	北京路二六六路	一六七四四
湘姚中學	九江路二八九號	九六〇八一
道一職業中學校	愛文義路卡德路口七一二號	
道中女子中學	愛文義路五六四號	三一〇五〇
匯師中學	徐家匯蒲西路二二一號	
愛光中學	小沙渡路	
愛羣女子中學	華龍路八〇號	
愛國女子中學	南陽路二一五號	
羣益女子職業中學	愛而近路	

新中國學院附中	愛多亞路一二九二弄七號	
新北中學	南陽路	
新生女子職業學校	靜安寺路斜橋弄八〇號	三九四三七
新民中學	王家沙三〇號	
新亞中學	辣斐德路呂班路西	七四八七五
新寰職業中學	重慶路二七〇號	三六一八一
聖芳濟中學	孟德蘭路八八弄四七一號	
聖約翰附中	南京路慈淑大樓四樓	
聖約翰青年中會	哈同路一九六號	
聖瑪麗亞女中	南京路慈淑大樓四樓	
滬北中學	北山西路五四一號	
滬光中學	卡德路愛文義路口	
滬江大學附中	圓明園路真光大樓	
滬東公社中學	三馬路綢業大樓四樓	
滬清中學	福州路復興里四號	九六四五二
漢英中學	戈登路海防路海防邨	三五一六〇
寗波效實中學	牛莊路七七弄	
輔仁中學	南京路慈淑大樓三樓	九六七四四
輔華中學	海寗路六九一弄一一號	四一七二五
肇和中學一校	福履理路三四〇號	
肇和中學二校	高乃依路二一號	
僑光中學	小沙渡路海防路口八二六號	三五五七九
禅文女子中學	南陽路哈同路一八六號	
廣東初級中學	愛文義路一一一七號	
廣益中學	威海衛路三一八號	三二八一〇
樂園中學	拉都路三一七號	七〇八三〇

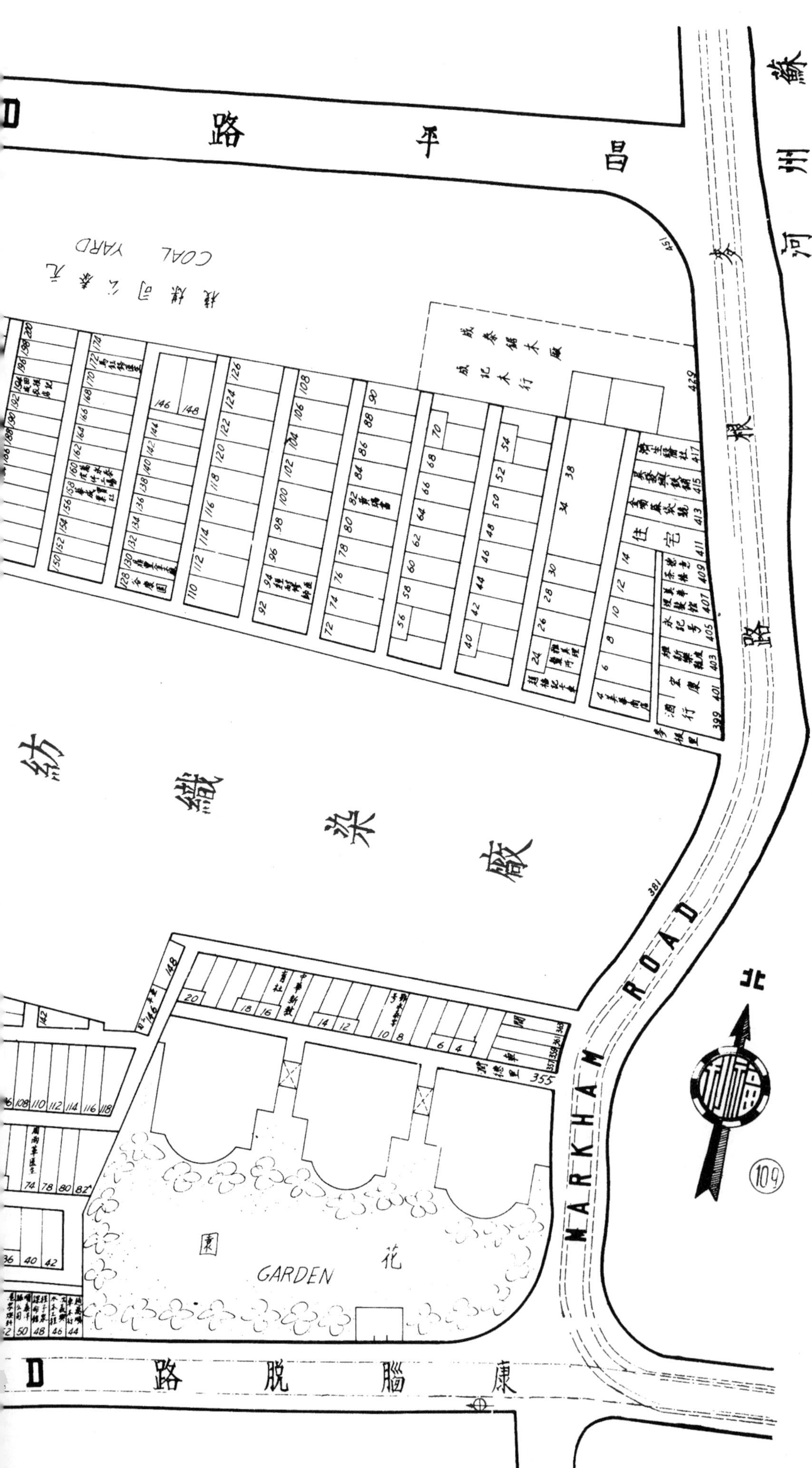

昌平路
蘇州河
麥根路
MARKHAM ROAD
康腦脫路
COAL YARD
紡織染廠
GARDEN
花園
北
109

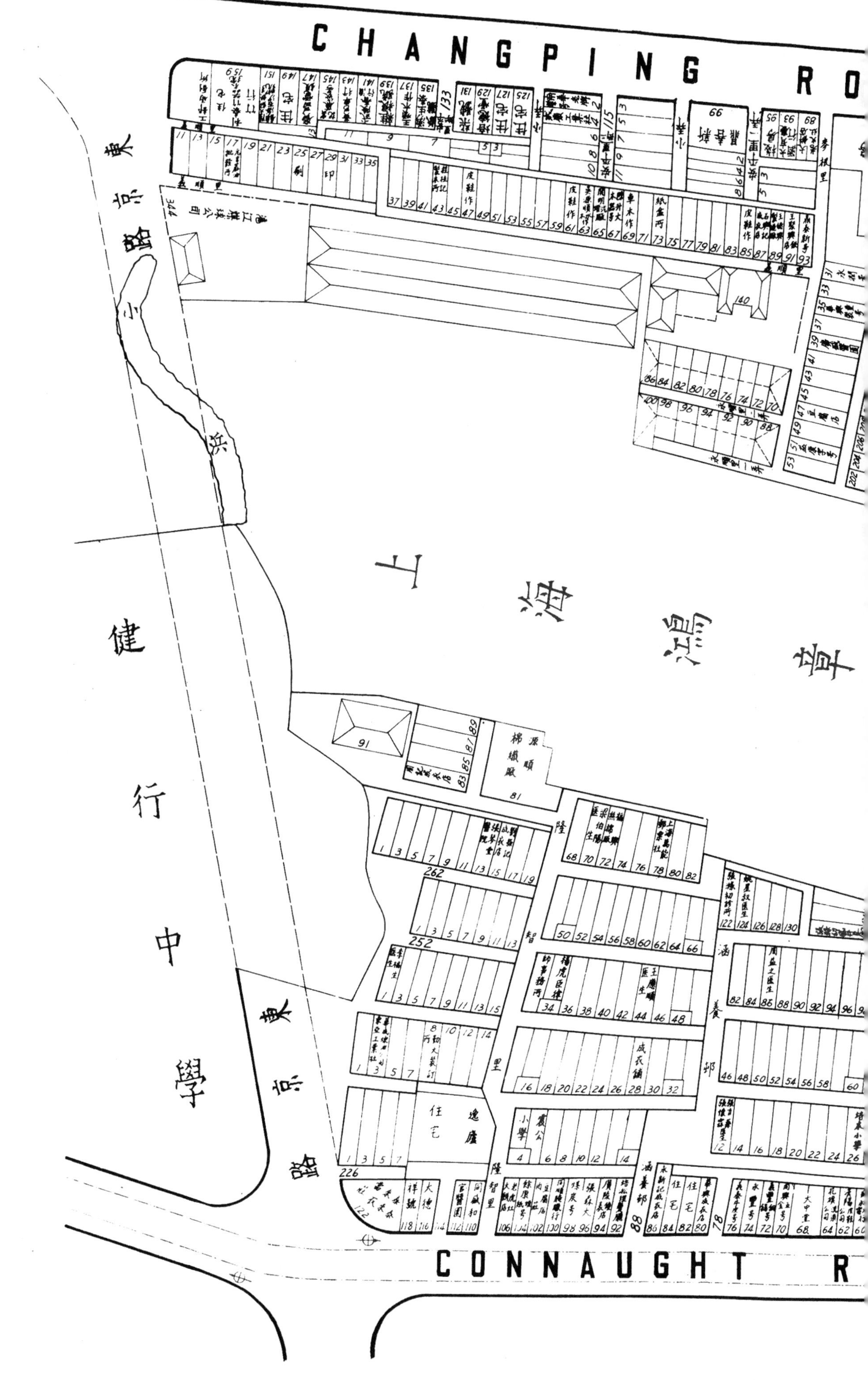
CHANGPING RO
CONNAUGHT R
上海造幣
健行中學
東京路
東京路
小浜

樂華中學	愛而近路	
樂安中學	康腦脫路七五八弄一八號	三九五四八
樂羣中學	北京路三三〇號	
稽山中學上海分校	戈登路三三六號	
審美女子中學	北浙江路六一號	四二〇五九
澄衷中學	北京路三八四號	九五一六二
慕貞女子中學	南京路貴州路一八號	
監理聯合女子中學	虞洽卿路慕爾堂內	九〇〇五五
震旦大學附中	呂班路二二三號	八〇一四七
震旦大學醫學院附設高級護士女子職業學校	呂班路二八〇一號	
錢業初級中學	海寧路錢莊會館	四五二〇〇
錫珍女子中學	寶建路二〇號	七〇二七六
曉明女子初級中學	天主堂街三七號	
龍門中學	虞洽卿路牯嶺路三四號	九〇二一九
嶺南初級中學	南京路大新公司四樓	九七〇〇〇
濱海中學	南陽路一八三號	三六〇八一
鎮江京江中學	新閘路一五三六弄B一三〇號	
鎮江中學	福州路五三號	
鎮江師範學校	福建路東寧波路三六三弄一號	九一四〇九
寶山縣立初級中學	南京路四明銀行二樓	
懷久女子中學一校	畢勛路七七號	七〇三一五
懷久女子中學二校	威海衛路五八七號	三四六五〇
懷恩初級中學	王家庫花園路三二號	
競華中學	海防路五二七號	
蘇民職業學校	南京路四明銀行大樓	九三五四二
蘇州中學	福州路五三號	一八四五四
蘇州女子師範學校	新閘路一八二六號	
蘇州桃塢中學	南京路慈淑大樓三樓	九一五八八
蘇州樹德初級中學	四川路一四九號四樓	
蘇州樂益女子中學	同孚路大中里二九號	
蘇南中學	靜安寺路五九一弄一〇五號	

小學之部

一心小學	法租界西門路西湖坊六三號	
人文小學	康腦脫路延平路口二三五號	
人和小學	梅白格路三成坊	
人力車夫互助會第二子弟學校	麥根路世德里三一號	三六二九四轉
人力車夫互助會第三子弟學校	貝勒路恒慶里五〇號	
人力車夫互助會第七子弟學校	滬西勞勃生路南鴻發里	
工部局華德路第一小學	康腦脫路一一〇七號	二一二〇一
工部局蓬路小學	星嘉坡路一一號	三一〇八三
工部局東路小學	西摩路六六〇弄二一號	三一四五〇
工部局蓬路荊州路第二小學	西摩路三七五號	三六九〇五
工部局華德路學二小學(公立)	康腦脫路八八三號	三五二一四
工部局荊州路小學	憶定盤路月邨七〇號	二二二六五
工部局西區小學	大西路四八號	二二七一八
工部局格致附小	四川路青年會二樓	
工部局北區小學	克能海路一九九號	四一八九〇
上海女子中學	同孚路大沽路四五一號	三四八九九

校名	地址	電話
上海福啞學校	戈登路一一六三號	
上公小學	白克路北河路一八六號	九〇七九二
上海慈幼小學	辣斐德路口三一號	
上海小學	(靜安寺路)成都路口四六〇號	三九五二五
上海實驗小學	甘世東路甘邨二四一號	
上海幼稚園	康腦脫路康芳里	三四一七九
大光小學	法租界愷自邇路嵩山路口	八四七五二
大公中學	辣斐德路甘世東路穎邨一七號	
大華小學	白克路成都路同壽坊三號	
大成小學	成都路八五二弄一五號	
大任小學	麥根路二四〇號	三二〇九四
大團小學	靜安寺路赫德路恆豐里	
三民公學	靜安寺路一五八三弄六號	
三林小學	愛文義路派克路	
三育小學	新閘路福康里安定別墅	
三樂小學	海寧路同昌里三四號	
化成小學	極司非而路康家橋喜邨	
化南小學	赫德路趙家橋	
中華女子小學	辣斐德路四五八號	八一三六四
中法學堂小學部	敏體尼蔭路口	八五〇〇〇
中正小學	天潼路順和里二七號	
中振小學	極司非而路九六號	二二三四八
中華女子小學	北山西路德安里三一六號	
中華小學	七浦路甘肅路口	四三二五四
中國小學	西愛咸斯路二四九號	七七六四五
中和小學	邁邇西愛路普恩濟世路	
中西第二小學校	西愛咸斯路四二〇號	七四三二八
文化小學	戈登路七〇二號	三二二三四
文治小學	天潼路新唐家弄	
文昌小學	文監師路八九四號	四三二七九
文蔚小學	福煦路一二三八弄九九號	
太華小學	新重慶路咸益里二〇號	
天后宮小學	北浙江路天潼路	四一一八六
天潼小學	北京路山西路三六九號	
仁宜小學	小沙渡路康腦脫路北口	
仁德小學	極司非而路嚴家宅	
止善小學	西愛咸斯路拉都路口	
世界小學	霞飛路一八五六號	七〇〇三〇
世恩小學	南京路二〇八弄二五號	
比華小學	西愛咸斯路三七〇號	七三三〇八
允中小學	愛文義路八九九號	三四八六六
民智小學	威海衛路五九八號	三一三二四
民光小學	愛來格路永清里	八〇四三六
民生小學	北京路四二四號	九六四二九
民德女校附小	愚園路一二八四號	
民國小學	威海衛路二八九號	三四六八六
民達小學	法租界西門路一七四號	八四四三四
民治小學	白爾部路蒲石路口	
民成小學	康腦脫路康樂坊	
民生女子小學	霞飛路貝勒路	
民啓小學	白爾路茄勒路口	
民德小學	鄭家木橋街一四九號	八一五一七
市中小學	蕪湖路六四號	九五三六四

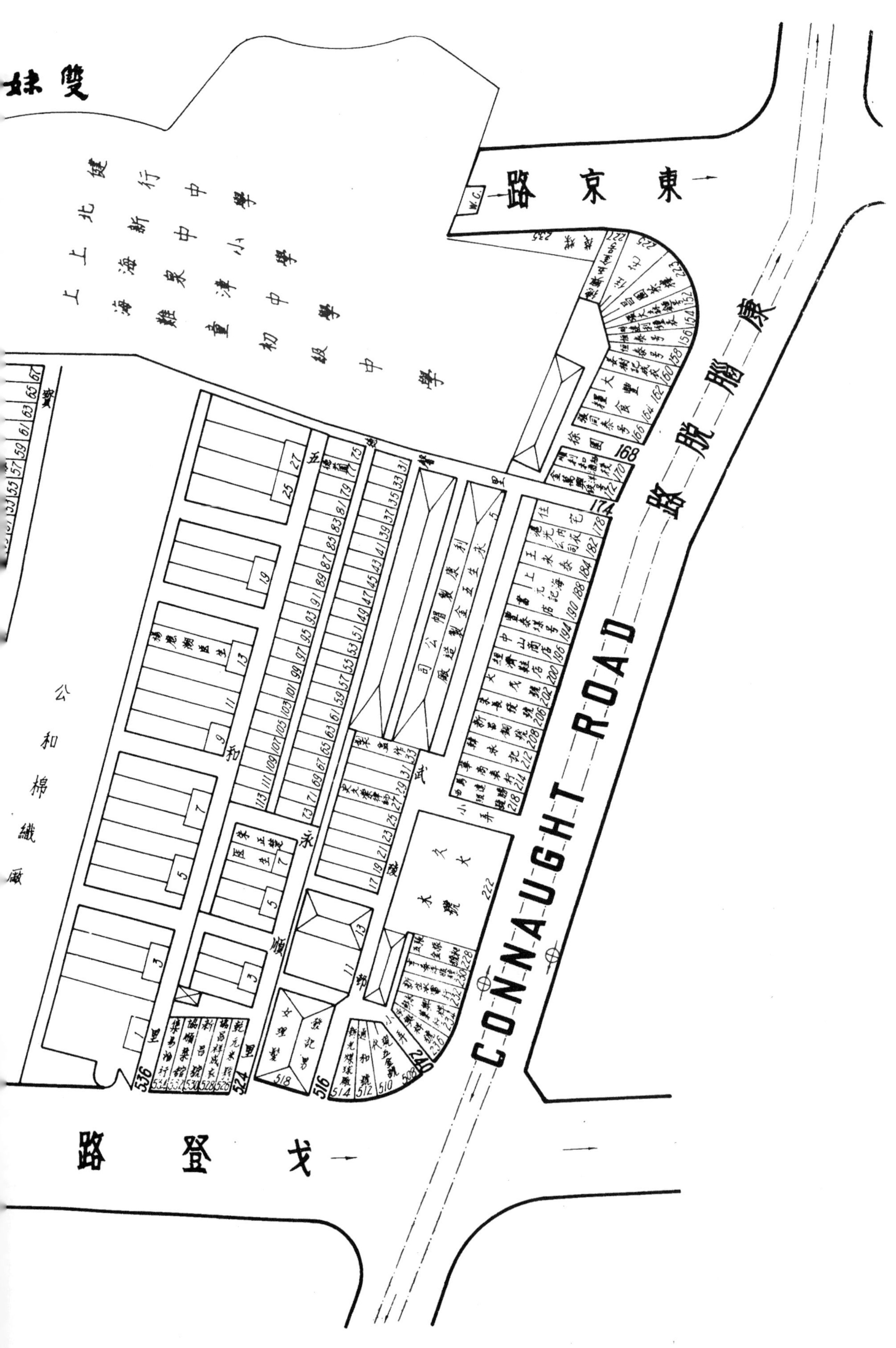

雙妹
東京路
康腦脫路
CONNAUGHT ROAD
戈登路
公和棉織廠

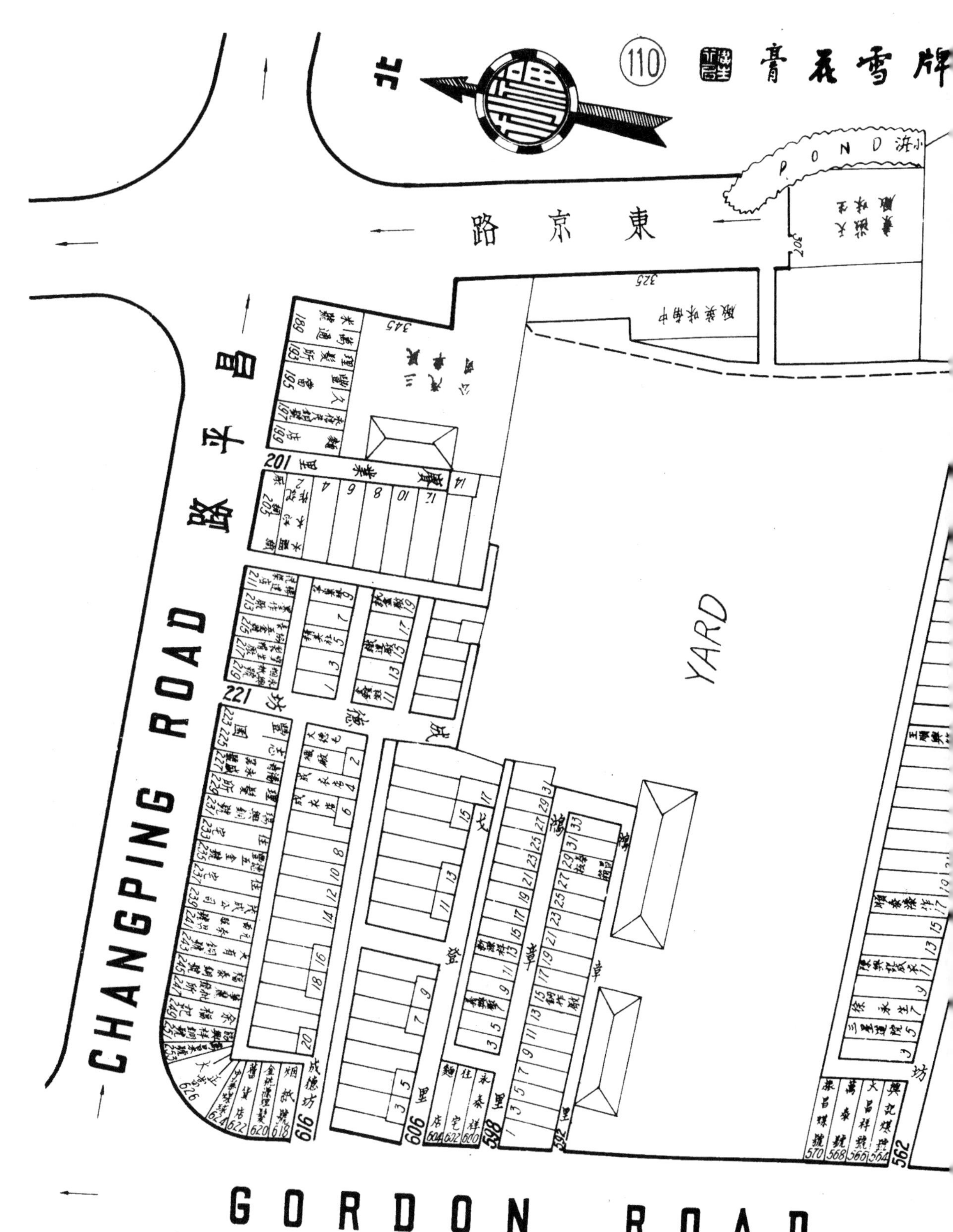

牌雪花膏
110
北
POND
東京路
昌平路
CHANGPING ROAD
YARD
GORDON ROAD

校名	地址	電話
市光小學	聖母院路錢家宅一〇四號	
市華小學	海寧路福壽里	
市民小學	四馬路同興里	
市西小學	極司非而路一一五二弄四號	
正志西區小學	善鐘路七七號	七八〇二二
正始小學	霞飛路一六九八號	
正毅小學	康腦脫路三六六弄六號	
正光小學	甘肅路德興坊一五號	
正風小學	西愛咸斯路六〇號	七三四一三
正德小學	海寧路六九一弄一四號	
正中小學	寗波路四四六弄一一號	八六七八三
立德小學	康腦脫路蔣家橋	三八三〇四
立人小學	戈登路昌平路北	
立本小學	愛文義路戈登路遷善里	
公義小學	北成都路崇義里麗雲坊六〇號	
公安小學	愛而近路同發里二一號	
永定小學	極司非而路一一八四弄一一號	
永樂小學	福煦路四明邨	七〇九九〇
中江小學	新閘路九一三號	
旦華小學	敏體尼蔭路永華里	
平民小學	勞勃生路一四〇B號	
安化小學	憶定盤路東諸安浜	
安順小學	康順路安順里	八六〇八一
北區小學	北福建路瑞源里	
北市小學	愛而近路	
北姚小學	小沙渡路六四八弄一九號	
生活小學	戈登路一〇八五號	
四明第一義務小學	民國路四明公所	八三九〇三
企明小學	大通路大勝里	
江海小學	威海衛路三一八號	三二八一〇
江西小學	山東路二九〇號	九一四六八
江城小學	小沙渡路武定路口	
幼吾小學	八里橋法大馬路南	八〇四五九
西門小學	薩坡賽路	
西成小學	法租界薩坡賽路二八七號	八二九三三
西揚小學	福煦路馬浪路三九號	
西區小學	辣斐德路一〇六號	
西華小學	辣斐德路茄勒路口	
西摩小學	南陽路一八六號	三二八五五
西霞小學	哈同路一四六號	
光華小學	巨籟達路六二〇號	
光華小學	巨籟達路六二〇號	
光禾小學	馬白路二三四弄	
光化小學	戈登路東京路	
光明小學	靜安寺路張園內	
光霽小學	法租界貝勒路三五二弄一三號	
光實小學	康腦脫路三五九號	
光夏小學	慕爾鳴路福煦路口	
光漢小學	盧家灣盧家弄青雲里	七二二〇五
成德小學	南成都路修德里	
成基小學	文監師路一〇〇七號	
仲賓小學	麥根路世德里	
同義小學	巨籟達路一三九號	
同義第二小學	福煦路五四號	

校名	地址	電話
同善小學	麥根路叉袋角	三五七〇五
存德小學	勞爾東路四四弄	七五七五二
自光小學	小沙渡路梹榔路中	
自強小學	勞勃生路大自鳴鐘	
有英小學	福煦路七二五號泰園	
弘道小學	寗波路永清里	
弘義小學	靜安寺路戈登路口一〇五一號	三九二四六
交通模範小學	西摩路二七七號	三三五七三
吉生小學	北成都路九七七號	
甬江小學	貴州路逢吉里一二號	
甬光小學	張家宅一〇二弄九號	
志毅小學	同孚路中	
希純小學	西摩路南洋里三三號	三二八七五
利生小學	喇格納路一五八號	
汶林小學	汶林路	
辛亥小學	茄勒路永興邨一八二號	
吳興綢業學校	北京路景雲四樓	九五四〇五
位育小學	辣斐德路一一九七號	
求智小學	格羅希路五六號	七四七〇一
求德女子小學	大通路培德里	
尚崇小學	海格路大西路口	
尚忠小學	梅白格路山海關路口四四四弄	
尚志小學	新閘路康樂里一〇號	
尚才小學	愛多亞路南京大戲院西	
尚賢堂小學	淡水路	
尚智小學	廈門路七六弄一〇至一二號	
尚羣小學	辣斐德路平濟利路口	
松太小學	辣斐德路成裕里二一號	
松滬小學	貝禘鏖路	
松華小學	北河南路二四四弄一六號	
全榮小學	與禮和路二〇號	
金華小學	貝勒路九五〇弄八號	
金業小學	白克路大通路口	三四九九六
金行小學	戈登路一〇一一號	
金科小學	膠州路昌平路七三四號	三二三一三
金城小學	戈登路金城里	
阜春小學一校	呂班路一五七弄一號	八三六五六
阜春小學東部	勞神父路	
宗文小學	平濟利路二九一至五號	
宗仁小學	天潼路唐家弄三五號	
東南女子附小	卡德路王家沙花園二〇號	
東浦小學	漢口路一二六號	一八四四六
東新小學	東新橋街寶裕里三六號	
東華小學	新大沽路永慶坊	三四七四四
建明小學	菜市路信陵邨	
建德小學	小沙渡路武定路口三〇七弄一〇二號	
貞一小學	新大沽路三八七弄八號	三七四二四
郇光小學	王家沙花園一二號	
協進小學	靜安寺路赫德路	
育才小學	新大沽路一八六號	三五三〇二
育林小學	貝勒路崇實二校內	
和樂小學	新閘路和樂里	
彼德小學	愚園路一二六四號	

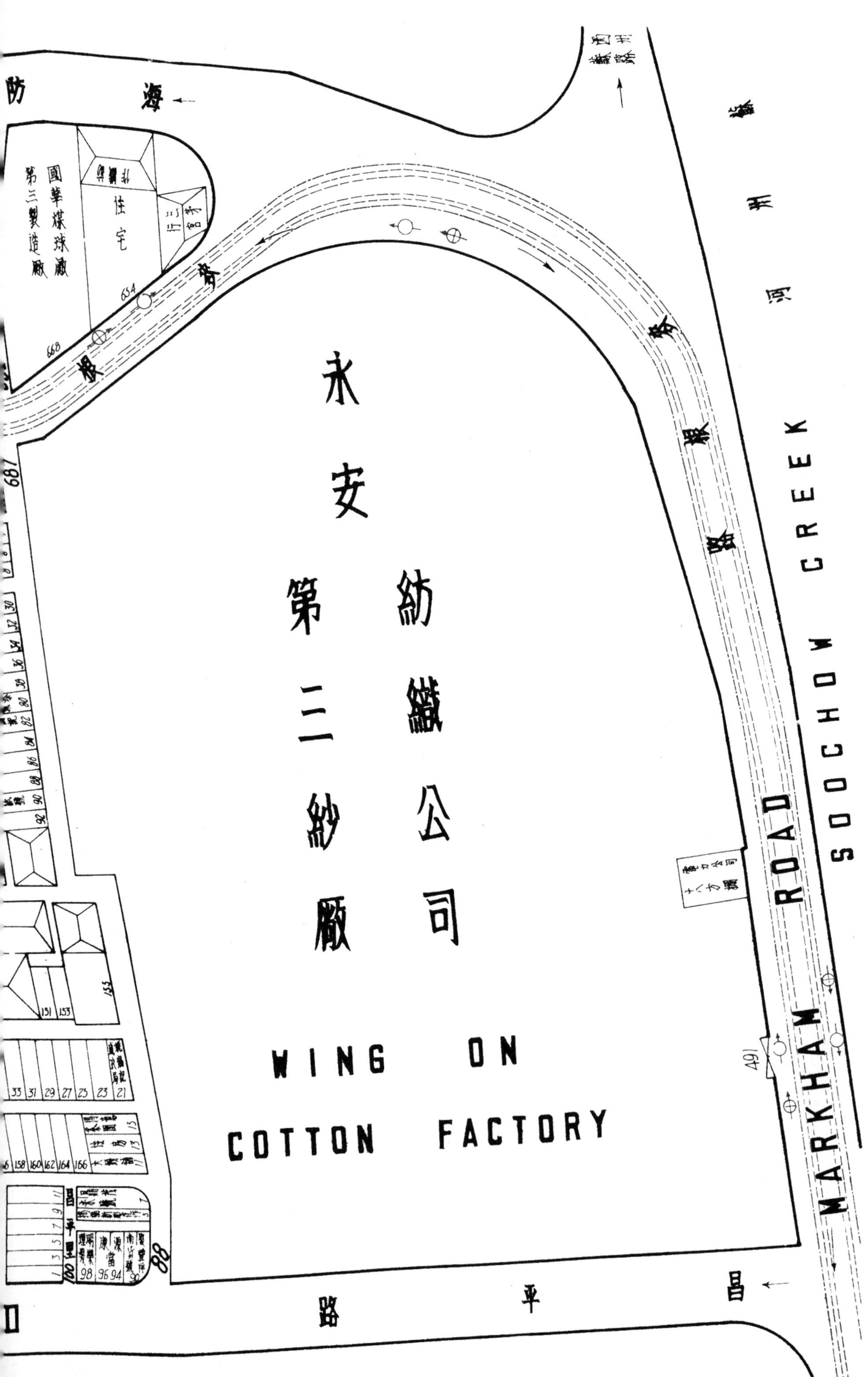
永安紡織公司
第三紗廠
WING ON
COTTON FACTORY
MARKHAM ROAD
SOOCHOW CREEK
蘇州河
昌平路
海防
住宅
654
668
687
491

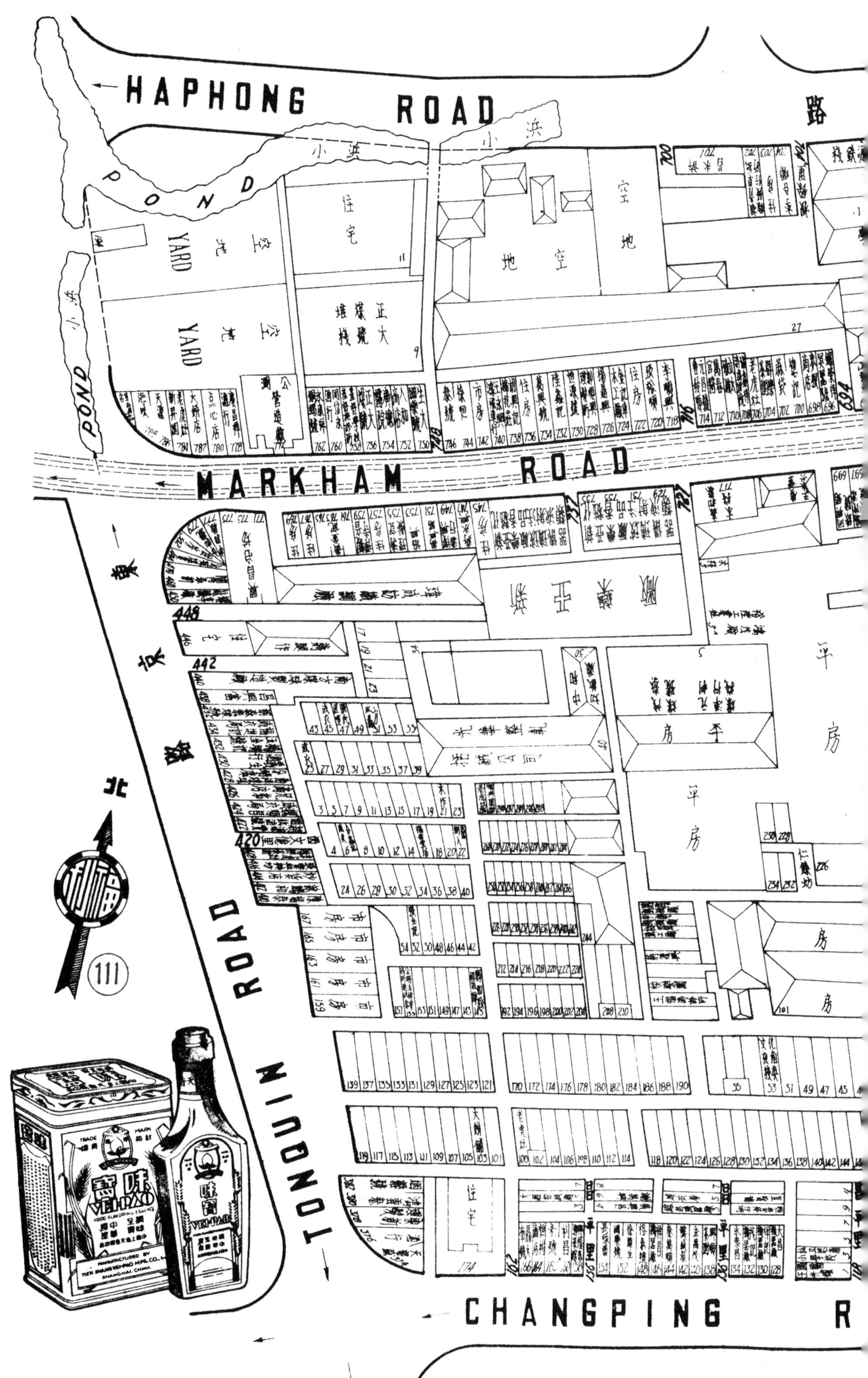

HAPHONG ROAD
路
POND
小浜
YARD
空地
正大煤號堆棧
MARKHAM ROAD
TONQUIN ROAD
北
111
CHANGPING R

校名	地址	電話
念慈小學	慕爾鳴路蕃祉里	三四五六六
杭州女中附小	靜安寺路西摩路二七七號	
林蔭小學	康悌路馬浪路南山里A五號	
忠信小學	北蘇州路九九六弄五六號	
明達小學	浙江路六三弄一三號	
明達小學	西門路一七五號	
明德小學	霞飛路馬斯南路	七五七〇七
坤範女子小學	梅白格路青島路口	三三〇〇一
青年小學	霞飛路五五三號	八〇九六五
青華小學	白克路四二八號	三六九六六
青光小學	大西路陶家宅	
泉漳小學	康腦脫路徐園	
信德小學	極司非而路五一號	
南區小學	菜市路新羣小學內	
南方女子小學	海防路海防邨	
南洋小學	開封路二一四號	四五六一四
南洋第一小學	三馬路千齡大廈	
南洋模範小學	姚主教路二〇〇號	七三二七八
爲公小學	成都路一五二弄六號	
革志小學	新閘路斯文里三四七號	
春申小學	新閘路永善坊一三號	
恆茂小學	八仙橋恆恆里	
飛花業小學	七浦路福祿壽里	
星光小學	北江西路桃源坊一六六號	
美華小學	卡德路六一號	三九六五四
美德小學	薩坡賽路二九一號	
美德小學	西門路辣斐德路永裕里	
浸會聯合小學	外灘七號	一一九一五
浸德小學	河南路一三六號	
峻德小學	山東路麥家圈	九〇三八〇
振新小學	牯嶺路一六八號	
振英小學	福履理路二九六號	七〇九四六
振西小學	新大沽路四弄四號	
振華小學	馬浪路勞神父路口	
振德小學	愛文義路小沙渡路口	三五六八九
振粹小學	愛文義路赫德路口	三五三五九
浪南小學	馬浪路南山里七五號	八三四二〇
陳涇第一小學	高恩路三六一號	
陳涇第二小學	麥琪路一六〇號	七七六八四
高昌小學	白爾路福慈小學內	
通惠小學	馬浪路二五三號	八四四三八
真德小學	麥特赫司脫路三九二號	
真原小學	福煦路辣斐德路愛仁里	
真茹小學	老閘路北垵二〇弄九號	
時輪小學	西自來火街一八一號	
時中小學	北海路二六七弄一四號	
時化小學	蒲石路一一四號	
東亞小學	北京路偷雞橋	
夏光小學	大通路愛文義路	三九四四一
純一小學	寗波路山西路口	
浙江旅滬小學	辣斐德路玉振里三〇號	
健行小學	四馬路四〇六號	
健文小學	汶林路五二號	七二〇五五
健中小學	霞飛路白賽仲路西曹家弄九號	

校名	地址	電話
海濤小學	戈登路一九四弄寶善里	
海星小學	勞神父路六三〇號	
海光小學	亞爾培路五五二號翊華小學	七五〇八九
修德小學	愛文義路七二八號	三九九四四
思廉小學	昌平路昌平里二弄三號	
徐滙小學	徐家匯鎮	七四九二九
茸光小學	極司非而路康家橋三一號	
致行小學	麥特赫司脱路張園内	
務商小學	麥特赫司脱路	
務本小學	陶爾斐司路五六號	八二三九七
務實小學	山海關路二四八號	
培本小學	北河南路桃源坊	
培本小學第二校	康腦脱路涵養邨	
培初小學	海防路五一六號	
培元小學	聖母院路五〇弄内	
培明女子小學	趙主教路七九弄一八號	
培明女子小學	南陽路二〇五號	三四七六七
培成小學	北河南路四三九號	
培成女中附小	小沙渡路三四號	三五〇七五
培新小學	北河南路底寶興坊七號	
培智小學	克能海路一四號	
培育小學	武定路紫陽里	
培真小學	海格路八七五號	
培仁小學	同孚路華順里	
培培小學	敏體尼蔭路敏邨七〇號	
粵中小學	馬霍路大沽路口	
國際紅十字會義務學校	山海關路八五二弄一五號	
國恩短期小學	康腦脱路一六八號徐園	
國際女青年會義務小學	曹家渡康福里二一號	
國華小學	戈登路勞勃生路口	三一一〇七
國粹小學	愛多亞路龍門路	
國強小學	天潼路桃源坊	
國基小學	北蘇州路永康里	
國光小學	愛文義路六五三號	三六四五五
國本小學	膠州路二號	九六二〇一
崇真小學	愷自邇路永樂里二號	
崇化小學	勞合路居易里一〇號	
崇實小學	貝勒路西門路口	
啓秀女子小學	霞飛路六三四號	七二四九四
啓新小學	新閘路仁濟里	
啓華小學	威海衛路永吉里	
麥倫小學	康腦脱路綠楊邨三八號	三二二七二
麥倫女子小學	王家沙路一四號	
敏人小學	勞勃生路裕慶里四四〇號	三八四五一
清心女中附小	靜安寺路五九一弄五號	三七一五九
清如小學	法租界華成路	八四八九八
改平小學	甘世東路二九〇號	
紹興七縣旅滬小學	愛而近路三三〇弄	四一五一一
紹興旅滬二小	北蘇州路德安里一八九號	
翊華小學	福履理路二四八弄一號	七五〇六三轉
曹義小學	極司非而路一〇八一號	
進衛小學	廈門路二三〇弄	
進德女子小學	鄭家木橋	八一五一七

海防路
MARKHAM RD.
麦根路
POND
P. W. D.
东京路
TONQUIN ROAD
GORDON RD
北
112
祥泰洋行
木栈
实盛铁厂
建业煤栈
永吉里
孟里

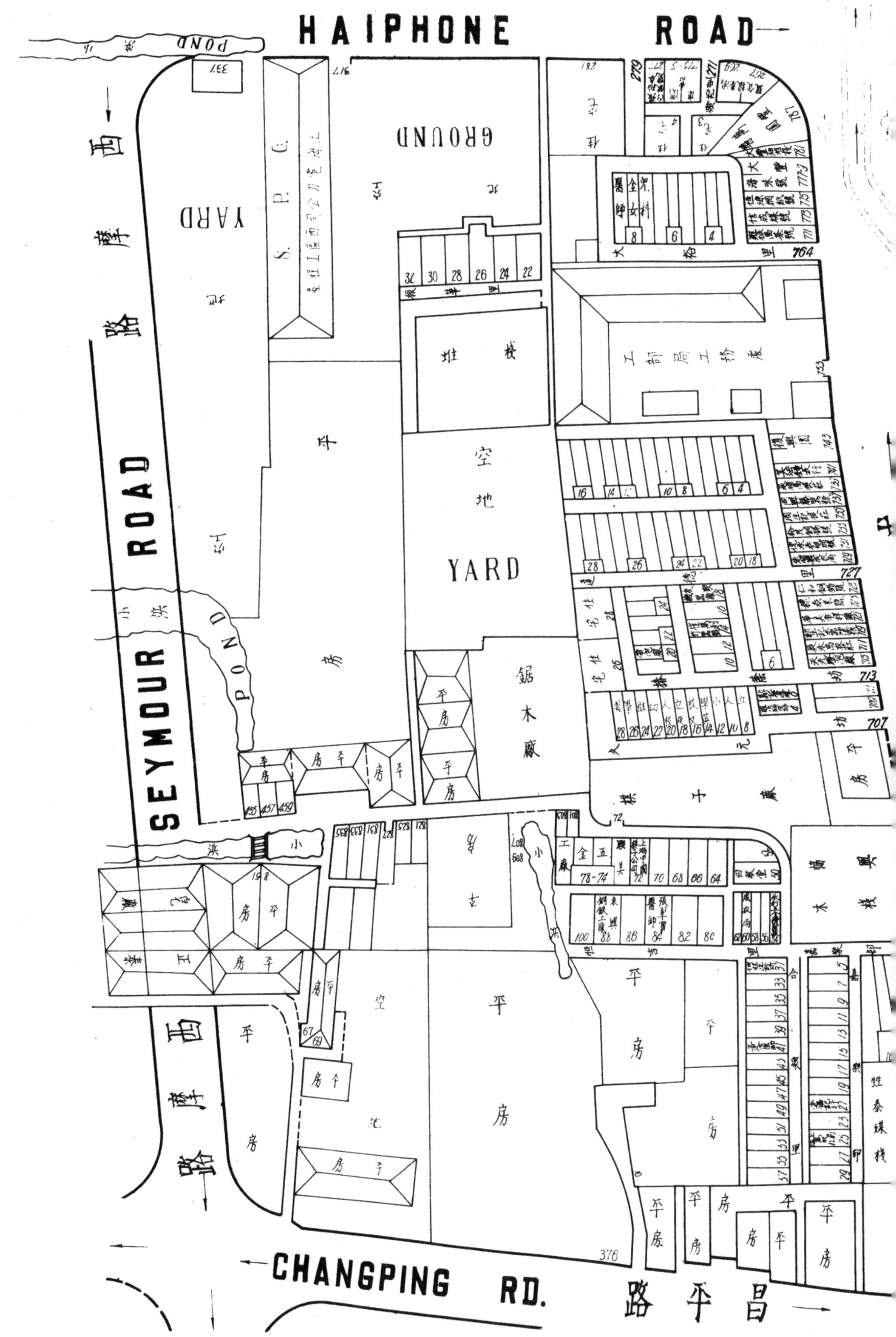
HAIPHONE ROAD
SEYMOUR ROAD
西摩路
CHANGPING RD.
昌平路
YARD
GROUND
S. P. C.
POND
空地
鋸木廠
工部局工務處
平房

學校	地址	電話
喇格納小學	黄河路六三號	
道一小學	愛文義路七一二號	
道中小學	愛文義路五六四至五九二號	
道德小學	海格路八六〇號	
道德小學	靜安寺路地豐路西首	
寗波旅滬一小	七浦路豫順里	
寗波旅滬三小	白爾路一六三弄	
寗波旅滬六小	新橋街振新北里	
倫化小學	南陽橋永華里三四號	
敦仁女子小學	辣斐德路馬浪路口	
智仁勇小學	威海衛路八七〇號	
智民小學	麥特赫司脱路武定路	
智明小學	曹家渡協康里	
景德小學	新閘路大通路三七〇號	三九三五九
景賢小學	北山西路二三九弄六號	
景海小學	福建路無錫路一五九號	
报工子弟小學	三馬路協興大樓	
翔武小學	海防路馬崎路	
無錫旅滬小學	七浦路二一八號	
華民小學	新閘路九三九弄	
華北小學	馬霍路老馬德里	
華廣小學	貫西義路金神父路	
華龍小學	華龍路六二號	八五一八二
華東小學	霞飛路四六二號	八五〇〇八
華國小學	霞飛路四六二號	
華南小學	菜市路二三七號	
華實小學	白爾路德明里	

學校	地址	電話
華德小學	大沽路成都路	
惠心小學	西蒲石路	
惠中女子小學	徐家匯路二三號	八一四八二
惠西小學	馬霍路二三四弄四號	
惠中小學	徐家匯路二三號	
惠羣女子小學	南京路四明大樓	
惠恆小學	福履理路四四〇弄四四號	
偉光小學	霞飛路一四一弄二號	
尊德小學	廈門路一六一弄七號	
湖州旅滬小學	開封路九號	
紫金小學	辣斐德路冠華里	
巽明小學	西門路西門里四二號	
裕民小學	環龍路吳家弄九七號	
菊如小學	戈登路普陀路口	
湘姚小學	九江路二八九〇號	九六〇八一
渭風女子小學	大通路一三八弄二二號	三四四〇三
斯文小學	新閘路大通路	
斯盛小學	馬浪路二五七號	八四四三八
涵德小學	派克路三四五號	
復華小學	徐家匯姚主教路	
復民小學	愛多亞路重慶路	
復興小學	卡德路善昌里	
復旦小學	霞飛路底海格路	
復旦義務小學	徐家匯海格路	
愛羣女子小學	華龍路八〇號	
愛華小學	王家沙花園路三號	
愛國第二小學	愛文義路八七五號	

校名	地址	電話
新光小學	馬白路二三四號	
新寰第一小學	派克路協和里	三八九三五
新寰第二小學	重慶路二七〇號	三六一八一
新羣小學	康悌路六〇號	
新華小學	新閘路淞壽里	
新業小學	徐家匯徐鎮路	
新新女子小學	蒲柏路四九二號	
新蒙小學	鄭家木橋街一一九弄	
新浦小學	金神父路貫西義路東林里	
新亞小學	辣斐德路偉進坊	
新知小學	小沙渡路新閘路一四九二弄	
新村小學	澳門路三新村	三二〇二一
新生小學	巨籟達路亞爾培路西首	
新人小學	南陽路二五六號	三六〇八一
聖德小學	辣斐德路薩坡賽路口	
聖功小學	勞勃生路大自鳴鐘回教堂	
聖心小學	蒲石路一八三號	
發華小學	同孚路大中里	
羣化學校	呂班路薛華立路口	七一三二二
羣學會附小	愛多亞路二六〇號五樓	
羣英小學	北山西路德安里九弄一一四號	
羣益女子小學	愛而近路	
萬象女子小學	愛多亞路一二九二弄三四號	
禪文女子小學	南陽路	
毓德小學	卡德路一五四弄一七號	
福慈小學	白爾路三六六號	
瑞福小學	自來火街瑞福里	

校名	地址	電話
勤德小學	華成路銀河里三八號	
慎德小學	環龍路錢家弄一八六號	
遠東小學	北山西路慶順里五弄四號	四六六四五
義成小學	廣西路二一七弄八號	
幹公小學	白利南路一二一號	二一四七六
誠正小學	徐家匯路海格路樹德坊一四號	
榛芩小學	霞飛路六八八號明德女子中內	七五七〇七
蒔芳小學	大通路二六二弄三三號	
蒙養小學	東新橋寶興里	
輔華中學附小	海寧路六九一弄一一號	
慕爾堂小學	虞洽卿路三一六號	
滬北小學	北山西路五四一號	
滬西公社工人小學	勞勃生路四二〇〇號	
滬江小學	北浙江路一四六弄	
滬海小學	阿拉白司脫路二二四弄八號	
滬光小學	福煦路三四號	
滬光小學	麥根路	
滬東工社小學	三馬路綢業大樓	
匯師小學	徐家滙蒲柏路二二一號	
靜西小學	靜安寺路靜安寺西首	
靜安小學	靜安寺後	
銘本小學	環龍路永順邨三一號	
漢英小學	海防路海防邨三二號	三五一六〇
僑光小學	小沙渡路海防路口八二六號	三五五七九
維德小學	新閘路七五〇弄六號	
維興小學	愛文義路西摩路四八六號	
實學小學	大通路	

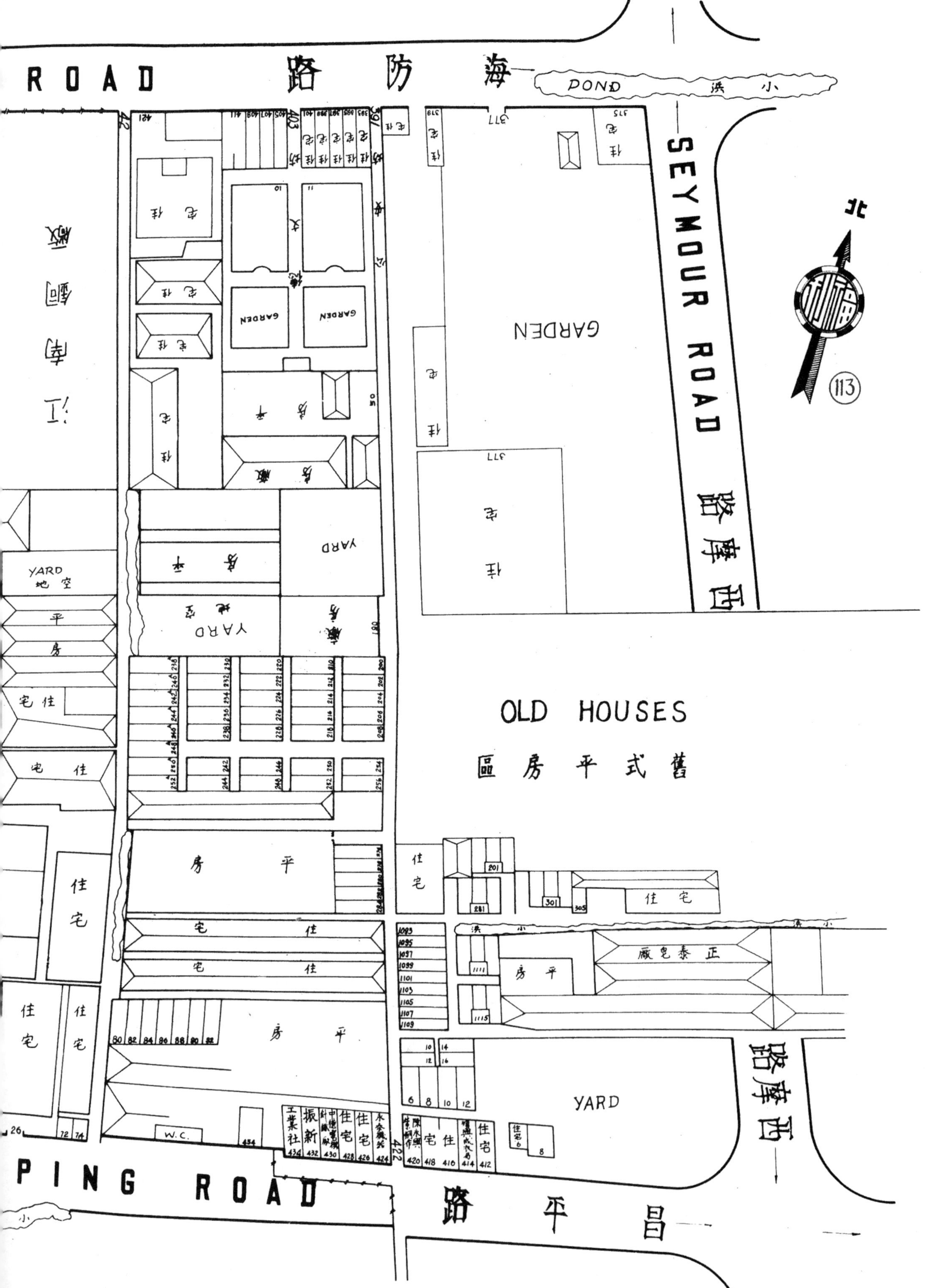

ROAD 海防路
POND 小浜
SEYMOUR ROAD
西摩路
GARDEN
YARD
OLD HOUSES
舊式平房區
正泰皂廠
PING ROAD
昌平路
W.C.
113

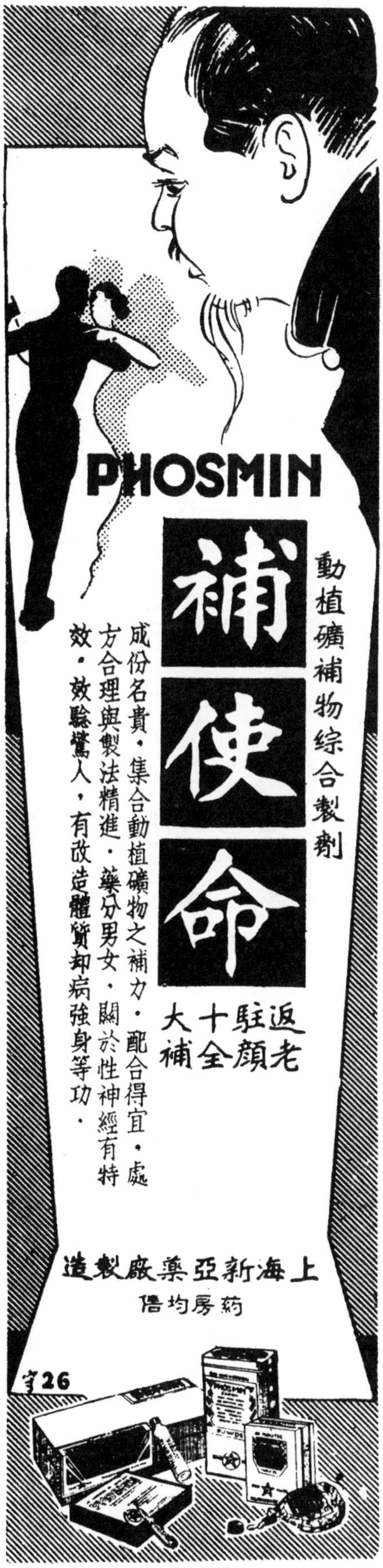

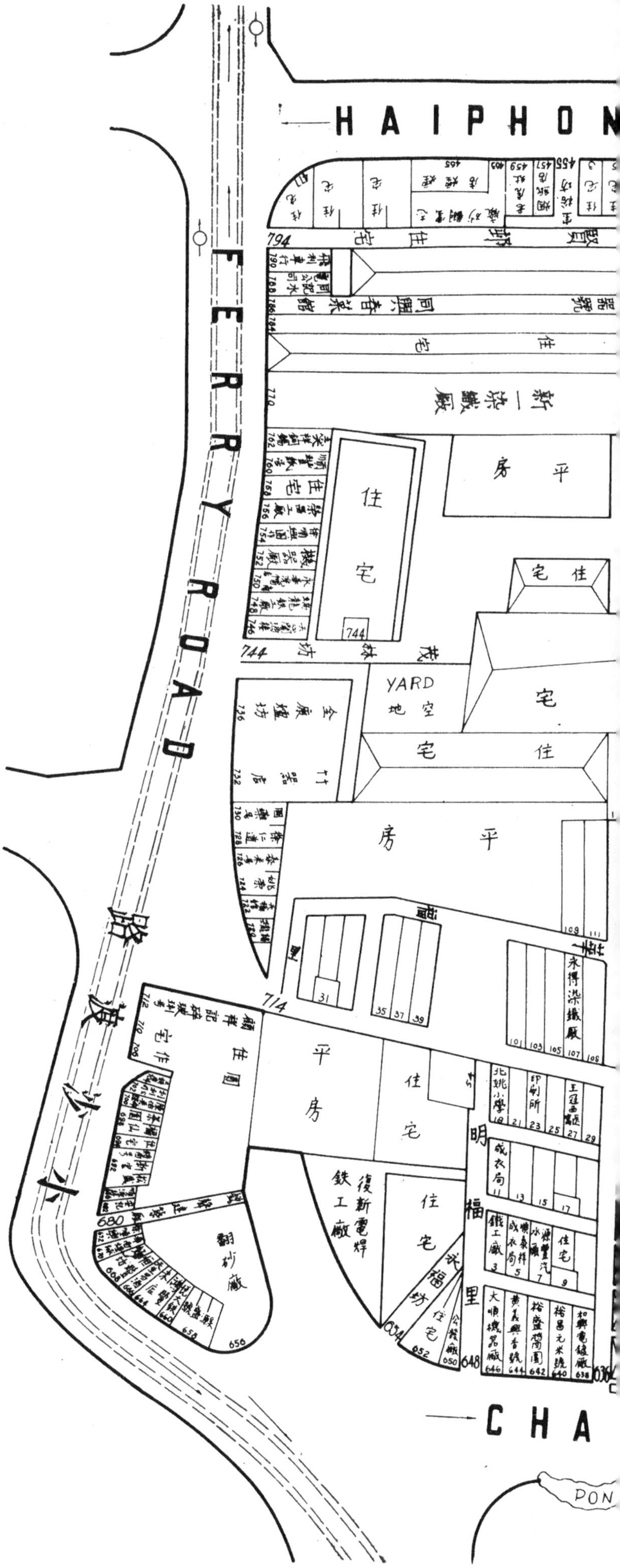

HAIPHON

FERRY ROAD

小沙渡路

794

新一染織廠

平房

住宅

744

茂林坊

YARD
空地

竹器店

平房

714

永得染織廠

明福里

復新電焊鉄工廠

翻砂廠

680

CHA

PON

實業小學	哈同路一四二號	
聚訓小學	哈同路慈惠南里	
齊魯小學	西門路呂班路	
廣東小學	愛文義路一一一號	
廣公小學	西摩路六二九弄	
肇和小學	福履理路三四一號	七四七八四
審美附小	北浙江路六一號	四二〇五九
潔如小學	甘世東路中	
養正小學	安納金路二六七號	八一八〇八
養儉小學	愛多亞路馬霍路口	三五八三三
養心小學	廣西路一〇九弄二號	
德化小學	辣斐德路小桃園弄四二號	七一二四七
德年小學	老靶子路德年新村	
德智小學	菜市路愛福里三一號	
德華小學	康悌路五〇二弄一號	
德潤幼稚園	愛而近路四六一弄五號	
德道小學	海格路福開森路口	
德潤小學	貝勒路恆慶里六七號	
澄衷小學	北京路三八四號	九五一六二
樂華小學	福煦路一六二號	三二三九〇
樂園小學	拉都路三一七至一九號	七〇八三〇
樂羣小學	辣斐德路貝勒路瑞華坊	
樂安小學	康腦脫路口七五八弄一八號	三九五四八
潛德小學	天主堂街三七號	
震東小學	皮少耐路	
震公小學	赫德路南姚口	
震公第二小學	康腦脫路隆智里	
震寰小學	重慶路大沽路	三三三一七
震修小學	二馬路二一〇號	
錢業小學	海甯路錢莊會館	四五二〇〇
錢江小學	石路甯波路	九五四四四
頤生小學	慕爾鳴路德慶里一七號	
興中小學	金神父路二二五弄	
曉星小學	辣斐德路呂班路	
嶺南小學	南京號大新公司四樓	九七〇〇〇轉
器成小學	七浦路新唐家弄	
樹德中學附小	四川路一四九號三樓	
樹民小學	巨潑來斯路一八五號	七四九九九
樹標小學	新聞路四七一弄八號	
寰球小學	卡德路一九一號	三一一六四
徽甯第一小學	格洛克路一〇六號	
徽甯第二小學	貝勒路愷自邇路口	
聯益小學	薩坡賽路三號	
聯珠小學	愛文義路成都路口	
濬智小學	勞勃生路鴻發里三一九五號	
薩坡賽小學	薩坡賽路四〇〇號	
龍門小學	牯嶺路三四號	
醒華小學	拉都路四四四弄九〇號	
濱海小學	靜安寺路赫德路西	三五七五八
勵羣小學	辣斐德路平濟利路儜雲里七號	
彌格小學	曹家渡北曹家宅甲七八號	
鎮江師範附小	甯波路三六三弄一號	九一四〇九
類思小學	天主堂街三六號	八五三五三
鏡如小學	甘世東路	

證券業小學	王家沙花園路一六號	三一四二〇
寶珊小學	大西路汪家弄	
懷久小學	威海衛路五八七號	三四六五〇
懷恩小學	王家沙花園路三二號	
鵬飛小學	白克路梅白格路口	
覺民小學	地豐路二號	二一一三〇
競華小學	海防路五二七號	三〇〇八五
競立小學	三泰路六〇弄五六至五八號	四六七〇七
競雄女子小學	派克路牯嶺路口	
蘇民小學	南京路四明銀行大樓	九三五四二
蘇州小學	福州路五三號	一八四五四
蘇州旅滬小學	新閘路武林里內	
蘇氏小學	靜安寺路愚園路口慶雲里	
蘇南小學	靜安寺路五九一弄一〇七號	
鐵華小學	巨籟達路	

外人設立之學校

上海猶太學堂	西摩路五四四號	
工部局西童公學	四川路一九一號	
工部局女學	1·蓬路九八號	
	2·愚園路七〇號	
	3·公平路一七號	
日本中部尋常小學	靶子路八六號	四三三八九
日本西部尋常小學	澳門路五六九號	三四六〇一
日本公學	膠州路六〇一號	
日本商業學校	北四川路九六一號	
日本高等女校	施高塔路二〇號	
日本尋常高等小學	北四川路九六一號	
西北童女學	極司非而路	
	蓬路一七〇號	
東亞同文書院	海格路交通大學原址	
法國自治公學	環龍路一一號	八二一六五
俄國難民學校	貝當路七三七弄一號	七三〇四六
美國學堂	貝當路一〇號	七〇一九九
英國坎雪德列爾女學校	海格路二七三號	七三一二一
第一俄國學堂	榆林路二七號	
聖瑗娜女校	杜美路一八號	七二三四八
愛來蒙小學	薩坡賽路	
德國學堂	大西路一號	二〇六七四
樂勤脫學堂	寶建路一〇號	七五〇〇四

教育團通訊處

上海市教育會	南京路慈淑大樓五樓君毅中學轉
上海市教育協會	成都路私立上中轉
上海市私立學校協進會	威海衛路民國中學轉
上海市大學教職員聯合會	圓明園路滬江大學轉
上海市新大學聯合會	新大沽路上海女大轉
上海市中等學校聯合會	膠州路民光中學轉
上海市小學界同仁進修會	甘世東路鏡如小學轉
中華基教教育會	圓明園路一六九號四樓四一九號
中華基督教宗教教育促進會	圓明園路一六九號三樓
中華學藝會	愛麥虞限路四五號
中華醫學會	池浜路四一號
中華職業教育社	華龍路八〇號
中國太平洋國際學會	八仙橋青年會三樓三〇七號
華東基督教教育協會	圓明園路一六九號四樓

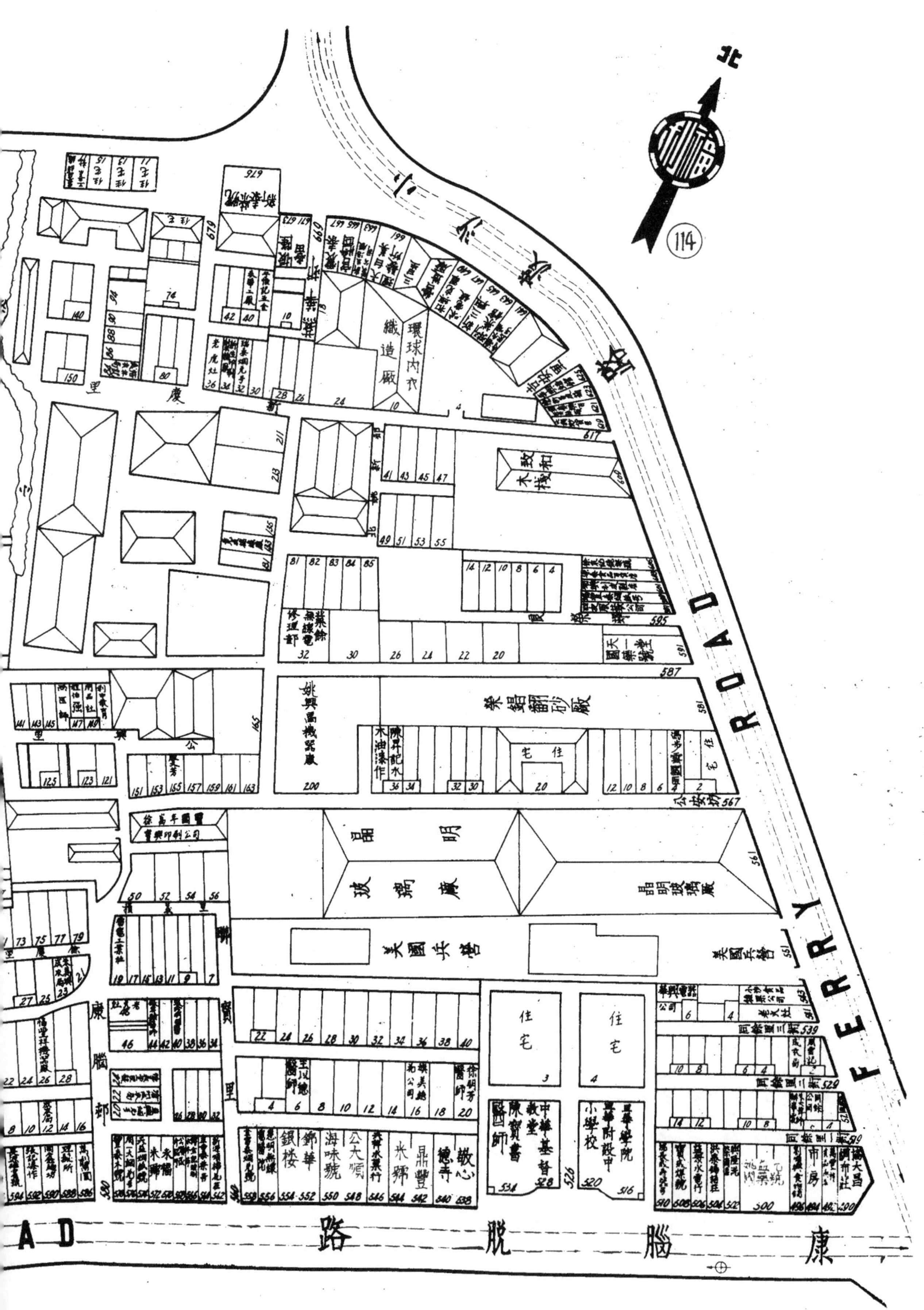
北
114
FERRY ROAD
路
康腦脫路
A D
環球內衣織造廠
晶明玻璃廠
美國兵營
姚興昌機器廠
住宅
中華基督教堂
小學校
敏心
鼎豐
公大順
海味號
鉅華
銀楼
市房
天一號
相致木棧

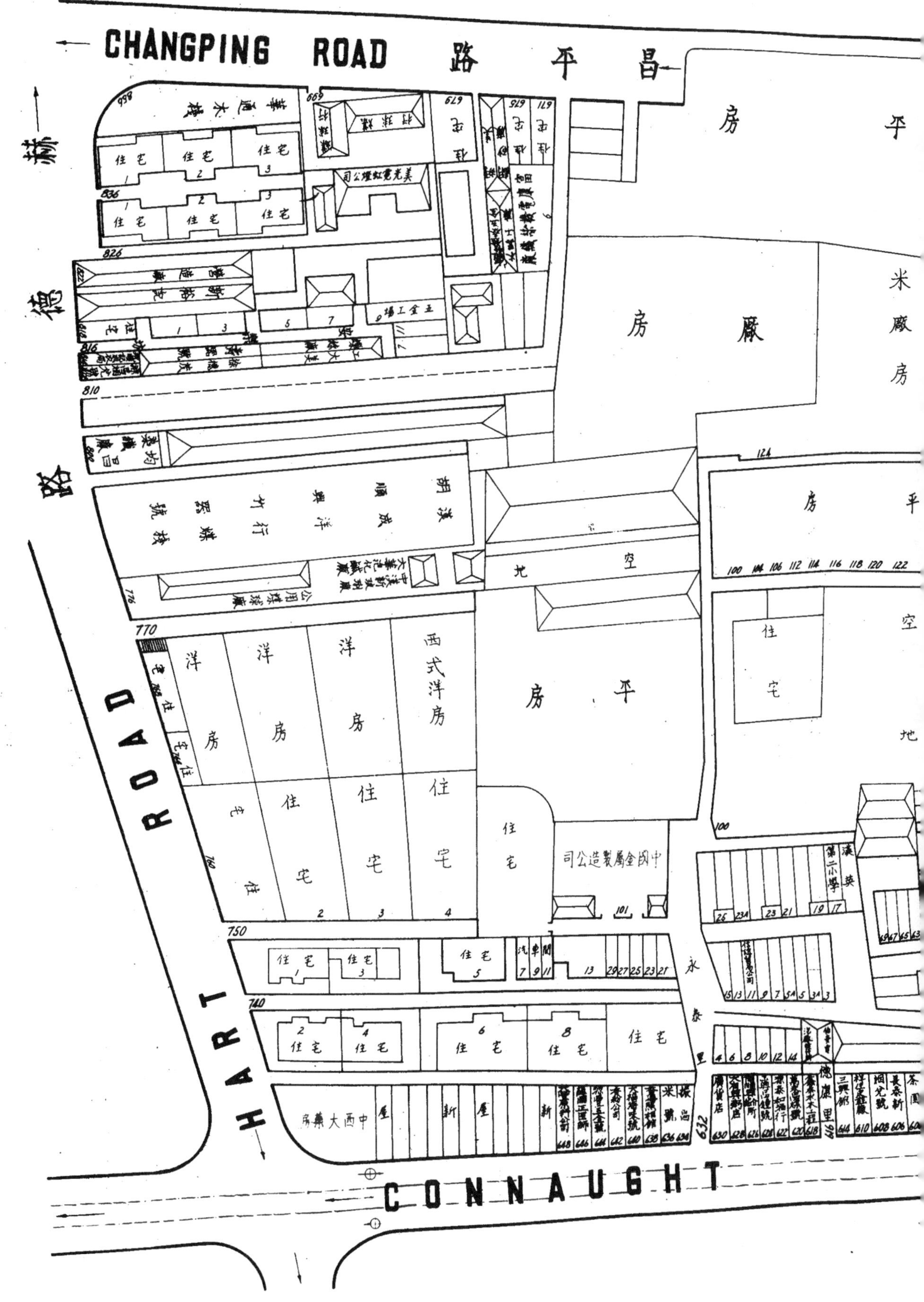
CHANGPING ROAD
昌平路
赫德路
HART ROAD
CONNAUGHT
美光電燈公司
中國金屬製造公司
廠房
米廠房
平房
空地
西式洋房
洋房
住宅
永泰里
德康里
中西大藥房
新屋

廣學會　博物院路一二八號
銀行學會　香港路五九號
寰球中國學生會　卡德路一九一號

補習學校之部

三極無綫電專門學校　南京路五福弄四明銀行二樓　九五五四二
上海女子夜中小學　福建路無錫路一五九號
上海夜中學　南京路慈淑大樓五樓
上海夜中學第二校　威海衛路二八九號
上海英語會話補習學校　小沙渡路僑光中學内　三五五七九
上海英語會話補校　静安寺路膠州路口
上海市商業補習學校　北京路通易大樓三樓
上海高級職業學校　派克路協和里
上海高級商業學校　大通路
上海理科實驗所　福州路五三號
上海華英打字科　威海衛路静安寺别墅口六四〇號
上海華英打字傳習所　威海衛路六四〇號　三一一九九
上海無線電學校　愚園路二號
上海婦女補習學校　華龍路五四號　八一二八〇
上海外國語學校　卡德路王家沙花園路八號　三七九二三
上海補習學校　霞飛路六五二號　七五八九〇
上海俄日文專修館　漢口路綢業大樓五〇二號　九三九八〇
上海圖書館函授學校　戈登路三六三弄七四號
上海模範業餘補校　北京路四二四號　七一八八二
上海短期補校　華龍路五四號
上海職業學校　同孚路大中里二九號
上海女子補校　新大沽路四五一號　三四八九九
上海職業海校　三六三弄七九號

大才英文專修校　北京路景雲大樓　九五四〇五
大松日語專校　北蘇州路西永康里五六號
大衆打字學校　天津路煤業大樓
大衆無綫電學校　白克路三九九號
大陸汽車學校　愛多亞路成都路浦東大樓三樓　三一四九七
大華會計學校　九江路二四九號四樓
工部局夜校　西摩路六六〇弄二一號
中華會計學校　戈登路二七五號　三三一二八
中華紡織工業補校　戈登路國華中學内　三五一五一
中華郵工函授學校　南京路慈淑大樓五〇一號
中華書局函授學校　四馬路
中華夜中學　福煦路馬浪路口
中華農專　福煦路正行女中内
中華無綫電學校　静安寺路七五四號　三七九七五
中華女子縫繡傳習所　牯嶺路一六八號
中華補習學校　圓明園路戈登路口
中國建築師學會滬江商學院
大學合辦建築科　圓明園路二〇九號　一八三二〇
中國農業書局函授學院　交通路三六號
中國女子補習學校　梅白格路山海關路口四四四弄
中國婦女補校　西愛咸斯路拉都路口　七〇八三〇
中國商業學校　漢口路一二六號
中國職業補習學校　静安寺路七五四號　三七九七五
文生氏英專　南京路慈淑大樓五樓
文匯補習學校　南京路信大祥大樓
公明會計補校　天津路二〇一號
天潼路英算補校　北京路山西路三六九號
化成職業補校　極司非而路康家橋春邨
化成業補校　九　北京司非二〇〇一號

校名	地址	電話
牛津晨午夜補校	呂班路麥賽爾蒂羅路口八六號	八二五一八
正則會計學校	北京路慈淑大樓七樓	
正基建築工業補習學校	派克路牯嶺路口	
正光補習學校	康腦脫路三六六弄六號	
江西職業補校	山東路二九〇號	九一四六八
市中補習學校	蕪湖路	九五三六四
市光商業英文夜校	南京路慈淑大樓三樓	
立人英文補習學校	戈登路	
立信會計補習學校	江西路四〇六號	
民成英文夜校	康腦脫路康樂坊	
生產技術練習所	威海衛路六四〇號	三一一九九
卡蘭英文專校	寧波路五四〇號	
同進英日文學校	福煦路馬浪路口五四號	八一三二九
自然科學實驗所	靜安寺路成都路私立上中內	
印聯業餘補校	大通路東大勝里五號	
克明補習學校	平濟利路二九一號	
求是婦女補校	靜安寺路安樂坊六〇號	三七六一八
志勤英文補校	福煦路一二一四號	
青年會職業學校	四川路五九九號	一四八九八
明惠商業夜校	浙江路六三弄一三號	
尚才補習學校	愛多亞路南京大戲院西	
尚智中英補習學校	廈門路七六弄一〇號	
知不足學舍	福煦路哈同路慈厚南里七號	
知良補習學校	望志路永吉里九二號	
林肯英文補校	拉都路二三九弄三號	
宜勤英文補校	澳門路草鞋浜六六號	
奇峯國畫函授學校	康悌路四四三號	
金陵打字職業學校	南京路八一四號信大祥大樓	
育英英文月夜補習學校	靜安寺路關帝廟內	
育民英文夜校	愛多亞路淡水路均樂邨七號	
信通會計補校	新大沽路振西小學	
南開業餘補校	南京路慈淑大樓三樓	九五一六六
英德法日補校	亞爾培路一二五弄二二號	
香港英專上海分校	愛文義路五九四號	三八六五五
承勛法律會計夜校	戈登路新閘路三三六號	
美術畫社肖像速成班	愛而近路三四〇號東方美術社	
約翰補習學校	辣斐德路四五八號	
春朗婦女義務補校	愛多亞路河南路口浦東大樓五樓	
炳勛中文速記學校	愛多亞路浦東大樓三〇四號	
現代婦女補校	南京路山西路中和大廈	九一三七三
現代職業補校	北福建路新唐家弄	
現代調查學函授學校	威海衛路二八九號	
現代高級補校	小沙渡路鴻壽坊	
現代日語班	金神父路環龍路美樂坊一號	
亞光繪畫研究所	勞勃生路國華中學內	三五一五一
東亞夜校	北京路七一三弄	
五洲實用無綫電學校	南京路慈淑大樓	
振成英文夜校	曹家渡忻康里	
時中英文補校	北海路二六七弄一四號	
純一英文學校	寧波路山西路口	
神州職業夜中學一校	牛莊路七七〇弄	
神州職業夜中學二校	梅白格路人和女子小學	
商務印書館附設函授校	河南路二二一號	九二三一〇
商業美術科西洋畫夜校	四川路三三號企業大樓七號	

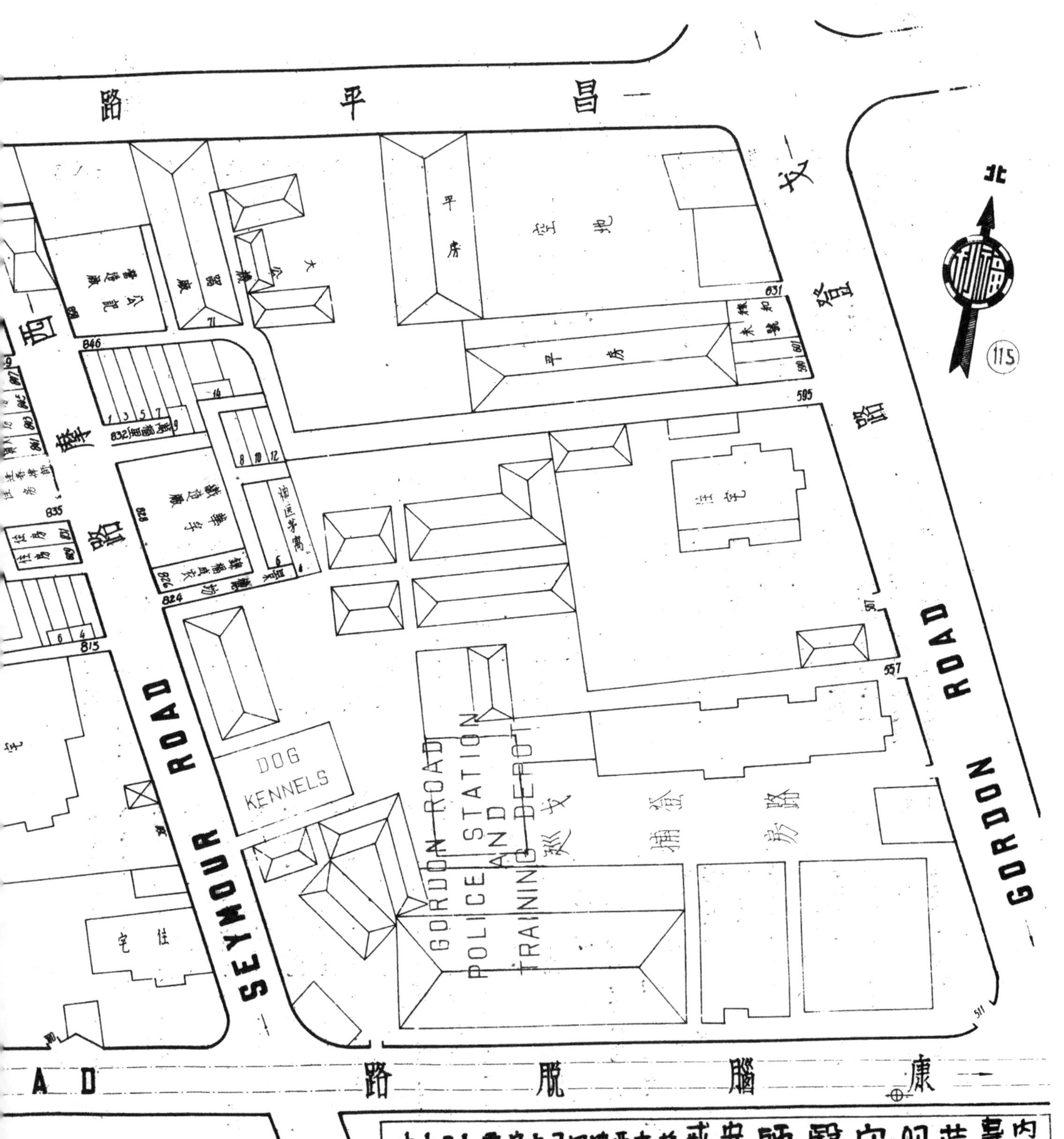
昌平路
戈登路
西摩路
康腦脫路
平房
住宅
SEYMOUR ROAD
GORDON ROAD
DOG KENNELS
GORDON ROAD POLICE STATION AND TRAINING DEPOT
戈登路捕房
AD
北
115

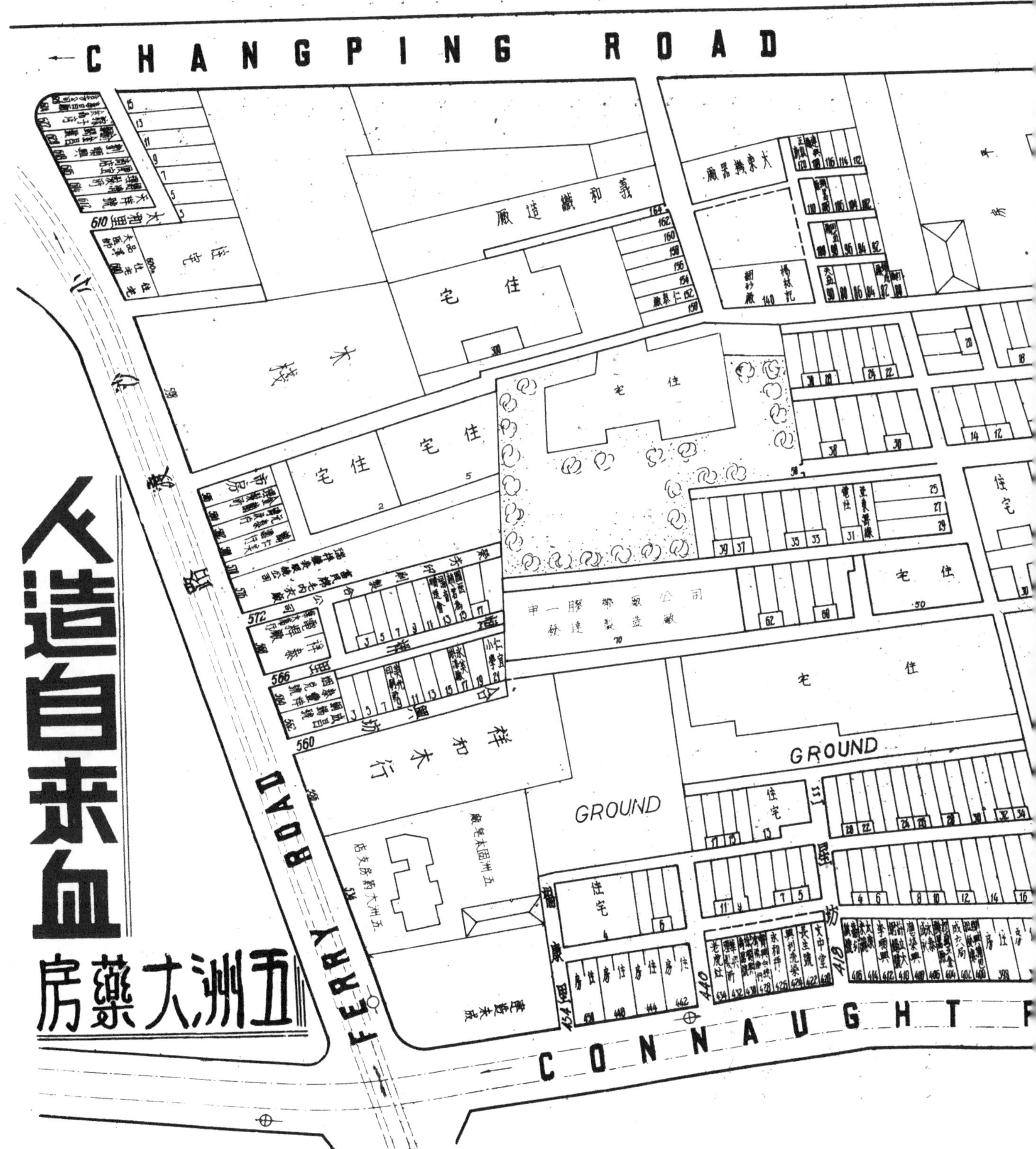

CHANGPING ROAD
FERRY ROAD
CONNAUGHT R
GROUND
GROUND
義和織造廠
大東機器廠
住宅
木棧
祥和木行
五洲大藥房支店
人造自來血
五洲大藥房

校名	地址	電話
飛聲國畫函授學校	薩坡賽路二〇七號	八〇五八九
婦女義務補校	西新橋	
進修業餘補習學校	南京路女子銀行二樓	九四九六一
培爾文英文夜校	七浦路北浙江路西五九六號	
萊西英數學社	亨利路一三八號	
第一中華職業補校	華龍路八〇號	八三六四七
第二中華職業補校	二馬路二一〇號	一八四五九
第四中華職業補校	愛多亞路浦東大樓	三七五五七
第五中華職業補校	南京路四明大樓	九三五二四
第六中華職業補校	漢口路一二六號	一八四四六
第七中華職業補校	愛文義路卡德路口	
華光業餘夜中學	福州路三八四號	九〇九三四
華洋高級英文夜校	法界華成路	八四八九八
華龍學社	環龍路三一八弄八號	
華美無綫電學校	牛莊路七七〇號	九三四九〇
道中婦女補習學校	愛文義路五六四號	三一〇五〇
惠明特別補習班	浙江路六三弄一三號	
新亞業餘補校	新聞路一〇九五號	三九八〇〇
新中醫傳習所	白爾路泰和坊崇文館	
新生補習夜校	靜安寺路斜橋弄八〇號	
新聞補習學校	南京路信大祥大樓	
湘姚業餘總校	九江路立報館	
湘姚業餘補習第一校	愛多亞路浦東銀行大樓	九六〇八一
湘姚業餘補習第二校	辣斐德路五五三弄三號	七四八七五
菊如小學婦女班	戈登路普陀路口	
鈞澎英文打字學校	靜安寺路慕爾鳴路九七〇號	三九一五七
棣溪國文補習班	昌平路昌平里九號	
聖心外國語補習班	霞飛路六二三弄七號	
紫陽補習學校	福建路五三號	
達才職業夜校	天潼路大吉里	
達進調查學函授學校	成都路白克路北六〇九弄六一號	
業餘英專學校	北山西路天潼路寶慶里	
萬國函授學校	南京路二三八號	一一九二七
啞青學校	愛多亞路浦東大樓五樓	
辣斐英文夜校	辣斐德路一二〇〇弄四號	
滬陽英文補校	新聞路三五三弄八七號	
滬東公社夜校	三馬路綢業大樓	
滬海英文學校	福煦路呂宋路二四號	
滬江職業補習學校	南京路大陸商場三二八號	九三九一五
滬江英專	慈淑大樓五樓霞飛路四二六號	
滬西夜中專	海防路一五六號	
精誠會計補校	天潼路怡如里	
精勤職業補校	辣斐德路美新小學內	
養心英文補校	廣西路一〇九弄二號	
銀行補習學校	南京路慈淑大樓三樓	
德餘補習學校	地豐路靜安寺路口	二二七六八
德潤職業補校	康悌路安順里	八六〇八一
實用英文科	愛多亞路浦東大樓三樓	
慕爾堂夜校	虞洽卿路三一六號	九〇〇五五
慕爾堂婦女補習科	虞洽卿路三一六號	九〇〇五五
慕時英文補習學校	福煦路五四號	
潛修國文函授社	地豐路二九號	二二七六八
增才英文夜校	霞飛路和合坊	
篤志職業補習學校	北京路二二六號四樓	

名稱	地址	電話
靜安英文補習學校	靜安寺後海格路五號	
寰球打字傳習所	霞飛路六五二號	三一一六四
寰球打字傳習第二分校	南京路六一四號信大祥大樓	三一一六四
寰球英文補校	卡德路一九一號	三一一六四
寰球聾啞補習學校	卡德路一九一號	
歐亞英數補校	無錫路一五五號	
錢江補習學校	寧波路石路口	
樹華職業補習學校	白克路四二八號	三六九六六
勵志英文日夜校	敏體尼蔭路一五〇號	
蕾茵英數夜校	山西路三六九號	
鎮江師範業餘補校	寧波路三六三弄一號	九〇四〇九
瀛環商業夜中學	牯嶺路一六八號	

六 圖書館

名稱	地址
丁香圖書館	南京路三五三弄一號
工部局洋文書院	南京路六六號
工部局公共圖書館	南京路六六號
日本近代科學圖書館	四川路一四九號
天主堂圖書館	徐家匯
中國流通圖書館	福州路三八四號
中國科學社圖書館	亞爾培路
中國國際圖書館	福開森路
市圖書館	文廟公園內
市商會圖書館	天后宮市商會內
江海關圖書館	新開路一七〇八號
李德慕圖書館	外灘一九號
明復圖書館	亞爾培路五三三號
杜坡圖書館	徐家匯杜社內
青年圖書館	敏體尼蔭路青年會內
東方圖書館	靜安寺路一〇二五弄
亞東圖書館	福州路三六一號
流通圖書館	八仙橋青年會
科學圖書館	四川路福州路口
俄僑圖書館	霞飛路六五八號
國際圖書館	霞飛路汶林路口
新亞圖書館	南京路慈淑大樓
靜安圖書館	梅白格路三成坊口
震大圖書館	震旦大學內
螞蟻圖書館	卡德路永平坊二號
鴻英圖書館	霞飛路一四一三號

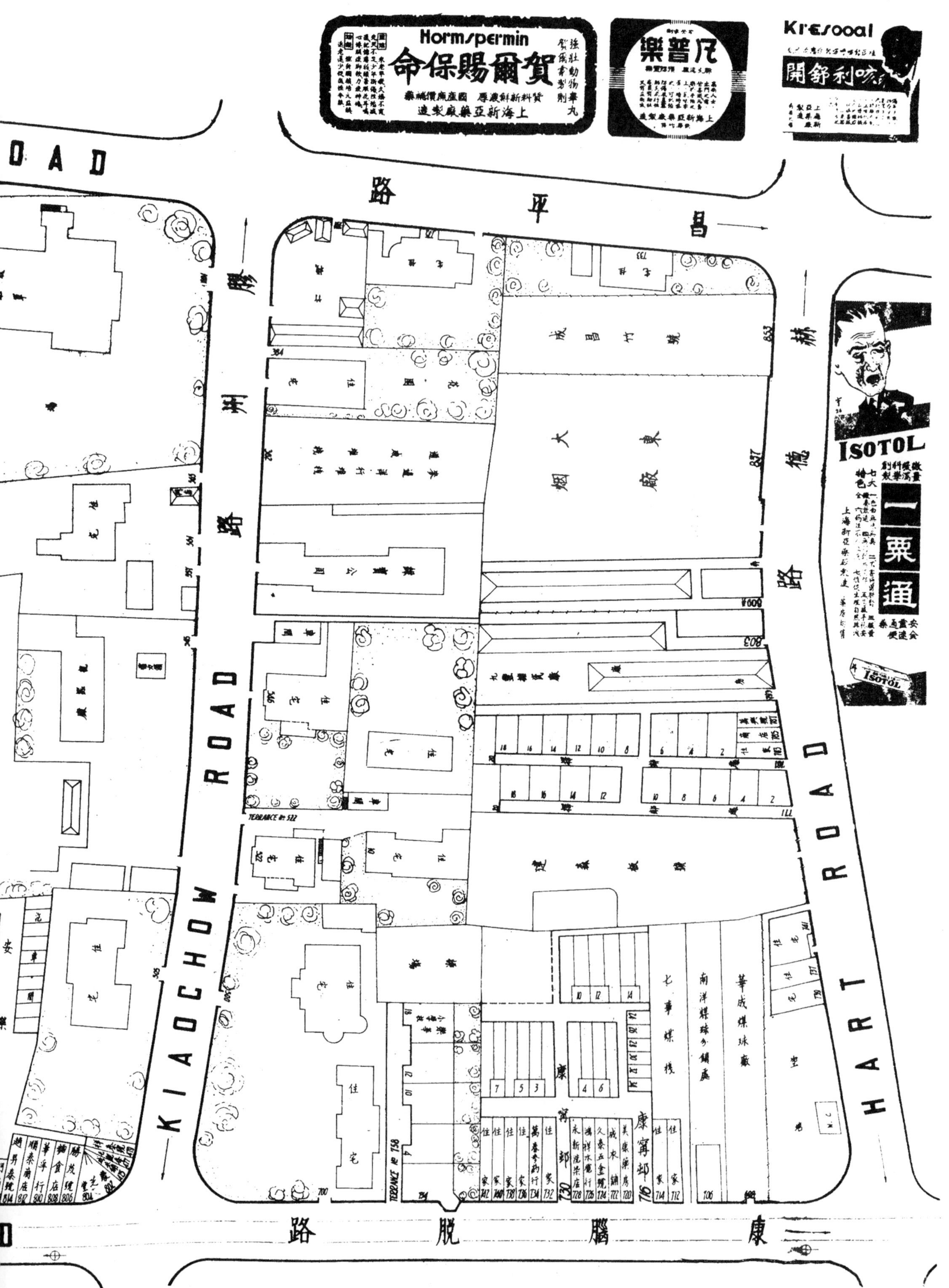

Hormspermin
賀爾賜保命
上海新亞藥廠製造
凡普樂
ISOTOL
一粟通
ROAD
昌平路
膠州路
KIAOCHOW ROAD
赫德路
HART ROAD
康腦脫路
成昌竹號
東大烟廠
TERRACE No 522
TERRACE No 738
七華煤棧
南洋煤球分銷處
華成煤球廠
康寧邨

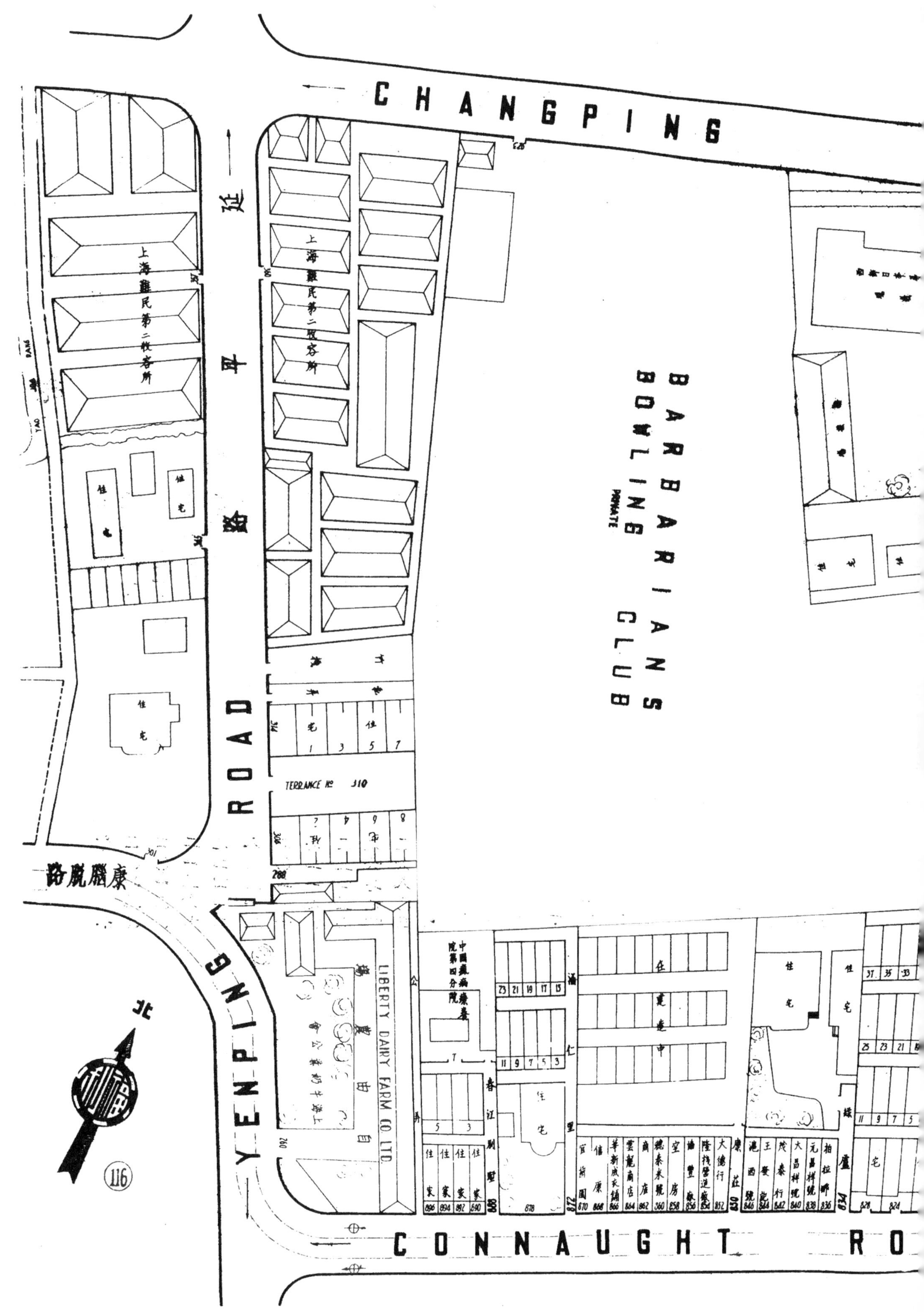
CHANGPING
延平路
ROAD
BARBARIANS BOWLING CLUB
PRIVATE
上海難民第二收容所
上海難民第二收容所
康腦脫路
YENPING
LIBERTY DAIRY FARM CO LTD
TERRANCE № 310
CONNAUGHT RO
北
116

七 醫院

名稱	地址	電話
上海醫院	愛文義路二三九弄九號	三〇七五三
上海公濟醫院	北蘇州路一九〇號	四〇一〇〇
上海療養院	大西路四號	二一五六六
上海時疫醫院	虞洽卿路二五號	九二四一二
上海婦科醫院	法租界寧波路五八號	八三五一五
上海婦孺醫院	徐家匯路八五〇號	七〇二一六
上海婦孺醫院	馬斯南路九八號	七二一九〇
上海勞工醫院	小沙渡路一〇〇〇號	三五四五七
上海殘疾醫院	愛多亞路七五〇號	九六七九四
上海瘋人醫院	愛文義路七五〇號	三六八〇三
上海療養衛生醫院	靜安寺路五二六號	三四三二八
上海療養衛生院	羅別根路一五〇號	二九五四四
大公醫院	戈登路一號	三〇七〇〇
大中華療養院	愛多亞路七九七號	八〇八五〇
大德醫院	戈登路二九三號	三五〇九六
山西醫院	浙江路五六號	九二九九八
中西合組醫院	愛來格路六六號	八一八七一
中西療養院	蒲石路五三六號	七〇〇一九
中國紅十字會	新閘路八五六號	三四三六七
中國紅十字會第三分院	新閘路一七五〇號	三二六六三
中德醫院	福煦路四五七號	八四〇三四
中醫療養院	呂宋路七八號	八四六〇六
仁濟醫院	山東路一四五號	九〇一六六
父子醫院	法租界寧波路六四號	八二三五七

名稱	地址	電話
世界紅卍字會	愚園路一一七一號	二〇九五四
中江醫院	霞飛路三四七號	八三一三〇
江南醫院	三馬路廣西路西首六九六號	
同仁醫院	九江路二一九號	一七二一三
同德醫院	同孚路六七弄一號	三一三九七
同德醫院	山海關路四五四號	三二八四四
防癆醫院	愛多亞路一四五四號	三六〇八二
志華醫院	愚園路三六一弄六六號	二〇九二四
伯特利醫院分院	白賽仲路二一號	七一二七四
宏恩醫院	大西路一七號	二一九七七
克美醫院	愛文義路赫德路	三四一五六
克倫醫院	虞洽卿路遠東飯店對面	九〇八七八
東南醫院	薩坡賽路二九九號	八〇六〇八
良濟醫院	三馬路浙江路口	
虹橋療養醫院	霞飛路九九〇號	七六三二八 七六四五五
馬化影神經病院	卡德路四一弄七四號	三二九八四
祥林中醫院	北京路五七八號	九二九二〇
格羅療養院	格羅希路古拔路底六四號	七四一一七
崇善醫院	四馬路天蟾舞台斜對面	
陳譔兒科療養院	甘世東路二二一號	七四二八六
陸南山醫院	天津路五一弄五號	一九九四一
梅部醫院	極司非而路七六六號	二一六〇三
惠生產科醫院	北泥城橋西愛文義路一三〇號	九〇二七四
柴田醫院	北四川路一四一號	四三八六三
華隆中醫院	貝勒路五〇號	八四七二九
福民醫院分院	大西路美麗園一一號	二二二四〇
廣仁醫院	愛文義路三六一弄二號	三〇九二一

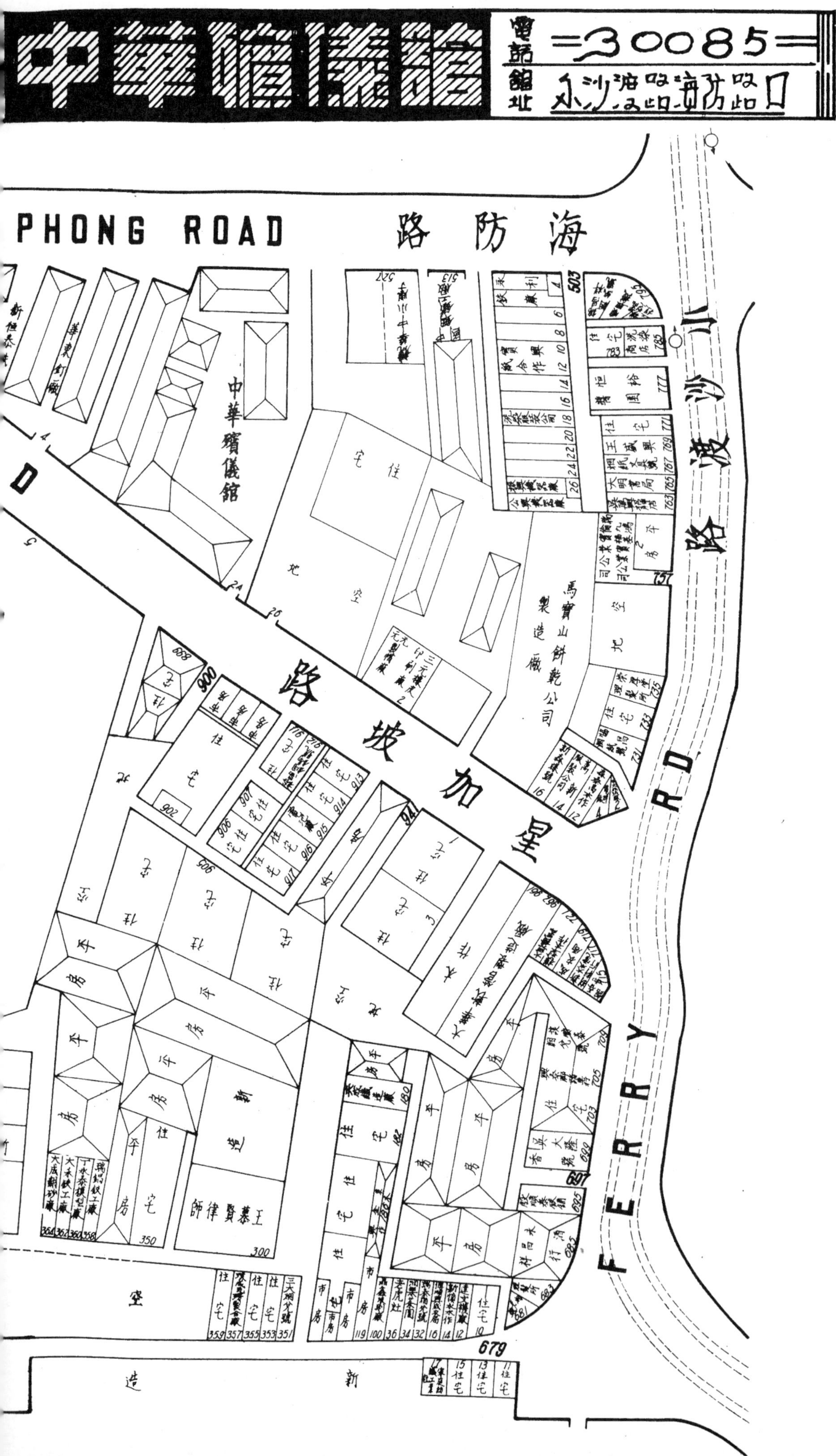

中華殯儀館
電話 30085
館址 海防路口
PHONG ROAD
海防路
中華殯儀館
星加坡路
FERRY RD
小沙渡路

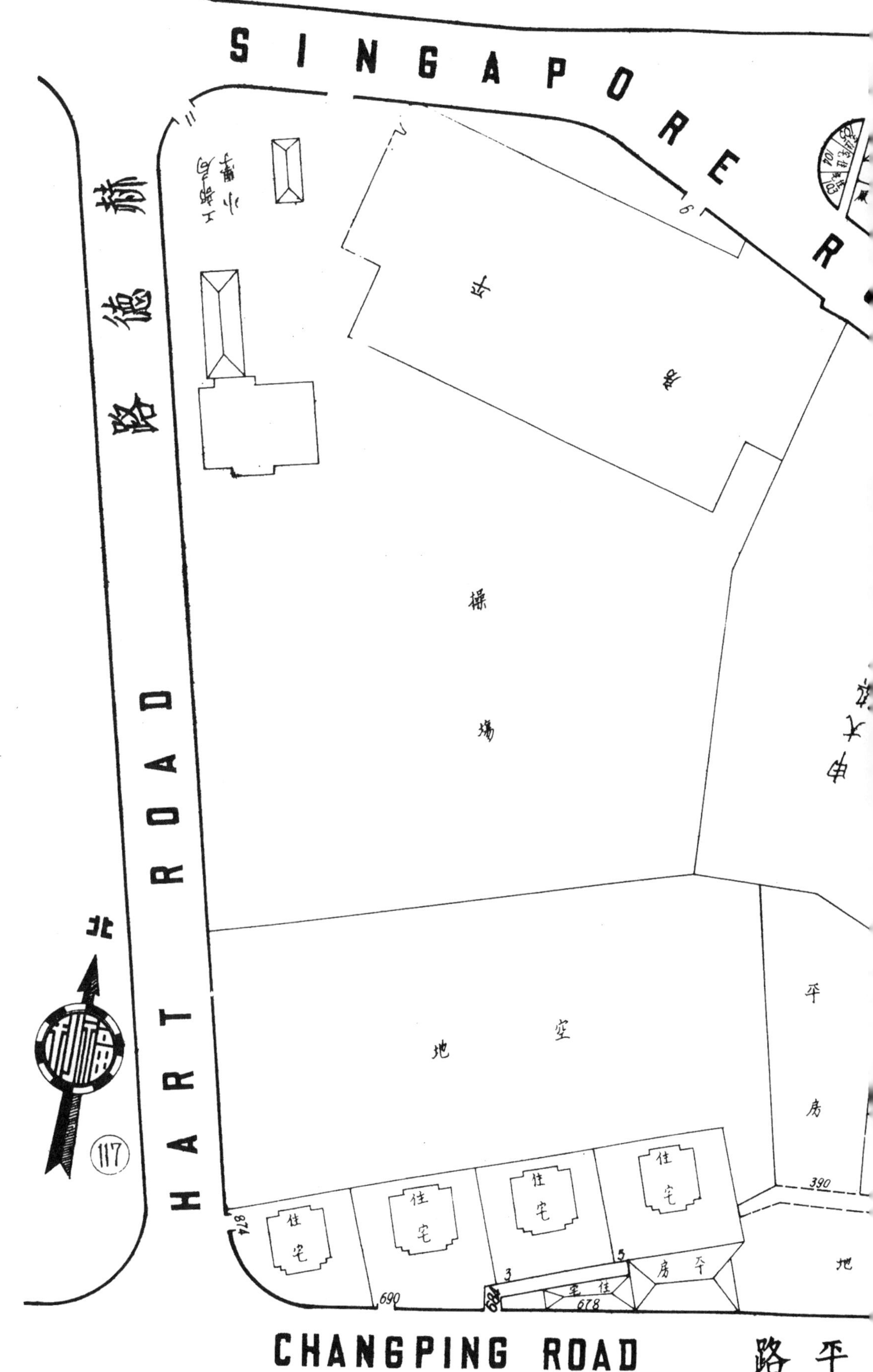
SINGAPORE R
路德赫
HART ROAD
CHANGPING ROAD
路平
操場
空地
平房
住宅
北
117
690
678
390

廣慈醫院	金神父路一九七號	七〇〇四四
廣濟醫院	浙江路六馬路口回教堂對面	
德國醫院	聖母院路一五三號	七一五五一
隔離醫院	馬斯南路一九〇號	七一九八五
藍十字會謙益醫院	海寧路一一六弄六號	四一四二一
寶隆醫院	白克路四一五號	三四三七四

八 醫師

姓名	地址	電話
丁一心	蒂羅路一三九號	八〇九〇八
丁仲英	福州路二七二弄七號	九〇二九〇
丁名全	愛文義路一二七〇號	三三六五七
丁守仁	薩坡賽路一七〇號	八〇八五二
丁伯玉	牯嶺路四號	九三四八四
丁伯安	北浙江路一二九弄一〇號	四二〇〇五
丁君達	福煦路安樂邨四號	八五八六三
丁　果	憶定盤路九一弄一九號	二一五七六
丁涵人	白克路三四四弄六四號	三四一〇七
丁惠康	靜安寺路九三四號	三三八七七
丁惠康	霞飛路九九〇至九九二號	七六三二八
丁健侯	茄勒路光裕里九號	八一五三〇
丁瑞雲	金神父路花園坊三九號	七七四三五
丁濟仁	牯嶺路一二〇弄四號	九六六六九
丁濟華	靜安寺路一五三七弄四號	三三五五七
丁濟萬	白克路六〇弄三二號	九〇二九一
丁鎮伯	龍門路三八弄三號	九六八三一
丁鵬山	梅白格路一九四弄四號	三二七五八
卜博孚	霞飛路八一八號	七一五一四
刁也白	愛多亞路西首自來火街太原坊	
方子勤	斜橋街六一弄二號	三六七三六
方佑人	自來火行西街一四〇弄一一號	八六〇四〇
方菊影	馬浪路四二〇弄三號	八三八四八
方慎盦	新閘路三五三弄二五號	三三一七八
方嘉成	靜安寺路七六九弄二號	三五六四三
毛志祥	九江路八〇四號	九〇二九九
毛柏年	南京路七九九弄一三號	九〇六一一
毛嘉諾	霞飛路四六九號	八〇八四九
王士良	愛多亞路一〇〇六弄二七號	九五八九〇
王子平	福煦路二三弄五號	八四五二一
王子鈞	愛多亞路一四七號	八三一一七
王介眉	愛文義路九六六弄一九號	三九七三三
王正公	愚園路三〇八弄二號	二一九八九
王以敬	四川路六二〇號	一九五二〇
王亦樵	善鐘路合大里三二六號	七二四六四
王兆麒	呂班路二〇二弄六號	八五六八七
王吉民	廟街五四號	三七五二六
王杏生	龍門路信平里中弄四號	九三五五八
王伯元	新閘路二五三號	三七〇四七
王定遠	蒲斐德路安納金路純德里四八號	八六三二八
王松山	愛文義路五八號	九〇七七七
王松徵	無錫路一四〇號	九四五五八
王　陀	靜安寺路八〇三號	三六六一一
王春德	廣西路四九號	
王保餘	貝勒路二九號	八五一三四
王厚貽	慕爾鳴路二八二弄一九號	三四三五四
王厚蘇	九江路四五六號	九四四一六
王泰亨	哈同路慈厚北里一六號	三九三四三
王培元	麥特赫司脫路一四號	三三一三六
王鈫才	成都路四八三弄一〇號	三三三七四

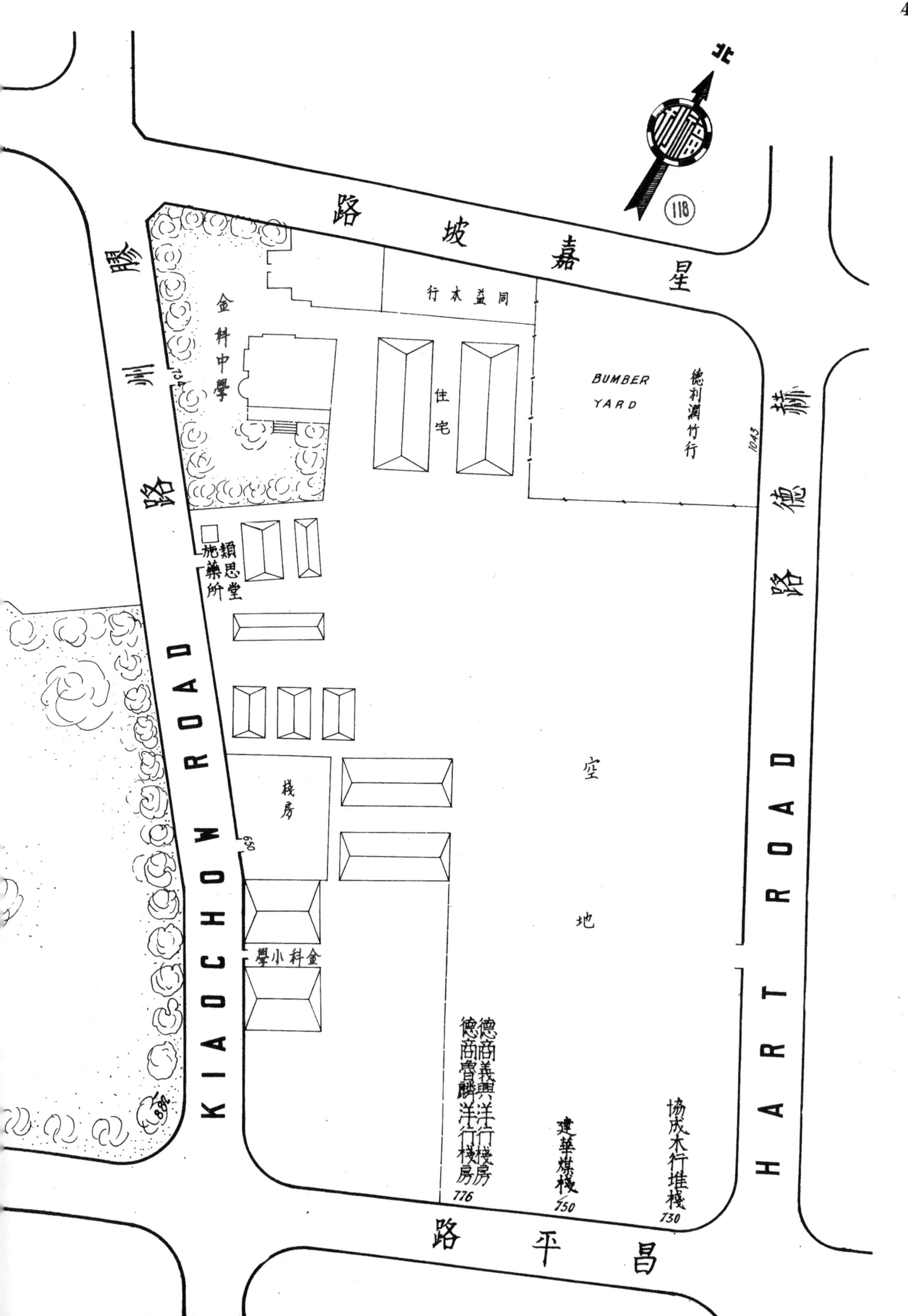
北
118
星嘉坡路
同益木行
金科中學
住宅
BUMBER YARD
德利濶竹行
1043
赫德路
膠州路
類思堂施藥所
KIAOCHOW ROAD
棧房
650
金科小學
空地
HART ROAD
德商義興洋行棧房
德商會麟洋行棧房
776
建華煤棧
750
協成木行堆棧
730
昌平路

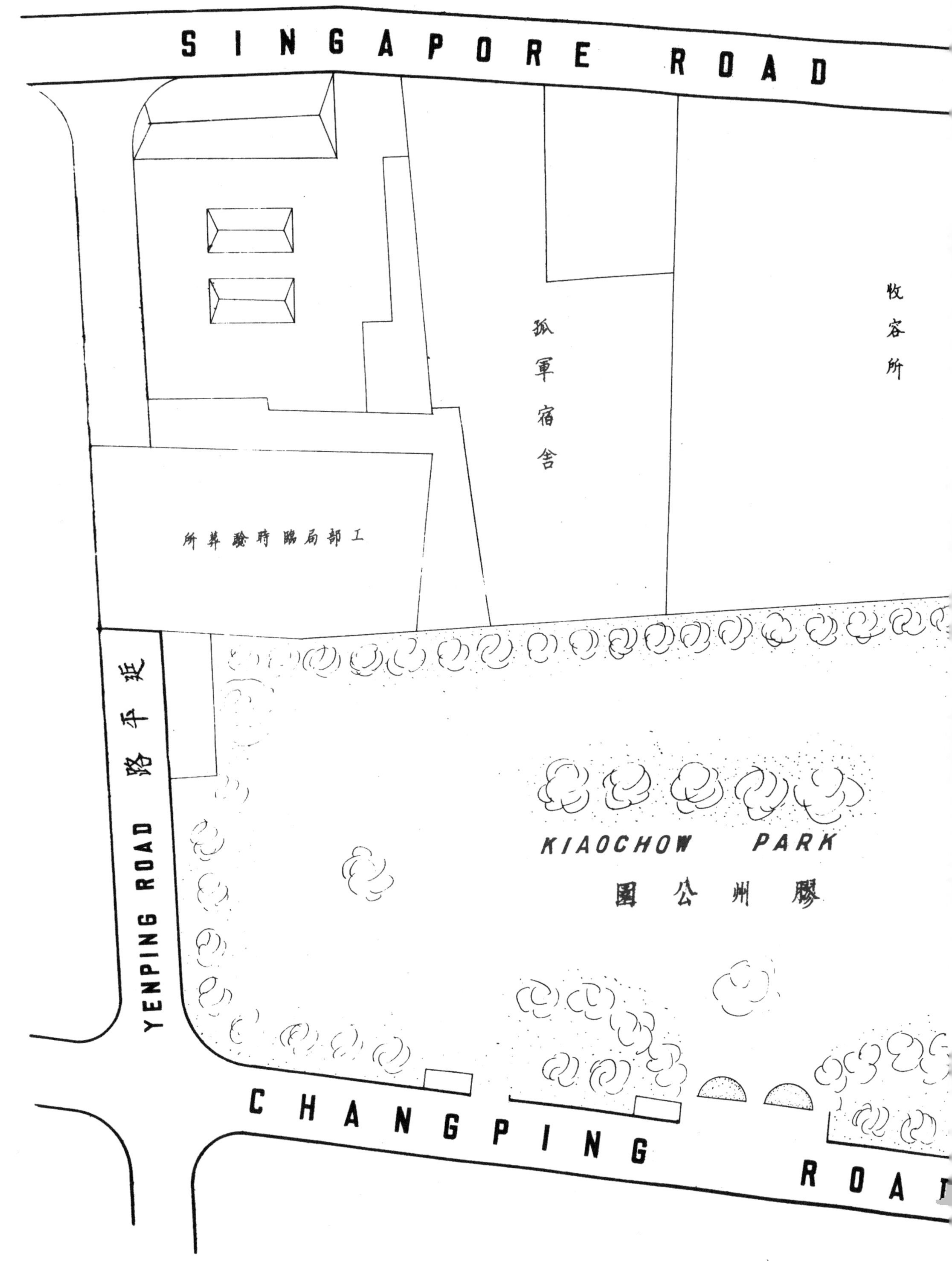

SINGAPORE ROAD
孤軍宿舍
收容所
工部局臨時驗葬所
延平路
YENPING ROAD
KIAOCHOW PARK
膠州公園
CHANGPING ROAD

王建猷　南京路二三三號　八二六四一
王彥彬　大沽路四三七弄六一號　三九五二七
王洪鋆　西摩路一號　三三〇四六
王秋生　麥琪路一七九弄六九號　七六五〇八
王耆齡　薛華立路五一號　七六五七五
王啓祥　静安寺路六四六弄一三號　三五三一一
王淑貞　愚園路四一一號　二〇四八一
王慎軒　静安寺路静安別墅四〇號
王弼臣　貴州路一七四號　九七四六七
王舜卿　江西路六〇號　一七〇六七
王逸慧　海格路六〇〇弄二〇號　二〇四九〇
王慰伯　虞洽卿路育仁里二〇號　九三九九九
王彰孚　南京路七七五號　九〇三五一
王滎初　跑馬廳路二二七號　三七一六三
王邈達　跑馬廳路七七號　九六六五八
王藹頌　静安寺路八八二號　三五五五〇
尹逸夫　徐家匯慈佑路中興新邨十三號
史志奮　牯嶺路中段　九〇三四三
史規雅　外灘一二號　一五〇四八
史滔籍　四川路二二〇號　一三六三九
史鼎銘　南京路一二〇號　一四四二二
司徒博　霞飛路三四二號　八三〇七七
甘德明　四川路三四六號　一六六六一
白良知　外灘一二號　一〇三八八
白斯泰　西摩路二〇三號　三三八七九
白蒂詩　漢彌登大廈四一二號　一四四三〇
白　頓　外灘一二號　一五〇四八

白　德　九江路一號　一五五七九
石美玉　敏體尼蔭路一六九號　八五一三七
石誠志　敏體尼蔭路一六九號　八五一三七
石筱山　呂宋路五〇弄三號　八四一五九
任君明　南京路七九八號　九六六三七
朱少雲　白克路三七六弄三號　三六二二一
朱少鴻　静安寺路二七〇弄五號　三一九〇二
朱仲韶　北福建路一〇一弄一二號　四一一六六
朱仰高　梅白格路三八弄六五號　三三七六六
朱如帆　浙江路四三〇號　九二九一四
朱克閒　福煦路四二四弄三六號　三〇六六五
朱叔屏　長沙路五七號　九二〇一三
朱孟裁　白克路二二八弄四三號　九二四三〇
朱尚冉　汶林路二九七弄八號　七八五三九
朱保良　愛多亞路一〇六〇號　三二九六二
朱星江　霞飛路呂班路口四明里　八三四九二
朱炳銓　辣斐德路二八五弄
朱南山　愛文義路六九號　九三九三九
朱偉夫　白克路二二八弄三〇號　九五二五一
朱斐君　福煦路四二四弄三二號　三一六九一
朱瑞蓀　愛多亞路一四一四弄九號　三六二七三
朱壽田　虞洽卿路三三四號
朱爾典　大西路四一〇弄一號　二〇〇九〇
朱增宗　勞合路八一號　九一五一二
朱履中　西摩路六四〇弄一號　三九七三五
朱漢藩　蓋鐘路蒲石路口合興里四四號
朱霍良　廣東路五四四號

姓名	地址	電話
朱學明	虞洽卿路永吉里一二號	
朱　烽	靜安寺路四七九弄一六號	三四一二五
朱錫麟	愛多亞路一二七五弄八號	三二五三〇
朱濱生	辣斐德路一二八〇弄五號	七八六〇三
朱寶麟	福州路二二一號	一二六〇六
江上峯	卡德路一五弄三號	三三三四八
江友惠	白爾路二六八弄五號	八六六〇一
江秉甫	愛文義路一四〇〇弄一二號	三八三五九
江俊孫	成都路四八三弄一二號	三六六八八
江茂達	青島路三五號	三〇七九五
江適存	蓬路五六六號	四三三〇一
何天祿	康悌路三九弄八號	八五二〇九
何公度	霞飛路五鳳里一號	八三五四八
何理中	霞飛路六二二弄五號	八五九三八
何智仁	霞飛路六二二弄五號	八五九三八
何雷仲	白克路二二八弄一三號	九六四〇〇
余伯陶	九江路七六八號	九二四一一
余建東	九江路七六八號	九二四一一
余泰峯	北京路八五〇弄四號	九六四六八
余雲岫	福煦路四七〇弄九號	三〇八八一
吳子深	威海衛路一五四號	三五六二三
吳仲剛	霞飛路五四二弄一九號	八七一五六
吳旭丹	北京路二〇五號	一四〇〇五
吳百熙	蒂羅路六四號	八四八九二
吳　欣	廣西路一〇九弄六號	九〇一七三
吳俊民	山西路一七六號	九六六三八
吳厚章	愛多亞路一四五四號	三五二五二

姓名	地址	電話
吳恆珍	高恩路三四〇號	七二四七四
吳烈忠	古拔路一七號	七四三四一
吳國卿	成都路四一〇號	三七三四一
吳崇仁	甘世東路一一五弄一五號	七二一六二
吳曼青	福煦路三六三號	八三九七四
吳惠連	梹榔路一〇六一弄二二號	三〇八五一
吳雲瑞	河南路四九五號	九三一九三
吳聘周	靜安寺路一六〇三弄一一號	三三七八八
吳綬章	霞飛路一〇八號	八二七八二
吳蓮洲	霞飛路寶康里四三號	八二九二一
吳憶初	靜安寺路七四九號	三二二七七
吳濟生	跑馬廳路二二五號	三九九一五
吳　駿	辣斐德路六〇七號	七一六六〇
呂守白	白克路三七六弄一六號	三四〇九四
呂濟民	勞合路八一號	九五一四一
宋大仁	浙江路五六號	九二九九八
宋才寶	雷米路一四二弄一一號	七三三五九
宋志成	大沽路五二〇號	三八四〇七
宋杏邨	霞飛路一二〇二號	七〇二四二
宋秉初	靜安寺路一六一〇弄七號	三八六五四
宋國偉	靜安寺路七四九號	三七二一四
宋溥仁	延平路二〇九弄六號	三〇五七一
宋虞琪	霞飛路六二二號	八一〇四二
宋霖若	北京路三七八號	九四三八七
成企賢	格洛克路一一九號	八七二六一
李元白	西摩路一〇弄三六號	三八六二〇
李斯泥	四川路三二〇號	一七七七九
李志清	白克路二二八弄一六號	九六四四〇

LAIPO RD.

萊浦路

HART ROAD

星加坡路

YARD

SHED

POND

中國化鑄工廠

天一味母廠

久昌磚瓦堆棧

金牛牌鮮橘水廠

新立成染織廠

元豐印刷公司

公明電池廠

新昌機器廠

中工程公司

住宅

廠房

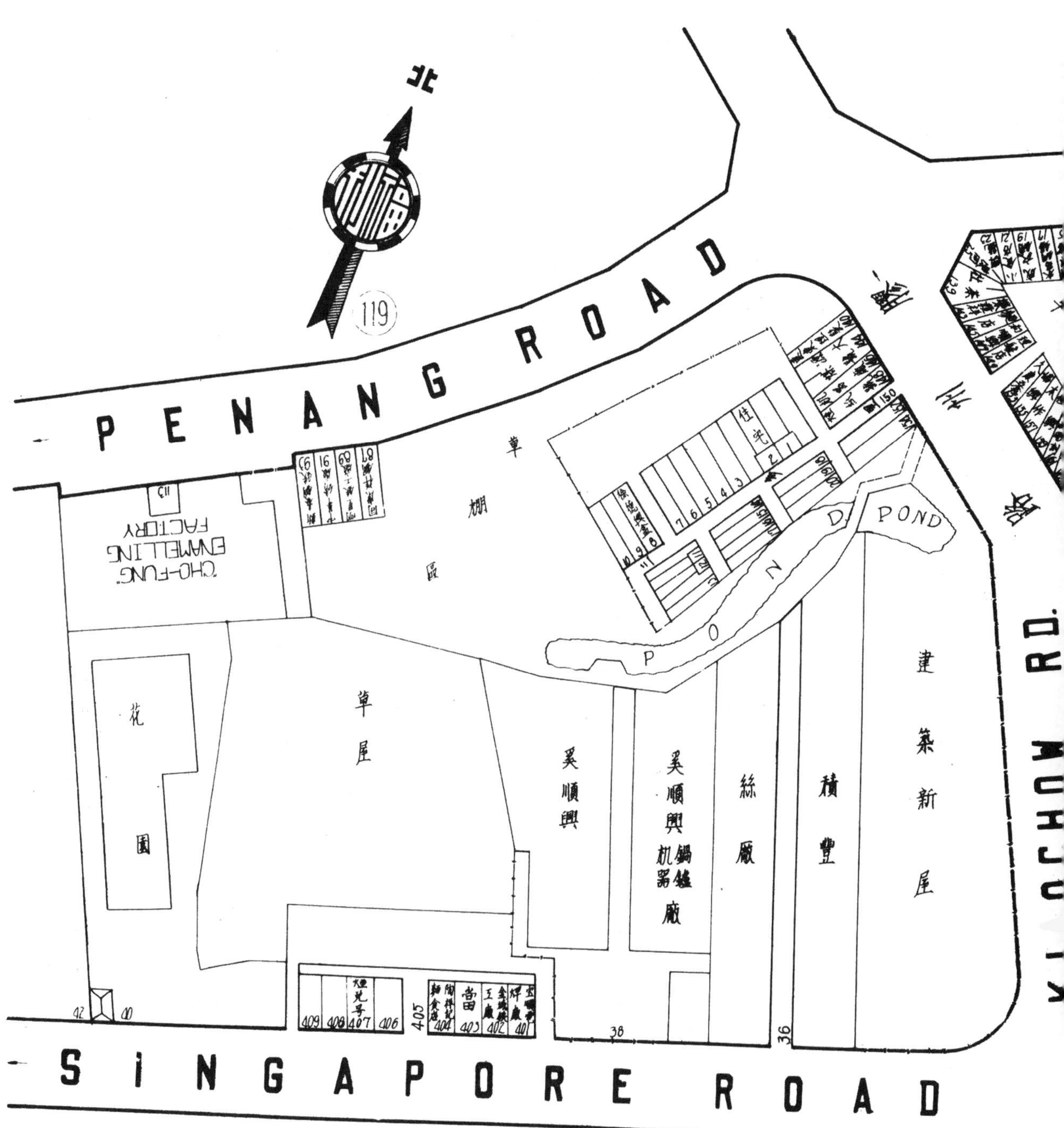
北
119
PENANG ROAD
SINGAPORE ROAD
KIAOCHOW RD.
"CHO-FUNG" ENAMELLING FACTORY
草棚區
住宅
POND
草屋
花園
奚順興
奚順興鍋爐机器廠
絲廠
積豐
建築新屋
38
36

姓名	地址	電話
李　岡	靜安寺路一二〇五號	三一三三三
李承煊	霞飛路八八一號	七九〇四一
李郁文	靜安寺路八〇三號	三六七一六
李祖白	福州路二二一號	一九七五九
李梅齡	白克路二〇四號	九〇五一五
李清亮	寗波路四七號	一九〇七五
李清茂	圓明園路一三三號	一六一四五
李景文	福州路二二一號	一九七五九
李夢雲	愛多亞路行仁里三號	
李　棻	四川路三三號	一七七五七
李雲之	靜安寺路一一九一號	三五二九七
李　暉	新閘路七一九弄二九號	三七七九二
李遇春	黃家沙花園一一號	三〇七四一
李墀身	白克路三九九弄六號	三一二三九
李維英	漢彌登大廈二一九號	一七〇〇九
李銘慈	黃家沙花園一號	三五〇八六
李廣勳	威海衛路一五五弄二〇	三一二〇二
李德而	南京路一五三號	一六五二四
李懷葛	蒲石路二八八號	七七三七九
杜克明	成都路四八三弄一〇號	三三三七四
汪企張	福開森路二〇號	七一二五六
汪名孝	派克路一三七號	三三一二二
汪成孚	格洛克路一〇弄一〇號	八五八一六
汪紹詩	靜安寺路七八八號	三七七六六
汪寶箴	同孚路二二七弄三〇號	三五五〇五
沈丕善	辣斐德路七三四弄二號	七二六一九
沈永年	九江路一一三號	一三二〇三
沈永康	霞飛路八八一號	七六〇四一
沈仲芳	靜安寺路六四六弄一五號	三五一四〇
沈兆荃	愛多亞路一二九二弄六號	三四五二四
沈成武	靜安寺路八八二號	三一一五七
沈杏泉	南京路三五三弄一號	九六〇九五
沈思培	四川路一一〇號	一四三一九
沈雲扉	南成都路一八三弄一號	三三五七八
沈傳昶	呂班路三號	八一九四九
沈傳德	呂班路花園邨二一二號	八五〇四四
沈嗣賢	極司非而路支路一七號	二二二二一
沈葆如	辣斐德路一九〇號	八二六九一
沈銜書	華龍路三號	八四八八九
沈懋民	雲南路二九六號	九〇三七七
沈樹寶	白克路五九八號	三四五一一
沈錫元	亞爾培路一二五弄七九號	七六八三二
沈　謙	靜安寺路七七〇號	三三七九二
沈　懿	南京路五八八號	九四〇六七
沙允武	白爾路三一七號	八三一一九
沙利夫	格洛斯徽湟大廈三〇五號	七四八七四
阮尚丞	古拔路一五六弄一六號	七六四七一
來　生	南京路二五〇號	一八五〇〇
卓禮章	四川路六五〇號	一四〇〇四
周子愉	北山西路二九弄六號	四〇九六一
周文卿	北海路一一五號	九〇九九八
周召南	靜安寺路五八七號	三四九二八
周生賚	雲南路一七三號	九六六四八
周仲衡	四川路三四六號	一〇〇七八

周吉甫	山海關路一五三弄三	三三二五六
周君常	靜安寺路四七九弄四	三三四〇二
周東燕	淡水路三五號	三九三三一
周冠文	同孚路新華里一八號	三五四三五
周家肇	福州路二二一號	一九七五九
周海文	蒲柏路三八一弄二四	八三五七〇
周國寶	環龍路六八弄三六號	八三一五九
林有良	靜安寺路九三四號	三三八七七
林春山	愛文義路二六七號	三〇八六八
林郁青	平望街一二號	九三〇〇八
林康民	江西路三〇四號	一四九六五
林炯東	北京路一九〇號	一七〇四〇
林衛光	愚園路七四九弄九七	二二〇六一
邱文凱	四川路三四六號	一一四五七
邵亦羣	成都路一四九號	三二五四二
金昭文	武定路六三弄一六號	三〇九四六
金間淇	白克路五八八號	三四八二五
侯再思	愛多亞路一〇〇六弄	九五八九〇
侯雲卿	南京路五四六號	九三三四〇
侯錫蕃	漢口路四四六號	九二一三三
俞永康	成都路四九三弄二號	三六六〇〇
俞同芳	南成都路一二九弄四	三六八六一
俞起華	拉都路三八九弄二號	七七二七七
姚永惠	南京路二三三號	一〇三一五
姚和清	白克路八〇號	九五五四五
姚星叔	白克路四〇九號	三二九二四
姚揖君	勞合路二〇號	九一三六五
姚菊巖	寧波路九號	一四二八七
姚雲江	白克路五九二弄四號	三三九八八
施泰納	四川路三四六號	一六六一五
柏克思	靜安寺路九三四號	三三一二一
柯德瓊	靜安寺路四六四六弄一三號	三九三六一
柯靈士	沙遜大廈二一〇號	一〇八五七
柳世昌	梅白格路一一九弄一〇號	三八八〇一
柴霍甫	靜安寺路八八二號	三四七七五
胡乃武	寧波路一二〇弄二五號	一七〇三九
胡少堂	蒲石路二四五弄七四號	七〇六六五
胡日仕	四川路六二〇號	一六〇六八
胡其倬	靜安寺路七四九號	三五一五〇
胡哲撛	祁齊路二一〇號	七三一一一
胡嘉言	同孚路新華里一八號	三五四三五
范紹洛	慕爾鳴路一一八弄一五號	三三二二六
范惠民	虞洽卿路三八號	九六二一八
茅子明	愛多亞路一四六二弄二三號	三九五〇七
茅　拔	河南路一九七號	九〇七二一
茅靜安	愛而近路三七四號	四六一五六
韋廉士	江西路四五一號	一二五二一
倪息庵	成都路八四二弄二一	三一四六三
倪桐岡	靜安寺路七四九號	三三一三一
倪逢生	愚園路一三七號	三七七四四
倪葆春	愚園路四一一號	二〇四八一
唐仁縉	靜安寺路四七九弄二號	三一七二八
唐吉父	北京路八三〇弄三〇號	九三五一三
唐如佗	大通路二六二弄三五號	三九二一六

小沙渡路

FERRY ROAD

海防路

AD

福源製帽廠

住宅

鴻昌鋸木廠 905

恒興木號 917

895

867

863

857

841

振中織染廠

工場

德利潤竹行

培初小學

倫華第二染織漂練廠

務安里 827

務安里 817

813

558

538

528

520

518

516

970

984

985

937

935

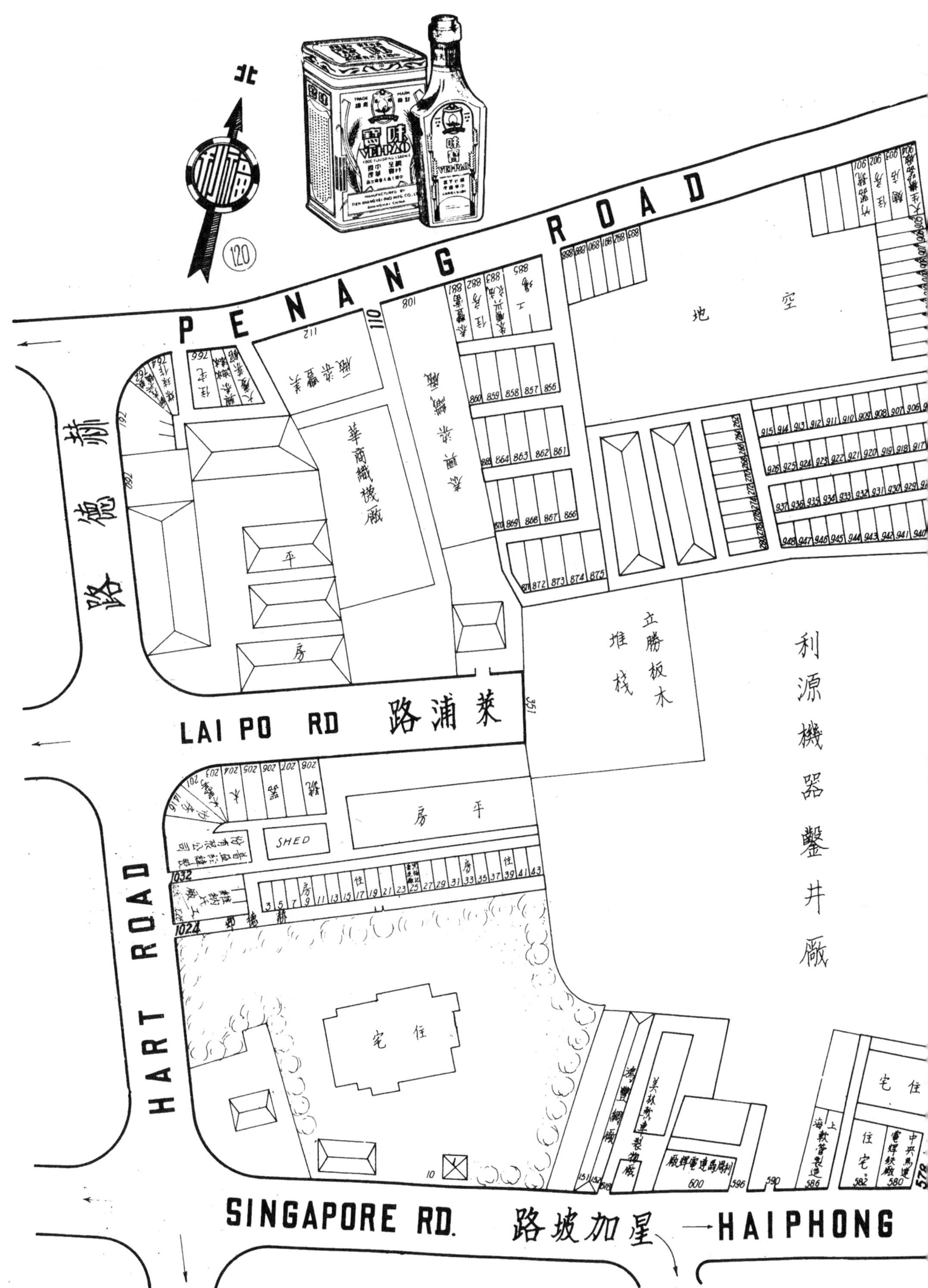

北
120
PENANG ROAD
LAI PO RD 路浦莱
HART ROAD
路德赫
华商织机厂
利源机器凿井厂
立胜板木堆栈
空地
平房
住宅
SHED
SINGAPORE RD. 路坡加星 →HAIPHONG
VEI-PAO

姓名	地址	電話
唐拾義	愛多亞路六七〇號	九三一三二
唐斐禮	南京路三五三弄一號	九〇七六五
唐增福	康悌路三三五弄一四號	八二八三九
夏仲方	蒂羅路一四一弄一一號	八二九二七
夏墨農	北京路四四九弄一〇號	九七三九七
孫克基	大西路一〇五號	二一八四八
孫克錦	成都路五〇三弄二號	三三〇四二
孫邦藩	愚園路六一一弄四號	二一一三五
孫俠民	愛多亞路七五〇號	九六六九六
孫夏民	南京路四三二號	九二八五〇
孫健民	敏體尼蔭路一九一號	八〇七〇二
孫鏡陽	卡德路二四弄九號	三六〇五五
孫耀庭	霞飛路五二四弄六一號	八六八二八
徐乃禮	愛文義路六〇弄六號	九〇三〇五
徐士林	白克路三九九弄一六號	三四五四一
徐小圃	慕爾鳴路二一七號	三三二三五
徐少明	辣斐德路五〇六號	八二六八八
徐紡明	愛多亞路一〇六〇號	三九一〇九
徐永福	四川路六五〇號	一四〇〇四
徐仲才	慕爾鳴路一九五號	三六五九七
徐兆蓉	愛文義路二九四號	三〇九二八
徐甫孫	寧波路四五七弄二號	九四七四五
徐肖圃	愚園路二五九弄一五號	二〇八八三
徐俊民	四川路三三號	一二二三五
徐修堂	愛文義路四七三號	三九九四七
徐紫峯	葛羅路一五號	八二三一九
徐棣三	山西路中和里一五號	九一八三八
徐德民	四川路三三號	一九九六六
徐偉民	山西路一七六號	九六六三八
徐慕范	漢口路四四一號	九六五八六
徐濟華	巨籟達路八〇五號	七四三五六
徐麗洲	虞洽卿路六二〇號	九五二二六
徐耀章	七浦路三四二號	四一〇三三
徐耀曾	薛華立路一二九號	七五八〇〇
徐績宇	赫德路一六二號	三八一四〇
桑德里	霞飛號四六一號	八一一〇九
殷震一	同孚路三一六弄一三號	三五六九八
殷震賢	白克路三七六弄一〇號	三三三三三
祝味菊	霞飛路振平里二三號	八〇八八八
祝慎之	霞飛路八九九弄三二號	七四一〇〇
秦刺海	同孚路七〇弄一號	三五五四〇
秦道源	白克路六三三號	三一九九二
袁濬昌	白克路六二四弄一一號	三四九九六
席　正	北海路二六三號	
馬　利	公館馬路二五號	八一六五四
馬果立	北京路二七號	一五〇九四
馬澤人	福建路一四〇弄四號	九五八六一
馬霞伯	漢彌登大廈二一九號	一七〇〇九
高沚蘋	愛文義路二三九弄五號	三七一九七
高來士	靜安寺路七八八號	三一六四六
高長順	南京路七九五號	九四二二〇
高恩養	福州路二二一號	一九七五九
高振邦	大沽路八〇號	三六五二〇
高　登	四川路二二〇號	一三六〇六

姓名	地址	電話
高爾柏	漢彌登大廈三二〇號	一三四一七
高鏡朗	愚園路二七五號	二〇五五七
巢鳳初	愛文義路二三九弄一七號	三五〇八八
張子道	南京路七七五號	九二一〇〇
張子鶴	河南路四九五號	九五〇三六
張化民	赫德路七七一弄六號	三五九九三
張古農	愷自邇路二七四弄五號	八五七一一
張永銘	古拔路七〇號	七二九五一
張玉壽	靜安寺路七四九號	三七二一四
張立慰	白克路六七六弄二二號	三三四一九
張仲明	白克路三四二號	三〇四六二
張汝可	善鐘路七三號	七三五五一
張竹君	薩坡賽路一二號	八一六六四
張竹銘	南京路三五三弄一號	九六〇九五
張克仁	南香粉衖八五弄三號	九三七五七
張明光	蒂羅路一六七號	八二六五〇
張明柏	南京路五五九弄一七號	九六〇九八
張易安	愛文義路八〇九弄五四號	三二九九五
張竺生	勞神父路一四八弄四八號	八六六四一
張近樞	卡德路一五四弄二一號	三〇九四八
張信培	福州路二二一號	一二六〇六
張星海	新橋街寶興里一七號	八一三三七
張春宇	愛多亞路一四五四號	三一一四三
張祖培	南京路二三三號	一二七六四
張偉亮	芝罘路三號	九六七四二
張梅嶺	西摩路一〇弄一六號	三一九二六
張湘紋	莫利愛路三六號	七三八六八
張贊臣	白克路西祥康里	
張登仁	愛多亞路二九號	八一五六八
張慎夫	北京路八三〇弄一八號	九七二六一
張煜亮	芝罘路三號	九四五四六
張道中	愛多亞路七五一號	八一一四四
張錫祺	環龍路一五六號	七五六三四
曹仲衡	福州路六五〇號	九一九三〇
曹　明	白克路五五〇號	三七〇一五
曹裕豐	海格路二四四號	三六二四二
曹慕泉	直隸路二五號	九四四七九
章巨廣	牯嶺路一四五弄一四號	九〇六七七
莊　德	成都路四八三號	三六六八八
許日東	霞飛路五九六號	八三三二二
許世芳	威海衛路一五六號	三二九八五
郭柏良	九江路七五七號	九一四四一
郭樹德	延平路二〇九弄一二號	三八五六四
陸振芳	梅白格路二一五弄二二號	三六二二二
陸瘦燕	愷自邇路一一二弄五號	八四四九〇
陸錦文	大西路一〇七號	二〇二一一
陶慕章	南京路七九九弄三四號	九二九六四
陳中一	北京路三七八號	九〇三九七
陳之偉	海格路二一二二弄五號	七八七一三
陳天樞	拉都路三一三號	七二一七〇
陳文祥	南京路四九〇號	九三七五〇
陳玉銘	七浦路一七七弄五四號	四一一六一
陳兆昌	南京路三五三弄一號	九六二二二
陳存仁	寧波路五八七弄六號	九二四七八

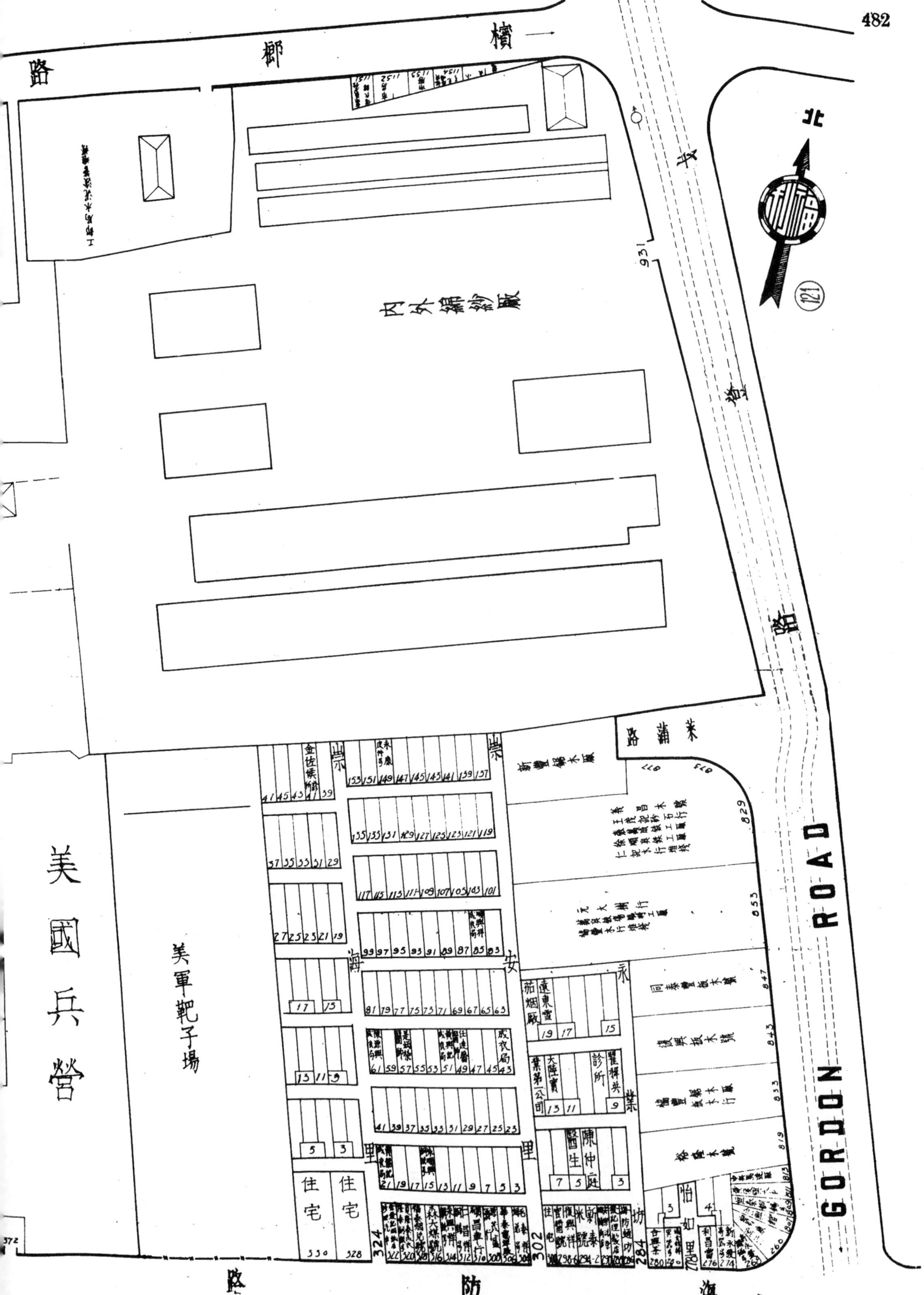

檳榔路
內外棉紗廠
美國兵營
美軍靶子場
GORDON ROAD
新豐鋸木廠
海防路

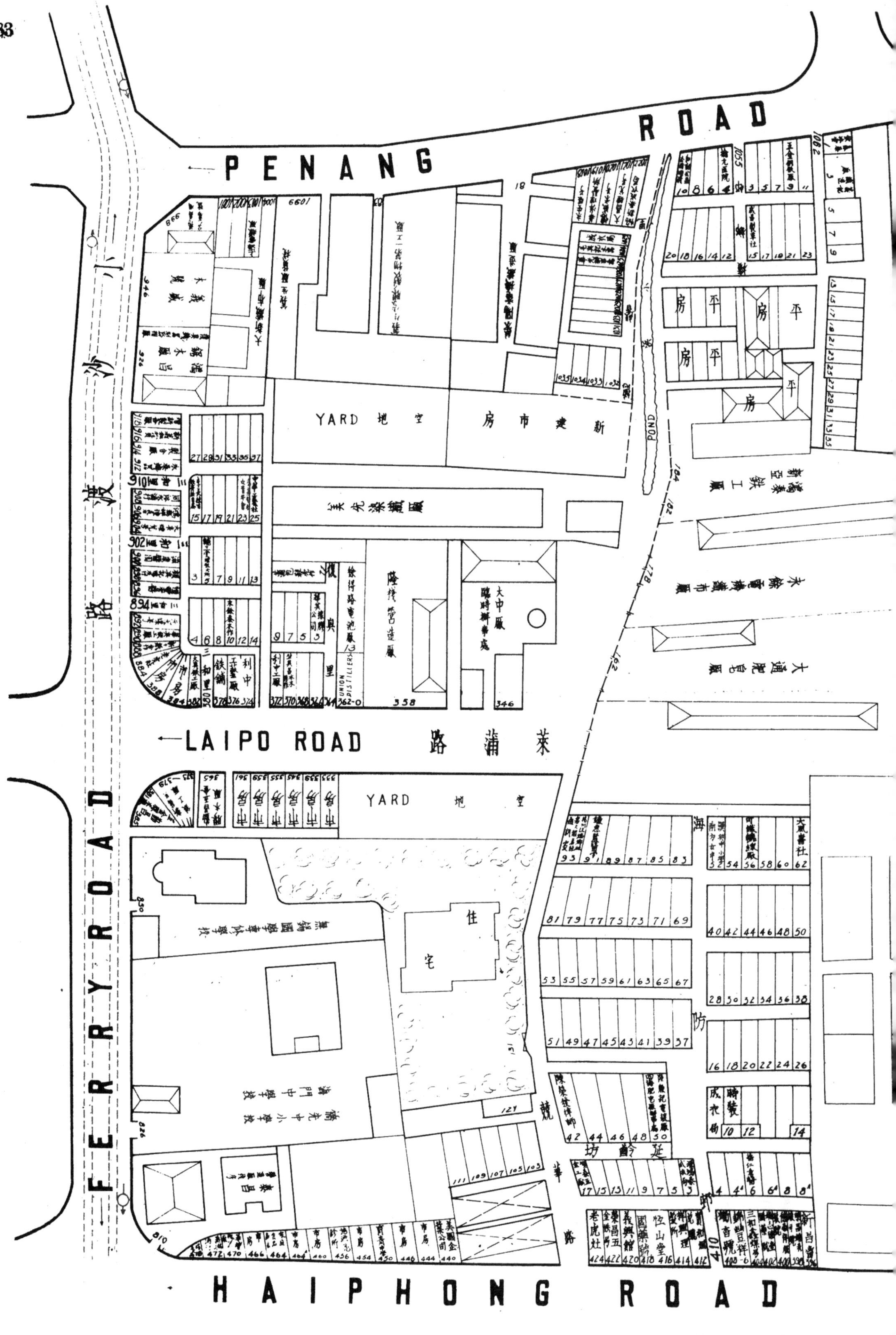

PENANG ROAD

LAIPO ROAD 萊蒲路

FERRY ROAD 小沙渡路

HAIPHONG ROAD

YARD 空地

新建市房

YARD 空地

POND

新亞鋼鐵工廠

永餘電機鐵工廠

大通電器廠

大中廠 臨時辦事處

隆茂營造廠

徐将路電池廠

UNION DISTILLERS

無錫國學專修學校

住宅

清心中學校

清心小學校

延齡坊

華路

海防

大眾書社

平房

市房

姓名	地址	電話
陳挺芳	雲南路二五九號	九五五八七
陳邦典	麥特赫司脫路三五五弄七號	三七一七三
陳芝舫	福州路六五〇號	九一四〇七
陳思明	南京路三五三弄一號	九三一五五
陳炳祥	成都路三八八弄一號	三四八五六
陳家馭	靜安寺路一〇二五弄七一號	三三四四二
陳朝光	海口路三四號	九三五六二
陳瑞白	靜安寺路七四九號	三三一三一
陳慰堂	白克路二二八弄二〇號	九一九〇九
陳鴻達	斜橋衖一一四號	三〇九六八
陳覺民	愛多亞路一四五四號	三四四四七
傅子賢	河南路四九五號	九四四〇六
傅念慈	長沙路一八七號	九一六七九
傅愛靈	愛文義路三六一弄一一號	三一四四四
傅　羅	愚園路六九九號	二二一〇九
單其豐	福州路二二一號	一九七五九
單墨慈	九江路一一三號	一〇二七四
喔海勒	外灘一二號	一七九七二
甯大椿	虞洽卿路五七九弄四號	九七二四一
彭玉書	靜安寺路八〇三號	三三五二三
彭望芸	康腦脫路四一八弄七號	三三〇四一
彭菊洲	愛多亞路八七〇號	九六三〇八
惲道周	福州路七二六弄三二號	九四九二三
惠路易	廣東路五一號	一八八九九
斐路斯	江西路一七〇號	一三六八七
曾耀仲	梅白格路九七弄六八號	三五四四一
巢魯士	靜安寺路八八二號	三一九七五
普懷德	靜安寺路七七八號	三五九七〇
湯書年	滄洲路八二號	三一二六七
湯觀清	菜市路一六弄三號	八二九二八
渭齡軒	貝當路九七三號	七一六〇八
盛心如	新聞路四七八弄七號	三八九五八
盛伯鈞	呂宋路七八號	八六二〇七
盛偉成	南京路三五三弄一號	九六〇九五
盛培基	南京路五五七號	九二二二九
盛清澄	赫德路六三三弄七〇號	三七九九七
盛惠川	南京路二八九號	九一六四六
程志和	靜安寺路六八八弄八號	三二四九八
程國樹	康腦脫路三九弄一九號	三四〇〇四
程康佑	愚園路五七一弄一〇二號	二一三五二
程慕頤	古拔路二〇一號	七一〇六八
童光甫	河南路二九五號	九二一四三
童志清	古拔路一七二弄九號	七六〇四五
費昆年	南京路四三二號	九五一二〇
費堂生	霞飛路四六九號	八四四四一
閔采臣	白克路三七六弄一一號	三六一八七
閔德麟	邁爾西愛路三〇一號	七四六九一
馮子鈞	霞飛路四二五弄二三號	八二二四七
馮善樑	白爾部路六四弄三號	八一三七三
馮智堃	古拔路一七二弄一一號	七一二五八
黃曰禮	赫德路三七〇號	三四一五六
黃希昕	麥特赫司脫路七二弄一五號	三五四九七
黃承喜	康腦脫路七三〇弄一二號	三八〇四〇
黃秉瑜	霞飛路六五二號	七〇七八四

姓名	地址	電話
黃昭學	成都路五一五弄二號	三三〇六八
黃炳基	北京路二五五號	一七六八〇
黃益壽	愛多亞路六六〇號	九四八九五
黃城	西摩路三〇弄六號	三三五六六
黃雯	大西路一一號甲	二一二一九
黃義	愚園路二三五弄三一號	三二九七四
黃鼎瑚	國富門路八〇弄三七號	七六一三二
黃樸	靜安寺路九二號	九〇九六二
黃寶忠	白克路三七六弄五號	三一八四四
黃鏡	白克路二〇〇弄六號	九二六四二
黃觀興	江西路三〇九號	一六五九八
楊元吉	戈登路二九三號	三五〇九九
楊元吉	成都路四八三弄一〇號	三三三七四
楊光澤	辣斐德路二二一弄二八號	八七二五七
楊延平	福煦路四五八號	三八九一五
楊定國	靜安寺路四七九弄二號	三一七二八
楊拯	白克路三〇二號	三九二七六
楊素蘭	愚園路二三五弄二九號	三〇五六九
楊景賢	維爾蒙路二〇五弄一三號	八二七三一
楊興齡	虞洽卿路三四〇弄一一號	九三六〇三
楊頌先	大通路一二三號	三〇三六四
楊樹蔭	南京路二三三號	一三六四四
楊澹然	貝勒路三七五號	八二一〇二
楊輯五	北京路三七八號	九四三三七
楊錫棟	靜安寺路九二號	九〇九六二
楊鍾甫	跑馬廳路五〇七號	三六八七七
葛經	愛麥虞限路四〇號	七〇二四八

姓名	地址	電話
葛爾柏	漢爾登大廈三四〇號	一八二七二
葛羅茄	四川路三四六號	一六七一九
董世魁	愛多亞路八五六號	九三四四二
董任康	九江路七五六號	九一七〇六
董兆良	霞飛路六一〇號	八五三四九
董延康	成都路六二二號	三九一五六
董志章	福州路八九號	一八九〇三
董振民	雲南路三三二號	九一八七六
董楚舫	跑馬廳路四一一號	三七六一三
葉天疇	新聞路九九號	九三七八二
葉衍慶	膠州路二〇八弄六號	三七九一八
葉景荀	霞飛路六二二弄四三號	八四三三八
葉植生	海寧路七六八號	四一六五一
葉經甫	四川路五七〇號	一九一六二
葉遽伯	新聞路九二一號	三一三〇七
鄒興家	自來火行西街一四〇弄二七號	八五八六一
鄒嶺文	成都路四八三弄二〇號	三三三五三
管中洲	牯嶺路四四號	九四四九七
綠烟	浙江路四三〇號	九六三九三
瞿璇璣	大西路一一號甲	二一二一九
趙子謙	四川路三三號	一二二三五
趙式穀	愛文義路三一八弄一四號	三二〇四五
趙志芳	梅白格路九七弄一〇號	三一二〇四
趙師震	環龍路二一〇弄一四號	七四一二八
趙偉民	勞合路八一號	九五一四一
趙啓華	斜橋弄天樂坊二〇號	三三四四四
齊爾	江西路一七〇號	一三四一七

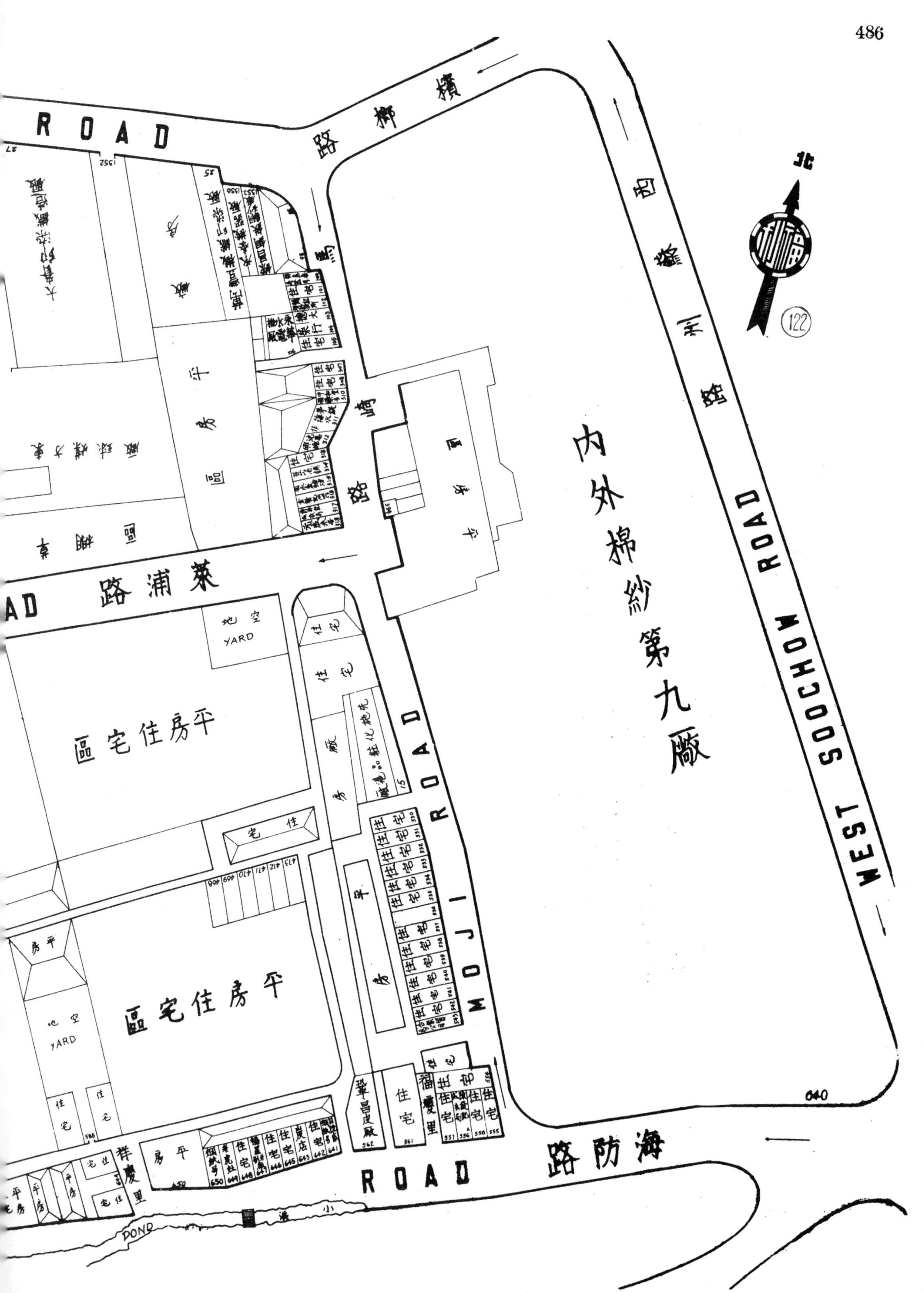
ROAD
橫浜路
西蘇州路
WEST SOOCHOW ROAD
北
122
內外棉紗第九廠
平房
萊浦路
AD
空地
YARD
平房住宅區
平房住宅區
空地
YARD
MOJI ROAD
華昌皮廠
福慶里
祥慶里
640
海防路
ROAD
小浜
POND

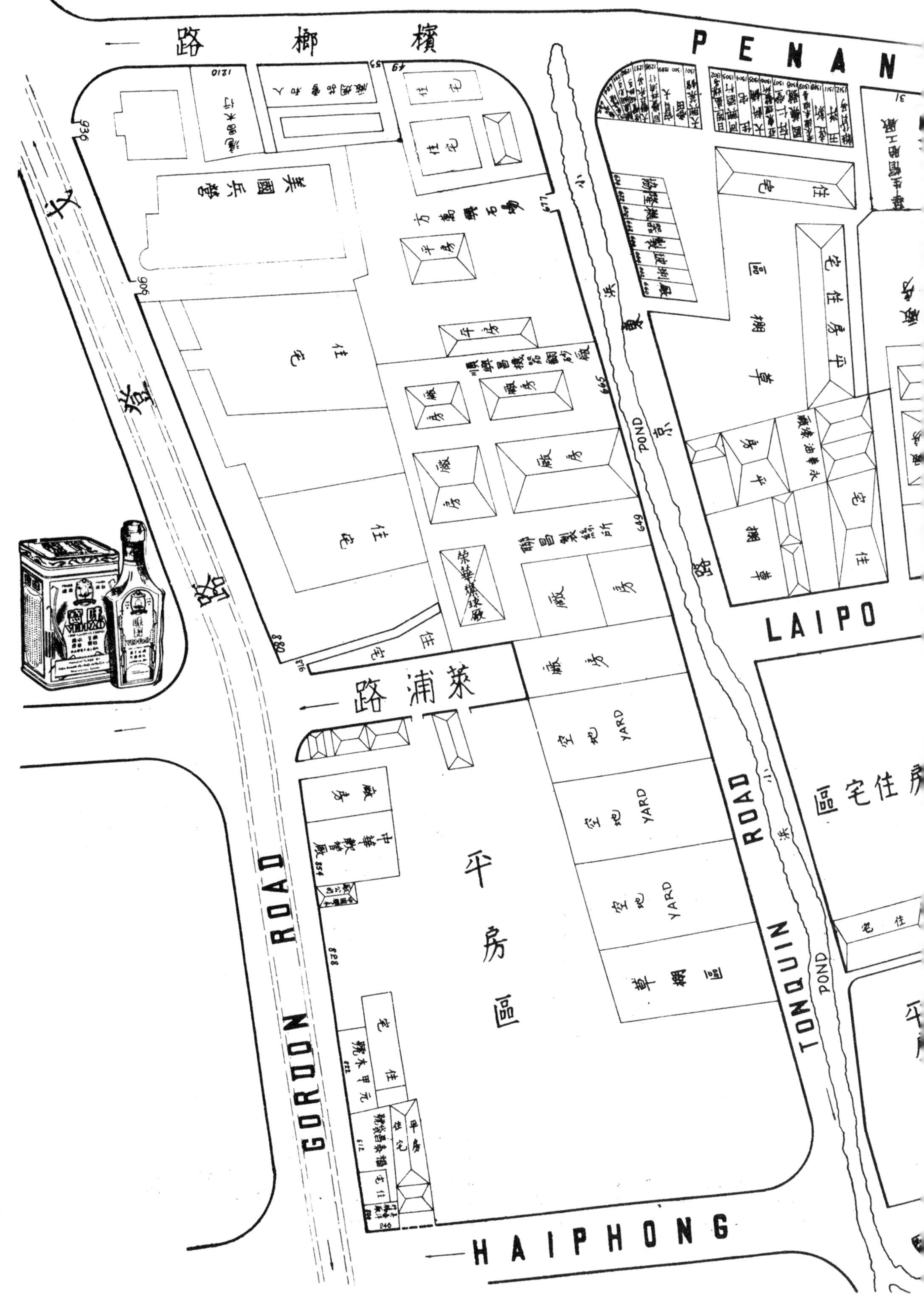
檳榔路
PENAN
萊浦路
LAIPO
HAIPHONG
GORDON ROAD
TONQUIN ROAD
POND
YARD
美國兵營
平房區
草棚區
房住宅區

姓名	地址	電話
劉民叔	南京路四八六弄一九號	九〇二六〇
劉吉贊	九江路一一三號	一九一九一
劉東興	白克路四四九號	三二五九三
劉昱卿	靜安寺路七四九號	三三一三一
劉崇勤	四川路三四六號	一〇〇七八
劉緒梓	河南路四九五號	九五〇三六
劉樹森	浦石路六六號	八三九七九
樂秀章	四川路四一六號	一二七二三
樓仁壽	南京路七九九弄二八號	九一六四九
潘文斌	張家宅路七三弄二〇號	三四五二六
潘志高	靜安寺路七八八號	三〇四二一
潘索孚	靜安寺路七七〇號	三三〇三三
潘靜侯	霞飛路六三九弄一號	八三六七八
蔣天明	浙江路五六三弄一八號	九六七二四
蔣河清	霞飛路六九八號	七七二五九
蔣保康	福煦路四七〇弄一〇號	三三三一五
蔣益生	赫德路五五七號	三二七九四
蔣紹宋	廣西路四八九號	九二九九一
蔣曉雲	北京路六四〇弄九號	九一三一二
蔣鶴齡	寧波路六六六弄二〇號	九〇八八五
蔡小香	北京路五九六弄一七號	九四三七九
蔡幼笙	愛文義路一三四弄七號	九一〇二一
蔡伯倫	靜安寺路九六八號	三四〇三九
蔡錦清	菜市路四八二弄一〇〇號	八五四七三
蔡鴻	靜安寺路八六八號	三五一八二
蔡濟平	新閘路九四四弄二七號	三四一八四
鄭全	南京路二三三號	一二三三二

姓名	地址	電話
鄭灼臣	愛文義路一四〇〇弄五五號	三三九六二
鄭邦彥	白克路二〇〇弄三號	九一八一九
鄭松圃	東自來火街興昌里一六號	
鄭芳謨	霞飛路貝勒路二九一號	
鄭祖穆	靜安寺路七八八號	三七六八八
鄭葆元	成都路五〇三弄四號	三四四四六
鄭滌公	南京路五八八號	九四〇六七
鄧南霍	廣東路五一號	一一二五五
鄧斯康	華懋公寓	七〇〇七〇
鄧源和	法租界寧波路六六號	八一八九八
鄧樂普	外灘一二號	一〇三八八
漆霖生	貝勒路永裕里一〇號	
錢伯虎	愛多亞路二七四號	一五九〇八
錢志明	公館馬路五七一號	八一九二六
錢俠倫	愛文義路二九六號	三〇九二八
錢建初	寧波路四〇號	一二九七二
錢雲英	福煦路六八七弄一一五號	七二二二六
錢琨	派克路承興里K字80號	
錢福卿	自來火行西街一四〇弄二〇號	八二三六五
錢選青	北蘇州路永康里五七號	四三一二八
錢潮	斜橋弄二三弄二〇號	三三一一四
錢龍章	山東路五三號	九四七九七
錢濟平	虞洽卿路八三弄六號	九六三四一
錢寶華	龍門路三八弄五號	九六三四〇
韓子佩	寧波路二六六號	九一四六三
韓秀超	霞飛路呂班路鴻安坊一〇號	
韓潮	漢彌登大廈一五八號	一四六二四

姓名	地址	電話
韓濟人	馬浪路二一二弄四七號	八六三八七
謝利恆	派克路一二五弄二〇號	三二二四七
謝其綱	敏體尼蔭路八八號	八一四八〇
謝映齋	福州路七一八號	九六四七五
謝筠壽	愛文義路二三九弄一九號	三〇三〇六
謝裕昌	福建路一六三號	九四七七四
謝錦章	六馬路錢種德國藥號	九〇七一〇
嚴二陵	愛多亞路一〇一四號	九四五一八
嚴大之	南京路七七五號	九三四五六
嚴大生	南京路二三三號	一〇五二〇
嚴永泉	霞飛路三六八號	八五七五七
嚴康侯	南京路三五三弄一號	九一一二二
嚴孟丹	馬浪路新民邨一九號	八一〇三五
嚴象春	天津路四三四號	九六九二〇
嚴肅容	靜安寺路一〇二五弄八號	三五一三一
嚴蒼山	蒲柏路四二〇號	八三五六三
嚴慶康	呂班路三〇弄二號	八五三五九
顧乃績	南京路二三三號	一八二六三
顧元韓	貝當路九一四號	七〇三六四
顧守昌	霞飛路一〇一弄三號	八二六六七
顧志穀	靜安寺路一七五五號	三八九五五
顧雨時	愛多亞路一四五四號	三二一一〇
顧宗文	法租界寗波路口五八號	八三五一五
顧拜言	南京路七九九弄一四號	九六八七五
顧祖仁	靜安寺路七七〇號	三三七九二
顧祥生	大世界對面新首安里四八號	八三五三〇轉
顧敏芳	愛多亞路永年里四號	

姓名	地址	電話
顧渭川	白克路三〇〇號	三一七六六
顧筱巖	福煦路四二四弄一八號	三八六三三
顧敏琦	成都路五二七弄一六號	三四一一〇
顧橘川	雲南路汕頭路德臨里七號	九四五二〇
顧顯名	同孚路三一六弄二五號	三二一二五
龔元炳	葛羅路八六號	八二四一四
龔石松	海寗路五七七號	四五七一六
龔寒梅	公館馬路四一一號	八一九九三
龔逸華	福州路二二一號	一九七五九
龔養賢	白克路一六〇號	九四六一八

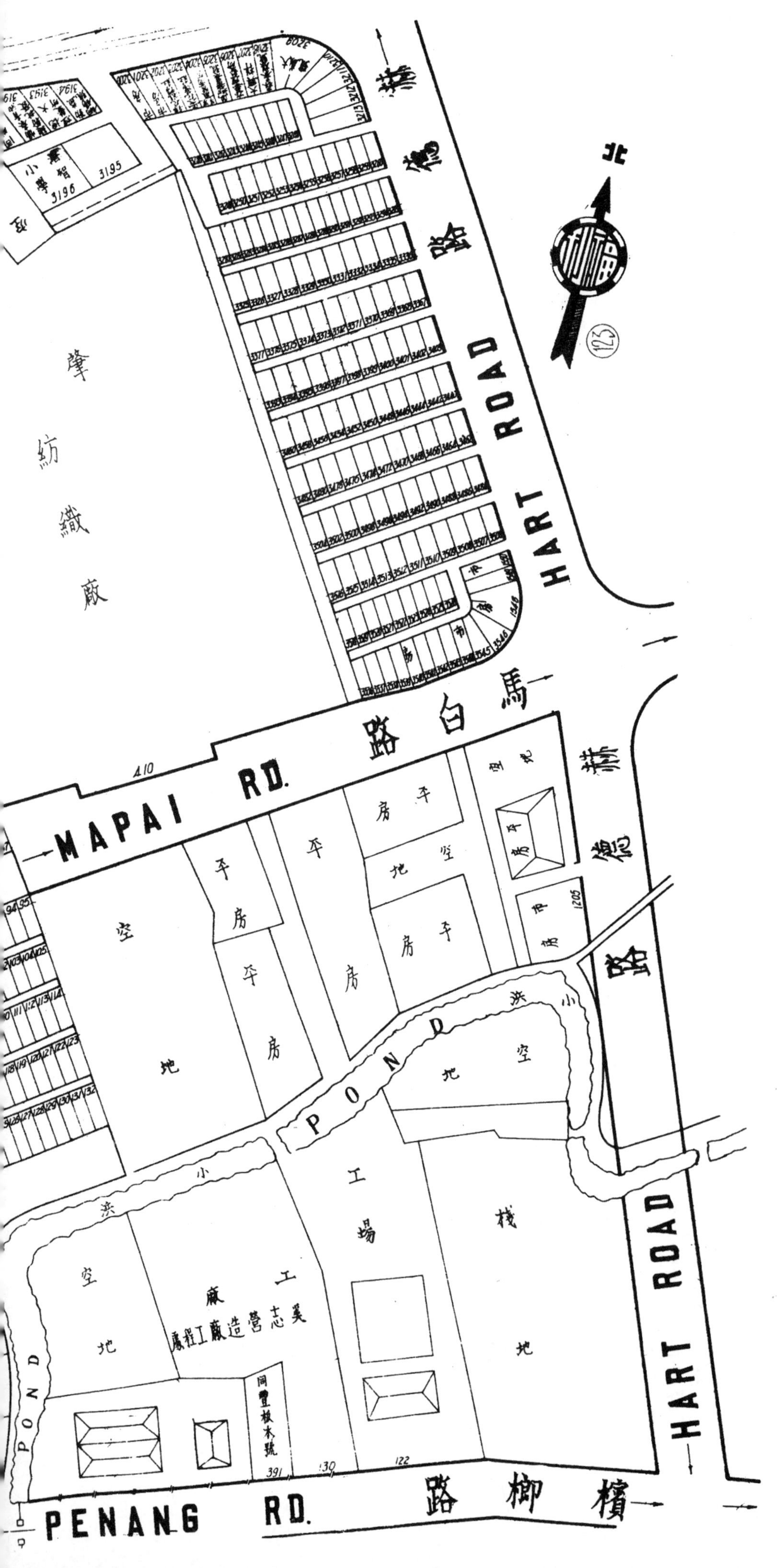
北
HART ROAD
赫德路
MAPAI RD.
馬白路
PENANG RD.
檳榔路
POND
小浜
肇紡織廠
平房
空地
工場
棧地
美志營造廠工程處
工廠
同豐板木號
市房
小學

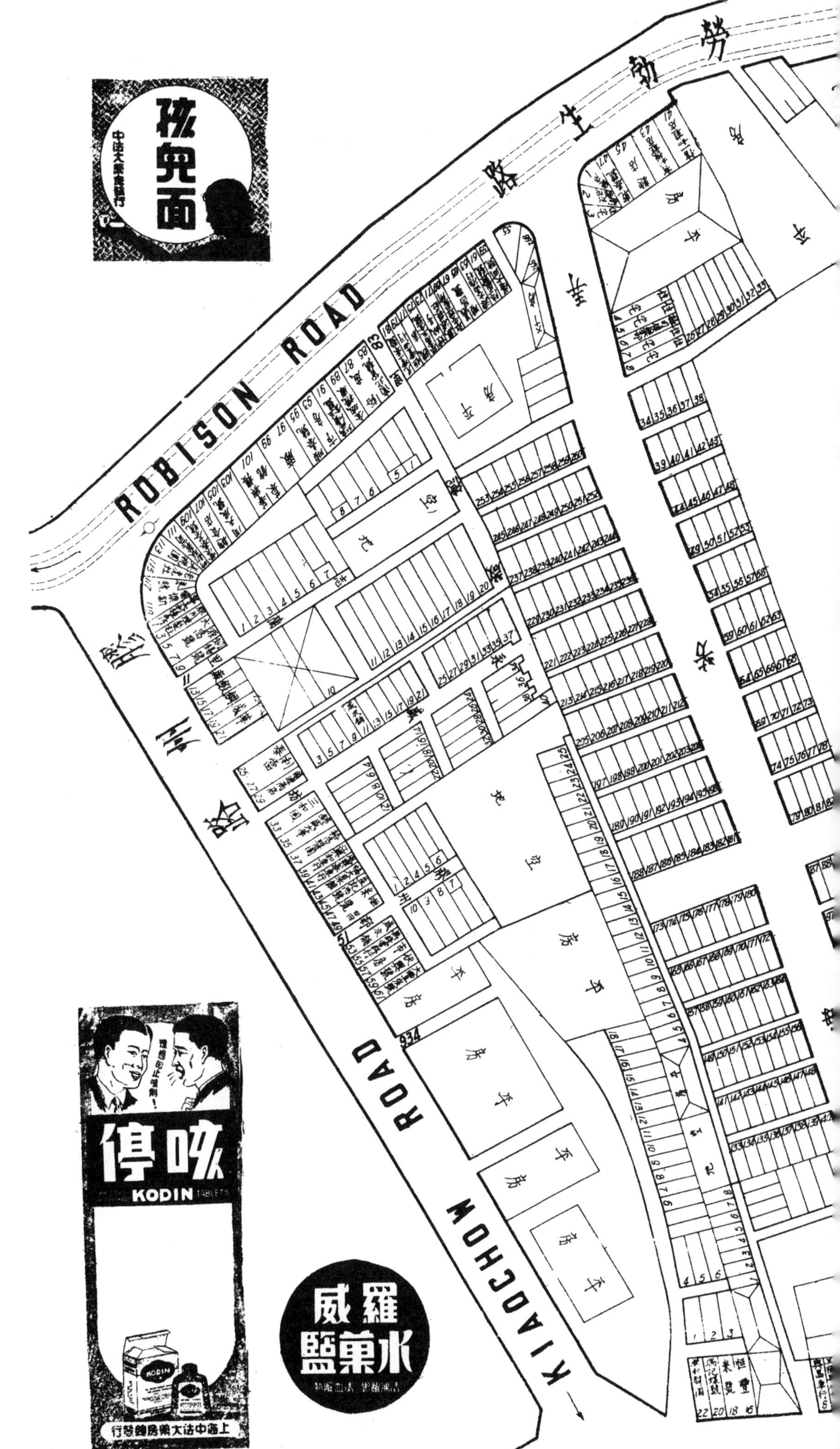
勞勃生路
ROBISON ROAD
KIAOCHOW ROAD
孩兒面
中法大藥房發行
咳停
KODIN
TABLETS
上海中法大藥房總發行
羅威

九、旅館

名稱	地址	電話
一品香旅社	虞洽卿路	九三二七〇
一新旅社	廣東路滿庭坊	
九華旅社	山東路五四五弄三號	九三六二三
八仙旅社	敏體尼蔭路恆茂里一號	八五四六七
八仙第二旅社	公館馬路四九一號	八三九一四
三明旅社	八里橋路七七號	八四五六六
三泰棧	九江路四八四號	九三七一三
上海和記旅社	漢口路四二一號	九〇三六四
上海新旅社	九江路五七九號	九一一二〇
上海新旅館	廣東路五〇六弄一二號	九三一六六
大上海飯店	天津路四二三號	九四〇五〇
大中華飯店	虞洽卿路二〇〇號	九〇〇九〇
大中飯店	愛多亞路二四五號	八二〇一〇
大方旅社	民國路二〇號	八七四一五
大方飯店	鄭家木橋街三三號	八二一〇〇
大江南飯店	福建路四一〇號	九四一八〇
大東旅社	南京路六三五號	九〇〇二〇
大東新旅社	八里橋路九四號	八四五七〇
大東朗記旅社	八里橋路九四號	八二五二七
大陸飯店	虞洽卿路六九號	九七〇九〇
大陸旅社	蒲柏路四三一號	八七一〇九
大通旅社	湖北路二一弄四號	九四六四〇
大華旅社	北京路二五〇號	九二三三〇

大華永記旅社	八里橋路八五號	八四四二五
大新旅店	湖北路一〇八號	八四四二九
大新飯店	廣西路四四二號	九三六七〇
大滬飯店	愛多亞路五號	八四〇二〇
元旦新旅社	愛多亞路四九一號	八三四四五
仁和旅社	東自來火街一一四號	八三〇五一
公平旅社	愛多亞路二九三號	八三一〇四
公安旅社	福建路一三弄五號	九〇四八〇
天生旅社	馬白路二三四弄九三號	三九〇九六
天然飯店	芝罘路六六號	九七一九三
太平洋旅社	廣西路[illegible]三〇號	九〇五四三
五州旅社	廣東路五一七弄一〇號	九〇七九四
月賓永記旅社	敏體尼蔭路一六三號	八一七五八
月賓旅社	民國路一七號	八四五四五
月東旅社	民國路二三號	八七一四〇
中山旅社	天津路四八〇號	九一〇五〇
中央大旅社	廣東路五四五號	九二三〇〇
中和旅社	福建路一五一弄一〇號	九一九六〇
中南飯店	愛多亞路五六號	九二二六〇
中南旅社	愛文義路七〇號	九二一〇五
中洲旅社	山東路一一七弄四號	九二三三〇
中國飯店	貴州路寧波路角	九一〇八〇
中國旅館	浙江路六五三號	九二二〇四
中華大旅社	界路二四一號	四五〇九八
中新旅社	漢口路五二二弄一一號	九〇九六〇
卡德旅社	卡德路一四三弄八號	三四〇五七
四明旅社	西自來火街九六號	八二二八六

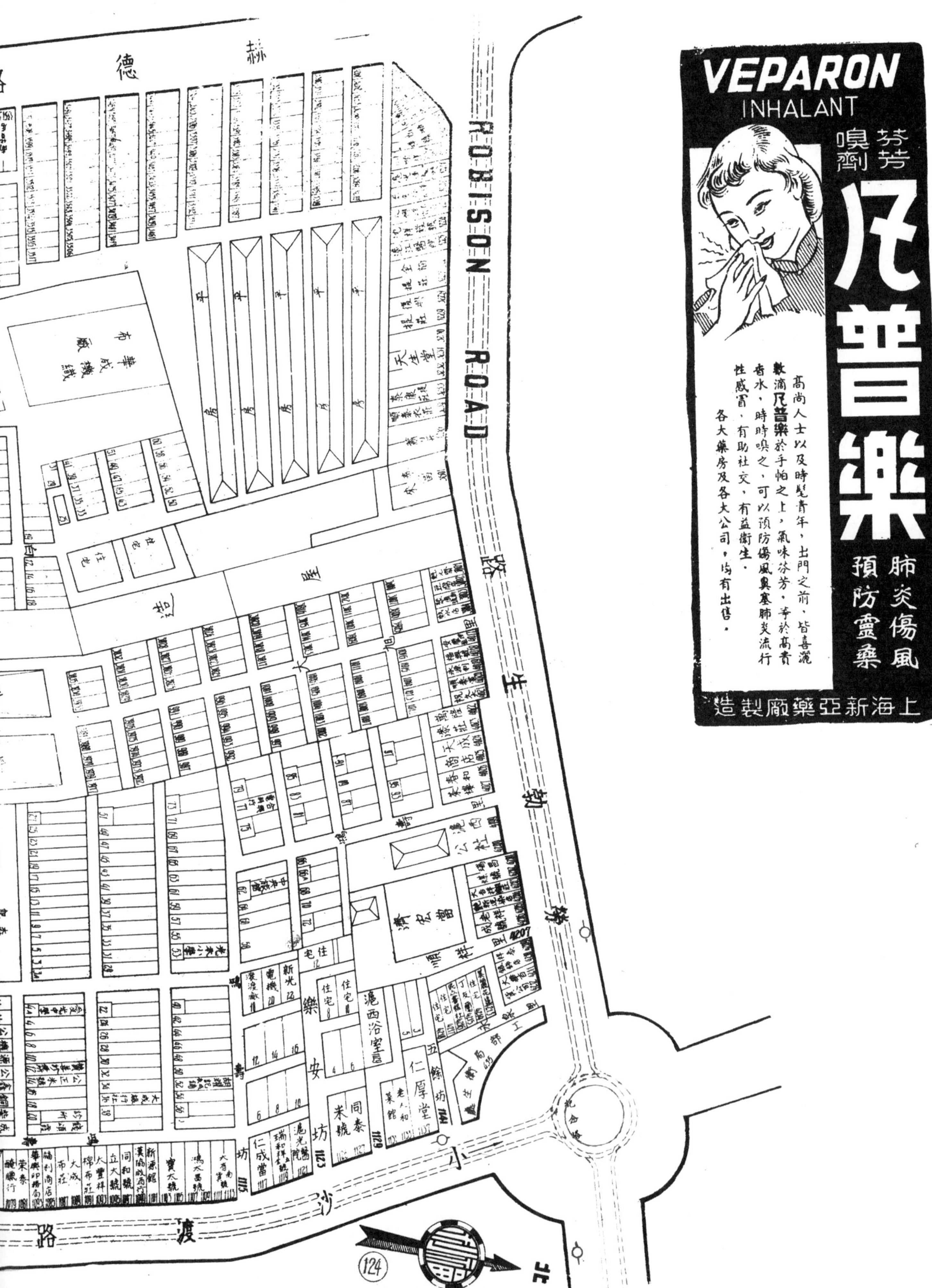

VEPARON
INHALANT
芬芳嗅劑
尼普樂
高尚人士以及時髦青年，出門之前，皆喜灑數滴尼普樂於手帕之上，氣味芬芳，等於高貴香水，時時嗅之，可以預防傷風鼻塞肺炎流行性感冒，有助社交，有益衛生。
各大藥房及各大公司，均有出售。
肺炎傷風
預防靈藥
上海新亞藥廠製造
ROBISON ROAD
勞勃生路
小沙渡路
華成織布廠
滬西浴室
仁厚堂
樂安坊
北
124

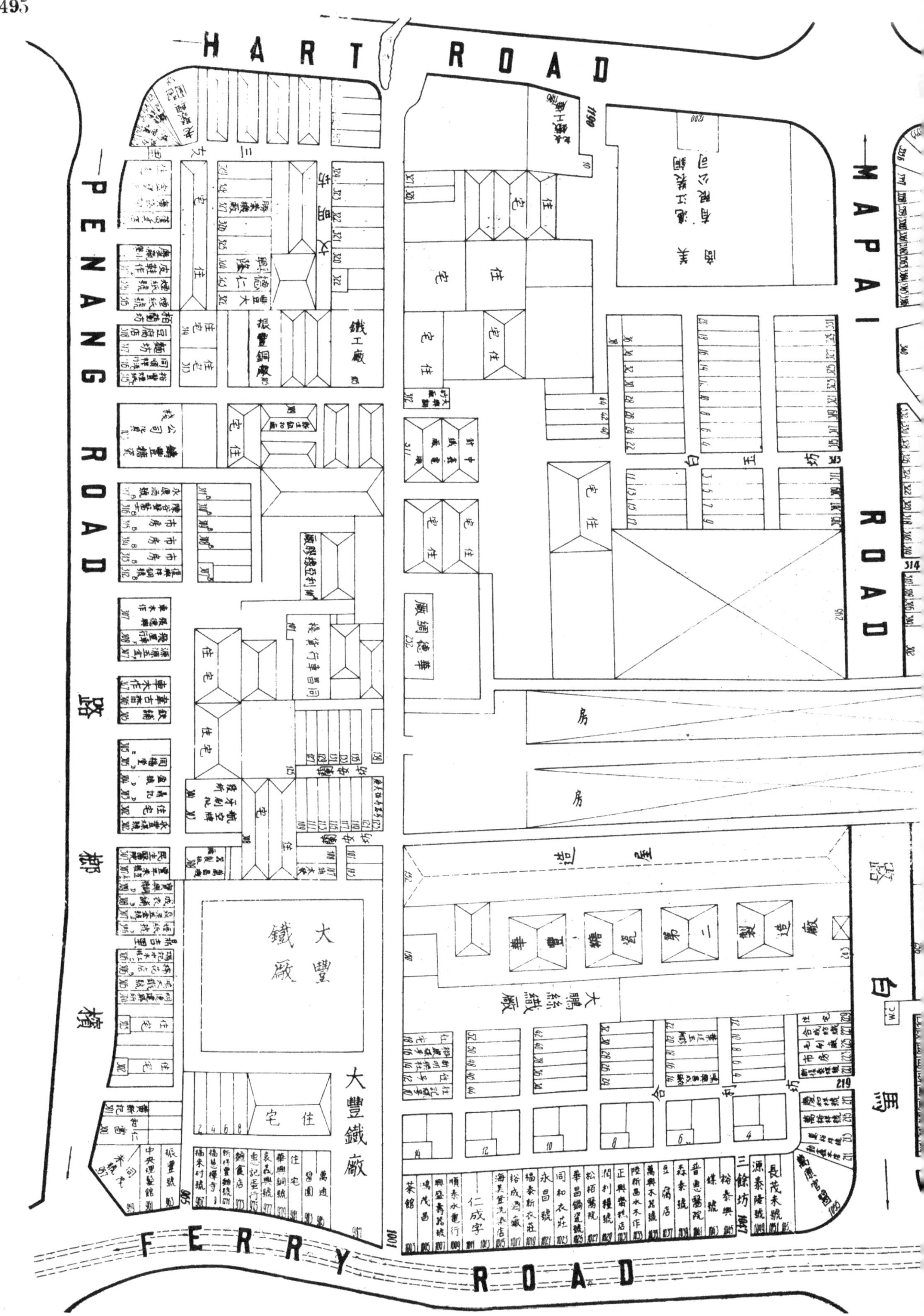

HART ROAD
PENANG ROAD
檳榔路
MAPAI ROAD
白馬路
FERRY ROAD
大豐鐵廠
大豐鐵廠
大鵬絲織廠
鐵工廠
振豐銅廠
華德銅廠
三餘坊

四海家旅社	天津路四一四號	九六七一〇
永安旅館	福建路一二七弄八號	九〇三一二
永安旅社	老永安街八五號	八五二四四
永樂旅社	廣東路四四〇號一一號	九三九四八
平江新旅社	漢口路五八八弄一六號	九四三二七
平安旅社	朱葆三路一四號	八一六〇一
平喬旅社	虞洽卿路五八七弄八號	九二五五一
中江旅社	漢口路五二二弄四號	九〇四七五
吉陞棧	福建路一九五弄一〇號	九一六九二
同慶公旅館	福建路二六六弄二〇號	九一八一〇
名遠旅館	福州路五六六弄九號	九三一七五
安東旅館	湖北路一三一號	九二二三〇
安樂旅社	北浙江路三二一號	四〇五五九
安樂宮飯店	愛多亞路五七號	八一五五二
安商旅社	八里橋路三五號	八二七三八
交通旅社	愛多亞路四八七號	八三二一六
江新旅館	山西路四〇號	九三八一九
江蘇旅社	廣東路三七九弄五〇號	九三二五〇
百樂門大飯店	愚園路二三八號	三四三九三
和興旅社	愛多亞路四八三號	八三三八七
昌興旅社	寧興街二八一號	八〇四四八
老鼎陞旅社	福建路一四一弄四號	九三八九六
吳宮旅舍	福建路一五二號	九四一七〇
吳錫旅館	漢口路五〇六號	九〇九二四
亞洲旅社	漢口路五七一號	九一五五二
亞洲飯店	愛多亞路一三五號	八四一六〇
孟淵旅社	湖北路二二七號	九一一九三

尚賓旅社	浙江路二六七二弄三號	九二〇五七
招商旅社	福州路五六六弄一一號	九〇一〇七
東方飯店	虞洽卿路一二〇號	九二二七〇
東方旅社	浙江路二四五號	九〇一〇七
東和旅社	華格臬路九二號	
東安旅社	廣東路五〇六弄一〇號	九一五七六
東昌旅社	霞飛路九號	八三五四八
東亞旅館	南京路六九〇號	九三二六〇
東南旅社	愛多亞路八號	八五四〇五
東南新旅社	白克路二四號	九〇四八八
東湖旅館	福州路三七九弄九號	九〇九五一
東華旅社	南香粉弄三〇號	九〇四九九
東新生記旅社	寧興街四七號	八三七七三
東新旅社	寧興街四七號	八四三四五
松江旅社	福州路四四六弄九號	九三六九五
武林旅社	福州路三七九弄五一號	九一五七三
長春旅社	浙江路一一八弄一一號	九〇三一七
長華旅社	福建路二一五弄五號	九二八〇〇
長順旅社	松江弄四號	九三八一四
迎賓旅社	浙江路一二八弄五號	九六三五八
金城旅社	漢口路五七〇號	九五一五一
南方旅社	九江路四六二號	九三六〇四
南京飯店	山西路二〇〇號	九一〇〇〇
南京旅社	愛多亞路四七號	八三七七三
南洋旅社	民國路一五號	八五六三五
星洲旅社	浙江路六三弄四號	九三七六〇
春江昌記旅館	山東路一一七弄二〇號	九四六二三

中央殯儀館
戈登路馬白路三十四號
電話 36963
勞勃生路
GORDON RD.
戈登路
國華中學
仁記木號
生活小學
中央殯儀館
GROUND
住宅
木棧
錦綸染織廠
空地
住宅
和合煤球廠
公泰樹木行
錫成里
陳家衖

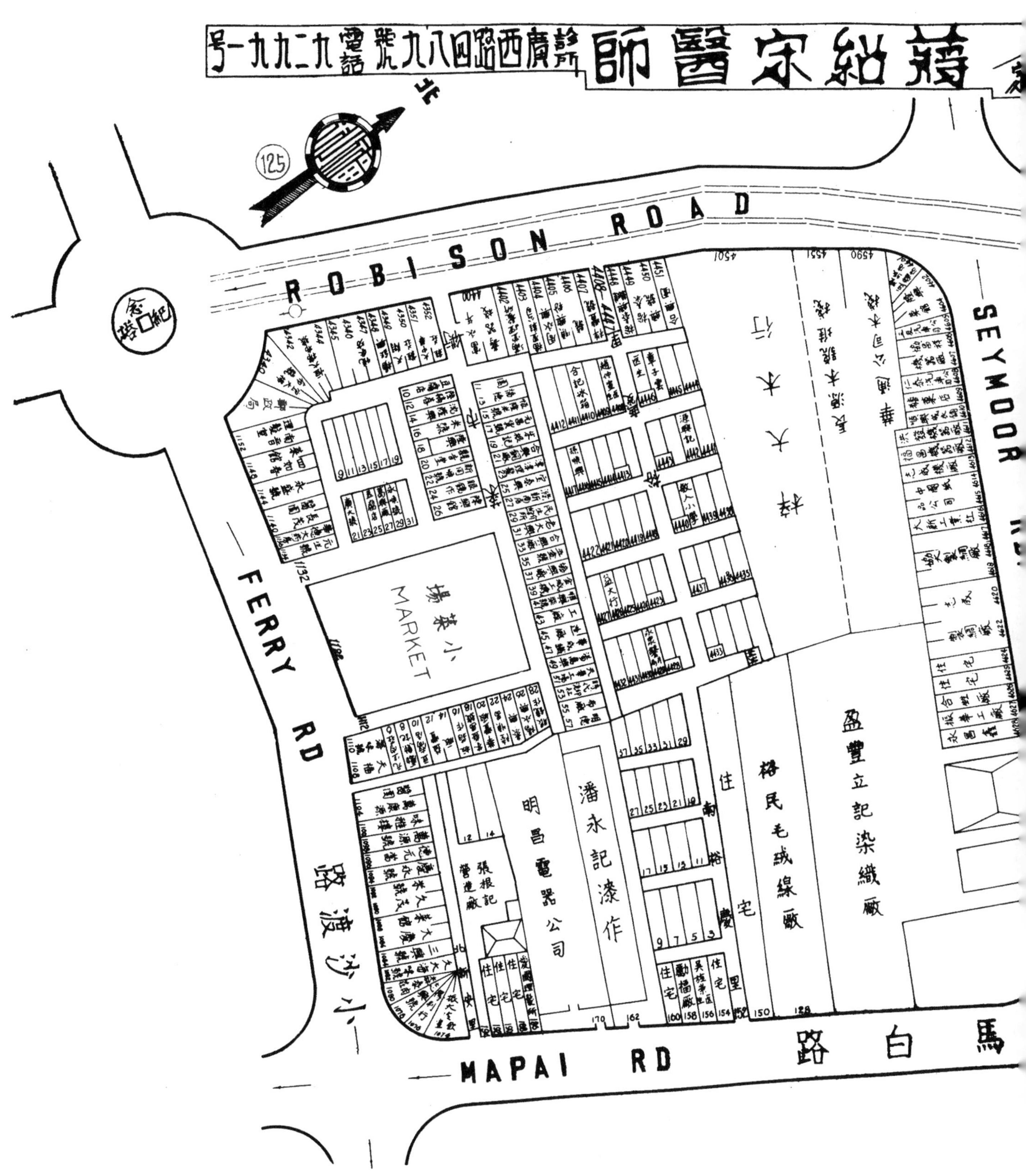

蔣紹宗醫師
電話九二九九一号
北
125
ROBISON ROAD
SEYMOOR RD
FERRY RD
小沙渡路
MAPAI RD
馬白路
小菜場
MARKET
林大木行
盈豐立記染織廠
格民毛絨線廠
潘永記漆作
明昌電器公司
張根記營造廠

春江第一旅社	寧興街三〇九號	八二二四二
春江第二旅社	愛多亞路三一七號	八一七六八
春江第三旅社	八里橋路六三號	八三四七四
洪福旅社	蕪湖路八九號	九四七五一
悦來旅社	靖遠路七四弄四號	九〇七三〇
振華旅社	福州路六五〇號	九三二九〇
浦江旅社	福建路一一二弄九號	九三〇一四
浙江旅館	浙江路廈門路口	
浙江飯店	彤雲街二五號	八一三八九
海寧新旅社	海寧路五六四號	四六五一二
甡泰旅館	天津路二七一號	九三五四三
神州旅社	浙江路一五九號	九三三一〇
致遠旅館	天津路二三四號	九三九五六
梁溪旅館	湖北路一四四號	九三九二七
泰安商棧	公館馬路二號	八一五二五
泰安棧	民國路二五二號	八二四〇二
泰新旅館	民國路二二號	八二九七四
常州新旅社	北浙江路	
逍遙旅社	東新橋街一七八號	八三〇三〇
鹿鳴旅社	福州路五六六弄一七號	九〇三四八
啓新旅社	福州路三七九弄一二號	九二八八九
國泰飯店	八里橋路二四號	八三七三七
國際大飯店	靜安寺路	九一〇一〇
第一旅社	浙江路二七五弄四號	九一五五九
清和旅社	浙江路一〇八弄一一號	九二七三七
通商旅社	愛文義路四二號	九五二二二
通裕旅社	福建路三〇二弄四號	九〇七四八

名稱	地址	電話
連元旅社	漢口路六六六弄三號	九一二三五
淮揚旅館	愛而近路五一〇弄六四號	四二九九八
開泰旅社	天津路二九三號	九〇六〇三
寧商旅社	天津路四九六號	九三三三六
寧興旅社	愛多亞路一〇號	八四八一四
惠中旅舍	漢口路五一五路	九三二〇〇
惠中旅館	山東路一三六號	九三一八七
惠賓旅館	廣東路三六九弄一三號	九四六六八
揚子飯店	雲南路二八七號	九〇〇四〇
普記旅社	山西路三一弄三二號	八三五〇二
統一旅社	愛多亞路五二四弄二二號	九一三九三
華東旅社	山東路二四弄六號	九四六九〇
華洋旅館	廣西路二〇五弄四號	九四三七三
華商旅社	北海路三六弄五號	九五九八二
華商旅館	天津路四三三號	九七三一七
華懋飯店	南京路沙遜大廈	一一三四〇
進步旅社	麥根路一二〇弄一〇號	三〇三三三
雲昇旅社	福建路一一二弄三六號	九四三六三
雲洲旅社	公館馬路一一九號	八一四三八
雲州旅社	愛文義路五二四弄二〇號	九〇六二四
愛文旅社	愛文義路五一號	九三一六二
新三江旅社	廣東路四九五號	九三四九五
新上海飯店	香粉弄七九號	九六九六八
新世界飯店	靜安寺路一號	九〇一三〇
新民旅社	大新街二馬路口	
新恆昌旅社	北浙江路	
新生活旅社	敏體尼蔭路二三號	八七〇九七

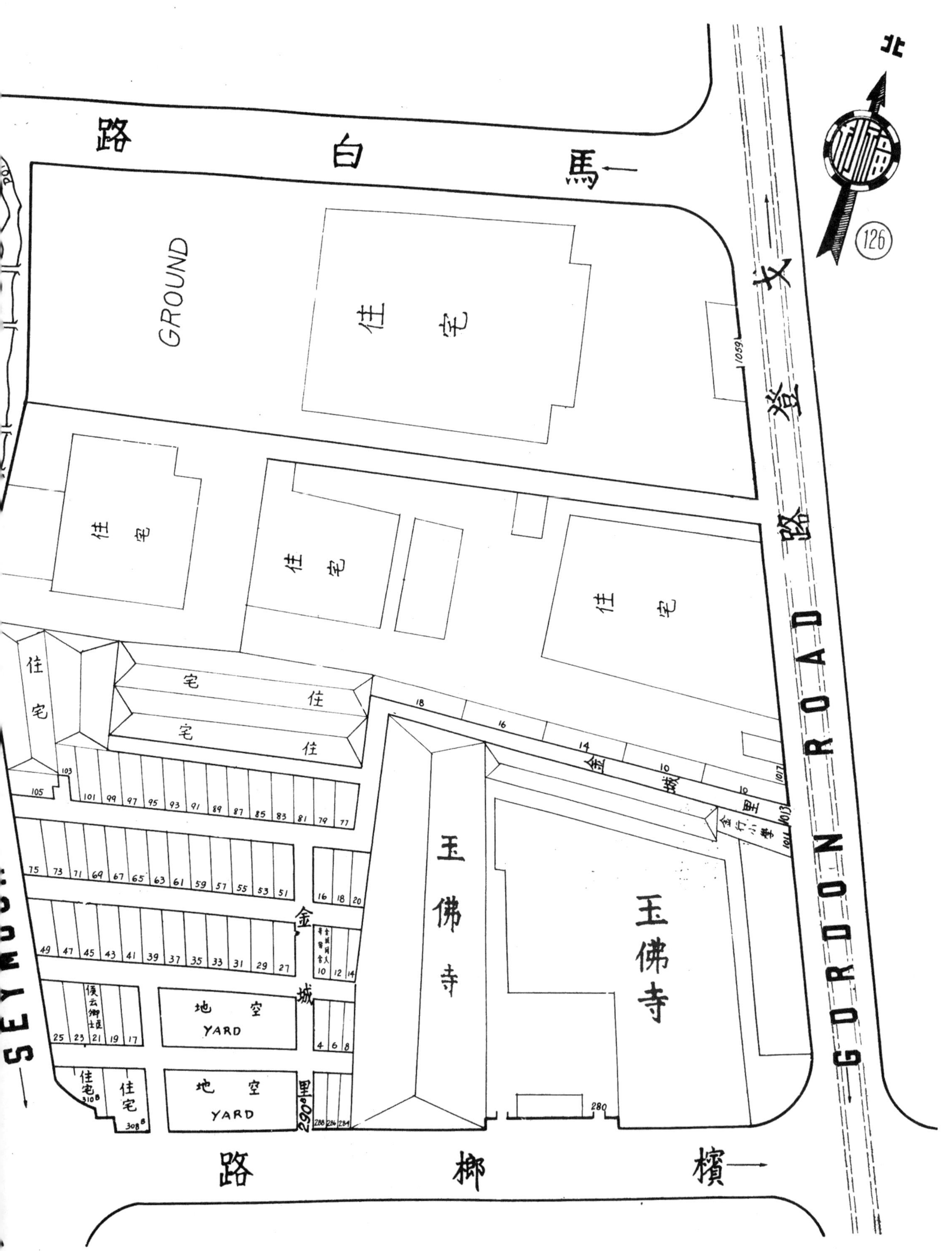

北
126
馬白路
GROUND
住宅
安登路
GORDON ROAD
金城里
玉佛寺
地空
YARD
檳榔路
SEYMOUR
280
290

MOPAI ROAD
FERRY ROAD
PENANG ROAD
YARD
地空
YARD
POND
POND
POND
POND
上海第二工医院
苏州同善堂
大新化学厂
平房住宅

新中和棧	磨坊街一九號	八四八六二
新中華旅社	愛多亞路一〇號	八四九三七
新鹿鳴旅社	山西路二五號	九三九四〇
新華旅社	福建路一一二弄三號	九四四九六
新新旅館	南京路貴州路	九三三八〇
新新旅社	鄭家木橋街一一四號	八三六一八
新聞大旅社	新閘路八四一號	三二六九四
新蘇台旅館	湖北路二〇三弄四號	九四三一四
滄洲飯店	靜安寺路一二二五號	三四二〇〇
湞洲飯店	辣斐德路七〇號	七五四五〇
源源順記旅社	九江路五二八號	九三一〇〇
源源新旅社	福州路五六六弄三號	九二五一一
源源餘記旅社	九江路五二〇號	九二一九二
瑞中旅社	浙江路二七五弄八號	九五三七〇
嘉禾旅社	福建路二一五弄八號	九六四二三
滬西旅社	卞德路二二九弄一二號	三二一一六
滬寧旅館	克能海路五四三弄三號	四六九八五
滬台旅館	湖北路二〇三弄三號	九二一四一
遠東飯店	虞洽卿路九〇號	九四〇三〇
衛生旅社	九江路五三六號	九二八七八
慶安旅館	愛多亞路五七九號	八七一四八
龍宮飯店	愷自邇路六三號	八三〇〇三
龍昇旅館	福州路四四六弄六號	九三八一三
謙吉旅館	山西路三七號	九〇七八五
謙泰棧	天津路二〇八號	九二四六六
鴻祥旅社	愛文義路二〇號	九〇三〇八
爵祿飯店	虞洽卿路二五〇號	九〇〇七〇

寶和旅社	廣東路四二〇弄一一號	九六五二五
蘇州旅社	浙江路六三弄三〇號	九三六三六
蘇台旅社	福州路五三一弄五號	九四七三六
鶴鳴旅社	浙江路一〇八弄三七號	九二七四九
鐵路飯店	愛而近路五一〇弄八五號	四一四六一

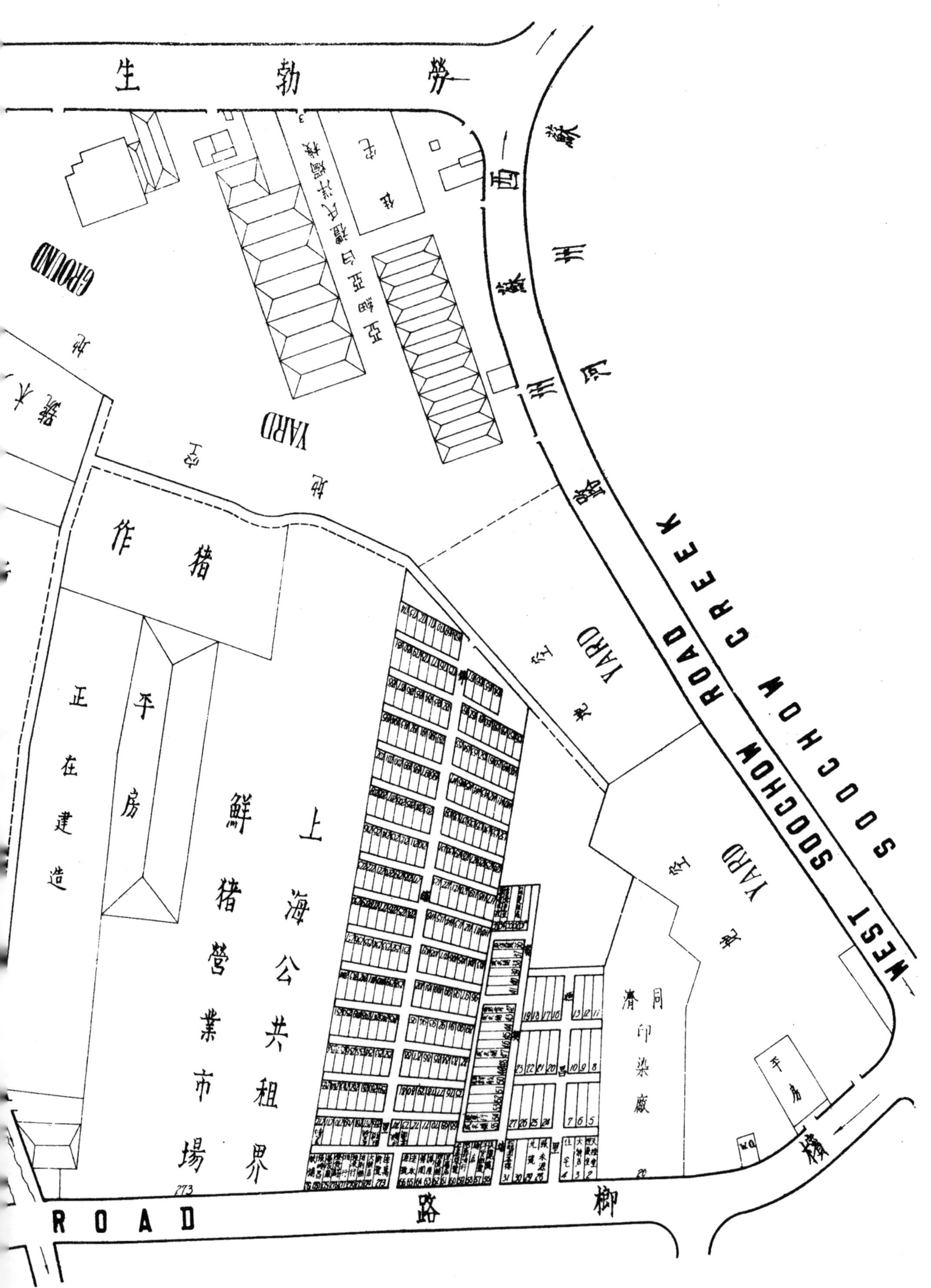

勞勃生
西蘇州路
蘇州河
WEST SOOCHOW ROAD
CREEK
YARD
YARD
YARD
GROUND
空地
空地
空地
猪作
上海公共租界
鮮猪營業市場
平房
平房
正在建造
同濟印染廠
ROAD
路
柳
橫
W.C.

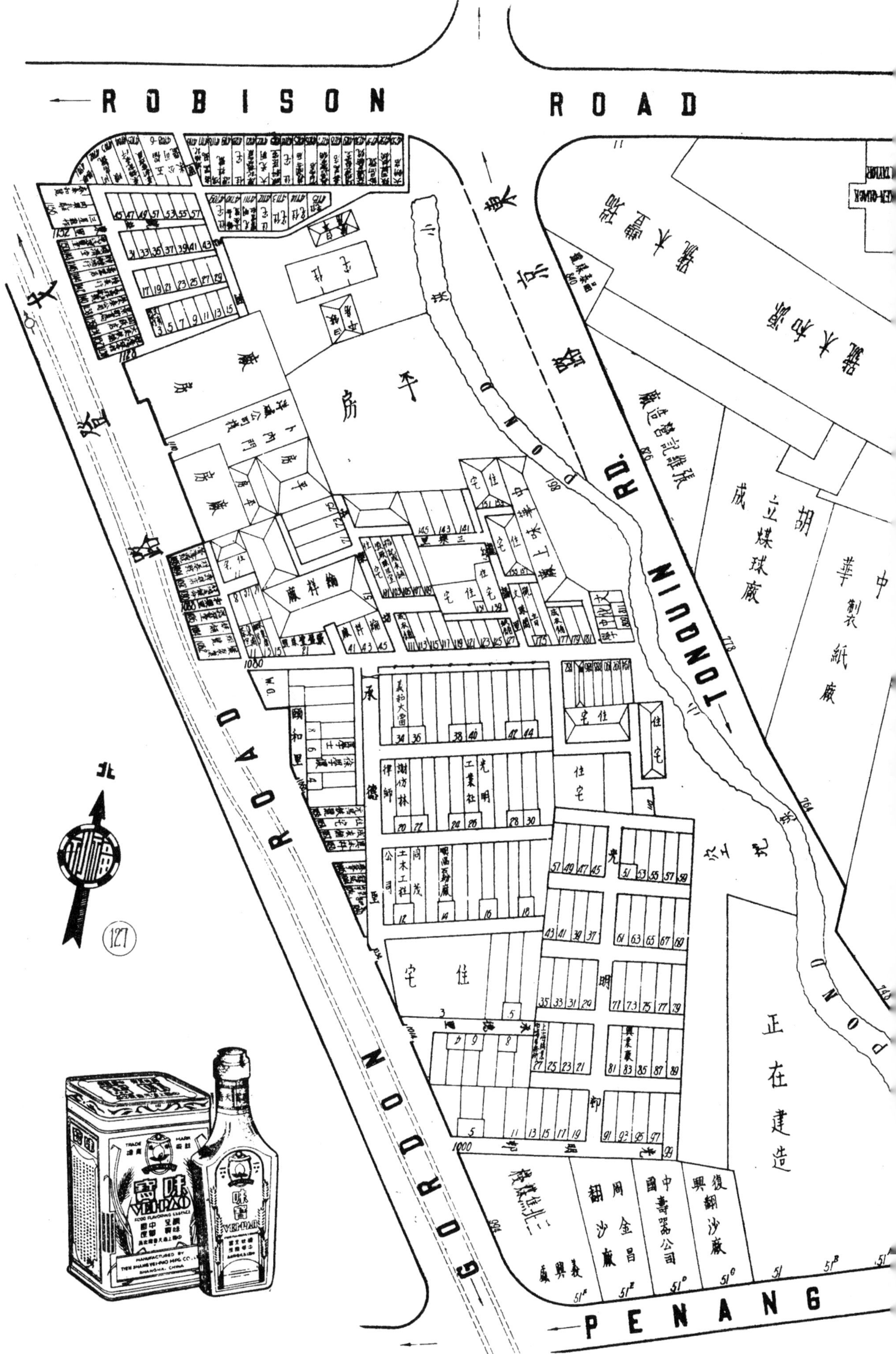

ROBISON ROAD
TONQUIN RD.
GORDON ROAD
PENANG
POND
北
127
正在建造
胡立成煤球廠
中華製紙廠
周金昌翻沙廠
復興翻沙廠
住宅

十 公寓

名稱	地址	電話
大中公寓	蒲柏路四九六號	八一一〇三
大同公寓	福煦路二九弄四五號	八五〇四八
大成公寓	蒲柏路四八八號	八二三七〇
大西公寓	貝當路二五號	七一九〇九
大益公寓	蒲柏路四九三號	八五七一〇
大華公寓	蒲柏路四三一號	八五七五二
中央公寓	靜安寺路九四一號	三四三四六
中央林記公寓	愷自邇路二七六號	八三九九〇
內司脫公寓	南洋路三〇弄三號	三三二五一
天津公寓	白爾路二二五弄五號	八〇九七九
公園公寓	辣斐德路四五五號	
加斯科公寓	霞飛路一二〇二號	七三一二〇
卡爾登公寓	派克路白克路	
卡德公寓	靜安寺路一四九號	
巨潑來斯公寓	巨潑來斯路二五三號	七一一一一
白仲賽公寓	白賽仲路二六號	
皮恩公寓	霞飛路四九六號	
亨利公寓	亨利路二七號	
克來門公寓	辣斐德路一三六三號	七〇一三七
呂班公寓	呂班路一八一號	
林肯公寓	霞飛路一五六〇號	
花園公寓	靜安寺路一一四七號	
花旗公寓	辣斐德路一三三一號	七〇一一九
阿斯特立德公寓	亞爾培路三七三號	七二五九三

名稱	地址	電話
海上公寓	愚園路七五三號	二〇九九八
海格公寓	海格路三四三號	
海格盧有限公司	海格路四〇〇號	七二七四八
泰尼公寓	愚園路七四五號	二一六三五
得來財公寓	聖母院路一一八弄一〇號	七二一七九
都城公寓	江西路一七〇號	一二九一〇
偉達飯店（公寓）	霞飛路九九三號	七四四七七
麥特赫司脫公寓	靜安寺路九三四號	三四二八〇
復來西飯店	北京路一五七號	一六〇一〇
粵商公寓	愛多亞路五號	八一〇〇六
惠司登飯店	巨籟達路六八九號	七四二四三
華北盛記公寓	馬浪路四三一號	八四二三九
華安公寓	靜安寺路一〇四號	九〇一〇〇
華盛頓公寓	貝當路高恩路	
華懋公寓	邁而西愛路	七〇〇七〇
圓明公寓	圓明園路一一五號	一九九一〇
愛文公寓	哈同路三二〇號	三〇六三一
新平公寓	蒲柏路康餘里六號	八五三七六
新都公寓	福煦路二三弄一號	八五八五九
瀚州飯店	辣斐德路五八九弄七〇號	七五四五〇
雷米公寓	雷米路九一號	
靜安寺公寓	靜安寺路一一九一號	
盧山公寓	巨籟達路三一三弄七號	八五九三五
寶飾公寓	哈同路二七八號	

十一 中西酒菜館

名稱	地址	電話
一樂酒家	呂班路一七三號	八一六六八
人和館	山東路四七號	
丁香園	八里橋路三二號	
九雲軒	浙江路五二四號	九六一八七
大三星	四馬路六七九號	九五九九五
大三元	南京路六七九號	九一〇三三
大慶樓	五馬路三九〇號	九四八〇一
大東酒樓	南京路永安公司	九〇〇二〇
大中華	福建路四二一號	九四三五一
大富貴	維爾蒙路一〇一號	八二四八四
大雅樓	四馬路五八〇號	九〇九七四
大新酒家	南京路大新公司	九四九四六
大願寺	愛多亞路一二八四號	
大上海酒樓	徐家匯路一二八號	七一九九二
大鴻運	四馬路五五六號	九一六八六
大同酒家	霞飛路七二五號	七六八一七
大同福	辣斐德路一一九七號	七一三三〇
大豐園	西馬路山東路口永樂里	九五四六四
大中華	杜神父路三八七號	八一五三九
大茅山下院	威海衛路二七〇號	三九一九二
大有利	巨潑來斯路四一號	
大新春	白爾路二五〇號	八三七六七
大三元支店	虞洽卿路一五號	九一〇四七
大新樓	虞洽卿路四八三號	九六二三二

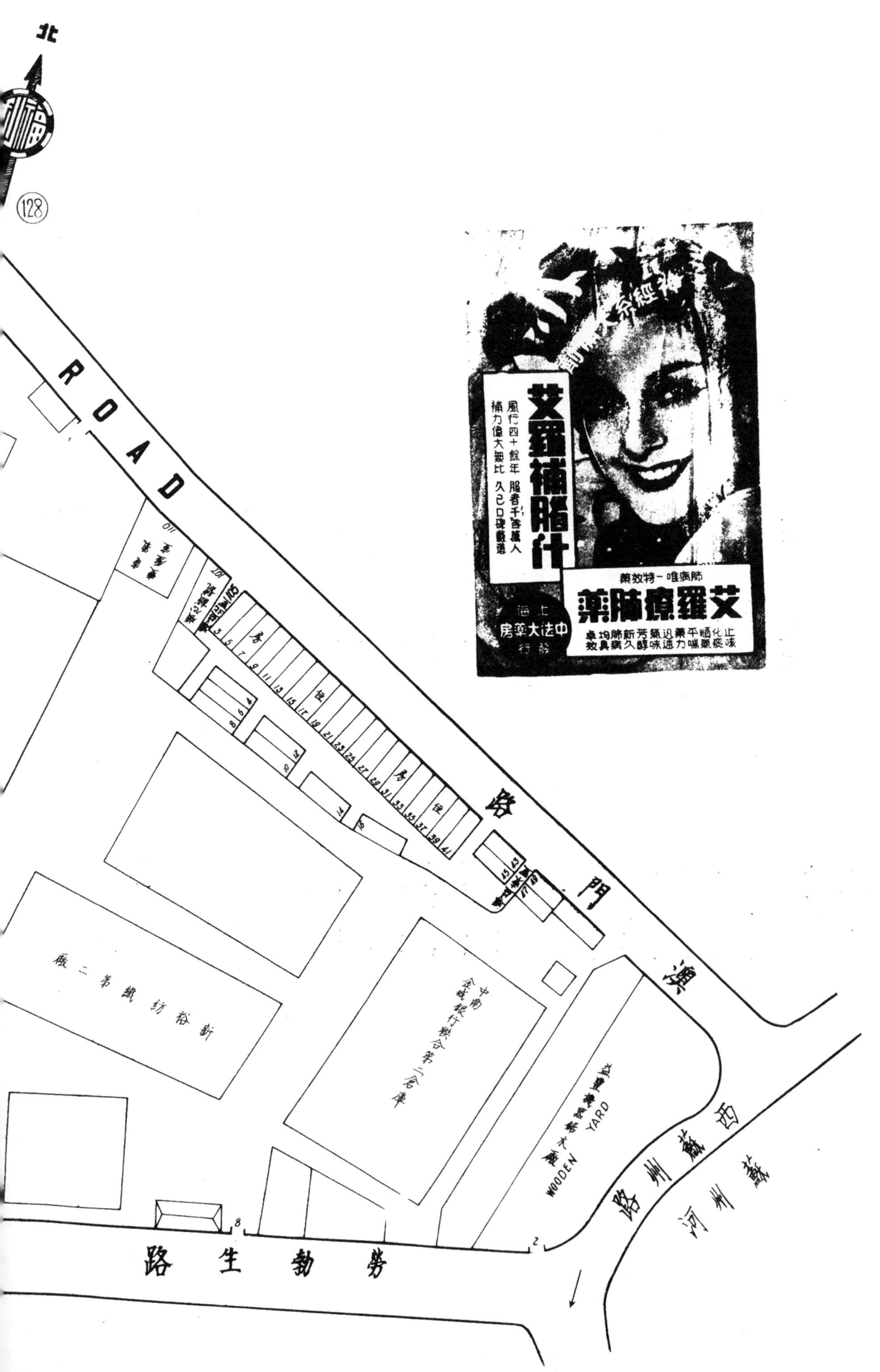
北
ROAD
澳門路
艾羅補腦汁
風行四十餘年 服者千百萬人
補力偉大無比 久已口碑載道
肺病唯一特效藥
艾羅療肺藥
止咳化痰 順氣平喘 藥力迅速 氣味芳醇 新久肺病 均具卓效
上海 中法大藥房 發行
新裕紡織第二廠
中南 金城 銀行聯合第二倉庫
WOODEN YARD
西蘇州路
蘇州河
勞勃生路

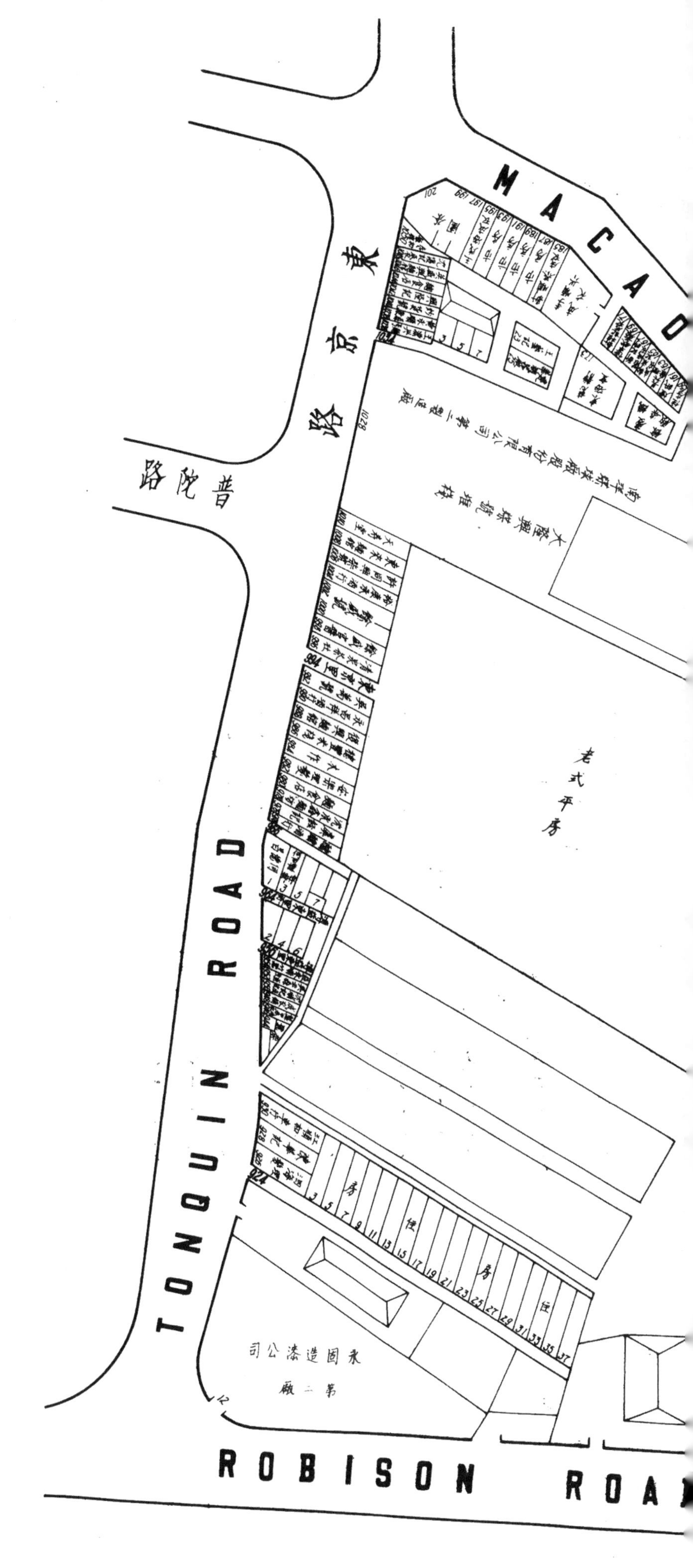
MACAO
東京路
普陀路
TONQUIN ROAD
老式平房
永固造漆公司
第二廠
ROBISON ROA

大春樓	浙江路三九四號	九二四五二
大金酒家	虞洽卿路四九八號	九五九四〇
大加利	北京路八一三號	九二〇六〇
大加福	成都路六九一號	三四一〇一
大新樓	湖北路二〇七號	九二一八七
大富貴	赫德路康腦脫路口	三三五二八
三和樓	敏體尼蔭路三〇號	八二六七二
三和樓總號	八里橋路一三號	八三三五六
三陽樓	河南路六二二號	一五八五〇
小醉天	浙江路四〇四號	九三六八六
元豐	河拉白司脫路一五七號	
文殊禪院	福煦路永業里一號	
王永興	老北門路四九號	八〇七七〇
中社	威海衛路六七四號	三一七三三
雙合永	呂班路二一七號	八四七六二
六味齋	威海衛路二二七號	三八六〇八
六樂軒	牛莊路七一四號	九三一四九
天天飯店	廣西路三四九號	九三四四三
天香齋	法大馬路四二二號	八六七五四
天福園	北河南路洪福里三號	四二九九〇
太平寺	成都路八六三號	三八〇二〇
太和館	北海路廣西路口一八一號	九五四二三
太平洋	法大馬路二九四號	八五一〇八
太和館亭記	白克路三八五號	
五福樓	敏體尼蔭路二〇號	八二三〇七
五福樓	阿拉白司脫路一六一號	
五福林	五馬路三五〇號	

五福齋	大馬路三〇八號	九〇五八九
五味齋	静安寺路七六號	九三九二三
五味齋	敏體尼蔭路七號	
五芳齋	南京路三九一號	九四七二〇
五龍園	牯嶺路斯盛里七號	九二六八〇
功德林	派克路四一弄四號	三一三一三
卡德茶室	卡德路二六〇號	三三二六八
白雲寺	北福建路五九號	四〇二六五
甘維記	廈門路蘇潤里一六號	九二五七二
永慶寺	廈門路二一號	
老民樂園	四馬路三五九號	九〇二九三
北正興館	新閘路二一號	
民和樓	北山西路一三一號	
民園	金神父路一四一號	
正和館	愛而近路四一八號	四五七六三
正興館正記	河南路五六五號	
申芳齋	虞洽卿路五五九號	
中榮樓	海寧路九七九號	
可可食品公司	二馬路六五七號	九一七三二
可餐酒家	愛文義路三一三號	三四九七一
玉佛寺	檳榔路二八〇號	三二三一五
玉佛寺下院	成都路	
四如春	四馬路三四二號	九四九一五
四明狀元樓	二馬路五四〇號	九一八五四
四時春	敏體尼蔭路二一〇號	
四海樓	愛文義路一八二號	
全興康	浙江路天津路口	九三六四五

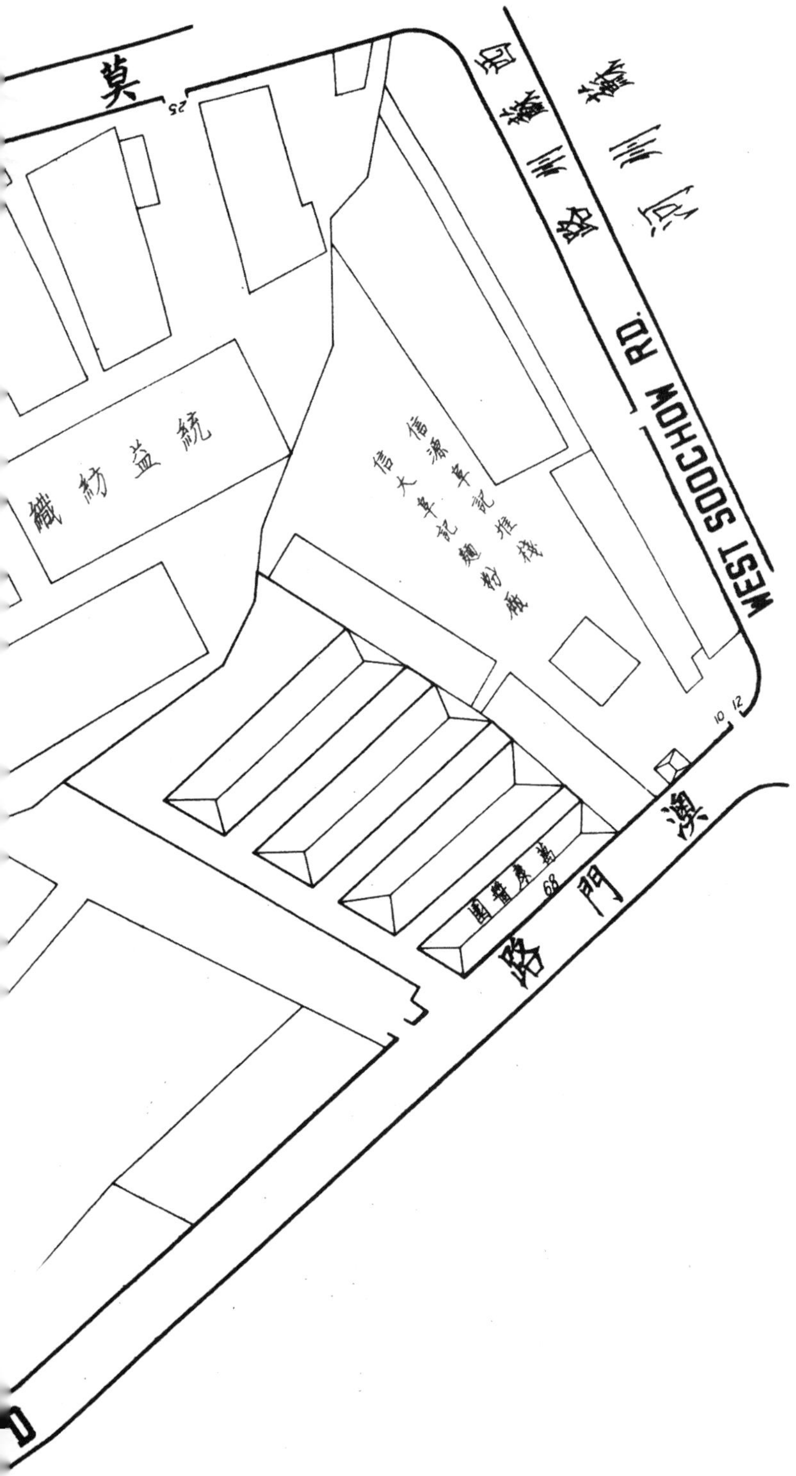

WEST SOOCHOW RD.

統益紡織

信源章記堆棧

信大章記麵粉廠

澳門路

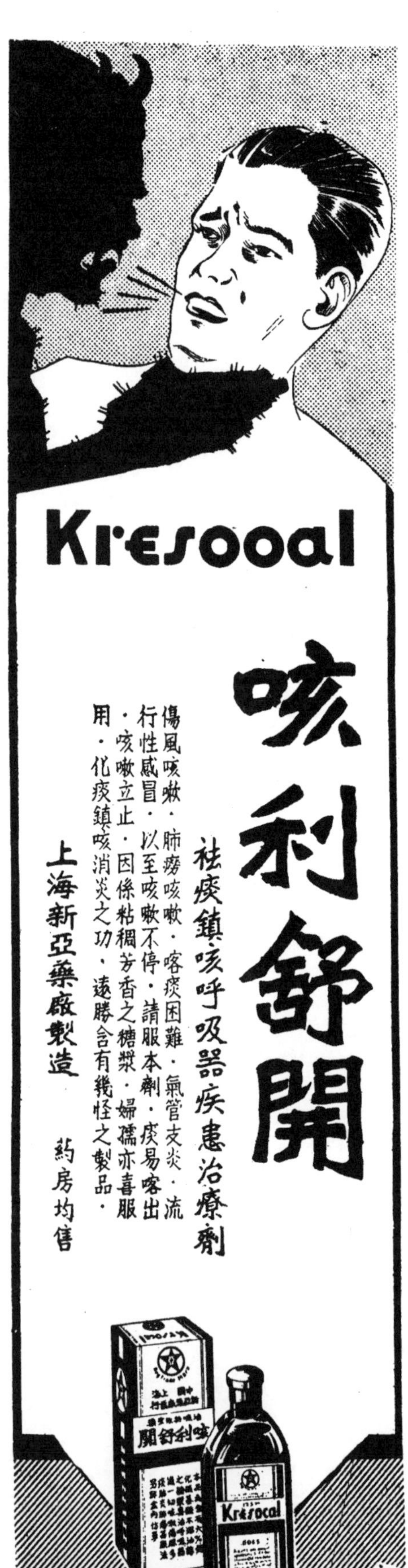

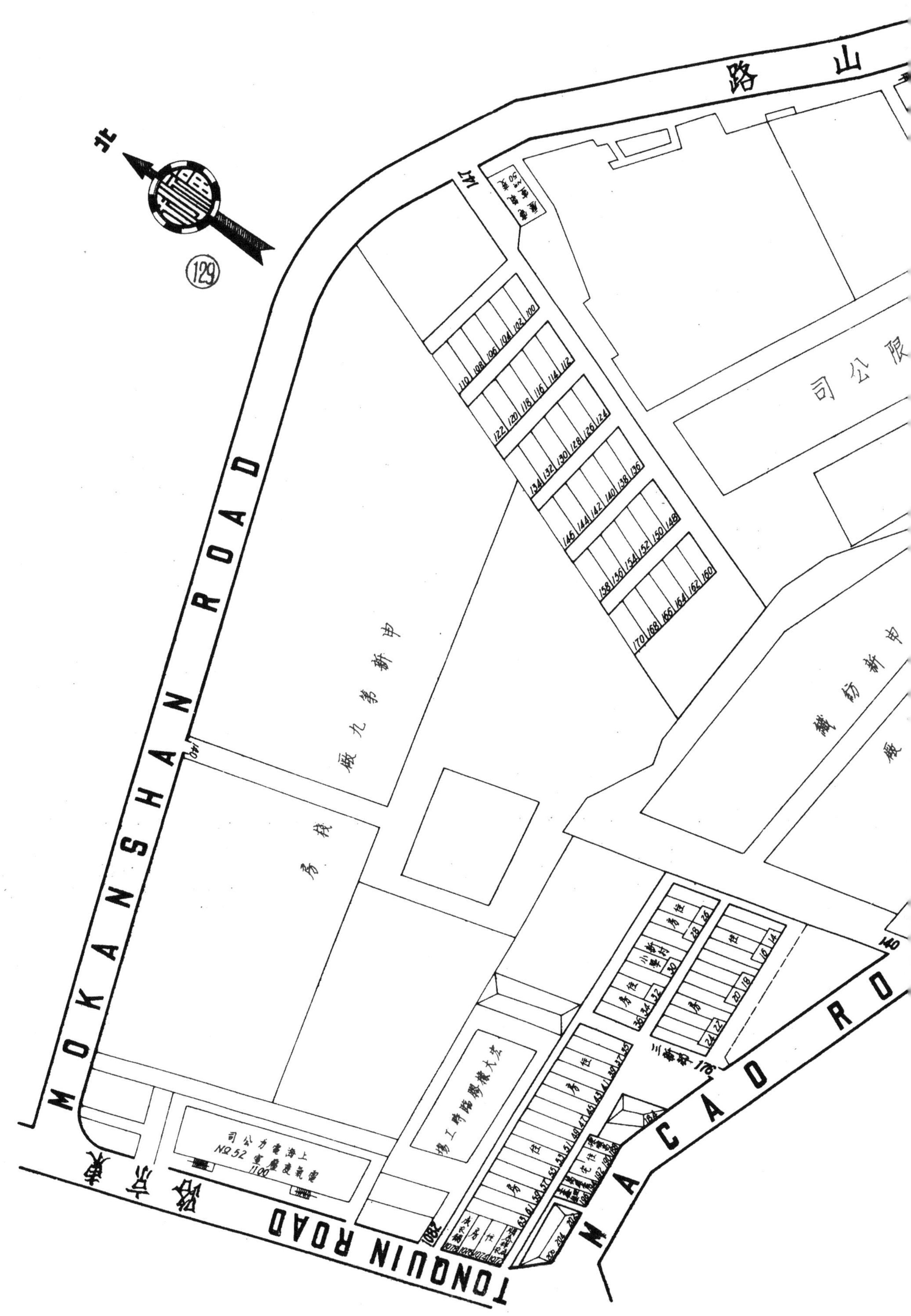

北
129
MOKANSHAN ROAD
TONQUIN ROAD
MACAO RO
山路
限公司
申新第九廠
申新紡織廠
棧房
上海電力公司
電氣變壓室
NO.52
1100

來源館	湖北路一七六號	九二〇四七
吉祥寺	七浦路二〇四號	四三三〇〇
地藏寺	成都路三多里二弄三號	
羊城	愛多亞路四三七號	八五五二二
成都	華格臬路二二號	八一四六九
百樂門菜館	八里橋路三至四號	
西南鴻運樓	福煦路三一九號	八〇四六八
西園寺分院	愛文義路四七六號	三一四九四
同和盛	新聞路二九號	九三五〇一
同和園	八里橋路三八號	八六五一〇
同和館東記	二馬路六七七號	九五三四八
同華樓	二馬路二八一號	九六四九三
同華春	北江西路五九三號	
同福館	五馬路清遠街七〇號	
同孚園	同孚路二二四號	三二八二四
同寶和	新聞路四八七號	
同興樓	四馬路四三五號	九〇四四四
老正興館	廣西路二五〇號	九四一四〇
老正興館	二馬路三〇〇號	九二一七八
老正興館	四馬路七二一號	九四四九九
老正興館	六馬路湖北路口六七號	九七五六二
老正興館東號	山東路三三〇號	九四六〇二
老吳家館	二馬路六七〇號	九六六五〇
老順興館	四馬路六八八號	九六四八一
老聚興館	四馬路三七一號	九〇八〇四
老同華樓	二馬路三六四號	九三六七四
老半齋	三馬路五九六號	九二一七七

名稱	地址	電話
老正和	廣西路二〇七號	九五一〇六
老裕泰	雲南路一三五號	
老新興公記	海寧路九六五號	
兩廣	福煦路三七八號	八五六五〇
沈大成	大馬路三六三號	九六九一九
快活林	愛多亞路四〇三號	
杏花邨	湖北路一二四號	九三五八七
杏花酒樓	四馬路三四三號	九三五五五
如新酒家	貴州路一一九號	九二六二三
狀元樓公記	麥高包祿路二四號	八二三一五
河南梁園	廣西路三三二號	九〇六〇九
金陵	愛多亞路四三一號	八四六四七
協和館	浙江路五六五號	
和興館	天潼路五六〇號	
知味觀	福建路三四五號	九〇二四〇
明記新上海	戈登路一一八八號	三八四四二
法藏寺	貝勒路茄勒路口	
京華酒家	四馬路中	
青春餐社	山西路一八六號	九三六五二
松月樓	湖北路一九三號	九四四八一
松春樓	大通路四四一號	
東華	霞飛路五五八號	八二五六一
東亞酒樓	南京路先施公司	九三一二六
東南鴻運樓	菜市路六九號	八〇二九一
味心酒家	靜安寺路八三三號	三一四六一
味雅酒樓	南京路七五五號	九二五九二
味林酒家	靜安寺路一六九四號	三〇三八一

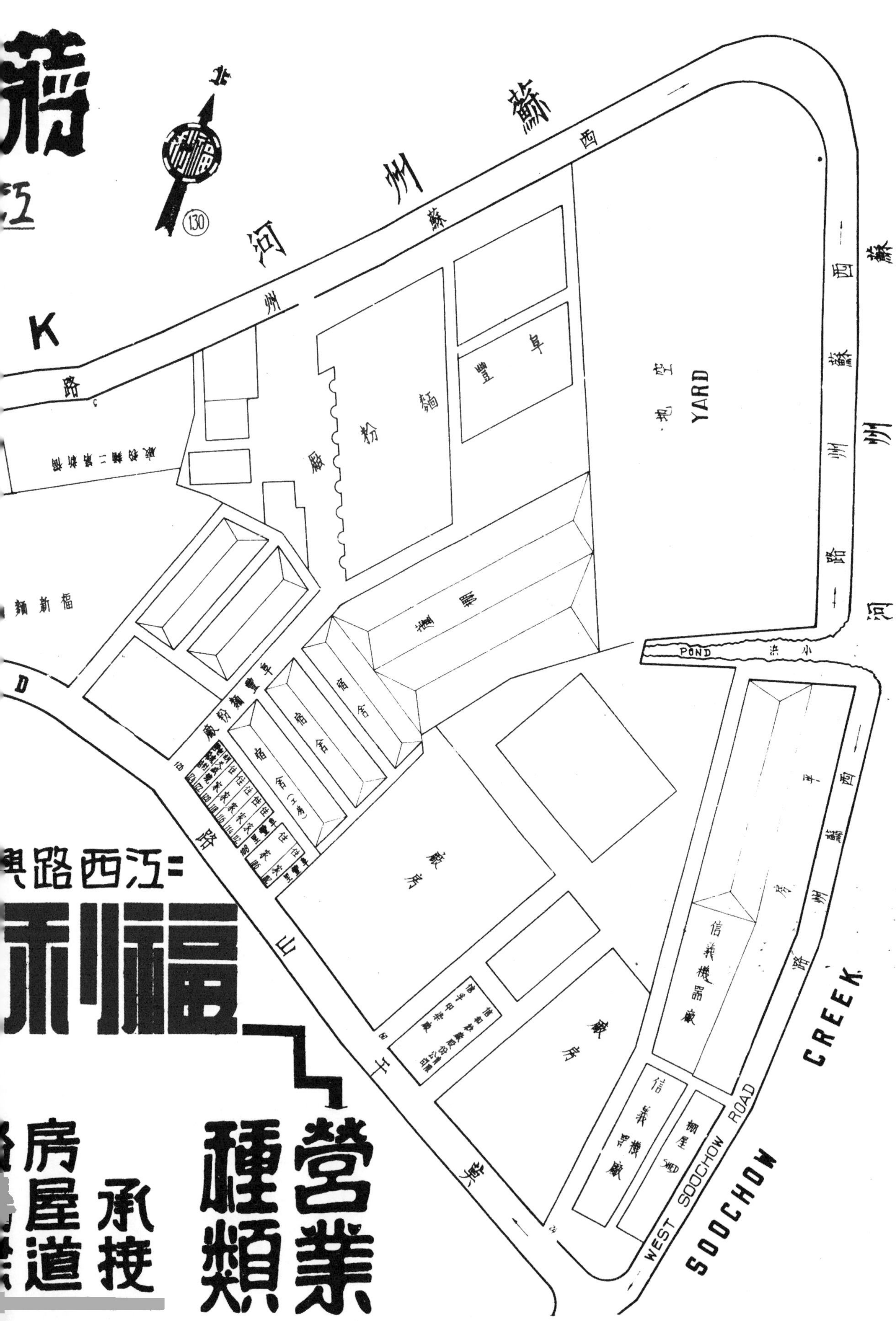
西蘇州河路
空地
YARD
POND
廠房
宿舍
信義機器廠
WEST SOOCHOW ROAD
SOOCHOW CREEK
江西路
福利
營業種類
承接
房屋
道路

名稱	地址	電話
味芳	敏體尼蔭路二三號	
味新	虞洽卿路四七七號	
美心酒家	亞爾培路三〇四號	七三九九一
馬泳記	北山西路德安里四弄八三號	四一六四一
香港菜社	福煦路五一九號	七六七六〇
海華樓	北浙江路三六八號	四〇二一〇
虹廬茶室	聖母院路二二一號	七八三四五
春江	霞飛路五四四號	八一八〇三
春華樓	湖北路一九四號	九四九七七
南園酒家	福州路六二二號	九四五六九
南京川菜社	山西路一九四號	九一〇〇〇
狀元樓發記	河南路五九至六一號	九四七八一
狀元樓	天津路四四一號	九三〇九四
狀元樓	二馬路五六六號	九三一五三
冠樂	霞飛路五二〇號	八五五五五
冠生園	南京路四四五號	九七〇一四
冠生園	法大馬路四一六號	八四八〇七
冠江茶室	呂班路一五號	八四〇七四
冠羣酒家	霞飛路一〇〇二號	七三〇四一
冠林	愛多亞路四八一號	八四八二六
悅賓酒樓	湖北路二一五號	九三九四九
泰豐酒樓	四馬路四三一號	九七一四六
浦東同鄉會	福煦路成都路口	
桃花江	廣西路二八四號	九三七九〇
唯美	亞爾培路二五二號	七〇七〇六
淨土菴	牯嶺路	九一八四一 九一八四二
桐栢宮	威海衛路二八四號	三五七四三

致美樓	四馬路五一九號	九四七九九
梅龍鎮	威海衛路六四八號	
真老正興館	二馬路二七三號	九一五九八
真老正興源記	二馬路大陸商場九號	九四二八五
陶樂春	愛多亞路六二二號	九一九三一
陶爾社	陶爾斐司路九號	八〇五三三
陶園	南京路六九一號	九六九六〇
國恩寺	維爾蒙路	八一六九八
常熟山景園	四馬路五五〇號	九〇〇〇一
乾隆	華龍路二二號	八六五八六
集賢樓	九江路	九四六二七
得意樓	四馬路六一六號	
彌陀寺	成都八五八號	三一八三三
雪園	靜安寺路一〇四號	九二四三四
華陽樓	三馬路六二一號	九四五九九
粵華酒家	派克路七五號	三四六六五
盛利酒樓	卡德路二二三號	三八三八九
準提菴	北江西路四一一號	
陸芳齋	靜安寺路一七一三號	三三三七六
曾滿記	福煦路五一七號	七一一五四
曾滿記	靜安寺路三一〇號	三六三四三
清涼寺	牛莊路七六四號	
清一色	浙江路二五五號	九五〇一六
貂蟬	馬浪路四一號	八三〇〇四
萊茉食品公司	南京路七四七號	九六二五六
圓教寺	成都路六七號	三一二七一
湖州食品公司	山西路二三四號	九五二一二

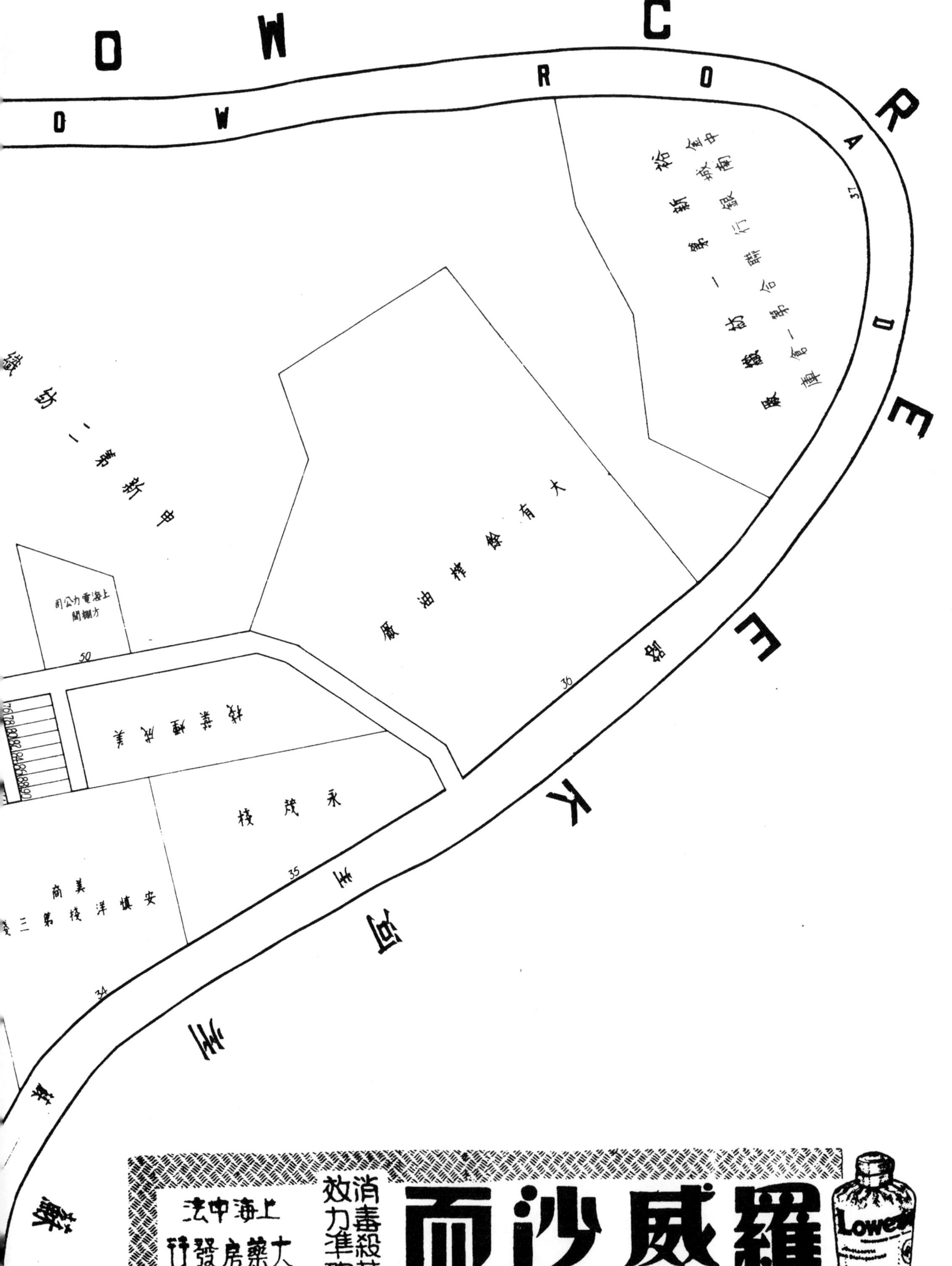
O W C R E E K
O W R O A D
大有餘榨油廠
美成煙葉棧
永茂棧
上海電力公司
開關棚
美商
安慎洋棧第三
37
36
35
34
50
羅威沙而
消毒殺菌
效力準確
上海中法大藥房發行
Lowe's

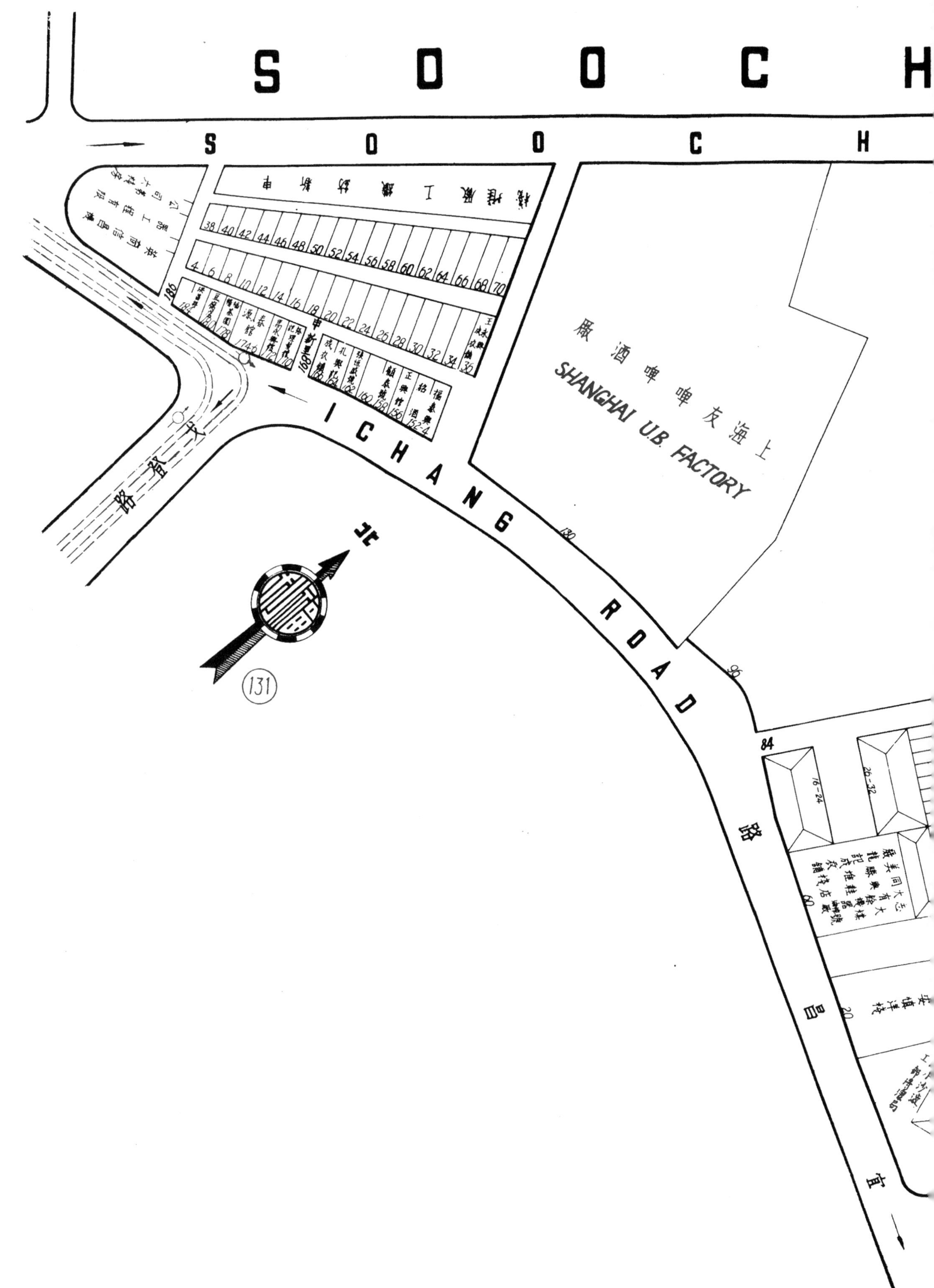

SOOCH
SOOCH
SHANGHAI U.B. FACTORY
上海友啤啤酒厂
ICHANG ROAD
宜昌路
131

道德林素菜社	長沙路九二號	九二九六二
普濟寺	辣斐德路平濟利路二七三號	八五五八五
萬佛寺	成都路大沽路口	三五六八五
會賓樓	四馬路四一九號	九六一九九
勝鴻泰	浙江路三八六號	九六八八二
勝興館	湖北路一〇七號	九二四四五
富貴樓新記	安南路八二至八四號	三四〇七九
富春樓	華格臬路二七號	八五一八五
富民樓	勞勃生路一三三六號	三四九八六
復興館	山東路五七號	
復興園	五馬路三七四號	九一六七二
復興園	戈登路七四七號	三五九七一
復興樓	浙江路五三九號	
萬利酒樓	四馬路五一四號	九七一七二
雅利茶室	亞爾培路三八〇號	七七〇三六
蓮花寺	貝禘鏖路	八五八二六
源和館	北浙江路二〇號	
鴻福樓	派克路一五三號	
聖仙寺	淡水路九六號	三四七五三
報本堂分院	長沙路一六三號	九〇九六四
寧波沁社	虞洽卿路一四三號	
寧波狀元樓	四馬路六八〇號	九六二九二
蜀鄉川館	二馬路四一九號	
蜀腴	廣西路二三五號	九三三五五
蜀蓉	華格臬路三一號	八四二九七
義興館	阿拉白脫司路二〇二號	
義昌菜館	五馬路四三八號	

福興齋	南京路四二七號	九四六〇五
福興園	福煦路五一三號	七二一九五
福興居	二馬路四一七號	九六一五一
福祿壽	南京路七四一八號	九三三六六
福運園	南京路覲仁里四八號	九五三九〇
新雅酒樓	南京路七一九號	九〇〇八〇
新華園	北河南路一七五號	四三四三〇
新半齋	三馬路五九三號	九三四六五
新新酒樓	南京路新新公司	九〇五一七
新陽館	北福建路一五三號	四五七四九
新興館	北浙江路三一一號	
新隆興菜館	勞合路九四號	
新華酒家	廣西路三四九號	九一一九五
新正興館	北浙江路二〇號	
新大食品公司	虞洽卿路三五九號	九四五一六
瘦西湖	白爾部路六八號	八三七八四
鼎新樓	山西路二二七號	九一六六七
德源樓	四馬路四五二號	九一九六六
銀月邨	聖母院路一二五號	七七九六〇
嘉湖食品公司	愛多亞路二八三號	八六四七六
興滬	霞飛路五二八號	八三九一六
精美食品公司	大馬路英華街二五號	九〇三一四
精精食品公司	虞洽卿路四四一號	九六八八八
榮康菜社	海格路一號	三二八六九
榮華園	四川路三和里一號	
滬寧菜社	梅白格路一二五號	三九四七七
滬江茶室	福履理路亞爾培路	七一二四六

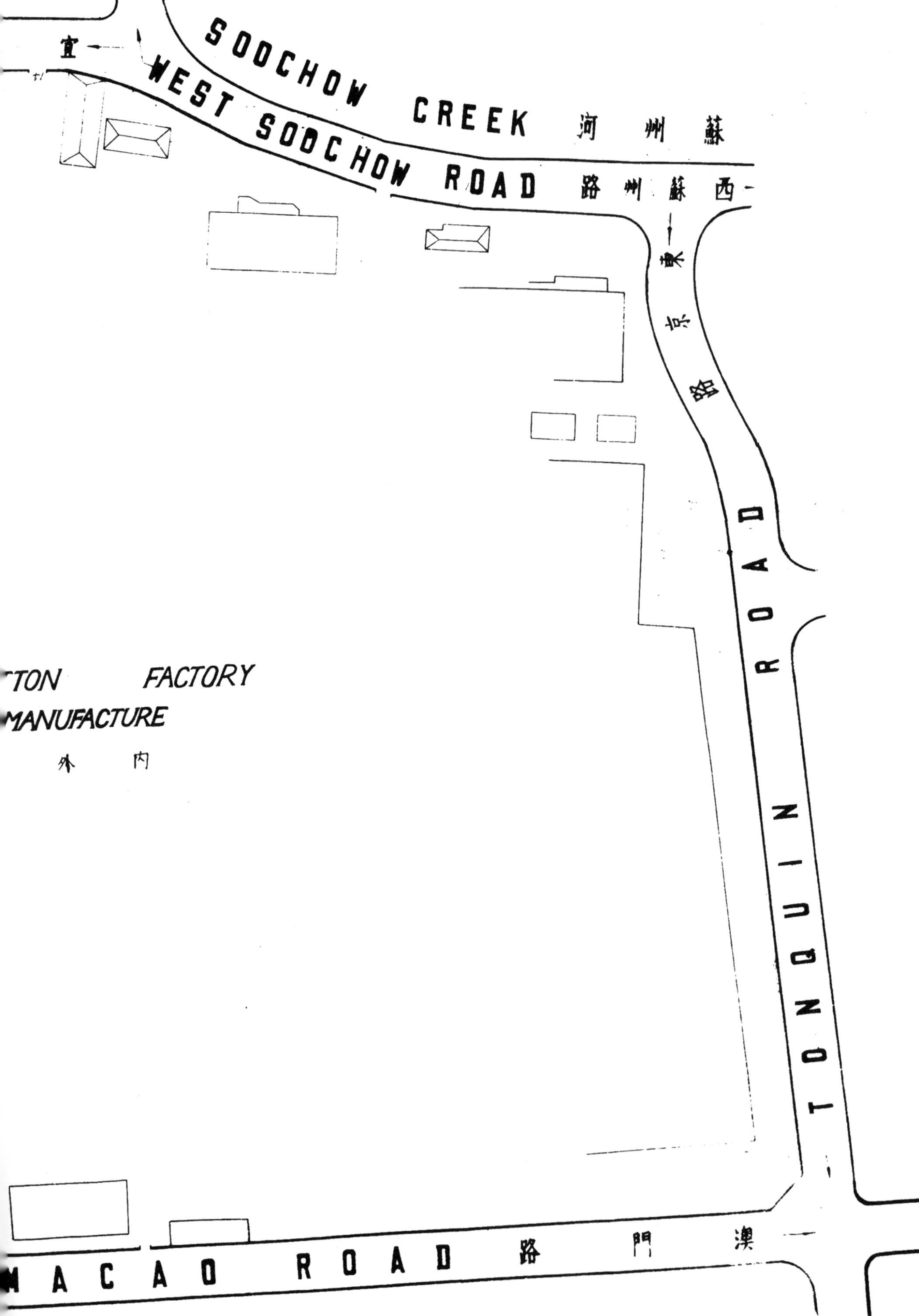

SOOCHOW CREEK 蘇州河
WEST SOOCHOW ROAD 西蘇州路
東京路
TONQUIN ROAD
TON FACTORY
MANUFACTURE
外 内
MACAO ROAD 澳門路

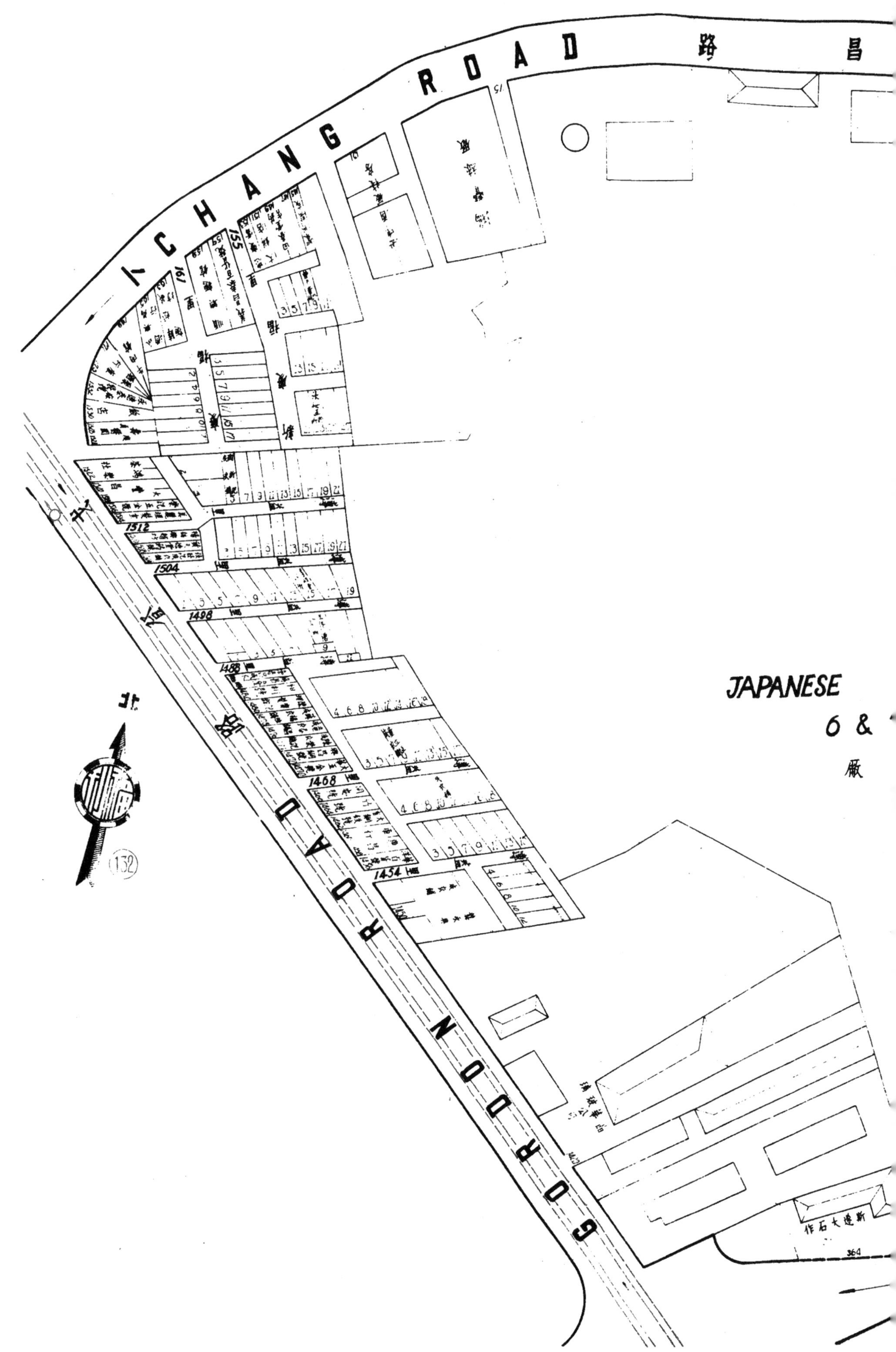

ICHANG ROAD 宜昌路
GORDON ROAD 戈登路
JAPANESE
6 &
廠

滬西大中華	卡德路二五一號	三四六八三
廣宮酒家	愛文義路一四五四號	三九九一九
廣東	愛多亞路三八一號	八三一三一
廣東樓	辣斐德路二一七號	九五八二一
廣州公司	霞飛路五三四號	八四七四二
廣州飯店	敏體尼蔭路五四號	八〇四四四
聚源齋	湖北路九〇號	九五五一六
聚興館	芝罘路一六三號	九五九六〇
聚源館	五馬路湖北路口	
聚豐園	廣西路二二四號	九四六六一
聚昌館	四馬路四七五號	九六五七四
聚商館	湖北路三二四號	九五一二九
聚昇館	浙江路三九二號	九一三九七
聚興園	勞勃生路一三七一號	三〇六三二
聚興館	福建路五〇六號	九四七六九
輝記酒家	梅白格路一一一號	三三一三三
餐英	二馬路三二二號	九四三七二
靜安寺	靜安寺路一七〇〇號	三三八五五
錦江菜館	華龍路八〇號	八五八五五
錦江菜館	華格臬路四〇四號	八三〇四九
綠舫館	靜安寺路九五二號	三九五五五
綠楊邨	靜安寺路七六三號	三七二二一
綠寶食品	愛多亞路七九三號	
綠野新邨	霞飛路六八九號	七二五三三
鴻福樓	三馬路五二四號	九二六〇九
鴻運來	四馬路四七二號	九六三五七
鴻慶酒樓	湖北路九九號	九二一五八

名稱	地址	電話
鴻雲樓	山東路五五號	九一四六四
鴻源樓	阿拉白司脫路二三六號	
鴻裕樓	新閘路四一三號	
鴻興園	愛多亞路六九號	八七〇三九
鴻運樓	福建路九二號	九二〇一五
燕華樓	四馬路五四〇號	九三四三九
龍興寺	愛多亞路九五四號	九五六三五
龍興館	芝罘路一五九號	
覺林	霞飛路二五四號	八二五五一
羅柏記	新閘路鴻福里九四號	九一六七五
護國寺	孟德蘭路一〇一路	三三三五八
一芳春西菜社	河南路六四四號	一六〇八八
一家春西菜社	福州路二六六號	九三一八一
上海西菜社	廣東路一五〇號	一四四五六
大西洋西菜社	福州路七一〇號	九一七〇八
大來飯店	靜安寺路一二五七號	三六九一五
大美菜社	雲南路一六五號	九二一〇四
大陸西菜室	虞洽卿路六九號	九四四六三
大雅高加索飯店	霞飛路一〇〇六號	七〇五七八
中央菜社	福州路七三〇號	九四二五四
中歐飯店	江西路三〇五號	一三六四九
光明咖啡館	靜安寺二二六號	三二三五六
印度吤喱飯店	福州路七一一號	九〇八一一
法蘭西酒吧飯店	愚園路一四七三號	二〇九五五
金城西菜社	汕頭路八三號	九五三六九
青年會	四川路六三〇號	一六九〇四
青年會食堂	敏體尼蔭路一二三號	八五三一六

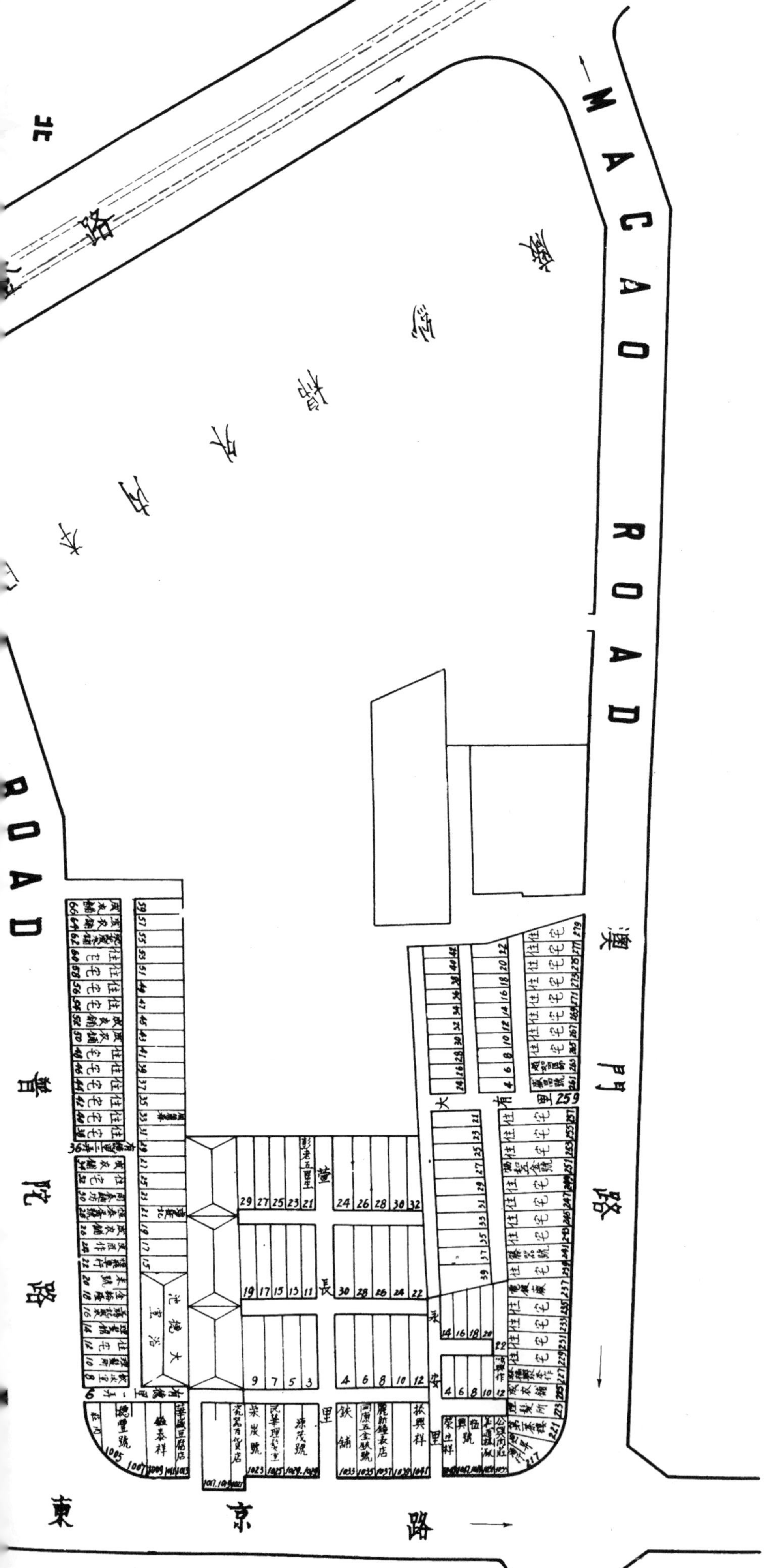

MACAO ROAD

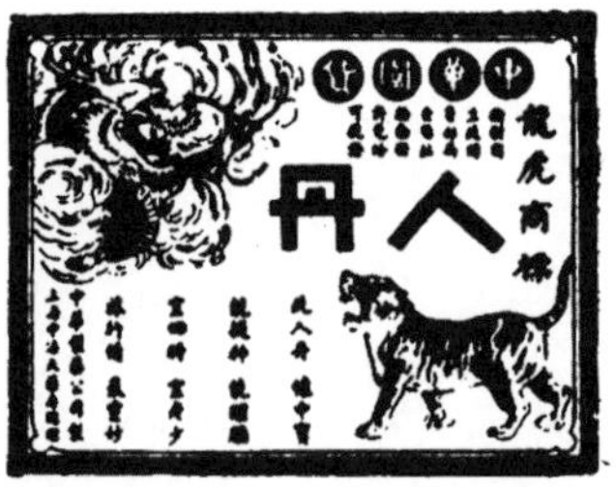

澳門路

東京路

普陀路

ROAD

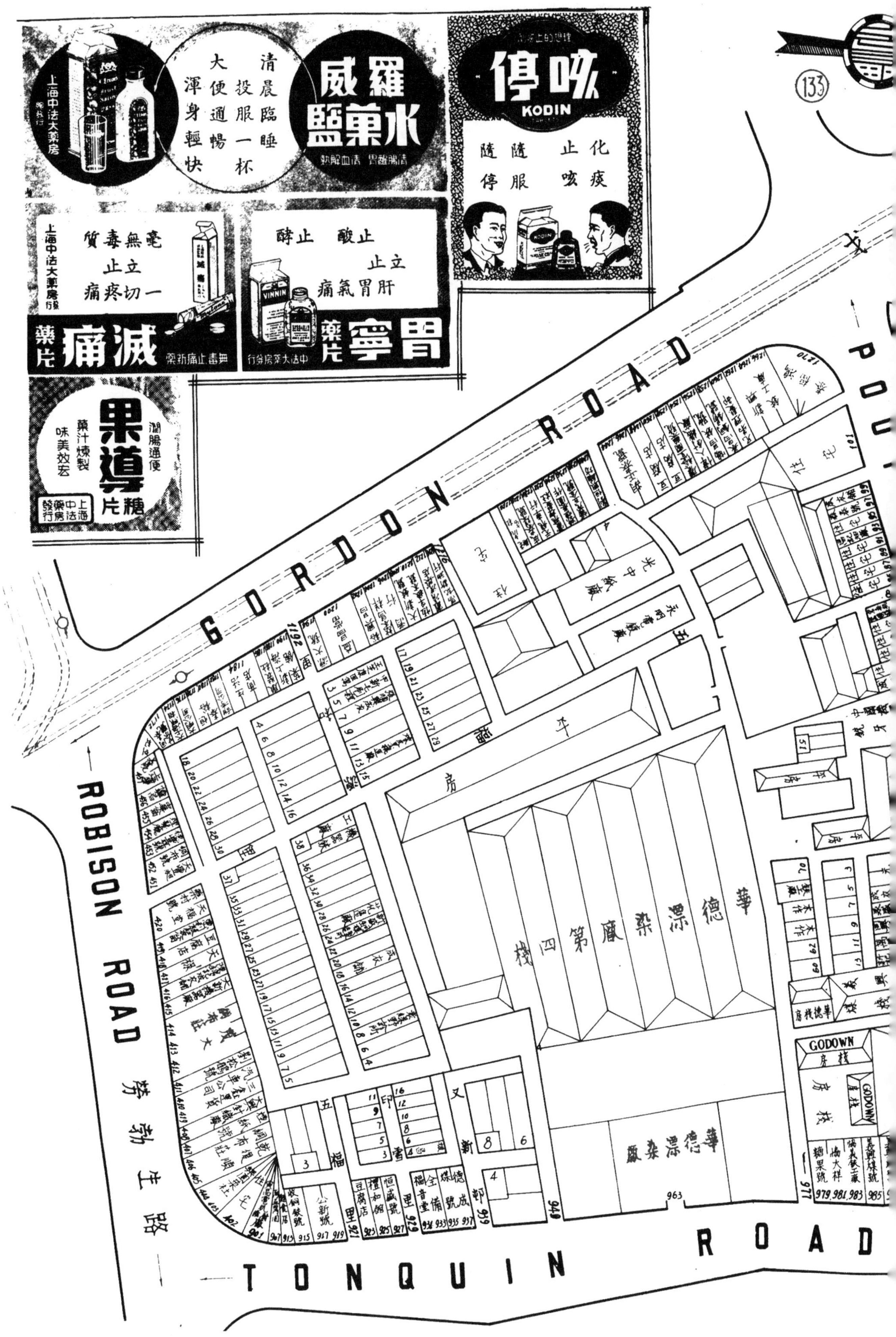

羅威藥水
清晨臨睡 投服一杯 大便通暢 渾身輕快
清腸胃 清血解熱
上海中法大藥房 總發行
咳停
KODIN
化痰止咳 隨服隨停
減痛藥片
毫無毒質 立止一切疼痛
無毒止痛新藥
上海中法大藥房 發行
胃寧藥片
止酸止酵 立止肝胃氣痛
VINNIN
中法大藥房發行
果導糖片
潤腸通便
菓汁煉製 味美效宏
上海中法藥房發行
133
GORDON ROAD
ROBISON ROAD
TONQUIN ROAD
勞勃生路
光中鐵廠
永明電鍍廠
華德染廠第四棧
華德染廠
GODOWN

晉隆西菜社	虞洽卿路四〇〇號	九一九二九
浦東同鄉會茶室西餐廳	愛多亞路一四五四號	三八〇二六
康士登高加索飯店	霞飛路一〇一一號	七三三一二
華安大廈西菜室	靜安寺路一〇四號	九〇〇一〇
華安大菜室	霞飛路三九八弄二號	八〇一二八
凱司令西菜社	靜安寺路一〇〇一號	三五〇〇七
新利查西菜社	廣西路一六四號	九四七六〇
榮康西菜社	海格路一—三號	三八四四四
歐羅巴西菜社	靜安寺路斜橋弄口	三四三一四
德門飯店	霞飛路七五二號	七五四二七
德國來喜飯店	靜安寺路一二六九號	三四四一〇
鄧脫摩飯店	寧波路三五號	一七一七七
樂鄉飯店	九江路一五〇號	一〇八〇七
環龍西菜社	環龍路一六〇號	七二八二三
鴻安西飯店	愛文義路一二二〇弄五〇號	三一〇一八

十二　俱樂部

名稱	地址	電話
上海青年俱樂部	崇明路八二號	四六九〇五
上海航運俱樂部	廣東路九三號	一二九五〇
上海紙牌總會	靜安寺路九三四號	三六三七一
上海草地球會	跑馬廳	九五五九九
上海跑馬同人俱樂部	馬霍路二四九號	三三三三六
上海跑馬總會	靜安寺路三〇五號	三〇一〇九
上海機務總會	四川路二二〇號	一〇三〇五
上海聯歡社	漢口路四七〇號	九〇八三五
上海體育會	靜安寺路三〇五號	九〇七四五
上海遊藝聯誼社	雲南路裕德里四二至四三號	
工部局華員總會俱樂部	南京三五三弄一號	九五〇〇〇
中外聯歡社	南京路一五三號	一四五六〇
升社	跑馬廳七七號	九六六五八
正誼社	南京路三五三弄一號	九五七九六
伊立諾大學同學會	愛多亞路一四五四號	三二四五五
法工部局巡捕總會	愛麥虞限路四七號	七五一三二
倫社	江西路二六四號	一三六四五
益友社	天津路一七〇弄一三號	九六七五七
海關同人俱樂部	梅白格路九七弄六二號	三七二五七
海關俱樂部	靜安寺路四七九弄一〇號	三二〇五八
馬夫總會	馬霍路二三三號	三四五〇〇
琴師國音社	汕頭路六八弄五號	九〇五五四
航工俱樂部	法租界外灘六〇號	八五三〇三
商航總會	北京路五九號	一〇〇六四
游泳總會	跑馬廳	九三八〇九
華僑俱樂部	跑馬廳路四二九弄三〇號	三三六六七
華聯同樂部	南京路一九四號	一六一二九
集益社	南京路三五三弄一號	九六二三〇
業餘戲劇俱樂部	蒲石路邁爾西愛路角	七〇四一四
達賚社	雲南路一七三號	九七一〇五
綢商俱樂部	浙江路一〇九弄四號	九〇八四〇
樂天集	北京路八一九弄四號	九三九九〇
榕廬	南京路一二〇號	一三二五三
銀行俱樂部	香港路五九號	一六五六一
聯般水手總會	梅白格路三九號	三〇一六八
蘭集	白克路一六號	九一六五八
上海商社	漢口路綢業大樓	
梵皇渡俱樂部	南京路三五三弄一號	

ROBISON ROAD
勞勃生路
戈登路
GROUND
空地
平房
永昌木行
仁記木行
濟良所
公泰煤號

GORDON ROAD
POO TOO ROAD
MACAO ROAD
SEYMOUR RD.
POND
澳門路
普陀路
西摩路
134

十三　播音電台

名稱	地址	電話
大上海	南京路哈同大樓	一八二七一
大中華	公館馬路五一九號	八六一九〇
大亞	九江路五四五號	九一二一〇
大來	漢口路揚子飯店	九〇〇四〇
大東	楊樹浦路三四〇號	五一二五一
大美	靜安寺路一五路	九三七二四
大陸	北京路八五一號	九二五八八
中西	四馬路中西大藥房	九四〇二〇
中美	湖北路一三一號	九五九〇五
中德	南京路三五三弄一號	九五一九三
友聯	愛多亞路中南飯店	九二二六〇
元昌	菜市路一六弄三號	八二九八五
天蟾	福州路七〇一號	九五八四六
永生	福建路一五二號七樓	九三八五九
民聲	牛莊路六九一號	九七一五三
西華美	跑馬廳路四四五號	三一二三四
兩友	南京路四五四號	九六九〇二
利利	靜安寺路三九五號	三〇一三三
李樹德堂	白克路二五〇號	九五三四三
明遠	湖北路一三二號	九四一三三
建華	福煦路五〇四弄三六號	三二三二三
奇開	趙主教路二七四號	七四三九九
東陸	浙江路東方旅社	九〇一〇七
東方	廣東路七三一號	九一〇二〇

名稱	地址	電話
金鷹	浙江路一五九號	九三三一五
法人	霞飛路一九三號	八〇五六七
航業	廣東路航運俱樂部	一二九五八
國華	六馬路中央飯店	九二三〇〇
商業	天津路四〇五號	九一三四二
富星	萬籟路九四號	八六三五六
華英	漢口路四一號	九七一九四
華東	廣西路四六五號	九四二八八
華泰	廣東路一六一號	一〇九八四
華僑	愛文義路一七二九號	三一三八八
華興	青島路一九號	三一六三七
播盛	直隸路二五號	九〇二九七
雷氏	牯嶺路一四五弄二三號	九五〇九五
雷士	虞洽卿路六九號	九七〇九〇
新通	斜橋弄一五號	三七四三七
新新	南京路新新公司	九七二〇〇
新華	南京路四七〇號	九三六二六
福聲	南京路四二三號	九三四一四
福音	博物院路一二八號	一三六六一
精美	愛文義路一三二號	九六五六〇

十四 銀行

名稱	地址	電話
川康平民商業銀行	蒲石路三三九弄一二號	七七五六四
川鹽銀行	河南路五二一號	九五九〇一
女子商業蓄儲銀行	南京路四八〇號	九四一四〇
大中銀行	河南路五〇一號	九〇一四四
大生銀行	寧波路二六六號	九三九六五
大同商業銀行通匯處	北京路二八〇號四樓	一六〇二二
大來銀行	寧波路七七號	一九四三〇
大亞銀行	天津路一一九號	一七四七四
大陸銀行	九江路一一一號	一六九七九
大陸銀行上海儲蓄信託部	南京路三五三弄四號	九二二〇〇
大陸銀行靜安寺路支行	靜安寺路七七一號	三一九四五
大陸銀行霞飛路支行	呂班路一號	八〇八三八
大康銀行	寧波路二七七號	一一七四四
上海銀行業聯會準備委員會	香港路五九號	一一五五九
上海國民銀行	愛多亞路三一號	八三三五〇
上海商業儲蓄銀行	寧波路五〇號	一二五六〇
上海銀行虹口分行	靜安寺路七八七號	三五〇〇〇
上海銀行界路分行		
上海銀行西門分行	霞飛路五八九號	八二七三九
上海銀行靜安寺分行	靜安寺路七八七號	三五〇〇〇
上海銀行小東門分行		
上海銀行提藍橋分行	愚園路二三二號	三三四五五
上海銀行霞飛路分行	霞飛路五八九號	八二七三九
上海銀行八仙橋分行	敏體尼蔭路一二一號	八三六一二

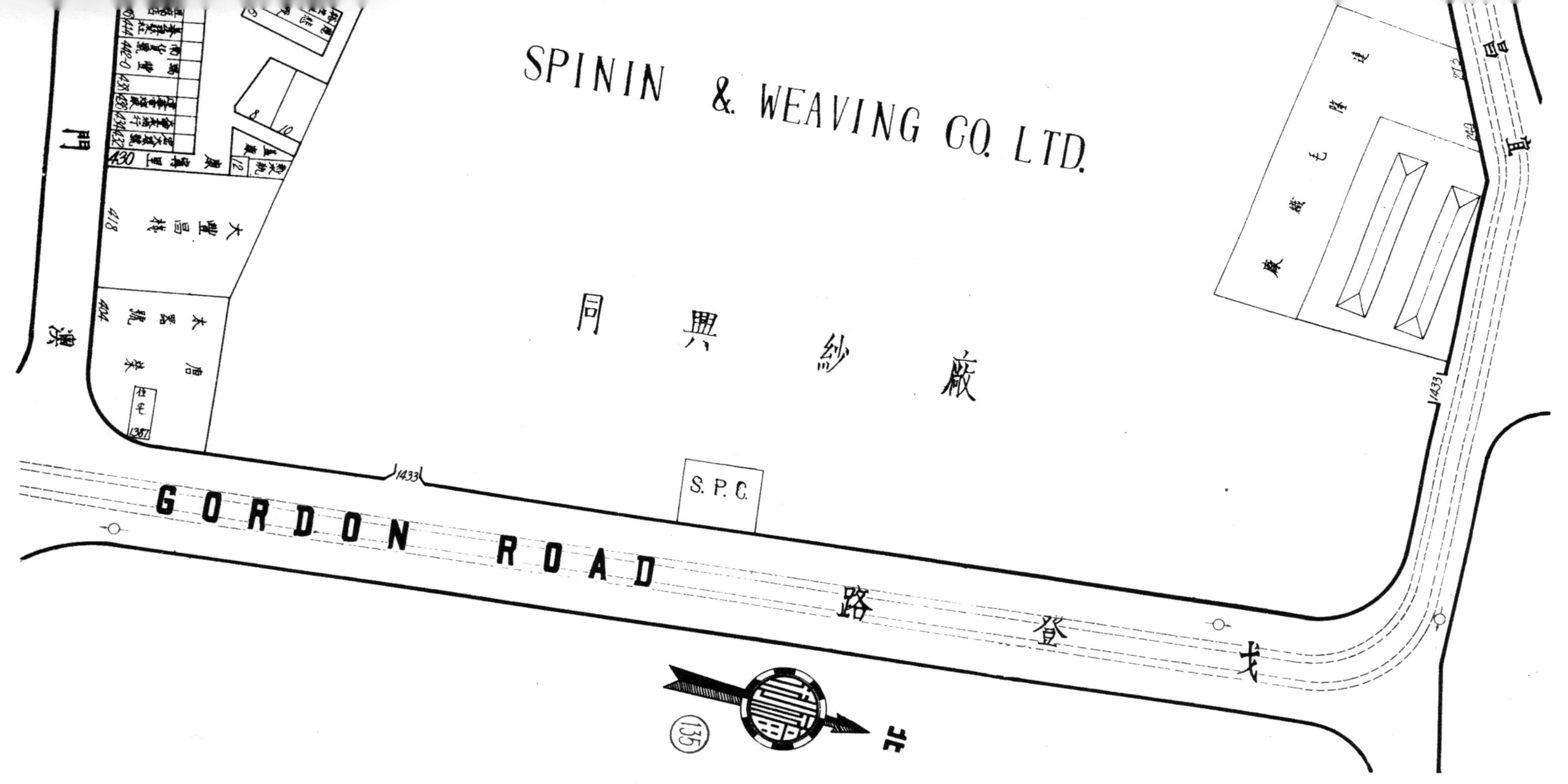

SPININ & WEAVING CO. LTD.
同興紗厰
S.P.C.
GORDON ROAD
戈登路
宜昌
澳門
1433
135

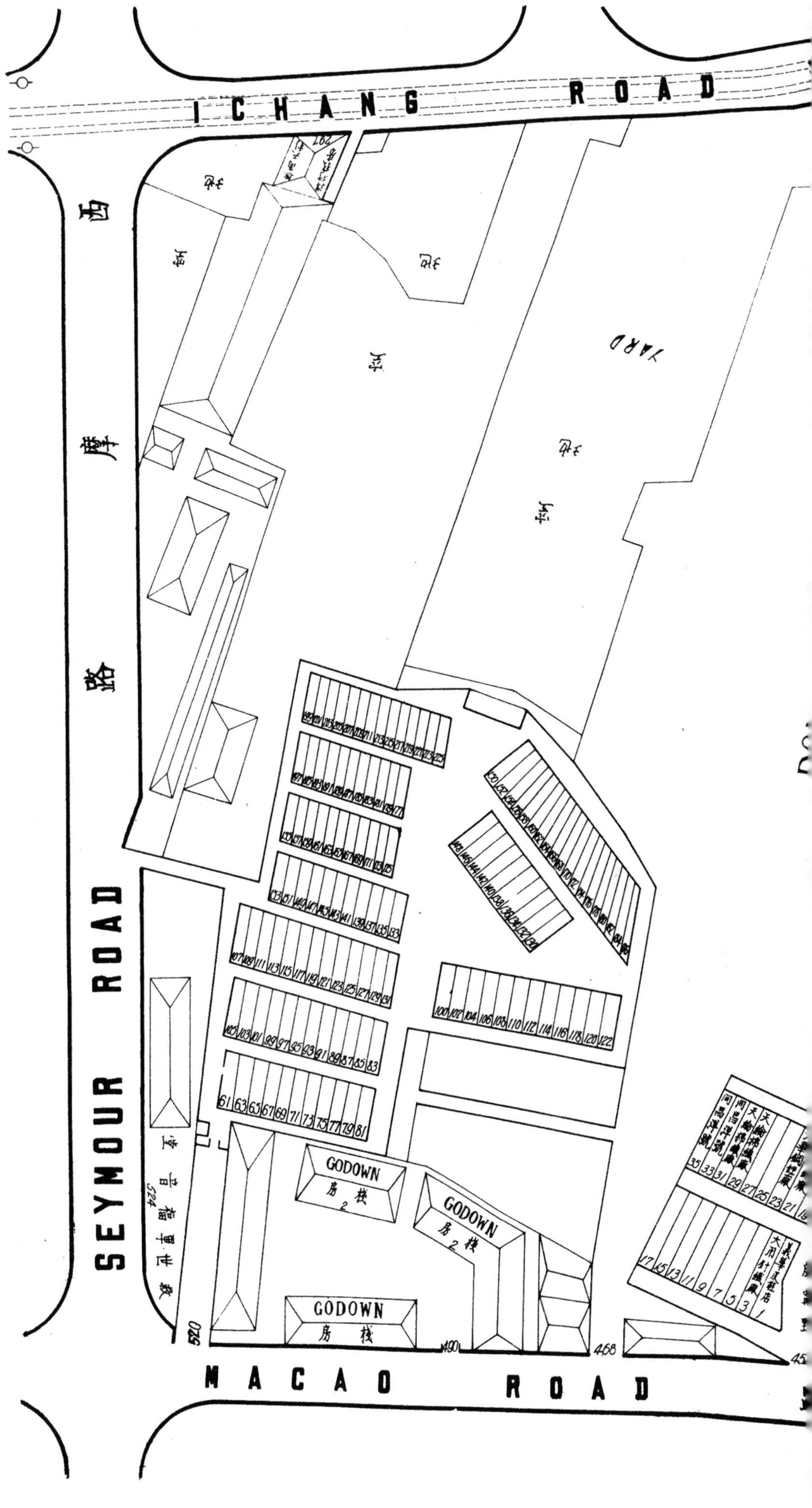
ICHANG ROAD
SEYMOUR ROAD
MACAO ROAD
西摩路
YARD
GODOWN
棧房
GODOWN
GODOWN

名稱	地址	電話
上海銀行中虹橋分行		
上海銀行愚園路分行	愚園路二三二號	三三四五五
上海綢業銀行	漢口路石路口四六〇號	九三三五〇
上海綢業銀行南市分行	溪口路石路口四六〇號	九三三五〇
中一信託公司	北京路二七〇號	一五二〇〇
中央銀行	外灘一五號	一二五七〇
中孚銀行	仁記路一〇三號	一六八七九
中孚銀行西區支行	靜安寺路一〇〇九號	三四〇六七
中孚銀行西門支行	靜安寺路一〇〇九號	三四〇六七
中和商業儲蓄銀行	南京路四〇二號	九四二五七
中南銀行	漢口路一一〇號	一五二二二
中南銀行八仙橋支行	愷自爾路四四號	八一一二一
中南銀行福煦路支行	福煦路八七一號	七七九二二
中南銀行愚園路支行	愚園路二二四號	三六二〇六
中國農工銀行	河南路三四八號	一八一三五
中國墾業銀行	北京路二三九號	一六二九〇
中國墾業銀行霞飛路支行	霞飛路五四三號	八五四五七
中國墾業銀行八仙橋支行	敏體尼蔭路一四三號	八二四七一
中國墾業銀行西區支行	靜安寺路三一八號	三二一〇一
中國國貨銀行	天津路八六號	一一一六五
中國國貨銀行霞飛路辦事處	霞飛路五一二號	八四九八二
中國企業銀行	四川路三三號	一六九八〇
中國企業銀行西門分行	四川路三三號	一六九八〇
中國實業銀行	北京路一三〇號	一八七二九
中國實業銀行法租界支行	公館馬路四二八號	八五四三二
中國通商銀行	外灘七號	一五五五〇
中國通商銀行南市支行	法外灘一〇五號	八三二三二

中國通商銀行虹口支行	霞飛路六一一號	八三八四四
中國通商銀行愛多亞路支行	愛多亞路四四五號	八一四二一
中國銀行	漢口路五〇號	一一〇八九
中國銀行虹口辦事處	八仙橋分行內	八三一七五
中國銀行南市辦事處	八仙橋分行內	八二一七五
中國銀行新閘路辦事處	新閘路四二〇號	三二二四六
中國銀行茸市街辦事處	八仙橋分行內	八二一七五
中國銀行靜安寺路辦事處	極司非而路一號甲	三二八五三
中國銀行界路辦事處	八仙橋分行內	八二一七五
中國銀行同孚路辦事處	靜安寺路八〇一號	三六一八六
中國銀行霞飛路辦事處	霞飛路六二四號	八四〇一〇
中國銀行松江辦事處		
中國銀行南京駐滬通訊處	馬斯南路五二號	七六三九一
中國銀行南京江北谷行通訊處	高乃依路一號	七一四三二
中國銀行紹興支行	福煦路九三三號	七六〇一二
中國銀行蕪湖分行	福煦路九五九號	七七〇四七
中國銀行天津分行	霞飛路分行後泰山公寓三樓	
中國農民銀行	北京路三六八號	九七〇二〇
中國農民銀行霞飛路分理處	霞飛路六〇七號	八四八三五
中國農民銀行南市分理處	霞飛路六〇七號	八四八三五
中華銀行	北京路二九〇號	一三一七三
中華勸工銀行	南京路三二八號	九一一九〇
中華墾業銀行	外灘一六號	一一九四一
中匯銀行	愛多亞路四三號	八〇一六〇
中滙銀行天津路分行	天津路五〇號	一一三八八
中興銀行	四川路一四九號	一四四一五
太平銀行	天津路一七八號	九三〇六五

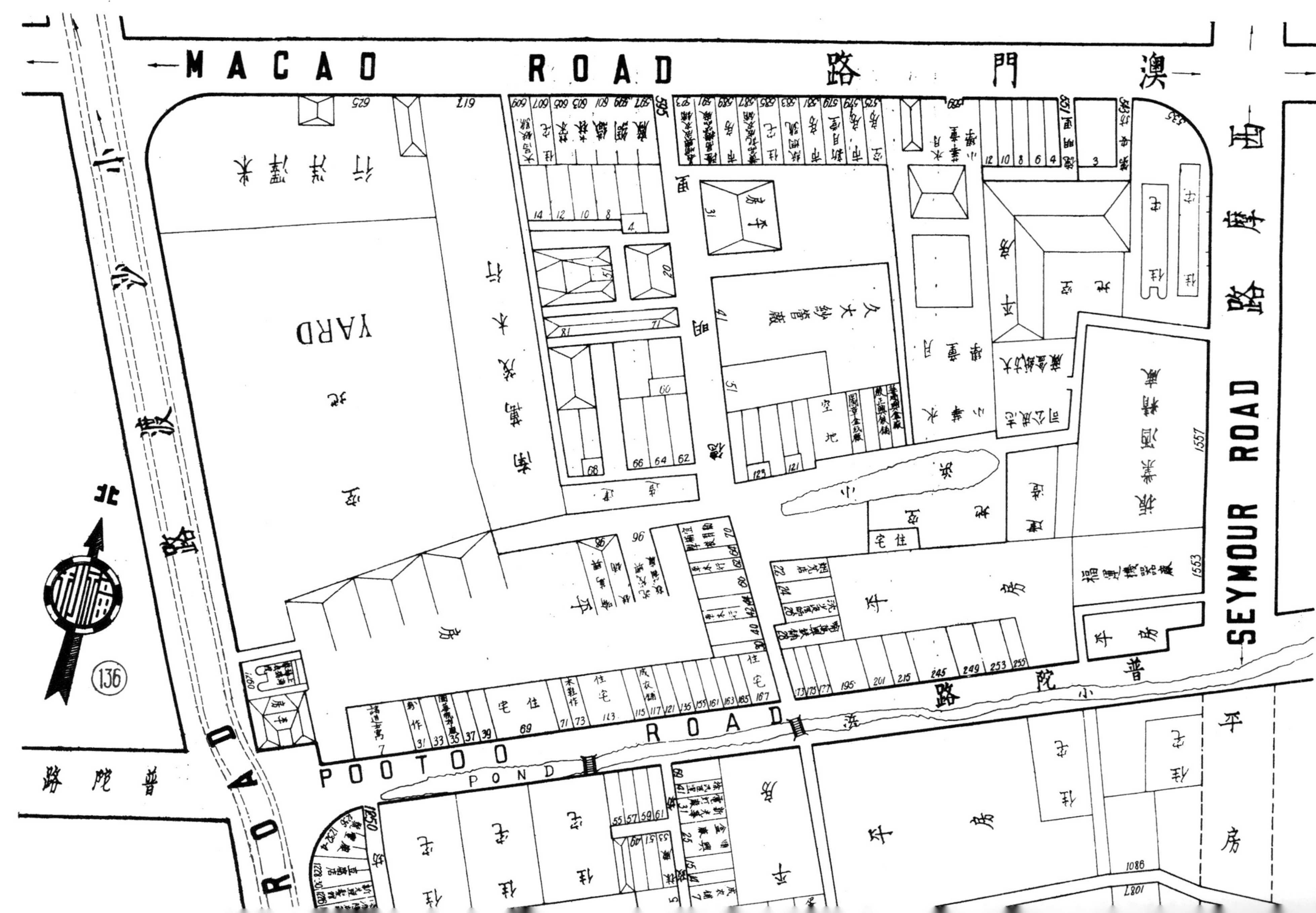

MACAO ROAD
澳門路
SEYMOUR ROAD
西摩路
小沙渡路
ROAD
POOTOO ROAD
POOTOO POND
YARD
136
南萬茂木行
振業酒精廠
福運機器廠
德明里

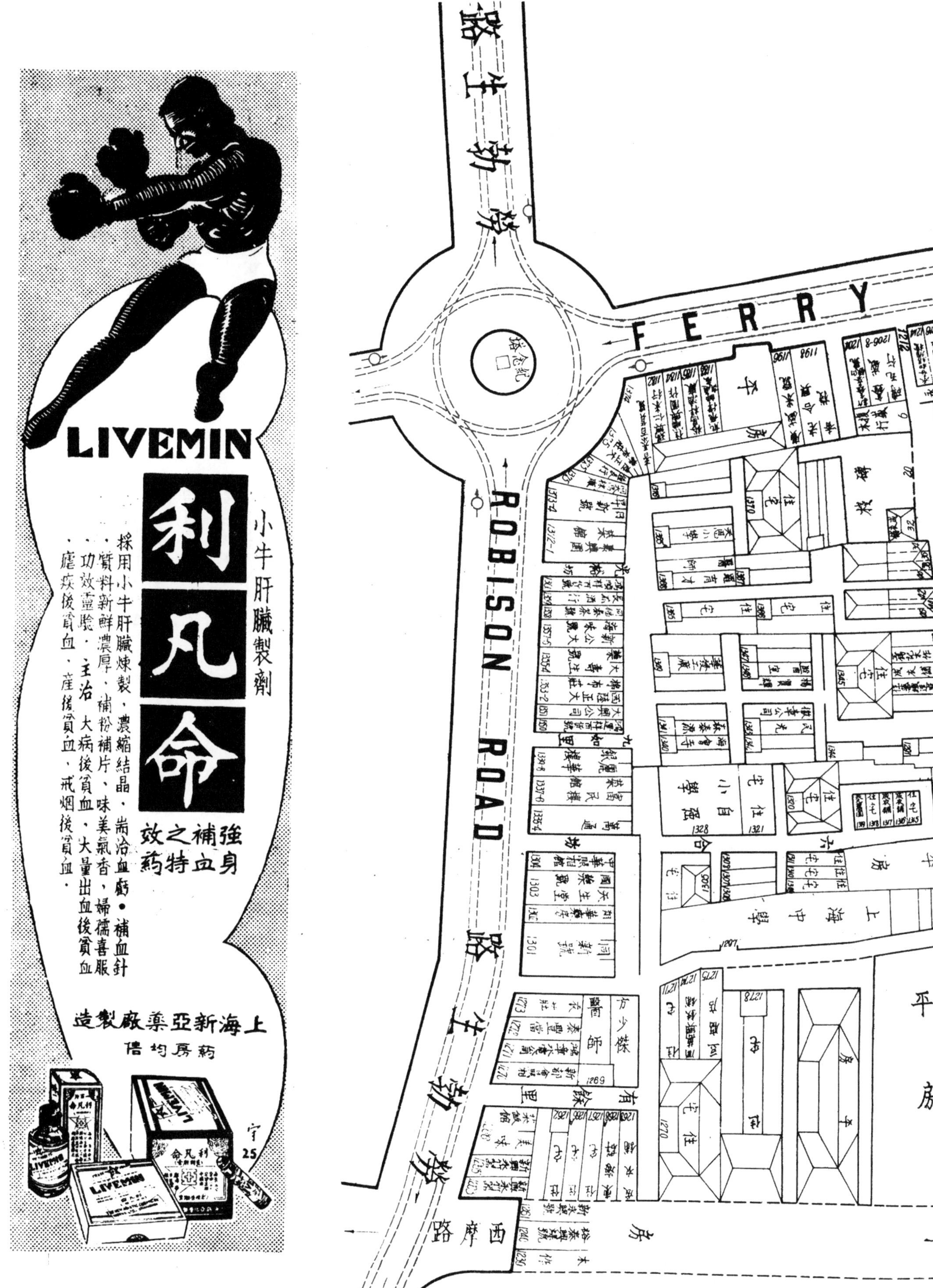

LIVEMIN
利凡命
小牛肝臟製劑
強身補血之特效藥
採用小牛肝臟煉製、濃縮結晶、嵩治血虧•補血針
、質料新鮮濃厚、補粉補片、味美氣香，婦孺喜服
、功效靈驗，主治 大病後貧血、大量出血後貧血
、瘧疾後貧血、產後貧血、戒烟後貧血。
上海新亞藥廠製造
藥房均售
勃生路
FERRY
ROBISON ROAD
勃生路
西摩路
上海中學

四川商業銀行	漢口路二七一弄七號	九三五九〇
四川省銀行代理處	九江路大川通內	九三一〇九
四川美豐銀行	河南路五二一號	九七一二〇
四行儲蓄會	四川路二六一號	一八〇六〇
四行儲蓄會虹口分會	四川路二六一號	一八〇六〇
四行儲蓄會西區分會	靜安寺路一七〇號	九二二四七
四行儲蓄會霞飛路分會	霞飛路四八一號	八一四〇〇
四行儲蓄會信託部滬部	靜安寺路一七〇號	九二二四七
四明銀行	北京路二四〇號	一五五〇五
四明銀行霞飛路分行	霞飛路四一九號	八四〇九九
四明銀行南京路分行	南京路四七〇號	九〇〇六七
四明銀行西區分行	靜安寺路七六四號	三〇八九九
四明銀行南市分行	民國路法台灣路角	八一五〇八
正明銀行	寧波路一〇三號	一四六三七
永大銀行	寧波路二四號	一九六九六
永大銀行第一辦事處	愛多亞路二六〇號	一二六〇三
永亨銀行	寧波路二六六號	九二〇九三
至中銀行	寧波路一四四號	一一六九九
民孚商業儲蓄銀行	天津路四〇號	一四九四八
交通銀行	外灘一四號	一二八二八
交通銀行霞飛路分行	霞飛路八八九路	七三六四二
交通銀行南京路支行	南京路四三八號	九五〇〇九
交通銀行民國路支行	民國路二二八號	八二四二二
交通銀行提籃橋支行	靜安寺路支行內	三五九四一
交通銀行界路支行	靜安寺路支行內	三七八四二
交通銀行靜安寺支行	靜安寺路一七〇八號	三五九四一
交通銀行滬區各行通訊處	霞飛路一八一七號	七七五七九

交通銀行鎮區各行通訊處	南京路四三八號	九六四六六
交通銀行浙區各行通訊處	祁齊路一一三號	七五五八六
江西裕民銀行	寧波路一三六號	一五四二八
江海銀行	寧波路一〇九號	一九五八五
江蘇省農民銀行	霞飛路五三九號	八五四六六
江蘇銀行	江西路三七一號	一一二七七
江蘇銀行南市支行	華龍路五號	八四八三二
江蘇銀行新閘路辦事處	新閘路三三九號	三四八一五
光華商業儲蓄銀行	寧波路一二一號	一四一七二
辛泰銀行	河南路一四八號	一四九六四
河南農民銀行	鄭家木橋三六弄二號	八三一四〇
武進商業銀行	北山東路四八號	九四五四七
亞洲銀行	寧波路八九號	一七五〇七
亞洲銀行霞飛路分行	霞飛路二四七號	八四七七七
東亞銀行	四川路二九九號	一六八六三
東萊銀行	天津路五〇七號	一六二二〇
東萊銀行八仙橋分行	八仙橋	
金城銀行	江西路二一二號	一六九六九
金城銀行靜安寺路辦事處	靜安寺路卡德路口	三三六九五
金城銀行八仙橋辦事處	八仙橋青年會	八四八三三
金城銀行曹家渡辦事處	極司非而路九號	三三二九二
金城銀行和平路辦事處	江西路二一二號	一六九六九
金城銀行霞飛路辦事處	霞飛路三三二號	八四九五九
金城銀行南通常熟辦事處	靜安寺路七八一號	三八二八四
香港國民銀行	江西路三四八號	一六五八六
恆利銀行	天津路一〇〇號	九二二二五
建華銀行	寧波路八六號	一三九三九

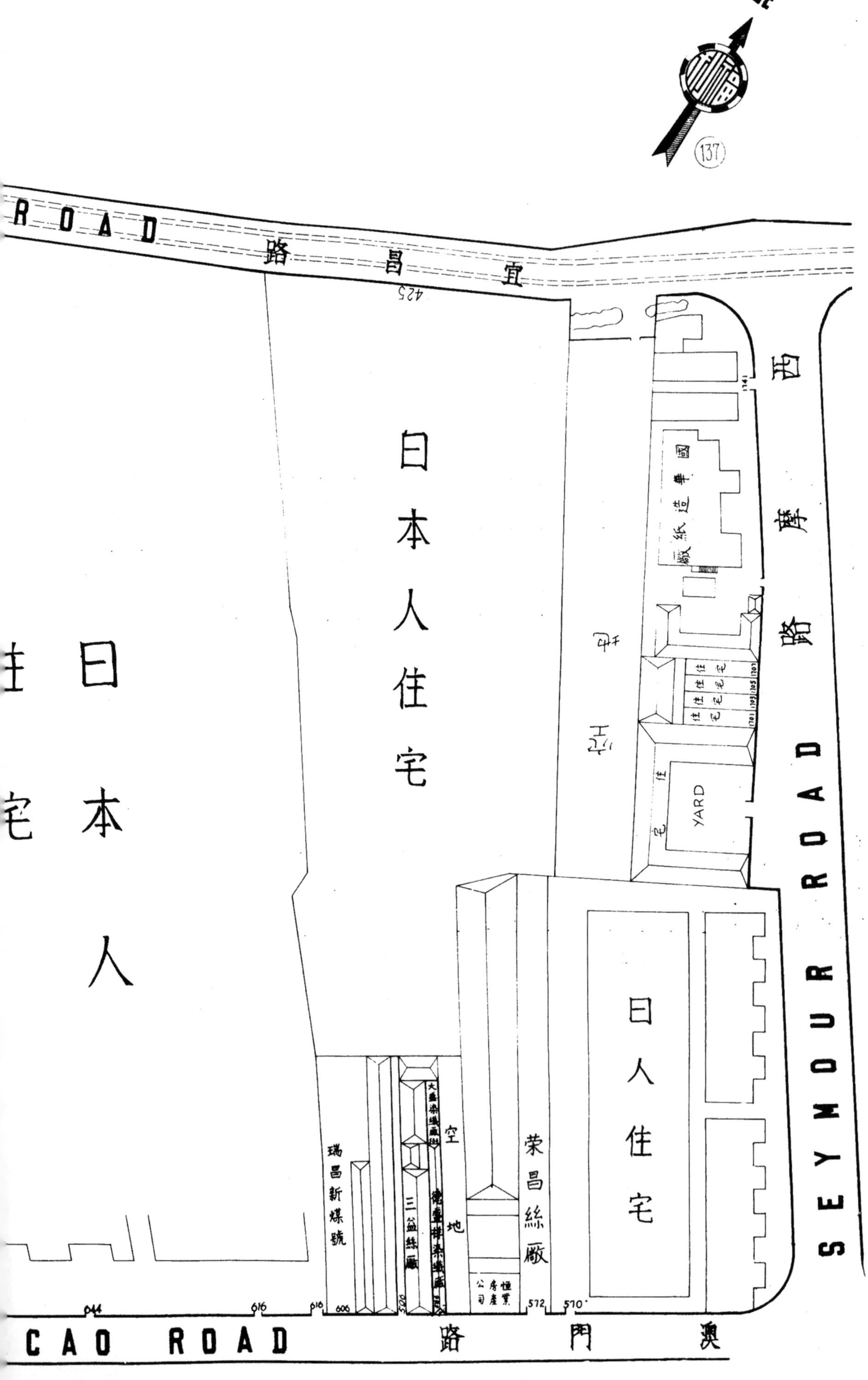
北
137
ROAD
宜昌路
425
日本人住宅
日本人住宅
西摩路
SEYMOUR ROAD
國華造紙廠
1741
住宅
住宅
住宅
1701
1703
1705
1707
YARD
住宅
日人住宅
荣昌絲廠
空地
三益絲廠
瑞昌新煤號
恒業房產公司
644
616
616
606
572
570
CAO ROAD
澳門路

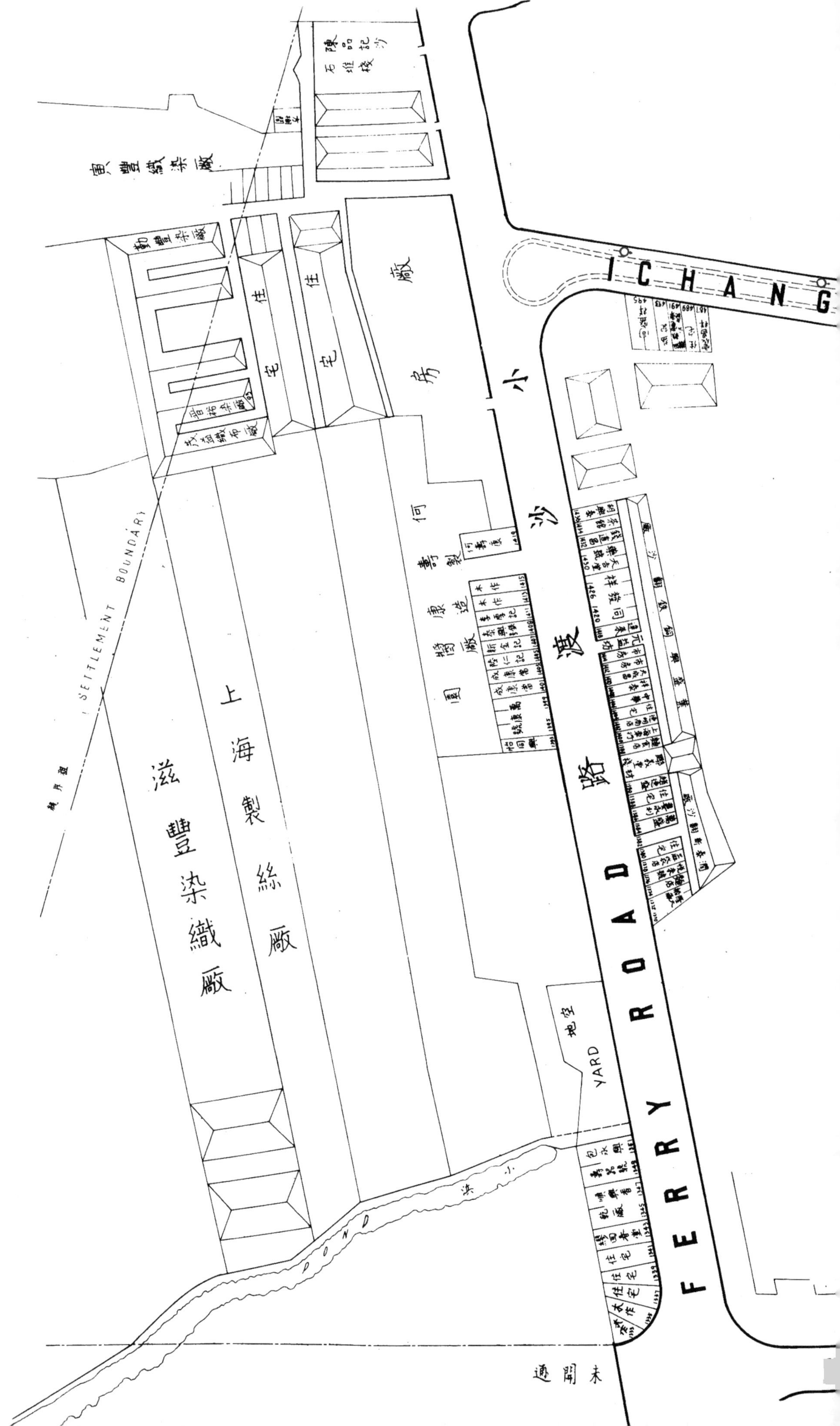

ICHANG
FERRY ROAD
小沙渡路
SETTLEMENT BOUNDARY
滋豐染織廠
上海製絲廠
廠房
住宅
住宅
勤豐染廠
YARD
空地
小浜
未開通

名稱	地址	電話
建中商業銀行	天津路一四四	九〇二六四
浦海銀行	河南路西青陽里内	九〇一七八
浦東商業儲蓄銀行	愛多亞路二八四號	一七四二七
浦東銀行福煦路分行	愛多亞路一四五六號	三三六六八
浦東銀行周浦分行	愛多亞路二八四號	
浦東銀行賴義渡分行	愛多亞路二八四號	
浙江建業銀行	山西路二二六號	九三七五六
浙江實業銀行	漢口路一五九號	一八〇五〇
浙江實業銀行虹口分行	漢口路一五九號	一八〇五〇
浙江興業銀行	北京路二三〇號	一五六六六
浙江興業銀行西區支行	靜安寺路一一四六號	三一六九八
浙江興業銀行虹口支行	北京路二三〇號	一五六六六
浙江興業銀行霞飛路支行	霞飛路九六九號	七〇五八九
浙江興業銀行北蘇州路支行	北蘇州路九七〇號	四二七一六
浙江地方銀行	江西路三八一號	一四一五四
浙江地方銀行第一辦事處	邁爾西愛路三〇七號	七二五九九
惇敘商業儲蓄銀行	河南路五七五弄二號	九六八〇四
國信銀行	漢口路四二二號	九二三九六
國華銀行	北京路三五六號	九二三二〇
國華銀行靜安寺路分行	靜安寺路一七〇三號	三〇五六〇
國華銀行八仙橋分行	華格臬路五號	八五四九七
國華銀行南市分行	華格臬路五號	八五四九七
國華銀行新閘分行	北京路三四二號	九三六五一
國華銀行虹口分行	新閘路三三〇號	三二六四六
郵政儲金匯業總局	江西路一八一號	一八七八九
惠中商業儲蓄銀行	天津路六六號	一二〇八五
富滇新銀行分行	北山東路二六號	九三九九四

統原商業儲蓄銀行	河南路北京路	一八四二一
華東銀行	北京路三五六號	九一〇七〇
華僑銀行	九江路一二〇號	一三一七七
煤業銀行	北京路三一〇號	一三九七二
農商銀行	河南路寧波路口	九一〇四〇
新華信託儲蓄銀行	江西路三六一號	一八一〇九
新華銀行第一辦事處	海格路四六號	三一四五三
新華銀行第二辦事處	霞飛路五〇〇號	八一〇九五
新華銀行第四辦事處	霞飛路五〇〇號	八一〇九五
廣東銀行	寧波路五二號	一六二八六
聚興誠銀行	九江路二七六號	九一〇九五
聚興誠銀行八仙橋辦事處	敏體尼蔭路七〇號	八一九六〇
鹽業銀行	北京路二八〇號	一五一一〇

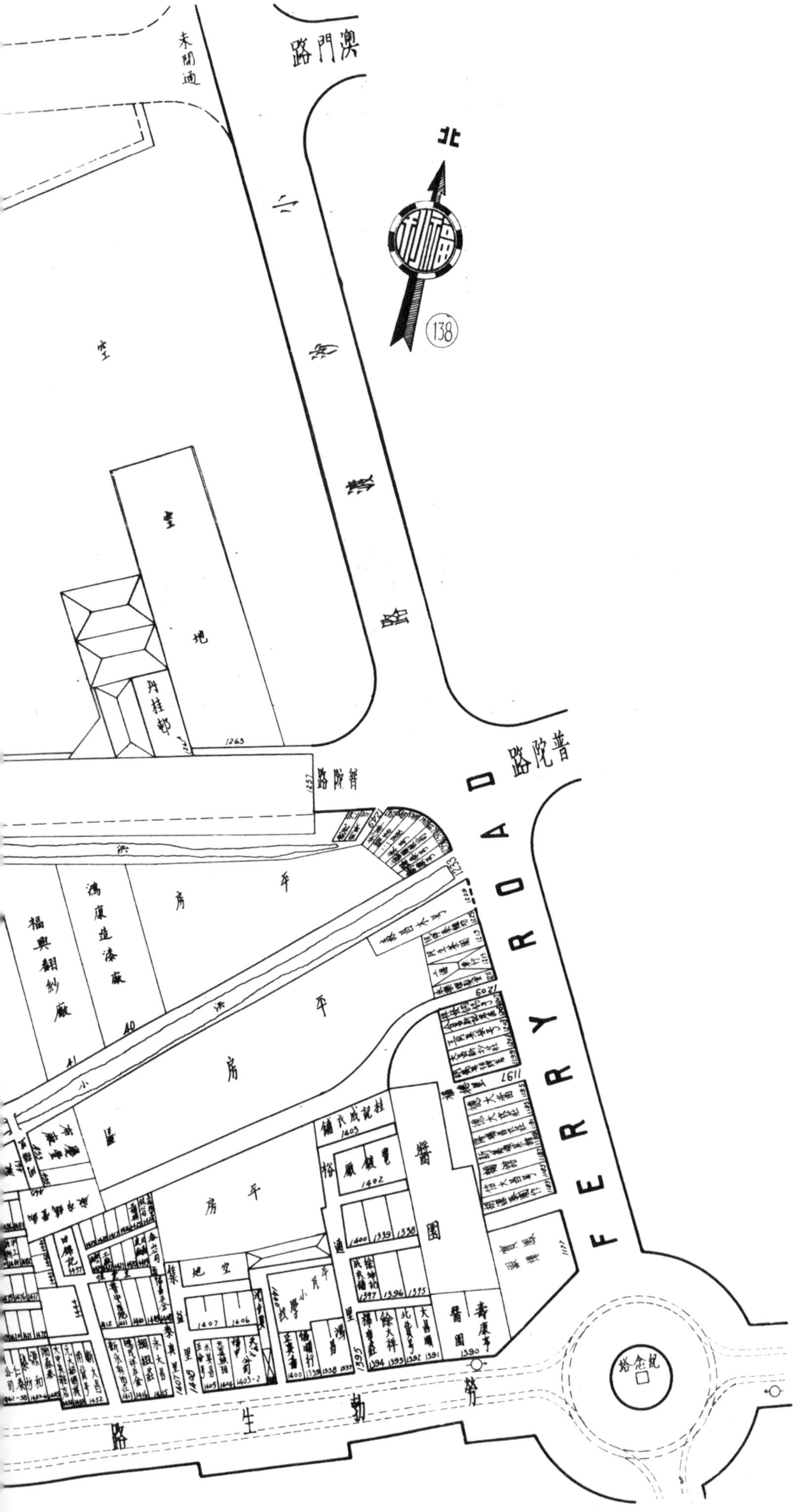

未開通

澳門路

普陀路

FERRY ROAD

勞勃生路

福興翻紗廠

鴻康造漆廠

平房

空地

紀念塔

YARD
YARD
HART ROAD
ROBISON ROAD
SETTLEMENT BOUNDARY
IRON DOOR
合興雜糧棧
復華染織廠
泰順製線廠
宏新鐵器廠
大華鐵廠

十五　殯儀館

館名	地址	電話
上海殯儀館	徐家匯路八三八號	七七一〇〇
大衆殯儀館	昌平號膠州路西	三四三〇八
大華殯儀館	凱旋路愽信路口	二二二六六
公平殯儀館	大西路凱旋路轉角	二二八一九
中央殯儀館	戈登路馬白路三四號	三六九六三
中國殯儀館	海格路六七〇號	二〇七六六
中華殯儀館	小沙渡路星加坡路口	三〇〇八五
世界殯儀館	康腦脫路一二五〇號	二一九〇九
白宮殯儀館	大西路五二號	二三一二三
萬安殯儀館	憶定盤路二一一號	二一五四一
萬國殯儀館	膠州路二〇七號	三四二〇〇
普安殯儀館事務所	愛多亞路一四七號	八一一三三
樂園殯儀館	大西路愽信號口	二二五七二

十六　郵政局

局名	地址	電話
上海郵政管理局	北蘇州路二五〇號	四〇〇六九
上海郵政管理局分局	公館馬路六九——七一號	八八六八一
上海郵政管理局分局	白利南路極司而路轉角	二一〇九五
上海郵政管理局分局	北四川路一一四八號	四一六一〇
上海郵政管理局分局	卡德路一八〇號	三〇三二八
上海郵政管理局分局	有恆路三七——四三號	四三五九八
上海郵政管理局分局	西摩路二〇七號	三九一〇七
上海郵政管理局分局	貝當路九七八號	七四九〇二
上海郵政管理局分局	東百老匯路一一四一號	五〇二七九
上海郵政管理局分局	馬斯南路七號	八五二八七
上海郵政管理局分局	康悌路四三四——四三八號	八三八五六
上海郵政管理局分局	麥高包祿路一〇五號	八三六二六
上海郵政管理局分局	愚園路一五七號	三一四三七
上海郵政管理局分局	福建路四一四號	九一五九〇
上海郵政儲金匯業總局	江西路一八一號	一八七八九

THE BANK OF EAST ASIA, LD.
東亞銀行

上海東亞銀行大樓

普通一班加料方法
本廠科學加料方法
好的香烟香料好
吃在嘴裡不會燥
推扳香烟香料壞
要是多吃會傷腦
名貴香烟金字塔
烟味既好價又巧
保儂吃仔身體好
金字塔香烟內
香料一種價值
每百拾五元一
磅故所出品烟
味和醇清香爲
永與衆不同確
有獨到之處
VIRGINIA TOBACCO
煙中鐵軍
金字塔香煙
中國福新煙公司出品

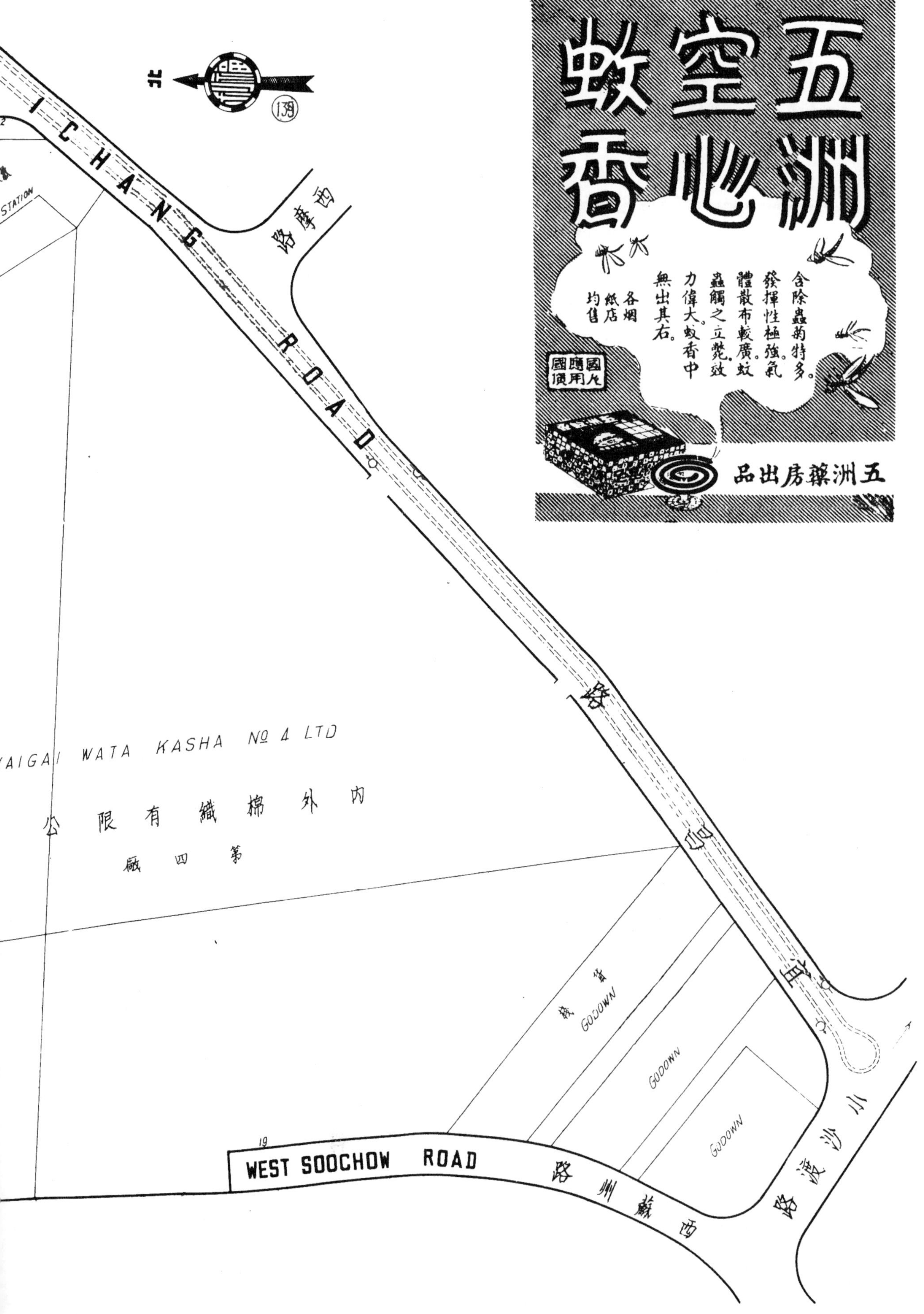

五洲空心蚊香
含除蟲菊特多。發揮性極強。氣體散布較廣。蚊蟲觸之立斃。效力偉大。蚊香中無出其右。
各烟紙店均售
國人應用國貨
五洲藥房出品
北
139
I CHANG ROAD
宜昌路
西摩路
STATION
WAIGAI WATA KASHA No 4 LTD
內外棉織有限公司
第四廠
棧房
GODOWN
GODOWN
GODOWN
WEST SOOCHOW ROAD
西蘇州路
小沙渡路
19

西蘇州路

蘇州河

SOOCHOW CREEK

WEST SOOCHOW ROAD

51 YARD 鋸木廠

61 宜豐石粉廠

IRON SHED

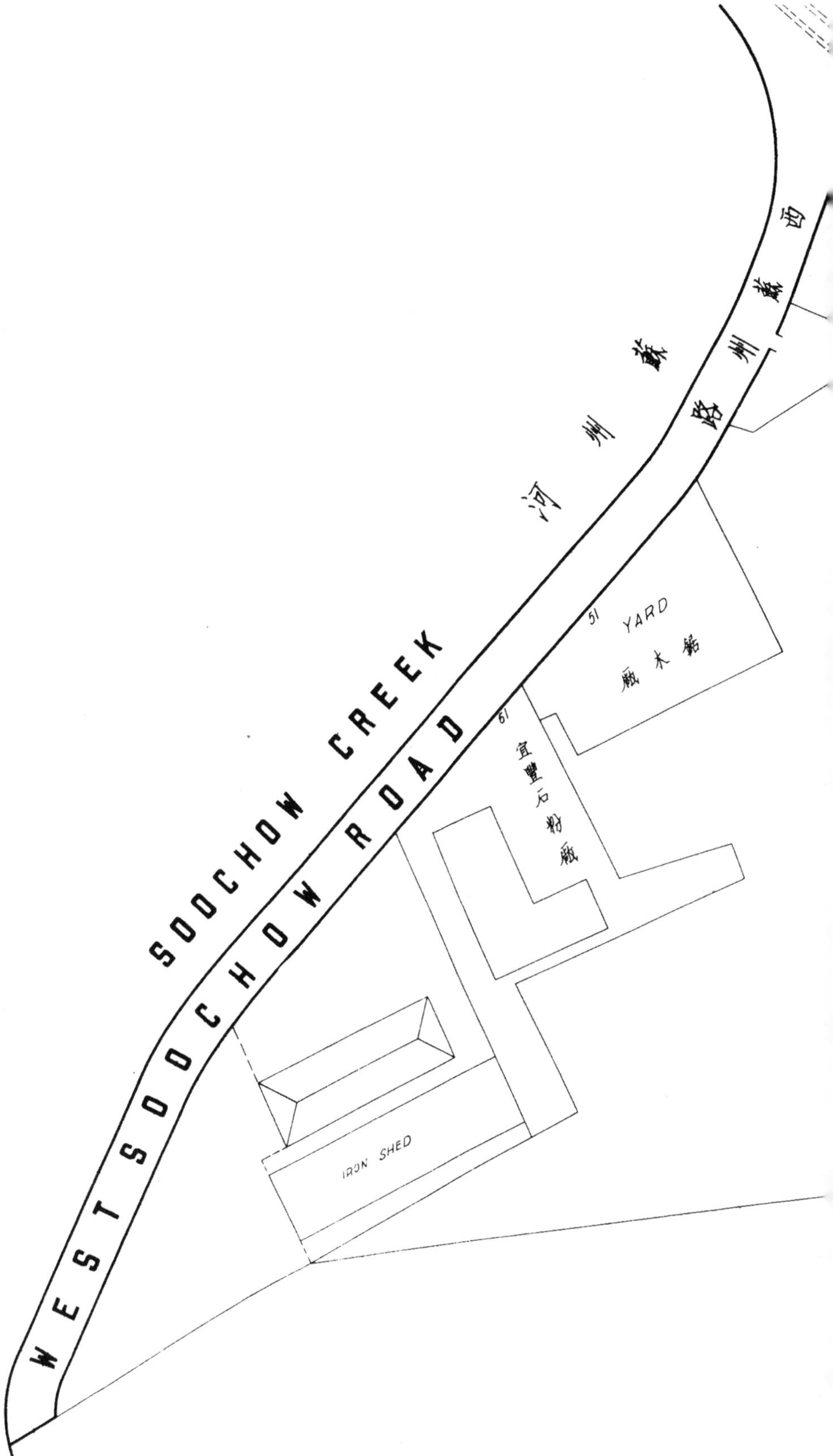

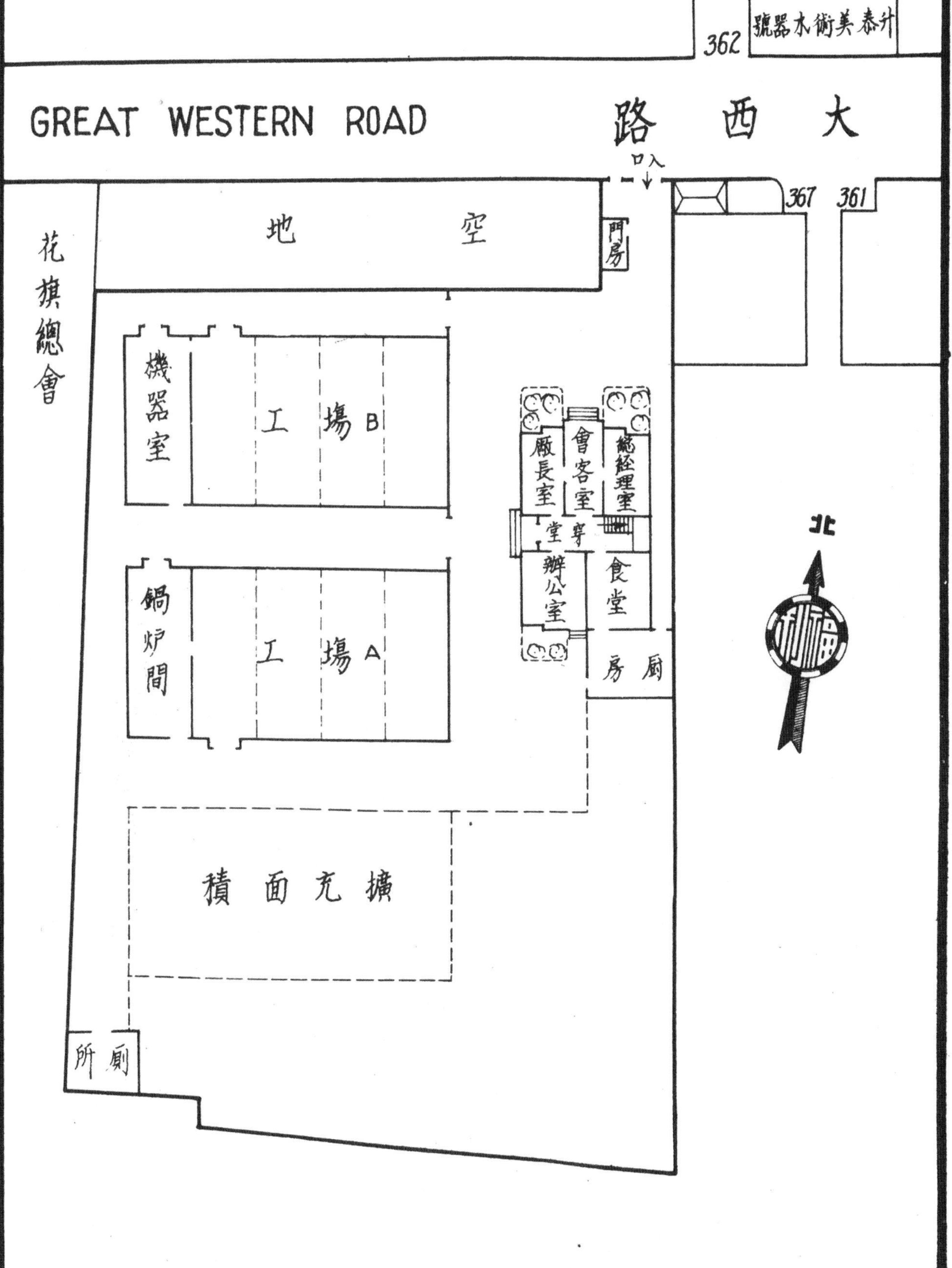

中法油脂化學製造廠
GREAT EASTERN FAT & OIL PRODUCT CO. LTD.
升泰美術木器號
362
GREAT WESTERN ROAD
大西路
入口
367
361
花旗總會
空地
門房
機器室
工場B
鍋炉間
工場A
廠長室
會客室
總經理室
穿堂
辦公室
食堂
廚房
北
擴充面積
廁所

中法大藥房
自設葯廠督製龍虎人丹
艾羅補腦汁等家用良葯
五百餘種近更闢設：
中法化學製藥廠
專製：
百吉牌
各種醫
用注射
針葯
大西路
WESTERN ROAD
GREAT EASTERN DISPENSARY FACTORY
中國啤酒廠
空地
住宅
1029
1790

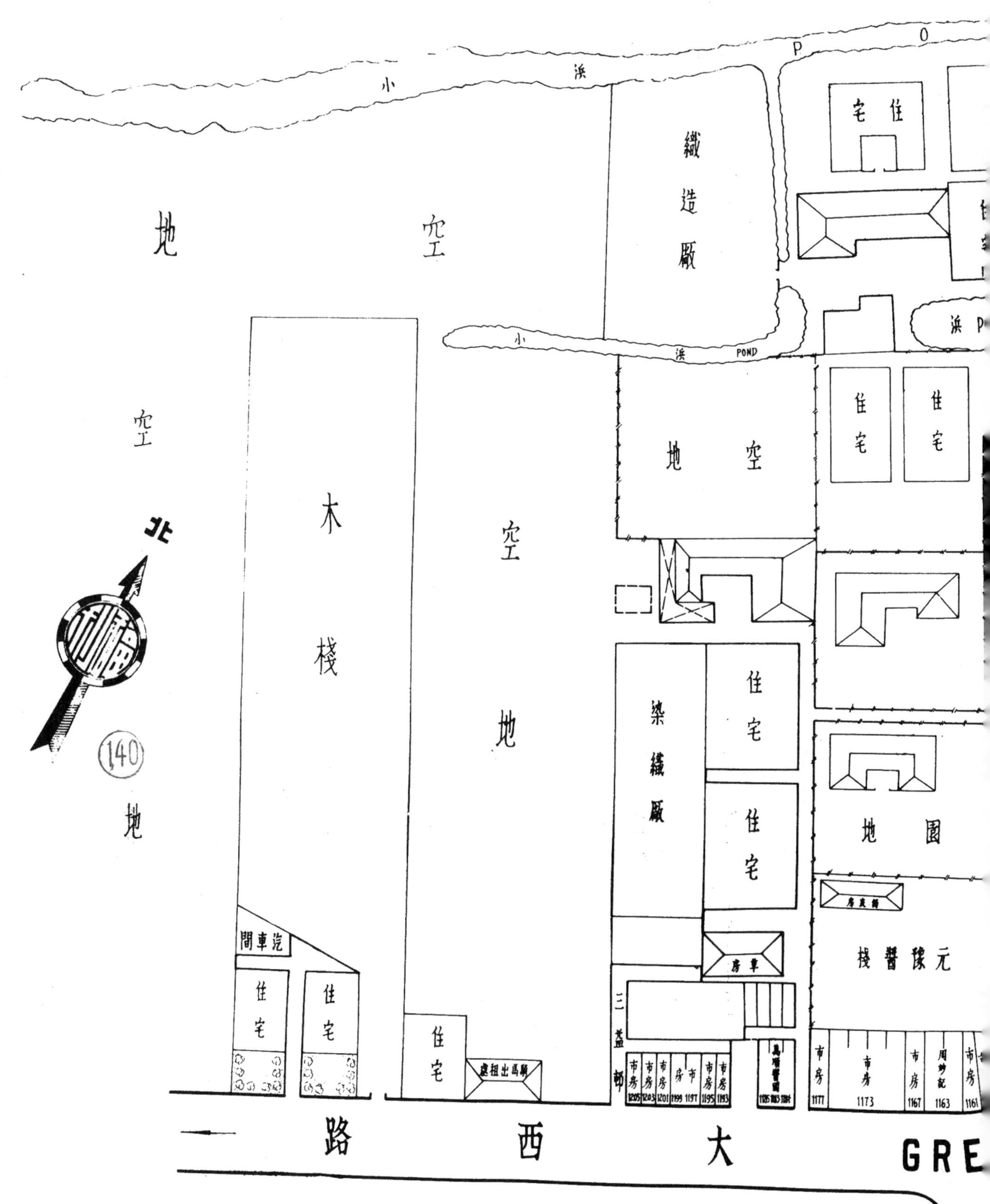

小浜
P O
POND
空地
織造廠
住宅
木棧
染織廠
圍地
汽車間
車房
騎馬出租處
市房
1205
1203
1201
1199
1197
1195
1193
1177
1173
1167
周妙記
1163
1161
北
140
大西路
GRE

何必慌張

如有傷風發熱肚痛腸痛等發生請不必慌張立用

萬金油

內服外搽保證平安

各大藥房煙紙店雜貨店均售

十三　娛樂場所

名稱	地址	電話
九星大戲院	福煦路三五九號	八〇六二三
山西大戲院	北山西路四七〇號	四五五七六
上海舞廳	五馬路石路	
大上海戲院	虞洽卿路五〇〇號	九三三二二
大中華越劇院	虞洽卿路大中華飯店	九〇〇九〇
大世界	愛多亞路	八二五四二
大光明戲院	靜安寺路二一六號	三四二六〇
大來劇院	北京路貴州路	九五六一四
大東舞廳	南京路永安公司	九三九一七
大陸游泳池	靜安寺路成都路口	
大都會花園舞廳	戈登路靜安寺路	三五九〇一
大都會游泳池	戈登路五六號	三五九〇一
大華舞廳	愛多亞路七四一號	八一三八一
大華大戲院	愛多亞路一四四〇號	
大新舞廳	虞洽卿路	九五〇〇五
大新游樂場	南京路虞洽卿路	九五九九九
大新跑冰場	大新公司五樓	九五〇〇五
大羅天	廣西路一八三號	九五〇二五
大滬舞廳	靜安寺路二五四號	三〇七一〇
大舞台	九江路六六三號	九五九二一
小都會舞廳	靜安寺路七〇弄二號	九六八四四
小廣寒	四馬路大新街	[illegible]
小舞場	福煦路慕爾鳴路	七六八八六
巴黎大戲院	霞飛路五五〇號	八五二〇五

名稱	地址	電話
天香劇院	天津路北香粉衖	九六五九七
天蟾舞台	福州路七〇一號	九〇五六〇
中央大戲院	北海路二四七號	九二七八〇
中央運動場	亞爾培路	七〇〇九九
中央舞廳	五馬路中央大旅社	九二三〇〇
外灘公園	北京路外灘	
平安大戲院	靜安寺路西摩路口	三八四八四
安樂宮舞廳	愛多亞路五七號	八一五五二
仙樂舞宮	靜安寺路四四四號	三四三四〇
仙樂大戲院	斜橋衖	
立德爾舞廳	靜安寺路二七八號	三三六二二
卡爾登大戲院	派克路二一號	三五五五三
卡德大戲院	卡德路新閘路口	三三二六八
永安天韻樓	南京路浙江路	九五六五六
永安跑冰場	永安公司三樓	九五六五六
永樂劇場	北京路石路	九五八五二
兆豐公園	極司非而路一九四號	二〇五二九
老閘大戲院	福建路五七四號	九六五四七
百樂門舞廳	靜安寺路愚園路	三〇〇五〇
西海大戲院	新閘路七〇一號	三四七三四
先施屋頂花園	南京路浙江路	九五六四〇
共舞台	愛多亞路四三三號	八四八〇八
好萊塢樂園	極司非而路	
光陸大戲院	博物院路一四二號	一七一〇〇
光華大戲院	愛多亞路一四四〇號	三三五三〇
更新舞台	牛莊路	九七一七七
杜美大戲院	杜美路九號	七〇七八五

名稱	地址	電話
長樂劇場	四馬路長樂茶樓	
明星大戲院	青島路派克路	三〇五九〇
金門大戲院	福煦路亞爾培路口	七四四五六
金城大戲院	北京路七八〇號	九〇一一四
亞蒙大戲院	白爾路二五九號	八四六一四
法國公園	辣斐德路呂班路	
東方書場	虞洽卿路東方飯店	九二二七〇
東南影戲院	民國路七二號	八三一六六
皇后劇院	虞洽卿路	九六〇二〇
南京大戲院	愛多亞路五二五號	八四一三三
恆雅劇場	敏體尼蔭路恆茂里	八四四〇三
恩派亞大戲院	霞飛路八五號	八一〇六二
浙江大戲院	浙江路一二三號	九三八七九
逸園跑狗場	亞爾培路四三九號	七四五八〇
揚子舞廳	雲南路二八七號	九〇〇四〇
逍遙舞廳	虞洽卿路三七七號	九〇九〇七
黃金大戲院	八仙橋	八四一一四
通商劇場	泥城橋愛文義路	九五二二二
國泰舞廳	虞洽卿路四五一號	八一五五二
國泰大戲院	霞飛路八六八號	三四二六〇
遠東舞廳	虞洽卿路遠東飯店	九四〇三〇
偉宮舞廳	寧波路三三號	一七一五〇
雲裳舞廳	南京路新新公司內	
辣斐花園	辣斐德路一三一五號	七六七六四
辣斐大戲院	辣斐德路三二三號	八一二〇〇
新大滬劇場	愛多亞路	八五三三一
新世界	南京路虞洽卿路	九三〇六四

新光大戲院	寧波路五八六號	九四五九〇
新華舞廳	愛多亞路五四五號	八五五四一
新都屋頂花園	南京路貴州路	九四一一八
銀宮大戲院	愚園路南首	二〇一八〇
榮金大戲院	康悌路菜市路	八五〇六〇
滬江大戲院	愛多亞路葛羅路口	八四〇五五
綠寶劇場	南京路新新公司	九四四四四
璇宮劇院	愛多亞路成都路口浦東大廈	三六九六五
爵祿舞廳	虞洽卿路中	九〇〇七〇
麗都花園舞廳	麥特赫司脫路	三三〇一一
麗都大戲院	貴州路二三九號	九四一一〇
麗都游泳池	麥特赫司脫路	三三〇一一
蘭心大戲院	邁爾西愛路一〇一號	七一七九七
蘭園游泳池	邁爾西愛路	

中華民國二十八年九月　初版

上海市行號路圖錄

工料飛漲 加價二成

皮面精裝一册　實價伍圓

（外埠酌加運費匯費）

監製人　林康侯

發行人　葛福田

總發行所　福利營業公司

地址　上海江西路四〇六號 興業大樓四二一二號

電話　一四三〇三號

上海新亞藥廠

THE NEW ASIATIC CHEMICAL WORKS, LTD., SHANGHAI

總廠
新閘路一〇九五號門牌
電話・三九九九九轉接各部

總公司
新閘路清涼寺總弄内廿二號門牌
電話三九八〇〇轉接各部

武定路
總公司
新亞第一診療所
戈登路
麥特赫司脫路
新閘路
總廠

藥物研究所
西摩路一七五弄一六號門牌
電話三九三八八

西摩路
靜安寺路
小沙渡路
威海衛路
藥物研究所

玻璃廠
麥根路七二九號
電話三三〇九一

戈登路
麥根路
東京路
昌平路
玻璃廠

註冊商標

衛生材料廠
海格路 春光路口

衛生材料廠
海格路
春光路
勞利育路

血清廠
膠州路三八八弄七號門牌
電話三四一九三號

昌平路
膠州路
赫德路
新閘路
血清廠

新亞第一診療所 新閘路一一一八號 電話三九九九九轉

新亞圖書館 南京路慈淑大樓三樓 電話九五一六六

新亞動物飼養室 古拔路二〇一號 電話七一〇六八

新亞難童工場 金神父路霞飛路口威德里九號 電話七七一一五

健康家庭社 新社聚餐會 廣澄藥學高級職業學校 冠羣業餘補習學校 北京路三三〇號 電話一九一〇五

本廠完全國人創辦精製星牌良藥舉凡醫療藥物家用藥品已出四百餘種各種出品皆以五角星内亞字為商標以其製法精究功効確實故能風行全國遠及南洋群島．名醫採用病家購服無不收効靈[illegible]信孚卓著而以業務[illegible]之關係逐次添設各[illegible]以利製造且復創辦[illegible]書館及學校等為社[illegible]提倡文化之一助各地各大都市以及星加坡曼谷等地均有辦事處以推廣營業所以本廠出品不僅暢銷滬瀆允稱深入内地無遠不屆而製造方面無時無物不在精求改進中尚希　各界扶植而提倡之幸甚

中法大藥房

總發行所
上海北京路八一五號

製藥廠
上海大西路一七九〇號

電話
九二三三一　九二三三二
九二三三三　轉接各部

電報掛號●五六七三

本藥房創立迄今，垂五十年，除運售各國原料藥材醫療器械衛生用具外，並積極提倡國藥，研究仿製，先後發行自製靈效藥品化粧香品五百餘種，行銷全國及南洋各埠，卓著聲譽，茲例舉其最著者如下：

艾羅補腦汁	寧神安腦　益智補身
艾羅療肺藥	清肺祛痰　平喘止咳
羅威乳白魚肝油	美味　無腥
羅威麥精魚肝油	補肺　強身
象牌麥精魚肝油	益肺　肥體
雙獅牌牛肉汁	大補氣血　強健筋骨
雙獅牌童鷄汁	開胃補體　調理最宜
九造真正血	補血生精　調和百骸
紅血輪	純血色素　不含鐵質
九一四內服新藥	肅清　血毒
九一四外用藥膏	普治　瘡癬
九一四白濁新藥	清淋　止痛
龍虎人丹	辟瘟防疫　人人必備
救星復活水	袪痧救疫　起死回生
象牌急救時疫水	救治痧疫　神效無比
雙獅牌殺蚊香	殺蚊靈速　點燃耐久
雙獅牌薄荷錠	頭痛牙痛　塗搽立愈

雙獅牌花露水	清膚辟穢　退痱止癢
羅威沙而	癬疥瘡傷　洗之立效
雙獅牌防疫臭水	殺菌消毒　滅除蚊蠅
中國寶丹	內服鼻吸　急救痧疫
中法菓子露	清涼解渴　消暑佳品
羅威水菓鹽	化痰清血　降火利便
羅威匹靈	傷風發熱　一服即靈
古力晶眼藥水	退赤消腫　效驗如神
滅痛藥片	不含毒質　定痛如神
胃寧藥片	化食定痛　和胃整腸
孩兒面	粉質雪花　細膩芳郁
精裝孩兒面	軟性雪花　美容潤膚
象牌牙膏	潔齒固齒　防治蛀齒
發髮藥水	滋養髮根　禿髮重生
家庭藥庫	良藥齊備　小病自療
旅行藥庫	藥械廿種　取攜便利
嬰孩快樂片	化積消食　袪痰退熱

圖書在版編目（CIP）數據

中國近代建築史料匯編. 第三輯, 上海市行號路圖録: 全四册/中國近代建築史料匯編編委會編. -- 上海 : 同濟大學出版社, 2019.10

ISBN 978-7-5608-7166-0

Ⅰ. ①中… Ⅱ. ①中… Ⅲ. ①建築史－史料－匯編－中國－近代 Ⅳ. ①TU-092.5

中國版本圖書館CIP數據核字(2019)第224092號

中國近代建築史料匯編（第三輯）

——上海市行號路圖録（第一册）

中國近代建築史料匯編編委會 編

責任編輯 姚建中 高曉輝

裝幀設計 陳益平

責任校對 李 傑

出版發行 同濟大學出版社 www.tongjipress.com.cn

地 址 上海市四平路1239號 郵編：200092 電話：（021-65985622）

經 銷 全國各地新華書店、建築書店、網絡書店

印 刷 上海安楓印務有限公司

開 本 889mm×1194mm 1/16

印 張 140.25

字 數 4488 000

版 次 2019年10月第1版 2019年10月第1次印刷

書 號 ISBN 978-7-5608-7166-0

定 價 6800.00元（全四册）